KB078898

전기기능사
총정리 필기

김평식 · 원우연 공저

Craftsman Electricity

일진사

| CBT 안내 |

　한국산업인력공단에서 시행하는 국가기술자격검정 기능사 필기시험이 CBT 방식으로 달라졌습니다. CBT란 컴퓨터 기반 시험(Computer-Based Testing)의 약자로, 종이 시험지 없이 컴퓨터상에서 시험을 본다는 의미입니다. CBT 시험은 답안이 제출된 뒤 현장에서 바로 본인의 점수와 합격 여부를 확인할 수 있습니다.

　Q-net에서 안내하는 CBT 시험 진행 절차는 다음과 같습니다.

● 신분 확인

　시험 시작 전 수험자에게 배정된 좌석에 앉아 있으면 신분 확인 절차가 진행됩니다. 시험장 감독위원이 컴퓨터에 나온 수험자 정보와 신분증이 일치하는지를 확인하는 단계입니다.

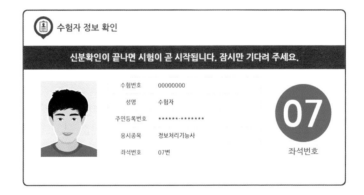

● 시험 준비

1. 안내사항

　시험 안내사항을 확인합니다. 확인을 다하신 후 아래의 [다음] 버튼을 클릭합니다.

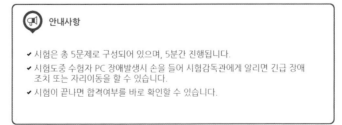

2. 유의사항

　시험 유의사항을 확인합니다. **다음 유의사항 보기 ▶** 버튼을 클릭하여 유의사항 3쪽을 모두 확인합니다.

유의사항 - [1/3]

- 다음과 같은 부정행위가 발각될 경우 감독관의 지시에 따라 퇴실 조치되고, 시험은 무효로 처리되며, 3년간 국가기술자격검정에 응시할 자격이 정지됩니다.

  ✔ 시험 중 다른 수험자와 시험에 관련한 대화를 하는 행위
  ✔ 시험 중에 다른 수험자의 문제 및 답안을 엿보고 답안지를 작성하는 행위
  ✔ 다른 수험자를 위하여 답안을 알려주거나, 엿보게 하는 행위
  ✔ 시험 중 시험문제 내용과 관련된 물건을 휴대하여 사용하거나 이를 주고받는 행위

다음 유의사항 보기 ▶

3. 메뉴 설명

문제풀이 메뉴 설명을 확인하고 기능을 숙지합니다. 각 메뉴에 관한 모든 설명을 확인하신 후 아래의 [다음] 버튼을 클릭해 주세요.

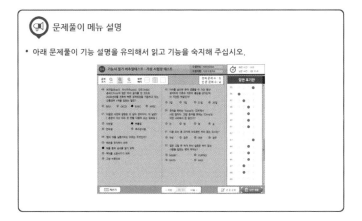

문제풀이 메뉴 설명

- 아래 문제풀이 기능 설명을 유의해서 읽고 기능을 숙지해 주십시오.

4. 문제풀이

자격검정 CBT 문제풀이 연습 버튼을 클릭하여 실제 시험과 동일한 방식의 문제풀이 연습을 준비합니다.

자격검정 CBT 문제풀이 연습

- ✔ 실제 시험과 동일한 방식의 문제풀이 연습을 통해 CBT 시험을 준비합니다.
- ✔ 하단의 버튼을 클릭하시면 문제풀이 연습 화면으로 넘어갑니다.

자격검정 CBT 문제풀이 연습

※ 조금 복잡한 자격검정 CBT 프로그램 사용법을 충분히 배웠습니다. [확인] 버튼을 클릭하세요.

| CBT 안내 |

한국산업인력공단에서 운영하는 큐넷(www.q-net.or.kr)의
'CBT 체험하기'를 참고하시기 바랍니다.

5. 시험 준비 완료

시험 안내사항 및 문제풀이 연습까지 모두 마친 수험자는 시험 준비 완료 버튼을 클릭한 후 잠시 대기 합니다.

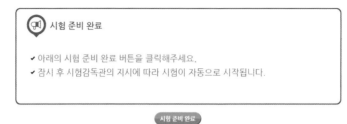

시험 시작

문제를 꼼꼼히 읽어보신 후 답안을 작성하시기 바랍니다. 시험을 다 보신 후 답안 제출 버튼을 클릭하세요.

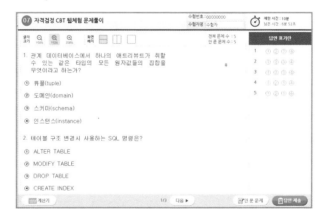

시험 종료

본인의 득점 및 합격 여부를 확인할 수 있습니다.

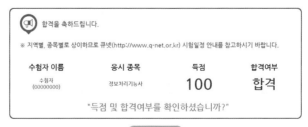

머리말

모든 산업사회의 원동력인 전기를 다루는 기술, 즉 전기 기술자는 산업 발전과 더불어 수요가 날로 급증하고 있으며, 다른 분야와는 달리 기술 자격을 갖춘 소정의 인원이 더욱 필요한 실정이다.

따라서 장차 산업 역군이 될 전기 공학도는 물론, 현장 실무자들도 국가기술 자격증을 취득한다는 것은 사회 보장을 확실하게 받게 된다는 것이다.

이 책은 전기기능사 자격을 인정받고자 하는 기능인들에게 길잡이가 되고자, 수년간 출제되었던 모든 문제를 분석하여 다음 사항에 중점을 두어 편집하였다.

첫째, 충실한 내용 정리와 함께 과목별, 단원별로 세분하여 CBT 방식의 출제문제에 대비할 수 있도록 구성하였다.

둘째, 기본 문제를 우선하여 문제마다 연관성 있도록 체계화하였으며, 과거 출제 문제의 완전 분석을 통한 문제 위주로 구성하였다.

셋째, 부록으로는 CBT 대비 실전문제를 명확한 해설과 함께 수록하여 출제 경향을 파악함은 물론, 본문 단원과 문제를 연계시켰다.

아무쪼록 수험자 여러분이 열심히 노력하여 목적한 바를 꼭 이루길 바라며, 본서가 많은 참고가 된다면 저자로서는 더 이상 바랄 것이 없겠다. 그리고 혹시 미흡한 부분이 있다면 앞으로 계속해서 보완해 나갈 것이다.

끝으로, 이 책을 출판하기까지 도움을 주신 여러분과 도서출판 **일진사**에 진심으로 감사드린다.

저자 씀

출제기준 (필기)

직무 분야	전기·전자	중직무 분야	전기	자격 종목	전기기능사

○ 직무내용 : 전기에 필요한 장비 및 공구를 사용하여 회전기, 정지기, 제어장치 또는 빌딩, 공장, 주택 및 전력시설물의 전선, 케이블, 전기기계 및 기구를 설치, 보수, 검사, 시험 및 관리하는 직무이다.

필기 검정방법	객관식	문제 수	60	시험시간	1시간

필기 과목명	문제 수	주요 항목	세부 항목
전기 이론, 전기 기기, 전기 설비	60	1. 전기의 성질과 전하에 의한 전기장	1. 전기의 본질
			2. 정전기의 성질 및 특수현상
			3. 콘덴서
			4. 전기장과 전위
		2. 자기의 성질과 전류에 의한 자기장	1. 자석에 의한 자기현상
			2. 전류에 의한 자기현상
			3. 자기 회로
		3. 전자력과 자유도	1. 전자력
			2. 전자 유도
		4. 직류 회로	1. 전압과 전류
			2. 전기 저항
		5. 교류 회로	1. 정현파 교류 회로
			2. 3상 교류 회로
			3. 비정현파 교류 회로
		6. 전류의 열작용과 화학작용	1. 전류의 열작용
			2. 전류의 화학작용
		7. 변압기	1. 변압기의 구조와 원리
			2. 변압기 이론 및 특성
			3. 변압기 결선
			4. 변압기 병렬 운전
			5. 변압기 시험 및 보수
		8. 직류기	1. 직류기의 원리와 구조
			2. 직류 발전기의 이론 및 특성
			3. 직류 전동기의 이론 및 특성
			4. 직류 전동기의 특성 및 용도
			5. 직류기의 시험법
		9. 유도 전동기	1. 유도 전동기의 원리와 구조
			2. 유도 전동기의 속도 제어 및 용도
		10. 동기기	1. 동기기의 원리와 구조
			2. 동기 발전기의 이론 및 특성
			3. 동기 발전기의 병렬 운전
			4. 동기 발전기의 운전

필기 과목명	문제 수	주요 항목	세부 항목
		11. 정류기 및 제어기기	1. 정류용 반도체 소자
			2. 각종 정류 회로 및 특성
			3. 제어 정류기
			4. 사이리스터의 응용 회로
			5. 제어기 및 제어장치
		12. 보호계전기	1. 보호계전기의 종류 및 특성
		13. 배선재료 및 공구	1. 전선 및 케이블
			2. 배선재료
			3. 전기설비에 관련된 공구
		14. 전선 접속	1. 전선의 피복 벗기기
			2. 전선의 각종 접속방법
			3. 전선과 기구단자와의 접속
		15. 배선설비공사 및 전선허용 전류계산	1. 전선관 시스템
			2. 케이블 트렁킹 시스템
			3. 케이블 덕팅 시스템
			4. 케이블 트레이 시스템
			5. 케이블 공사
			6. 저압 옥내배선 공사
			7. 특고압 옥내배선 공사
			8. 전선 허용전류
		16. 전선 및 기계 기구의 보안공사	1. 전선 및 전선로의 보안
			2. 과전류 차단기 설치공사
			3. 각종 전기 기기 설치 및 보안공사
			4. 접지공사
			5. 피뢰설비 설치공사
		17. 가공인입선 및 배전선 공사	1. 가공인입선 공사
			2. 배전선로용 재료와 기구
			3. 장주, 건주 및 가선
			4. 주상 기기의 설치
		18. 고압 및 저압 배전반 공사	1. 배전반 공사
			2. 분전반 공사
		19. 특수 장소 공사	1. 먼지가 많은 장소의 공사
			2. 위험물이 있는 곳의 공사
			3. 가연성 가스가 있는 곳의 공사
			4. 부식성 가스가 있는 곳의 공사
			5. 흥행장, 광산, 기타 위험 장소의 공사
		20. 전기 응용 시설 공사	1. 조명 배선
			2. 동력 배선
			3. 제어 배선
			4. 신호 배선
			5. 전기 응용 기기 설치공사

차 례

제3편 ○ 전기 설비

부 록┄┄○ **CBT 대비 실전문제**

제1편 | 전기 이론

CHAPTER 1 정전기와 콘덴서

1-1 ○ 전기의 본질

■ 전기(electricity) 에 관한 최초의 기록

기원전 600년경에 그리스의 철학자 탈레스(Thales) 가 호박(amber, 그리스어로 elekrton) 이라는 광물을 명주 또는 모피로 마찰하면 작은 실 조각 같은 것을 흡인한다는 사실을 발견하였고, 이와 같은 힘을 '전기'라 부르기 시작했다.

1 원자와 분자

(1) 원자 (atom)

① 모든 물질은 원자라는 소립자로 구성되어 있다.

② 원자는 원소의 화학적 상태를 특징 짓는 최소 기본 단위이다.

(2) 분자 (molecule)

① 분자는 물질의 성질을 가진 최소 단위이다.

② 서로 다른 종류 또는 같은 종류의 원자가 결합하여, 이것이 하나의 단위가 되어 분자를 구성한다.

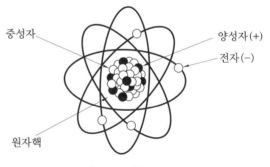

그림 1-1 원자의 모형

표 1-1 양성자, 중성자, 전자의 성질

입자	전하량 [C]	질량 [kg]
양성자	$+1.60219 \times 10^{-19}$	1.67261×10^{-27}
중성자	0	1.67491×10^{-27}
전자	-1.60219×10^{-19}	9.10956×10^{-31}

2 자유전자와 대전현상

(1) 자유 전자(free electron)

① 원자핵의 구속에서 이탈하여 자유로이 이동할 수 있는 전자이다.

② 일반적으로 전기 현상들은 자유 전자의 이동 또는 증감에 의한 것이다.

(2) 대전 현상

① 일반적으로 절연체를 서로 마찰시키면 이들 물체는 전기를 띠게 된다.

② 대전(electrification) : 물질이 자유 전자의 이동으로 양전기나 음전기를 띠게 되는 것이다.

　㈎ 전자의 부족 상태 : (+)대전 상태

　㈏ 전자의 과잉 상태 : (−)대전 상태

3 단위계

(1) MKS 단위계 ; 국제 표준(SI) 단위계

① 기본 단위

표 1-2　MKS 단위계의 기본 단위

물리량	단위	단위의 약자
길이	미터(meter)	m
시간	초 (second)	s
전류	암페어(ampere)	A
열역학적 온도	켈빈 온도 (kelvin)	K
물질량	몰 (mol)	mol
광도	칸델라 (candela)	cd
질량	킬로그램(kilogram)	kg

② 유도 단위

표 1-3　SI의 유도 단위

물리량	명칭	기호	물리량	명칭	기호
진동수, 주파수	헤르츠 (hertz)	Hz	전하	쿨롬 (coulomb)	C
힘	뉴턴(newton)	N	전위, 전압, 기전력	볼트 (volt)	V
압력, 응력	파스칼 (pascal)	Pa	전기 용량	패럿(farad)	F
에너지, 일, 열량	줄 (joule)	J	전기 저항	옴 (ohm)	Ω
일률, 전력	와트 (watt)	W	인덕턴스	헨리(henry)	H

과년도 / 예상문제

전기기능사

1. 원자핵의 구속력을 벗어나서 물질 내에서 자유로이 이동할 수 있는 것은? [10, 12, 15]

① 중성자
② 양자
③ 분자
④ 자유 전자

2. 전자의 전하량 [C]은? [01]

① 약 9.109×10^{-31}
② 약 1.672×10^{-27}
③ 약 1.602×10^{-19}
④ 약 6.24×10^{-18}

해설 표 1-1에서,
전자의 전기량 $= 1.60219 \times 10^{-19}$ C

3. 다음 중 가장 무거운 것은? [13, 17]

① 양성자의 질량과 중성자의 질량의 합
② 양성자의 질량과 전자의 질량의 합
③ 원자핵의 질량과 전자의 질량의 합
④ 중성자의 질량과 전자의 질량의 합

해설 표 1-1 참조

4. 정상 상태에서의 원자를 설명한 것으로 틀린 것은? [16]

① 양성자와 전자의 극성은 같다.
② 원자는 전체적으로 보면 전기적으로 중성이다.
③ 원자를 이루고 있는 양성자의 수는 전자의 수와 같다.
④ 양성자 1개가 지니는 전기량은 전자 1개가 지니는 전기량과 크기가 같다.

해설 양성자 (+), 전자 (−)

5. 일반적으로 절연체를 서로 마찰시키면 이들 물체는 전기를 띠게 된다. 이와 같은 현상은? [14, 17]

① 분극
② 정전
③ 대전
④ 코로나

6. 어떤 물질이 정상 상태보다 전자수가 많아져 전기를 띠게 되는 현상을 무엇이라 하는가? [14]

① 충전
② 방전
③ 대전
④ 분극

7. "물질 중의 자유전자가 과잉된 상태"란 어느 것인가? [10, 12, 10]

① (−)대전 상태
② 발열 상태
③ 중성 상태
④ (+)대전 상태

1-2 ㅇ 정전기의 성질과 특수 현상

1 정전기 현상

(1) 동전기 (dynamic electricity)

일반적으로 가전 제품의 전기나 건전지에서의 전기 에너지와 같은 흐르는 전기를 말한다.

(2) 정전기 (static electricity)

옷이 몸에 달라붙거나 자동차 문의 손잡이가 짜릿하게 느껴지게 하는 전기, 즉 연속적으로 흐르지 않는 상태의 전기를 말한다.

(3) 정전기 현상

일반적으로 원자가 가지고 있는 전자 중 일부가 외부의 자극을 받아 빠져나가게 되면, 그 원자는 전자인 음(−) 전하를 잃어 양(+)극을 띠는 양이온이 되고, 빠져 나온 전자를 흡수한 다른 원자는 음(−)극을 띠는 음이온이 되는 것을 말한다.

2 정전기의 특성과 특수 현상

(1) 전하와 정전력

① 전하(electric charge) : 대전에 의해서 물체가 띠고 있는 전기를 말한다.

② 전기장(electric field) : 전하가 존재하면 그 주위 공간을 말한다.

③ 정전력(electrostatic force) : 전하 사이에 작용하는 힘을 말한다.

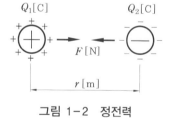

그림 1-2 정전력

(2) 쿨롱의 법칙 (Coulomb's law)

두 전하 사이에 작용하는 정전력은 전하의 크기에 비례하고, 두 전하 사이의 거리의 제곱에 반비례한다.

$$F = k \frac{Q_1 \cdot Q_2}{r^2} \text{ [N]}$$

여기서, $k = \dfrac{1}{4\pi\varepsilon_0} = \dfrac{1}{4\pi \times 8.855 \times 10^{-12}} \fallingdotseq 9 \times 10^9$

① 진공의 유전율

$$\varepsilon_0 = \frac{10^7}{4\pi C^2} = 8.855 \times 10^{-12} \, [\text{F/m}]$$

(가) 빛의 속도 $C \fallingdotseq 3 \times 10^8 \, [\text{m/s}]$

(나) ε_0은 쿨롱의 법칙에서, $[\text{C}^2/\text{Nm}^2] = [\text{F/m}]$의 단위를 가지는 정수이다.

② 비유전율(relative per mittivity) : ε_s

진공의 유전율에 대해 매질의 유전율이 가지는 상대적인 비를 그 물질(유전체)의 비유전 율이라 한다.

$$\varepsilon_s = \frac{\varepsilon}{\varepsilon_o} \quad (\text{진공 중의 } \varepsilon_s = 1, \ \text{공기 중의 } \varepsilon_s \fallingdotseq 1)$$

③ 진공 중에서의 정전력 : $F = 9 \times 10^9 \times \dfrac{Q_1 \cdot Q_2}{r^2}[\text{N}]$

④ ε_s인 매질 중에서의 정전력 : $F = 9 \times 10^9 \times \dfrac{Q_1 \cdot Q_2}{\varepsilon_s \, r^2}[\text{N}]$

⑤ 비유전율의 비교

표 1-4 비유전율

유전체	ε_s	유전체	ε_s	유전체	ε_s
진공	1	호박 (amber)	2.8	도자기	5~6.5
공기	1.00059	수정	3.6	소다 유리	6~8
절연지	1.2~2.5	페놀수지	4.75	에틸알코올	25
테플론	2.03	석면	4.8	글리세린	40
절연유	2.2~2.4	절연니스	5~6	증류수	80
폴리에틸렌	2.2~2.4	운모 (mica)	5~9	산화티탄 자기	60~100
고무	2~3	염화비닐	5~9	티탄산바륨	1000~3000

(3) 전하의 성질

① 같은 종류의 전하는 서로 반발하고, 다른 종류의 전하는 서로 흡인한다.

② 전하는 가장 안정한 상태를 유지하려는 성질이 있다.

③ 접지(earth) : 어떤 대전체에 들어 있는 전하를 없애려고 할 때에는 대전체와 지구 (대지)를 도선으로 연결하면 되는데, 이것을 어스 또는 접지한다고 말한다.

(4) 정전 유도와 정전 차폐 현상

① 대전체 A 근처에 대전되지 않은 도체 B를 가져오면 대전체 가까운 쪽에는 다른 종류의 전하가, 먼 쪽에는 같은 종류의 전하가

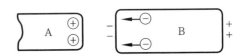

그림 1-3 도체에서의 정전 유도

나타나는 현상으로, 전기량은 대전체의 전기량과 같고 유도된 양전하와 음전하의 양은 같다.

② 대전체 A와 도체 B 사이에는 흡인력이 작용한다.

③ 정전 차폐(electrostatic shielding)

㈎ 정전 실드라고도 하며, 접지된 금속에 의해 대전체를 완전히 둘러싸서 외부 정전계에 의한 정전 유도를 차단하는 것이다.

㈏ 측정기의 외부에 대한 외부 전계의 영향을 없애기 위하여 금속 박막으로 싼다.

과년도 / 예상문제

전기기능사

1. 쿨롱의 법칙에서 2개의 점전하 사이에 작용하는 정전력의 크기는? [15]

① 두 전하의 곱에 비례하고 거리에 반비례한다.

② 두 전하의 곱에 반비례하고 거리에 비례한다.

③ 두 전하의 곱에 비례하고 거리의 제곱에 비례한다.

④ 두 전하의 곱에 비례하고 거리의 제곱에 반비례한다.

해설 쿨롱의 법칙 (Coulomb's law)

2. 진공 중에 $10\mu C$와 $20\mu C$의 점전하를 1m의 거리로 놓았을 때 작용하는 힘(N)은 어느 것인가? [16, 17, 18]

① 18×10^{-1} ② 2×10^{-2}

③ 9.8×10^{-9} ④ 98×10^{-9}

해설 $F = 9\times10^9 \times \dfrac{Q_1 \cdot Q_2}{r^2}$

$= 9\times10^9 \times \dfrac{10\times10^{-6}\times20\times10^{-6}}{1^2}$

$= 18\times10^{-1} [N]$

3. 공기 중에서 4×10^{-6}[C]와 8×10^{-6}[C]의 두 전하 사이에 작용하는 정전력이 7.2 N일 때 전하 사이의 거리(m)는? [19]

① 1m ② 2m

③ 0.1m ④ 0.2m

해설 $F = 9\times10^9 \times \dfrac{Q_1 \cdot Q_2}{\mu_s\, r^2}$[N]에서,

$r^2 = 9\times10^9 \times \dfrac{Q_1 \cdot Q_2}{\mu_s\, F}$

$= 9\times10^9 \times \dfrac{4\times10^{-6}\times8\times10^{-6}}{1\times7.2} = 0.04$

$\therefore\ r = \sqrt{0.04} = 0.2\,\text{m}$

4. 진공의 유전율 ε_0의 크기 (F/m)는?

① 8.855×10^{-15}

② 8.855×10^{-12}

③ 8.855×10^{-9}

④ 8.855×10^{-6}

해설 진공의 유전율

$\varepsilon_0 = \dfrac{10^7}{4\pi C^2} = 8.855\times10^{-12}\text{F/m}$

여기서, $C = 3\times10^8$

5. 다음 중 비유전율이 가장 큰 것은? [14]

① 종이
② 염화비닐
③ 운모
④ 산화티탄 자기

> **해설** 비유전율의 비교 참조

6. 전하의 성질에 대한 설명 중 옳지 않은 것은? [11, 17, 19]

① 전하는 가장 안정한 상태를 유지하려는 성질이 있다.
② 같은 종류의 전하끼리는 흡인하고 다른 종류의 전하끼리는 반발한다.
③ 낙뢰는 구름과 지면 사이에 모인 전기가 한꺼번에 방전되는 현상이다.
④ 대전체의 영향으로 비대전체에 전기가 유도된다.

> **해설** 전하의 성질 : 같은 종류의 전하는 서로 반발하고, 다른 종류의 전하는 서로 흡인한다.

7. 다음 그림과 같이 박 검전기의 원판 위에 양(+)의 대전체를 가까이 했을 경우에 박 검전기는 양으로 대전되어 벌어진다. 이와 같은 현상을 무엇이라고 하는가? [18, 19]

① 정전 유도
② 정전 차폐
③ 자기 유도
④ 대전

> **해설** 정전 유도 (electrostatic induction) 참조

8. 다음 그림과 같이 박 검전기의 원판 위에 금속 철망을 씌우고 양(+)의 대전체를 가까이 했을 경우에는 알루미늄박은 움직이지 않는데 그 작용은 금속철망의 어떤 현상 때문인가? [18]

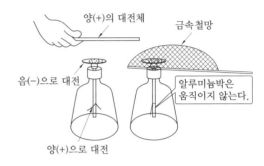

① 정전 유도
② 정전 차폐
③ 자기 유도
④ 대전

> **해설** 정전 차폐 (electrostatic shielding) 참조

1-3 ○ 콘덴서

■ **콘덴서(condenser)**

콘덴서는 특성상 커패시터(capacitor)라는 용어가 더 적합하나, 콘덴서란 용어를 많이 사용하므로 혼용된다. 또한 전기를 저장할 수 있는 장치로 축전기라고도 한다.

1 콘덴서의 원리와 구조

(1) 기본 원리

① 콘덴서가 전기를 저장하는 기본 원리는 유전체의 분극 현상에 있다.

② 분극 현상(polarization) : 전기장이 없는 상태에서는 유전체 내부의 전기 쌍극자가 무질서하게 분포되어 절연체와 같은 성질을 가지고 있으나, 전극에 전압을 가하여 전기장이 발생하게 되면 쌍극자가 전기장의 방향으로 정렬되는 현상이다.

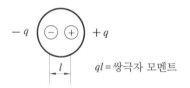

$-q$ $\ominus$ $\oplus$ $+q$

l　　$ql = $쌍극자 모멘트

그림 1-4　쌍극자

• 쌍극자(doublet) : 유전체 내에서 크기가 같고 극성이 반대인 $+q[C]$와 $-q[C]$의 1쌍의 전하를 가지는 원자

③ 분극 현상이 강할수록(쌍극자 수가 많을수록) 유전율이 높아진다.

④ 분극 현상이 발생하게 되면 한쪽 전극에는 (+) 전하가, 반대쪽 전극에는 (−) 전하가 밀집되어 전기를 저장할 수 있는 것이다.

(2) 커패시턴스(capacitance) ; 정전 용량(electrostatic capacity)

① 전극이 전하를 축적하는 능력의 정도를 나타내는 상수이다.

② 콘덴서에 가해지는 전압 $V[V]$와 충전되는 전기량 $Q[C]$의 비를 표시한다.

　(개) 정전 용량 $C = \dfrac{Q}{V}[F]$

　(내) 축적된 전하 $Q = CV[C]$

③ 정전 용량의 단위

　(개) 단위 : [F], Farad

$$1\,F = 10^6\,\mu F = 10^{12}\,pF$$

　(내) $1\,F : 1\,V$의 전위차에 의하여 $1\,C$의 전기량을 축적할 수 있는 용량이다.

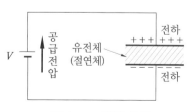

그림 1-5　정전 용량

(3) 콘덴서 (condenser)

① 평행판 콘덴서에 있어서 전극의 면적을 $A\,[\mathrm{m}^2]$, 극판 사이의 거리를 $l\,[\mathrm{m}]$, 극판 사이에 채워진 절연체의 유전율을 ε이라고 하면, 콘덴서의 용량 $C\,[\mathrm{F}]$는 다음과 같다.

$$C = \varepsilon \frac{A}{l}\,[\mathrm{F}]$$

② 정전 용량을 크게 하는 방법

  ㈎ 극판의 면적을 넓게 하는 방법

  ㈏ 극판간의 간격을 작게 하는 방법

  ㈐ 극판간의 절연물을 비유전율(ε_s)이 큰 것으로 사용하는 방법

2 콘덴서의 종류

- 가변 콘덴서(variable condenser) : 바리콘 (varicon)
- 고정 콘덴서(fixed condenser) : 전해, 마일러, 세라믹, 탄탈, 마이카 콘덴서

(1) 전해 콘덴서 (electrolytic condenser)

① 케미콘 (chemical condenser)이라고도 부르는 이 콘덴서는 얇은 산화막을 유전체로 사용하고, 전극으로는 알루미늄을 사용하고 있다.

② 전원의 평활 회로, 저주파 바이패스 등에 주로 사용된다. 그러나 주파수 특성이 나쁜 코일 성분이 많아 고주파에는 적합하지 않다.

③ 극성을 가지므로 직류 회로에 사용된다.

(2) 마일러 콘덴서 (mylar condenser)

① 얇은 폴리에스테르 (polyester) 필름의 양면에 금속박을 대고 원통형으로 감은 것이다.

② 극성이 없으며 가격이 싸지만, 높은 정밀도는 기대할 수 없다.

(3) 세라믹 콘덴서 (ceramic condenser)

① 세라믹 콘덴서는 전극간의 유전체로, 티탄산바륨과 같은 유전율이 큰 재료를 사용하며 극성은 없다.

② 이 콘덴서는 인덕턴스 (코일의 성질)가 적어 고주파 특성이 양호하여 바이패스에 흔히 사용된다.

(4) 탄탈 콘덴서 (tantal condenser)

① 전극에 탄탈륨이라는 재료를 사용하는 전해 콘덴서의 일종이다.

② 알루미늄 전해 콘덴서와 마찬가지로 비교적 큰 용량을 얻을 수 있으며, 온도가 변화해도 용량이 변화하지 않고 주파수 특성도 전해 콘덴서보다 우수하다.

③ 극성이 있으며, 콘덴서 자체에 (+)의 기호로 전극을 표시한다.

(5) 마이카 콘덴서(mica condenser)

① 운모(mica)와 금속 박막으로 되어 있거나 운모 위에 은을 발라서 전극으로 만든다.

② 온도 변화에 의한 용량 변화가 작고 절연 저항이 높은 우수한 특성을 가지므로, 표준 콘덴서로도 이용된다.

3 콘덴서의 연결 방법과 용량 계산

(1) 병렬 연결

① 합성 정전 용량＝각 콘덴서의 정전 용량의 합

$$C_p = C_1 + C_2 + C_3 + \dots C_n \,[\mathrm{F}]$$

② 축적되는 전기량 $Q[\mathrm{C}]$는 정전 용량 $C[\mathrm{F}]$에 비례한다.

$$Q_1 = C_1 V \,[\mathrm{C}]$$
$$Q_2 = C_2 V \,[\mathrm{C}]$$
$$Q_3 = C_3 V \,[\mathrm{C}]$$

③ 각 콘덴서 양단 전압은 전원의 단자 전압과 같다.

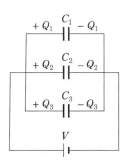

그림 1-6 병렬 연결

(2) 직렬 연결

① 합성 정전 용량의 역수＝각 정전 용량 역수의 합

$$\frac{1}{C_s} = \frac{1}{C_1} + \frac{1}{C_2} + \frac{1}{C_3} + \dots \frac{1}{C_n} \,[\mathrm{F}]$$

② C_1과 C_2가 직렬인 경우의 합성 용량

$$C_s = \frac{\text{두 정전 용량의 곱}}{\text{두 정전 용량의 합}} = \frac{C_1\,C_2}{C_1 + C_2} \,[\mathrm{F}]$$

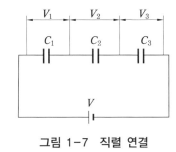

그림 1-7 직렬 연결

③ C_1, C_2, C_3가 직렬인 경우의 합성 용량

$$C_s = \frac{\text{세 정전 용량의 곱}}{\text{두 정전 용량의 곱들의 합}} = \frac{C_1 \cdot C_2 \cdot C_3}{C_1 \cdot C_2 + C_2 \cdot C_3 + C_3 \cdot C_1} \,[\mathrm{F}]$$

④ 각 콘덴서 양단의 전압은 콘덴서의 정전 용량에 반비례한다.

$$V_1 = \frac{Q}{C_1} \,[\mathrm{V}], \ V_2 = \frac{Q}{C_2} \,[\mathrm{V}], \ V_3 = \frac{Q}{C_3} \,[\mathrm{V}]$$

$$\therefore V = V_1 + V_2 + V_3$$

⑤ 전압의 분배

$$V_1 = \frac{C_2}{C_1 + C_2} \cdot V, \ V_2 = \frac{C_1}{C_1 + C_2} \cdot V$$

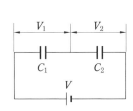

그림 1-8 전압의 분배

4   정전 에너지(electrostatic energy)

(1) 콘덴서에 축적되는 정전 에너지

① 콘덴서에 직류 전원을 가하면, 충전할 때 에너지가 주입된다.

② 그림 1-9와 같은 회로에서 전압 V를 가하면 저항 R을 통하여 서서히 충전할 때 C에 축적되는 정전 에너지 W는 다음과 같다.

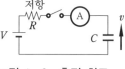

그림 1-9 충전 회로

$$W = \frac{1}{2} V Q = \frac{1}{2} C V^2 \, [\text{J}]$$

(2) 정전 흡인력

① 콘덴서가 충전되면 양 극판 사이의 양·음전하에 의해 흡인력이 발생한다.

② 단위 면적당 정전 흡인력 F_0는 다음과 같다.

$$F_0 = \frac{1}{2} \varepsilon_0 V^2 \, [\text{N/m}^2]$$

③ 이 원리는 정전 전압계, 정전 집진 장치(먼지 등의 작은 입자를 제거하는 장치), 정전 기록 및 자동차 등의 정전 도장에 이용되고 있다.

과년도 / 예상문제

전기기능사

1. 어떤 콘덴서에 1000 V의 전압을 가하였더니 5×10^{-3} C의 전하가 축적되었다. 이 콘덴서의 용량은? [11]

① 2.5μF　　　　② $5\,\mu$F
③ $250\,\mu$F　　　　④ $5000\,\mu$F

해설 $C = \dfrac{Q}{V} = \dfrac{5 \times 10^{-3}}{1000} = 5 \times 10^{-6} = 5\,\mu$F

2. 4 F와 6 F의 콘덴서를 병렬 접속하고 10 V의 전압을 가했을 때 축적되는 전하량 Q [C]는? [15]

① 19　　② 50　　③ 80　　④ 100

해설 $Q = (C_1 + C_2) V = (4+6) \times 10 = 100$ C

3. 30 μF과 40 μF의 콘덴서를 병렬로 접속한 후 100 V의 전압을 가했을 때 전 전하량은 몇 C인가? [14]

① 17×10^{-4}　　　② 34×10^{-4}
③ 56×10^{-4}　　　④ 70×10^{-4}

해설 $Q = CV = (C_1 + C_2) \cdot V$
$= (30+40) \times 10^{-6} \times 100$
$= 70 \times 10^{-6} \times 10^2 = 70 \times 10^{-4} [\text{C}]$

4. 정전 용량(electrostatic capacity)의 단위를 나타낸 것으로 틀린 것은? [10, 18]

① $1\text{pF} = 10^{-12}$ F　　② $1\text{nF} = 10^{-7}$ F
③ $1\mu\text{F} = 10^{-6}$ F　　④ $1\text{mF} = 10^{-3}$ F

정답 **1.** ②　**2.** ④　**3.** ④　**4.** ②

해설 $1\text{nF} = 10^{-9}\text{F}$

5. 다음 중 콘덴서의 정전 용량에 대한 설명으로 틀린 것은? [15, 18]

① 전압에 반비례한다.
② 이동 전하량에 비례한다.
③ 극판의 넓이에 비례한다.
④ 극판의 간격에 비례한다.

해설 $C = \dfrac{Q}{V}[\text{F}] \quad C = \varepsilon\dfrac{A}{l}[\text{F}]$
※ 극판의 간격에 반비례한다.

6. 다음 중 평행판 콘덴서에서 극판 사이의 거리를 1/2로 했을 때 정전 용량은 몇 배가 되는가? [19]

① 1/2배 ② 1배
③ 2배 ④ 4배

해설 $C = \varepsilon\dfrac{A}{l}[\text{F}]$에서, 극판의 간격에 반비례하므로 정전 용량은 2배가 된다.

7. 용량이 큰 콘덴서를 만들기 위한 방법이 아닌 것은?

① 극판의 면적을 작게 한다.
② 극판간의 간격을 작게 한다.
③ 극판간에 넣는 유전체를 비유전율이 큰 것으로 사용한다.
④ 극판의 면적을 크게 한다.

해설 극판의 면적을 넓게(크게) 한다.

8. 다음 설명 중 틀린 것은? [16]

① 같은 부호의 전하끼리는 반발력이 생긴다.
② 정전 유도에 의하여 작용하는 힘은 반발력이다.
③ 정전 용량이란 콘덴서가 전하를 축적

하는 능력을 말한다.
④ 콘덴서에 전압을 가하는 순간은 콘덴서는 단락 상태가 된다.

해설 정전 유도 현상 : 정전 유도에 의하여 작용하는 힘은 흡인력이다.

9. 콘덴서 중 극성을 가지고 있는 콘덴서로서 교류 회로에 사용할 수 없는 것은? [17]

① 마일러 콘덴서 ② 마이카 콘덴서
③ 세라믹 콘덴서 ④ 전해 콘덴서

해설 전해 콘덴서(electrolytic condenser) : 극성을 가지므로 직류 회로에 사용된다.

10. 비유전율이 큰 산화티탄 등을 유전체로 사용한 것으로 극성이 없으며 가격에 비해 성능이 우수하여 널리 사용되고 있는 콘덴서의 종류는? [15, 17, 19]

① 전해 콘덴서 ② 세라믹 콘덴서
③ 마일러 콘덴서 ④ 마이카 콘덴서

해설 세라믹 콘덴서(ceramic condenser) : 전극간의 유전체로, 티탄산바륨과 같은 유전율이 큰 재료를 사용하며 극성은 없다.

11. 다음 중 극성이 있는 콘덴서는? [18]

① 바리콘 ② 탄탈 콘덴서
③ 마일러 콘덴서 ④ 세라믹 콘덴서

해설 탄탈 콘덴서(tantal condenser)
㉠ 전극에 탄탈륨이라는 재료를 사용하는 전해 콘덴서의 일종이다.
㉡ 극성이 있으며, 콘덴서 자체에 (+)의 기호로 전극을 표시한다.

12. 다음 중 용량을 변화시킬 수 있는 콘덴서는 어느 것인가? [11, 12, 17]

① 바리콘 ② 마일러 콘덴서
③ 전해 콘덴서 ④ 세라믹 콘덴서

해설 바리콘(varicon)은 variable condenser (가변 콘덴서)의 줄임말이다.

13. 4F, 6F의 콘덴서 2개를 병렬로 접속했을 때의 합성 정전 용량은 몇 μF인가? [11, 14, 16, 17]

① 2.4 ② 5 ③ 10 ④ 24

해설 $C = C_1 + C_2 = 4 + 6 = 10\mu F$

14. 2F, 4F, 6F의 콘덴서 3개를 병렬로 접속했을 때의 합성 정전 용량은 몇 μF인가? [11, 14, 16]

① 1.5 ② 4 ③ 8 ④ 12

해설 $C = C_1 + C_2 + C_3 = 2 + 4 + 6 = 12\,\mu F$

15. 그림에서 $C_1 = 1\,\mu F$, $C_2 = C_3 = 2\,\mu F$ 일 때 합성 정전 용량은? [14]

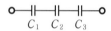

① $\dfrac{1}{5}\,\mu F$ ② $\dfrac{1}{4}\,\mu F$

③ $\dfrac{1}{3}\,\mu F$ ④ $\dfrac{1}{2}\,\mu F$

해설 $C_s = \dfrac{C_1 \cdot C_2 \cdot C_3}{C_1 \cdot C_2 + C_2 \cdot C_3 + C_3 \cdot C_1}$

$= \dfrac{1 \times 2 \times 2}{1 \times 2 + 2 \times 2 + 2 \times 1} = \dfrac{4}{8} = \dfrac{1}{2}\,\mu F$

※ C_2와 C_3의 직렬접속의 합성 용량을 먼저 구하면 $1\mu F$이므로 전체 용량은 $\dfrac{1}{2}\mu F$ 가 된다.

16. $C_1 = 5\,\mu F$, $C_2 = 10\,\mu F$의 콘덴서를 직렬로 접속하고 직류 30 V를 가했을 때 C_1의 양단의 전압 V_1은 몇 V인가? [16]

① 5 ② 10 ③ 20 ④ 30

해설 $V_1 = \dfrac{C_2}{C_1 + C_2}\,V = \dfrac{10}{5 + 10} \times 30 = 20\,V$

$V_2 = \dfrac{C_1}{C_1 + C_2}\,V = \dfrac{5}{5 + 10} \times 30 = 10\,V$

17. 재질과 두께가 같은 1, 2, 3μF 콘덴서 3개를 직렬 접속하고, 전압을 가하여 증가시킬 때 먼저 절연이 파괴되는 전압은?

① 1 μF ② 2 μF

③ 3 μF ④ 동시

해설 콘덴서의 직렬 접속 시 각 콘덴서 양단에 걸리는 전압은 정전 용량에 반비례하므로, 가장 용량이 작은 $1\,\mu$F 콘덴서가 가장 먼저 절연 파괴된다.

18. 다음 회로의 합성 정전 용량(μF)은 어느 것인가? [15, 19]

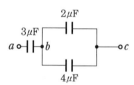

① 5 ② 4 ③ 3 ④ 2

해설 ㉠ $C_{bc} = 2 + 4 = 6\mu F$

㉡ $C_{ac} = \dfrac{C_{ab} \times C_{bc}}{C_{ab} + C_{bc}} = \dfrac{3 \times 6}{3 + 6} = 2\mu F$

19. 다음 그림과 같이 $C = 2\,\mu F$의 콘덴서가 연결되어 있다. A점과 B점 사이의 합성 정전 용량은 얼마인가? [12]

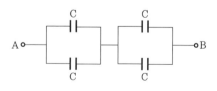

① 1 μF ② 2 μF

③ 4 μF ④ 8 μF

해설 $C_{AB} = \dfrac{2C \times 2C}{2C + 2C} = \dfrac{4C^2}{4C} = C = 2\,\mu\text{F}$

20. 정전 용량이 같은 콘덴서 2개가 있다. 이것을 직렬 접속할 때의 값은 병렬 접속할 때의 값보다 어떻게 되는가? [18]

① $\dfrac{1}{2}$로 감소한다. ② $\dfrac{1}{4}$로 감소한다.

③ 2배로 증가한다. ④ 4배로 증가한다.

해설 ㉠ 병렬 접속 시 : $C_p = C_1 + C_2 = 2C$

㉡ 직렬 접속 시 : $C_s = \dfrac{C_1 \cdot C_2}{C_1 + C_2}$

$= \dfrac{C^2}{2C} = \dfrac{C}{2}$

∴ $C_s = \dfrac{1}{4} \cdot C_p$

21. 정전 용량이 같은 콘덴서 10개가 있다. 이것을 병렬 접속할 때의 값은 직렬 접속할 때의 값보다 어떻게 되는가? [13, 16]

① $\dfrac{1}{10}$로 감소한다.

② $\dfrac{1}{100}$로 감소한다.

③ 10배로 증가한다.

④ 100배로 증가한다.

해설 ㉠ 병렬 접속 시 : $C_p = n \times C = 10C$

㉡ 직렬 접속 시 : $C_s = \dfrac{C}{n} = \dfrac{C}{10}$

∴ $\dfrac{C_p}{C_s} = \dfrac{10C}{\dfrac{C}{10}} = 100$배

22. 콘덴서에 V[V]의 전압을 가해서 Q[C]의 전하를 충전할 때 저장되는 에너지는 몇 J인가? [11, 14, 19]

① $2\,QV$ ② $2\,QV^2$

③ $\dfrac{1}{2}\,QV$ ④ $\dfrac{1}{2}\,QV^2$

23. 전기량 $10\,\mu\text{C}$을 1000V로 콘덴서에 충전하여 축적되는 에너지는 몇 J인가? [18]

① $2\ 5 \times 10^{-3}$ ② 5×10^{-2}

③ 5×10^{-3} ④ 5

해설 $W = \dfrac{1}{2}QV = \dfrac{1}{2} \times 10 \times 10^{-6} \times 1000$

$= 5 \times 10^{-3}\,\text{J}$

24. 2kV의 전압으로 충전하여 2 J의 에너지를 축적하는 콘덴서의 정전 용량은? [10]

① $0.5\,\mu\text{F}$ ② $1\,\mu\text{F}$ ③ $2\,\mu\text{F}$ ④ $4\,\mu\text{F}$

해설 $W = \dfrac{1}{2}CV^2$ [J]에서,

$C = 2 \cdot \dfrac{W}{V^2} = 2 \times \dfrac{2}{(2 \times 10^3)^2}$

$= 1 \times 10^{-6} = 1\,\mu\text{F}$

25. 정전 용량 C[F]의 콘덴서에 W [J]의 에너지를 축적하려면 이 콘덴서에 가해줄 전압 (V)은 얼마인가? [18]

① $\dfrac{2W}{C}$ ② $\sqrt{\dfrac{2W}{C}}$

③ $\dfrac{2C}{W}$ ④ $\sqrt{\dfrac{2C}{W}}$

해설 $W = \dfrac{1}{2}CV^2$[J]에서, $V^2 = \dfrac{2W}{C}$

∴ $V = \sqrt{\dfrac{2W}{C}}$ [V]

26. 정전 흡인력에 대한 설명 중 옳은 것은 어느 것인가? [10, 18, 19]

① 정전 흡인력은 전압의 제곱에 비례한다.
② 정전 흡인력은 극판 간격에 비례한다.
③ 정전 흡인력은 극판 면적의 제곱에 비례한다.
④ 정전 흡인력은 쿨롱의 법칙으로 직접 계산한다.

해설 정전 흡인력 : $F = \dfrac{1}{2}\varepsilon V^2 [\text{N/m}^2]$

정답 ● **20.** ② **21.** ④ **22.** ③ **23.** ③ **24.** ② **25.** ② **26.** ①

1-4 o 전기장과 전위

- 전기장 (electric field) : 정전력이 작용하는 공간
- 전기력선 (line off electric field) : 전기장에서 전기력을 나타내는 가상적인 선
- 전속 (dielectric flux) : 유전체 내의 전하의 연결을 가상하여 나타내는 선

1 전기장과 전기력선

(1) 전기력선의 성질

① 전기력선의 방향은 전기장의 방향과 같으며, 전기력선의 밀도는 전기장의 크기와 같
  도록 정의한다.

② 전기력선은 양전하(+)에서 시작하여 음전하(−)에서 끝난다.

③ 전하가 없는 곳에서는 전기력선의 발생·소멸이 없다. 즉, 연속적이다.

④ 단위 전하(±1 C)에서는 $1/\varepsilon_0$개의 전기력선이 출입한다.

⑤ 전기력선은 전위가 높은 점에서 낮은 점으로 향한다.

⑥ 전기력선은 도체 표면(등전위면)에 수직으로 출입한다.

⑦ 도체 내부에는 전기력선이 존재하지 않는다.

⑧ 전기력선은 당기고 있는 고무줄과 같이 언제나 수축하려고 하며, 전기장이 0이 아닌
  곳에서는 두 개의 전기력선이 교차하지 않는다.

⑨ 전기력선 중에는 무한 원점에서 끝나거나 또는 무한 원점에서 오는 것이 있을 수
  있다.

⑩ 전기력선은 전기장에 가상적으로 그어진 선으로, 전기장의 방향은 그 선상의 접선
  방향이다.

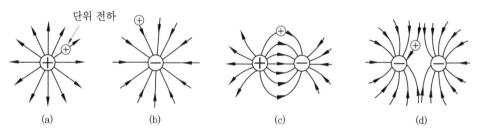

(a) (b) (c) (d)

그림 1-10 전기력선의 성질

(2) 전기장의 방향과 세기

① 전기장의 방향은 전기장 속에 양전하가 있을 때 받는 방향이다.

② 전기장의 세기(E)는 전기장 중에 단위 전하인 +1 C의 전하를 놓을 때, 여기에 작용
  하는 전기력의 크기(F)를 나타낸다.

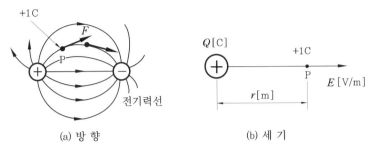

(a) 방 향　　　　　　　(b) 세 기

그림 1-11   전기장의 방향과 세기

③ 비유전율 ε_s 의 매질 내에서 $Q[\mathrm{C}]$ 의 전하로부터 $r[\mathrm{m}]$ 의 거리에 있는 점 P에서의 전
기장의 세기 E 는 다음과 같다.

$$E = 9 \times 10^9 \frac{Q}{\varepsilon_s\, r^2} \, [\mathrm{V/m}]$$

④ $Q_1[\mathrm{C}]$ 과 $+1\,\mathrm{C}$ 사이에 작용하는 전기력(정전력) $F[\mathrm{N}]$ 와의 관계

$$E = \frac{F}{Q} \, [\mathrm{V/m}]$$

⑤ $1\,\mathrm{V/m}$ 는 전기장 중에 놓인 $+1\,\mathrm{C}$ 의 전하에 작용하는 힘이 $1\,\mathrm{N}$ 인 경우의 전기장 세기
를 의미한다.

(3) 전기장의 세기 E 와 전속 밀도 D 와의 관계

① 전기장의 세기 E

$$E = \frac{1}{4\pi\varepsilon} \cdot \frac{Q}{r^2} \, [\mathrm{V/m}]$$

② 전속 밀도 D ($4\pi r^2$: 반지름 r 인 구의 표면적)

$$D = \frac{Q}{A} = \frac{Q}{4\pi r^2} \, [\mathrm{C/m}^2] \qquad\qquad \therefore D = \varepsilon E \, [\mathrm{C/m}^2]$$

여기서, $D = \dfrac{Q}{4\pi r^2} = \dfrac{\varepsilon}{\varepsilon} \cdot \dfrac{Q}{4\pi r^2} = \varepsilon \cdot \dfrac{1}{4\pi\varepsilon} \cdot \dfrac{Q}{r^2} = \varepsilon E$

2 전위와 등전위면

(1) 전위 (electric potential)

① 전기장 속에 놓인 전하는 전기적인 위치 에너지를 가지게 되는데, 한 점에서 단위
전하가 가지는 전기적인 위치 에너지를 전위라 한다.

② 일반적으로 전위의 기준점은 무한 원점으로 선택하나, 실제 전위 측정에서는 지구를
전위의 기준점, 즉 지구의 전위를 0으로 한다.

③ 전위차 (potential difference)

㉮ 임의의 두 점간의 에너지의 차를 전위차라 한다.

㉯ 단위로는 전하가 한 일의 의미로 [J/C] 또는 볼트 (volt, [V])를 사용한다.

④ 유전율 ε인 매질 내에서 $Q[\text{C}]$의 단일점 전하로부터 $r[\text{m}]$의 거리에 있는 임의의 점의 전위 크기 V는 다음과 같다.

$$V = \frac{Q}{4\pi\varepsilon r} = 9 \times 10^9 \times \frac{Q}{\varepsilon_s r}\,[\text{V}]$$

⑤ $Q[\text{C}]$의 전하가 전위차가 일정한 두 점 사이를 이동할 때 얻거나 잃는 에너지를 $W[\text{J}]$라고 하면, 그 두 점 사이의 전위차 V는 다음과 같다.

$$V = \frac{W}{Q} = \frac{F \cdot l}{Q} = E \cdot l\,[\text{V}] \qquad \text{여기서, } E = \frac{F}{Q}\,[\text{V/m}]$$

⑥ 전위의 단위 : [V], [J/C], [N · m/C]

(2) 등전위면 (equipotential surface)

① 전기장 내에서 똑같은 전위의 점들로 이루어지는 면 또는 선을 등전위면 또는 등전위선이라 한다.

② 다른 전위의 등전위면은 서로 교차하지 않는다.

③ 등전위면과 전기력선은 수직으로 교차한다.

④ 전위의 기울기가 0의 점으로 되는 평면이다.

⑤ 전하는 등전위면에 직각으로 이동하며, 등전위면의 밀도가 높은 곳에서 전기장의 세기도 크다.

3 ▶ 평행 극판 사이의 전기장 및 전자에너지

(1) 전위의 기울기 (potenial gradient)

① 유전체 내에서 $+1\text{C}$의 전하에 작용하는 전기력(전기장의 세기)은 몇 [V/m]의 기울기인가에 의해 정해진다.

② 유전체 내의 전기력선을 따라 $\Delta l\,[\text{m}]$의 거리에 $\Delta V\,[\text{V}]$의 전압 (전위차)이 걸려 있다면, 전위의 기울기 G는 다음과 같다.

$$G = \frac{\Delta V}{\Delta l}\,[\text{V/m}]\,;\,[\text{N/C}]$$

(2) 전위의 기울기와 전기장의 세기

① 전기장 내부의 전위 기울기를 조사해 보면, 그것이 바로 전기장의 세기가 된다.

전기장의 세기 $E\,[\text{V/m}]$ = 전위의 기울기 $G\,[\text{V/m}]$

② 이때 전기장의 방향은 전위가 감소하는 방향이다.

(3) 전자 에너지(electronic energy)

① 여기(excitation) : 원자가 외부에서 열, 빛, X선 등의 방사 또는 운동입자 등으로부터 에너지를 얻고 전자가 보다 위의 준위에 이동하는 것

② 전리(ionization) : 전자가 충분히 큰 에너지를 얻어서 핵의 구속에서 풀리고 이탈하면 원자는 양전하의 양이온이 되는 것

③ 전하 e[C]의 전하가 V[V]의 전위차를 가진 두 점 사이를 이동할 때, 전자가 얻는 에너지 W는 $W = eV$[J]

여기서, 전위차의 값 V만으로 표시한 에너지를 V전자 볼트(electron volt, eV)의 에너지라 한다.

과년도 / 예상문제

전기기능사

1. 전기력선의 성질 중 맞지 않는 것은? [13, 17]

① 양전하에서 나와 음전하에서 끝난다.

② 전기력선의 접선 방향이 전장의 방향이다.

③ 전기력선에 수직한 단면적 $1\,\text{m}^2$ 당 전기력선의 수가 그곳의 전장의 세기와 같다.

④ 등전위면과 전기력선은 교차하지 않는다.

해설 전기력선은 등전위면과 수직으로 교차한다.

2. 전기력선 밀도를 이용하여 주로 대칭 정전계의 세기를 구하기 위하여 이용되는 법칙은? [18]

① 패러데이의 법칙

② 가우스의 법칙

③ 쿨롱의 법칙

④ 톰슨의 법칙

해설 가우스의 정리(Gauss theorem)

① 전체 전하량 Q[C]을 둘러싼 폐곡면을 관통하고 밖으로 나가는 전기력선의 총수

$$N = \frac{Q}{\varepsilon} = \frac{Q}{\varepsilon_0 \varepsilon_s} \, [\text{개}]$$

② 전기력에 수직한 단면적 $1\,\text{m}^2$ 당 전기력 수가 그곳의 전기장 세기와 같다.

∴ 전기장의 세기를 구할 수 있다.

3. 유전율 ε의 유전체 내에 있는 전하 Q[C]에서 나오는 전기력선의 수는?

① Q

② $\dfrac{Q}{\varepsilon_0}$

③ $\dfrac{Q}{\varepsilon}$

④ $\dfrac{Q}{\varepsilon_s}$

해설 문제 2. 해설 참조

4. 전장 중에 단위 정전하를 놓을 때 여기에 작용하는 힘과 같은 것은? [11, 14]

① 전하

② 전장의 세기

③ 전위

④ 전속

해설 1[V/m]의 전기장의 세기 : 전기장 중에 놓인 단위 정전하 $+1$C의 전하에 작용하는 힘이 1N인 경우의 전기장 세기를 의미한다.

정답 ● 1. ④ 2. ② 3. ③ 4. ②

5. 다음 중 전기장의 세기 단위로 옳은 것은 어느 것인가? [13, 15, 17, 18]

① H/m   ② F/m
③ AT/m   ④ V/m

해설 문제 4. 해설 참조

6. 평행판 전극에 일정 전압을 가하면서 극판의 간격을 2배로 하면 내부 전기장의 세기는 어떻게 되는가? [19]

① 4배로 커진다.
② 1/2배로 작아진다.
③ 2배로 커진다.
④ 1/4배로 작아진다.

해설 일정 전압에서, 내부 전기장의 세기는 극판 간격에 반비례하므로 1/2배로 작아진다.

7. 일정 전압을 가하고 있는 평행판 전극에 극판 간격을 1/3로 줄이면 전장의 세기는 몇 배로 되는가? [18]

① 1/3배   ② 1/9배
③ 3배   ④ 9배

해설 문제 6. 해설 참조

8. 전기장(電氣場)에 대한 설명으로 옳지 않은 것은? [12]

① 대전된 무한장 원통의 내부 전기장은 0이다.
② 대전된 구(球)의 내부 전기장은 0이다.
③ 대전된 도체 내부의 전하 및 전기장은 모두 0이다.
④ 도체 표면의 전기장은 그 표면에 평행이다.

해설 ㉠ 도체 표면은 등전위면이다. 따라서, 도체 표면의 전기장(전기력선)은 표면에 수직이다.
   ㉡ 대전된 도체의 전하는 전부 표면에만 존재하며 도체 내부의 전기장은 0이다.
   ㉢ 대전된 구(球)의 내부 전기장은 0이다.

9. 다음 중 전위 단위가 아닌 것은? [19]

① V/m   ② J/C
③ N·m/C   ④ V

해설 V/m은 전기장의 세기 단위이다.
   ※ 전위의 단위 : [V], [J/C], [N·m/C]
   ※ 전위 $V = \dfrac{F \cdot l}{Q}$ [N·m/C]

10. 도면과 같이 공기 중에 놓인 12×10^{-8} C의 전하에서 2 m 떨어진 점 P와 1m 떨어진 점 Q와의 전위차는 몇 V인가? [14, 18]

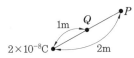

① 80 V   ② 90 V
③ 100 V   ④ 110 V

해설 전위는 거리에 반비례한다.
   전위차 $V = 9 \times 10^9 \times Q \left(\dfrac{1}{\gamma_1} - \dfrac{1}{\gamma_2} \right)$
$$= 9 \times 10^9 \times 2 \times 10^{-8} \left(\dfrac{1}{1} - \dfrac{1}{2} \right)$$
$$= 90 \text{ V}$$

11. 다음 중 1 V와 같은 값을 갖는 것은 어느 것인가? [15, 17, 18]

① 1 J/C   ② 1 Wb/m
③ 1 Ω/m   ④ 1 A·s

해설 1 V란, 1 C의 전하가 이동하여 한 일이 1 J일 때의 전위차이다
   ∴ 1 V = 1 J/C

12. 24 C의 전기량이 이동해서 144 J의 일을 했을 때 기전력은? [12, 14]

① 2 V   ② 4 V   ③ 6 V   ④ 8 V

해설 $V = \dfrac{W}{Q} = \dfrac{144}{24} = 6 \text{ V}$

13. 3 V의 기전력으로 300 C의 전기량이 이동할 때 몇 J의 일을 하게 되는가? [16]

① 1200   ② 900

③ 600   ④ 100

해설 $W = V \cdot Q = 3 \times 300 = 900$ J

14. 비유전율 2.5의 유전체 내부의 전속밀도가 2×10^{-6} C/m²되는 점의 전기장의 세기는? [10, 16]

① 18×10^4 V/m

② 9×10^4 V/m

③ 6×10^4 V/m

④ 3.6×10^4 V/m

해설 전속밀도 $D = \varepsilon E$ [C/m²]에서,

$$E = \frac{D}{\varepsilon_0 \cdot \varepsilon_s} = \frac{2 \times 10^{-6}}{8.855 \times 10^{-12} \times 2.5}$$
$$= 9 \times 10^4 \text{ V/m}$$

15. 충전된 대전체를 대지(大地)에 연결하면 대전체는 어떻게 되는가? [16]

① 방전한다.

② 반발한다.

③ 충전이 계속된다.

④ 반발과 흡인을 반복한다.

해설 대지 전위(大地 電位 ; earth potential) : 대지가 가지고 있는 전위는 보통은 0전위로 간주되고 있으므로 충전된 대전체를 대지에 연결하면 방전하게 되며, 그 대전체의 전위는 대지와 같게 된다.

※ 접지(earth) : 어떤 대전체에 들어 있는 전하를 없애려고 할 때에는 대전체와 지구(대지)를 도선으로 연결하면 되는데, 이것을 어스 또는 접지한다고 말한다.

16. 1 eV는 몇 J인가? [10, 15 ,18]

① 1

② 1×10^{-10}

③ 1.16×10^4

④ 1.602×10^{-19}

해설 전자의 전하 $e = 1.60219 \times 10^{-19}$ C

$$\therefore 1\,eV = 1.60219 \times 10^{-19} \times 1$$
$$= 1.602 \times 10^{-19} \text{ J}$$

17. 100 V 의 전위차로 가속된 전자의 운동에너지는 몇 J인가? [13]

① 1.6×10^{-20} J

② 1.6×10^{-19} J

③ 1.6×10^{-18} J

④ 1.6×10^{-17} J

해설 $W = eV = 1.6 \times 10^{-19} \times 100$

$$= 1.6 \times 10^{-17} \text{J}$$

정답 ● **13.** ②   **14.** ②   **15.** ①   **16.** ④   **17.** ④

CHAPTER 2 │ 자기의 성질과 전류에 의한 자기장

2-1 ○ 자석에 의한 자기 현상

■ **자기장**(magnetic field) : 자극에 대하여 자력이 작용하는 공간
  • 자기 (magnetism) : 자석이 쇠붙이를 끌어당기는 성질의 근원
  • 자기 작용 (magnetic action) : 자기에 의하여 생기는 작용
  • 자기력 (magnetic force) : 자기적인 힘

1 ▶ 영구 자석과 전자석

(1) 자석 (磁石 ; magnet) : 천연 영구 자석
  ① 자기적으로 분극된 강자성체, 즉 자기적 성질을 갖는 물체를 말한다.
  ② 자석은 철가루와 철 조각 등을 끌어당기는 성질이 있다. 또한 자석으로 강철을 문지
    르면 강철도 역시 철 조각을 끌어당기는 성질을 가지게 된다.

(2) 전자석 (electromagnet)
  ① 전선을 여러 번 감은 원형 코일 속에 철심을 넣고, 코일에 전류를 흘리면 철심은 강한
    자석이 된다.
  ② 전자석은 전류가 많이 흐를수록 그리고 감은 수가 많을수록 강한 자석이 되며, 전류
    의 방향이 바뀌면 전자석의 극도 바뀐다.
  ③ 전자석은 영구 자석과 달리 전류가 흐르는 동안만 자석이 되며, 각종 릴레이, 차단
    기, 전동기 뿐만 아니라 스피커나 자기 부상 열차에서도 활용되고 있다.

(3) 영구 자석 재료의 구비 조건
  ① 잔류 자속 밀도와 보자력이 클 것
  ② 재료가 안정할 것
  ③ 전기적·기계적 성질이 양호할 것
  ④ 열처리가 용이할 것
  ⑤ 가격이 쌀 것

2 자석의 성질

(1) 자석과 자극 및 자력선(line of magnetic force)

① 자석은 쇠붙이를 끌어당기는 힘이 있으며, 남북을 가리키는 성질이 있다.

② 자석의 양끝은 자기력이 가장 강하게 작용하는데, 이것을 자극이라 한다.

③ 자석에는 언제나 N, S 두 극성이 존재하며 자기량은 같다.

④ 같은 극성의 자석은 서로 반발하고, 다른 극성은 서로 흡인한다.

⑤ 자극의 세기 단위는 [Wb], Weber가 사용된다.

⑥ 진공 중에 2개의 같은 크기를 갖는 자극을 1 m의 거리로 유지할 때, 상호간에 6.33×10^4 N의 힘이 작용하는 자극의 세기를 1 Wb라 한다.

⑦ 자력선은 N극에서 나와 S극으로 향한다(자석 내부에서는 S극에서 N극으로 이동한다).

⑧ 자력이 강할수록 자력선의 수가 많다.

⑨ 발생되는 자력선은 아무리 사용해도 기본적으로는 감소하지 않는다.

⑩ 자력선은 비자성체를 투과한다. 자력선은 자기장의 상태를 표시하는 선을 가상하여 자기장의 크기와 방향을 표시한다.

⑪ 자력선은 잡아당긴 고무줄과 같이 그 자신이 줄어들려고 하는 장력이 있으며, 같은 방향으로 향하는 자력선은 서로 반발한다.

⑫ 자력선은 서로 교차하지 않는다.

⑬ 자석은 고온이 되면 자력이 감소된다(저온이 되면 자력이 증가된다).

⑭ 자석은 임계 온도 이상으로 가열하면 자석의 성질이 없어진다.

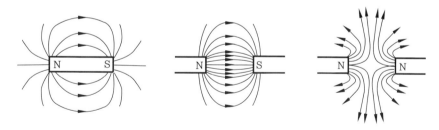

그림 1-12 자력선

(2) 자기 모멘트

자극의 세기 m 과 자극간의 거리 l 일 때 자기 모멘트 M 은 다음과 같다.

$$M = ml \ [\text{Wb·m}]$$

(3) 자기 유도

① 자성체를 자석 가까이 놓으면 자화되는 현상을 말한다.

② 자화(magnetization) : 쇳조각 등 자성체를 자석으로 만드는 것을 말한다.

(4) 자성체 (magnetic material)

① 상자성체와 강자성체 (자석에 자화되어 끌리는 물체)

㉮ 상자성체 : $\mu_s > 1$인 물체로서 알루미늄 (Al), 백금 (Pt), 산소 (O), 공기 등이 있다.

㉯ 강자성체 : $\mu_s \gg 1$인 물체로서 철(Fe), 니켈(Ni), 코발트 (Co), 망간 (Mn) 등이 있다.

② 반자성체 (자석에 반발하는 물체)

㉮ $\mu_s < 1$인 물체로서 금 (Au), 은 (Ag), 구리(Cu), 아연(Zn), 안티몬 (Sb) 등이 있다.

3 자석의 용도와 기능

(1) 전기 에너지를 기계 에너지로 전환하는 용도

① 플레밍의 왼손 법칙에 의하여 자기장 및 전류의 방향과 직각 방향으로 힘이 작용하는 원리를 응용한 것이다.

② 스피커, 검류계, 전압계, 전류계, 노출계, 전동기, 마그네트론, 브라운관 등에 이용되고 있다.

(2) 기계적인 에너지를 전기적 에너지로 전환하는 용도

① 전기 회로와 직교하고 있는 자기력선속 수가 변화하거나 또는 자기장 중 도체가 움직이면, 그 도체 중에 기전력이 발생하는 원리를 이용한 것이다.

② 자동차의 발전기, 발화기, 마이크로폰, 전화기의 송·수화기 등에 응용되고 있다.

4 자기에 관한 쿨롱의 법칙

(1) 쿨롱의 법칙 (Coulomb's law)

① 두 자극 사이에 작용하는 자력의 크기는 양 자극의 세기의 곱에 비례하고, 자극간의 거리의 제곱에 반비례한다.

② 진공 중에서의 자기력

$$F = \frac{1}{4\pi\mu_0} \cdot \frac{m_1 m_2}{r^2} = 6.33 \times 10^4 \cdot \frac{m_1 \cdot m_2}{r^2} \,[\text{N}]$$

여기서, m_1, m_2 : 자극의 세기(Wb), r : 자극간의 거리(m), μ_0 : 진공 투자율, μ_s : 비투자율

③ 매질 중에서,

$$F = 6.33 \times 10^4 \frac{m_1 m_2}{\mu_s r^2} \,[\text{N}]$$

④ MKS 단위계에서는 진공 중에서 같은 크기의 두 자극을 1 m 거리에 놓았을 때, 그 작용하는 힘이 6.33×10^4 N이 되는 자극의 세기를 단위로 하여 1 Wb라고 한다.

(2) 투자율과 비투자율

① 투자율 (permeability)

    ㈎ 강자성체의 투자율은 상수가 아니고, 외부 자기장의 세기(자화력)에 따라 변화한다.

    ㈏ 투자율은 매질의 두께에 반비례하고, 자속 밀도에 비례한다.

    ㈐ 자속은 투자율이 클수록 잘 통과한다.

      • 진공의 투자율 : $\mu_0 = 4\pi \times 10^{-7} = 1.257 \times 10^{-6} [\text{H/m}]$

      • 매질의 투자율 : $\mu = \mu_s \cdot \mu_0 = 4\pi \times 10^{-7} \times \mu_s [\text{H/m}]$

② 비투자율 : 진공 투자율에 대한 매질 투자율의 비를 나타낸다.

$$\mu_s = \frac{\mu}{\mu_0}$$

5 자기장의 성질

(1) 자기장 (magnetic field)의 크기와 방향

① 자기장 중의 어느 점에 단위 정 자하 ($+1$ Wb) 를 놓고, 이 자하에 작용하는 자력의 방향과 크기를 그 점에서의 자기장의 방향·크기로 나타낸다.

② m_1 [Wb] 자극으로부터 r [m]거리에 있는 점에서의 자기장 세기 H 는 다음과 같다.

$$H = \frac{1}{4\pi\mu_0\mu_s} \cdot \frac{m_1}{r^2} = 6.33 \times 10^4 \times \frac{m_1}{r^2\mu_s} [\text{AT/m}]$$

③ 자기장의 세기가 H [A/m]되는 자기장 안에 m_2 [Wb]의 자극이 있을 때, 작용하는 힘 F 는 다음과 같다.

$$F = m_2 H [\text{N}]$$

④ 1 AT/m의 자기장 크기는 1 Wb의 자하에 1 N의 자력이 작용하는 자기장의 크기를 나타낸다.

> 참고 🔍 자기장의 세기 단위는 [A/m]에 코일의 감긴 횟수(turn)를 곱한 [AT/m]을 일반적인 단위로 사용한다.

(2) 자기장의 세기

① 자기장의 세기가 H [A/m]라면 자기력선의 수는 자기장의 방향으로 1m^2 당 H 개가 지나가는 것을 의미한다.

② 진공 중에서 $+m$ [Wb]의 자극으로부터 나오는 총 자력선 수

$$N = H \times 4\pi r^2 = \frac{1}{4\pi\mu_0} \cdot \frac{m}{r^2} \times 4\pi r^2 = \frac{m}{\mu_0} = \frac{m}{4\pi \times 10^{-7}} \approx 7.958 \times 10^5 \times m \text{ [개]}$$

③ 자속 (magnetic flux) : $+m$ [Wb]의 자극에서는 매질에 관계없이 항상 m 개의 자력선 묶음이 나온다고 가정하여 이것을 자속이라 하며, 단위는 [Wb], 기호는 ϕ 를 사용한다.

$$1개의 \ 자속 = 7.958 \times 10^5 개의 \ 자력선$$

④ $+1$ Wb에서는 1개의 자속이, $+m$ [Wb]의 자극에서는 m 개의 자속이 나온다.

(3) 자속 밀도 (magnetic flux density)

① 자속의 방향에 수직인 단위 면적 $1 \, \text{m}^2$를 통과하는 자속 수를 나타내며, 단위는 $[\text{Wb/m}^2]$, 기호는 B 를 사용한다.

$$B = \frac{\varPhi}{A} \ [\text{Wb/m}^2]$$

② 자기장과의 관계는 다음과 같다.

$$B = \mu H = \mu_0 \mu_s H \ [\text{Wb/m}^2]$$

③ 자속의 밀도로서 자기장의 크기를 표시한다.

과년도 / 예상문제

전기기능사

1. 자석의 성질로 옳은 것은? [13, 17]
  ① 자석은 고온이 되면 자력이 증가한다.
  ② 자기력선에는 고무줄과 같은 장력이 존재한다.
  ③ 자력선은 자석 내부에서도 N극에서 S극으로 이동한다.
  ④ 자력선은 자성체는 투과하고, 비자성체는 투과하지 못한다.

  해설 자력선은 잡아당긴 고무줄과 같이 그 자신이 줄어들려고 하는 장력이 있으며, 같은 방향으로 향하는 자력선은 서로 반발한다.

2. 전자석의 특징으로 옳지 않은 것은? [14]
  ① 전류의 방향이 바뀌면 전자석의 극도 바뀐다.

② 코일을 감은 횟수가 많을수록 강한 전자석이 된다.
③ 전류를 많이 공급하면 무한정 자력이 강해진다.
④ 같은 전류라도 코일 속에 철심을 넣으면 더 강한 전자석이 된다.

  해설 전자석은 전류에 비례하여 자력이 강해지지만 철심의 자기 포화 현상 때문에 무한정 강해지지는 않는다.

3. 영구자석의 재료로서 적당한 것은? [16]
  ① 잔류자기가 적고 보자력이 큰 것
  ② 잔류자기와 보자력이 모두 큰 것
  ③ 잔류자기와 보자력이 모두 작은 것
  ④ 잔류자기가 크고 보자력이 작은 것

  해설 영구자석 재료의 구비조건 참조

---

4. 자기력선에 대한 설명으로 옳지 않은 것은? [14]

① 자기장의 모양을 나타낸 선이다.
② 자기력선이 조밀할수록 자기력이 세다.
③ 자석의 N극에서 나와 S극으로 들어간다.
④ 자기력선이 교차된 곳에서 자기력이 세다.

해설 자기력선은 서로 교차하지 않는다.

5. 진공 중에서 $+m$ [Wb]의 자극으로부터 나오는 자력선의 총수를 나타낸 것은? (단, μ_0는 진공 투자율이다) [14, 16, 17]

① m　　② $\dfrac{\mu_0}{m}$　　③ $\mu_0 m$　　④ $\dfrac{m}{\mu_0}$

해설 $N = H \times 4\pi r^2 = \dfrac{1}{4\pi\mu_0} \cdot \dfrac{m}{r^2} \times 4\pi r^2$
$= \dfrac{m}{\mu_0}$ [개]

6. 다음 물질 중 강자성체로만 짝지어진 것은 어느 것인가? [14]

① 철, 니켈, 아연, 망간
② 구리, 비스무트, 코발트, 망간
③ 철, 구리, 니켈, 아연
④ 철, 니켈, 코발트

해설 강자성체 : 철(Fe), 니켈(Ni), 코발트(Co), 망간(Mn)

7. 다음 설명 중 옳은 것은? [18]

① 상자성체는 자화율이 0보다 크고, 반자성체에서는 자화율이 0보다 작다.
② 상자성체는 투자율이 1보다 작고, 반자성체에서는 투자율이 1보다 크다.
③ 반자성체는 자화율이 0보다 크고, 투자율이 1보다 크다.
④ 상자성체는 자화율이 0보다 작고, 투자율이 1보다 크다.

해설 자성체(magnetic material) 투자율 (μ_s), 자화율 (χ)

① 상자성체와 강자성체
 • 상자성체 : $\mu_s > 1$인 물체로서, $\chi > 0$
 • 강자성체 : $\mu_s \gg 1$인 물체로서, $\chi \gg 0$
② 반자성체
 • $\mu_s < 1$인 물체로서, $\chi < 0$

8. 자기회로에 강자성체를 사용하는 이유는? [15]

① 자기저항을 감소시키기 위하여
② 자기저항을 증가시키기 위하여
③ 공극을 크게 하기 위하여
④ 주자속을 감소시키기 위하여

해설 ㉠ 강자성체는 투자율이 매우 큰 것이 특징인 자성물질로 철, 코발트, 니켈 등이 있다.
㉡ 자기저항은 투자율에 반비례한다.
∴ 자기회로는 자기저항을 감소시키기 위하여 강자성체를 사용한다.

9. 물질에 따라 자석에 반발하는 물체를 무엇이라 하는가? [92, 15, 17]

① 비자성체　　　　② 상자성체
③ 반자성체　　　　④ 가역성체

10. 반자성체에 속하는 물질은? [19]

① Ni　　　　　　② Co
③ Ag　　　　　　④ Pt

해설 금(Au), 은(Ag), 구리(Cu), 아연(Zn), 안티몬(Sb) 등

11. 다음 중 반자성체 물질의 특색을 나타낸 것은? (단, μ_s는 비투자율이다.) [16]

① $\mu_s > 1$　　　　② $\mu_s \gg 1$
③ $\mu_s = 1$　　　　④ $\mu_s < 1$

해설 문제 7. 해설 참조

정답 ● 4. ④　5. ④　6. ④　7. ①　8. ①　9. ③　10. ③　11. ④

12. 다음 중 자기 차폐와 가장 관계가 깊은 것은 어느 것인가?

① 상자성체
② 강자성체
③ 비투자율이 1인 자성체
④ 반자성체

해설 자기 차폐(magnetic shielding) : 자계 중 어느 장소를 투자율이 충분히 큰 강자성체로, 그 내부가 자계의 영향을 받지 않게 하는 것이다.

13. 진공 중에서 같은 크기의 두 자극을 1 m 거리에 놓았을 때, 그 작용하는 힘(N)은? (단, 자극의 세기는 1 Wb이다.) [12, 16]

① 6.33×10^4
② 8.33×10^4
③ 9.33×10^5
④ 9.09×10^9

해설 $F = 6.33 \times 10^4 \times \dfrac{m_1 \cdot m_2}{r^2}$

$= 6.33 \times 10^4 \times \dfrac{1 \times 1}{1^2} = 6.33 \times 10^4 [\text{N}]$

※ MKS 단위계에서는 진공 중에서 같은 크기의 두 자극을 1 m 거리에 놓았을 때, 그 작용하는 힘이 6.33×10^4 [N]이 되는 자극의 세기를 단위로 하여 1 Wb라고 한다.

14. 어느 자기장에 의하여 생기는 자기장의 세기를 1/2로 하려면 자극으로부터의 거리를 몇 배로 하여야 하는가? [10]

① $\sqrt{2}$ 배 ② $\sqrt{3}$ 배 ③ 2배 ④ 3배

해설 자기장의 세기 $H = k \cdot \dfrac{1}{r^2}$에서, 자기장의 세기는 자극 m으로부터의 거리 r의 제곱에 반비례하게 된다.

∴ $\dfrac{H}{2} = k \cdot \dfrac{1}{(\sqrt{2}\,r)^2} = \dfrac{1}{2r^2}$

즉, 자기장의 세기를 $\dfrac{1}{2}$로 하려면 거리를 $\sqrt{2}$ 배하면 된다.

15. 진공의 투자율 μ_0 [H/m]는? [17, 18, 19]

① 6.33×10^4
② 8.85×10^{-12}
③ $4\pi \times 10^{-7}$
④ 9×10^9

해설 $\mu_0 = 4\pi \times 10^{-7} = 1.257 \times 10^{-6} [\text{H/m}]$

16. 다음 중 자장의 세기에 대한 설명으로 잘못된 것은? [13]

① 자속밀도에 투자율을 곱한 것과 같다.
② 단위자극에 작용하는 힘과 같다.
③ 단위 길이당 기자력과 같다.
④ 수직 단면의 자력선 밀도와 같다.

해설 자기장의 세기 : $H = \dfrac{B}{\mu}$ [A/m]

∴ 자기장의 세기는 자속 밀도를 투자율로 나눈 것과 같다.

17. 비투자율이 1인 환상철심 중의 자장의 세기가 H [AT/m]이었다. 이때 비투자율이 10인 물질로 바꾸면 철심의 자속밀도 (Wb/m²)는? [10, 18]

① 1/10 로 줄어든다.
② 10배 커진다.
③ 50배 커진다 .
④ 100배 커진다.

해설 $B = \mu H = \mu_0 \mu_s H$ [Wb/m²]에서, μ_0 와 H가 일정하면 자속밀도는 비투자율에 비례한다.

∴ 비투자율이 10배가 되면 자속밀도도 10배가 된다.

18. 공심 솔레노이드의 내부 자계의 세기가 800 AT/m일 때, 자속밀도 (Wb/m²)는 약 얼마인가? [18]

① 1×10^{-3}
② 1×10^{-4}
③ 1×10^{-5}
④ 1×10^{-6}

해설 $B = \mu_0 H = 4\pi \times 10^{-7} \times 800$

$= 1 \times 10^{-3} [\text{Wb/m}^2]$

정답 ● **12.** ② **13.** ① **14.** ① **15.** ③ **16.** ① **17.** ② **18.** ①

2-2 ◦ 전류에 의한 자기 현상과 자기 회로

1 전류에 의한 자기장과 자기력선의 방향

(1) 앙페르의 오른나사의 법칙(Ampere's right-handed screw rule)

① 전류에 의해서 생기는 자기장의 방향은 전류 방향에 따라 결정된다.

② 전류의 방향을 오른나사가 진행하는 방향으로 하면, 자기장의 방향은 오른나사의 회전 방향이 된다.

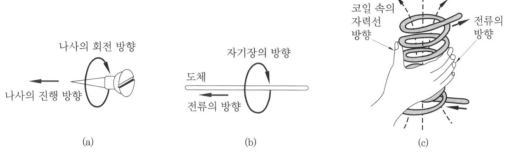

(a)   (b)   (c)

그림 1-13 전류와 자기장의 방향

(2) 비오-사바르의 법칙(Biot-Savart's law)

① 도체의 미소 부분 전류에 의해 발생되는 자기장의 크기를 알아내는 법칙이다.

② I [A]의 전류가 흐르고 있는 도체의 미소 부분 Δl 의 전류에 의해 이 부분에서 r [m] 떨어진 P점의 자기장의 세기 ΔH는 다음과 같다.

$$\Delta H = \frac{I \Delta l}{4 \pi r^2} \sin\theta \, [\text{AT/m}]$$

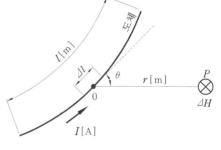

그림 1-14 비오-사바르 법칙

(3) 직선상 전류에 의한 자기장

① 무한장 직선 전류에 의한 자기장의 세기

  ㈎ 점 P의 자기장의 세기 : $H = \dfrac{I}{2 \pi r}$ [AT/m]

  ㈏ 자기장의 방향은 이 원의 접선 방향이 된다.

② 유한장 직선 전류에 의한 자기장의 세기

$$H = \frac{I}{4 \pi r} (\sin\theta_2 - \sin\theta_1)$$

(4) 원형 코일의 자기장

① 원형 도체의 미소 부분 Δl 에 의해 원의 중심에 발생하는 자기장 ΔH_0 는 비오－사바르 법칙에 의하여 다음과 같다.

$$\Delta H_0 = \frac{I}{4\pi r^2}\Delta l \ [\text{A/m}]$$

② 도체가 N 회 감겨져 있는 경우, $H = N \cdot \dfrac{I}{2r}\ [\text{AT/m}]$

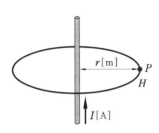

그림 1-15 직선 도체에 의한 자기장　　그림 1-16 원형 코일의 자기장

(5) 환상 솔레노이드 (solenoid) 내부의 자기장

① 평균 반지름이 r [m]이고, 권수가 N 인 환상 솔레노이드에 전류 I 가 흐를 때 솔레노이드 내부의 자기장은 다음과 같다.

$$H = \frac{NI}{2\pi r}\ [\text{AT/m}]$$

여기서, $\Sigma Hl = H2\pi r$, $F = NI[\text{AT}]$, $H \cdot 2\pi r = NI$

② 무한장 솔레노이드 내부의 자기장 세기는 다음과 같다.

$$H_0 = N_o I [\text{AT/m}]$$

여기서, N_o : 단위 길이당 권수

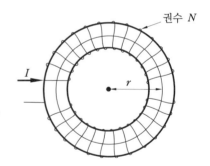

그림 1-17 환상 솔레노이드

2 자기 회로와 자기 회로의 옴 법칙

(1) 자기 회로 (magnetic circuit)

① 그림과 같이 환상 코일에 전류 I[A]를 흘리면 자속 ϕ [Wb]가 생기는 통로를 자기 회로라 한다.

② 자로의 평균 길이가 l [m]일 때, 전류에 의한 자기장의 세기 H는 다음과 같다.

$$H = \frac{NI}{l}\ [\text{AT/m}]$$

(2) 자기 회로의 옴(Ohm) 법칙

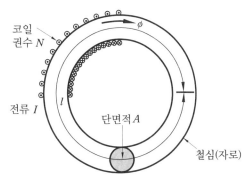

그림 1-18 환상 코일에 의한 자기 회로

① 자속(magnetic flux) : ϕ

　그림에서 철심의 단면적을 $A\,[\mathrm{m}^2]$, 철심 내부에 발생하는 자속 밀도 $B = \mu H$ 이므로 철심 내부를 통과하는 전자속 ϕ 는 다음과 같다.

$$\phi = BA = \mu HA = \mu \frac{NI}{l} A = \frac{NI}{\left(\dfrac{l}{\mu A}\right)} \ [\mathrm{Wb}]$$

② 기자력(magnetic motive force)

　㈎ N회 감긴 코일에 전류 $I\,[\mathrm{A}]$ 가 흐를 때 기자력 F 는 다음과 같다.

$$F = NI \ [\mathrm{AT,\ ampere\ turn}]$$

　㈏ 기자력은 자속을 만드는 원동력으로 전류(A)와 코일의 감긴 횟수(turns)의 곱으로 정의한다.

③ 자기저항(reluctance) : 자속의 발생을 방해하는 성질의 정도로, 자로의 길이 $l\,[\mathrm{m}]$에 비례하고 단면적 $A\,[\mathrm{m}^2]$에 반비례한다.

$$R = \frac{l}{\mu A} = \frac{NI}{\phi}\,[\mathrm{AT/Wb}]$$

④ 자기 회로의 옴 법칙 : 자기 회로를 통하는 자속 ϕ 는 기자력 F 에 비례하고, 자기 저항 R 에 반비례한다.

$$\phi = \frac{F}{R} \ [\mathrm{Wb}]$$

참고 **전기와 자기의 비교**

전 기	자 기
전하량 $Q\,[\mathrm{C}]$	자기량 $m\,[\mathrm{Wb}]$
전기장(전계)	자기장(자계)
전기력선	자기력선
전속	자속
전속 밀도 $[\mathrm{C/m}^2]$	자속밀도 $[\mathrm{Wb/m}^2]$
유전율 $\varepsilon = \varepsilon_0 \varepsilon_s\,[\mathrm{F/m}]$	투자율 $\mu = \mu_0 \mu_s\,[\mathrm{H/m}]$
전기장의 세기 $[\mathrm{V/m}]$	자기장의 세기$[\mathrm{A/m}]\,[\mathrm{AT/m}]$

과년도 / 예상문제

1. 다음 중 전류에 의해 만들어지는 자기장의 자기력선 방향을 간단하게 알아내는 방법은? [12, 13, 15]

① 플레밍의 왼손법칙
② 렌츠의 자기유도 법칙
③ 앙페르의 오른나사 법칙
④ 패러데이의 전자유도 법칙

2. 비오-사바르(Biot-Savart)의 법칙과 가장 관계가 깊은 것은? [13, 16, 17]

① 전류가 만드는 자장의 세기
② 전류와 전압의 관계
③ 기전력과 자계의 세기
④ 기전력과 자속의 변화

해설 비오 – 사바르의 법칙 : 도체의 미소 부분 전류에 의해 발생되는 자기장의 크기를 알아내는 법칙이다.

3. 무한장 직선 전류에서 5 cm 떨어진 점의 자계의 세기가 5 AT/m였다면 전류의 크기는?

① 0.157 A   ② 0.32 A
③ 1.57 A   ④ 3.2 A

해설 무한장 직선 전류에 의한 자기장 세기
$$H = \frac{I}{2\pi r} \ [\text{AT/m}]$$
$$\therefore \ I = 2\pi r H = 2\pi \times 5 \times 10^{-2} \times 5$$
$$= 1.57\text{A}$$

4. 평균 반지름이 r[m]이고, 감은 횟수가 N인 환상 솔레노이드에 전류 I[A]가 흐를 때 내부의 자기장의 세기 H[AT/m]는 어느 것인가? [11, 14, 15, 17]

① $H = \dfrac{NI}{2\pi r}$ ② $H = \dfrac{NI}{2r}$

③ $H = \dfrac{2\pi r}{NI}$ ④ $H = \dfrac{2r}{NI}$

해설 $H = \dfrac{NI}{2\pi r} \ [\text{AT/m}]$
여기서, $\Sigma 2\pi r = l$, $F = NI \ [\text{AT}]$

5. 평균 반지름이 10 cm이고 감은 횟수 10회의 원형 코일에 5 A의 전류를 흐르게 하면 코일중심의 자장의 세기(AT/m)는 어느 것인가? [11, 13, 16, 17]

① 250   ② 500   ③ 750   ④ 1000

해설 $H = \dfrac{NI}{2r} = \dfrac{10 \times 5}{2 \times 10 \times 10^{-2}} = \dfrac{50}{20} \times 10^{2}$
$$= 250 \, \text{AT/m}$$

6. 반지름 0.2 m, 권수 50회의 원형 코일이 있다. 코일 중심의 자기장의 세기가 850 AT/m이었다면 코일에 흐르는 전류의 크기는? [13]

① 0.68 A   ② 6.8 A
③ 10 A   ④ 20 A

해설 원형 코일 중심의 자장의 세기
$H = \dfrac{NI}{2r} \ [\text{AT/m}]$에서,
$$I = \frac{H \cdot 2r}{N} = \frac{850 \times 2 \times 0.2}{50} = 6.8 \, \text{A}$$

7. 평균길이 10 cm, 권수 10회인 환상솔레노이드에 3 A의 전류가 흐르면 그 내부의 자장세기(AT/m)는? [17]

① 300   ② 30
③ 3   ④ 0.3

해설 $H = \dfrac{NI}{2\pi r} = \dfrac{NI}{l} = \dfrac{10 \times 3}{10 \times 10^{-2}}$

$\qquad = 300 \text{ AT/m}$

8. 1 cm 당 권선수가 10인 무한 길이 솔레노이드에 1 A 의 전류가 흐르고 있을 때 솔레노이드 외부자계의 세기(AT/m)는? [12,15]

① 0　　② 5　　③ 10　　④ 20

해설 무한장 솔레노이드 (solenoid) 외부자계의 세기는 0이다.

※ 무한 원점의 자계의 세기는 0으로 볼 수 있다.

9. 단면적 5 cm², 길이 1 m, 비투자율 10³인 환상 철심에 600회의 권선을 행하고 이것에 0.5 A의 전류를 흐르게 한 경우의 기자력은 다음 중 어느 것인가? [14]

① 100 AT　　② 200 AT

③ 300 AT　　④ 400 AT

해설 $F = NI = 600 \times 0.5 = 300 \text{ AT}$

10. 다음 중 자기저항의 단위에 해당되는 것은? [11, 13, 17, 18]

① Ω　　② Wb/AT

③ H/m　　④ AT/Wb

해설 전기저항(Ω), 자기저항(AT/Wb), 투자율(H/m)

11. 다음 중 전류와 자속에 관한 설명으로 옳은 것은? [11]

① 전류와 자속은 항상 폐회로를 이룬다.

② 전류와 자속은 항상 폐회로를 이루지 않는다.

③ 전류는 폐회로이나 자속은 아니다.

④ 자속은 폐회로이나 전류는 아니다.

해설 전기 회로의 전류와 자기 회로의 자속은 항상 폐회로를 이룬다.

12. 전류에 의한 자기장과 직접적으로 관련이 없는 것은? [16]

① 줄의 법칙

② 플레밍의 왼손 법칙

③ 비오－사바르의 법칙

④ 앙페르의 오른나사의 법칙

해설 줄의 법칙 (Joule's law) : 전류의 발열 작용

13. 다음 중 자기작용에 관한 설명으로 틀린 것은 어느 것인가? [14, 17]

① 기자력의 단위는 AT를 사용한다.

② 자기회로의 자기저항이 작은 경우는 누설자속이 거의 발생되지 않는다.

③ 자기장 내에 있는 도체에 전류를 흘리면 힘이 작용하는데, 이 힘을 기전력이라 한다.

④ 평행한 두 도체 사이에 전류가 동일한 방향으로 흐르면 흡인력이 작용한다.

해설 전자력 : 자기장 내에 있는 도체에 전류를 흘리면 도체에는 플레밍의 왼손 법칙에서 정의하는 엄지손가락 방향으로 힘, 즉 전자력이 발생한다.

14. 전기와 자기의 요소를 서로 대칭되게 나타내지 않는 것은? [17]

① 전계－자계

② 전속－자속

③ 유전율－투자율

④ 전속밀도－자기량

해설 전속밀도－자속밀도

전자력과 전자 유도

○ 전자력의 방향과 크기

■ **전자력 (electromagnetic force)**

자기장 내에서 도선에 전류를 흐르게 하면 도선에는 전류에 의한 자기장이 형성되어 최초의 자기장과 상호 작용을 일으켜 힘, 즉 전자력이 발생된다. 이 원리를 이용하여 회전력을 만들어 내는 것이 전동기이다.

1 전자력의 방향

(1) 플레밍의 왼손 법칙 (Fleming's left – hand rule)
  ① 자기장 내의 도선에 전류가 흐를 때 도선이 받는 힘의 방향을 나타낸다.
  ② 전동기의 회전 방향을 결정한다.
    ㈎ 엄지손가락 : 전자력(힘)의 방향
    ㈏ 집게손가락 : 자장의 방향
    ㈐ 가운뎃손가락 : 전류의 방향

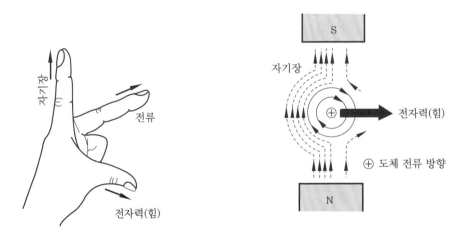

그림 1-19 플레밍의 왼손 법칙·전자력의 방향

  ③ 전류의 방향 표시
    ㈎ ⊙ : 전류가 정면으로 흘러나옴 (화살촉)

(내) ⊗ : 전류가 정면에서 흘러 들어감 (화살 날개)

2 전자력의 크기

(1) 직선 도체에 작용하는 전자력

그림과 같은 평등 자기장 내에서 직선 도체가 받는 전자력 F는 다음과 같다.

$$F = BIl \sin\theta \text{ [N]}$$

여기서, B : 자속 밀도 (Wb/m^2), I : 도체에 흐르는 전류 (A)

l : 도체의 길이 (m), θ : 자장과 도체가 이루는 각

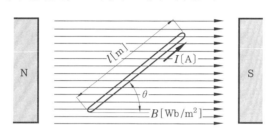

그림 1-20 전자력의 크기

(2) 코일에 작용하는 전자력

① 코일 변 $\overline{12}$, $\overline{34}$ 에 작용하는 힘

$$F = IBaN \text{ [N]}$$

여기서, N : 코일 권수 (회)

② 코일에 작용하는 토크

$$T = Fb = IBabN \text{ [N·m]}$$

$$T' = Fb\cos\theta = IBabN\cos\theta \text{ [N·m]}$$

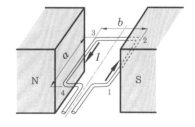

그림 1-21 코일에 작용하는 힘

(3) 평행 도체 사이에 작용하는 전자력

① 전자력의 작용 (힘의 방향)

(가) 각각의 도체에는 전류의 방향에 의하여 왼손 법칙에 따른 힘이 작용한다.

(나) 반대 방향일 때 : 반발력

(다) 동일 방향일 때 : 흡인력

② 전자력의 크기

(가) 전선 1 m 당 작용하는 힘 : $F = \dfrac{2 I_1 I_2}{r} \times 10^{-7} \text{ [N]}$

(나) 1 A 의 정의 : 무한히 긴 두 개의 도체를 진공 중에서 1 m 의 간격으로 놓고 전류를 흘렸을 때, 그 길이 1 m 마다 2×10^{-7} N의 힘을 생기게 하는 전류를 1 A라 한다.

과년도 / 예상문제

1. 자기장 내의 도선에 전류가 흐를 때 도선이 받는 힘의 방향을 나타내는 법칙은? [18]
① 렌츠의 법칙
② 플레밍의 오른손 법칙
③ 플레밍의 왼손 법칙
④ 옴의 법칙

2. 다음 중 전동기의 원리에 적용되는 법칙은? [12, 15, 17]
① 렌츠의 법칙
② 플레밍의 오른손 법칙
③ 플레밍의 왼손 법칙
④ 옴의 법칙

3. 플레밍의 왼손 법칙에서 엄지손가락이 나타내는 것은? [10, 17]
① 자장
② 전류
③ 힘
④ 기전력

4. 다음 그림에서 도체 A가 받는 힘의 방향으로 옳은 것은? [14]

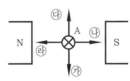

① ㉮
② ㉯
③ ㉰
④ ㉱

해설 플레밍의 왼손 법칙에서, 엄지손가락 방향이 힘(전자력)의 방향이다.

5. 도체가 자기장에서 받는 힘의 관계 중 틀린 것은? [13]

① 자기력선속 밀도에 비례
② 도체의 길이에 반비례
③ 흐르는 전류에 비례
④ 도체가 자기장과 이루는 각도에 비례 $(0 \sim 90°)$

해설 도체가 받는 힘(전자력)
$F = BIl\sin\theta$ [N]
∴ 도체의 길이에 비례한다.

6. 공기 중에서 자속 밀도 $2\,Wb/m^2$인 평등 자기장 중에 자기장과 $30°$의 방향으로 길이 $0.5\,m$인 도체에 $8\,A$의 전류가 흐르는 경우 전자력(N)은? [16, 18]
① 8
② 4
③ 2
④ 1

해설 $F = Bl\,I\sin\theta = 2 \times 0.5 \times 8 \times \dfrac{1}{2} = 4\,N$
여기서, $\sin30 = \dfrac{1}{2}$

7. 공기 중에서 자속 밀도 $3\,Wb/m^2$의 평등 자장 중에 길이 $50\,cm$의 도선을 자장의 방향과 $60°$의 각도로 놓고 이 도체에 $10\,A$의 전류가 흐르면 도선에 작용하는 힘(N)은? [16, 17]
① 약 3
② 약 13
③ 약 30
④ 약 300

해설 $F = Bl\,I\sin\theta$
$= 3 \times 50 \times 10^{-2} \times 10 \times \dfrac{\sqrt{3}}{2} \fallingdotseq 13\,N$

8. 평행한 두 도체에 같은 방향의 전류가 흘렀을 때 두 도체 사이에 작용하는 힘은 어떻게 되는가? [18]

① 반발력이 작용한다.

② 힘은 0이다.

③ 흡인력이 작용한다.

④ $\dfrac{1}{2\pi r}$ 의 힘이 작용한다.

해설 • 같은 방향일 때 : 흡인력

• 반대 방향일 때 : 반발력

9. 다음 그림과 같이 직사각형의 코일에 큰 전류를 흐르게 하면 코일의 모양은 어떻게 변하겠는가?

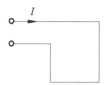

① 직사각형   ② 정사각형

③ 삼각형   ④ 원형

10. 공기 중에서 5 cm 간격을 유지하고 있는 2개의 평행 도선에 각각 10 A의 전류가 동일한 방향으로 흐를 때 도선 1 m당 발생하는 힘의 크기(N)는? [14, 17]

① 4×10^{-4} ② 2×10^{-5}

③ 4×10^{-5} ④ 2×10^{-4}

해설 $F = \dfrac{2I_1 I_2}{r} \times 10^{-7}$

$= \dfrac{2 \times 10 \times 10}{5 \times 10^{-2}} \times 10^{-7}$

$= \dfrac{20 \times 10^1}{5 \times 10^{-2}} \times 10^{-7}$

$= 4 \times 10^1 \times 10^2 \times 10^{-7}$

$= 4 \times 10^{-4}$ N

11. 무한히 긴 두 개의 도체를 진공 중에서 1 m의 간격으로 놓고 전류를 흘렸을 때, 그 길이 1 m 마다 2×10^{-7} N의 힘을 생기게 하는 전류를 몇 A인가? [19]

① 5   ② 4

③ 3   ④ 1

해설 1 A의 정의 : 무한히 긴 두 개의 도체를 진공 중에서 1 m의 간격으로 놓고 전류를 흘렸을 때, 그 길이 1 m마다 2×10^{-7} [N]의 힘을 생기게 하는 전류를 1 A라 한다.

$F = \dfrac{2I_1 I_2}{r} \times 10^{-7}$[N]에서,

$I^2 = \dfrac{Fr}{2} \times 10^7 = \dfrac{2 \times 10^{-7} \times 1}{2} \times 10^7 = 1A$

$\therefore$ 1 A

12. 자속밀도 $B = 0.2$ Wb/m^{2}의 자장 내에 길이 2 m, 폭 1 m, 권수 5회의 구형 코일이 자장과 30°의 각도로 놓여 있을 때 코일이 받는 회전력(N·m)은? (단, 이 코일에 흐르는 전류는 2 A이다.) [12]

① $\sqrt{\dfrac{3}{2}}$ ② $\dfrac{\sqrt{3}}{2}$

③ $2\sqrt{3}$ ④ $\sqrt{3}$

해설 $T = IBabN \cos\theta$

$= 2 \times 0.2 \times 2 \times 1 \times 5 \times \dfrac{\sqrt{3}}{2}$

$= 4 \times \dfrac{\sqrt{3}}{2} = 2\sqrt{3}$ [N·m]

※ $\cos 30° = \dfrac{\sqrt{3}}{2}$

3-2	o 전자 유도

■ **전자 유도**(electromagnetic induction)

도체와 자속이 쇄교(변화)하거나 또는 자장 중에 도체를 움직일 때 도체에 기전력이 유도되는 현상이다.

- 이때 발생한 전압 : 유도 기전력
- 이때 흐르는 전류 : 유도 전류

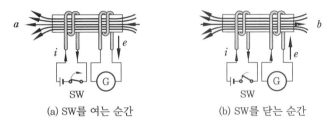

(a) SW를 여는 순간   (b) SW를 닫는 순간

그림 1-22 전자 유도와 렌츠의 법칙

1 전자 유도 작용

(1) 자속의 변화에 의한 유도 기전력

① 유도 기전력의 방향 : 렌츠의 법칙(Lenz's law)

전자 유도에 의하여 생긴 기전력의 방향은 그림 1-23과 같이 그 유도 전류가 만드는 자속이 항상 원래 자속의 증가 또는 감소를 방해하는 방향이다.

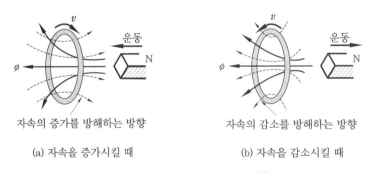

자속의 증가를 방해하는 방향   자속의 감소를 방해하는 방향

(a) 자속을 증가시킬 때   (b) 자속을 감소시킬 때

그림 1-23 유도 기전력의 방향

② 유도 기전력의 크기 : 패러데이 법칙(Faraday's law)

㈎ 유도 기전력의 크기는 코일을 지나는 자속의 매초 변화량과 코일의 권수에 비례한다.

㈏ 유도 기전력의 크기 v는 다음과 같다.

$$v = - N \frac{\Delta \phi}{\Delta t} \, [\text{V}]$$

여기서, $\frac{\Delta \phi}{\Delta t}$: 자속의 변화율

③ 자속 단위의 정의 : 1 Wb의 자속은 1권선의 코일과 쇄교하여 1초간에 일정한 비율로 감소하여 0으로 될 때, 1 V의 기전력을 유도하는 자속의 크기로 정의한다.

(2) 도체 운동에 의한 유도 기전력

① 유도 기전력의 크기

(가) 자속 밀도 $B[\text{Wb/m}^2]$인 평등 자기장 속에서 길이 $l\,[\text{m}]$의 도체가 자속과 직각 방향으로 속도 $u\,[\text{m/s}]$로 운동했을 때 도체에 유도되는 기전력 e는 다음과 같다.

$$e = N \frac{\Delta \phi}{\Delta t} = 1 \times \left(\frac{Blu\,\Delta t}{\Delta t} \right) = Blu\,[\text{V}]$$

(나) 자기장과 θ의 각을 이루면서 운동했을 때는 다음과 같다.

$$e' = Blu \cdot \sin\theta\,[\text{V}]$$

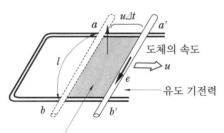

자속의 증가 $\Delta \phi = B \times ($면적 $abb'a') = Blu\Delta t$

그림 1-24 도체의 운동과 유도 기전력

② 유도 기전력의 방향 : 플레밍의 오른손 법칙 (Fleming's right-hand rule)

(가) 엄지손가락 : 운동의 방향

(나) 집게손가락 : 자속의 방향

(다) 가운뎃손가락 : 기전력의 방향

③ 맴돌이 전류 (와류, eddy current)

(가) 철판을 관통하는 자속이 변화하는 경우, 철판 내부에 유도 기전력이 발생하여 맴돌이 전류가 흐른다.

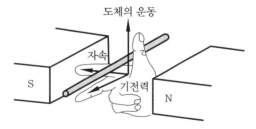

그림 1-25 플레밍의 오른손 법칙

(나) 맴돌이 전류에 의한 손실

$$P_e = k f^2 B_m^{\ 2}\,[\text{W}]$$

여기서, k : 비례 상수, f : 주파수 (Hz), B_m : 최대 자속 밀도 (Wb/m^2)

(다) P_e 는 전력의 손실로 철심의 온도를 상승시키는 요인이 되며, 이 손실을 줄이기 위하여 성층된 철심을 사용한다.

2 자기 유도 (self-induction) 작용

자기 유도는 코일에 흐르는 전류가 변화하면 코일을 지나는 자속도 변화하므로, 전자 유도에 의해서 코일 자신에 이 자속의 변화를 방해하려는 방향으로 기전력이 유도되는 현상이다.

(1) 자기 인덕턴스 (self-inductance)

① 코일의 자체 유도 능력 정도를 나타내는 값으로 단위는 henry, [H]이다.

② 코일에 발생되는 유도 기전력

(가) 유도 기전력 v 는 전류의 변화율$\left(\dfrac{\Delta I}{\Delta t}\right)$에 비례한다.

$$v = -L\frac{\Delta I}{\Delta t}\,[\text{V}]$$

여기서, L : 비례상수 – 자기 인덕턴스

(나) 유도 기전력 v 는 자속의 변화율$\left(\dfrac{\Delta \phi}{\Delta t}\right)$에 비례한다.

$$v = -N\frac{\Delta \phi}{\Delta t}\,[\text{V}]$$

여기서, N : 코일의 권수

③ 자기 인덕턴스

$$L = \frac{N\phi_1}{I}\,[\text{H}]$$

여기서, $\Delta\phi$: ΔI에 의하여 발생하므로 $N \cdot \Delta\phi = L \cdot \Delta I$

④ 1H : 1S 동안에 1A 의 전류 변화에 의하여 1V 의 유도 기전력을 발생시키는 코일의 자기 인덕턴스 용량을 나타낸다.

(2) 환상 코일의 자기 인덕턴스

① 자속

$$\phi = \mu_0 HA = \mu_0 \cdot \frac{NI_1}{l} \cdot A\,[\text{Wb}]$$

② 자기 인덕턴스

$$L = \frac{N\phi}{I} = \mu_0 \cdot \frac{A}{l}N^2\,[\text{H}]$$

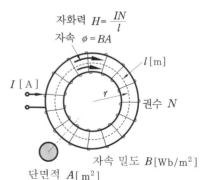

그림 1-26 환상 코일의 자기 인덕턴스

③ 비투자율 μ_s 인 철심이 있을 때

$$L_s = \mu_s L = \mu_0 \mu_s \frac{A}{l} N^2 [\text{H}]$$

④ 자기 인덕턴스는 코일의 권수 N 의 제곱에 비례하고 있다.

(3) 무한장 코일의 자기 인덕턴스

① 코일의 단위 길이당 자기 인덕턴스

$$L_0 = \frac{N\phi}{I} = \mu_0 \, A N_0{}^2 [\text{H}]$$

여기서, N_0 : 단위 길이 당 코일의 권수

② 철심이 있는 경우 자기 인덕턴스

$$L_s = \mu_s L = \mu_0 \mu_s \, A N_0{}^2 [\text{H}]$$

3 상호 인덕턴스 (mutual induction) 작용

상호 유도는 두 코일을 가까이 놓고 한쪽 코일의 전류가 변화할 때, 다른 쪽 코일에 유도 기전력이 발생하는 현상이다.

(1) 상호 인덕턴스

① 두 코일의 상호 유도 능력 정도를 나타내는 값으로 단위는 Henry, [H]를 사용한다.

② 권수 N_2 의 2차 코일에 발생하는 기전력 v_2는 다음과 같다.

$$v_2 = - N_2 \frac{\Delta \phi}{\Delta t} \; [\text{V}]$$

③ 상호 인덕턴스

$$M = \frac{N_2 \phi}{I_1} \; [\text{H}]$$

(2) 환상 코일의 상호 인덕턴스

① 1차 코일에 의한 자속

$$\phi = \mu_0 \cdot \mu_s \frac{I_1 N_1}{l} A \, [\text{Wb}]$$

② 상호 인덕턴스

$$M = \frac{N_2 \phi}{I_1} = \mu_0 \mu_s \frac{A}{l} N_1 N_2 [\text{H}]$$

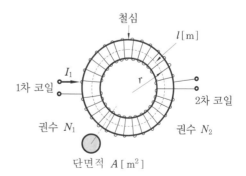

그림 1-27 상호 인덕턴스

4 코일의 접속

(1) 결합 계수(coupling coefficient)

① 자기 인덕턴스와 상호 인덕턴스와의 관계 : $M = k\sqrt{L_1 L_2}$ [H]

② 코일간의 결합 계수 : $k = \dfrac{M}{\sqrt{L_1 L_2}}$

여기서, 누설 자속이 없는 이상적인 결합일 때 $k=1$이다.

(2) 인덕턴스의 접속

① 차동 접속 : $L_{ab} = L_1 + L_2 - 2M$ [H]

② 가동 접속 : $L_{ab} = L_1 + L_2 + 2M$ [H]

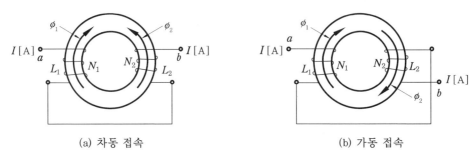

(a) 차동 접속   (b) 가동 접속

그림 1-28   인덕턴스의 결합

5 전자 에너지

(1) 자기 인덕턴스에 축적되는 에너지

인덕턴스 L [H]의 코일에 그림 1-29와 같이 전류가 0에서 I[A]까지 증가될 때 코일에 저장되는 전자 에너지 W는 다음과 같다.

$$W = \frac{1}{2}LI^2 [\text{J}]$$

(2) 자기장 중에 축적되는 에너지

자속 밀도 B [Wb/m^2]와 자기장 H [AT/m]가 비례하는 공간에서의 단위 부피당 축적되는 에너지 W_0는 다음과 같다.

$$W_0 = \frac{1}{2}\mu H^2 = \frac{1}{2}HB \text{ [J/m}^3]$$

여기서, $B = \mu H$ [Wb/m^2]

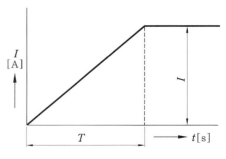

그림 1-29   전류의 변화

6 자화 곡선과 히스테리시스 곡선

(1) 자화 곡선

자기장의 세기 (H) 와 자속 밀도 (B) 와의 관계를 나타내는 것이 $B - H$ 곡선이다.

(2) 히스테리시스 곡선 (hysteresis loop)

① 잔류 자기 (residual magnetism) : 그림 1 − 30에서 자기장의 세기 H 가 0인 경우에도, 남아 있는 자속의 크기를 잔류 자기라 한다.

   • 잔류 자기의 크기 : $\overline{0b} = B_r$

② 보자력 (coercive force) : 잔류 자기를 없애는 데 필요한 $- H$ 방향의 자기장 세기이다.

   • 보자력의 크기 : $\overline{0c} = H_c$

③ 히스테리시스 손실 (hysteresis loss) : 히스테리시스 곡선으로 둘러싸인 면적은 단위 체적당의 에너지 손실을 나타낸다.

$$P_h = \eta f B_m^{1.6} \ [\mathrm{W/m^3}]$$

여기서, η : 히스테리시스 상수

　　　 f : 주파수 (Hz)

　　　 B_m : 최대 자속 밀도

④ 히스테리시스 손실을 줄이기 위하여 전기 기기에 사용되는 철심에는 규소 (Si) 가 함유된 철심을 성층으로 하여 사용한다.

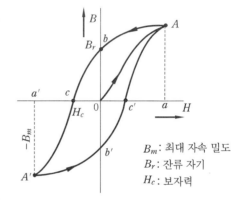

B_m : 최대 자속 밀도
B_r : 잔류 자기
H_c : 보자력

그림 1 − 30   히스테리시스 곡선

과년도 / 예상문제

1. 다음에서 나타내는 법칙은? [16, 17, 19]

> "유도 기전력은 자신이 발생 원인이 되는 자속의 변화를 방해하려는 방향으로 발생한다."

① 줄의 법칙　　　 ② 렌츠의 법칙
③ 플레밍의 법칙　 ④ 패러데이의 법칙

해설 렌츠의 법칙 (Lenz's law)

2. 자속의 변화에 의한 유도 기전력의 방향 결정은? [11]

① 렌츠의 법칙　　 ② 패러데이의 법칙
③ 앙페르의 법칙　 ④ 줄의 법칙

3. 다음 그림과 같이 코일 근방에서 자석을 운동시켰더니 코일에는 화살표 방향의 전류가 흘렀다. 자석을 움직인 방향은?

정답 ● 1. ②　 2. ①　 3. ②

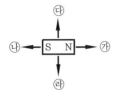

① ㉮의 방향   ② ㉯의 방향
③ ㉰의 방향   ④ ㉱의 방향

해설 렌츠의 법칙(Lenz's law) 적용

4. 패러데이의 전자 유도 법칙에서 유도 기전력의 크기는 코일을 지나는 (㉠)의 매초 변화량과 코일의 (㉡)에 비례한다. [11, 17]

① ㉠ 자속, ㉡ 굵기
② ㉠ 자속, ㉡ 권수
③ ㉠ 전류, ㉡ 권수
④ ㉠ 전류, ㉡ 굵기

해설 패러데이 법칙(Faraday's law) : 유도 기전력의 크기 v[V]는 코일을 지나는 자속의 매초 변화량과 코일의 권수에 비례한다.

$$v = -N\frac{\Delta\phi}{\Delta t}\,[\text{V}]$$

5. 50회 감은 코일과 쇄교하는 자속이 0.5 s 동안 0.1 Wb에서 0.2 Wb로 변화하였다면 기전력의 크기는 몇 V인가? [13, 17]

① 5   ② 10   ③ 12   ④ 15

해설 $\Delta\phi = 0.2 - 0.1 = 0.1$ Wb

$\therefore \ v = N \cdot \dfrac{\Delta\phi}{\Delta t} = 50 \times \dfrac{0.1}{0.5} = 10\,\text{V}$

6. 1 Wb의 자속을 맞게 설명한 것은?

① 1권선의 코일과 쇄교하여 1초간의 일정한 비율로 증가하여 1 V의 기전력을 유도하는 자속이다.
② 1권선의 코일과 쇄교하여 1초간의 일정한 비율로 감소하여 1로 될 때 1 A의

기전력을 유도하는 자속이다.
③ 1권선의 코일과 쇄교하여 1초간의 일정한 비율로 감소하여 0으로 될 때 1 A의 기전력을 유도하는 자속이다.
④ 1권선의 코일과 쇄교하여 1초간의 일정한 비율로 감소하여 0으로 될 때 1 V의 기전력을 유도하는 자속이다.

해설 패러데이 법칙(Faraday's law) 참조
• 1 Wb 자속은 1권선의 코일과 쇄교하여 1초간에 일정한 비율로 감소하여 0으로 될 때 1 V의 기전력을 유도하는 자속의 크기로 정의한다.

7. 발전기의 유도 전압의 방향을 나타내는 법칙은? [13]

① 패러데이의 법칙
② 렌츠의 법칙
③ 오른나사의 법칙
④ 플레밍의 오른손 법칙

8. 도체가 운동하여 자속을 끊었을 때 기전력의 방향을 알아내는데 편리한 법칙은? [14]

① 렌츠의 법칙
② 패러데이의 법칙
③ 플레밍의 왼손 법칙
④ 플레밍의 오른손 법칙

9. 자극의 세기 m, 자극간의 거리 l일 때 자기 모멘트는? [19]

① $\dfrac{l}{m}$ ② $\dfrac{m}{l}$

③ ml ④ $\dfrac{m}{l^2}$

해설 자기 모멘트(magnetic moment) : 자극의 세기 m [Wb], 자극간의 거리 l[m]일 때 $M = ml\,[\text{Wb}\cdot\text{m}]$

10. 다음 (   ) 안에 들어갈 알맞은 내용은 ? [15]

> "자기 인덕턴스 1 H는 전류의 변화율이 1 A/s일 때, (   )가(이) 발생할 때의 값이다."

① 1N의 힘 　　　② 1J의 에너지
③ 1V의 기전력 　　④ 1Hz의 주파수

해설 1 H란, 1 S 동안에 1 A의 전류 변화에 의하여 1 V의 유도 기전력을 발생시키는 코일의 자기 인덕턴스 용량을 나타낸다.

11. $L = 40$ mH의 코일에 흐르는 전류가 0.2초 동안에 10 A가 변화했다. 코일에 유기되는 기전력(V)은 ? [19]

① 1 　② 2 　③ 3 　④ 4

해설 $v = L\dfrac{\Delta I}{\Delta t} = 40 \times 10^{-3} \times \dfrac{10}{0.2} = 2\,\text{V}$

12. 권선수 100회 감은 코일에 2 [A]의 전류가 흘렀을 때 50×10^{-3}[Wb]의 자속이 코일에 쇄교되었다면 자기 인덕턴스는 몇 H인가 ? [16]

① 1.0 　　　② 1.5
③ 2.0 　　　④ 2.5

해설 $L = \dfrac{N\phi}{I} = \dfrac{100 \times 50 \times 10^{-3}}{2} = 2.5\,\text{H}$

13. 단면적 $A[\text{m}^2]$, 자로의 길이 $l[\text{m}]$, 투자율 μ, 권수 N회인 환상 코일의 자체 인덕턴스(H)는 어느 것인가 ? [15]

① $\dfrac{\mu A N^2}{l}$ 　　② $\dfrac{A l N^2}{4\pi\mu}$
③ $\dfrac{4\pi A N^2}{l}$ 　　④ $\dfrac{\mu l N^2}{A}$

해설 환상 코일의 자체 인덕턴스
$L = \dfrac{N\phi}{I} = \mu \cdot \dfrac{A}{l} N^2[\text{H}]$

14. 코일의 자체 인덕턴스(L)와 권수(N)의 관계로 옳은 것은 ? [14, 17]

① $L \propto N$ 　　　② $L \propto N^2$
③ $L \propto N^3$ 　　④ $L \propto \dfrac{1}{N}$

해설 ㉠ $\phi = BA = \mu HA = \mu \cdot \dfrac{NI}{l} A[\text{Wb}]$

㉡ $L = \dfrac{N\phi}{I} = \dfrac{N}{I} \cdot \mu \dfrac{NI}{l} A = \mu \dfrac{N^2}{l} A[\text{H}]$
∴ $L \propto N^2$

15. 환상솔레노이드에 감겨진 코일의 권회수를 3배로 늘리면 자체 인덕턴스는 몇 배로 되는가 ? [16]

① 3 　　　② 9
③ $\dfrac{1}{3}$ 　　④ $\dfrac{1}{9}$

해설 $L_s = \dfrac{\mu A}{l} \cdot N^2[\text{H}] \rightarrow L_s \propto N^2$

∴ 권회수 N을 3배로 늘리면 자체 인덕턴스 L_s는 9배가 된다.

16. 2개의 코일을 서로 근접시켰을 때 한쪽 코일의 전류가 변화하면 다른 쪽 코일에 유도 기전력이 발생하는 현상을 무엇이라고 하는가 ? [12]

① 상호 결합 　　② 자체 유도
③ 상호 유도 　　④ 자체 결합

해설 상호 인덕턴스 (mutual induction) 작용 : 상호 유도는 두 코일을 가까이 놓고 한쪽 코일의 전류가 변화할 때, 다른 쪽 코일에 유도 기전력이 발생하는 현상이다.

17. 감은 횟수 200회의 코일 P와 300회의 코일 S를 가까이 놓고 P에 1 A의 전류를 흘릴 때 S와 쇄교하는 자속이 4×10^{-4}[Wb]이었다면 이들 코일 사이의 상호 인덕턴스는 ? [12]

① 0.12 H   ② 0.12 mH
③ 0.08 H   ④ 0.08 mH

해설 $M = \dfrac{N_s \phi}{I_p} = \dfrac{300 \times 4 \times 10^{-4}}{1} = 0.12\text{H}$

18. 자체 인덕턴스가 L_1, L_2인 두 코일을 직렬로 접속하였을 때 합성 인덕턴스를 나타낸 식은? (단, 두 코일 간의 상호 인덕턴스는 M이다.) [14]

① $L_1 + L_2 \pm M$ ② $L_1 - L_2 \pm M$
③ $L_1 + L_2 \pm 2M$ ④ $L_1 - L_2 \pm 2M$

19. 자체 인덕턴스가 각각 160mH, 250mH의 두 코일이 있다. 두 코일 사이의 상호 인덕턴스가 150mH이고, 가동접속을 하면 합성 인덕턴스는? [18]

① 410mH   ② 260mH
③ 560mH   ④ 710mH

해설 합성 인덕턴스 : $L = L_1 + L_2 \pm 2M$ [H]
  ㉠ 가동 접속 : $L_p = L_1 + L_2 + 2M$
       $= 160 + 250 + 2 \times 150 = 710$ mH
  ㉡ 차동 접속 : $L_s = L_1 + L_2 - 2M$
       $= 160 + 250 - 2 \times 150 = 110$ mH

20. 두 코일의 자체 인덕턴스를 L_1[H], L_2[H]라 하고 상호 인덕턴스를 M이라 할 때, 두 코일을 자속이 동일한 방향과 역방향이 되도록 하여 직렬로 각각 연결하였을 경우 합성 인덕턴스의 큰 쪽과 작은 쪽의 차는? [14]

① M ② $2M$
③ $4M$ ④ $8M$

해설 ㉠ 가동 접속 : $L_1 + L_2 + 2M$
  ㉡ 차동 접속 : $L_1 + L_2 - 2M$
  ※ ㉠식－㉡식 → $4M$

21. 다음 그림과 같은 회로를 고주파 브리지로 인덕턴스를 측정하였더니 그림 (a)는 40 mH, 그림 (b)는 24 mH이었다. 이 회로상의 상호 인덕턴스 M은? [10, 16]

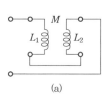 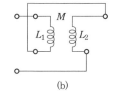

(a)   (b)

① 2 mH   ② 4 mH
③ 6 mH   ④ 8 mH

해설 문제 20 해설에서,
  합성 인덕턴스의 차이
  $4M = 40 - 24 = 16$ mH
  $\therefore M = \dfrac{16}{4} = 4$ mH

22. 상호 유도 회로에서 결합 계수 k는? (단, M은 상호 인덕턴스, L_1, L_2는 자기 인덕턴스이다.) [11]

① $k = M\sqrt{L_1 L_2}$ ② $k = \sqrt{M \cdot L_1 L_2}$
③ $k = \dfrac{M}{\sqrt{L_1 L_2}}$ ④ $k = \sqrt{\dfrac{L_1 L_2}{M}}$

해설 결합 계수 : $k = \dfrac{M}{\sqrt{L_1 L_2}}$

23. 자기 인덕턴스 L_1, L_2 상호 인덕턴스 M인 두 코일의 결합 계수가 k이면, 다음 중 어떤 관계인가? [17]

① $M = \sqrt{L_1 L_2}$ [H]
② $M = k\sqrt{L_1 L_2}$ [H]
③ $M = k^2 \sqrt{L_1 L_2}$ [H]
④ $M = k^3 \sqrt{L_1 L_2}$ [H]

해설 결합 계수 : $k = \dfrac{M}{\sqrt{L_1 L_2}}$ 이므로,

$$M = k\sqrt{L_1 L_2}\,[\text{H}]$$

※ 누설 자속이 없는 이상적인 결합일 때 $k = 1$이다.

24. 자기 인덕턴스가 각각 100 mH, 400 mH인 두 코일이 있다. 두 코일 사이의 상호 인덕턴스가 70 mH이면 결합 계수는?

① 0.0035   ② 0.035
③ 0.35   ④ 3.5

해설 $k = \dfrac{M}{\sqrt{L_1 L_2}} = \dfrac{70}{\sqrt{100 \times 400}} = 0.35$

25. 자기 인덕턴스 L_1, L_2이고 상호 인덕턴스 M인 두 코일의 결합 계수가 1일 때 성립하는 식은? [18]

① $L_1 \cdot L_2 = M$ ② $L_1 \cdot L_2 < M^2$
③ $L_1 \cdot L_2 > M^2$ ④ $L_1 \cdot L_2 = M^2$

해설 누설 자속이 없는 이상적인 결합일 때 $k = 1$이므로

$k = \dfrac{M}{\sqrt{L_1 L_2}}$에서, $M = \sqrt{L_1 L_2}$

$\therefore M^2 = L_1 L_2$

26. 자체 인덕턴스 20 mH의 코일에 30 A의 전류를 흘릴 때 저축되는 에너지(J)는 얼마인가? [10, 15, 18]

① 1.5   ② 3
③ 9   ④ 18

해설 $W = \dfrac{1}{2} L I^2 = \dfrac{1}{2} \times 20 \times 10^{-3} \times 30^2$

$= 9\,\text{J}$

27. 자체 인덕턴스가 2 H인 코일에 전류가 흘러 25 J의 에너지가 축적되었다. 이때 흐르는 전류(A)는? [12, 18]

① 2   ② 5   ③ 10   ④ 12

해설 $W = \dfrac{1}{2} L I^2 \,[\text{J}]$

$\therefore I = \sqrt{\dfrac{2W}{L}} = \sqrt{\dfrac{2 \times 25}{2}} = \sqrt{25} = 5\,\text{A}$

28. 다음 설명의 (㉠), (㉡)에 들어갈 내용으로 옳은 것은? [10, 11, 17, 18]

> "히스테리시스 곡선에서 종축과 만나는 점은 (㉠)이고, 횡축과 만나는 점은 (㉡)이다."

① ㉠ 보자력, ㉡ 잔류 자기
② ㉠ 잔류 자기, ㉡ 보자력
③ ㉠ 자속 밀도, ㉡ 자기 저항
④ ㉠ 자기 저항, ㉡ 자속 밀도

해설 히스테리시스 곡선(hysteresis loop): 본문 그림 참조

㉠ 잔류 자기: 그림에서, 종축(Y축)과 만나는 점($\overline{0b} = B_r$)

㉡ 보자력: 그림에서, 횡축(X축)과 만나는 점($\overline{0c} = H_c$)

29. 전기와 자기의 요소를 서로 대칭되게 나타내지 않는 것은? [18]

① 전계 – 자계
② 전속 – 자속
③ 유전율 – 투자율
④ 전속 밀도 – 자기량

해설 전속 밀도 – 자속 밀도

30. 전기와 자기의 요소를 서로 대칭되게 나타내지 않는 것은? [19]

① 자속 – 전속
② 기전력 – 기자력
③ 전류 밀도 – 자속 밀도
④ 전기 저항 – 자기 저항

해설 전속 밀도 – 자속 밀도

정답 ● 24. ③   25. ④   26. ③   27. ②   28. ②   29. ④   30. ③

CHAPTER 4 직류 회로

4-1 ○ 전압과 전류

■ 전기 회로(electric circuit)

전원과 부하 등이 도선으로 접속되어 전기적인 현상을 나타내도록 한 상태를 말한다.

1 전기 회로의 전원과 부하

(1) 전원(electric source)

전기적인 에너지를 공급하는 전원 장치는 다음과 같다.

① 발전기 : 기계적 에너지를 전기 에너지로 변환하는 전원 장치이다.

② 전기 : 화학 변화에 의하여 전기 에너지를 발생하는 전원 장치이다.

③ 태양 전지 : 빛의 에너지로부터 전기 에너지를 발생하는 전원 장치이다.

④ 열전쌍 : 열 에너지를 전기 에너지로 변환하는 전원 장치이다.

(2) 부하(electric load)

① 전기적인 에너지를 다른 에너지로 변환 소비하는 장치이다.

② 실생활이나 산업 현장에 쓰이는 모든 전기 장치 및 기계 기구는 모두 부하이다.

2 전기 회로의 전류와 전압

(1) 전류(electrical current)

① 음전하와 양전하를 금속선(도체)으로 직접 연결하면 전하의 이동, 전기의 흐름, 즉 금속선에는 전류가 흐르게 된다.

② 전류는 전기 현상을 다루는 기본적인 물리량으로, 어떤 도체의 단면을 1초간에 통과하는 전하량이다. 단위는 암페어(Ampere, [A])를 사용한다.

③ 전류의 크기

$$I = \frac{Q}{t} \; [\text{A}]$$

※ t [s] 동안에 Q [C]의 전하가 이동했다면 1 s 동안에는 $\frac{Q}{t}$ 의 전하가 이동하고 있다.

④ 전류의 방향 : 전류는 전자의 이동이지만, 그 방향은 전자의 이동 방향과 반대로 양극에서 음극으로 흐른다고 정의한다.

(2) 전위차 ; 전압 (voltage)

① 회로 내에서 전류를 흐르게 하는 전기적인 에너지의 차이를 두 점 사이의 전위차라 한다.

② 1 V는 1 C의 전하가 두 점 사이를 이동할 때 얻거나 또는 잃는 에너지가 1 J 일 때의 전위차이다.

③ 기전력 (electromotive force, e.m.f.)

(개) 전류를 계속 흐르게 하려면 전압을 연속적으로 만들어 주는 어떤 힘이 필요하게 되는데, 이 힘을 기전력이라 한다.

(내) 기전력의 단위는 전압과 마찬가지로 [V]를 사용한다.

④ 전원으로부터 어떤 전하량 Q [C]를 이동시키는 데 W [J]의 에너지를 소비하였다면, 전원 두 단자 사이의 전위차, 즉 전압 V 는 다음과 같다.

$$V = \frac{W}{Q} \text{ [V]}$$

3 직류 전압과 전류 측정

전압과 계기의 극성은 반드시 맞추어 접속해야 하며, 전류계는 부하와 직렬로, 전압계는 부하와 병렬로 접속해야 한다.

(1) 배율기 (multiplier)

① 배율기는 전압계의 측정 범위를 넓히기 위한 목적으로, 전압계에 직렬로 접속하는 일종의 저항기이다.

② 배율기의 배율

$$m = 1 + \frac{R_m}{R_v}$$

여기서, R_m : 배율기의 저항, R_v : 전압계의 내부 저항
V : 전압계의 지싯값, V_o : 피측정 전압

(2) 분류기 (shunt)

① 분류기는 전류계의 측정 범위를 넓히기 위한 목적으로, 전류계에 병렬로 접속하여 사용하는 일종의 저항기이다.

② 분류기의 배율

$$m = 1 + \frac{R_A}{R_S}$$

여기서, R_A : 전류계의 내부 저항, R_S : 분류기의 저항

$\quad\quad\quad$ I_A : 전류계의 지싯값, I_o : 피측정 전류

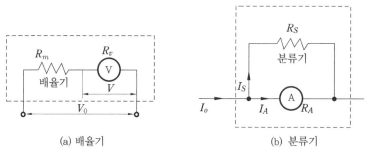

(a) 배율기 $\quad\quad\quad\quad\quad\quad\quad\quad$ (b) 분류기

그림 1-31　배율기와 분류기

4 ▶ 옴 (Ohm)의 법칙과 전압 강하

(1) 옴의 법칙 (Ohm's law)

① 도체에 흐르는 전류 I 는 전압 V 에 비례하고, 저항 R 에 반비례한다.

$$I = \frac{V}{R} \ [\text{A}]$$

② 전기 저항 : R

　㈎ 전류의 흐름을 방해하는 정도를 나타내는 상수이다.

　㈏ 기호는 R, 단위는 $[\Omega\,(\text{Ohm})]$을 사용한다.

　㈐ $1\,\Omega$ 은 전기 회로에 $1\,\text{V}$의 전압을 가했을 때 $1\,\text{A}$의 전류가 흐르는 회로의 저항이다.

③ 컨덕턴스 (conductance) : G

　전류가 흐르기 쉬운 정도를 나타내는 상수로 저항의 역수이다.

$$G = \frac{1}{R} \ [\mho]$$

(2) 전압 강하 (voltage drop)

① 저항에 전류가 흐를 때 저항에 생기는 전위차를 전압 강하라 한다.

② R_1 $[\Omega]$의 저항에 $I\,[\text{A}]$의 전류가 흐르면, 저항의 양끝 a, b 사이에 IR_1 $[\text{V}]$의 전위차가 생긴다.

$$V = IR_1 + IR_2$$

$$V_1 = IR_1 = V - IR_2 \ [\text{V}]$$

즉, V_2 는 V 보다 IR_1 $[\text{V}]$만큼 전압이 낮아진다.

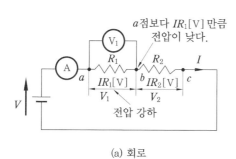

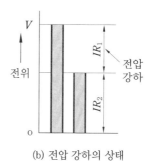

(a) 회로　　　　(b) 전압 강하의 상태

그림 1-32 저항에 의한 전압 강하

5 저항의 접속

(1) 직렬 접속(series connection)

① 합성 저항 : $R_s = R_1 + R_2 + R_3 + \ldots R_n$ [Ω]

② 전압 강하 : $V_1 = IR_1$ [V],　$V_2 = IR_2$ [V],　$V_3 = IR_3$ [V]

③ 전압 분배

$$V_1 = \frac{R_1}{R_1 + R_2 + R_3} \times V \,[\text{V}]$$

$$V_2 = \frac{R_2}{R_1 + R_2 + R_3} \times V \,[\text{V}]$$

$$V_3 = \frac{R_3}{R_1 + R_2 + R_3} \times V \,[\text{V}]$$

$$\therefore \quad V = V_1 + V_2 + V_3 \,[\text{V}]$$

④ 전압 강하는 저항에 비례하여 분배된다.

$$R_1 : R_2 : R_3 = V_1 : V_2 : V_3$$

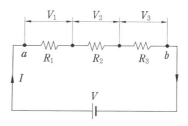

그림 1-33 저항의 직렬 접속

(2) 병렬 접속(parallel connection)

① 합성 저항

㈎ 서로 다른 두 개의 저항이 병렬로 접속된 경우

$$R_p = \frac{R_1 \cdot R_2}{R_1 + R_2} = \frac{\text{두 저항의 곱}}{\text{두 저항의 합}}$$

㈏ 서로 다른 세 개의 저항이 병렬로 접속된 경우

$$R_p = \frac{R_1 R_2 R_3}{R_1 R_2 + R_2 R_3 + R_3 R_1} = \frac{\text{세 저항의 곱}}{\text{두 저항들의 곱의 합}}$$

㈐ 동일한 N 개의 저항이 모두 병렬로 접속된 경우

$$R_p = \frac{R}{N} \,[\Omega]$$

• 합성 저항＝1개 저항의 $1/N$ 배

㈜ 합성 저항의 역수＝각 저항의 역수의 합

$$\frac{1}{R_p} = \frac{1}{R_1} + \frac{1}{R_2} + \frac{1}{R_3} + \cdots \frac{1}{R_n} \, [\Omega]$$

② 전류의 분배

$$I_1 = \frac{V}{R_1} \, [\mathrm{A}], \quad I_2 = \frac{V}{R_2} \, [\mathrm{A}], \quad I_3 = \frac{V}{R_3} \, [\mathrm{A}]$$

$$\therefore \ I_p = I_1 + I_2 + I_3 \, [\mathrm{A}]$$

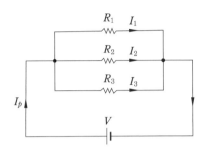

그림 1-34 저항의 병렬 접속

㈎ 전류는 각 저항의 크기에 반비례하여 흐른다.

$$I_1 : I_2 : I_3 = \frac{1}{R_1} : \frac{1}{R_2} : \frac{1}{R_3}$$

㈏ 그림과 같은 병렬 회로의 전류 분배

$$I_1 = \frac{R_2}{R_1 + R_2} I \, [\mathrm{A}], \quad I_2 = \frac{R_1}{R_1 + R_2} I \, [\mathrm{A}]$$

$$\therefore \ I_1 : I_2 = \frac{R_2}{R_1 + R_2} : \frac{R_1}{R_1 + R_2}$$

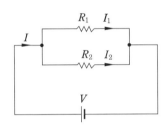

그림 1-35 전류 분배

(3) 직·병렬 접속

• 합성 저항 : R_{sp}

① 그림 1-36과 같이 먼저 병렬 접속을 합성하고 난 다음에 직렬로 합성한다.

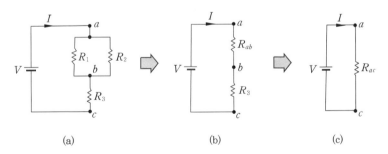

|(a)|(b)|(c)|

그림 1-36 저항의 직·병렬 접속

② $R_{sp} = \dfrac{R_1 \cdot R_2}{R_1 + R_2} + R_3 = R_{ab} + R_3 = R_{ac}$

과년도 / 예상문제

1. 어떤 도체에 1 A의 전류가 1분간 흐를 때 도체를 통과하는 전기량은 ? [10]

① 1 C   ② 60 C
③ 1000 C   ④ 3600 C

해설 $Q = I \cdot t = 1 \times 1 \times 60 = 60$ C

2. 1 Ah는 몇 C인가 ? [11, 13, 17]

① 1200   ② 2400
③ 3600   ④ 4800

해설 $Q = I \cdot t = 1 \times 60 \times 60 = 3600$ C

3. 어떤 도체에 5초간 4 C의 전하가 이동했다면 이 도체에 흐르는 전류는 ? [12]

① 0.12×10^3 mA   ② 0.8×10^3 mA
③ 1.25×10^3 mA   ④ 8×10^3 mA

해설 $I = \dfrac{Q}{t} = \dfrac{4}{5} = 0.8$ A $\rightarrow$ 0.8×10^3 mA

4. 1.5 V의 전위차로 3 A의 전류가 2분 동안 흐를 때 한 일(J)은 ? [10]

① 180   ② 250
③ 540   ④ 590

해설 $W = VQ = VIt$
$\qquad = 1.5 \times 3 \times 2 \times 60 = 540$ J

5. 다음 중 1 V와 같은 값을 갖는 것은 ? [15]

① 1 J/C   ② 1 Wb/m
③ 1 Ω/m   ④ 1 A · s

해설 1 V는 1 C의 전하가 두 점 사이를 이동할 때 얻거나 또는 잃는 에너지가 1 J일 때의 전위차이다.
∴ 1V=1 J/C

6. 전류를 계속 흐르게 하려면 전압을 연속적으로 만들어 주는 어떤 힘이 필요하게 되는데, 이 힘은 무엇인가 ? [17]

① 자기력   ② 전자력
③ 전기장   ④ 기전력

해설 기전력 (electromotive force, e.m.f.) : 전류를 계속 흐르게 하려면 전압을 연속적으로 만들어 주는 어떤 힘이 필요하게 되는데, 이 힘을 기전력이라 하며 단위는 전압과 마찬가지로 V를 사용한다.

7. 전압계 및 전류계의 측정 범위를 넓히기 위하여 사용하는 배율기와 분류기의 접속 방법은 ? [11, 17, 19]

① 배율기는 전압계와 병렬 접속, 분류기는 전류계와 직렬 접속
② 배율기는 전압계와 직렬 접속, 분류기는 전류계와 병렬 접속
③ 배율기 및 분류기 모두 전압계와 전류계에 직렬 접속
④ 배율기 및 분류기 모두 전압계와 전류계에 병렬 접속

해설 ㉠ 배율기 (multiplier) : 전압계에 직렬로 접속
㉡ 분류기 (shunt) : 전류계에 병렬로 접속

8. 100 V의 전압계가 있다. 이 전압계를 써서 200 V의 전압을 측정하려면 최소 몇 Ω의 저항을 외부에 접속해야 하는가 ? (단, 전압계의 내부 저항은 5000 Ω이라 한다.) [13]

① 10000   ② 5000
③ 2500   ④ 1000

정답 ● 1. ②   2. ③   3. ②   4. ③   5. ①   6. ④   7. ②   8. ②

해설 배율기 $R_m = (m-1) \cdot R_v$
$= (2-1) \times 5000 = 5000\,\Omega$

※ 배율 $m = \dfrac{200}{100} = 2$

9. 최대 눈금 1 A, 내부 저항 10 Ω의 전류계로 최대 101 A까지 측정하려면 몇 Ω의 분류기가 필요한가? [16]

① 0.01 ② 0.02
③ 0.05 ④ 0.1

해설 배율 $m = \dfrac{\text{최대 측정 전류}}{\text{최대 눈금}} = \dfrac{101}{1} = 101$

∴ $R_s = \dfrac{R_a}{(m-1)} = \dfrac{10}{(101-1)} = 0.1\,\Omega$

10. 다음 ( ) 안의 알맞은 내용으로 옳은 것은? [12, 16]

> "회로에 흐르는 전류의 크기는 저항에 (㉮)하고, 가해진 전압에 (㉯)한다."

① ㉮ : 비례 ㉯ : 비례
② ㉮ : 비례 ㉯ : 반비례
③ ㉮ : 반비례 ㉯ : 비례
④ ㉮ : 반비례 ㉯ : 반비례

해설 옴의 법칙(Ohm's law)

$I = \dfrac{V}{R}$ [A]

※ 전류 I는 저항 R에 반비례하고, 전압 V에 비례한다.

11. 20 Ω, 30 Ω, 60 Ω의 저항 3개를 병렬로 접속하고 여기에 60 V의 전압을 가했을 때, 이 회로에 흐르는 전체 전류는 몇 A 인가? [13]

① 3 A ② 6 A
③ 30 A ④ 60 A

해설 ㉠ 병렬로 접속이므로 각 저항에 가해

지는 전압은 같다.
㉡ 전류의 크기는 저항의 크기에 반비례한다.
∴ 60 Ω에 1A가 흐르므로, 30 Ω에 2A, 20 Ω에 3 A가 흐르게 된다.

12. 어떤 저항(R)에 전압(V)을 가하니 전류(I)가 흘렀다. 이 회로의 저항(R)을 20 % 줄이면 전류(I)는 처음의 몇 배가 되는가? [14]

① 0.8 ② 0.88
③ 1.25 ④ 2.04

해설 $I' = \dfrac{V}{R'} = \dfrac{V}{0.8R} = 1.25I$

∴ 1.25 배

13. 다음 그림에서 B점의 전위가 100V이고 C점의 전위가 60 V이다. 이때 AB 사이의 저항 3Ω에 흐르는 전류는 몇 A인가? [18]

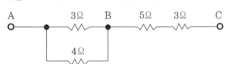

① 2.14 ② 2.86
③ 4.27 ④ 4.97

해설 ㉠ 점 B, C 사이의 전압
$V_{BC} = V_B - V_{C_2} = 100 - 60 = 40V$

㉡ 전 전류 $I = \dfrac{V_{BC}}{R_{BC}} = \dfrac{40}{5+3} = 5\,A$

∴ 저항 3Ω에 흐르는 전류
$I_3 = \dfrac{R_2}{R_1 + R_2} \times I = \dfrac{4}{3+4} \times 5 = 2.86\,A$

14. 15 V의 전압에 3 A의 전류가 흐르는 회로의 컨덕턴스 ℧ 는 얼마인가? [19]

① 0.1 ② 0.2
③ 5 ④ 30

해설 컨덕턴스 (conductance)

$$G = \frac{I}{V} = \frac{3}{15} = 0.2 \, \text{℧}$$

15. 2Ω의 저항과 8Ω의 저항을 직렬로 접속할 때 합성 컨덕턴스는 몇 ℧ 인가? [19]

① 0.1   ② 1
③ 5   ④ 10

해설 $G = \dfrac{1}{R_1 + R_2} = \dfrac{1}{2+8} = 0.1 \, \text{℧}$

16. 0.2℧ 의 컨덕턴스 2개를 직렬로 접속하여 3 A의 전류를 흘리려면 몇 V의 전압을 공급하면 되는가? [16]

① 12   ② 15   ③ 30   ④ 45

해설 ㉠ $R = \dfrac{1}{G} = \dfrac{1}{0.2} = 5 \, \Omega$

㉡ $R_0 = 2 \times 5 = 10 \, \Omega$

$\therefore V = I \cdot R_0 = 3 \times 10 = 30 \, \text{V}$

※ $G_0 = \dfrac{G}{2} = \dfrac{0.2}{2} = 0.1 \, \text{℧}$

$\therefore V = \dfrac{I}{G_0} = \dfrac{3}{0.1} = 30 \, \text{V}$

17. $R_1[\Omega]$, $R_2[\Omega]$, $R_3[\Omega]$의 저항 3개를 직렬 접속했을 때의 합성저항(Ω)은? [16]

① $R = \dfrac{R_1 \cdot R_2 \cdot R_3}{R_1 + R_2 + R_3}$

② $R = \dfrac{R_1 + R_2 + R_3}{R_1 \cdot R_2 \cdot R_3}$

③ $R = R_1 \cdot R_2 \cdot R_3$

④ $R = R_1 + R_2 + R_3$

18. 5Ω, 10Ω, 15Ω의 저항을 직렬로 접속하고 전압을 가하였더니 10Ω의 저항 양단에 30 V의 전압이 측정되었다. 이 회로에 공급되는 전 전압은 몇 V인가? [12]

① 30   ② 60   ③ 90   ④ 120

해설 (1) 저항비＝5 : 10 : 15＝1 : 2 : 3에서, 10 Ω의 저항 양단에 30 V가 측정되므로

(2) 전압비＝1 : 2 : 3＝15 : 30 : 45

∴ 전 전압＝15＋30＋45＝90 V

풀이 ㉠ 저항 직렬 접속 회로이므로 각 저항에 흐르는 전류는 같다.

$$I = \frac{V_2}{R_2} = \frac{30}{10} = 3 \, \text{A}$$

㉡ 각 저항 양단 전압의 합은 회로에 공급되는 전 전압과 같다.

$E = E_1 + E_2 + E_3 = IR_1 + IR_2 + IR_3$
$= 3 \times 5 + 3 \times 10 + 3 \times 15$
$= 15 + 30 + 45 = 90 \, \text{V}$

19. 다음 중 저항 R_1, R_2를 병렬로 접속하면 합성 저항 R_0은? [14, 18]

① $R_1 + R_2$ ② $\dfrac{1}{R_1 + R_2}$

③ $\dfrac{R_1 R_2}{R_1 + R_2}$ ④ $\dfrac{R_1 + R_2}{R_1 R_2}$

해설 $R_p = \dfrac{R_1 \cdot R_2}{R_1 + R_2} = \dfrac{\text{두 저항의 곱}}{\text{두 저항의 합}}$

20. 서로 다른 세 개의 저항 R_1, R_2, R_3를 병렬 연결하였을 때 합성 저항은? [18]

① $R_{ab} = \dfrac{R_1 R_2 R_3}{R_1 R_2 + R_1 R_3 + R_2 R_3}$

② $R_{ab} = \dfrac{R_1 R_2 + R_1 R_3 + R_2 R_3}{R_1 R_2 R_3}$

③ $R_{ab} = \dfrac{R_1 R_2 R_3}{R_1 + R_2 + R_3}$

④ $R_{ab} = \dfrac{R_1 + R_2 + R_3}{R_1 R_2 R_3}$

해설 $R_p = \dfrac{R_1 R_2 R_3}{R_1 R_2 + R_2 R_3 + R_3 R_1}$

$$= \frac{세\ 저항의\ 곱}{두\ 저항들의\ 곱의\ 합}$$

21. 다음의 그림에서 2 Ω 의 저항에 흐르는
전류는? [17]

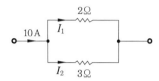

① 6 A
② 4 A
③ 5 A
④ 3 A

해설 저항비가 2 : 3이므로 전류비는 3 : 2가
된다.
$$\therefore I_1 : I_2 = 6 : 4$$

풀이 ㉠ $I_1 = \dfrac{R_2}{R_1 + R_2} \cdot I = \dfrac{3}{2+3} \times 10 = 6\ \text{A}$

㉡ $I_2 = \dfrac{R_1}{R_1 + R_2} \cdot I = \dfrac{2}{2+3} \times 10 = 4\ \text{A}$

22. 다음 중 2Ω, 4Ω, 6Ω의 세 개의 저항
을 병렬로 연결하였을 때 전 전류가 10 A
이면, 2Ω에 흐르는 전류는 몇 A인가? [18]

① 1.81
② 2.72
③ 5.45
④ 7.64

해설 R_2와 R_3의 합성 저항
$$R_{23} = \frac{R_2 R_3}{R_2 + R_3} = \frac{4 \times 6}{4+6} = 2.4\ \Omega$$
$\therefore R_1$에 흐르는 전류
$$I_1 = \frac{R_{23}}{R_1 + R_{23}} \times I_0 = \frac{2.4}{2+2.4} \times 10 \fallingdotseq 5.45\,\text{A}$$

23. 다음과 같은 그림에서 4Ω의 저항에 흐
르는 전류는 몇 A인가? [18]

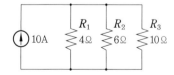

① 3.25
② 4.85
③ 5.62
④ 8.42

해설 R_2와 R_3의 합성 저항
$$R_{23} = \frac{6 \times 10}{6+10} = 3.75\ \Omega$$
$\therefore R_1$에 흐르는 전류
$$I_1 = \frac{R_{23}}{R_1 + R_{23}} \times I_0$$
$$= \frac{3.75}{4+3.75} \times 10 \fallingdotseq 4.84\,\text{A}$$

24. 다음 그림과 같은 회로에 저항이 $R_1 >$
$R_2 > R_3 > R_4$일 때 전류가 최소로 흐르는
저항은? [15]

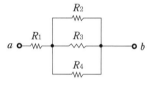

① R_1
② R_2
③ R_3
④ R_4

해설 ㉠ 병렬 연결된 각 저항에 흐르는 전류는
저항의 크기에 반비례하므로, $R_2 > R_3 > R_4$
일 때 $I_2 < I_3 < I_4$가 된다.
㉡ R_1에 흐르는 전류 $I_1 = I_2 + I_3 + I_4$
$\therefore R_2$에 흐르는 전류 I_2가 최소가 된다.

25. 다음 그림과 같은 회로에서 합성 저항
은 몇 Ω인가? [19]

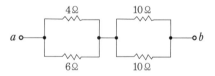

① 30
② 15.5
③ 8.6
④ 7.4

해설 $R_{ab} = \dfrac{R_1 R_2}{R_1 + R_2} + \dfrac{R_3 R_4}{R_3 + R_4}$
$$= \frac{4 \times 6}{4+6} + \frac{10 \times 10}{10+10} = 2.4 + 5 = 7.4\Omega$$

정답 ● **21.** ① **22.** ③ **23.** ② **24.** ② **25.** ④

26. 다음 그림에서 $a-b$ 단자간의 합성 저항(Ω) 값은 얼마인가? [14, 16]

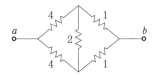

① 1.5　② 2　③ 2.5　④ 4

해설 등가 회로에서, 브리지 회로 평형이므로 2Ω은 소거된다.

$$R_{ab} = \frac{5}{2} = 2.5\ \Omega$$

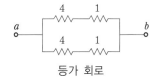

등가 회로

27. $1\,\Omega$, $2\,\Omega$, $3\,\Omega$의 저항 3개를 이용하여 합성 저항을 $2.2\,\Omega$으로 만들고자 할 때 접속 방법을 옳게 설명한 것은? [11]

① 저항 3개를 직렬로 접속한다.
② 저항 3개를 병렬로 접속한다.
③ $2\,\Omega$과 $3\,\Omega$의 저항을 병렬로 연결한 다음 $1\,\Omega$의 저항을 직렬로 접속한다.
④ $1\,\Omega$과 $2\,\Omega$의 저항을 병렬로 연결한 다음 $3\,\Omega$의 저항을 직렬로 접속한다.

해설 ㉠ 모두 직렬 접속이므로 합성 저항은 $2.2\,\Omega$보다 크다.

㉡ 모두 병렬 접속이므로 합성 저항은 $1\,\Omega$보다 작다.

㉢ $R_{ab} = \dfrac{R_2 R_3}{R_2 + R_3} + R_1 = \dfrac{2 \times 3}{2+3} + 1 = 2.2\,\Omega$

㉣ $3\,\Omega$이 직렬로 접속이므로 합성 저항은 $2.2\,\Omega$보다 크다.

풀이 ㉠ $R_{ab} = R_1 + R_2 + R_3 = 1 + 2 + 3 = 6\,\Omega$

㉡ $R_{ab} = \dfrac{R_1 R_2 R_3}{R_1 R_2 + R_2 R_3 + R_3 R_1}$

$\qquad = \dfrac{1 \times 2 \times 3}{1 \times 2 + 2 \times 3 + 3 \times 1} \fallingdotseq 0.545\,\Omega$

㉢ $R_{ab} = \dfrac{R_1 R_2}{R_1 + R_2} + R_3 = \dfrac{1 \times 2}{1 + 2} + 3 \fallingdotseq 3.67\,\Omega$

28. 동일한 저항 4개를 접속하여 얻을 수 있는 최대 저항값은 최소 저항값의 몇 배인가? [16]

① 2　　　　　② 4
③ 8　　　　　④ 16

해설 ㉠ 최대 저항 : $R_m = 4R$

㉡ 최소 저항 : $R_S = \dfrac{R}{4}$

$\therefore \ \dfrac{R_m}{R_s} = \dfrac{4R}{\dfrac{R}{4}} = 16$

| **4-2** | ⚬ 전기 저항과 저항기 |

■ **저항 (resistance)의 성질**

- 물질의 내부에 자유 전자가 이동하게 되면 전류가 흐른다. 그런데 물질 내부에서는 자유 전자의 이동을 방해하는 성질이 있다.
- 도체의 전기 저항은 그 재료의 종류, 모양, 온도, 압력, 자기장 등의 영향에 따라 변화한다.

1 고유 저항과 전기 저항

(1) 고유 저항 (specific resistance) : 저항률 (resistivity)

① 단면적 $1\,\text{m}^2$, 길이 $1\,\text{m}$ 의 임의의 도체 양면 사이의 저항값을 그 물체의 고유 저항이라 한다.

② 기호는 ρ, 단위는 $[\Omega \cdot \text{m}]$를 사용한다.
$$1\,\Omega \cdot \text{m} = 10^2\,\Omega \cdot \text{cm} = 10^6\,\Omega \cdot \text{mm}^2/\text{m}$$

③ 모든 물질의 고유 저항은 다르며, 전기 회로에 사용되는 도체는 고유 저항이 작을수록 전기 저항이 작으므로 유리하다.

④ 연동선의 고유 저항 : $\rho = \dfrac{1}{58}\,[\Omega \cdot \text{mm}^2/\text{m}]$

⑤ 경동선의 고유 저항 : $\rho = \dfrac{1}{55}\,[\Omega \cdot \text{mm}^2/\text{m}]$

(2) 전기 저항 (electric resistance)

전기 저항은 그 도체의 길이에 비례하고 단면적에 반비례한다.
$$R = \rho \frac{l}{A}\ [\Omega]$$

여기서, ρ : 도체의 고유 저항 $[\Omega \cdot \text{m}]$, A : 도체의 단면적 $[\text{m}^2]$, l : 길이 $[\text{m}]$

2 전도율과 퍼센트 전도율

(1) 전도율 (conductivity)

① 고유 저항의 역수로, 물질 내 전류 흐름의 정도를 나타낸다.

② 기호는 σ, 단위는 $[\mho/\text{m}]$를 사용한다.
$$\sigma = \frac{1}{\rho} = \frac{1}{\dfrac{RA}{l}} = \frac{l}{RA}\,[\mho/\text{m}],\ [\Omega^{-1}/\text{m}]$$

(가) 국제 표준 연동의 고유 저항 : $\rho_s = 1.7241 \times 10^{-8}$ [Ω·m]

(나) 국제 표준 연동의 전도율 : $\sigma_s = \dfrac{1}{1.7241 \times 10^{-8}} = 5.8 \times 10^{-7}$ [℧/m]

(2) 퍼센트 전도율 (percentage conductivity)

국제 표준 연동의 고유 저항률을 ρ_s, 전도율을 σ_s, 임의의 도선의 고유 저항률을 ρ, 전도율을 σ 라 하면

$$\text{퍼센트 전도율} = \frac{\rho_s}{\rho} \times 100 = \frac{\sigma}{\sigma_s} \times 100 \, \%$$

3 도체의 저항 온도 계수

(1) t_1 [℃]에 있어서 도체의 저항 R_1, 온도 계수 α_t 일 때 온도 t_2[℃]에 있어서의 저항 R_2 [Ω]의 값은 다음과 같다.

$$R_2 = R_1 [1 + \alpha_t (t_2 - t_1)] \, [\Omega]$$

(2) 부 (-) 저항 온도 계수

① 온도가 상승하면 저항값이 감소하는 특성을 나타낸다.

② 반도체, 탄소, 절연체, 전해액, 서미스터 (thermistor) 등이 있다.

③ 서미스터(thermister) 온도 검출용으로 사용한다.

④ 전해액과 전해질의 종류 및 농도에 따라 저항이 다르지만, 1 ℃의 온도 상승에 대하여 대개 2 %의 저항 감소가 생긴다.

4 휘트스톤 브리지와 키르히호프의 법칙

(1) 휘트스톤 브리지 (Wheatstone bridge)

① 각 저항을 조정하여 검류계 G 에 전류가 흐르지 않도록 되었을 때 브리지가 평형되었다고 한다.

② P, Q, R의 값을 알고 있는 저항이라 하면,

$$\text{미지 저항} : X = \frac{P}{Q} R$$

③ 중저항 $(0.5{\sim}10^5 \, \Omega)$ 측정에 이용되고 있다.

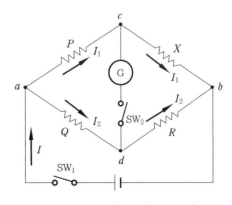

그림 1-37 휘트스톤 브리지

(2) 키르히호프의 법칙 (Kirchhoff's law)

① 제1법칙(전류 법칙) : 회로망 중 임의의 점에 흘러 들어오는 전류의 대수합과 흘러나가는 전류의 대수합은 같다.

$$\Sigma \text{유입 전류} = \Sigma \text{유출 전류}$$

$$\therefore \ I_1 + I_3 + I_4 = I_2 + I_5$$

$$\Sigma I = 0$$

$$\therefore \ I_1 + I_3 + I_4 - (I_2 + I_5) = 0$$

② 제2법칙(전압 강하의 법칙) : 회로망에서 임의의 한 폐회로의 기전력 대수합과 전압 강하의 대수합은 같다.

$$\Sigma V = \Sigma IR$$

$$V_1 + V_2 - V_3 = I(R_1 + R_2 + R_3 + R_4)$$

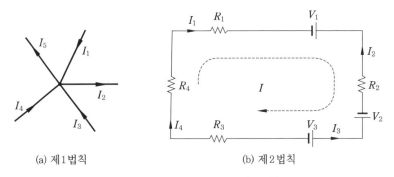

(a) 제1법칙   (b) 제2법칙

그림 1-38 키르히호프의 법칙

과년도 / 예상문제

전기기능사

1. 전선의 길이 1 m, 단면적 1 mm²을 기준으로 고유 저항은 어떻게 나타내는가? [17]

① Ω ② $\Omega \cdot m^2$

③ $\Omega \cdot mm^2/m$ ④ Ω /m

해설 ㉠ $\Omega \cdot m$: 길이(m), 단면적 (m²)을 기준

㉡ $\Omega \ mm^2/m$: 길이(m), 단면적(mm²)을 기준

2. $1 \ \Omega \cdot m$와 같은 것은? [11, 19]

① $1 \mu \Omega \cdot cm$

② $10^6 \ \Omega \cdot mm^2/m$

③ $10^2 \ \Omega \cdot mm$

④ $10^4 \ \Omega \cdot cm$

해설 $1 \ \Omega \cdot m = 10^2 \ \Omega \cdot cm = 10^6 \ \Omega \cdot mm^2/m$

정답 ● **1.** ③   **2.** ②

3. 일반적인 연동선의 고유 저항은 몇 $\Omega \cdot$ mm^2/m인가? [18, 19]

① $\dfrac{1}{55}$ ② $\dfrac{1}{58}$

③ $\dfrac{1}{35}$ ④ $\dfrac{1}{28}$

해설 연동선의 고유 저항: $\rho = \dfrac{1}{58} \ \Omega \cdot$ mm^2/m

※ 경동선의 고유 저항: $\rho = \dfrac{1}{55} \ \Omega \cdot$ mm^2/m

4. 다음 중 전도율의 단위는? [10, 14]

① $\Omega \cdot$ m ② $\mho \cdot$ m

③ Ω/m ④ $\mho$/m

해설 전도율 (conductivity)
㉠ 고유 저항의 역수로, 물질 내 전류 흐름의 정도를 나타낸다.
㉡ 기호는 σ, 단위는 $\mho$/m를 사용한다.

5. 전기 전도도가 좋은 순서대로 도체를 나열한 것은? [15]

① 은→구리→금→알루미늄
② 구리→금→은→알루미늄
③ 금→구리→알루미늄→은
④ 알루미늄→금→은→구리

6. 금속 도체의 전기 저항에 대한 설명으로 옳은 것은? [19]

① 도체의 저항은 고유 저항과 길이에 반비례한다.
② 도체의 저항은 길이와 단면적에 반비례한다.
③ 도체의 저항은 단면적에 비례하고 길이에 반비례한다.
④ 도체의 저항은 고유 저항에 비례하고 단면적에 반비례한다.

해설 $R = \rho \dfrac{l}{A}$ [Ω]

7. 다음 중 도체의 전기 저항을 결정하는 요인과 관련이 없는 것은? [19]

① 고유 저항 ② 길이
③ 색깔 ④ 단면적

8. 어떤 도체의 길이를 n배로 하고 단면적을 $\dfrac{1}{n}$로 하였을 때의 저항은 원래 저항보다 어떻게 되는가? [12, 17]

① n배로 된다. ② n^2배로 된다.
③ $\sqrt{n}$배로 된다. ④ $\dfrac{1}{n}$로 된다.

해설 $R = \rho \dfrac{l}{A}$에서
$R' = \rho \dfrac{nl}{\frac{A}{n}} = n^2 \cdot \rho \dfrac{l}{A} = n^2 R$
∴ n^2배로 된다.

9. 어떤 도체의 길이를 2배로 하고 단면적을 $\dfrac{1}{3}$로 했을 때의 저항은 원래 저항의 몇 배가 되는가? [15, 17]

① 3배 ② 4배 ③ 6배 ④ 9배

해설 $R = \rho \dfrac{l}{A}$에서
$R' = \rho \dfrac{2l}{\frac{A}{3}} = 6 \cdot \rho \dfrac{l}{A} = 6R$
∴ 6배로 된다.

10. 전구를 점등하기 전의 저항과 점등한 후의 저항을 비교하면 어떻게 되는가? [14, 19]

① 점등 후의 저항이 크다.
② 점등 전의 저항이 크다.
③ 변동 없다.
④ 경우에 따라 다르다.

해설 (+) 저항온도 계수 : 전구를 점등하면

온도가 상승하므로 저항이 비례하여 상승
하게 된다.

∴ 점등 후의 저항이 크다.

11. 주위 온도 0℃에서의 저항이 20 Ω인
연동선이 있다. 주위 온도가 50℃로 되는
경우 저항은? (단, 0℃에서 연동선의 온도
계수는 $\alpha_0 = 4.3 \times 10^{-3}$이다.) [10, 16]

① 약 22.3 Ω 　　② 약 23.3 Ω
③ 약 24.3 Ω 　　④ 약 25.3 Ω

해설 $R_t = R_o(1 + \alpha_0 t)$
$= 20(1 + 4.3 \times 10^{-3} \times 50)$
$= 20 + 4.3 = 24.3 \ \Omega$

12. 다음 회로에서 검류계의 지시가 0일 때
저항 X는 몇 Ω인가? [12]

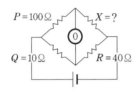

① 10 Ω 　　② 40 Ω
③ 100 Ω 　　④ 400 Ω

해설 $X = \dfrac{P}{Q}R$

$\therefore X = \dfrac{100}{10} \times 40 = 400 \ \Omega$

13. 다음 그림에서 $a-b$ 간의 합성 저항은
$c-d$ 간의 합성 저항보다 몇 배인가? [15]

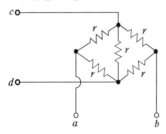

① 1배 　② 2배 　③ 3배 　④ 4배

해설 평형 브리지 회로

㉠ $R_{ab} = \dfrac{2r \times 2r}{2r + 2r} = \dfrac{4r^2}{4r} = r$

㉡ $R_{cd} = \dfrac{1}{\dfrac{1}{2r} + \dfrac{1}{r} + \dfrac{1}{2r}} = \dfrac{r}{2}$

$\therefore \dfrac{R_{ab}}{R_{cd}} = \dfrac{r}{\dfrac{r}{2}} = 2$

14. 회로망의 임의의 접속점에 유입되는 전
류는 $\sum I = 0$이라는 법칙은? [15]

① 쿨롱의 법칙
② 패러데이의 법칙
③ 키르히호프의 제1법칙
④ 키르히호프의 제2법칙

해설 제1법칙 (전류 법칙) : $\sum I = 0$

15. 임의의 폐회로에서 키르히호프의 제2법
칙을 가장 잘 나타낸 것은? [14]

① 기전력의 합＝합성 저항의 합
② 기전력의 합＝전압 강하의 합
③ 전압 강하의 합＝합성 저항의 합
④ 합성 저항의 합＝회로 전류의 합

해설 제2법칙 (전압 강하의 법칙) : $\sum V = \sum IR$

16. 다음 그림에서 폐회로에 흐르는 전류는
몇 A인가? [14, 16]

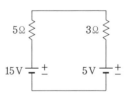

① 1 　　　　② 1.25
③ 2 　　　　④ 2.5

해설 $\sum V = \sum IR$

$\therefore I = \dfrac{\sum V}{\sum R} = \dfrac{15 - 5}{5 + 3} = 1.25 \ A$

교류 회로

5-1 ○ 정현파 교류 회로

- **교류 (alternating current : AC)**

  시간에 따라서 크기와 방향이 변화하는 전압 또는 전류를 말한다.
- **파형 (waveform)**

  교류의 크기와 방향이 시간에 따라 어떻게 변화하는가를 나타내는 곡선을 말한다.
- **정현파 (正弦波, sinusoidal wave)**

  파형이 정현 곡선을 이루는 파 (wave), 즉 사인 함수를 나타내는 곡선과 같은 형태를 가지기 때문에 사인파 (sine wave)라 한다.

1 교류 발생원의 특성

(1) 사인파 교류의 발생

① 교류 발전기의 코일에 생기는 기전력

$$v = 2\,Blu\sin\theta = V_m\sin\theta \text{ [V]}$$

여기서, l [m] : 코일의 유효 길이

u [m/s] : 코일의 이동 속도

B [Wb/m^2] : 자속 밀도

θ [rad] : 자기장에 직각인 자기 중심축과 코일 면이 이루는 각

V_m [V] : 유도 기전력의 최댓값 (진폭)

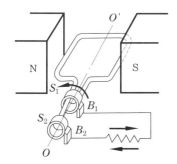
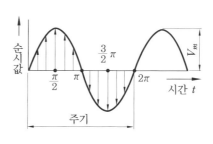

그림 1-39 교류 발전기와 기전력의 파형

(2) 사인파 교류의 표현 방법

① 라디안 각(전기각, electrical angle)

(개) 호도법에서는 그림 1−40에서와 같이 원의 반지름 r 과 같은 길이의 원호 $\overset{\frown}{AB}$ 의 양 끝점과 원의 중심을 이은 두 직선이 이루는 각을 1라디안(radian, [rad])으로 한다.

$$\theta = \frac{l}{r}\ [rad]$$

(내) 선분 $\overline{OA}$ 가 1회전하면 360°이고, 호도법으로 표시하면 다음과 같다.

$$360° = \frac{2\pi r}{r} = 2\pi\ [rad]$$

(대) 각도와 라디안 표시법의 관계

$$라디안\ [rad] = 각도 \times \frac{2\pi}{360} = 각도 \times \frac{\pi}{180}$$

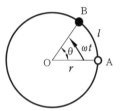

그림 1−40   전기각

표 1−5 각도와 라디안 표시

도	1	30	45	$\dfrac{180}{\pi}$	60	90	180	360	720
라디안	$\dfrac{\pi}{180}$	$\dfrac{\pi}{6}$	$\dfrac{\pi}{4}$	1	$\dfrac{\pi}{3}$	$\dfrac{\pi}{2}$	π	2π	4π

② 각속도(angular velocity)

(개) 그림 1−40에서 ω 로 표시한 것은 선분 $\overline{OA}$ 가 1초 동안에 회전한 각도를 나타내며, 단위로는 [rad/s] 가 쓰인다.

(내) t초 동안 선분 $\overline{OA}$ 가 θ [rad] 만큼 회전하였다면, 이때의 각속도 ω 는 다음과 같다.

$$\omega = \frac{\theta}{t}\ [rad/s]$$

여기서, $\theta = \omega t$

$$\therefore v = 2Blu \sin\theta = V_m \sin\omega t\ [V]$$

(3) 주기와 주파수

① 교류 1회의 변화를 1사이클(cycle)이라 하며, 1사이클 변화하는 데 걸리는 시간을 주기(period) $T[s]$라 한다. 주파수(frequency) $f[Hz]$는 1 s 동안에 반복되는 사이클의 수를 나타내며, 단위로는 헤르츠(hertz, [Hz])를 사용한다.

② 주기와 주파수 및 각속도와의 관계

$$T = \frac{1}{f}\ [s] \qquad f = \frac{1}{T} = \frac{1}{\dfrac{2\pi}{\omega}} = \frac{\omega}{2\pi}\ [Hz]$$

$$\therefore\ \omega = 2\pi f\,[\text{rad/s}]$$

참고🔍 **사인파 교류 표시**

$$v = V_m\sin\theta = V_m\sin\omega t = V_m\sin 2\pi ft = V_m\sin\frac{2\pi}{T}t\,[\text{V}]$$

(4) 위상과 위상차 (phase difference)

① 위상(phase) 차 : 주파수가 동일한 2개 이상의 교류 사이의 시간적인 차이를 나타 낸다.

　　• 뒤진다 (lag)　　　　　　• 앞선다 (lead)

② 위상차의 표시

$$v_1 = V_{m_1}\sin\omega t \ \cdots\cdots\cdots\cdots\cdots\ \text{기준}$$

$$v_2 = V_{m_2}\sin(\omega t - Q_2) \ \cdots\cdots\cdots\ Q_2\ \text{뒤짐}$$

$$v_3 = V_{m_3}\sin(\omega t + Q_1) \ \cdots\cdots\cdots\ Q_1\ \text{앞섬}$$

③ 동상(in phase) : 주파수가 동일한 2개 이상 의 교류 사이의 시간적인 차이가 없이 동일한 경우의 위상이다.

$$\theta_1 = \theta_2$$

$$\therefore\ \theta = \theta_1 - \theta_2 = 0$$

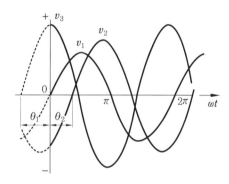

그림 1-41　위상차의 표시

2 ▶ 교류의 표시

(1) 순싯값 (instantaneous value)

① 순간순간 변하는 교류의 임의의 순간 크기 이다.

② $v = V_m\sin\omega t$ [V]

(2) 최댓값 (maximum value) : V_m

① 순싯값 중에서 가장 큰 값이다.

② 진폭 (amplitude)

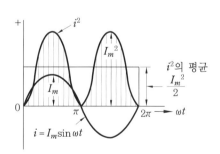

그림 1-42　$i^{\,2}$ 의 평균

(3) 평균값 (average value)

① 순싯값의 반주기에 대해 평균한 값이다.

② $V_a = \dfrac{2}{\pi}V_m \fallingdotseq 0.637\,V_m\,[\text{V}]$

(4) 실횻값(effective value)

① 직류의 크기와 같은 일을 하는 교류의 크기값이다.

  ㈎ 1주기에서 순싯값의 제곱의 평균을 평방근으로 표시한다.

  ㈏ $V = \sqrt{(순싯값)^2의\,합의\,평균}$ [V]

② 실횻값 V와 최댓값 V_m의 관계

$$V = \frac{V_m}{\sqrt{2}} = 0.707\,V_m$$

$$V_m = \sqrt{2} \times V \fallingdotseq 1.414 \times V$$

③ 실횻값 V와 평균값 V_a의 관계

$$\frac{V}{V_a} = \frac{\dfrac{1}{\sqrt{2}} \cdot V_m}{\dfrac{2}{\pi} \cdot V_m} = \frac{\pi}{2\sqrt{2}} \fallingdotseq 1.111$$

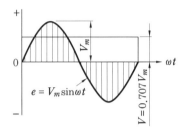

그림 1-43 실횻값과 최댓값의 관계

---

3 기본 소자의 특성

• 기본 소자 : 저항(R ; Resistance), 인덕턴스(L ; Inductance), 정전 용량(C ; Capacitance)

(1) 저항의 특성

① 저항 회로의 전압과 전류

$$i = \sqrt{2}\,I\sin\omega t = I_m \sin\omega t\,[\text{A}]$$

$$v = Ri = RI_m \sin\omega t = V_m \sin\omega t\,[\text{V}]$$

② 전압·전류의 최댓값의 관계

$$V_m = RI_m\,[\text{V}], \quad R = \frac{V_m}{I_m}\,[\Omega]$$

③ 실횻값으로 표시

$$V = RI\,[\text{V}], \quad R = \frac{V}{I}\,[\Omega]$$

④ 저항만의 교류 회로

  ㈎ 전압과 전류는 동일 주파수의 사인파이다.

  ㈏ 전압과 전류는 동상이다.

  ㈐ 전압과 전류의 실횻값(또는 최댓값)의 비는 R이다.

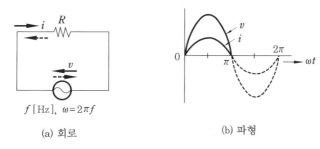

(a) 회로　　(b) 파형

그림 1-44　저항의 특성

(2) 인덕턴스의 특성

① 인덕턴스 회로의 전압과 전류

$$i = I_m \sin\omega t \,[\text{A}], \quad v = V_m \sin(\omega t + 90°)\,[\text{V}]$$

② 전압·전류의 최댓값의 관계

$$V_m = \omega L \cdot I_m \,[\text{V}]$$

③ 실횻값으로 표시

$$V = \omega L \cdot I \,[\text{V}]$$

④ 유도 리액턴스 (inductive reactance) : 인덕턴스 회로에서 전류를 제한하는 일종의 교류 저항이다.

$$X_L = \omega L = 2\pi f L \,[\Omega]$$

⑤ 인덕턴스만의 교류 회로

㈎ 전압과 전류는 동일 주파수의 사인파이다.

㈏ 전압은 전류보다 위상이 90° 앞선다.

㈐ 전압과 전류의 실횻값 (또는 최댓값)의 비는 ωL이다.

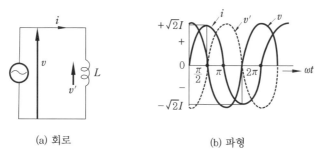

(a) 회로　　(b) 파형

그림 1-45　인덕턴스의 특성

(3) 정전 용량의 특성

① 정전 용량 회로의 전압과 전류

$$v = V_m \sin\omega t \,[\text{V}], \quad i = I_m \sin(\omega t + 90°)\,[\text{A}]$$

② 회로에 축적되는 전하

$$q = C \cdot v = C V_m \sin\omega t \,[\text{C}]$$

③ 전압과 전류의 관계

$$V = \frac{1}{\omega C} \cdot I \,[\text{V}], \quad I = \omega C \cdot V = 2\pi f C \cdot V \,[\text{A}]$$

④ 용량 리액턴스(capacitive reactance) : 저항과 같이 전류를 제한하는 일종의 교류 저항이다.

$$X_c = \frac{1}{\omega C} = \frac{1}{2\pi f C} \,[\Omega]$$

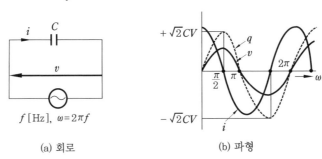

(a) 회로   (b) 파형

그림 1-46 정전 용량의 특성

⑤ 콘덴서만의 교류 회로

(가) 정전기에서 콘덴서의 전하는 전압에 비례한다.

(나) 전압과 전류는 동일 주파수의 사인파이다.

(다) 전류는 전압보다 위상이 90° 앞선다.

(라) 전압과 전류의 실횻값(또는 최댓값)의 비는 $\dfrac{1}{\omega C}$ 이다.

⑥ 용량 리액턴스의 주파수 특성

$$X_c = \frac{1}{2\pi C} \cdot \frac{1}{f} \,[\Omega] \text{에서,} \quad X_c = k\,\frac{1}{f}$$

(가) 용량 리액턴스는 주파수에 반비례한다.

(나) X_c 는 주파수 f 에 따라 변화하는 상태를 나타내면 그림 1-47과 같다.

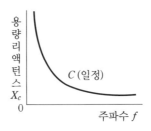

그림 1-47 주파수의 특성

5 장 교류 회로

과년도 / 예상문제

1. 주파수 100 Hz의 주기는? [10, 17]

① 0.01 s   ② 0.6 s

③ 1.7 s   ④ 6000 s

해설 $T = \dfrac{1}{f} = \dfrac{1}{100} = 0.01\,\text{s}$

2. 전기각 $\dfrac{\pi}{6}$ [rad]는 몇 도인가? [14, 17]

① 30°   ② 45°   ③ 60°   ④ 90°

해설 $\pi[\text{rad}] = 180°$

$\therefore \dfrac{\pi}{6} = \dfrac{180°}{6} = 30°$

3. 각속도 $\omega = 300$ [rad/s] 인 사인파 교류의 주파수(Hz)는 얼마인가? [18]

① $\dfrac{70}{\pi}$ ② $\dfrac{150}{\pi}$

③ $\dfrac{180}{\pi}$ ④ $\dfrac{360}{\pi}$

해설 $\omega = 2\pi f$ [rad/s]에서,

주파수 $f = \dfrac{\omega}{2\pi} = \dfrac{300}{2\pi} = \dfrac{150}{\pi}$ [Hz]

4. 각주파수 $\omega = 120\pi$ [rad/s]일 때 주파수 f [Hz]는 얼마인가? [10, 19]

① 50   ② 60   ③ 300   ④ 360

해설 $\omega = 2\pi f = 120\pi$ [rad/s]

$\therefore f = \dfrac{120\pi}{2\pi} = 60\,\text{Hz}$

5. $e = 100\sin\left(314t - \dfrac{\pi}{6}\right)$ [V]인 주파수는 약 몇 Hz인가? [12, 14, 15]

① 40   ② 50   ③ 60   ④ 80

해설 $f = \dfrac{\omega}{2\pi} = \dfrac{314}{2\pi} = 50\,\text{Hz}$

6. $v = V_m \sin(\omega t + 30°)$ [V], $i = I_m \sin(\omega t - 30°)$ [A]일 때 전압을 기준으로 할 때 전류의 위상차는? [11]

① 60° 뒤진다.   ② 60° 앞선다.

③ 30° 뒤진다.   ④ 30° 앞선다

해설 위상차 $\theta = \theta_1 - \theta_2$

$= 30° - (-30°) = 60°$

$\therefore$ 전류 i는 전압 e보다 60° 뒤진다.

7. $i_1 = 8\sqrt{2}\sin\omega t$[A], $i_2 = 4\sqrt{2}\sin(\omega t + 180°)$[A]과의 차에 상당한 전류의 실횻값은? [13]

① 4 A   ② 6 A   ③ 8 A   ④ 12 A

해설 $I_1 = 8\text{A}$, $I_2 = -4\text{A}$

$\therefore I_1 - I_2 = 8 - (-4) = 12\text{A}$

8. 실횻값 5 A, 주파수 f [Hz], 위상 60°인 전류의 순싯값 i [A]를 수식으로 옳게 표현한 것은? [15]

① $i = 5\sqrt{2}\sin\left(2\pi ft + \dfrac{\pi}{2}\right)$

② $i = 5\sqrt{2}\sin\left(2\pi ft + \dfrac{\pi}{3}\right)$

③ $i = 5\sin\left(2\pi ft + \dfrac{\pi}{2}\right)$

④ $i = 5\sin\left(2\pi ft + \dfrac{\pi}{3}\right)$

해설 $i = I_m\sin(\omega t + \theta)$

$= \sqrt{2}\,I\sin(2\pi ft + 60°)$

$= 5\sqrt{2}\sin\left(2\pi ft + \dfrac{\pi}{3}\right)$[A]

※ $\omega = 2\pi f$

정답 ● 1. ①   2. ①   3. ②   4. ②   5. ②   6. ①   7. ④   8. ②

9. 10 Ω의 저항회로에 $e = 100\sin\left(377t + \dfrac{\pi}{3}\right)$ [V]의 전압을 가했을 때 $t=0$에서의 순시 전류(A)는? [10, 16]

① 5
② $5\sqrt{3}$
③ 10
④ $10\sqrt{3}$

해설 $t=0$에서,

$e = 100\sin\left(377t + \dfrac{\pi}{3}\right) = 100\sin\dfrac{\pi}{3}$

$= 100 \times \dfrac{\sqrt{3}}{2} = 50\sqrt{3}$ [V]

$\therefore\ i = \dfrac{e}{R} = \dfrac{50\sqrt{3}}{10} = 5\sqrt{3}$ [A]

10. $e = 200\sin(100\pi t)$[V]의 교류 전압에서 $t = \dfrac{1}{600}$ 초일 때, 순싯값은? [14]

① 100 V
② 173 V
③ 200 V
④ 346 V

해설 $e = 200\sin(100\pi t)$

$= 200\sin\left(100\pi \times \dfrac{1}{600}\right) = 200\sin\dfrac{\pi}{6}$

$= 200\sin30° = 200 \times \dfrac{1}{2} = 100$ V

11. 교류는 시간에 따라 그 크기가 변하므로 교류의 크기를 일반적으로 나타내는 값은? [17]

① 순싯값
② 최솟값
③ 실횻값
④ 평균값

12. 일반적으로 교류전압계의 지싯값은? [11]

① 최댓값
② 순싯값
③ 평균값
④ 실횻값

해설 일반적으로 상용 주파수의 교류 전압계로는 가동 철편형이 주로 사용되며 지싯값은 실횻값이다.

13. 어떤 교류회로의 순싯값이 $v = \sqrt{2}\,V\sin\omega t$[V]인 전압에서 $\omega t = \dfrac{\pi}{6}$ [rad]일 때 $100\sqrt{2}$ [V]이면 이 전압의 실횻값(V)은? [16]

① 100
② $100\sqrt{2}$
③ 200
④ $200\sqrt{2}$

해설 ㉠ $v = \sqrt{2}\,V\sin\omega t = \sqrt{2}\,V\sin\dfrac{\pi}{6}$

$= \sqrt{2}\,V \times \dfrac{1}{2}$ [V]

㉡ $\sqrt{2}\,V \times \dfrac{1}{2} = 100\sqrt{2}$ 에서, $V = 200$ V

$\therefore$ 순싯값 $v = 100\sqrt{2}$ [V] 가 되려면 실횻값 $V = 200$ V 가 되어야 한다.

14. $i = I_m\sin\omega t$인 사인파 교류에서 ωt가 몇 도일 때 순싯값과 실횻값이 같게 되는가? [13, 15]

① 0°
② 45°
③ 60°
④ 90°

해설 ㉠ $i = I_m\sin\omega t = \sqrt{2}\,I\sin\omega t$ [A]

㉡ 순싯값 i와 실횻값 I가 같게 되는 조건

$\sin\omega t = \dfrac{1}{\sqrt{2}}$

$\therefore\ \theta = \omega t = \sin^{-1}\dfrac{1}{\sqrt{2}} = 45°$

15. 가정용 전등 전압이 200 V이다. 이 교류의 최댓값은 몇 V인가? [15]

① 70.7
② 86.7
③ 141.4
④ 282.8

해설 $V_m = \sqrt{2} \times V = 1.414 \times 200 = 282.8$ V

16. 다음 중 교류 220V의 평균값은 약 몇 V인가? [18]

① 148
② 155
③ 198
④ 380

해설 $V_a = \dfrac{V}{1.11} = \dfrac{220}{1.11} ≒ 198$ V

정답 9. ② 10. ① 11. ③ 12. ④ 13. ③ 14. ② 15. ④ 16. ③

17. 어떤 정현파 교류의 최댓값이 $V_m = 220$ V이면 평균값 V_a [V]는? [12, 10, 17]

① 약 120.4 V ② 약 125.4 V
③ 약 127.3 V ④ 약 140.1 V

해설 $V_a = \dfrac{2}{\pi} V_m \fallingdotseq 0.637 V_m = 0.637 \times 220$
$\fallingdotseq 140.1\,\text{V}$

18. 교류 전압을 사용하는 전기난로의 경우 전압과 전류의 위상은?

① 동상이다.
② 전압이 전류보다 90° 앞선다.
③ 전류가 전압보다 90° 앞선다.
④ 처음에는 전압이 빠르고 갈수록 전류가 빨라진다.

해설 백열전구, 전기난로, 전기다리미 등은 무유도성 저항(전열)선이므로, 전압과 전류의 위상은 동상이다.

19. 전기저항 25 Ω에 50 V의 사인파 전압을 가할 때 전류의 순싯값은? (단, 각속도 $\omega = 377$ rad/s이다.) [10]

① $2\sin 377t$ [A]
② $2\sqrt{2}\sin 377t$ [A]
③ $4\sin 377t$ [A]
④ $4\sqrt{2}\sin 377t$ [A]

해설 ㉠ $v = E_m \sin\omega t = \sqrt{2}\,V\sin 377t$
$= 50\sqrt{2}\sin 377t\,[\text{V}]$
㉡ $R = 25\,\Omega$
∴ $i = \dfrac{v}{R} = \dfrac{50\sqrt{2}}{25}\cdot\sin 377t$
$= 2\sqrt{2}\sin 377t\,[\text{A}]$

20. 자체 인덕턴스가 1H인 코일에 200V, 60Hz의 사인파 교류 전압을 가했을 때 전류와 전압의 위상차는? (단, 저항 성분은

모두 무시한다.) [16, 19]

① 전류는 전압보다 위상이 $\dfrac{\pi}{2}$ [rad] 만큼 뒤진다.
② 전류는 전압보다 위상이 π[rad] 만큼 뒤진다.
③ 전류는 전압보다 위상이 $\dfrac{\pi}{2}$ [rad] 만큼 앞선다.
④ 전류는 전압보다 위상이 π[rad] 만큼 앞선다.

해설 전압을 기준 벡터로 했을 때, 전류는 그 위상이 전압보다 90°, 즉 $\dfrac{\pi}{2}$ [rad]만큼 뒤진다.

21. 어떤 회로의 소자에 일정한 크기의 전압으로 주파수를 2배로 증가시켰더니 흐르는 전류의 크기가 $\dfrac{1}{2}$로 되었다. 이 소자의 종류는? [14]

① 저항 ② 코일
③ 콘덴서 ④ 다이오드

해설 ㉠ 유도 리액턴스: $X_L = 2\pi f \cdot L[\Omega]$에서, 주파수 f를 2배로 증가시키면 X_L는 2배가 된다.
㉡ 전류: $I_L' = \dfrac{V}{2X_L} = \dfrac{1}{2}\cdot I_L$
∴ 주파수를 2배로 하면 전류의 크기가 $\dfrac{1}{2}$로 되는 회로 소자는 코일(coil)이다.

22. 인덕턴스 0.5 H에 주파수가 60 Hz이고 전압이 220 V인 교류 전압이 가해질 때 흐르는 전류는 약 몇 A인가? [14]

① 0.59 ② 0.87
③ 0.97 ④ 1.17

해설 $I = \dfrac{V}{X_L} = \dfrac{V}{2\pi f L}$

$$= \frac{220}{2\pi \times 60 \times 0.5} = \frac{220}{188.4} ≒ 1.17\,A$$

23. 코일의 성질에 대한 설명으로 틀린 것은? [14]

① 공진하는 성질이 있다.

② 상호 유도 작용이 있다.

③ 전원 노이즈 차단 기능이 있다.

④ 전류의 변화를 확대시키려는 성질이 있다.

해설 코일의 성질

1. 유도 기전력으로 전류의 변화를 안정시키려는 성질이 있다.
2. 두 개의 코일 사이에 상호 유도 작용을 한다.
3. 직렬로 연결하면 인덕턴스 성질이 커진다.
4. 공진하는 성질이 있다.
5. 코일은 리액턴스 기능이 있다.
6. 유도 리액턴스 작용으로 높은 주파수에서 노이즈 차단 기능이 있다.
7. 전자석의 성질이 있다.

24. 어느 회로 소자에 일정한 크기의 전압으로 주파수를 증가시키면서 흐르는 전류를 관찰하였다. 주파수를 2배로 하였더니 전류의 크기가 2배로 되었다. 이 회로 소자는? [10]

① 저항   ② 코일

③ 콘덴서   ④ 다이오드

해설 콘덴서에 흐르는 전류

$I = \dfrac{V}{X_C} = \dfrac{V}{1/\omega c} = \omega CV = 2\pi f\,CV\,[A]$에서,

$I = k' f\,[A]$

∴ 주파수를 2배로 하는 경우 전류의 크기가 2배로 되는 회로 소자는 콘덴서이다.

25. 콘덴서 용량이 커질수록 용량성 리액턴스는 어떻게 되는가?

① 무한대로 접근한다.

② 커진다.

③ 작아진다.

④ 변하지 않는다.

해설 $X_c = \dfrac{1}{2\pi C} \cdot \dfrac{1}{f}\,[\Omega]$에서, 용량성 리액턴스는 작아진다.

26. 어떤 회로에 $v = 200\sin\omega t$의 전압을 가했더니 $i = 50\sin\left(\omega t + \dfrac{\pi}{2}\right)$의 전류가 흘렀다. 이회로는? [10]

① 저항 회로   ② 유도성 회로

③ 용량성 회로   ④ 임피던스 회로

해설 용량성 회로의 전압, 전류의 순싯값 표시

㉠ 전압 $v = V_m\sin\omega t\,[V]$

㉡ 전류 $i = I_m\sin\left(\omega t + \dfrac{\pi}{2}\right)[A]$

㉢ 전류는 전압보다 위상이 $\dfrac{\pi}{2}\,[rad]$ 만큼 앞선다.

27. 다음 설명 중에서 틀린 것은? [11, 15]

① 코일은 직렬로 연결할수록 인덕턴스가 커진다.

② 콘덴서는 직렬로 연결할수록 용량이 커진다.

③ 저항은 병렬로 연결할수록 저항치가 작아진다.

④ 리액턴스는 주파수의 함수이다.

해설 ㉠ 콘덴서는 직렬로 연결할수록 용량이 작아진다.

㉘ $C_{ab} = \dfrac{C \cdot C}{C + C} = \dfrac{C^2}{2C} = \dfrac{1}{2}C$

㉡ 리액턴스는 주파수(f)의 함수이다.

• $X_L = 2\pi f L$

• $X_C = \dfrac{1}{2\pi f C}$

4 RLC의 직·병렬 접속 회로

(1) 기본 회로의 기호법 표시

① 저항 R 만의 회로

$$\dot{I} = \frac{\dot{V}}{R} \ [\text{A}]$$

② 인덕턴스 L 만의 회로

　(가) L [H]의 코일에 $\omega = 2\pi f$ 인 전압 V 를 가
　　하면,

$$\dot{I} = -j \frac{\dot{V}}{\omega L} = \frac{\dot{V}}{j\omega L} \ [\text{A}]$$

$$\dot{V} = j\omega L \dot{I} \ [\text{V}]$$

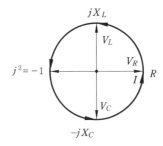

그림 1–48　R, X_L, X_C 의 위상 관계

　(나) 유도 리액턴스 : $jX_L = j\omega L$ (양의 허수)

③ 정전 용량 C 만의 회로

　(가) C [F]의 콘덴서에 $\omega = 2\pi f$ 인 전압 V 를 가하면,

$$\dot{I} = j\omega C\dot{V} \ [\text{V}]$$

$$\dot{V} = \frac{1}{j\omega C}\dot{I} = -j \frac{1}{\omega C}\dot{I} \ [\text{V}]$$

　(나) 용량 리액턴스 : $-jX_C = -j\dfrac{1}{\omega C}$ (음의 허수)

(2) RL 직렬 회로

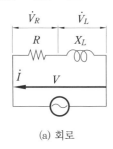

(a) 회로

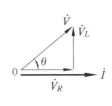

(b) 벡터도

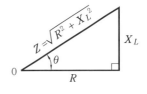

(c) 임피던스 삼각형

그림 1–49　RL 직렬 회로

① $\dot{Z} = R + j\omega L = Z\underline{/\theta} \ [\Omega]$

　$|Z| = \sqrt{R^2 + X_L^2} \ [\Omega]$

② $\theta = \tan^{-1}\dfrac{X_L}{R} = \tan^{-1}\dfrac{\omega L}{R} \ [\text{rad}]$

(3) RC 직렬 회로

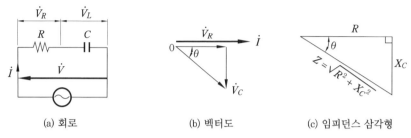

(a) 회로   (b) 벡터도   (c) 임피던스 삼각형

그림 1-50 RC **직렬 회로**

① $\dot{Z} = R - j\dfrac{1}{\omega C} = Z\underline{/-\theta}$ [Ω] $|Z| = \sqrt{R^2 + X_C^2}$ [Ω]

② $\theta = \tan^{-1}\dfrac{X_C}{R} = \tan^{-1}\dfrac{1}{\omega CR}$ [rad]

(4) RLC 직렬 회로

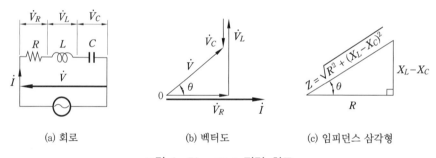

(a) 회로   (b) 벡터도   (c) 임피던스 삼각형

그림 1-51 RLC **직렬 회로**

① $\dot{Z} = R + j\left(\omega L - \dfrac{1}{\omega C}\right) = Z\underline{/\theta}$ [Ω]

(가) $|Z| = \sqrt{R^2 + (X_L - X_C)^2}$ [Ω]

(나) 리액턴스 성분의 주파수 특성

- $\omega L > \dfrac{1}{\omega C}$ 의 경우 : $+j$ 로 표시되며, 유도 리액턴스가 된다.

- $\omega L < \dfrac{1}{\omega C}$ 의 경우 : $-j$ 로 표시되며, 용량 리액턴스가 된다.

- $\omega L = \dfrac{1}{\omega C}$ 의 경우 : $\dot{X}$값이 0이 되며, 공진 상태가 된다.

② $\theta = \tan^{-1}\dfrac{X_L - X_C}{R} = \tan^{-1}\dfrac{\omega L - \dfrac{1}{\omega C}}{R}$ [rad]

③ $\dot{V} = \dot{V}_R + \dot{V}_L + \dot{V}_C = R\dot{I} + j\omega L\dot{I} - j\dfrac{1}{\omega C}\dot{I} = \dot{I}\left[R + j\left(\omega L - \dfrac{1}{\omega C}\right)\right]$ [V]

(5) 복소 어드미턴스 (complex admittance)

어드미턴스 (admittance) 는 임피던스의 역수로 기호는 Y, 단위는 ℧을 사용한다.

$$\dot{Y} = \frac{R}{R^2 + X^2} + j\frac{-X}{R^2 + X^2} = G + jB \text{ [℧]}$$

여기서, $\dot{Y} = \dfrac{1}{\dot{Z}} = \dfrac{1}{R + jX} = \dfrac{R - jX}{(R + jX)(R - jX)}$

① 실수부 : 컨덕턴스 (conductance)

$$G = \frac{R}{R^2 + X^2}$$

② 허수부 : 서셉턴스 (susceptance)

$$B = \frac{-X}{R^2 + X^2}$$

(6) RLC 병렬 회로의 복소 어드미턴스

① RL 병렬 회로의 기호법 표시

(가) $\dot{Y} = \dfrac{1}{R} - j\dfrac{1}{\omega L}$ [℧]

여기서, $\dot{Z} = \dfrac{R \times j\omega L}{R + j\omega L}$ [Ω]

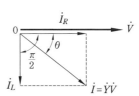

그림 1-52 RL 병렬 회로의 벡터도

(나) $\theta = \tan^{-1}\dfrac{R}{\omega L}$ [rad]

② RC 병렬 회로의 기호법 표시

(가) $\dot{Y} = \dfrac{1}{R} + j\omega C$ [℧]

여기서, $\dot{Z} = \dfrac{R}{1 + j\omega CR}$ [Ω]

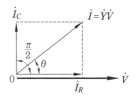

그림 1-53 RC 병렬 회로의 벡터도

(나) $\theta = \tan^{-1}\omega CR$ [rad]

5 직렬 공진 회로의 특성

(1) 공진 상태 (resonance)와 공진 주파수

① 공진 조건 : $X_L = X_c$

여기서, $\omega_0 L = \dfrac{1}{\omega_0 C}$, $V_L = V_c$

② 공진 주파수 : $f_0 = \dfrac{1}{2\pi\sqrt{LC}}$ [Hz]

여기서, $\omega_0 L - \dfrac{1}{\omega_0 C} = 0,\ \ 2\pi f_0 L - \dfrac{1}{2\pi f_0 C} = 0$

(2) 공진 임피던스와 전류

① $Z_0 = R$ [Ω], $\ X_L - X_c = 0$

② $I_0 = \dfrac{V}{R}$ [A]

(3) 선택도 (selectivity)

① 첨예도 (sharpness) = 전압 확대율

$$Q = \frac{\omega_o L}{R} = \frac{1}{\omega_o RC} = \frac{1}{\dfrac{1}{\sqrt{LC}}RC} = \frac{1}{R}\sqrt{\frac{L}{C}}$$

② R 이 작으며 공진 곡선이 날카롭게 되어 회로의 공진 주파수에 대한 응답이 예민하게 되므로 Q 를 첨예도 또는 선택도라 한다.

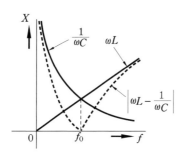

그림 1-54 직렬 공진 특성

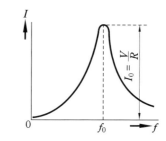

그림 1-55 직렬 공진 곡선

6 ▶ 병렬 공진 회로의 특성

(1) 공진 조건의 공진 주파수

① 공진 조건

$$\omega_0 C = \frac{\omega_0 L}{R^2 + \omega_0^2 L^2}\ \ (\text{서셉턴스} = 0)$$

② 공진 주파수

$$f_0 = \frac{1}{2\pi}\sqrt{\frac{1}{LC} - \frac{R^2}{L^2}}\ \ [\text{Hz}]$$

$$f_0 = \frac{1}{2\pi\sqrt{LC}}\ \ [\text{Hz}]$$

$$\left(\frac{1}{LC} \gg \frac{R^2}{L^2} \text{인 경우}\right)$$

③ 공진 임피던스

$$Z_0 = \frac{1}{G_0} = \frac{R^2 + {\omega_0}^2 L^2}{R} \fallingdotseq \frac{{\omega_0}^2 L^2}{R} \, [\Omega]$$

$$(R^2 \ll {\omega_0}^2 L^2 \text{인 경우})$$

$$Z_0 = \frac{L}{CR} \, [\Omega]$$

※ 병렬 공진 회로에서는 공진 시에 어드미턴스가 최소, 임피던스는 최대가 된다.

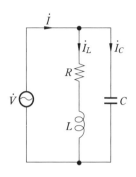

그림 1-56 LC 병렬 회로
(R=코일의 저항)

과년도 / 예상문제

전기기능사

1. 저항 R과 유도 리액턴스 X_L이 직렬로 연결되었을 때 임피던스 Z의 크기를 나타내는 식은? [14]

① $R + X_L$ ② $\sqrt{R^2 - {X_L}^2}$
③ $\sqrt{R^2 + {X_L}^2}$ ④ $R^2 + {X_L}^2$

해설 RL 직렬 회로의 임피던스 Z와 위상각 θ
㉠ $Z = \sqrt{R^2 + {X_L}^2}$ $[\Omega]$
㉡ $\theta = \tan^{-1}\dfrac{X_L}{R} = \tan^{-1}\dfrac{\omega L}{R}$ [rad]

2. RL 직렬 회로에 교류 전압 $v = V_m \sin\theta$ [V]를 가했을 때 회로의 위상각 θ를 나타낸 것은? [15, 17]

① $\theta = \tan^{-1}\dfrac{R}{\omega L}$

② $\theta = \tan^{-1}\dfrac{\omega L}{R}$

③ $\theta = \tan^{-1}\dfrac{1}{R\omega L}$

④ $\theta = \tan^{-1}\dfrac{R}{\sqrt{R^2 + (\omega L)^2}}$

3. 다음 그림과 같은 회로에서 전류 I와 유효 전류 I_a는 각각 몇 A인가? [17]

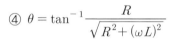
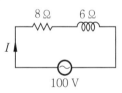
100 V

① 4, 6   ② 6, 8
③ 8, 10   ④ 10, 8

해설 ㉠ $Z = \sqrt{R^2 + X^2} = \sqrt{8^2 + 6^2} = 10 \, \Omega$
㉡ $I = \dfrac{V}{Z} = \dfrac{100}{10} = 10 \text{A}$
㉢ $I_a = \dfrac{R}{Z} \times I = \dfrac{8}{10} \times 10 = 8 \text{A}$

4. 저항 8 Ω과 유도 리액턴스 6 Ω이 직렬로 접속된 회로에 100 V의 교류 전압을 가

정답 ● 1. ③   2. ②   3. ④   4. ①

하면 몇 A의 전류가 흐르며, 역률은 얼마인가? [17]

① 10 A, 80 % ② 9 A, 75 %

③ 8 A, 70 % ④ 7 A, 60 %

해설 문제 3. 해설 참조

ㄱ) $I = 10$ A

ㄴ) $\cos\theta = \dfrac{R}{Z} = \dfrac{8}{10} = 0.8$

∴ 80 %

5. 저항 8 Ω과 코일이 직렬로 접속된 회로에 200 V의 교류 전압을 가하면 20 A의 전류가 흐른다. 코일의 리액턴스는 몇 Ω인가? [15]

① 2 ② 4

③ 6 ④ 8

해설 ㄱ) $Z = \dfrac{V}{I} = \dfrac{200}{20} = 10\ \Omega$

ㄴ) $Z = \sqrt{R^2 + X_L^2}$

∴ $X_L = \sqrt{Z^2 - R^2} = \sqrt{10^2 - 8^2} = \sqrt{36}$

$= 6\ \Omega$

6. 저항과 코일이 직렬 연결된 회로에서 직류 220 V를 인가하면 20 A의 전류가 흐르고, 교류 220 V를 인가하면 10 A의 전류가 흐른다. 이 코일의 리액턴스 (Ω)는? [13]

① 약 19.05 Ω ② 약 16.06 Ω

③ 약 13.06 Ω ④ 약 11.04 Ω

해설 ㄱ) 직류 220 V을 인가하는 경우 $(X_L = 0)$

$R = \dfrac{V}{I} = \dfrac{220}{20} = 11\ \Omega$

ㄴ) 교류 220 V 을 인가하는 경우

$Z = \dfrac{V'}{I} = \dfrac{220}{10} = 22\ \Omega$

∴ $X_L = \sqrt{Z^2 - R^2} = \sqrt{22^2 - 11^2} = \sqrt{363}$

$= 19.05\ \Omega$

7. $R = 5$ Ω, $L = 30$ mH 의 RL 직렬 회로에 $V = 200$ V, $f = 60$ Hz 의 교류 전압을 가할 때 전류의 크기는 약 몇 A인가? [15, 16]

① 8.67 ② 11.42

③ 16.18 ④ 21.25

해설 ㄱ) $X_L = 2\pi f L$

$= 2 \times 3.14 \times 60 \times 30 \times 10^{-3}$

$\fallingdotseq 11.31\ \Omega$

ㄴ) $Z = \sqrt{R^2 + X_L^2} = \sqrt{5^2 + 11.31^2}$

$\fallingdotseq 12.36\ \Omega$

∴ $I = \dfrac{V}{Z} = \dfrac{200}{12.36} \fallingdotseq 16.18$ A

8. 저항 9 Ω, 용량 리액턴스 12 Ω의 직렬 회로의 임피던스는 몇 Ω인가? [13, 19]

① 2 ② 15 ③ 21 ④ 32

해설 $Z = \sqrt{R^2 + X_c^2} = \sqrt{9^2 + 12^2} = \sqrt{225}$

$= 15\ \Omega$

9. $R = 15$ Ω 인 RC 직렬 회로에 60 Hz, 100 V의 전압을 가하니 4 A의 전류가 흘렀다면 용량 리액턴스(Ω)는? [13]

① 10 ② 15 ③ 20 ④ 25

해설 $Z = \dfrac{V}{I} = \dfrac{100}{4} = 25\ \Omega$

$Z = \sqrt{R^2 + X_c^2}$ [Ω]에서,

$X_c = \sqrt{Z^2 - R^2} = \sqrt{25^2 - 15^2} = 20\ \Omega$

10. $\omega L = 5$ Ω, $\dfrac{1}{\omega C} = 25$ Ω의 LC 직렬 회로에 100 V의 교류를 가할 때 전류(A)는? [14]

① 3.3 A, 유도성 ② 5 A, 유도성

③ 3.3 A, 용량성 ④ 5 A, 용량성

해설 ㄱ) $\dot{Z} = j\left(\omega L - \dfrac{1}{\omega C}\right) = j(5 - 25)$

$= -j20\ \Omega$

ㄴ $\dot{I} = \dfrac{\dot{V}}{\dot{Z}} = \dfrac{100}{-j20} = j5[\text{A}]$

∴ 5 A, 용량성 $\left(\omega L < \dfrac{1}{\omega C}\right)$

※ 전류의 위상 : j (전류가 90° 앞섬) 용량성

11. $R = 3\,\Omega$, $\omega L = 8\,\Omega$, $\dfrac{1}{\omega C} = 4\,\Omega$ 의 RLC 직렬 회로의 임피던스(Ω)는? [17]

① 5   ② 8.5   ③ 12.4   ④ 15

해설 $Z = \sqrt{R^2 + (X_L - X_C)^2}$

$= \sqrt{R^2 + \left(\omega L - \dfrac{1}{\omega C}\right)^2}$

$= \sqrt{3^2 + (8-4)^2} = 5\,\Omega$

12. $R = 4\,\Omega$, $X_L = 8\,\Omega$, $X_C = 5\,\Omega$이 직렬로 연결된 회로에 100 V의 교류를 가했을 때 흐르는 ㉮ 전류와 ㉯ 임피던스는? [10]

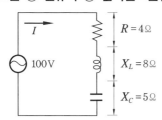

① ㉮ 5.9A ㉯ 용량성
② ㉮ 5.9A ㉯ 유도성
③ ㉮ 20A ㉯ 용량성
④ ㉮ 20A ㉯ 유도성

해설 ㉠ $Z = \sqrt{R^2 + (X_L - X_C)^2}$

$= \sqrt{4^2 + (8-5)^2} = \sqrt{4^2 + 3^2} = 5\,\Omega$

㉡ $I = \dfrac{V}{Z} = \dfrac{100}{5} = 20\text{ A}$

㉢ $X_L > X_C$ 이므로 임피던스는 유도성이다.

13. $R = 4\,\Omega$, $X_L = 15\,\Omega$, $X_C = 12\,\Omega$의 RLC 직렬 회로에 100 V의 교류 전압을 가할 때 전류와 전압의 위상차는 약 얼마인가? [13]

① 0°   ② 37°   ③ 53°   ④ 90°

해설 $\theta = \tan^{-1}\dfrac{X_L - X_C}{R} = \tan^{-1}\dfrac{15-12}{4}$

$= \tan^{-1}\dfrac{3}{4} = \tan^{-1}0.75 \fallingdotseq 37°$

14. RLC 직렬 공진 회로에서 최대가 되는 것은? [11, 19]

① 전류   ② 임피던스
③ 리액턴스   ④ 저항

해설 직렬 공진 시 임피던스가 최소가 되므로, 전류는 최대가 된다.

15. 저항 $R = 15\,\Omega$, 자체 인덕턴스 $L = 35$ mH, 정전 용량 $C = 300\,\mu F$의 직렬 회로에서 공진 주파수 f_0 는 약 몇 Hz인가? [11]

① 40   ② 50   ③ 60   ④ 70

해설 $f_0 = \dfrac{1}{2\pi\sqrt{LC}}$

$= \dfrac{1}{2\pi\sqrt{35\times10^{-3}\times300\times10^{-6}}}$

$\fallingdotseq 50\text{Hz}$

16. RLC 직렬 회로에서 전압과 전류가 동상이 되기 위한 조건은? [13]

① $L = C$ ② $\omega LC = 1$
③ $\omega^2 LC = 1$ ④ $(\omega LC)^2 = 1$

해설 공진 조건 : $X_L = X_C$에서,

$\omega L = \dfrac{1}{\omega C}$ ∴ $\omega^2 LC = 1$

17. $R = 2\,\Omega$, $L = 10\,\text{mH}$, $C = 4\,\mu\text{F}$으로 구성되는 직렬 공진 회로의 L과 C에서의 전압 확대율은? [16]

① 3   ② 6   ③ 16   ④ 25

해설 $Q = \dfrac{1}{R}\sqrt{\dfrac{L}{C}} = \dfrac{1}{2}\sqrt{\dfrac{10\times10^{-3}}{4\times10^{-6}}}$

$$= 0.5 \times \sqrt{2.5 \times 10^{-3} \times 10^6}$$
$$= 0.5 \times \sqrt{2500} = 25$$

18. $R = 3\,\Omega$, $X_L = 4\,\Omega$ 의 병렬 회로의 역률은 얼마인가?

① 0.4 ② 0.6 ③ 0.8 ④ 1.0

해설 $\cos\theta = \dfrac{X_L}{\sqrt{R^2 + X_L^2}}$

$$= \dfrac{4}{\sqrt{3^2 + 4^2}} = \dfrac{4}{5} = 0.8$$

19. 그림과 같은 RL 병렬 회로에서 $R = 25\,\Omega$, $\omega L = \dfrac{100}{3}[\Omega]$일 때, 200 V의 전압을 가하면 코일에 흐르는 전류 $I_L[\mathrm{A}]$은? [15]

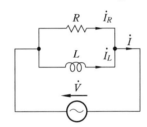

① 3.0 ② 4.8 ③ 6.0 ④ 8.2

해설 $I_L = \dfrac{V}{\omega L} = \dfrac{200}{\dfrac{100}{3}} = 6\,\mathrm{A}$

※ $I_R = \dfrac{V}{R} = \dfrac{200}{25} = 4\,\mathrm{A}$

20. 6 Ω의 저항과 8 Ω의 용량성 리액턴스의 병렬 회로가 있다. 이 병렬 회로의 임피던스는 몇 Ω인가? [15]

① 1.5 ② 2.6 ③ 3.8 ④ 4.8

해설 $Z = \dfrac{R \cdot X_C}{\sqrt{R^2 + X_C^2}} = \dfrac{6 \times 8}{\sqrt{6^2 + 8^2}} = 4.8\,\Omega$

21. 다음 그림과 같은 RC 병렬 회로의 위상각 θ는? [16, 17, 18]

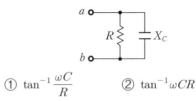

① $\tan^{-1}\dfrac{\omega C}{R}$ ② $\tan^{-1}\omega CR$

③ $\tan^{-1}\dfrac{R}{\omega C}$ ④ $\tan^{-1}\dfrac{1}{\omega CR}$

해설 $\theta = \tan^{-1}\dfrac{I_c}{I_R} = \tan^{-1}\dfrac{\omega C V}{V/R}$

$$= \tan^{-1}\omega CR$$

22. 교류회로에서 코일과 콘덴서를 병렬로 연결한 상태에서 주파수가 증가하면 어느 쪽이 전류가 잘 흐르는가? [11]

① 코일
② 콘덴서
③ 코일과 콘덴서에 같이 흐른다.
④ 모두 흐르지 않는다.

해설 $X_L = 2\pi f L\,[\Omega]$: 주파수에 비례

$X_C = \dfrac{1}{2\pi f C}\,[\Omega]$: 주파수에 반비례하므로 콘덴서쪽이 전류가 잘 흐른다.

23. RLC 병렬 공진 회로에서 공진 주파수는? [15]

① $\dfrac{1}{\pi\sqrt{LC}}$ ② $\dfrac{1}{\sqrt{LC}}$

③ $\dfrac{2\pi}{\sqrt{LC}}$ ④ $\dfrac{1}{2\pi\sqrt{LC}}$

24. 다음 중 LC 병렬 공진 회로에서 최대가 되는 것은?

① 임피던스 ② 어드미턴스
③ 전압 ④ 전류

25. 복소수에 대한 설명으로 틀린 것은? [15]
① 실수부와 허수부로 구성된다.

② 허수를 제곱하면 음수가 된다.

③ 복소수는 $A = a + jb$의 형태로 표시한다.

④ 거리와 방향을 나타내는 스칼라 양으로 표시한다.

해설 복소수는 거리와 방향을 나타내는 벡터량으로 표시한다.

26. $\dot{I} = 8 + j6$ A 로 표시되는 전류의 크기 I는 몇 A인가? [15]

① 6　　② 8　　③ 10　　④ 12

해설 $I = \sqrt{8^2 + 6^2} = \sqrt{100} = 10$ A

27. 어떤 회로에 50 V의 전압을 가하니 $8 + j6$ [A]의 전류가 흘렀다면 이 회로의 임피던스(Ω)는? [11]

① $3 - j4$　　② $3 + j4$

③ $4 - j3$　　④ $4 + j3$

해설 $\dot{Z} = \dfrac{\dot{V}}{\dot{I}} = \dfrac{50}{8 + j6} = \dfrac{50(8 - j6)}{(8 + j6)(8 - j6)}$

$= \dfrac{400 - j300}{8^2 + 6^2} = 4 - j3\,[\Omega]$

28. 교류 순시 전류 $i = 10\sin\left(314t - \dfrac{\pi}{6}\right)$ [A]가 흐른다. 이를 복소수로 표시하면? [18]

① $6.12 - j3.53$　　② $17.32 - j5.43$

③ $3.54 - j6.12$　　④ $5 - j17.32$

해설 ㉠ $i = 10\sin\left(314t - \dfrac{\pi}{6}\right)$

$= \sqrt{2} \times \dfrac{10}{\sqrt{2}}\sin\left(314t - \dfrac{\pi}{6}\right)$

$\fallingdotseq 7.07\sqrt{2}\sin\left(314t - \dfrac{\pi}{6}\right)$[A]

㉡ $\dot{I} = 7.07\left(\cos\dfrac{\pi}{6} - j\sin\dfrac{\pi}{6}\right)$[A]

• 실수측 $a \to 7.07\cos\dfrac{\pi}{6} = 7.07 \times \dfrac{\sqrt{3}}{2}$

$\fallingdotseq 6.12$

• 허수측 $b \to 7.07\sin\dfrac{\pi}{6} = 7.07 \times \dfrac{1}{2}$

$\fallingdotseq 3.53$

$\therefore \dot{I} = a + jb = 6.12 - j3.53$

29. $R = 6\,\Omega$, $X_C = 8\,\Omega$일 때 임피던스 $\dot{Z} = 6 - j8\,\Omega$으로 표시되는 것은 일반적으로 어떤 회로인가? [15]

① RC 직렬 회로　② RL 직렬 회로

③ RC 병렬 회로　④ RL 병렬 회로

해설 임피던스의 복소수 표시

㉠ RC 직렬 회로 $\dot{Z} = R - jX_c = 6 - j8\,\Omega$

㉡ RL 직렬 회로 $\dot{Z} = R + jX_L = 6 + j8\,\Omega$

30. $R = 6\,\Omega$, $X_C = 8\,\Omega$이 직렬로 접속된 회로에 $\dot{I} = 10$ A의 전류를 통할 때의 전압 (V)은 얼마인가? [12]

① $60 + j80$　　② $60 - j80$

③ $100 + j150$　　④ $100 - j150$

해설 $\dot{V} = \dot{Z}\dot{I} = (R - jX_C)\dot{I}$

$= (6 - j8)10 = 60 - j80$ [V]

31. 임피던스 $Z_1 = 12 + j16$[Ω]과 $Z_2 = 8 + j24$[Ω]이 직렬로 접속된 회로에 전압 $V = 200$ V를 가할 때 이 회로에 흐르는 전류 A는? [13]

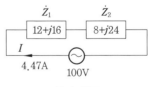

등가 회로

① 2.35 A　　② 4.47 A

③ 6.02 A　　④ 10.25 A

해설 $\dot{Z} = \dot{Z_1} + \dot{Z_2} = 12 + j16 + 8 + j24$

$$= 20 + j40\,[\Omega]$$

$$\therefore\ I = \frac{V}{|Z|} = \frac{200}{\sqrt{20^2 + 40^2}} \fallingdotseq 4.47\,\mathrm{A}$$

32. 임피던스 $\dot{Z} = 6 + j8\,[\Omega]$에서 컨덕턴스는? [10]

① 0.06 ℧ ② 0.08 ℧
③ 0.1 ℧ ④ 1.0 ℧

해설 $G = \dfrac{R}{R^2 + X^2} = \dfrac{6}{6^2 + 8^2} = 0.06\,℧$

33. RL 직렬회로에서 서셉턴스는? [16, 17]

① $\dfrac{R}{R^2 + X^2}$ ② $\dfrac{X}{R^2 + X^2}$
③ $\dfrac{-R}{R^2 + X^2}$ ④ $\dfrac{-X}{R^2 + X^2}$

해설 ㉠ 서셉턴스 $B = \dfrac{-X}{R^2 + X^2}$

㉡ 컨덕턴스 $G = \dfrac{R}{R^2 + X^2}$

34. 다음 중 어드미턴스에 대한 설명으로 옳은 것은? [18]

① 교류에서 저항 이외에 전류를 방해하는 저항 성분
② 전기 회로에서 회로 저항의 역수
③ 전기 회로에서 임피던스의 역수의 허수부
④ 교류 회로에서 전류의 흐르기 쉬운 정도를 나타낸 것으로서 임피던스의 역수

해설 어드미턴스 (admittance) : $\dot{Y} = G + jB$

1. 교류 회로에서 전류의 흐르기 쉬운 정도를 나타낸 것
2. 임피던스의 역수로 기호는 Y, 단위는 [℧]을 사용한다.

참고 ㉠ 리액턴스(reactance) : 저항 이외에 전류를 방해하는 저항 성분 : X

㉡ 컨덕턴스(conductance) : 저항의 역수 (어드미턴스의 실수부 : G)

㉢ 서셉턴스(susceptance) : 임피던스의 역수의 허수부 : jB

7 단상 교류 전력

(1) 전력의 표시

① 피상 전력(apparent power) : $P_a = VI\,[\mathrm{VA}]$

　일반적으로 전기 기기의 용량은 피상 전력의 단위인 VA, kVA로 표시한다.

② 유효 전력(effective power) : $P = VI\cos\theta\,[\mathrm{W}]$

③ 무효 전력(reactive power) : $P_r = VI\sin\theta\,[\mathrm{Var}]$

④ 피상 전력 P_a, 유효 전력 P, 무효 전력 P_r의 관계

$$P_a^{\,2} = P^2 + P_r^{\,2} \;\rightarrow\; P_a = \sqrt{P^2 + P_r^{\,2}}$$

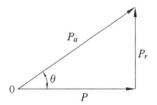

(2) 역률과 무효율의 관계

① 역률 : $\cos\theta = \sqrt{1 - \sin^2\theta} \;\rightarrow\; \left(\cos\theta = \dfrac{P}{P_a}\right)$

② 무효율 : $\sin\theta = \sqrt{1 - \cos^2\theta} \;\rightarrow\; \left(\sin\theta = \dfrac{P_r}{P_a}\right)$

그림 1-57　전력의 벡터도

과년도 / 예상문제

전기기능사

1. 교류 전력에서 일반적으로 전기 기기의 용량을 표시하는 데 쓰이는 전력은? [14]

① 피상 전력　② 유효 전력
③ 무효 전력　④ 기전력

해설 일반적으로 전기 기기의 용량은 피상 전력의 단위인 VA, kVA로 표시한다.

2. 교류 기기나 교류 전원의 용량을 나타낼 때 사용되는 것과 그 단위가 바르게 나열된 것은? [11]

① 유효 전력 – VAh
② 무효 전력 – W
③ 피상 전력 – VA

④ 최대 전력 – Wh

3. 교류 회로에서 전압과 전류의 위상차를 $\theta\,[\mathrm{rad}]$라 할 때 $\cos\theta$는? [10]

① 전압변동률　② 왜곡률
③ 효율　④ 역률

해설 역률(power–factor ; P.f) : $\cos\theta$
㉠ $P = VI\cos\theta\,[\mathrm{W}]$에서, θ는 전압 v와 i의 위상차이다.
㉡ $\cos\theta$는 전원에서 공급된 전력이 부하에서 유효하게 이용되는 비율이라는 의미에서 역률이라고 부르며, θ값은 역률각이라 한다.

정답 ● 1. ①　2. ③　3. ④

4. 200 V의 교류 전원에 선풍기를 접속하고 전력과 전류를 측정하였더니 600 W, 5 A 이었다. 이 선풍기의 역률은? [12, 13, 14]

① 0.5 ② 0.6 ③ 0.7 ④ 0.8

해설 $\cos\theta = \dfrac{P}{VI} = \dfrac{600}{200 \times 5} = 0.6$

5. 단상 전압 220 V에 소형 전동기를 접속하였더니 2.5 A의 전류가 흘렀다. 이때의 역률이 75%일 때 이 전동기의 소비전력(W)은? [11]

① 187.5 W ② 412.5 W
③ 545.5 W ④ 714.5 W

해설 $P = VI\cos\theta = 220 \times 2.5 \times 0.75$
$= 412.5$ W

6. 리액턴스가 10 Ω인 코일에 직류 전압 100V를 가하였더니 전력 500 W를 소비하였다. 이 코일의 저항은 얼마인가? [13]

① 5 Ω ② 10 Ω ③ 20 Ω ④ 25 Ω

해설 $R = \dfrac{V^2}{P} = \dfrac{100^2}{500} = 20$ Ω

7. 어느 회로에 피상 전력 60 kVA이고, 무효 전력이 36 kVA일 때 유효 전력(W)는? [19]

① 24 ② 48 ③ 70 ④ 96

해설 유효 전력 $P = \sqrt{P_a^2 - P_r^2}$
$= \sqrt{60^2 - 36^2}$
$= \sqrt{2304} = 48\text{kW}$

8. 무효 전력에 대한 설명으로 틀린 것은? [15]

① $P = VI\cos\theta$로 계산된다.
② 부하에서 소모되지 않는다.
③ 단위로는 Var를 사용한다.
④ 전원과 부하 사이를 왕복하기만 하고 부하에 유효하게 사용되지 않는 에너

지이다.

해설 무효 전력 : $P_r = VI\sin\theta\,[\text{Var}]$
※ $\sin\theta$: 무효율

9. 저항 R, 리액턴스 X의 직렬 회로에 전압 V를 가할 때 전력(W)은? [17]

① $\dfrac{V^2 R}{R^2 + X^2}$ ② $\dfrac{V^2 X}{R^2 + X^2}$
③ $\dfrac{V^2 R}{R + X}$ ④ $\dfrac{V^2 X}{R + X}$

해설 $P = I^2 \cdot R = \dfrac{V^2}{Z^2} \cdot R$
$= \dfrac{V^2}{(\sqrt{R^2+X^2})^2} \cdot R = \dfrac{V^2 \cdot R}{R^2+X^2}$ [W]

10. 어떤 단상 전압 220 V에 소형 전동기를 접속하였더니 15 A의 전류가 흘렀다. 이때의 45도 뒤진 전류가 흘렀다면, 이 전동기의 소비 전력(W)은 약 얼마인가? [18]

① 1224 ② 1485 ③ 2333 ④ 3300

해설 소비 전력
$P = VI\cos\theta = 220 \times 15 \times \cos 45°$
$= 220 \times 15 \times \dfrac{1}{\sqrt{2}} ≒ 2333$ W

11. 전압 100V, 전류 15A로서 1.2kW의 전력을 소비하는 회로의 리액턴스는 약 몇 Ω인가? [18]

① 4 ② 6 ③ 8 ④ 10

해설 ㉠ 피상 전력 $P_0 = VI$
$= 100 \times 15 = 1500\text{VA} \rightarrow 1.5\text{kVA}$
㉡ 무효 전력 $P_r = \sqrt{P_0^2 - P^2}$
$= \sqrt{1.5^2 - 1.2^2}$
$= \sqrt{0.81} = 0.9\text{kVar}$
∴ $P_r = I^2 X = 900\text{kVar}$에서,
$X = \dfrac{P_r}{I^2} = \dfrac{900}{15^2} = 4$ Ω

정답 4. ② 5. ② 6. ③ 7. ② 8. ① 9. ① 10. ③ 11. ①

5-2	o **3상 교류 회로**

- 3상 교류는 크기와 주파수가 같고 위상만 120° 씩 서로 다른 단상 교류로 구성된다.
- 대칭 3상 교류와 비대칭 3상 교류로 구분된다.

1 **3상 교류의 발생과 표시법**

(1) 대칭 3상 교류(symmetrical three phase AC)

① 대칭 3상 교류는 크기가 같고 $\frac{2}{3}\pi$ [rad] 위상차를 갖는 3상 교류이다.

② 3상 교류는 자기장 내에 3개의 코일을 120° 간격으로 배치하여 반시계 방향으로 회전 시키면 3개의 사인파 전압이 발생한다.

③ 대칭 3상 교류의 조건

   ㈎ 기전력의 크기가 같을 것

   ㈏ 주파수가 같을 것

   ㈐ 파형이 같을 것

   ㈑ 위상차가 각각 $\frac{2}{3}\pi$ [rad]일 것

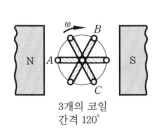
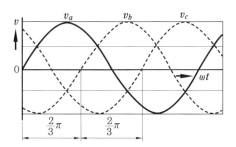

그림 1-58 3상 교류의 발생

(2) 3상 교류의 순싯값 표시

$$v_a = \sqrt{2}\, V\sin\omega t \text{ [V]}$$

$$v_b = \sqrt{2}\, V\sin\left(\omega t - \frac{2}{3}\pi\right)\text{[V]}$$

$$v_c = \sqrt{2}\, V\sin\left(\omega t - \frac{4}{3}\pi\right)\text{ [V]}$$

(3) 3상 교류의 벡터 표시

① $\dot{V}_a$를 기준 벡터로 하여 $\dot{V}_b$, $\dot{V}_c$ 는 위상을 각각

$\frac{2}{3}\pi$ [rad], $\frac{r}{3}\pi$ [rad] 만큼씩 뒤지게 표시한다.

② 각 상의 합 : $\dot{V}_a + \dot{V}_b + \dot{V}_c = 0$

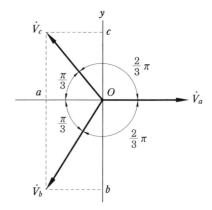

그림 1-59 기호법에 의한 표시

2 3상 교류의 결선

(1) Y 결선의 상전압과 선간 전압의 관계

① 상전압(V_p) : $\dot{V}_a$, $\dot{V}_b$, $\dot{V}_c$

② 선간 전압(V_l) : $\dot{V}_a$, $\dot{V}_b$, $\dot{V}_{ca}$

(가) $V_l = \sqrt{3}\, V_p$ [V]

(나) 선간 전압은 상전압보다 위상이 $\frac{\pi}{6}$ [rad] 앞선다.

③ 선전류(I_l) = 상전류(I_p)

(2) △ 결선의 상전류와 선전류의 관계

① 상전류(I_p) : $\dot{I}_{ab}$, $\dot{I}_{bc}$, $\dot{I}_{ca}$

② 선전류(I_l) : $\dot{I}_a$, $\dot{I}_b$, $\dot{I}_c$

(가) $I_l = \sqrt{3}\, I_p$ [A]

(나) 선전류는 상전류보다 위상이 $\frac{\pi}{6}$ [rad] 뒤진다.

③ 선간 전압(V_l) = 상전압(V_p)

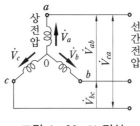

그림 1-60 Y 결선

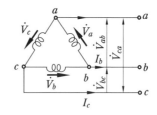

그림 1-61 △ 결선

(3) Y 회로와 △ 회로의 임피던스 변환 (평형 부하인 경우)

① Y 회로를 △ 회로로 변환하기 위해서는 각 상의 임피던스를 3배로 해야 한다.

② △ 회로를 Y 회로로 변환하기 위해서는 각 상의 임피던스를 1/3배로 해야 한다.

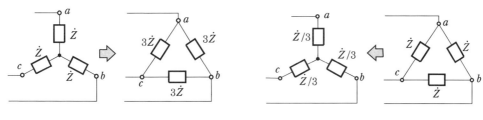

(a) 부하의 Y−$\varDelta$ 변환   (b) 부하의 $\varDelta$−Y 변환

그림 1−62 **부하의 Y−$\varDelta$, $\varDelta$−Y 변환**

(4) V 결선 (V connection)

단상 변압기 V−V 결선은 $\varDelta$−$\varDelta$ 결선에 의해 3상 변압을 하는 경우 1대의 변압기가 고장이 나면 이를 제거하고, 남은 2대의 변압기를 이용하여 3상 변압을 계속하는 3상 결선 방식이다.

① V결선의 총 출력

$$P_V = \sqrt{3}\,P_1\;[\mathrm{W}]$$

여기서, P_1 : 단상 변압기 출력

② 출력비 $= \dfrac{\text{V 결선 출력}}{\varDelta \text{ 결선 출력}} = \dfrac{\sqrt{3}\,V_p I_p \cos\theta}{3\,V_p I_p \cos\theta} = \dfrac{1}{\sqrt{3}} = 0.577$

③ 이용률 $= \dfrac{\text{출력}}{\text{용량}} = \dfrac{\sqrt{3}\,V_p I_p \cos\theta}{2\,V_p I_p \cos\theta} = \dfrac{\sqrt{3}}{2} = 0.866\,(86.6\,\%)$

3 평형 3상 회로의 전력

(1) 3상 회로의 전력 표시

① 각 상에 대한 것을 기초로 한다.

  (개) 유효 전력 $P = 3\,V_p \cdot I_p \cos\theta\;[\mathrm{W}]$

  (내) 무효 전력 $P_r = 3\,V_p \cdot I_p \sin\theta\;[\mathrm{Var}]$

② 실제로는 선간 전압 V_l, 선전류 I_l 로 전력을 표시한다.

  (개) 유효 전력 $P = \sqrt{3}\,V_l \cdot I_l \cos\theta\;[\mathrm{W}]$

  (내) 무효 전력 $P_r = \sqrt{3}\,V_l \cdot I_l \sin\theta\;[\mathrm{Var}]$

③ 겉보기 전력 (피상 전력)

  (개) $P_a = 3\,V_p \cdot I_p = \sqrt{3}\,V_l I_l\;[\mathrm{VA}]$

  (내) $P_a = \sqrt{P^2 + P_r{}^2}\;[\mathrm{VA}]$

(2) 3상 교류 전력의 측정

- 2전력계법 : 단상 전력계 2대를 접속하여 3상 전력을 측정하는 방법으로, 부하가 평형 또는 불평형에 상관없이 사용할 수 있다.

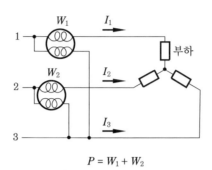

$$P = W_1 + W_2$$

그림 1-63   2전력계의 접속도

과년도 / 예상문제

1. 대칭 3상 교류를 바르게 설명한 것은? [10]

① 3상의 크기 및 주파수가 같고 상차가 60°의 간격을 가진 교류

② 3상의 크기 및 주파수가 각각 다르고 상차가 60°의 간격을 가진 교류

③ 동시에 존재하는 3상의 크기 및 주파수가 같고 상차가 120°의 간격을 가진 교류

④ 동시에 존재하는 3상의 크기 및 주파수가 같고 상차가 90°의 간격을 가진 교류

해설 3상 교류는 자기장 내에 3개의 코일을 120° 간격으로 배치하여 반시계 방향으로 회전시키면 3개의 사인파 전압이 발생한다.

2. 평형 3상 Y 결선의 상전압 V_p 와 선간 전압 V_l 과의 관계는? [14, 15, 16, 17]

① $V_p = V_l$ ② $V_l = 3 V_p$

③ $V_l = \sqrt{3} V_p$ ④ $V_p = \sqrt{3} V_l$

해설 ㉠ Y결선의 경우 : $V_l = \sqrt{3} V_p$
㉡ △결선의 경우 : $V_l = V_p$

3. Y-Y 결선 회로에서 선간 전압이 220 V 일 때 상전압은 얼마인가? [13, 17, 18]

① 60 V ② 100 V ③ 115 V ④ 127 V

해설 $V_p = \dfrac{V_l}{\sqrt{3}} = \dfrac{220}{1.732} = 127 \text{ V}$

4. 선간 전압 210 V, 선전류 10 A의 Y 결선 회로가 있다. 상전압과 상전류는 각각 약 얼마인가? [14]

① 121 V, 5.77 A

② 121 V, 10 A

③ 210 V, 5.77 A

④ 210 V, 10 A

해설 ㉠ 상전압 $=\dfrac{\text{선간 전압}}{\sqrt{3}}=\dfrac{210}{\sqrt{3}}≒121\text{V}$

㉡ 상전류 = 선전류 = 10 A

5. Y–Y 평형 회로에서 상전압 V_p가 100 V, 부하 $Z=8+j6[\Omega]$이면 선전류 I_l의 크기는 몇 A인가? [13]

① 2 ② 5 ③ 7 ④ 10

해설 $|Z|=\sqrt{R^2+X^2}=\sqrt{8^2+6^2}=10\,\Omega$

∴ $I_l=\dfrac{V_p}{Z}=\dfrac{100}{10}=10\text{A}$

6. 다음 중 △결선 시 V_l(선간 전압), V_p(상전압), I_l(선전류), I_p(상전류)의 관계식으로 옳은 것은? [13, 17, 18]

① $V_l=\sqrt{3}\,V_p,\ I_l=I_p$

② $V_l=V_p,\ I_l=\sqrt{3}\,I_p$

③ $V_l=\dfrac{1}{\sqrt{3}}V_p,\ I_l=I_p$

④ $V_l=V_p,\ I_l=\dfrac{1}{\sqrt{3}}I_p$

해설 △결선 시
㉠ 선간 전압(V_l) = 상전압(V_p)
㉡ 선전류(I_l) = 상전류(I_p)

7. △결선인 3상 유도 전동기의 상전압(V_p)과 상전류(I_p)를 측정하였더니 각각 200 V, 30 A였다. 이 3상 유도 전동기의 선간전압(V_l)과 선전류(I_l)의 크기는 각각 얼마인가? [18]

① $V_l=200$ V, $I_l=30$ A

② $V_l=200\sqrt{3}$ V, $I_l=30$ A

③ $V_l=200\sqrt{3}$ V, $I_l=30\sqrt{3}$ A

④ $V_l=200$ V, $I_l=30\sqrt{3}$ A

해설 ㉠ 선간 전압 : $V_l=200$ V
㉡ 선전류 : $I_l=\sqrt{3}\,I_p=\sqrt{3}\times30=30\sqrt{3}$ A

8. 3상 220 V, △결선에서 1상의 부하가 $Z=8+j6[\Omega]$이면 선전류(A)는? [16]

① 11 ② $22\sqrt{3}$

③ 22 ④ $\dfrac{22}{\sqrt{3}}$

해설 $|Z|=\sqrt{R^2+X^2}=\sqrt{8^2+6^2}=10\,\Omega$

∴ $I_l=\sqrt{3}\cdot I_p=\sqrt{3}\times\dfrac{V}{Z}=\sqrt{3}\times\dfrac{220}{10}$
$=22\sqrt{3}$ A

9. 대칭 3상 △결선에서 선전류와 상전류와의 위상 관계는? [11, 15, 17, 18]

① 상전류가 $\dfrac{\pi}{6}$ [rad] 앞선다.

② 상전류가 $\dfrac{\pi}{6}$ [rad] 뒤진다.

③ 상전류가 $\dfrac{\pi}{3}$ [rad] 앞선다.

④ 상전류가 $\dfrac{\pi}{3}$ [rad] 앞선다.

해설 상전류가 선전류보다 위상이 $\dfrac{\pi}{6}$ [rad] 앞선다.
※ 선전류는 상전류보다 위상이 $\dfrac{\pi}{6}$ [rad] 뒤진다.

10. △결선으로 된 부하에 각 상의 전류가 10 A이고 각 상의 저항이 4 Ω, 리액턴스가 3 Ω이라 하면 전체 소비 전력은 몇 W인가? [14]

① 2000 ② 1800

③ 1500 ④ 1200

해설 ㉠ $Z=\sqrt{R^2+X^2}=\sqrt{4^2+3^2}=5\,\Omega$
㉡ $V_l=I_P\cdot Z=10\times5=50$ V
㉢ $\cos\theta=\dfrac{R}{Z}=\dfrac{4}{5}=0.8$

㉣ $I_l = \sqrt{3}\,I_P = \sqrt{3} \times 10 = 17.3$ A

∴ $P = \sqrt{3}\,V_l I_l \cos\theta$

$= \sqrt{3} \times 50 \times 17.3 \times 0.8 = 1200$ W

11. 출력 P[kVA]의 단상 변압기 2대를 V 결선한 때의 3상 출력(kVA)은? [14, 17]

① P ② $\sqrt{3}\,P$
③ $2P$ ④ $3P$

해설 $P_v = \sqrt{3}\,P$[kVA]

12. 100 kVA 단상 변압기 2대를 V결선하여 3상 전력을 공급할 때의 출력은? [12]

① 17.3 kVA   ② 86.6 kVA
③ 173.2 kVA   ④ 346.8 kVA

해설 $P_v = \sqrt{3}\,P_1 = \sqrt{3} \times 100$
$= 173.2$ kVA

13. 정격 전압 220 V, 정격 전류 50 A인 단상 변압기 2대를 결선하여 공급할 수 있는 부하 용량은 약 몇 kVA인가? [16]

① 12   ② 16   ③ 19   ④ 26

해설 $P_v = \sqrt{3}\,VI = \sqrt{3} \times 220 \times 50$
$= 19 \times 10^3$ VA
∴ 19 kVA

14. △결선 전압기 1개가 고장으로 V 결선으로 바꾸었을 때 변압기의 이용률은 얼마인가? [13]

① $\dfrac{1}{2}$ ② $\dfrac{\sqrt{3}}{3}$
③ $\dfrac{2}{3}$ ④ $\dfrac{\sqrt{3}}{2}$

해설 이용률 $= \dfrac{\sqrt{3}}{2} = 0.866$
※ 출력비 $= \dfrac{1}{\sqrt{3}} = 0.577$

15. 평형 3상 교류 회로에서, Y회로로 부터 △회로로 등가 변환하기 위해서는 어떻게 하여야 하는가? [17]

① 각 상의 임피던스를 3배로 한다.
② 각 상의 임피던스를 $\dfrac{1}{3}$배로 한다.
③ 각 상의 임피던스를 $\sqrt{3}$ 배로 한다.
④ 각 상의 임피던스를 $\dfrac{1}{\sqrt{3}}$배로 한다.

16. 평형 3상 교류 회로에서 △부하의 한 상의 임피던스가 Z_Δ일 때, 등가 변환한 Y 부하의 한 상의 임피던스 Z_Y는 다음 중 어느 것인가? [15]

① $Z_Y = \sqrt{3}\,Z_\Delta$ ② $Z_Y = 3Z_\Delta$
③ $Z_Y = \dfrac{1}{\sqrt{3}}Z_\Delta$ ④ $Z_Y = \dfrac{1}{3}Z_\Delta$

해설 $Z_Y = \dfrac{1}{3}Z_\Delta$ [Ω]

17. 세 변의 저항 $R_a = R_b = R_c = 15$ Ω인 Y 결선 회로가 있다. 이것과 등가인 △결선 회로의 각 변의 저항은? [10, 17]

① $\dfrac{15}{\sqrt{3}}$ Ω   ② $\dfrac{15}{3}$ Ω
③ $15\sqrt{3}$ Ω   ④ 45 Ω

해설 $Z_\Delta = 3Z_Y = 3 \times 15 = 45$ Ω

18. 같은 정전 용량의 콘덴서 3개를 △ 결선으로 하면 Y 결선으로 한 경우의 몇 배 3상 용량으로 되는가? [18]

① $\dfrac{1}{\sqrt{3}}$ ② $\dfrac{1}{3}$
③ 3   ④ $\sqrt{3}$

해설 △-Y 결선의 합성 용량 비교 : 같은 정전 용량의 콘덴서 3개를 △ 결선으로 하면,

Y 결선으로 하는 경우보다 그 3상 합성 정전 용량이 3배가 된다. 단, 저항 결선일 때는 반대로 Y 결선이 3배가 된다.

19. 3상 교류 회로의 선간 전압이 13200 V, 선전류가 800 A, 역률이 80% 부하의 소비 전력은 약 몇 MW인가? [10, 16]

① 4.88   ② 8.45
③ 14.63   ④ 25.34

해설 $P = \sqrt{3}\, VI\cos\theta$
   $= \sqrt{3} \times 13200 \times 800 \times 0.8$
   $\fallingdotseq 14.632 \times 10^6 \text{ W}$
   ∴ 약 14.63 MW

20. 어떤 3상 회로에서 선간 전압이 200 V, 선전류 25 A, 3상 전력이 7 kW였다. 이때 역률은? [11, 16]

① 약 60 %   ② 약 70 %
③ 약 80 %   ④ 약 90 %

해설 $\cos\theta = \dfrac{P}{\sqrt{3}\, VI} \times 100$

   $= \dfrac{7 \times 10^3}{\sqrt{3} \times 200 \times 25} \times 100 \fallingdotseq 80 \ \%$

21. 3상 기전력을 2개의 전력계 W_1, W_2로 측정해서 W_1의 지싯값이 P_1, W의 지싯값이 P_2라고 하면 3상 전력은 어떻게 표현되는가? [11]

① $P_1 - P_2$ ② $3(P_1 - P_2)$
③ $P_1 + P_2$ ④ $3(P_1 + P_2)$

해설 2전력계법에서,
   3상 전력 = W_1의 지싯값 + W_2의 지싯값
        $= P_1 + P_2$

22. 2전력계법으로 평형 3상 전력을 측정하였더니 각각의 전력계가 500W, 300W를 지시하였다면 전 전력(W)은? [18]

① 200   ② 300
③ 500   ④ 800

해설 전 전력
   $= P_1 + P_2 = 500 + 300 = 800\,\text{W}$

23. 평형 3상 회로에서 1상의 소비 전력이 P [W]라면, 3상 회로 전체 소비 전력(W)은? [11, 16, 17]

① $2P$ ② $\sqrt{2}\,P$
③ $3P$ ④ $\sqrt{3}\,P$

해설 각 상에서 소비되는 전력은 평형 회로이므로 $P_a = P_b = P_c$
   ∴ 3상의 전 소비 전력
   $P_0 = P_a + P_b + P_c = 3P\,\text{[W]}$

정답 ● 19. ③   20. ③   21. ③   22. ④   23. ③

5-3 ∘ 비정현파 교류 회로

■ 비사인파(nonsinusoidal AC)

실제 교류 회로의 전압이나 전류의 파형은 반드시 사인파라고 할 수 없는데, 이와 같이 순수한 사인파형이 아닌 것을 왜형파 교류(distorted AC)라 한다.

1 비사인파 교류의 구성

(1) 비사인파의 분해와 분석

① 비사인파 전압 v는 여러 개의 직류·교류 전압으로 분해할 수 있다.

• 푸리에 급수(Fourier series)

$$v = V_o + V_{m1}\sin(\omega t + \theta_1) + V_{m2}\sin(2\omega t + \theta_2) + \cdots + V_{mn}\sin(n\omega t + \theta_n)$$

$$= V_0 + \sum_{n=1}^{\infty} V_{mn}\sin(n\omega t + \theta_n)[\text{V}]$$

여기서, 1항 : 직류분, 2항 : 기본파, 3항 이하 : 고조파

② 비사인파 = 직류분 + 기본파 + 고조파

비사인파의 실횻값은 직류 성분 및 각 고조파 실횻값 제곱의 합의 제곱근과 같다.

$$V_s = \sqrt{V_0^{\,2} + V_1^{\,2} + V_2^{\,2} + \cdots}\ [\text{V}]$$

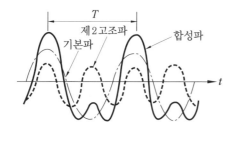

(a) 기본파와 제2고조파의 합

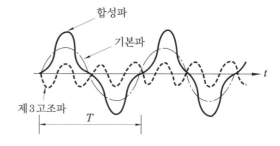

(b) 기본파와 제3고조파의 합

그림 1-64 기본파와 고조파의 합

2 비선형 회로

- 선형 회로(linear circuit) : 회로에 입력이 가해졌을 때 그 출력이 입력에 비례하는 회로를 말한다.
- 비선형 회로(nonlinear circuit) : 출력이 입력에 비례하지 않는 회로를 말한다.

(1) 일그러짐률(distortion factor)

비사인파에서 기본파에 의해 고조파 성분이 어느 정도 포함되어 있는가는 다음 식으로 정의할 수 있다.

$$R = \frac{\text{고조파의 실횻값}}{\text{기본파의 실횻값}} = \frac{\sqrt{V_2^2 + V_3^3 + \cdots}}{V_1}$$

표 1-6 파형의 일그러짐률

파형	사인파	사각형파	삼각형파	반파 정류파	전파 정류파
일그러짐률	0	0.4834	0.1212	0.4352	0.2273

(2) 파형률과 파고율

① 파형률(form factor) : 평균값과 실횻값의 비
② 파고율(crest factor) : 실횻값과 최댓값의 비

표 1-7 파형률과 파고율

파형	최댓값	실횻값	평균값	파형률	파고율
직사각형파	V	V	V	1	1
사인파	V	$\dfrac{V}{\sqrt{2}}$	$\dfrac{2V}{\pi}$	1.11	1.414
전파 정류파	V	$\dfrac{V}{\sqrt{2}}$	$\dfrac{2V}{\pi}$	1.11	1.414
삼각파	V	$\dfrac{V}{\sqrt{3}}$	$\dfrac{V}{2}$	1.155	1.732

과년도 / 예상문제

전기기능사

1. 비사인파의 일반적인 구성이 아닌 것은 어느 것인가? [11, 17]

① 순시파　　　② 고조파
③ 기본파　　　④ 직류분

해설 비사인파 = 직류분 + 기본파 + 고조파

2. 비정현파의 실횻값을 나타낸 것은? [12, 15]

① 최대파의 실횻값
② 각 고조파의 실횻값의 합
③ 각 고조파의 실횻값의 합의 제곱근
④ 각 고조파의 실횻값의 제곱의 합의 제곱근

해설 비사인파의 실횻값은 직류 성분 및 각 고조파 실횻값 제곱의 합의 제곱근과 같다.

3. 어느 회로의 전류가 다음과 같을 때 이 회로에 대한 전류의 실횻값은? [13, 16]

$$i = 3 + 10\sqrt{2}\sin\left(\omega t - \frac{\pi}{6}\right) + 5\sqrt{2}\sin\left(3\omega t - \frac{\pi}{3}\right)\text{[A]}$$

① 11.6 A　　　② 23.2 A
③ 32.2 A　　　④ 48.3 A

해설 $I = \sqrt{3^2 + 10^2 + 5^2} = \sqrt{134} ≒ 11.6\,\text{A}$

4. $i = 100 + 50\sqrt{2}\sin\omega t + 20\sqrt{2}\sin\left(3\omega t + \frac{\pi}{6}\right)$로 표시되는 비정현파 전류의 실횻값은 약 얼마인가? [18]

① 20　② 50　③ 114　④ 150

해설
$$V = \sqrt{V_0^2 + V_1^2 + V_3}$$
$$= \sqrt{100^2 + 50^2 + 20^2}$$
$$= \sqrt{12900} ≒ 113.6\,\text{V}$$

5. 다음 중 파형률을 나타낸 것은 어느 것인가? [12, 13, 17, 18]

① $\dfrac{\text{실횻값}}{\text{최댓값}}$　　② $\dfrac{\text{최댓값}}{\text{실횻값}}$

③ $\dfrac{\text{실횻값}}{\text{평균값}}$　　④ $\dfrac{\text{평균값}}{\text{실횻값}}$

해설 ㉠ 파형률 $= \dfrac{\text{실횻값}}{\text{평균값}}$

㉡ 파고율 $= \dfrac{\text{최댓값}}{\text{실횻값}}$

6. 교류의 파고율이란? [18, 19]

① $\dfrac{\text{최댓값}}{\text{실횻값}}$　　② $\dfrac{\text{실횻값}}{\text{최댓값}}$

③ $\dfrac{\text{평균값}}{\text{실횻값}}$　　④ $\dfrac{\text{실횻값}}{\text{평균값}}$

7. 파고율, 파형률이 모두 1인 파형은? [16, 17]

① 사인파　　　② 고조파
③ 구형파　　　④ 삼각파

8. 비정현파의 일그러짐의 정도를 표시하는 양으로서 왜형률이란? [19]

① $\dfrac{\text{실횻값}}{\text{평균값}}$

② $\dfrac{\text{최댓값}}{\text{실횻값}}$

③ $\dfrac{\text{기본파의 실횻값}}{\text{고조파의 실횻값}}$

④ $\dfrac{\text{고조파의 실횻값}}{\text{기본파의 실횻값}}$

정답 ● 1. ①　2. ④　3. ①　4. ③　5. ③　6. ①　7. ③　8. ④

해설 일그러짐률 (distortion factor)

$$R = \frac{\text{고조파의 실횻값}}{\text{기본파의 실횻값}}$$

9. 정현파 교류의 왜형률 (distortion factor)은? [11]

① 0   ② 0.1212

③ 0.2273   ④ 0.4834

해설 본문 표 참조

10. 기본파의 3%인 제3고조파와 4%인 제5고조파, 1%인 제7고조파를 포함하는 전압파의 왜율은? [11]

① 약 2.7 %   ② 약 5.1 %

③ 약 7.7 %   ④ 약 14.1%

해설 비사인파 교류의 일그러짐률(왜율)

$$K = \frac{\text{고조파의 실횻값}}{\text{기본파의 실횻값}}$$
$$= \frac{\sqrt{V_3^2 + V_5^2 + V_7^2}}{V_1}$$
$$= \frac{\sqrt{3^2+4^2+1}}{100} = \frac{\sqrt{26}}{100} = \frac{5.1}{100} = 0.051$$
$$\therefore \ 약 \ 5.1 \%$$

11. 다음 중 비선형 소자는? [19]

① 저항   ② 인덕턴스

③ 다이오드   ④ 캐패시턴스

해설 다이오드(diode)는 정류 회로 소자로서 비선형 소자이다.

12. 비사인파 교류 회로의 전력 성분과 거리가 먼 것은? [14]

① 맥류 성분과 사인파와의 곱

② 직류 성분과 사인파와의 곱

③ 직류 성분

④ 주파수가 같은 두 사인파의 곱

해설 비사인파 교류 회로의 전력 성분
㉠ 전압과 전류의 성분 중 주파수가 같은 성분 사이에서만 소비 전력이 발생한다.
㉡ 전압의 기본파와 전류의 기본파
㉢ 직류 성분

13. 비사인파 교류 회로의 전력에 대한 설명으로 옳은 것은? [16, 17]

① 전압의 제3고조파와 전류의 제3고조파 성분 사이에서 소비 전력이 발생한다.

② 전압의 제2고조파와 전류의 제3고조파 성분 사이에서 소비 전력이 발생한다.

③ 전압의 제3고조파와 전류의 제5고조파 성분 사이에서 소비 전력이 발생한다.

④ 전압의 제5고조파와 전류의 제7고조파 성분 사이에서 소비 전력이 발생한다.

해설 비사인파 교류 회로의 소비 전력 발생은 전압과 전류의 고조파 차수가 같을 때 발생한다.

CHAPTER 6 전류의 열작용과 화학 작용

6-1 ○ 전류의 열작용과 전력

■ **전류의 3대 작용**

발열 작용, 자기 작용, 화학 작용

1 전류의 발열 작용

(1) 줄의 법칙 (Joule's law)

① 저항에 전류가 흐를 때 발생하는 열량은 전류 세기의 제곱에 비례한다.

② 저항 R [Ω]에 전류 I [A]가 t [s] 동안 흘렀을 때 발생한 열에너지는 다음과 같다.

$$H = I^2 \cdot R \cdot t \text{ [J]} \qquad H = 0.24 I^2 Rt \text{ [cal]}$$

여기서, 1 [J] = 0.24 cal

(2) 열에너지와 전기 에너지의 단위

① 1 cal = 4.186 J

② 1 J = 1 W·s = 0.24 cal

③ 1 kWh = 860 kcal = 3.6×10^6 J

④ 줄열의 이용

   ㉮ 공업용 : 전기 용접기, 전기로 등

   ㉯ 가정용 : 전기난로, 전기밥솥, 전기다리미, 백열전구 등

2 열과 전기

• 열전 효과 (thermoelectric effect) : 제베크(Seebeck) 효과, 펠티에(Peltier) 효과, 톰슨(Thomson) 효과와 같이 열과 전기 관계의 각종 효과를 총칭하는 것이다.

(1) 제베크 효과 (Seebeck effect)

① 두 종류의 금속을 접속하여 폐회로를 만들고, 두 접속점에 온도의 차이를 주면 기전력이 발생하여 전류가 흐른다.

② 열전쌍 (열전대) 은 두 종류의 금속을 조합한 장치이다.

③ 열기전력의 크기와 방향은 두 금속점의 온도차에 따라서 정해진다.

④ 열전 온도계, 열전 계기 등에 응용된다.

(2) 펠티에 효과 (Peltier effect)

① 두 종류의 금속 접속점에 전류를 흘리면 전류의 방향에 따라 줄열 (Joule heat) 이외의 열의 흡수 또는 발생 현상이 생기는 것이다.

② 응용

　㈎ 흡열 : 전자 냉동기

　㈏ 발열 : 전자 온풍기

(3) 톰슨 효과 (Thomson effect)

온도차가 있는 한 물체에 전류를 흘릴 때, 이 물체 내에 줄열 (Joule heat) 또는 열전도에 의한 열 이외의 열발생·흡수가 일어난다.

3 전력량과 전력

(1) 전력량

① $R\,[\Omega]$의 저항에 전류 $I\,[\mathrm{A}]$의 전류가 $t\,[\mathrm{s}]$ 동안 흐를 때의 열에너지는 다음과 같다.

$$H = I^2 R t \ [\mathrm{J}]$$

② 저항 $R\,[\Omega]$에 $V\,[\mathrm{V}]$의 전압을 가하여 $I\,[\mathrm{A}]$의 전류가 $t\,[\mathrm{s}]$ 동안 흘렀을 때 공급된 전기적인 에너지는 다음과 같다.

$$W = VIt = I^2 R t \ [\mathrm{J}] \quad (W = V \cdot Q \ [\mathrm{J}])$$

③ 전기적 에너지 $W\,[\mathrm{J}]$를 $t\,[\mathrm{s}]$ 동안에 전기가 한 일 또는 $t\,[\mathrm{s}]$ 동안의 전력량이라고도 하며, 단위는 $[\mathrm{W \cdot s}]$, $[\mathrm{Wh}]$, $[\mathrm{kWh}]$로 표시한다.

$$1\,\mathrm{W \cdot s} = 1\,\mathrm{J}, \ \ 1\,\mathrm{Wh} = 3600\,\mathrm{W \cdot s} = 3600\,\mathrm{J}$$

$$1\,\mathrm{kWh} = 10^3\,\mathrm{Wh} = 3.6 \times 10^6\,\mathrm{J} = 860\,\mathrm{kcal}$$

(2) 전력 (electric power)

① 단위 시간당에 전기 에너지가 소비되어 한 일의 비율을 나타낸다.

② 기호는 P, 단위는 $[\mathrm{W}]$, Watt를 사용하며 $1\,\mathrm{W} = 1\,\mathrm{J/s}$이다.

③ 전기가 $t\,[\mathrm{s}]$ 동안에 $W\,[\mathrm{J}]$의 일을 했다면, 전력 P는 다음과 같다.

$$P = \frac{W}{t} = \frac{VIt}{t} = VI = V\left(\frac{V}{R}\right) = \frac{V^2}{R} = I^2 R\,[\mathrm{W}]$$

과년도 / 예상문제

1. 저항이 있는 도선에 전류가 흐르면 열이 발생한다. 이와 같이 전류의 열작용과 가장 관계가 깊은 법칙은? [10, 11, 14, 15]

① 패러데이의 법칙
② 키르히호프의 법칙
③ 줄의 법칙
④ 옴의 법칙

해설 줄의 법칙(Joule's law) : 도선에 전류가 흘렀을 때 발생한 열량은 전류 세기의 제곱에 비례한다.

$$H = 0.24I^2Rt \,[\text{cal}]$$

2. 다음 중 줄의 법칙에서 발생하는 열량의 계산식이 옳은 것은? [18]

① $H = I^2R \,[\text{cal}]$
② $H = I^2R^2t \,[\text{cal}]$
③ $H = I^2R^2 \,[\text{cal}]$
④ $H = 0.24I^2Rt \,[\text{cal}]$

3. 500 Ω의 저항에 1A의 전류가 1분 동안 흐를 때 발생하는 열량은 몇 cal인가? [19]

① 3600
② 5000
③ 6200
④ 7200

해설 $H = 0.24I^2Rt$
$$= 0.24 \times 1^2 \times 500 \times 1 \times 60$$
$$= 7200 \,\text{cal}$$

4. 2 kW의 전열기를 정격 상태에서 20분간 사용할 때의 발열량은 몇 kcal인가? [19]

① 9.6
② 576
③ 864
④ 1730

해설 $H = 0.24P \cdot t$

$$= 0.24 \times 2 \times 10^3 \times 20 \times 60$$
$$= 576 \times 10^3 \,\text{cal}$$
$$\therefore \ 576 \,\text{kcal}$$

5. 10℃, 5000 g의 물을 40℃로 올리기 위하여 1 kW의 전열기를 쓰면 몇 분이 걸리게 되는가? (단, 여기서 효율은 80 %라고 한다.) [13]

① 약 13분
② 약 15분
③ 약 25분
④ 약 50분

해설 ㉠ 필요한 열량
$$H = m(T_2 - T_1) = 5(40 - 10) = 150 \,\text{kcal}$$
㉡ 걸리는 시간
$$t = \frac{H}{0.24P} \cdot \frac{1}{\eta} = \frac{150}{0.24 \times 1} \times \frac{1}{0.8} = 781 \,\text{s}$$
$$\therefore \ T = \frac{781}{60} \fallingdotseq 13\text{분}$$

6. 제베크 효과에 대한 설명으로 틀린 것은 어느 것인가? [13]

① 두 종류의 금속을 접속하여 폐회로를 만들고, 두 접속점에 온도의 차이를 주면 기전력이 발생하여 전류가 흐른다.
② 열기전력의 크기와 방향은 두 금속점의 온도차에 따라서 정해진다.
③ 열전쌍(열전대)은 두 종류의 금속을 조합한 장치이다.
④ 전자 냉동기, 전자 온풍기에 응용된다.

해설 제베크 효과(Seebeck effect)
㉠ 두 종류의 금속을 접속하여 폐회로를 만들고, 두 접속점에 온도의 차이를 주면 열기전력이 발생하여 전류가 흐른다.
㉡ 열전 온도계, 열전 계기 등에 응용된다.

7. 서로 다른 종류의 안티몬과 비스무트의 두 금속을 접속하여 여기에 전류를 통하면, 그 접점에서 열의 발생 또는 흡수가 일어난다. 줄열과 달리 전류의 방향에 따라 열의 흡수와 발생이 다르게 나타나는 이 현상을 무엇이라 하는가? [10, 11, 14, 16, 17, 18]

① 펠티에 효과   ② 제베크 효과
③ 제3금속의 법칙   ④ 열전 효과

해설 펠티에 효과(Peltier effect): 두 종류의 금속 접속점에 전류를 흘리면 전류의 방향에 따라 줄열(Joule heat) 이외의 열의 흡수 또는 발생 현상이 생기는 것이다.
ⓐ 흡열: 전자 냉동기
ⓑ 발열: 전자 온풍기

8. 전자 냉동기는 어떤 효과를 응용한 것인가? [16]

① 제베크 효과   ② 톰슨 효과
③ 펠티에 효과   ④ 줄 효과

9. 1 J과 같은 것은? [12]

① 1 cal   ② 1 W·s
③ 1 kg·m   ④ 1 N·m

해설 전기적 에너지 W[J]를 t[s] 동안에 전기가 한 일 또는 t[s] 동안의 전력량이라고 한다.
$$1 J = 1 W \cdot s$$

10. 다음 중 전력량 1Wh와 그 의미가 같은 것은? [16, 19]

① 1 C   ② 1 J
③ 3600 C   ④ 3600 J

해설 $1 Wh = 3600 W \cdot s = 3600 J$

11. 2분간에 876000 J의 일을 하였다. 그 전력은 얼마인가? [11, 13, 15]

① 7.3 kW   ② 29.2 kW
③ 73 kW   ④ 438 kW

해설 $P = \dfrac{W}{t} = \dfrac{876000}{2 \times 60} = 7.3 \times 10^3$ W
$$\therefore 7.3 \text{ kW}$$

12. 전력과 전력량에 관한 설명으로 틀린 것은? [16]

① 전력은 전력량과 다르다.
② 전력량은 와트로 환산된다.
③ 전력량은 칼로리 단위로 환산된다.
④ 전력은 칼로리 단위로 환산할 수 없다.

해설 전력과 전력량의 표시
ⓐ 전력은 전력량과 다르다.
　※ 전력 P[W]를 t[s] 동안 사용 시 전력량 $W = P \cdot t$ [W·s]
ⓑ 전력량은 와트(W) 또는 마력(HP)으로 환산할 수 없다.
ⓒ 전력량은 칼로리 단위로 환산된다.
　$1 W \cdot s = 1 J = 0.24$ cal
ⓓ 전력은 칼로리 단위로 환산할 수 없다.
ⓔ 전력은 마력으로 환산된다.
　$746 W = 1$ HP

13. 정격 전압에서 1 kW의 전력을 소비하는 저항에 정격의 90% 전압을 가했을 때, 전력은 몇 W가 되는가? [14]

① 630 W   ② 780 W
③ 810 W   ④ 900 W

해설 소비 전력은 전압의 제곱에 비례하므로
$$P' = P \times \left(\frac{90}{100}\right)^2 = 1 \times 10^3 \times 0.9^2 = 810 \text{ W}$$

14. 200 V, 2 kW의 전열선 2개를 같은 전압에서 직렬로 접속한 경우의 전력은 병렬로 접속한 경우의 전력보다 어떻게 되는가? [16]

① $\dfrac{1}{2}$ 로 줄어든다.　② $\dfrac{1}{4}$ 로 줄어든다.

③ 2배로 증가된다.　④ 4배로 증가된다.

해설 ㉠ 전열선의 저항이 R일 때

• 직렬접속 시 $R_s = 2R$

• 병렬접속 시 $R_p = \dfrac{1}{2}R$

∴ $\dfrac{R_s}{R_p} = \dfrac{2R}{\dfrac{R}{2}} = 4$

㉡ $P = \dfrac{V^2}{R}$ [W]에서, 전력은 저항(R)에 반비례하므로 직렬접속 시 전력은 $\dfrac{1}{4}$ 로 줄어든다.

※ 전열선의 저항 $R = \dfrac{V^2}{P} = \dfrac{200^2}{2 \times 10^3}$

$= 20\ \Omega$

15. 220 V용 100 W 전구와 200 W 전구를 직렬로 연결하여 220 V의 전원에 연결하면? [12, 16, 17]

① 두 전구의 밝기가 같다.

② 100 W의 전구가 더 밝다.

③ 200 W의 전구가 더 밝다.

④ 두 전구 모두 안 켜진다.

해설 등가 회로에서, 두 전구에 흐르는 전류가 같으므로 내부저항이 큰 100 W의 전구가 더 밝다.

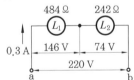

㉠ L_1 : 100 W 전구의 저항

$R_1 = \dfrac{V^2}{P_1} = \dfrac{220^2}{100} = 484\ \Omega$

㉡ L_2 : 200 W 전구의 저항

$R_2 = \dfrac{V^2}{P_2} = \dfrac{220^2}{200} = 242\ \Omega$

16. 다음 중 4Ω의 저항에 200V의 전압을 인가할 때 소비되는 전력은? [15]

① 20 W　　　　② 400 W

③ 2.5 kW　　　④ 10 kW

해설 $P = \dfrac{V^2}{R} = \dfrac{200^2}{4} = 10 \times 10^3\ \text{W}$

∴ 10 kW

17. 100 V, 300 W의 전열선의 저항값은? [13]

① 약 0.33 Ω　　② 약 3.33 Ω

③ 약 33.3 Ω　　④ 약 333 Ω

해설 $R = \dfrac{V^2}{P} = \dfrac{100^2}{300} = 33.33\ \Omega$

18. 200 V, 500 W의 전열기를 220 V 전원에 사용하였다면 이때의 전력은? [04, 14]

① 400 W ② 500 W ③ 550 W ④ 605 W

해설 $P' = P \times \left(\dfrac{V'}{V}\right)^2 = 500 \times \left(\dfrac{220}{200}\right)^2$

$= 500 \times 1.21 = 605\ \text{W}$

19. 어느 가정집이 40 W LED등 10개, 1 kW 전자레인지 1개, 100 W 컴퓨터 세트 2대, 1 kW 세탁기 1대를 사용하고, 하루 평균 사용 시간이 LED등은 5시간, 전자레인지 30분, 컴퓨터 5시간, 세탁기 1시간이라면 1개월(30일)간의 사용 전력량(kWh)은? [16]

① 115　　② 135　　③ 155　　④ 175

해설 사용 전력량

㉠ LED = 40 W × 10개 × 5시간 × 30일 × 10^{-3}

$= 60\ \text{kWh}$

㉡ 전자레인지 = 1 kW × 1개 × 0.5시간 × 30일

$= 15\ \text{kWh}$

㉢ 컴퓨터 = 100 W × 2대 × 5시간 × 30일 × 10^{-3}

$= 30\ \text{kWh}$

㉣ 세탁기 = 1 kW × 1대 × 1시간 × 30일 = 30 kWh

∴ $W = 60 + 15 + 30 + 30 = 135\ \text{kWh}$

6-2 ○ 전류의 화학 작용과 전지

■ 전지(battery)

화학 변화에 의해서 생기는 에너지 또는 빛, 열 등의 물리적인 에너지를 전기 에너지로 변화시키는 장치를 말한다.

1 전류의 화학 작용

(1) 전기 분해(electrolysis)

① 전해액 : 전류가 흐르면 화학적 변화가 나타나 양이온과 음이온으로 전리되는 수용액이다.

② 전기 분해 : 전해액에 전류를 흘려 화학적으로 변화를 일으키는 현상이다.

황산구리의 전해액에 2개의 구리판을 넣어 전극으로 하고 전기 분해(electrolysis)하면,

(음극측) Cu^{++} → 음극판에서 전자를 받아들여 Cu로 된다.

(양극측) • SO_4^{--} → 양극판에 전자를 내주고 SO_4로 된다.

• SO_4가 양극판으로부터 Cu를 취하면 다음 식과 같다.

$$SO_4 + Cu(양극판) = CuSO_4$$

• $CuSO_4 → Cu^{++}(음극으로) + SO_4^{--}(양극으로)$

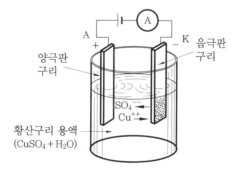

그림 1-65 구리의 전기 분해

③ 전리(ionization) : 황산구리($CuSO_4$)처럼 물에 녹아 양이온($+ion$)과 음이온($-ion$)으로 분리되는 현상이다.

④ 전해질(electrolyte) : 황산구리와 같이 물에 녹아 전해액을 만드는 물질이다.

(2) 패러데이의 법칙(Faraday's law)

① 전기 분해 시 전극에 석출되는 물질의 양은 전해액을 통한 전기량에 비례한다.

② 전기량이 같을 때 석출되는 물질의 양은 그 물질의 화학당량에 비례한다.

$$화학당량 = \frac{원자량}{원자가}$$

③ 화학당량 e의 물질에 Q[C]의 전기량을 흐르게 했을 때 석출되는 물질의 양은 다음 과 같다.

$$W = ke\,Q = KIt\,[g]$$

여기서, K : 전기 화학당량

④ 전기 화학당량(electrochemical equicalent) : K[g/C]

물질에 따라 정해지는 상수로 1 C 의 전기량에 의해 분해되는 물질의 양이다.

2 전지(battery)의 종류

1차 전지(primary cell)는 재충전이 불가능한 전지로 건전지라 하고, 2차 전지(secondary cell)는 재충전하여 다시 사용할 수 있는 전지로 축전지라 한다.

(1) 전지의 원리와 볼타 전지(voltaic cell)

① 묽은황산 용액에 구리(Cu)와 아연(Zn)판을 넣으면, 아연은 구리보다 이온이 되는 성 질이 강하므로 전해액 중에 용해되어 양이온이 되고, 아연판은 음전기를 띠게 된다.

$$Zn \rightarrow Zn^{++} + 2e^-$$

묽은황산 용액은 $H_2SO_4 \rightarrow 2H^+ + SO_4^{--}$

② 이 결과 구리판은 양전기를 띠게 되므로, 아연판과 구리판은 각각 음극과 양극으로 되어 그 사이에 약 1 V의 기전력이 발생한다.

③ 분극 작용(polarization effect) : 성극 작용

볼타 전지로부터 전류를 얻게 되면 양극의 표면이 수소 기체에 의해 둘러싸이게 되는 현상으로, 전지의 기전력을 저하시키는 요인이 된다.

④ 감극제(depolarizer) : 분극(성극) 작용에 의한 기체를 제거하여 전극의 작용을 활발하 게 유지시키는 산화물을 말한다.

(2) 망간 건전지(dry cell)

① 1차 전지로 가장 많이 사용된다.

② 양극 : 탄소 막대

③ 음극 : 아연 원통

④ 전해액 : 염화암모늄 용액($NH_4Cl + H_2O$)

⑤ 감극제 : 이산화망간(MnO_2)

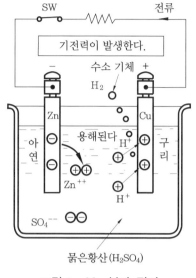

그림 1-66 볼타 전지

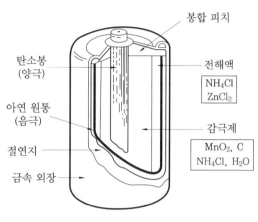

그림 1-67 망간 건전지

(3) 산화은 전지(silver oxide cell)

① 1차 전지와 2차 전지가 있으며, 단추형의 1차 전지가 에너지 밀도가 높아 많이 사용
된다.

② 양극 : 산화은

③ 음극 : 아연

④ 전해액 : 수산화나트륨이나 수산화칼륨

⑤ 기전력 : 약 1.57~1.8 V

(4) 연료 전지

① 연료의 산화에 의해서 생기는 화학 에너지를 직접 전기 에너지로 변환시키는 전지로,
일종의 발전 장치라 할 수 있다.

② 가장 전형적인 것에 수소-산소 연료 전지가 있으며, 1960~1970년대에 걸쳐 제미니
및 아폴로 우주선에 연료 전지가 탑재되었다.

③ 알칼리 수용액을 전해질로 하며, 순수한 수소와 산소를 사용한다.

(5) 납축전지(lead storage battery)

① 납축전지는 2차 전지의 대표적인 것으로, 그 구조는 그림 1-68과 같다.

② 양극 : 이산화납(PbO_2)

③ 음극 : 납(Pb)

④ 전해액 : 묽은 황산(비중 1.23~1.26)으로 사용한 것이다.

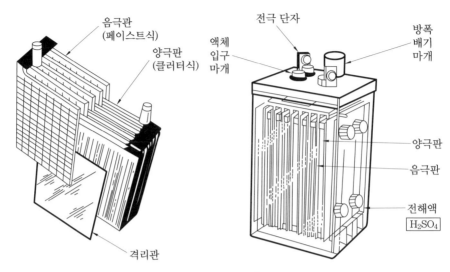

음극판
(페이스트식)

양극판
(클러터식)

전극 단자

액체
입구
마개

방폭
배기
마개

양극판

음극판

전해액
H_2SO_4

격리판

그림 1-68 납축전지

⑤ 방전(discharge)과 충전(charge) 시의 화학 반응

$$\underset{\text{(이산화납)}}{\underset{\text{양극}}{PbO_2}} + \underset{\text{(황산)}}{\underset{\text{전해액}}{2H_2SO_4}} + \underset{\text{(납)}}{\underset{\text{음극}}{Pb}} \overset{\text{(방전)}}{\underset{\text{(충전)}}{\rightleftarrows}} \underset{\text{(황산납)}}{\underset{\text{양극}}{PbSO_4}} + \underset{\text{(물)}}{\underset{\text{물}}{2H_2O}} + \underset{\text{(황산납)}}{\underset{\text{음극}}{PbSO_4}}$$

⑥ 납축전지의 기전력

㈎ 방전 초기의 기전력은 약 2 V이지만, 방전함에 따라 점차로 기전력이 떨어져 약 1.8 V가 되면 급격히 하락하기 시작한다.

• 방전의 한계 전압 : 1.8 V

㈏ 방전에 따라 전해액 농도가 묽어지면 전지의 기전력은 떨어진다.

• 충전 증기 전압 : 2.7~2.8 V

(6) 전지의 용량

① 일정 전류 I[A]로 t 시간(h) 방전시켜 한계(방전 한계 전압)에 도달했다고 하면, 전지의 용량은 다음과 같다.

전지의 용량 = $I \times t$[Ah]

② 단위는 암페어시(ampere-hour, [Ah])를 사용한다.

3 전지의 내부 저항과 접속

(1) 전지의 접속

① 직렬 접속 : 기전력 E [V], 내부 저항 r [Ω]인 전지 n개를 직렬 접속하고, 여기에 부하 저항 R [Ω]을 연결했을 때, 부하에 흐르는 전류는 다음과 같다.

$$I = \frac{nE}{R+nr} \ [A]$$

여기서, nE : 합성 기전력, nr : 합성 내부 저항

② 병렬 접속 : 기전력 $E\,[V]$, 내부 저항 $r\,[\Omega]$인 전지 n개를 병렬 접속하고, 여기에 부하 저항 $R\,[\Omega]$를 연결했을 때 부하에 흐르는 전류는 다음과 같다.

$$I = \frac{E}{\dfrac{r}{n}+R} \ [A]$$

여기서, E : 합성 기전력 (1개의 기전력), $\dfrac{r}{n}$: 합성 내부 저항

③ 직·병렬 접속 : 기전력 $E\,[V]$, 내부 저항 $r\,[\Omega]$의 전지 n 개를 직렬로 접속하고, 이것을 다시 병렬로 m줄을 접속했을 때의 전류는 그림 1-69와 같다.

$$I = \frac{nE}{\dfrac{rn}{m}+R} = \frac{E}{\dfrac{r}{m}+\dfrac{R}{n}} \ [A]$$

여기서, nE : 합성 기전력, $\dfrac{rn}{m}$: 합성 내부 저항

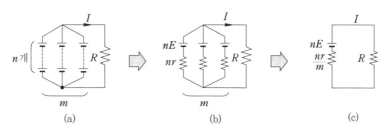

그림 1-69 전자의 직·병렬 접속

④ 최대 전류를 얻는 전지의 접속

$$I = \frac{E}{\dfrac{r}{m}+\dfrac{R}{n}} \ [A]$$

여기서, 분모 $\dfrac{r}{m}+\dfrac{R}{n}$가 최소가 되어야 하므로, 최소 조건 $\dfrac{r}{m}=\left(\dfrac{R}{n}\right)$을 만족시키도록 접속한다.

• 최대 전류의 조건 : $\dfrac{r}{m}=\dfrac{R}{n}$

과년도 / 예상문제

1. 황산구리($CuSO_4$)의 전해액에 2개의 동일한 구리판을 넣고 전원을 연결하였을 때 구리판의 변화를 옳게 설명한 것은 어느 것인가? [11, 16, 18]

① 2개의 구리판 모두 얇아진다.
② 2개의 구리판 모두 두터워진다.
③ 양극 쪽은 얇아지고, 음극 쪽은 두터워진다.
④ 양극 쪽은 두터워지고, 음극 쪽은 얇아진다.

해설 황산구리의 전해액에 2개의 구리판을 넣어 전극으로 하고, 전기 분해(electrolysis)하면 점차로 양극(anode) A의 구리판은 얇아지고, 반대로 음극(cathode) K의 구리판은 새롭게 구리가 되어 두터워진다.

2. 황산구리가 물에 녹아 양이온과 음이온으로 분리되는 현상을 무엇이라 하는가?

① 전리   ② 분해
③ 전해   ④ 석출

해설 전리(electric dissociation) : 중성 분자 또는 원자가 에너지를 받아서 음·양이온(ion)으로 분리하는 현상이다.

3. 전기 분해를 하면 석출되는 물질의 양은 통과한 전기량에 관계가 있다. 이것을 나타낸 법칙은? [15]

① 옴의 법칙   ② 쿨롱의 법칙
③ 앙페르의 법칙   ④ 패러데이의 법칙

해설 패러데이의 법칙(Faraday's law) : 전기 분해 시 전극에 석출되는 물질의 양은 전해액을 통한 전기량에 비례한다.

4. 패러데이 법칙에서 전기 분해에 의해서 석출되는 물질의 양은 전해액을 통과한 무엇과 비례하는가? [09]

① 총 전해질   ② 총 전압
③ 총 전류   ④ 총 전기량

5. "같은 전기량에 의해서 여러 가지 화합물이 전해될 때 석출되는 물질의 양은 그 물질의 화학당량에 비례한다." 이 법칙은 어느 것인가? [11, 17]

① 렌츠의 법칙   ② 패러데이의 법칙
③ 앙페르의 법칙   ④ 줄의 법칙

6. 패러데이 법칙과 관계없는 것은? [11, 17]

① 전극에서 석출되는 물질의 양은 통과한 전기량에 비례한다.
② 전해질이나 전극이 어떤 것이라도 같은 전기량이면 항상 같은 화학당량의 물질을 석출한다.
③ 화학당량이란 $\dfrac{원자량}{원자가}$ 을 말한다.
④ 석출되는 물질의 양은 전류의 세기와 전기량의 곱으로 나타낸다.

7. 패러데이 법칙에서 화학당량이란 무엇을 나타내는가? [18]

① $\dfrac{원자가}{원자량}$ ② $\dfrac{원자량}{원자가}$

③ $\dfrac{석출량}{원자가}$ ④ $\dfrac{원자량}{석출량}$

해설 화학당량 $= \dfrac{원자량}{원자가}$

정답 1. ③ 2. ① 3. ④ 4. ④ 5. ② 6. ④ 7. ②

8. 초산은(AgNO₃) 용액에 1 A의 전류를 2시
간 동안 흘렸다. 이때 은의 석출량(g)은?
(단, 은의 전기 화학당량은 1.1×10^{-3} g/C
이다.) [16, 18]

① 5.44 ② 6.08 ③ 7.92 ④ 9.84

해설 $W = KIt$
$= 1.1\times10^{-3}\times1\times2\times60\times60$
$= 7.92\,g$

9. 묽은황산(H_2SO_4) 용액에 구리(Cu)와 아
연(Zn)판을 넣으면 전지가 된다. 이때 양극
(+)에 대한 설명으로 옳은 것은? [13, 16, 18]

① 구리판이며 수소 기체가 발생한다.
② 구리판이며 산소 기체가 발생한다.
③ 아연판이며 산소 기체가 발생한다.
④ 아연판이며 수소 기체가 발생한다.

해설 본문 그림 [볼타 전지] 참조

10. 전지의 전압 강하 원인으로 틀린 것은
어느 것인가? [15]

① 국부 작용 ② 산화 작용
③ 성극 작용 ④ 자기 방전

해설 전지의 전압 강하 원인
㉠ 국부 작용(local action)
㉡ 분극(성극) 작용
㉢ 자기방전(self-discharge)

11. 망간 건전지의 양극은?

① 아연판 ② 구리판
③ 이산화망간 ④ 탄소 막대

해설 망간 건전지(dry cell)
㉠ 1차 전지로 가장 많이 사용된다.
㉡ 양극 : 탄소 막대
㉢ 음극 : 아연 원통
㉣ 전해액 : 염화암모늄 용액($NH_4Cl + H_2O$)
㉤ 감극제 : 이산화망간(MnO_2)

12. 1차 전지로 가장 많이 사용되는 것은 어
느 것인가? [12, 13, 16, 17]

① 니켈·카드뮴 전지
② 연료 전지
③ 망간 건전지
④ 납축전지

13. 납축전지의 전해액으로 사용되는 것은
어느 것인가? [[10, 13, 18]

① H_2SO_4 ② $2H_2O$
③ PbO_2 ④ $PbSO_2$

해설 납축전지(lead storage battery)
㉠ 전해액 : 묽은황산(H_2SO_4)
㉡ 양극 : 이산화납(PbO_2)
㉢ 음극 : 납(Pb)

14. 납축전지가 완전히 방전되면 음극과 양
극은 무엇으로 변하는가? [14]

① $PbSO_4$ ② PbO_2
③ H_2SO_4 ④ Pb

해설 본문 [방전과 충전 시의 화학 반응] 참조

15. 알칼리 축전지의 대표적인 축전지로 널
리 사용되고 있는 2차 전지는? [16]

① 망간 전지
② 산화은 전지
③ 페이퍼 전지
④ 니켈·카드뮴 전지

해설 니켈·카드뮴 축전지 : 알칼리성 전해액
을 사용하는 알칼리 축전지의 대표적인 축
전지이다.

16. 기전력이 V_0, 내부 저항이 $r\,[\Omega]$인 n개
의 전지를 직렬 연결하였다. 전체 내부 저
항은 얼마인가? [12, 15]

① $\dfrac{r}{n}$ ② nr ③ $\dfrac{r}{n^2}$ ④ nr^2

해설 전체 내부 저항

㉠ 직렬일 때 : nr

㉡ 병렬일 때 : $\dfrac{r}{n}$

17. 기전력 1.5V, 내부 저항 0.5Ω의 전지 10개를 직렬로 접속한 전원에 저항 25Ω의 저항을 접속하면 저항에 흐르는 전류는 몇 A가 되겠는가? [17, 18]

① 0.25   ② 0.5

③ 2.5   ④ 7.5

해설 $I = \dfrac{nE}{nr+R} = \dfrac{10 \times 1.5}{10 \times 0.5 + 25} = 0.5\,A$

18. 기전력 1.5 V, 내부 저항 0.1Ω인 전지 5개를 직렬로 접속하여 단락시켰을 때의 전류(A)는? [12, 14, 18]

① 7.5 A   ② 15 A

③ 17.5 A   ④ 22.5 A

해설 $I_s = \dfrac{nE}{nr} = \dfrac{5 \times 1.5}{5 \times 0.1} = 15\,A$

19. 동일 규격의 축전지 2개를 병렬로 접속하면 어떻게 되는가? [17]

① 전압과 용량이 같이 2배가 된다.

② 전압과 용량이 같이 $\dfrac{1}{2}$이 된다.

③ 전압은 2배가 되고 용량은 변하지 않는다.

④ 전압은 변하지 않고 용량은 2배가 된다.

해설 ㉠ 병렬 연결 시 : 기전력은 변함이 없고, 용량은 n배가 된다.

㉡ 직렬 연결 시 : 기전력은 n배가 되고, 용량은 변하지 않는다.

20. 내부 저항이 0.1 Ω인 전지 10개를 병렬 연결하면 전체 내부 저항은? [10, 12]

① 0.01 Ω   ② 0.05 Ω

③ 0.1 Ω   ④ 1 Ω

해설 병렬일 때 $\dfrac{r}{n} = \dfrac{0.1}{10} = 0.01\,Ω$

21. 동일 전압의 전지 3개를 접속하여 각각 다른 전압을 얻고자 한다. 접속 방법에 따라 몇 가지의 전압을 얻을 수 있는가? (단, 극성은 같은 방향으로 설정한다.) [14]

① 1가지 전압   ② 2가지 전압

③ 3가지 전압   ④ 4가지 전압

해설 3가지 전압

㉠ 모두 직렬 접속 : $3E$

㉡ 모두 병렬 접속 : E

㉢ 직·병렬 접속 : $2E$

22. 기전력 120 V, 내부 저항(r)이 15 Ω인 전원이 있다. 여기에 부하 저항(R)을 연결하여 얻을 수 있는 최대 전력(W)은? (단, 최대 전력 전달 조건은 $r = R$이다.) [16, 18]

① 100   ② 140

③ 200   ④ 240

해설 최대 전력 전달 조건

내부 저항(r)=부하 저항(R)

$$P_m = I^2 \cdot R = \left(\dfrac{E}{2R}\right)^2 \cdot R$$

$$= \dfrac{E^2}{4R^2} \cdot R = \dfrac{E^2}{4R}$$

$$\therefore \ P_m = \dfrac{E^2}{4R} = \dfrac{120^2}{4 \times 15} = 240\,W$$

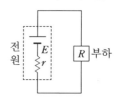

전기기능사
Craftsman Electricity

제2편 | 전기 기기

1 직류기

1-1 ○ 직류 발전기의 원리와 구조

■ 직류기

직류 전기를 발생하는 직류 발전기와 직류 전기를 사용하여 회전력을 얻는 직류 전동기를 일컫는 말이다.

1 직류 발전기의 원리

(1) 직류의 발생

① 그림 2-1의 (a)와 같이 코일 a, b, c, d 를 자극 N, S 사이에 놓는다. 이 코일의 양끝을 서로 절연한 2개의 금속편 C_1, C_2 에 각각 접속하고, xx' 를 축으로 하여 일정한 방향으로 회전시키면 코일에 반회전할 때마다 방향이 바뀌는 교류 기전력이 유도된다.

② 이 기전력은 C_1, C_2 와 이것에 접촉되고 있는 브러시(brush) B_1, B_2의 작용에 의하여 직류 전압으로 바뀌고, 단자 A, B 사이에는 그림 (b)의 e 와 같은 직류 전압이 생긴다.

• C_1, C_2 : 정류자편(commutator segment)

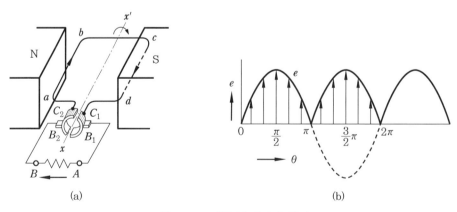

(a)   (b)

그림 2-1 직류 발전기의 원리

2 직류 발전기의 구조

(1) 직류 발전기의 3요소

① 자속을 만드는 계자(field)

② 기전력을 발생하는 전기자(armature)

③ 교류를 직류로 변환하는 정류자(commutator)

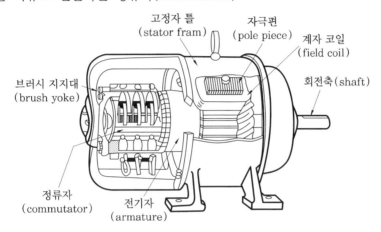

그림 2-2 4극 직류 발전기의 내부 구조

(2) 계자(field magnet)

① 전기자가 쇄교하는 자속을 만들어 주는 부분으로, 공극(air gap)에 필요한 자속을 만들어 준다.

② 계자 권선, 계자 철심, 자극편, 계철 등으로 구성되며 계철, 공극, 전기자 철심을 직류기의 자기 회로(magnetic circuit)라 한다.

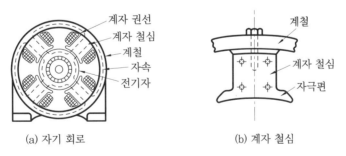

(a) 자기 회로   (b) 계자 철심

그림 2-3 4극 직류 발전기의 계자

(3) 전기자(armature)

① 전기자는 계자와 함께 자기 회로를 만드는 전기자 철심과 기전력을 유도하는 전기자 권선으로 되어 있다.

② 전기자 철심은 철손을 적게 하기 위하여 두께 $0.35 \sim 0.5 \, \text{mm}$의 규소 강판을 성층하여 사용한다.

(4) 정류자(commutator)

① 정류자는 직류기의 가장 중요한 부분이며, 브러시와 접촉하여 유기 기전력을 정류, 직류로 바꾸어 외부 회로와 연결시켜 주는 역할을 한다.

② 정류자는 쐐기 모양의 경동제의 정류자편과 두께 0.8 mm의 정류자 편간 마이카 (segment mica)를 교대로 겹쳐서 원통 모양으로 조립하여 마이카로 절연한 다음, 죔 고리(shrink ring)로 죈 것이다.

(5) 브러시와 브러시 홀더(brush holder)

① 브러시의 구비 조건

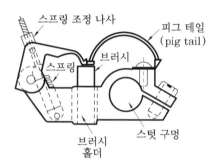

　㈎ 접촉 저항을 가질 것(좋은 정류를 위하여 접촉 저항이 클 것)

　㈏ 전기 저항이 적을 것

　㈐ 정류자와 잘 접촉되어 마찰 저항이 적을 것

　㈑ 기계적 강도가 클 것

　㈒ 내열성이 클 것

② 역할 : 브러시(bruch)는 회전하는 정류자로부터 외부 회로로 전류를 흐르게 하는 역할을 한다.

그림 2-4   브러시

3   전기자 권선법

(1) 환상권과 고상권

① 환상권(ring winding) : 원통 철심에 코일을 감은 것이다.

② 고상권(drum winding) : 도체를 원통 철심의 바깥쪽에만 배치한 것으로, 직류기의 전기자 권선은 모두 고상권이다.

(2) 중권과 파권의 비교

표 2-1   중권과 파권의 비교

비교 항목	중권(병렬권)	파권(직렬권)
전기자 병렬 회로수	극수 P와 같다.	항상 2
브러시 수	극수와 같다.	2개 또는 극수만큼 둘 수 있다.
용도	저전압, 대전류용	소전류, 고전압용
균압 고리	대용량에서 필요	불필요

(3) 균압 고리(equalizing ring)

① 대형 직류기에서는 전기자 권선 중 같은 전위의 점을 구리 고리로 묶는다.

② 브러시 불꽃 방지 목적으로 사용된다.

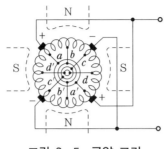

그림 2-5 균압 고리

과년도 / 예상문제

1. 직류기의 3대 요소가 아닌 것은?

① 전기자   ② 계자
③ 공극   ④ 정류자

해설 직류 발전기의 3요소
 1. 계자 (field)
 2. 전기자(armature)
 3. 정류자 (commutator)

2. 직류 발전기 전기자의 주된 역할은? [13]

① 기전력을 유도한다.
② 자속을 만든다.
③ 정류 작용을 한다.
④ 회전자와 외부 회로를 접속한다.

해설 전기자 (armature) : 계자와 함께 자기
 회로를 만드는 전기자 철심과 기전력을 유
 도하는 전기자 권선으로 되어 있다.

3. 직류 발전기에서 계자의 주된 역할은 어
느 것인가? [14]

① 기전력을 유도한다.
② 자속을 만든다.

③ 정류 작용을 한다.
④ 정류자 면에 접촉한다.

해설 계자 (field magnet) : 공극 (air gap)에
 필요한 자속을 만들어 준다.

4. 직류 발전기를 구성하는 부분 중 정류자
의 설명으로 옳은 것은? [12, 17]

① 전기자와 쇄교하는 자속을 만들어 주
는 부분
② 자속을 끊어서 기전력을 유기하는 부분
③ 전기자 권선에서 생긴 교류를 직류로
바꾸어 주는 부분
④ 계자 권선과 외부 회로를 연결시켜 주
는 부분

해설 정류자 (commutator) : 브러시와 접촉
 하여 유기 기전력을 정류, 직류로 바꾸어
 주는 역할을 한다.

5. 다음 중 직류기에서 브러시의 역할은? [18]

① 기전력 유도
② 자속 생성

③ 정류 작용
④ 전기자 권선과 외부 회로 접속

해설 브러시(bruch) : 회전하는 정류자로 부터 외부 회로로 전류를 흐르게 하는 역할을 한다.

6. 영구자석 또는 전자석 끝부분에 설치한 자성 재료편으로서, 전기자에 대응하여 계자 자속을 공극 부분에 적당히 분포시키는 역할을 하는 것은 무엇인가? [19]
① 자극편   ② 정류자
③ 공극   ④ 브러시

해설 자극편 : 직류 발전기의 구조에서 계자 자속을 전기자 표면에 널리 분포시키는 역할을 한다.

7. 다음 권선법 중 직류기에서 주로 사용되는 것은? [18]
① 폐로권, 환상권, 이층권
② 폐로권, 고상권, 이층권
③ 개로권, 환상권, 단층권
④ 개로권, 고상권, 이층권

해설 직류기 전기자 권선법은 고상권, 폐로권, 이층권이고 중권과 파권이 있다.
㉠ 고상권 : 원통 철심 외부에만 코일을 배치하고 내부에는 감지 않는다.
㉡ 폐로권 : 코일 전체가 폐회로를 이루며, 브러시 사이에 의하여 몇 개의 병렬로 만들어진다.
㉢ 이층권 : 1개의 홈에 2개의 코일군을 상하로 넣는다.

8. 직류기의 파권에서 극수에 관계없이 전기자 권선의 병렬 회로수 a는 얼마인가? [16]
① 1   ② 2
③ 4   ④ 6

해설 전기자 병렬 회로수
㉠ 파권(직렬권)은 항상 2이다.
㉡ 중권(병렬권)은 극수와 같다.

9. 8극 100 V, 200 A의 직류 발전기가 있다. 전기자 권선이 중권으로 되어 있는 것을 파권으로 바꾸면 전압은 몇 V로 되겠는가?
① 400   ② 200
③ 100   ④ 50

해설 중권을 파권으로 바꾸면 병렬 회로수가 8에서 2로 되므로 전압은 4배, 전류는 $\frac{1}{4}$배가 된다.
∴ 400 V가 된다.

10. 직류 발전기에서 균압 환(고리)을 설치하는 목적은 무엇인가?
① 전압을 높인다.
② 전압 강하 방지
③ 저항 감소
④ 브러시 불꽃 방지

해설 균압 고리(equalizing ring)
㉠ 브러시 불꽃 방지 목적으로 사용된다.
㉡ 기전력 차이에 의한 브러시를 통한 순환 전류를 균압 고리에서 흐르게 한다.

1-2 ○ 직류 발전기의 이론과 종류에 따른 특성 및 운전

■ 전자 유도 작용

도체가 자속을 끊거나 쇄교하거나 또는 도체 주위의 자기장이 변화하면 도체에는 기전력(전력)이 유기되는데, 이러한 현상을 전자 유도 작용이라 한다. 이때 기전력의 방향은 플레밍의 오른손 법칙 또는 렌츠의 법칙(Lenz's law)에 따른다.

1 직류 발전기의 이론

(1) 유도 기전력

① 1개의 전기자 도선에 유도하는 평균 기전력

$$e = Blv = Bl \cdot \frac{2\pi rN}{60} \, [\text{V}]$$

여기서, B : 자속 밀도(Wb/m^2), l : 도선의 유효 길이(m)

N : 회전 속도(rpm), r : 평균 반지름(m)

v : 도선이 자속을 수직으로 끊는 속도$[\text{m/s}]$

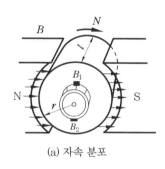

(a) 자속 분포   (b) 공극의 평균 자속 밀도

그림 2-6 자속 분포

② 브러시 사이의 유도 기전력

$$E = e \cdot \frac{z}{a} = Bl \cdot \frac{2\pi rN}{60} \cdot \frac{z}{a} \, [\text{V}]$$

여기서, z : 전기자 도선의 수, a : 전기자 권선의 병렬 회로 수

$$E = \frac{pz}{60a}\phi N = K_1 \phi N \, [\text{V}]$$

여기서, p : 극수, ϕ : 1극당 자속(Wb), $K_1 = \dfrac{pz}{60a}$

③ 직류 발전기의 유도 기전력은 회전수와 자속의 곱에 비례한다.

④ 전기자의 주변 속도

$$v = \pi D \, \frac{N}{60} \, [\text{m/s}]$$

여기서, D : 전기자 지름(m), N : 전기자 회전 속도(rpm)

(2) 전기자 반작용(armature reaction)

① 전기자 전류에 의한 기자력의 영향으로 주자극의 자속 분포와 크기를 변화시키는 작용

　(가) 편자 작용 : 회전자의 회전 방향에 대하여 자극의 끝부분에서는 자속이 증가하고, 앞부분에서는 자속이 감소하여 자속 분포가 회전 방향으로 이동하는 모양이 되는 작용을 말한다.

② 전기자 반작용이 직류 발전기에 주는 현상

　(가) 전기적 중성축이 이동된다.

　　• 발전기 : 회전 방향(그림 2-7)

　　• 전동기 : 회전 방향과 반대 방향

　(나) 주자속이 감소하여 기전력이 감소된다.

　(다) 정류자편 사이의 전압이 고르지 못하게 되어, 부분적으로 전압이 높아지고 불꽃 섬락이 일어난다.

③ 전기자 반작용을 감소시키는 방법

　(가) 자기 회로의 자기 저항을 크게 한다.

　(나) 계자 기자력을 크게 한다.

　(다) 큰 기계는 보상 권선을 설치하여, 그 기자력으로 전기자 기자력을 상쇄시킨다.

　(라) 보극을 설치하여 중성점의 이동을 막는다.

　(마) 보극과 보상 권선은 전기자 반작용을 없애 주는 작용과 정류를 양호하게 하는 작용을 한다.

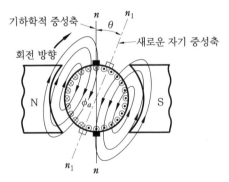

그림 2-7 전기자 반작용에 의한 중성축의 위치

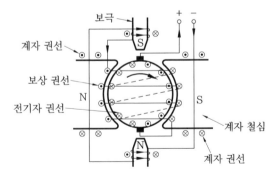

그림 2-8 보상 권선과 보극

(3) 정류 작용

① 정류(commutation) : 전기자가 회전할 때 브러시에 의하여 단락되는 코일의 전류 방향이 다음 순간 반대로 바뀌는 것을 이용하여 교류를 직류로 바꾸는 작용을 말한다.

② 정류 곡선(commutation curve) : 정류 중인 단락 코일(또는 정류 코일) 내의 전류의 변화를 나타내는 곡선이다.

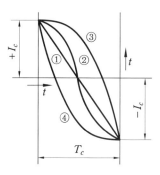

㈎ 직선 정류 : 이상적인 정류 ①

㈏ 사인파 정류 : 불꽃없는 ②

㈐ 부족 정류 : 브러시 후단 불꽃 발생 ③

㈑ 과 정류 : 브러시 전단 불꽃 발생 ④

③ 양호한 정류를 얻는 방법

㈎ 전압 정류 : 보극(정류극)을 설치하여, 정류 코일 내에 유기되는 리액턴스 전압과 반대 방향으로 정류 전압을 유기시켜 양호한 정류를 얻는다.

㈏ 저항 정류 : 브러시의 접촉 저항이 큰 것을 사용하여, 정류 코일의 단락 전류를 억제하여 양호한 정류를 얻는다(탄소질 및 금속 흑연질의 브러시).

그림 2-9 정류 곡선

㈐ 정류 주기를 크게 한다.

㈑ 계자극 철심의 모양을 좋게 하여 자속 분포의 변화를 줄이고 자기적으로 포화시킨다.

㈒ 전기자 교차 기자력에 대한 자기 저항을 크게 하고, 보상 권선을 설치한다.

㈓ 단일권을 사용하고, 인덕턴스를 적게 한다.

2 ▶ 직류 발전기의 종류

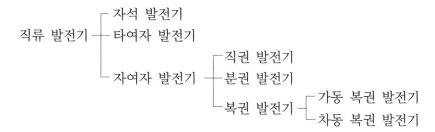

(1) 자석 발전기(magneto generator)

영구 자석을 계자로 한 것으로, 특수한 소형 발전기에 쓰인다.

(2) 타여자 발전기(separately excited generator)

계자 전류를 다른 직류 전원에서 얻는다.

(3) 자여자 발전기(self-excited generator)

① 분권 발전기(shunt generator) : 전기자 A와 계자권선 F 를 병렬로 접속한다.

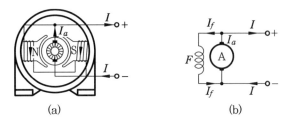

그림 2-10　분권 발전기

② 직권 발전기(series generator) : 전기자 A와 계자권선 F_s 를 직렬로 접속한다.

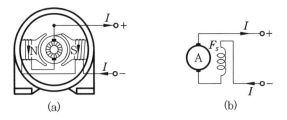

그림 2-11　직권 발전기

③ 복권 발전기(compound generator)

　㈎ 분권, 직권의 두 계자 권선을 감는다.

　　• 가동 복권(cumulative compound) : 두 권선의 자속이 합하여지도록 접속한 것

　　• 차동 복권(differential compound) : 두 권선의 자속이 서로 지워지도록 접속한 것

　㈏ 분권 권선의 접속 방법에 따라

　　• 내분권(short shunt) : 복권 발전기의 표준

　　• 외분권(long shunt)

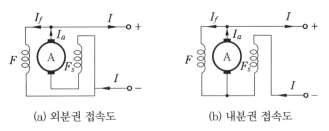

(a) 외분권 접속도　　　　　(b) 내분권 접속도

그림 2-12　복권 발전기

3 직류 발전기의 특성과 용도

(1) 타여자 발전기의 특성

① 무부하 포화 곡선 : 직류 발전기를 정격 속도, 무부하로 운전하였을 때 계자 전류 I_f [A]와 유도 기전력 E [V]와의 관계를 나타내는 곡선이다.

② 외부 특성 곡선 : 직류 발전기를 정격 속도, 정격 부하 전류에서 정격 전압을 발생하도록 계자 저항기를 조정한다. 그리고 이 저항과 회전 속도를 변화하지 않도록 하고, 부하 저항을 변화시킬 때의 부하 전류 I와 단자 전압 V의 관계를 나타내는 곡선이다.

$$V = E - R_a \cdot I \qquad E = V + R_a \cdot I$$

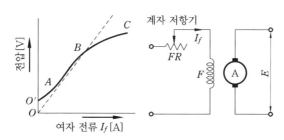

그림 2-13 무부하 특성 곡선

(2) 자여자 발전기의 자여자 조건

① 잔류 자기가 있을 것

② 자기 포화가 있을 것

③ 회전 방향 (극성)이 잔류 자기의 증가 방향과 같을 것

④ 계자 저항이 임계 저항보다 작을 것

(3) 분권 발전기의 외부 특성과 용도

① 그림 2-14는 분권 발전기의 외부 특성을 나타낸다.

$$V = E - R_a I_a \qquad E = V + R_a I_a \qquad I_a = I + I_f \qquad I_f = \frac{V}{R_f}$$

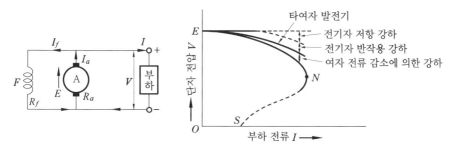

그림 2-14 분권 발전기의 외부 특성

② 계자 저항기를 사용하여 어느 범위의 전압 조정도 안정하게 할 수 있으므로 전기 화학 공업용 전원, 축전지의 충전용, 동기기의 여자용 및 일반 직류 전원용에 적당하다.

(4) 직권 발전기의 외부 특성과 용도

① 직권 발전기는 부하 전류로 여자되므로, 무부하 포화 곡선의 계자 전류는 부하 전류와 같다.

$$E = V + (R_a + R_s)\, I_a \qquad I_a = I = I_f$$

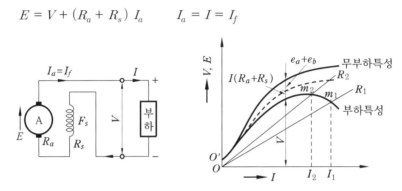

그림 2-15 직권 발전기의 외부 특성

② 용도 : 선로의 전압 강하를 보상하는 목적으로 장거리 급전선에 직렬로 연결해서 승압기(booster)로 사용할 수는 있다.

(5) 복권 발전기의 외부 특성과 용도

① 외부 특성 곡선은 분권 발전기와 직권 발전기의 특성을 합한 것이 된다.

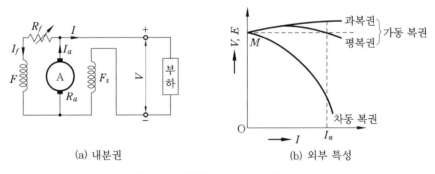

(a) 내분권   (b) 외부 특성

그림 2-16 복권 발전기의 외부 특성

㈎ 평복권 발전기(flat-compound generator) : 무부하 전압과 전부하 전압의 특성이 같은 것

㈏ 과복권 발전기(overcompound generator) : 전부하 전압이 무부하 전압보다 특성이 높은 것

㈐ 차동 복권 발전기의 수하 특성 : 단자 전압이 부하 전류가 늘어남에 따라 심하게 떨어진다.

- 내분권기 : $E = V + R_a\,I_a + R_s\,I$
- 외분권기 : $E = V + (R_a + R_s)\,I_a$ $\Bigg]\ I_a = I + I_f\ ,\ \ I_f = \dfrac{V}{R_f}$

② 용도

   ㈎ 평복권 발전기 : 부하에 관계없이 거의 일정한 전압이 얻어지므로, 일반적인 직류 전원 및 여자기 등에 사용된다.

   ㈏ 과복권 발전기 : 급전선의 전압강하 보상용으로 사용된다.

   ㈐ 차동 복권 발전기 : 수하 특성을 가지므로, 용접기용 전원으로 사용된다.

4 직류 발전기의 운전

(1) 운전하기 전에 할 일

① 절연 저항 측정 : 메거(megger)로 각 부분의 절연 저항을 측정하여 절연 내력을 점검한다.

② 결선 및 기계적인 접속 부분을 점검한다.

③ 베어링 부분을 점검한다.

④ 브러시(brush) 부분 : 접촉 상태, 정류자편의 청결 상태, 위치를 점검한다.

(2) 기동, 운동 및 정지

① 부하 회로의 개폐기를 열어 두고, 계자 저항기의 손잡이를 돌려 저항이 최대가 되는 위치에 두고 원동기를 회전시킨다.

② 이상이 없으면 전압계를 보면서 계자 저항을 줄여 전압을 정격 전압까지 올린다.

③ 정지시킬 때에는 계자 저항기로 전압을 낮춘 다음, 부하 개폐기를 열고 정지시킨다. 정지한 다음에는 반드시 계자 저항기를 최대로 하여 둔다.

(3) 직권, 과복권 발전기의 병렬 운전과 균압 모선

① 균압 모선(equalizer) : 2대의 발전기의 직권 계자 권선의 한끝을 연결하는 굵은 도선이다.

② 두 직권 계자 권선의 전류는 언제나 등분되어 안정하게 병렬 운전을 시킬 수 있다.

③ 분권, 차동 및 부족복권은 수하특성을 가지므로 균압 모선이 없어도 병렬운전이 가능하다.

(4) 직류 발전기의 병렬 운전

① 병렬 운전의 목적

   ㈎ 1대의 발전기로 용량이 부족할 때

   ㈏ 부하 변동의 폭이 클 때에는 경부하에 효율이 좋게 운전하기 위하여

   ㈐ 예비기 또는 점검, 수리의 면에 유리

② 병렬 운전 조건

㉮ 정격 전압(단자 전압) 및 극성이 같을 것

㉯ 외부 특성 곡선이 어느 정도 수하 특성일 것

㉰ 용량이 다를 경우 % 부하 전류로 나타낸 외부 특성 곡선이 거의 일치할 것

(5) 계자 방전 저항(field descharge resistor)

① 분권 계자 권선과 병렬로 접속시킨 저항기이다.

② 계자 회로를 끊어도 유도 기전력은 저항을 통하여 방전하기 때문에, 단자 전압이 올라가는 것을 막을 수 있다.

과년도 / 예상문제

전기기능사

1. 자속 밀도 0.8 Wb/m^{2}인 자계에서 길이 50 cm인 도체가 30 m/s로 회전할 때 유기되는 기전력(V)은? [14]

① 8　　② 12　　③ 15　　④ 24

해설 $e = Blv = 0.8 \times 50 \times 10^{-2} \times 30 = 12$ V

2. 직류 발전기에서 유기 기전력 E를 바르게 나타낸 것은? (단, 자속은 ϕ, 회전 속도는 n이다.) [11, 17]

① $E \propto \phi n$　　② $E \propto \phi n^2$

③ $E \propto \dfrac{\phi}{n}$　　④ $E \propto \dfrac{n}{\phi}$

해설 $E = \dfrac{pz}{60a} \phi N = k\phi N\,[V]$

※ 직류 발전기의 유도 기전력은 회전수와 자속의 곱에 비례한다.

3. 10극의 직류 파권 발전기의 전기자 도체 수 400, 매 극의 자속 수 0.02 Wb, 회전수 600 rpm일 때 기전력은 몇 V인가? [18]

① 200　② 220　③ 380　④ 400

해설 $E = p\phi \dfrac{N}{60} \cdot \dfrac{Z}{a}$

$= 10 \times 0.02 \times \dfrac{600}{60} \times \dfrac{400}{2} = 400$ V

4. 직류 분권 발전기가 있다. 전기자 총 도체 수 220, 극수 6, 회전수 1500 rpm일 때 유기 기전력이 165 V이면 매 극의 자속 수는 몇 Wb인가? (단, 전기자 권선은 파권이다.) [19]

① 0.01　　② 0.1

③ 0.2　　④ 10

해설 $E = p\phi \dfrac{N}{60} \cdot \dfrac{Z}{a}\,[V]$에서,

$\phi = 60 \times \dfrac{aE}{pNZ} = 60 \times \dfrac{2 \times 165}{6 \times 1500 \times 220}$

$= 0.01$Wb

5. 직류 분권 발전기가 있다. 전기자 총 도체 수 440, 매 극의 자속 수 0.01 Wb, 극수 6, 회전수 1500 rmp일 때 유기 기전력은 몇 V인가? (단, 전기자 권선은 중권이다.) [17]

정답 ● 1. ②　2. ①　3. ④　4. ①　5. ③

① 35   ② 55   ③ 110   ④ 220

해설 $E = p\phi \dfrac{N}{60} \cdot \dfrac{Z}{a}$

$$= 6 \times 0.01 \times \frac{1500}{60} \times \frac{440}{6} = 110 \text{ V}$$

6. 전기자 지름 0.2 m의 직류 발전기가 1.5 kW의 출력에서 1800 rpm으로 회전하고 있을 때 전기자 주변 속도는 약 몇 m/s인가? [11, 17]

① 9.42   ② 18.84
③ 21.43   ④ 42.86

해설 전기자 주변 속도

$$v = \pi D \frac{N}{60} = 3.14 \times 0.2 \times \frac{1800}{60}$$
$$\fallingdotseq 18.84 \text{ m/s}$$

7. 직류 발전기의 전기자 반작용에 의하여 나타나는 현상은? [13, 16]

① 코일이 자극의 중성축에 있을 때도 브러시 사이에 전압을 유기시켜 불꽃을 발생한다.
② 주자속 분포를 찌그러뜨려 중성축을 고정시킨다.
③ 주자속을 감소시켜 유도 전압을 증가시킨다.
④ 직류 전압이 증가한다.

해설 전기자 반작용이 직류 발전기에 주는 현상
㉠ 정류자편 사이의 전압이 고르지 못하게 되어, 부분적으로 전압이 높아지고 불꽃 섬락이 일어난다.
㉡ 전기적 중성축이 이동된다.
㉢ 주자속이 감소하여 기전력이 감소된다.

8. 직류 발전기 전기자 반작용의 영향에 대한 설명으로 틀린 것은? [15]

① 브러시 사이에 불꽃을 발생시킨다.

② 주자속이 찌그러지거나 감소된다.
③ 전기자 전류에 의한 자속이 주자속에 영향을 준다.
④ 회전 방향과 반대 방향으로 자기적 중성축이 이동된다.

해설 전기적 중성축이 회전 방향 : 발전기는 회전 방향으로, 전동기는 회전 방향과 반대 방향으로 이동된다.

9. 직류 발전기에서 전기자 반작용을 없애는 방법으로 옳은 것은? [14]

① 브러시 위치를 전기적 중성점이 아닌 곳으로 이동시킨다.
② 보극과 보상 권선을 설치한다.
③ 브러시의 압력을 조정한다.
④ 보극은 설치하되 보상 권선은 설치하지 않는다.

해설 전기자 반작용을 없애는 방법
㉠ 큰 기계는 보상 권선을 설치하여 그 기자력으로 전기자 기자력을 상쇄시킨다.
㉡ 보극을 설치하여 중성점의 이동을 막는다.
㉢ 보극과 보상 권선은 전기자 반작용을 없애주는 작용과 정류를 양호하게 하는 작용을 한다.

10. 다음은 정류 곡선이다. 이중에서 정류 말기에 정류 상태가 좋지 않은 것은?

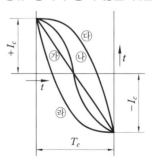

① ㉮   ② ㉯   ③ ㉰   ④ ㉱

해설 정류 곡선(commutation curve)

ⓐ 직선 정류 : 이상적인 정류 → ㉮
ⓑ 사인파 정류 : 불꽃 없다 → ㉯
ⓒ 부족 정류 : 브러시 후단(말기) 불꽃 발생 → ㉰
ⓓ 과 정류 : 브러시 전단(초기) 불꽃 발생 → ㉱

11. 다음 직류 발전기의 정류 곡선 중 브러시의 후단에서 불꽃이 발생하기 쉬운 것은? [15]

① 직선 정류   ② 정현파 정류
③ 과 정류   ④ 부족 정류

해설 문제 10. 해설 참조

12. 직류 발전기의 정류를 개선하는 방법 중 틀린 것은? [13, 18, 19]

① 코일의 자기 인덕턴스가 원인이므로 접촉 저항이 작은 브러시를 사용한다.
② 보극을 설치하여 리액턴스 전압을 감소시킨다.
③ 보극 권선은 전기자 권선과 직렬로 접속한다.
④ 브러시를 전기적 중성 축을 지나서 회전 방향으로 약간 이동시킨다.

해설 정류 개선 방법 중에서 브러시의 접촉 저항이 큰 것을 사용하여 정류 코일의 단락 전류를 억제하여 양호한 정류를 얻는다 (탄소질 및 금속 흑연질의 브러시).

13. 직류기에 있어서 불꽃 없는 정류를 얻는데 가장 유효한 방법은? [10]

① 보극과 탄소 브러시
② 탄소 브러시와 보상 권선
③ 보극과 보상 권선
④ 자기 포화와 브러시 이동

14. 보극이 없는 직류기의 운전 중 중성점의 위치가 변하지 않는 경우는? [11, 14, 19]

① 무부하일 때   ② 전부하일 때
③ 중부하일 때   ④ 과부하일 때

해설 보극이 없는 직류기는 무부하 운전일 때만 전기자 전류가 흐르지 않아 전기자 반작용이 발생하지 않으므로 중성점의 위치가 변하지 않는다.

15. 계자 권선이 전기자와 접속되어 있지 않은 직류기는? [12, 16]

① 직권기   ② 분권기
③ 복권기   ④ 타여자기

해설 타여자 발전기 : 타여자 권선이 전기자와 접속되어 있지 않아 계자(여자) 전류를 다른 직류 전원에서 얻기 때문에 계자 철심에 잔류 자기가 없어도 발전을 할 수 있다.

16. 계자 권선이 전기자에 병렬로만 접속된 직류기는? [12]

① 타여자기   ② 직권기
③ 분권기   ④ 복권기

해설 ㉠ 분권 발전기 : 전기자 A와 계자 권선 F를 병렬로 접속한다.
ⓛ 직권 발전기 : 전기자 A와 계자 권선 F_s를 직렬로 접속한다.

17. 다음 그림은 직류 발전기의 분류 중 어느 것에 해당되는가? [19]

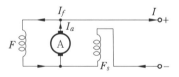

① 분권 발전기   ② 직권 발전기
③ 자석 발전기   ④ 복권 발전기

18. 직류 복권 발전기의 직권 계자 권선은 어디에 설치되어 있는가? [13]

① 주자극 사이에 설치
② 분권 계자 권선과 같은 철심에 설치
③ 주자극 표면에 홈을 파고 설치
④ 보극 표면에 홈을 파고 설치

해설 직류 복권 발전기의 직권 계자 권선 (F_s)은 분권 계자 권선(F)와 같은 철심에 설치한다.

19. 다음 중 전압 변동률이 적고 자여자이므로 다른 전원이 필요 없으며, 계자 저항기를 사용한 전압 조정이 가능하므로 전기 화학용, 전지의 충전용 발전기로 가장 적합한 것은? [14, 16]
① 타여자 발전기
② 직류 복권 발전기
③ 직류 분권 발전기
④ 직류 직권 발전기

해설 직류 발전기의 용도

직류 발전기 종류	주요 용도	비고
타여자 발전기	전기 화학용 전 전압 대전류용	전압의 미세조정 가능
분권 발전기	전기 화학용, 전지의 충전용, 동기기의 여자용	안전한 전압 조정 가능
직권 발전기	장거리 급전선의 승압기(boosster)용	부하변동에 따른 전압 변동이 심함
평복권 발전기	직류 전원, 여자기용	무부하 전압과 전부하 전압이 같다.
과복권 발전기	급전선의 전압강하 보상용	전부하 전압이 무부하 전압 보다 크다.
차동 복권 발전기	용접기용 전원용	수하 특성

20. 직류 발전기에서 급전선의 전압 강하 보상용으로 사용되는 것은? [14]
① 분권기   ② 직권기
③ 과복권기   ④ 차동 복권기

해설 문제 19. 해설 참조

21. 부하의 저항을 어느 정도 감소시켜도 전류는 일정하게 되는 수하 특성을 이용하여 정전류를 만드는 곳이나 아크 용접 등에 사용되는 직류 발전기는? [15, 18]
① 직권 발전기
② 분권 발전기
③ 가동 복권 발전기
④ 차동 복권 발전기

해설 문제 19. 해설 참조

22. 직류 발전기 중 무부하 전압과 전부하 전압이 같은 값을 가지는 특성의 발전기는 어느 것인가? [12, 13, 15]
① 직권 발전기   ② 차동 복권 발전기
③ 평복권 발전기   ④ 과복권 발전기

해설 문제 19. 해설 참조

23. 정격 속도로 회전하고 있는 무부하의 분권 발전기가 있다. 계자 저항 40Ω, 계자 전류 3 A, 전기자 저항이 2Ω일 때 유도 기전력은 약 몇 V인가? [18]
① 126   ② 132   ③ 156   ④ 185

해설 분권 발전기의 유도 기전력(무부하 시)
㉠ 단자 전압 $V = I_f R_f = 3 \times 40 = 120V$
㉡ 유도 기전력 $E = V + I_f R_a$
$= 120 + 3 \times 0.2 = 120.6 V$
※ $I_a = I_f + I$에서 무부하일 때 $I_a = I_f$

24. 정격 속도로 회전하는 분권 발전기가 있다. 단자 전압 100 V, 계자 권선의 저항

은 50 Ω, 계자 전류가 2 A, 부하 전류 50 A, 전기자 저항 0.1 Ω라 하면 유도 기전력은 약 몇 V인가? [17, 18]

① 100.2 ② 104.8
③ 105.2 ④ 125.4

해설 분권 발전기의 유도 기전력

$E = V + I_a R_a = 100 + 52 \times 0.1 = 105.2$ V

※ $I_a = I_f + I$

25. 정격 전압 250 V, 정격 출력 50 kW의 외분권 복권 발전기가 있다. 분권 계자 저항이 25 Ω일 때 전기자 전류는? [10, 12]

① 100 A ② 210 A
③ 2000 A ④ 2010 A

해설 외분권 복권 발전기

㉠ 부하 전류 $I = \dfrac{P_n}{V_n} = \dfrac{50 \times 10^3}{250} = 200$ A

㉡ 계자 전류 $I_f = \dfrac{V_n}{R_f} = \dfrac{250}{25} = 10$ A

∴ 전기자 전류 $I_a = I + I_f = 200 + 10 = 210$ A

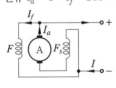

외분권 접속도

26. 다음 중 직류 발전기의 무부하 특성 곡선은? [12, 18]

① 부하 전류와 무부하 단자 전압과의 관계이다.
② 계자 전류와 부하 전류와의 관계이다.
③ 계자 전류와 무부하 단자 전압과의 관계이다.
④ 계자 전류와 회전력과의 관계이다.

해설 직류 발전기의 특성

㉠ 무부하 특성 곡선 : 계자 전류와 무부하 단자 전압

㉡ 외부 특성 곡선 : 부하 전류와 단자 전압

27. 직류 발전기의 특성 곡선 중 상호 관계가 옳지 않은 것은? [18]

① 무부하 특성 곡선 : 계자 전류와 무부하 단자 전압
② 외부 특성 곡선 : 부하 전류와 단자 전압
③ 부하 특성 곡선 : 계자 전류와 단자 전압
④ 내부 특성 곡선 : 부하 전류와 단자 전압

해설 직류 발전기의 특성 곡선

㉠ 무부하 특성 곡선 : 계자 전류와 무부하 단자 전압과의 관계
㉡ 외부 특성 곡선 : 단자 전압과 부하 전류와의 관계
㉢ 부하 특성 곡선 : 계자 전류와 단자 전압과의 관계
㉣ 내부 특성 곡선 : 부하 전류와 유기 기전력과의 관계

28. 직권 및 과복권 발전기의 병렬 운전을 안전하게 하기 위해서 두 발전기의 전기자와 직권 권선의 접촉점에 연결하여야 하는 것은? [12, 13, 17]

① 집 전환 ② 균압 모선
③ 안정 저항 ④ 브러시

해설 균압 모선(equalizer) : 직권 및 복권 발전기에서는 직권 계자 코일에 흐르는 전류에 의하여 병렬 운전이 불안정하게 되므로, 균압선을 설치하여 직권 계자 코일에 흐르는 전류를 분류(등분)하게 하여 병렬 운전이 안전하도록 한다.

29. 직류 발전기의 병렬 운전 중 한쪽 발전기의 여자를 늘리면 그 발전기는? [16]

① 부하 전류는 불변, 전압은 증가
② 부하 전류는 줄고, 전압은 증가
③ 부하 전류는 늘고, 전압은 증가

④ 부하 전류는 늘고, 전압은 불변

해설 직류 발전기의 병렬 운전
　㉠ 여자를 늘린다는 것은 계자 전류의 증가를 말한다.
　㉡ 여자 자속이 늘면 유기 기전력이 증가하게 되어, 전류는 증가하고 전압도 약간 오른다.

30. 직류 분권 발전기를 동일 극성의 전압을 단자에 인가하여 전동기로 사용하면? [14]
① 동일 방향으로 회전한다.
② 반대 방향으로 회전한다.
③ 회전하지 않는다.
④ 소손된다.

해설 전기자 전류 I_a의 방향이 반대가 되며, 전동기로 사용 시 플레밍의 왼손법칙이 적용되므로 회전 방향은 동일하다.

31. 직류 발전기의 정격 전압 100 V, 무부하 전압 109 V이다. 이 발전기의 전압 변동률 ε[%]은? [15, 17]
① 1　　　　② 3
③ 6　　　　④ 9

해설 $\varepsilon = \dfrac{V_0 - V_n}{V_n} \times 100$

$= \dfrac{109 - 100}{100} \times 100 = 9\%$

32. 직류기에서 전압 변동률이 (+)값으로 표시되는 발전기는? [13]
① 분권 발전기　　② 과복권 발전기
③ 직권 발전기　　④ 평복권 발전기

해설 전압 변동률의 (+), (−)값
　㉠ (+)값 : 타여자, 분권 및 차동 복권 발전기
　㉡ (−)값 : 직권, 평복권, 과복권 발전기

1-3 ···o 직류 전동기의 이론과 종류에 따른 특성

■ **직류 전동기**(DC motor)

직류 전력을 기계적 동력(회전력)으로 전환시키는 장치로서, 그 구조는 직류 발전기와 같다.

1 직류 전동기의 원리와 종류

(1) 원리

① 그림 2–17의 a, b, c, d 같이 직류 전원 B_1, B_2 를 거쳐서 코일 a, b, c, d 에 전류를 흘려주면, 코일 변 ab 및 cd 에는 전자력이 발생하여 화살표 방향으로 회전한다.

② 회전 방향은 플레밍의 왼손 법칙에 의하여 결정된다.

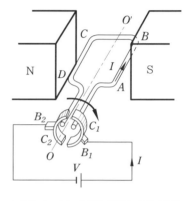

그림 2–17 직류 전동기의 원리

(2) 종류에 따른 접속도 및 용도

① 종류에 따른 접속도

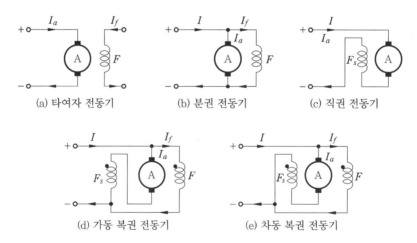

(a) 타여자 전동기   (b) 분권 전동기   (c) 직권 전동기

(d) 가동 복권 전동기   (e) 차동 복권 전동기

그림 2–18 직류 전동기의 종류와 접속도

② 직류 전동기의 용도

표 2-2 직류 전동기의 용도

종류	용도
타여자	압연기, 대형의 권상기 및 크레인, 엘리베이터(정속도)
분권	직류 전원이 있는 선박의 펌프, 환기용 송풍기
직권	전차, 권상기, 크레인, 전기자동차
가동 복권	크레인, 엘리베이터, 공작 기계, 공기 압축기

2 직류 전동기의 특성

(1) 직류 전동기의 이론

① 역기전력 : E

전동기가 회전하면 도체는 자속을 끊고 있기 때문에 단자 전압 V와 반대 방향의 역기전력이 발생한다.

$$E = \frac{p}{a} z \phi \cdot \frac{N}{60} = K \phi N \text{ [V]} \qquad \left(K = \frac{pz}{60a} \right)$$

여기서, p : 자극 수, a : 병렬 회로 수
z : 도체 수, ϕ : 1극당 자속(Wb)
N : 회전수(rpm)

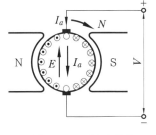

그림 2-19 역기전력

② 전기자 전류

$$I_a = \frac{V - E}{R_a} \text{ [A]}$$

③ 회전 속도

$$N = K' \frac{E}{\phi} = K' \frac{V - I_a R_a}{\phi} \text{ [rpm]}$$

④ 토크

$$T = K_T \phi I_a \text{ [N} \cdot \text{m]}$$

여기서, $K_T = \frac{pz}{2a\pi}$

⑤ 기계적 출력

$$P_m = EI_a = \frac{p}{a} z \phi \cdot \frac{N}{60} \cdot I_a = \frac{2\pi NT}{60} \text{ [W]}$$

⑥ 전동기의 출력

$$P = P_m - (\text{철손} + \text{기계손})\text{[W]}$$

(2) 분권 전동기의 속도-토크 특성

① 속도 특성 : 정속도

② 토크 특성 : 전기자 전류 I_a에 비례

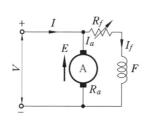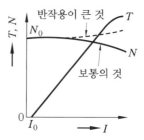

그림 2-20 분권 전동기의 특성

(3) 직권 전동기의 속도-토크 특성

① 속도 특성 : 가변 속도

② 토크 특성 : 거의 I^2에 비례

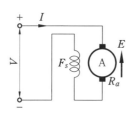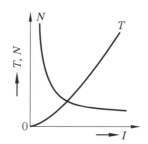

그림 2-21 직권 전동기의 특성

(4) 복권 전동기의 속도-토크 특성

① 가동 복권기 : 분권기보다 기동 토크가 크고, 무부하 시 직권처럼 위험 속도에 이르지 않는 중간 특성을 갖는다.

② 차동 복권기 : 부하가 늘면 자속이 줄어 속도 변동은 줄일 수 있으나, 과부하에서 과속이 될 염려가 있고 기동 시 직권이 강하면 역회전 할 염려가 있다.

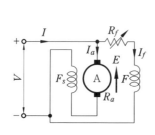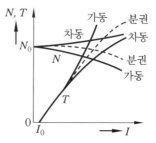

그림 2-22 복권 전동기의 특성

1. 직류 전동기는 무슨 법칙에 의하여 회전 방향이 정의되는가? [17]

① 오른나사 법칙
② 렌츠의 법칙
③ 플레밍의 오른손 법칙
④ 플레밍의 왼손 법칙

해설 직류 전동기의 회전 방향은 플레밍의 왼손 법칙에 의하여 결정된다.

2. 다음 그림의 직류 전동기는 어떤 전동기 인가? [15, 17]

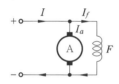

① 직권 전동기   ② 타여자 전동기
③ 분권 전동기   ④ 복권 전동기

3. 계자 권선이 전기자와 접속되어 있지 않은 직류기는? [16]

① 직권기   ② 분권기
③ 복권기   ④ 타여자기

4. 속도를 광범위하게 조절할 수 있어 압연기나 엘리베이터 등에 사용되고 일그너 방식 또는 워드 레오나드 방식의 속도 제어 장치를 사용하는 경우에 주 전동기로 사용하는 전동기는? [18]

① 타여자 전동기   ② 분권 전동기
③ 직권 전동기   ④ 가동 복권 전동기

해설 타여자 전동기의 용도 : 압연기, 엘리베이터, 권상기, 크레인

5. 정속도 전동기로 공작 기계 등에 주로 사용되는 전동기는? [11]

① 직류 분권 전동기
② 직류 직권 전동기
③ 직류 차동 복권 전동기
④ 단상 유도 전동기

해설 직류 분권 전동기의 용도 : 공작 기계, 직류 전원 선박의 펌프, 환기용 송풍기

6. 기중기, 전기자동차, 전기철도와 같은 곳에 가장 많이 사용되는 전동기는? [14]

① 가동 복권 전동기
② 차동 복권 전동기
③ 분권 전동기
④ 직권 전동기

해설 직류 직권 전동기의 용도 : 기중기, 전차, 전기자동차, 권상기

7. 200 V의 직류 직권 전동기가 있다. 전기자 저항이 0.1 Ω, 계자 저항은 0.05 Ω이다. 부하 전류 40 A일 때의 역기전력(V)은?

① 194   ② 196   ③ 198   ④ 200

해설 $E = V - I(R_a + R_f)$
$= 200 - 40(0.1 + 0.05)$
$= 200 - 6 = 194$ V

8. 정격 부하를 걸고 16.3 kg·m 토크를 발생하며 1200 rpm으로 회전하는 어떤 직류 분권 전동기의 역기전력이 100 V라 한다. 전류는 약 몇 A인가?

① 100   ② 150   ③ 175   ④ 200

정답 ● 1. ④   2. ③   3. ④   4. ①   5. ①   6. ④   7. ①   8. ④

해설 $T = 975 \dfrac{P}{N} [\text{kg} \cdot \text{m}]$에서,

$$P = \dfrac{N \cdot T}{975} = \dfrac{1200 \times 16.3}{975} = 20 \text{ kW}$$

$$\therefore I = \dfrac{P}{E} = \dfrac{20 \times 10^3}{100} = 200 \text{ A}$$

9. 직류 전동기의 공급 전압 V, 자속 ϕ, 전기자 전류 I_a, 전기자 저항 R_a일 때 속도 N은? (단, K는 비례 상수이다.)

① $N = K\phi (V - I_a R_a)$

② $N = K\phi (V + I_a R_a)$

③ $N = K \dfrac{V - I_a R_a}{\phi}$

④ $N = K \dfrac{V + I_a R_a}{\phi}$

10. 전기자 저항이 0.2 Ω, 전류 100 A, 전압 120 V일 때 분권 전동기의 발생 동력 (kW)은? [13]

① 5   ② 10   ③ 14   ④ 20

해설 ㉠ $E = V - I_a \cdot R_a$

$\qquad = 120 - (100 \times 0.2) = 100 \text{ V}$

㉡ $P = EI \times 10^{-3}$

$\qquad = 100 \times 100 \times 10^{-3} = 10 \text{ kW}$

11. 전기자 총 도체 수가 360, 극수가 8극인 중권 직류 전동기가 있다. 전기자 전류가 50 A일 때 발생하는 토크 (kg·m)는 얼마인가? (단, 한 극당 자속 수는 0.06 Wb이다.) [16]

① 16   ② 17.6   ③ 18.5   ④ 19.5

해설 $T = K_T \phi I_a [\text{N} \cdot \text{m}] \left(K_T = \dfrac{pz}{2a\pi} \right)$에서,

중권은 $a = p$ 이므로

$$T = \dfrac{1}{9.8} \cdot \dfrac{Z}{2\pi} \phi I_a$$

$$= \dfrac{1}{9.8} \cdot \dfrac{360}{2\pi} \times 0.06 \times 50$$

$$= 17.6 \text{ kg} \cdot \text{m}$$

12. 직류 전동기의 출력이 50 kW, 회전수가 1800 rpm일 때 토크는 약 몇 kg·m인가? [14]

① 12   ② 23   ③ 27   ④ 31

해설 $T = 975 \dfrac{P}{N} = 975 \times \dfrac{50}{1800} \fallingdotseq 27 \text{ kg} \cdot \text{m}$

13. 다음 중 정속도 전동기에 속하는 것은 어느 것인가? [14, 17]

① 유도 전동기

② 직권 전동기

③ 교류 정류자 전동기

④ 분권 전동기

해설 ㉠ 분권 전동기 : 정속도 특성

㉡ 직권 전동기 : 가변 속도 특성

14. 다음 그림에서 직류 분권 전동기의 속도 특성 곡선은? [10, 17, 19]

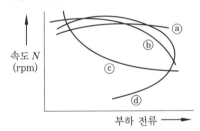

① ⓐ   ② ⓑ   ③ ⓒ   ④ ⓓ

해설 ⓐ : 차동 복권   ⓑ : 분권

ⓒ : 가동 복권   ⓓ : 직권

15. 분권 전동기에 대한 설명으로 옳지 않은 것은? [10]

① 토크는 전기자 전류의 자승에 비례한다.

② 부하 전류에 따른 속도 변화가 거의 없다.

③ 계자 회로에 퓨즈를 넣어서는 안 된다.

④ 계자 권선과 전기자 권선이 전원에 병렬로 접속되어 있다.

해설 직류 분권 전동기의 토크와 부하 전류 관계

$T = K \phi I_a$ 에서, 단자 전압이 일정하면 자속 ϕ도 일정하므로 $T \propto I_a$

※ ③ 이유 : $N = K \dfrac{E}{\phi}$ 에서,

퓨즈 절단 시 자속 ϕ가 '0'이 되면 과속이 되어 위험하다.

16. 직류 직권 전동기의 회전수를 1/3로 줄이면 토크는 어떻게 되는가? [19]

① 변화가 없다. ② 1/3배 작아진다.
③ 3배 커진다. ④ 9배 커진다.

해설 직권 전동기의 속도·토크 특성 : $T \propto \dfrac{1}{N^2}$

∴ 토크 T는 9배로 커진다.

17. 직류 직권 전동기의 회전수(N)와 토크(τ)와의 관계는? [13, 17]

① $\tau \propto \dfrac{1}{N}$ ② $\tau \propto \dfrac{1}{N^2}$

③ $\tau \propto N$ ④ $\tau \propto N^{\frac{3}{2}}$

해설 속도·토크 특성 : $T \propto \dfrac{1}{N^2}$

18. 다음은 직권 전동기의 특징이다. 틀린 것은? [15, 19]

① 부하 전류가 증가할 때 속도가 크게 감소한다.
② 전동기 기동 시 기동 토크가 작다.
③ 무부하 운전이나 벨트를 연결한 운전은 위험하다.
④ 계자 권선과 전기자 권선이 직렬로 접속되어 있다.

해설 직류 직권 전동기는 기동 토크가 크고 입력이 작으므로 전차, 권상기, 크레인 등에 사용된다.

19. 부하가 많이 걸리면 감속이 되고 부하가 적게 걸리면 회전수가 상승되는 것에 필요한 주 전동기는?

① 동기 전동기
② 유도 전동기
③ 직류 직권 전동기
④ 직류 분권 전동기

해설 직류 직권 전동기의 특성
㉠ 부하 증가 → 전류 증가 → 속도 감소 및 토크 증가
㉡ 부하 감소 → 전류 감소 → 속도 증가 및 토크 감소

20. 다음 직류 전동기에 대한 설명으로 옳은 것은? [11, 16]

① 전기철도용 전동기는 차동 복권 전동기이다.
② 분권 전동기는 계자 저항기로 쉽게 회전 속도를 조정할 수 있다.
③ 직권 전동기에서는 부하가 줄면 속도가 감소한다.
④ 분권 전동기는 부하에 따라 속도가 현저하게 변한다.

해설 ① 전기철도용 전동기로는 직권 전동기가 사용된다.
② 분권 전동기는 계자 저항기의 조정에 의한 자속의 변화로 속도를 쉽게 제어할 수 있다.
③ 직권 전동기에서는 부하가 줄면 전류가 감소, 즉 계자 전류의 감소로 자속이 줄어들어 속도가 증가하게 된다.
④ 분권 전동기는 정속도 전동기로 부하에 따라 속도가 거의 일정하다.

정답 ● 16. ④ 17. ② 18. ② 19. ③ 20. ②

1-4 ○ 직류 전동기의 운전

1 직류 전동기의 기동·회전 방향 변경

(1) 기동

① 타여자 및 분권 전동기의 기동 : 기동 저항기 R_s를 그림과 같이 전기자에 직렬로 넣고, 또 기동 토크를 가급적 크게 하기 위하여 계자 저항기 R_f의 저항을 0으로 하여 기동한다.

M_1 : 무전압 계전기　　　　　M_2 : 과부하 계전기

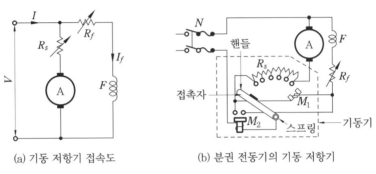

(a) 기동 저항기 접속도　　　　(b) 분권 전동기의 기동 저항기

그림 2-23　기동 저항기

② 직권 및 복권 전동기의 기동

　(가) 직권 전동기와 복권 전동기의 기동도 분권 전동기와 같이 한다. 다만, 직권 전동기에서는 기동 저항기의 무전압 계전기를 전기자 회로에 직렬로 넣는다.

　(나) 속도 조정용 저항기가 전기자 회로에 들어 있는 것은 기동 저항기로도 같이 쓰인다.

(2) 회전 방향의 변경과 회전 방향의 표준

① 전동기의 회전 방향을 바꾸려면 전기자 전류의 방향이나 자극의 극성을 바꾸면 된다.

② 대개 전기자 회로의 접속을 반대로 한다 (이때, 보극 권선, 보상 권선, 전기자 권선의 접속은 그대로 두어도 된다).

③ 전동기 단자에서 전원의 극을 반대로 접속하여도 전기자와 계자의 양쪽 전류가 모두 역방향이 되므로 회전 방향이 바뀌지 않는다.

④ 전동기 회전 방향의 표준은 부하가 연결되어 있는 반대쪽에서 보아 시계 방향을 표준으로 한다. 즉, 풀리(pulley) 반대쪽에서 보아 시계 방향이다.

2 속도 제어

- 전동기의 회전 속도 : $N = K_1 \dfrac{V - I_a R_a}{\phi}$ [rpm]

- 회전 속도 제어 : 계자 자속 ϕ, 단자 전압 V, 전기자 회로의 저항 R_a
  셋 중 어느 하나를 변화시키면 된다.

(1) 계자 제어(field control)

계자 저항기 R_f 로 계자 전류 I_f 를 조정하여 자속 ϕ를 변화시키는 방법이다.

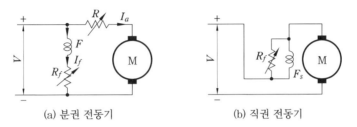

(a) 분권 전동기   (b) 직권 전동기

그림 2-24 전동기의 계자 제어

(2) 저항 제어(rheostatic control)

전기자 회로에 직렬로 저항 R를 넣어 속도를 조정하는 방법으로, 간단하나 저항 손실이 많은 한편, 부하 변화에 따른 회전 속도의 변동이 크다.

(3) 전압 제어(voltage control)

전기자에 가한 전압을 변화시켜서 회전 속도를 조정하는 방법으로, 가장 광범위하고 효율이 좋으며 원활하게 속도 제어가 되는 방식이다.

① 워드-레너드(Word-Leonard) 방식과 정지(static) 레너드 방식

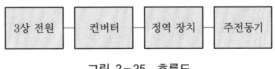

그림 2-25 흐름도

- 제철 공장의 압연기용 전동기 제어, 엘리베이터 제어, 공작 기계, 신문 운전기 등에 쓰인다.
- 반도체 정류기를 사용한 정지 레너드 방식은, 소형이고 효율이 높으며 가격도 저렴하다.

② 일그너(Illgner) 방식 : 유도 전동기와 발전기와의 직결축에 큰 플라이휠(fly wheel, FW)을 붙여 부하가 갑자기 변할 때 출력의 변화를 줄이기 위한 방식이다.

③ 초퍼 제어(chopper control) 방식 : 지하철 및 전철의 견인용 전동기의 속도 제어에 저항을 이용한 종래의 방식을, 이 초퍼 제어 방식으로 대치함으로써 종래 저항 제어에서 발생하던 열이 없어지고 전력의 손실이 작아진다.

④ 직·병렬 제어(series parallel control) 방식

3 전기 제동

(1) 발전 제동

① 운전 중의 전동기를 전원으로부터 끊어 발전기로 동작시킨다.

② 이 때 발생되는 전기적 에너지를 저항에서 소비시켜 제동하는 방법이다.

(2) 역전 제동(플러깅)

① 전동기를 전원에 접속한 상태로 전기자의 접속을 바꾸어, 회전 방향과 반대의 토크를 발생하여 급속히 정지시키는 방법이다.

② 이 방법을 플러깅(plugging)이라 한다.

(3) 회생 제동

① 운전 중의 전동기를 발전기로 하여 전원보다 높은 전압을 발생시켜서 전기적 에너지를 전원에 반환, 즉 회생시키면서 제동하는 방법이다.

② 회생 제동은 전기 기관차가 비탈길을 내려올 때와 같은 경우에 응용되며, 직권 전동기에서는 직권 권선의 접속을 반대로 하든지 또는 직권 권선을 분리하고 이것을 타여자시켜야 한다.

과년도 / 예상문제

1. 직류 분권 전동기의 기동 방법 중 가장 적당한 것은? [16, 17]

① 기동 토크를 작게 한다.
② 계자 저항기의 저항값을 크게 한다.
③ 계자 저항기의 저항값을 '0'으로 한다.
④ 기동 저항기를 전기자와 병렬 접속한다.

해설 분권 전동기의 기동
㉠ 기동 토크를 크게 하기 위하여 계자 저항 FR을 최솟값으로 한다. 즉, 저항값을 0으로 한다.
㉡ 기동 전류를 줄이기 위하여 기동 저항기 SR을 최댓값으로 한다.
㉢ 기동 저항기 SR을 전기자 Ⓐ와 직렬 접속한다.

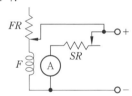

2. 직류 전동기의 회전 방향을 바꾸려면? [10]

① 전기자 전류의 방향과 계자 전류의 방향을 동시에 바꾼다.
② 발전기로 운전시킨다.
③ 계자 또는 전기자의 접속을 바꾼다.
④ 차동 복권을 가동 복권으로 바꾼다

해설 직류 전동기의 회전 방향의 변경(분권)
㉠ 계자 또는 전기자 접속을 반대로 바꾸면 회전 방향은 반대가 된다.
㉡ 일반적으로 전기자 접속을 바꾸어 전기자 전류 방향이 반대가 되게 한다.

3. 직류 분권 전동기의 회전 방향을 바꾸기 위해 일반적으로 무엇의 방향을 바꾸어야

하는가? [14, 16]

① 전원　　　② 주파수
③ 계자 저항　　④ 전기자 전류

해설 문제 2. 해설 참조

4. 직류 분권 발전기를 동일 극성의 전압을 단자에 인가하여 전동기로 사용하면? [14]

① 동일 방향으로 회전한다.
② 반대 방향으로 회전한다.
③ 회전하지 않는다.
④ 소손된다.

해설 전기자 전류 I_a의 방향이 반대이지만, 전동기로 사용 시 플레밍의 왼손 법칙을 적용하면 회전 방향은 동일 방향이다.

5. 직류 직권 전동기의 전원 극성을 반대로 하면 어떻게 되는가? [12]

① 회전 방향이 변하지 않는다.
② 회전 방향이 변한다.
③ 속도가 증가된다.
④ 발전기로 된다.

해설 직류 직권 전동기는 계자 권선과 전기자 권선이 직렬이므로, 전원 극성을 반대로 하면 전기자 전류와 계자 전류의 방향이 모두 반대가 되어 회전 방향이 변하지 않는다.

6. 다음 중 직류 전동기의 속도 제어 방법이 아닌 것은? [12, 15, 19]

① 저항 제어　　② 계자 제어
③ 전압 제어　　④ 주파수 제어

해설 직류 전동기의 속도 제어 방법 3가지

1. 계자 자속 ϕ를 변화
2. 단자 전압 V를 변화
3. 전기자 회로의 저항 R_a를 변화

7. 직류 분권 전동기의 운전 중 계자 저항기의 저항을 증가하면 속도는 어떻게 되는가? [10, 15, 18, 19]
① 변하지 않는다. ② 증가한다.
③ 감소한다. ④ 정지한다.

해설 계자 저항을 증가시키면 계자 전류 I_f의 감소로 자속 ϕ가 감소하므로 속도 N은 반비례하여 증가하게 된다.

8. 직류 전동기의 속도 제어법 중에서, 워드 레오나드 속도 제어 방식은? [17]
① 계자 제어 ② 병렬 저항 제어
③ 직렬 저항 제어 ④ 전압 제어

해설 전압 제어
㉠ 워드-레너드 방식, 일그너 방식(부하가 급변하는 곳)
㉡ 광범위 속도 제어, 정토크 제어
㉢ 제철소의 압연기, 고속 엘리베이터의 제어에 사용

9. 직류 전동기의 속도 제어법 중 전압 제어법으로서 제철소의 압연기, 고속 엘리베이터의 제어에 사용되는 방법은? [11]
① 워드 레오나드 방식
② 정지 레오나드 방식
③ 일그너 방식
④ 크래머 방식

해설 문제 8. 해설 참조

10. 직류 전동기의 전기자에 가해지는 단자 전압을 변화하여 속도를 조정하는 제어법이 아닌 것은? [13]
① 워드 레오나드 방식

② 일그너 방식
③ 직·병렬 제어
④ 계자 제어

해설 계자 제어 : 계자 전류의 변화에 의한 자속 ϕ를 변화

11. 직류 전동기에서 무부하가 되면 속도가 대단히 높아져서 위험하기 때문에 무부하 운전이나 벨트를 연결한 운전을 해서는 안 되는 전동기는? [13, 17]
① 직권 전동기 ② 복권 전동기
③ 타여자 전동기 ④ 분권 전동기

해설 직류 직권 전동기 벨트 운전 금지
㉠ 벨트(belt)가 벗겨지면 무부하 상태가 되어 부하 전류 $I = 0$이 된다.
㉡ 속도 특성 $n = \dfrac{V - R_a I_a}{k_E \phi} = \dfrac{V - R_a I}{k_E k I}$
∴ 무부하 시 분모가 "0"이 되어 위험 속도로 회전하게 된다.

12. 직류 직권 전동기의 벨트 운전을 금지하는 이유는? [11, 17]
① 벨트가 벗겨지면 위험 속도에 도달한다.
② 손실이 많아진다.
③ 벨트가 마모하여 보수가 곤란하다.
④ 직결하지 않으면 속도 제어가 곤란하다.

해설 문제 11. 해설 참조

13. 직류 전동기의 제어에 널리 응용되는 직류-직류 전압 제어 장치는? [13, 16, 17]
① 인버터 ② 컨버터
③ 초퍼 ④ 전파 정류

해설 초퍼(chopper)
㉠ 어떤 직류 전압을 입력으로 하여 크기가 다른 직류를 얻기 위한 회로가 직류 초퍼(DC chopper) 회로이다.
㉡ 지하철, 전철의 견인용 직류 전동기의

속도 제어 등 널리 응용된다.

※ 인버터와 컨버터
- 인버터(inverter) : 전력용 반도체 소자를 이용하여 직류를 교류로 변환하는 장치
- 컨버터(converter) : 교류 전력을 직류 전력으로 변환하는 장치

14. 직류 전동기를 전원에 접속한 채로 전기자의 접속을 반대로 바꾸어 회전 방향과 반대 토크를 발생시켜 갑자기 정지 또는 역전시키는 방법을 무엇이라 하는가? [17]

① 발전 제동   ② 회생 제동
③ 플러깅   ④ 마찰 제동

해설 플러깅(plugging) : 역전 제동

15. 직류 발전기의 정격 전압 100 V, 무부하 전압 109 V이다. 이 발전기의 전압 변동률 ε[%]은? [15]

① 1   ② 3   ③ 6   ④ 9

해설 $\varepsilon = \dfrac{V_0 - V_n}{V_n} \times 100$

$= \dfrac{109 - 100}{100} \times 100 = 9\%$

16. 직류 전동기에 있어 무부하일 때의 회전수 N_0은 1200 rpm, 정격부하일 때의 회전수 N_n은 1150 rpm이라 한다. 속도 변동률(%)은? [10, 18]

① 약 3.45   ② 약 4.16
③ 약 4.35   ④ 약 5.0

해설 속도 변동률

$\varepsilon = \dfrac{N_o - N_n}{N_n} \times 100 = \dfrac{1200 - 1150}{1150} \times 100$

$\fallingdotseq 4.35\%$

17. 직류 전동기에서 전부하 속도가 1500 rpm, 속도 변동률이 3%일 때 무부하 회전 속도는 몇 rpm인가? [12, 17]

① 1455   ② 1410
③ 1545   ④ 1590

해설 속도 변동률 $\varepsilon = \dfrac{N_0 - N_n}{N_n} \times 100$에서,

$N_0 = N_n \left(1 + \dfrac{\varepsilon}{100}\right) = 1500 \left(1 + \dfrac{3}{100}\right)$

$= 1545 \, \text{rpm}$

18. 직류 전동기의 규약 효율은 어떤 식으로 표현되는가? [15, 17, 19]

① $\dfrac{\text{출력}}{\text{입력}} \times 100 \%$

② $\dfrac{\text{출력}}{\text{출력} + \text{손실}} \times 100 \%$

③ $\dfrac{\text{입력} + \text{손실}}{\text{입력}} \times 100 \%$

④ $\dfrac{\text{입력} - \text{손실}}{\text{입력}} \times 100 \%$

19. 정격 200 V, 50 A인 전동기의 출력이 8000 W이다. 효율은 몇 %인가?

① 80   ② 82   ③ 85   ④ 90

해설 효율 $= \dfrac{\text{출력}}{\text{입력}} \times 100$

$= \dfrac{8000}{200 \times 50} \times 100 = 80\%$

20. 200 V, 20 kW 분권 직류 발전기의 전부하 효율(%)은? (단, 손실은 1 kW이다.)

① 91.3 %   ② 93.5 %
③ 95.2 %   ④ 99.5 %

해설 효율

$\eta = \dfrac{\text{출력}}{\text{입력}} \times 100 = \dfrac{\text{출력}}{\text{출력} + \text{손실}} \times 100$

$= \dfrac{20}{20 + 1} \times 100 = 95.2\%$

CHAPTER

2

변압기

2-1 ──○ 변압기의 원리와 구조

■ **변압기**(transformer)

- 일정 크기의 교류 전압을 받아 전자 유도 작용에 의하여 다른 크기의 교류 전압으로 바꾸어, 이 전압을 부하에 공급하는 역할을 한다.
- 규소 강판으로 성층한 철심에 2개의 권선을 감은 형태로 되어 있다.
  - ┌ 1차 권선(primary winding) : 전원에 접속
  - └ 2차 권선(secondary winding) : 부하에 접속

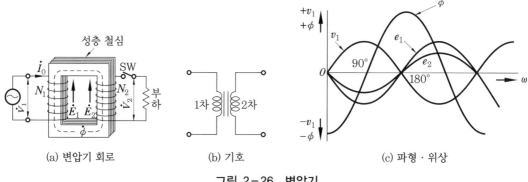

(a) 변압기 회로   (b) 기호   (c) 파형 · 위상

그림 2-26 변압기

---

1 변압기의 원리와 전압과 전류

(1) 이상 변압기의 전압과 전류

① 1차 유도 기전력

$$E_1 = \frac{1}{\sqrt{2}} \omega \, N_1 \phi_m = 4.44 \, f \, N_1 \phi_m \ [\text{V}]$$

② 2차 유도 기전력

$$E_2 = \frac{1}{\sqrt{2}} \omega \, N_2 \phi_m = 4.44 \, f \, N_2 \phi_m \ [\text{V}]$$

③ 권수비(turn ratio) : a

변압기의 1차 권선 및 2차 권선에 유도되는 기전력의 크기는, 그 권수에 따라 비례한다.

$$a = \frac{E_1}{E_2} = \frac{N_1}{N_2} = \frac{I_2}{I_1}$$

(2) 실제 변압기의 전압과 전류

① 실제 변압기의 등가 회로

　(가) 1차 임피던스 : $\dot{Z}_1 = r_1 + j\,x_1\,[\Omega]$　　(나) 2차 임피던스 : $\dot{Z}_2 = r_2 + j\,x_2\,[\Omega]$

　(다) 부하 임피던스 : $\dot{Z}_L = r + j\,x\,[\Omega]$　　(라) 여자 어드미턴스 : $\dot{Y} = g_0 - j\,b_0\,[\Omega]$

　(마) 1차 단자 전압 : $\dot{V}_1$　　　　　　　　　(바) 2차 단자 전압 : $\dot{V}_2$

　(사) 1차 권선의 유도 기전력 : $\dot{E}_1$　　　　(아) 2차 권선의 유도 기전력 : $\dot{E}_2$

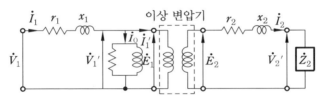

그림 2 -27 실제 변압기의 등가 회로

② 전압과 전류와의 관계

$$\dot{V}_1 = \dot{V}_1{}' + (r_1 + j\,x_1)\,\dot{I}_1 = -\dot{E}_1 + (r_1 + j\,x_1)\,\dot{I}_1$$

$$\dot{V}_2 = \dot{E}_2 - (r_2 + j\,x_2)\,\dot{I}_2 = \dot{I}_2\,\dot{Z}_L$$

$$\dot{I}_1 = \dot{I}_0 + \dot{I}_1$$

(3) 여자 전류와 여자 특성

① 자화 전류 : I_{0m}

여자 전류 중 순수한 자속을 만드는 데만 소요되는 전류이고, 자속과 동위상의 무효 전류이다.

② 철손 전류 : I_{0w}

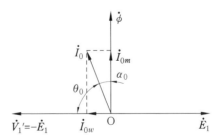

그림 2 -28　여자 전류의 벡터도

여자 전류 중 손실(히스테리시스 및 맴돌이 전류 손실)에 해당하는 전류이며, 전원 전압과 거의 동상이고 전압 V'_1 와 동상인 유효 전류이다.

$$\dot{I}_0 = \dot{I}_{0w} + \dot{I}_{0m} \qquad (\dot{I}_{0m} = \dot{I}_0 \sin\theta_0,\ \ \dot{I}_{0w} = \dot{I}_0 \cos\theta_0)$$

③ 여자 전류의 파형 분석 : 여자 전류의 파형은 철심의 히스테리시스와 자기 포화 현상으로, 그 파형이 홀수 고조파를 많이 포함하는 첨두파형으로 나타난다.

2 변압기의 등가 회로

(1) 1차 쪽에서 본 등가 회로

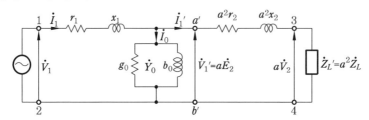

그림 2-29 1차 쪽에서 본 등가 회로

(2) 2차 쪽에서 본 등가 회로

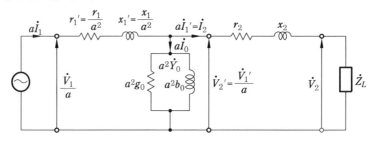

그림 2-30 2차 쪽에서 본 등가 회로

(3) 1, 2차 환산

표 2-3 환산표

구분	2차를 1차로 환산	1차를 2차로 환산
저항	$r_1{}' = a^2 r_2$	$r_2{}' = \dfrac{1}{a^2} r_1$
리액턴스	$x_1{}' = a^2 x_2$	$x_2{}' = \dfrac{1}{a^2} x_1$
부하저항	$R' = a^2 R_2$	어드미턴스 $Y_0{}' = a^2 Y_0$
임피던스	$Z_1{}' = a^2 Z_2$	
전류	$I_1{}' = \dfrac{1}{a} I_2$	$I_2{}' = a I_1$
전압	$E_1{}' = a E_2$	$E_2{}' = \dfrac{1}{a} E_1$

3 변압기의 구조와 종류

(1) 변압기의 형식

① 변압기의 주요 부분은 철심과 권선인데, 이 두 부분을 배치하는 방법에 따라 나누면 내철형과 외철형이 있다.

② 권철심형 변압기는 철손이 작고 여자 전류가 작게 흐르므로, 철심의 단면적이 작고 무게가 가볍다.

(2) 철심

① 변압기의 철심은 철손을 적게 하기 위하여 약 3.5 %의 규소를 포함한 연강판을 쓰는데, 이것을 포개어 성층 철심으로 한다.

② 보통의 전력용 변압기에는 두께 0.35 mm의 것이 표준이며, 주파수 60 Hz, 자속 밀도 $1\,Wb/m^2$일 때 철손은 2.0 W/kg 정도이다.

③ 철의 단면적과 철심의 단면적과의 비를 점적률(space factor)이라 하는데, 일반적으로 유효 단면적이 실제 단면적의 95 % 정도가 된다.

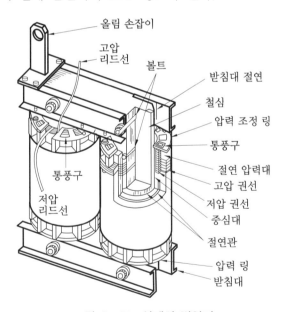

그림 2-31 실제의 변압기

(3) 권선(wound)

① 도체 : 소형에는 둥근 구리선, 대형에는 평각선을 쓰며 에나멜, 무명실, 종이 테이프 등의 피복을 한다.

② 직권 : 철심에 직접 저압 권선을 감고 절연 후 고압 권선을 감는 방법으로, 소형 내철형에 쓰인다.

③ 형권 : 목제 권형이나 절연통에 코일을 감은 것을 조립하는 것이다.

   ㈎ 원통 코일 : 내철형

   ㈏ 원판 코일 : 내철형이나 외철형 어느 것에나 쓰인다.

   ㈐ 사각형 평판 코일 : 외철형

(4) 절연과 권선 배치

① 권선층간이나 철심과 권선간의 동심형은 크래프트 종이를 감은 페놀 수지통을 쓰고, 교차형에는 니스 처리한 프레스 보드를 사용한다.

② 어느 것이나 철심 쪽에 저압 권선을, 그 다음에 고압 권선을 배치한다.

(5) 변압기의 종류

① 내부 구조에 의한 분류

   ㈎ 내철형

   ㈏ 외철형

   ㈐ 권철심형

② 상수에 의한 분류

   ㈎ 단상 변압기

   ㈏ 3상 변압기

③ 용량에 의한 분류

   ㈎ 소형 변압기 : 1~5 kVA

   ㈏ 중형 변압기 : 75~500 kVA

   ㈐ 대형 변압기 : 500 kVA 이상

과년도 / 예상문제

전기기능사

1. 다음 중 변압기의 원리와 관계있는 것은 어느 것인가? [14, 17, 18]

① 전기자 반작용
② 전자 유도 작용
③ 플레밍의 오른손 법칙
④ 플레밍의 왼손 법칙

해설 변압기의 원리 : 일정 크기의 교류 전압을 받아 전자 유도 작용에 의하여 다른 크기의 교류 전압으로 바꾸어 이 전압을 부하에 공급하는 역할을 하며 전류, 임피던스를 변환시킬 수 있다.

2. 변압기의 용도가 아닌 것은? [15]

① 교류 전압의 변환
② 주파수의 변환
③ 임피던스의 변환
④ 교류 전류의 변환

해설 문제 1. 해설 참조

3. 변압기에서 2차측이란? [15, 17]

① 부하측
② 고압측
③ 전원측
④ 저압측

해설 • 1차측 : 전원에 접속
• 2차측 : 부하에 접속

4. 1차 전압 6300 V, 2차 전압 210 V, 주파수 60 Hz의 변압기가 있다. 이 변압기의 권수비는? [16, 17]

① 30
② 40
③ 50
④ 60

해설 권수비(turn ratio) $a = \dfrac{V_1}{V_2} = \dfrac{6300}{210} = 30$

5. 변압기의 2차 저항이 0.1 Ω일 때 1차로 환산하면 360 Ω이 된다. 이 변압기의 권수비는? [19]

① 30
② 40
③ 50
④ 60

해설 $r_1' = a^2 r_2$ 에서

권수비 $a = \sqrt{\dfrac{r_1'}{r_2}} = \sqrt{\dfrac{360}{0.1}} = 60$

6. 다음 중 변압기의 권수비 a에 대한 식이 바르게 설명된 것은? [17]

① $a = \dfrac{N_2}{N_1}$
② $a = \sqrt{\dfrac{Z_1}{Z_2}}$

③ $a = \dfrac{I_1}{I_2}$
④ $a = \sqrt{\dfrac{Z_2}{Z_1}}$

해설 $a = \dfrac{N_1}{N_2} = \dfrac{V_1}{V_2} = \dfrac{I_2}{I_1} = \sqrt{\dfrac{Z_1}{Z_2}}$

7. 1차 권수 3000, 2차 권수 100인 변압기에서 이 변압기의 전압비는 얼마인가? [18]

① 20
② 30
③ 40
④ 50

해설 $a = \dfrac{V_1}{V_2} = \dfrac{3000}{100} = 30$

8. 1차 전압 13200 V, 2차 전압 220 V인 단상 변압기의 1차에 6000 V의 전압을 가하면 2차 전압은 몇 V인가? [14]

① 100
② 200
③ 50
④ 250

해설 $a = \dfrac{V_1}{V_2} = \dfrac{13200}{220} = 60$

∴ $V_2' = \dfrac{V_1'}{a} = \dfrac{6000}{60} = 100$ V

정답 ● 1. ② 2. ② 3. ① 4. ① 5. ④ 6. ② 7. ② 8. ①

9. 3상 100 kVA, 13200/200 V 변압기의 저압측 선전류의 유효분은 약 몇 A인가?(단, 역률은 80 %이다.) [14]

① 100 ② 173 ③ 230 ④ 260

해설 저압측 선전류

$$I_2 = \frac{P_2}{\sqrt{3}\,V_2} = \frac{100 \times 10^3}{\sqrt{3} \times 200} ≒ 288\,\text{A}$$

∴ 유효분 $I_a = I_2\cos\theta = 288 \times 0.8 = 230\,\text{A}$

※ 무효분 $I_r = I_2\sin\theta = 288 \times 0.6 ≒ 173\,\text{A}$

10. 50 Hz용 변압기에 60 Hz의 같은 전압을 가하면 자속 밀도는 50 Hz 때의 몇 배인가? [18]

① $\frac{6}{5}$ ② $\frac{5}{6}$

③ $\left(\frac{5}{6}\right)^{1.6}$ ④ $\left(\frac{6}{5}\right)^2$

해설 변압기의 주파수와 자속 밀도 관계
㉠ $E = 4.44\,fN\phi_m$ 에서, 전압이 같으면 자속 밀도는 주파수에 반비례한다.
㉡ 주파수가 $\frac{6}{5}$ 배로 증가하면, 자속 밀도는 $\frac{5}{6}$ 배로 감소한다.

11. 변압기의 자속에 관한 설명으로 옳은 것은? [11, 13]

① 전압과 주파수에 반비례한다.
② 전압과 주파수에 비례한다.
③ 전압에 반비례하고 주파수에 비례한다.
④ 전압에 비례하고 주파수에 반비례한다.

해설 $\phi = \frac{E}{4.44fN} = k \cdot \frac{E}{f}$ [Wb]
∴ 자속 ϕ는 전압 E에 비례하고 주파수 f에 반비례한다.

12. 부하가 없을 때에 변압기에 흐르는 전류가 아닌 것은?

① 자화 전류 ② 철손 전류
③ 여자 전류 ④ 2차 전류

해설 ㉠ 자화 전류 : 여자 전류 중 순수한 자속을 만드는 데만 소요되는 전류
㉡ 철손 전류 : 여자 전류 중 손실(히스테리시스 및 맴돌이 전류 손실)에 해당하는 전류
㉢ 여자 전류 : 무부하 전류로서, 1차 권선에 흐르는 전류이며 변압기에 필요한 자속을 만드는 데 소요되는 전류
㉣ 2차 전류 : 부하에 흐르는 전류

13. 변압기의 무부하인 경우에 1차 권선에 흐르는 전류는? [10]

① 정격 전류 ② 단락 전류
③ 부하 전류 ④ 여자 전류

해설 문제 12. 해설 참조

14. 변압기의 2차측을 개방하였을 경우 1차측에 흐르는 전류는 무엇에 의하여 결정되는가? [15]

① 저항
② 임피던스
③ 누설 리액턴스
④ 여자 어드미턴스

해설 여자 전류는 2차측 개방(무부하) 전류로서 1차 권선에 흐르는 전류이며, 여자 어드미턴스 Y_0에 의하여 결정된다.

• 여자 어드미턴스 : $\dot{Y}_0 = g_0 - jb_0 = \frac{I_0}{V_1'}$

15. 1차 전압 13200 V, 무부하 전류 0.2 A, 철손 100 W일 때 여자 어드미턴스는 약 몇 ℧인가? [10]

① 1.5×10^{-5} [℧]
② 3×10^{-5} [℧]
③ 1.5×10^{-3} [℧]

④ 3×10^{-3} [℧]

해설 여자 어드미턴스

$$Y_o = \frac{I_o}{V_1} = \frac{0.2}{13200} = 1.5 \times 10^{-5} \text{ [℧]}$$

※ 철손에 상당하는 컨덕턴스

$$g_o = \frac{P_i}{V_1^2} = \frac{100}{13200^2} = 5.73 \times 10^{-7} \text{ [℧]}$$

16. 변압기의 권수비가 60일 때 2차측 저항이 0.1 Ω 이다. 이것을 1차로 환산하면 몇 Ω 인가? [16]

① 310   ② 360
③ 390   ④ 410

해설 $R_1' = a^2 \cdot R_2 = 60^2 \times 0.1 = 360 \text{ Ω}$

17. 변압기의 2차 저항이 0.1Ω 일 때 1차로 환산하면 360Ω 이 된다. 이 변압기의 권수비는? [12]

① 30   ② 40
③ 50   ④ 60

해설 $r_1' = a^2 r_2$ 에서,

권수비 $a = \sqrt{\dfrac{r_1'}{r_2}} = \sqrt{\dfrac{360}{0.1}} = 60$

18. 권수비 2, 2차 전압 100 V, 2차 전류 5 A, 2차 임피던스 20 Ω 인 변압기의 ㉠ 1차 환산 전압 및 ㉡ 1차 환산 임피던스는?

① ㉠ 200 V, ㉡ 80 Ω
② ㉠ 200 V, ㉡ 40 Ω
③ ㉠ 50 V, ㉡ 10 Ω
④ ㉠ 50 V, ㉡ 5 Ω

해설 ㉠ 1차 환산 전압
$E_1' = aE_2 = 2 \times 100 = 200 \text{ V}$
㉡ 1차 환산 임피던스
$Z_1' = a^2 Z_2 = 2^2 \times 20 = 80 \text{ Ω}$

19. 권수비가 100인 변압기에 있어서 2차측의 전류가 1000 A일 때, 이것을 1차측으로 환산하면? [10]

① 16 A   ② 10 A
③ 9 A   ④ 6 A

해설 $I_1' = \dfrac{1}{a} \cdot I_2 = \dfrac{1}{100} \times 1000 = 10 \text{ A}$

20. 1차 900 Ω , 2차 100 Ω 인 회로의 임피던스 정합용 변압기의 권수비는?

① 81   ② 9
③ 3   ④ 1

해설 임피던스 정합 : 1차와 2차의 임피던스를 같게 하는 것이므로

$Z_1 = a^2 Z_2$ 에서, $a = \sqrt{\dfrac{Z_1}{Z_2}} = \sqrt{\dfrac{900}{100}} = 3$

21. 다음 그림의 변압기 등가 회로는 어떤 회로인가? [18]

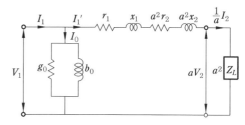

① 1차를 1차로 환산한 등가 회로
② 1차를 2차로 환산한 등가 회로
③ 2차를 1차로 환산한 등가 회로
④ 2차를 2차로 환산한 등가 회로

해설 2차를 1차로 환산한 등가 회로
㉠ 전압 : $V_2 \to a V_2$
㉡ 전류 : $I_2 \to \dfrac{1}{a} I_2$
㉢ 저항 : $r_2 \to a^2 r_2$
㉣ 리액턴스 : $x_2 \to a^2 x_2$

22. 변압기의 성층 철심 강판 재료의 규소 함유량은 대략 몇 %인가? [18]

① 8　　② 6　　③ 4　　④ 2

해설 변압기의 철심

㉠ 철손을 적게 하기 위하여 약 3~4%의 규소를 포함한 연강판을 쓰는데, 이것을 포개어 성층 철심으로 한다.

㉡ 두께 0.35 mm의 것이 표준이며, 주파수 60 Hz, 자속 밀도 1 Wb/m²일 때 철손은 2.0 W/kg 정도이다.

23. 변압기의 성층 철심 강판 재료로서 철의 함유량은 대략 몇 %인가? [18, 19]

① 99　　② 96

③ 92　　④ 89

해설 변압기 철심 : 철손을 적게 하기 위하여 약 3~4%의 규소를 포함한 연강판을 성층하여 사용한다.

∴ 철의 %는 약 96~97%

24. 변압기의 철심으로 규소 강판을 포개서 성층하여 사용하는 이유는? [17]

① 무게를 줄이기 위하여

② 냉각을 좋게 하기 위하여

③ 철손을 줄이기 위하여

④ 수명을 늘리기 위하여

해설 문제 22. 해설 참조

25. 변압기에 대한 설명 중 틀린 것은? [15, 17]

① 전압을 변성한다.

② 전력을 발생하지 않는다.

③ 정격 출력은 1차측 단자를 기준으로 한다.

④ 변압기의 정격 용량은 피상 전력으로 표시한다.

해설 정격 용량(출력) [VA]

＝정격 2차 전압 V_{2n} ×정격 2차 전류 I_{2n}

26. 변압기의 권선 배치에서 저압 권선을 철심에 가까운 쪽에 배치하는 이유는? [13]

① 전류 용량　　② 절연 문제

③ 냉각 문제　　④ 구조상 편의

해설 변압기의 권선 배치는 절연 관계상 저압 권선을 철심에 가까운 쪽에 배치한다.

27. 변압기의 철심에서 실제 철의 단면적과 철심의 유효 면적과의 비를 무엇이라고 하는가? [16]

① 권수비　　② 변류비

③ 변동률　　④ 점적률

해설 점적률(space factor) : 변압기의 철심에 사용되고 있는 규소 강판은 절연 피막으로 감싸여 있으므로 이것을 겹쳐 쌓아서 철심을 만들면 자로(磁路)로서 유효한 부분은 철심 단면적의 95 % 정도가 된다.

• 점적률$(s.f) = \dfrac{유효\ 단면적}{실제\ 단면적} \times 100\ \%$

2-2 ─o 변압기의 이론과 특성

■ 이론과 특성

① 정격 ② 손실 ③ 효율 ④ 전압 변동률 ⑤ 냉각

1 변압기의 정격

(1) 정격

① 정격(rating)이란 명판(name plate)에 기록되어 있는 출력, 전압, 전류, 주파수 등을 말하며, 변압기의 사용 한도를 나타내는 것이다.

② 연속 정격과 단시간 정격이 있다.

③ 단시간 정격의 표준 시간은 실용상 5분, 10분, 15분, 30분, 60분 등이다.

(2) 정격 출력(용량)

① 변압기의 정격 출력은 정격 2차 전압, 정격 2차 전류, 정격 주파수, 정격 역률도 2차 단자 사이에서 공급할 수 있는 피상 전력이다.

② 단위는 VA, kVA 또는 MVA로 나타낸다.

③ 정격 용량(VA)=정격 2차 전압 V_{2n} ×정격 2차 전류 I_{2n}

(3) 정격 전압

① 변압기의 정격 2차 전압은 명판에 기록되어 있는 2차 권선의 단자 전압이며, 이 전압에서 정격 출력을 내게 되는 전압이다.

② 정격 1차 전압은 명판에 기록되어 있는 1차 전압을 말하며, 정격 2차 전압에 권수비를 곱한 것이 된다. 전부하에서의 1차 전압을 말하는 것은 아니다.

③ 정격 1차 전압 V_{1n} =정격 2차 전압 V_{2n}×권수비 a

(4) 정격 전류

① 변압기의 정격 1차 전류는 이 전류와 정격 1차 전압으로부터 정격 출력과 같은 피상 전력을 낼 수 있는 전류를 말한다.

② 정격 2차 전류는 이것과 정격 2차 전압으로부터 정격 출력을 얻을 수 있는 전류를 말한다.

③ 정격 1차 전류 I_{1n} [A]=정격 2차 전류 I_{2n} [A]÷권수비 a

④ 정격 2차 전류 I_{2n} [A]=정격 용량(VA)÷정격 2차 전압 V_{2n} [V]

(5) 정격 주파수 및 정격 역률

① 변압기가 지정된 값으로 사용할 수 있도록 제작된 주파수 및 역률의 값을 말한다.

② 정격 역률을 특별히 지정하지 않은 경우는 100 %로 본다.

2 변압기의 손실

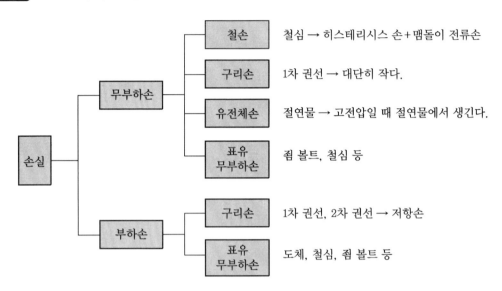

(1) 무부하손(no-load loss)

① 무부하손은 주로 철손이고, 여자 전류에 의한 구리손(저항손)과 절연물의 유전체손 그리고 표유 무부하손이 있다.

② 철손(iron loss)

㈎ 히스테리시스 손 $P_h = \sigma_h\,f\,B_m^{\;1.6} \sim \sigma_h\,f\,B_m^{\;2}$ [W/kg]

㈏ 맴돌이 전류손 $P_e = \sigma_e\,(t\,f\,k_f\,B_m)^2$ [W/kg]

여기서, σ_h, σ_e : 상수 f : 주파수

B_m : 최대 자속 밀도 t : 강판 두께

k_f : 기전력의 파형률

㈐ 철손 = 무부하손실 − 구리손

(2) 부하손(load loss)

① 부하손은 주로 부하 전류에 의한 구리손이다.

② 누설 자기력선속에 관계되는 권속 내의 손실, 외함, 볼트 등에 생기는 손실로 계산하여 구하기 어려운 표유 부하손(stray load loss)이 있다.

(3) 부하 손실의 측정 – 단락 시험

① 저압쪽을 단락하고, 전원 전압을 0 V에서부터 증가시켜 1차 쪽에 흐르는 전류가 1차 정격 전류 I_{1n} 과 동등한 단락 전류가 흐르도록 V_{1s} 을 인가한다.

② 임피던스 전압(impedance voltage) : V_{1s}

　　인가된 전압 V_{1s} 는 1차 및 2차 권선의 임피던스에 걸리는 전압이 되며, 이를 임피던스 전압이라 한다.

③ 임피던스 와트(impedance watt) : P_s

　　임피던스 전압 V_{1s} 를 가할 때의 입력, 즉 권선의 구리손과 표유 부하손의 합인 부하손이 되며 이를 임피던스 와트라고 한다.

④ 단락 시험(short - circuit test)

　㈎ ①항과 같이 저압쪽을 단락하고 실시하는 시험으로, 부하 손실 P_s [W]는 다음과 같다.

$$P_s = V_{1s}\,I_{1n}\cos\theta \ [\text{W}]$$

　㈏ 단락 역률 $\cos\theta$ 는 다음과 같다.

$$\cos\theta_s = \frac{P_s}{V_{1s}\,I_{1n}}\times 100 \ \%$$

　㈐ 단락 시험의 결과로부터 권선의 저항, 누설 리액턴스, 퍼센트 전압 강화, 전압 변동률 등을 계산할 수 있다.

3 변압기의 효율

(1) 변압기의 효율을 나타내는 방법

① 실측 효율 : 출력과 입력을 실제로 측정하고 계산하여 구하는 효율을 말한다.

② 규약 효율 : 무부하 시험이나 단락 시험을 한 결과를 이용하여 일정한 규약 하에서 산출하는 효율로, 변압기의 효율은 규약 효율을 표준으로 하고 있다.

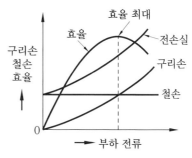

그림 2-32 손실과 효율

(2) 규약 효율(conventional efficiency)

① 변압기의 효율은 정격 2차 전압 및 정격 주파수에 대한 출력 [kW]과 전체 손실 [kW]이 주어지면, 다음과 같이 나타낼 수 있다.

$$\eta = \frac{출력(\text{kW})}{출력(\text{kW}) + 전체\ 손실(\text{kW})}\times 100 \ \%$$

$$= \frac{V_{2n}\,I_{2n}\cos\theta}{V_{2n}\,I_{2n}\cos\theta + P_i + r_{21}\,{I_{2n}}^2}\times 100 \ \%$$

② 전부하 효율 $= \dfrac{P\cos\theta}{P\cos\theta + P_i + P_c}\times 100 \ \%$

여기서, P : 정격 용량 (W) V_{2n} : 정격 2차 전압 (V)

I_{2n} : 정격 2차 전류 (A) $\cos\theta$: 부하의 역률

P_i : 철손 (W) P_c : 동손 (구리손) (W)

r_{21} : 2차 쪽으로 환산한 전체 저항 (Ω)

③ $\dfrac{1}{m}$ 부하 효율 $= \dfrac{\dfrac{1}{m}P\cos\theta}{\dfrac{1}{m}P\cos\theta + P_i + \left(\dfrac{1}{m}\right)^2 P_c} \times 100\,\%$

여기서, 출력 : $\dfrac{1}{m}P\cos\theta$

전손실 : $P_i + \left(\dfrac{1}{m}\right)^2 P_c$

(3) 최대 효율 조건

① 철손 P_i[W]과 구리손 P_c[W]가 같을 때($P_i = P_c$) 최대 효율이 된다.

$$P_i = \left(\dfrac{1}{m}\right)^2 P_c \quad \left(\text{전손실} : P_l = P_i + \left(\dfrac{1}{m}\right)^2 P_c\,[\text{W}]\right)$$

② 변압기에서 최대 효율의 조건은 정격 부하의 70 % 부하일 때이며, 이때 철손과 구리손의 비는 $P_i : P_c = 1 : 2$이다.

(4) 전일 효율(all-day efficiency)

① 변압기의 전일 효율 η_d 는 다음과 같이 나타낼 수 있다.

$$\eta_d = \dfrac{24\text{시간의 출력}}{24\text{시간의 입력}} \times 100\,\%$$

$$= \dfrac{\Sigma\, V_{2n} I_{2n} \cos\theta \cdot T}{\Sigma\, V_{2n} I_{2n} \cos\theta \cdot T + 24\,P_i + \Sigma\, r_{21} {I_{2n}}^2 \cdot T} \times 100\,\%$$

여기서, T : 시간

② 일반적으로 전일 효율은 전부하 효율의 50~60 % 정도이다.

4 전압 변동률

(1) 전압 변동률의 정의

① 2차쪽 정격 전압 V_{2n}, 무부하 전압 V_{20}일 때 변동률 ε는 다음과 같다.

$$\varepsilon = \dfrac{V_{20} - V_{2n}}{V_{2n}} \times 100\,\%$$

② 벡터도에서 선분으로 표시하면, 변동률 ε는 다음과 같다.

$$\varepsilon \fallingdotseq \dfrac{\overline{Oc} - \overline{Oa}}{\overline{Oa}} \times 100\,\% = p\cos\theta + q\sin\theta\,[\%]$$

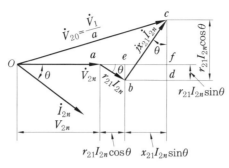

그림 2-33 벡터도

(2) 퍼센트 전압 강하

정격 전압에 대한 전압 강하의 비

① % 저항 강하

$$p = \frac{r_{21}\,I_{2n}}{V_{2n}} \times 100 = \frac{r_{12}\,I_{1n}}{V_{1n}} \times 100 \,\%$$

② % 리액턴스 강하

$$q = \frac{x_{21}\,I_{2n}}{V_{2n}} \times 100 = \frac{x_{12}\,I_{1n}}{V_{1n}} \times 100 \,\%$$

③ % 임피던스 강하

$$z = \sqrt{p^2 + q^2} = \frac{\sqrt{r_{21}{}^2 + x_{21}{}^2}}{V_{2n}} I_{2n} \times 100 = \frac{\sqrt{r_{12}{}^2 + x_{12}{}^2}}{V_{1n}} I_{1n} \times 100 = \frac{V_{1s}}{V_{1n}} \times 100 \,\%$$

④ 단락 전류

$$I_s = \frac{V_{1n}}{V_s} I_{1n} = \frac{100}{z} I_{1n}\,[\mathrm{A}]$$

(3) 전압 변동률의 계산

① 변압기의 1차를 2차로 환산한 간이 등가 회로를 써서 전압 변동률을 구한다.

$$\varepsilon \fallingdotseq p\cos\theta \pm q\sin\theta\,[\%] \quad (\varepsilon \text{의 크기는 대략 } 1\sim3\,\% \text{ 정도})$$

여기서, 역률

진상의 경우 $(-)$, 지상의 경우 $(+)$

② 최대 전압 변동률

(가) 역률 $\cos\theta_m = \cos\alpha = \dfrac{p}{z} = \dfrac{p}{\sqrt{p^2 + q^2}} \qquad \left(\alpha = \tan^{-1}\dfrac{q}{p}\right)$

(나) 최대 전압 변동률 $\varepsilon_m = z = \sqrt{p^2 + q^2}$

5 변압기의 온도 상승과 냉각

(1) 변압기 기름의 구비 조건

① 절연 내력이 높아야 한다. 변압기유의 절연 내력은 공기의 4~5배가 되나 수분이 약간 포함되면 절연 내력이 급격히 저하한다(변압기유 12 kV/mm, 공기 2 kV/mm).

② 인화의 위험성이 없고 인화점이 높으며, 사용 중의 온도로 발화하지 않아야 한다.

③ 화학적으로 안정하고 변압기의 구성 재료인 철, 구리, 절연물 등을 변화시키지 않으며, 또 이것들에 의해 영향받지 않아야 한다.

④ 고온에서 침전물이 생기거나 산화하지 않아야 한다.

⑤ 응고점이 낮아야 한다.

⑥ 냉각 작용이 좋고 비열과 열 전도도가 크며, 점성도가 적고 유동성이 풍부해야 한다.

⑦ 중량이 적어야 한다.

(2) 변압기유의 열화(aging)를 일으키는 주요 원인

① 호흡 작용에 의한 수분의 흡수

② 절연유의 온도 상승에 의한 기름의 산화 작용

(3) 변압기유의 열화 방지

① 변압기 기름 : 절연과 냉각용으로, 광유 또는 불연성 합성 절연유를 쓴다.

② 컨서베이터(conservator) : 기름과 공기의 접촉을 끊어 열화를 방지하도록 변압기 위에 설치한 기름통이다.

③ 브리더(breather) : 변압기 내함과 외부 기압의 차이로 인한 공기의 출입을 호흡 작용이라 하고, 탈수제(실리카 겔)를 넣어 습기를 흡수하는 장치이다.

④ 질소 봉입 : 컨서베이터 유면 위에 불활성 질소를 넣어 공기의 접촉을 막는다.

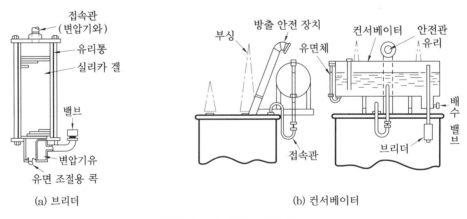

(a) 브리더   (b) 컨서베이터

그림 2-34 열화 방지 장치

과년도 / 예상문제

전기기능사

1. 변압기를 운전하는 경우 특성의 악화, 온도 상승에 수반되는 수명의 저하, 기기의 소손 등의 이유 때문에 지켜야 할 정격이 아닌 것은? [13]
① 정격 전류　② 정격 전압
③ 정격 저항　④ 정격 용량

해설 정격(rating) : 명판(name plate)에 기록되어 있는 출력(용량), 전압, 전류, 주파수 등을 말하며, 변압기의 사용 한도를 나타내는 것이다.

2. 변압기의 정격 출력으로 맞는 것은? [14]
① 정격 1차 전압 × 정격 1차 전류
② 정격 1차 전압 × 정격 2차 전류
③ 정격 2차 전압 × 정격 1차 전류
④ 정격 2차 전압 × 정격 2차 전류

해설 정격 용량(출력) [VA]
= 정격 2차 전압 V_{2n} × 정격 2차 전류 I_{2n}

3. 변압기 명판에 표시된 정격에 대한 설명으로 틀린 것은? [14, 18]
① 변압기의 정격 출력 단위는 kW이다.
② 변압기 정격은 2차측을 기준으로 한다.
③ 변압기의 정격은 용량, 전류, 전압, 주파수 등으로 결정된다.
④ 정격이란 정해진 규정에 적합한 범위 내에서 사용할 수 있는 한도이다.

해설 정격출력 단위 : VA, kVA 또는 MVA로 나타낸다.

4. 변압기의 손실에 해당되지 않는 것은? [11]
① 동손　② 와전류손

③ 히스테리시스 손　④ 기계손

해설 기계손은 풍손과 마찰손으로 회전기기에 해당된다.

5. 변압기의 부하 전류 및 전압이 일정하고 주파수만 낮아지면? [10]
① 철손이 증가한다.
② 동손이 증가한다.
③ 철손이 감소한다.
④ 동손이 감소한다.

해설 $E = 4.44f N\phi_m$ [V]에서,
전압이 일정하고 주파수 f 만 높아지면 자속 ϕ_m 이 감소, 즉 여자 전류가 감소하므로 철손이 감소하게 된다.

6. 일정 전압 및 일정 파형에서 주파수가 상승하면서 변압기 철손은 다음 중 어떻게 변하는가? [18]
① 증가한다.
② 감소한다.
③ 불변이다.
④ 어떤 기간 동안 증가한다.

7. 변압기에서 철손은 부하 전류와 어떤 관계인가? [13]
① 부하 전류에 비례한다.
② 부하 전류의 자승에 비례한다.
③ 부하 전류에 반비례한다.
④ 부하 전류와 관계없다.

해설 철손은 무부하 손이다.
∴ 부하 전류와 관계없다.

8. 측정이나 계산으로 구할 수 없는 손실로 부하 전류가 흐를 때 도체 또는 철심 내부에서 생기는 손실을 무엇이라 하는가? [11, 18]
① 구리손　　　　　② 히스테리시스 손
③ 맴돌이 전류손　④ 표유 부하손

해설 표유 부하손(stray load loss) : 누설 자속이 권선과 철심, 외함, 볼트 등에 통하게 되므로, 맴돌이 전류에 의한 손실로 계산하여 구하기 어려운 부하손이다.

9. 변압기의 임피던스 전압이란? [11, 15]
① 정격 전류가 흐를 때의 변압기 내의 전압 강하
② 여자 전류가 흐를 때의 2차측 단자 전압
③ 정격 전류가 흐를 때의 2차측 단자 전압
④ 2차 단락 전류가 흐를 때의 변압기 내의 전압 강하

해설 임피던스 전압(impedance voltage) : 단락 시험에서 1차 전류가 정격 전류로 되었을 때의 입력이 임피던스 와트이고, 이때의 1차 전압이 임피던스 전압이다. 즉, 변압기 내의 전압 강하이다.

10. 변압기 2차측을 단락하고 1차 전류가 정격 전류와 같도록 조정하였을 때의 1차 전압을 무엇이라 하는가?
① 임피던스 와트
② 퍼센트 저항 강화
③ 임피던스 전압
④ 정격 1차 전압

11. 변압기의 규약 효율은? [12, 14, 16, 17, 19]
① $\dfrac{출력}{입력}\times 100\%$
② $\dfrac{출력}{출력+손실}\times 100\%$
③ $\dfrac{출력}{입력-손실}\times 100\%$
④ $\dfrac{입력+손실}{입력}\times 100\%$

12. 정격 2차 전압 및 정격 주파수에 대한 출력(kW)과 전체 손실(kW)이, 주어졌을 때 변압기의 규약 효율을 나타내는 식은? [18]
① $\eta=\dfrac{입력(kW)}{입력(kW)-전체\ 손실(kW)}\times100\%$
② $\eta=\dfrac{출력(kW)}{입력(kW)-전체\ 손실(kW)}\times100\%$
③ $\eta=\dfrac{출력(kW)}{입력(kW)-철손(kW)-동손(kW)}\times100\%$
④ $\eta=\dfrac{입력(kW)-철손(kW)-동손(kW)}{입력(kW)}\times100\%$

13. 출력 10 kW, 효율 90%인 기계의 손실(kW)은 얼마인가? [10, 17]
① 0.9　② 1.1　③ 2　④ 2.5

해설 입력 $=\dfrac{출력}{효율}=\dfrac{10}{0.9}=11.1$ kW
∴ 손실 = 입력 - 출력 = 11.1 - 10 = 1.1 kW

14. 출력에 대한 전부하 동손이 2%, 철손이 1%인 변압기의 전부하 효율(%)은? [11]
① 95　② 96　③ 97　④ 98

해설 $\eta=\dfrac{출력}{출력+손실}\times100$
$=\dfrac{100}{100+2+1}\times100≒97\%$

15. 변압기의 효율이 가장 좋을 때의 조건은? [15]
① 철손 = 동손

② 철손 = $\dfrac{1}{2}$ 동손

③ 동손 = $\dfrac{1}{2}$ 철손

④ 동손 = 2철손

해설 최대 효율 조건 : 철손 P_i 와 동손 P_c 가 같을 때 최대 효율이 된다. $(P_i = P_c)$

16. 변압기 철손 P_i, 전부하 동손 P_c일 때 정격의 $\dfrac{1}{m}$ 부하에서의 전손실은?

① $P_i + \left(\dfrac{1}{m}\right)^2 P_c$

② $P_c + \left(\dfrac{1}{m}\right) P_i$

③ $P_i + \left(\dfrac{1}{m}\right) P_c$

④ $m\left(P_1 + P_c\right)$

해설 $\dfrac{1}{m}$ 부하일 때의 전손실

㉠ 철손은 부하에 관계없이 일정하고, 동손은 부하의 제곱에 비례한다.

㉡ $\dfrac{1}{m}$ 로 부하가 감소하면, 동손은 $\left(\dfrac{1}{m}\right)^2$ 으로 감소한다.

∴ 전손실 $= P_i + \left(\dfrac{1}{m}\right)^2 P_c$

17. 변압기의 전압 변동률 ε의 식은? (단, 정격 전압 V_{en}, 무부하 전압 V_{20}이다.) [19]

① $\varepsilon = \dfrac{V_{20} - V_{2n}}{V_{2n}} \times 100\%$

② $\varepsilon = \dfrac{V_{2n} - V_{20}}{V_{2n}} \times 100\%$

③ $\varepsilon = \dfrac{V_{20}}{V_{20} - V_{2n}} \times 100\%$

④ $\varepsilon = \dfrac{V_{20} - V_{2n}}{V_{20}} \times 100\%$

18. 어떤 단상 변압기의 2차 무부하 전압이 240 V이고, 정격 부하시의 2차 단자 전압이 230 V이다. 전압 변동률은 약 몇 %인가? [18]

① 4.35 ② 5.15
③ 6.65 ④ 7.35

해설 $\varepsilon = \dfrac{V_{20} - V_{2n}}{V_{2n}} \times 100$

$= \dfrac{240 - 230}{230} \times 100 = \dfrac{10}{230} \times 100 ≒ 4.35\%$

19. 변압기에서 퍼센트 저항 강하 3%, 리액턴스 강하 4%일 때 역률 0.8(지상)에서의 전압 변동률은? [10, 13, 14, 16, 18]

① 2.4% ② 3.6%
③ 4.8% ④ 6%

해설 $\varepsilon = p\cos\theta + q\sin\theta$
$= 3 \times 0.8 + 4 \times 0.6 = 4.8\%$
※ $\sin\theta = \sqrt{1 - \cos\theta^2} = \sqrt{1 - 0.8^2} = 0.6$

20. 변압기의 전압 변동률을 작게 하려면?
① 권수비를 크게 한다.
② 권선의 임피던스를 작게 한다.
③ 권수비를 작게 한다.
④ 권선의 임피던스를 크게 한다.

21. 다음 중 변압기유로 쓰이는 절연유에 요구되는 성질이 아닌 것은? [16, 17, 18]
① 점도가 클 것
② 비열이 커 냉각 효과가 클 것
③ 절연 재료 및 금속 재료에 화학 작용을 일으키지 않을 것
④ 인화점이 높고 응고점이 낮을 것

해설 변압기유(기름)의 구비 조건 (②, ③, ④ 이외에)
㉠ 점도가 적고 유동성이 풍부해야 한다.
㉡ 비열과 열전도도가 크며, 절연 내력이

높아야 한다.
ⓒ 고온에서 침전물이 생기거나 산화하지 않아야 한다.
ⓔ 중량이 적어야 한다.

22. 변압기유가 구비해야 할 조건 중 맞는 것은? [15, 17]
① 절연 내력이 작고 산화하지 않을 것
② 비열이 작아서 냉각 효과가 클 것
③ 인화점이 높고 응고점이 낮을 것
④ 절연 재료나 금속에 접촉할 때 화학 작용을 일으킬 것

23. 변압기에 컨서베이터(conservator)를 설치하는 목적은? [10]
① 열화 방지　② 코로나 방지
③ 강제 순환　④ 통풍 장치

해설 컨서베이터 (conservator) : 기름과 공기의 접촉을 끊어 열화를 방지하도록 변압기 위에 설치한 기름통이다.

24. 변압기유의 열화 방지와 관계가 가장 먼 것은? [19]
① 브리더　② 컨서베이터
③ 불활성 질소　④ 부싱

해설 부싱(bushing) : 변압기, 차단기 등의 단자로서 사용하며, 애자의 내부에 도체를 관통시키고 절연한 것을 말한다.

25. 변압기 기름의 열화를 방지하기 위하여 실행되는 방법 중의 하나는? [03]
① 질소 봉입
② 산소 봉입
③ 수소 봉입
④ 이산화탄소 봉입

해설 질소 봉입 : 컨서베이터 유면 위에 불활성 질소를 넣어 공기의 접촉을 막는다.

26. 다음 변압기의 기술 중 잘못된 것은?
① 변압기 임피던스 전압이 크면 전압 변동은 작다.
② 변압기 온도 상승에 영향이 가장 큰 것은 구리손이다.
③ 무부하 시험에서 고압쪽을 개방하고 저압쪽으로 계기를 단다.
④ 변압기 호흡 작용은 기름 열화의 큰 원인이 된다.

해설 변압기 임피던스 전압이 크면 전압 변동은 크다.

2-3 ○ 변압기의 결선 및 병렬 운전

■ 3상 교류 전압의 변성

• 3상 변압기를 사용하는 방법

• 단상 변압기 3대를 3상 결선하여 사용하는 방법

1 변압기의 극성 및 3상 결선

(1) 변압기의 극성

① 감극성(subtractive polarity)

  ㈎ 1차 권선에서 발생하는 유도 기전력 E_1과 2차 권선에 발생하는 유도 기전력 E_2의 방향이 동일 방향으로 되는 것을 말한다.

  ㈏ 우리나라에서는 감극성이 표준으로 되어 있다.

② 가극성(additive polarity) : E_1과 E_2의 방향이 반대로 되는 것을 말한다.

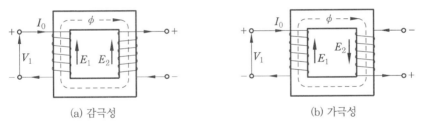

(a) 감극성　　　　(b) 가극성

그림 2-35　변압기의 극성

③ 극성 시험과 기호

  ㈎ 감극성인 경우 : $V = V_1 - V_2$

  ㈏ 가극성인 경우 : $V = V_1 + V_2$

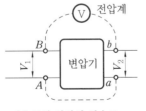

(a) 극성 시험의 접속도

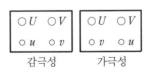

기준 : 고압측에서 볼 때 우측 단자 u, 좌측 단자 v

(b) 극성의 기호

그림 2-36　극성 시험·기호

(2) 단상 변압기의 3상 결선

① 단상 변압기로 3상 변압을 하려면, 변압기에는 다음과 같은 조건이 필요하다.

㉮ 용량, 주파수, 전압 등의 정격이 같을 것

㉯ 권선의 저항, 누설 리액턴스, 여자 전류 등이 같을 것

② 결선 방법 : $\Delta - \Delta$, Y−Y, Δ −Y, Y−Δ, V−V

2 여러 가지 3상 결선의 비교

(1) $\Delta - \Delta$ 결선

① 단상 변압기 2대 중 1대의 고장이 생겨도, 나머지 2대를 V 결선하여 송전할 수 있다.

② 제3고조파 전류는 권선 안에서만 순환되므로, 고조파 전압이 나오지 않는다.

③ 통신 장애의 염려가 없다.

④ 중성점을 접지할 수 없는 결점이 있다.

⑤ 30 kV 이하 배전용 변압기에 쓰이고, 100 kV 이상 되는 계통에는 전혀 쓰이지 않는다.

(2) Y−Y 결선

① 중성점을 접지할 수 있다.

② 권선 전압이 선간 전압의 $\dfrac{1}{\sqrt{3}}$ 이 되므로 절연이 쉽다.

③ 제3고조파를 주로 하는 고조파 충전 전류가 흘러 통신선에 장애를 준다.

④ 제3차 권선을 감고 Y−Y−Δ 의 3권선 변압기를 만들어 송전 전용으로 사용한다.

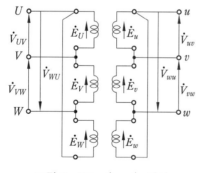

그림 2-37 $\Delta - \Delta$ 결선

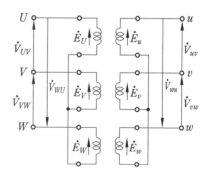

그림 2-38   Y−Y 결선

(3) Δ −Y, Y−Δ 결선

① Δ −Y 결선은 낮은 전압을 높은 전압으로 올릴 때 사용한다.

② Y−Δ 결선은 높은 전압을 낮은 전압으로 낮추는 데 사용한다.

③ 어느 한쪽이 Δ 결선이어서 여자 전류가 제3고조파 통로가 있으므로, 제3고조파에 의한 장애가 적다.

3 ▶ V−V 결선(V−V connection)

$\Delta - \Delta$ 결선으로 한 3대의 단상 변압기 중에서 1대의 변압기가 고장이 나면, 제거하고 남은 2대의 변압기를 이용하여 3상 변압을 계속하는 3상 결선 방식이다.

(1) V 결선의 출력 P_v

① $P_v = P_1 + P_2 = V_{uv} I_{uv} \cos 30° + V_{vw} I_{vw} \cos 30°$ [W]

② 선간 전압 및 부하가 평형인 정격 상태에서는 다음과 같다.

$$V_{uv} = V_{vw} = V_{2n}$$
$$I_{uv} = I_{vw} = I_{2n}$$
$$\therefore P_v = \sqrt{3}\ V_{2n} I_{2n} = \sqrt{3} \cdot P \text{ [W]}$$

여기서, $P = 1$대의 정격 용량 $= V_{2n} I_{2n}$ [W]

(2) 변압기 1대의 이용률과 출력비

① 이용률 $= \dfrac{\text{V결선의 출력}}{\text{변압기 2대의 정격}} = \dfrac{\sqrt{3}\,P}{2P} = \dfrac{\sqrt{3}}{2} = 0.866$

   ∴ 출력은 변압기 2대의 용량을 합한 것의 86.6 %로 줄게 된다.

② 출력비 $= \dfrac{\text{V결선의 출력}}{\text{변압기 3대의 정격 출력}} = \dfrac{\sqrt{3}\,P}{3P} = \dfrac{\sqrt{3}}{3} = 0.577$

   ∴ 3대의 정격 출력이 100 %일 때, V 결선의 경우에는 57.7 %이다.

4 ▶ 변압기의 병렬 운전

(1) 단상 변압기의 병렬 운전

① 2대 이상의 병렬 운전 조건

   ㈎ 무부하에서 순환 전류가 흐르지 않을 것

   ㈏ 부하 전류가 용량에 비례하여 각 변압기에 흐를 것

   ㈐ 각 변압기의 부하 전류가 같은 위상이 될 것

② 위의 세 가지 조건을 만족하려면, 다음과 같은 조건을 갖추어야 한다.

   ㈎ 각 변압기의 같은 극성의 단자를 접속할 것

   ㈏ 각 변압기의 1차 및 2차 전압, 즉 권수비가 같을 것

   ㈐ 각 변압기의 임피던스 전압이 같을 것

   ㈑ 각 변압기의 내부 저항과 리액턴스 비가 같을 것

(2) 변압기군의 병렬 운전 조합

표 2-4 변압기군의 병렬 운전 조합

병렬 운전 가능	병렬 운전 불가능
$\Delta-\Delta$와 $\Delta-\Delta$	$\Delta-\Delta$와 $\Delta-Y$
$Y-Y$와 $Y-Y$	$Y-Y$와 $\Delta-Y$
$Y-\Delta$와 $Y-\Delta$	
$\Delta-Y$와 $\Delta-Y$	
$\Delta-\Delta$와 $Y-Y$	
$\Delta-Y$와 $Y-\Delta$	

2-4 변압기의 시험 및 보수

■ **변압기의 시험**

변압기는 사용하기 전에 저항 측정, 권수비 시험, 극성 시험, 무부하 시험, 단락 시험, 온도 시험, 절연 내력 시험 등을 하여야 한다.

1 온도 시험

(1) 실부하 시험(actual loading test)

① 변압기에 연속적으로 전부하를 걸어서 권선, 기름 등의 온도가 올라가는 상태를 시험하는 것이다.

② 전력이 많이 소비되므로, 소형의 변압기에만 적용할 수 있다.

(2) 반환 부하법(loading back method)

전력을 소비하지 않고, 온도가 올라가는 원인이 되는 철손과 구리손만을 공급하여 시험하는 방법이다.

① 보조 변압기를 이용하는 반환 부하법

② 탭을 이용하는 반환 부하법

③ 3상 결선의 반환 부하법

(3) 등가 부하법(단락 시험법)

① 변압기의 권선 하나를 단락하고 전손실(무부하손＋부하손)에 상당하는 부하 손실을 공급해서 변압기유의 온도를 상승시켜 변압기유의 온도 상승을 측정한다.

② 정격 전류를 흘려서 상승된 유온 상태에서 권선의 온도 상승을 구하는 시험 방법이다.

(4) 온도 상승과 최고 허용 온도

① 온도 상승

㉮ 기계에 부하가 걸리면 손실에 의하여 발열하고, 발생열과 발산열이 같아질 때까지 온도가 상승한다.

㉯ 이때의 최고 온도가 허용 최고 온도이고, 기준 온도(40℃)와의 차이를 온도 상승이라 하며 출력이 제한된다.

② 최고 허용 온도

표 2-5 최고 허용 온도

절연물의 종류	Y종	A종	E종	B종	F종	H종	C종
최고 허용 온도(℃)	90	105	120	130	155	180	180 초과
온도 상승 한도(℃)	50	65	80	90	115	140	

㊟ 온도 상승 한도＝최고 허용 온도－40℃

2 절연 내력 시험

변압기의 절연 내력 시험은 권선과 대지 사이 또는 권선 사이의 절연 강도를 보증하는 시험이다. 이 시험에는 가압 시험, 유도 시험, 충격 시험의 세 가지가 있다.

(1) 가압 시험

① 이 시험은 온도 상승 시험 직후에 하여야 하는데, 가압 시간은 1분 동안이다.

② 6 kV 유입 변압기일 때에는, 다음과 같이 하도록 되어 있다.

㉮ 2차 권선과 철심을 대지에 접속하고, 이것과 2차 권선 사이에 15000 V를 가한다.

㉯ 1차 권선과 철심을 대지에 접속하고, 이것과 2차 권선 사이에 2000 V를 가한다.

(2) 유도 시험

① 변압기의 층간 절연을 시험하기 위하여, 권선의 단자 사이에 정상 유도 전압의 2배되는 전압을 유도시켜 유도 절연 시험을 실시한다.

② 일반적으로 100~500 Hz의 주파수로 하며, 최단 시간은 15초이다.

$$시험\ 시간 = \frac{정격\ 주파수}{시험\ 주파수} \times 120$$

③ 시험하려는 변압기의 여자 전류는 정격 전류의 30 %를 넘지 않도록 한다.

(3) 충격 전압 시험

변압기에 번개와 같은 충격파 전압의 절연 파괴 시험이다.

과년도 / 예상문제

1. 다음의 변압기 극성에 관한 설명에서 틀린 것은? [15, 16]

① 우리나라는 감극성이 표준이다.
② 1차와 2차 권선에 유기되는 전압의 극성이 서로 반대이면 감극성이다.
③ 3상 결선 시 극성을 고려해야 한다.
④ 병렬 운전 시 극성을 고려해야 한다.

해설 전압의 극성이 서로 반대이면 가극성이다.

2. 권수비 30인 변압기의 저압측 전압이 8 V인 경우 극성 시험에서 가극성과 감극성의 전압 차이는 몇 V인가? [14]

① 24　　② 16　　③ 8　　④ 4

해설 전압 차이 $= 2V_2 = 2 \times 8 = 16$ V
　　㉠ $V = V_1 + V_2$
　　㉡ $V' = V_1 - V_2$
　　∴ $V - V' = V_1 + V_2 - (V_1 - V_2)$
　　　　 $= 2V_2$ [V]

풀이 권수비 $a = \dfrac{V_1}{V_2} = 30$에서
　　$V_1 = a \cdot V_2 = 30 \times 8 = 240$ V
　　• 감극성 $V_1 - V_2 = 240 - 8 = 232$ V
　　• 가극성 $V_1 + V_2 = 240 + 8 = 248$ V
　　∴ 전압 차이 $248 - 232 = 16$ V

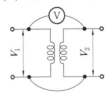

3. Y-Y 결선의 특징이 아닌 것은?

① 고조파 포함　　② 절연이 용이
③ 중성점 접지　　④ V 결선 가능

해설 V 결선이 가능한 것은 $\Delta - \Delta$ 결선이다.

4. 변압기의 결선에서 제3고조파를 발생하여 통신선에 장애를 주는 것은? [16]

① $\Delta - \Delta$　　　② Y - Δ
③ Δ - Y　　　④ Y - Y

해설 Δ-Y, Y-Δ 결선은 어느 한쪽이 Δ 결선이어서 여자 전류가 제3고조파 통로가 있으므로 제3고조파에 의한 장해가 적다.

5. 수전단 발전소용 변압기 결선에 주로 사용하고 있으며 한쪽은 중성점을 접지할 수 있고 다른 한쪽은 제3고조파에 의한 영향을 없애주는 장점을 가지고 있는 3상 결선 방식은? [13, 18]

① Y - Y　　　② $\Delta - \Delta$
③ Y - Δ　　　④ V

6. 주로 30 kV 이하의 배전용 변압기에 사용되는 결선은?

① $\Delta - \Delta$ 결선　　② Y - Y 결선
③ Y - V 결선　　④ Δ - Y 결선

7. 다음 그림은 단상 변압기 결선도이다. 1, 2차는 각각 어떤 결선인가? [15]

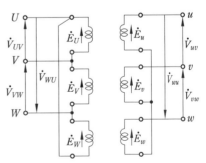

정답 ● 1. ②　2. ②　3. ④　4. ④　5. ③　6. ①　7. ②

① Y $-$ Y 결선   ② Δ $-$ Y 결선

③ Δ $-$ Δ 결선   ④ Y $-$ Δ 결선

8. 다음 중 1차 변전소의 승압용으로 주로 사용하는 결선법은? [19]

① Y $-$ Δ ② Y $-$ Y

③ Δ $-$ Y   ④ Δ $-$ Δ

9. 다음 중 Y$-$$\Delta$ 변압기 결선의 특징으로 옳은 사항은? [17]

① 1, 2차 간 전류, 전압의 위상 변화가 없다.

② 1상에 고장이 일어나도 송전을 계속할 수 있다.

③ 저압에서 고압으로 송전하는 전력용 변압기에 주로 사용된다.

④ 3상과 단상 부하를 공급하는 강압용 배전용 변압기에 주로 사용된다.

해설 Y$-$$\Delta$ 결선의 특징

㉠ 1, 2차에 각 변위 30°가 생긴다.

㉡ 1상 고장 시 송전을 계속할 수 없다.

㉢ 2차 변전소에서 강압용에 사용한다.

10. 변압기를 Δ $-$ Y 로 연결할 때 1, 2차 간의 위상차는? [10, 15, 17]

① 30°   ② 45°   ③ 60°   ④ 90°

11. 변압기 V결선의 특징으로 틀린 것은 어느 것인가? [12, 15, 17]

① 고장 시 응급처치 방법으로도 쓰인다.

② 단상 변압기 2대로 3상 전력을 공급한다.

③ 부하 증가가 예상되는 지역에 시설한다.

④ V결선 시 출력은 △결선 시 출력과 그 크기가 같다.

해설 출력비 $= \dfrac{\text{V결선의 출력}}{\text{변압기 3대의 정격 출력}}$

$= \dfrac{\sqrt{3}\,P}{3P} = 0.577$

∴ 57.7 %

12. V결선을 이용한 변압기의 결선은 Δ 결선한 때보다 출력비가 몇 %인가? [19]

① 57.7 %   ② 86.6 %

③ 95.4 %   ④ 96.2 %

해설 • 이용률 : 86.6 %

• 출력비 : 57.7 %

13. 20 kVA의 단상 변압기 2대를 사용하여 $V - V$ 결선으로 하고 3상 전원을 얻고자 한다. 이때 여기에 접속시킬 수 있는 3상 부하의 용량은 약 몇 kVA인가? [16, 18]

① 34.6   ② 44.6

③ 54.6   ④ 66.6

해설 $P_v = \sqrt{3}\,P = \sqrt{3} \times 20 ≒ 34.64\,\text{kVA}$

14. 용량 P[kVA]인 동일 정격의 단상 변압기 4대로 낼 수 있는 3상 최대 출력 용량 P_m 은? [18]

① $3P$ ② $\sqrt{3}\,P$

③ $4P$ ④ $2\sqrt{3}\,P$

해설 V결선의 출력 $P_v = \sqrt{3}\,P$[kVA]

∴ 3상 최대 용량 $P_m = 2 \times P_v$

$= 2\sqrt{3}\,P$[kVA]

15. 다음 중 변압기를 병렬 운전하기 위한 조건이 아닌 것은? [17]

① 각 변압기의 극성이 같을 것

② 각 변압기의 권수비가 같을 것

③ 각 변압기의 출력이 반드시 같을 것

④ 각 변압기의 임피던스 전압이 같을 것

해설 병렬 운전 조건
  ㉠ 각 변압기의 같은 극성의 단자를 접속할 것
  ㉡ 각 변압기의 1차 및 2차 전압, 즉 권수비가 같을 것
  ㉢ 각 변압기의 임피던스 전압이 같을 것
  ㉣ 각 변압기의 내부 저항과 리액턴스 비가 같을 것

16. 3상 변압기의 병렬 운전이 불가능한 결선 방식으로 짝지어진 것은? [13, 17, 18]

① $\Delta - \Delta$와 Y-Y
② Δ-Y와 Δ-Y
③ Y-Y와 Y-Y
④ $\Delta - \Delta$와 Δ-Y

해설 병렬 운전 불가능한 결선 방식
  ㉠ $\Delta - \Delta$와 Δ-Y
  ㉡ Y-Y와 Δ-Y

17. 변압기의 온도 상승 시험 중 가장 옳은 방법은? [17]

① 유도 시험법
② 단락 시험법
③ 절연 내력 시험법
④ 고조파 억제법

해설 단락 시험법(등가 부하법) : 정격 전류를 흘려서 상승된 유온 상태에서 권선의 온도 상승을 구하는 시험 방법이다.

18. 변압기의 절연 내력 시험법이 아닌 것은 어느 것인가? [15, 17]

① 유도 시험
② 가압 시험
③ 단락 시험
④ 충격 전압 시험

19. 절연내력 시험 중 권선의 층간 절연 시험은? [13]

① 충격 전압 시험
② 무부하 시험
③ 가압 시험
④ 유도 시험

해설 유도 시험 : 변압기의 충간 절연을 시험하기 위하여 권선의 단자 사이에 정상 유도 전압의 2 배 되는 전압을 유도시켜 유도 절연 시험을 실시한다.

20. 변압기의 무부하 시험, 단락 시험에서 구할 수 없는 것은? [16]

① 동손
② 철손
③ 절연 내력
④ 전압 변동률

해설 ㉠ 무부하 시험-철손
  ㉡ 단락 시험-동손, 전압 변동률, % 전압 강하
  ㉢ 무부하 시험·단락 시험-변압기 효율

21. 변압기 절연물의 열화 정도를 파악하는 방법으로서 적절하지 않은 것은? [14]

① 유전정접
② 유중가스 분석
③ 접지저항 측정
④ 흡수 전류나 잔류 전류 측정

해설 변압기 절연물의 열화 정도를 파악하는 방법
  ㉠ 유전정접 : $\tan\delta$ 시험
  ㉡ 유중가스 분석
  ㉢ 절연 저항 시험, 절연 내력 시험
  ㉣ 흡수 전류나 잔류 전류 측정

22. 절연유를 충만시킨 외함 내에 변압기를 수용하고, 오일의 대류 작용에 의하여 철심 및 권선에 발생한 열을 외함에 전달하며, 외함의 방산이나 대류에 의하여 열을 대기

로 방산시키는 변압기의 냉각방식은? [18]

① 유입 송유식

② 유입 수랭식

③ 유입 풍랭식

④ 유입 자랭식

해설 변압기의 냉각방식

㉠ 건식 자랭식(AN) : 공기에 의하여 자연적으로 냉각

㉡ 건식 풍랭식(AF) : 강제로 통풍시켜 냉각 효과를 크게 한 것

㉢ 유입 자랭식(ONAN) : 절연 기름을 채운 외함에 변압기 본체를 넣고, 기름의 대류 작용으로 열을 외기 중에 발산시키는 방법

㉣ 유입 풍랭식(ONAF) : 방열기가 붙은 유입 변압기에 송풍기를 붙여서 강제로 통풍시켜 냉각 효과를 높인 것

㉤ 송유 풍랭식(OFAF) : 외함 위쪽에 있는 가열된 기름을 펌프로 외부에 있는 냉각기를 통하여 나오도록 한 다음, 냉각된 기름을 외함의 밑으로 돌려보내는 방법

23. 주상 변압기의 고압측에 여러 개의 탭을 설치하는 이유는? [14, 15]

① 선로 고장 대비

② 선로 전압 조정

③ 선로 역률 개선

④ 선로 과부하 방지

해설 탭 절환 변압기 : 주상 변압기에 여러 개의 탭을 만드는 것은 부하 변동에 따른 선로 전압을 조정하기 위해서이다.

24. 코일 주위에 전기적 특성이 큰 에폭시 수지를 고진공으로 침투시키고, 다시 그 주위를 기계적 강도가 큰 에폭시 수지로 몰딩한 변압기는? [19]

① 건식 변압기   ② 유입 변압기

③ 몰드 변압기   ④ 타이 변압기

해설 몰드 변압기(molded transformer)

㉠ 권선 부분을 에폭시 수지로 굳혀 절연한 건식 변압기로, 바니스함침 타입의 H종 건식 변압기에 비하여 내습성이 있다.

㉡ 절연방식으로는 철형에 의한 주형 타입, 철형이 없는 프리프레그 타입이 있다.

CHAPTER 3

유도 전동기

3-1 유도 전동기의 원리와 구조

```
                              ┌─ 분상 기동형
                              ├─ 콘덴서 기동형
              ┌─ 단상 유도 전동기 ─┤
              │                ├─ 영구 콘덴서형
              │                └─ 셰이딩 코일형
유도 전동기 ─┤
              │                ┌─ 보통 농형
              │                │                  ┌─ 이중형(double slot)
              └─ 3상 유도 전동기 ─┼─ 특수 농형 ─┤
                              │                  └─ 심구형(deep slot)
                              └─ 권선형 유도 전동기
```

1 유도 전동기의 원리

(1) 회전 원리

① 그림 2-39와 같이 영구 자석을 화살표 방향으로 움직이면, 알루미늄 원판은 이것과 같은 방향으로 회전한다.

② 이것은 자석의 이동에 의해 발생하는 맴돌이 전류와 자속 사이에 생기는 전자력에 의해 회전력이 발생한 것으로, 회전 방향은 플레밍의 왼손 법칙에 의하여 정의된다.

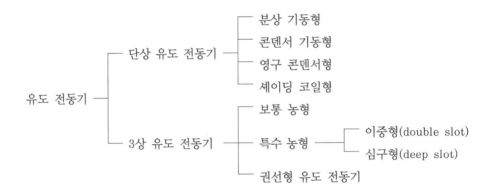

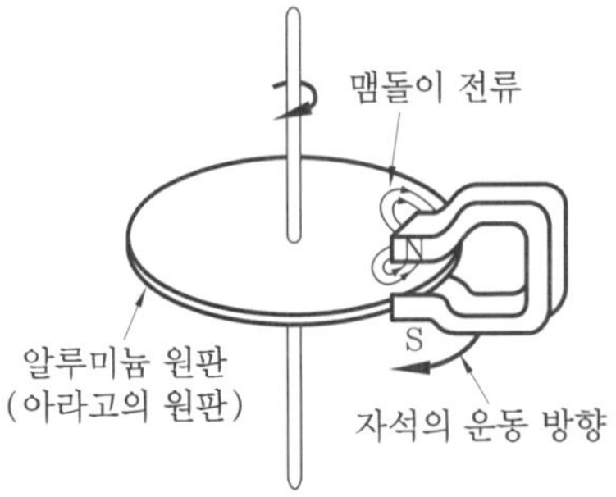

그림 2-39 회전 원리

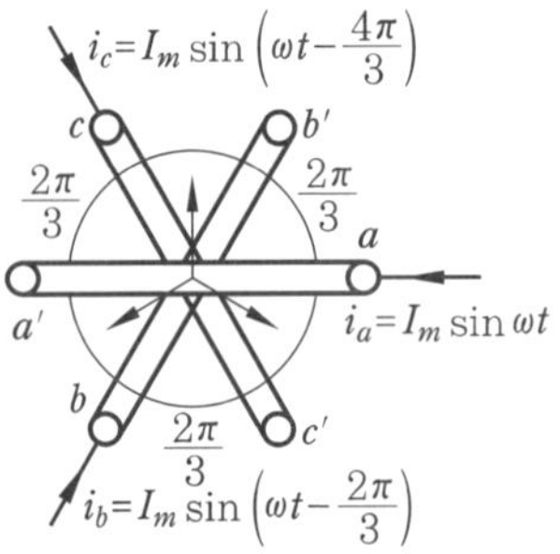

$$i_c = I_m \sin\left(\omega t - \frac{4\pi}{3}\right)$$

$$i_a = I_m \sin \omega t$$

$$i_b = I_m \sin\left(\omega t - \frac{2\pi}{3}\right)$$

그림 2-40 회전 자기장

(2) 회전 자기장

① 그림 2－40과 같이 코일 aa', bb' 및 cc'를 $\dfrac{2\pi}{3}$ [rad]씩 배치하고, 이것에 3상 교류를 흘려주면 각 코일에 회전 자장이 생기게 된다.

② 3상 전력에 의하여 회전 자장이 발생되도록 한 것을 3상 유도 전동기라 한다.

(3) 동기 속도(synchronous speed) : N_s

회전 자장의 속도는 전원의 주파수와 극수로 정해진다.

$$N_s = \frac{120f}{p} \text{ [rpm]}$$

여기서, p : 극수, f : 전원 주파수(Hz)

(4) 유도 전동기의 장점

① 쉽게 전원을 얻을 수 있다.

② 구조가 간단하고 값이 싸며, 튼튼하고 고장이 적다.

③ 다루기가 간편하여 전기 지식이 없는 사람이라도 쉽게 운전할 수 있다.

④ 슬립에 해당하는 약간의 변화는 있으나, 거의 정속도로 운전되는 전동기로서 부하가 변화하더라도 속도의 변동이 거의 없다.

2　유도 전동기의 구조와 종류

(1) 3상 유도 전동기의 주요 부분

① 고정자(stator) : 3상 권선을 감아 회전 자장을 만들어 주는 부분이다.

② 회전자(rotor) : 회전 자장에 끌려서 회전하는 부분이다.

그림 2－41　3상 농형 유도 전동기

(2) 고정자

① 고정자 프레임(stator frame) : 전동기의 가장 바깥쪽에 있는 부분으로, 대형은 보통 압연 강판으로 만든다.

② 고정자 철심(stator core)

   (개) 소형의 전동기는 둥근 모양으로 잘라낸 두께 0.35 mm 또는 0.5 mm의 강판을 성층하고, 통풍 덕트를 철심의 두께 50~60 mm마다 설치한다.

   (내) 대형의 전동기는 부채꼴의 규소 강판으로 조립한다.

③ 고정자 권선(stator coil)

   (개) 고정자 권선은 2층 중권으로 감은 3상 권선이다. 소형 전동기는 보통 4극이고, 홈 수는 24개 또는 36개이다.

   (내) 1극 1상의 홈 수 N_{sp} 는 다음과 같다.

$$N_{sp} = \frac{홈\ 수}{극수 \times 상수}$$

$$\therefore N_{sp} = \frac{24}{4 \times 3} = 2 \ 또는 \ N_{sp} = \frac{36}{4 \times 3} = 3$$

④ 고압 전동기는 일반적으로 Y 결선으로 하며, 저압 전동기에서는 Y 결선과 Δ 결선이 다 같이 쓰이고 있다.

(3) 회전자

① 주요 부분 : 축, 철심, 권선

② 회전자 철심 : 규소 강판을 성층하여 만든 것이다.

③ 농형 회전자(squirrel-cage rotor)

   (개) 구리 또는 알루미늄 도체를 사용한 것으로, 단락 고리와 냉각용의 날개가 한 덩어리의 주물로 되어 있다.

   (내) 비틀어진 홈(skewed slot)

     • 회전자가 고정자의 자속을 끊을 때 발생하는 소음을 억제하는 효과가 있다.

     • 기동 특성, 파형을 개선하는 효과가 있다.

④ 권선형 회전자(wound type rotor)

   (개) 농형 회전자의 철심과 같이 규소 강판으로 적층하여 만든 원통형이다.

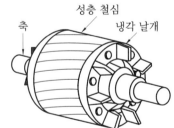

그림 2-42 skewed slot 회전자

   (내) 절연 코일을 삽입할 수 있는 반폐 슬롯이 사용된다.

   (대) 권선형 회전자 내부 권선의 결선은 일반적으로 Y 결선하고, 3상 권선의 세 단자 각각 3개의 슬립 링(slip ring)에 접속하고 브러시(brush)를 통해서 바깥에 있는 기동 저항기와 연결한다.

㈑ 기동 저항기를 이용하여 기동 전류를 전부하 전류의 100~150 % 정도로 감소시킬 수 있고, 속도 조정도 자유로이 할 수 있는 이점이 있다.

㈒ 구조가 복잡하고 운전이 까다로우며, 효율과 능률이 떨어지는 단점도 있다.

(4) 공극 (air gap)

① 유도 전동기의 고정자와 회전자 사이에는 여자 전류를 적게 하고, 역률 및 효율을 높이기 위해 될 수 있는 한 공극을 좁게 한다.

② 일반적으로, 공극이 넓으면 기계적으로는 안전하지만, 공극의 자기 저항은 철심에 비해 매우 크므로 여자 전류가 커져서 전동기의 역률이 현저하게 떨어진다.

③ 유도 전동기의 공극은 0.3~2.5 mm 정도로 한다.

(5) 유도 전동기의 종류

① 상의 수 : 단상 유도 전동기, 3상 유도 전동기

② 회전자의 구조 : 농형 유도 전동기, 권선형 유도 전동기

③ 겉모양 : 개방형, 반밀폐형

④ 보호 방법 : 방진형, 방적형, 방수형, 방폭형

⑤ 통풍 방법 : 자기 통풍식, 타력 통풍식

⑥ 절연 재료 : A종, E종, B종

(6) 절연 종별과 최고 허용 온도

표 2-6 절연 종별과 최고 허용 온도

종별	Y	A	E	B	F	H	C
℃	90	105	120	130	155	180	180 초과

[최고 허용 온도에 의한 절연 재료의 분류]

① Y 종

㈎ 절연물의 종류 : 면, 종이, 명주 등으로 구성된 재료로서 니스를 함침하지 않고 묻히지 않는 것이다. 기타 요소 수지

㈏ 용도 : 저전압 소형 기기의 절연

② A 종

㈎ 절연물의 종류 : 면, 명주, 종이 등으로 구성된 것을 니스로 함침하고, 기름에 묻힌 것이다.

㈏ 용도 : 보통의 회전기, 변압기의 절연

③ E 종

㈎ 절연물의 종류 : 에나멜선용에 폴리우레탄 수지, 페놀 수지 등을 충전한 셀룰로

오스 성형품, 면적 용품이다.
㈏ 용도 : 비교적 대용량의 기기, 코일의 절연
④ B종
㈎ 절연물의 종류 : 운모, 석면, 유리 섬유 등을 접착제로 셸락, 아스팔트와 같이 사용한 것이다.
㈏ 용도 : 고전압 발전기, 전동기 권선의 절연
⑤ F종
㈎ 절연물의 종류 : 상기 재료를 실리콘 알킷 수지와 같은 접착 재료와 같이 사용한 것이다.
㈏ 용도 : B종과 같으나 기기의 형태가 작아진다.
⑥ H종
㈎ 절연물의 종류 : 상기 재료를 실리콘 수지와 같은 접착 재료와 같이 사용한 것이다.
㈏ 용도 : F종과 같으며, 이 밖에 기름을 사용하지 않는 고압용 변압기에도 사용된다.
⑦ C종
㈎ 절연물의 종류 : 운모, 도자기, 유리, 석영 등을 단독으로 사용한 것이다.
㈏ 용도 : 내열성, 내후성을 필요로 하는 부분의 절연

과년도 / 예상문제

전기기능사

1. 유도 전동기의 동작 원리로 옳은 것은 어느 것인가? [18, 19]
① 전자 유도와 플레밍의 왼손 법칙
② 전자 유도와 플레밍의 오른손 법칙
③ 정전 유도와 플레밍의 왼손 법칙
④ 정전 유도와 플레밍의 오른손 법칙

해설 동작 원리
㉠ 전자 유도에 의한 맴돌이 전류와 자속 사이에 생기는 전자력에 의해 회전력이 발생한다.
㉡ 회전 방향은 플레밍의 왼손 법칙에 의하여 정의된다.

2. 3상 유도 전동기의 회전 원리를 설명한 것 중 틀린 것은? [14]
① 회전자의 회전 속도가 증가하면 도체를 관통하는 자속 수는 감소한다.
② 회전자의 회전 속도가 증가하면 슬립도 증가한다.
③ 부하를 회전시키기 위해서는 회전자의 속도는 동기 속도 이하로 운전되어야 한다.
④ 3상 교류 전압을 고정자에 공급하면 고정자 내부에서 회전 자기장이 발생된다.

정답 ● 1. ① 2. ②

해설 슬립(slip) : 회전자의 회전 속도가 증가할수록 슬립은 감소하여 동기 속도에서는 그 값이 0이 된다.

※ 슬립 : $s = \dfrac{\text{동기 속도} - \text{회전자속도}}{\text{동기 속도}}$

$= \dfrac{N_s - N}{N_s}$

3. 3상 유도 전동기의 최고 속도는 우리나라에서 몇 rpm인가? [11]

① 3600　　　　② 3000

③ 1800　　　　④ 1500

해설 우리나라의 상용 주파수는 60 Hz이며, 최소 극수는 2이다.

∴ $N_s = \dfrac{120f}{p} = \dfrac{120 \times 60}{2} = 3600\,\text{rpm}$

4. 4극 60 Hz 3상 유도 전동기의 동기 속도는 몇 rpm인가? [18]

① 200　　　　② 750

③ 1200　　　　④ 1800

해설 $N_s = \dfrac{120f}{p} = \dfrac{120 \times 60}{4} = 1800\,\text{rpm}$

5. 주파수 50 Hz용의 3상 유도 전동기를 60 Hz 전원에 접속하여 사용하면 그 회전 속도는 어떻게 되는가? [17]

① 20 % 늦어진다.　② 변치 않는다.

③ 10 % 빠르다.　　④ 20 % 빠르다.

해설 $N_s = \dfrac{120}{P} \cdot f$ [rpm]에서,

회전수 N_s는 주파수 f에 비례한다.

∴ $\dfrac{60}{50} = 1.2$배로 주파수가 증가했으므로, 회전 속도는 20 % 빠르다.

6. 다음 중 권선형 3상 유도 전동기의 장점이 아닌 것은?

① 속도 조정이 가능하다.

② 비례 추이를 할 수 있다.

③ 농형에 비하여 효율이 높다.

④ 기동 시 특성이 좋다.

해설 구조가 복잡하고 운전이 까다로우며, 효율과 능률이 떨어지는 단점이 있다.

7. 다음 중 농형 회전자에 비뚤어진 홈을 쓰는 이유는? [12, 18]

① 출력을 높인다.

② 회전수를 증가시킨다.

③ 소음을 줄인다.

④ 미관상 좋다.

해설 비뚤어진 홈 (skewed slot)

ⓐ 회전자가 고정자의 자속을 끊을 때 발생하는 소음을 억제하는 효과가 있다.

ⓑ 기동 특성, 파형을 개선하는 효과가 있다.

8. 슬립 링(slip ring)이 있는 유도 전동기는 어느 것인가? [17]

① 농형　　　　② 권선형

③ 심홈형　　　④ 2중 농형

해설 권선형 회전자(wound type rotor) : 권선형 회전자 내부 권선의 결선은 일반적으로 Y 결선하고, 3상 권선의 세 단자 각각 3개의 슬립 링(slip ring)에 접속하고 브러시(brush)를 통해서 바깥에 있는 기동 저항기와 연결한다.

9. 다음 중 3상 유도 전동기의 권선 설명이 잘못된 것은?

① 고정자는 보통 2층권이다.

② 고압 결선은 보통 Y 결선이다.

③ 권선형 회전자는 Y 결선이고 슬립 링을 붙인다.

④ 농형 회전자는 파권 결선이다.

정답 **3.** ①　**4.** ④　**5.** ④　**6.** ③　**7.** ③　**8.** ②　**9.** ④

해설 ㉠ 농형 회전자 (squirrel-cage rotor)
: 구리 또는 알루미늄 도체를 사용한 것으로, 단락 고리와 냉각용의 날개가 한 덩어리의 주물로 되어 있다.
㉡ 권선형 회전자 (wound type rotor) : 문제 8. 해설 참조
㉢ 고정자 권선 (stator coil)
• 고정자는 보통 2층권이다.
• 고압 전동기는 일반적으로 Y 결선으로 하며, 저압 전동기에서는 Y 결선과 Δ 결선이 다 같이 쓰이고 있다.

10. 다음 중 유도 전동기 권선법 중 맞지 않는 것은? [11, 18]

① 고정자 권선은 단층 파권이다.
② 고정자 권선은 3상 권선이 쓰인다.
③ 소형 전동기는 보통 4극이다.
④ 홈 수는 24개 또는 36개이다.

해설 ㉠ 고정자 권선은 2층 중권으로 감은 3상 권선이다.
㉡ 소형 전동기는 보통 4극이고, 홈 수는 24개 또는 36개이다.

11. 다음은 3상 유도 전동기 고정자 권선의 결선도를 나타낸 것이다. 맞는 것은 어느 것인가? [14, 19]

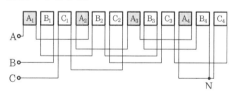

① 3상 2극, Y결선
② 3상 4극, Y결선
③ 3상 2극, Δ결선
④ 3상 4극, Δ결선

해설 ㉠ 3상 : A상, B상, C상
㉡ 4극 : 극 번호 1, 2, 3, 4
㉢ Y 결선 : 독립된 인출선 A, B, C와 성형점 N이 존재

12. 유도 전동기의 고정자 홈 수 36개, 고정자 권선은 2층 중권으로 감은 경우 3상 4극으로 권선하려면 1극 1상의 홈 수는 몇 개인가? [17, 18]

① 1   ② 2
③ 3   ④ 7

해설 1극 1상의 홈 수

$$S_{sp} = \frac{홈\ 수}{극수 \times 상수} = \frac{36}{4 \times 3} = 3$$

13. E종 절연물의 최고 허용 온도는 몇 ℃ 인가? [19]

① 40   ② 60
③ 120   ④ 125

해설 절연 종별과 최고 허용 온도 : 본문 표 참조

14. 다음 중 절연 종별과 최고 허용 온도가 잘못된 것은?

① Y종, 180   ③ A종, 105
③ E종, 120   ④ B종, 130

해설 Y종 : 90℃

3-2	○ 3상 유도 전동기의 이론

■ 유도 전동기(induction motor)

　유도 전동기는 변압기와 같이 1차 권선과 2차 권선이 있고, 전자 유도 작용으로 전력을 2차 권선에 공급하는 회전 기계이다. 유도 전동기의 2차 권선은 전자 유도적으로 전력을 공급받아 토크를 발생하여 전기적 에너지를 기계적 에너지로 변환한다.

1 **회전수와 슬립**

(1) 슬립 (slip)

　① 3상 유도 전동기는 항상 회전 자기장의 동기 속도 N_s [rpm]와 회전자의 속도 N [rpm] 사이에 차이가 생기게 되며, 이 차이의 값으로 전동기의 속도를 나타낸다.

　② 이때 속도의 차이$(N_s - N)$와 동기 속도 N_s와의 비를 슬립(slip) s 라 한다.

$$s = \frac{\text{동기 속도} - \text{회전자 속도}}{\text{동기 속도}} = \frac{N_s - N}{N_s}$$

　③ 슬립 s 를 백분율(%)로 표시하면 다음과 같다.

$$s = \frac{N_s - N}{N_s} \times 100 \, \%$$

　④ 무부하시 - 동기 속도로 회전할 때 : $N = N_s$　　　∴ $s = 0$

　⑤ 기동시 - 회전자가 정지하고 있을 때 : $N = 0$　　　∴ $s = 1$

　⑥ 대체로 정격 부하에서의 전동기의 슬립 s 는 소형 전동기의 경우에는 5~10 % 정도가 되고, 중형 및 대형 전동기의 경우에는 2.5~5 % 정도가 된다.

(2) 회전 자기장과 회전자 사이의 상대 속도

　① $N_s - N = s \cdot N_s$

　② $N = (1 - s) \cdot N_s$ [rpm]

　③ $N = \dfrac{120 f (1 - s)}{p}$ [rpm]

2 **회전자의 유도 기전력과 주파수**

(1) 전동기가 정지하고 있는 경우

　① 1차 권선의 1상에 유도되는 기전력

$$E_1 = 4.44 \, k_{w1} f_1 N_1 \phi \text{ [V]}$$

② 2차 권선의 1상에 유도되는 기전력

$$E_2 = 4.44 \ k_{w2} \ f_2 \ N_2 \ \phi$$

③ 정지시 슬립 $s = 1$

$$f_2 = f_1$$

여기서, k_{w1} : 1차 권선 계수 k_{w2} : 2차 권선 계수

       f_1 : 전원의 주파수 ϕ : 1극당의 평균 자속

       N_1 : 1상에 직렬로 감긴 권선수 f_2 : 2차 권선에 유도되는 기전력의 주파수

(2) 전동기가 회전하고 있는 경우

① 회전 자기장의 동기 속도 N_s 와 회전자의 속도 N 과의 차, 즉 상대 속도는 다음과 같다.

$$N_s - N = s \cdot N_s$$

② 슬립 s 에서의 2차 권선 회전자에 유도되는 기전력의 실횻값 E_{2s}[V]과 주파수 f_s 는 다음과 같다.

$$f_s = s f_1 \ [\text{Hz}]$$

$$E_{2s} = s E_2 \ [\text{V}]$$

여기서, $s f_1$: 슬립 주파수 (slip frequency)

       $s E_2$: 슬립 s 에서의 회전자 유도 기전력

3 여자 전류와 유도 기전력

(1) 1차 전류 (고정자 전류)

① 유도 전동기의 고정자 권선 (1차 권선)에 3상 전류를 가해 주면, 고정자 권선에는 전류가 흐르고 회전 자기장이 만들어진다.

② 회전 자기장을 만들어 주는 전류를 여자 전류 (exciting current)라 한다.

(2) 여자 전류 I_0 와 유도 기전력 E_1 의 상관 벡터도

① 전원 전압 벡터 $\dot{V_1}$ 을 기준으로 한다.

② 1차 권선 전자 유도 기전력 벡터 $\dot{E_1}$ 이 $\dot{V_1}$ 에 대해 역기전력으로 발생된다.

③ 1차 권선 N_1 에서 자화 전류 $\dot{I_m}$ 이 $\dot{V_1}$ 에 대해 90°의 지상 전류로 흐른다.

④ 자화 전류 $\dot{I_m}$ 이 자기력선속 $\dot{\phi_1}$ 을 생성한다.

⑤ 철심 자기 회로의 철손 전류 $\dot{I_w}$ 가 자화 전류 $\dot{I_m}$ 보다 90°진상으로 흐른다.

       여자 전류 : $\dot{I_0} = \dot{I_w} + \dot{I_m}$

⑥ 2차 쪽의 전달 전류 $\dot{I_1}'$ 는 1차 저항 r_1 에 공급되므로, $\dot{I_0}$ 보다 r_1 분만큼 진상이 된다.

⑦ 전체 1차 전류 $\dot{I}_1$은 여자 전류 $\dot{I}_0$와 1차 부하 전류 $\dot{I}_1{'}$의 벡터합으로 표시된다.

$$\dot{I}_1 = \dot{I}_0 + \dot{I}_1{'} \text{ [A]} \qquad \left(\alpha_0 = \tan^{-1} \frac{B_0}{g_0} \right)$$

⑧ 1차 부하 전류에 대해서 정리하면 다음과 같다.

$$I_1{'} = \frac{K_{w2}\,N_2}{K_{w1}\,N_1}\,I_2 = \frac{1}{\alpha}\,I_2 \text{ [A]} \qquad \left(\text{권수비(turn ratio)} : \alpha = \frac{K_{w2}\,N_1}{K_{w1}\,N_2} \right)$$

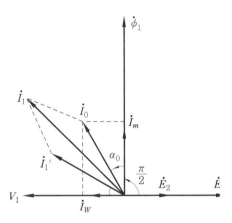

그림 2-43   여자 전류와 유도 기전력의 상관 벡터도

4 유도 전동기의 등가 회로

(1) 운전하고 있는 전동기의 등가 회로

① 전동기가 슬립 s로 회전한다고 하면 전동기의 속도 n은 $(1-s)\,n_s$가 되고, 2차 권선의 1상에는 $E_{2s} = sE_2$의 기전력이 유도되고, $f_2 = sf_1$의 주파수가 만들어진다.

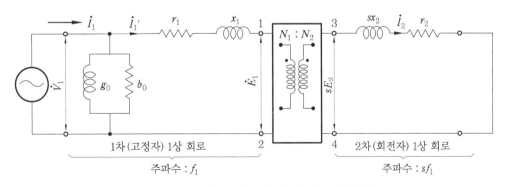

그림 2-44   유도 전동기의 등가 회로(운전시)

② 운전하고 있는 전동기의 2차 전류 : 그림의 등가 회로에서 회전자가 슬립 s 로 회전하고 있을 때, 2차 전류 $\dot{I}_2$ 는 다음과 같다.

$$I_2 = \frac{sE_2}{\sqrt{{r_2}^2 + (sx_2)^2}} = \frac{E_2}{\sqrt{\left(\dfrac{r_2}{s}\right)^2 + {x_2}^2}} \ [\text{A}]$$

$$\theta_2 = \tan^{-1}\frac{sx_2}{r_2}$$

③ 변형된 등가 임피던스 회로 : 1차와 2차가 같은 주파수로 되는 단상 변압기에 부하 저항 $R = \dfrac{r_2}{s} - r_2$ 를 접속한 변압기 회로로 생각할 수 있다.

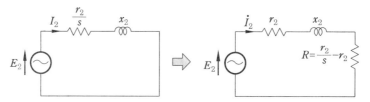

그림 2-45 등가 임피던스 회로

5 전력의 변환

(1) 유도 전동기의 기계적 출력

① 유도 전동기의 1차쪽에서 2차쪽으로 공급되는 전력의 일부는 2차 회로의 손실로 잃어버리게 되고, 나머지 대부분은 회전자에 의하여 기계적 출력으로 변환된다.

② 전동기의 출력 P_0

$$P_0 = P_2 - P_{c_2} = \frac{{I_2}^2\, r_2}{s} - {I_2}^2\, r_2 = {I_2}^2 \left(\frac{r_2}{2} - r_2\right) = {I_2}^2\, R_2 \ [\text{W}]$$

여기서, P_2 : 2차쪽의 입력(W)

P_{c_2} : 2차 구리손(W)

③ 그림에서 $R_2 = \left(\dfrac{r_2}{s} - r_2\right)$ 이고, 기계적 출력 P_0 은 2차쪽의 입력 P_2 에서 2차 구리손 P_{c_2} 를 뺀 값으로, 저항 $R = \left(\dfrac{r_2}{s} - r_2\right) = \dfrac{(1-s)}{s}r_2$ 인 부하에서 소비되는 전력이다.

④ 실제 P_0 [W] 만큼의 에너지가 기계적 동력으로 변환되는 것이다.

(2) 2차 입력, 2차 저항손과 슬립 s 와의 관계

① 2차 저항손 P_{c_2} [W]

$$P_{c_2} = I_2{}^2 \cdot r_2 = I_2{}^2 \cdot \frac{r_2}{s} \cdot s = P_s \cdot s = s P_2$$

② 슬립 s

$$s = \frac{P_{c_2}}{P_2} = \frac{2\text{차 전체 저항손}}{2\text{차 전체 입력}}$$

(3) 2차 입력, 기계적 출력과 슬립 s 와의 관계

① 기계적인 출력 P_0

$$P_0 = P_2 - P_{c_2} = P_2 - s P_2 = (1-s) P_2 = \frac{N}{N_s} P_2 \text{ [W]}$$

(2차 입력 P_2) : (2차 저항손 P_{c_2}) : (기계적 출력 P_0)

$$= P_2 : s P_2 : (1-s) P_2 = 1 : s : (1-s)$$

② 실제의 기계적 출력은 풍손, 마찰손 때문에 P_0보다 약간은 작다.

(4) 전동기의 발생 토크 – 동기 와트(synchronous watt)

① 2차 입력 P_2 [W]는 전동기가 T [N·m]을 내고, 동기 속도 N_s [rpm]으로 회전한다고 가정한 때의 출력과 같다.

② 기계적 출력 P_0 [W]

$$P_0 = \omega T = 2\pi \frac{N}{60} T \text{ [W]}$$

$$T = \frac{60 P_0}{2\pi N}$$

$$= \frac{60(1-s)P_2}{2\pi (1-s)N_s} = \frac{60 P_2}{2\pi N_s} = \frac{P_2}{\omega_s} = \frac{P_2}{(4\pi f)/p} = \frac{p}{4\pi f} \cdot P_2 = k \cdot P_2 \text{ [N·m]}$$

여기서, $\omega = 2\pi \dfrac{N}{60}$ [rad/s]　　　　　$P_0 = (1-s)P_2$ [W]

　　　$N = (1-s)N_s$ [rpm]　　　　　$N_s = \dfrac{120}{p} f$ [rpm]

③ 토크 T는 2차 입력 P_2에 비례함을 알 수 있으며, P_2로 토크를 나타낸 것을 동기 와트로 나타낸 토크라 한다.

과년도 / 예상문제

전기기능사

1. 60 Hz, 4극 유도 전동기가 1700 rpm으로 회전하고 있다. 이 전동기의 슬립은 약 얼마인가? [16, 17]

① 3.42 % ② 4.56 %

③ 5.56 % ④ 6.64 %

해설 ㉠ $N_s = \dfrac{120f}{p} = \dfrac{120 \times 60}{4} = 1800$ rpm

㉡ $s = \dfrac{N_s - N}{N_s} \times 100 = \dfrac{1800 - 1700}{1800} \times 100$

$≒ 5.56\%$

2. 4극의 3상 유도 전동기가 60 Hz의 전원에 연결되어 4 %의 슬립으로 회전할 때 회전수는 몇 rpm인가? [16, 17, 19]

① 1656 ② 1700 ③ 1728 ④ 1880

해설 ㉠ $N_s = \dfrac{120f}{p} = \dfrac{120 \times 60}{4} = 1800$ rpm

㉡ $N = (1-s)N_s = (1-0.04) \times 1800$

$= 1728$ rpm

3. 주파수 60 Hz의 회로에 접속되어 슬립 3 %, 회전수 1164 rpm으로 회전하고 있는 유도 전동기의 극수는? [11, 16]

① 4 ② 6 ③ 8 ④ 10

해설 $p = \dfrac{120f(1-s)}{N}$

$= \dfrac{120 \times 60(1-0.03)}{1146} = 6$극

4. 다음 중 3상 유도 전동기가 정지하고 있는 상태를 나타낸 것은? [16]

① $s = 0$ ② $0 < s < 1$

③ $0 > s > 1$ ④ $s = 1$

해설 슬립(slip)의 범위

㉠ 정지(기동 시)하고 있는 상태

$N = 0 \rightarrow s = 1$

㉡ 무부하 상태 $N = N_s \rightarrow s = 0$

㉢ 정상 운전 상태

$N \neq N_s \neq 0 \rightarrow 0 < s < 1$

5. 유도 전동기의 무부하 시 슬립은? [15]

① 4 ② 3 ③ 1 ④ 0

6. 다음 중 3상 유도 전동기의 슬립이 0이라는 것은? [17]

① 정지 상태이다.

② 동기 속도로 회전하고 있다.

③ 전부하로 운전하고 있다.

④ 유도 제동기로 동작하고 있다.

해설 무부하 상태 $N = N_s \rightarrow s = 0$

7. 3상 유도 전동기 슬립의 범위는? [12]

① $0 < s < 1$ ② $-1 < s < 0$

③ $1 < s < 2$ ④ $0 < s < 2$

해설 정상 운전 상태

$N \neq N_s \neq 0 \rightarrow 0 < s < 1$

8. 용량이 작은(10 kW 이하) 유도 전동기의 경우 전부하에서의 슬립 (%)은? [11, 15]

① 1~2.5 ② 2.5~4

③ 5~10 ④ 10~20

해설 정격 부하에서의 전동기의 슬립 s

㉠ 소형 전동기의 경우에는 5~10 % 정도

㉡ 중형 및 대형 전동기의 경우에는 2.5~5 % 정도

9. 3상 유도 전동기에서 회전자가 슬립 s로 회전하고 있을 때 2차 유기 전압 E_{2s} 및 2차 주파수 f_{2s}와 s와의 관계는? (단, E_2는 회전자가 정지하고 있을 때 2차 유기 기전력이며 f_1은 1차 주파수이다.) [18]

① $E_{2s} = sE_2, \ f_{2s} = sf_1$

② $E_{2s} = sE_2, \ f_{2s} = \dfrac{1}{s}f_1$

③ $E_{2S} = \dfrac{1}{s}E_2, \ f_{2s} = \dfrac{1}{s}f_1$

④ $E_{2s} = (1-s)E_2, \ f_{2s} = (1-s)f_1$

10. 슬립이 0.05이고 전원 주파수가 60 Hz인 유도 전동기의 회전자 회로의 주파수 (Hz)는? [14]

① 1   ② 2   ③ 3   ④ 4

[해설] $f' = s \cdot f = 0.05 \times 60 = 3\,\mathrm{Hz}$

11. 6극, 3상 유도 전동기가 있다. 회전자도 3상이며 회전자 정지시의 1상의 전압은 200 V이다. 전부하시의 속도가 1152 rpm이면 2차 1상의 전압은 몇 V인가? (단, 1차 주파수는 60 Hz)

① 8.0   ② 8.3

③ 11.5   ④ 23.0

[해설] ㉠ $N_s = \dfrac{120f}{p} = \dfrac{120 \times 60}{6} = 1200 \ \mathrm{rpm}$

㉡ $s = \dfrac{N_s - N}{N_s} = \dfrac{1200 - 1152}{1200} = 0.04$

∴ $E_{2s} = sE_2 = 0.04 \times 200 = 8 \ \mathrm{V}$

12. 유도 전동기의 2차 저항 r_2, 슬립 s일 때 기계적 출력에 상당한 등가 저항은?

① r_2 ② $\dfrac{1-s}{s}r_2$

③ $\dfrac{r_2}{s}$ ④ $\dfrac{s}{1-s}r_2$

[해설] $R = \dfrac{r_2}{s} - r_2 = \dfrac{r_2}{s} - \dfrac{sr_2}{s}$

$= \dfrac{r_2 - sr_2}{s} = \dfrac{1-s}{s} \cdot r_2$

13. 슬립 4%인 유도 전동기의 등가 부하 저항은 2차 저항의 몇 배인가? [16, 18, 19]

① 5   ② 19   ③ 20   ④ 24

[해설] $R = \dfrac{1-s}{s} \cdot r_2 = \dfrac{1-0.04}{0.04} \times r_2 = 24\,r_2$

∴ 24배

14. 슬립 $s = 5\%$, 2차 저항 $r_2 = 0.1\,\Omega$인 유도 전동기의 등가 저항 $R[\Omega]$은 얼마인가? [15]

① 0.4   ② 0.5

③ 1.9   ④ 2.0

[해설] $R = \dfrac{r_2}{s} - r_2 = \dfrac{0.1}{0.05} - 0.1 = 2 - 0.1 = 1.9$

15. 권선형 유도 전동기의 슬립 s에 있어서의 2차 전류는? (단, E_2, x_2는 정지 때의 2차 유기 전압과 2차 리액턴스, r_2는 2차 저항)

① $\dfrac{sr_2}{R_2 + sx_2}$ ② $\dfrac{E_2}{\sqrt{(sr_2)^2 + x_2{}^2}}$

③ $\dfrac{sE_2}{\sqrt{\left(\dfrac{r_2}{s}\right)^2 + x_2{}^2}}$ ④ $\dfrac{E_2}{\sqrt{\left(\dfrac{r_2}{s}\right)^2 + x_2{}^2}}$

[해설] 슬립 s로 운전하고 있는 권선형 유도 전동기의 2차 전류

$I_2 = \dfrac{sE_2}{\sqrt{r_2{}^2 + (sx_2)^2}} = \dfrac{E_2}{\sqrt{\left(\dfrac{r_2}{s}\right)^2 + x_2{}^2}} \ [\mathrm{A}]$

16. 유도 전동기의 입력이 P_2일 때 슬립이 s라면 회전자 동손(W)은? [18]

① $\dfrac{P_2}{s}$ ② sP_2

③ $(1-s)P_2$ ④ $\dfrac{P_2}{(1-s)}$

해설 2차 저항(구리)손 = 회전자 동손

$$P_{c_2} = s\,P_2$$

17. 회전자 입력 10 kW, 슬립 3 %인 3상 유도 전동기의 2차 동손(W)은? [13, 15, 17]

① 300 ② 400

③ 500 ④ 700

해설 $P_{c_2} = s\,P_2 = 0.03 \times 10 \times 10^3 = 300\,\text{W}$

18. 슬립 4 %인 3상 유도 전동기의 2차 동손이 0.4 kW일 때 회전자 입력(kW)은? [13]

① 6 ② 8

③ 10 ④ 12

해설 $P_2 = \dfrac{P_{c2}}{s} = \dfrac{0.4}{0.04} = 10\,\text{kW}$

19. 회전자 입력을 P_2, 슬립을 s라 할 때 3상 유도 전동기의 기계적 출력의 관계식은? [12, 18]

① sP_2 ② $(1-s)P_2$

③ $s^2 P_2$ ④ $\dfrac{P_2}{s}$

해설 $P_0 = P_2 - P_{c2} = P_2 - s\,P_2 = (1-s)P_2$

20. 유도 전동기의 2차 입력 : 2차 동손 : 기계적 출력 간의 비는?

① $1 : s : 1-s$

② $1 : 1-s : s$

③ $s : \dfrac{s}{1-s} : 1$

④ $1 : s : s^2$

해설 (2차 입력 P_2) : (2차 저항손 P_{2c}) : 기계적 출력 P_0)

$= P_2 : P_{c2} : P_0 = P_2 : sP_2 : (1-s)P_2$

$= 1 : s : 1-s$

21. 3상 유도 전동기의 1차 입력 60 kW, 1차 손실 1 kW, 슬립 3 %일 때 기계적 출력(kW)은? [13, 14, 16]

① 62 ② 60

③ 59 ④ 57

해설 ㉠ 2차 입력

$P_2 =$ 1차 압력 − 1차 손실

$= 60 - 1 = 59\,\text{kW}$

㉡ 기계적 출력

$P_0 = (1-s)P_2$

$= (1-0.03) \times 59 ≒ 57\,\text{kW}$

22. 3상 유도 전동기의 2차 입력 100 kW, 슬립 5 %일 때 기계적 출력(kW)은?

① 50 ② 75

③ 95 ④ 100

해설 $P_0 = (1-s) \cdot P_2 = (1-0.05) \times 100$

$= 95\,\text{kW}$

23. 출력 12 kW, 회전수 1140 rpm인 유도 전동기의 동기 와트는 약 몇 kW인가? (단, 동기 속도 N_s는 1200 rpm이다.) [12, 16]

① 10.4 ② 11.5

③ 12.6 ④ 13.2

해설 동기 와트 : $P_2 = \dfrac{N_s}{N}P_o = \dfrac{1200}{1140} \times 12$

$= 12.6\,\text{kW}$

※ 토크 T는 2차 입력 P_2에 비례함을 알 수 있으며, P_2로 토크를 나타낸 것을 동기 와트로 나타낸 토크라 한다.

24. 60 Hz, 220 V, 7.5 kW인 3상 유도 전동기의 전부하시 회전자 동손이 0.485 kW, 기계손이 0.404 kW일 때 슬립은 몇 %인가? [18]

① 6.2　　　　② 5.8
③ 5.5　　　　④ 4.9

해설　$s = \dfrac{P_{c_2}}{P_2} \times 100 = \dfrac{P_{c2}}{P_0 + P_m + P_{c_2}} \times 100$

$\quad = \dfrac{0.485}{7.5 + 0.404 + 0.485} \times 100 = 5.8\,\%$

25. 다음 중 토크(회전력)의 단위는? [10]

① rpm　　　　② W
③ N·m　　　　④ N

해설　N·m, kg·m
　※ 1 kg·m = 9.8 N·m

26. 3상 유도 전동기의 기계적 출력을 P_0 [W], 회전수를 N [rpm], 슬립을 s 라 하면 토크 T 는 몇 kg·m인가?

① $2\pi \dfrac{N}{60}$　　　　② $\dfrac{60P_0}{9.8\pi N}$
③ $\dfrac{\pi \cdot N}{29.4}$　　　　④ $\dfrac{30P_0}{9.8\pi N}$

해설　$T = \dfrac{60P_0}{2\pi N}$ [N·m]

$\quad T' = \dfrac{1}{9.8} \times \dfrac{60P_0}{2\pi N} = \dfrac{30 \cdot P_0}{9.8\pi N}$ [kg·m]

※ 기계적 출력 : $P_0 = \omega T = 2\pi \dfrac{N}{60} T$

3-3	o 3상 유도 전동기의 특성

■ 유도 전동기의 회전 속도

부하의 크기, 전압 그리고 2차 회로의 저항 등에 의해 변화한다.

1 속도 특성

(1) 속도 특성 곡선(speed characteristic curve)

1차 전압을 일정하게 하고 슬립, 즉 속도를 변화시킬 때 슬립 s 의 함수인 1차 전류, 토크, 기계적 출력, 역률 및 효율 등 이들의 양이 어떻게 변화하는지를 알아보는 곡선이다.

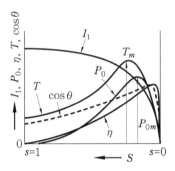

그림 2-46 속도 특성 곡선

(2) 슬립과 전류의 관계

① 2차 전류 I_2

$$I_2 = \frac{s E_2}{\sqrt{r_2{}^2 + (s x_2)^2}} \ [\text{A}]$$

② 전동기가 기동하는 순간 : $s \fallingdotseq 1$ 의 근처에서 I_2 는 s 에 관계없이 거의 일정하다.

③ 운전하고 있을 때 : $s \fallingdotseq 0$ 의 근처에서는 $(s x_2)^2$ 의 값은 매우 작으므로, $I_2 \fallingdotseq \dfrac{s E_2}{r_2}$ 가 되어 I_2 는 거의 s 에 비례한다.

(3) 슬립과 토크의 관계

① 슬립 s 가 일정하면, 토크는 공급 전압 V_1 의 제곱에 비례하여 변화한다.

$$T = \frac{60}{2\pi N_s} P_2 = \frac{60}{2\pi N_s} \cdot \frac{V_1{}^2 \cdot \dfrac{r_2{}'}{s}}{\left(r_1 + \dfrac{r_2{}'}{s}\right)^2 + (x_1 + x_2{}')^2} \ [\text{N} \cdot \text{m}]$$

② 토크 속도 곡선(torque speed curve)

㈎ 이 곡선의 모양은 r_1 및 $r_2{'}$, x_1 및 $x_2{'}$ 등의 값에 따라 변화하지만, 대략 그림 2−47과 같이 된다.

㈏ 전부하 토크는 전부하 부근에 있어서는 2차 전류가 sE_2에 비례하게 된다.

㈐ 기동 토크는 $s=1$일 때의 토크이며, 정확히 공급 전압의 제곱에 비례한다.

㈑ 최대 토크는 그림처럼 어떤 슬립 s에서 최댓값에 이르렀다가 슬립이 늘어남과 함께 줄어들게 된다.

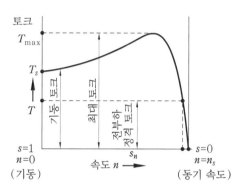

그림 2−47 속도−토크 곡선

2 출력 특성

① 출력 특성 곡선(output characteristic curve) : 유도 전동기에 기계적 부하를 걸었을 때 출력에 따라 전류, 토크, 속도, 효율 및 역률 등의 변화를 나타내는 곡선이다.

② 유도 전동기에는 거의 무효 전류인 무부하 전류가 많이 흐르므로 역률이 낮다. 슬립은 약 5 % 정도로 거의 동기 속도로 운전하게 되며, 그 속도가 거의 일정한 정속도 전동기라 볼 수 있다.

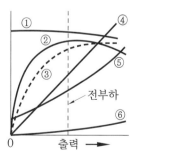

① 속도
② 효율
③ 역률
④ 토크
⑤ 전류
⑥ 슬립

그림 2−48 출력 특성 곡선

3 비례 추이(proportional shift)

① 그림 2-49와 같이 토크 속도 곡선이 2차 합성 저항의 변화에 비례하여 이동하는 것을 토크 속도 곡선이 비례 추이한다고 한다.

② 2차 회로의 합성 저항$(r_2' + R)$을 가변 저항기로 조정할 수 있는 권선형 유도 전동기는 비례 추이의 성질을 이용하여 기동 토크를 크게 한다든지 속도 제어를 할 수도 있다.

③ 저항을 2배, 3배… 로 할 때, 같은 토크에서 슬립이 2배, 3배… 로 됨을 알 수 있다.

$$\frac{r_2'}{s} = \frac{r_{21}'}{s_1} = \frac{r_{22}'}{s_2} = \cdots\cdots = \frac{mr_2'}{ms}$$

④ 비례 추이는 토크, 전류, 역률, 동기 와트, 1차 입력 등에 적용된다.

⑤ 최대 토크 T_m 는 항상 일정하다.

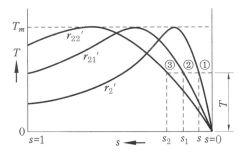

그림 2-49 비례 추이 곡선

4 원선도

① 유도 전동기의 특성을 실부하 시험을 하지 않아도, 등가 회로를 기초로 한 헤일랜드 (Heyland)의 원선도에 의하여 전부하 전류, 역률, 효율, 슬립, 토크 등을 구할 수 있다.

② 원선도 작성에 필요한 시험

㉮ 저항 측정

㉯ 무부하 시험

㉰ 구속 시험

5 유도 전동기의 손실과 효율

(1) 손실(loss)

① 유도 전동기에서도 다른 전기 기계와 마찬가지로 무부하손(고정손)과 부하손(구리손과 표유 부하손)이 생긴다.

② 손실

㉮ 고정손 : 철손, 베어링 마찰손, 브러시 마찰손(권선형 유도 전동기), 풍손

㉯ 구리손 : 1차 권선의 저항손, 2차 회로의 저항손

㉰ 표유 부하손 : 측정하거나 계산할 수 없는 손실로 부하에 비례하여 변화한다.

(2) 효율(efficiency)

① 유도 전동기의 효율

$$\eta = \frac{출력}{입력} \times 100 = \frac{입력 - 손실}{입력} \times 100 \,\%$$

② 1차 입력 : $P_1 = \sqrt{3}\ V_n\, I_1 \cos\theta_1 \times 10^{-3}$ [kW]일 때 효율은 다음과 같다.

$$\eta = \frac{출력\ P}{1차입력\ P_1} \times 100 = \frac{P \times 10^3}{\sqrt{3}\ V_n\, I_1 \cos\theta_1} \times 100 \,\%$$

여기서, V_n : 정격 전압(V), I_1 : 1차 전류(A), $\cos\theta_1$: 역률, P : 출력(kW)

③ 2차 효율

$$\eta_2 = \frac{P_0}{P_2} \times 100 = (1-s) \times 100 = \frac{N}{N_s} \times 100 \,\%$$

④ 전동기의 효율은 언제나 2차 효율보다 작다.

과년도 / 예상문제

전기기능사

1. 3상 유도 전동기 속도 특성 곡선이다. 효율을 나타내는 곡선은?

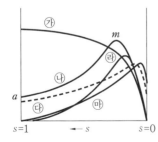

① ㉮   ② ㉯   ③ ㉰   ④ ㉱

해설 ㉮ : 1차 전류, ㉯ : 토크, ㉰ : 역률, ㉱ : 기계적 출력, ㉲ : 효율

2. 유도 전동기의 2차에 있어 E_2 가 127 V, r_2 가 0.03 Ω, x_2 가 0.05 Ω, s 가 5 %로 운전하고 있다. 이 전동기의 2차 전류 I_2 는 얼마인가? [11]

① 약 201 A   ② 약 211 A

③ 약 221 A   ④ 약 231 A

해설 회전자가 슬립 s 로 회전하고 있을 때,

2차 전류 $I_2 = \dfrac{sE_2}{\sqrt{r_2{}^2 + (sx_2)^2}}$ [A]에서,

sx_2 가 r_2 에 비하여 극히 작으므로 무시하면

$$I_2 = \frac{s\,E_2}{r_2} = \frac{0.05 \times 127}{0.03} \fallingdotseq 211.6 \text{ A}$$

정답 ● 1. ④ **2.** ②

3. 3상 유도 전동기의 토크는? [11, 14, 17]

① 2차 유도 기전력의 2승에 비례한다.

② 2차 유도 기전력에 비례한다.

③ 2차 유도 기전력과 무관한다.

④ 2차 유도 기전력의 0.5승에 비례한다.

해설 $T = kV^2$

4. 슬립이 일정한 경우 유도 전동기의 공급 전압이 $\frac{1}{2}$ 로 감소되면 토크는 처음에 비해 어떻게 되는가? [15]

① 2배가 된다.　　② 1배가 된다.

③ $\frac{1}{2}$ 로 줄어든다.　④ $\frac{1}{4}$ 로 줄어든다.

해설 $T = kV^2$

$$\therefore T' = \left(\frac{1}{2}\right)^2 = \frac{1}{4}$$

5. 유도 전동기에 기계적 부하를 걸었을 때 출력에 따라 속도, 토크, 효율, 슬립 등이 변화를 나타낸 출력 특성 곡선에서 슬립을 나타내는 곡선은? [13, 15, 18]

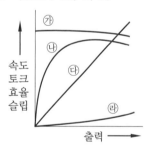

① ㉮　　② ㉯　　③ ㉰　　④ ㉱

해설 ㉮ : 속도, ㉯ : 효율, ㉰ : 토크, ㉱ : 슬립

6. 다음 중 유도 전동기에서 비례 추이를 할 수 있는 것은? [14]

① 출력　　　　② 2차 동손

③ 효율　　　　④ 역률

해설 비례 추이 : 토크, 전류, 역률, 동기 와트, 1차 입력 등에 적용된다(출력, 2차 동손, 효율 등은 할 수 없다).

7. 일정한 주파수의 전원에서 운전하는 3상 유도 전동기의 전원 전압이 80 %가 되었다면 토크는 약 몇 %가 되는가? (단, 회전수는 변하지 않는 상태로 한다.) [11]

① 55　　② 64　　③ 76　　④ 82

해설 $T = kV^2$

$$\therefore T' = \left(\frac{80}{100}\right)^2 \times 100 = 64\%$$

8. 유도 전동기 원선도 작성에 필요한 시험과 원선도에서 구할 수 있는 것이 옳게 배열된 것은? [18]

① 무부하 시험, 1차 입력

② 부하 시험, 기동 전류

③ 슬립 측정 시험, 기동 토크

④ 구속 시험, 고정자 권선의 저항

해설 원선도 작성에 필요한 시험

　㉠ 저항 측정 : 1차 권선 각 단자 간의 직류 저항 측정

　㉡ 무부하 시험 : 1차 입력(무부하 입력＝철손), 여자 전류를 구한다.

　㉢ 구속 시험 : 입력(임피던스 와트)을 측정

9. 3상 유도 전동기의 정격 전압을 V_n [V], 출력을 P [kW], 1차 전류를 I_1 [A], 역률을 $\cos\theta$ 라 하면 효율을 나타내는 식은? [16]

① $\dfrac{P \times 10^3}{\sqrt{3}\ V_n I_1 \cos\theta} \times 100\,\%$

② $\dfrac{\sqrt{3}\ V_n I_1 \cos\theta}{P \times 10^3} \times 100\,\%$

③ $\dfrac{P \times 10^3}{3\ V_n I_1 \cos\theta} \times 100\,\%$

④ $\dfrac{3\,V_n\,I_1\cos\theta}{P\times 10^3}\times 100\,\%$

해설　$\eta = \dfrac{\text{출력 }P}{\text{1차 입력 }P_1}\times 100$

$\qquad = \dfrac{P\times 10^3}{\sqrt{3}\,V_n\,I_1\cos\theta_1}\times 100\,\%$

10. 10 kW, 3상, 200 V 유도 전동기(효율 및 역률 각 85 %)의 전부하 전류(A)는?

① 20　② 40　③ 60　④ 80

해설　$P = \sqrt{3}\,VI\cos\theta\cdot\eta$ [W]

$\qquad I = \dfrac{P}{\sqrt{3}\,V\cos\theta\cdot\eta}$

$\qquad = \dfrac{10\times 10^3}{\sqrt{3}\times 200\times 0.85\times 0.85} = 40\text{ A}$

11. 기계적 출력 P_0, 2차 입력 P_2, 슬립을 s 라 할 때 유도 전동기의 2차 효율을 나타 낸 식은? (단, N은 회전 속도, N_s는 동 기 속도) [16, 17]

① $\eta_2 = \dfrac{P_0}{P_2} = 1-s = \dfrac{N}{N_s}$

② $\eta_2 = \dfrac{P_0}{P_2} = 1-s = \dfrac{N_s}{N}$

③ $\eta_2 = \dfrac{P_2}{P_0} = 1-s = \dfrac{N}{N_s}$

④ $\eta_2 = \dfrac{P_0}{P_2} = 1-s^2 = \dfrac{N}{N_s}$

해설　2차 효율

$\eta_2 = \dfrac{P_0}{P_2}\times 100 = (1-s)\times 100$

$\qquad = \dfrac{N}{N_s}\times 100\,\%$

※ 기계적인 출력

$P_0 = P_2 - P_{c_2} = P_2 - sP_2 = (1-s)P_2$

$\qquad = \dfrac{N}{N_s}P_2$ [W]

12. 다음 중 동기 와트 P_2, 출력 P_0, 슬립 s, 등기 속도 N_s, 회전 속도 N, 2차 동손 P_{2c}일 때 2차 효율 표기로 틀린 것은 어느 것인가? [16, 17]

① $1-s$　② $\dfrac{P_{2c}}{P_2}$

③ $\dfrac{P_0}{P_2}$　④ $\dfrac{N}{N_s}$

해설　$\eta_2 = \dfrac{P_0}{P_2} = (1-s) = \dfrac{N}{N_s}$

13. 220 V, 50 Hz, 8극, 15 kW 3상 유도 전동기에서 전부하 회전수가 720 rpm이라 면 이 전동기의 2차 효율은? [19]

① 86 %　② 96 %
③ 98 %　④ 100 %

해설　$N_s = 120\times\dfrac{f}{p} = 120\times\dfrac{50}{8} = 750$ rpm

$\therefore\ \eta_2 = \dfrac{N}{N_s}\times 100 = \dfrac{720}{750}\times 100 = 96\,\%$

14. 유도 전동기가 회전하고 있을 때 생기 는 손실 중에서 구리손은 어느 것인가? [15]

① 브러시의 마찰손
② 베어링의 마찰손
③ 표유 부하손
④ 1차, 2차 권선의 저항손

해설　㉠ 변압기의 손실은 부하 전류에 관계 되는 부하손과 이것과는 무관계한 무부하 손으로 분류한다.
㉡ 회전할 때 생기는 구리손은 부하 전류에 의한 1차, 2차 권선의 저항손이다.
㉢ 부하손은 주로 부하 전류에 의한 구리손 이다.
㉣ 표유 부하손 : 측정하거나 계산할 수 없 는 손실로 부하에 비례하여 변화한다.

3-4 ○ 단상 유도 전동기

(1) 단상 유도 전동기의 특성

① 전부하 전류와 무부하 전류의 비율이 대단히 크고, 역률과 효율은 대단히 나쁘다.

② 주로 0.75 kW 이하의 소출력 범위 내에서 사용되고 있다.

③ 표준 출력은 100, 200, 400 W이다.

④ 회전자는 농형으로 되어 있고, 고정자 권선은 단상 권선으로 되어 있다.

⑤ 단상 권선에서는 교번(이동) 자기장이 발생한다.

⑥ 기동 토크는 0이며, 기계손이 없어도 무부하 속도는 동기 속도 보다 작다.

(2) 단상 유도 전동기의 종류

표 2-7 단상 유도 전동기의 종류

형식	접속도	기동 토크	기동 전류	기동 장치	용도	특징
분상 기동형	(기동 스위치) 농형 회전자 SW₂ ST (주권선) (기동 권선)	중 (125~ 200 %)	대 (500~ 600 %)	• 원심력 스위치 내장 • 정격 속도의 75%에서 원심력 스위치 동작	• 재봉틀, 볼반, 우물 펌프, 팬, 환풍기, 사무기기, 농기기 • 40~200 W 이하	비교적 염가이며, 기동 전류가 큰 것이 단점이다. 큰 출력으로 제작하기 어렵다.
콘덴서 기동형	농형 회전자 C_1 SW ST M	대 (200~ 300 %)	중 (400~ 500 %)	• 기동용 콘덴서 1 HP : 400 μF 1/4 HP : 175 μF • 원심력 스위치 내장 • 정격속도 75 % 동작	• 컴프레서, 펌프, 공업용 세척기, 냉동기, 농기기, 컨베이어 • 80~400 W	기동 전류가 작고 기동 토크가 크며, 기동 토크가 크게 요구되는 부하와 전원 전압 변동이 큰 곳에 적합하다.
영구 콘덴서 기동형	농형 회전자 C M A (보조 권선)	소 (50~ 100 %)	소 (300~ 400 %)	운전 콘덴서 0.5 HP : 15 μF	• 펌프, 세척기, 사무기기, 선풍기, 세탁기 • 200 W 이하	기동 전류와 전부하 전류가 적고 운전 특성이 좋으며, 기동 토크가 적은 용도에 적합하다. 기동용 스위치가 없으므로 고장이 적다.

명칭	회로도	기동 토크	기동 전류	구성	용도	특징
영구 콘덴서형 콘덴서 기동형	SW, C_1, C, 농형 회전자, M, A	대 (250~ 350 %)	중 (400~ 500 %)	• 기동용 콘덴서 • 원심력 스위치 내장 • 운전 콘덴서	펌프, 컴프레서, 냉동기, 농기기	콘덴서 전동기와 같은 용도로 결국 기동 토크가 크게 요구되는 부하에 적합하다. 역률 90 % 이상
반발 기동형	정류자가 있는 분포권형 회전자, M, B_1, B_2	극대 (400~ 600 %)	극소 (300~ 400 %)	• 정류자 브러시 • 정류자 단락 링	• 펌프, 컴프레서, 냉동기, 공업용 세척기, 농기기 • 수십 W 이하	기동 토크가 크게 요구되고, 전원 전압 강하가 큰 부하에 적합하다. 정류자가 있어 유지 보수가 어렵다.
셰이딩 코일형	농형 회전자, M, 셰이딩 코일	소 (40~ 50 %)	중 (400~ 500 %)	shading coil 사용	레코드 플레이어, 천장 선풍기	주로 소형 민생 기기에 사용되고, 기동 스위치가 없어 유지 보수가 쉽다.

과년도 / 예상문제

 전기기능사

1. 단상 유도 전동기 기동 장치에 의한 분류가 아닌 것은? [10, 13]
① 분상 기동형 ② 콘덴서 기동형
③ 셰이딩 코일형 ④ 회전계자형

해설 회전계자형은 동기기의 분류에 해당된다.

2. 단상 유도 전동기 중 ㉠ 반발 기동형, ㉡ 콘덴서 기동형, ㉢ 분상 기동형, ㉣ 셰이딩 코일형이라 할 때, 기동 토크가 큰 것부터 옳게 나열한 것은? [10, 11, 15, 17, 18]

① ㉠＞㉡＞㉢＞㉣ ② ㉠＞㉣＞㉡＞㉢
③ ㉠＞㉢＞㉣＞㉡ ④ ㉠＞㉡＞㉣＞㉢

해설 단상 유도 전동기의 기동 토크가 큰 순서(정격 토크의 배수) : 반발 기동형(4~5배) → 콘덴서 기동형(3배) → 분상 기동형(1.25 ~1.5배) → 셰이딩 코일형(0.4~ 0.9배)

3. 역률과 효율이 좋아서 가정용 선풍기, 전기세탁기, 냉장고 등에 주로 사용되는 것은 어느 것인가? [14, 16, 18]
① 분상 기동형 전동기

② 반발 기동형 전동기
③ 콘덴서 기동형 전동기
④ 셰이딩 코일형 전동기

해설 콘덴서(condenser) 기동형 : 단상 유도 전동기로서 역률(90 % 이상)과 효율이 좋아서 가전제품에 주로 사용된다.

4. 선풍기, 가정용 펌프, 헤어드라이어 등에 주로 사용되는 전동기는? [15]

① 단상 유도 전동기
② 권선형 유도 전동기
③ 동기 전동기
④ 직류 직권 전동기

5. 단상 유도 전동기에서 분상 기동형은 회전자 속도가 동기 속도의 어느 정도에 도달했을 때 원심력 개폐기가 동작하여 기동 권선을 개방하는가? [12]

① 20~30 % 정도   ② 40~60 % 정도
③ 70~80 % 정도   ④ 90~95 % 정도

해설 분상 기동형은 원심력 스위치가 내장되어 있으며, 정격 속도의 75%에서 원심력 스위치 동작한다.

6. 다음 그림과 같은 분상 기동형 단상 유도 전동기를 역회전시키기 위한 방법이 아닌 것은? [15, 18]

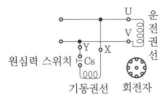

① 원심력 스위치를 개로 또는 폐로한다.
② 기동 권선이나 운전 권선의 어느 한 권선의 단자 접속을 반대로 한다.
③ 기동 권선의 단자 접속을 반대로 한다.
④ 운전 권선의 단자 접속을 반대로 한다.

해설 분산 기동형 단상 유도 전동기는 기동 권선이나 운전 권선의 어느 한 권선의 단자 접속을 반대로 하면 역회전된다.
※ 기동 시 Cs는 폐로(ON) 상태에서 일단 기동이 되면 원심력이 작용하여 Cs는 자동적으로 개로(OFF)가 된다.

7. 단상 유도 전동기에 보조 권선을 사용하는 주된 이유는? [13]

① 역률 개선을 한다.
② 회전자장을 얻는다.
③ 속도 제어를 한다.
④ 기동 전류를 줄인다.

해설 단상 유도 전동기의 보조 권선 : 주권선과 직각으로 배치한 보조(기동) 권선을 이용하여 2상 교류의 회전자장을 얻는다.

8. 셰이딩 코일형 유도 전동기의 특징을 나타낸 것으로 틀린 것은? [13]

① 역률과 효율이 좋고 구조가 간단하여 세탁기 등 가정용 기기에 많이 쓰인다.
② 회전자는 농형이고 고정자의 성층철심은 몇 개의 돌극으로 되어 있다.
③ 기동 토크가 작고 출력이 수 십 W 이하의 소형 전동기에 주로 사용된다.
④ 운전 중에도 셰이딩 코일에 전류가 흐르고 속도 변동률이 크다.

해설 셰이딩 코일(shading coil)형의 특징
㉠ 구조는 간단하나 기동 토크가 매우 작고, 운전 중에도 셰이딩 코일에 전류가 흐르므로 효율, 역률 등이 모두 좋지 않다.
㉡ 정역 운전을 할 수 없다.

9. 다음 중 정역 운전을 할 수 없는 단상 유도 전동기는? [18]

① 분상 기동형   ② 셰이딩 코일형
③ 반발 기동형   ④ 콘덴서 기동형

해설 문제 8. 해설 참조

정답 ● 4. ① 5. ③ 6. ① 7. ② 8. ① 9. ②

| 3-5 | ○ 3상 유도 전동기의 운전 및 시험 |

■ 유도 전동기는 2차를 단락한 변압기와 같으므로 기동시 1차측에 직접 정격 전압을 가하면 큰 기동 전류, 즉 정격 전류의 4~6배가 흘러 권선을 태울 염려가 있기 때문에 안전 기동을 위한 여러 가지 기동법이 사용되고 있다.

1 농형 유도 전동기의 기동 방법

(1) 전전압 기동(line starting)

① 기동 장치를 따로 쓰지 않고, 직접 정격 전압을 가하여 기동하는 방법이다.

② 보통 $3.7\,\mathrm{kW}(5\,\mathrm{hp})$ 이하의 소형 유도 전동기에 적용되는 직입 기동 방식이다.

(2) Y-△ 기동 방법

① 10~15 kW 정도의 전동기에 쓰이는 방법이다.

② 이 방법은 기동할 때 1차 각 상의 권선에는 정격 전압의 $\dfrac{1}{\sqrt{3}}$ 의 전압이 가해져, 기동 전류가 전전압 기동에 의하여 $\dfrac{1}{3}$ 이 되므로, 기동 전류는 전부하 전류의 200~250 % 정도로 제한된다.

③ 토크는 전압의 제곱에 비례하므로, 기동 토크도 $\dfrac{1}{3}$ 로 줄게 된다.

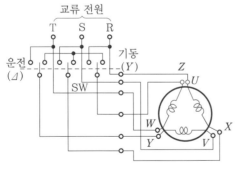

그림 2-50 Y-△ 수동 기동법

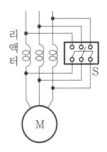

그림 2-51 리액터 기동

(3) 리액터 기동 방법

① 그림 2-51과 같이 전동기의 1차쪽에 직렬로 철심이 든 리액터를 접속하는 방법이다. 기동한 다음, 전류가 주는데 따라 전동기의 단자 전압이 높아지고 토크가 늘게 된다.

② 펌프나 송풍기와 같이 부하 토크가 기동할 때에는 작고, 가속하는 데 따라 늘어나는 부하에 동력을 공급하는 전동기에 적합하다.

③ 기동이 끝난 다음에는 리액터를 개폐기 S로 단락한다.

④ 이 방법은 구조가 간단하므로 15 kW 이하에서 자동 운전 또는 원격 제어를 할 때에
쓰인다.

(4) 기동 보상기법 ; 단권 변압기 기동

기동 보상기(starting compensator)

① 약 15 kW 정도 이상 되는 농형 전동기를 사용하는 경우에 적용된다.

② 정격 전압의 40~85 %의 범위 안에서 2~4개의 탭을 내어 전동기의 용도에 따라 선택
하여 사용한다.

③ 단권 변압기 기동을, 특히 콘돌퍼(Korndorfer) 기동이라 부른다.

2 권선형 유도 전동기의 기동 방법

(1) 2차 저항법

① 권선형 전동기에서 2차 권선 자체는 저항이 작은 재료로 쓰고, 슬립 링을 통하여 외
부에서 조절할 수 있는 기동 저항기를 접속한다.

② 기동할 때에는 2차 회로의 저항을 적당히 조절하고, 비례 추이를 이용하여 필요한
만큼의 기동 토크를 내게 한다.

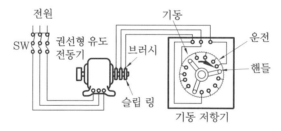

그림 2-52 권선형 유도 전동기의 기동 회로

3 회전 방향을 바꾸는 방법

① 회전 방향 : 부하가 연결되어 있는 반대쪽에서 보아 시계 방향을 표준으로 하고 있다.

② 회전 방향을 바꾸는 방법

⑺ 회전 자장의 회전 방향을 바꾸면 된다.

⑻ 전원에 접속된 3개의 단자 중에서 어느 2개를 바꾸어 접속하면 된다.

4 유도 전동기의 속도 제어

- 2차 회로의 저항 조정
- 전원 주파수 변화
- 극수 변화
- 2차 여자법

(1) 2차 회로의 저항을 조정하는 방법

① 2차 회로의 저항 변화에 의한 토크 속도 특성의 비례 추이를 응용한 방법이다.

② 속도 조정기(speed regulator) : 동기 속도보다 낮은 속도 제어를 연속적으로 원활하게 넓은 범위에 걸쳐 할 수 있는 기중기, 권상기 등에 이용한다.

(2) 전원의 주파수를 바꾸는 방법

전동기의 회전 속도는 $N = N_s(1-s) = \dfrac{120f}{p}(1-s)$ 이므로, 주파수 f, 극수 p 및 슬립 s 를 변경함으로써 속도를 변경시킬 수 있다.

(3) 극수를 바꾸는 방법

① 대개 농형 전동기에 쓰이는 방법으로, 권선형에는 거의 쓰이지 않는다.

② 농형 전동기의 1차 권선의 극수를 바꾸는 3가지 방법

㉮ 같은 권선의 접속을 바꾸는 방법

㉯ 극수가 서로 다른 2개의 독립된 권선을 감는 방법

㉰ 위의 두 가지 방법을 함께 쓰는 방법

③ 이 방법으로 하면 비교적 효율이 좋으므로 자주 속도를 바꿀 필요가 있고, 또한 계단 적으로 속도 변경이 되어도 좋은 부하, 즉 소형의 권상기, 승강기, 원심 분리기, 공작 기계 등에 많이 쓰인다.

(4) 2차 여자 방법

① 권선형 유도 전동기의 2차 회로에 2차 주파수 f_2와 같은 주파수이며, 적당한 크기의 전압을 외부에서 가하는 것을 2차 여자라 한다.

② 전동기의 속도를 동기 속도보다 크게 할 수도 있고 작게 할 수도 있다.

③ 동기 속도보다 낮은 속도 제어를 원활하게 넓은 범위에 걸쳐 간단하게 조작할 수 있 으나, 비교적 효율은 좋지 않은 단점이 있다.

5 제동

(1) 회생 제동(regenerative braking)

① 유도 전동기를 동기 속도보다 큰 속도로 회전시켜 유도 발전기가 되게 함으로써, 발 생 전력을 전원에 반환하면서 제동을 시키는 방법이다.

② 케이블 카, 광산의 권상기 또는 기중기 등에 사용된다.

(2) 발전 제동(dynamic braking)

① 전차용 전동기의 발전 제동과 같은 것이다.

② 여자용 직류 전원이 필요하며, 대형의 천장 기중기와 케이블 카 등에 많이 쓰이고

있다.

(3) 역상 제동(plugging)

① 전동기를 매우 빨리 정지시킬 때 쓴다.

② 전동기가 회전하고 있을 때 전원에 접속된 3선 중에서 2선을 빨리 바꾸어 접속하면, 회전 자장의 방향이 반대로 되어 회전자에 작용하는 토크의 방향이 반대가 되므로 전동기는 빨리 정지한다.

③ 이 방법은 제강 공장의 압연기용 전동기 등에 사용된다.

(4) 단상 제동

권선형 유도 전동기의 1차쪽을 단상 교류로 여자하고, 2차쪽에 적당한 크기의 저항을 넣으면 전동기의 회전 방향과는 반대 방향의 토크가 발생하므로 제동이 된다.

과년도 / 예상문제

전기기능사

1. 3상 유도 전동기의 기동법 중 전전압 기동에 대한 설명으로 옳지 않은 것은 ? [18]

① 소용량 농형 전동기의 기동법이다.

② 소용량의 농형 전동기에서는 일반적으로 기동 시간이 길다.

③ 기동시에는 역률이 좋지 않다.

④ 전동기 단자에 직접 정격 전압을 가한다.

[해설] 전전압 기동(line starting)

㉠ 기동 장치를 따로 쓰지 않고, 직접 정격 전압을 가하여 기동하는 방법으로, 일반적으로 기동 시간이 짧고 기동이 잘 된다.

㉡ 보통 3.7 kW(5 Hp) 이하의 소형 유도 전동기에 적용되는 직입 기동 방식이다.

㉢ 기동 전류가 4~6배로 커서, 권선이 탈 염려가 있다.

㉣ 기동시에는 역률이 좋지 않다.

2. 다음 중 농형 유도 전동기의 기동법이 아닌 것은 ? [10 12, 15, 17, 18]

① 기동 보상기법

② 2차 저항 기동법

③ 리액터 기동법

④ Y－Δ 기동법

[해설] 2차 저항 기동법은 권선형 유도 전동기의 기동 방법이다.

3. 5~15 kW 범위 유도 전동기의 기동법은 주로 어느 것을 사용하는가 ? [17]

① Y－Δ 기동   ② 기동 보상기

③ 전전압 기동   ④ 2차 저항법

[해설] Y－Δ 기동 방법

㉠ 10~15 kW 정도의 전동기에 쓰이는 방법이다.

㉡ 기동할 때 1차 각상의 권선에는 정격 전압의 $\dfrac{1}{\sqrt{3}}$ 의 전압이 가해져 기동 전류가 전전압 기동에 의하여 $\dfrac{1}{3}$ 이 되므로, 기동 전류는 전부하 전류의 200~250 % 정도로 제한된다.

4. 3상 농형 유도 전동기의 $Y-\Delta$ 기동시의 기동 전류를 전전압 기동시와 비교하면 어떻게 되는가? [15]

① 전전압 기동 전류의 1/3로 된다.

② 전전압 기동 전류의 $\sqrt{3}$ 배로 된다.

③ 전전압 기동 전류의 3배로 된다.

④ 전전압 기동 전류의 9배로 된다.

해설 문제 3. 해설 참조

5. 5.5 kW, 200 V 유도 전동기의 전전압 기동 시의 기동 전류가 150 A이었다. 여기에 $Y-\Delta$ 기동 시 기동 전류는 몇 A가 되는가? [12]

① 50   ② 70   ③ 87   ④ 95

해설 $I_s = \dfrac{1}{3} \times 150 = 50$ A

6. 펌프나 송풍기와 같이 부하 토크가 기동할 때는 작고, 가속하는 데 증가하는 부하에 15 kW 정도의 유도 전동기를 사용할 때 어떠한 기동 방법이 가장 적합한가?

① 리액터 기동법

② 기동 보상기법

③ 쿠사 기동법

④ 3상 평형 저속 시동

해설 리액터 기동 방법

㉠ 전동기의 1차쪽에 직렬로 철심이 든 리액터를 접속하는 방법이다.

㉡ 이 방법은 구조가 간단하므로 15 kW 이하에서 자동 운전 또는 원격 제어를 할 때에 쓰인다.

7. 20 kW의 농형 유도 전동기를 기동하려고 할 때, 다음 중 가장 적당한 기동 방법은? [14]

① 분상 기동법   ② 기동 보상기법

③ 권선형 기동법   ④ 2차 저항 기동법

해설 기동 보상기법

㉠ 약 15 ~ 20 kW 정도되는 농형 전동기를 사용하는 경우에 적용된다.

㉡ 단권 변압기 기동을 콘돌퍼(Korndorfer) 기동이라 부른다.

8. 다음 중 권선형 유도 전동기의 기동법은 어느 것인가? [19]

① 분상 기동법   ② 2차 저항 기동법

③ 콘덴서 기동법   ④ 반발 기동법

해설 권선형 유도 전동기의 기동 방법 : 2차 저항 기동법

㉠ 슬립 링을 통하여 외부에서 조절할 수 있는 기동 저항기를 접속한다.

㉡ 기동할 때에는 2차 회로의 저항을 적당히 조절, 비례 추이를 이용하여 기동 전류는 감소시키고 기동 토크를 증가시킨다.

9. 권선형 유도 전동기 기동 시 회전자 측에 저항을 넣는 이유는? [11, 12, 13]

① 기동 전류 증가

② 기동 토크 감소

③ 회전수 감소

④ 기동 전류 억제와 토크 증대

해설 문제 8. 해설 참조

10. 다음 〈보기〉의 설명에서 빈 칸 ㉮~㉰에 알맞은 말은? [18]

┤보기├
권선형 유도 전동기에서 2차 저항을 증가시키면 기동 전류는 (㉮)하고 기동 토크는 (㉯)하며, 2차 회로의 역률이 (㉰)되고 최대 토크는 일정하다.

① ㉮ 감소, ㉯ 증가, ㉰ 좋아지게

② ㉮ 감소, ㉯ 감소, ㉰ 좋아지게

③ ㉮ 감소, ㉯ 증가, ㉰ 나빠지게

④ ㉮ 증가, ㉯ 감소, ㉰ 나빠지게

해설 ㉠ 권선형 유도 전동기에서는 비례 추이 원리에 의해 2차 저항을 증가시키면 기동 전류는 감소하고, 기동 토크는 증가한다.
㉡ 2차 회로의 역률이 좋아지게 되고 최대 토크는 일정하다.

11. 다음 중 교류 전동기를 기동할 때 그림과 같은 기동 특성을 가지는 전동기는? (단, 곡선 ㉮~㉺ 는 기동 단계에 대한 토크 특성 곡선이다.) [16]

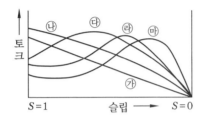

① 반발 유도 전동기
② 2중 농형 유도 전동기
③ 3상 분권 정류자 전동기
④ 3상 권선형 유도 전동기

해설 비례 추이(proportional shift)
㉠ 토크 속도 곡선이 2차 합성 저항의 변화에 비례하여 이동하는 것을 토크 속도 곡선이 비례 추이한다고 한다.
㉡ 비례 추이는 권선형 유도 전동기의 기동 전류 제한, 기동 토크 증가, 속도 제어 등에 이용되며 토크, 전류, 역률, 동기 와트, 1차 입력 등에 적용된다.
㉢ 최대 토크 T_m 는 항상 일정하다.

12. 3상 유도 전동기의 회전 방향을 바꾸기 위한 방법은? [11, 13, 15, 18]
① 3상의 3선 접속을 모두 바꾼다.
② 3상의 3선 중 2선의 접속을 바꾼다.
③ 3상의 3선 중 1선에 리액턴스를 연결한다.

④ 3상의 3선 중 2선에 같은 값의 리액턴스를 연결한다.

해설 ㉠ 회전 방향 : 부하가 연결되어 있는 반대쪽에서 보아 시계 방향을 표준으로 하고 있다.
㉡ 회전 방향을 바꾸는 방법
• 회전 자장의 회전 방향을 바꾸면 된다.
• 전원에 접속된 3개의 단자 중에서 어느 2개를 바꾸어 접속하면 된다.

13. 3상 유도 전동기의 속도 제어 방법 중 인버터(inverter)를 이용한 속도 제어법은? [16]
① 극수 변환법   ② 전압 제어법
③ 초퍼 제어법   ④ 주파수 제어법

해설 유도 전동기의 속도 제어 방법
속도 $N = N_s(1-s) = 120\dfrac{f}{p}(1-s)$ [rpm]
㉠ f, p, s를 변환시키는 것에는 주파수 변환법, 극수 변환법, 2차 저항법, 2차 여자법, 전압 제어법 등이 있다.
㉡ 특히 3상 농형 유도 전동기의 주파수 제어는 3상 인버터를 사용하여 원활한 속도를 제어하고 있다.

14. 비례 추이를 이용하여 속도 제어가 되는 전동기는? [10]
① 권선형 유도 전동기
② 농형 유도 전동기
③ 직류 분권 전동기
④ 동기 전동기

해설 비례 추이(proportional shift)
㉠ 토크 속도 곡선이 2차 합성 저항의 변화에 비례하여 이동하는 것을 토크 속도 곡선이 비례 추이한다고 한다.
㉡ 비례 추이는 권선형 유도 전동기의 기동 전류 제한, 기동 토크 증가, 속도 제어 등에 이용된다.

15. 유도 전동기의 회전자에 슬립 주파수의 전압을 가하는 속도 제어는 ? [10, 12]

① 자극수 변환법
② 2차 여자법
③ 2차 저항법
④ 인버터 주파수 변환법

해설 2차 여자법

㉠ 권선형 유도 전동기의 2차 회로에 슬립 주파수(2차 주파수) f_2와 같은 주파수이며, 적당한 크기의 전압을 외부에서 가하는 것을 2차 여자라 한다.

㉡ 전동기의 속도를 동기 속도보다 크게 할 수도 있고 작게 할 수도 있다.

16. 12극과 8극인 2개의 유도 전동기를 종속법에 의한 직렬 종속법으로 속도 제어할 때 전원 주파수가 50 Hz인 경우 무부하 속도 N은 약 몇 rps인가 ? [11]

① 5
② 50
③ 300
④ 3000

해설 유도 전동기의 종속법에 의한 속도 제어

㉠ 직렬 종속 :

$$N = \frac{2f}{p_1 + p_2} = \frac{2 \times 50}{12 + 8} = 5 \text{ rps}$$

㉡ 차동 종속 : $N' = \dfrac{2f}{p_1 - p_2}$ [rps]

17. 유도 전동기의 제동법이 아닌 것은 ? [15]

① 3상 제동
② 발전 제동
③ 회생 제동
④ 역상 제동

18. 전동기의 제동에서 전동기가 가지는 운동 에너지를 전기 에너지로 변화시키고 이것을 전원에 환원시켜 전력을 회생시킴과 동시에 제동하는 방법은 ? [10, 14]

① 발전 제동(dynamic braking)

② 역전 제동(plugging braking)
③ 맴돌이 전류 제동(eddy current braking)
④ 회생 제동(regenerative braking)

19. 3상 유도 전동기의 운전 중 급속 정지가 필요할 때 사용하는 제동 방식은 ? [15, 16]

① 단상 제동
② 회생 제동
③ 발전 제동
④ 역상 제동

20. 전동기가 회전하고 있을 때 회전 방향과 반대 방향으로 토크를 발생시켜 갑자기 정지시키는 제동법은 ? [11]

① 역상 제동
② 회생 제동
③ 발전 제동
④ 단상 제동

21. 다음 중 여자용 직류 전원이 필요하며 동기 속도의 1/10까지 제동할 수 있는 전동기의 제동은 ?

① 회생 제동
② 역상 제동
③ 단상 제동
④ 발전 제동

22. 유도 전동기의 슬립을 측정하는 방법으로 옳은 것은 ? [12, 19]

① 전압계법
② 전류계법
③ 평형 브리지법
④ 스트로보법

해설 슬립의 측정

㉠ 직류 밀리볼트계법 : 권선형 유도 전동기에만 쓰이는 방법이다.

㉡ 스트로보코프법(stroboscopic method)
: 원판의 흑백 부채꼴의 겉보기의 회전수 n_2를 계산하면, 슬립 s 는

$$s = \frac{n_2}{N_s} \times 100 = \frac{n_2 P}{120 f} \times 100 \%$$

여기서, P : 극수, f : 주파수

동기기

■ 전기 에너지

수력 발전소나 화력 발전소에서 발전기로 자연에 존재하는 에너지를 전력으로 바꾼 것을 말한다. 교류 발전기는 단상과 3상이 있으나 발전소에 있는 발전기는 모두 3상이며, 동기 속도라는 일정한 속도로 회전하므로 3상 동기 발전기(three-phase synchronous generator)라 한다.

1 동기 발전기의 원리

(1) 교류의 발생

① 발전기는 전자 유도 작용을 응용한 것으로, 그림과 같이 여자기로 슬립 링을 통하여 회전자의 계자 권선에 직류를 가하면 계자는 N, S의 자극이 생긴다.

② 계자를 회전시키면 고정자 권선에 자속이 쇄교되어 플레밍의 오른손 법칙에 의한 교번 기전력이 발생한다.

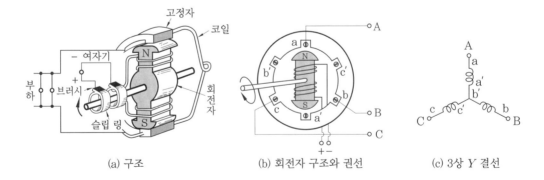

(a) 구조　　　　(b) 회전자 구조와 권선　　　　(c) 3상 Y 결선

그림 2-53 동기 발전기의 원리

(2) 동기 속도(synchronous speed)

① 교류 발전기의 주파수

$$f = \frac{p}{2} \times \frac{N_s}{60} = \frac{p}{120} \cdot N_s \, [\mathrm{Hz}]$$

② 동기 속도

$$N_s = \frac{120}{p} \cdot f \, [\mathrm{rpm}]$$

여기서, p : 극수, f : 주파수(Hz), N_s : 동기 속도(rpm)

③ 동기 속도로 회전하는 교류 발전기, 전동기를 동기기라 한다.

(3) 극수와 회전수

① 극수가 p 인 발전기에서는 1회전할 때마다 $\frac{p}{2}$ 사이클의 교류 기전력이 발생한다.

② 우리나라의 전력 주파수는 60 Hz이므로, 동기 발전기도 이 주파수의 교류 기전력을 낸다.

표 2-8 극수와 회전수 ※ 동기속도 (rpm)

극수	2	4	6	8	10	12	16	20	24	32	48
동기속도	3600	1800	1200	900	720	600	450	360	300	225	150

(4) 유도 기전력

① 전기자 도체 1개에 유도되는 기전력의 순싯값 e

$$e = vBl \, [\mathrm{V}]$$

여기서, B : 자속 밀도($\mathrm{Wb/m^2}$)

l : 도체 유효 길이(m)

v : 이동 속도(m/s)

② 1상의 유도 기전력

$$E = 4.44 \, k f n \phi = 4.44 \, k_d \, k_p \, f n \phi \, [\mathrm{V}]$$

여기서, n : 직렬로 접속된 코일의 권수

ϕ : 1극의 자속 (Wb)

k : 권선 계수 (0.9~0.95)

k_d : 분포 계수, k_p : 단절 계수

③ 회전자의 주변 속도

$$v = \pi D \frac{N_s}{60} \, [\mathrm{m/s}]$$ 여기서, D : 회전자 지름 (m)

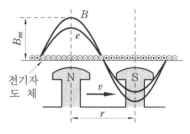

그림 2-54 유도 기전력의 파형

2 동기 발전기의 종류와 구조

(1) 회전자형에 따른 분류

① 회전 계자형(revolving field type)

 (가) 전기자를 고정자, 계자를 회전자로 하는 일반 전력용 3상 동기 발전기이다.

 (나) 전기자가 고정자이므로, 고압 대전류용에 좋고 절연이 쉽다.

 (다) 계자가 회전자이지만 저압 소용량의 직류이므로 구조가 간단하다.

② 회전 전기자형(revolving-armature type) : 전기자가 회전자, 계자가 고정자이며 특수한 소용량기에만 쓰인다.

③ 유도 자형(inductor type) : 계자와 전기자를 고정자로 하고, 유도자를 회전자로 한 것으로 고조파 발전기에 쓰인다.

(2) 원동기에 따른 분류

① 수차 발전기(water-wheel generator)

② 터빈 발전기(turbine generator)

표 2-9 수차 발전기와 터빈 발전기의 비교

발전기	원동기	극수 - 회전 속도	계자 형태	냉각 방법	기타 특성
수차 발전기	수차	6극 이상 저속 회전	철극형	공기 냉각 폐쇄 통풍형	단락비가 큰 철 기계 수직 (종) 축
터빈 발전기	터빈	2~4극 고속 회전	원통형	수소 냉각 폐쇄 통도 순환형	단락비가 작은 동 기계 수평 (횡) 축

③ 기관 발전(engine generator)

 (가) 내연 기관으로 운전되며, 1000 rpm 이하의 저속도로 운전한다.

 (나) 기동, 운전, 보수가 간단하여 비상용, 예비용, 산간벽지의 전등용으로 사용된다.

(3) 수차 발전기의 구조

① 고정자

 (가) 고정자 프레임과 고정자 철심 : 전기자 철심은 규소 강판을 고정자 프레임(stator frame)의 안쪽에 포개서 성충한 것이다.

 (나) 전기자 코일 : 형권의 다이아몬드형 2층권이 주로 쓰인다.

② 회전자 : 수차 발전기의 회전자는 철극형(salient pole)을 사용하며, 1.6~3.2 mm의 연강판을 성층하여 붙인다.

(4) 터빈 발전기의 구조

① 고정자 : 철손을 작게 하기 위하여 수차 발전기보다 철손이 작은 규소 강판을 사용한다.

② 회전자 : 원통형 자극(cylindrical pole)으로 하고, 회전자 철심과 회전자 축은 특수강을 써서 한 덩어리로 만든다.

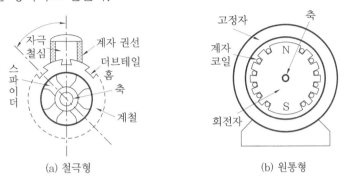

(a) 철극형   (b) 원통형

그림 2-55 동기 발전기의 구조

(5) 수소 냉각 발전기

① 수소의 비중이 공기의 약 7 %이므로, 풍손이 공기 냉각의 약 1/10로 감소한다.

② 비열은 공기의 약 14배로 냉각 효과가 크고 동일 발전기에서의 온도 상승은 2/3배이며, 온도 상승이 같고 치수가 같으면 공기 냉각보다 출력은 약 25 % 증가한다.

③ 코일의 절연이 파괴되어 아크가 발생하여도 연소하지 않는다.

④ 수소는 공기가 30~90 % 혼입하면 폭발할 염려가 있으므로, 방폭 구조로 해야 하기 때문에 설비비가 많이 든다. 이 방식은 터빈 발전기, 대용량의 동기 조상기에 사용한다.

(6) 여자기 (excitor)

① 교류 발전기의 계자 권선에 직류 전류를 공급하여 계자 철심을 자화시키기 위한 것으로, 분권 또는 복권 직류 발전기를 쓴다.

② 여자기의 용량은 동기 발전기의 출력과 회전수로 정해지나, 대체로 동기 발전기 용량의 0.3~4 % 정도이면 된다.

③ 전압은 용량이 작은 것은 110 V, 큰 것은 220 V가 표준이다.

3 전기자 권선법과 권선 계수

(1) 집중권과 분포권

① 집중권 : 1극 1상당의 홈(slot) 수 q가 1개인 권선법이다.

② 분포권 : 1극 1상당의 홈 수 q가 2개 이상인 권선법(보통 $q=3\sim7$)으로, 집중권에 비하여 유도 기전력이 감소한다.

③ 분포 계수(distribution factor)

　(개) 분포권일 때의 유도 기전력의 감소 비율로서 0.96 정도이다.

　(내) 집중권에 비하여 전기자 철심의 이용률이 좋고 기전력의 파형 개선, 누설 리액턴스 감소, 냉각 효과가 좋으나 유도 기전력이 감소한다.

(2) 전절권과 단절권

① 전절권(full pitch winding) : 코일 피치와 자극 피치가 같은 권선법이다(피치 π).

② 단절권(short pitch winding) : 코일 피치 $\beta\pi$가 자극 피치 π보다 작은 권선법이다 ($\beta = 5/6$ 정도).

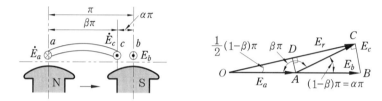

그림 2-56 전절권과 단절권

③ 단절 계수(short pitch factor)

　(개) 단절권일 때의 유도 기전력의 감소 비율(0.96 정도)로서 그림에서 $E_a = E_b$ 일 때,

$$k_P = \frac{E_r}{E_a + E_b} = \frac{\overline{OC}}{\overline{OB}} = \frac{\overline{OD}}{\overline{OA}} = \frac{E_a \cos(1-\beta)\pi/2}{E_a} = \cos\frac{(1-\beta)\pi}{2} = \sin\frac{\beta}{2}\pi$$

$$\therefore k_P = \sin\frac{\beta}{2}\pi$$

　(내) 전절권에 비하여 파형(고조파 제거) 개선, 코일 단부 단축, 동량 감소 및 기계 길이가 단축되지만, 유도 기전력이 감소한다(k_P 배).

④ 유도 기전력

　　　$E = 4.44\,k_w\,fN\phi$ [V]　(권선 계수 : $k_w = k_d \cdot k_P$)

표 2-10 단절권 계수의 값

β	1.0	17/18	14/15	11/12	8/9	13/15	5/6	12/15	7/9	9/12	11/15
k_P	1.0	0.996	0.995	0.991	0.985	0.978	0.966	0.951	0.940	0.924	0.914

㈜ 실제의 발전기에서는 $\beta = \dfrac{5}{6}$ 정도이다.

⑤ 양 코일변의 유도 기전력의 위상차

　(개) 전절권의 경우 : π

　(내) 단절권의 경우 : $(1-\beta)\pi$ 만큼의 상차가 생긴다.

(3) 전기자 코일의 접속법

① 접속 방법에는 직류기와 같이 중권, 파권 및 쇄권이 있다.

② 일반적으로 동기기는 2층권의 중권으로 감는다.

(4) 기전력의 파형

① 자극면의 모양과 공극의 길이를 적당하게 하여, 자속 밀도 분포를 사인파형이 되도록 한다.

② 전기자 권선을 분포권과 단절권으로 하여, 유도 기전력의 파형을 사인파형이 되도록 한다.

(5) 상간 접속

① 3상 발전기에서 전기각 $60°$ 만큼 떨어져 있는 코일 a, c, b 를 감고 c의 인출선을 반대로 접속하면 3상 단자 전압이 얻어진다.

② 상간 접속은 주로 성형(Y 결선) 또는 2중 성형으로 하며, 다음과 같은 장점이 있다.

㈎ 중성점 이용이 가능하며, 선간 전압이 $\sqrt{3}$ 배가 된다.

㈏ 절연이 용이하며, 제3 고조파가 발생하지 않는다.

과년도 / 예상문제

전기기능사

1. 플레밍(Fleming)의 오른손 법칙에 따르는 기전력이 발생하는 기기는?

① 교류 발전기　　② 교류 전동기
③ 교류 정류기　　④ 교류 용접기

해설 • 플레밍(Fleming)의 오른손 법칙 : 발전기
• 플레밍(Fleming)의 왼손 법칙 : 전동기

2. 주파수 60 Hz를 내는 발전용 원동기인 터빈 발전기의 최고 속도(rpm)는? [12, 16]

① 1800　② 2400　③ 3600　④ 4800

해설 발전기의 최소 극수는 2극이다.

∴ 60 Hz일 때, 최고 속도는 3600 rpm이 된다.

$$N_s = \frac{120f}{p} = \frac{120 \times 60}{2} = 3600 \text{ rpm}$$

3. 극수가 10, 주파수가 50 Hz인 동기기의 매분 회전수(rpm)는 얼마인가? [10]

① 300　　　　② 400
③ 500　　　　④ 600

해설 $N_s = \dfrac{120f}{p} = \dfrac{120 \times 50}{10} = 600 \text{ rpm}$

4. 60 Hz, 20000 kVA 인 발전기의 회전수가 900 rpm 이라면 이 발전기의 극수는 얼마인가? [11, 15]

① 8극　　　　② 12극
③ 14극　　　　④ 16극

해설 $p = \dfrac{120 \cdot f}{N_s} = \dfrac{120 \times 60}{900} = 8$극

정답 ● 1. ①　2. ③　3. ④　4. ①

5. 극수 10, 동기 속도 600 rpm인 동기 발전기에서 나오는 전압의 주파수는 몇 Hz 인가? [16]

① 50 ② 60
③ 80 ④ 120

해설 $f = \dfrac{N_s}{120} \cdot p = \dfrac{600}{120} \times 10 = 50 \text{ Hz}$

6. 회전자의 바깥지름이 2 m인 50 Hz, 12극 동기 발전기가 있다. 주변 속도는 얼마인가?

① 10 m/s ② 20 m/s
③ 40 m/s ④ 50 m/s

해설 $v = \pi D \dfrac{N_s}{60} = 3.14 \times 2 \times \dfrac{500}{60} \fallingdotseq 50 \text{ m/s}$

$\left(N_s = \dfrac{120}{p} \cdot f = \dfrac{120}{12} \times 50 = 500 \text{ rpm} \right)$

7. 1극의 자속수가 0.060 Wb, 극수 4극, 회전 속도 1800 rpm, 코일의 권수가 100인 동기 발전기의 실횻값은 몇 V인가? (단, 권선 계수는 0.96이다.)

① 1500 ② 1535
③ 1570 ④ 1600

해설 $E = 4.44\ kfn\phi$
$= 4.44 \times 0.96 \times 60 \times 100 \times 0.06$
$= 1535 \text{ V}$

$\left(f = \dfrac{N_s p}{120} = \dfrac{1800 \times 4}{120} = 60 \text{ Hz} \right)$

8. 보통 회전 계자형으로 하는 전기 기계는 어느 것인가?

① 직류 발전기 ② 회전 변류기
③ 동기 발전기 ④ 유도 발전기

해설 회전 계자형(revolving field type) : 전기자를 고정자, 계자를 회전자로 하는 일반 전력용 3상 동기 발전기이다.

9. 동기 발전기를 회전 계자형으로 하는 이유가 아닌 것은? [14, 17]

① 고전압에 견딜 수 있게 전기자 권선을 절연하기가 쉽다.
② 전기자 단자에 발생한 고전압을 슬립 링 없이 간단하게 외부 회로에 인가할 수 있다.
③ 기계적으로 튼튼하게 만드는 데 용이하다.
④ 전기자가 고정되어 있지 않아 제작비용이 저렴하다.

해설 회전 계자형 : 전기자가 고정자이므로, 고압, 대전류용에 좋고 절연이 쉽다.

10. 우산형 발전기의 용도는? [12]

① 저속도 대용량기
② 고속도 대용량기
③ 저속도 소용량기
④ 고속도 소용량기

해설 우산형(umbrella type) 발전기 : 저속(저낙차) 대용량기이다.

11. 여자기라 함은?

① 발전기의 속도를 일정하게 하기 위한 것
② 부하 변동을 방지하는 것
③ 직류 전류를 공급하는 것
④ 주파수를 조정하는 것

해설 여자기(exciter) : 주발전기 또는 주전동기의 여자 전류(직류)를 공급하는 직류 발전기. 보통 분권 또는 복권 발전기에 사용된다.

12. 동기기의 전기자 권선법이 아닌 것은 어느 것인가? [14, 17]

① 분포권 ② 2층권
③ 전절권 ④ 중권

해설 동기기의 전기자 권선법 중 2층 분포권, 단절권 및 중권이 주로 쓰이고 결선은 Y결선으로 한다.
　㉠ 집중권과 분포권 중에서 분포권을,
　㉡ 전절권과 단절권 중에서 단절권을,
　㉢ 단층권과 2층권 중에서 2층권을,
　㉣ 중권, 파권, 쇄권 중에서 중권을 주로 사용한다.
　※ 전절권은 단절권에 비하여 단점이 많아 사용하지 않는다.

13. 동기 발전기의 권선을 분포권으로 하면 어떻게 되는가?
① 집중권에 비하여 합성 유도 기전력이 높아진다.
② 권선의 리액턴스가 커진다.
③ 파형이 좋아진다.
④ 난조를 방지한다.

해설 분포권의 권선 특징(집중권에 비하여)
　㉠ 유도 기전력이 감소한다.
　㉡ 고조파가 감소하여 파형이 좋아진다.
　㉢ 권선의 누설 리액턴스가 감소한다.
　㉣ 냉각 효과가 좋다.

14. 다음 중 동기 발전기 단절권의 특징이 아닌 것은? [18]
① 고조파를 제거해서 기전력의 파형이 좋아진다.
② 코일 단이 짧게 되므로 재료가 절약된다.
③ 전절권에 비해 합성 유기 기전력이 증가한다.
④ 코일 간격이 극 간격보다 작다.

해설 단절권(short pitch winding)
　㉠ 코일 피치 $\beta\pi$가 자극 피치 π보다 작은 권선법이다($\beta = \frac{5}{6}$ 정도).
　㉡ 전절권에 비하여 파형(고조파 제거) 개선, 코일 단부 단축, 동량 감소 및 기계 길이가 단축되지만, 유도 기전력이 감소한다.

15. 3상 동기 발전기의 상간 접속을 Y 결선으로 하는 이유 중 잘못된 것은? [16]
① 중성점을 이용할 수 있다.
② 같은 선간 전압의 결선에 비하여 절연이 어렵다.
③ 선간 전압이 상전압의 $\sqrt{3}$ 배가 된다.
④ 선간 전압에 제3 고조파가 나타나지 않는다.

해설 상간 접속은 주로 성형(Y결선) 또는 2중 성형으로 하며, 다음과 같은 장점이 있다.
　㉠ 중성점 이용이 가능하며, 선간 전압이 $\sqrt{3}$ 배가 된다.
　㉡ 절연이 용이하며, 제3고조파가 발생하지 않는다.

16. 동기 발전기의 기전력 파형을 정현파로 하기 위한 방법으로 틀린 것은? [17]
① 매극 매상의 슬롯 수를 많게 한다.
② 전절권 및 분포권으로 한다.
③ 공극의 길이를 작게 한다.
④ 전기자 철심을 사(斜) 슬롯으로 한다.

해설 기전력 파형을 정현파로 하기 위한 방법 : 공극의 길이를 크게 한다.

17. 6극 36슬롯 3상 동기 발전기의 매 극 매 상당 슬롯 수는? [13, 16, 18]
① 2　　　　　② 3
③ 4　　　　　④ 5

해설 1극 1상당의 홈(slot) 수
$$q = \frac{\text{총 홈 수}}{\text{극수} \times \text{상수}}$$
$$= \frac{36}{6 \times 3} = 2\text{개}$$

4-2 ○ **동기 발전기의 이론과 특성 및 병렬 운전**

■ 3상 전류와 회전 자장

3상 동기기가 회전하면 전기자에 기전력이 유도되며, 부하를 걸면 3상 전류가 흘러 전기자에 회전 자장이 생긴다.

1 전기자 반작용

직류기와 같이 전기자 자속(회전 자장)이 계자 자속에 영향을 주는 현상으로, 역률에 따라 그 작용이 달라진다.

(1) 교차 자화 작용 (cross magnetizing action)

① 역률 1일 때의 반작용으로, 가로축(횡축) 반작용이라고도 한다.

② 그림 (a)의 저항 부하에서 (b)와 같이 전압 전류가 동상이고 전압이 최대일 때 전류가 최대이다.

③ 그림 (c)와 같이 도체가 자극 위에 있는 순간으로, 회전 자장의 축(⇨)은 자극과 직각으로 작용한다. (d)와 같이 회전 방향에 대하여 전방으로 감자 작용이, 후방으로 증자 작용이 생긴다. 합성 자장은 90° 늦은 교차 자화 작용이 되며, 자기 포화로 감자가 된다.

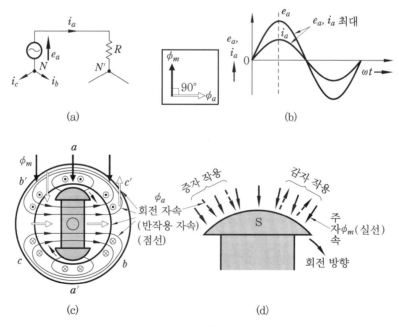

그림 2-57 교차 자화 작용

(2) 직축 반작용(direct axis reaction)

역률 0일 때의 반작용으로 전압이 0일 때 전류가 최대이며, 도체 사이에 자극이 있는 순간으로 회전 자장의 축(⇨)과 자극의 축(➡)이 일치한다.

① 감자 작용(demagnetizing action) : 그림과 같이 역률이 0인 인덕턴스 부하, 즉 역률각이 $90°$ 늦을 때에는 회전 자속(반작용 자속)이 역방향으로 되어 감자 작용을 한다.

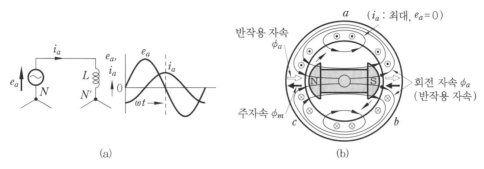

그림 2-58 감자 작용

② 증자 작용(multimagnetizing action) : 그림과 같이 역률이 0인 커패시턴스 부하, 즉 역률각이 $90°$ 앞설 때에는 회전 자속과 자극축이 일치하여 증자 작용을 한다.

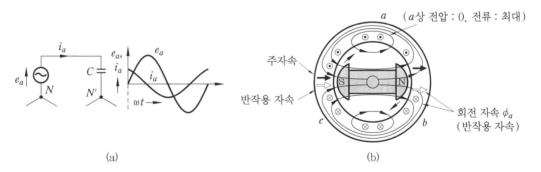

그림 2-59 증자 작용

(3) 역률 $\cos\theta$ 의 전류

① $I\cos\theta$(유효 전류) : 횡축 반작용

② $I\sin\theta$(무효 전류) : 직축 반작용

2 동기 발전기의 등가 회로

(1) 전기자 반작용 리액턴스(armature reaction reactance) : x_a

① 전기자 반작용에 의한 증자, 감자 작용은 기전력을 증감시킨다.

② 전류와는 90° 위상차가 있으므로, 그 크기를 리액턴스 x_a로 나타내고 이를 반작용 리액턴스라 한다.

$$\dot{V} = \dot{E} - \dot{V}_x = \dot{E} - j\,x_a\,\dot{I} \; [\text{V}]$$

(2) 전기자 누설 리액턴스(armature leakage reactance) : x_l

① 누설 자속에 의한 권선의 유도성 리액턴스 $x_l = \omega L$을 누설 리액턴스라 한다.

② 돌발 (순간) 단락 전류를 제한한다.

(3) 동기 리액턴스와 동기 임피던스

① 동기 리액턴스(synchronous reactance) : x_s

$$x_s = x_a + x_l \; [\Omega] \qquad \text{※ 영구 (지속) 단락 전류를 제한한다.}$$

② 동기 임피던스(synchronous impedance) : $\dot{Z}_s$

$$\dot{Z}_s = r_a + j\,x_s = r_a + j\,(x_l + x_a)$$

$$Z_s = \sqrt{r_a^2 + x_s^2} = \sqrt{r_a^2 + (x_l + x_a)^2}$$

$$\text{※ 실용상 } r_a \ll x_s \qquad \therefore Z_s \fallingdotseq x_s$$

여기서, r_a : 전기자 저항 $\qquad x_s$: 동기 리액턴스

x_a : 전기자 반작용 리액턴스 $\quad x_l$: 전기자 누설 리액턴스

(4) 동기 발전기의 등가 회로

① 그림에서 1상의 유도 기전력 $\dot{E}$ 는 다음과 같다.

$$\dot{E} = \dot{V} + \dot{V}_{ra} + \dot{V}_x = \dot{V} + \dot{V}_z = \dot{V} + (r_a + j\,x_s)\,\dot{I} = \dot{V} + \dot{Z}_s\,\dot{I} \; [\text{V}]$$

② 지상 역률 $\cos\theta$일 때의 벡터는 (b)와 같이 된다.

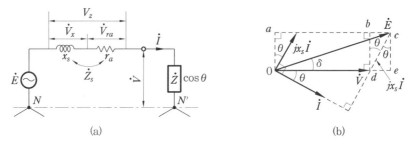

(a)   (b)

그림 2−60 동기 발전기의 등가 회로·벡터도

3 동기 발전기의 출력

(1) 동기 발전기의 1상당 출력과 부하각

① r_a를 무시하면 $\dot{Z}_s = r_a + jx_s \fallingdotseq jx_s$이고, 1상의 출력 P_s는 다음과 같다.

$$P_s = VI\cos\theta = \frac{EV}{x_s}\sin\delta \ [\text{W}]$$

② 그림 2-61에서 V, E 및 x_s가 일정하면 출력 P_s는 $\sin\delta$에 비례하며, $\dot{V}$, $\dot{E}$의 위상차 δ를 부하각(load angle)이라 한다.

(2) 3상 전력의 표시

① 3상 전력

$$P_{s3} = 3 \cdot P_3 = 3 \cdot \frac{EV}{x_s}\sin\delta = 3 \cdot \frac{E_l}{\sqrt{3}} \cdot \frac{V_l}{\sqrt{3}} \cdot \frac{1}{x_s}\sin\delta = \frac{E_l V_l}{x_s}\sin\delta \ [\text{W}]$$

② 그림 2-62와 같이 부하각 $\delta = 90°$에서 최대 전력이며, 실제 δ는 45°보다 작고 20° 부근이다.

$$P = P_m = \frac{E_l V_l}{x_s} \ [\text{W}]$$

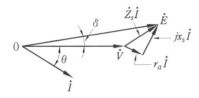

그림 2-61 출력과 부하각

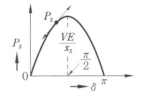

그림 2-62 부하각 특성

4 동기 발전기의 특성

(1) 무부하 포화 곡선(no-load saturation curve)과 포화율

① 정격 속도 무부하에서 계자 전류 I_f를 증가시킬 때 무부하 단자 전압 V의 변화 곡선을 말하며, 철심의 B-H 곡선, $\phi - I_f$ 곡선과 같다.

② 포화율 : δ

포화의 정도를 나타내며, 다음과 같이 표시한다.

$$\delta = \frac{\overline{fm}}{\overline{nm}}$$

(2) 단락 곡선(short circuit curve)

정격 속도에서 3상을 단락하고 계자 전류 I_f를 증가시킬 때 단락 전류 I_s의 변화 곡선으로 전류가 크므로, 반작용 감자 작용으로 철심의 포화가 없이 그림 2–63과 같이 직선이 된다.

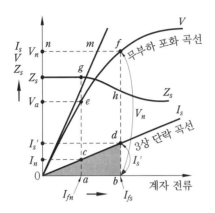

그림 2–63 동기 발전기의 특성 곡선

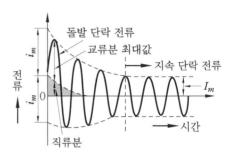

그림 2–64 돌발·지속 단락 전류

(3) 지속 단락 전류

① 동기 리액턴스 x_s 로 제한되며, 그림 2–64와 같이 된다.

② 정격 전류의 1~2배 정도 된다.

$$I_s = \frac{V}{\sqrt{3}\,x_s}\ [\text{A}]$$

(4) 돌발 단락 전류

① 누설 리액턴스 x_l 로 제한되며 대단히 큰 전류가 되지만, 수 [Hz] 후에 반작용이 나타나므로 그림 2-64와 같이 지속 단락 전류로 된다.

$$I_s{'} = \frac{V}{\sqrt{3}\,x_l}\ [\text{A}]$$

② 한류 리액터(current limiting reactor) : 전기자 누설 리액턴스가 작은 발전기에서는 전기자 회로에 직렬로 공심의 리액턴스 코일을 넣어 돌발 단락 전류를 제한할 때가 있다. 이것을 한류 리액터라 한다.

5 동기 임피던스와 단락비

(1) 동기 임피던스의 계산

① 그림 2–63과 같이 정격 전압 V_n 에서, 철심이 포화되면 V_n 이 감소하여 Z_s 가 감소한다.

② 동기 임피던스

$$Z_s = \sqrt{x_s^2 + r_a^2} = \frac{E_n}{I_s} = \frac{V_n}{\sqrt{3} \, I_s} \, [\Omega]$$

여기서, E_n : 유기 기전력(V), I_s : 단락 전류(A)

③ % 동기 임피던스

$$z_s' = \frac{Z_s I_n}{E_n} \times 100 = \frac{I_n}{I_s} \times 100 \, \%$$

여기서, $Z_s I_n$: 임피던스 강하, E_n : 정격 유도 기전력

※ 수차기 : 110 %, 터빈기 : 90 % 정도

(2) 단락비(short circuit ratio) : K_s

① 지속 단락 전류 I_s'와 정격 전류 I_n의 비로서, 무부하 포화 곡선과 3상 단락 곡선을 보면 다음과 같다.

$$K_s = \frac{\text{무부하에서 정격 전압을 유지하는데 필요한 계자 전류}}{\text{정격 전류와 같은 단락 전류를 흘려주는데 필요한 계자 전류}}$$

$$= \frac{I_{fs}}{I_{fn}} = \frac{I_s'}{I_n} = \frac{100}{z_s}$$

② % 동기 임피던스 z_s'는 단락비 K_s 역수를 %로 나타낸 것과 같다.

$$z_s' = \frac{I_n}{I_s'} \times 100 = \frac{1}{K_s} \times 100 \, \%$$

③ 동기기의 특성을 결정하는 중요한 상수의 하나이다.

   ㈎ 수차 발전기 : 0.9~1.2

   ㈏ 터빈 발전기 : 0.6~1.0

표 2-11 특성 비교

단락비가 작은 동기기	단락비가 큰 동기기
공극이 좁고 계자기자력이 작은 동기계이다.	공극이 넓고 계자기자력이 큰 철기계이다.
동기 임피던스가 크며, 전기자 반작용이 크다.	동기 임피던스가 작으며, 전기자 반작용이 작다.
전압변동률이 크고, 안정도가 낮다.	전압변동률이 작고, 안정도가 높다.
기계의 중량이 가볍고 부피가 작으며, 고정손이 작아 효율이 좋다.	기계의 중량과 부피가 크며, 고정손(철, 기계손)이 커서 효율이 나쁘다.

6 외부 특성 곡선과 전압 변동률

(1) 외부 특성 곡선

그림 2 – 65와 같이 부하 전류 I 가 변할 때, 단자 전압 V 의 변화 곡선으로 전압 변동을 알 수 있다.

(2) 전압 변동률 : ε [%]

동기 발전기의 정격 단자 전압을 V_n, 무부하 단자 전압을 V_0라 하면 다음과 같다.

$$\varepsilon = \frac{V_0 - V_n}{V_n} \times 100 \ \%$$

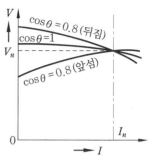

그림 2 – 65 외부 특성 곡선

7 자기 여자(self excitation)

(1) 자기 여자 현상과 충전 전류

① 무여자로 운전하고 있는 동기 발전기에 무부하의 장거리 송전선을 접속하면, 발전기의 잔류 자기에 의한 전압 때문에 90°의 앞선 전류가 흘러 전기자 반작용은 자화 작용을 하여 단자 전압이 높아지고 충전 전류도 늘게 된다.

　이와 같이 단자 전압이 계속해서 높아지게 되는 현상을 자기 여자라 한다.

③ 무부하 장거리 송전 선로는 용량성 부하 특성을 갖는다.

④ 충전 전류 : $I_c = 2\pi f C V$

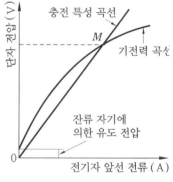

그림 2 – 66 충전 특성 곡선

(2) 자기 여자 방지법

① 발전기를 여러 대 병렬로 접속한다.

② 수전단에 동기 조상기를 접속한다.

③ 송전 선로의 수전단에 변압기를 접속한다.

④ 단락비가 큰 발전기를 사용한다.

⑤ 수전단에 리액턴스를 병렬로 접속한다. 단, 리액턴스는 부하가 늘면 선로에서 분리하여야 한다.

8 **동기 발전기의 병렬 운전**

(1) 병렬 운전 조건

표 2-12 병렬 운전 조건

병렬 운전의 필요 조건	운전 조건이 같지 않을 경우의 현상
① 기전력의 크기가 같을 것	무효 순환 전류가 흐른다.
② 상회전이 일치하고, 기전력이 동위상일 것	동기화 전류가 흐른다(유효 횡류가 흐른다).
③ 기전력의 주파수가 같을 것	동기화 전류가 교대로 주기적으로 흘러 난조의 원인이 된다.
④ 기전력의 파형이 같을 것	고조파 무효 순환 전류가 흘러 과열 원인이 된다.

(2) 병렬 운전시 원동기에 필요한 조건

① 균일한 각속도 : 플라이휠(flywheel)을 설치하여야 한다.

② 적당한 속도 조정률을 가져야 한다.

(3) 부하 분담의 조작

원동기의 입력을 늘려 유효 전력을, 여자를 강하게 하여 무효 전력을 늘리면 부하 역률은 변하지 않고 부하 분담이 된다.

① 유효 전력 분담 : 원동기 입력(조속기 속도)을 증가시켜 위상각을 α 만큼 앞서게 하면 유효 전력이 증가한다.

② 무효 전력 분담 : 여자 전류를 증가(I_f 증가, R_f 감소)시켜 무효 순환 전류를 흘리면 역률이 저하하고, 무효 전류와 무효 전력이 증가한다.

(4) 난조(hunting)

① 회전자가 어떤 부하각에서, 부하가 갑자기 변화하여 새로운 부하각으로 변화하는 도중 회전자의 관성으로 인하여 생기는 하나의 과도적인 진동 현상이다.

② 원인과 방지법은 표 2-13과 같다.

표 2-13 난조 발생의 원인과 방지법

난조 발생의 원인	난조 방지법
① 원동기의 조속기 감도가 지나치게 예민한 경우	조속기를 적당히 조정
② 원동기의 토크에 고조파 토크가 포함된 경우	플라이휠 효과를 적당히 선정
③ 전기자 회로의 저항이 상당히 큰 경우	회로의 저항을 작게하거나 리액턴스를 삽입
④ 부하가 맥동할 경우	플라이휠 효과를 적당히 선정

(5) 제동 권선(damper winding)

① 구조 : 그림 2-70과 같이 동기기 자극면에 홈을 파고 농형 권선을 설치한 것이다.

② 제동 권선의 역할

    ㈎ 난조 방지 : 동기 속도 전후로 진동하는 것이 난조이므로, 속도가 변화할 때 제동 권선이 자속을 끊어 제동력을 발생시켜 난조를 방지한다.

    ㈏ 불평형 부하시의 전류 전압 파형을 개선한다.

    ㈐ 송전선의 불평형 단락시 이상 전압을 방지한다.

(6) 안전도의 증진 방법

① 속응 여자 방식을 채용할 것   ② 조속기의 동작을 신속히 할 것

③ 동기 리액턴스를 작게 할 것   ④ 플라이휠 효과를 크게 할 것

⑤ 회전자의 관성을 크게 할 것   ⑥ 단락비를 크게 할 것

과년도 / 예상문제

전기기능사

1. 동기 발전기의 전기자 반작용 현상이 아닌 것은? [12]

  ① 포화 작용　　② 증자 작용

  ③ 감자 작용　　④ 교차 자화 작용

  해설 전기자 반작용 현상

    ㉠ 가로축(횡축) : 교차 자화 작용

    ㉡ 직축(종축) : 감자 작용과 증자 작용

2. 동기 발전기의 전기자 반작용에서 역률이 1인 경우에 일어나는 현상은?

  ① 편자 작용　　② 자화 작용

  ③ 교차 자화 작용　　④ 감자 작용

  해설 교차 자화 작용 : 역률 1일 때의 반작용으로 가로축(횡축) 반작용이라고도 한다.

3. 3상 교류 발전기의 기전력에 대하여 90° 늦은 전류가 통할 때의 반작용 기자력은 어느 것인가? [15, 16, 17]

  ① 자극축보다 90° 빠른 증자 작용

  ② 자극축과 일치하고 감자 작용

  ③ 자극축보다 90° 늦은 감자 작용

  ④ 자극축과 직교하는 교차 자화 작용

  해설 감자 작용

    ㉠ 직축 반작용으로 회전 자장의 축과 자극의 축이 일치한다.

    ㉡ 역률이 0인 인덕턴스 부하, 즉 역률각이 90° 늦을 때에는 회전 자속(반작용 자속)이 역방향으로 되어 감자 작용을 한다.

4. 3상 동기 발전기에 무부하 전압보다 90° 뒤진 전기자 전류가 흐를 때 전기자 반작용은? [18]

  ① 감자 작용을 한다.

  ② 증자 작용을 한다.

  ③ 교차 자화 작용을 한다.

  ④ 자기 여자 작용을 한다.

5. 3상 동기 발전기에서 전기자 전류가 무부하 유도 기전력보다 $\frac{\pi}{2}$ [rad] (90°) 앞서 있는 경우에 나타나는 전기자 반작용은 어느 것인가? [11, 13, 14, 16, 17]

① 증자 작용　　② 감자 작용
③ 교차 자화 작용　④ 편자 작용

해설 증자 작용
　㉠ 직축 반작용으로 회전 자장의 축과 자극의 축이 일치한다.
　㉡ 역률이 '0'인 커패시턴스 부하, 즉 역률각이 $\dfrac{\pi}{2}$ [rad] (90°) 앞설 때에는 회전 자속과 자극축이 일치하여 증자 작용을 한다.

6. 동기 발전기의 전기자 반작용에 대한 설명으로 틀린 사항은? [11]
　① 전기자 반작용은 부하 역률에 따라 크게 변화된다.
　② 전기자 전류에 의한 자속의 영향으로 감자 및 자화 현상과 편자 현상이 발생된다.
　③ 전기자 반작용의 결과 감자 현상이 발생될 때 반작용 리액턴스의 값은 감소된다.
　④ 계자 자극의 중심축과 전기자 전류에 의한 자속이 전기적으로 90°를 이룰 때 편자 현상이 발생된다.

해설 감자 현상이 발생될 때 반작용 리액턴스의 값은 증가된다.

7. 동기기에서 동기 임피던스 값과 실용상 같은 것은? (단, 전기자 저항은 무시한다.)
　① 전기자 누설 리액턴스
　② 동기 리액턴스
　③ 유도 리액턴스
　④ 등가 리액턴스

해설 $Z_s \fallingdotseq x_s$
　※ 동기 리액턴스 : $\dot{Z}_s = r_a + j\,x_s$ 에서,
　　실용상 $r_a \ll x_s$
　　∴ $Z_s \fallingdotseq x_s$

여기서, r_a : 전기자 저항
　　　　x_s : 동기 리액턴스

8. 비돌극형 동기 발전기의 단자 전압(1상)을 V, 유도 기전력(1상)을 E, 동기 리액턴스를 x_s, 부하각을 δ 라고 하면, 1상의 출력(W)은 얼마인가? (단, 전기 저항 등은 무시한다.) [11]

① $\dfrac{E\,V}{x_s}\sin\delta$　　② $\dfrac{E^2}{2\,x_s}\cos\delta$

③ $\dfrac{E\,V}{x_s}\cos\delta$　　④ $\dfrac{E^2}{2\,x_s}\sin\delta$

해설 r_a를 무시하면 $\dot{Z}_s = r_a + j\,x_s \fallingdotseq j\,x_s$
　∴ $P_s = \dfrac{EV}{x_s}\sin\delta$

9. 동기 발전기에서 비돌극기의 출력이 최대가 되는 부하각(power angle)은? [14]
① 0°　② 45°　③ 90°　④ 180°

해설 부하각 $\delta = 90°$에서 최대 전력이며, 실제 δ 는 45°보다 작고 20° 부근이다.

10. 정격 전압 6600 V, 정격 출력 6000 kVA의 3상 동기 발전기의 정격 전류는? [13]
① 525　② 527　③ 530　④ 550

해설 $I = \dfrac{P}{\sqrt{3}\,V} = \dfrac{6000 \times 10^3}{\sqrt{3} \times 6600} = 525\,\text{A}$

11. 동기 발전기의 무부하 포화 곡선을 나타낸 것이다. 포화 계수에 해당하는 것은? [11]

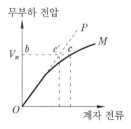

① $\dfrac{Ob}{Oc}$ ② $\dfrac{bc'}{bc}$

③ $\dfrac{cc'}{bc'}$ ④ $\dfrac{cc'}{bc}$

해설 무부하 포화 곡선 : 본문 그림 참조
㉠ 무부하 유기 기전력과 계자 전류와의 관계 곡선이다.
$\overline{OM}$: 포화 곡선
$\overline{OP}$: 공극선(air gap line)
㉡ 점 b가 정격 전압(V_n)에 상당하는 점이 될 때, 포화의 정도를 표시하는 계수는 포화 계수 $\delta = \dfrac{cc'}{bc'}$

12. 동기기의 3상 단락 곡선이 직선이 되는 이유는?

① 무부하 상태이므로
② 자기 포화가 있으므로
③ 전기자 반작용으로
④ 누설 리액턴스가 크므로

해설 단락 곡선 : 정격 속도에서 3상을 단락하고 계자 전류 I_f를 증가시킬 때 단락 전류 I_s의 변화 곡선으로 전류가 크므로, 반작용 감자 작용으로 철심의 포화가 없이 직선이 된다.

13. 동기 발전기의 지속 단락 전류를 주로 제한하는 것은? [11, 18]

① 누설 리액턴스 ② 동기 임피던스
③ 권선 저항 ④ 동기 리액턴스

해설 지속 단락 전류
㉠ 동기 리액턴스 x_s로 제한된다.
㉡ 정격 전류의 1~2배 정도 된다.

14. 단락비가 1.2인 동기 발전기의 % 동기 임피던스는 약 몇 %인가? [13, 17, 18]

① 68 ② 80 ③ 100 ④ 120

해설 $Z_s' = \dfrac{1}{K_s} \times 100 = \dfrac{1}{1.25} \times 100 = 80\%$

15. 정격이 10000 V, 500 A, 역률 90 %의 3상 동기 발전기의 단락 전류 I_s [A]는? (단, 단락비는 1.3으로 하고, 전기자 저항은 무시한다.) [15]

① 450 ② 550 ③ 650 ④ 750

해설 단락 전류
$I_s = I_n \times K_s = 500 \times 1.3 = 650 \text{ A}$

16. 철심이 포화할 때 동기 발전기의 동기 임피던스는? [10]

① 증가한다.
② 감소한다.
③ 일정하다.
④ 주기적으로 변한다.

해설 정격 전압 V_n에서, 철심이 포화되면 V_n이 감소하여 Z_s가 감소한다.

17. 단락비가 큰 동기기는? [12]

① 안정도가 높다.
② 기계가 소형이다.
③ 전압 변동률이 크다.
④ 반작용이 크다.

해설 단락비가 큰 동기기의 특성
㉠ 공극이 넓고 계자 기자력이 큰 철기계이다.
㉡ 동기 임피던스가 작으며, 전기자 반작용이 작다.
㉢ 전압 변동률이 작고, 안정도가 높다.
㉣ 기계의 중량과 부피가 크며, 고정손(철, 기계손)이 커서 효율이 나쁘다.
㉤ 단락 전류가 크다.

18. 다음 중 단락비가 큰 동기 발전기를 설명하는 것으로 옳은 것은? [19]

① 동기 임피던스가 작다.
② 단락 전류가 작다.
③ 전기자 반작용이 크다.
④ 전압 변동률이 크다.

해설 문제 17. 해설 참조

19. 동기 발전기의 공극이 넓을 때의 설명으로 잘못된 것은? [13]

① 안정도 증대
② 단락비가 크다.
③ 여자 전류가 크다.
④ 전압 변동이 크다.

해설 동기발전기의 공극이 넓을 때
㉠ 단락비가 크다.
㉡ 전압 변동률이 작고, 안정도가 높다.
㉢ 여자 전류가 크다.

20. 동기 발전기의 역률 및 계자 전류가 일정할 때 단자 전압과 부하 전류와의 관계를 나타내는 곡선은? [10]

① 단락 특성 곡선 ② 외부 특성 곡선
③ 토크 특성 곡선 ④ 전압 특성 곡선

해설 외부 특성 곡선: 부하 전류 I가 변할 때, 단자 전압 V의 변화 곡선으로 전압 변동을 알 수 있다.

21. 정격 전압 220 V의 동기 발전기를 무부하로 운전하였을 때의 단자 전압이 253 V이었다. 이 발전기의 전압 변동률은? [10, 16]

① 13 % ② 15 % ③ 20 % ④ 33 %

해설 $\varepsilon = \dfrac{V_o - V_n}{V_n} \times 100$
$= \dfrac{253 - 220}{220} \times 100 = 15\%$

22. 동기기의 과도 안정도를 증가시키는 방법이 아닌 것은? [17]

① 회전자의 플라이휠 효과를 작게 할 것
② 동기 리액턴스를 작게 할 것
③ 속응 여자 방식을 채용할 것
④ 발전기의 조속기 동작을 신속하게 할 것

해설 안정도 증진법
㉠ 회전자의 관성을 크게 할 것
㉡ 동기 리액턴스를 작게 할 것
㉢ 속응 여자 방식을 채용할 것
㉣ 조속기의 동작을 신속히 할 것
㉤ 단락비를 크게 할 것
㉥ 플라이휠 효과를 크게 할 것

23. 전기 기계의 효율 중 발전기의 규약 효율 η_G는 몇 %인가? (단, P는 입력, Q는 출력, L은 손실이다.) [10, 16]

① $\eta_G = \dfrac{P-L}{P} \times 100$
② $\eta_G = \dfrac{P-L}{P+L} \times 100$
③ $\eta_G = \dfrac{Q}{P} \times 100$
④ $\eta_G = \dfrac{Q}{Q+L} \times 100$

해설 ㉠ 발전기의 효율
$\eta_G = \dfrac{출력}{출력 + 손실} \times 100$
$= \dfrac{Q}{Q+L} \times 100\%$
㉡ 전동기의 효율
$\eta_M = \dfrac{입력 - 손실}{입력} \times 100$
$= \dfrac{P-L}{P} \times 100\%$

24. 34극 60MVA, 역률 0.8, 60Hz, 22.9kV 수차 발전기의 전부하 손실이 1600kW이면 전부하 효율(%)은? [15, 19]

① 90 ② 95 ③ 97 ④ 99

해설 $\eta = \dfrac{출력}{출력 + 손실} \times 100$

정답 19. ④ 20. ② 21. ② 22. ① 23. ④ 24. ③

$$= \frac{60 \times 10^3 \times 0.8}{60 \times 10^3 \times 0.8 + 1600} \times 100 \fallingdotseq 97\ \%$$

25. 동기기의 손실에서 고정손에 해당되는 것은? [16]
① 계자 철심의 철손
② 브러시의 전기손
③ 계자 권선의 저항손
④ 전기자 권선의 저항손

해설 손실(loss)
㉠ 고정손(무부하손)
• 기계손(마찰손＋풍손)
• 철손(히스테리시스손＋맴돌이 전류손)
㉡ 가변손(부하손)
• 브러시의 전기손
• 계자 권선의 저항손
• 전기자 권선의 저항손

26. 동기기 손실 중 무부하손(no load loss)이 아닌 것은? [16]
① 풍손   ② 와류손
③ 전기자 동손   ④ 베어링 마찰손

해설 문제 25. 해설 참조
※ 와류손＝맴돌이 전류손

27. 동기 발전기의 병렬 운전에 필요한 조건이 아닌 것은? [12, 16]
① 유기 기전력의 주파수가 같을 것
② 유기 기전력의 크기가 같을 것
③ 유기 기전력의 용량이 같을 것
④ 유기 기전력의 위상이 같을 것

해설 병렬 운전의 필요 조건
㉠ 유도 기전력의 크기가 같을 것
㉡ 상회전이 일치하고, 기전력의 위상이 같을 것
㉢ 기전력의 주파수가 같을 것
㉣ 기전력의 파형이 같을 것

28. 동기 발전기의 병렬 운전 조건이 아닌 것은? [10, 12, 14, 17]
① 기전력의 주파수가 같을 것
② 기전력의 크기가 같을 것
③ 기전력의 위상이 같을 것
④ 발전기의 회전수가 같을 것

해설 문제 27.해설 참조

29. 동기 발전기의 병렬 운전에서 기전력의 크기가 다를 경우 나타나는 현상은? [15]
① 주파수가 변한다.
② 동기화 전류가 흐른다.
③ 난조 현상이 발생한다.
④ 무효 순환 전류가 흐른다.

해설 ㉠ 크기가 다를 경우 : 무효 순환 전류가 흐르고, 권선이 가열한다.
㉡ 위상이 다를 경우 : 동기화 전류가 흐른다 (유효 횡류가 흐른다).
㉢ 주파수가 다를 경우 : 단자 전압이 진동하고 출력이 주기적으로 요동하며 권선이 가열한다.
㉣ 파형이 다를 경우 : 고조파 무효 순환 전류가 흘러 과열 원인이 된다.

30. 동기 발전기의 병렬 운전 중 기전력의 크기가 다를 경우 나타나는 현상이 아닌 것은? [16]
① 권선이 가열된다.
② 동기화 전력이 생긴다.
③ 무효 순환 전류가 흐른다.
④ 고압 측에 감자 작용이 생긴다.

해설 동기화 전력이 생기는 경우는 기전력의 위상이 다를 경우에 나타나는 현상이다.

31. 동기 발전기의 병렬 운전 중에 기전력의 위상차가 생기면? [11, 13]
① 위상이 일치하는 경우보다 출력이 감

소한다.
② 부하 분담이 변한다.
③ 무효 순환 전류가 흘러 전기자 권선이 과열된다.
④ 동기 화력이 생겨 두 기전력의 위상이 동상이 되도록 작용한다.

해설 기전력의 위상차에 의한 발생 현상
　㉠ 동기 발전기 A, B가 병렬 운전 중 A기의 유도기전력 위상이 B기보다 δ_s만큼 앞선 경우, 전압 $\dot{E}_s = \dot{E}_a - \dot{E}_b$에 의하여 두 발전기 사이에 횡류 $\dot{I}_s = \dfrac{E_s}{2Z_s}$ [A]가 흐르게 된다.
　㉡ 횡류 I_s는 유효 전류 또는 동기화 전류라고 하며, 상차각 δ_s의 변화를 원상태로 돌아가려고 하는 I_s에 의한 전력은 동기화 전력이라고 한다.

32. 동기 발전기의 병렬 운전 중 주파수가 틀리면 어떤 현상이 나타나는가? [15]
① 무효 전력이 생긴다.
② 무효 순환 전류가 흐른다.
③ 유효 순환 전류가 흐른다.
④ 출력이 요동치고 권선이 가열된다.

해설 문제 29.해설 참조

33. 동기 임피던스 5 Ω인 2대의 3상 동기 발전기의 유도 기전력에 100 V의 전압 차이가 있다면 무효 순환 전류는? [10, 13]
① 10 A　　② 15 A
③ 20 A　　④ 25 A

해설 발전기 A, B 2대의 기전력의 위상은 일치하고 크기만 다를 때,
무부하의 경우 무효 순환 전류
$$\dot{I}_c = \frac{\dot{E}_a - \dot{E}_b}{2Z_s} = \frac{V_{12}}{2Z_s} = \frac{100}{2 \times 5} = 10 \text{ A}$$

34. 2대의 동기 발전기 A, B가 병렬 운전하고 있을 때 A기의 여자 전류를 증가시키면 어떻게 되는가? [15, 18]
① A기의 역률은 낮아지고 B기의 역률은 높아진다.
② A기의 역률은 높아지고 B기의 역률은 낮아진다.
③ A, B 양 발전기의 역률이 높아진다.
④ A, B 양 발전기의 역률이 낮아진다.

해설 A기의 여자 전류를 증가시키면 A기의 무효 전력이 증가하여 역률이 낮아지고, B기의 무효분은 감소되어 역률이 높아진다.

35. 8극 900 rpm의 교류 발전기로 병렬 운전하는 극수 6의 동기 발전기 회전수(rpm)는? [10]
① 675　　② 900
③ 1200　　④ 1800

해설 $N_s = \dfrac{120}{p} \cdot f$ [rpm]에서,
$$f = \frac{p \cdot N_s}{120} = \frac{8 \times 900}{120} = 60 \text{ Hz}$$
$$\therefore N' = \frac{120}{p'} \cdot f = \frac{120}{6} \times 60 = 1200 \text{ rpm}$$

36. 동기 검정기로 알 수 있는 것은? [14]
① 전압의 크기
② 전압의 위상
③ 전류의 크기
④ 주파수

해설 동기 검정기(synchroscope) : 두 기전력의 위상을 알아본다.

37. 동기 발전기의 병렬 운전 시 원동기에 필요한 조건으로 구성된 것은? [13]
① 균일한 각속도와 기전력의 파형이 같을 것

② 균일한 각속도와 적당한 속도 조정률을 가질 것
③ 균일한 주파수와 적당한 속도 조정률을 가질 것
④ 균일한 주파수와 적당한 파형이 같을 것

해설 원동기에 필요한 조건
㉠ 균일한 각속도 : 플라이휠(flywheel)을 설치하여야 한다.
㉡ 적당한 속도 조정률을 가져야 한다.

38. 병렬 운전 중인 동기 발전기의 난조를 방지하기 위하여 자극 면에 유도 전동기의 농형 권선과 같은 권선을 설치하는데 이 권선의 명칭은? [13]
① 계자 권선
② 제동 권선
③ 전기자 권선
④ 보상 권선

해설 제동 권선(damper winding)
㉠ 구조 : 동기기 자극면에 홈을 파고 농형 권선을 설치한 것이다.
㉡ 역할 : 동기 속도 전후로 진동하는 것이 난조이므로, 속도가 변화할 때 제동 권선이 자속을 끊어 제동력을 발생시켜 난조를 방지한다.

39. 다음 중 동기 전동기에 설치된 제동 권선의 효과로 맞지 않는 것은? [11, 15, 18]
① 송전선 불평형 단락 시 이상 전압 방지
② 과부하 내량의 증대
③ 기동 토크의 발생
④ 난조 방지

해설 제동 권선의 역할
㉠ 난조 방지
㉡ 불평형 부하시의 전류 전압 파형을 개선한다.
㉢ 송전선의 불평형 단락 시 이상 전압을 방지한다.

40. 동기 발전기의 난조를 방지하는 가장 유효한 방법은? [14, 16]
① 회전자의 관성을 크게 한다.
② 제동 권선을 자극면에 설치한다.
③ 동기 리액턴스를 작게 하고 동기화력을 크게 한다.
④ 자극수를 적게 한다.

41. 난조 방지와 관계가 없는 것은? [18]
① 제동 권선을 설치한다.
② 전기자 권선의 저항을 작게 한다.
③ 축 세륜을 붙인다.
④ 조속기의 감도를 예민하게 한다.

해설 조속기 감도가 예민하든가 전기자 저항 등이 크면 난조가 일어나기 쉽다.

| 4-3 | ○ **동기 전동기** |

■ **동기 전동기**

　동기 전동기는 대개 철극 회전 계자형 동기 발전기와 거의 같은 구조를 가지고 있으며, 플레밍의 왼손 법칙에 따라 자극과 회전 자계 사이의 흡입력에 의해서 자극의 회전 자계로 토크가 발생한다.

1 **동기 전동기의 원리**

(1) 회전 원리

　① 그림의 시각 t에서 고정자 3상 권선에 3상 교류 i_a, i_b, i_c를 흘리면 고정자 회전 자장은 동기 속도로 회전하며 자극은 Ⓝ, Ⓢ(점선)로 나타난다.

　② 회전자를 고정자 회전 자장과 같은 방향, 같은 속도로 돌려 주면 그림 (b)에서 회전자 자극 N, S와 고정자 회전 자장의 자극 Ⓝ, Ⓢ가 흡인력을 갖고 같은 동기 속도로 회전한다.

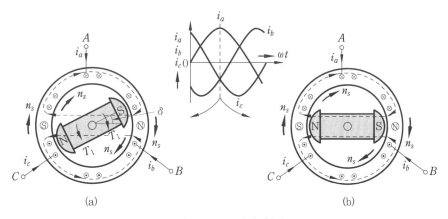

그림 2-67　회전 원리

　③ 부하를 걸면 그림 (a)와 같이 부하 토크 $T_1{}'$에 대응하는 전동기의 토크 T_1이 발생하며, 회전자가 부하각 δ 만큼 순간적으로 밀린 상태로 된다. 이 상태에서 N과 Ⓢ, S와 Ⓝ의 흡인력으로 계속 동기 속도로 회전한다.

　④ 부하가 커지면 δ가 커지고, 회전 속도는 항상 동기 속도가 된다.

(2) 회전 속도

　동기 전동기는 철극형 회전 계자형의 구조이며, 동기 속도로 회전하는 전동기이다.

$$N_s = \frac{120f}{p}\ [\text{rpm}]$$

2 ▶ 동기 전동기의 이론

(1) 동기 전동기의 등가 회로

① 그림 2-68은 1상에 대한 등가 회로이며 $\dot{V}$ 는 공급 단자 전압, $\dot{E}$ 는 역기전력, $\dot{I}$ 는 전기자 전류이다.

② 동기 임피던스는 $\dot{Z} = r_a + jx_s$ 일 때, 이 회로에서 각 전압은 다음과 같은 관계가 성립된다.

$$\dot{V} = \dot{E} + \dot{I}Z_s = \dot{E} + \dot{I}(r_a + jx_s)\ [\text{V}]$$

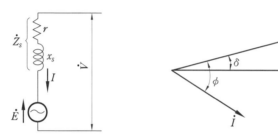

그림 2-68 등가 회로와 벡터도

(2) 동기 전동기의 전기자 반작용

동기 전동기는 동기 발전기의 경우에 비해 반대가 된다.

① I 와 V 가 동상인 경우 : 교차 자화 작용

② I 가 V 보다 $\frac{\pi}{2}$ 뒤지는 경우 : 증자 작용

③ I 가 V 보다 $\frac{\pi}{2}$ 앞서는 경우 : 감자 작용

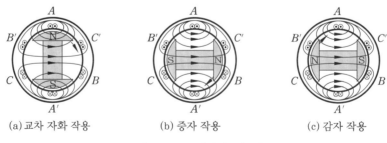

(a) 교차 자화 작용 (b) 증자 작용 (c) 감자 작용

그림 2-69 전기자 반작용

3 동기 전동기의 기동 방법

(1) 토크(torque)

① 기동 토크(starting torque) : 동기 전동기의 기동 토크는 0이다. 그러므로 기동할 때에는 대개 제동 권선을 기동 권선으로 하여, 이것에서 기동 토크를 얻도록 한다.

② 인입 토크(pull in torque) : 전동기가 기동하여 동기 속도의 95 % 속도에서의 최대 토크를 인입 토크라 한다.

(2) 자기 기동법(self-starting method)

① 회전자 자극 N 및 S의 표면에 그림 2-70과 같이 설치한 기동 권선(제동 권선)에 의하여 발생하는 토크를 이용한다.

② 기동 전류를 작게 하기 위하여 기동 보상기, 직렬 리액터 또는 변압기의 탭에 의하여 정격 전압의 30~50 % 정도의 저전압을 가하여 기동하고, 속도가 빨라지면 전전압을 가하도록 한다.

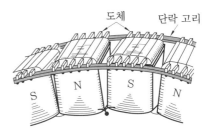

그림 2-70 기동 권선(제동 권선)

(3) 기동 전동기법

① 기동 전동기로 유도 전동기를 사용하는 경우 : 동기기의 극수보다 2극만큼 적은 극수이다.

② 유도 동기 전동기를 기동 전동기로 사용 : 극수는 동기 전동기와 같은 수이다(동기 속도의 95 % 정도).

4 동기 전동기의 특성

(1) 동기 전동기의 입력, 출력 및 토크

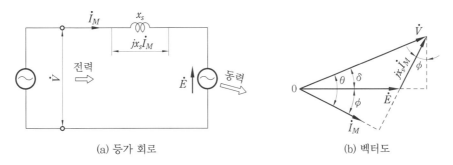

(a) 등가 회로   (b) 벡터도

그림 2-71 등가 회로와 벡터도

① 입력(한상분)

$$P_1 = V I_M \cos\theta \, [\text{W}]$$

② 출력(한상분)

$$P_2 = E I_M \cos\phi = \frac{E V \sin\delta}{x_s} \, [\text{W}]$$

※ 출력은 부하각 δ 의 $\sin$ 에 비례한다.

③ 부하 특성 곡선

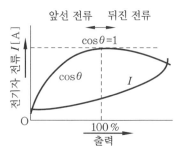

그림 2-72 부하 특성 곡선

(개) 그림 2-72는 공급 전압 V 와 계자 전류 I_f 를 일정하게 하고, 출력과 전기자 전류 I 및 출력과 역률 $\cos\theta$ 와의 관계를 나타내는 곡선이다.

(내) 출력이 100 %일 때, 역률이 1이 되도록 계자 전류를 조정한 경우이다.

④ 토크

(개) 동기 속도를 N_s [rpm], 주파수를 f [Hz]라 하면, 회전자의 각속도 ω

$$\omega = \frac{2\pi N_s}{60} \, [\text{rad/s}]$$

(내) 전동기의 출력은 $P = \omega\tau$

$$\omega\tau = \frac{VE}{x_s}\sin\delta$$

(대) 전동기의 토크

$$\tau = \frac{V_l E_l}{\omega x_s}\sin\delta \, [\text{N·m}]$$

(래) 토크를 [kg·m]의 단위로 나타내면 다음과 같다.

$$\tau' = \frac{\tau}{9.8} \, [\text{kg·m}]$$

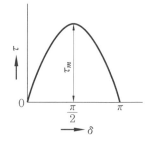

그림 2-73 부하각과 토크

(매) 동기 전동기는 일정한 각속도 ω로 회전하며, 그 토크는 부하각 δ_M의 사인(sine)에 비례한다.

(배) 최대 토크 τ_m 는 $\delta = \dfrac{\pi}{2}$ [rad]에서 그림 2-73과 같이 발생한다.

(새) 부하 토크가 최대 토크보다 크면 동기를 벗어나고, 결국은 정지한다. 이때의 τ_m 을 이탈 토크라 한다.

(2) 위상 특성 곡선(V 곡선) (phase characteristic curve)

① 일정 출력에서 유기 기전력 E (또는 계자 전류 I_f)와 전기자 전류 I 의 관계를 나타내는 곡선이다.

② 동기 전동기는 그림에서 알 수 있는 바와 같이 계자 전류를 가감하여 전기자 전류의 크기와 위상을 조정할 수 있다.

③ 부하가 클수록 V 곡선은 위로 이동한다.

④ 이들 곡선의 최저점은 역률 1에 해당하는 점이며, 이 점보다 오른쪽은 앞선 역률이고 왼쪽은 뒤진 역률의 범위가 된다.

⑤ 동기 전동기를 부하의 역률을 개선하는 동기 조상기로 사용하는 것은 그림과 같은 특성 때문이다.

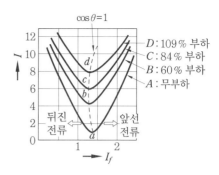

그림 2-74 위상 특성 곡선

5 동기 전동기의 종류와 특징 및 용도

(1) 종류

① 철극형(보통 동기 전동기)

② 원통형(고속도 동기 전동기, 유도 동기 전동기)

③ 고정자 회전 기동형(초동기 전동기)

(2) 동기 전동기의 특징

① 장점

㈎ 속도가 일정 불변이다.

㈏ 항상 역률 1로 운전할 수 있다.

㈐ 필요시 앞선 전류를 통할 수 있다.

㈑ 유도 전동기에 비하여 효율이 좋다.

㈒ 저속도의 전동기는 특히 효율이 좋다.

㈓ 공극이 넓으므로, 기계적으로 튼튼하다.

② 단점

㈎ 기동 토크가 작고, 기동하는 데 손이 많이 간다.

㈏ 여자 전류를 흘려주기 위한 직류 전원이 필요하다.

㈐ 난조가 일어나기 쉽다.

㈑ 값이 비싸다.

(3) 용도

① 저속도 대용량 : 시멘트 공장의 분쇄기, 각종 압축기, 송풍기, 제지용 쇄목기, 동기 조상기

② 소용량 : 전기 시계, 오실로그래프, 전송 사진

과년도 / 예상문제

1. 60 Hz의 동기 전동기의 최고 속도는 몇 rpm인가?

① 3600　② 2800　③ 2000　④ 1800

[해설] $N_s = \dfrac{120f}{p} = \dfrac{120 \times 60}{2} = 3600 \text{ rpm}$

※ 전동기의 최소 극수는 2극이다.

∴ 60 Hz일 때, 최고 속도는 3600 rpm이 된다.

2. 4극인 동기 전동기가 1800 rpm으로 회전할 때 전원 주파수는 몇 Hz인가? [19]

① 50 Hz　　　② 60 Hz

③ 70 Hz　　　④ 80 Hz

[해설] $N_s = \dfrac{120f}{p} \,[\text{rpm}]$에서,

$f = \dfrac{N_s}{120} \cdot p = \dfrac{1800}{120} \times 4 = 60 \text{ Hz}$

3. 동기 전동기 전기자 반작용에 대한 설명이다. 공급 전압에 대한 앞선 전류의 전기자 반작용은? [10, 14]

① 감자 작용　　　② 증자 작용

③ 교차 자화 작용　④ 편자 작용

[해설] 동기 전동기의 전기자 반작용 : 동기 전동기는 동기 발전기의 경우에 비해 반대가 된다.

㉠ 교차 자화 작용 : I와 V가 동상인 경우

㉡ 증자 작용 : I가 V보다 $\dfrac{\pi}{2}$ 뒤지는 경우

㉢ 감자 작용 : I가 V보다 $\dfrac{\pi}{2}$ 앞서는 경우

4. 동기 전동기 전기자 반작용에 대한 설명이다. 공급 전압에 대한 $\dfrac{\pi}{2}$ [rad] 뒤진 전류의 전기자 반작용은?

① 감자 작용　　　② 증자 작용

③ 교차 자화 작용　④ 편자 작용

[해설] 문제 3. 해설 참조

5. 동기 전동기에서 전기자 반작용을 설명한 것 중 옳은 것은? [18]

① 공급 전압보다 앞선 전류는 감자 작용을 한다.

② 공급 전압보다 뒤진 전류는 감자 작용을 한다.

③ 공급 전압보다 앞선 전류는 교차 자화 작용을 한다.

④ 공급 전압보다 뒤진 전류는 교차 자화 작용을 한다.

6. 다음 중 제동 권선에 의한 기동 토크를 이용하여 동기 전동기를 기동시키는 방법은? [13]

① 저주파 기동법　② 고주파 기동법

③ 기동 전동기법　④ 자기 기동법

[해설] 자기 기동법 : 회전자 자극 N 및 S의 표면에 설치한 기동 권선에 의하여 발생하는 토크를 이용한다.

7. 3상 동기 전동기 자기 기동법에 관한 사항 중 틀린 것은? [11]

① 기동 토크를 적당한 값으로 유지하기 위하여 변압기 탭에 의해 정격 전압의 80 % 정도로 저압을 가해 기동을 한다.

② 기동 토크는 일반적으로 적고 전부하 토크의 40~60 % 정도이다.

③ 제동 권선에 의한 기동 토크를 이용하

는 것으로 제동 권선은 2차 권선으로서 기동 토크를 발생한다.

④ 기동할 때에는 회전 자속에 의하여 계자 권선 안에는 고압이 유도되어 절연을 파괴할 우려가 있다.

해설 기동 전류를 작게 하기 위하여 기동 보상기, 직렬 리액터 또는 변압기의 탭에 의하여 정격 전압의 30~50 % 정도의 저전압을 가하여 기동하고, 속도가 빨라지면 전 전압을 가하도록 한다.

8. 동기 전동기를 자기 기동법으로 기동시킬 때 계자 회로는 어떻게 하여야 하는가? [19]

① 단락시킨다.
② 개방시킨다.
③ 직류를 공급한다.
④ 단상 교류를 공급한다.

해설 계자 권선을 기동시 개방하면 회전 자속을 쇄교하여 고전압이 유도되어 절연 파괴의 위험이 있으므로, 저항을 통하여 단락시킨다.

9. 동기 전동기의 자기 기동법에서 계자 권선을 단락하는 이유는? [10, 11, 18]

① 기동이 쉽다.
② 기동 권선으로 이용
③ 고전압 유도에 의한 절연파괴 위험 방지
④ 전기자 반작용을 방지한다.

해설 문제 8. 해설 참조

10. 동기 전동기의 인입 토크는 일반적으로 동기 속도의 대략 몇 %에서의 토크를 말하는가?

① 65 %   ② 75 %
③ 85 %   ④ 95 %

해설 인입 토크 (pull in torque) : 전동기가 기동하여 동기 속도의 95 % 속도에서의 최대 토크를 인입 토크라 한다.

11. 기동 전동기로서 유도 전동기를 사용하려고 한다. 동기 전동기의 극수가 10극인 경우 유도 전동기의 극수는? [10]

① 8극   ② 10극   ③ 12극   ④ 14극

해설 유도 전동기의 극수 : 동기 전동기의 극수보다 2극만큼 적은 극수일 것

12. 50 Hz, 500 rpm의 동기 전동기에 직결하여 이것을 기동하기 위한 유도 전동기의 적당한 극수는? [10]

① 4극   ② 3극
③ 10극   ④ 12극

해설 극수 : $p = \dfrac{120}{N_s} \cdot f = \dfrac{120}{500} \times 50 = 12$극

∴ 10극이 적당하다.

13. 3상 동기 전동기의 출력(P)을 부하각으로 나타낸 것은? (단, V는 1상의 단자 전압, E는 역기 전력, x_s는 동기 리액턴스, δ는 부하각이다.) [14]

① $P = 3VE\sin\delta$ [W]

② $P = \dfrac{3VE\sin\delta}{x_s}$ [W]

③ $P = \dfrac{3VE\cos\delta}{x_s}$ [W]

④ $P = 3VE\cos\delta$ [W]

해설 한상분 출력

$$P_1 = EI_M\cos\phi = \frac{EV\sin\delta}{x_s}\text{[W]}$$

$$\therefore P = 3 \cdot \frac{EV\sin\delta}{x_s}\text{[W]}$$

※ 출력은 부하각 δ의 $\sin$에 비례

14. 동기 전동기의 부하각(load angle)은? [13]

① 공급 전압 V와 역기 전압 E와의 위상각

② 역기 전압 E와 부하 전류 I와의 위상각
③ 공급 전압 V와 부하 전류 I와의 위상각
④ 3상 전압의 상전압과 선간 전압과의 위상각

해설 동기 전동기의 부하각(δ)은 공급 전압 V와 역기 전력 E와의 위상각이다.

15. 3상 동기 전동기의 토크에 대한 설명으로 옳은 것은? [10, 14, 16]

① 공급 전압 크기에 비례한다.
② 공급 전압 크기의 제곱에 비례한다.
③ 부하각 크기에 반비례한다.
④ 부하각 크기의 제곱에 비례한다.

해설 토크(torque ; T) $T = k \cdot V$
※ 공급 전압의 크기에 비례한다.

16. 그림은 동기기의 위상 특성 곡선을 나타낸 것이다. 전기자 전류가 가장 작게 흐를 때의 역률은? [10, 17]

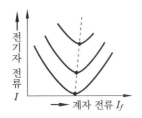

① 1
② 0.9(지상)
③ 0.9(진상)
④ 0

17. 3상 동기 전동기의 단자 전압과 부하를 일정하게 유지하고, 회전자 여자 전류의 크기를 변화시킬 때 옳은 것은? [11, 17]

① 전기자 전류의 크기와 위상이 바뀐다.
② 전기자 권선의 역기 전력은 변하지 않는다.
③ 동기 전동기의 기계적 출력은 일정하다.
④ 회전 속도가 바뀐다.

해설 위상 특성 곡선(V 곡선)
㉠ 일정 출력에서 계자 전류 I_f (또는 유기기 전력 E)와 전기자 전류 I의 관계를 나타내는 곡선이다.
㉡ 동기 전동기는 계자 전류를 가감하여 전기자 전류의 크기와 위상을 조정할 수 있다.
㉢ 부하가 클수록 V 곡선은 위로 이동한다.
㉣ 동기 전동기를 부하의 역률을 개선하는 동기 조상기로 사용하는 것은 이 특성 때문이다.

18. 동기 전동기의 계자 전류를 가로축에, 전기자 전류를 세로축으로 하여 나타낸 V 곡선에 관한 설명으로 옳지 않은 것은?

① 위상 특성 곡선이라 한다.
② 부하가 클수록 V곡선은 아래쪽으로 이동한다.
③ 곡선의 최저점은 역률 1에 해당한다.
④ 계자 전류를 조정하여 역률을 조정할 수 있다.

해설 문제 17. 해설 참조

19. 동기 조상기를 부족 여자로 운전하면 어떻게 되는가? [10]

① 콘덴서로 작용
② 뒤진 역률 보상
③ 리액터로 작용
④ 저항손의 보상

해설 동기 조상기의 운전 – 위상 특성 곡선
㉠ 부족 여자 : 유도성 부하로 동작 → 리액터로 작용
㉡ 과여자 : 용량성 부하로 동작 → 콘덴서로 작용

20. 다음 중 동기 전동기에 관한 설명에서 잘못된 것은? [12, 17, 18]

① 기동 권선이 필요하다.
② 난조가 발생하기 쉽다.
③ 여자기가 필요하다.
④ 역률을 조정할 수 없다.

해설 동기 전동기의 특징

㉠ 기동 권선이 필요하다.

㉡ 난조가 일어나기 쉽다.

㉢ 여자 전류를 흘려주기 위한 직류 전원이 필요하다.

㉣ 동기 조상기로 사용하여 진상, 지상 역률을 조정할 수 있다.

㉤ 공극이 넓으므로, 기계적으로 튼튼하다.

㉥ 유도 전동기에 비하여 효율이 좋다.

21. 3상 동기 전동기의 특징이 아닌 것은? [12]

① 부하의 변화로 속도가 변하지 않는다.

② 부하의 역률을 개선할 수 있다.

③ 전부하 효율이 양호하다.

④ 공극이 좁으므로 기계적으로 견고하다.

해설 문제 20. 해설 참조

22. 동기 전동기의 특징과 용도에 대한 설명으로 잘못된 것은? [12]

① 진상, 지상의 역률 조정이 된다.

② 속도 제어가 원활하다.

③ 시멘트 공장의 분쇄기 등에 사용된다.

④ 난조가 발생하기 쉽다.

해설 특징과 용도

㉠ 저속도 대용량은 시멘트 공장의 분쇄기, 각종 압축기, 송풍기, 제지용 쇄목기 등에 사용된다.

㉡ 동기 조상기로 사용하여 진상, 지상 역률을 조정할 수 있다.

㉢ 난조가 일어나기 쉽고, 속도 제어가 원활하지 않다.

23. 전력 계통에 접속되어 있는 변압기나 장거리 송전 시 정전 용량으로 인한 충전 특성 등을 보상하기 위한 기기는? [12, 15]

① 유도 전동기

② 동기 발전기

③ 유도 발전기

④ 동기 조상기

해설 동기 조상기

㉠ 변압기나 장거리 송전 시 정전 용량으로 인한 충전 특성 등을 보상하기 위하여 사용된다.

㉡ 동기 조상기는 진상, 지상 역률을 조정할 수 있다.

㉢ 동기 전동기는 V곡선(위상 특성 곡선)을 이용하여 역률을 임의로 조정하고, 진상 및 지상 전류를 흘릴 수 있다.

24. 동기 조상기가 전력용 콘덴서보다 우수한 점은 어느 것인가? [10, 17]

① 손실이 적다.

② 보수가 쉽다.

③ 지상 역률을 얻는다.

④ 가격이 싸다.

해설 문제 22. 해설 참조

25. 동기 전동기의 여자 전류를 변화시켜도 변하지 않는 것은? (단, 공급 전압과 부하는 일정하다.) [11. 14]

① 동기 속도

② 역기 전력

③ 역률

④ 전기자 전류

해설 ㉠ 동기 전동기의 위상 특성 곡선(V곡선)에서 여자 전류 I_f를 변화시키면 전기자 전류의 크기와 위상이 바뀐다. 따라서, 역률, 역기 전력은 변화하지만 동기 속도는 변화하지 않는다.

㉡ 동기 전동기는 속도가 일정 불변이다.

정류기와 제어 기기·보호 계전기·특수 기기

5-1 ──◦ 정류기와 제어 기기

■ **정류**

　교류를 직류로 변환하는 것을 정류라 하고, 이 작용을 하는 기기를 정류기(rectifier)
라 한다.

1 반도체와 정류 작용

(1) 반도체(semiconductor)

　① 저항률 $10^{-4} \sim 10^{6} \, \Omega \, \text{m}$ 정도의 물체로서, 실리콘(Si), 게르마늄(Ge), 셀렌(Se), 산화
　　제일구리(Cu_2O) 등이 있다.

　② 부성 특성을 가지며, 정류 작용을 한다.

(2) 진성 반도체(intrinsic semiconductor)

　① 불순물이 전혀 섞이지 않은 반도체를 진성 반도체라 한다.

　② Ge, Si은 4가의 원소들로서 최외각에 4개의 전자를 가지고 있으며, 8개의 전자를 공
　　유하며 공유 결합(cobalent bond)을 하여 결정이 안정되는 순수한 반도체이다.

(3) 불순물 반도체(extrinsic semiconductor)

표 2-14　N형, P형 반도체

구분	첨가 불순물			반송자 (carrier)
	명칭	종류	원자가	
N형 반도체 (4가)	도너 (donor)	인(P) 안티몬 (Sb) 비소 (As)	5	과잉 전자 (excess electron)에 의해서 전기 전도가 이루어진다.
P형 반도체 (4가)	억셉터 (accepter)	인디움 (In) 붕소 (B) 알루미늄 (Al)	3	정공 (hole)에 의해서 전기 전도가 이루어진다.

(4) PN 접합 반도체의 정류 작용

PN 접합은 외부에서 가하는 전압의 방향에 따라 정류 특성을 가진다.

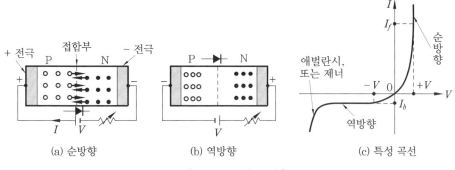

그림 2-75   정류 작용

2 정류용 반도체 소자와 정류 회로 및 특성

(1) 다이오드(diode)의 특성

① 교류를 직류로 변화시켜 주는 대표적인 정류 소자이다.

② 높은 온도에 대해서는 역방향의 누설 전류가 늘어 특성을 나쁘게 하며, 어느 정도의 온도를 넘으면 열전 파괴를 일으킬 염려가 있다.

   ※ 열전 파괴 : 접합부가 녹아서 정류 작용을 잃고 사용 불가능하게 되는 현상을 말한다.

③ 온도를 높이면 정방향 전류는 감소하고, 역방향 전류는 증가한다.

④ 최고 허용 온도

   (가) 게르마늄 : 65~75℃

   (나) 실리콘 : 140~200℃

⑤ 정방향 전압 강하

   (가) 게르마늄 : 0.1 V 정도

   (나) 실리콘 : 1 V 정도

⑥ 실리콘은 온도가 높고 전류 밀도가 크며, 소자가 견딜 수 있는 역방향 전압(역 내전압)이 높다.

(2) 단상 정류 회로

① 단상 반파 정류

   (가) 그림 2-76에서 (+) 반주기간에만 통전하여(순방향 전압) 반파 정류를 한다.

   (나) 직류 전압 e_{d0}의 평균값 E_{d0}는

$$E_{d0} = \frac{\sqrt{2} \, V}{\pi} = 0.45 V \ [\text{V}]$$

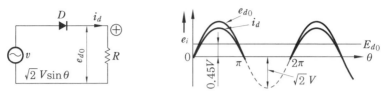

그림 2-76 단상 반파 정류 회로

② 단상 전파 정류

   ⑦ 그림 2-77에서 (+) 반주기(실선) 간에는 D_1, (D_2')가, (−) 반주기(점선) 간에는 D_2, (D_1')가 순방향 전압에 의하여 통전하여 (c)와 같이 전파 정류한다.

   ⑥ 직류의 평균값은 사인파의 평균값과 같다.

$$E_{d0} = \frac{2}{\pi} V_m = \frac{2\sqrt{2}}{\pi} V = 0.9 V \text{ [V]}$$

$$v = v_s = v_{s1} = v_{s2} = V_m \sin\theta = \sqrt{2} V \sin\theta \text{ [V]}$$

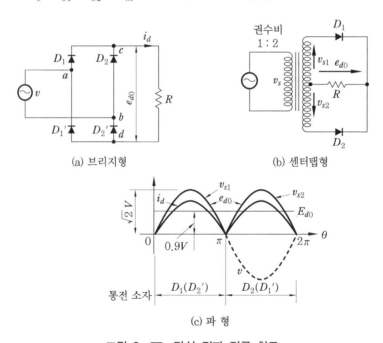

(a) 브리지형   (b) 센터탭형

(c) 파 형

그림 2-77 단상 전파 정류 회로

(3) 3상 정류 회로

  ① 3상 반파 정류 회로

$$E_{d0} = 1.17 V_p \text{ [V]}$$

  ② 3상 전파 정류 회로

$$E_{d0} = 2.34 V_p = 1.35 V_l \text{ [V]}$$

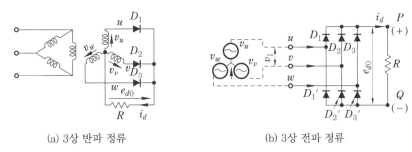

(a) 3상 반파 정류   (b) 3상 전파 정류

그림 2-78 3상 정류 회로

(4) 정류 회로의 특성

① 전압 변동률(voltage regulation) : 부하 전류의 변화에 따른 직류 출력 전압의 정도를 말한다.

$$\varepsilon = \frac{V_0 - V_n}{V_n} \times 100 \%$$

여기서, V_0 : 무부하시 직류 전압, V_n : 전부하시 직류 전압

② 맥동률(ripple factor) : 정류된 직류 속에 포함되어 있는 교류 성분의 정도를 말한다.

$$\gamma = \frac{\Delta V}{V_d} \times 100 \%$$

여기서, ΔV : 출력 파형에 포함된 교류분의 실횻값

V_d : 출력 파형의 평균값 (직류 성분)

③ 정류 효율

$$\eta = \frac{\text{부하에 전달되는 직류 출력 전력}}{\text{교류 입력 전력}} \times 100 \%$$

3 제어 정류기의 원리 및 특성

표 2-15 전력용 반도체 소자의 종류별 특성 비교

명 칭	기 호	정특성 곡선	회로 구성	특 성	용 도
사이리스터 (SCR)	A 양극(애노드) G 게이트 K 음극(캐소드)	ON 상태 OFF 상태 역저지 상태	부하 e A K G	전류가 흐르지 않는 OFF 상태와 전류가 흐르는 ON 상태의 두 가지 안정 상태가 있으며, 또 ON 상태에서 OFF 상태로, 그 반대로 OFF 상태로 이행하는 기능을 가진다. 양극에서 음극으로 전류가 흐른다.	• 직류 스위치 (초퍼 제어 : 전류 회로 필요) • 위상 제어 • 교류 스위치

트라이액				사이리스터 2개를 역병렬로 접속한 것과 등가, 양방향으로 전류가 흐르기 때문에 교류의 스위치로 사용된다.	• 위상 제어 • 교류 스위치
GTO				게이트에 역방향으로 전류를 흘리면 자기 소호(OFF)하는 사이리스터	• 인버터 제어 • 초퍼 제어
트랜지스터 바이폴러				베이스에 전류를 흘렸을 때만 컬렉터 전류가 흐른다. 스위치용 파워 디바이스는 Turn OFF를 빨리 하기 위해 OFF시에 역전압을 인가한다.	• 인버터 제어 • 초퍼 제어
MOS FET				게이트에 전압을 인가했을 때만 드레인 전류가 흐른다. 고속 스위칭에 사용된다.	• 고속 인버터 제어 • 고속 초퍼 제어
IGBT				게이트에 전압을 인가했을 때에만 컬렉터 전류가 흐른다.	• 고속 인버터 제어 • 고속 초퍼 제어

4 다이리스터의 응용 회로 및 제어 장치

(1) 직류-교류 전력 변환기

① 역변환 장치 : 인버터(inverter)

② 전력용 반도체 소자를 이용하여 직류 전력을 교류로 변화시키는 장치이다.

③ 단상 인버터

 ㈎ T_1, T_4와 T_2, T_3를 주기적으로 ON시켜 주면, 부하에는 직사각형파(방형파) 교류 전압이 걸리게 된다.

㈏ 반도체 소자에서는 역방향으로 전류가 흐를 수 없기 때
문에, 다이오드를 역병렬로 연결해 준다.

④ 3상 인버터

㈎ 전압형 인버터(voltage source inverter)

㈏ 전류형 인버터(current source inverter)

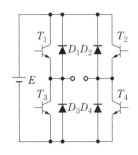

그림 2-79 단상 인버터 회로

(2) 교류-교류 전력 변환기

① 교류 전력 제어

㈎ 그림 2-80은 위상 제어를 통한 교류 전력 제어 회로이며, 역병렬로 접속된
SCR S_1과 S_2를 반주기마다 점호를 해 주면 교류를 얻을 수 있다.

㈏ SCR의 제어각 α를 변화시킴으로써 부하에 걸리는 전압의 크기를 제어한다.

㈐ 전등의 조도 조절용으로 쓰이는 디머(dimmer), 전기담요, 전기밥솥 등의 온도
조절 장치로 많이 이용되고 있다.

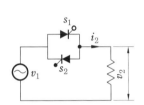 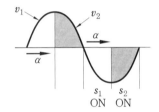

그림 2-80 단상 교류 전력 제어 회로

② 사이클로 컨버터(cyclo converter)

㈎ 주파수를 바꾸어 교류 전력을 제어한다.

㈏ 주파수 변환 방식에는 직접식과 간접식이 있다.

- 직접식 : $\xrightarrow[f_1]{AC_1}$ 사이클로 컨버터 $\xrightarrow[f_2]{AC_2}$

- 간접식 : $\xrightarrow[f_1]{AC_1}$ 정류 회로 $\xrightarrow{DC}$ 인버터 $\xrightarrow[f_2]{AC_2}$

(3) 직류-직류 전력 변환기

① 초퍼(chopper)

㈎ 전원이 교류가 아닌 직류로 주어져 있을 때에, 어떤 직류 전압을 입력으로 하여
크기가 다른 직류를 얻기 위한 회로가 직류 초퍼(dc chopper) 회로이다.

㈏ 초퍼는 전동차, 트롤리 카(trolley car), 선박용 호이스퍼, 지게차, 광산용 견인
전차의 전동 제어 등에 사용한다.

㈐ 전압을 낮추는 경우에는 강압형 초퍼(step down chopper)가 쓰이고, 전압을 높

이는 경우에는 승압형 초퍼(step up chopper)가 사용된다.

② 초퍼의 개념 : 스위칭 동작의 반복 주기 T 를 일정하게 하고, 이 중 스위치를 닫는 구
간의 시간을 T_{ON} 이라 한다면 한 주기 동안 부하 전압의 평균값 V_d 은 다음과 같다.

$$V_d = \frac{T_{ON}}{T} V_s \ [\text{V}]$$

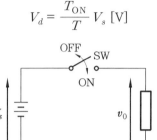

(a) 초퍼 회로

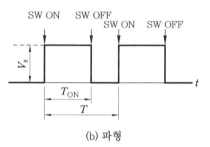

(b) 파형

그림 2-81 초퍼의 동작 개념

과년도 / 예상문제

전기기능사

1. 일반적으로 반도체의 저항값과 온도와의
관계가 바른 것은? [11, 17]

① 저항값은 온도에 비례한다.

② 저항값은 온도에 반비례한다.

③ 저항값은 온도의 제곱에 반비례한다.

④ 저항값은 온도의 제곱에 비례한다.

해설 부(-) 저항 온도 계수 – 반도체의 부성
특성

㉠ 온도가 상승하면 저항값이 감소하는 특
성을 나타낸다.

㉡ 반도체, 탄소, 절연체, 전해액, 서미스
터 등이 있다.

2. 일반적으로 온도가 높아지게 되면 전도율
이 커져서 온도 계수가 부(-)의 값을 가
지는 것이 아닌 것은? [14]

① 구리   ② 반도체

③ 탄소   ④ 전해액

해설 문제 1. 해설 참조

3. 다음 중 N형 반도체의 주 반송자는? [13]

① 억셉터   ② 전자

③ 도너   ④ 정공

해설 주 반송자(carrier)

• N형 반도체 : 과잉 전자(excess electron)

• P형 반도체 : 정공 (hole)

4. 다음 중 도너(doner)에 속하지 않는 것은?

① 알루미늄   ② 인

③ 안티몬   ④ 비소

해설 ㉠ N형 반도체 → 도너(doner) : 인(P),
비소 (As), 안티몬 (Sb)

㉡ P형 반도체 → 억셉터(accepter) : 인디
움 (In), 붕소 (B), 알루미늄 (Al)

정답 ● 1. ② 2. ② 3. ② 4. ①

5. 진성 반도체의 4가의 실리콘에 N형 반도체를 만들기 위하여 첨가하는 것은? [11]

① 게르마늄 ② 갈륨
③ 인듐 ④ 안티몬

해설 문제 4. 해설 참조

6. P형 반도체의 전기 전도의 주된 역할을 하는 반송자는? [13]

① 전자 ② 가전자
③ 불순물 ④ 정공

해설 문제 3. 해설 참조

7. 다음 중 반도체 내에서 정공은 어떻게 생성되는가? [19]

① 결합 전자의 이탈
② 자유 전자의 이동
③ 접합 불량
④ 확산 용량

해설 P형 반도체 : 결합 전자의 이탈로 정공(hole)에 의해서 전기 전도가 이루어진다.

8. 전압을 일정하게 유지하기 위해서 이용되는 다이오드는? [13, 16, 17]

① 발광 다이오드
② 포토 다이오드
③ 제너 다이오드
④ 바리스터 다이오드

해설 제너 다이오드(zener diode) : 제너 효과를 이용하여 전압을 일정하게 유지하는 작용을 하는 정전압 다이오드이다.

9. 주로 정전압 다이오드로 사용되는 것은 어느 것인가? [10]

① 터널 다이오드
② 제너 다이오드
③ 쇼트키베리어 다이오드

④ 버랙터 다이오드

해설 문제 8. 해설 참조

10. 빛을 발하는 반도체 소자로서 각종 전자 제품류와 자동차 계기판 등의 전자 표시에 활용되는 것은? [18]

① 제너 다이오드
② 발광 다이오드
③ PN 접합 다이오드
④ 포토다이오드

해설 ㉠ 제너 다이오드(zener diode) : 정전압 다이오드

㉡ 발광 다이오드 (light emitting diode ; LED) : 다이오드의 특성을 가지고 있으며, 전류를 흐르게 하면 붉은색, 녹색, 노란색으로 빛을 발한다.

㉢ PN 접합 다이오드 : 정류용 다이오드

㉣ 포토다이오드(photodiode) : 빛에너지를 전기에너지로 변환하는 다이오드

11. 다이오드의 정특성이란 무엇을 말하는가? [16]

① PN 접합면에서의 반송자 이동 특성
② 소신호로 동작할 때의 전압과 전류의 관계
③ 다이오드를 움직이지 않고 저항률을 측정한 것
④ 직류 전압을 걸었을 때 다이오드에 걸리는 전압과 전류의 관계

해설 다이오드 정특성 : 직류 전압을 걸었을 때 다이오드에 걸리는 전압과 전류의 관계, 즉 전압-전류 특성이다.

12. 다음 중 P-N 접합 정류기는 무슨 작용을 하는가? [10, 11, 13, 16]

① 증폭 작용 ② 제어 작용
③ 정류 작용 ④ 스위치 작용

해설 P-N 접합 정류기 : PN 접합 다이오드를 이용하여 정류 작용을 한다.

13. PN 접합 정류 소자의 설명 중 틀린 것은? (단, 실리콘 정류 소자인 경우이다.) [15, 19]
① 온도가 높아지면 순방향 및 역방향 전류가 모두 감소한다.
② 순방향 전압은 P형에 (+), N형에 (−) 전압을 가함을 말한다.
③ 정류비가 클수록 정류 특성은 좋다.
④ 역방향 전압에서는 극히 작은 전류만이 흐른다.
해설 PN 접합 정류 소자(실리콘)
  ㉠ 온도가 높아지면 전자 − 정공쌍의 수도 증가하게 되고, 누설 전류도 증가하게 된다.
  ㉡ 온도가 높아지면 순방향 및 역방향 전류가 모두 증가한다.

14. 다이오드를 사용한 정류 회로에서 다이오드를 여러 개 직렬로 연결하여 사용하는 경우의 설명으로 가장 옳은 것은? [10]
① 다이오드를 과전류로부터 보호할 수 있다.
② 다이오드를 과전압으로부터 보호할 수 있다.
③ 부하 출력의 맥동률을 감소시킬 수 있다.
④ 낮은 전압 전류에 적합하다.
해설 ㉠ 직렬로 연결 : 분압에 의하여 입력전압을 증가시킬 수 있으며, 과전압으로부터 보호
  ㉡ 병렬로 연결 : 분류에 의하여 부하 전류를 증가시킬 수 있으며, 과전류로부터 보호

15. 다이오드를 사용한 정류 회로에서 다이오드를 여러 개 직렬로 연결하여 사용하는 경우의 설명으로 가장 옳은 것은? [18]

① 고조파 전류를 감소시킬 수 있다.
② 출력 전압의 맥동률을 감소시킬 수 있다.
③ 입력 전압을 증가시킬 수 있다.
④ 부하 전류를 증가시킬 수 있다.
해설 문제 14. 해설 참조

16. 다음 회로도에 대한 설명으로 옳지 않은 것은 어느 것인가? [11]

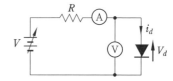

① 다이오드의 양극의 전압이 음극에 비하여 높을 때는 순방향 도통 상태라 한다.
② 다이오드의 양극의 전압이 음극에 비하여 낮을 때는 역방향 저지 상태라 한다.
③ 실제의 다이오드는 순방향 도통 시 양 단자 간의 전압 강하가 발생하지 않는다.
④ 역방향 저지 상태에서는 역방향으로 (음극에서 양극으로) 약간의 전류가 흐르는데 이를 누설 전류라고 한다.
해설 ㉠ 실제의 다이오드(PN 접합)는 순방향 도통 시 양 단자 간의 전압 강하가 발생한다.
  ㉡ 순방향 전압 강하의 크기는 전위 장벽의 높이에 해당되며, 반도체 재료에 따라 결정된다.(전압 강하 : 1~2 V 정도)
  ※ 문제 내용의 회로도는 다이오드 전압−전류의 특성을 측정하기 위한 회로의 예이다.

17. 애벌란시 항복 전압은 온도 증가에 따라 어떻게 변화하는가? [12, 15, 17]
① 감소한다.
② 증가한다.
③ 증가했다 감소한다.
④ 무관하다.
해설 애벌란시 항복(avalanche breakdown)

전압은 온도 증가에 따라 증가한다.

18. $e = \sqrt{2}\, V\sin\omega t\,[\text{V}]$의 정현파 전압을 가했을 때 직류 평균값 $E_{do} = 0.45\,V\,[\text{V}]$ 회로는? [13, 17]

① 단상 반파 정류 회로
② 단상 전파 정류 회로
③ 3상 반파 정류 회로
④ 3상 전파 정류 회로

해설 단상 반파 정류 회로
㉠ 직류 전압의 평균값

$$E_{d0} = \frac{\sqrt{2}\, V}{\pi} = 0.45\,V\;[\text{V}]$$

㉡ 전류 평균값

$$I_{d0} = \frac{E_{d0}}{R} = \frac{\sqrt{2}}{\pi} \cdot \frac{V}{R}\;[\text{A}]$$

19. 교류 전압의 실횻값이 200 V일 때 단상 반파 정류에 의하여 발생하는 직류 전압의 평균값은 약 몇 V인가?

① 45 ② 90 ③ 105 ④ 110

해설 $E_d = \dfrac{\sqrt{2}}{\pi}\, V = 0.45\,V = 0.45 \times 200 = 90$ V

20. 반파 정류 회로에서 변압기 2차 전압의 실횻값을 $E\,[\text{V}]$라 하면 직류 전류 평균값은? (단, 정류기의 전압 강하는 무시한다.) [16]

① $\dfrac{E}{R}$ ② $\dfrac{1}{2} \cdot \dfrac{E}{R}$

③ $\dfrac{2\sqrt{2}}{\pi} \cdot \dfrac{E}{R}$ ④ $\dfrac{\sqrt{2}}{\pi} \cdot \dfrac{E}{R}$

해설 문제 18. 해설 참조

21. 단상 반파 정류 회로의 전원 전압이 200 V, 부하 저항이 10 Ω이면 부하 전류는 약 몇 A인가? [11, 12, 18, 17]

① 4 ② 9 ③ 13 ④ 18

해설 $I_{d0} = \dfrac{E_{d0}}{R} = \dfrac{\sqrt{2}}{\pi} \cdot \dfrac{V}{R}$

$= 0.45 \times \dfrac{200}{10} ≒ 9$ A

22. 다음 그림의 정류 회로에서 다이오드의 전압강하를 무시할 때 콘덴서 양단의 최대 전압은 약 몇 V까지 충전되는가? [14]

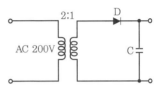

① 70 ② 141
③ 280 ④ 352

해설 $V_2 = \dfrac{V_1}{a} = \dfrac{200}{\frac{1}{2}} = 100$ V

$\therefore\; V_m = \sqrt{2}\, V_2 = 1.41 \times 100 = 141$ V

23. 단상 전파 정류 회로에서 직류 전압의 평균값으로 가장 적당한 것은? [12, 17]

① $1.35\,V\,[\text{V}]$ ② $1.25\,V\,[\text{V}]$
③ $0.9\,V\,[\text{V}]$ ④ $0.45\,V\,[\text{V}]$

해설 단상 전파 정류

$$E_{d0} = \frac{2}{\pi}\, V_m = \frac{2\sqrt{2}}{\pi}\, V = 0.9\,V\,[\text{V}]$$

24. 단상 전파 정류 회로에서 전원이 220 V 이면 부하에 나타나는 전압의 평균값은 약 몇 V인가? [15, 17, 19]

① 99 ② 198
③ 257.4 ④ 297

해설 $E_{do} ≒ 0.9\,V = 0.9 \times 220 = 198$ V

25. 다음 그림에 대한 설명으로 틀린 것은 어느 것인가? [10, 14]

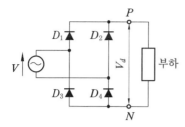

① 브리지(bridge) 회로라고도 한다.
② 실제의 정류기로 널리 사용된다.
③ 반파 정류 회로라고도 한다.
④ 전파 정류 회로라고도 한다.

해설 ㉠ 단상 전파 정류 회로이며, 브리지 회
로라고도 한다.
㉡ 실제 정류 회로로 널리 사용된다.

26. 다음 그림과 같은 회로에서 사인파 교
류 입력 12 V (실횻값)를 가했을 때, 저항
R 양단에 나타나는 전압(V)은? [11]

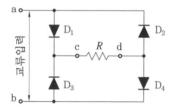

① 5.4   ② 6   ③ 10.8   ④ 12

해설 브리지(bridge) 전파 정류 회로
$E_{d0} = 0.9 \times 12 = 10.8$ V

27. 상전압 300 V의 3상 반파 정류 회로의
직류 전압은 약 몇 V인가? [10, 13]

① 520 V   ② 350 V
③ 260 V   ④ 50 V

해설 $E_{d0} = 1.17 \times$상전압
$= 1.17 \times 300 = 350$ V

28. 다음 중 전력 제어용 반도체 소자가 아
닌 것은? [13]

① LED   ② TRIAC

③ GTO   ④ IGBT

해설 LED : 발광 다이오드

29. 다음 중 2단자 사이리스터가 아닌 것
은? [13]

① SCR   ② DIAC
③ SSS   ④ Diod

해설 SCR은 3단자 소자이다.

30. 다음 사이리스터 중 3단자 형식이 아닌
것은? [14]

① SCR   ② GTO
③ DIAC   ④ TRIAC

해설 DIAC(diode Ac switch)는 2단자 소자
이다.

31. 3단자 사이리스터가 아닌 것은? [15]

① SCS   ② SCR
③ TRIAC   ④ GTO

해설 SCS (silicon controlled switch)는 4단
자 소자이다.

32. 양방향으로 전류를 흘릴 수 있는 양방
향 소자는? [11]

① SCR   ② GTO
③ TRIAC   ④ MOSFET

해설 TRIAC(triode Ac switch)
㉠ 양방향(쌍방향)성이므로 교류 전력 제어
에 사용된다.
㉡ 2개의 SCR을 병렬로 접속하고 게이트
를 1개로 한 구조로 3단자 소자이다.

33. 양방향성 3단자 사이리스터의 대표적인
것은? [11]

① SCR   ② SSS
③ DIAC   ④ TRIAC

해설 문제 32. 해설 참조

34. SCR을 역병렬로 접속한 것과 같은 특성의 소자는? [16]

① 다이오드 ② 사이리스터
③ GTO ④ TRIAC

해설 문제 32. 해설 참조

35. 통전 중인 사이리스터를 턴 오프(turn-off)하려면? [14]

① 순방향 anode 전류를 유지 전류 이하로 한다.
② 순방향 anode 전류를 증가시킨다.
③ 게이트 전압을 0 또는 -로 한다.
④ 역방향 anode 전류를 통전한다.

해설 사이리스터(thyristor)의 턴 오프(turn off) 방법 : 순방향 애노드(anode) 전류를 유지 전류 이하로 한다.
※ 유지 전류(holding current) : 게이트(G)를 개방한 상태에서 사이리스터가 도통(turn on) 상태를 유지하기 위한 최소의 순전류

36. 실리콘 제어 정류기(SCR)에 대한 설명으로서 적합하지 않은 것은? [12]

① 정류 작용을 할 수 있다.
② P-N-P-N 구조로 되어 있다.
③ 정방향 및 역방향의 제어 특성이 있다.
④ 인버터 회로에 이용될 수 있다.

해설 SCR(silicon controlled rectifier)은 정방향성(단일 방향성) 제어 특성을 갖는다.

37. 다음 중 SCR에서 Gate 단자의 반도체는 어떤 형태인가? [18]

① N형 ② P형
③ NP형 ④ PN형

해설 SCR : 실리콘 제어 정류 소자

38. 다음 중 트라이액(TRIAC)의 기호는 어느 것인가? [11, 18]

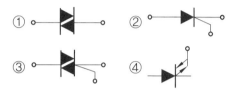

해설 ① DIAC ② SCR
③ TRIAC ④ GTO

39. 다음 그림과 같은 기호의 소자 명칭은 어느 것인가? [10]

① SCR
② TRIAC
③ IGBT
④ GTO

40. 다음 중 자기 소호 제어용 소자는 어느 것인가? [16, 17]

① SCR ② TRIAC
③ DIAC ④ GTO

해설 GTO (gate turn-off thyristor)
㉠ 역저지 3단자 사이리스터로 전압 : 전류 특성은 SCR과 동일하여 오프 (off) 상태에서는 양방향 전압 전지, 온(on) 상태에서는 단일 방향 전류 특성을 갖는다.
㉡ 게이트 신호가 양(+)이면 턴 온(on), 음(-)이면 턴 오프(off) 된다.
㉢ 과전류 내량이 크며 자기소호성이 좋다.

41. 다음 중 턴 오프(소호)가 가능한 소자는 어느 것인가? [14]

① GTO
② TRIAC
③ SCR
④ LASCR

42. 대전류·고전압의 전기량을 제어할 수 있는 자기소호형 소자는? [16]

① FET
② Diode
③ TRIAC
④ IGBT

해설 IGBT(insulated gate bipolar transistor)

㉠ 전압 제어 전력용 반도체이기 때문에 고속, 고효율의 전력 시스템에서 요구되는 300 V 이상의 전압 영역에서 널리 사용되고 있다.

㉡ 게이트–이미터 간의 전압이 구동되어 입력 신호에 의해서 온/오프가 생기는 자기소호형이므로, 대전력의 고속 스위칭이 가능한 반도체 소자이다.

43. 60 Hz 3상 반파 정류 회로의 맥동 주파수[Hz]는? [10, 12, 18]

① 360
② 180
③ 120
④ 60

해설 맥동 주파수

$$f_r = 3f = 3 \times 60 = 180 \text{ Hz}$$

44. 다음 그림과 같이 사이리스터를 이용한 전파정류회로에서 입력전압이 100V이고, 점호각이 60°일 때 출력전압은 몇 V인가? (단, 부하는 저항만의 부하이다.) [19]

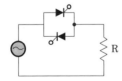

① 32.5
② 45
③ 67.5
④ 90

해설 단상 전파 정류 회로 – 저항 부하의 경우

$$E_d = 0.45 V (1 + \cos \alpha)$$

$$= 0.45 \times 100 (1 + \cos 60°)$$

$$= 45 + 45 \times 0.5 = 67.5 \text{V}$$

※ 유도성 부하의 경우

$$E_d = 0.9 V \cos \alpha = 0.9 \times 100 \times 0.5 = 45 \text{V}$$

45. 단상 전파 정류 회로에서 $\alpha = 60°$일 때 정류 전압은? (단, 전원측 실횻값 전압은 100 V이며, 유도성 부하를 가지는 제어 정류기이다.) [12]

① 약 15 V
② 약 22 V
③ 약 35 V
④ 약 45 V

해설 $V_d = 0.9 V \cos 60° = 0.9 \times 100 \times 0.5$

$$= 45 \text{ V}$$

46. 전력 변환 기기가 아닌 것은? [15, 18]

① 변압기
② 정류기
③ 유도 전동기
④ 인버터

해설 ㉠ 변압기 : 교류 전력 변환

㉡ 정류기 : 교류를 직류로 변환

㉢ 유도 전동기 : 전기 에너지를 기계 에너지(회전력)로 변환

㉣ 인버터 (inverter) : 직류를 교류로 변환

47. 인버터(inverter)란? [10, 14, 17]

① 교류를 직류로 변환
② 직류를 교류로 변환
③ 교류를 교류로 변환
④ 직류를 직류로 변환

해설 ㉠ 역변환 장치(인버터 ; inverter) : 직류 전원을 교류 전원으로 바꾸어 주는 장치

㉡ 순변환 장치(컨버터 ; converter) : 교류 전원을 직류 전원으로 바꾸어 주는 장치

48. 직류를 교류로 변환하는 장치는 어느 것인가? [10, 11, 13]

① 정류기
② 충전기
③ 순변환 장치
④ 역변환 장치

49. 반도체 사이리스터에 의한 전동기의 속도 제어 중 주파수 제어는? [15]

① 초퍼 제어 ② 인버터 제어
③ 컨버터 제어 ④ 브리지 정류 제어

해설 인버터 제어 : 정전압·정주파 전원장치(CVCF)나 교류 전동기의 회전수 제어장치 등에 사용된다.

※ 3상 인버터 : 최근에 다이오드와 스위치의 작용을 동시에 하는 전력용 반도체 소자인 사이리스터가 개발되어 3상 인버터라고 불리는 주파수 변환기가 전동기의 속도 제어에 사용된다.

50. 교류 전동기를 직류 전동기처럼 속도 제어하려면 가변 주파수의 전원이 필요하다. 주파수 f_1에서 직류로 변환하지 않고 바로 주파수 f_2로 변환하는 변환기는? [10]

① 사이클로 컨버터
② 주파수원 인버터
③ 전압·전류원 인버터
④ 사이리스터 컨버터

해설 사이클로 컨버터(cyclo converter) : 교류 전동기의 속도 제어를 위한 교류 전력의 주파수 변환($f_1 \rightarrow f_2$)장치이다.

※ CF－VF : constant frequency (f_1)
→ variable frequency (f_2)

51. ON, OFF를 고속도로 변환할 수 있는 스위치이고 직류 변압기 등에 사용되는 회로는 무엇인가? [13]

① 초퍼 회로 ② 인버터 회로
③ 컨버터 회로 ④ 정류기 회로

해설 초퍼 회로(chopper circuit)
㉠ 초퍼(chopper) : 반도체 스위칭 소자에 의해 주 전류의 ON－OFF 동작을 고속·고빈도로 반복 수행하는 것
㉡ 초퍼의 이용

• 일정 전압의 직류 전원을 단속하여 직류 평균 전압을 제어하는 경우 → DC chopper
• 초퍼는 전동차, 트롤리 카(trolley car), 선박용 호이스퍼, 지게차, 광산용 견인 전차의 전동 제어 등에 사용한다.

52. 직류 전압을 직접 제어하는 것은? [16]

① 브리지형 인버터
② 인터버
③ 3상 인버터
④ 초퍼형 인버터

53. 스위칭 주기 10 μs, 온(on) 시간 5 μs일 때 강압형 초퍼의 출력 전압 E_2와 입력 전압 E_1의 관계는? [11]

① $E_2 = 3E_1$ ② $E_2 = 2E_1$
③ $E_2 = E_1$ ④ $E_2 = 0.5E_1$

해설 $E_2 = \dfrac{T_{on}}{T_{on}+T_{off}} \cdot E_1 = \dfrac{T_{on}}{T} \cdot E_1$
$= \dfrac{5}{10} \cdot E_1 = 0.5E_1$

54. 다음 그림은 직류 전동기 속도 제어 회로 및 트랜지스터의 스위칭 동작에 의하여 전동기에 가해진 전압의 그래프이다. 트랜지스터 도통 시간 ⓐ가 0.03초, 1주기 시간 ⓑ가 0.05초일 때, 전동기에 가해지는 전압의 평균(V)은? (단, 전동기의 역률은 1이고 트랜지스터의 전압 강하는 무시한다.) [10]

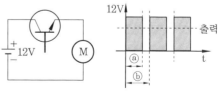

① 4.8 ② 6.0 ③ 7.2 ④ 8.0

해설 $V_d = V \cdot \dfrac{T_{on}}{T_{on} + T_{off}}$

$\qquad = V \cdot \dfrac{T_{on}}{T} = 12 \times \dfrac{0.03}{0.05} = 7.2 \text{ V}$

55. 다음 그림은 트랜지스터의 스위치 작용에 의한 직류 전동기의 속도 제어 회로이다. 전동기의 속도가 $N = K \dfrac{V - I_a R_a}{\varPhi}$ [rpm]이라고 할 때, 이 회로에서 사용한 전동기의 속도 제어법은?

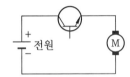

① 전압 제어법　　② 계자 제어법
③ 저항 제어법　　④ 주파수 제어법

해설 트랜지스터의 스위칭 작용에 의한 전압 제어법으로 회전 속도를 제어하는 방식이다.

※ 전동기 속도 제어법

$N = K \dfrac{V - I_a R_a}{\varPhi}$ [rpm]에서,

㉠ 전압 제어법 : V의 변화
㉡ 계자 제어법 : $\varPhi$의 변화
㉢ 저항 제어법 : R_a의 변화

56. 다음 그림은 교류 전동기 속도 제어 회로이다. 전동기 Ⓜ의 종류로 알맞은 것은? [13]

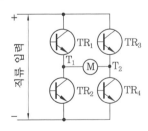

① 단상 유도 전동기② 3상 유도 전동기

③ 3상 동기 전동기 ④ 4상 스텝 전동기

해설 단상 유도 전동기의 속도 제어 회로 – 인버터 : 직류를 교류로 변환시키는 인버터 회로로서 등가 회로와 같이 $TR_1 \sim TR_4$는 4개 스위치로 동작하여 전동기 Ⓜ 양단에 양(+)의 전압과 음(−)의 전압을 교대로 나타나게 할 수 있다.

57. 다음 그림은 유도 전동기 속도 제어 회로 및 트랜지스터의 컬렉터 전류 그래프이다. ⓐ와 ⓑ에 해당하는 트랜지스터는? [11, 18]

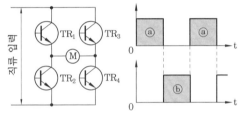

① ⓐ는 TR_1과 TR_2, ⓑ는 TR_3과 TR_4
② ⓐ는 TR_1과 TR_3, ⓑ는 TR_2와 TR_4
③ ⓐ는 TR_2과 TR_4, ⓑ는 TR_1과 TR_3
④ ⓐ는 TR_1과 TR_4, ⓑ는 TR_2와 TR_3

해설 인버터(inverter) : 직류를 교류로 변환하는 장치

※ 인버터의 기본 동작 : 4개 스위치를 적절히 여닫음으로써 부하 Ⓜ 양단에 양(+)의 전압과 음(−)의 전압이 교대로 나타나게 할 수 있다.

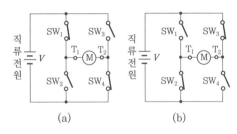

　　　(a)　　　　　　　(b)

58. 다음 그림의 전동기 제어 회로에 대한 설명으로 잘못된 것은? [14]

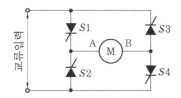

① 교류를 직류로 변환한다.
② 사이리스터 위상 제어 회로이다.
③ 전파 정류 회로이다.
④ 주파수를 변환하는 회로이다.

59. 다음 회로에서 부하에 최대 전력을 공급하기 위한 저항 R 및 콘덴서 C의 크기는? [12]

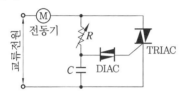

① R은 최대, C는 최대로 한다.
② R은 최소, C는 최소로 한다.
③ R은 최대, C는 최소로 한다.
④ R은 최소, C는 최대로 한다.

해설 전동기 Ⓜ의 위상 제어
시정수 $T = RC$ [s]에 의해서 TRIAC 트리거가 제어되므로 R, C를 최소로 하면 트리거가 빨라지므로 많은 전류가 흐르게 되어 부하에 최대 전력을 공급할 수 있다.
※ 문제의 회로는 TRIAC을 사용한 단상 유도 전동기의 속도 제어 회로이다.

60. 다음 그림은 전동기 속도 제어 회로이다. 〈보기〉에서 ⓐ와 ⓑ를 순서대로 나열한 것은? [11]

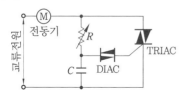

┤보기├
전동기를 기동할 때는 저항 R을 (ⓐ), 전동기를 운전할 때는 저항 R을 (ⓑ)로 한다.

① ⓐ 최대, ⓑ 최대 ② ⓐ 최소, ⓑ 최소
③ ⓐ 최대, ⓑ 최소 ④ ⓐ 최소, ⓑ 최대

해설 위상 제어에 의한 전동기의 속도 제어 회로(DIAC을 이용한 TRIAC 제어)
㉠ 저항 R을 최대로 하면 시정수 $T = RC$ [s]에 의해서 TRIAC 트리거가 지연되어 적은 전류가 흐르게 되므로 낮은 속도로 기동한다.
㉡ 저항 R을 최소로 하면 트리거가 빨라지므로 많은 전류가 흐르게 되어 정상 운전이 된다.

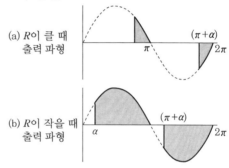

61. 그림은 전력 제어 소자를 이용한 위상 제어 회로이다. 전동기의 속도를 제어하기 위해서 '가' 부분에 사용되는 소자는? [15, 18]

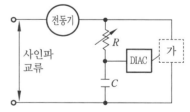

① 전력용 트랜지스터
② 제너 다이오드
③ 트라이액
④ 레귤레이터 78XX 시리즈
해설 문제 59, 60. 참조

정답● **59.** ② **60.** ③ **61.** ③

5-2 ○ 보호 계전 방식

■ 보호 계전 방식의 기본

- 전로나 기기에 고장이 발생한 경우, 이 부분을 신속하게 차단하고 사고에 의한 기기의 열(熱)적·기계적 손상을 최소로 한다. 다른 건전한 부분의 불필요한 정전을 피하여 꾸준히 전력 공급을 확보하는 것이 보호 계전 방식의 기본이다.
- 계전기의 분류는 용도에 따라 보호 계전기, 제어 계전기, 조정 계전기, 보조 계전기로 나눌 수 있으며, 구조에 따라 유도(원판)형, 가동 코일형, 가동 철심형, 정류형, 열동형 등으로 구분된다.

1 보호 계전기의 기능

(1) 과전류 계전기(over-current relay)

① 일정값 이상의 전류가 흘렀을 때 동작하는데, 일명 과부하 계전기라고도 한다.

② 각종 기기(발전기, 변압기)와 배전 선로, 배전반 등에 널리 사용되고 있다.

(2) 과전압 계전기(over-voltage relay)

① 일정값 이상의 전압이 걸렸을 때 동작하는 계전기이다.

② 과전압 보호용으로 사용된다.

(3) 부족 전압 계전기(under-voltage relay)

① 전압이 일정값 이하로 떨어졌을 경우에 동작하는 계전기이다.

② 단락시의 고장 검출용으로도 사용되고 있다.

(4) 부족 전류 계전기(under-current relay)

① 보호하려는 회로의 전류가 일정값 이하로 내려갔을 때 동작하는 계전기이다.

② 발전기의 계자 보호형 또는 직류기 기동용으로 쓰인다.

(5) 비율 차동 계전기(ratio differential relay)

① 고장에 의하여 생긴 불평형의 전류차가 평형 전류의 몇 % 이상으로 되었을 때 동작하는 계전기이다.

② 변압기 내부 고장의 보호형 등에 쓰인다.

(6) 선택 계전기(selective relay)

① 병행 2회선 중 한쪽의 회선에 고장이 생겼을 때, 2회선 간의 전류 또는 전력 조류의 차에 의하여 어느 회선에 고장이 발생했는가를 선택하는 계전기이다.

② 차동 원리를 응용한 것이다.

(7) 전력 계전기(power relay)

① 전력이 미리 정해진 적정값 이상 또는 이하로 되었을 때 동작하는 계전기로, 보호 계전기로 보다는 오히려 제어용 계전기로 쓰이며, 디젤 발전기 등의 보호용으로 사용된다.

② 전력 계전기는 계전기에 도입하는 전류의 위상을 적당히 선정함에 따라 무효 전력 계전기로도 쓸 수 있다.

(8) 방향 계전기(directional relay)

① 2개 이상의 벡터량에 있어 관계 위상의 변화하는 양이 기준 전기량에 대해서 어떤 위상에 있는가를 판정해서 동작하는 계전기이다.

② 고장점의 방향을 아는데 쓰인다.

(9) 거리 계전기(distance relay)

① 계전기가 설치된 위치로부터 고장점까지의 전기적 거리에 비례하여 한시로 동작하는 계전기이다.

② 고장점으로부터 일정한 거리 이내일 경우에는 순간적으로 동작할 수 있게 한 것을 고속도 거리 계전기라 한다.

(10) 지락 보호 계전기

① 지락 과전류 계전기(over-current ground relay) : 과전류 계전기의 동작 전류를 특별히 작게 한 것으로, 지락 보호용으로 사용한다.

② 지락 방향 계전기(directional ground relay) : 지락 과전류 계전기에 방향성을 준 계전기이다.

③ 지락 회선 선택 계전기(selective ground relay) : 병행 2회선 송전 선로에서 한쪽의 1회선에 지락 고장이 일어났을 경우, 이것을 검출하여 고장 회선만을 선택 차단할 수 있게 단락 회선 선택 계전기의 동작 전류를 특별히 작게 한 계전기이다.

▮ 2 ▮ 변압기, 발전기 보호 계전기

(1) 보호 계전기 종류

① 차동 전류 계전기, 차동 전압 계전기

② 비율 차동 계전기

③ 부흐홀츠 계전기, 압력 계전기

(2) 부흐홀츠 계전기(Buchholtz relay ; BHR)

① 변압기 내부 고장으로 2차적으로 발생하는 기름의 분해 가스 증기 또는 유류를 이용하여 부자(뜨는 물건)를 움직여 계전기의 접점을 닫는 것이다.

② 변압기의 주탱크와 컨서베이터의 연결관 도중에 설비한다.

(3) 비율 차동 계전기(ratio differential relay ; RDFR)

① 동작 코일과 억제 코일로 되어 있으며, 전류가 일정 비율 이상이 되면 동작한다.

② 비율 동작 특성은 25~50 %, 동작 시한은 0.2 s 정도이다.

③ 변압기 단락 보호용으로 주로 사용된다.

(4) 보호 계전기가 구비하여야 할 사항

① 고장 상태를 식별하여 정도를 판단할 수 있어야 한다.

② 고장 개소를 정확히 선택할 수 있어야 한다.

③ 동작이 예민하고 틀린 동작을 하지 않아야 한다.

④ 소비 전력이 적어야 한다.

과년도 / 예상문제

전기기능사

1. 보호 계전기를 동작 원리에 따라 구분할 때 해당되지 않는 것은? [11]

① 유도형　　　② 정지형
③ 디지털형　　④ 저항형

해설 동작 원리에 따른 보호 계전기의 구분
　ㄱ 전자형(電磁形) : 전자력 이용 – 유도형과 흡인형
　ㄴ 정지형 : 트랜지스터형, 홀 효과형, 전자관형
　ㄷ 디지털형 : IC, LSI 등 집적도가 높은 소자들로 구성

2. 변압기의 내부 고장 발생 시 고·저압측에 설치한 CT 2차측의 억제 코일에 흐르는 전류 차가 일정 비율 이상이 되었을 때

동작하는 보호 계전기는? [10, 11, 18, 19]

① 과전류 계전기
② 비율 차동 계전기
③ 방향 단락 계전기
④ 거리 계전기

해설 비율 차동 계전기(ratio differential relay ; RDFR)
　ㄱ 피보호 구간에 유입하는 전류와 유출하는 전류의 벡터차, 혹은 피보호 기기의 단자 사이의 전압 벡터차 등을 판별하여 동작하는 단일량형 계전기이다.
　ㄴ 고장에 의하여 생긴 불평형의 전류차가 평형 전류의 몇 % 이상으로 되었을 때 동작하는 계전기로 변압기, 동기기 등의 층간 단락 등의 내부고장 보호에 사용된다.

3. 보호 구간에 유입하는 전류와 유출하는 전류의 차에 의해 동작하는 계전기는? [13, 16]

① 비율 차동 계전기
② 거리 계전기
③ 방향 계전기
④ 부족 전압 계전기

4. 계전기가 설치된 위치에서 고장점까지의 임피던스에 비례하여 동작하는 보호 계전기는 어느 것인가? [14]

① 방향 단락 계전기
② 거리 계전기
③ 단락 회로 선택 계전기
④ 과전압 계전기

해설 거리 계전기(distance relay)
㉠ 계전기가 설치된 위치로부터 고장점까지의 전기적 거리(임피던스)에 비례하여 한시로 동작하는 계전기이다.
㉡ 고장점으로 부터 일정한 거리 이내일 경우에는 순간적으로 동작할 수 있게 한 것을 고속도 거리 계전기라 한다.

5. 다음 중 거리 계전기의 설명으로 틀린 것은 어느 것인가? [13]

① 전압과 전류의 크기 및 위상차를 이용한다.
② 154 kV 계통 이상의 송전선로 후비 보호를 한다.
③ 345 kV 변압기의 후비 보호를 한다.
④ 154 kV 및 345 kV 모선 보호에 주로 사용한다.

해설 모선(bus bar) 보호에 주로 사용되는 계전기는 차동 계전기이다.

6. 지락 보호용으로 사용하는 계전기는? [17]

① 과전류 계전기
② 거리 계전기
③ 지락 계전기
④ 차동 계전기

해설 지락 보호 계전기
㉠ 지락 과전류 계전기 : 과전류 계전기의 동작 전류를 특별히 작게 한 것으로, 지락 보호용으로 사용한다.
㉡ 지락 방향 계전기 : 지락 과전류 계전기에 방향성을 준 계전기이다.

7. 다음 중 최소 동작 전류값 이상이면 일정한 시간에 동작하는 한시 특성을 갖는 계전기는? [18]

① 정한시 계전기
② 반한시 계전기
③ 순한시 계전기
④ 반한시성 정한시 계전기

해설 정한시 계전기(definite time limit relay) : 최소 동작값 이상의 구동 전기량이 주어지면, 일정 시한으로 동작하는 것이다.

8. 보호를 요하는 회로의 전류가 어떤 일정한 값(정정값) 이상으로 흘렀을 때 동작하는 계전기는? [13]

① 과전류 계전기
② 과전압 계전기
③ 차동 계전기
④ 비율 차동 계전기

해설 과전류 계전기 (over-current relay)
㉠ 일정값 이상의 전류가 흘렀을 때 동작하는데, 일명 과부하 계전기라고도 한다.
㉡ 각종 기기(발전기, 변압기)와 배전 선로, 배전반 등에 널리 사용되고 있다.

9. 일정값 이상의 전류가 흘렀을 때 동작하는 계전기는? [16]

① OCR ② OVR ③ UVR ④ GR

해설 • OCR : 과전류 계전기(over-current relay)
• OVR : 과전압 계전기(over-voltage relay)
• UVR : 부족 전압 계전기(under-voltage relay)
• GR : 접지 계전기(ground relay)

정답 ● 3. ① 4. ② 5. ④ 6. ③ 7. ① 8. ① 9. ①

10. 자가용 전기 설비의 보호 계전기의 종류가 아닌 것은? [14]

① 과전류 계전기
② 과전압 계전기
③ 부족 전압 계전기
④ 부족 전류 계전기

11. 낙뢰, 수목 접촉, 일시적인 섬락 등 순간적인 사고로 계통에서 분리된 구간을 신속히 계통에 투입시킴으로써 계통의 안정도를 향상시키고 정전 시간을 단축시키기 위해 사용되는 계전기는? [11, 17]

① 차동 계전기
② 과전류 계전기
③ 거리 계전기
④ 재폐로 계전기

해설 ㉠ 전력 계통에 주는 충격의 경감 대책의 하나로 재폐로 방식(reclosing method)이 채용된다.
㉡ 재폐로 방식(재폐로 계전기)의 효과
• 계통의 안정도 향상
• 정전 시간 단축

12. 부흐홀츠 계전기로 보호되는 기기는 어느 것인가? [13, 15, 17]

① 변압기
② 유도 전동기
③ 직류 발전기
④ 교류 발전기

해설 부흐홀츠 계전기(Buchholtz relay ; BHR)
㉠ 변압기 내부 고장으로 2차적으로 발생하는 기름의 분해 가스 증기 또는 유류를 이용하여 부자(뜨는 물건)를 움직여 계전기의 접점을 닫는 것이다.
㉡ 변압기의 주탱크와 컨서베이터의 연결관 도중에 설비한다.

13. 변압기 내부 고장 시 발생하는 기름의 흐름 변화를 검출하는 부흐홀츠 계전기의 설치 위치로 알맞은 것은 어느 것인가? [11, 12, 14, 15, 16, 17, 18]

① 변압기 본체
② 변압기의 고압측 부싱
③ 컨서베이터 내부
④ 변압기 본체와 컨서베이터를 연결하는 파이프

해설 문제 12. 해설 참조

14. 보호 계전기의 시험을 하기 위한 유의 사항이 아닌 것은? [14]

① 시험 회로 결선 시 교류와 직류의 확인
② 영점의 정확성 확인
③ 계전기 시험 장비의 오차 확인
④ 시험 회로 결선 시 교류의 극성 확인

해설 계전기 시험 회로 결선 시 직류의 극성 확인은 유의 사항이지만 교류는 적용되지 않는다.

5-3 ─○ 특수 기기

■ **특수 기기**

특수 직류기, 특수 동기기, 특수 변압기, 특수 유도기, 기타 특수 기기 등으로 분류한다.

1 특수 변압기

(1) 누설 변압기(leakage transformer)

① 자기 회로에 공극을 만들어 누설 자속을 크게 한 변압기 부하 전류 I_2가 증가하려 하면 누설 자속이 증가하여 2차 단자 전압을 감소시키고, 전류를 일정하게 유지하는 수하 특성(⊖ 특성)이 있는 정전류 변압기이다.

② 누설 리액턴스가 크므로, 전압 변동률이 대단히 크며 역률도 낮다.

③ 아크등, 방전등, 아크 용접기 등 기동시는 높은 전압이 필요하고, 사용 상태에서는 낮은 전압이 필요한 기기에 사용된다.

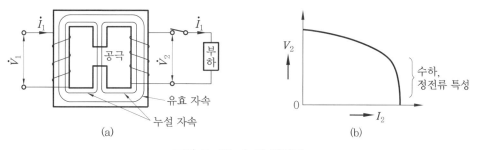

그림 2-82 누설 변압기

(2) 계기용 변성기(instrument transformer)

• 계기용 변압기 : 전압의 변성

• 변류기 : 전류의 변성

① 계기용 변압기(potential transformer, PT)

㈎ 2차 정격 전압은 110 V이며, 2차측에는 전압계나 전력계의 전압 코일을 접속하게 된다.

㈏ 전압계 지시 V_2이면, 피측정 전압 V_1은 다음과 같다.

$$V_1 = \frac{N_1}{N_2} \cdot V_2 = k \cdot V_2 \, [\text{V}]$$

여기서, k : 변압비

㈐ 변압기 부담 (burden)은 다음과 같다.

$$P = [\text{VA}]\text{정격 2차 전압} \times \text{정격 2차 전류}$$

② 계기용 변류기(current transformer, CT)

　(가) 2차 정격 전류 5 A이며 전류계 지시 I_2이면, 피측정 전류 I_1은 다음과 같다.

$$I_1 = \frac{N_2}{N_1} I_2 = k' I_2 [\text{A}]$$

여기서, $k' = \dfrac{N_2}{N_1}$: 변류비

　(나) 변류기 부담(burden) P는, 2차측 임피던스 Z_2이면 다음과 같다.

$$P = I_2{}^2 Z_2 = 5^2 Z_2 = 25 Z_2 [\text{VA}]$$

　(다) CT는 사용 중 2차 회로를 개방해서는 안되며, 계기를 제거시킬 때에는 먼저 2차 단자를 단락시켜야 한다.

　　• 이유 : 2차를 열면 1차의 전전류가 전부 여자 전류가 되어 많은 자속이 생기고, 2차 기전력과 자속 밀도는 모두 커지며, 철손이 늘게 되어 과열될 뿐만 아니라 절연이 파괴되기 때문이다.

　(라) 변류기는 1차 권선의 구조에 따라 권선형과 봉형으로 나눈다.

　　• 권선형 : 1000 A 이하 전류 측정에 사용된다.

　　• 봉형 : 1차 권선이 1개로 도체되어 있으며, 대전류 측정에 사용된다.

(3) 3권선 변압기(three-winding fransformer)

① 3권선 변압기(Y−Y−Δ) : 1차 및 2차 권선 이외에 3차 권선(tertiary winding)도 감겨 있는 변압기이다. 여기서, Y−Y−Δ 결선, 1−2차는 Y−Y, 3차는 Δ 결선이다.

② 3차 권선의 목적(용도)

　(가) Δ 결선으로 한 작은 용량의 제3의 권선을 따로 감아서, 제3 고조파를 제거하여 파형의 일그러짐을 막으려는 것이 3차 권선의 원래 목적이다.

　(나) 3차 권선에 조상기(phase modifier)를 접속하여, 송전선의 전압 조정과 역률 개선용으로 사용한다.

　(다) 3차 권선으로부터 발전소나 변전소에서 사용하는 전력을 내게 한다.

　(라) 한 권선을 1차, 나머지 두 권선을 2차로 하여 서로 다른 송전 계통에 전력을 공급한다.

(4) 탭 절환 변압기(tap changing transformer)

① 주상 변압기

　(가) 전압을 조정하기 위한 탭은 고압 권선에 만들어지는 것이 보통이며, 다섯 탭으로 되어 있다.

　(나) 변압기에 여러 개의 탭을 만드는 것은, 부하 변동에 따른 전압을 조정하기 위해

서이다.

㈐ 2차측 1단자의 접지는 고·저압 혼촉에 의한 위험 방지를 위하여 제 2 종 접지 공사를 하여야 한다.

② 무전압 탭 절환기(no-voltage tap changer) : 변압기를 선로에서 분리하고, 무전압 상태에서 탭을 절환하는 장치이다.

③ 부하시 탭 절환 변압기(no-load tap changing transformer)

㈎ 전원을 분리하지 않고, 부하에 전원을 공급하는 상태에서 탭을 절환하는 설비가 있는 변환기이다.

㈏ 순환 전류를 제한하기 위하여 임피던스로 리액터를 사용하는 것을 리액터식 부하시 탭 절환기라 하고, 저항을 사용하는 것을 저항식 부하시 탭 절환기라 한다.

(5) 상수 변환용 변압기 결선방법

① 3상−6상 사이의 상수 변환

㈎ 환상 결선(ring connection)

㈏ 대각 결선(diametrical connection)

- 2중 Y 결선, 2중 △ 결선
- 포크 결선

② 3상−2상 사이의 상수 변환

㈎ 스코트(scott) 결선

㈏ 우드 브리지(wood bridge) 결선

㈐ 메이어(meyer) 결선

2 특수 전동기·전동기 선정

(1) 스테핑 모터(stepping motor)

① 스테핑 모터의 개요

㈎ 하나의 입력 펄스 신호에 대하여 일정한 각도만큼 회전하는 모터이다.

㈏ 총 회전 각도는 입력 펄스 신호의 수에 비례하고 회전 속도는 펄스 주파수에 비례한다.

㈐ 펄스 신호의 수와 주파수를 제어함으로써 오픈 루프 제어만으로도 회전각과 위치(회전수에 상당) 제어가 되므로 모터의 제어가 간단하고, 또 디지털 제어 회로와 조합도 용이하다.

② 스테핑 모터의 장점

㈎ 기동, 정지, 정회전, 역회전이 용이하고 신호에 대한 응답성이 좋다.

㈏ 브러시 등의 접촉 부분이 없어 수명이 길고 신뢰성이 높다.

(다) 제어가 간단하고 정밀한 동기 운전이 가능하고, 또 고속 시에 발생하기 쉬운 미스 스텝(miss step)도 누적되지는 않는다.

(라) 브러시 등의 특별한 유지 보수를 필요로 하지 않는다.

(마) 입력 펄스 제어만으로 속도 및 위치 제어가 용이하다.

③ 스테핑 모터의 종류(자기 회로의 형식에 따른)

(가) PM형(영구 자석형, permanent magnet type)

(나) VR형(가변 릴럭턴스형, variable reluctance type)

(다) HB형(복합형, hybrid type)

그림 2-83   PM형 스테핑 모터의 구조

④ 사용 분야 : 공작 기계, 수치 제어 장치, 로봇 등의 서보 기구에 사용되는 대형 스테핑 모터에서 프린터, 플로터 등과 같은 컴퓨터의 주변 장치나 사무 기기에 채용되는 소형 모터까지 넓은 분야에서 사용되고 있다.

표 2-16   스테핑 모터의 대표적인 구조와 특성

고정자	프레스형	다층형	단층형	
회전자	PM형	VR형	VR형	HB형
스텝 각	0.36~18°	0.36~15°	0.9~15°	0.9~7.5°
토크	작다.	크다.	중간이다.	중간~크다.
운전 주파수	작다.	크다.	중간이다.	중간이다.

(2) 직·교류 양용 전동기

① 직류 직권 전동기 구조에서 교류를 가한 전동기를 말하며, 단상 직권 정류자 전동기, 만능 전동기(universal motor)라고도 한다.

② 직권 특성은 전류 제곱에 비례하는 큰 기동 토크가 생기고 중부하에서 속도가 떨어진다. 또, 탭 변압기로 전압을 변환시키면 작은 전류로 큰 기동 토크를 얻고 속도 제어가 쉽다.

③ 전철용은 보상 권선을 설치하고, 소형은 믹서기, 전기 대패기, 전기 드릴, 재봉틀, 전기 청소기 등에 많이 사용된다.

(3) 포트 전동기(pot motor)

① 6000~10000 rpm의 고속도 수직축형 유도 전동기로 인견 공업(섬유공장)에 사용되고 있다.

② 독립된 주파수 변환기를 전원으로 사용, 즉 주파수 변환에 의한 속도 제어를 한다.

그림 2-84 주파수 변환 계통

(4) 반동 전동기-초동기 전동기-유도 동기 전동기

① 반동 전동기(reaction motor) : 여자(excitation) 권선이 없이 동기속도로 회전하므로 속도가 일정하고 구조가 간단하며 동기 이탈이 없는 전동기이다.

② 초동기 전동기(super-synchronous motor) : 전부하를 걸어 둔 상태에서 기동할 수 있으며 베어링(bearing)도 이중으로 되어 있어 고정자도 회전자 주위에 회전 가능한 구조의 전동기이다.

③ 유도동기 전동기(induction synchronous motor) : 권선형 유도 전동기의 회전자 권선에 직류를 흘려서 동기 전동기로 쓰게 되어 있는 구조의 전동기이다.

과년도 / 예상문제

전기기능사

1. 다음 중 누설 변압기의 특징이 아닌 것은 어느 것인가 ?

① 전압 변동률이 작고 역률이 높다.

② 아크등, 방전등, 아크 용접기의 전원용 변압기로 쓰인다.

③ 부하에 일정한 전류를 공급하는 정전류 전원용으로 쓰인다.

④ 기동시에는 고전압, 운전 중에는 낮은 전압이 요구되는 곳에 쓰인다.

해설 누설 변압기 : 누설 리액턴스가 크므로 전압 변동률이 대단히 크며 역률이 낮다.

2. 아크 용접용 변압기가 일반 전력용 변압기와 다른 점은 ? [13]

① 권선의 저항이 크다.

② 누설 리액턴스가 크다.

③ 효율이 높다.

④ 역률이 좋다.

해설 용접용 변압기

㉠ 누설 리액턴스가 큰 특수 변압기이다.

㉡ 누설 자로를 갖추고, 리액턴스가 크며 부하시의 2차 단자 전압은 아크 전압과 같으나 아크가 끊어지려 하면 무부하 전

정답 ● 1. ① 2. ②

압까지 상승하여 아크가 끊어지는 것을 방지하도록 되어 있는 변압기이다.

3. 다음 괄호 안에 들어갈 알맞은 말은? [19]

"(㉮)는 고압 회로의 전압을 이에 비례하는 낮은 전압으로 변성해 주는 기기로서, 회로에 (㉯) 접속하여 사용된다."

① ㉮ CT ㉯ 직렬   ② ㉮ PT ㉯ 직렬
③ ㉮ CT ㉯ 병렬   ④ ㉮ PT ㉯ 병렬

해설 계기용 변압기(PT)

㉠ 고압 회로의 전압을 이에 비례하는 낮은 전압으로 변성해 주는 특수 변압기로 회로에 병렬 접속하여 사용된다.

㉡ 2차 정격 전압은 110 V이며, 2차측에는 전압계나 전력계의 전압 코일을 접속하게 된다.

※ 계기용 변류기(CT) : 회로에 직렬 접속하여 사용된다.

4. 계기용 변압기의 2차측 단자에 접속하여야 할 것은?

① O.C.R   ② 전압계
③ 전류계   ④ 전열 부하

5. 계기용 변압기의 2차 표준 전압은 다음 중 몇 V인가?

① 100   ② 110
③ 120   ④ 125

해설 문제 3. 해설 참조

6. 계기용 변류기(CT)의 정격 2차 전류는 몇 A인가?

① 5   ② 15   ③ 25   ④ 50

해설 계기용 변류기(CT)

㉠ 2차 정격 전류 5 A이다.

㉡ CT는 사용 중 2차 회로를 개방해서는

안 되며, 계기를 제거시킬 때에는 먼저 2차 단자를 단락시켜야 한다.

※ 이유 : 2차를 열면 1차의 전 전류가 전부 여자 전류가 되어 많은 자속이 생기고, 2차 기전력과 자속 밀도는 모두 커지며, 철손이 늘게 되어 과열될 뿐만 아니라 절연이 파괴되기 때문이다.

7. 변류기 개방 시 2차측을 단락하는 이유는 무엇인가? [10]

① 2차측 절연 보호
② 2차측 과전류 보호
③ 측정 오차 감소
④ 변류비 유지

해설 문제 6. 해설 참조

8. 사용 중인 변류기의 2차를 개방하면? [15]

① 1차 전류가 감소한다.
② 2차 권선에 110 V가 걸린다.
③ 개방단의 전압은 불변하고 안전하다.
④ 2차 권선에 고압이 유도된다.

해설 문제 6. 해설 참조

9. 변류비가 $\dfrac{150}{50}$ 인 변류기가 있다. 이 변류기에 연결된 전류계의 지시가 3 A였다고 하면 측정하고자 하는 전류는 몇 A인가?

① 30   ② 60   ③ 90   ④ 120

해설 $I_1 = \alpha I_2 = \dfrac{150}{50} \times 3 = 90$ A

10. 3권선 변압기에 대한 설명으로 옳은 것은? [14]

① 한 개의 전기 회로에 3개의 자기 회로로 구성되어 있다.
② 3차 권선에 조상기를 접속하여 송전선의 전압 조정과 역률 개선에 사용된다.

③ 3차 권선에 단권 변압기를 접속하여 송전선의 전압 조정에 사용된다.

④ 고압 배전선의 전압을 10 % 정도 올리는 승압용이다.

해설 3권선 변압기

㉠ 1−2차는 Y−Y, 3차는 △ 결선이다.

㉡ 3차 권선에 조상기(phase modifier)를 접속하여 송전선의 전압 조정과 역률 개선용으로 사용한다.

11. 다음 중 3상 변압기의 장점에 해당되지 않는 것은?

① 사용 철심량이 약 15 % 경감된다.

② 고장 시 수리가 쉽다.

③ 설치 면적이 작아진다.

④ 경제적으로 보아 가격이 싸다.

해설 3상 변압기

㉠ 3상 변압기 단독으로 3상 교류 전력을 변성하는 변압기이며, 대전력용 변압기로서 널리 쓰인다.

㉡ 고장 수리 곤란, 수선비 증가, 신뢰도가 감소된다.

㉢ 철심량이 15~20 % 정도 절약되고, 무게와 철손이 줄고 효율이 좋다.

㉣ 가격, 설치 면적 등이 작게 된다.

12. 다음 중 3상 전원을 이용하여 2상 전압을 얻고자 할 때 사용하는 결선 방법은?

① Scott 결선   ② Fork 결선

③ 환상 결선   ④ 2중 3각 결선

해설 • 3상 − 2상 사이의 상수 변환 : Scott 결선

• 3상 − 6상 사이의 상수 변환 : 환상 결선, 대각 결선, 2중 성형(Y)결선, 2중 △결선, Fork 결선

13. 회전 계자형인 동기 전동기에 고정자인 전기자 부분도 회전자의 주위를 회전할 수

있도록 2중 베어링 구조로 되어 있는 전동기로 부하를 건 상태에서 운전하는 전동기는?

① 초동기 전동기

② 반작용 전동기

③ 동기형 교류 서보 전동기

④ 교류 동기 전동기

해설 초동기 전동기(super−synchronous motor) : 전부하를 걸어 둔 상태에서 기동할 수 있으며 베어링(bearing)도 이중으로 되어 있어 고정자도 회전자 주위에 회전 가능한 구조의 전동기이다.

14. 용량이 작은 전동기로 직류와 교류를 겸용할 수 있는 전동기는?

① 셰이딩 전동기

② 단상 반발 전동기

③ 단상 직권 정류자 전동기

④ 리니어 전동기

해설 직·교류 양용 전동기

㉠ 직류 직권 전동기 구조에서 교류를 가한 전동기를 말하며, 단상 직권 정류자 전동기, 만능 전동기(universal motor)라고도 한다.

㉡ 전철용은 보상 권선을 설치하고, 소형은 믹서기, 전기 대패기, 전기 드릴, 재봉틀, 전기 청소기 등에 많이 사용된다.

15. 믹서기, 전기 대패기, 전기 드릴, 재봉틀, 전기 청소기 등에 많이 사용되는 전동기는?

① 단상 분상형   ② 만능 전동기

③ 반발 전동기   ④ 동기 전동기

해설 문제 14. 해설 참조

16. 만능 전동기는?

① 반발 전동기

② 3상 직권 전동기
③ 단상 직권 전동기
④ 동기 전동기
해설 문제 14. 해설 참조

17. 인견 공업에 사용되는 포트 전동기의 속도 제어는? [17]
① 극수 변환에 의한 제어
② 1차 회전에 의한 제어
③ 주파수 변환에 의한 제어
④ 저항에 의한 제어
해설 포트 전동기(pot motor)
㉠ 6000 ~ 10000 rpm의 고속도 수직축형 유도 전동기로 인견 공업(섬유공장)에 사용되고 있다.
㉡ 독립된 주파수 변환기를 전원으로 사용, 즉 주파수 변환에 의한 속도 제어를 한다.

18. 입력으로 펄스 신호를 가해주고 속도를 입력 펄스의 주파수에 의해 조절하는 전동기는? [15]
① 전기 동력계
② 서보 전동기
③ 스테핑 전동기
④ 권선형 유도 전동기

19. 직류 스테핑 모터(DC stepping motor)의 특징 설명 중 가장 옳은 것은? [15]
① 교류 동기 서보 모터에 비하여 효율이 나쁘고 토크 발생도 작다.
② 이 전동기는 입력되는 각 전기 신호에 따라 계속하여 회전한다.
③ 이 전동기는 일반적인 공작 기계에 많이 사용된다.
④ 이 전동기의 출력을 이용하여 특수 기계의 속도, 거리, 방향 등의 정확한 제어가 가능하다.
해설 직류 스테핑 모터
㉠ 자동 제어장치를 제어하는 데 사용되는 특수 직류 전동기로 정밀한 서보(servo) 기구에 많이 사용된다.
㉡ 특수 기계의 속도, 거리, 방향 등의 정확한 제어가 가능하다.
㉢ 전기 신호를 받아 회전 운동으로 바꾸고 규정된 각도만큼씩 회전한다.

전기기능사
Craftsman Electricity

제3편 | 전기 설비

CHAPTER 1

일반사항 및 배선재료 · 공구

1-1 ○ 일반사항

한국전기설비규정(Korea Electro-technical Code, KEC)은 전기설비기술기준 고시에서 정하는 전기설비의 안전성능과 기술적 요구사항을 구체적으로 정하는 것

1 적용범위와 전압의 구분

(1) 적용범위

인축의 감전에 대한 보호와 전기설비 계통, 시설물, 발전용 수력설비, 발전용 화력설비, 발전설비 용접 등의 안전에 필요한 성능과 기술적인 요구사항에 대하여 적용한다.

(2) 전압의 구분(KEC 111.1)

표 3-1 전압의 구분

전압의 구분	교류	직류
저압	1 kV 이하	1.5 kV 이하
고압	1 kV 초과 7 kV 이하	1.5 kV 초과 7 kV 이하
특고압	7 kV 초과	

2 용어의 정의(KEC 112)

(1) 가공인입선

가공전선로의 지지물로부터 다른 지지물을 거치지 아니하고 수용장소의 붙임점에 이르는 가공전선

(2) 가섭선(架涉線)

지지물에 가설되는 모든 선류

(3) 계통연계

둘 이상의 전력계통 사이를 전력이 상호 융통될 수 있도록 선로를 통하여 연결하는 것

(4) 계통외 도전부(Extraneous Conductive Part)

전기설비의 일부는 아니지만 지면에 전위 등을 전해줄 위험이 있는 도전성 부분

(5) 계통접지(System Earthing)

전력계통에서 돌발적으로 발생하는 이상 현상에 대비하여 대지와 계통을 연결하는 것으로, 중성점을 대지에 접속하는 것

(6) 고장보호

고장 시 기기의 노출 도전부에 간접 접촉함으로써 발생할 수 있는 위험으로부터 인축을 보호하는 것

(7) 관등회로

방전등용 안정기 또는 방전등용 변압기로부터 방전관까지의 전로

(8) 기본보호

정상운전 시 기기의 충전부에 직접 접촉함으로써 발생할 수 있는 위험으로부터 인축을 보호하는 것

(9) 노출 도전부(Exposed Conductive Part)

충전부는 아니지만 고장 시에 충전될 위험이 있고, 사람이 쉽게 접촉할 수 있는 기기의 도전성 부분

(10) 등전위 본딩(Equipotential Bonding)

등전위를 형성하기 위해 도전부 상호 간을 전기적으로 연결하는 것

(11) 리플프리(Ripple-free)직류

교류를 직류로 변환할 때 리플 성분의 실효값이 10 % 이하로 포함된 직류

(12) 보호 도체(PE, Protective Conductor)

감전에 대한 보호 등 안전을 위해 제공되는 도체

(13) 보호 본딩 도체(Protective Bonding Conductor)

보호 등전위 본딩을 제공하는 보호 도체

(14) 보호 접지(Protective Earthing)

고장 시 감전에 대한 보호를 목적으로 기기의 한 점 또는 여러 점을 접지하는 것

(15) 서지보호장치(SPD)

과도 과전압을 제한하고 서지전류를 분류하기 위한 장치

(16) 수뢰부 시스템(Air-termination System)

낙뢰를 포착할 목적으로 돌침, 수평도체, 메시도체 등과 같은 금속 물체를 이용한 외부 피뢰 시스템의 일부

(17) 스트레스전압(Stress Voltage)

지락 고장 중에 접지부분 또는 기기나 장치의 외함과 기기나 장치의 다른 부분 사이에 나타나는 전압

(18) 접지도체

계통, 설비 또는 기기의 한 점과 접지극 사이의 도전성 경로 또는 그 경로의 일부가 되는 도체

(19) 접지시스템(Earthing System)

기기나 계통을 개별적 또는 공통으로 접지하기 위하여 필요한 접속 및 장치로 구성된 설비

(20) 접지전위 상승(EPR, Earth Potential Rise)

접지계통과 기준대지 사이의 전위차

(21) 접촉범위(Arm's Reach)

사람이 통상적으로 서있거나 움직일 수 있는 바닥면상의 어떤 점에서라도 보조장치의 도움 없이 손을 뻗어서 접촉이 가능한 접근 구역

(22) 정격 전압(Rated Voltage)

기계 기구에 대하여 사용 회로 전압의 사용 한도를 말하며, 사용상 기준이 되는 전압이다.

(23) 절연 저항

절연물에 직류 전압을 가하면 아주 미소한 전류가 흐른다. 이때의 전압과 전류의 비로 구한 저항을 절연 저항이라 한다.

(24) 중성선 다중접지 방식

전력계통의 중성선을 대지에 다중으로 접속하고, 변압기의 중성점을 그 중성선에 연결하는 계통접지 방식

(25) 지락전류

충전부에서 대지 또는 고장점(지락점)의 접지된 부분으로 흐르는 전류를 말하며, 지락에 의하여 전로의 외부로 유출되어 화재, 사람이나 동물의 감전 또는 전로나 기기의 손상 등 사고를 일으킬 우려가 있는 전류

(26) 충전부(Live Part)

통상적인 운전 상태에서 전압이 걸리도록 되어 있는 도체 또는 도전부

(27) 특별저압(ELV)

인체에 위험을 초래하지 않을 정도의 저압

(28) 피뢰 시스템(LPS)

구조물 뇌격으로 인한 물리적 손상을 줄이기 위해 사용되는 전체 시스템을 말하며, 외부 피뢰 시스템과 내부 피뢰 시스템으로 구성된다.

3 안전을 위한 보호

(1) 감전에 대한 보호(KEC 113.2)

① 기본보호 : 직접 접촉을 방지하는 것으로, 전기설비의 충전부에 인축이 접촉하여 일어날 수 있는 위험으로부터 보호되어야 한다.
　㈎ 인축의 몸을 통해 전류가 흐르는 것을 방지
　㈏ 인축의 몸에 흐르는 전류를 위험하지 않은 값 이하로 제한
② 고장보호 : 노출 도전부에 인축이 접촉하여 일어날 수 있는 위험으로부터 보호되어야 한다.
　㈎ 인축의 몸을 통해 고장전류가 흐르는 것을 방지
　㈏ 인축의 몸에 흐르는 고장전류를 위험하지 않은 값 이하로 제한
　㈐ 인축의 몸에 흐르는 고장전류의 지속시간을 위험하지 않은 시간까지로 제한

(2) 열 영향에 대한 보호

① 고온 또는 전기 아크로 인해 가연물이 발화 또는 손상되지 않도록 전기설비를 설치하여야 한다.
② 정상적으로 전기기기가 작동할 때 인축이 화상을 입지 않도록 하여야 한다.

(3) 과전류에 대한 보호(KEC 113.4)

① 도체에서 발생할 수 있는 과전류에 의한 과열 또는 전기·기계적 응력에 의한 위험으로부터 인축의 상해를 방지하고 재산을 보호
② 과전류가 흐르는 것을 방지하거나 과전류의 지속시간을 위험하지 않은 시간까지로 제한함으로써 보호할 수 있다.

(4) 고장전류에 대한 보호(KEC 113.5)

① 고장전류가 흐르는 도체 및 다른 부분은 고장전류로 인해 허용온도 상승 한계에 도달하지 않도록 하여야 한다.

② 도체를 포함한 전기설비는 인축의 상해 또는 재산의 손실을 방지하기 위하여 보호장치가 구비되어야 한다.

(5) 과전압 및 전자기 장애에 대한 대책(KEC 113.6)

① 회로의 충전부 사이의 결함으로 발생한 전압에 의한 고장으로 인한 인축의 상해가 없도록 보호하여야 한다.

② 저전압과 뒤이은 전압 회복의 영향으로 발생하는 상해로부터 인축을 보호하여야 한다.

(6) 전원공급 중단에 대한 보호

전원공급 중단으로 인해 위험과 피해가 예상되면, 설비 또는 설치기기에 적절한 보호장치를 구비하여야 한다.

4 전로의 절연 및 절연 내력

(1) 전로의 절연 원칙(KEC 131)

전로는 다음 이외에는 대지로부터 절연하여야 한다.

① 수용장소의 인입구의 접지

② 고압 또는 특고압과 저압의 혼촉에 의한 위험방지 시설

③ 피뢰기의 접지

④ 특고압 가공전선로의 지지물에 시설하는 저압 기계기구 등의 시설

⑤ 옥내에 시설하는 저압 전로에 접지공사를 하는 경우의 접지점

⑥ 계기용변성기의 2차측 전로에 접지공사를 하는 경우의 접지점

(2) 전로의 절연 저항 및 절연 내력 시험 전압

① 저압 전로의 절연 성능(기술기준 52조 참조)

표 3-2 시험 전압과 절연 저항

전로의 사용 전압	DC 시험 전압(V)	절연 저항(MΩ)
SELV 및 PELV	250	0.5 이상
PELV, 500 V 이하	500	1.0 이상
500 V 초과	1000	1.0 이상

㈜ ELV(Extra-Low Voltage) : 특별 저압(교류 50 V 이하 직류는 120 V 이하)

1. SELV(Safety Extra-Low Voltage) : 비 접지회로
2. PELV(Protective Extra-Low Voltage) : 접지회로

※ 저압 전로에서 정전이 어려운 경우 등 절연 저항 측정이 곤란한 경우 저항 성분의 누설전류가 1 mA 이하이면 그 전로의 절연 성능은 적합한 것으로 본다.

② 고압 및 특고압의 전로의 절연 내력 시험 전압(KEC 표132-1)

표 3-3 전로의 절연 내력 시험 전압

전로의 종류	시험 전압
최대 사용 전압 7 kV 이하인 전로	최대 사용 전압의 1.5배의 전압
최대 사용 전압 7 kV 초과 25 kV 이하인 중성점 다중 접지식 전로	최대 사용 전압의 0.92배의 전압
최대 사용 전압 7 kV 초과 60 kV 이하인 전로	최대 사용 전압의 1.25배의 전압(10.5 kV 미만으로 되는 경우는 10.5 kV)
이하 생략	

③ 회전기의 절연 내력 시험 전압(KEC 표133-1)

표 3-4 회전기의 절연 내력 시험 전압

발전기 · 전동기 · 조상기 · 기타 회전기	시험 전압	시험 방법
최대 사용 전압 7 kV 이하	최대 사용 전압의 1.5배(500 V 미만의 경우, 500 V)	권선과 대지 사이에 연속하여 10분간 가한다.
최대 사용 전압 7 kV 초과	최대 사용 전압의 1.25배(10.5 kV 미만의 경우, 10.5 kV)	
이하 생략		

④ 연료전지 및 태양전지 모듈의 절연 내력 시험(KEC 134)
   ㈎ 시험 전압은 연료전지 및 태양전지 모듈은 최대 사용 전압의 1.5배의 직류전압 또는 1배의 교류전압(500 V 미만으로 되는 경우에는 500 V)
   ㈏ 충전 부분과 대지 사이에 연속하여 10분간 가하여 절연 내력을 시험하였을 때에 이에 견디는 것이어야 한다.

과년도 / 예상문제

1. 전압의 구분에서 저압 직류 전압은 몇 kV 이하인가?

① 0.5 ② 1.0 ③ 1.5 ④ 2.0

해설 저압은 직류는 1.5 kV 이하, 교류는 1.0 kV 이하이다.

2. 전압의 구분에서 고압에 대한 설명으로 가장 옳은 것은?

① 직류는 1.0 kV 초과 10 kV 이하, 교류는 1.5 kV 초과 10 kV 이하인 것

② 직류는 1.0 kV를, 교류는 1.5 kV 이상인 것

③ 직류는 1.5 kV 초과 7 kV 이하, 교류는 1.0 kV 초과 7 kV 이하인 것

④ 7 kV를 초과하는 것

해설 고압은 직류는 1.5 kV 초과 7 kV 이하, 교류는 1.0 kV 초과 7 kV 이하인 것이다.

3. 다음 중 특별 고압은?

① 15 kV 초과

② 10 kV 초과 20 kV 이하

③ 5.0 kV 초과 7.0 kV 이하

④ 7.0 kV 초과

4. 정격 전압이란 무엇을 말하는가?

① 비교할 때 기준이 되는 전압

② 그 어떤 기기나 전기 재료 등에 실제로 사용하는 전압

③ 지락이 생겨 있는 전기 기구의 금속제 외함 등이 인축에 닿을 때 생체에 가해지는 전압

④ 기계 기구에 대하여 제조자가 보증하는 사용 한도의 전압으로 사용상 기준이 되는 전압

해설 정격 전압 (rated voltage)

㉠ 기계 기구에 대하여 사용 회로 전압의 사용 한도를 말하며, 사용상 기준이 되는 전압이다.

㉡ 정격 출력일 때의 전압이다.

5. 다음 중 큰 값일수록 좋은 것은? [11, 15, 18]

① 접지 저항 ② 절연 저항

③ 도체 저항 ④ 접촉 저항

해설 절연 저항(insulation resistance)은 큰 값일수록 좋다.

※ 작은 값일수록 좋은 것은 접지 저항, 도체 저항, 접촉 저항 등이 있다.

6. 충전부에서 대지 또는 고장점의 접지된 부분으로 흐르는 전류는?

① 지락 전류 ② 누설 전류

③ 충전 전류 ④ 과도 전류

해설 지락전류

㉠ 충전부에서 대지 또는 고장점(지락점)의 접지된 부분으로 흐르는 전류이다.

㉡ 화재, 사람이나 동물의 감전 또는 전로나 기기의 손상 등 사고를 일으킬 우려가 있는 전류이다.

7. 대지로부터 절연하여야 하는 것은?

① 수용장소의 인입구의 접지

② 특고압과 저압의 혼촉에 의한 위험방지 시설

③ 저압 전로에 접지공사를 하는 경우의 접지점

④ 전기기계, 기구의 충전부

해설 충전부(Live Part) : 통상적인 운전 상태에서 전압이 걸리도록 되어 있는 도체 또는 도전부로 대지로부터 절연하여야 한다.

정답 ● 1. ③ 2. ③ 3. ④ 4. ④ 5. ② 6. ① 7. ④

8. 전로의 사용 전압이 500 V 초과 일 때, 절연 저항 하한 값(MΩ)은?

① 0.5 ② 1.0
③ 1.5 ④ 2.0

해설 본문 표 3-2. 시험 전압과 절연 저항 참조

9. 전로의 사용 전압이 PELV, 500 V 이하 일 때, 절연 저항 하한 값(MΩ)은?

① 0.5 ② 1.0
③ 1.5 ④ 2.0

해설 위 문제 해설 참조

10. 저압 전로에서 정전이 어려운 경우 등 절연 저항 측정이 곤란한 경우 저항 성분의 누설전류가 몇 mA 이하이면 그 전로의 절연 성능은 적합한 것으로 보는가?

① 1 ② 10
③ 100 ④ 1000

해설 누설전류가 1 mA 이하이면 그 전로의 절연 성능은 적합한 것으로 본다.

11. 최대 사용 전압이 220 V인 3상 유도 전동기가 있다. 이것의 절연 내력 시험 전압은 몇 V로 하여야 하는가? [16]

① 330 ② 500
③ 750 ④ 1050

해설 회전기의 절연 내력 시험 전압(최대 사용 전압이 7 kV 이하인 경우)
㉠ 최대 사용 전압의 1.5배의 전압
㉡ 500 V 미만으로 되는 경우에는 500 V

12. 22.9 kV 3상 4선식 다중 접지 방식의 지중 전선로의 절연 내력 시험을 직류로 할 경우 시험 전압은 몇 V인가? [18]

① 16448 ② 21068
③ 32796 ④ 42136

해설 전로의 절연 내력 시험 전압
㉠ 최대 사용 전압이 7 kV 초과 25 kV 이하인 중성점 직접 접지식 전로(중성점 다중 접지식에 한함)
㉡ 시험 전압 : 최대 사용 전압의 0.92배의 전압
㉢ 전로에 케이블을 사용하는 경우 직류로 시험할 수 있으며, 시험 전압은 교류의 2배로 한다.
∴ 시험 전압＝0.92×22900×2＝42136 V

13. 전로 이외를 흐르는 전류로서 전로의 절연체 내부 및 표면과 공간을 통하여 선간 또는 대지 사이를 흐르는 전류를 무엇이라 하는가? [17]

① 지락 전류 ② 누설 전류
③ 정격 전류 ④ 영상 전류

해설 누설 전류(leakage current) : 절연물의 내부 또는 표면을 통하여 흐르는 미소 전류를 말한다.

14. 연료전지 및 태양전지 모듈의 절연 내력 시험에서, 충전 부분과 대지 사이에 연속하여 몇 분간 가하여 절연 내력을 시험하였을 때에 이에 견디는 것이어야 하는가?

① 10 ② 25
③ 50 ④ 60

해설 연속하여 10분간 가하여 이에 견디는 것이어야 한다.

| 1-2 | ○ 배선 재료 및 공구 |

1 전선 및 케이블

(1) 전선의 구비 조건

① 도전율이 클 것 → 고유 저항이 작을 것

② 기계적 강도가 클 것

③ 비중이 작을 것 → 가벼울 것

④ 내구성이 있을 것

⑤ 공사가 쉬울 것

⑥ 값이 싸고 쉽게 구할 수 있을 것

(2) 전선의 식별(KEC 121.2)

표 3-5 전선의 색상

상(문자)	색 상
L1	갈색
L2	흑색
L3	회색
N	청색
보호 도체	녹색-노란색

㈜ 색상 식별이 종단 및 연결 지점에서만 이루어지는 나도체 등은 전선 종단부에 색상이 반영구적으로 유지될 수 있는 도색, 밴드, 색 테이프 등의 방법으로 표시해야 한다.

(3) 정격 전압 450/750 V 이하 염화비닐 절연 케이블

① 배선용 비닐 절연 전선(KS C IEC 60227-3)

표 3-6 배선용 비닐 절연 전선

종 류	약 호
450/750 V 일반용 단심 비닐 절연 전선	NR
450/750 V 일반용 유연성 단심 비닐 절연 전선	NF
300/500 V 기기 배선용 단심 비닐 절연 전선(70℃)	NRI (70)
300/500 V 기기 배선용 유연성 단심 비닐 절연 전선(70℃)	NFI (70)
300/500 V 기기 배선용 단심 비닐 절연 전선(90℃)	NRI (90)
300/500 V 기기 배선용 유연성 단심 비닐 절연 전선(90℃)	NFI (90)

② 배선용 비닐시스 케이블(KS C IEC 60227-4)

표 3-7 배선용 비닐시스 케이블

종 류	약 호
300/500 V 연질 비닐시스 케이블	LPS

③ 유연성 비닐 케이블(코드)[KS C IEC 60227-5]

표 3-8 유연성 비닐 케이블(코드)

종 류	약 호
300/300 V 평형 금사 코드	FTC
300/300 V 평형 비닐 코드	FSC
300/300 V 실내 장식 전등 기구용 코드	CIC
300/300 V 연질 비닐시스 코드	LPC
300/500 V 범용 비닐시스 코드	OPC
300/300 V 내열성 연질 비닐시스 코드 (90℃)	HLPC
300/500 V 내열성 범용 비닐시스 코드 (90℃)	HOPC

(4) 정격 전압 450/750 V 이하 고무 절연 케이블

① 고무 코드, 유연성 케이블(KS C IEC 60245-4)

표 3-9 고무 코드, 유연성 케이블

종 류	약 호
300/300 V 편조 고무 코드	BRC
300/500 V 범용 고무시스 코드	ORSC
300/500 V 범용 클로로프렌, 합성 고무시스 코드	OPSC
450/750 V 경질 클로로프렌, 합성 고무시스 유연성 케이블	HPSC
300/500 V 장식 전등 기구용 클로로프렌, 합성 고무시스 케이블	PCSC
	PCSCF

(5) 정격 전압 1~3 kV 압출 성형 절연 전력 케이블(KS C IEC 60502-1)

표 3-10 케이블(1 kV 및 3 kV)

종 류	약 호
0.6/1 kV 비닐 절연 비닐시스 케이블	VV
0.6/1 kV 비닐 절연 비닐시스 제어 케이블	CVV
0.6/1 kV 비닐 절연 비닐 캡타이어 케이블	VCT
0.6/1 kV 가교 폴리에틸렌 절연 비닐시스 케이블	CV 1
0.6/1 kV 가교 폴리에틸렌 절연 폴리에틸렌시스 케이블	CE 1
0.6/1 kV 가교 폴리에틸렌 절연 저독성 난연 폴리올레핀시스 전력 케이블	HFCO
0.6/1 kV 가교 폴리에틸렌 절연 저독성 난연 폴리올레핀시스 제어 케이블	HFCCO
0.6/1 kV 제어용 가교 폴리에틸렌 절연 비닐시스 케이블	CCV
0.6/1 kV 제어용 가교 폴리에틸렌 절연 폴리에틸렌시스 케이블	CCE
0.6/1 kV EP 고무 절연 비닐시스 케이블	PV
0.6/1 kV EP 고무 절연 클로로프렌시스 케이블	PN
0.6/1 kV EP 고무 절연 클로로프렌 캡타이어 케이블	PNCT

(6) 단선과 연선의 표시

① 단선(soled wire) : 1가닥의 도체로 굵기 표시는 전선의 지름(mm)으로 하며, 또한 공칭 단면적(mm^2)으로 표시한다.

② 연선(stranded wire)

　㈎ 여러 가닥의 소선(단선)으로 구성되며, 굵기 표시는 공칭 단면적(mm^2)으로 표시한다.

　㈏ 동심 연선의 구성 : 중심선 위에 6의 층수 배수만큼 증가하는 구조로 되어 있다.
　　(1-6-12-18)

- 단면적 $A = aN = \dfrac{\pi d^2}{4} \times N = \dfrac{\pi D^2}{4}$
- 총 소선수 $N = 3n(n+1) + 1$
- 바깥 지름 $D = (2n+1)d$

여기서, a : 소선 1가닥의 단면적
　　　　d : 소선의 지름
　　　　n : 층수(중심층 제외)

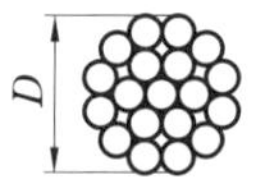

그림 3-1 동심 연선

과년도 / 예상문제

1. 전선 및 케이블의 구비 조건으로 맞지 않는 것은? [17, 19]

① 고유 저항이 클 것
② 기계적 강도 및 가요성이 풍부할 것
③ 내구성이 크고 비중이 작을 것
④ 시공 및 접속이 쉬울 것

해설 전선의 재료로서 구비해야 할 조건
  ㉠ 도전율이 클 것 → 고유 저항이 작을 것
  ㉡ 기계적 강도가 크고, 가요성이 풍부할 것
  ㉢ 내구성이 있을 것
  ㉣ 공사가 쉬울 것

2. 전선의 식별에 있어서, L1, L2, L3의 색상이 순서적으로 맞게 표현된 것은?

① 갈, 흑, 회색   ② 흑, 청, 녹색
③ 회, 갈, 황색   ④ 녹, 청, 갈색

해설 본문 표 3-5. 전선의 색상 참조

3. 전선의 식별에 있어서, 보호 도체 색상은?

① 녹색–노란색   ② 갈색– 노란색
③ 회색– 노란색   ④ 청색–노란색

해설 위 문제 해설 참조

4. 일반적으로 가정용, 옥내용으로 자주 사용되는 절연 전선은? [19]

① 경동선   ② 연동선
③ 합성 연선   ④ 합성 단선

해설 ㉠ 경동선 : 가공 전선로에 주로 사용
  ㉡ 연동선 : 옥내 배선에 주로 사용
  ㉢ 합성 연선, 합성 단선 : 가공 송전 선로에 사용

5. 일반적으로 인장 강도가 커서 가공 전선로에 주로 사용하는 구리선은? [18]

① 경동선   ② 연동선
③ 합성 연선   ④ 합성 단선

해설 위 문제 해설 참조

6. 전선의 공칭 단면적에 대한 설명으로 옳지 않은 것은? [13, 17]

① 소선 수와 소선의 지름으로 나타낸다.
② 단위는 mm^2로 표시한다.
③ 전선의 실제 단면적과 같다.
④ 연선의 굵기를 나타내는 것이다.

해설 전선의 공칭 단면적
  ㉠ 단위는 mm^2로 표시한다.
  ㉡ 전선의 실제 단면적과는 다르다.
  예 (소선 수/소선 지름) → (7/0.85)로 구성된 연선의 공칭 단면적은 4 mm^2이며, 계산 단면적은 3.97 mm^2이다.

7. 나전선 등의 금속선에 속하지 않는 것은 어느 것인가? [14]

① 경동선(지름 12 mm 이하의 것)
② 연동선
③ 동합금선(단면적 35 mm^2 이하의 것)
④ 경알루미늄선(단면적 35 mm^2 이하의 것)

해설 나전선 등의 금속선 : ①, ②, ④ 이외에
  ㉠ 동합금선 (단면적 25 mm^2 이하)
  ㉡ 알루미늄 합금선 (단면적 35 mm^2 이하)
  ㉢ 아연도강선
  ㉣ 아연도철선

8. 다음 중 450/750 V 일반용 단심 비닐 절연 전선의 약호는? [16]

① NRI   ② NF   ③ NFI   ④ NR

해설 단심 비닐 절연 전선의 약호
  ① NRI : 300/500 V 기기 배선용

② NF : 450/750 V 일반용 유연성

③ NFI : 300/500 V 기기 배선용 유연성

④ NR : 450/750 V 일반용

9. 절연 전선 중 옥외용 비닐 절연 전선을 무슨 전선이라고 호칭하는가? [12, 14, 16, 18]

① VV   ② NR   ③ OW   ④ DV

해설 ① VV : 비닐 절연 비닐시스 케이블

② NR : 450/750 V 일반용 단심 비닐 절연 전선

③ OW : 옥외용 비닐 절연 전선

④ DV : 인입용 비닐 절연 전선

10. 인입용 비닐 절연 전선을 나타내는 약호는 어느 것인가? [15, 17, 18]

① OW   ② EV   ③ DV   ④ NV

해설 ① OW : 옥외용 비닐 절연 전선

② EV : 폴리에틸렌 절연 비닐시스 케이블

③ DV : 인입용 비닐 절연 전선

④ NV : 비닐 절연 네온 전선

11. 다음 중 옥외용 가교 폴리에틸렌 절연 전선을 나타내는 약호는? [19]

① OC   ② OE   ③ CV   ④ VV

해설 ① OC : 옥외용 가교 폴리에틸렌 절연 전선

② OE : 옥외용 폴리에틸렌 절연 전선

③ CV : 가교 폴리에틸렌 절연 비닐시스 케이블

④ VV : 비닐 절연 비닐시스 케이블

12. 전력 케이블 중 CV 케이블은 다음 중 어느 것인가? [19]

① 비닐 절연 비닐시스 케이블

② 고무 절연 클로로프렌시스 케이블

③ 가교 폴리에틸렌 절연 비닐시스 케이블

④ 미네랄 인슐레이션 케이블

해설 ㉠ 비닐 절연 비닐시스 케이블 → VV

㉡ 고무 절연 클로로프렌시스 케이블 → PN

㉢ 가교 폴리에틸렌 절연 비닐시스 케이블 → CV

㉣ 미네랄 인슐레이션 케이블 → MI

13. 절연 전선의 피복에 "154kV NRV"라고 표기되어 있다. 여기서 "NRV"는 무엇을 나타내는 약호인가? [18]

① 형광등 전선

② 고무 절연 폴리에틸렌 시스 네온 전선

③ 고무 절연 비닐시스 네온 전선

④ 폴리에틸렌 절연 비닐시스 네온 전선

해설 154 kV 고무 절연 비닐시스 네온 전선 (N : 네온, R : 고무, V : 비닐)

※ E : 폴리에틸렌, C : 클로로프렌

14. 해안 지방의 송전용 나전선에 가장 적당한 것은? [13, 17, 19]

① 철선   ② 강심 알루미늄선

③ 동선   ④ 알루미늄 합금선

해설 해안 지방의 송전용 나전선에는 염해에 강한 동선이 적당하다.

15. ACSR 약호의 명칭은? [15]

① 경동 연선   ② 중공 연선

③ 알루미늄선   ④ 강심 알루미늄 연선

해설 • 강심 알루미늄 연선(ACSR : aluminum cable steel reinforced)

• 중공 연선(hollow stranded wire)

• 경동 연선(hard-drawn copper stranded conductor)

• 알루미늄선(aluminum wire)

16. 연선 결정에 있어서 중심 소선을 뺀 층수가 2층이다. 소선의 총 수 N은 얼마인가? [14, 18]

① 61   ② 37   ③ 19   ④ 7

해설 총 소선수 : $N = 3n(n+1) + 1$
$= 3 \times 2(2+1) + 1 = 19$가닥

2 배선 재료

■ **배선 기구 · 재료**

• 개폐기, 점멸 스위치, 콘센트, 플러그, 소켓, 과전류 차단기, 누전 차단기

(1) 개폐기의 종류

① 나이프 스위치(knife switch)

㈎ 일반용에는 사용할 수 없고, 전기실과 같이 취급자만 출입하는 장소의 배전반이나 분전반에 사용된다.

㈏ 단극, 2극, 3극용으로 분류되며, 투입 방법에 따라 단투용과 쌍투용이 있다.

㈐ 정격 전압 250 V, 정격 전류 30, 60, 100, 200, 300, 400, 500, 600 A

표 3-11 개폐기의 기호

명 칭	기 호	명 칭	기 호
단극 단투형	SPST	단극 쌍투형	SPDT
2극 단투형	DPST	2극 쌍투형	DPDT
3극 단투형	TPST	3극 쌍투형	TPDT

② 커버 나이프 스위치(enclosed knife switch)

㈎ 전등, 전열 및 동력용의 인입 개폐기 또는 분기 개폐기가 사용되며 2P, 3P를 각각 단투형과 쌍투형으로 만들고 있다.

㈏ 정격 : 정격 전압 250 V, 정격 전류 30, 60, 100, 150, 200 A

③ 안전 스위치(safety switch)

㈎ 세이프티 스위치는 나이프 스위치를 금속제의 함 내부에 장치하고, 외부에서 핸들을 조작하여 개폐할 수 있도록 만든 것이다.

㈏ 전류계나 표시등을 부착한 것도 있으며, 전등과 전열 기구 및 저압 전동기의 주 개폐기로 사용한다.

㈐ 최근에는 전면에 로터리식 핸들이 있고, 내부에는 고정 접점과 가동 접점이 있어 슬라이드 방식을 택한 상자 개폐기가 사용되고 있다.

(2) 점멸 스위치(snap switch)

① 옥내 소형 스위치는 전등이나 소형 전기 기구의 점멸에 사용되는 스위치로 사용 장소와 목적에 따라 그 종류가 많으며, 일반 가정에 사용되는 것은 다음 표와 같다.

표 3-12 점멸 스위치

순위	명칭	적요
1	매입 텀블러 스위치 (tumbler SW)	스위치 박스에 고정하고 플레이트로 덮는다. 토클형과 파동형의 2종이 있고 단로, 3로, 4로의 것이 있다.
2	연용 매입 텀블러 스위치	2개, 3개를 연용으로 고정테에 조립하여 사용한다. 파일럿 램프나 콘센트와 조합하여 사용할 수도 있다.
3	버튼 스위치 (button SW)	버튼을 눌러서 점멸하는 것으로, 매입형과 노출형이 있다. 전자 개폐기용과는 구별된다.
4	캐노피 스위치 (canopy SW)	전등 기구의 플런저 안에 내장되어 있는 풀 스위치의 일종이다.
5	코드 스위치 (cord SW)	중간 스위치라고도 하며, 전기 베개, 전기 담요 등의 코드 중간에 접속하여 사용한다.
6	펜던트 스위치 (pendant SW)	형광등 또는 소형 전기 기구의 코드 끝에 매달아 사용하는 스위치이며, 단극용이다.
7	일광 스위치	정원등, 방범등 및 가로등을 주위의 조도(밝기)에 의하여 자동적으로 점멸하는 스위치이다.
8	타임 스위치 (time SW)	시계 기구를 내장한 스위치로, 지정한 시간에 점멸을 할 수 있게 된 것과 일정 시간 동안 동작하게 된 것이 있다.
9	조광 스위치	불의 밝기를 조절할 수 있는 스위치이다(로터리 스위치, rotary SW).
10	리모컨 스위치	리모컨으로 램프를 점멸할 수 있는 근거리 스위치이다.
11	인체 감지 센서	사람이 램프에 근접하면 센서에 의해 동작하는 것으로, 복도나 현관의 램프에 사용한다.

(3) 콘센트(consent)
① 형태에 따라 : 노출형, 매입형
② 용도에 따라 : 방수용, 시계용, 선풍기용
③ 플로어(floor) 콘센트 : 플로어 덕트 공사용
④ 턴 로크(turn lock) 콘센트 : 트위스트 콘센트라고도 하며, 콘센트에 끼운 플러그가 빠지는 것을 방지하기 위하여 플러그를 끼우고 약 90°쯤 돌려 두면 빠지지 않도록 되어 있다.

(4) 플러그 (plug)
2극용과 3극용이 있으며, 2극용에는 평행형과 T형이 있다.
① 코드 접속기(cord connection) : 코드를 서로 접속할 때 사용한다.
② 멀티 탭(multi tap) : 하나의 콘센트에 2~3가지의 기구를 사용할 때 쓴다.
③ 테이블 탭(table tap) : 코드의 길이가 짧을 때 연장하여 사용한다.
④ 아이언 플러그(iron plug) : 전기다리미, 온탕기 등에 사용한다.

⑤ 나사 플러그(attaching plug) : 플러그 보디와 꽂임 플러그로 구성되며, 리셉터클 또는 소켓 등에 접속할 때 사용한다.

(5) 소켓(socket)과 리셉터클(receptacle)

① 소켓은 전선의 끝에 접속하여 백열전구를 끼워 사용하며, 리셉터클은 벽이나 천장 등에 고정시켜 소켓처럼 사용하는 배선 기구이다.
② 정격 : 250 V, 6 A

(6) 과전류 차단기, 누전 차단기, 전류 제한기

① 과전류 차단기 : 퓨즈(fuse), 차단기(breaker)
② 누전 차단기 : 전로에 지락 사고가 일어났을 때 자동적으로 전로를 차단하는 장치이다.
③ 전류 제한기(current limiter) : 전기의 정액 수용가가 계약 용량을 초과하여 사용하면 자동적으로 회로가 차단되어 경보를 하는 것이다.

3 전기설비에 관련된 공구와 기구 및 측정용 계기

(1) 게이지(gauge)

① 와이어 게이지(wire gauge) : 전선의 굵기를 측정하는 것으로, 측정할 전선을 홈에 끼워서 맞는 곳의 숫자가 전선 굵기의 표시가 된다.
② 버니어 캘리퍼스(vernier calipers) : 어미자와 아들자의 눈금을 이용하여 길이, 바깥지름, 안지름, 깊이 등을 하나의 측정기로 측정할 수 있다.
③ 마이크로미터(micrometer) : 전선의 굵기, 철판, 절연지 등의 두께를 측정하는 것이다.

(2) 전기 설비용 공구와 기구

① 펜치(cutting plier) : 전선의 절단, 전선 접속, 전선 바인드 등에 사용하는 것이다.
② 와이어 스트리퍼(wire striper) : 절연 전선의 피복 절연물을 벗기는 자동 공구이다.
③ 프레셔 툴(pressure tool) : 솔더리스(solderless) 커넥터 또는 솔더리스 터미널을 압착하는 것이다.
④ 클리퍼(clipper, cable cutter) : 굵은 전선을 절단할 때 사용하는 가위이다.
⑤ 스패너(spanner) : 너트를 죄는 데 사용하는 것이다.
⑥ 녹아웃 펀치(knock out punch) : 배전반, 분전반 등의 배관을 변경하거나 이미 설치되어 있는 캐비닛에 구멍을 뚫을 때 필요한 공구이다.
⑦ 파이어 포트(fire pot) : 납땜 인두를 가열하거나 납땜 냄비를 올려놓아 납물을 만드는 데 사용되는 일종의 화로이다.
⑧ 토치 램프(torch lamp) : 전선 접속의 납땜과 합성수지관의 가공에 열을 가할 때 사용

하는 것이다.

⑨ 드라이베이트 툴(driveit tool)

  ㈎ 큰 건물의 공사에서 드라이브 핀을 콘크리트에 경제적으로 박는 공구이다.

  ㈏ 화약의 폭발력을 이용하기 때문에 취급자는 보안상 훈련을 받아야 한다.

⑩ 벤더(bender, 히키(hickey)) : 금속관을 구부리는 공구이다.

⑪ 파이프 커터(pipe cutter) : 금속관을 절단할 때 사용한다.

⑫ 오스터(oster) : 금속관 끝에 나사를 내는 공구로, 손잡이가 달린 래칫(ratchet)과 나사 날의 다이스(dies)로 구성된다.

⑬ 파이프 렌치(pipe wrench) : 금속관을 커플링으로 접속할 때, 금속관과 커플링을 물고 죄는 것이다.

⑭ 리머(reamer) : 금속관을 쇠톱이나 커터로 끊은 다음, 관 안의 날카로운 것을 다듬는 것이다.

⑮ 홀 소(hole saw) : 녹아웃 펀치와 같은 용도로 배·분전반 등의 캐비닛에 구멍을 뚫을 때 사용된다.

⑯ 펌프 플라이어(pump plier) : 전선의 슬리브 접속에 있어서 펜치와 같이 사용되고, 금속관 공사에서 로크너트를 죌 때 사용한다.

⑰ 피시 테이프(fish tape) : 전선관에 전선을 넣을 때 사용되는 평각 강철선이다.

⑱ 철망 그립(pulling grip) : 여러 가닥의 전선을 넣을 때는 철망 그립을 사용하면 매우 편리하다.

⑲ 전선 피박기 : 가공 배전선에서 활선 상태인 전선의 피복을 벗기는 공구이다.

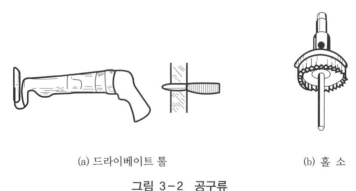

     (a) 드라이베이트 툴   (b) 홀 소

그림 3-2 공구류

(3) 전기 설비용 계기

① 저압 옥내 배선의 검사 순서 : 점검 → 절연 저항 측정 → 접지 저항 측정 → 통전 시험

② 절연 저항 측정 : 메거(megger)

  ㈎ 대지에 대한 전선의 절연 저항 측정

㈏ 전선 피복의 절연 저항 측정

㈐ 일반적으로 저압 옥내 배선용에는 500 V용 메거가 사용된다.

③ 접지 저항 측정

㈎ 콜라우슈 브리지(kohlrausch bridge)를 이용하는 콜라우슈 브리지법

㈏ 접지 저항계(어스 테스터, earth tester)를 사용하는 법

㈐ 교류 전압계와 전류계를 이용한 방법

④ 도통 시험이 가능한 계기 : 테스터, 마그넷 벨

⑤ 충전 유무 조사 : 네온(neon) 검전기

㈎ 저압 배선의 충전 유무를 검사하는 것이다.

㈏ 전압측 전선(충전) : 네온 램프가 점등되고, 접지측에서는 점등되지 않는다.

㈐ 저압 옥내 배선의 전압측과 접지측을 간단히 알아볼 수 있는 계기이다.

과년도 / 예상문제

전기기능사

1. 다음 중 배선 기구가 아닌 것은? [16]

① 배전반　　　② 개폐기

③ 접속기　　　④ 배선용 차단기

해설 배전반(switchboard) : 빌딩이나 공장에서는 송전선으로부터 고압의 전력을 받아 변압기를 통해 저압으로 변환하여 각종 전기설비 계통으로 배전하는데, 배전을 하기 위한 장치가 배전반이다.

2. 코드 상호간 또는 캡타이어 케이블 상호간을 접속하는 경우 가장 많이 사용되는 기구는? [10, 13]

① T형 접속기　　　② 코드 접속기

③ 와이어 커넥터　　④ 박스용 커넥터

해설 코드 접속기(cord connection) : 코드를 서로 접속할 때 사용한다.

3. 220 V 옥내 배선에서 백열전구를 노출로 설치할 때 사용하는 기구는? [13]

① 리셉터클　　　② 테이블 탭

③ 콘센트　　　④ 코드 커넥터

해설 리셉터클(receptacle) : 리셉터클은 벽이나 천장 등에 고정시켜 소켓처럼 사용하는 배선 기구이다.

4. 하나의 콘센트에 둘 또는 세 가지의 기계·기구를 끼워서 사용할 때 사용되는 것은 어느 것인가? [14, 15]

① 노출형 콘센트　　② 키리스 소켓

③ 멀티 탭　　　④ 아이언 플러그

해설 멀티 탭(multi tap) : 하나의 콘센트에 2~3가지의 기구를 사용할 때 쓴다.

5. 옥내 배선 공사에서 절연 전선의 피복을 벗길 때 사용하면 편리한 공구는? [16, 17, 19]

① 드라이버　　　② 플라이어

③ 압착 펜치　　　④ 와이어 스트리퍼

정답 ● 1. ①　2. ②　3. ①　4. ③　5. ④

해설 와이어 스트리퍼(wire striper)
㉠ 절연 전선의 피복 절연물을 벗기는 자동 공구이다.
㉡ 도체의 손상 없이 정확한 길이의 피복 절연물을 쉽게 처리할 수 있다.

6. 금속관을 절단할 때 사용되는 공구는? [15]
① 오스터　　　　② 녹아웃 펀치
③ 파이프 커터　　④ 파이프 렌치

해설 파이프 커터(pipe cutter) : 금속관을 절단할 때 사용한다.

7. 금속관 절단구에 대한 다듬기에 쓰이는 공구는? [16]
① 리머　　　　　② 홀 소
③ 프레셔 툴　　　④ 파이프 렌치

해설 리머(reamer) : 금속관을 쇠톱이나 커터로 끊은 다음, 관 안의 날카로운 것을 다듬는 것이다.

8. 다음 중 금속 전선관 작업에서 나사를 낼 때 필요한 공구는? [12, 14, 16,]
① 파이프 벤더　　② 클리퍼
③ 오스터　　　　④ 파이프 렌치

해설 오스터(oster) : 금속관 끝에 나사를 내는 공구로, 손잡이가 달린 래칫(ratchet)과 나사 날의 다이스(dies)로 구성된다.

9. 다음 중 전선에 압착 단자를 접속시키는 공구는? [17]
① 와이어 스트리퍼　② 프레셔 툴
③ 볼트 클리퍼　　　④ 드라이베이트 툴

해설 프레셔 툴(pressure tool) : 솔더리스 (solderless) 커넥터 또는 솔더리스 터미널을 압착하는 것이다.

10. 배전반, 분전반 등의 배관을 변경하거나 이미 설치되어 있는 캐비닛에 구멍을 뚫을

때 필요한 공구는? [14, 16, 17]
① 오스터　　　　② 클리퍼
③ 파이어 포트　　④ 녹아웃 펀치

해설 녹아웃 펀치(knock out punch) : 배전반, 분전반 등의 배관을 변경하거나 이미 설치되어 있는 캐비닛에 구멍을 뚫을 때 필요한 공구이다.

11. 녹아웃 펀치와 같은 용도로 배전반이나 분전반 등에 구멍을 뚫을 때 사용하는 것은? [10, 11]
① 클리퍼(cliper)
② 홀 소(hole saw)
③ 프레스 툴(pressure tool)
④ 드라이베이트 툴(driveit tool)

해설 홀 소(hole saw) : 녹아웃 펀치와 같은 용도로 배·분전반 등의 캐비닛에 구멍을 뚫을 때 사용된다.

12. 굵은 전선이나 케이블을 절단할 때 사용되는 공구는? [12, 14, 15, 16, 17]
① 클리퍼　　　　② 펜치
③ 나이프　　　　④ 플라이어

해설 클리퍼(clipper, cable cutter) : 굵은 전선을 절단할 때 사용하는 가위이다.

13. 다음 중 소형 분전반이나 배전반을 고정시키기 위하여 콘크리트에 구멍을 뚫어 드라이브 핀을 박는 공구는? [15, 16, 18]
① 드라이베이트 툴　② 익스팬션
③ 스크루 앵커　　　④ 코킹 앵커

해설 드라이베이트 툴(driveit tool)
㉠ 큰 건물의 공사에서 드라이브 핀을 콘크리트에 경제적으로 박는 공구이다.
㉡ 화약의 폭발력을 이용하기 때문에 취급자는 보안상 훈련을 받아야 한다.

14. 저압 옥내 배선 검사의 순서가 맞게 배

열된 것은?

① 절연 저항 측정 – 점검 – 통전 시험 – 접지 저항 측정
② 점검 – 절연 저항 측정 – 접지 저항 측정 – 통전 시험
③ 점검 – 통전 시험 – 절연 저항 측정 – 접지 저항 측정
④ 통전 시험 – 점검 – 접지 저항 측정 – 절연 저항 측정

15. 다음 중 옥내에 시설하는 저압 전로와 대지 사이의 절연 저항 측정에 사용되는 계기는? [11, 12, 18]

① 콜라우슈 브리지 ② 메거
③ 어스 테스터　　 ④ 마그넷 벨

해설 절연 저항계(메거 ; megger) : 절연 재료의 고유 저항이나 전선, 전기 기기, 옥내 배선 등의 절연 저항을 측정하는 계기이다.

16. 다음 중 400 V 이하 옥내 배선의 절연 저항 측정에 가장 알맞은 절연 저항계는? [12]

① 250 V 메거　　 ② 500 V 메거
③ 1000 V 메거　　 ④ 1500 V 메거

해설 절연 저항계 : 500 V용은 100 MΩ까지 측정할 수 있으며, 400 V 이하 옥내 배선의 절연 저항 측정에 알맞다.

17. 네온 검전기를 사용하는 목적은? [12]

① 주파수 측정　　 ② 충전 유무 조사
③ 전류 측정　　　 ④ 조도율 조사

해설 네온 검전기 : 네온(neon) 램프를 이용하여 전기 기기 설비 및 전선로 등 작업에 임하기 전에 충전 유무를 확인하기 위하여 사용한다.

18. 전기공사에서 접지 저항을 측정할 때 사용하는 측정기는 무엇인가? [11]

① 검류기　　　　 ② 변류기
③ 메거　　　　　 ④ 어스 테스터

해설 ㉠ 어스 테스터(earth tester ; 접지 저항계) : 접지 저항 측정기
㉡ 메거(Megger ; 절연 저항계) : 절연 저항 측정기

19. 접지 저항이나 전해액 저항 측정에 쓰이는 것은? [11, 15]

① 휘트스톤 브리지 ② 전위차계
③ 콜라우슈 브리지 ④ 메거

해설 콜라우슈 브리지(kohlrausch bridge) : 저저항 측정용 계기로 접지 저항, 전해액의 저항 측정에 사용된다.

20. 다음의 검사 방법 중 옳은 것은?

① 어스 테스터로서 절연 저항을 측정한다.
② 검전기로서 전압을 측정한다.
③ 메거로서 회로의 저항을 측정한다.
④ 콜라우슈 브리지로 접지 저항을 측정한다.

해설 저압 옥내 배선의 회로 점검
㉠ 어스 테스터(earth tester) : 접지 저항 측정
㉡ 검전기 : 전기로 작업에 임하기 전에 충전 유무를 확인
㉢ 메거 (megger) : 절연 저항 측정
㉣ 콜라우슈 브리지 : 접지 저항을 측정

21. 다음 중 권선 저항 측정 방법으로 적합하지 않는 것은? [16]

① 메거
② 전압 전류계법
③ 켈빈 더블 브리지법
④ 휘트스톤 브리지법

해설 메거(megger) : 절연 저항 측정

정답 ● 15. ② 16. ② 17. ② 18. ④ 19. ③ 20. ④ 21. ①

전선 접속

2-1 ○ 전선 접속의 일반 사항

■ 전선 접속

전선의 허용 전류에 의하여 접속 부분의 온도 상승 값이 접속부 이외의 온도 상승 값을 넘지 않도록 접속하여야 한다.

1 ▶ 전선의 접속을 위한 피복 벗기기

① 절연 피복을 벗기는 데는 펜치를 사용하지 않고, 반드시 칼 또는 와이어 스트리퍼를 사용하여야 한다.
② 비닐 절연 전선은 연필 모양으로 피복을 벗겨야 하고, 약 20°의 각도로 칼날을 피복에 대고 벗긴다.

2 ▶ 전선 접속의 일반 사항

(1) 전선의 접속 방법
  ① 전기 저항이 증가되지 않아야 한다.
  ② 전선의 세기는 20 % 이상 감소시키지 않아야 한다.
  ③ 접속 부분은 와이어 커넥터 등 접속 기구를 사용하거나 납땜을 한다.
  ④ 알루미늄을 접속할 때는 고시된 규격에 맞는 접속관 등의 접속 기구를 사용한다.
  ⑤ 알루미늄 전선과 구리선의 접속 시 전기적인 부식이 생기지 않도록 한다.

(2) 코드 상호, 캡타이어 케이블 상호 또는 이들 상호 간의 접속 방법
  ① 코드 접속기, 접속함 및 기타 기구를 사용할 것
  ② 접속점에는 조명기구 및 기타 전기 기계 기구의 중량이 걸리지 않도록 한다.

(3) 코드 또는 캡타이어 케이블과 기계 기구와의 접속
  ① 충전(充電) 부분이 노출되지 않는 구조의 단자 금구에 나사로 고정하거나 또는 기구용 플러그 등을 사용한다.

② 기구 단자가 누름나사형, 클램프형 또는 이와 유사한 구조로 된 것을 제외하고 단면적 $6\,mm^2$를 초과하는 코드 및 캡타이어 케이블에는 터미널 러그를 부착한다.

③ 코드와 형광등 기구의 리드선과 접속은 전선 접속기로 접속한다.

(4) 동(銅) 전선과 전기 기계 기구 단자의 접속

① 전선을 나사로 고정할 경우에 진동 등으로 헐거워질 우려가 있는 장소는 2중 너트, 스프링 와셔 및 나사 풀림 방지 기구가 있는 것을 사용한다.

② 전선을 1가닥만 접속할 수 있는 구조의 단자는 2가닥 이상의 전선을 접속하지 않는다.

③ 기구 단자가 누름나사형, 클램프형이거나 이와 유사한 구조가 아닌 경우는 단면적 $10\,mm^2$를 초과하는 단선 또는 단면적 $6\,mm^2$를 초과하는 연선에 터미널 러그를 부착한다.

④ 터미널 러그는 납땜으로 전선을 부착한다.

⑤ 접속점에 장력이 걸리지 않도록 시설한다.

2-2 전선 접속의 구체적 방법

1 동(구리) 전선의 접속

(1) 직선 접속

① 가는 단선 직선 접속($6\,mm^2$ 이하) : 트위스트 조인트(twist joint)

② 직선 맞대기용 슬리브(B형)에 의한 압착 접속 : 단선 및 연선에 적용한다.

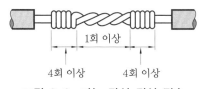

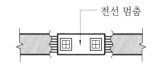

그림 3-3 가는 단선 직선 접속   그림 3-4 직선 맞대기용 슬리브 압착 접속

(2) 분기 접속

① 가는 단선 분기 접속($6\,mm^2$ 이하)

② T형 커넥터에 의한 분기 접속

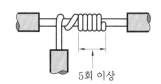

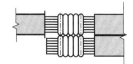

그림 3-5 가는 단선 분기 접속   그림 3-6 T형 커넥터 분기 접속

(3) 종단 접속(終端接續)

① 가는 단선(4 mm² 이하)의 종단 접속 : 주로 금속관 배선 등의 박스 안에서 한다.

② 가는 단선(4 mm² 이하)의 종단 접속(지름이 다른 경우) : 주로 배선과 전등 기구용 심선과의 접속인 경우에 이용한다.

③ 동선 압착 단자에 의한 접속 : 압착 단자 및 동관 단자에 대하여도 같이 적용한다.

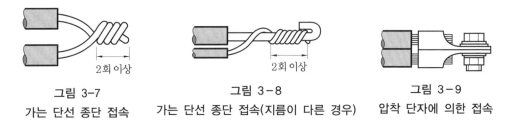

그림 3-7	그림 3-8	그림 3-9
가는 단선 종단 접속	가는 단선 종단 접속(지름이 다른 경우)	압착 단자에 의한 접속

④ 비틀어 꽂는 형의 전선 접속기에 의한 접속

⑤ 종단 겹침용 슬리브(E형)에 의한 접속
- 종단 겹침용 슬리브를 사용하고 종단 겹침용 슬리브와 전선과의 조합은 제작자 시방에 의하여 적정한 선택을 한다.
- 종단 겹침용 슬리브를 링 슬리브라고도 한다.

⑥ 직선 겹침용 슬리브(P형)에 의한 접속

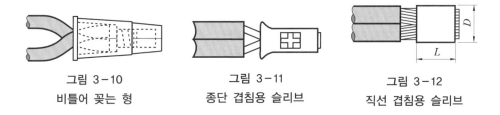

그림 3-10	그림 3-11	그림 3-12
비틀어 꽂는 형	종단 겹침용 슬리브	직선 겹침용 슬리브

⑦ 꽂음형 커넥터에 의한 접속
- 꽂음형 커넥터는 전기용품 안전관리법의 적용을 받는 것을 사용한다.
- 주로 가는 전선을 박스 내 등의 접속에 사용한다.

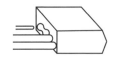

그림 3-13 꽂음형 커넥터

(4) 슬리브에 의한 접속

① S형 슬리브에 의한 직선 접속

② S형 슬리브에 의한 분기(分岐) 접속

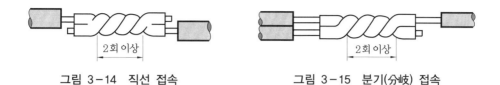

그림 3-14 직선 접속   그림 3-15 분기(分岐) 접속

③ 매킨타이어 슬리브에 의한 직선 접속

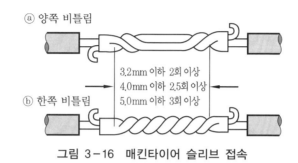

ⓐ 양쪽 비틀림

3.2mm 이하 2회 이상
4.0mm 이하 2.5회 이상
5.0mm 이하 3회 이상

ⓑ 한쪽 비틀림

그림 3-16 매킨타이어 슬리브 접속

참고 🔍 **S형 슬리브를 사용하는 경우 유의 사항**

1. S형 슬리브는 단선, 연선 어느 것에도 사용할 수 있다.
2. 도체는 샌드페이퍼 등을 사용하여 충분히 닦은 후 접속한다(칼로는 잘 닦아지지 않으며 전선이 손상될 우려가 있다).
3. 전선의 끝은 슬리브의 끝에서 조금 나오는 것이 바람직하다.
4. 슬리브는 전선의 굵기에 적합한 것을 선정한다(연선인 경우는 도체 외경에 가장 가까운 상위의 슬리브를 선정한다).
5. 열린 쪽 홈의 측면을 펜치 등으로 고르게 눌러서 밀착시킨다.
6. 슬리브의 양단을 비트(bit)는 공구로 물리고 완전히 두 번 이상 비튼다. 오른쪽으로 비틀거나 왼쪽으로 비틀거나 관계없다.
   • 비틀림이 끝난 상태에서 슬리브의 양단에 약간의 비틀리지 아니한 직선 부분을 남겨 둔다.
7. 슬리브의 양단에 있는 조금 벌어진 부분을 펜치 등으로 밀착시켜 모양을 가다듬는다.

2 ▶ 알루미늄 전선의 접속 및 테이프

(1) 직선 접속

① 주로 인입선과 인입구 배선과의 접속 등과 같이 장력이 걸리지 않는 장소에 사용한다.
② 전선 접속기는 알루미늄 전선, 동전선 공용이다.

(2) 분기(分岐) 접속

① 주로 간선에서 분기선을 분기하는 경우 등에 사용한다.

② 전선 접속기는 그 단면 형태에 따라 C형, E형, H형 등의 종류가 있고, 알루미늄 전선 전용의 것 및 알루미늄 전선, 동전선 공용의 것 등 여러 가지 종류가 있다.

그림 3-17 직선 접속   그림 3-18 분기 접속

(3) 종단(終端) 접속

① 종단 겹침용 슬리브에 의한 접속

② 비틀어 꽂는 형의 전선 접속기에 의한 접속 : 주로 가는 전선을 박스 안 등에서 접속할 때에 사용한다.

그림 3-19 종단 겹침용 슬리브   그림 3-20 비틀어 꽂는 형

③ C형 전선 접속기 등에 의한 접속

   ㈎ 굵은 전선을 박스 안 등에서 접속할 때에 사용한다.

   ㈏ 전선 접속기는 분기 접속에 사용하는 것과 같은 것을 사용한다.

④ 터미널 러그에 의한 접속 : 주로 굵은 전선을 박스 안 등에서 접속할 때에 사용한다.

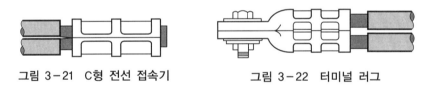

그림 3-21 C형 전선 접속기   그림 3-22 터미널 러그

(4) 옥내에서 전선을 병렬로 사용하는 경우

① 병렬로 사용하는 각 전선의 굵기는 동 $50\,\mathrm{mm^2}$ 이상 또는 알루미늄 $70\,\mathrm{mm^2}$ 이상이고, 동일한 도체, 동일한 굵기, 동일한 길이이어야 한다.

② 공급점 및 수전점에서 전선의 접속은 다음 각 호에 의하여 시설하여야 한다.

   ㈎ 같은 극(極)의 각 전선은 동일한 터미널 러그에 완전히 접속한다.

   ㈏ 같은 극인 각 전선의 터미널 러그는 동일한 도체에 2개 이상의 리벳 또는 2개 이상의 나사로 헐거워지지 않도록 확실하게 접속한다.

   ㈐ 기타 전류의 불평형을 초래하지 않도록 한다.

③ 병렬로 사용하는 전선은 각각에 퓨즈를 장치하지 말아야 한다(공용 퓨즈는 지장이 없다).

(5) 절연 테이프의 종류

① 고무 테이프(rubber tape) : 절연성 혼합물을 압연하여 이를 가황한 다음, 그 표면에 고무풀을 칠한 것이다.

② 리노 테이프(lino tape)

    ㈎ 바이어스 테이프(bias tape)에 절연성 바니시를 몇 차례 바르고, 다시 건조시킨 것으로 노란색 반투명의 것과 검은색의 것이 있다.

    ㈏ 리노 테이프는 점착성이 없으나 절연성, 내온성 및 내유성이 있으므로 연피 케이블 접속에는 반드시 사용된다.

③ 비닐 테이프(vinyl tape) : 염화비닐 콤파운드로 만든 것으로 색은 흑색, 백색, 회색, 청색, 녹색, 황색, 갈색, 주황 및 적색의 9종류가 있다.

④ 자기 융착 테이프

    ㈎ 약 2배로 늘려서 감으면 서로 융착되어 벗겨지는 일이 없다.

    ㈏ 내오존성, 내수성, 내약품성, 내온성이 우수해서 오래도록 열화되지 않기 때문에 비닐 외장 케이블 및 클로로프렌 외장 케이블의 접속에 사용된다.

⑤ 면 테이프(friction tape, black tape) : 건조한 목면 테이프, 즉 거즈 테이프(gauze tape)에 검은색 점착성의 고무 혼합물을 양면에 합침시킨 것으로 점착성이 강하다.

과년도 / 예상문제

전기기능사

1. 다음 중 전선을 접속하는 경우 전선의 강도는 몇 % 이상 감소시키지 않아야 하는가? [11, 14, 17, 19]

① 10   ② 20
③ 40   ④ 8

[해설] 전선을 접속하는 경우 : 전선의 강도 (인장 하중)를 20 % 이상 감소시키지 않아야 한다.

2. 다음 중 전선의 접속에 대한 설명으로 틀린 것은? [15]

① 접속 부분의 전기 저항을 20 % 이상 증가되도록 한다.

② 접속 부분의 인장 강도를 80 % 이상 유지되도록 한다.

③ 접속 부분에 전선 접속 기구를 사용한다.

④ 알루미늄 전선과 구리선의 접속 시 전기적인 부식이 생기지 않도록 한다.

3. 절연 전선을 서로 접속할 때 사용하는 방법이 아닌 것은? [13]

① 커플링에 의한 접속
② 와이어 커넥터에 의한 접속
③ 슬리브에 의한 접속
④ 압축 슬리브에 의한 접속

정답   1. ②   2. ①   3. ①

해설 커플링(coupling)에 의한 접속은 전선관의 접속에 적용된다.

4. 기구 단자에 전선 접속 시 진동 등으로 헐거워지는 염려가 있는 곳에 사용되는 것은 무엇인가? [10, 12, 16, 17, 19]
① 스프링 와셔　② 2중 볼트
③ 삼각 볼트　④ 접속기

해설 동(銅) 전선과 전기 기계 기구 단자 접속 : 전선을 나사로 고정할 경우에 진동 등으로 헐거워질 우려가 있는 장소는 2중 너트, 스프링 와셔 및 나사 풀림 방지 기구가 있는 것을 사용한다.

5. 기구 단자에 전선 접속 시 나사를 덜 죄었을 경우 발생할 수 있는 위험과 거리가 먼 것은? [10, 11, 14]
① 누전　② 화재 위험
③ 과열 발생　④ 저항 감소

6. 전선 접속 방법 중 트위스트 직선 접속의 설명으로 옳은 것은? [12, 16]
① 연선의 직선 접속에 적용된다.
② 연선의 분기 접속에 적용된다.
③ 6 mm² 이하의 가는 단선인 경우에 적용된다.
④ 6 mm² 초과의 굵은 단선인 경우에 적용된다.

해설 단선의 직선 접속 방법
㉠ 트위스트 접속 : 단면적 6 mm² 이하
㉡ 브리타니아 접속 : 단면적 10 mm² 이상

7. 동전선의 직선 접속에서 단선 및 연선에 적용되는 접속 방법은? [15]
① 직선 맞대기용 슬리브(B형)에 의한 압착 접속
② 가는단선 (2.6 mm 이상)의 분기 접속

③ S형 슬리브에 의한 분기 접속
④ 터미널 러그에 의한 접속

해설 직선 맞대기용 슬리브(B형)에 의한 압착 접속 : 단선 및 연선에 적용된다.

8. 전선 접속 시 사용되는 슬리브(sleeve)의 종류가 아닌 것은? [14]
① D형　② S형
③ E형　④ P형

해설 슬리브(sleeve)의 종류 : S형, E형, P형, C형, H형

9. 옥내 배선에서 주로 사용하는 직선 접속 및 분기 접속 방법은 어떤 것을 사용하여 접속하는가? [13, 17]
① 동선 압착 단자　② 슬리브
③ 와이어 커넥터　④ 꽂음형 커넥터

해설 슬리브(sleeve)에 의한 접속
㉠ S형 슬리브에 의한 직선 접속 및 분기 접속
㉡ 매킨타이어 슬리브에 의한 직선 접속

10. 동전선의 접속 방법에서 종단 접속 방법이 아닌 것은? [11, 16]
① 비틀어 꽂는 형의 전선 접속기에 의한 접속
② 종단 겹침용 슬리브(E형)에 의한 접속
③ 직선 맞대기용 슬리브(B형)에 의한 압착 접속
④ 직선 겹침용 슬리브(P형)에 의한 접속

해설 직선 맞대기용 슬리브(B형)에 의한 압착 접속 – 직선 접속

11. 전선을 종단 겹침용 슬리브에 의해 종단 접속할 경우 소정의 압축 공구를 사용하여 보통 몇 개소를 압착하는가? [16]
① 1　② 2　③ 3　④ 4

정답 4. ①　5. ④　6. ③　7. ①　8. ①　9. ②　10. ③　11. ②

해설 알루미늄 전선의 종단 겹침용 슬리브에 의한 접속 : 주로 가는 전선을 박스 안 등에서 접속할 때 사용하는 것으로, 압축 공구를 사용하여 보통 2개소를 압착한다.

12. 다음 중 알루미늄 전선의 접속 방법으로 적합하지 않은 것은 ? [14]

① 직선 접속　　　② 분기 접속
③ 종단 접속　　　④ 트위스트 접속

해설 알루미늄 전선 접속 방법
　㉠ 직선 접속 : 직선형 접속기에 의한 접속
　㉡ 분기 접속 : C형, E형, H형 등의 전선 접속기에 의한 접속
　㉢ 종단 접속 : 링 슬리브, 터미널 러그에 의한 접속
　※ 트위스트(twist) 접속은 동(구리)선의 직선 접속(가는 단선 6 mm^2 이하)에 적용된다.

13. 박스 내에서 가는 전선을 접속할 때의 접속 방법으로 가장 적합한 것은 ? [15]

① 트위스트 접속　　② 쥐꼬리 접속
③ 브리타니아 접속　④ 슬리브 접속

해설 쥐꼬리 접속(rat tail joint) : 박스 안에서 가는 전선을 접속할 때에는 쥐꼬리 접속으로 한다.

14. 옥내 배선 공사 작업 중 접속함에서 쥐꼬리 접속을 할 때 필요한 것은 ? [14, 15]

① 커플링　　　　　② 와이어 커넥터
③ 로크 너트　　　　④ 부싱

해설 와이어 커넥터(wire connector)를 이용한 접속
　㉠ 접속하려는 전선의 피복을 약 10~20 mm 정도씩 벗기고, 심선을 모아서 와이어 커넥터를 끼우고 돌려 쥔다.
　㉡ 커넥터의 나선 스프링이 도체를 압착하여 완전한 접속이 된다.

15. 정션 박스 내에서 전선을 접속할 수 있는 것은 ? [12, 15, 18]

① S형 슬리브　　　② 꽂음형 커넥터
③ 와이어 커넥터　　④ 매킨타이어

16. 굵기가 같은 두 단선의 쥐꼬리 접속에서 와이어 커넥터를 사용하는 경우에는 심선을 몇 회 정도 꼰 다음 끝을 잘라내야 하는가 ? [18]

① 2~3회　　　　　② 4~5회
③ 6~7회　　　　　④ 8~9회

해설 쥐꼬리 접속(rat tail joint)
　㉠ 박스 안에서 가는 전선을 접속할 때 적용한다.
　㉡ 심선을 2~3회 정도 꼰 다음 끝을 잘라내야 한다.

17. 전선의 접속법에서 두 개 이상의 전선을 병렬로 사용하는 경우의 시설 기준으로 틀린 것은 ? [16]

① 각 전선의 굵기는 구리인 경우 50 mm^2 이상이어야 한다.
② 각 전선의 굵기는 알루미늄인 경우 70 mm^2 이상이어야 한다.
③ 병렬로 사용하는 전선은 각각에 퓨즈를 설치해야 한다.
④ 동극의 각 전선은 동일한 터미널 러그에 완전히 접속해야 한다.

해설 옥내에서 전선을 병렬로 사용하는 경우
　㉠ 병렬로 사용하는 각 전선의 굵기는 구리 50 mm^2 이상 또는 알루미늄 70 mm^2 이상이고 동일한 도체, 동일한 굵기, 동일한 길이이어야 한다.
　㉡ 병렬로 사용하는 전선은 각각에 퓨즈를 장치하지 말아야 한다(공용 퓨즈는 지장이 없다).

18. 옥내에서 두 개 이상의 전선을 병렬로 사용하는 경우 동선은 각 전선의 굵기가 몇 mm² 이상이어야 하는가? [10]

① 50   ② 70

③ 95   ④ 150

해설 문제 17. 참조

19. 접착력은 떨어지나 절연성, 내온성, 내유성이 좋아 연피 케이블의 접속에 사용되는 테이프는? [10, 13]

① 고무 테이프

② 리노 테이프

③ 비닐 테이프

④ 자기 융착 테이프

해설 리노 테이프(lino tape) : 점착성이 없으나 절연성, 내온성 및 내유성이 있으므로 연피 케이블 접속에는 반드시 사용된다.

20. 다음 중 거즈 테이프(gauze tape)에 점착성의 고무 혼합물을 양면에 합침시킨 전기용 절연 테이프는?

① 면 테이프   ② 고무 테이프

③ 리노 테이프   ④ 자기 융착 테이프

해설 면 테이프 : 건조한 목면 테이프, 즉 거즈 테이프(gauze tape)에 검은색 점착성의 고무 혼합물을 양면에 합침시킨 것으로 점착성이 강하다.

21. 전선 접속에 있어서 클로로프렌 외장 케이블의 접속에 쓰이는 테이프는?

① 블랙 테이프   ② 자기 융착 테이프

③ 리노 테이프   ④ 비닐 테이프

해설 자기 융착 테이프 : 내오존성, 내수성, 내약품성, 내온성이 우수해서 오래도록 열화되지 않기 때문에 비닐 외장 케이블 및 클로로프렌 외장 케이블의 접속에 사용된다.

3-1 ○ 배선설비 공사의 종류

1 배선설비의 설치방법

표 3-13 전선 및 케이블의 구분에 따른 배선설비의 공사방법(KEC 232.2-1)

전선 및 케이블	공사방법							
	케이블공사			전선관 시스템	케이블 트렁킹 시스템(몰드형, 바닥 매입형 포함)	케이블 덕팅 시스템	케이블 트레이 시스템(래더, 브래킷 등 포함)	애자 공사
	비고정	직접고정	지지선					
나전선	−	−	−	−	−	−	−	+
절연전선[b]	−	−	+	+	+[a]	+	−	+
케이블(외장 및 무기질 절연물을 포함) 다심	+	+	+	+	+	+	+	○
케이블(외장 및 무기질 절연물을 포함) 단심	○	+	+	+	+	+	+	○

㊟ + : 사용할 수 있다.   − : 사용할 수 없다.
　○ : 적용할 수 없거나 실용상 일반적으로 사용할 수 없다.
　a : 케이블 트렁킹 시스템이 IP4X 또는 IPXXD급 이상의 보호조건을 제공하고, 도구 등을 사용하여 강제적으로 덮개를 제거할 수 있는 경우에 한하여 절연 전선을 사용할 수 있다.
　b : 보호 도체 또는 보호 본딩 도체로 사용되는 절연 전선이 적절하다면 어떠한 절연 방법이든 사용할 수 있고 전선관 시스템, 트렁킹 시스템 또는 덕팅 시스템에 배치하지 않아도 된다.

2 배선설비 공사방법의 분류

(1) 전선관 시스템

① 합성수지관공사

② 금속관공사

③ 가요전선관공사

(2) 케이블 트렁킹 시스템

① 합성수지몰드공사

② 금속몰드공사

③ 금속트렁킹공사

(3) 케이블 덕팅 시스템

① 금속덕트공사

② 플로어덕트공사

③ 셀룰러덕트공사

(4) 케이블 트레이 시스템(케이블트레이공사)

(5) 파워트랙 시스템(라이팅덕트공사)

(6) 버스바 트렁킹 시스템(버스덕트공사)

(7) 애자공사

(8) 케이블공사

3-2 ○ 전선관 시스템

1 금속관공사

(1) 금속 전선관 배선의 특징

① 전선이 기계적으로 보호된다.

② 단락 사고, 접지 사고 등에 있어서 화재의 우려가 적다.

③ 접지 공사를 완전하게 하면 감전의 우려가 없다.

④ 방습 장치를 할 수 있으므로, 전선을 방수할 수 있다.

⑤ 전선의 노후나 배선 방법의 변경이 필요한 경우 전선의 교환이 쉽다.

(2) 시설조건(KEC 232.12.1)

① 전선은 절연 전선일 것(옥외용 비닐 절연 전선은 제외)

② 전선은 연선일 것(단, 다음의 것은 적용하지 않는다.)

　㉮ 짧고 가는 금속관에 넣은 것

　㉯ 단면적 10 mm^2(알루미늄선은 단면적 16 mm^2) 이하의 것

③ 전선은 금속관 안에서 접속점이 없도록 할 것

(3) 관의 두께

① 콘크리트에 매입하는 것은 1.2 mm 이상, 기타의 경우는 1 mm 이상일 것

② 이음매(joint)가 없는 길이 4 m 이하의 것을 건조한 노출장소에 시설하는 경우는 0.5 mm 이상일 것

(4) 관의 굵기 선정

① 동일 굵기의 절연 전선을 동일 관 내에 넣는 경우의 금속관 굵기는 다음 전선관 굵기의 선정 표에 따라 선정하여야 한다.

② 관의 굴곡이 적어 쉽게 전선을 끌어낼 수 있는 경우는 동일 굵기로 단면적 10 mm^2 이하는 전선 단면적의 총합계가 관내 단면적의 48 % 이하가 되도록 할 수 있다(굵기가 다른 절연 전선을 동일 관 내에 넣는 경우 : 32 % 이하).

③ 전선관의 규격

표 3-14 전선관의 규격

종류	관의 호칭	바깥지름 (mm)	두께 (mm)	안지름 (mm)	종류	관의 호칭	바깥지름 (mm)	두께 (mm)	안지름 (mm)
후강 전선관	16	21.0	2.3	16.4	박강 전선관	19	19.1	1.6	15.9
	22	26.5	2.3	21.9		25	25.4	1.6	22.2
	28	33.3	2.5	28.3		31	31.8	1.6	28.6
	36	41.9	2.5	36.9		39	38.1	1.6	34.9
	42	47.8	2.5	42.8		51	50.8	1.6	47.6
	54	59.6	2.8	54.0		63	63.5	2.0	59.5
	70	75.2	2.8	69.6		75	76.2	2.0	72.2
	82	87.9	2.8	82.3					
	92	100.7	3.5	93.7					
	104	113.4	3.5	106.4					

[비고] 안지름(바깥지름-두께×2)은 환산한 계산값이다.

㈎ 전선(피복 절연물을 포함)의 단면적

표 3-15 전선의 단면적

도체 단면적 (mm^2)	절연체 두께 (mm)	평균 완성 바깥지름 (mm)	전선의 단면적 (mm^2)	도체 단면적 (mm^2)	절연체 두께 (mm)	평균 완성 바깥지름 (mm)	전선의 단면적 (mm^2)
1.5	0.7	3.3	9	70	1.4	14.6	167
2.5	0.8	4.0	13	95	1.6	17.1	230
4	0.8	4.6	17	120	1.6	18.8	277
6	0.8	5.2	21	150	1.8	20.9	343
10	1.0	6.7	35	185	2.0	23.3	426
16	1.0	7.8	48	240	2.2	26.6	555
25	1.2	9.7	74	300	2.4	29.6	688
35	1.2	10.9	93	400	2.6	33.2	865
50	1.4	12.8	128				

[비고] 1. 전선의 단면적은 평균 완성 바깥지름의 상한값을 환산한 값이다.
2. KS C IEC 60227-3의 450/750 V 일반용 단심 비닐 절연 전선(연선)을 기준한 것이다.

(나) 절연 전선을 금속관 내에 넣을 경우의 보정 계수

표 3-16 보정 계수

도체 단면적 (mm²)	보정 계수	도체 단면적 (mm²)	보정 계수	도체 단면적 (mm²)	보정 계수
2.5	2.0	6	1.2	16 이상	1.0
4		10			

(5) 관 및 부속품의 연결과 지지

① 금속관 상호는 커플링으로 접속할 것

　☞ 금속관이 고정되어 있어 이것을 회전시켜 접속할 수가 없을 경우는 특수 커플링을 사용하여 접속할 것(예를 들면, 유니언 커플링 등)

② 금속관과 박스, 기타 이와 유사한 것을 접속하는 경우로서 틀어 끼우는 방법에 의하지 않을 때는 로크너트(lock nut) 2개를 사용하여 박스 또는 캐비닛 접속 부분의 양측을 조일 것

　☞ 박스나 캐비닛은 녹아웃의 지름이 금속관의 지름보다 큰 경우 박스나 캐비닛의 내외 양측에 링 리듀서(ring reducer)를 사용할 것

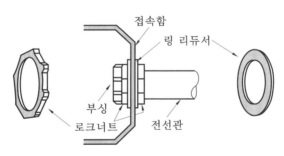

그림 3-23 금속관과 접속함의 접속

③ 금속관을 조영재에 따라서 시설하는 경우는 새들 또는 행어(hanger) 등으로 견고하게 지지하고, 그 간격을 2 m 이하로 하는 것이 바람직하다.

(6) 관의 굴곡

① 금속관을 구부릴 때 금속관의 단면이 심하게 변형되지 않도록 구부려야 하며, 그 안측의 반지름은 관 안지름의 6배 이상이 되어야 한다.

② 아우트렛 박스 사이 또는 전선 인입구가 있는 기구 사이의 금속관은 3개소를 초과하는 직각 또는 직각에 가까운 굴곡 개소를 만들어서는 안 된다.

　☞ 굴곡 개소가 많은 경우 또는 관의 길이가 30 m를 초과하는 경우는 풀박스를 설치하는 것이 바람직하다.

③ 유니버설 엘보(universal elbow), 티, 크로스 등은 조영재에 은폐시켜서는 안 된다. 다만, 그 부분을 점검할 수 있는 경우는 예외이다.

④ 제3항의 티, 크로스 등은 덮개가 있는 것이어야 한다.

(7) 관의 단면에서 전선의 보호

① 관의 단면은 부싱을 사용할 것(단, 금속관에서 애자 사용 배선으로 바뀌는 개소는 절연 부싱, 터미널 캡, 엔드 등을 사용할 것)

② 우선 외(雨線 外)에서 수직 배관의 상단은 엔트런스 캡을 사용할 것

③ 우선 외에서 수평 배관의 끝 단면은 터미널 캡 또는 엔트런스 캡을 사용할 것

(8) 수직 배관 내의 전선

수직으로 배관한 금속관 내의 전선은 표의 간격 이하마다 적당한 방법으로 지지하여 야 한다.

(9) 접지

① 관에는 규정에 준하여 접지공사를 할 것(KEC 211/140) : 사용전압이 400 V 이하로서 다음 중 하나에 해당하는 경우에는 그러하지 아니하다.

㈎ 관의 길이가 4 m 이하인 것을 건조한 장소에 시설하는 경우

㈏ 옥내 배선의 사용 전압이 직류 300 V 또는 교류 대지 전압 150 V 이하로서 그 전선을 넣는 관의 길이가 8 m 이하인 것을 사람이 쉽게 접촉할 우려가 없도록 시설하는 경우 또는 건조한 장소에 시설하는 경우

(10) 노출 배관 공사

① 박강 금속관 또는 EMT 전선관을 사용한다.

② 노출 배관에서 박스, 캐비닛이 있는 곳에서 반드시 오프셋을 만들어야 한다.

③ 금속관이 벽면에 따라 직각으로 구부러지는 곳은 뚜껑이 있는 엘보를 쓰며, 뚜껑이 있는 유니버설 LB형이나 LL형을 쓰거나 서비스 엘보를 사용하여도 무방하다.

④ 굵은 금속관을 다수 배관할 때, 구부러지는 곳에 풀 박스(pull box)를 사용하면 배관 도 편하고 전선 넣기도 간편하다.

⑤ 조영재에 따라 거리 2 m 이하마다 새들을 써서 고정시킨다.

⑥ 노출 배관 공사는 미관을 고려해서 수직이나 수평으로 시공하여야 한다.

(11) 금속 전선관 시공용 부품

표 3-17 금속 전선관용 부품

순위	재료명	용도	순위	재료명	용도
①	4각 아우트렛 박스	102×102 mm로 얕은형과 깊은형이 있으며, 전선 접속, 조명 기구, 콘센트, 스위치 등의 취부에 사용된다.	⑦	유니언 커플링	박강과 EMT 전선관을 상호 접속할 때 나사를 내지 않고 접속하는 나사 없는 커플링이다.
②	8각 아우트렛 박스	92×92 mm로 얕은형과 깊은형이 있으며, 전선 접속, 조명 기구 등의 취부에 사용된다.	⑧	노출 박스(4방출)	노출 배관 공사에 사용되는 박스로 전선 접속 및 조명 기구류를 취부할 때 사용된다.
③	노출 스위치 박스	노출 배관 공사에 사용되는 스위치 박스로 스위치나 콘센트 취부에 사용된다.	⑨	새들	전선관을 조영재에 고정할 때 사용한다.
④	C형 엘보	노출 배관 공사에서 관을 직각으로 굽히는 곳에 사용한다.	⑩	로크너트	박스에 금속관을 고정할 때 사용한다.
⑤	T형 엘보	노출 배관 공사에서 관을 3방향으로 분기하는 곳에 사용하며, 4방향으로 분기하는 크로스 엘보가 있다.	⑪	부싱	전선의 절연 피복을 보호하기 위하여 금속관의 관 끝에 취부한다.
⑥	커플링	전선관 상호를 접속하는 것으로 내면에 나사가 있다.	⑫	링리듀서	금속관을 아우트렛 박스 등의 녹아웃에 취부할 때 관보다 지름이 큰 관계로 로크너트만으로는 고정할 수 없을 때 보조적으로 사용한다.

순위	재료명	용도	순위	재료명	용도
⑬	접지 클램프	금속관과 접지선 사이의 접속에 사용한다.	⑮	앵글 박스 커넥터(방수)	박스에서 직각으로 구부러지는 곳에 노멀 밴드를 사용하지 못하는 곳에 사용한다.
⑭	엔트런스 캡	저압 가공 인입선에 금속관 공사로 옮겨지는 곳 또는 금속관으로부터 전선을 뽑아 전동기 단자 부분에 접속할 때 전선을 보호하기 위해서 관 끝에 취부한다.	⑯	터미널 캡	엔트런스 캡의 용도와 같다.

2 합성수지관 공사

① 합성수지제 전선관(경질 비닐관)을 사용한 공사
② 합성수지제 가요관을 사용한 공사
  • PF (plastic flexible) 관
  • CD (combine duct) 관

(1) 합성수지관 (poly vinyl conduit)의 특징
① 누전의 우려가 없다.
② 내식성이다.
③ 접지가 불필요하다.
④ 외상을 받을 우려가 없다.
⑤ 비자성체이다.
⑥ 열에 약하다.
⑦ 중량이 가볍고, 시공이 용이하다.
⑧ 기계적 강도가 약하다.
⑨ 파열될 염려가 있다.
⑩ 피뢰기, 피뢰침의 접지선 보호에 적당하다.
※ 비자성체이므로 금속관처럼 전자 유도 작용이 발생하지 못한다. 따라서 왕복선을 같이 넣지 않아도 된다.

(2) 합성수지관의 호칭과 규격

표 3-18 경질 비닐관의 규격

관의 호칭	바깥지름 (mm)	두께 (mm)	안지름 (mm)	관의 호칭	바깥지름 (mm)	두께 (mm)	안지름 (mm)
14	18	2.0	14	42	48	4.0	40
16	22	2.0	18	54	60	4.5	51
22	26	2.0	22	70	76	4.5	67
28	34	3.0	28	82	89	5.9	77.2
36	42	3.5	35				

[비고] 안지름(바깥지름 - 두께×2)은 환산한 계산값이다.

표 3-19 합성수지제 가요 전선관의 규격

관의 호칭	바깥지름(mm)		안지름(mm)	
	PF관	CD관	PF관	CD관
14	21.5	19.0	14.0	14.0
16	23.0	21.0	16.0	16.0
22	30.5	27.5	22.0	22.0
28	36.5	34.0	28.0	28.0
36	45.5	42.0	36.0	36.0
42	52.0	48.0	42.0	42.0

㊟ 호칭은 안지름 표시이다.

(3) 시설조건(KEC 232.11.1)

① 절연 전선을 사용한다(단, 옥외용 비닐 절연 전선 제외).
② 전선은 연선일 것(단, 다음의 것은 적용하지 않는다.)
　㈎ 짧고 가는 합성수지관에 넣은 것
　㈏ 단면적 10 mm^2 이하의 것(알루미늄선은 단면적 16 mm^2)
③ 전선은 합성수지관 안에서 접속점이 없도록 할 것
④ 중량물의 압력 또는 현저한 기계적 충격을 받을 우려가 없도록 시설할 것

(4) 관과 관의 접속 방법

① 커플링에 들어가는 관의 길이는 관 바깥지름의 1.2배 이상으로 되어 있다.
② 접착제를 사용하는 경우에는 0.8배 이상으로 할 수 있다.

(5) TS 커플링을 쓰는 관 상호의 접속

① 관 단내면의 관 두께의 약 1/3 정도 남을 때까지 깎아낸다.
② 커플링 안지름과 관 바깥지름의 접속면을 마른 걸레로 잘 닦는다.

③ 커플링 안지름과 관 바깥지름의 접속면에 속효성 접착
제를 엷게 고루 바른다.

④ 관을 커플링에 끼워 90° 정도 관을 비틀어 그대로 10 ~
20초 정도 눌러서 접속을 완료하고 튀어나온 접착제는
닦아낸다.

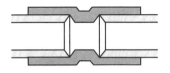

그림 3-24 TS 커플링

(6) 콤비네이션 커플링에 의한 관 상호의 신축 접속

① TS 커플링의 방법으로 콤비네이션 커플링의 TS 측을 접속한다.

② 신축 측의 관은 관 단내면을 관 두께의 1/3 정도 남을 때까지 깎아내고 고무링을 관
에 끼워 그대로 콤비네이션 커플링에 끼운다. 여름철 이외에는 약 5 mm 정도 다시 당
겨 신축분을 남겨 놓는다.

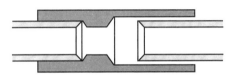

그림 3-25 콤비네이션 커플링

(7) 유니언 커플링에 의한 잇달은 접속

① 양쪽의 관 단내면을 관 두께의 1/3 정도 남을 때까지
깎아낸다.

② 커플링 안지름 및 관의 송출부 바깥지름을 잘 닦는다.

③ 커플링 안지름 및 관 접속부 바깥지름에 접착제(이
경우는 속효성의 것이 바람직하다.)를 엷게 고루 바
른다.

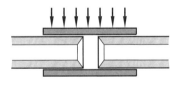

그림 3-26 유니언 커플링

④ 한쪽의 관을 들어올려서 커플링을 다른 쪽 관에 보내 소정의 접속부로 복원시
킨다.

⑤ 토치 램프 등으로 커플링을 사방에서 타지 않도록 가열해서 복원시켜 접속을 완료
한다.

(8) 커넥터에 의한 박스와 관과의 접속

① 1호 커넥터를 사용하는 경우에는 박스 안쪽에서 구멍에 커넥터를 꽂아 바깥쪽으로
돌출시킨다.

② 2호 커넥터를 사용하는 경우에는 박스 안쪽에서 구멍에 수나사를 꽂아 넣어 바깥쪽
으로 돌출시킨 다음 암나사를 단단히 쥔다.

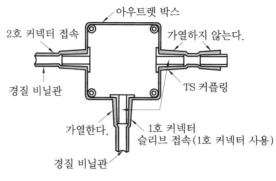

그림 3-27 박스와 관과의 접속

(9) 합성수지관의 부속품

그림 3-28 부속품

(10) 배관의 지지

① 배관의 지지점 사이의 거리는 1.5 m 이하로 하고, 또한 그 지지점은 관의 끝, 관과 박스의 접속점 및 관 상호간의 접속점 등에 가까운 곳(0.3 m 정도)에 시설할 것
② 합성수지제 가요관인 경우는 그 지지점 간의 거리를 1 m 이하로 한다.

(11) 접지 공사

관에는 규정에 준하여 접지 공사를 할 것(KEC 211/140) 다만, 사용 전압이 400 V 이하로서 다음 중 하나에 해당하는 경우에는 그러하지 아니하다.

① 건조한 장소에 시설하는 경우
② 옥내 배선의 사용 전압이 직류 300 V 또는 교류 대지 전압이 150 V 이하로서 사람이 쉽게 접촉할 우려가 없도록 시설하는 경우

3 금속제 가요 전선관공사

가요 전선관(flexible conduit) 1종은 두께 0.8 mm 이상의 연강대에 아연 도금을 하고, 이것을 약 반폭씩 겹쳐서 나선 모양으로 만들어 자유롭게 구부릴 수 있는 전선관이다.

(1) 시설조건(KEC 232.13.1)

① 전선은 절연 전선일 것(옥외용 비닐 절연 전선은 제외)
② 전선은 연선일 것. 다만, 단면적 $10\,mm^2$(알루미늄선은 단면적 $16\,mm^2$) 이하인 것은 단선 사용가능
③ 가요 전선관 안에는 전선에 접속점이 없도록 할 것
④ 가요 전선관은 2종 금속제 가요 전선관일 것
⑤ 전개된 장소 또는 점검할 수 있는 은폐된 장소로 건조한 장소에 사용하는 것은 1종을 사용할 수 있다.
⑥ 작은 증설 공사, 안전함과 전동기 사이의 공사, 엘리베이터의 공사, 기차, 전차 안의 배선 등의 시설에 적당하다.
⑦ 2종 가요 전선관을 구부리는 경우의 시설
　㈎ 노출장소 또는 점검 가능한 은폐장소에서 관을 시설하고 제거하는 것이 자유로운 경우는 곡률 반지름을 2종 가요 전선관 안지름의 3배 이상으로 할 것
　㈏ 노출장소 또는 점검 가능한 은폐장소에 관을 시설하고 제거하는 것이 부자유하거나 또는 점검이 불가능할 경우는 곡률 반지름을 2종 가요 전선관 안지름의 6배 이상으로 할 것
⑧ 1종 가요 전선관을 구부릴 경우의 곡률 반지름은 관 안지름의 6배 이상으로 하여야 한다.

(2) 가요 전선관 및 부속품의 시설(KEC 232.13.3)

① 2종 금속제 가요 전선관을 사용하는 경우에 습기 많은 장소 또는 물기가 있는 장소에 시설하는 때에는 비닐 피복 2종 가요 전선관일 것.
② 1종 금속제 가요 전선관에는 단면적 $2.5\,mm^2$ 이상의 나연동선을 전체 길이에 걸쳐 삽입 또는 첨가하여 그 나연동선과 1종 금속제 가요 전선관을 양쪽 끝에서 전기적으로 완전하게 접속할 것(단, 관의 길이가 4 m 이하인 것을 시설하는 경우에는 그러하지 아니하다.)

(3) 가요 전선관 지지·접속

① 가요 전선관 상호의 접속은 커플링으로 하여야 한다.

② 가요 전선관과 박스 또는 캐비닛의 접속은 접속기로 접속하여야 한다.

③ 가요 전선관을 금속관 배선, 금속 몰드 배선 등과 연결하는 경우는 적당한 구조의 커플링, 접속기 등을 사용하고 양자를 기계적, 전기적으로 완전하게 접속하여야 한다.

   ⑦ 전선관의 상호 접속 : 스플릿 커플링(split coupling)

   ④ 금속 전선관의 접속 : 콤비네이션 커플링(combination coupling)

   ④ 박스와의 접속 : 스트레이트 커넥터, 앵글 커넥터, 더블 커넥터

④ 가요 전선관을 새들 등으로 지지하는 경우에 지지점 간의 거리는 다음 표의 값 이상 이어야 한다.

표 3-20 지지점 간의 거리

시설의 구분	지지점 간의 거리(m)
조영재의 측면 또는 하면에 수평 방향으로 시설한 것	1 이하
사람이 접촉될 우려가 있는 것	1 이하
가요 전선관 상호 및 금속제 가요 전선관과 박스 기구와의 접속 개소	접속 개소에서 0.3 이하
기타	2 이하

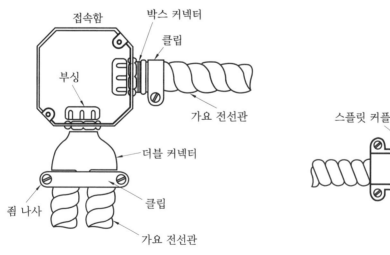

(a) 접속함과 접속

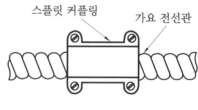

(b) 가요 전선관 상호 접속

그림 3-29 가요 전선관 접속

과년도 / 예상문제

1. 다음 중 금속관 공사의 특징에 대한 설명이 아닌 것은? [19]

① 전선이 기계적으로 완전히 보호된다.
② 접지 공사를 완전히 하면 감전의 우려가 없다.
③ 단락 사고, 접지 사고 등에 있어서 화재의 우려가 적다.
④ 중량이 가볍고 시공이 용이하다.

[해설] 금속 전선관 공사는 중량이 무겁고, 시공이 용이하지 않다.

2. 금속관 공사에서 금속관을 콘크리트에 매설할 경우 관의 두께는 몇 mm 이상의 것이어야 하는가? [11]

① 0.8 mm ② 1.0 mm
③ 1.2 mm ④ 1.5 mm

[해설] 관의 두께는 콘크리트에 매입할 경우는 1.2 mm 이상, 기타의 경우는 1 mm 이상일 것. 다만, 이음매(joint)가 없는 길이 4 m 이하의 것을 건조한 노출장소에 시설하는 경우는 0.5 mm 이상일 것

3. 굵기가 다른 절연 전선을 동일 금속관 내에 넣어 시설하는 경우에 전선의 절연 피복물을 포함한 단면적이 관내 단면적의 몇 % 이하가 되어야 하는가? [16, 17]

① 25 ② 32
③ 45 ④ 70

[해설] 관의 굵기 선정
  ㉠ 같은 굵기의 전선을 넣을 때 : 48 % 이하
  ㉡ 굵기가 다른 전선을 넣을 때 : 32 % 이하

4. 다음 중 금속 전선관의 호칭을 맞게 기술한 것은? [05, 06, 19]

① 박강, 후강 모두 내경으로 나타낸다.
② 박강은 내경, 후강은 외경으로 나타낸다.
③ 박강은 외경, 후강은 내경으로 나타낸다.
④ 박강, 후강 모두 외경으로 나타낸다.

[해설] ㉠ 박강 : 외경(바깥지름)에 가까운 홀수
  ㉡ 후강 : 내경(안지름)에 가까운 짝수

5. 금속 전선관의 종류에서 후강 전선관 규격(mm)이 아닌 것은? [14, 17, 19]

① 16 ② 19
③ 28 ④ 36

[해설] 후강 전선관 규격 : 16, 22, 28, 36, 42, 54, 70, 82, 92, 104

6. 박강 전선관의 호칭 값이 아닌 것은?

① 19 mm ② 22 mm
③ 25 mm ④ 39 mm

[해설] 박강 전선관의 규격 : 19, 25, 31, 39, 51, 63, 75 mm

7. 다음 중 금속관 공사에서 관을 박스 내에 붙일 때 사용하는 것은? [08, 10]

① 로크너트 ② 새들
③ 커플링 ④ 링 리듀서

[해설] ㉠ 로크너트 (lock nut) : 금속 전선관을 박스에 고정시킬 때 사용
  ㉡ 링 리듀서(ring reducer) : 금속관을 아웃렛 박스 등의 녹아웃에 취부할 때 관보다 지름이 큰 관계로 로크 너트만으로는 고정할 수 없을 때 보조적으로 사용한다.

8. 금속 전선관 공사에서 금속관과 접속함을 접속하는 경우 녹아웃 구멍이 금속관보다

클 때 사용하는 부품은? [11, 15, 17]

① 로크 너트　　　② 부싱
③ 새들　　　　　④ 링 리듀서

해설 위 문제 해설 참조

9. 유니언 커플링의 사용 목적은? [17]

① 안지름이 틀린 금속관 상호의 접속
② 돌려 끼울 수 없는 금속관 상호의 접속
③ 금속관의 박스와 접속
④ 금속관 상호를 나사로 연결하는 접속

해설 유니언 커플링(union coupling) : 금속 전선관을 돌려 끼울 수 없는 금속관 상호의 접속 시 사용한다.

10. 콘크리트에 매입하는 금속관 공사에서 직각으로 배관할 때 사용하는 것은 어느 것인가?

① 노멀 밴드　　　② 뚜껑이 있는 엘보
③ 서비스 엘보　　④ 유니버설 엘보

해설 노멀 밴드(normal band) : 배관의 직각 굴곡 부분에 사용되며, 특히 콘크리트 매입 배관의 직각 굴곡 부분에 사용한다.

11. 금속관 배관 공사에서 절연 부싱을 사용하는 이유는?

① 박스 내에서 전선의 접속을 방지
② 관의 입구에서 조영재의 접속을 방지
③ 관 단에서 전선의 인입 및 교체 시 발생하는 전선의 손상 방지
④ 관이 손상되는 것을 방지

해설 관의 단면에서 전선의 보호
㉠ 관의 단면은 부싱을 사용할 것
㉡ 금속관에서 애자 사용 배선으로 바뀌는 개소는 절연 부싱, 터미널 캡, 엔드 등을 사용할 것

12. 금속관 공사를 노출로 시공할 대 직각으로 구부러지는 곳에는 어떤 배선기구를 사

용 하는가? [13]

① 유니언 커플링　　② 아웃렛 박스
③ 픽스처 히키　　　④ 유니버설 엘보

해설 유니버설 엘보(universal elbow) : 금속관이 벽면에 따라 직각으로 구부러지는 곳은 뚜껑이 있는 엘보를 쓴다.

13. 금속관 공사를 할 때 엔트런스 캡의 사용으로 옳은 것은?

① 금속관이 고정되어 회전시킬 수 없을 때 사용
② 저압 가공 인입선의 인입구에 사용
③ 배관의 직각의 굴곡 부분에 사용
④ 조명기구가 무거울 때 조명기구 부착용으로 사용

해설 엔트런스 캡의 사용
㉠ 저압 가공 인입선에서 옥측 금속관 공사로 옮겨지는 곳
㉡ 금속관으로부터 전선을 뽑아 전동기 단자 부분에 접속할 때 전선을 보호하기 위해서 관 끝에 취부한다.

14. 16 mm 금속 전선관의 나사 내기를 할 때 반 직각 구부리기를 한 곳의 나사산은 몇 산 정도로 하는가? [10]

① 3~4산　　　　② 5~6산
③ 8~10산　　　④ 11~12산

해설 16 mm 관 나사 내기
㉠ 반 직각 구부리기를 한 곳 : 3~4산 정도
㉡ 오프셋 구부리기를 한 곳 : 8~10 산 정도

15. 금속관 구부리기에 있어서 관의 굴곡이 3개소가 넘거나 관의 길이가 30 m를 초과하는 경우 적용하는 것은? [16]

① 커플링　　　　② 풀 박스
③ 로크 너트　　④ 링 리듀서

해설 금속관의 굴곡
㉠ 굴곡 개소가 많은 경우 또는 관의 길이가

30 m를 초과하는 경우는 풀 박스를 설치하는 것이 바람직하다.

ⓛ 아웃렛 박스 사이 또는 전선 인입구가 있는 기구 사이의 금속관은 3개소를 초과하는 직각 또는 직각에 가까운 굴곡 개소를 만들어서는 안 된다.

16. 금속 전선관을 구부릴 때 금속관의 단면이 심하게 변형되지 않도록 구부려야 하며, 일반적으로 그 안측의 반지름은 관 안지름의 몇 배 이상이 되어야 하는가? [10, 16]

① 2배   ② 4배
③ 6배   ④ 8배

해설 금속관을 구부릴 때 : 그 안측의 반지름은 관 안지름의 6배 이상이 되어야 한다.

17. 금속 전선관을 직각 구부리기 할 때 굽힘 반지름 r은? (단, d는 금속 전선관의 안지름, D는 금속 전선관의 바깥지름이다.) [10]

① $r = 6d + \dfrac{D}{2}$ ② $r = 6d + \dfrac{D}{4}$

③ $r = 2d + \dfrac{D}{6}$ ④ $r = 4d + \dfrac{D}{6}$

해설 금속 전선관을 구부릴 때, 그 안쪽의 반지름은 관 안지름의 6배 이상이 되게 한다.

ⓐ 굽힘 반지름 : $r \geq 6d + \dfrac{D}{2}$

ⓑ 구부리는 길이 : $L \geq 2\pi r \times \dfrac{1}{4}$

18. 금속 전선관을 직각 구부리기를 할 때 굽힘 반지름 mm은? (단, 내경은 18 mm, 외경은 22 mm이다.) [19]

① 113   ② 115
③ 119   ④ 121

해설 $r = 6d + \dfrac{D}{2} = 6 \times 18 + \dfrac{22}{2} = 119 \, \text{mm}$

19. 금속관 공사 시 관을 접지하는 데 사용하는 것은?

① 엘보
② 노출 배관용 박스
③ 접지 클램프
④ 터미널 캡

해설 접지 클램프(clamp) : 금속관을 접지하는 데 사용한다.

20. 교류 전등 공사에서 금속관 내에 전선을 넣어 연결한 방법 중 옳은 것은? [19]

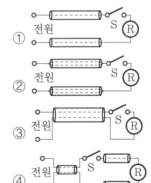

해설 전선·전자적 평형 : 교류회로는 1회로의 전선 전부를 동일 관 내에 넣는 것을 원칙으로 하며, 관 내에 전자적 불평형이 생기지 않도록 시설하여야 한다.

21. 금속관 배선에 대한 설명으로 잘못된 것은? [13]

① 금속관 두께는 콘크리트에 매입하는 경우 1.2 mm 이상일 것
② 교류회로에서 전선을 병렬로 사용하는 경우 관내에 전자적 불평형이 생기지 않도록 시설할 것
③ 굵기가 다른 절연 전선을 동일 관내에 넣은 경우 피복 절연물을 포함한 단면적이 관내 단면적의 48 % 이하일 것

④ 관의 호칭에서 후강 전선관은 짝수, 박강 전선관은 홀수로 표시할 것

해설 관의 굵기 선정 : 굵기가 다른 절연 전선을 동일 관 내에 넣는 경우 : 32 % 이하일 것

22. 금속관 공사에 의한 저압 옥내 배선의 방법으로 틀린 것은? [16, 18]

① 전선은 연선을 사용하였다.
② 옥외용 비닐 절연 전선을 사용하였다.
③ 콘크리트에 매설하는 금속관의 두께는 1.2 mm를 사용하였다.
④ 사람이 접촉할 우려가 없어 관에는 제3종 접지를 하였다.

해설 금속관 공사의 사용 전선
㉠ 절연 전선을 사용(옥외용 비닐 절연 전선은 제외)
㉡ 단면적 10 mm^2(알루미늄선은 16 mm^2)을 초과할 경우는 연선을 사용

23. 금속관 공사에 의한 저압 옥내 배선의 방법으로 틀린 것은? [16, 18]

① 전선은 연선을 사용하였다.
② 옥외용 비닐 절연 전선을 사용하였다.
③ 콘크리트에 매설하는 금속관의 두께는 1.2 mm를 사용하였다.
④ 전선은 금속관 안에서 접속점이 없도록 하였다.

해설 금속관 공사의 시설조건 및 부속품 선정 (KEC 232.12 참조)
㉠ 전선은 절연 전선(옥외용 비닐 절연 전선은 제외한다)일 것
㉡ 전선은 연선일 것. 다만, 다음의 것은 적용하지 않는다.
• 짧고 가는 금속관에 넣은 것
• 단면적 10 mm^2(알루미늄선은 단면적 16 mm^2) 이하의 것
㉢ 전선은 금속관 안에서 접속점이 없도록 할 것
㉣ 콘크리트에 매설하는 금속관의 두께는 1.2

mm 이상. 이외의 것은 1 mm 이상(다만, 이음매가 없는 길이 4 m 이하인 것을 건조하고 전개된 곳에 시설하는 경우에는 0.5 mm까지로 감할 수 있다.)

24. 전선관 지지점 간의 거리에 대한 설명으로 옳은 것은?

① 합성수지관을 새들 등으로 지지하는 경우 그 지지점 간의 거리는 2.0 m 이하로 한다.
② 금속관을 조영재에 따라서 시설하는 경우 새들 등으로 견고하게 지지하고 그 간격을 2.5 m 이하로 하는 것이 바람직하다.
③ 합성수지제 가요관을 새들 등으로 지지하는 경우 그 지지점 간의 거리는 2.5 m 이하로 한다.
④ 사람이 접촉될 우려가 있을 때 가요 전선관을 새들 등으로 지지하는 경우 그 지지점 간의 거리는 1 m 이하로 한다.

해설 지지점 간의 거리
㉠ 합성수지관 : 1.5 m 이하
㉡ 금속관 : 2 m 이하
㉢ 합성수지제 가요관 : 1 m 이하
㉣ 가요 전선관 : 1 m 이하

25. 다음 설명 중 합성수지 전선관의 특징으로 틀린 것은? [19]

① 누전의 우려가 없다.
② 무게가 가볍고 시공이 쉽다.
③ 관 자체를 접지할 필요가 없다.
④ 비자성체이므로 교류의 왕복선을 반드시 같이 넣어야 한다.

해설 비자성체이므로 금속관처럼 전자 유도 작용이 발생하지 못한다. 따라서 왕복선을 같이 넣지 않아도 된다.

26. 합성수지관이 금속관과 비교하여 장점으

로 볼 수 없는 것은? [10, 17]

① 누전의 우려가 없다.

② 온도 변화에 따른 신축 작용이 크다.

③ 내식성이 있어 부식성 가스 등을 사용하는 사업장에 적당하다.

④ 관 자체를 접지할 필요가 없고, 무게가 가벼우며 시공하기 쉽다.

해설 온도변화에 따른 신축작용이 큰 것은 합성수지관의 단점이다.

27. 합성수지제 전선관의 호칭은 관 굵기의 무엇으로 표시하는가? [13, 17]

① 홀수인 안지름   ② 짝수인 바깥지름

③ 짝수인 안지름   ④ 홀수인 바깥지름

해설 합성수지관의 호칭과 규격 : 1본의 길이는 4 m가 표준이고, 굵기는 관 안지름의 크기에 가까운 짝수의 mm로 나타낸다.

28. 다음 중 PVC 전선관의 표준 규격품의 길이는? [12, 14, 19]

① 3 m   ② 3.6 m

③ 4 m   ④ 4.5 m

해설 위 문제 해설 참조

29. 합성수지관에 사용할 수 있는 단선의 최대 규격은 몇 mm²인가? [16, 20]

① 2.5   ② 4   ③ 6   ④ 10

해설 단선의 최대 규격 : 단면적 $10\,\mathrm{mm}^2$(알루미늄 전선은 $16\,\mathrm{mm}^2$)을 초과하는 것은 연선이어야 한다.

30. 합성수지관 상호 및 관과 박스는 접속시에 삽입하는 깊이를 관 바깥지름의 몇 배 이상으로 하여야 하는가? (단, 접착제를 사용하는 경우이다.) [11, 17, 18]

① 0.6배   ② 0.8배

③ 1.2배   ④ 1.6배

해설 합성수지관 및 부속품의 시설(KEC 232.11.3 참조) : 관 상호 간 및 박스와는 관을 삽입하는 깊이를 관의 바깥지름의 1.2배(접착제를 사용하는 경우에는 0.8배) 이상으로 하고 또한 꽂음 접속에 의하여 견고하게 접속할 것

31. 16 mm 합성수지 전선관을 직각 구부리기를 할 경우 구부림 부분의 길이는 약 몇 mm인가? (단, 16 mm 합성수지관의 안지름은 18 mm, 바깥지름은 22 mm이다.) [13]

① 119   ② 132

③ 187   ④ 220

해설 합성수지 전선관의 직각 구부리기 가공 작업(예)

㉠ 구부리기 길이를 관 내경의 10배로 한다.

㉡ 16 mm 관은 180 mm 이상이어야 한다.

㉢ 합성수지 전선관을 직각 구부릴 때에는 곡률 반지름은 관 안지름의 6배 이상으로 한다.

• 전선관 중심부의 곡률 반지름

$$r = 6 \times 18 + \frac{22}{2} = 119 \,\mathrm{mm}$$

• 반지름 r로 그린 원주의 길이

$$L_0 = 2\pi r = 2 \times 3.14 \times 119 = 747.32 \,\mathrm{mm}$$

∴ 직각 구부림 길이

$$L = \frac{747}{4} = 187 \,\mathrm{mm} \quad \left(L = \frac{1}{4} L_0 \right)$$

32. 합성수지 전선관 공사에서 관 상호간 접속에 필요한 부속품은? [16]

① 커플링   ② 커넥터

③ 리머   ④ 노멀 밴드

해설 커플링(coupling) : 관 상호간 접속에 필요한 부속품으로, TS, 컴비네이션, 유니언 커플링이 있다.

33. 합성수지관 공사에서 옥외 등 온도 차가

큰 장소에 노출 배관을 할 때 사용하는 커플링은? [18, 19]

① 신축커플링(0C)   ② 신축커플링(1C)
③ 신축커플링(2C)   ④ 신축커플링(3C)

해설 합성수지관의 커플링 접속의 종류
　　㉠ 1호 커플링 : 커플링을 가열하여 양쪽 관이 같은 길이로 맞닿게 한다.
　　㉡ 2호 커플링 : 커플링 중앙부에 관막이가 있다.
　　㉢ 3호 커플링 : 커플링 중앙부의 관막이가 2호보다 좁아 관이 깊이 들어가고, 온도 변화에 따른 신축작용이 용이하게 되어 있다.

34. 합성수지관을 새들 등으로 지지하는 경우 지지점 간의 거리는 몇 m 이하인가? [16]

① 1.5   ② 2.0
③ 2.5   ④ 3.0

해설 배관의 지지 : 지지점 사이의 거리는 1.5 m 이하

35. 합성수지제 가요 전선관(PF관 및 CD관)의 호칭에 포함되지 않는 것은? [10, 17, 18, 20]

① 16   ② 28   ③ 38   ④ 42

해설 호칭 : 14, 16, 22, 28, 36, 42

36. 합성수지관 공사의 설명 중 틀린 것은 어느 것인가? [15, 17]

① 관의 지지점 간의 거리는 1.5 m 이하로 할 것
② 합성수지관 안에는 전선에 접속점이 없도록 할 것
③ 전선은 절연 전선(옥외용 비닐 절연 절선은 제외한다.)일 것
④ 관 상호간 및 박스와는 관을 삽입하는 깊이를 관의 바깥지름의 1.5배 이상으로 할 것

해설 관 상호 간 및 박스와는 관을 삽입하는 깊이를 바깥지름의 1.2배 이상으로 한다.

37. 합성수지제 가요 전선관으로 옳게 짝지어진 것은? [12]

① 후강 전선관과 박강 전선관
② PVC 전선관과 PF 전선관
③ PVC 전선관과 제2종 가요 전선관
④ PF 전선관과 CD 전선관

해설 합성수지제 가요 전선관
　　㉠ PF(plastic flexible) 전선관
　　㉡ CD(combine duct) 전선관

38. 다음 중 가요 전선관 공사로 적당하지 않은 것은? [16]

① 엘리베이터   ② 전차 내의 배선
③ 콘크리트 매입   ④ 금속관 말단

해설 시설장소 : 건조한 노출 장소 및 점검 가능한 은폐장소
　　㉠ 굴곡 개소가 많은 곳
　　㉡ 안전함과 전동기 사이
　　㉢ 짧은 부분, 작은 증설공사, 금속관 말단
　　㉣ 엘리베이터, 기차, 전차 안의 배선금속관 말단

39. 다음 중 2종 가요 전선관의 호칭에 해당하지 않는 것은? [19]

① 12   ② 16
③ 24   ④ 30

해설 2종 가요 전선관의 호칭 : 10, 12, 15, 17, 24, 30, 38, 50, 63, 76, 83, 101

40. 가요 전선관의 상호접속은 무엇을 사용하는가? [10, 11, 12, 18]

① 콤비네이션 커플링
② 스플릿 커플링
③ 더블 커넥터

④ 앵글 커넥터

해설 가요 전선관 지지 · 접속

㉠ 전선관의 상호 접속 : 스플릿 커플링(split coupling)

㉡ 금속 전선관의 접속 : 콤비네이션 커플링 (combination coupling)

㉢ 박스와의 접속 : 스트레이트 커넥터, 앵글 커넥터, 더블 커넥터

41. 노출장소 또는 점검 가능한 은폐장소에서 제2종 가요 전선관을 시설하고 제거하는 것이 부자유하거나 점검 불가능한 경우의 곡률 반지름은 안지름의 몇 배 이상으로 해야 하는가? [15, 17, 19]

① 2   ② 3

③ 5   ④ 6

해설 2종 가요 전선관을 구부리는 경우

㉠ 부자유하거나 또는 점검이 불가능할 경우는 6배 이상

㉡ 자유로운 경우 3배 이상

42. 가요 전선관 공사에 다음의 전선을 사용하였다. 맞게 사용 한 것은? [11]

① 알루미늄 35 mm^{2}의 단선

② 절연 전선 16 mm^{2}의 단선

③ 절연 전선 10 mm^{2}의 연선

④ 알루미늄 25 mm^{2}의 단선

해설 금속제 가요 전선관 공사의 시설조건 (KEC 232.13.1 참조)

㉠ 전선은 절연 전선(옥외용 비닐 절연 전선은 제외한다)일 것

㉡ 전선은 연선일 것(단, 단면적 10 mm^2(알루미늄선은 단면적 16 mm^2) 이하인 것은 그러하지 아니하다.)

㉢ 가요 전선관 안에는 전선에 접속점이 없도록 할 것

43. 사람이 접촉될 우려가 있는 것으로서 가요 전선관을 새들 등으로 지지하는 경우 지지점 간의 거리는 얼마 이하이어야 하는가? [11]

① 0.3 m 이하   ② 0.5 m 이하

③ 1 m 이하   ④ 1.5 m 이하

해설 ㉠ 사람이 접촉될 우려가 있는 경우 : 1 m 이하

㉡ 가요 전선관 상호 및 금속제 가요 전선관과 박스 기구와의 접속 개소 : 0.3 m 이하

44. 전선의 도체 단면적이 2.5 mm^{2}인 전선 3본을 동일 관 내에 넣는 경우에 2종 가요 전선관의 최소 굵기(mm)는? [10, 15]

① 10 mm   ② 15 mm

③ 17 mm   ④ 24 mm

해설 도체 단면적 2.5 mm^2 전선을 동일 관 내에 넣는 경우

전선 본수	1	2	3	4	5
전선관의 최소굵기(mm)	10	15	15	17	24

45. 가요 전선관 공사 방법에 대한 설명으로 잘못된 것은? [10]

① 전선은 옥외용 비닐 절연 전선을 제외한 절연 전선을 사용한다.

② 일반적으로 전선은 연선을 사용한다.

③ 가요 전선관 안에는 전선의 접속점이 없도록 한다.

④ 사용 전압 400 V 이하의 저압의 경우에만 사용한다.

해설 2종 가요 전선관 배선은 400 V 이상 저압 옥내, 옥측 옥외 공사에 적용된다.

3-3 ──○ 케이블 트렁킹(trunking) 시스템

1 합성수지 몰드공사

(1) 시설조건(KEC 232.21.1)

① 전선은 절연 전선(옥외용 비닐 절연 전선은 제외한다)일 것

② 합성수지 몰드 안에는 전선에 접속점이 없도록 할 것

③ 두께는 2 mm 이상의 것으로, 홈의 폭과 깊이가 35 mm 이하이어야 한다. 단, 사람이 쉽게 접촉될 우려가 없도록 시설한 경우에는 폭 50 mm 이하, 두께 1 mm 이상인 것을 사용할 수 있다.

④ 베이스를 조영재에 부착할 경우 40~50 cm 간격마다 나사못 또는 접착제를 이용하여 견고하게 부착해야 한다.

⑤ 합성수지 몰드 상호 간 및 합성수지 몰드와 박스 기타의 부속품과는 전선이 노출되지 아니하도록 접속할 것

2 금속 몰드공사

(1) 시설조건(KEC 232.22.1)

① 전선은 절연 전선(옥외용 비닐 절연 전선은 제외한다)일 것

② 금속 몰드 안에는 전선에 접속점이 없도록 할 것

③ 금속 몰드의 사용 전압이 400 V 이하로 옥내의 건조한 장소로 전개된 장소 또는 점검할 수 있는 은폐장소에 한하여 시설할 수 있다.

(2) 금속 몰드 및 박스 기타 부속품의 선정(KEC 232.22.2)

① 황동제 또는 동제의 몰드는 폭이 50 mm 이하, 두께 0.5 mm 이상인 것일 것

② 몰드 상호 간 및 몰드 박스 기타의 부속품과는 견고하고 또한 전기적으로 완전하게 접속할 것

③ 몰드에는 규정에 준하여 접지공사를 할 것(단, 다음 중 하나에 해당하는 경우에는 그러하지 아니하다.)

   ㈎ 몰드의 길이가 4 m 이하인 것을 시설하는 경우

   ㈏ 사용 전압이 직류 300 V 또는 교류 대지 전압이 150 V 이하로서 그 전선을 넣는 관의 길이가 8 m 이하인 것을 사람이 쉽게 접촉할 우려가 없도록 시설하는 경우 또는 건조한 장소에 시설하는 경우

④ 1종 몰드에 넣는 전선 수는 10본 이하이며, 2종 몰드에 넣는 전선 수는 피복 절연물을

포함한 단면적의 총합계가 몰드 내 단면적의 20 % 이하로 한다.
⑤ 금속 몰드와 박스 등 부속품과의 접속 개소에는 부싱을 사용하여야 한다.
⑥ 금속 몰드는 조영재에 1.5 m 이하마다 고정하여야 한다.
⑦ 금속 몰드와 접지선과의 접속은 접지 클램프 또는 이에 상당하는 접지 금구를 사용하여 접속한다.

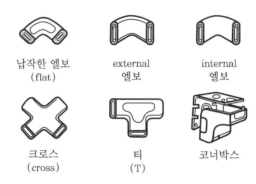

납작한 엘보
(flat)

external
엘보

internal
엘보

크로스
(cross)

티
(T)

코너박스

그림 3-30 조인트 금속 유형

3 금속 트렁킹 공사

본체부와 덮개가 별도로 구성되어 덮개를 열고 전선을 교체하는 금속 트렁킹 공사방법은 금속 덕트 공사 규정에 준용한다.

4 케이블 트렌치(trench) 공사

(1) 적용

옥내 배선 공사를 위하여 바닥을 파서 만든 도랑 및 부속설비를 말하며 수용가의 옥내 수전설비 및 발전설비 설치장소에만 적용한다.

(2) 시설방법(KEC 232.24)

① 케이블 트렌치 내의 사용 전선 및 시설방법은 케이블 트레이 공사에 준용한다(단, 전선의 접속부는 방습 효과를 갖도록 절연 처리하고 점검이 용이하도록 할 것).
② 케이블은 배선 회로별로 구분하고 2 m 이내의 간격으로 받침대 등을 시설할 것
③ 케이블 트렌치에서 케이블트레이, 덕트, 전선관 등 다른 공사방법으로 변경되는 곳에는 전선에 물리적 손상을 주지 않도록 시설할 것
④ 케이블 트렌치 내부에는 전기배선설비 이외의 수관·가스관 등 다른 시설물을 설치하지 말 것

(3) 케이블 트렌치의 구조

① 바닥 또는 측면에는 전선의 하중에 충분히 견디고 전선에 손상을 주지 않는 받침대를 설치할 것
② 뚜껑, 받침대 등 금속재는 내식성의 재료이거나 방식처리를 할 것
③ 굴곡부 안쪽의 반경은 통과하는 전선의 허용곡률반경 이상이어야 하고 배선의 절연 피복을 손상시킬 수 있는 돌기가 없는 구조일 것
④ 뚜껑은 바닥 마감면과 평평하게 설치하고 장비의 하중 또는 통행하중 등 충격에 의하여 변형되거나 파손되지 않도록 할 것
⑤ 바닥 및 측면에는 방수처리하고 물이 고이지 않도록 할 것
⑥ 외부에서 고형물이 들어가지 않도록 IP2X 이상으로 시설할 것
⑦ 건축물의 방화구획을 관통하는 경우 관통부는 불연성의 물질로 충전(充塡)하여야 한다.
⑧ 부속설비에 사용되는 금속재는 규정에 준하여 접지공사를 하여야 한다.

과년도 / 예상문제

전기기능사

1. 건축물에 고정되는 본체부와 제거할 수 있거나 개폐할 수 있는 커버로 이루어지며 절연 전선, 케이블 및 코드를 완전하게 수용할 수 있는 구조의 배선설비의 명칭은? [16]

① 케이블 래더　② 케이블 트레이
③ 케이블 트렁킹　④ 케이블 브래킷

해설 케이블 트렁킹(trunking) 방식 : 건축물에 고정된 본체부와 벗겨내기가 가능한 커버(cover)로 이루어진 것으로 절연 전선, 케이블 또는 코드를 완전히 수용할 수 있는 크기의 것을 말한다.

2. 다음 (　)안에 들어갈 내용으로 알맞은 것은? [14, 19]

┤보기├
사람의 접촉 우려가 있는 합성수지제 몰드는 홈의 폭 및 깊이가 (㉠) cm 이하로 두께는 (㉡) mm 이상의 것이어야 한다.

① ㉠ 3.5, ㉡ 1　② ㉠ 5, ㉡ 1
③ ㉠ 3.5, ㉡ 2　④ ㉠ 5, ㉡ 2

해설 합성수지 몰드는 홈의 폭 및 깊이가 35 mm 이하, 두께는 2 mm 이상의 것일 것 (단, 사람이 쉽게 접촉할 우려가 없도록 시설하는 경우에는 폭이 50 mm 이하, 두께 1 mm 이상의 것을 사용할 수 있다.)

3. 합성수지 몰드 공사에서 틀린 것은? [15]

① 전선은 절연 전선일 것
② 합성수지 몰드 안에는 접속점이 없도록 할 것
③ 합성수지 몰드는 홈의 폭 및 깊이가 65 mm 이하일 것
④ 합성수지 몰드와 박스 기타의 부속품과는 전선이 노출되지 않도록 할 것

해설 위 문제 해설 참조

4. 합성수지 몰드 공사의 시공에서 잘못된 것은? [12]

① 사용 전압이 400 V 미만에 사용
② 점검할 수 있고 전개된 장소에 사용
③ 베이스를 조영재에 부착한 경우 1 m 간격마다 나사 등으로 견고하게 부착한다.
④ 베이스와 캡이 완전하게 결합하여 충격으로 이탈되지 않아야 한다.

해설 베이스를 조영재에 부착할 경우 40~50 cm 간격마다 나사못 또는 접착제를 이용하여 견고하게 부착해야 한다.

5. 금속 몰드 배선의 사용 전압은 몇 V 미만이어야 하는가? [12, 13]

① 110 ② 220
③ 400 ④ 600

해설 금속 몰드 배선의 사용 전압은 400 V 미만에 적용된다.

6. 금속 몰드의 지지점 간의 거리는 몇 m 이하로 하는 것이 가장 바람직한가? [15]

① 1 ② 1.5
③ 2 ④ 3

해설 금속 몰드는 조영재에 1.5 m 이하마다 고정하고, 금속 몰드 및 기타 부속품에는 제3종 접지 공사를 하여야 한다.

7. 1종 금속 몰드 배선 공사를 할 때 동일 몰드 내에 넣는 전선 수는 최대 몇 본 이하로 하여야 하는가? [20]

① 3 ② 5
③ 10 ④ 12

해설 금속 몰드에 넣는 전선 수
㉠ 1종 : 10본 이하
㉡ 2종 : 피복 절연물을 포함한 단면적의 총합계가 몰드 내 단면적의 20 % 이하

8. 2종 금속 몰드 공사에서 같은 몰드 내에 들어가는 전선은 피복 절연물을 포함하여 단면적의 총합이 몰드 내의 내면 단면적의 몇 % 이하로 하여야 하는가?

① 20 % 이하 ② 30 % 이하
③ 40 % 이하 ④ 50 % 이하

해설 위 문제 해설 참조

9. 금속 트렁킹 공사방법은 다음 중 어떤 공사방법의 규정에 준용하는가?

① 금속 몰드공사
② 금속관 공사
③ 금속 덕트 공사
④ 금속 가요 전선관공사

해설 금속 트렁킹(trunking) 공사방법(KEC 232.23) : 본체부와 덮개가 별도로 구성되어 덮개를 열고 전선을 교체하는 금속 트렁킹 공사방법은 금속 덕트공사 규정을 준용한다.

10. 시설상태에 따른 배선설비의 설치방법 중, 케이블 트렁킹 시스템에 속하지 않는 것은?

① 금속 몰드공사 ② 합성수지 몰드공사
③ 금속 덕트공사 ④ 금속 트렁킹공사

해설 공사방법의 분류(KEC 표 232.2-3 참조)

종류	방법
전선관 시스템	합성수지관공사, 금속관공사, 가요전선관공사
케이블트렁킹 시스템	합성수지몰드공사, 금속몰드공사, 금속트렁킹공사 - a
케이블덕팅 시스템	플로어덕트공사, 셀룰러덕트공사, 금속덕트공사 - b

※ a : 금속본체와 커버가 별도로 구성되어 커버를 개폐할 수 있는 금속덕트공사를 말한다.
　b : 본체와 커버 구분 없이 하나로 구성된 금속덕트공사를 말한다.

11. 옥내 배선 공사를 위하여 바닥을 파서 만든 도랑 및 부속설비를 말하며 수용가의 옥내 수전설비 및 발전설비 설치장소에만 적용하는 것은?

① 금속 덕트　　② 셀룰러 덕트
③ 케이블 트렌치　④ 금속 몰드

해설 케이블 트렌치(trench) 공사(KEC 232.24)
　㉠ 케이블 트렌치 : 옥내 배선 공사를 위하여 바닥을 파서 만든 도랑 및 부속설비를 말하며 수용가의 옥내 수전설비 및 발전설비 설치장소에만 적용한다.
　㉡ 케이블 트렌치 내의 사용 전선 및 시설방법은 케이블 트레이 공사(KEC 232.41)을 준용한다.
　㉢ 케이블 트렌치의 뚜껑, 받침대 등 금속재는 내식성의 재료이거나 방식처리를 할 것
　㉣ 케이블은 배선 회로별로 구분하고 2 m 이내의 간격으로 받침대 등을 시설할 것
　㉤ 케이블 트렌치는 외부에서 고형물이 들어가지 않도록 IP2X 이상으로 시설할 것

12. 케이블 트렌치(trench) 공사방법은 다음 중 어떤 공사방법의 규정에 준용하는가?

① 케이블 트레이 공사
② 케이블 공사
③ 라이팅 덕트 공사
④ 가요 전선관 공사

해설 위 문제 해설 참조

13. 케이블 트렌치 공사에서, 케이블은 배선 회로별로 구분하고 몇 m 이내의 간격으로 받침대 등을 시설하여야 하는가?

① 2　　② 2.5
③ 3　　④ 3.5

해설 위 문제 해설 참조

3-4 ㅇ 케이블 덕팅(ducting) 시스템

1 금속 덕트 공사

(1) 시설조건(KEC 232.31.1)

① 전선은 절연 전선일 것(옥외용 비닐 절연 전선은 제외)

② 금속 덕트에 넣은 전선의 단면적의 합계는 덕트의 내부 단면적의 20 % 이하일 것(전광표시장치, 제어회로 등의 배선만을 넣는 경우에는 50 %)

③ 금속 덕트 안에는 전선에 접속점이 없도록 할 것

④ 금속 덕트 안에는 전선의 피복을 손상할 우려가 있는 것을 넣지 아니할 것

⑤ 금속 덕트에 의하여 저압 옥내 배선이 건축물의 방화 구획을 관통하거나 인접 조영물로 연장되는 경우에는 그 방화벽 또는 조영물 벽면의 덕트 내부는 불연성의 물질로 차폐하여야 한다.

(2) 금속 덕트의 선정(KEC 232.31.2)

① 폭이 40 mm 이상, 두께가 1.2 mm 이상인 철판 또는 동등 이상의 기계적 강도를 가지는 금속재의 것으로 견고하게 제작한 것일 것

② 안쪽 면은 전선의 피복을 손상시키는 돌기(突起)가 없는 것일 것

③ 안쪽 면 및 바깥 면에는 산화 방지를 위하여 아연도금 또는 이와 동등 이상의 효과를 가지는 도장을 한것일 것

④ 동일 금속 덕트 내에 넣는 전선은 30가닥 이하로 하는 것이 바람직하다.

(3) 금속 덕트의 시설(KEC 232.31.3)

① 덕트 상호 간은 견고하고 또한 전기적으로 완전하게 접속할 것

② 덕트를 조영재에 붙이는 경우에는 덕트의 지지점 간의 거리를 3 m 이하로 하고 또한 견고하게 붙일 것(취급자 이외의 자가 출입할 수 없도록 설비한 곳에서 수직으로 붙이는 경우에는 6 m)

③ 덕트의 본체와 구분하여 뚜껑을 설치하는 경우에는 쉽게 열리지 아니하도록 시설할 것

④ 덕트의 끝부분은 막을 것

⑤ 덕트 안에 먼지가 침입하지 아니하도록 할 것

⑥ 덕트는 물이 고이는 낮은 부분을 만들지 않도록 시설할 것

⑦ 덕트는 규정에 준하여 접지공사를 할 것

2 플로어 덕트 공사

플로어 덕트 공사(under floor way wiring)는 마루 밑에 매입하는 배선용의 홈통으로 마루 위로 전선 인출을 목적으로 하는 배선 공사이다.

(1) 시설조건(KEC 232.32.1)
① 전선은 절연 전선일 것(옥외용 비닐 절연 전선 제외)
② 전선은 연선일 것. 다만, 단면적 10 mm² 이하인 것은 단선 사용이 가능하다(알루미늄선은 16 mm²).
③ 플로어 덕트 안에는 전선에 접속점이 없도록 할 것

(2) 플로어 덕트 및 부속품의 선정 및 시설
① 전선의 피복 절연물을 포함한 단면적의 총합계가 플로어 덕트 내 단면적의 32 % 이하가 되도록 선정하여야 한다.
② 접속함 간의 덕트는 일직선상에 시설하는 것을 원칙으로 한다.
③ 금속재 플로어 덕트 및 기타 부속품은 두께 2.0 mm 이상인 강판으로 견고하게 만들고, 아연도금을 하거나 에나멜 등으로 피복하여야 한다.
④ 덕트 상호 간 및 덕트와 박스 및 인출구와는 견고하고 또한 전기적으로 완전하게 접속할 것
⑤ 덕트 및 박스 기타의 부속품은 물이 고이는 부분이 없도록 시설하여야 한다.
⑥ 덕트의 끝부분은 막을 것
⑦ 덕트는 규정에 준하여 접지공사를 할 것

3 셀룰러 덕트 공사

(1) 시설조건(KEC 232.33.1)
① 전선은 절연 전선일 것(옥외용 비닐 절연 전선 제외)
② 전선은 연선일 것. 다만, 단면적 10 mm² 이하인 것은 단선 사용이 가능하다(알루미늄선은 16 mm²).
③ 셀룰러 덕트 안에는 전선에 접속점을 만들지 아니할 것

(2) 셀룰러 덕트 및 부속품의 선정(KEC 232.33.2)
① 강판으로 제작한 것일 것
② 덕트 끝과 안쪽 면은 전선의 피복이 손상하지 아니하도록 매끈한 것일 것
③ 덕트의 안쪽 면 및 외면은 방청을 위하여 도금 또는 도장을 한 것일 것
④ 셀룰러 덕트의 판 두께는 다음 표에서 정한 값 이상일 것

표 3 – 21 셀룰러 덕트의 선정

덕트의 최대 폭	덕트의 판 두께
150 mm 이하	1.2 mm
150 mm 초과 200 mm 이하	1.4 mm
200 mm 초과하는 것	1.6 mm

⑤ 부속품의 판 두께는 1.6 mm 이상일 것

(3) 셀룰러 덕트 및 부속품의 시설(KEC 232.33.3)

① 덕트 상호 간, 덕트와 조영물의 금속 구조체, 부속품 및 덕트에 접속하는 금속체와는 견고하게 또한 전기적으로 완전하게 접속할 것

② 덕트 및 부속품은 물이 고이는 부분이 없도록 시설할 것

③ 인출구는 바닥 위로 돌출하지 아니하도록 시설하고 또한 물이 스며들지 아니하도록 할 것

④ 덕트의 끝부분은 막을 것

⑤ 덕트는 규정에 준하여 접지공사를 할 것

3-5 ㅇ 케이블 트레이(tray) 시스템

1 ▶ 케이블트레이 공사

케이블을 지지하기 위하여 사용하는 금속재 또는 불연성 재료로 제작된 유닛 또는 유닛의 집합체 및 그에 부속하는 부속재 등으로 구성된 견고한 구조물을 말하며 사다리형, 펀칭형, 메시형, 바닥밀폐형 기타 이와 유사한 구조물을 포함하여 적용한다.

(1) 시설조건(KEC 232.41.1)

① 전선은 연피케이블, 알루미늄피 케이블 등 난연성 케이블 또는 기타 케이블 또는 금속관 혹은 합성수지관 등에 넣은 절연 전선을 사용하여야 한다.

② 케이블트레이 안에서 전선을 접속하는 경우에는 전선 접속 부분에 사람이 접근할 수 있고 또한 그 부분이 측면 레일 위로 나오지 않도록 하고 그 부분을 절연처리 하여야 한다.

③ 저압 케이블과 고압 또는 특고압 케이블은 동일 케이블 트레이 안에 포설하여서는 아니 된다.

④ 수평 트레이에 다심케이블을 포설 시 단층으로 시설하고, 벽면과의 간격은 20 mm 이상 이격하여 설치하여야 한다.

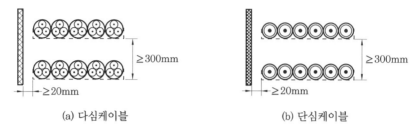

     (a) 다심케이블   (b) 단심케이블

그림 3-31 수평 트레이 공사

(2) 케이블트레이의 선정(KEC 232.41.2)

① 케이블트레이의 안전율은 1.5 이상으로 하여야 한다.

② 지지대는 트레이 자체 하중과 포설된 케이블 하중을 충분히 견딜 수 있는 강도를 가져야 한다.

③ 전선의 피복 등을 손상시킬 돌기 등이 없이 매끈하여야 한다.

④ 금속재의 것은 적절한 방식처리를 한 것이거나 내식성 재료의 것이어야 한다.

⑤ 비금속재 케이블트레이는 난연성 재료의 것이어야 한다.

⑥ 금속재 트레이는 규정에 준하여 접지공사를 하여야 한다.

⑦ 별도로 방호를 필요로 하는 배선 부분에는 방호력이 있는 불연성의 커버 등을 사용하여야 한다.

⑧ 케이블트레이가 방화구획의 벽, 마루, 천장 등을 관통하는 경우에 관통부는 불연성의 물질로 충전(充塡)하여야 한다.

과년도 / 예상문제

1. 다음 중 덕트 공사의 종류가 아닌 것은? [09]

① 금속 덕트 공사 ② 버스 덕트 공사
③ 케이블 덕트 공사 ④ 플로어 덕트 공사

해설 덕트 공사의 종류
ㄱ 금속 덕트 공사
ㄴ 버스 덕트 공사
ㄷ 플로어 덕트 공사
ㄹ 라이팅 덕트 공사
ㅁ 셀룰러 덕트 공사

2. 금속 덕트의 크기는 전선의 피복 절연물을 포함한 단면적의 총합계가 금속 덕트 내 단면적의 몇 % 이하가 되도록 선정하여야 하는가? [18]

① 20 % ② 30 %
③ 40 % ④ 50 %

해설 금속 덕트에 넣은 전선의 단면적의 합계는 덕트의 내부 단면적의 20 % 이하일 것(제어회로 등의 배선만을 넣는 경우에는 50 %)

3. 금속 덕트 공사에 있어서 전광 표시장치, 출퇴표시장치 등 제어회로용 배선만을 공사할 때 절연 전선의 단면적은 금속 덕트 내 몇 % 이하이어야 하는가? [13]

① 80 ② 70
③ 60 ④ 50

해설 위 문제 해설 참조

4. 금속 덕트를 조영재에 붙이는 경우에는 지지점 간의 거리는 최대 몇 m 이하로 하여야 하는가? [10, 16]

① 1.5 ② 2.0

③ 3.0 ④ 3.5

해설 덕트를 조영재에 붙이는 경우에는 덕트의 지지점 간의 거리를 3 m 이하로 하고 또한 견고하게 붙일 것(취급자 이외의 자가 출입할 수 없도록 설비한 곳에서 수직으로 붙이는 경우에는 6 m)

5. 다음 중 금속 덕트 공사의 시설 방법 중 틀린 것은? [14, 16]

① 덕트 상호 간은 견고하고 또한 전기적으로 완전하게 접속할 것
② 덕트 지지점 간의 거리는 3 m 이하로 할 것
③ 덕트 종단부는 열어둘 것
④ 금속 덕트 안에는 전선에 접속점이 없도록 할 것

해설 금속 덕트의 종단부는 막을 것

6. 금속 덕트는 폭이 40 mm를 초과하고 두께는 몇 mm 이상의 철판 또는 동등 이상의 세기를 가지는 금속재로 제작된 것이어야 하는가? [19]

① 0.8 ② 1.0
③ 1.2 ④ 1.4

해설 금속 덕트의 선정(KEC 232.31.2) : 폭이 40 mm 이상, 두께가 1.2 mm 이상인 철판 또는 동등 이상의 기계적 강도를 가지는 금속재의 것으로 견고하게 제작한 것일 것

7. 빌딩, 공장 등의 전기실에서 많은 간선을 입출하는 곳에 사용하며, 건조하고 전개된 장소에서만 시설할 수 있는 공사는 무엇인가? [01]

① 경질 비닐관 공사
② 금속관 공사
③ 금속 덕트 공사
④ 케이블 공사

해설 금속 덕트 공사 : 주로 빌딩, 공장 등의 전기실에서 많은 간선을 입출하는 곳에 사용한다(단, 건조하고 전개된 장소에서만 시설할 수 있다).

8. 절연 전선을 넣어 마루 밑에 매입하는 배선용 홈통으로 마루 위의 전선 인출을 목적으로 하는 것은?

① 플로어 덕트   ② 셀룰러 덕트
③ 금속 덕트   ④ 라이팅 덕트

9. 플로어 덕트 배선에서 사용할 수 있는 단선의 최대 규격은 몇 mm²인가? [19]

① 2.5   ② 4
③ 6   ④ 10

해설 플로어 덕트 공사
㉠ 전선은 절연 전선일 것
㉡ 전선은 연선일 것(단, 단면적 10 mm² 이하 단선은 사용가능)

10. 다음 중 플로어 덕트 공사의 설명으로 틀린 것은? [12, 16, 18]

① 덕트 상호 및 덕트와 박스 또는 인출구와 접속은 견고하고 전기적으로 완전하게 접속하여야 한다.
② 덕트의 끝 부분은 막을 것
③ 덕트 및 박스 기타 부속품은 물이 고이는 부분이 없도록 시설하여야 한다.
④ 플로어 덕트 안에는 전선에 접속점이 2곳 이상 없도록 할 것

해설 플로어 덕트 안에는 전선에 접속점이 없도록 할 것

11. 절연 전선을 동일 플로어 덕트 내에 넣을 경우 플로어 덕트 크기는 전선의 피복 절연물을 포함한 단면적의 총합계가 플로어 덕트 내 단면적의 몇 % 이하가 되도록 선정하여야 하는가? [11, 17]

① 12 %   ② 22 %
③ 32 %   ④ 42 %

해설 플로어 덕트 내 단면적의 32 % 이하가 되도록 선정하여야 한다.

12. 플로어 덕트 배선의 사용 전압은 몇 V 이하로 제한되는가? [16]

① 220   ② 400
③ 600   ④ 700

해설 사용 전압 : 400 V 이하이어야 한다.

13. 플로어 덕트 공사에서 금속재 박스는 강판이 몇 mm 이상 되는 것을 사용하여야 하는가? [11]

① 2.0   ② 1.5
③ 1.2   ④ 1.0

해설 금속재 플로어 덕트 및 기타 부속품은 두께 2.0 mm 이상인 강판으로 견고하게 만들고, 아연도금을 하거나 에나멜 등으로 피복하여야 한다.

14. 셀룰러 덕트 공사 시 덕트 상호 간을 접속하는 것과 셀룰러 덕트 끝에 접속하는 부속품에 대한 설명으로 적합하지 않은 것은? [13]

① 알루미늄 판으로 특수 제작할 것
② 부속품의 판 두께는 1.6 mm 이상일 것
③ 덕트 끝과 내면은 전선의 피복이 손상하지 않도록 매끈한 것일 것
④ 덕트의 내면과 외면은 녹을 방지하기 위하여 도금 또는 도장을 한 것일 것

정답 8. ①   9. ④   10. ④   11. ③   12. ②   13. ①   14. ①

해설 셀룰러 덕트 및 부속품의 선정
  ㉠ 강판으로 제작한 것일 것
  ㉡ 덕트 끝과 안쪽 면은 전선의 피복이 손상하지 아니하도록 매끈한 것일 것
  ㉢ 덕트의 안쪽 면 및 외면은 방청을 위하여 도금 또는 도장을 한 것일 것
  ㉣ 부속품의 판 두께는 1.6 mm 이상일 것

15. 케이블트레이 공사에 사용되는 케이블트레이는 수용된 모든 전선을 지지할 수 있는 적합한 강도의 것으로서 이 경우 케이블트레이 안전율은 얼마 이상으로 하여야 하는가?

① 1.1   ② 1.2
③ 1.3   ④ 1.5

해설 케이블트레이 공사의 시설조건 및 부속품 선정
  ㉠ 수용된 모든 전선을 지지할 수 있는 적합한 강도의 것이어야 한다. 이 경우 케이블트레이의 안전율은 1.5 이상으로 하여야 한다.
  ㉡ 금속재의 것은 적절한 방식처리를 한 것이거나 내식성 재료의 것이어야 한다.
  ㉢ 비금속재 케이블트레이는 난연성 재료의 것이어야 한다.

16. 케이블트레이 공사의 시설조건 및 부속품 선정에 있어서, 적합하지 않은 것은?

① 금속재의 것은 내식성 재료의 것이어야 한다.
② 케이블트레이의 안전율은 1.5 이상으로 하여야 한다.
③ 비금속재 케이블트레이는 사용하지 말아야 한다.
④ 사다리형, 펀칭형, 메시형, 바닥밀폐형 기타 이와 유사한 구조물을 포함하여 적용한다.

해설 위 문제 해설 참조

3-6 ○ 케이블 공사, 애자사용 공사

1 케이블 공사

(1) 시설조건(KEC 232.51.1)

① 전선은 케이블 및 캡타이어 케이블일 것

② 중량물의 압력 또는 현저한 기계적 충격을 받을 우려가 있는 곳에 포설하는 케이블에는 적당한 방호장치를 할 것

③ 전선의 지지점 간의 거리와 굴곡

    (개) 전선을 조영재의 아랫면 또는 옆면에 따라 붙이는 경우에는 전선의 지지점 간의 거리를 케이블은 2 m이하(사람이 접촉할 우려가 없는 곳에서 수직으로 붙이는 경우에는 6 m)

    (나) 캡타이어 케이블은 1 m 이하

    (다) 케이블을 구부리는 경우는 피복이 손상되지 않도록 하고 그 굴곡부의 곡률반경은 원칙적으로 케이블 완성품 외경의 6배(단심인 것은 8배) 이상으로 하여야 한다.

④ 관 기타의 전선을 넣는 방호장치의 금속재 부분·금속재의 전선 접속함 및 전선의 피복에 사용하는 금속체에는 규정에 준하여 접지공사를 할 것(단, 사용 전압이 400 V 이하로서 다음 중 하나에 해당할 경우에는 그러하지 아니하다.)

    (개) 방호장치의 금속재 부분의 길이가 4 m 이하인 것을 건조한 곳에 시설하는 경우

    (나) 옥내 배선의 사용 전압이 직류 300 V 또는 교류 대지 전압이 150 V 이하로서 방호장치의 금속재 부분의 길이가 8 m 이하인 것을 사람이 쉽게 접촉할 우려가 없도록 시설하는 경우 또는 건조한 것에 시설하는 경우

(2) 콘크리트 직매용 포설(KEC 232.51.2)

① 전선은 미네럴 인슈레이션 케이블·콘크리트 직매용(直埋用) 케이블 또는 개장을 한 케이블일 것

② 전선을 박스 또는 풀박스 안에 인입하는 경우는 물이 박스 또는 풀박스 안으로 침입하지 아니하도록 적당한 구조의 부싱 또는 이와 유사한 것을 사용할 것

③ 콘크리트 안에는 전선에 접속점을 만들지 아니할 것

(3) 수직 케이블의 포설(KEC 232.51.3)

① 수직조가용선 부(付) 케이블로서 다음에 적합할 것

    (개) 케이블은 인장강도 5.93 kN 이상의 금속선 또는 단면적이 22 mm² 아연도강연선으로서 단면적 5.3 mm² 이상의 조가용선을 비닐 외장 케이블 또는 클로로프렌 외

장 케이블의 외장에 견고하게 붙인 것일 것

(나) 조가용선은 케이블의 중량의 4배의 인장강도에 견디도록 붙인 것일 것

② 전선 및 그 지지 부분의 안전율은 4 이상일 것

③ 전선 및 그 지지 부분은 충전 부분이 노출되지 아니하도록 시설할 것

④ 전선과의 분기 부분에 시설하는 분기선은 케이블일 것

⑤ 분기선은 장력이 가하여지지 아니하도록 시설하고 또한 전선과의 분기 부분에는 진동 방지 장치를 시설할 것

2 애자사용 공사

(1) 시설조건(KEC 232.56.1)

① 전선은 다음의 경우 이외에는 절연 전선일 것(옥외용 비닐 절연 전선 및 인입용 비닐 절연 전선은 제외)

(가) 전기로용 전선

(나) 전선의 피복 절연물이 부식하는 장소에 시설하는 전선

(다) 취급자 이외의 자가 출입할 수 없도록 설비한 장소에 시설하는 전선

② 전선 상호 간의 간격은 0.06 m 이상일 것

③ 전선과 조영재 사이의 이격 거리는 사용 전압이 400 V 이하인 경우에는 25 mm 이상, 400 V 초과인 경우에는 45 mm(건조한 장소에 시설하는 경우에는 25 mm)이상일 것

④ 전선의 지지점 간의 거리는 전선을 조영재의 윗면 또는 옆면에 따라 붙일 경우에는 2 m 이하일 것

⑤ 사용 전압이 400 V 초과인 것은 제④의 경우 이외에는 전선의 지지점 간의 거리는 6 m 이하일 것

(2) 애자의 선정

사용하는 애자는 절연성·난연성 및 내수성의 것이어야 한다.

과년도 / 예상문제

1. 케이블을 조영재의 아랫면 또는 옆면에 따라 붙이는 경우에는 전선의 지지점 간의 거리는 몇 m 이하이어야 하는가?

① 0.5   ② 1

③ 1.5   ④ 2

해설 케이블 공사의 시설조건
  ㉠ 전선은 케이블 및 캡타이어 케이블일 것
  ㉡ 전선을 조영재의 아랫면 또는 옆면에 따라 붙이는 경우 지지점 간의 거리
   • 케이블은 2 m 이하(사람이 접촉할 우려가 없는 곳에서 수직으로 붙이는 경우에는 6 m)
   • 캡타이어 케이블은 1 m 이하

2. 케이블 공사에서 비닐 외장 케이블을 조영재의 옆면에 따라 붙이는 경우 전선의 지지점 간의 거리는 최대 몇 m인가?

① 1.0   ② 1.5

③ 2.0   ④ 2.5

해설 위 문제 해설 참조

3. 캡타이어 케이블을 조영재에 따라 시설하는 경우로서 새들, 스테이플 등으로 지지하는 경우 그 지지점 간의 거리는 얼마로 하여야 하는가? [19, 20]

① 1 m 이하   ② 1.5 m 이하

③ 2.0 m 이하   ④ 2.5 m 이하

해설 위 문제 해설 참조

4. 케이블을 고층 건물에 수직으로 배선하는 경우에는 다음 중 어떤 방법으로 지지하는 것이 가장 적당한가?

① 3층마다   ② 2층마다

③ 매 층마다   ④ 4층마다

해설 케이블을 수직으로 시설하는 경우는 매 층마다 지지하는 것이 가장 적당하다.

5. 케이블을 배선할 때 직각 구부리기(L형)는 대략 굴곡 반지름을 케이블의 바깥지름의 몇 배 이상으로 하는가? [15, 18]

① 6   ② 8

③ 12   ④ 15

해설 ㉠ 연피가 없는 케이블 : 굴곡부의 곡률반경은 원칙적으로 케이블 완성품 외경의 6배(단심인 것은 8배) 이상
  ㉡ 연피 케이블 : 케이블 바깥지름의 12배 이상의 반지름으로 구부릴 것(단, 금속관에 넣는 것은 15배 이상)

6. 케이블을 구부리는 경우는 피복이 손상되지 않도록 하고 그 굴곡부의 곡률반경은 원칙적으로 케이블이 단심인 경우 완성품 외경의 몇 배 이상이어야 하는가? [12, 15, 17]

① 4   ② 6

③ 8   ④ 10

해설 위 문제 해설 참조

7. 연피 케이블이 구부러지는 곳은 케이블 바깥지름의 최소 몇 배 이상의 반지름으로 구부려야 하는가? [19]

① 8   ② 12

③ 15   ④ 20

해설 위 문제 해설 참조

8. 가공전선에 케이블을 사용하는 경우에는 조가용선에 행어를 사용하여 조가한다. 사용 전

압이 고압일 경우 그 행어의 간격은? [12, 17]

① 50 cm 이하　　② 50 cm 이상

③ 75 cm 이하　　④ 75 cm 이상

해설 사용 전압이 저압 고압 및 특고압인 경우는 그 행어의 간격을 50 cm 이하로 하여 시설할 것

9. 가공 케이블 시설 시 조가용선에 금속 테이프 등을 사용하여 케이블 외장을 견고하게 붙여 조가하는 경우 나선형으로 금속 테이프를 감는 간격은 몇 cm 이하를 확보하여 감아야 하는가? [14]

① 50　　　　　　② 30

③ 20　　　　　　④ 10

해설 금속 테이프 등을 20 cm 이하의 간격을 확보하며 나선형으로 감아 붙여 조가한다.

10. 애자사용 배선 공사 시 사용할 수 없는 전선은? [15]

① 고무 절연 전선

② 폴리에틸렌 절연 전선

③ 플루오르 수지 절연 전선

④ 인입용 비닐 절연 전선

해설 애자사용 공사의 시설조건
　㉠ 전선은 절연 전선일 것(옥외용 비닐 절연 전선 및 인입용 비닐 절연 전선을 제외)
　㉡ 전선 상호 간의 간격은 0.06 m 이상일 것

11. 애자사용 공사에 의한 저압 옥내 배선에서 일반적으로 전선 상호간의 간격은 몇 m 이상이어야 하는가? [10, 12, 15, 17, 18, 20]

① 0.025　　　　② 0.06

③ 0.25　　　　　④ 0.6

해설 위 문제 해설 참조

12. 애자사용 공사를 건조한 장소에 시설하

고자 한다. 사용 전압이 400 V 미만인 경우 전선과 조영재 사이의 이격 거리는 최소 몇 mm 이상이어야 하는가? [16]

① 25　　　　　　② 45

③ 60　　　　　　④ 120

해설 이격 거리

사용 전압 거리	400 V 미만의 경우	400 V 이상의 경우
전선과 조영재와의 거리	25 mm 이상	45 mm 이상

13. 다음 중 애자사용 공사에서 전선의 지지점 간의 거리는 전선을 조영재의 윗면 또는 옆면에 따라 붙이는 경우에는 몇 m 이하인가? [11, 14, 17, 18]

① 1　　　　　　　② 1.5

③ 2　　　　　　　④ 3

해설 전선의 지지점 간의 거리는 전선을 조영재의 윗면 또는 옆면에 따라 붙일 경우에는 2 m 이하일 것

14. 저압 옥내 배선에서 애자사용 공사를 할 때 올바른 것은? [14, 16]

① 전선 상호간의 간격은 6 cm 이상

② 400 V 초과하는 경우 전선과 조영재 사이의 이격 거리는 2.5 cm 미만

③ 전선의 지지점 간의 거리는 조영재의 윗면 또는 옆면에 따라 붙일 경우에는 3 m 이상

④ 애자사용 공사에 사용되는 애자는 절연성·난연성 및 내수성과 무관

해설 ①항의 경우 : 사용 전압에 관계없이 6 cm 이상
　②항의 경우 : 4.5 cm 이상
　③항의 경우 : 2 m 이하
　④항의 경우 : 애자는 절연성, 난연성 및 내수성이 있는 것이어야 한다.

정답 ● 9. ③　10. ④　11. ②　12. ①　13. ③　14. ①

15. 애자사용 공사에 사용하는 애자가 갖추어야 할 성질이 아닌 것은? [10, 17]

① 절연성   ② 난연성

③ 내수성   ④ 내유성

해설 애자가 갖추어야 할 성질

  ㉠ 절연성 : 전기가 통하지 못하게 하는 성질

  ㉡ 난연성 : 불에 잘 타지 아니하는 성질

  ㉢ 내수성 : 수분을 막아 견디어 내는 성질

16. 저압 전선이 조영재를 관통하는 경우 사용하는 애관 등의 양단은 조영재에서 몇 cm 이상 돌출되어야 하는가?

① 1.5   ② 3.0

③ 4.5   ④ 6.0

해설 전선이 조영재를 관통하는 경우에는 애관, 합성수지관 등의 양단이 1.5 cm 이상 돌출되어야 한다.

17. 저압 크레인 또는 호이스트 등의 트롤리 선을 애자사용 공사에 의하여 옥내의 노출장소에 시설하는 경우 트롤리 선의 바닥에서의 최소 높이는 몇 m 이상으로 설치하는가? [14, 16, 18]

① 2   ② 2.5

③ 3   ④ 3.5

해설 트롤리 선의 최소 높이 : 3.5 m 이상

  ※ 트롤리 선(trolley wire) : 주행 크레인이나 전동차 등과 같이 전동기를 보유하는 이동 기기에 전기를 공급하기 위한 접촉 전선을 트롤리 선이라 한다.

| 3-7 | ○ 버스바 트렁킹 시스템, 파워트랙 시스템 |

1 버스바 트렁킹(bus bar trunking) 시스템

버스 덕트 공사(KEC 232.61) : 빌딩, 공장 등의 변전실에서 전선을 인출하는 곳에 사용하면 굵은 전선 공사보다 경제적으로 유리하다.

(1) 시설조건

① 덕트 상호 간 및 전선 상호 간은 견고하고 또한 전기적으로 완전하게 접속할 것
② 덕트를 조영재에 붙이는 경우에는 덕트의 지지점 간의 거리를 3 m 이하로 하고 또한 견고하게 붙일 것(취급자 이외의 자가 출입할 수 없도록 설비한 곳에서 수직으로 붙이는 경우에는 6 m)
③ 덕트의 끝부분은 막을 것
④ 덕트의 내부에 먼지가 침입하지 아니하도록 할 것
⑤ 덕트는 규정에 준하여 접지공사를 할 것
⑥ 습기가 많은 장소 또는 물기가 있는 장소에 시설하는 경우에는 옥외용 버스덕트를 사용하고 버스 덕트 내부에 물이 침입하여 고이지 아니하도록 할 것

(2) 버스 덕트의 선정(KEC 232.61.2)

① 도체는 단면적 20 mm^2 이상의 띠 모양, 지름 5 mm 이상의 관모양이나 둥글고 긴 막대 모양의 동 또는 단면적 30 mm^2 이상의 띠 모양의 알루미늄을 사용한 것일 것
② 도체 지지물은 절연성·난연성 및 내수성이 있는 견고한 것일 것
③ 덕트는 다음 표의 두께 이상의 강판 또는 알루미늄판으로 견고히 제작한 것일 것

표 3-22 버스 덕트의 선정

덕트의 최대 폭(mm)	덕트의 판 두께(mm)		
	강 판	알루미늄판	합성수지판
150 이하	1.0	1.6	2.5
150 초과 300 이하	1.4	2.0	5.0
300 초과 500 이하	1.6	2.3	–
500 초과 700 이하	2.0	2.9	–
700 초과하는 것	2.3	3.2	–

(3) 버스 덕트의 종류

① 피더 버스 덕트 : 도중에 부하를 접속하지 아니한 것

② 익스펜션 버스 덕트 : 열 신축에 따른 변화량을 흡수하는 구조인 것

③ 탭붙이 버스 덕트 : 기기 또는 전선 등과 접속시키기 위한 탭을 가진 것

④ 트랜스포지션 버스 덕트 : 각 상의 임피던스를 평균시키기 위한 것

⑤ 플러그인 버스 덕트 : 도중에 부하 접속용으로 꽂음 플러그를 만든 것

⑥ 트롤리 버스 덕트 : 도중에 이동 부하를 접속할 수 있도록 한 것

2 파워트랙(power track) 시스템

■ 라이팅 덕트(lighting duct)공사

(1) 시설조건(KEC 232.71)

① 덕트 상호 간 및 전선 상호 간은 견고하게 또한 전기적으로 완전히 접속할 것

② 덕트는 조영재에 견고하게 붙일 것

③ 덕트의 지지점 간의 거리는 2 m 이하로 할 것(지지점은 매 덕트 마다 2개소 이상)

④ 덕트의 끝부분은 막을 것

⑤ 덕트의 개구부(開口部)는 아래로 향하여 시설할 것

⑥ 덕트는 조영재를 관통하여 시설하지 아니할 것

⑦ 덕트에는 합성수지 기타의 절연물로 금속재 부분을 피복한 덕트를 사용한 경우 이외에는 규정에 준하여 접지공사를 할 것(단, 대지 전압이 150 V 이하이고 또한 덕트의 길이가 4 m 이하인 때는 그러하지 아니하다)

⑧ 덕트를 사람이 용이하게 접촉할 우려가 있는 장소에 시설하는 경우에는 전로에 지락이 생겼을 때에 자동적으로 전로를 차단하는 장치를 시설할 것

⑨ 조영재를 관통하여 시설하여서는 안 된다.

(2) 라이팅 덕트 및 부속품의 선정

라이팅 덕트 공사에 사용하는 라이팅 덕트 및 부속품은 등기구 전원공급용 트랙시스템에 적합할 것

과년도 / 예상문제

전기기능사

1. 다음 중 버스 덕트가 아닌 것은? [15, 18]

① 플로어 버스 덕트
② 피더 버스 덕트
③ 트랜스포지션 버스 덕트
④ 플러그인 버스 덕트

해설 버스 덕트의 종류
㉠ 피더 버스 덕트
㉡ 익스팬션 버스 덕트
㉢ 탭붙이 버스 덕트
㉣ 트랜스 포지션 버스 덕트
㉤ 플러그인 버스 덕트

2. 버스 덕트 공사에서 덕트를 조영재에 붙이는 경우에는 덕트의 지지점 간의 거리를 몇 m 이하로 하여야 하는가? [11]

① 3 　　　　　② 4.5
③ 6 　　　　　④ 9

해설 버스 덕트 공사의 시설조건
㉠ 덕트를 조영재에 붙이는 경우에는 덕트의 지지점 간의 거리를 3 m 이하로 하고 또한 견고하게 붙일 것
㉡ 취급자 이외의 자가 출입할 수 없도록 설비한 곳에서 수직으로 붙이는 경우에는 6 m

3. 버스 덕트 공사에서, 도체는 띠 모양의 단면적 (a) mm^2 이상 동(구리) 또는 단면적 (b) mm^2 이상의 알루미늄을 사용한다. (a), (b)의 값은?

① (a) 10, (b) 20
② (a) 20, (b) 30
③ (a) 25, (b) 35
④ (a) 35, (b) 45

해설 버스 덕트의 선정 : 도체는 단면적 20 mm^2 이상의 띠 모양, 지름 5 mm 이상의 관 모양이나 둥글고 긴 막대 모양의 동 또는 단면적 30 mm^2 이상의 띠 모양의 알루미늄을 사용한 것일 것

4. 라이팅 덕트 공사에 의한 저압 옥내 배선 시 덕트의 지지점 간의 거리는 몇 m 이하로 해야 하는가? [11, 14]

① 1.0 　　　　　② 1.2
③ 2.0 　　　　　④ 3.0

해설 라이팅 덕트 공사의 시설조건에서, 덕트의 지지점 간의 거리는 2 m 이하로 할 것

5. 라이팅 덕트 공사에 의한 저압 옥내 배선의 시설 기준으로 틀린 것은? [16]

① 덕트의 끝부분은 막을 것
② 덕트는 조영재에 견고하게 붙일 것
③ 덕트의 개구부는 위로 향하여 시설할 것
④ 덕트는 조영재를 관통하여 시설하지 아니할 것

해설 덕트의 개구부(開口部)는 아래로 향하여 시설할 것

3-8 ○ 고압, 특고압 옥내 설비의 시설

1 고압 옥내 배선 등의 시설(KEC 342.1)

(1) 고압 옥내 배선 방법

① 애자사용 배선(건조한 장소로서 전개된 장소에 한한다)

② 케이블 배선

③ 케이블트레이 배선

(2) 애자사용 배선에 의한 고압 옥내 배선

① 사람이 접촉할 우려가 없도록 시설할 것

② 전선은 공칭단면적 6 mm^2 이상의 연동선

③ 전선의 지지점 간의 거리는 6 m 이하일 것(전선을 조영재의 면을 따라 붙이는 경우에는 2 m 이하)

④ 전선 상호 간의 간격은 0.08 m 이상, 전선과 조영재 사이의 이격 거리는 0.05 m 이상일 것

⑤ 애자사용 배선에 사용하는 애자는 절연성 · 난연성 및 내수성의 것일 것

⑥ 고압 옥내 배선은 저압 옥내 배선과 쉽게 식별되도록 시설할 것

⑦ 전선이 조영재를 관통하는 경우에는 그 관통하는 부분의 전선을 전선마다 각각 별개의 난연성 및 내수성이 있는 견고한 절연관에 넣을 것

(3) 케이블 배선에 의한 고압 옥내 배선

① 전선에 케이블을 사용할 것

② 규정에 의한 접지공사를 해야할 곳

  ㈎ 관 기타의 케이블을 넣는 방호장치의 금속재 부분

  ㈏ 금속재의 전선 접속함

  ㈐ 케이블의 피복에 사용하는 금속재

(4) 케이블트레이 배선에 의한 고압 옥내배선

① 전선은 연피 케이블, 알루미늄피 케이블 등 난연성 케이블, 기타 케이블을 사용하여야 한다.

② 금속재 케이블트레이 계통은 기계적 및 전기적으로 완전하게 접속하여야 하며 금속재 트레이에는 접지시스템에 접속하여야 한다.

③ 동일 케이블트레이 내에 시설하는 케이블은 단층으로 시설할 것

(5) 옥내 고압용 이동전선의 시설(KEC 342.2)

① 고압의 이동전선은 고압용의 캡타이어 케이블일 것

② 이동전선과 전기 사용 기계 기구와는 볼트 조임 기타의 방법에 의하여 견고하게 접속할 것

③ 이동전선에 전기를 공급하는 전로에는 전용 개폐기 및 과전류 차단기를 각극에 시설할 것

④ 전로에 지락이 생겼을 때에 자동적으로 전로를 차단하는 장치를 시설할 것

(6) 옥내에 시설하는 고압 접촉 전선 공사(KEC 342.3)

옥내에 시설하는 경우에는 전개된 장소 또는 점검할 수 있는 은폐된 장소에 애자사용 배선에 의하고 또한 다음에 따라 시설하여야 한다.

① 전선은 사람이 접촉할 우려가 없도록 시설할 것

② 전선은 인장강도 2.78 kN 이상의 것 또는 지름 10 mm의 경동선으로 단면적이 70 mm^2 이상인 구부리기 어려운 것일 것

③ 전선 지지점 간의 거리는 6 m 이하일 것

④ 애자는 절연성·난연성 및 내수성이 있는 것일 것

2 특고압 옥내 전기설비의 시설(KEC 342.4)

① 사용 전압은 100 kV 이하일 것(단, 케이블트레이 배선에 의하여 시설하는 경우에는 35 kV 이하일 것)

② 전선은 케이블일 것

③ 케이블은 철재 또는 철근 콘크리트제의 관덕트 기타의 견고한 방호장치에 넣어 시설할 것

3-9 ○ 배선 설비의 허용전류

정상 사용 시에 내용 기간 중 통과 전류의 열 영향을 받는 도체 및 절연물에 대한 충분한 수명을 제시할 목적이다.

1 절연물의 허용온도(KEC 232.5.1)

(1) 절연물의 종류에 대한 최고 허용온도

표 3-23 절연물의 종류에 대한 최고 허용온도

절연물의 종류	최고 허용온도(℃) a, d
• 열가소성 물질[폴리염화비닐(PVC)]	70(도체)
• 열경화성 물질[가교폴리에틸렌(XLPE) 또는 에틸렌프로필렌고무(EPR) 혼합물]	90(도체)
• 무기물(열가소성 물질 피복 또는 나도체로 사람이 접촉할 우려가 있는 것)	70(시스)
• 무기물(사람의 접촉에 노출되지 않고, 가연성 물질과 접촉할 우려가 없는 나도체)	105(시스)

(2) 허용전류의 결정(KEC 232.5.2)

① 허용전류의 적정 값은 전기 케이블-전류 정격 계산 시리즈에서 규정한 방법, 시험 또는 방법이 정해진 경우 승인된 방법을 이용한 계산을 통해 결정할 수도 있다.

② 이것을 사용하려면 부하 특성 및 토양 열저항의 영향을 고려하여야 한다.

③ 주위 온도는 해당 케이블 또는 절연 전선이 무부하일 때 주위 매체의 온도이다.

   ※ 주위온도의 기준

   1. 공기 중의 절연 전선 및 케이블은 공사방법과 상관없이 30℃을 기준으로 한다.

   2. 매설 케이블은 토양에 직접 또는 지중 덕트 내에 설치시는 20℃을 기준으로 한다.

(3) 통전도체의 수(KEC 232.5.4)

① 한 회로에서 고려해야 하는 전선의 수는 부하 전류가 흐르는 도체의 수이다.

② 다상회로 도체의 전류가 평형상태로 간주되는 경우는 중성선을 고려할 필요는 없다.

③ 이 조건에서 4심 케이블의 허용전류는 각 상이 동일 도체 단면적인 3심 케이블의 허용전류와 같다.

④ 4심, 5심 케이블에서 3도체만이 통전도체일 때 허용전류를 더 크게 할 수 있다.

과년도 / 예상문제

전기기능사

1. 고압 옥내 배선은 다음 중 하나에 의하여 시설하여야 한다. 해당되지 않는 것은?

① 애자사용 배선
② 케이블 배선
③ 케이블트레이 배선
④ 가요 전선관 공사

해설 고압 옥내 배선
　㉠ 애자사용 배선
　㉡ 케이블 배선
　㉢ 케이블트레이 배선

2. 애자사용 배선에 의한 고압 옥내 배선에서, 전선의 지지점 간의 거리는 몇 m 이하이면 되는가? (단, 전선을 조영재의 면을 따라 붙이는 경우이다.)

① 0.5　　　　② 1.0
③ 1.5　　　　④ 2.0

해설 애자사용 배선에 의한 고압 옥내 배선
　㉠ 전선은 공칭단면적 $6\,mm^2$ 이상의 연동선
　㉡ 전선의 지지점 간의 거리는 6 m 이하일 것(전선을 조영재의 면을 따라 붙이는 경우에는 2 m 이하)

3. 애자사용 배선에 의한 고압 옥내 배선에서, 전선 상호 간의 간격은 (a) m 이상, 전선과 조영재 사이의 이격 거리는 (b) m 이상일 것. 여기서, (a), (b)는 각각 얼마인가?

① (a) 0.08, (b) 0.05
② (a) 0.05, (b) 0.08
③ (a) 0.10, (b) 0.08
④ (a) 0.15, (b) 0.20

해설 전선 상호 간의 간격은 0.08 m 이상, 전선과 조영재 사이의 이격 거리는 0.05 m 이상일 것

4. 옥내 고압용 이동전선은?

① 비닐 절연 비닐시스 케이블
② MI 케이블
③ 고압 절연 전선
④ 고압용 캡타이어 케이블

해설 고압의 이동전선은 고압용의 캡타이어 케이블일 것

5. 특고압 옥내 전기설비의 시설에서, 사용 전압은 몇 kV 이하이여야 하는가?

① 75
② 100
③ 175
④ 200

해설 특고압 옥내 전기설비의 시설 : 사용 전압은 100 kV 이하일 것(단, 케이블트레이배선에 의하여 시설하는 경우에는 35 kV 이하일 것)

6. 전선에 일정량 이상의 전류가 흘러서 온도가 높아지면 절연물을 열화하여 절연성을 극도로 악화시킨다. 그러므로 도체에는 안전하게 흘릴 수 있는 최대전류가 있다. 이 전류는? [13, 17]

① 줄 전류
② 허용 전류
③ 평형 전류
④ 상 전류

해설 허용 전류(allowable current) : 전선은 그 사용목적에 따라 많은 종류가 있으며, 각각의 전선에는 안전하게 흐를 수 있는 최대 전류가 정해져 있다. 이 최대 전류를 허용 전류라고 한다.

7. 절연물 중에서 가교폴리에틸렌(XLPE)과 에틸렌프로필렌고무혼합물(EPR)의 허용 온도(℃)는? [16]

① 70(전선)

② 90(전선)

③ 95(전선)

④ 105(전선)

해설 절연물의 종류에 대한 허용 온도

㉠ PVC(염화비닐) → 70℃(전선)

㉡ XLPE와 EPR → 90℃(전선)

8. 허용 전류의 값을 공기 중의 절연 전선 및 케이블은 공사방법과 상관없이 주위 온도를 몇 ℃로 기준하는가?

① 20

② 25

③ 30

④ 35

해설 주위 온도의 기준

㉠ 케이블 또는 절연 전선이 무부하일 때를 기준으로 한다.

㉡ 공기 중의 절연 전선 및 케이블은 공사 방법과 상관없이 30℃을 기준으로 한다.

㉢ 매설 케이블은 토양에 직접 또는 지중 덕트 내에 설치시는 20℃을 기준으로 한다.

CHAPTER 4 전선 및 기계 기구의 보안공사

4-1 ○ 전선 및 전선로의 보안

■ 전로(electric line)의 보호

저압 전로에 접속되는 전등, 전동기, 전열기 등에 전기를 공급하는 경우, 사람과 가축에 대한 감전이나 기계 기구에 손상을 주지 않도록 하기 위하여 보호용으로 개폐기, 과전류 차단기, 누전 차단기 등을 시설하여야 한다.

1 저압 개폐기 및 저압 전로 중의 과전류 차단기의 시설

(1) 저압 개폐기를 필요로 하는 장소
① 부하 전류를 통하게 하든가 또는 끊을 필요가 있는 장소
② 인입구 기타 고장, 점검, 측정, 수리 등에서 개로할 필요가 있는 장소
③ 퓨즈의 전원측

(2) 과전류 차단기
전로에 단락 전류나 과부하 전류가 생겼을 때, 자동적으로 전로를 차단하는 장치이다.
① 저압 전로 : 퓨즈 또는 배선용 차단기
② 고압 및 특별 고압 전로 : 퓨즈 또는 계전기에 의하여 작동하는 차단기

(3) 과전류 차단기의 시설 장소
① 전선 및 기계 기구를 보호하기 위한 인입구
② 간선의 전원측
③ 분기점 등 보호상 또는 보안상 필요한 곳
④ 발전기, 변압기, 전동기, 정류기 등의 기계 기구를 보호하는 곳

(4) 과전류 차단기의 시설 금지 장소
① 접지 공사의 접지선
② 접지 공사를 한 저압 가공 전로의 접지측 전선
③ 다선식 전로의 중성선

(5) 과전류 차단기로 저압 전로에 사용하는 퓨즈와 배선용 차단기 (KEC 212.3.4)

① 범용의 퓨즈의 용단 특성

표 3-25 퓨즈의 용단 특성
(IEC 표준)

정격전류의 구분	시간	정격전류의 배수	
		불 용단 전류	용단 전류
4 A 이하	60분	1.5배	2.1배
4 A 초과 16 A 미만	60분	1.5배	1.9배
16 A 이상 63 A 이하	60분	1.25배	1.6배
63 A 초과 160 A 이하	120분	1.25배	1.6배
160 A 초과 400 A 이하	180분	1.25배	1.6배
400 A 초과	240분	1.25배	1.6배

② 과전류트립 동작시간 및 특성(산업용 배선용 차단기)

표 3-26 과전류트립 동작시간 및 특성(산업용)

정격전류의 구분	시간	정격전류의 배수(모든 극에 통전)	
		부동작 전류	동작 전류
63 A 이하	60분	1.05배	1.3배
63 A 초과	120분	1.05배	1.3배

③ 순시트립에 따른 주택용 배선용 차단기

표 3-27 순시트립에 따른 구분(주택용)

형	순시트립 범위
B	3 In 초과~5 In 이하
C	5 In 초과~10 In 이하
D	10 In 초과~20 In 이하
※ 1. B, C, D : 순시트립 전류에 따른 차단기 분류 2. In : 차단기 정격 전류	

④ 과전류트립 동작시간 및 특성(주택용 배선용 차단기)

표 3-28 과전류트립 동작시간 및 특성(주택용)

정격전류의 구분	시간	정격전류의 배수	
		불 용단 전류	용단 전류
63 A 이하	60분	1.13배	1.45배
63 A 초과	120분	1.13배	1.45배

⑤ 저압 전로 중의 전동기 보호용 과전류 보호장치의 시설(KEC 212.6.3)

표 3-29 단락보호전용 퓨즈의 용단 특성

정격전류의 배수	불 용단 시간	용단 시간
4배	60초 이내	-
6.3배	-	60초 이내
8배	0.5초 이내	-
10배	0.2초 이내	-
12.5배	-	0.5초 이내
19배	-	0.1초 이내

(6) 누전 차단기를 시설

① 금속재 외함을 가진 사용 전압 50 V를 초과하는 저압 기계·기구로 쉽게 접촉할 우려가 있는 곳에 시설할 것

② 누전 차단기(전류 동작형) 정격감도전류와 동작시간

㈎ 고감도형 정격감도전류(mA) 4종 : 5, 10, 15, 30

㈏ 고속형 인체감전 보호용 : 0.03초 이내

과년도 / 예상문제

1. 과전류 차단기를 설치하는 곳은? [19]
① 간선의 전원 측 전선
② 접지 공사의 접지선
③ 접지 공사를 한 저압 가공 전선의 접지 측 전선
④ 다선식 전로의 중성선

해설 과전류 차단기의 시설 금지 장소
① 접지 공사의 접지선
② 다선식 전로의 중성
③ 접지 공사를 한 저압 가공 전로의 접지 측 전선

2. 간선에서 분기하여 분기 과전류 차단기를 거쳐서 부하에 이르는 사이에 배선을 무엇이라 하는가? [13, 17]
① 간선
② 인입선
③ 중성선
④ 분기 회로

해설 분기 회로 : 간선에서 분기하여 부하에 이르는 배선회로
※ 간선(main line) : 저압 배전반에서 분기보안장치에 이르는 배선회로

3. 일반적으로 분기 회로의 개폐기 및 과전류 차단기는 저압 옥내 간선과의 분기시점에 전선의 길이가 몇 m 이하의 곳에 시설하여야 하는가? [11, 13, 17]
① 3
② 4
③ 5
④ 8

해설 분기시점에 전선의 길이가 3 m 이하의 곳에 시설하여야 한다.

4. 저압 전로에 사용하는 과전류 차단기용 퓨즈에서, 정격전류가 32 A인 퓨즈는 40 A가 흐르는 경우 몇 분 이내에는 동작되지 않아야 하는가?
① 30
② 60
③ 120
④ 180

해설 본문 표 3-25 퓨즈의 용단 특성에서, 32 A는 '16 A 이상 63 A 이하'에 해당되고, 40 A는 32 A의 1.25배 이므로 60분 이내에는 동작되지 않아야 한다.

5. 저압 전로에 사용하는 과전류 차단기용 퓨즈에서, 정격전류가 100 A인 퓨즈는 1.6배의 전류가 흐를 경우에 몇 분 이내에 동작되어야 하는가?
① 30
② 60
③ 120
④ 180

해설 본문 표 3-25 퓨즈의 용단 특성 참조

6. 저압 전로에 사용되는 주택용 배선용 차단기에 있어서 정격전류가 50 A인 경우에 1.45배 전류가 흘렀을 때 몇 분 이내에 자동적으로 동작하여야 하는가?
① 30
② 60
③ 120
④ 180

해설 표 3-28 과전류트립 동작시간 및 특성 (주택용) 참조
※ 정격전류가 50 A인 경우에, 1.45배 전류가 흘렀을 때 60분 이내에 자동적으로 동작하여야 한다.

정답 • 1. ① 2. ④ 3. ① 4. ② 5. ③ 6. ②

7. 저압 전로 중의 전동기 보호용 과전류 보호장치의 시설에서, 단락보호전용 퓨즈는 정격전류의 배수가 6.3배 일 경우, 몇 초 이내에 자동적으로 동작하여야 하는가?

① 0.5   ② 5.0
③ 60   ④ 120

해설 본문 표 3-29 단락보호전용 퓨즈의 용단 특성 참조
※ 정격전류의 배수가 6.3배 일 경우, 60초 이내에 자동적으로 동작하여야 한다.

8. 사람이 쉽게 접촉할 우려가 있는 장소에 저압의 금속재 외함을 가진 기계·기구에 전기를 공급하는 전로에는 사용 전압이 몇 V를 초과하는 경우 누전 차단기를 시설하여야 하는가?

① 50   ② 100
③ 120   ④ 150

해설 누전 차단기를 시설(KEC 211.2.4) : 금속재 외함을 가진 사용 전압 50 V를 초과하는 경우이다.

9. 사람의 전기감전을 방지하기 위하여 설치하는 주택용 누전 차단기는 정격감도전류와 동작시간이 얼마 이하이어야 하는가? [19]

① 3 mA, 0.03초
② 30 mA, 0.03초
③ 300 mA, 0.3초
④ 300 mA, 0.03초

해설 누전 차단기(전류 동작형) 정격감도전류와 동작시간
㉠ 고감도형 정격감도전류(mA) 4종 : 5, 10, 15, 30
㉡ 고속형 인체 감전 보호용 : 0.03초 이내

4-2 ○ 접지공사

1 접지공사 일반

(1) 접지(earth)의 목적과 정의

① 기기의 대지 전위 상승 억제, 감전 방지, 기기의 손상 방지, 보호 계전기 등의 동작을 확실하게 하고, 기기 전로의 영전위 확보 및 외부의 유도에 의한 장애를 방지한다.

② 지기(地氣), 지락(地絡), 어스(earth)라고도 부르고, 전기 계통 내에서 대지를 0 전위로 하여 전위의 기준을 삼는다.

③ 전기적인 안전(감전 사고)을 확보하거나 신호의 간섭을 피하기 위해서 회로(배선)의 일부를 대지에 도선으로 접속, 전기적으로 잇는 것이다.

④ 전기 기기 내에서 절연 파괴가 생기면, 기기의 금속제 외함은 충전되어 대지 전압을 가진다. 여기에 사람이 접촉하면 인체를 통하여 대지로 전류가 흘러 감전되므로, 금속제 외함을 접지하여 대지 전압을 가지지 않도록 하는 것이 접지공사이다.

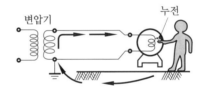

그림 3 – 32 누전에 의한 감전 경로

(2) 접지공사에 관한 용어

① 대지(earth) : 대지란, 그 전위가 점에 있어서도 보통 영(zero)으로 되는 지구의 도전성 부분

② 접지(earth) : 전기기기와 땅 사이를 도선으로 연결하는 일 또는 그 장치 감전을 피하기 위해 시설함

③ 접지선(earth wire) : 대지 또는 이에 해당한 금속체에 접속하기 위한 선

④ 접지극(earth eletrode) : 대지에 확실히 접촉되고 전기적 접속을 제공하는 하나의 도체 또는 도체의 집합

⑤ 전기적 독립 접지극 : 다른 전극의 전위에는 영향을 미치지 않는 거리에 시설하는 접지극

⑥ 주 접지단자 접지모선(main earthing bar) : 접지하는 것을 목적으로 보호도체의 접속에 사용되는 단자 또는 모선(등전위 본딩 도체 및 기능접지가 있게 되면 그 도체를 포함)

⑦ 보호도체(PE, Protective Conductor) : 감전에 대한 보호 등 안전을 위해 제공되는 도체

⑧ 등전위 본딩(Equipotential Bonding) : 등전위를 형성하기 위해 도전성 부분 상호 간을 전기적으로 연결하는 것

⑨ 보호 본딩 도체 : 보호 등전위 본딩을 제공하는 보호도체.

⑩ 보호 등전위 본딩 : 감전에 대한 보호 등과 같이 안전을 목적으로 하는 등전위 본딩

⑪ 등전위 본딩망 : 구조물의 모든 도전부와 충전도체를 제외한 내부설비를 접지극에 상호 접속하는 망

⑫ 접지시스템(Earthing System) : 기기나 계통을 개별적 또는 공통으로 접지하기 위하여 필요한 접속 및 장치로 구성된 설비

⑬ 접지도체 : 계통, 설비 또는 기기의 한 점과 접지 극 사이의 도전성 경로 또는 그 경로의 일부가 되는 도체(주 접지단자나 접지모선을 접지극에 접속한 도체)

⑭ 계통접지(System Earthing) : 전력계통에서 돌발적으로 발생하는 이상 현상에 대비하여 대지와 계통을 연결하는 것으로, 중성점을 대지에 접속하는 것

⑮ 충전부(Live Part) : 통상적인 운전 상태에서 전압이 걸리도록 되어 있는 도체 또는 도전부를 말한다(중성선을 포함하나 PEN 도체, PEM 도체 및 PEL 도체는 포함하지 않는다).

⑯ 노출 도전부 : 충전부는 아니지만 고장 시에 충전될 위험이 있고, 사람이 쉽게 접촉할 수 있는 기기의 도전성 부분

⑰ 중성선 다중접지 방식 : 전력계통의 중성선을 대지에 다중으로 접속하고, 변압기의 중성점을 그 중성선에 연결하는 계통접지 방식

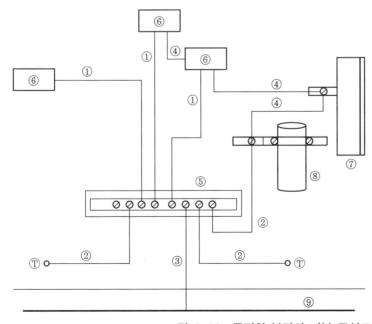

① 보호도체(PE)
② 주 등전위 본딩용 도체
③ 접지선
④ 보조 등전위 본딩용 도체
⑤ 등전위 본딩용 모선 혹은 등전위 본딩용 바
⑥ 전기기기의 노출 전도성 부분
⑦ 계통 외 전도성 부분 (빌딩 철골, 금속 덕트)
⑧ 계통 외 전도성 부분 (금속제 수도관, 가스관)
⑨ 접지극
Ⓣ 전기설비·기기 (IT 기기, 뇌보호 설비)

그림 3-33 등전위 본딩의 기본 구성도

2 계통접지(System Earthing)의 구성(KEC 203.1)

(1) 저압전로의 보호도체 및 중성선의 접속 방식에 따른 접지계통의 분류

① TN 계통

② TT 계통

③ IT 계통

④ 직류 접지계통

표 3-31 코드가 갖는 의미

구분	관계·상태	기호	내 용
제1문자	1. 전력계통과 대지와의 관계 2. 전원측 변압기의 접지상태	T	대지에 직접 접지
		I	비접지(절연) 또는 임피던스 접지
제2문자	1. 설비의 노출 도전성 부분과 대지와의 관계 2. 설비의 접지상태	T	노출 도전부(외함)를 직접 접지
		N	전력계통의 중성점에 접속
제3문자	중성선 및 보호도체의 접속	S	중성선과 보호도체를 분리
		C	중성선과 보호도체를 겸용(PEN 선)

㈜ T(terra), I(insulation or impedance), N(netural), S(separator), C(combine)

표 3-32 그림 기호 표시(표 KEC 203.1-1)

기호 설명	
(그림 기호)	중성선(N)
(그림 기호)	보호선(PE)
(그림 기호)	보호선과 중성선 결합(PEN)

(2) TN 계통(KEC 203.2)

① 전원측의 한 점을 직접 접지하고 설비의 노출 도전부를 보호도체로 접속시키는 방식이다.

② 중성선 및 보호도체(PE 도체)의 배치 및 접속방식에 따른 종류 3가지로 구분된다.

㈎ TN-S

- 계통 전체에 대해 별도의 중성선 또는 PE 도체를 분리하여 사용한다.
- 통신기기나 전산센터, 병원 등 예민한 전기설비가 있는 경우 많이 사용된다.

㈜ TN-C

- 계통 전체에 대해 중성선과 보호도체의 기능을 겸용한 PEN 도체를 사용한다(3상 불평형 시 중성선에 흐르는 전류를 누전차단기가 정확하게 판단하기 어렵기 때문이다. 이때, 불평형전류는 접지와 보호도체로 흐르게 된다).
- 누전차단기를 사용해서는 안 된다.

㈐ TN-C-S

- TN-S 방식과 TN-C 방식이 결합한 형태이므로, TN-C 부분에서는 누전차단기를 사용해서는 안 된다.
- 수·변전설비를 갖춘 대형 건축물에서 전원부는 TN-C를, 간선 계통에서는 TN-S를 적용한다.

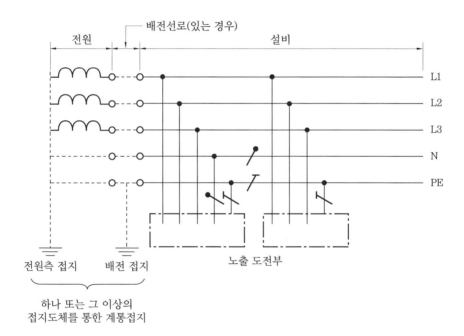

그림 3-34 계통 내에서 별도의 중성선과 보호도체가 있는 TN-S 계통(KEC 203.2-1)

(3) TT 계통(KEC 203.3)

① 전원의 한 점을 직접 접지하고 설비의 노출 도전부는 전원계통의 접지전극과 전기적으로 독립적인 접지극에 접지하는 계통이다.

② 우리나라 수용가에 많이 적용되고 있으며, 반드시 누전차단기를 설치하여야 한다.

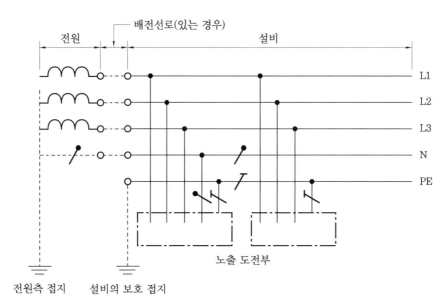

그림 3-35 설비 전체에서 별도의 중성선과 보호도체가 있는 TT 계통(KEC 203.3-1)

(4) IT 계통(KEC 203.4)

① 충전부 전체를 대지로부터 절연시키거나, 한 점을 임피던스를 통해 대지에 접속시킨다.
② 전기설비의 노출 도전부를 단독 또는 일괄적으로 접지하거나 또는 계통접지로 접속
하는 계통이다.
③ 중성선은 배선할 수도 있고, 배선하지 않을 수도 있다.
④ 주요 시설로, 전원이 차단되어서는 안 되는 곳에 적용된다.

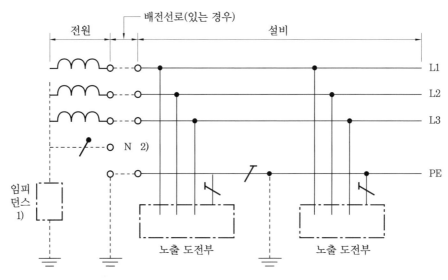

그림 3-36 계통 내의 모든 노출 도전부가 보호도체에 의해 접속되어 일괄 접지된 IT 계통(KEC 203.4-1)

3 접지시스템(Earthing System)(KEC 140)

(1) 접지시스템의 구분 및 종류

① 접지시스템

㈎ 계통접지 : 전력계통에서 돌발적으로 발생하는 이상 현상에 대비하여 대지와 계통을 연결하는 것으로, 중성점을 대지에 접속하는 것

㈏ 보호접지 : 고장 시 감전에 대한 보호를 목적으로 기기의 한점 또는 여러 점을 접지하는 것

㈐ 피뢰시스템 접지 : 구조물 뇌격으로 인한 물리적 손상을 줄이기 위해 사용되는 전체 시스템을 말하며, 외부 피뢰시스템과 내부 피뢰시스템으로 구성된다.

② 접지시스템의 시설 종류

㈎ 단독접지 : 개별적으로 접지극을 설치, 접지하는 방식

㈏ 공통접지 : 특·고압접지계통과 저압접지계통을 등전위 형성을 위해 공통으로 접지하는 방식

㈐ 통합접지 : 계통접지, 보호접지, 피뢰시스템 접지의 접지극을 통합하여 접지

(2) 접지시스템의 시설(KEC 142)

① 접지시스템 구성요소

㈎ 접지극

㈏ 접지도체

㈐ 보호도체 및 기타 설비

② 접지극은 접지도체를 사용하여 주 접지단자에 연결하여야 한다.

※ 보호도체(PE, Protective Conductor)

1. 안전을 목적(감전 보호)으로 설치하는 도체를 말한다.

2. 다음 부분에서, 전기적으로 접촉했을 경우 감전에 대한 대책이 필요한 도체이다

- 노출 도전성 부분
- 계통의 도전성 부분
- 주 접지단자
- 접지극
- 전원 또는 중성점의 접지점

(3) 접지시스템 요구사항(KEC 142.1.2)

① 전기설비의 보호 요구사항을 충족하여야 한다.

② 지락전류와 보호도체 전류를 대지에 전달하여야 한다.

③ 전기설비의 기능적 요구사항을 충족하여야 한다.

④ 접지저항 값은 다음에 의한다.

 ㈎ 부식, 건조 및 동결 등 대지 환경 변화에 충족하여야 한다.

 ㈏ 인체감전보호를 위한 값과 전기설비의 기계적 요구에 의한 값을 만족하여야 한다.

(4) 접지극의 시설 및 접지저항(KEC 142.2)

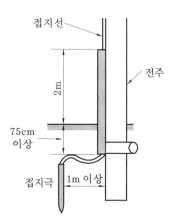

그림 3-37 접지 공사의 특례

① 접지극은 다음의 방법 중 하나 또는 복합하여 시설하여야 한다.

 ㈎ 콘크리트에 매입된 기초 접지극

 ㈏ 토양에 매설된 기초 접지극

 ㈐ 토양에 수직 또는 수평으로 직접 매설된 금속전극 (봉, 전선, 테이프, 배관, 판 등)

 ㈑ 케이블의 금속외장 및 그 밖에 금속피복

 ㈒ 지중 금속구조물(배관 등)

 ㈓ 대지에 매설된 철근 콘크리트의 용접된 금속 보강재

② 접지극의 매설

 ㈎ 접지극의 매설 깊이는 지표면으로부터 지하 $0.75\,\mathrm{m}$ 이상으로 한다.

 ㈏ 접지도체를 철주 기타의 금속체를 따라서 시설하는 경우에는 접지극을 철주의 밑면으로부터 $0.3\,\mathrm{m}$ 이상의 깊이에 매설하는 경우 이외에 접지극을 지중에서 그 금속체로부터 $1\,\mathrm{m}$ 이상 떼어 매설하여야 한다.

③ 접지시스템 부식에 대한 고려

 ㈎ 접지극에 부식을 일으킬 수 있는 폐기물 집하장 및 번화한 장소에 접지극 설치는 피해야 한다.

 ㈏ 서로 다른 재질의 접지극을 연결할 경우 전식을 고려하여야 한다.

 ㈐ 콘크리트 기초 접지극에 접속하는 접지도체가 용융 아연도금 강제인 경우 접속부를 토양에 직접 매설해서는 안 된다.

④ 접지극을 접속하는 경우에는 발열성 용접, 압착접속, 클램프 또는 그 밖의 적절한 기계적 접속장치로 접속하여야 한다.

⑤ 가연성 액체나 가스를 운반하는 금속제 배관은 접지설비의 접지극으로 사용 할 수 없다(단, 보호 등전위 본딩은 예외로 한다).

⑥ 수도관 등을 접지극으로 사용하는 경우는 다음에 의한다.

 ㈎ 지중에 매설되어 있고 대지와의 전기저항 값이 $3\,\Omega$ 이하의 값을 유지하고 있는 금속제 수도관로가 다음에 따르는 경우 접지극으로 사용이 가능하다.

  • 접지도체와 금속제 수도관로의 접속은 안지름 $75\,\mathrm{mm}$ 이상인 부분 또는 여기에서 분기한 안지름 $75\,\mathrm{mm}$ 미만인 분기점으로부터 $5\,\mathrm{m}$ 이내의 부분에서 하여야 한다(전기저항 값이 $2\,\Omega$ 이하인 경우에는 $5\,\mathrm{m}$를 넘을 수 있다).

- 접지도체와 금속제 수도관로의 접속부를 수도계량기로부터 수도 수용가 측에 설치하는 경우에는 수도계량기를 사이에 두고 양측 수도관로를 등전위 본딩하여야 한다.
    ㈏ 건축물·구조물의 철골 금속제는 대지와의 사이에 전기저항 값이 2Ω 이하인 값을 유지하는 경우에 한하여 다음 접지공사의 접지극으로 사용할 수 있다.
- 비접지식 고압전로에 시설하는 기계기구의 철대
- 금속제 외함의 접지공사
- 비접지식 고압전로와 저압전로를 결합하는 변압기의 저압전로의 접지공사

(5) 접지도체 · 보호도체

- 접지도체(Earthing Conductor)
- 보호도체(PE, Protective Conductor)
① 접지도체의 최소 단면적
    ㈎ 큰 고장 전류가 흐르지 않는 경우
- 구리 : 6 mm^2 이상
- 철제 : 50 mm^2 이상
    ㈏ 접지도체에 피뢰시스템이 접속되는 경우
- 구리 16 mm^2
- 철 50 mm^2 이상
② 접지도체는 지하 0.75 m 부터 지표 상 2 m 까지 부분은 합성수지관 또는 몰드로 덮어야 한다(두께 2 mm 미만의 합성수지제 전선관 및 가연성 콤바인덕트관은 제외).
③ 이동하여 사용하는 전기 기계기구의 금속제 외함 등의 접지시스템의 경우
    ㈎ 저압 전기설비용 접지도체는 다심 코드 또는 다심 캡타이어 케이블의 1개 도체의 단면적이 0.75 mm^2 이상인 것을 사용한다.
    ㈏ 유연성이 있는 연동연선은 1개 도체의 단면적이 1.5 mm^2 이상인 것을 사용한다.
④ 보호도체(KEC 142.3.2)
    ㈎ 보호도체의 최소 단면적

표 3-33 보호도체의 최소 단면적

선 도체의 단면적 S(mm^2, 구리)	보호도체의 최소 단면적(mm^2, 구리) 보호도체의 재질이 선 도체와 같은 경우
S ≤ 16	S
16 < S ≤ 35	16 ^{a}
S > 35	$S^a/2$

주 a : PEN 도체의 최소 단면적은 중성선과 동일하게 적용한다.

(나) 보호도체가 케이블의 일부가 아니거나 선 도체와 동일 외함에 설치되지 않으면 단면적은 다음의 굵기 이상으로 하여야 한다.

표 3-34 보호도체의 단면적

구 분	구리(mm²)	알루미늄(mm²)
기계적 손상에 대해 보호가 되는 경우	2.5	16
기계적 손상에 대해 보호가 되지 않는 경우	4	16

(다) 보호도체의 종류
- 다심케이블의 도체
- 충전도체와 같은 트렁킹에 수납된 절연도체 또는 나도체
- 고정된 절연도체 또는 나도체
- 금속케이블 외장, 케이블 차폐, 케이블 외장, 전선묶음(편조전선), 동심도체, 금속관

(라) 다음과 같은 금속부분은 보호도체 또는 보호 본딩 도체로 사용해서는 안 된다.
- 금속 수도관
- 가스·액체·분말과 같은 잠재적인 인화성 물질을 포함하는 금속관
- 상시 기계적 응력을 받는 지지 구조물 일부
- 가요성 금속배관. 다만, 보호도체의 목적으로 설계된 경우는 예외로 한다.
- 가요성 금속전선관
- 지지선, 케이블트레이 및 이와 비슷한 것

(마) 보호도체에는 어떠한 개폐장치를 연결해서는 안 된다.

⑤ 보호도체와 계통도체 겸용(KEC 142.3.4) : 중성선과 겸용, 선 도체와 겸용, 중간도체와 겸용 등

(가) 겸용도체는 고정된 전기설비에서만 사용할 수 있으며 다음에 의한다.
- 단면적은 구리 10 mm² 또는 알루미늄 16 mm² 이상이어야 한다.
- 중성선과 보호도체의 겸용도체는 전기설비의 부하 측으로 시설하여서는 안 된다.
- 폭발성 분위기 장소는 보호도체를 전용으로 하여야 한다.
- 겸용도체는 보호도체용 단자 또는 바에 접속되어야 한다.
- 계통외도전부는 겸용도체로 사용해서는 안 된다.

⑥ 감전보호에 따른 보호도체(KEC 142.3.6) : 과전류 보호장치를 감전에 대한 보호용으로 사용하는 경우, 보호도체는 충전도체와 같은 배선설비에 병합시키거나 근접한 경로로 설치하여야 한다.

⑦ 주 접지단자에 접속하여야 하는 도체(KEC 142.3.7)

㈎ 등전위 본딩도체

㈏ 접지도체

㈐ 보호도체

㈑ 기능성 접지도체

(6) 전기수용가 접지(KEC 142.4)

① 저압수용가 인입구 접지 : 변압기 중성점 접지를 한 저압전선로의 중성선 또는 접지측 전선에 추가로 접지공사

㈎ 대지와의 전기저항 값이 3 Ω 이하의 값을 유지하고 있는 금속제 수도관로

㈏ 또는 3 Ω 이하인 값을 유지하는 건물의 철골

㈐ 접지도체는 공칭단면적 6 mm² 이상의 연동선

② 주택 등 저압수용장소 접지 : 계통접지가 TN-C-S 방식인 경우에 보호도체 시설

㈎ 보호도체의 최소 단면적은 표 3-33 최소 단면적에 의한 값 이상

㈏ 중성선 겸용 보호도체(PEN)의 단면적

• 구리 : 10 mm² 이상, 알루미늄 : 16 mm² 이상

(7) 변압기 중성점 접지(KEC 142.5)

① 변압기의 고압·특고압측 전로 1선 지락전류로 150을 나눈 값과 같은 저항값 이하

② 사용 전압이 35 kV 이하의 특고압 전로가 저압측 전로와 혼촉하고 저압전로의 대지전압이 150 V를 초과하는 경우(자동으로 차단하는 장치를 설치할 때)

㈎ 1초 초과 2초 이내 : 300을 나눈 값 이하

㈏ 1초 이내 : 600을 나눈 값 이하

(8) 기계기구의 철대 및 외함의 접지(KEC 142.7)

① 기계기구의 철대 및 금속제 외함에는 접지시스템(KEC 140)에 의한 접지공사를 하여야 한다.

② 규정에 따르지 않을 수 있는 경우

㈎ 직류 300 V 또는 교류 대지전압이 150 V 이하인 기계기구를 건조한 곳에 시설하는 경우

㈏ 저압용의 기계기구를 건조한 목재의 마루 등, 절연성 물건 위에서 취급하도록 시설하는 경우

㈐ 철대 또는 외함의 주위에 적당한 절연대를 설치하는 경우

㈑ 외함이 없는 계기용변성기가 고무·합성수지 기타의 절연물로 피복한 것일

경우

㉲ 이중절연구조로 되어 있는 기계기구를 시설하는 경우

㉳ 저압용 전로의 전원측에 절연변압기를 시설하고 또한 그 절연변압기의 부하측 전로를 접지하지 않은 경우(절연변압기 : 2차 전압이 300 V 이하이며, 정격용량이 3 kVA 이하인 것)

㉴ 인체감전보호용 누전차단기를 시설하는 경우(정격감도전류가 30 mA 이하, 동작 시간이 0.03초 이하의 전류 동작형)

(9) 감전보호용 등전위 본딩의 적용(KEC 143.1)

접지도체, 주 접지단자와 도전성 부분에 등전위 본딩을 할 곳

① 수도관·가스관 등 외부에서 내부로 인입되는 금속배관

② 건축물·구조물의 철근, 철골 등 금속보강재

③ 금속제 난방배관 및 공조설비 등 계통외도전부

(10) 보호 등전위 본딩 도체(KEC 143.3.1)

주 접지단자에 접속하기 위한 등전위 본딩 도체

① 구리 도체 : $6 \, mm^2$ 이상

② 알루미늄 도체 : $16 \, mm^2$ 이상

③ 강철 도체 : $50 \, mm^2$ 이상

4-3 ㅇ 피뢰시스템

1 피뢰시스템의 적용범위 및 구성

(1) 적용범위(KEC 151.1)

① 전기설비가 설치된 건축물·구조물로서 낙뢰로부터 보호가 필요한 것 또는 지상으로부터 높이가 20 m 이상인 것

② 전기설비 및 전자설비 중 낙뢰로부터 보호가 필요한 설비

(2) 피뢰시스템의 구성

① 내부 피뢰시스템 : 간접뢰 및 유도뢰로부터 대상물을 보호

② 외부 피뢰시스템 : 직격뢰로부터 대상물을 보호

2 외부 피뢰시스템(KEC 152)

(1) 수뢰부 시스템

① 수뢰부 시스템의 선정은 돌침, 수평도체, 메시도체의 요소 중에 한 가지 또는 조합

② 수뢰부 시스템의 배치는 보호각법, 회전구체법, 메시법 중 하나 또는 조합

③ 건축물·구조물의 뾰족한 부분, 모서리 등에 우선하여 배치한다.

④ 지상으로부터 높이 60 m를 초과하는 건축물·구조물에 시설

(2) 인하도선 시스템(KEC 152.2)

① 복수의 인하도선을 병렬로 구성

② 도선경로의 길이가 최소가 되도록 한다.

③ 인하도선의 수는 2가닥 이상으로 한다.

(3) 접지극 시스템(KEC 152.3)

① 접지극의 구분

㈎ A형 접지극 : 수평 또는 수직 접지극

㈏ B형 접지극 : 환상도체 또는 기초 접지극

② 접지극 시설

㈎ 지표면에서 0.75 m 이상 깊이로 매설

㈏ 대지가 암반지역으로 대지저항이 높은 경우에는 환상도체 접지극 또는 기초 접지극으로 한다.

㈐ 철근 콘크리트 기초 내부의 상호 접속된 철근 등은 접지극으로 사용할 수 있다.

(4) 고압 및 특고압의 전로 중 피뢰기를 시설 하여야 하는 곳(KEC 341.13)

① 발전소·변전소 또는 이에 준하는 장소의 가공전선 인입구 및 인출구

② 특고압 가공전선로에 접속하는 배전용 변압기의 고압측 및 특고압측

③ 고압 및 특고압 가공전선로로부터 공급을 받는 수용장소의 인입구

④ 가공전선로와 지중전선로가 접속되는 곳

과년도 / 예상문제

전기기능사

1. 전기 회로에서 실제로 대지를 0 V의 기준 점으로 택하는 경우가 많다. 전기적인 안전을 확보하거나 신호의 간섭을 피하기 위해서 회로의 일부분을 대지에 도선으로 접속하여 '0' 전위가 되도록 하는 것을 무엇이라 하는가?

① 접지
② 전압 강하
③ 전기 저항
④ 부하(load)

해설 접지(earth ; grounding)
㉠ 지기(地氣), 지락(地絡), 어스 (earth)라고도 부른다.
㉡ 전기 계통 내에서 대지를 '0' 전위로 하여 전위의 기준을 삼는다.

2. 다음 중 접지의 목적으로 알맞지 않는 것은 어느 것인가? [17]

① 감전의 방지
② 전로의 대지전압 상승
③ 보호 계전기의 동작 확보
④ 이상 전압의 억제

해설 접지의 목적
㉠ 전로의 대지전압 저하
㉡ 감전 방지
㉢ 보호 계전기 등의 동작 확보
㉣ 보호 협조
㉤ 기기 전로의 영전위 확보(이상 전압의 억제)
㉥ 외부의 유도에 의한 장애를 방지한다.

3. 저압 옥내용 기기에 접지공사를 시설하는 주된 목적은? [16]

① 기기의 효율을 좋게 한다.
② 기기의 절연을 좋게 한다.
③ 기기의 누전에 의한 감전을 방지한다.
④ 기기의 누전에 의한 역률을 좋게 한다.

해설 위 문제 해설 참조

4. 접지 저항값에 가장 큰 영향을 주는 것은 어느 것인가? [15]

① 접지선 굵기
② 접지전극 크기
③ 온도
④ 대지저항

해설 접지선과 접지저항 : 접지선이란, 주 접지 단자나 접지모선을 접지극에 접속한 전선을 말하며, 접지저항은 접지 전극과 대지 사이의 저항을 말한다.
∴ 대지저항은 접지 저항값에 가장 큰 영향을 준다.

5. 접지 전극과 대지 사이의 저항은? [11]

① 고유저항
② 대지전극저항
③ 접지저항
④ 접촉저항

해설 위 문제 해설 참조

6. 접지저항 저감 대책이 아닌 것은? [14]

① 접지봉의 연결 개수를 증가시킨다.
② 접지판의 면적을 감소시킨다.
③ 접지극을 깊게 매설한다.
④ 토양의 고유저항을 화학적으로 저감시킨다.

해설 접지판의 면적을 증대시킨다.

7. 접지시스템의 구분에 해당되지 않는 것은?

① 공통접지
② 계통접지
③ 보호접지
④ 피뢰 시스템 접지

해설 접지시스템의 구분(KEC 141) : 계통접지, 보호접지, 피뢰 시스템 접지
※ 공통접지는 접지시스템의 시설 종류에 해당된다.

8. 접지시스템의 시설 종류에 해당되지 않는 것은?

① 단독접지 ② 보호접지
③ 공통접지 ④ 통합접지

해설 접지시스템의 시설 종류 : 단독접지, 공통접지, 통합접지
※ 보호접지는 접지시스템의 구분에 해당된다.

9. 다음 중 접지시스템 구성요소에 해당되지 않는 것은?

① 접지극 ② 접지도체
③ 충전부 ④ 보호도체

해설 접지시스템의 구성요소(KEC 142.1.1) : 접지극, 접지도체, 보호도체 및 기타 설비로 구성된다.
※ 충전부(Live Part) : 통상적인 운전 상태에서 전압이 걸리도록 되어 있는 도체 또는 도전부를 말한다.

10. 다음 중 접지시스템의 요구사항에 적합하지 않는 것은?

① 전기설비의 보호 요구사항을 충족하여야 한다.
② 지락전류와 보호도체 전류가 대지에 전달되지 않아야 한다.
③ 전기·기계적 응력 및 이러한 전류로 인한 감전 위험이 없어야 한다.
④ 전기설비의 기능적 요구사항을 충족하여야 한다.

해설 접지시스템 요구사항(KEC 142.1.2) : 지락전류와 보호도체 전류를 대지에 전달할 것

11. 다음 중 접지극 형태에 해당되지 않는 것은?

① 접지봉이나 관

② 접지 테입이나 선
③ 합성수지제 수도관 설비
④ 철근 콘크리트

해설 접지극 형태는 ①, ②, ④외에 접지판, 기초부에 매입한 접지극, 금속제 수도관 설비 등이 있다.

12. 접지시스템의 시설에서, 접지극의 매설 깊이는 지표면으로부터 지하 몇 m 이상으로 하면 되는가?

① 0.25 ② 0.50
③ 0.75 ④ 1.0

해설 접지극의 매설(KEC 142.2) : 매설깊이는 지표면으로부터 지하 0.75 m 이상으로 한다.

13. 접지도체를 철주 기타의 금속체를 따라서 시설하는 경우, 접지극을 지중에서 그 금속체로부터 몇 m 이상 떼어 매설하면 되는가?

① 0.5 ② 1.0 ③ 1.5 ④ 2.0

해설 접지극의 매설(KEC 142.2) : 금속체로부터 1 m 이상 떼어 매설하여야 한다.

14. 접지극 시설에서, 지중에 매설되어 있고 대지와의 전기저항 값이 몇 Ω 이하의 값을 유지하고 있는 금속제 수도관로는 접지극으로 사용이 가능한가?

① 3 ② 5 ③ 8 ④ 10

해설 접지극의 매설(KEC 142.2) : 대지와의 전기저항 값이 3Ω 이하의 값을 유지하면 된다.

15. 접지도체의 선정에 있어서, 접지도체의 최소 단면적은 구리는 (a) mm² 이상, 철제는 (b) mm² 이상이면 된다. ( )에 알맞은 값은?(단, 큰 고장전류가 접지도체를 통하

여 흐르지 않을 경우이다.)

① (a) 6, (b) 50   ② (a) 26, (b) 48
③ (a) 10, (b) 25   ④ (a) 8. (b) 32

해설 접지도체의 선정(KEC 142.3.1) : 접지도체의 단면적은 구리 $6\,mm^2$ 또는 철 $50\,mm^2$ 이상으로 하여야 한다.

16. 보호도체와 계통도체를 겸용하는 겸용도체의 단면적은 구리 (a) mm^2 또는 알루미늄 (b) mm^2 이상이어야 한다. ( )에 올바른 값은?

① (a) 6, (b) 10   ② (a) 10, (b) 16
③ (a) 14, (b) 18   ④ (a) 18, (b) 24

해설 겸용도체(KEC 142.3.4) : 단면적은 구리 $10\,mm^2$ 또는 알루미늄 $16\,mm^2$ 이상이어야 한다.

17. 직류회로에서 선도체 겸용 보호도체의 표시 기호는?

① PEM   ② PEL
③ PEN   ④ PET

해설 겸용도체(KEC 142.3.4)
㉠ PEM : 중간선 겸용 보호도체
㉡ PEL : 선도체 겸용 보호도체
㉢ PEN : 교류회로에서, 중성선 겸용 보호도체

18. 접지시스템의 주 접지단자에 접속되는 도체에 해당되지 않는 것은?

① 등전위 본딩도체   ② 접지도체
③ 보호도체   ④ 충전부 도체

해설 주 접지단자에 접속되는 도체(KEC 142.3.7)
㉠ 등전위 본딩도체
㉡ 접지도체
㉢ 보호도체
㉣ 관련이 있는 경우, 기능성 접지도체

19. 저압수용가 인입구 접지에 있어서, 지중에 매설되어 있고 대지와의 전기저항 값이 몇 Ω 이하의 값을 유지하고 있는 금속제 수도관로는 접지극으로 사용할 수 있는가?

① 3   ② 5   ③ 10   ④ 12

해설 저압수용가 인입구 접지(KEC 142.4.1) : 대지와의 전기저항 값이 3Ω 이하의 값을 유지하고 있으면 된다.

20. 저압 수용장소에서 계통접지가 TN-C-S 방식인 경우, 중성선 겸용 보호도체(PEN)는 그 도체의 단면적이 구리는 (a) mm^2 이상, 알루미늄은 (b) mm^2 이상이어야 하는가?

① (a) 6, (b) 10   ② (a) 10, (b) 16
③ (a) 14, (b) 18   ④ (a) 18, (b) 24

해설 중성선 겸용 보호도체(PEN)(KEC 142.4.2) : 그 도체의 단면적이 구리는 $10\,mm^2$ 이상, 알루미늄은 $16\,mm^2$ 이상이어야 한다.

21. 다음 중 배전용 변압기에 접지공사의 목적을 올바르게 설명한 것은? [20]

① 고압 및 특고압의 저압과 혼촉 사고를 보호
② 전위상승으로 인한 감전보호
③ 뇌해에 의한 특고압·고압 기기의 보호
④ 기기절연물의 열화방지

해설 저·고압이 혼촉한 경우에 저압 전로에 고압이 침입할 경우 기기의 소손이나 사람의 감전을 방지하기 위한 것

22. 변압기의 중성점 접지 저항값을 결정하는 가장 큰 요인은? [19]

① 변압기의 용량
② 고압 가공 전선로의 전선 연장
③ 변압기 1차측에 넣는 퓨즈 용량
④ 변압기 고압 또는 특고압측 전로의 1선 지락전류의 암페어 수

정답 16. ② 17. ② 18. ④ 19. ① 20. ② 21. ① 22. ④

해설 변압기 중성점 접지 저항값 결정(KEC 142.5) : 일반적으로 변압기의 고압·특고 압측 전로 1선 지락전류로 150을 나눈 값과 같은 저항값 이하

23. 전로에 시설하는 기계 · 기구의 철대 및 금속제 외함에는 접지 시스템 규정에 의한 접지공사를 하여야 한다. 단, 사용 전압이 직류 (a) V 또는 교류 대지전압이 (b) V 이하인 기계기구를 건조한 곳에 시설하는 경우는 규정에 따르지 않을 수 있다. ( )에 올바른 값은?

① (a) 200, (b) 100
② (a) 300, (b) 150
③ (a) 350, (b) 200
④ (a) 440, (b) 220

해설 기계 · 기구의 철대 및 금속제 외함 접지 (KEC 142.7) : 사용 전압이 직류 300 V 또는 교류 대지전압이 150 V 이하인 기계·기구를 건조한 곳에 시설하는 경우

24. 주 접지단자에 접속하기 위한 등전위 본딩 도체의 단면적은 구리도체 (a) mm² 이상, 알루미늄 도체 (b) mm² 이상, 강철 도체 50 mm² 이상이어야 한다. ( )에 올바른 값은?

① (a) 6, (b) 10
② (a) 6, (b) 16
③ (a) 14, (b) 18
④ (a) 18, (b) 24

해설 등전위 본딩 도체의 단면적(KEC 143.3.1) : 구리도체는 6 mm² 이상, 알루미늄 도체는 16 mm² 이상이어야 한다.

25. 계통접지의 구성에 있어서, 저압 전로의 보호도체 및 중성선의 접속 방식에 따른 접지계통 방식에 해당되지 않는 것은?

① TN 계통
② TT 계통
③ IT 계통
④ IM

해설 계통접지의 구성(KEC 203.1)
㉠ TN 계통
㉡ TT 계통
㉢ IT 계통

26. 계통접지 구성에 있어서, 충전부 전체를 대지로부터 절연시키거나, 한 점을 임피던스를 통해 대지에 접속시키는 방식은?

① TN 계통
② TT 계통
③ IT 계통
④ TN-C-S

해설 IT 계통(KEC 203.1) : 충전부 전체를 대지로부터 절연시키거나, 한 점을 임피던스를 통해 대지에 접속시킨다.

27. 피뢰기의 약호는? [16]

① LA ② PF ③ SA ④ COS

해설 ① LA(lightning arrester) : 피뢰기
② PF(power fuse) : 파워 퓨즈
③ SA(surge absorber) : 서지 흡수기
④ COS(cut-out switch) : 컷아웃 스위치

28. 일반적으로 특고압 전로에 시설하는 피뢰기의 접지저항 값은 몇 Ω 이하로 하여야 하는가?

① 10 ② 25 ③ 50 ④ 100

해설 피뢰기의 접지(KEC 341.14) : 고압 및 특고압의 전로에 시설하는 피뢰기 접지저항 값은 10 Ω 이하로 하여야 한다.

29. 피뢰기의 제한 전압이란?

① 피뢰기의 평균 전압
② 피뢰기의 파형 전압
③ 피뢰기 동작 중 단자 전압의 파고치
④ 뇌 전압의 값

해설 제한 전압 : 충격파 전류가 흐르고 있을 때 피뢰기의 단자 전압을 말한다.

CHAPTER 5

가공 인입선 및 배전선 공사

5-1 ○ 인입선의 시설 · 지선, 옥측 전선로의 시설

1 가공인입선 공사

• 가공 인입선(service drop) : 가공 전선로의 지지물에서 분기하여 다른 지지물을 거치지 않고 수용 장소의 지지점에 이르는 가공 전선으로, 수용 장소에서 인입선의 회선 수는 동일 전기 방식에 대하여 한 개로 한다.

(1) 인입선의 구분

① 인입 간선 : 고압 또는 저압 배전 선로에서 수용가에 인입을 목적으로 분기된 주요 인입 전선로이다.

② 본주 인입선 : 인입 간선에서 분기한 분주에서 수용가에 이르는 전선로이다.

③ 소주 인입선 : 본주에서 분기한 소주에서 수용가에 이르는 전선로이다.

④ 연접 인입선 : 연접 인입선은 수용 장소의 인입선에서 분기하여 지지물을 거치지 않고, 다른 수용 장소의 인입구에 이르는 부분의 전선로이다.

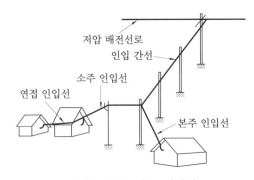

그림 3-38 가공 인입선

(2) 저압 연접 인입선의 시설(KEC 221.1.2)

① 인입선에서 분기하는 점으로부터 100 m를 초과하는 지역에 미치지 아니할 것

② 폭 5 m를 초과하는 도로를 횡단하지 아니할 것

③ 옥내를 통과하지 아니할 것(고압 연접 인입선은 시설할 수 없다.)

(3) 구내 저압 인입선의 시설(KEC 221.1.1)

① 전선은 절연 전선 또는 케이블일 것

② 케이블인 경우 이외에는 인장강도 2.30 kN 이상의 것 또는 지름 2.6 mm 이상의 인입용 비닐 절연 전선일 것(경간이 15 m 이하인 경우 : 인장강도 1.25 kN 이상의 것 또는 지름 2 mm 이상)

③ 전선이 옥외용 비닐 절연 전선인 경우에는 사람이 접촉할 우려가 없도록 시설할 것

④ 전선의 높이

  ㈎ 도로를 횡단하는 경우 : 노면상 5 m 이상(교통에 지장이 없을 때 : 3 m)

  ㈏ 철도 또는 궤도를 횡단하는 경우 : 레일면상 6.5 m 이상

  ㈐ 횡단보도교의 위에 시설하는 경우 : 노면상 3 m 이상

  ㈑ 기타의 경우 : 지표상 4 m(교통에 지장이 없을 때 : 2.5 m)

⑤ 저압 가공 인입선 조영물의 구분에 따른 이격 거리

표 3-35 저압 가공 인입선 조영물의 구분에 따른 이격 거리

시설물의 구분			이격 거리
조영물의 상부 조영재	위쪽	2 m	1. 옥외용 비닐 절연 전선 이외의 절연 전선인 경우 : 1.0 m 2. 고압, 특고압 절연 전선, 케이블인 경우 : 0.5 m
	옆쪽 또는 아래쪽	0.3 m	1. 고압 절연 전선, 특고압 절연 전선 경우 : 0.15 m 2. 케이블인 경우 : 0.15 m
조영물의 상부 조영재 이외의 부분 또는 조영물 이외의 시설물		0.3 m	

2 지선의 시설

(1) 지선의 시설 목적

① 지지물의 강도 보강 및 전선로의 안전성 증대

② 불평형 장력에 대한 평형 유지 및 건조물 등에 접근하는 전선로 보안

  ㊀ 1. 지선이 분담하는 강도는 지지물이 받는 전체 풍압 하중의 $\frac{1}{2}$ 미만이어야 한다.

    2. 철탑은 지선을 사용하여 그 강도를 분담시켜서는 안 된다.

(2) 지선의 종류(사용 목적에 따른 형태별 분류)

① 보통 지선 : 전주 근원으로부터 전주 길이의 약 $\frac{1}{2}$ 거리에 지선용 근가를 매설하여 설치하는 것으로 일반적인 경우에 사용한다.

② 수평 지선 : 지형의 상황 등으로 보통 지선을 시설할 수 없는 경우에 적용한다.

③ 공동 지선 : 두 개의 지지물에 공통으로 시설하는 지선으로서 지지물 상호간 거리가 비교적 근접한 경우에 시설한다.

④ Y 지선 : 다단의 완철이 설치되고 또한 장력이 클 때 또는 H주일 때 보통 지선을 2단으로 시설하는 것이다.

⑤ 궁지선 : 장력이 비교적 적고 다른 종류의 지선을 시설할 수 없을 경우에 적용하며, 시공 방법에 따라 A형, R형 지선으로 구분한다.

⑥ 완철 지선 : 공사상 부득이 발생하는 창출, 편출 장주된 완철을 인류할 경우 완철의 끝단과 다른 지지물 사이에 설치한다.

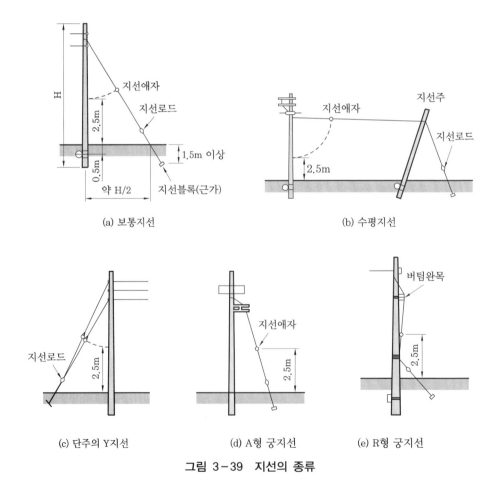

(a) 보통지선 (b) 수평지선 (c) 단주의 Y지선 (d) A형 궁지선 (e) R형 궁지선

그림 3-39 지선의 종류

(3) 지선의 안전율·소선의 구성(KEC 331.11)

① 지선의 안전율 : 2.5 이상(허용 인장하중의 최저는 4.31 kN)

② 지선에 연선을 사용할 경우

㈎ 소선 3가닥 이상의 연선일 것

㈏ 소선의 지름이 2.6 mm 이상의 금속선을 사용한 것일 것

③ 지중부분 및 지표상 0.3 m까지의 부분에는 내식성이 있는 것 또는 아연도금을 한 철봉을 사용하고 쉽게 부식되지 않는 근가에 견고하게 붙일 것

(4) 지선의 높이

① 도로 횡단 시 : 5 m 이상(단, 교통에 지장을 초래할 염려가 없는 경우 4.5 m 이상)

② 보도의 경우 : 2.5 m 이상

3 옥측 전선로(KEC 221.2)

(1) 저압 옥측 전선로 시설공사

① 애자 공사

② 합성수지관 공사

③ 금속관 공사

④ 버스 덕트 공사

⑤ 케이블 공사

(2) 애자 공사에 의한 저압 옥측 전선로

① 사람이 쉽게 접촉될 우려가 없도록 시설할 것

② 공칭단면적 4 mm² 이상의 연동 절연 전선일 것(옥외용 비닐 절연 전선, 인입용 절연 전선은 제외)

③ 시설 장소별 조영재 사이의 이격 거리

표 3-36 시설 장소별 조영재 사이의 이격 거리

시설 장소	전선 상호 간의 간격		전선과 조영재 사이의 이격거리	
	사용 전압 400 V 이하인 경우	사용 전압 400 V 초과인 경우	사용 전압 400 V 이하인 경우	사용 전압 400 V 초과인 경우
비나 이슬에 젖지 않는 장소	0.06 m	0.06 m	0.025 m	0.025 m
비나 이슬에 젖는 장소	0.06 m	0.12 m	0.025 m	0.045 m

④ 전선의 지지점 간의 거리는 2 m 이하일 것

⑤ 전선에 인장강도 1.38 kN 이상의 것 또는 지름 2 mm 이상의 경동선을 사용할 것

⑥ 전선 상호 간의 간격 : 0.2 m 이상

⑦ 전선과 저압 옥측 전선로를 시설한 조영재 사이의 이격 거리 : 0.3 m 이상

⑧ 애자는 절연성 · 난연성 및 내수성이 있는 것일 것

(3) 합성수지관 공사, 금속관 공사, 버스 덕트 공사, 케이블 공사는 전선관 시스템 규정을 참조하여 시설할 것

(4) 저압 옥측 전선로 조영물의 구분에 따른 이격 거리

표 3-37 저압 옥측 전선로 조영물의 구분에 따른 이격 거리

다른 시설물의 구분	접근 형태	이격거리
조영물의 상부 조영재	위쪽	2 m(전선이 고압 절연 전선, 특고압 절연 전선 또는 케이블인 경우는 1 m)
	옆쪽 또는 아래쪽	0.6 m(전선이 고압 절연 전선, 특고압 절연 전선 또는 케이블인 경우는 0.3 m)
조영물의 상부 조영재 이외의 부분 또는 조영물 이외의 시설물		0.6 m(전선이 고압 절연 전선, 특고압 절연 전선 또는 케이블인 경우는 0.3 m

(5) 애자 공사에 의한 저압 옥측 전선로의 전선과 식물 사이의 이격 거리는 0.2 m 이상이어야 한다.

과년도 / 예상문제

전기기능사

1. 가공 전선로의 지지물에서 다른 지지물을 거치지 아니하고 인입선 접속점에 이르는 가공 전선을 무엇이라 하는가? [11, 14, 15, 17]

① 옥외 전선   ② 연접 인입선
③ 가공 인입선   ④ 관등 회로

해설 가공 인입선(service drop)
ㄱ 다른 지지물을 거치지 않고 수용 장소의 지지점에 이르는 가공 전선
ㄴ 수용 장소에서 인입선의 회선 수는 동일 전기 방식에 대하여 한 개로 한다.

2. 일반적으로 저압 가공 인입선이 도로를 횡단하는 경우 노면상 설치 높이는 몇 m 이상이어야 하는가? [10, 14, 16, 17]

① 3   ② 4
③ 5   ④ 6.5

해설 저압 인입선의 높이

구분	이격 거리
도로	도로를 횡단하는 경우는 5 m 이상
철도 또는 궤도를 횡단	레일면상 6.5 m 이상
횡단보도교의 위쪽	횡단보도교의 노면상 3 m 이상
상기 이외의 경우	지표상 4 m 이상

3. 저압 가공 인입선이 횡단보도교 위에 시설되는 경우 노면상 몇 m 이상의 높이에 설치되어야 하는가? [13]

① 3   ② 4
③ 5   ④ 6

해설 위 문제 해설 참조

4. 저압 인입선 공사 시 저압 가공 인입선이 철도 또는 궤도를 횡단하는 경우 레일면상에서 몇 m 이상 시설하여야 하는가? [12, 14, 17]

① 3   ② 4
③ 5.5   ④ 6.5

해설 위 문제 해설 참조

5. 한 수용 장소의 인입선에서 분기하여 지지물을 거치지 아니하고 다른 수용 장소의 인입구에 이르는 부분의 전선을 무엇이라 하는가? [11, 19]

① 가공 전선   ② 가공 지선
③ 가공 인입선   ④ 연접 인입선

해설 연접 인입선 : 수용 장소의 인입선에서 분기하여 지지물을 거치지 않고 다른 수용 장소의 인입구에 이르는 부분의 전선로이다.

6. 연접 인입선 시설 제한 규정에 대한 설명이다. 틀린 것은? [11, 17]

① 분기하는 점에서 100 m를 넘지 않아야 한다.
② 폭 5 m를 넘는 도로를 횡단하지 않아야 한다.
③ 옥내를 통과해서는 아니된다.
④ 분기하는 점에서 고압의 경우에는 200 m를 넘지 않아야 한다.

해설 저압 연접 인입선의 시설 규정
ㄱ 인입선에서 분기하는 점에서 100 m를 초과하는 지역에 미치지 아니할 것
ㄴ 폭 5 m를 초과하는 도로를 횡단하지 아니할 것
ㄷ 옥내를 통과하지 아니할 것

7. 저압 인입선의 접속점 선정으로 잘못된 것은? [12]

① 인입선이 옥상을 가급적 통과하지 않도록 시설할 것

② 인입선은 약전류 전선로와 가까이 시설할 것

③ 인입선은 장력에 충분히 견딜 것

④ 가공배전선로에서 최단 거리로 인입선이 시설될 수 있을 것

해설 저압 인입선의 접속점 선정 : ①, ②, ④ 이외에

㉠ 인입선은 타 전선로 또는 약전류 전선로와 충분히 이격할 것(60 cm 이상 이격시킬 것)

㉡ 외상을 받을 우려가 없을 것

㉢ 굴뚝, 아테나, 및 이들의 지선 또는 수목과 접근하지 않도록 시설할 것

8. 저압 구내 가공 인입선으로 DV전선 사용 시 전선의 길이가 15 m 이하인 경우 사용할 수 있는 최소 굵기는 몇 mm 이상인가? [14]

① 1.5 ② 2.0

③ 2.6 ④ 4.0

해설 저압 구내 가공 인입선의 전선의 종류 및 굵기(KEC 221.1.1)

전선의 종류	전선의 굵기	
	전선의 길이 15 m 이하	전선의 길이 15 m 초과
OW전선, DV전선, 고압 및 특고압 절연 전선	2.0 mm 이상	2.6 mm 이상
450/750 V 일반용 단심 비닐 절연 전선	4 mm^2 이상	6 mm^2 이상
케이블	기계적 강도면의 제한은 없음	

9. OW 전선을 사용하는 저압 구내 가공 인

입전선으로 전선의 길이가 15 m를 초과하는 경우 그 전선의 지름은 몇 mm 이상을 사용하여야 하는가? [13]

① 1.6 ② 2.0

③ 2.6 ④ 3.2

해설 위 문제 해설 참조

10. 저압 가공 인입선의 인입구에 사용하며 금속관 공사에서 끝 부분의 빗물 침입을 방지하는데 적당한 것은? [10, 13]

① 플로어 박스 ② 엔트런스 캡

③ 부싱 ④ 터미널 캡

해설 엔트런스 캡(entrance cap)

㉠ 저압 가공 인입선의 인입구에 사용된다.

㉡ 인입구 또는 인출구 끝에 붙여서 관 내에 물의 침입을 방지할 수 있도록 사용된다.

11. 토지의 상황이나 기타 사유로 인하여 보통 지선을 시설할 수 없을 때 전주와 전주 간 또는 전주와 지주 간에 시설할 수 있는 지선은 어느 것인가? [14, 17]

① 보통 지선 ② 수평 지선

③ Y 지선 ④ 궁지선

해설 수평지선 : 토지의 상황이나 기타 사유로 인하여 보통 지선을 시설할 수 없는 경우에 적용한다.

12. 다단의 크로스 암이 설치되고 또한 장력이 클 때와 H주일 때 보통 지선을 2단으로 부설하는 지선은? [17]

① 보통 지선 ② 공동 지선

③ 궁지선 ④ Y 지선

해설 Y 지선 : 다단의 완철이 설치되고 또한 장력이 클 때 와 H주일 때 보통 지선을 2단으로 시설하는 것이다.

13. 가공 전선로의 지지물에 시설하는 지선에서 맞지 않은 것은?

① 지선의 안전율은 2.5 이상일 것
② 지선의 안전율이 2.5 이상일 경우에 허용 인장하중의 최저는 4.31 kN으로 한다.
③ 소선의 단면적 2.5 mm² 이상의 동선을 사용한 것일 것
④ 지선에 연선을 사용할 경우에는 소선 3가닥 이상의 연선일 것

해설 지선의 시설
㉠ 지선의 안전율은 2.5 이상일 것(허용 인장하중의 최저는 4.31 kN)
㉡ 선을 사용할 경우
　• 소선(素線) 3가닥 이상의 연선일 것
　• 소선의 지름이 2.6 mm 이상의 금속선을 사용한 것일 것

14. 지지물의 지선에 연선을 사용하는 경우 소선 몇 가닥 이상의 연선을 사용하는가? [13]

① 1　　　　② 2
③ 3　　　　④ 4

해설 위 문제 해설 참조

15. 가공 전선로의 지지물에 시설하는 지선의 안전율은 얼마 이상이어야 하는가?

① 3.5　　　② 3.0
③ 2.5　　　④ 1.0

해설 위 문제 해설 참조

16. 도로를 횡단하여 시설하는 지선의 높이는 지표상 몇 m 이상이어야 하는가? [12]

① 5 m　　　② 6 m
③ 8 m　　　④ 10 m

해설 지선의 높이
㉠ 도로 횡단 시 : 5 m 이상(단, 교통에 지장을 초래할 염려가 없는 경우 4.5 m 이상)

㉡ 보도의 경우 : 2.5 m 이상

17. 지선의 중간에 넣는 애자는? [10, 19]

① 저압 핀 애자　　② 구형애자
③ 인류애자　　　　④ 내장애자

해설 구형애자 : 인류용과 지선용이 있으며, 지선용은 지선의 중간에 넣어 양측 지선을 절연한다.

18. 가공 전선로의 지지물에 지선을 사용해서는 안 되는 곳은? [11, 14, 19]

① 목주
② A종 철근 콘크리트주
③ A종 철주
④ 철탑

해설 가공 전선로의 지지물로 사용하는 철탑은 지선을 사용하여 그 강도를 분담시켜서는 안 된다.

19. 가공 전선로의 지지물에 시설하는 지선은 지표상 몇 m 까지의 부분에 내식성이 있는 것 또는 아연도금을 한 철봉을 사용하여야 하는가? [14]

① 0.15　　　② 0.2
③ 0.3　　　　④ 0.5

해설 지중부분 및 지표상 0.3 m 까지의 부분에는 내식성이 있는 것 또는 아연도금을 한 철봉을 사용하고 쉽게 부식되지 않는 근가에 견고하게 붙일 것(목주에 시설하는 지선에 대해서는 적용하지 않는다.)

20. 저압 옥측 전선로 시설공사에 적용되지 않는 것은?

① 애자 공사　　　② 합성수지관 공사
③ 금속관 공사　　④ 가요전선관 공사

해설 ①, ②, ③ 이외에 버스 덕트 공사, 케이블 공사가 적용된다.

21. 애자 공사에 의한 저압 옥측 전선로 시설공사 중, 틀린 것은?

① 사람이 쉽게 접촉될 우려가 없도록 시설할 것

② 공칭단면적 $4\,mm^2$ 이상의 인입용 절연 전선일 것

③ 전선의 지지점 간의 거리는 $2\,m$ 이하일 것

④ 애자는 절연성·난연성 및 내수성이 있는 것일 것

해설 공칭단면적 $4\,mm^2$ 이상 연동 절연 전선일 것(옥외용 비닐 절연 전선, 인입용 절연 전선은 제외)

22. 애자 공사에 의한 저압 옥측 전선로의 전선과 식물 사이의 이격 거리는 몇 m 이상이면 되는가?

① 0.2   ② 0.5

③ 1.0   ④ 1.5

해설 전선과 식물 사이의 이격 거리는 $0.2\,m$ 이상이어야 한다.

5-2 ┊ ○ 가공·지중 배전 선로

- 지지물 : 철근 콘크리트주, 목주, 강관주, 철주, 철탑
- 기기·기구 : 주상 변압기, 개폐기 및 차단기, 전력용 콘덴서, 피뢰기, 애자

1 배전 선로용 재료와 기구

(1) 지지물

① 목주와 철근 콘크리트주가 주로 사용되며, 필요에 따라 철주·철탑이 사용된다.

② 철근 콘크리트주의 설계 하중은 150, 250, 350, 500, 700 kg을 표준으로 하고 있다.

③ 하중을 받는 지지물의 기초 안전율은 2 이상이어야 한다.

(2) 완목 및 완금(steel cross arm)

① 지지물에 전선을 고정시키기 위하여 완목 또는 아연 도금된 완금도 많이 사용된다.

② 완목이나 완금을 목주에 붙이는 경우에는 볼트를 사용하고, 철근 콘크리트주에 붙이는 경우에는 U 볼트를 사용한다.

③ 암타이(armtie) : 완목이나 완금이 상하로 움직이는 것을 방지하기 위해 사용하는 것이다.

④ 밴드(band)

  ㈎ 암 밴드(arm band) : 완금을 고정시키는 것이다.

  ㈏ 암타이 밴드(armtie band) : 암타이를 고정시키는 것이다.

  ㈐ 지선 밴드(stay band) : 지선을 붙일 때에 사용하는 것이다.

⑤ 저압 가공 전선로에 있어서 완금이나 완목 대신에 래크(rack)를 사용하여 전선을 수직 배선하는 경우도 있다.

(3) 애자

① 고압 가지 애자 : 전선을 다른 방향으로 돌리는 부분에 사용하는 것이다.

② 저압 곡핀 애자 : 인입선에 사용하는 것이다.

③ 구형 애자 : 인류용과 지선용이 있으며, 지선용은 지선의 중간에 넣어 양측 지선을 절연한다.

④ 현수 애자 : 특고압 배전 선로에 사용하는 현수 애자는 선로의 종단, 선로의 분기, 수평각 30° 이상인 인류 개소와 전선의 굵기가 변경되는 지점, 개폐기 설치 전주 등의 내장 장소에 사용된다.

⑤ 다구 애자 : 동력용 저압 인입선 공사 시 건물 벽면에 시설할 때 사용된다.

2 장주, 건주 및 가선 공사

(1) 건주(pole erecting)

① 지지물을 땅에 세우는 것을 건주라 한다.

② 전주가 땅에 묻히는 깊이는 전체 길이가 16 m 이하, 설계 하중이 6.8 kN 이하인 것은 전주의 길이에 따라 다음과 같이 정해진다.

   ⑦ 15 m 이하 : $\dfrac{1}{6}$ 이상

   ④ 15 m 이상 : 2.5 m 이상

표 3-38 전주가 땅에 묻히는 깊이

전주의 길이(m)	땅에 묻히는 깊이(m)	전주의 길이(m)	땅에 묻히는 깊이(m)
7	1.2	12	2.0
8	1.4	13	2.2
9	1.5	14	2.4
10	1.7	15	2.5
11	1.9		

(2) 장주(pole fittings)

① 지지물에 완목, 완금, 애자 등을 장치하는 것을 장주라 한다.

② 배전 선로의 장주에는 저·고압선의 가설 이외에도 주상 변압기, 유입 개폐기, 진상 콘덴서, 승압기, 피뢰기 등의 기구를 설치하는 경우가 있다.

③ 표 3-39는 전압과 가선 조수에 따라 완금 사용의 표준을 나타낸 것이다.

표 3-39 완금의 사용 표준 (단위 : mm)

가선 조수	저압	고압	특고압
2조	900	1400	1800
3조	1400	1800	2400

(3) 저압 및 고압 가공 전선의 최저 높이(KEC 222.7/ 332.5)

① 도로 횡단의 경우 : 지표상 6 m 이상

② 철도 횡단의 경우 : 레일면상 6.5 m 이상

③ 횡단보도교 위에 시설하는 경우

   ⑦ 고압의 경우 : 노면상 3.5 m 이상

   ④ 저압의 경우 : 노면상 3 m 이상(절연 전선, 다심형 전선, 케이블)

④ 그 밖의 장소 : 지표상 5 m 이상

(4) 저압 가공 전선의 굵기 및 종류(KEC 222.5)

① 저압 가공 전선은 나전선, 절연 전선, 다심형 전선 또는 케이블을 사용 할 것.

② 사용 전압이 400 V 이하인 저압 가공 전선의 경우

 ㉮ 지름 3.2 mm 이상

 ㉯ 절연 전선인 경우는 지름 2.6 mm 이상의 경동선

③ 사용 전압이 400 V 초과인 저압 가공 전선

 ㉮ 시가지에 시설 : 지름 5 mm 이상의 경동선

 ㉯ 시가지 외에 시설 : 지름 4 mm 이상의 경동선

④ 사용 전압이 400 V 초과인 저압 가공 전선에는 인입용 비닐 절연 전선을 사용하여서는 안 된다.

(5) 저압 보안공사(KEC 222.10)

① 인장강도 8.01 kN 이상의 것 또는 지름 5 mm 이상의 경동선일 것

② 사용 전압이 400 V 이하인 경우에는 인장강도 5.26 kN 이상의 것 또는 지름 4 mm 이상의 경동선일 것

③ 목주는 다음에 의할 것

 ㉮ 풍압하중에 대한 안전율은 1.5 이상일 것

 ㉯ 목주의 굵기는 말구(末口)의 지름 0.12 m 이상일 것

④ 지지물 종류에 따른 경간

표 3-40 지지물 종류에 따른 경간

지지물의 종류	경간
목주 · A종 철주 또는 A종 철근 콘크리트주	100 m 이하
B종 철주 또는 B종 철근 콘크리트주	150 m 이하
철탑	400 m 이하

3 배전용 기구 및 설치

(1) 주상 변압기

① 전등 부하에는 단상 변압기가 주로 쓰이고, 동력 부하에는 3상 변압기를 사용하는 것이 편리하다.

② 정격 출력은 5, 7, 10, 15, 20, 30, 50, 75, 100 kVA가 표준이다.

③ 지지물에 설치하는 방법은 변압기를 행어 밴드(hanger band)를 사용하여 설치하는 것이 소형 변압기에 많이 적용되고 있다.

④ 변압기의 1차측 인하선은 고압 절연선 또는 클로로프렌 외장 케이블을 사용하고, 2차측은 옥외 비닐 절연선(OW) 또는 비닐 외장 케이블을 사용하여 저압 간선에 접속한다.

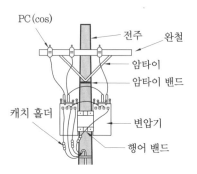

그림 3-40 주상 변압기 설치

(2) 변압기를 보호하기 위한 기구 설치

① 1차측 : 애자형 개폐기 또는 프라이머리 컷아웃(PC ; Primary Cutout)을 설치하며 과부하에 대한 보호, 변압기 고장시의 위험 방지 및 구분 개폐를 하기 위한 것이다.

② 2차측 : 저압 가공 전선을 보호하기 위하여 주상 변압기의 2차측에 과전류 차단기를 넣는 캐치 홀더(catch-holder)를 설치한다.

4 활선 작업 · 무정전 작업

• 활선 작업(hotline work) : 고압 전선로에서 충전 상태, 즉 송전을 계속하면서 애자, 완목, 전주 및 주상 변압기 등을 교체하는 작업이다.

(1) 활선 장구의 종류

① 데드 엔드 커버(dead end cover) : 활선 작업 시 작업자가 현수 애자 및 데드 엔드 클램프에 접촉되는 것을 방지하기 위하여 사용되는 절연 장구

② 와이어 통(wire tong) : 핀 애자나 현수 애자의 장주에서 활선을 작업권 밖으로 밀어낼 때 사용하는 절연봉

③ 고무 브랑켓 : 활선 작업 시 작업자에게 위험한 충전 부분을 절연하기에 아주 편리한 고무판으로써 접거나 둘러 쌓을 수도 있고 걸어 놓을 수도 있다는 다목적 절연 보호 장구이다.

④ 애자 커버 : 활선 작업 시 특고핀 및 라인포스트 애자를 절연하여 작업자의 부주의로 접촉되더라도 안전 사고가 발생하지 않도록 사용되는 절연 덮개

⑤ 절연 고무 장화 : 활선 작업 시 작업자가 전기적 충격을 방지하기 위하여 고무 장갑과 더불어 이중 절연의 목적으로 작업화 위에 신고 작업할 수 있는 절연 장구

⑥ 고무 소매 : 방전 고무 장갑과 더불어 작업자의 팔과 어깨가 충전부에 접촉되지 않도록 착용하는 절연 장구

⑦ 라인 호스 : 활선 작업자가 활선에 접촉되는 것을 방지하고자 절연 고무관으로 전선을 덮어 씌워 절연하는 장구

⑧ 전선 피박기 : 활선 상태에서 전선의 피복을 벗기는 공구이다.

5 지중 배전 선로 시설 공사

(1) 지중 전선로의 시설방식(KEC 334.1)

① 직매식

㈎ 전력 케이블을 직접 지중에 매설하는 방식이다.

㈏ 차량 등의 압력을 받는 곳에서는 1.0 m, 보도 등 기타의 곳에서는 0.6 m 이상으로 시공해야 한다.

② 관로식

㈎ 합성수지 평형관, PVC 직관, 강관 등 파이프를 사용하여 관로를 구성한 뒤 케이블을 부설하는 방식이다.

㈏ 일정 거리의 관로 양 끝에는 맨홀을 설치하여 케이블을 설치하고 접속한다.

③ 전력 구식

㈎ 터널과 같이 상부가 막힌 형태의 지하 구조물에 포설하는 방식이다.

㈏ 가스, 통신, 상하수도 관로등과 전력 설비를 동시에 설치하는 공동 구식도 전력 구식의 일종이다.

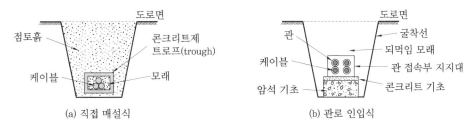

그림 3-41 케이블 포설 방식

과년도 / 예상문제

1. 전선로의 종류가 아닌 것은?

① 옥측 전선로　　② 지중 전선로
③ 가공 전선로　　④ 산간 전선로

해설 전선로 : 옥측 전선로, 옥상 전선로, 옥내 전선로, 지상 전선로, 가공 전선로, 지중 전선로, 특별 전선로

2. 다음 중 가공 전선로의 지지물이 아닌 것은? [11, 13, 18]

① 목주　　　　　② 지선
③ 철근 콘크리트주 ④ 철탑

해설 지지물로는 목주, 철근 콘크리트주, 철주, 철탑이 사용된다.
※ 철근 콘크리트주가 일반적으로 가장 많이 사용된다.

3. 다음 중 전선로의 직선 부분에 사용하는 애자는? [11, 18]

① 핀애자　　　　② 지지애자
③ 가지애자　　　④ 구형애자

해설 ㉠ 핀애자 : 전선의 직선 부분에 사용
㉡ 지지애자 : 전선의 지지부에 사용
㉢ 가지애자 : 전선을 다른 방향으로 돌리는 부분에 사용
㉣ 구형애자 : 지선의 중간에 넣어 양측 지선을 절연에 사용

4. 인류하는 곳이나 분기하는 곳에 사용하는 애자는?

① 구형애자　　　② 가지애자
③ 곡핀애자　　　④ 현수애자

해설 현수애자 : 특고압 배전 선로에 사용하는 현수애자는 선로의 종단, 선로의 분기,

수평각 30° 이상인 인류 개소와 전선의 굵기가 변경되는 지점, 개폐기 설치 전주 등의 내장 장소에 사용된다.

5. 다음 중 철근 콘크리트주에 완금을 고정시키는 데 사용하는 밴드는?

① 암 밴드　　　　② 암타이 밴드
③ 지선 밴드　　　④ 정크 밴드

해설 암 밴드(arm band) : 완금을 고정시키는 것이다.

6. 철탑의 사용목적에 의한 분류에서 서로 인접하는 경간의 길이가 크게 달라 지나친 불평형 장력이 가해지는 경우 어떤 형의 철탑을 사용하여야 하는가? [17]

① 각도형　　　　② 인류형
③ 보강형　　　　④ 내장형

해설 ㉠ 각도형 : 전선로 중, 수평각도가 3°를 넘은 장소에 사용
㉡ 인류형 : 송·수전단에 사용
㉢ 보강형 : 전선로의 직선 부분을 보강하는 데 사용
㉣ 내장형 : 전선로의 지지물 양쪽의 경간차가 큰 장소에 사용

7. 가공 전선로의 지지물에 하중이 가하여지는 경우에 그 하중을 받는 지지물의 기초 안전율은 일반적으로 얼마 이상이어야 하는가? [10, 18]

① 1.5　② 2.0　③ 2.5　④ 4.0

해설 가공 전선로 지지물의 기초 안전율(KEC 331.7) : 가공전선로의 지지물에 하중이 가하여지는 경우에 그 하중을 받는 지지물의 기초 안전율은 2 이상이어야 한다.

정답 ● 1. ④　2. ②　3. ①　4. ④　5. ①　6. ④　7. ②

8. 전주의 길이가 15 m 이하인 경우 땅에 묻히는 깊이는 전주 길이의 얼마 이상으로 하여야 하는가? (단, 설계하중은 6.8 kN 이하이다.) [11, 12, 17]

① $\frac{1}{2}$ ② $\frac{1}{3}$ ③ $\frac{1}{5}$ ④ $\frac{1}{6}$

해설 전체의 길이가 15 m 이하인 경우 : 전체 길이의 6분의 1 이상(15 m를 초과하는 경우 2.5 m 이상)

9. A종 철근 콘크리트주의 길이가 10 m이면 땅에 묻는 표준 깊이는 최저 약 몇 m인가? (단, 설계하중이 6.8 kN 이하이다.) [15, 20]

① 1.7   ② 2.0   ③ 2.3   ④ 2.7

해설 땅에 묻는 표준 깊이 $= 10 \times \frac{1}{6} \fallingdotseq 1.7$ m

10. 철근 콘크리트주로서 전체의 길이가 15 m 이고, 설계하중이 7.8 kN이다. 이 지지물을 논이나 지반이 연약한 곳 이외에 기초 안전율의 고려 없이 시설하는 경우, 그 묻히는 깊이는 기준보다 몇 cm를 가산하여 시설하여야 하는가? [17, 20]

① 20   ② 30   ③ 50   ④ 70

해설 철근 콘크리트주로서 전체의 길이가 14 m 이상 20 m 이하이고, 설계하중이 6.8 kN 초과 9.8 kN 이하의 것을 논이나 지반이 연약한 곳 이외에 시설하는 경우 최저 깊이에 30 cm를 가산하여 할 것

11. 논이나 기타 지반이 약한 곳에 건주 공사 시 전주의 넘어짐을 방지하기 위해 시설하는 것은? [13, 17]

① 완금   ② 근가
③ 완목   ④ 행어 밴드

해설 논이나 그 밖의 지반이 연약한 곳에서는 견고한 근가(根架)를 시설할 것

12. 전주의 뿌리받침은 전선로 방향과 어떤 상태인가?

① 평행이다.
② 직각 방향이다.
③ 평행에서 45° 정도이다.
④ 직각 방향에서 30° 정도이다.

해설 근가(뿌리 받침)
㉠ 뿌리받침은 지표면에서 30~40 cm되는 곳에 전선로와 같은 방향(평행)으로 시설한다.
㉡ 곡선 선로 및 인류 전주에서는 장력의 방향에 뿌리받침이 놓이도록 시설한다.

13. 지지물에 전선 그 밖의 기구를 고정시키기 위해 완목, 완금, 애자 등을 장치하는 것을 무엇이라 하는가?

① 장주   ② 건주
③ 터파기   ④ 가선 공사

해설 장주(pole fittings) : 지지물에 완목, 완금, 애자 등을 장치하는 것을 장주라 한다.

14. 저압 2조의 전선을 설치 시, 크로스 완금의 표준 길이(mm)는? [15]

① 900   ② 1400
③ 1800   ④ 2400

해설 본문 표 3-39 완금의 사용 표준 참조

15. 고압 가공 전선로의 전선의 조수가 3조일 때 완금의 길이는? [09, 19]

① 1200 mm   ② 1400 mm
③ 1800 mm   ④ 2400 mm

해설 위 문제 해설 참조

16. 저·고압 가공 전선이 도로를 횡단하는 경우 지표상 몇 m 이상으로 시설하여야 하는가? [10, 15]

① 4 m   ② 6 m   ③ 8 m   ④ 10 m

해설 저압 및 고압 가공 전선의 최저 높이 (KEC 222.7/332.5)
㉠ 도로 횡단의 경우 : 지표상 6 m 이상
㉡ 철도 횡단의 경우 : 레일면상 6.5 m 이상

17 저·고압 가공 전선이 철도 또는 궤도를 횡단하는 경우, 높이는 궤조면상 몇 m 이상이어야 하는가? [15]
① 10 ② 8.5 ③ 7.5 ④ 6.5
해설 위 문제 해설 참조

18. 고압 가공 인입선이 케이블 이외의 것으로서 그 아래에 위험표시를 하였다면 전선의 지표상 높이는 몇 m 까지로 감할 수 있는가? [18]
① 2.5 ② 3.5 ③ 4.5 ④ 5.5
해설 고압 구내 가공 인입선의 높이(KEC 331.12.1 참조) : 문제 내용과 같은 경우에는 지표상 높이를 3.5 m 까지 감할 수 있다.

19. 사용 전압이 400 V 이하인 저압 가공 전선의 경우 절연 전선인 경우는 지름 (a) mm 이상의 (b)선이여야 하는가?
① (a) 2.6, (b) 경동
② (a) 3.2, (b) 연동
③ (a) 1.6, (b) 경동
④ (a) 4.0, (b) 연동
해설 절연 전선인 경우 : 지름 2.6 mm 이상의 경동선일 것

20. 저압 보안공사에서, 철탑의 경간은 몇 m 이하로 하면 되는가?
① 100 ② 150 ③ 300 ④ 400
해설 본문 표 3-40 지지물 종류에 따른 경간 참조

21. 저압 배전 선로에서 전선을 수직으로 지하는데 사용되는 장주용 자재명은? [17, 18]
① 경완철 ② LP 애자
③ 현수애자 ④ 래크
해설 저압 가공 전선로에 있어서 완금이나 완목 대신에 래크(rack)를 사용하여 전선을 수직 배선한다.

22. 가공 전선의 지지물에 승탑 또는 승강용으로 사용하는 발판 볼트 등은 지표상 몇 m 미만에 시설하여서는 안 되는가? [15, 19]
① 1.2 m ② 1.5 m ③ 1.6 m ④ 1.8 m
해설 가공 전선로 지지물의 철탑 오름 및 전주 오름 방지(KEC 331.4)
㉠ 가공 전선로의 지지물에 취급자가 오르고 내리는데 사용하는 발판 볼트 등을 지표상 1.8 m 미만에 시설하여서는 아니 된다.
㉡ 180° 방향에 0.45 m씩 양쪽으로 설치하여야 한다.

23. 우리나라 특고압 배전방식으로 가장 많이 사용되고 있으며, 220/380 V의 전원을 얻을 수 있는 배전방식은? [18]
① 단상 2선식 ② 3상 3선식
③ 3상 4선식 ④ 2상 4선식
해설 중성선을 가진 3상 4선식 배전방식은 상전압 220 V와 선간전압 380 V의 전원을 얻을 수 있다.
※ 중성선이란 다선식 전로에서 전원의 중성극에 접속된 전선을 말한다.

24. 3상 4선식 380/220 V 전로에서 전원의 중성극에 접속된 전선을 무엇이라 하는가? [16]
① 접지선 ② 중성선
③ 전원선 ④ 접지측선
해설 위 문제 해설 참조

25. 특고압(22.9 kV-Y) 가공 전선로의 완금 접지 시 접지선은 어느 곳에 연결하여

야 하는가 ? [14]

① 변압기　　　② 전주
③ 지선　　　　④ 중성선

해설 특고압 가공 전선로
 ㉠ 특고압(22.9 kV-Y)은 3상 4선식으로, 다중 접지된 중성선을 가진다.
 ㉡ 완금은 접지공사를 하여야 하며, 이때 접지선은 중성선에 연결한다.

26. 22.9 kV-Y 가공 전선의 굵기는 단면적이 몇 mm^2 이상이어야 하는가 ? (단, 동선의 경우이다.) [15, 17]

① 22　　② 32　　③ 40　　④ 50

해설 특고압 가공 전선의 굵기 및 종류 : 케이블인 경우 이외에는 인장강도 8.71 kN 이상의 연동선 또는 단면적 22 mm^2 이상의 경동연선이어야 한다.

27. 고압과 저압의 서로 다른 가공 전선을 동일 지지물에 가설하는 방식을 무엇이라고 하는가 ? [20]

① 공가　　　　② 연가
③ 병가　　　　④ 조가선

해설 ㉠ 병가(竝架) : 동일 지지물에 저ㆍ고압 가공 전선을 동일 지지물에 가설하는 방식
 ㉡ 공가 : 전력선과 통신선을 동일 지지물에 가설하는 방식
 ㉢ 연가 : 3상 선로에서 정전용량을 평형전압으로 유지하기 위해 송전선의 위치를 바꾸어주는 배치 방식
 ㉣ 조가선 : 케이블 등을 가공으로 시설할 때 이를 지지하기 위한 금속선

28. 저압 가공 전선과 고압 가공 전선을 동일 지지물에 시설하는 경우 상호 이격 거리는 몇 cm 이상이어야 하는가 ? [09, 17]

① 20 cm　② 30 cm　③ 40 cm　④ 50 cm

해설 저ㆍ고압 가공 전선 등의 병가
 ㉠ 저압 가공 전선을 고압 가공 전선의 아래로 하고 별개의 완금류에 시설할 것
 ㉡ 저압 가공 전선과 고압 가공 전선 사이의 이격 거리는 50 cm 이상일 것
 ※ 특고압 가공 전선과 저고압 가공 전선의 병가 : 이격 거리는 1.2 m 이상일 것

29. 고압 가공 전선로 철탑의 경간은 몇 m 이하로 제한하고 있는가 ? [16, 17]

① 150　② 250　③ 500　④ 600

해설 고압 가공 전선로의 경간의 제한(KEC 332.9)

지지물의 종류	경간
철탑	600 m 이하
B종 철주 또는 B종 철근 콘크리트주	250 m 이하
A종 철주 또는 A종 철근 콘크리트주	150 m 이하

30. 가공 전선에 케이블을 사용하는 경우 케이블은 조가용선에 행거로 시설하여야 한다. 이 경우 사용 전압이 고압인 때에는 그 행거의 간격은 몇 cm 이하로 시설하여야 하는가 ? [16]

① 50　　② 60　　③ 70　　④ 80

해설 가공 케이블의 시설
 ㉠ 케이블은 조가용선에 행거를 사용하여 조가한다.
 ㉡ 사용 전압이 고압 및 특고압인 경우는 그 행거의 간격을 50 cm 이하로 하여 시설한다.

31. 주상 변압기를 철근 콘크리트 전주에 설치할 때 사용되는 기구는 ?

① 암 밴드　　　② 암타이 밴드
③ 앵커　　　　④ 행어 밴드

해설 행어 밴드(hanger band) : 소형 변압기에 많이 적용되고 있다.
 ㉠ 암 밴드(arm band) : 완금을 고정시키는 것

ⓛ 암타이 밴드(armtie band) : 암타이를 고정시키는 것

ⓒ 앵커(anchor) : 어떤 설치물을 튼튼히 정착시키기 위한 보조 장치(지선 끝에 근가 정착)

32. 배전용 전기 기계기구인 COS(컷아웃 스위치)의 용도로 알맞은 것은 ? [10, 12, 17, 20]

① 변압기의 1차 측에 시설하여 변압기의 단락 보호용

② 변압기의 2차 측에 시설하여 변압기의 단락 보호용

③ 변압기의 1차 측에 시설하여 배전 구역 전환용

④ 변압기의 2차 측에 시설하여 배전 구역 전환용

해설 COS(cut out switch) : 주로 배전용 변압기의 1차 측에 설치하여 변압기의 단락 보호와 개폐를 위하여 단극으로 제작되며 내부에 퓨즈를 내장하고 있다.

33. 주상 변압기의 1차측 보호 장치로 사용하는 것은 ? [10, 15]

① 컷 아웃 스위치　② 유입 개폐기

③ 캐치홀더　　　　④ 리클로저

해설 변압기를 보호하기 위한 기구 설치

ⓐ 1차측 : 컷아웃 스위치(COS : cut out switch)를 설치하여 과부하에 대한 보호장치로 사용하기 위한 것이다.

ⓛ 2차측 : 저압 가공 전선을 보호하기 위하여 과전류 차단기를 넣는 캐치 홀더(catch-holder)를 2차측 비접지측 선로에 직렬로 삽입 설치한다.

34. 주상 변압기에 시설하는 캐치 홀더는 어느 부분에 직렬로 삽입하는가 ? [20]

① 1차측 양전선

② 1차측 1선

③ 2차측 비접지측 선

④ 2차측 접지측 선

해설 위 문제 해설 참조

35. 배전 선로 보호를 위하여 설치하는 보호 장치는 ?

① 기중차단기

② 진공차단기

③ 자동 재폐로 차단기

④ 누전차단기

해설 자동 재폐로 차단장치 : 배전 선로에 고장이 발생하였을 때, 고장 전류를 검출하여 지정된 시간 내에 고속 차단하고 자동 재폐로 동작을 수행하여 고장구간을 분리하거나 재송전하는 장치이다.

36. 다음 중 배전 선로에 사용되는 개폐기의 종류와 그 특성의 연결이 바르지 못한 것은 ? [18]

① 컷아웃 스위치 : 주된 용도로는 주상 변압기의 고장이 배전 선로에 파급되는 것을 방지하고 변압기의 과부하 소손을 예방하고자 사용한다.

② 부하 개폐기 : 고장 전류와 같은 대 전류는 차단할 수 없지만 평상 운전시의 부하 전류는 개폐할 수 있다.

③ 리클로저 : 선로에 고장이 발생하였을 때, 고장 전류를 검출하여 지정된 시간 내에 고속차단하고 자동 재폐로 동작을 수행하여 고장 구간을 분리하거나 재송전하는 장치이다.

④ 섹셔널라이저 : 고장 발생 시 신속히 고장 전류를 차단하여 사고를 국부적으로 분리시키는 것으로 후비보호 장치와 직렬로 설치하여야 한다.

해설 섹셔널라이저(sectionalizer) : 고압배전선에서 사용되는 차단 능력이 없는 유입 개폐기로 리클로저의 부하쪽에 설치되고,

리클로저의 개방 동작 횟수보다 1~2회 적은 횟수로 리클로저의 개방 중에 자동적으로 개방 동작을 한다.

37. 다음 ( )안에 알맞은 내용은? [14]

┤보기├

고압 및 특고압용 기계기구의 시설에 있어 고압은 지표상 (㉠) 이상 (시가지에 시설하는 경우), 특고압은 지표상 (㉡) 이상의 높이에 설치하고 사람이 접촉될 우려가 없도록 시설하여야 한다.

① ㉠ 3.5 m, ㉡ 4 m
② ㉠ 4.5 m, ㉡ 5 m
③ ㉠ 5.5 m, ㉡ 6 m
④ ㉠ 5.5 m, ㉡ 7 m

해설 고압 및 특고압용 기계기구 시설
㉠ 시가지에 시설하는 고압 : 4.5 m 이상(시가지 이외는 4 m)
㉡ 특고압 5 m 이상

38. 절연 전선으로 가선된 배전 선로에서 활선 상태인 경우 전선의 피복을 벗기는 것은 매우 곤란한 작업이다. 이런 경우 활선 상태에서 전선의 피복을 벗기는 공구는? [11, 18]

① 전선 피박기
② 애자 커버
③ 와이어 통
④ 데드 엔드 커버

해설 활선 작업(hotline work)
㉠ 전선 피박기 : 활선 상태에서 전선의 피복을 벗기는 공구이다.
㉡ 데드 엔드 커버(dead end cover) : 활선 작업 시 작업자가 현수 애자 및 데드 엔드 클램프에 접촉되는 것을 방지하기 위하여 사용되는 절연 장구

39. 배전 선로 공사에서 충전되어 있는 활선을 움직이거나 작업권 밖으로 밀어낼 때, 또는 활선을 다른 장소로 옮길 때 사용하는 활선 공구는?

① 피박기
② 활선 커버
③ 데드 엔드 커버
④ 와이어 통

해설 와이어 통(wire tong) : 핀애자나 현수 애자의 장주에서 활선을 작업권 밖으로 밀어낼 때 사용하는 것

40. 지중 전선로 시설방식이 아닌 것은? [15]

① 직접 매설식
② 관로식
③ 트리이식
④ 암거식

해설 지중 전선로의 시설방식(KEC 334.1)
㉠ 직접 매설식
㉡ 관로식
㉢ 암거식(전력 구식)

41. 지중 선로를 직접 매설식에 의하여 시설하는 경우에 차량 등 중량물의 압력을 받을 우려가 있는 장소에는 매설 깊이를 몇 m 이상으로 하여야 하는가? [10, 18, 10, 11, 14, 15, 17, 20]

① 0.6
② 0.8
③ 1.0
④ 1.2

해설 ㉠ 차량, 기타 중량물의 압력을 받을 우려가 있는 장소(KEC 334.1) : 1.0 m 이상
㉡ 기타 장소 : 0.6 m 이상

42. 전선 약호가 CN-CV-W인 케이블의 명명은? [12]

① 동심중성선 수밀형 전력케이블
② 동심중성선 차수형 전력케이블
③ 동심중성선 수밀형 저독성 난연 전력 케이블
④ 동심중성선 차수형 저독성 난연 전력 케이블

해설 • CV : 가교 폴리에틸렌 절연 비닐시스 케이블
• CNCV : 동심중성선 가교 폴리에틸렌 절연 비닐시스 케이블
• CNCV-W : 동심중성선 수밀형 가교 폴리에틸렌 절연 비닐시스 케이블

CHAPTER 6 수 · 변전 설비 및 배 · 분전반 설비

6-1 ─o 수 · 변전 설비

■ 수 · 변전 설비의 구성

표 3-41 구성도

구성 블록	구성 기기	비 고
인입 관계	• 케이블 전용 회로(CN-CV, 229kW) • 자동 고장 구분 개폐기(ASS), 부하 개폐기(LBS) • 피뢰기(보호 장치)	책임 분계점, 재산 한계점 (수급 지점)은 전력 회사와 협의한다.
고압 · 특별 고압 수전반	• 차단기(반부착, 수동 조작의 경우) • 조작 개폐기(차단기 원격 조작의 경우) • 계량 장치(각종 계기, 계기용 변성기, 영상 변류기) • 표시 장치(개폐, 고장을 표시) • 보호 장치(과전류 계전기, 부족 전압 계전기, 접지 계전기)	차단기는 회로의 사고(과전류, 부족 전압, 과부하, 단락, 지락 등) 발생 시 아주 짧은 시간에 차단하며, 평상시는 부하 전류의 개폐를 한다.
고압 · 특별 고압 개폐기	• 전력 퓨즈(한류형 PF) • 컷 아웃 스위치(COS)	전력 퓨즈와 컷 아웃 스위치의 사용법에 유의한다.
변압기	• 변압기(유입, 몰드, 가스 절연, 아몰퍼스)	변전 설비의 주체를 이루고 자가용에서는 특별 고압에서 저압으로 변성하는 장치이다.
진상용 콘덴서	• 진상용 콘덴서, 방전 코일, 직렬 리액터	역률 개선, 과전압 방지, 파형 개선용
저압 배전반	• 계량 장치(각종 계기, 계기용 변류기) • 배선용 차단기	간선 회로의 감시 및 보호
부하 설비	• 부하 설비(공기 조화 설비, 급 · 배수 동력 설비, 운반 수송 설비, 조명 설비 등)	전등 분전반 동력 조작반

1 수·변전 설비에 사용되는 주요 기기의 종류

(1) 주요 기기의 명칭·용도 및 역할

표 3-42

명 칭	약 호	심벌 (단선 도용)	용도 및 역할
계기용 변압 변류기	MOF	WH MOF	• 계기용 변압기와 변류기의 조합 • 전력 수급용 전력량 계시
단로기	DS	DS	• 기기 및 선로를 활선으로부터 분리 • 회로 변경 및 분리
피뢰기	LA	LA E_1	• 낙뢰 또는 이상 전압으로부터 설비 보호 • 속류 차단
전력 퓨즈	PF	PF	• 전로나 기기를 단락 전류로부터 보호
교류 차단기	CB	CB	• 부하 전류 계폐 • 단락, 지락 사고 시 회로 차단
계기용 변류기	CT	CT	• 대전류를 소전류로 변성 • 배전반의 전류계·전력계, 차단기의 트립 코일의 전원으로 사용
계기용 변압기	PT	PT×2	• 고전압을 저전압으로 변성 • 배전반의 전압계, 전력계, 주파수계, 역률계 표시등 및 부족 전압 트립 코일의 전원으로 사용
영상 변류기	ZCT	ZCT	• 지락 사고 시 영상 전류 검출 • 접지 계전기에 의하여 차단기를 동작시킴
변압기	Tr	Y Tr △ 3∅	• 특별 고압 또는 고압 수전 전압을 필요한 전압으로 변성 • 부하에 전력 공급
전력용 (진상) 콘덴서	SC	SC	• 부하에 역률 개선

(2) 수전반에 사용되는 각종 지시 계기

표 3-43 계기류의 심벌

명칭	심벌	명칭	심벌
전압계	Ⓥ 또는 V	전압계용 절환 스위치	⊕ VS
전류계	Ⓐ 또는 A	전류계용 절환 스위치	Ⓨ AS
전력계	Ⓦ 또는 W	적색 표시등	Ⓡ
역률계	㉚ 또는 PF	녹색 표시등	Ⓖ
주파수계	Ⓕ 또는 F	표시등	㉟ 또는 FL

2 차단기(CB : circuit breaker) · 개폐기 · 조상 설비

(1) 차단기의 설치 위치와 기능

① 변전소의 수전 인입구, 송·배전선의 인출구, 변압기 군의 1차 및 2차측, 모선의 연결부 등에 설치된다.

② 평상시에는 부하 전류, 선로의 충전 전류, 변압기의 여자 전류 등을 개폐하고, 고장 시에는 보호 계전기의 동작에서 발생하는 신호를 받아 단락 전류, 지락 전류, 고장 전류 등을 차단한다.

(2) 차단기의 종류와 특성

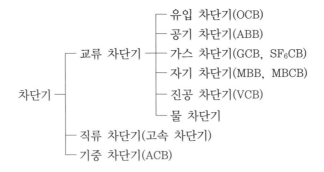

① 유입 차단기(OCB) : 아크를 절연유의 소호 작용에 의하여 소호한다.

② 자기 차단기(MBCB) : 아크와 직각으로 자기장을 주어 소호실 안에 아크를 밀어 넣고 아크 전압을 증대시키며, 또한 냉각하여 소호한다.

③ 가스 차단기(GCB) : 공기나 절연유 대신 아크에 SF_6 가스를 분사하여 소호한다.

참고🔍 **SF₆의 성질**

1. 불활성, 무색, 무취, 무독성 가스이다.
2. 같은 압력에서 공기의 2.5~3.5배의 절연 내력이 있다.
3. 소호 능력은 공기보다 100배 정도이다.
4. 열전도율은 공기의 1.6배이며, 공기보다 5배 무겁고, 절연유의 $\frac{1}{140}$로 가볍다.
5. 부저항 특성을 갖는다.

④ 기중 차단기(ACB) : 자연 공기 내에서 개방할 때 접촉자가 떨어지면서 자연 소호에 의한 소호 방식을 가지는 차단기로서 교류 또는 직류 차단기로 많이 사용된다.

(3) 차단기의 정격 및 용량

① 정격 전압 : 정한 조항에 따라 그 차단기에 가할 수 있는 사용 전압의 한계를 말한다.

② 정격 전류

㉮ 정격 전압 및 정격 주파수에서 규정한 온도 상승 한도를 초과하지 않는 상태에서 연속적으로 통할 수 있는 전류의 한도를 말한다.

㉯ 그 값은 200, 400, 600, 1200, 2000 A를 표준으로 하고 있다.

③ 정격 차단 용량(rated interrupting capacity)

㉮ 단상의 경우

   정격 차단 용량=(정격 전압)×(정격 차단 전류)

㉯ 3상의 경우

   정격 차단 용량=$\sqrt{3}$ (정격 전압)×(정격 차단 전류)

(4) 개폐기

① 부하 개폐기(LBS : load breaking switch) : 수·변전 설비의 인입구 개폐기로 많이 사용되며 전류 퓨즈의 용단 시 결상을 방지할 목적으로 채용되고 있다.

② 선로 개폐기(LS : line switch) : 보안상 책임 분계점에서 보수 점검 시 전로 개폐를 위하여 설치 사용된다.

③ 기중 부하 개폐기(IS : interupter switch) : 22.9 kV 선로에 주로 사용되며, 자가용 수전 설비에서는 300 kVA 이하 인입구 개폐기로 사용된다.

④ 자동 고장 구분 개폐기(ASS : automatic section switch) : 수용가 구내에 지락, 단락 사고 시 즉시 회로를 분리 목적으로 설치 사용된다.

⑤ 컷 아웃 스위치(COS : cut out switch) : 주로 변압기의 1차 측에 설치하여 변압기의 보호와 개폐를 위하여 단극으로 제작되며 내부에 퓨즈를 내장하고 있다.

(5) 단로기(DS : disconnecting switch)

① 고압 이상에서 기기의 점검, 수리 시 무전압, 무전류 상태로 전로에서 단독으로 전로의 접속 또는 분리하는 것을 주목적으로 사용되는 기기이다.

② 변전소의 전력 기기를 시험하기 위하여 회로를 분리하거나 또는 계통기의 접속을 바꾸거나 하는 경우에 사용된다.

③ 고장 전류는 물론 부하 전류의 개폐에도 사용할 수 없다.

(6) 계기용 변성기

• 계기용 변성기의 종류 및 용도

① 계기용 변류기(CT : current transfomer)

㈎ 높은 전류를 낮은 전류로 변성

㈏ 배전반의 전류계·전력계, 차단기의 트립 코일의 전원으로 사용

② 계기용 변압기(PT : potential transformer)

㈎ 고전압을 저전압으로 변성

㈏ 배전반의 전압계, 전력계, 주파수계, 역률계 표시등 및 부족 전압 트립 코일의 전원으로 사용

③ 전력 수급용 계기용 변성기(MOF : metering out fit)

㈎ 계기용 변압기(PT)와 계기용 변류기(CT)를 조합한 것

㈏ 전력 수급용 전력량 계시

(7) 영상 변류기(ZCT : zero-phase current transformer)

지락 사고가 생겼을 때 흐르는 지락(영상) 전류를 검출하여 접지 계전기에 의하여 차단기를 동작시켜 사고의 파급을 방지한다.

(8) 변압기

① 특별 고압 또는 고압 수전 전압을 필요한 전압으로 변성하여 부하에 전력을 공급한다.

② 몰드 변압기

㈎ 고압 및 저압 권선을 모두 에폭시로 몰드(mold)한 고체 절연 방식 채용

㈏ 난연성, 절연의 신뢰성, 보수 및 점검이 용이, 에너지 절약 등의 특징이 있다.

③ 1차가 $22.9\,kV-Y$의 배전 선로이고, 2차가 $220/380\,V$ 부하 공급 시 변압기 결선 방식

• 3상 4선식 $220/380\,V$(Y-Y 결선으로 중성선 이용)

(9) 조상 설비

① 설치 목적
  ㈎ 무효 전력을 조정하여 역률 개선에 의한 전력 손실 경감
  ㈏ 전압의 조정과 송전 계통의 안정도 향상

② 조상 설비의 종류
  ㈎ 전력용 콘덴서
  ㈏ 리액터
  ㈐ 동기 조상기

③ 전력용 콘덴서의 부속 기기
  ㈎ 방전 코일(DC : discharging coil) : 콘덴서를 회로에 개방하였을 때 전하가 잔류함으로써 일어나는 위험과 재투입 시 콘덴서에 걸리는 과전압을 방지하는 역할을 한다.
  ㈏ 직렬 리액터(SR : series reactor) : 제5 고조파, 그 이상의 고조파를 제거하여 전압, 전류 파형을 개선한다.

④ 진상용 콘덴서(SC) 설치 방법 : 설치 방법 중에서 각 부하 측에 분산 설치하는 방법이 가장 효과적으로 역률이 개선되나 설치 면적과 설치 비용이 많이 든다.

⑤ 부하의 역률 개선의 효과
  ㈎ 선로 손실의 감소
  ㈏ 전압 강하 감소
  ㈐ 설비 용량의 이용률 증가(여유도 향상)
  ㈑ 전력 요금의 경감

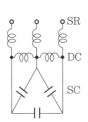

그림 3-42 전력용 콘덴서의 구성

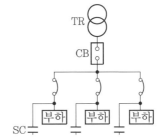

그림 3-43 각 부하 측에 분산 설치

과년도 / 예상문제

1. 특고압 수전설비의 기호와 명칭으로 잘못된 것은? [10]
　① CB – 차단기　　② DS – 단로기
　③ LA – 피뢰기　　④ LF – 전력 퓨즈

해설 수전설비의 결선기호와 명칭

명칭	기호
차단기	CB
단로기	DS
피뢰기	LA
전력 퓨즈	PF
계기용 변류기	CT
계기용 변압기	PT
영상 변류기	ZCT

2. 피뢰기의 약호는?
　① CT　　　　　② LA
　③ DS　　　　　④ CB

해설 피뢰기(LA ; lightning arrester)

3. 고압 이상에서 기기의 점검, 수리 시 무전압, 무전류 상태로 전로에서 단독으로 전로의 접속 또는 분리하는 것을 주목적으로 사용되는 수변전기기는? [15, 17]
　① 기중 부하 개폐기② 단로기
　③ 전력 퓨즈　　　④ 컷 아웃 스위치

해설 단로기(DS) : 개폐기의 일종으로 기기의 점검, 측정, 시험 및 수리를 할 때 기기를 활선으로부터 분리하여 확실하게 회로를 열어 놓거나 회로변경을 위하여 설치한다.

4. 다음 중 단로기에 대한 설명으로 옳지 않은 것은? [19]

① 소호장치가 있어서 아크를 소멸시킨다.
② 회로를 분리하거나, 계통의 접속을 바꿀 때 사용한다.
③ 고장 전류는 물론 부하 전류의 개폐에도 사용할 수 없다.
④ 배전용의 단로기는 보통 디스커넥팅 바로 개폐한다.

해설 단로기(DS) : 소호장치가 없어서 아크를 소멸시키지 못하므로 고장 전류는 물론 부하 전류의 개폐에도 사용할 수 없다.
※ 디스커넥팅 바(bar) : 절단하는 기구

5. 차단기 문자 기호 중 "OCB"는? [16, 18]
　① 진공 차단기　　② 기중 차단기
　③ 자기 차단기　　④ 유입 차단기

해설 유입 차단기(OCB ; oil circuit breaker)
　① 기중 차단기(ACB ; air circuit breaker)
　② 자기 차단기(MBCB ; magnetic-blast circuit breaker)
　③ 진공 차단기(VCB ; vacuum circuit breaker)
　④ 가스 차단기(GCB ; gas circuit breaker)

6. 다음 중 용어와 약호가 바르게 짝지어진 것은?
　① 유입 차단기 – ABB
　② 공기 차단기 – ACB
　③ 자기 차단기 – OCB
　④ 가스 차단기 – GCB

해설 ㉠ 유입 차단기 – OCB
　㉡ 공기 차단기 – ABB
　㉢ 자기 차단기 – MBCB

7. 다음 중 차단기와 차단기의 소호매질이 틀리게 연결된 것은? [18]

① 공기 차단기-압축공기
② 가스 차단기-가스
③ 자기 차단기-진공
④ 유입 차단기-절연유

해설 자기 차단기(MBCB) : 아크와 직각으로 자기장을 주어 소호실 안에 아크를 밀어 넣고 아크 전압을 증대시키며, 또한 냉각 하여 소호한다.

8. 자연 공기 내에서 개방할 때 접촉자가 떨어지면서 자연 소호되는 방식을 가진 차단기로 저압의 교류 또는 직류차단기로 많이 사용되는 것은?

① 유입 차단기　② 자기 차단기
③ 가스 차단기　④ 기중 차단기

해설 기중 차단기(ACB) : 자연 공기 내에서 개방할 때 접촉자가 떨어지면서 자연 소호에 의한 소호 방식을 가지는 차단기로서 교류 또는 직류 차단기로 많이 사용된다.

9. 가스 절연 개폐기나 가스 차단기에 사용되는 가스인 SF₆의 성질이 아닌 것은 어느 것인가? [10, 13, 19]

① 같은 압력에서 공기의 2.5~3.5배의 절연 내력이 있다.
② 무색, 무취, 무해 가스이다.
③ 가스압력 3~4 kgf/cm² 에서 절연 내력은 절연유 이상이다.
④ 소호 능력은 공기보다 2.5배 정도 낮다.

해설 SF₆의 성질 : 소호 능력은 공기보다 100배 정도로 높다.

10. 수변전 설비에서 차단기의 종류 중 가스 차단기에 들어가는 가스의 종류는? [11]

① CO_2　　② LPG
③ SF_6　　④ LNG

해설 위 문제 해설 참조

11. 정격전압 3상 24 kV, 정격차단전류 300 A인 수전설비의 차단 용량은 몇 MVA인가? [15]

① 17.26　　② 28.34
③ 12.47　　④ 24.94

해설 $Q = \sqrt{3} \times$ 정격전압 $\times$ 정격차단전류 $\times 10^{-6}$
$= \sqrt{3} \times 24 \times 10^3 \times 300 \times 10^{-6}$
$\fallingdotseq 12.47$ MVA
※ 단상 : 정격 차단 용량
$=$ 정격 전압 $\times$ 정격 차단 전류

12. 인입 개폐기가 아닌 것은? [14]

① ASS　　② LBS
③ LS　　④ UPS

해설 • ASS(Automatic Section Switch) : 자동 고장 구분개폐기
• LBS(Load Breaking Switch) : 부하 개폐기 (결상을 방지할 목적으로 채용)
• LS(Line Switch) : 선로 개폐기(보안상 책임 분계점에서 보수 점검 시)
• UPS(Uninterruptible Power Supply) : 무정전 전원장치

13. 수·변전 설비의 인입구 개폐기로 많이 사용되고 있으며 전력 퓨즈의 용단 시 결상을 방지하는 목적으로 사용되는 개폐기는? [12]

① 부하 개폐기
② 자동 고장 구분 개폐기
③ 선로 개폐기
④ 기중 부하 개폐기

해설 위 문제 해설 참조

14. 고압 수전설비의 인입구에 낙뢰나 혼촉 사고에 의한 이상 전압으로부터 선로와 기기를 보호할 목적으로 시설하는 것은? [10, 17]

① 단로기(DS)
② 배선용 차단기(MCCB)

③ 피뢰기(LA)

④ 누전차단기(ELB)

> **해설** 피뢰기(LA ; lightning arrester) : 낙뢰나 혼촉 사고에 의한 이상 전압으로부터 선로와 기기를 보호한다.

15. 전압 22.9 V-Y 이하의 배전선로에서 수전하는 설비의 피뢰기 정격 전압은 몇 kV로 적용하는가? [10]

① 18 kV   ② 24 kV

③ 144 kV   ④ 288 kV

> **해설** 배전선로용 피뢰기는 정격 전압 18 kV을 적용한다.

16. 무효전력을 조정하는 전기기계기구는? [10]

① 조상 설비   ② 개폐 설비

③ 차단 설비   ④ 보상 설비

> **해설** 조상 설비의 주 목적 : 무효 전력을 조정하여 역률 개선에 의한 전력 손실 경감
> ※ 조상 설비의 종류
> ㉠ 전력용 콘덴서(진상용 콘덴서)
> ㉡ 리액터
> ㉢ 동기 조상기

17. 다음 중 역률 개선의 효과로 볼 수 없는 것은? [10, 16]

① 전력 손실 감소

② 전압 강하 감소

③ 설비 용량의 이용률 증가

④ 감전사고 감소

> **해설** 부하의 역률 개선의 효과
> ㉠ 선로 전력 손실의 감소
> ㉡ 전압 강하 감소
> ㉢ 설비 용량의 이용률 증가
> ㉣ 전력 요금의 경감

18. 수 · 변전 설비 중에서 동력설비 회로의

역률을 개선할 목적으로 사용되는 것은 어느 것인가? [14, 19]

① 전력 퓨즈   ② MOF

③ 지락 계전기   ④ 진상용 콘덴서

> **해설** 진상용 콘덴서 : 고압의 수 · 변전 설비 또는 개개의 부하의 역률 개선을 위해 사용하는 콘덴서이다.

19. 전력용 콘덴서를 회로로부터 개방하였을 때 전하가 잔류함으로써 일어나는 위험의 방지와 재투입할 때 콘덴서에 걸리는 과전압의 방지를 위하여 무엇을 설치하는가? [11]

① 직렬 리액터   ② 콘덴서

③ 방전 코일   ④ 피뢰기

> **해설** 방전 코일(DC) : 콘덴서를 회로에 개방하였을 때 전하가 잔류함으로써 일어나는 위험과 재투입 시 콘덴서에 걸리는 과전압을 방지하는 역할을 한다.

20. 설치 면적과 설치 비용이 많이 들지만 가장 이상적이고 효과적인 진상용 콘덴서 설치 방법은? [11, 19]

① 수전단 모선에 설치

② 수전단 모선과 부하 측에 분산하여 설치

③ 부하 측에 분산하여 설치

④ 가장 큰 부하 측에만 설치

> **해설** 진상용 콘덴서(SC)의 설치 방법 중에서 각 부하 측에 분산 설치하는 방법이 가장 효과적으로 역률이 개선되나 설치 면적과 설치 비용이 많이 든다.

21. 150 kW의 수전설비에서 역률을 80 %에서 95 %로 개선하려고 한다. 이때 전력용 콘덴서의 용량은 약 몇 kVA인가? [14]

① 63.2   ② 126.4

③ 133.5   ④ 157.6

해설 $Q_c = P\left(\sqrt{\dfrac{1}{\cos^2\theta_1} - 1} - \sqrt{\dfrac{1}{\cos^2\theta_2} - 1}\right)$

$= 150\left(\sqrt{\dfrac{1}{0.8^2} - 1} - \sqrt{\dfrac{1}{0.95^2} - 1}\right)$

$≒ 63.2 \, \text{kVA}$

22. 역률 0.8 유효전력 4000 kW인 부하의 역률을 100 %로 하기 위한 콘덴서의 용량 (kVA)은 얼마인가? [13, 18]

① 3200 ② 3000
③ 2800 ④ 2400

해설 위 문제 해설에서, $\cos\theta_2 = 1$이므로,

$Q_c = P\left(\sqrt{\dfrac{1}{\cos^2\theta_1} - 1}\right) = 4000\left(\sqrt{\dfrac{1}{0.8^2} - 1}\right)$

$= 3000 \, \text{kVA}$

23. 계기용 변류기의 약호는? [14, 17]

① CT ② WH
③ CB ④ DS

해설 계기용 변류기(CT ; current transfomer)

24. 변류비 100/5 A의 변류기(C.T)와 5 A의 전류계를 사용하여 부하 전류를 측정한 경우 전류계의 지시가 4 A이었다. 이때 부하 전류는 몇 A인가?

① 30 A ② 40 A
③ 60 A ④ 80 A

해설 부하 전류 = 전류계 지시전류×변류비
$= 4 \times \dfrac{100}{5} = 80 \, \text{A}$

25. 대전류를 소전류로 변성하여 계전기나 측정계기에 전류를 공급하는 기기는? [18, 20]

① 계기용 변류기(CT)
② 계기용 변압기(PT)
③ 단로기(DS)
④ 컷 아웃 스위치(COS)

해설 계기용 변류기(CT)
㉠ 높은 전류를 낮은 전류로 변성-회로에 직렬로 접속
㉡ 배전반의 전류계 · 전력계, 차단기의 트립 코일의 전원으로 사용

26. 수 · 변전설비 구성기기의 계기용 변압기 (PT) 설명으로 맞지 않는 것은? [15]

① 높은 전압을 낮은 전압으로 변성하는 기기이다.
② 높은 전류를 낮은 전류로 변성하는 기기이다.
③ 회로에 병렬로 접속하여 사용하는 기기이다.
④ 부족 전압 트립코일의 전원으로 사용된다.

해설 계기용 변압기(PT)
㉠ 고전압을 저전압으로 변성-회로에 병렬로 접속
㉡ 배전반의 전압계, 전력계, 주파수계, 역률계 표시등 및 부족 전압 트립 코일의 전원으로 사용

27. 고압전로에 지락 사고가 생겼을 때 지락 전류를 검출하는데 사용하는 것은? [14, 17]

① CT ② ZCT
③ MOF ④ PT

해설 영상 변류기(ZCT) : 지락 사고가 생겼을 때 흐르는 지락(영상)전류를 검출하여 접지 계전기에 의하여 차단기를 동작시켜 사고의 파급을 방지한다.

28. 고압 전기회로의 전기 사용량을 적산하기 위한 계기용 변압 변류기의 약자는?

① ZPCT ② MOF
③ DCS ④ DSPF

해설 전력 수급용 계기용 변성기(MOF ; metering out fit)

29. 코일 주위에 전기적 특성이 큰 에폭시 수지를 고진공으로 침투시키고, 다시 그 주위를 기계적 강도가 큰 에폭시 수지로 몰딩한 변압기는? [10]

① 건식 변압기　　② 유입 변압기
③ 몰드 변압기　　④ 타이 변압기

해설　몰드 변압기
　㉠ 고압 및 저압권선을 모두 에폭시로 몰드 (mold)한 고체 절연방식 채용
　㉡ 난연성, 절연의 신뢰성, 보수 및 점검이 용이, 에너지 절약 등의 특징이 있다.

30. 1차가 22.9 kV−Y의 배전 선로이고, 2차가 220/380 V 부하 공급시는 변압기 결선을 어떻게 하여야 하는가?

① $\Delta - Y$　　　　② $Y - \Delta$
③ $Y - Y$　　　　④ $\Delta - \Delta$

해설　배전 방식에 의한 간선
　㉠ 특별 고압 간선 : 3상 4선식 22.9 kV 다중 접지식
　㉡ 저압 간선 : 3상 4선식 220/380 V(Y−Y)
　※ 3상 4선식은 Y 결선에서, 중성선을 가지므로 4선식이 된다.

6-2 ○ 고압 및 저압 배전반 공사

■ 배전반(switch board)

전기 계통의 중추적인 역할을 하며, 기기나 회로를 감시 제어하기 위한 계기류, 계전기류, 개폐기류 등을 한 곳에 집중하여 시설한 것이다.

■ 분전반(panel board)

간선에서 각 기계·기구로 배선하는 전선을 분기하는 곳에 주 개폐기, 분기 개폐기 및 자동 차단기를 설치하기 위하여 시설한 것이다.

1 배전반 공사

• 수전 설비의 배전반 등의 최소 유지거리

표 3-44

(단위 : m)

기기별 ＼ 위치별	앞면 또는 조작·계측면	뒷면 또는 점검면	열상호간(점검하는 면)
특고압 배전반	1.7	0.8	1.4
고압 배전반	1.5	0.6	1.2
저압 배전반	1.5	0.6	1.2
변압기 등	0.6	0.6	1.2

2 분전반 공사

(1) 분전반의 설치 목적과 종류

① 분전반은 간선에서 각 기계 기구로 배선하는 전선을 분기하는 곳에 주 개폐기, 분기 개폐기 및 자동 차단기를 설치하기 위하여 시설된다.

② 분전반 유닛(panel board unit)의 종류에 따라 나이프식, 텀블러식, 브레이크식으로 구분된다.

(2) 분전반 설치

① 일반적으로 분전반은 철제 캐비닛(steel cabinet) 안에 나이프 스위치, 텀블러 스위치 또는 배선용 차단기를 설치하며, 내열 구조로 만든 것이 많이 사용되고 있다.

② 철제 분전반은 두께 1.2 mm 또는 1.6 mm의 철판으로 만들며, 문이 달린 뚜껑은 3.2 mm 두께의 철판으로 만든다.

③ 분전반은 부하의 중심 부근이고, 각 층마다 하나 이상을 설치하나 회로수가 6 이하인 경우에는 2개 층을 담당한다.

④ 하나의 분전반이 담당하는 경제 면적은 750~1000 m²으로 하고, 분전반에서 최종 부하까지의 거리는 30 m 이내로 하는 것이 좋다.

⑤ 분전반에서 분기 회로를 위한 배관의 상승 또는 하강이 용이해야 한다.

⑥ 보수 점검에 편리한 곳이어야 한다.

⑦ 분전반을 넣는 금속제의 함 및 이를 지지하는 금속 프레임 또는 구조물은 접지하여야 한다.

(3) 배선 기구의 접속 방법

① 분전반 또는 배전반의 단극 개폐기, 점멸 스위치, 퓨즈, 리셉터클 등에서 전압측 전선과 접지측 전선을 구별할 필요가 있다.

② 소켓, 리셉터클 등에 전선을 접속할 때

   ㈎ 전압측 전선을 중심 접촉면에, 접지측 전선을 속 베이스(screw shell)에 연결하여야 한다.

   ㈏ 이유 : 충전된 속 베이스를 만져서 감전될 우려가 있는 것을 방지하기 위해서이다.

③ 전등 점멸용 점멸 스위치를 시설할 때

   ㈎ 반드시 전압측 전선에 시설하여야 한다.

   ㈏ 이유 : 접지측 전선에 접지 사고가 생기면 누설 전류가 생겨서 화재의 위험성이 있고, 또 점멸 역할도 할 수 없게 되기 때문이다.

과년도 / 예상문제

1. 점유 면적이 좁고 운전 보수에 안전하며 공장, 빌딩 등의 전기실에 많이 사용되는 배전반은 어떤 것인가? [18]

① 데드 프런트형　② 수직형
③ 큐비클형　④ 라이브 프런트형

해설 큐비클형(cubicle type) : 폐쇄식 배전반으로 점유 면적이 좁고 운전·보수에 안전하므로 공장, 빌딩 등의 전기실에 많이 사용된다.

2. 배전반 및 분전반의 설치 장소로 적합하지 않은 곳은? [14]

① 접근이 어려운 장소
② 전기회로를 쉽게 조작할 수 있는 장소
③ 개폐기를 쉽게 개폐할 수 있는 장소
④ 안정된 장소

해설 분전반 및 배전반의 설치 장소(내선 1455)
㉠ 전기회로를 쉽게 조작할 수 있는 장소
㉡ 개폐기를 쉽게 조작할 수 있는 장소
㉢ 노출된 장소
㉣ 안정된 장소

3. 간선에서 각 기계 · 기구로 배선하는 전선을 분기하는 곳에 주 개폐기, 분기 개폐기 및 자동 차단기를 설치하기 위하여 다음 중 무엇을 설치하는가?

① 분전반　② 운전반
③ 배전반　④ 스위치반

해설 분전반(panel board) : 간선에서 각 기계 · 기구로 배선하는 전선을 분기하는 곳에 주 개폐기, 분기 개폐기 및 자동 차단기를 설치하기 위하여 시설한 것

4. 옥내 분전반의 설치에 관한 내용 중 틀린 것은? [13]

① 분전반에서 분기 회로를 위한 배관의 상승 또는 하강이 용이한 곳에 설치한다.
② 분전반에 넣는 금속제의 함 및 이를 지지하는 구조물은 접지를 하여야 한다.
③ 각 층마다 하나 이상을 설치하나, 회로 수가 6 이하인 경우 2개 층을 담당할 수 있다.
④ 분전반에서 최종 부하까지의 거리는 40 m 이내로 하는 것이 좋다.

해설 분전반에서 최종 부하까지의 거리는 30 m 이내로 하는 것이 좋다.

5. 다음 중 분전반 및 분전반을 넣은 함에 대한 설명으로 잘못된 것은? [20]

① 분전반 및 분전반의 뒤쪽은 배선 및 기구를 배치할 것
② 절연 저항 측정 및 전선 접속단자의 점검이 용이한 구조일 것
③ 난연성 합성수지로 된 것을 두께 1.5 mm 이상으로 내 아크성인 것이어야 한다.
④ 강판제의 것은 두께 1.2 mm 이상이어야 한다.

해설 분전반 및 분전반의 반(盤)의 뒤쪽은 배선 및 기구를 배치하지 말 것

7 특수 장소 및 특수 시설 공사

7-1 ○ 특수 장소 시설 공사

1 분진(먼지) 위험장소

(1) 폭연성 분진 위험장소(KEC 242.2.1)

폭연성 분진(마그네슘·알루미늄·티탄·지르코늄) 등의 먼지가 쌓여있는 상태에서 불이 붙었을 때에 폭발할 우려가 있는 곳

① 옥내 배선은 금속 전선관 배선 또는 케이블 배선에 의할 것

② 금속 전선관 배선에 의하는 경우

㈎ 금속관은 박강전선관 또는 이와 동등 이상의 강도를 가지는 것을 사용할 것

㈏ 관 상호 및 관과 박스는 5턱 이상의 나사 조임으로 견고하게 접속할 것

㈐ 가요성을 필요로 하는 부분의 배선은 분진 방폭형 플렉시블 피팅(flexible fitting)을 사용할 것

③ 케이블 배선에 의하는 경우

㈎ 케이블에 고무나 플라스틱 외장 또는 금속제 외장을 한 것일 것

㈏ 케이블은 강관, 강대 및 활동대를 개장으로 한 케이블 또는 MI 케이블 사용하는 경우를 제외하고 보호관에 넣어서 시설 할 것

④ 티탄을 제조하는 공장의 저압 옥내 배선 공사 방법 : 금속관 공사, 케이블 공사(CD 케이블, 캡타이어 케이블은 제외)

※ 티탄(Titanium) : 여러 가지 광석 중에 함유되어 있으나 주광석은 금홍석(rutile) 및 티탄 철광(ilmenite)이다.

(2) 가연성 분진 위험장소(KEC 242.2.2)

가연성 분진(소맥분·전분·유황 기타 가연성의 먼지로 폭발할 우려가 있는 곳을 말하며 폭연성 분진은 제외

① 합성수지관 공사·금속관 공사 또는 케이블 공사에 의할 것

② 두께 2 mm 미만의 합성수지 전선관 및 난연성이 없는 콤바인 덕트관을 사용하는 것을 제외한다.

2 위험물 · 가연성 가스 · 부식성 가스가 있는 곳의 공사

(1) 위험물이 있는 곳의 공사(KEC 242.4)

셀룰로이드 · 성냥 · 석유류 기타 타기 쉬운 위험한 물질을 제조하거나 저장하는 곳
① 배선은 금속관 배선, 합성수지관 배선 또는 케이블 배선 등에 의할 것
② 금속 전선관 배선, 합성수지 전선관 배선(두께 2 mm 미만의 합성수지관 제외) 또는 케이블 배선으로 시공한다.

(2) 가연성 가스 · 부식성 가스가 있는 곳의 공사

① 가연성 가스 위험장소의 배선은 금속 전선관 또는 케이블 배선에 의할 것
② 부식성 가스 등이 있는 장소
(가) 전선은 부식성 가스 또는 용액의 종류에 따라서 절연 전선(DV전선은 제외한다.) 또는 이와 동등 이상의 절연 효력이 있는 것을 사용할 것
(나) 다만, 전선의 절연물이 상해를 받는 장소는 나전선을 사용할 수 있으며, 이 경우는 바닥 위 2.5 m 이상 높이에 시설한다.

3 화약 저장장소 등의 공사

(1) 화약류 저장소에서 전기설비의 시설(KEC 242.5.1)

① 화약류 저장소 안에는 전기설비를 시설해서는 안 된다(단, 백열전등, 형광등 또는 이들에 전기를 공급하기 위한 경우에는 그러하지 아니하다).
(가) 전로에 대지전압은 300 V 이하일 것
(나) 전기 기계기구는 전폐형의 것일 것
② 옥내 배선은 금속 전선관 배선 또는 케이블 배선에 의하여 시설할 것
③ 개폐기 및 과전류 차단기에서 화약고의 인입구까지의 배선은 케이블을 사용하고 또한 이것을 지중에 시설하여야 한다.

(2) 불연성 먼지가 많은 장소

① 배선 방법
(가) 애자사용 배선
(나) 금속 전선관 배선
(다) 금속제 가요 전선관 배선
(라) 금속 덕트 배선, 버스 덕트 배선
(마) 합성수지 전선관 배선(두께 2 mm 미만의 합성수지 전선관 제외)
(바) 케이블 배선 또는 캡타이어 케이블 배선으로 시공하여야 한다.
② 가스증기 위험장소 배선은 금속 전선관 배선 또는 케이블 배선에 의할 것

과년도 / 예상문제

1. 폭연성 분진이 존재하는 곳의 저압 옥내배선 공사 시 공사 방법으로 짝지어진 것은? [15, 18, 19]

① 금속관 공사, MI 케이블공사, 개장된 케이블공사
② CD 케이블공사, MI 케이블공사, 금속관 공사
③ CD 케이블공사, MI 케이블공사, 제1종 캡타이어 케이블공사
④ 개장된 케이블공사, CD 케이블공사, 제1종 캡타이어 케이블공사

해설 폭연성 분진 위험장소
㉠ 옥내 배선은 금속 전선관 배선 또는 케이블 배선에 의할 것
㉡ 케이블 배선에 의하는 경우
 • 케이블에 고무나 플라스틱 외장 또는 금속제 외장을 한 것일 것
 • 케이블은 강관, 강대 및 활동대를 개장으로 한 케이블 또는 MI 케이블을 사용하는 경우를 제외하고 보호관에 넣어서 시설할 것
㉢ 금속 전선관 배선에 의하는 경우
 • 가요성을 필요로 부분의 배선는 분진 방폭형 플렉시블 피팅(flexible fitting)을 사용할 것
 • 관 상호 및 관과 박스는 5턱 이상의 나사 조임으로 견고하게 접속할 것

2. 폭연성 분진 또는 화학류의 분말이 전기설비가 발화원이 되어 폭발할 우려가 있는 곳에 시설하는 저압 옥내 전기설비의 저압 옥내 배선 공사는? [10, 17]

① 금속관 공사   ② 합성수지관 공사
③ 가요 전선관 공사 ④ 애자사용 공사

해설 위 문제 해설 참조

3. 폭연성 분진이 존재하는 곳의 금속관 공사 시 전동기에 접속하는 부분에서 가요성을 필요로 하는 부분의 배선에는 방폭형의 부속품 중 어떤 것을 사용하여야 하는가? [19]

① 플렉시블 피팅
② 분진 플렉시블 피팅
③ 분진 방폭형 플렉시블 피팅
④ 안전 증가 플렉시블 피팅

해설 위 문제 해설 참조

4. 폭발성 분진이 있는 위험장소에 금속관 배선에 의할 경우 관 상호 및 관과 박스 기타의 부속품이나 풀박스 또는 전기 기계기구는 몇 턱 이상의 나사 조임으로 접속하여야 하는가? [10, 11, 12, 13, 14, 18]

① 2턱   ② 3턱
③ 4턱   ④ 5턱

해설 위 문제 해설 참조

5. 티탄을 제조하는 공장으로 먼지가 쌓여진 상태에서 착화된 때에 폭발할 우려가 있는 곳에 저압 옥내 배선을 설치하고자 한다. 알맞은 공사 방법은? [12]

① 합성수지 몰드 공사
② 라이팅 덕트 공사
③ 금속 몰드 공사
④ 금속관 공사

해설 티탄을 제조하는 공장의 저압 옥내 배선 공사 방법 : 금속관 공사, 케이블 공사 (CD 케이블, 캡타이어 케이블은 제외)
 ※ 티탄(Titanium) : 여러 가지 광석 중에 함유되어 있으나 주광석은 금홍석(rutile) 및 티탄 철광(ilmenite)이다.

6. 소맥분, 전분 기타 가연성의 분진이 존재하는 곳의 저압 옥내 배선 공사 방법에 해당되는 것으로 짝지어진 것은 어느 것인가? [15, 17, 19]

① 케이블공사, 애자사용 공사
② 금속관 공사, 콤바인 덕트관, 애자사용 공사
③ 케이블공사, 금속관 공사, 애자사용 공사
④ 케이블공사, 금속관 공사, 합성수지관 공사

해설 가연성 분진 위험장소
㉠ 합성수지관 공사, 금속관 공사 또는 케이블 공사에 의할 것
㉡ 두께 2 mm 미만의 합성수지 전선관 및 난연성이 없는 콤바인 덕트관을 사용하는 것을 제외한다.

7. 가연성 분진에 전기설비가 발화원이 되어 폭발의 우려가 있는 곳에 시설하는 저압 옥내 배선 공사방법이 아닌 것은 어느 것인가? [14]

① 금속관 공사
② 케이블공사
③ 애자사용 공사
④ 합성수지관 공사

해설 위 문제 해설 참조

8. 셀룰로이드, 성냥, 석유류 등 기타 가연성 위험물질을 제조 또는 저장하는 장소의 배선으로 잘못된 배선은? [18]

① 금속관 배선   ② 가요 전선관 배선
③ 합성수지관 배선 ④ 케이블 배선

해설 위험물이 있는 곳의 공사(셀룰로이드·성냥·석유류 기타 타기 쉬운 위험한 물질을 제조하거나 저장하는 곳)

㉠ 배선은 금속관 배선, 합성수지관 배선 또는 케이블 배선 등에 의할 것
㉡ 금속 전선관 배선, 합성수지 전선관 배선(두께 2 mm 미만의 합성수지관 제외) 또는 케이블 배선으로 시공한다.

9. 셀룰로이드, 성냥, 석유류 등 기타 가연성 위험물질을 제조 또는 저장하는 장소의 배선 방법이 아닌 것은? [11, 17]

① 배선은 금속관 배선, 합성수지관 배선 또는 케이블 배선에 의할 것
② 금속관은 박강 전선관 또는 이와 동등 이상의 강도가 있는 것을 사용할 것
③ 두께가 2 mm 미만의 합성수지제 전선관을 사용할 것
④ 합성수지관 배선에 사용하는 합성수지관 및 박스 기타 부속품은 손상될 우려가 없도록 시설할 것

해설 위 문제 해설 참조

10. 성냥을 제조하는 공장의 공사 방법으로 틀린 것은? [16]

① 금속관 공사
② 케이블 공사
③ 금속 몰드 공사
④ 합성수지관 공사

해설 배선은 금속판 배선, 합성수지관 배선 또는 케이블 배선 등에 의할 것

11. 가연성 가스가 존재하는 장소의 저압 시설공사 방법으로 옳은 것은? [11, 18]

① 가요 전선관 공사
② 합성 수지관 공사
③ 금속관 공사
④ 금속 몰드 공사

해설 가연성 가스 위험장소의 배선은 금속 전선관 또는 케이블 배선에 의할 것

12. 부식성 가스 등이 있는 장소에 시설할 수 없는 배선은? [10, 12]

① 애자사용 배선
② 제1종 금속제 가요 전선관 배선
③ 케이블 배선
④ 캡타이어 케이블 배선

[해설] 부식성 가스 또는 용액의 종류에 따라서 애자사용 배선, 금속 전선관 배선, 합성 수지관 배선, 2종 금속제 가요 전선관, 케이블 배선 또는 캡타이어 케이블 배선으로 시공하여야 한다.

13. 부식성 가스 등이 있는 장소에 전기설비를 시설하는 방법으로 적합하지 않은 것은? [10, 13]

① 애자사용 배선 시 부식성 가스의 종류에 따라 절연 전선인 DV전선을 사용한다.
② 애자사용 배선에 의한 경우에는 사람이 쉽게 접촉될 우려가 없는 노출장소에 한한다.
③ 애자사용 배선 시 부득이 나전선을 사용하는 경우에는 전선과 조영재와의 거리를 4.5 cm 이상으로 한다.
④ 애자사용 배선 시 전선의 절연물이 상해를 받는 장소는 나전선을 사용할 수 있으며, 이 경우는 바닥 위 2.5 m 이상 높이에 시설한다.

[해설] 부식성 가스 등이 있는 장소
㉠ 전선은 부식성 가스 또는 용액의 종류에 따라서 절연 전선(DV전선은 제외한다.) 또는 이와 동등 이상의 절연 효력이 있는 것을 사용할 것.
㉡ 다만, 전선의 절연물이 상해를 받는 장소는 나전선을 사용할 수 있으며, 이 경우는 바닥 위 2.5 m 이상 높이에 시설한다.

14. 화약고 등의 위험장소의 배선 공사에

서 전로의 대지전압은 몇 V 이하이어야 하는가? [11, 17, 18, 0]

① 300 ② 400
③ 500 ④ 600

[해설] 화약류 저장소에서 전기설비의 시설
㉠ 화약류 저장소 안에는 전기설비를 시설해서는 안 된다(단, 백열전등, 형광등 또는 이들에 전기를 공급하기 위한 경우에는 그러하지 아니하다).
 • 전로에 대지전압은 300 V 이하일 것
 • 전기 기계기구는 전폐형의 것일 것
㉡ 옥내 배선은 금속 전선관 배선 또는 케이블 배선에 의하여 시설할 것
㉢ 개폐기 및 과전류 차단기에서 화약고의 인입구까지의 배선은 케이블을 사용하고 또한 이것을 지중에 시설하여야 한다.

15. 화약고 등의 위험 장소에서 전기설비 시설에 관한 내용으로 옳은 것은? [14]

① 전로의 대지전압은 400 V 이하일 것
② 전기 기계기구는 전폐형을 사용할 것
③ 화약고 내의 전기설비는 화약고 장소에 전용 개폐기 및 과전류 차단기를 시설할 것
④ 개폐기 및 과전류 차단기에서 화약고 인입구까지의 배선은 케이블 배선으로 노출로 시설할 것

[해설] 위 문제 해설 참조

16. 화약류 저장장소의 배선공사에서 전용 개폐기에서 화약류 저장소의 인입구까지는 어떤 공사를 하여야 하는가? [12, 15, 20]

① 케이블을 사용한 옥측 전선로
② 금속관을 사용한 지중 전선로
③ 케이블을 사용한 지중 전선로
④ 금속관을 사용한 옥측 전선로

[해설] 위 문제 해설 참조

정답 12. ② 13. ① 14. ① 15. ② 16. ③

17. 불연성 먼지가 많은 장소에 시설할 수 없는 저압 옥내 배선의 방법은? [14, 20]

① 금속관 배선

② 두께가 1.2 mm인 합성수지관 배선

③ 금속제 가요 전선관 배선

④ 애자사용 배선

해설 불연성 먼지가 많은 장소

㉠ 애자사용 배선

㉡ 금속 전선관 배선

㉢ 금속제 가요 전선관 배선

㉣ 금속 덕트 배선, 버스 덕트 배선

㉤ 합성수지 전선관 배선(두께 2 mm 미만의 합성수지 전선관 제외)

㉥ 케이블 배선 또는 캡타이어 케이블 배선으로 시공하여야 한다.

18. 가스증기 위험장소의 배선 방법으로 적합하지 않은 것은?

① 옥내 배선은 금속관 배선 또는 합성수지관 배선으로 할 것

② 전선관 부품 및 전선 접속함에는 내압 방폭 구조의 것을 사용할 것

③ 금속관 배선으로 할 경우 관 상호 및 관과 박스는 5턱 이상의 나사 조임으로 견고하게 접속할 것

④ 금속관과 전동기의 접속 시 가요성을 필요로 하는 짧은 부분의 배선에는 안전 증가 방폭 구조의 플렉시블 피팅을 사용할 것

해설 배선은 금속 전선관 배선 또는 케이블 배선에 의할 것

7-2 ○ 특수 장소 및 특수 시설 공사

1 흥행장 및 기타 특수 장소 시설 공사

(1) 전시회, 쇼 및 공연장의 전기설비(KEC 242.6)

① 무대·무대마루 밑·오케스트라 박스·영사실 기타 사람이나 무대 도구가 접촉할 우려가 있는 곳에 시설하는 저압 옥내 배선, 전구선 또는 이동전선은 사용 전압이 400 V 이하이어야 한다.

② 배선용 케이블은 구리 도체로 최소 단면적 : 1.5 mm² (염화비닐 절연 케이블, 고무 절연 케이블)

③ 무대마루 밑에 시설하는 전구선은 300/300 V 편조 고무코드 또는 0.6/1 kV EP 고무 절연 클로로프렌 캡타이어 케이블이어야 한다.

④ 이동전선

㈎ 0.6/1 kV EP 고무 절연 클로로프렌 캡타이어 케이블 또는 0.6/1 kV 비닐 절연 비닐 캡타이어 케이블이어야 한다.

㈏ 보더라이트에 부속된 이동전선은 0.6/1 kV EP 고무 절연 클로로프렌 캡타이어 케이블이어야 한다.

⑤ 전선 보호를 위해 적당한 방호장치를 하여야 한다.

⑥ 플라이 덕트를 시설하는 경우에는 덕트의 끝부분은 막아야 한다.

(2) 터널 및 갱도(KEC 242.7)

① 사람이 상시 통행하는 터널 내의 배선은 저압에 한하며 애자사용, 금속 전선관, 합성 수지관, 금속제 가요 전선관, 케이블 배선으로 시공하여야 한다.

② 애자사용 배선의 경우 전선은 노면상 2.5 m 이상의 높이로 하고, 단면적 2.5 mm² 이상의 절연 전선을 사용해야 한다(단, OW, DV 전선 제외).

③ 터널의 인입구 가까운 곳에 전용의 개폐기를 시설하여야 한다.

④ 광산, 갱도 내의 배선은 저압 또는 고압에 한하고, 케이블 배선으로 시공하여야 한다(단, 사용 전압 400 V 이하의 경우는 2.5 mm² 이상의 절연 전선을 사용할 수 있다).

⑤ 터널 및 갱도에 시설하는 전구선과 이동전선의 사용 전압은 400 V 이하이고, 0.75 mm² 이상의 300/300 V 편조 고무 코드 또는 0.6/1 kV EP 고무 절연 클로로프렌 캡타이어 케이블이어야 한다.

(3) 전기욕기(KEC 241.2)

① 전원장치의 2차측 배선

㉮ 전기욕기용 전원 변압기 2차측 전로의 사용 전압은 10 V 이하 일 것

㉯ 합성수지관 공사, 금속관 공사 또는 케이블 공사에 의하여 시설하거나 또는 공칭단면적이 1.5 mm² 이상의 캡타이어 코드를 합성수지관이나 금속관에 넣고 관을 조영재에 견고하게 고정하여야 한다.

② 욕기 내의 시설

㉮ 욕기 내의 전극 간의 거리는 1 m 이상일 것

㉯ 욕기 내의 전극은 사람이 쉽게 접촉될 우려가 없도록 시설할 것

2 특수 시설의 설비공사

(1) 전기울타리 시설(KEC 241.1)

① 전기울타리는 목장·논밭 등 옥외에서 가축의 탈출 또는 야생짐승의 침입을 방지하기 위하여 시설하는 경우를 제외하고는 시설해서는 안 된다.

② 전기울타리용 전원장치에 전원을 공급하는 전로의 사용 전압은 250 V 이하이어야 한다.

③ 전기울타리는 사람이 쉽게 출입하지 아니하는 곳에 시설할 것

④ 전선은 지름 2 mm 이상의 경동선일 것.

⑤ 전선과 이를 지지하는 기둥 사이의 이격 거리는 25 mm(2.5 cm) 이상일 것

⑥ 전선과 다른 시설물 또는 수목과의 이격 거리는 0.3 m 이상일 것

⑦ 전로에는 쉽게 개폐할 수 있는 곳에 전용 개폐기를 시설하여야 한다.

⑧ 전기울타리의 접지전극과 다른 접지계통의 접지전극의 거리는 2 m 이상이어야 한다.

⑨ 가공 전선로의 아래를 통과하는 전기울타리의 금속 부분은 교차지점의 양쪽으로부터 5 m 이상의 간격을 두고 접지하여야 한다.

(2) 전주 외등

대지전압 300 V 이하의 백열전등, 형광등, 수은등 등을 배전 선로의 지지물 등에 시설

① 조명 기구 및 부착 금구

㉮ 기구는 광원(光源)의 손상을 방지하기 위하여 원칙적으로 갓 또는 글로브가 붙은 것

㉯ 기구는 부착 상태에서 연직선(鉛直線)으로부터 45도까지의 경사 위로부터 빗물을 맞아도 지장이 없는 것

㉰ 기구는 전구를 쉽게 갈아 끼울 수 있는 구조일 것

㉱ 기구의 인출선은 도체 단면적이 0.75 mm² 이상일 것

㈐ 중량은 부속 금구류를 포함하여 100 kg 이하일 것
② 기구의 시설
　㈎ 기구의 부착 높이는 하단에서 지표상 4.5 m 이상으로 할 것(단, 교통에 지장이 없는 경우는 지표상 3.0 m 이상으로 할 수 있다.)
　㈏ 백열전등 및 형광등에 있어서는 기구를 전주에 부착한 점으로부터 돌출되는 수평 거리를 1 m 이내로 할 것

표 3-45 기구와 전주상의 시설물과 최소 이격 거리

전주상의 지지물		최소 이격 거리(m)
저압 전선		0.6
기기		0.6
통신설비	나전선	0.6
	절연 전선	0.3
	단자함, 인류 금구	0.1
발판 볼트		0.15

③ 배선 및 공사 방법
　㈎ 배선은 단면적 2.5 mm^2 이상의 절연 전선
　㈏ 케이블 배선, 금속관 배선, 합성수지관 배선

과년도 / 예상문제

1. 무대·오케스트라 박스·영사실 기타 사람이나 무대 도구가 접촉될 우려가 있는 장소에 시설하는 저압 옥내 배선의 사용 전압은? [14]

① 400 V 이하   ② 500 V 이상
③ 600 V 이하   ④ 700 V 이상

> **해설** 전시회, 쇼 및 공연장의 전기설비
> ㉠ 사용 전압이 400 V 이하이어야 한다.
> ㉡ 0.6/1 kV EP 고무 절연 클로로프렌 캡타이어 케이블 또는 0.6/1 kV 비닐 절연 비닐 캡타이어 케이블이어야 한다.
> ㉢ 플라이 덕트를 시설하는 경우에는 덕트의 끝부분은 막아야 한다.

2. 흥행장의 저압 배선 공사 방법으로 잘못된 것은? [13]

① 전선 보호를 위해 적당한 방호장치를 할 것
② 무대나 영사실 등의 사용 전압은 400 V 미만일 것
③ 이동전선은 0.6/1 kV 비닐 절연 비닐 케이블이어야 한다.
④ 플라이 덕트를 시설하는 경우에는 덕트의 끝부분은 막아야 한다.

> **해설** 위 문제 해설 참조

3. 다음 중 흥행장의 저압 공사에서 잘못된 것은? [12]

① 무대, 무대 밑, 오케스트라 박스 및 영사실의 전로에는 전용 개폐기 및 과전류 차단기를 시설할 필요가 없다.
② 무대용의 콘센트, 박스, 플라이 덕트 및 보더라이트의 금속제 외함에는 접지공사를 하여야 한다.

③ 플라이 덕트는 조영재 등에 견고하게 시설하여야 한다.
④ 사용 전압 400 V 이하의 이동전선은 0.6/1 kV EP 고무 절연 클로로프렌 캡타이어 케이블을 사용한다.

> **해설** 전로에 전용 개폐기 및 과전류 차단기를 설치하여야 한다.

4. 터널·갱도 기타 이와 유사한 장소에서 사람이 상시 통행하는 터널 내의 배선 방법으로 적절하지 않은 것은? (단, 사용 전압은 저압이다.) [18, 20]

① 라이팅 덕트 배선
② 금속제 가요 전선관 배선
③ 합성수지관 배선
④ 애자사용 배선

> **해설** 사람이 상시 통행하는 터널 내의 배선은 저압에 한하며 애자사용, 금속 전선관, 합성수지관, 금속제 가요 전선관, 케이블 배선으로 시공하여야 한다.

5. 사람이 상시 통행하는 터널 내 배선의 사용 전압이 저압일 때 배선 방법으로 틀린 것은? [12, 16]

① 금속관 배선
② 금속 덕트 배선
③ 합성수지관 배선
④ 금속제 가요 전선관 배선

> **해설** 위 문제 해설 참조

6. 전기욕기용 전원 변압기 2차측 전로의 사용 전압은 몇 V 이하의 것에 한하는가?

① 50   ② 30   ③ 20   ④ 10

해설 전기욕기용 전원 변압기 2차측 전로의 사용 전압은 10 V 이하일 것

7. 전기욕기용 전원장치의 2차측 배선 공사에 적용되지 않는 것은?

① 합성수지관 공사 ② 가요 전선관 공사
③ 케이블공사   ④ 금속관 공사

해설 합성수지관 공사, 금속관 공사 또는 케이블공사에 의하여 시설할 것

8. 욕기 내의 전극 간의 거리는 몇 m 이상이여야 하는가?

① 0.25 ② 0.50 ③ 0.75 ④ 1.0

해설 욕기 내의 전극 간의 거리는 1 m 이상일 것

9. 욕실 내에 콘센트를 시설할 경우 콘센트의 시설 위치는 바닥면상 몇 cm 이상 설치하여야 하는가? [18]

① 30 cm   ② 50 cm
③ 80 cm   ④ 100 cm

해설 욕실 내에 콘센트를 시설할 경우 : 바닥면상 80 cm 이상

10. 전기울타리의 시설에 관한 내용 중 틀린 것은? [20]

① 수목과의 이격 거리는 0.3 m 이상일 것
② 전선은 지름이 2 mm 이상의 경동선일 것
③ 전선과 이를 지지하는 기둥 사이의 이격 거리는 10 mm 이상일 것
④ 전기 울타리용 전원장치에 전기를 공급하는 전로의 사용 전압은 250 V 이하일 것

해설 전기울타리 시설
㉠ 전원장치에 전원을 공급하는 전로의 사용 전압은 250 V 이하일 것
㉡ 전선은 지름 2 mm 이상의 경동선일 것
㉢ 전선과 이를 지지하는 기둥 사이의 이격 거리는 25 mm(2.5 cm) 이상일 것

㉣ 전선과 다른 시설물 또는 수목과의 이격 거리는 0.3 m 이상일 것

11. 전기울타리용 전원장치에 공급하는 전로의 사용 전압은 최대 몇 V 이하이어야 하는가?

① 110 ② 220 ③ 250 ④ 380

해설 위 문제 해설 참조

12. 목장의 전기울타리에 사용하는 경동선의 지름은 최소 몇 mm 이상이어야 하는가?

① 1.6 ② 2.0 ③ 2.6 ④ 3.2

해설 위 문제 해설 참조

13. 전기울타리의 접지전극과 다른 접지계통의 접지전극의 거리는 몇 m 이상이어야 하는가?

① 0.5 ② 1.0 ③ 1.5 ④ 2.0

해설 전기울타리의 접지전극과 다른 접지계통의 접지전극의 거리는 2 m 이상이어야 한다.

14. 전주 외등 설치 시 백열전등 및 형광등의 조명 기구를 전주에 부착하는 경우 부착한 점으로부터 돌출되는 수평 거리는 몇 m 이내로 하여야 하는가? [15, 17]

① 0.5 ② 0.8 ③ 1.0 ④ 1.2

해설 백열전등 및 형광등에 있어서는 기구를 전주에 부착한 점으로부터 돌출되는 수평 거리를 1 m 이내로 할 것

15. 전주에 가로등을 설치 시 부착 높이는 지표상 몇 m 이상으로 하여야 하는가? (단, 교통에 지장이 없는 경우이다.) [19, 20]

① 2.5 ② 3 ③ 4 ④ 4.5

해설 기구의 부착 높이는 하단에서 지표상 4.5 m 이상으로 할 것(교통에 지장이 없는 경우는 지표상 3.0 m 이상)

정답 ● 7. ② 8. ④ 9. ③ 10. ③ 11. ③ 12. ② 13. ④ 14. ③ 15. ②

CHAPTER 8 전기 응용 시설 공사

8-1 ㅇ 조명 설비 배선

1 ▶ 조명의 개요

(1) 우수한 조명의 조건
① 조도가 적당할 것
② 그림자가 적당할 것
③ 휘도의 대비가 적당할 것
④ 광색이 적당할 것
⑤ 균등한 광속 발산도 분포(얼룩이 없는 조명)일 것

(2) 조명의 용어와 단위
① 조명에 관한 용어의 정의와 단위는 표 3-46과 같다.

표 3-46 밝기의 정의와 단위

구 분	정 의	기호	단위
조도	장소의 밝기	E	럭스(lx)
광도	광원에서 어떤 방향에 대한 밝기	I	칸델라(cd)
광속	광원 전체의 밝기	F	루멘(lm)
휘도	광원의 외관상 단위 면적당의 밝기	B	스틸브(sb)
광속 발산도	물건의 밝기(조도, 반사율)	M	레드럭스(rlx)

② 휘도(luminance) : 어느 면을 어느 방향에서 보았을 때의 발산 광속으로 단위는 ([sb] ; stilb), ([nt] ; nit)을 사용한다.

③ 완전 확산면(perfect diffusing surface)
(가) 반사면이 거칠면 난반사하여 빛이 확산한다.
(나) 이 확산 반사 중 면의 휘도가 어느 방향에서 보더라도 같은 표면을 완전 확산면이라 한다.

2 조명 방식·조명 설계

(1) 조명 기구의 배치에 의한 조명 방식
① 전반 조명(general lighting)
   ㈎ 작업면의 전체를 균일한 조도가 되도록 조명하는 방식이다.
   ㈏ 공장, 사무실, 교실 등에 사용하고 있다.
② 국부 조명(local lighting)
   ㈎ 작업에 필요한 장소마다 그 곳에 필요한 조도를 얻을 수 있도록 국부적으로 조명하는 방식이다.
   ㈏ 높은 정밀도의 작업을 하는 곳에서 사용된다.
③ 전반 국부 병용 조명
   ㈎ 작업면 전체는 비교적 낮은 조도의 전반 조명을 실시하고 필요한 장소에만 높은 조도가 되도록 국부 조명을 하는 방식으로, 경제적으로 좋은 조명이다.
   ㈏ 공장이나 사무실 등에 널리 사용된다.
④ TAL(task ambient lighting) 조명
   ㈎ 작업 구역에는 전용의 국부 조명 방식으로 조명한다.
   ㈏ 기타 주변 환경에 대해서는 간접 또는 직접 조명으로 한다.

(2) 기구의 배치에 의한 조명 방식의 분류
기구의 배치에 의한 조명 방식의 분류는 표 3-47과 같다.

표 3-47 조명 기구의 배광

조명 방식	직접 조명	반직접 조명	전반 확산 조명	반간접 조명	간접 조명
상향 광속	0~10 %	10~40 %	40~60 %	60~90 %	90~100 %
조명 기구					
하향 광속	100~90 %	90~60 %	60~40 %	40~10 %	10~0 %
용도	일반 공장	일반 사무실, 학교, 상점, 주택	고급 사무실, 상점, 주택	고급 사무실 고급 주택	대합실 회의실 임원실

(3) 건축화 조명(architectural lighting) 방식
① 건축 의장과 조명 기구를 일체화하는 방식으로 광원의 설치 방법에 따라 표 3-48과 같이 분류된다.

표 3-48 건축화 조명

천장에 매입한 것	천장면을 광원으로 한 것	벽면을 광원으로 한 것
광량 조명(반매입 라인 라이트)	광천장 조명	코니스 조명(벽면 조명)
코퍼 조명(천장 매입)	루버 조명	밸런스 조명
다운 라이트 조명	코브 조명(간접 조명)	광벽 조명

② 다운 라이트(down-light) 조명 방식 : 천장에 작은 구멍을 뚫어 그 속에 등 기구를 매입시키는 방법으로 매입형에 따라 하면 개방형, 하면 루버형, 하면 확산형, 반사형 등이 있다.

③ 코브(cove) 조명 방식 : 간접 조명에 속하며 코브의 벽이나 천장면에 플라스틱, 목재 등을 이용하여 광원을 감추고, 그 반사광으로 채광하는 조명 방식이다.

④ 코니스(cornice) 조명 방식 : 천장과 벽면의 경계 구역에 건축적으로 턱을 만들어 그 내부에 조명 기구를 설치하여 아래 방향의 벽면을 조명하는 방식이다.

(4) 조명의 계산

① 광속 보존의 법칙에 의하여, 다음 식으로 소요되는 총 광속을 구한다.

$$F_0 = \frac{AED}{U} = \frac{AE}{UM} \ [\text{lm}]$$

$$N = \frac{F_0}{F} = \frac{AED}{FU} \ [\text{개}]$$

여기서, F_0 : 총 광속 (lm), A : 실내의 면적 (m²), E : 평균 조도 (lx), D : 감광 보상률

M : 보수율, U : 조명률, N : 광원의 등수, F : 등 1개의 광속 (lm)

② 실지수$(K) = \dfrac{XY}{H(X+Y)}$

여기서, X : 실의 가로 길이 (m), Y : 실의 세로 길이 (m), H : 작업면에서 광원까지의 높이 (m)

③ 조명 기구의 높이 H는 직접 조명 천장의 높이가 3 m 정도이면 기구를 천장에 직접 붙이고, 높이가 5 m 정도이면 작업면에서 천장까지 높이의 2/3 정도로 하는 것이 좋다.

(5) 부하의 상정

① 배선을 설계하기 위한 전등 및 소형 전기 기계기구의 부하 용량 산정에서, 건물의 종류에 따른 표준 부하는 표 3-49와 같다.

② 설비 부하 용량 = $PA + QB + C$

여기서, P : 주 건축물의 바닥 면적(m^2), Q : 건축물의 부분 바닥 면적(m^2)

A : P 부분의 표준 부하, B : Q 부분의 표준 부하, C : 가산해야 할 VA 수

표 3-49   건물의 표준 부하

구분	건물의 종류	표준 부하(VA/m^2)
P	공장, 공회당, 사원, 교회, 극장, 연회장 등	10
	기숙사, 여관, 호텔, 병원, 학교, 음식점, 다방, 대중목욕탕 등	20
	사무실, 은행, 상점, 이용소, 미장원	30
	주택, 아파트	40
Q	복도, 계단, 세면장, 창고, 다락	5
	강당, 관람석	10
C	주택, APT(세대별)에 대하여	1000~500 VA
	상점의 진열장은 폭 1 m에 대하여	300 VA
	옥외의 광고등, 광전사인, 네온사인 등	실 VA 수
	극장 등의 무대 조명, 영화관의 특수 전등 부하	실 VA 수

(6) 수용 설비와 공급 설비

부하의 설비 용량이 결정되면 각 부하별로 수용률, 부하율, 부등률을 고려하여 최대 수용 전력을 산출하고 부하의 역률과 장래 부하 증가를 고려하여 공급 설비(변압기)의 용량을 결정한다.

① 수용률(demand factor)

㈎ 수용률 = $\dfrac{\text{최대 수용 전력}(1\text{시간 평균})(\text{kW})}{\text{총 설비 용량}(\text{kW})} \times 100\ \%$

㈏ 수용률을 적용하여 설비 용량으로부터 사용 최대 수용 전력을 결정한다.

표 3-50   간선의 수용률(%) (내선규정 표 3315-11 참조)

건물의 종류	수용률	
	10 kVA 이하	10 kVA 초과분
주택, 아파트, 기숙사, 여관, 호텔, 병원, 창고	100	50
사무실, 은행, 학교	100	70
기타	100	

② 부등률

(가) 부등률 $= \dfrac{\text{각 개의 최대 수용 전력의 합(kW)}}{\text{합성 최대 수용 전력(kW)}}$

(나) 부등률이 클수록 설비의 이용도가 큰 것을 나타낸다.

③ 부하율(load factor)

(가) 부하율 $= \dfrac{\text{부하의 평균 전력(1시간 평균)(kW)}}{\text{최대 수용 전력(1시간 평균)(kW)}} \times 100$

(나) 공급 설비는 부하율이 높을수록 유효하게 사용되는 셈이 된다.

④ 공급 설비(배전 변압기) 용량

$$\text{변압기 용량} = \frac{\Sigma(\text{수용 설비 용량} \times \text{수용률})}{\text{부등률} \times \text{부하 역률}} \,[\text{kVA}]$$

과년도 / 예상문제

전기기능사

1. 우수한 조명의 조건이 되지 못하는 것은?

① 조도가 적당할 것
② 균등한 광속 발산도 분포일 것
③ 그림자가 없을 것
④ 광색이 적당할 것

해설 우수한 조명의 조건

㉠ 조도가 적당할 것
㉡ 그림자가 적당할 것
㉢ 휘도의 대비가 적당할 것
㉣ 광색이 적당할 것
㉤ 균등한 광속 발산도 분포(얼룩이 없는 조명)일 것

2. 조명 설계 시 고려해야 할 사항 중 틀린 것은? [14]

① 적당한 조도일 것
② 휘도 대비가 높을 것
③ 균등한 광속 발산도 분포일 것
④ 적당한 그림자가 있을 것

해설 문제 1. 해설 참조

3. 조명 공학에서 사용되는 칸델라(cd)는 무엇의 단위인가? [16]

① 광도　　　　　② 조도
③ 광속　　　　　④ 휘도

해설 ① 광도 : 칸델라(cd)
② 조도 : 럭스(lx)
③ 광속 : 루멘(lm)
④ 휘도 : 스틸브(sb)

4. 완전 확산면은 어느 방향에서 보아도 무엇이 동일한가? [16]

① 광속　　　　　② 휘도
③ 조도　　　　　④ 광도

해설 휘도(luminance) : 어느 면을 어느 방향에서 보았을 때의 발산 광속으로 단위는 ([sb] ; stilb), ([nt] ; nit)을 사용한다.

5. 실내 전체를 균일하게 조명하는 방식으로 광원을 일정한 간격으로 배치하여 공장, 학교, 사무실 등에서 채용되는 조명 방식은

정답 ● 1. ③　2. ②　3. ①　4. ②　5. ②

어느 것인가? [12, 16]

① 국부 조명　② 전반 조명
③ 직접 조명　④ 간접 조명

해설 전반 조명(general lighting)
㉠ 작업면의 전체를 균일한 조도가 되도록 조명하는 방식이다.
㉡ 공장, 사무실, 교실 등에 사용하고 있다.

6. 특정한 장소만을 고조도로 하기 위한 조명 기구의 배치 방식은?

① 국부 조명 방식　② 전반 조명 방식
③ 간접 조명 방식　④ 직접 조명 방식

해설 국부 조명(local lighting)
㉠ 작업에 필요한 장소마다 그 곳에 필요한 조도를 얻을 수 있도록 국부적으로 조명하는 방식이다.
㉡ 높은 정밀도의 작업을 하는 곳에서 사용된다.

7. 조명 기구를 배광에 따라 분류하는 경우 특정한 장소만을 고조도로 하기 위한 조명 기구는? [15]

① 직접 조명 기구
② 전반 확산 조명 기구
③ 광천장 조명 기구
④ 반직접 조명 기구

해설 직접 조명은 하향 광속이 100~90 % 정도로 일반 공장, 특정한 장소만을 고조도로 하기 위한 조명이다.

8. 하향 광속으로 직접 작업면에 직사하고 상부 방향으로 향한 빛이 천장과 상부의 벽을 부분 반사하여 작업면에 조도를 증가시키는 조명 방식은? [13]

① 직접 조명　② 반직접 조명
③ 반간접 조명　④ 전반 확산 조명

해설 전반 확산 조명은 하향 광속이 60~40

% 정도로 고급 사무실, 상점, 주택 등에 적용된다.

9. 조명 기구를 반간접 조명 방식으로 설치하였을 때 위(상 방향)로 향하는 광속의 양 (%)은? [14, 17]

① 0~10　② 10~40
③ 40~60　④ 60~90

해설 반간접 조명은 상향 광속이 60~90 % 정도로 고급 사무실, 고급 주택 등에 적용된다.

10. 천장에 작은 구멍을 뚫어 그 속에 등 기구를 매입시키는 방식으로 건축의 공간을 유효하게 하는 조명 방식은? [11, 17]

① 코브 방식　② 코퍼 방식
③ 밸런스 방식　④ 다운 라이트 방식

해설 다운 라이트(down-light) 조명 방식 : 천장에 작은 구멍을 뚫어 그 속에 등 기구를 매입시키는 방법으로 매입형에 따라 하면 개방형, 하면 루버형, 하면 확산형, 반사형 등이 있다.

11. 간접 조명에 속하며 코브의 벽이나 천장면에 플라스틱, 목재 등을 이용하여 광원을 감추고, 그 반사광으로 채광하는 조명 방식은?

① 코브 방식　② 코퍼 방식
③ 밸런스 방식　④ 다운 라이트 방식

해설 코브(cove) 조명 방식 : 간접 조명에 속하며 코브의 벽이나 천장면에 플라스틱, 목재 등을 이용하여 광원을 감추고, 그 반사광으로 채광하는 조명 방식이다.

12. 실내면적 100 m²인 교실에 전광속이 2500 lm인 40 W 형광등을 설치하여 평균 조도를 150 lx로 하려면 몇 개의 등을 설치

하면 되겠는가?(단, 조명률은 50 %, 감광 보상률은 1.25로 한다.) [16]

① 15개   ② 20개
③ 25개   ④ 30개

해설 조명 계산

$$N = \frac{AED}{FU}$$

$$= \frac{100 \times 150 \times 1.25}{2500 \times 0.5} = \frac{18750}{1250} = 15 \text{개}$$

13. 가로 20 m, 세로 18 m, 천장의 높이 3.85 m, 작업면의 높이 0.85 m, 간접 조명 방식인 호텔 연회장의 실지수는 약 얼마인가? [15, 19]

① 1.16   ② 2.16
③ 3.16   ④ 4.16

해설 $H = 3.85 - 0.85 = 3 \text{ m}$

∴ 실지수 $K = \dfrac{XY}{H(X+Y)}$

$$= \frac{20 \times 18}{3(20+18)} = \frac{360}{114} ≒ 3.16$$

14. 실내 전반 조명을 하고자 한다. 작업대로부터 광원의 높이가 2.4 m인 위치에 조명 기구를 배치할 때 벽에서 한 기구 이상 떨어진 기구에서 기구 간의 거리는 일반적인 경우 최대 몇 m로 배치하여 설치하는가?(단, $S \leq 15H$를 사용하여 구하도록 한다.) [18]

① 1.8   ② 2.4
③ 3.2   ④ 3.6

해설 $L \leq 1.5 H \text{ [m]}$
∴ $L = 1.5 \times 2.4 = 3.6 \text{ m}$

15. 작업면에서 천장까지의 높이가 3 m일 때 직접 조명일 경우 광원의 높이는 몇 m인가? [17]

① 1   ② 2
③ 3   ④ 4

해설 직접 조명의 경우 광원의 높이는 작업면에서 $\dfrac{2}{3} H_0 \text{ [m]}$로 한다.

∴ 광원 높이 $= \dfrac{2}{3} H_0 = \dfrac{2}{3} \times 3 = 2 \text{ m}$

16. 건축물의 종류에서 표준 부하를 20 VA/m^2으로 하여야 하는 건축물은 다음 중 어느 것인가? [13, 15, 19]

① 교회, 극장   ② 학교, 음식점
③ 은행, 상점   ④ 아파트, 미용원

해설 표준 부하
ㄱ 공장, 공회당, 사원, 교회, 극장, 연회장 등 : 10 VA/m^2
ㄴ 기숙사, 여관, 호텔, 병원, 학교, 음식점 등 : 20 VA/m^2
ㄷ 사무실, 은행, 상점, 이용소, 미장원 등 : 30 VA/m^2
ㄹ 주택, 아파트 : 40 VA/m^2

17. 사무실, 은행, 상점, 이발소, 미장원에서 사용하는 표준 부하(VA/m^2)는? [11, 16, 17]

① 5   ② 10
③ 20   ④ 30

해설 문제 16. 해설 참조

18. 일반적으로 학교 건물이나 은행 건물 등의 간선의 수용률은 얼마인가? [14, 16, 18, 19]

① 50 %   ② 60 %
③ 70 %   ④ 80 %

해설 간선의 수용률
ㄱ 주택, 기숙사, 여관, 호텔, 병원, 창고 : 50 %
ㄴ 학교, 사무실, 은행 : 70 %

19. 전력 수용가의 수용률은?

① $\dfrac{\text{평균 전력}}{\text{최대 전력}}$ ② $\dfrac{\text{최대 수용 전력}}{\text{수용 설비 용량}}$

③ $\dfrac{최대\ 전력}{평균\ 전력}$ ④ $\dfrac{수용\ 설비\ 용량}{최대\ 수용\ 전력}$

해설 수용률(demand factor)
㉠ 수용률
$$=\dfrac{최대\ 수용\ 전력(1시간\ 평균)(kW)}{총\ 설비\ 용량(kW)}$$
$$\times 100\ \%$$
㉡ 수용률을 적용하여 설비 용량으로부터 사용 최대 수용 전력을 결정한다.

20. 수용 설비 용량이 2.2 kW인 주택에서 최대 사용 전력이 0.8 kW이었다면 수용률은 몇 %가 되겠는가?

① 26.5 ② 36.4
③ 46.8 ④ 56.2

해설 수용률 $=\dfrac{최대\ 수용\ 전력}{수용\ 설비\ 용량}\times 100$
$$=\dfrac{0.8}{2.2}\times 100 = 36.4\ \%$$

21. 각 수용가의 최대 수용 전력이 각각 5 kW, 10 kW, 15 kW, 22 kW이고, 합성 최대 수용 전력이 50 kW이다. 수용가 상호 간의 부등률은 얼마인가? [11]

① 1.04 ② 2.34
③ 4.25 ④ 6.94

해설 부등률
$$d\cdot f=\dfrac{각각의\ 최대\ 수용전력\ 합}{합성\ 최대\ 수용\ 전력}$$
$$=\dfrac{5+10+15+22}{50}=1.04$$

22. 최대 수용 전력이 50 kW인 수용가에서 하루의 소비 전력이 600 kWh이다. 일 부하율은 몇 %인가?

① 50 ② 65
③ 80 ④ 95

해설 ㉠ 1일 평균 수용 전력
$$=\dfrac{1일\ 소비\ 전력량}{시간}=\dfrac{600}{24}≒25\ kW$$
㉡ 부하율
$$=\dfrac{평균\ 수용\ 전력}{합성\ 최대\ 수용\ 전력}\times 100$$
$$=\dfrac{25}{50}\times 100 = 50\ \%$$

23. 설비 용량 600 kW, 부등률 1.2, 수용률 0.6일 때 합성 최대 전력(kW)은? [12]

① 240 ② 300
③ 432 ④ 833

해설 최대 수용 전력 = 설비 용량×수용률
$$=600\times 0.6 = 360\ kW$$
∴ 합성 최대 전력 $=\dfrac{최대\ 수용\ 전력}{부등률}$
$$=\dfrac{360}{1.2}=300\ kW$$

24. 각 수용가의 수용 설비 용량의 합이 50 kW, 수용률이 65 %, 각 수용가 사이의 부등률은 1.3, 부하 역률 80 %일 때 공급 설비 용량은 몇 kVA인가?

① 25.38 ② 31.25
③ 42.25 ④ 52.38

해설 ㉠ 최대 수용 전력
= 수용 설비 용량 ×수용률
$$=50\times 0.65 = 32.5\ kW$$
㉡ 합성 최대 수용 전력
$$=\dfrac{최대수용\ 전력}{부등률}=\dfrac{32.5}{1.3}=25\ kW$$
∴ 변압기의 용량
$$=\dfrac{합성\ 최대\ 수용\ 전력}{역률}$$
$$=\dfrac{25}{0.8}=31.25\ kVA$$

3 옥내 배선 및 일반용 조명 기구의 기호

(1) 일반 배선

표 3-51 일반 배선

명칭	그림 기호	적요
천장 은폐 배선 바닥 은폐 배선 노출 배선	——— ------ ----------	① 천장 은폐 배선 중 천장 속의 배선을 구별하는 경우는 천장 속의 배선에 — · — · 를 사용하여도 좋다. ② 노출 배선 중 바닥면 노출 배선을 구별하는 경우는 바닥면 노출 배선에 — ·· — 를 사용하여도 좋다.

(2) 점멸기

표 3-52 점멸기 그림 기호

명칭	그림 기호	적요
점멸기	●	① 용량의 표시 방법 (가) 10 A는 방기하지 않는다. (나) 15 A 이상은 전류값을 방기한다. ● 15A ② 극수의 표시 방법 (가) 단극은 방기하지 않는다. (나) 2극 또는 3로, 4로는 각각 2P 또는 3, 4의 숫자를 방기한다. ● 2P ● 3 ③ 방수형은 WP를, 방폭형은 EX를, 타이머 붙이는 T를 방기한다. ● WP ● EX ● T ④ 옥외등 등에 사용하는 자동 점멸기는 A 및 용량을 방기한다. ● A(3A)
조광기	✦	용량을 표시하는 경우 방기한다. ✦ 15A
리모컨 스위치	●R	① 파일럿 램프 붙이는 ○을 병기한다. ○●R ② 리모컨 스위치임이 명백한 경우는 R을 생략하여도 좋다.
실렉터 스위치	⊕	① 점멸 회로수를 방기한다. ⊕9 ② 파일럿 램프 붙이는 L을 방기한다. ⊕9L
리모컨 릴레이	▲	리모컨 릴레이를 집합하여 부착하는 경우는 릴레이 수를 방기한다. ▲▲▲ 10

(3) 콘센트(convenience outlet)

표 3-53 콘센트

그림 기호	적요
	① 그림 기호는 벽붙이를 표시하고 옆벽을 칠한다. ② 천장에 부착하는 경우 ③ 바닥에 부착하는 경우 ④ 용량의 표시 방법 　(가) 15 A는 방기하지 않는다. 　(나) 20 A 이상은 암페어 수를 방기한다. 　보기 : 20A ⑤ 2개 이상인 경우는 개수를 방기한다. 　보기 : 2 ⑥ 3극 이상인 것은 극수를 방기한다. 　보기 : 3P	⑦ 종류를 표시하는 경우 　LK 빠짐 방지형 　T 걸림형 　E 접지극 붙이 　ET 접지단자 붙이 　EL 누전 차단기 붙이 ⑧ 방수형은 WP를 방기한다. 　WP ⑨ 방폭형은 EX를 방기한다. 　EX ⑩ 타이머 붙이, 덮개 붙이 등 특수한 것은 방기한다. ⑪ 의료용은 H를 방기한다. 　H

(4) 일반용 조명 기구(내선 규정 부록 100-5)

표 3-54 조명 기구

명칭	그림 기호	적요
백열등 HID등	○	① 　⊖ 펜던트　　　　CL 실링·직접 부착 　CH 샹들리에　　　DL◎ 매입 기구 ② ◎ 옥외등 ③ 용량을 표시하는 경우는 와트(W) 수×램프 수로 표시한다. ④ HID등의 종류를 표시하는 경우는 용량 앞에 다음 기호를 붙인다. 　H : 수은등　　　M : 메탈 할라이드등　　　N : 나트륨등
형광등		① 용량을 표시하는 경우는 램프의 크기(형)×램프 수로 표시한다. 또, 용량 앞에 F를 붙인다. 　보기 : F40　　　F40×2 ② 용량 외에 기구 수를 표시하는 경우는 램프의 크기(형)×램프의 크기(형)×램프 수-기구 수로 표시한다. 　보기 : F40-2　　　F40×2-3

(5) 비상용 조명·유도등

표 3 – 55 비상용 조명 · 유도등

명칭	그림 기호	적요
비상용 조명	●	① 일반용 조명 백열등의 적요를 준용한다. 다만, 기구의 종류를 표시하는 경우는 방기한다. ② 일반용 조명 형광등에 조립하는 경우는 다음과 같다.
유도등	⊗	① 일반용 조명 백열등의 적요를 준용한다. ② 객석 유도등인 경우는 필요에 따라 S를 방기한다. ⊗s

(6) 개폐기, 배선용 차단기, 누전 차단기

표 3 – 56 개폐기, 차단기

명칭	그림 기호	적요
개폐기	S	① 상자인 경우는 상자의 재질 등을 표기한다. ② 극수, 정격 전류, 퓨즈 정격 전류 등을 표기한다. Ⓢ 2P30A f15A
배선용 차단기	B	① 상자인 경우는 상자의 재질 등을 표기한다. ② 극수, 정격 전류, 퓨즈 정격 전류 등을 표기한다. Ⓑ 3P 225AF 150A ③ 모터 브레이커를 표시하는 경우 Ⓑ
누전 차단기	E	① 상자인 경우는 상자의 재질 등을 표기한다. ② 과전류 소자 붙이는 극수, 프레임의 크기, 정격 전류, 정격 감도 전류 등을, 과전류 소자 없음은 극수, 정격 전류, 정격 감도 전류 등을 표기한다. 과전류 소자 있음 : Ⓔ 2P 30AP 15A 30mA 과전류 소자 없음 : Ⓔ 3P 15A 30mA

(7) 배·분전반 및 제어반

표 3-57 배·분전반 및 제어반

명칭	그림 기호	적요
배전반 분전반 제어반		① 종류를 구별하는 경우 배전반 ⊠ 제어반 ◨ 분전반 ◩ ② 직류용은 그 뜻을 방기한다. ③ 재해 방지 전원 회로용인 경우 : 2중 틀로 하고 필요에 따라 종별을 표기한다. ⊠1종 ◩2종

4 조명 설비시설

(1) 일반사항

① 옥내 전로의 대지전압의 제한(KEC 231.6) : 백열전등 또는 방전등에 전기를 공급하는 옥내의 전로

(가) 대지전압은 300 V 이하여야 한다.

(나) 사람이 접촉할 우려가 없도록 시설하여야 한다.

(다) 안정기는 저압의 옥내 배선과 직접 접속하여 시설하여야 한다.

(라) 백열전등의 전구소켓은 키나 그 밖의 점멸기구가 없는 것이어야 한다.

(마) 사용 전압은 400 V 이하여야 한다.

② 전선의 지름을 결정하는데 고려하여야 할 사항

(가) 허용 전류

(나) 전압 강하

(다) 기계적 강도

(라) 사용 주파수

※ 가장 중요한 요소는 허용 전류이다.

(2) 코드·전구선 및 이동전선

① 코드는 전구선 및 이동전선으로만 사용할 수 있으며, 고정 배선으로는 사용하여서는 안 된다.

② 코드는 사용 전압 400 V 이상의 전로에 사용하여서는 안 된다.

③ 전구선 또는 이동전선은 단면적 0.75 mm² 이상의 코드 또는 캡타이어 케이블을 용도에 따라 선정하여야 한다.

(3) 점멸기 시설·3로 또는 4로 점멸기

① 매입형 점멸기는 금속제 또는 난연성 절연물로 된 박스에 넣어 시설할 것

② 가정용 전등은 매 전등 기구마다 점멸이 가능하도록 할 것

③ 욕실 내에는 점멸기를 시설하지 말 것

④ 조명용 백열전구를 설치할 때 다음 각호에 의하여 타임 스위치를 시설할 것

　㈎ 숙박업에 이용되는 객실의 입구등은 1분 이내에 소등

　㈏ 일반 주택 및 아파트 각 호실의 형광등은 3분 이내에 소등

⑤ 3로 또는 4로 점멸기를 사용하여 2개소 이상의 장소에 전등을 점멸할 경우는 전로의 전압 측에 각각의 점멸기를 설치하는 것을 원칙으로 한다.

　㈎ N 개소 점멸을 위한 스위치의 소요

$$N = (2개의\ 3로\ 스위치) + [(N-2)개의\ 4로\ 스위치] = 2S_3 + (N-2)S_4$$

　• $N=2$일 때 : 2개의 3로 스위치

　• $N=3$일 때 : 2개의 3로 스위치 + 1개의 4로 스위치

　• $N=4$일 때 : 2개의 3로 스위치 + 2개의 4로 스위치

　㈏ 전등 점멸을 위한 구성

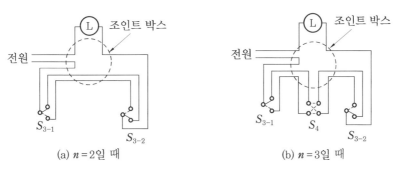

(a) $n=2$일 때　　　　(b) $n=3$일 때

그림 3-44　실체 배선도

과년도 / 예상문제

1. 다음 그림 기호의 배선 명칭은? [10, 16, 19]

---

① 천장 은폐선   ② 바닥 은폐선
③ 노출 배선   ④ 바닥면 노출 배선

2. ---------- 심벌의 명칭은?
① 천장 은폐선
② 은폐 배선
③ 노출 배선
④ 바닥면 노출 배선

3. 조명 기구의 용량 표시에 관한 사항이다. 다음 중 F40의 설명으로 알맞은 것은? [18]
① 수은등 40W
② 나트륨등 40W
③ 메탈 할라이드등 40W
④ 형광등 40W

해설 ① H, ② N, ③ M, ④ F

4. 실링 직접 부침등을 시설하고자 한다. 배선도에 표기할 그림 기호는? [15]

① ⊢Ⓝ   ② ⊗

③ Ⓒⓛ   ④ Ⓡ

해설 ① : 벽등 (N : 나트륨등)
② : 외등
③ : 실링 라이트 직접 부침등
④ : 리셉터클

5. 다음 중 교류 차단기의 단선도 심벌은 어느 것인가? [10]

①   ②

③   ④

해설 ① : 교류 차단기의 단선도
② : 교류 차단기의 복선도
③ : 고압 교류 부하 개폐기 단선도
④ : 고압 교류 부하 개폐기 복선도

6. 다음 중 배선용 차단기를 나타내는 그림 기호는? [14, 18]
① B   ② E
③ BE   ④ S

해설 ① 배선용 차단기
② 누전 차단기
③ 과전류 붙이 누전 차단기
④ 개폐기

7. 전기 배선용 도면을 작성할 때 사용하는 콘센트 도면 기호는? [14, 16]
① ⦂   ② ●
③ ○   ④ ▣

8. 다음 중 방수형 콘센트의 심벌은? [12]
① ⦙   ② ●
③ ⦙wp   ④ ⦙E

9. 다음 그림 기호가 나타내는 것은? [19]

① 리셉터클   ② 비상용 콘센트
③ 점검구   ④ 방수형 콘센트

10. 다음 중 3로 스위치를 나타내는 그림 기호는 어느 것인가? [11]
① ●$_{EX}$ ② ●$_3$
③ ●$_{2P}$ ④ ●$_{15A}$

11. ☐의 심벌은?
① 분배전반
② 단자반
③ 배전반, 분전반 및 제어반
④ 호출용 수신반

12. 배전반을 나타내는 그림 기호는? [12, 16]
① ◨   ② ⊠
③ ◆   ④ [S]
> **해설** ① : 분전반   ② : 배전반
>   ③ : 제어반   ④ : 개폐기

13. 조명용 백열전등을 호텔 또는 여관 객실의 입구에 설치할 때나 일반주택 및 아파트 각 호실의 현관에 설치할 때 사용되는 스위치는? [11, 16]
① 타임 스위치   ② 누름버튼 스위치
③ 토글 스위치   ④ 로터리 스위치
> **해설** 점멸 장치와 타임 스위치의 시설 : 조명용 백열전등을 설치할 때 일반주택 및 아파트 각 호실의 현관등은 3분 이내, 여관 객실의 입구등은 1분 이내에 소등될 수 있도록 점멸 장치와 타임 스위치를 시설하도록 규정하고 있다.

14. 조명용 백열전등을 일반주택 및 아파트 각 호실에 설치할 때 현관등은 최대 몇 분

이내에 소등되는 타임 스위치를 시설하여야 하는가? [17]
① 1   ② 2
③ 3   ④ 4
> **해설** 문제 13. 해설 참조

15. 전환 스위치의 종류로 한 개의 전등을 두 곳에서 자유롭게 점멸할 수 있는 스위치는? [18]
① 펜던트 스위치   ② 3로 스위치
③ 코드 스위치   ④ 단로 스위치

16. 전등 한 개를 2개소에서 점멸하고자 할 때 옳은 배선은? [10, 13, 17, 18]
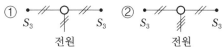

> **해설** 전선 가닥 수
> ㉠ 3로 스위치 3가닥
> ㉡ 전원 : 2가닥

17. 1개의 전등을 4곳에서 자유롭게 점등하기 위해서는 3로 스위치와 4로 스위치가 각각 몇 개씩 필요한가? [18, 19]
① 3로 스위치 1개, 4로 스위치 2개
② 3로 스위치 2개, 4로 스위치 2개
③ 3로 스위치 3개
④ 4로 스위치 3개
> **해설** $N = 2SW_3 + (N-2)SW_4$
> $4 = 2SW_3 + (4-2)SW_4$
> $4 = 2SW_3 + 2SW_4$
> ∴ 4개소일 때는 SW_3 2개와 SW_4 2개가 필요하게 된다.

18. 옥내 전로의 대지전압의 제한에서 잘못된 설명은? [01, 05, 16]

① 백열전등 또는 방전등 및 이에 부속하는 전선은 사람이 접촉할 우려가 없도록 한다.
② 백열전등 및 방전등용 안정기는 옥내 배선에 직접 접속하여 시설한다.
③ 백열전등의 전구 소켓은 키나 그 밖의 점멸 기구가 있는 것으로 한다.
④ 사용 전압은 400 V 이하이어야 한다.

해설 옥내 전로의 대지전압의 제한에서 백열전등의 전구 소켓은 키나 그 밖의 점멸 기구가 없는 것이어야 한다.

19. 백열전등을 사용하는 전광 사인에 전기를 공급하는 전로의 사용 전압은 대지전압을 몇 V 이하로 하는가?

① 200 V 이하
② 300 V 이하
③ 400 V 이하
④ 600 V 이하

해설 옥내 전로의 대지전압의 제한에서
㉠ 사용전압 : 400 V 이하
㉡ 대지전압 : 300 V 이하

20. 옥내 배선의 지름을 결정하는 가장 중요한 요소는? [19]

① 허용 전류
② 전압 강하
③ 기계적 강도
④ 공사 방법

해설 ㉠ 전선의 지름을 결정하는데 고려하여야 할 사항
• 허용 전류
• 전압 강하
• 기계적 강도
• 사용 주파수
㉡ 가장 중요한 요소는 허용 전류이다.

21. 전선굵기의 결정에서 다음과 같은 요소를 만족하는 굵기를 사용해야 한다. 가장 잘 표현된 것은? [00]

① 기계적 강도, 전선의 허용 전류를 만족하는 굵기
② 기계적 강도, 수용률, 전압 강하를 만족하는 굵기
③ 인장 강도, 수용률, 최대 사용 전압을 만족하는 굵기
④ 기계적 강도, 전선의 허용 전류, 전압 강하를 만족하는 굵기

해설 위 문제 해설 참조

22. 옥내 배선 공사에 사용하는 연동선의 최소 굵기(mm²)는? [16]

① 1.5
② 2.5
③ 3.0
④ 4.0

해설 전선의 굵기는 단면적 $2.5\,mm^2$ 이상의 연동선 또는 $1\,mm^2$ 이상의 MI 케이블이어야 한다.

23. 일반 주택의 저압 옥내 배선을 점검하였더니 다음과 같이 시공되어 있었다. 잘못 시공된 것은? [18]

① 욕실의 전등으로 방습 형광등이 시설되어 있다.
② 단상 3선식 인입 개폐기의 중성선에 동판이 접속되어 있었다.
③ 합성수지관 공사의 관의 지지점 간의 거리가 2 m로 되어 있었다.
④ 금속관 공사로 시공하였고 절연 전선을 사용하였다.

해설 합성수지관 공사의 관의 지지점 간의 거리 : 1.5 m 이하로 시설할 것

8-2 ──o 동력 설비 배선 및 기타 응용시설 배선

1 ▶ 전기 동력 설비 배선

① 동력 설비 부하의 분류

표 3-58 동력 설비 부하의 종류

분류	항목	부하의 종류
용도별	급배수 소화 동력	급·배수 펌프, 양수 펌프, 소화 펌프, 스프링쿨러 펌프 등
	공기조화용 동력	냉동기, 냉각수 펌프, 쿨링타워 팬, 공기조화기 팬, 급·배기 팬, 방열 팬 등
	건축부대 동력	엘리베이터, 에스컬레이터, 카 리프트, 턴테이블, 셔터 등
	주방용 동력	고속 믹서, 케이크 오븐, 냉동기, 냉장고, 에어컨
	통신 기기용 동력	인버터, 직류 발전기
	기타	공장 동력(크레인 등 각종 동력 설비), 의료용 동력(X-선, 전기연료 등), 사무기기용(컴퓨터 등의 전원 설비)
운전 기간별	상시 부하	급·배수 소화용 동력, 건축부대 동력, 공조동력용 환풍기, 급·배기 팬 등 사무기계용 동력, 의료용 동력 등
	하기 동력 부하	냉동기, 냉동 펌프, 냉동수 펌프, 쿨링타워 팬 등(단, 이 부하들도 하기 이외에 운전할 수 있다.)
비상 부하별	상용 시 부하	비상 시 부하 이외의 부하
	비상 시 부하	배연 팬, 소화 펌프, 비상 엘리베이터, 배수 펌프, 용수 펌프 등

② 릴레이 시퀀스(relay sequence) 기본 제어 회로

　(가) 자기 유지 회로 : 계전기 자신의 접점에 의하여 동작 회로를 구성하고 스스로 동작을 유지하는 회로로 일정 시간 동안 기억 기능을 가진다.

　(나) 인터로크(interlock) 회로 : 우선도 높은 측의 회로를 ON 조작하면 다른 회로가 열려서 작동하지 않도록 하는 회로이다.

　(다) 우선 회로 : 병렬 우선 회로, 먼저 ON 조작된 측으로 우선도가 주어지는 회로이다.

③ 제어 스위치 및 계전기

　(가) 리밋 스위치 : 위치 검출용 스위치로서 물체가 접촉하면 내장 스위치가 동작하는 구조로 되어 있는 스위치이다.

　(나) 플로트리스 스위치 : 급·배수 회로 공사에서 탱크의 유량을 자동 제어하는데 사용되는 스위치이다.

   (다) 열동 계전기 : 전자 개폐기에 부착하여 전동기의 과부하 보호에 사용되는 자동 장치이다.

  ④ 수은 스위치(mercury switch) : 생산 공장 작업의 자동화, 바이메탈과 조합하여 실내 난방 장치의 자동 온도 조절에도 사용된다.

  ⑤ 압력 스위치(pressure switch) : 공기 압축기, 가스 탱크, 기름 탱크 등의 펌프용 전동기에 쓰인다.

  ⑥ 플로트리스 스위치(floatless switch) : 물탱크의 물의 양에 따라 동작하는 자동 스위치이다.

  ⑦ 타임 스위치(time switch) : 시계 장치와 조합하여 자동 개폐하는 스위치로 외등, 가로등, 전기사인등의 점멸에 사용하면 정확하고 편리하다.

2 기타 응용시설 배선

(1) 교통 신호등 (KEC 234.15)

  ① 제어 장치의 2차측 배선의 최대 사용 전압은 300 V 이하

  ② 가공 전선의 지표상 높이

    (가) 도로횡단 : 6 m 이상

    (나) 철도 및 궤도 : 6.5 m 이상

  ③ 교통 신호등의 인하선

    (가) 전선의 지표상 높이 : 2.5 m 이상

    (나) 전선은 케이블인 경우 이외에는 단면적 $2.5\,mm^2$ 이상의 450/750 V 일반용 단심 비닐 절연 전선 또는 450/750 V 내열성 에틸렌 아세테이트 고무 절연 전선일 것

  ④ 개폐기는 지표상 1.8 m 이상의 높이에 시설할 것

  ⑤ 신호등 회로의 사용 전압이 150 V를 초과하는 경우에는 누전 차단기를 설치할 것

(2) 엘리베이터(elevator) (KEC 242.11)

  ① 승강로 안의 저압 옥내 배선 등의 시설에서, 최대 사용 전압은 400 V 이하일 것

  ② 승강로 및 승강기에 시설하는 절연 전선 및 이동케이블의 굵기

    (가) 절연 전선 : $1.5\,mm^2$ 이상

    (나) 이동케이블 : $0.75\,mm^2$ 이상

  ③ 주로 사용되는 전동기는 3상 유도 전동기이다.

(3) 출퇴 표시등

  ① 출퇴 표시등 회로에 전기를 공급하기 위한 절연 변압기

    (가) 1차측 전로의 대지전압은 300 V 이하일 것

㈏ 2차측 전로는 60 V 이하일 것

② 전선은 단면적 0.75 mm^2 이상의 코드, 캡타이어 케이블, 규격에 맞는 절연 전선 및 케이블, 통신용 케이블일 것

(4) 자동 화재 탐지 설비

① 자동 화재 탐지 설비의 구성 요소

㈎ 감지기

㈏ 수신기

㈐ 발신기

㈑ 중계기

㈒ 표시등

㈓ 음향 장치 및 배선

② 비상 콘센트 설비 : 소방 활동 시에 사용하는 조명, 연기 배출기 등에 전원을 공급하는 설비로 시설할 것

③ 화재 감지기(detector) 분류 및 종류

㈎ 화재를 직접적으로 탐지하는 부품을 말하며, 공기의 팽창을 이용한 차동식 감지기와 열의 축적을 이용한 열 감지기가 있다.

㈏ 공기 팽창과 열의 축적을 동시에 이용한 보상식 및 연기를 감지하는 연기 감지기로 대별된다.

㈐ 감지하는 방식에 따라 국소 부분을 감지하는 스포트형 감지기와 전체 면적을 감지하는 분포형 감지기로 분류된다.

㈑ 감지기의 종류는 차동식 스포트형, 차동식 분포형, 보상식 스포트형, 정온식 스포트형, 정온식 감지선형, 이온화식, 광전식, 열복합형, 연기 복합형, 열연기 복합형 등이 통용되고 있다.

④ 화재 감지기 회로의 배선에 사용하는 전선의 단면적은 1.5 mm^2 이상 절연 전선을 사용할 것

과년도 / 예상문제

1. 동력 배선에서 경보를 표시하는 램프의 일반적인 색깔은? [10]

① 백색　　　　② 오렌지색

③ 적색　　　　④ 녹색

해설 표시 램프(일반적)

　㉠ 녹색 : 전원표시(정지)

　㉡ 적색 : 동작표시

　㉢ 황색(오렌지색) : 경보표시

　㉣ 백색 : 기타

2. 물탱크의 물의 양에 따라 동작하는 스위치로서 공장, 빌딩 등의 옥상에 있는 물탱크의 급수펌프에 설치된 전동기 운전용 마그네트 스위치와 조합하여 사용하는 스위치는? [18]

① 수은 스위치

② 타임 스위치

③ 압력 스위치

④ 플로트리스 스위치

해설 플로트리스(float less) 스위치 : 플로트를 쓰지 않고 액체 내에 전류가 흘러 그 변화로 제어하는 것으로, 전극 간에 흐르는 전류의 변화를 증폭하여 전자 계전기를 동작시키는 것이다.

3. 물탱크의 물의 양에 따라 동작하는 자동 스위치는? [15]

① 부동 스위치　　② 압력 스위치

③ 타임 스위치　　④ 3로 스위치

해설 ㉠ 부동 스위치(float switch) : 물탱크의 물의 양에 따라 동작하는 자동 스위치이다.

　㉡ 압력 스위치 : 액체 또는 기체의 압력이 높고 낮음에 따라 자동 조절되는 스위치이다.

4. 위치 검출용 스위치로서 물체가 접촉하면 내장 스위치가 동작하는 구조로 되어 있는 것은? [18]

① 리밋 스위치　　② 플로트 스위치

③ 텀블러 스위치　④ 타임 스위치

해설 리밋 스위치(limit switch) : 보통 한계점 스위치라고도 하며, 물체의 위치 검출에 주로 사용한다.

5. 전동기 과부하 보호장치에 해당되지 않는 것은? [11]

① 전동기용 퓨즈

② 열동 계전기

③ 전동기 보호용 배선용 차단기

④ 전동기 기동장치

해설 전동기의 과부하 보호장치의 시설 : 전동기는 소손방지를 위하여 전동기용 퓨즈, 열동계전기(thermal relay), 전동기 보호용 배선용 차단기, 유도형전기, 정지형 계전기 등이 사용되며, 자동적으로 회로를 차단하거나 과부하 시에 경보를 내는 장치를 사용하여야 한다.

6. 전자 개폐기에 부착하여 전동기의 과부하 보호에 사용되는 자동 장치는? [17]

① 온도 퓨즈　　② 열동 계전기

③ 서모스탯　　　④ 선택 접지 계전기

해설 전자 개폐기

　㉠ 전자 접촉기와 과전류에 의해 동작하는 과부하 계전기가 조합되어 외부의 조작 스위치에 의해 동작하는 개폐기이다.

　㉡ 과부하 계전기는 주 회로에 접속된 과부하 전류 히터의 발열로 바이메탈이 작용하여 전자석의 회로를 차단하는 열동 계전기(thermal relay)로 되어 있다.

7. 전동기의 정·역 운전을 제어하는 회로에서 2개의 전자 개폐기의 작동이 동시에 일어나지 않도록 하는 회로는? [17]
① Y−Δ 회로
② 자기유지 회로
③ 촌동 회로
④ 인터로크 회로

해설 인터로크(interlock) 회로 : 우선도 높은 측의 회로를 ON 조작하면 다른 회로가 열려서 작동하지 않도록 하는 회로.
※ 촌동(inching)의 제어 회로는 조작하고 있을 때에만 전동기를 회전시키고, 스위치에서 손을 떼면 전동기가 정지하도록 설계된 회로이다.

8. 기중기로 200 t의 하중을 1.5 m/min의 속도로 권상할 때 소요되는 전동기 용량은? (단, 권상기의 효율은 70 %이다.) [10]
① 약 35 kW
② 약 50 kW
③ 약 70 kW
④ 약 75 kW

해설 $P_M = \dfrac{W \cdot v}{6.12\eta} = \dfrac{200 \times 1.5}{6.12 \times 0.7} = 70\,\mathrm{kW}$

9. 엘리베이터 장치를 시설할 때 승강기 내부에서 사용하는 전등 및 전기 기계기구에 사용할 수 있는 최대 전압은? [11]
① 110 V 이하
② 220 V 이하
③ 400 V 이하
④ 440 V 이하

해설 엘리베이터(elevator) : 승강로 안의 저압 옥내 배선 등의 시설에서, 최대 사용 전압은 400 V 이하일 것

10. 엘리베이터의 승강로 및 승강기에 시설하는 전선은 절연 전선을 사용하는 경우 동 전선의 최소 굵기는 몇 mm² 이상이여야 하는가? [20]
① 0.75
② 1
③ 1.25
④ 1.5

해설 승강로 및 승강기에 시설하는 절연 전선 및 이동케이블의 굵기

㉠ 절연 전선 : 1.5 mm² 이상
㉡ 이동케이블 : 0.75 mm² 이상

11. 교통 신호등의 제어장치로부터 신호등의 전구까지의 전로에 사용하는 전압은 몇 V 이하인가? [13, 17]
① 60
② 100
③ 300
④ 440

해설 교통 신호등(KEC 234.15)
㉠ 제어장치의 2차측 배선의 최대 사용 전압은 300 V 이하이어야 한다.
㉡ 사용 전압이 150 V를 넘는 경우는 전로에 지락이 생겼을 경우 자동적으로 전로를 차단하는 누전 차단기를 시설할 것
㉢ 인하선의 지표상의 높이는 2.5 m 이상일 것

12. 교통 신호등 회로의 사용 전압이 몇 V를 초과하는 경우에는 지락 발생 시 자동적으로 전로를 차단하는 장치를 시설하여야 하는가? [16, 17]
① 50
② 100
③ 150
④ 200

해설 위 문제 해설 참조

13. 교통 신호등의 인하선은 지표상 몇 m 이상이어야 하는가? (단, 금속관, 케이블공사에 의하여 시설하는 경우는 예외이다.) [17]
① 1.8 ② 2.5 ③ 2.8 ④ 3.5

해설 위 문제 해설 참조

14. 교통 신호등의 가공 전선의 지표상 높이는 도로를 횡단하는 경우 몇 m 이상이어야 하는가? [20]
① 4 m
② 5 m
③ 6 m
④ 6.5 m

해설 교통 신호등의 가공 전선의 지표상 높이
㉠ 도로횡단 : 6 m 이상
㉡ 철도 및 궤도 : 6.5 m 이상

15. 출퇴 표시등 회로에 전기를 공급하기 위한 절연 변압기의 2차측 전로는 몇 V 이하이어야 하는가?

① 200
② 100
③ 80
④ 60

해설 출퇴 표시등 회로의 절연 변압기
ㄱ 1차측 전로의 대지전압은 300 V 이하일 것
ㄴ 2차측 전로는 60 V 이하일 것

16. 자동 화재 탐지 설비는 화재의 발생을 초기에 자동적으로 탐지하여 소방대상물의 관계자에게 화재의 발생을 통보해주는 설비이다. 이러한 자동 화재 탐지 설비의 구성요소가 아닌 것은? [09, 11]

① 수신기
② 비상경보기
③ 발신기
④ 중계기

해설 자동 화재 탐지 설비의 구성요소
ㄱ 감지기
ㄴ 수신기
ㄷ 발신기
ㄹ 중계기
ㅁ 표시등
ㅂ 음향 장치 및 배선

17. UPS는 무엇을 의미하는가? [18, 19]

① 구간자동개폐기
② 단로기
③ 무정전 전원장치
④ 계기용 변성기

해설 UPS : 무정전 전원장치(Uninterruptible Power Supply)

전기기능사
Craftsman Electricity

부록 | CBT 대비 실전문제

2019년 제1회 실전문제

전기
기능사

제1과목 : 전기 이론

1. 전하의 성질에 대한 설명 중 옳지 않은 것은?

① 전하는 가장 안정한 상태를 유지하려는 성질이 있다.
② 같은 종류의 전하끼리는 흡인하고 다른 종류 전하끼리는 반발한다.
③ 낙뢰는 구름과 지면 사이에 모인 전기가 한꺼번에 방전되는 현상이다.
④ 대전체의 영향으로 비대전체에 전기가 유도된다.

해설 전하의 성질 : 같은 종류의 전하는 서로 반발하고, 다른 종류의 전하는 서로 흡인한다.

2. 다음 회로의 합성 정전용량(μF)은?

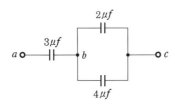

① 5 ② 4
③ 3 ④ 2

해설 ① $C_{bc} = 2 + 4 = 6\mu F$

② $C_{ac} = \dfrac{C_{ab} \times C_{bc}}{C_{ab} + C_{bc}} = \dfrac{3 \times 6}{3 + 6} = 2\mu F$

3. 평행판 콘덴서에서 극판 사이의 거리를 1/2로 했을 때 정전용량은 몇 배가 되는가?

① 1/2배 ② 1배
③ 2배 ④ 4배

해설 평행판 콘덴서 : $C = \varepsilon \dfrac{A}{l}$[F]에서, 극판 사이의 거리에 반비례하므로 2배가 된다.

4. 콘덴서에 V[V]의 전압을 가해서 Q[C]의 전하를 충전할 때 저장되는 에너지는 몇 J인가?

① $2QV$ ② $2QV^2$
③ $\dfrac{1}{2}QV$ ④ $\dfrac{1}{2}QV^2$

해설 $W = \dfrac{1}{2}CV^2 = \dfrac{1}{2}QV$[J]
여기서, $Q = CV$

5. 정전 흡인력에 대한 설명 중 옳은 것은?

① 정전 흡인력은 전압의 제곱에 비례한다.
② 정전 흡인력은 극판 간격에 비례한다.
③ 정전 흡인력은 극판 면적의 제곱에 비례한다.
④ 정전 흡인력은 쿨롱의 법칙으로 직접 계산한다.

해설 정전 흡인력 : $F = \dfrac{1}{2}\varepsilon V^2$[N/m^2]

6. 진공의 투자율 μ_0 [H/m]는?

① 6.33×10^4 ② 8.85×10^{-12}
③ $4\pi \times 10^{-7}$ ④ 9×10^9

해설 진공의 투자율
$\mu_0 = 4\pi \times 10^{-7} = 1.257 \times 10^{-6}$ H/m

7. 자극의 세기 m, 자극 간의 거리 l 일 때 자기 모멘트는?

① $\dfrac{l}{m}$ ② $\dfrac{m}{l}$ ③ ml ④ $\dfrac{m}{l^2}$

해설 자기 모멘트 (magnetic moment) : 자극의 세기 m[Wb], 자극 간의 거리 l[m]일 때
$$M = ml \,[\text{Wb·m}]$$

8. 자기 히스테리시스 곡선의 횡축과 종축은 어느 것을 나타내는가?

① 자기장의 크기와 자속밀도
② 투자율과 자속밀도
③ 투자율과 잔류자기
④ 자기장의 크기와 보자력

해설 히스테리시스 곡선 (hysteresis loop)
1. 횡축은 자기장의 크기(H), 종축은 자속 밀도(B)를 나타내는 것으로 $B-H$ 곡선이다.
2. 히스테리시스 곡선에서 종축과 만나는 점은 잔류자기이고, 횡축과 만나는 점은 보자력이다

9. 다음에서 나타내는 법칙은?

> "유도 기전력은 자신이 발생 원인이 되는 자속의 변화를 방해하려는 방향으로 발생한다."

① 줄의 법칙
② 렌츠의 법칙
③ 플레밍의 법칙
④ 패러데이의 법칙

해설 렌츠의 법칙(Lenz's law) : 전자 유도에 의하여 생긴 기전력의 방향은 그 유도 전류가 만드는 자속이 항상 원래 자속의 증가 또는 감소를 방해하는 방향이다.

10. 무한히 긴 두 개의 도체를 진공 중에서 1 m의 간격으로 놓고 전류를 흘렸을 때, 그 길이 1 m 마다 2×10^{-7} [N]의 힘을 생기게 하는 전류를 몇 A라 하는가?

① 5 ② 4 ③ 3 ④ 1

해설 1 A의 정의 : 무한히 긴 두 개의 도체를 진공 중에서 1 m의 간격으로 놓고 전류를 흘렸을 때, 그 길이 1 m 마다 2×10^{-7}[N]의 힘을

생기게 하는 전류를 1A라 한다.

참고 전선 1 m당 작용하는 힘
$$F = \frac{2\,I_1\,I_2}{r} \times 10^{-7}\,[\text{N}]\text{에서,}$$
$$I^2 = \frac{Fr}{2} \times 10^7 = \frac{2 \times 10^{-7} \times 1}{2} \times 10^7 = 1\text{A}$$
$$\therefore \ 1\,\text{A}$$

11. 다음 중 도체의 전기저항을 결정하는 요인과 관련이 없는 것은?

① 고유저항
② 길이
③ 색깔
④ 단면적

해설 전기 저항(electric resistance)
$$R = \rho \frac{l}{A}\,[\Omega]$$
저항은 그 도체의 길이에 비례하고 단면적에 반비례한다.
여기서, ρ : 도체의 고유 저항 (Ω·m)
　　　　A : 도체의 단면적 (m^2)
　　　　l : 길이 (m)

12. 2Ω 의 저항과 8Ω 의 저항을 직렬로 접속할 때 합성 컨덕턴스는 몇 ℧인가?

① 0.1 ② 1 ③ 5 ④ 10

해설 컨덕턴스 (conductance)
$$G = \frac{1}{R_1 + R_2} = \frac{1}{2+8} = 0.1\,℧$$

13. 다음 그림과 같은 회로에서 합성저항은 몇 Ω 인가?

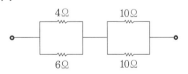

① 30 ② 15.5 ③ 8.6 ④ 7.4

해설 $R_{ab} = \dfrac{R_1 R_2}{R_1 + R_2} + \dfrac{R_3 R_4}{R_3 + R_4}$
$$= \frac{4 \times 6}{4+6} + \frac{10 \times 10}{10+10} = 2.4 + 5 = 7.4\,\Omega$$

14. 전구를 점등하기 전의 저항과 점등한 후의 저항을 비교하면 어떻게 되는가?

① 점등 후의 저항이 크다.
② 점등 전의 저항이 크다.
③ 변동 없다.
④ 경우에 따라 다르다.

해설 (+) 저항온도 계수 : 전구를 점등하면 온도가 상승하므로 저항이 비례하여 상승하게 된다.
∴ 점등 후의 저항이 크다.

15. 자체 인덕턴스가 1H인 코일에 200V, 60Hz의 사인파 교류 전압을 가했을 때 전류와 전압의 위상차는? (단, 저항성분은 모두 무시한다.)

① 전류는 전압보다 위상이 $\frac{\pi}{2}$[rad] 만큼 뒤진다.
② 전류는 전압보다 위상이 π[rad] 만큼 뒤진다.
③ 전류는 전압보다 위상이 $\frac{\pi}{2}$[rad] 만큼 앞선다.
④ 전류는 전압보다 위상이 π[rad] 만큼 앞선다.

해설 • 자체 인덕턴스만의 회로 : 전류의 위상을 전압보다 $\frac{\pi}{2}$[rad] 만큼 뒤진다.
• 정전용량만의 회로 : 전류의 위상을 전압보다 $\frac{\pi}{2}$[rad] 만큼 앞선다.

16. 비정현파의 일그러짐의 정도를 표시하는 양으로서 왜형률이란?

① $\frac{실횻값}{평균값}$

② $\frac{최댓값}{실횻값}$

③ $\frac{기본파의 실횻값}{고조파의 실횻값}$

④ $\frac{고조파의 실횻값}{기본파의 실횻값}$

해설 왜형률(distortion factor) : 비사인파에서 기본파에 의해 고조파 성분이 어느 정도 포함되어 있는가는 다음 식으로 정의할 수 있다.

$$R = \frac{고조파의 \ 실횻값}{기본파의 \ 실횻값} = \frac{\sqrt{V_2^{\ 2} + V_3^{\ 3} + \cdots}}{V_1}$$

17. 다음 중 비선형 소자는?

① 저항   ② 인덕턴스
③ 다이오드   ④ 캐패시턴스

해설 다이오드(diode)는 정류회로 소자로서 비선형 소자이다.

18. 어느 회로에 피상전력 60 kVA이고, 무효전력이 36 kVAR일 때 유효전력 kW는?

① 24   ② 48   ③ 70   ④ 96

해설 유효 전력 $P = \sqrt{P_a^{\ 2} - P_r^{\ 2}}$
$\qquad = \sqrt{60^2 - 36^2}$
$\qquad = \sqrt{2304} = 48\,\text{kW}$

19. 교류의 파고율이란?

① $\frac{최댓값}{실횻값}$

② $\frac{실횻값}{최댓값}$

③ $\frac{평균값}{실횻값}$

④ $\frac{실횻값}{평균값}$

해설 • 파고율 = $\frac{최댓값}{실횻값}$
• 파형률 = $\frac{실횻값}{평균값}$

20. 500Ω의 저항에 1A의 전류가 1분 동안 흐를 때 발생하는 열량은 몇 cal인가?

① 3600   ② 5000   ③ 6200   ④ 7200

해설 $H = 0.24 I^2 R t$
$\qquad = 0.24 \times 1^2 \times 500 \times 1 \times 60 = 7200\,\text{cal}$

제2과목 : 전기 기기

21. 직류발전기의 정류를 개선하는 방법 중 틀린 것은?

① 코일의 자기 인덕턴스가 원인이므로 접촉 저항이 작은 브러시를 사용한다.
② 보극을 설치하여 리액턴스 전압을 감소시킨다.
③ 보극 권선은 전기자 권선과 직렬로 접속한다.
④ 브러시를 전기적 중성 축을 지나서 회전 방향으로 약간 이동시킨다.

해설 정류 개선 방법 중에서 브러시의 접촉 저항이 큰 것을 사용하여, 정류 코일의 단락 전류를 억제하여 양호한 정류를 얻는다(탄소질 및 금속 흑연질의 브러시).

22. 보극이 없는 직류기의 운전 중 중성점의 위치가 변하지 않는 경우는?

① 무부하일 때　② 전부하일 때
③ 중부하일 때　④ 과부하일 때

해설 보극 (inter pole) : 보극이 없는 직류기는 무부하 운전일 때만 전기자 전류가 흐르지 않아 전기자 반작용이 발생하지 않으므로 중성점의 위치가 변하지 않는다.

23. 다음은 직권전동기의 특징이다. 틀린 것은?

① 부하 전류가 증가할 때 속도가 크게 감소한다.
② 전동기 기동 시 기동 토크가 작다.
③ 무부하 운전이나 벨트를 연결한 운전은 위험하다.
④ 계자권선과 전기자 권선이 직렬로 접속되어 있다.

해설 직류 직권전동기는 기동 토크가 크고 입력이 작으므로 전차, 권상기, 크레인 등에 사용된다.

24. 직류직권전동기의 회전수를 1/3로 줄이면 토크는 어떻게 되는가?

① 변화가 없다.　② 1/3배 작아진다.
③ 3배 커진다.　④ 9배 커진다.

해설 직권전동기의 속도

토크 특성 : $T \propto \dfrac{1}{N^2}$

∴ 토크 T는 9배로 커진다.

25. 다음 중 직류전동기의 속도제어 방법이 아닌 것은?

① 저항 제어　② 계자 제어
③ 전압 제어　④ 주파수 제어

해설 직류전동기의 속도 제어 방법 3가지
㉠ 계자 자속 ϕ를 변화
㉡ 단자 전압 V를 변화
㉢ 전기자 회로의 저항 R_a를 변화

$$N = K_1 \frac{V - I_a R_a}{\phi} \, [\text{rpm}]$$

26. 동기속도 1800rpm, 주파수 60Hz인 동기발전기의 극수는 몇 극인가?

① 2　　② 4　　③ 8　　④ 10

해설 $N_s = \dfrac{120f}{p} \, [\text{rpm}]$에서,

$p = \dfrac{120 \cdot f}{N_s} = \dfrac{120 \times 60}{1800} = 4극$

27. 다음 중 단락비가 큰 동기 발전기를 설명하는 것으로 옳은 것은?

① 동기 임피던스가 작다.
② 단락 전류가 작다.
③ 전기자 반작용이 크다.
④ 전압변동률이 크다.

해설 단락비가 큰 동기기
㉠ 공극이 넓고 계자기자력이 큰 철기계이다.

ⓒ 동기 임피던스가 작으며, 전기자 반작용이 작다
ⓒ 전압변동률이 작고, 안정도가 높다.
ⓔ 기계의 중량과 부피가 크다(값이 비싸다).
ⓜ 고정손(철, 기계손)이 커서 효율이 나쁘다.

28. 변압기의 2차 저항이 0.1Ω 일 때 1차로 환산하면 360Ω 이 된다. 이 변압기의 권수비는?

① 30 ② 40 ③ 50 ④ 60

해설 $r_1' = a^2 r_2$ 에서,

권수비 $a = \sqrt{\dfrac{r_1'}{r_2}} = \sqrt{\dfrac{360}{0.1}} = 60$

29. 변압기의 규약 효율은?

① $\dfrac{출력}{입력} \times 100\ \%$

② $\dfrac{출력}{출력 + 손실} \times 100\ \%$

③ $\dfrac{출력}{입력 - 손실} \times 100\ \%$

④ $\dfrac{입력 + 손실}{입력} \times 100\ \%$

해설 **규약 효율**(conventional efficiency) : 변압기의 효율은 정격 2차 전압 및 정격 주파수에 대한 출력 (kW)과 전체 손실 (kW)이 주어진다.

$\eta = \dfrac{출력(\text{kW})}{출력(\text{kW}) + 전체\ 손실(\text{kW})} \times 100\ \%$

30. 변압기의 전압변동률 ε의 식은? (단, 정격 전압 V_{2n}, 무부하 전압 V_{20} 이다.)

① $\varepsilon = \dfrac{V_{20} - V_{2n}}{V_{2n}} \times 100\ \%$

② $\varepsilon = \dfrac{V_{2n} - V_{20}}{V_{2n}} \times 100\ \%$

③ $\varepsilon = \dfrac{V_{20}}{V_{20} - V_{2n}} \times 100\ \%$

④ $\varepsilon = \dfrac{V_{20} - V_{2n}}{V_{20}} \times 100\ \%$

해설 변압기의 전압변동률의 정의 (2차쪽 정격 전압 V_{2n}, 무부하 전압 V_{20} 일 때)

$\varepsilon = \dfrac{V_{20} - V_{2n}}{V_{2n}} \times 100\ \%$

31. 변압기 온도시험을 하는 데 가장 좋은 방법은 어느 것인가?

① 반환 부하법 ② 실 부하법
③ 단락 시험법 ④ 내전압 시험법

해설 반환 부하법 : 전력을 소비하지 않고, 온도가 올라가는 원인이 되는 철손과 구리손만을 공급하여 시험하는 방법으로 가장 좋은 방법이다.

32. 변압기유의 열화방지와 관계가 가장 먼 것은 어느 것인가?

① 브리더 ② 컨서베이터
③ 불활성 질소 ④ 부싱

해설 변압기유의 열화 방지

㉠ 브리더 (breather) : 변압기 내함과 외부 기압의 차이로 인한 공기의 출입을 호흡 작용이라 하고, 탈수제(실리카 겔)를 넣어 습기를 흡수하는 장치이다.

㉡ 컨서베이터 (conservator) : 기름과 공기의 접촉을 끊어 열화를 방지하도록 변압기 위에 설치한 기름통이다.

㉢ 질소 봉입 : 컨서베이터 유면 위에 불활성 질소를 넣어 공기의 접촉을 막는다.

33. 변압기의 내부고장 발생 시 고·저압측에 설치한 CT 2차측의 억제 코일에 흐르는 전류차가 일정 비율 이상이 되었을 때 동작하는 보호계전기는?

① 과전류 계전기 ② 비율 차동 계전기
③ 방향 단락 계전기 ④ 거리 계전기

해설 비율 차동 계전기 (ratio differential relay)
㉠ 피보호 구간에 유입하는 전류와 유출하는 전류의 벡터 차, 혹은 피보호 기기의 단자 사이의 전압 벡터차 등을 판별하여 동작하는 단

일량형 계전기이다.

ⓒ 고장에 의하여 생긴 불평형의 전류차가 평형 전류의 몇 % 이상으로 되었을 때 동작하는 계전기로 변압기, 동기기 등의 층간 단락 등의 내부고장 보호에 사용된다.

34. 유도전동기의 동작원리로 옳은 것은?

① 전자유도와 플레밍의 왼손 법칙
② 전자유도와 플레밍의 오른손 법칙
③ 정전유도와 플레밍의 왼손 법칙
④ 정전유도와 플레밍의 오른손 법칙

해설 동작 원리

ㄱ 전자유도에 의한 맴돌이 전류와 자속 사이에 생기는 전자력에 의해 회전력이 발생한다.
ㄴ 회전 방향은 플레밍의 왼손 법칙에 의하여 정의된다.

35. 슬립 4%인 유도전동기의 등가 부하 저항은 2차 저항의 몇 배인가?

① 5   ② 19   ③ 20   ④ 24

해설 $R = \dfrac{1-s}{s} \cdot r_2 = \dfrac{1-0.04}{0.04} \times r_2 = 24\,r_2$

∴ 24배

36. 유도전동기의 슬립을 측정하는 방법으로 옳은 것은?

① 전압계법   ② 전류계법
③ 평형 브리지법   ④ 스트로보법

해설 슬립의 측정

ㄱ 직류 밀리볼트계법 : 권선형 유도전동기에만 쓰이는 방법이다.
ㄴ 스트로보코프법(stroboscopic method) : 원판의 흑백 부채꼴의 겉보기의 회전수 n_2를 계산하면, 슬립 s 는

$$s = \frac{n_2}{N_s} \times 100 = \frac{n_2\,P}{120\,f} \times 100\,\%$$

여기서, P : 극수, f : 주파수

37. 반도체 내에서 정공은 어떻게 생성되는가?

① 결합전자의 이탈   ② 자유전자의 이동
③ 접합 불량   ④ 확산용량

해설 P형 반도체 : 결합전자의 이탈로 정공(hole)에 의해서 전기 전도가 이루어진다.

38. 다음 그림과 같이 사이리스터를 이용한 전파 정류회로에서 입력전압이 100V이고, 점호각이 60°일 때 출력전압은 몇 V인가? (단, 부하는 저항만의 부하이다.)

① 32.5
② 45
③ 67.5
④ 90

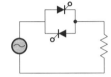

해설 단상 전파 정류회로 – 저항 부하의 경우

$$E_d = 0.45\,V\,(1 + \cos \alpha)$$
$$= 0.45 \times 100\,(1 + \cos 60°)$$
$$= 45 + 45 \times 0.5 = 67.5\text{V}$$

※ 유도성 부하의 경우
$$E_d = 0.9\,V \cos \alpha = 0.9 \times 100 \times 0.5 = 45\text{V}$$

39. 전압계 및 전류계의 측정 범위를 넓히기 위하여 사용하는 배율기와 분류기의 접속 방법은?

① 배율기는 전압계와 병렬접속, 분류기는 전류계와 직렬접속
② 배율기는 전압계와 직렬접속, 분류기는 전류계와 병렬접속
③ 배율기 및 분류기 모두 전압계와 전류계에 직렬접속
④ 배율기 및 분류기 모두 전압계와 전류계에 병렬접속

해설 ① 배율기(multiplier) : 전압계의 측정 범위를 넓히기 위한 목적으로, 전압계에 직렬로 접속한다.
② 분류기(shunt) : 전류계의 측정 범위를 넓히기 위한 목적으로, 전류계에 병렬로 접속한다.

40. 단상 전파 정류회로에서 전원이 220 V이면 부하에 나타나는 전압의 평균값은 약 몇 V인가?

① 99 　　　　　　② 198

③ 257.4 　　　　④ 297

해설 $E_{do} ≒ 0.9\,V = 0.9 \times 220 = 198 V$

제3과목 : 전기 설비

41. 저압으로 수전하는 3상 4선식에서는 단상 접속 부하로 계산하여 설비 불평형률을 몇 % 이하로 하는 것을 원칙으로 하는가?

① 10 　　② 20 　　③ 30 　　④ 40

해설 불평형 부하의 제한

㉠ 단상 3선식 : 40 % 이하

㉡ 3상 3선식 또는 3상 4선식 : 30 % 이하

42. 전선 및 케이블의 구비조건으로 맞지 않는 것은?

① 고유저항이 클 것

② 기계적 강도 및 가요성이 풍부할 것

③ 내구성이 크고 비중이 작을 것

④ 시공 및 접속이 쉬울 것

해설 전선의 재료로서 구비해야 할 조건

㉠ 도전율이 클 것 → 고유 저항이 작을 것

㉡ 기계적 강도가 클 것

㉢ 비중이 작을 것 → 가벼울 것

㉣ 내구성이 있을 것

㉤ 공사가 쉬울 것

㉥ 값이 싸고 쉽게 구할 수 있을 것

43. 전력케이블 중 CV케이블은 무엇인가?

① 비닐절연 비닐시스 케이블

② 고무절연 클로로프렌시스 케이블

③ 가교 폴리에틸렌 절연 비닐시스 케이블

④ 미네랄 인슐레이션 케이블

해설 ㉠ CV : 가교 폴리에틸렌 절연 비닐시스 케이블

㉡ VV : 비닐절연 비닐시스 케이블

㉢ PN : 고무절연 클로로프렌시스 케이블

㉣ MI : 미네랄 인슐레이션 케이블

44. 다음 중 옥외용 가교 폴리에틸렌 절연전선을 나타내는 약호는?

① OC 　　② OE 　　③ CV 　　④ VV

해설 ㉠ OC : 옥외용 가교 폴리에틸렌 절연전선

㉡ OE : 옥외용 폴리에틸렌 절연전선

㉢ CV : 가교 폴리에틸렌 절연 비닐시스 케이블

㉣ VV : 비닐절연 비닐시스 케이블

45. 전선을 접속하는 경우 전선의 강도는 몇 % 이상 감소시키지 않아야 하는가?

① 10 　　② 20 　　③ 40 　　④ 8

해설 전선을 접속하는 경우 : 전선의 강도 (인장 하중)를 20 % 이상 감소시키지 않아야 한다.

46. 플로어 덕트 배선에서 사용할 수 있는 단선의 최대 규격은 몇 mm²인가?

① 2.5 　　② 4 　　③ 6 　　④ 10

해설 플로어 덕트 공사 시 사용 전선 : 절연 전선은 10 mm²를 초과하는 것은 연선이어야 한다.

47. 합성수지관 공사에서 옥외 등 온도 차가 큰 장소에 노출 배관을 할 때 사용하는 커플링은?

① 신축 커플링(0C) 　② 신축 커플링(1C)

③ 신축 커플링(2C) 　④ 신축 커플링(3C)

해설 • 온도 차가 큰 장소에 노출 배관 : 신축 커플링(3C)

• 관과 관을 접속하는 일반 용도 : 신축 커플링(1C)

48. 캡타이어 케이블을 조영재에 시설하는 경우 그 지지점의 거리는 얼마로 하여야 하는가?

정답 40. ② 　41. ③ 　42. ① 　43. ③ 　44. ① 　45. ② 　46. ④ 　47. ④ 　48. ①

① 1m 이하   ② 1.5m 이하
③ 2.0m 이하   ④ 2.5m 이하

해설 캡타이어 케이블을 조영재에 따라 시설하는 경우는 그 지지점 간의 거리는 1 m 이하로 하고 조영재에 따라 캡타이어 케이블이 손상될 우려가 없는 새들, 스테이플 등으로 고정하여야 한다.

49. 금속전선관을 직각 구부리기를 할 때 굽힘 반지름은 몇 mm인가? (단, 내경은 18 mm, 외경은 22 mm이다.)

① 113   ② 115
③ 119   ④ 121

해설 굽힘 반지름 내경은 전선관 안지름의 6배 이상이 되어야 한다.

$$r = 6d + \frac{D}{2} = 6 \times 18 + \frac{22}{2} = 119 \text{ mm}$$

50. 다음 중 금속전선관의 호칭을 맞게 기술한 것은?

① 박강, 후강 모두 내경으로 mm로 나타낸다.
② 박강은 내경, 후강은 외경으로 mm로 나타낸다.
③ 박강은 외경, 후강은 내경으로 mm로 나타낸다.
④ 박강, 후강 모두 외경으로 mm로 나타낸다.

해설 박강은 외경(바깥지름), 후강은 내경(안지름)으로 mm 단위로 표시한다.

51. 다음 중 과전류차단기를 설치하는 곳은?

① 간선의 전원 측 전선
② 접지 공사의 접지선
③ 접지 공사를 한 저압 가공 전선의 접지 측 전선
④ 다선식 전로의 중성선

해설 과전류 차단기의 시설 금지 장소
   ㉠ 접지 공사의 접지선
   ㉡ 다선식 전로의 중성
   ㉢ 저압 가공전로의 접지측 전선

52. 사람의 전기감전을 방지하기 위하여 설치하는 주택용 누전차단기는 정격감도전류와 동작시간이 얼마 이하이어야 하는가?

① 3 mA, 0.03초   ② 30 mA, 0.03초
③ 300 mA, 0.3초   ④ 300 mA, 0.03초

해설 누전차단기 정격감도전류와 동작시간
   ㉠ 고감도형 정격감도전류(mA) 4종 : 5, 10, 15, 30
   ㉡ 고속형 인체감전 보호용 : 0.03초 이내

53. 다음 중 배전용 변압기에 접지공사의 목적을 올바르게 설명한 것은?

① 고압 및 특고압의 저압과 혼촉 사고를 보호
② 전위상승으로 인한 감전보호
③ 뇌해에 의한 특고압 · 고압 기기의 보호
④ 기기절연물의 열화방지

해설 저 · 고압이 혼촉한 경우에 저압 전로에 고압이 침입할 경우 기기의 소손이나 사람의 감전을 방지하기 위한 것

54. 고압 가공 전선로의 전선의 조수가 3조일 때 완금의 길이는?

① 1200 mm   ② 1400 mm
③ 1800 mm   ④ 2400 mm

해설 3조 가선 시
   1. 저압 : 14000 mm
   2. 고압 : 1800 mm
   3. 특고압 : 2400 mm

55. 전주에 가로등을 설치 시 부착 높이는 지표상 몇 m 이상으로 하여야 하는가? (단, 교통에 지장이 없는 경우이다.)

① 2.5 m ② 3 m
③ 4 m ④ 4.5 m

해설 전주 외등
1. 기구 부착 높이는 하단에서 지표상 4.5 m 이상으로 할 것
2. 단, 교통에 지장이 없는 경우에는 지표상 3 m 이상으로 할 것

56. 단로기에 대한 설명으로 옳지 않은 것은?

① 소호장치가 있어서 아크를 소멸시킨다.
② 회로를 분리하거나, 계통의 접속을 바꿀 때 사용한다.
③ 고장 전류는 물론 부하전류의 개폐에도 사용할 수 없다.
④ 배전용의 단로기는 보통 디스커넥팅 바로 개폐한다.

해설 단로기(DS : disconnecting switch) : 소호장치가 없어서 아크를 소멸시키지 못하므로 고장 전류는 물론 부하전류의 개폐에도 사용할 수 없다.

57. 소맥분, 전분 기타 가연성의 분진이 존재하는 곳의 저압 옥내 배선 공사 방법에 해당되는 것으로 짝지어진 것은?

① 케이블 공사, 애자 사용 공사
② 금속관 공사, 콤바인 덕트관, 애자 사용 공사
③ 케이블 공사, 금속관 공사, 애자 사용 공사
④ 케이블 공사, 금속관 공사, 합성수지관 공사

해설 가연성 분진이 있는 경우 : 옥내 배선은 금속전선관, 합성수지전선관, 케이블 또는 캡타이어케이블 배선으로 시공하여야 한다.

58. 가로 20m, 세로 18m, 천장의 높이 3.85m, 작업면의 높이 0.85m, 간접조명 방식인 호텔연회장의 실지수는 약 얼마인가?

① 1.16 ② 2.16
③ 3.16 ④ 4.16

해설 $H = 3.85 - 0.85 = 3\,\mathrm{m}$
$\therefore$ 실지수 $K = \dfrac{XY}{H(X+Y)}$
$= \dfrac{20 \times 18}{3(20+18)} = \dfrac{360}{114} \fallingdotseq 3.16$

59. 다음 그림기호의 배선 명칭은?

────────

① 천장 은폐 배선
② 바닥 은폐 배선
③ 노출 배선
④ 바닥면 노출 배선

해설 바닥 은폐 배선 : ──────
노출 배선 : ----------
바닥면 노출 배선 : ── ·· ──

60. 일반적으로 학교 건물이나 은행 건물 등의 간선의 수용률은 얼마인가?

① 50 % ② 60 %
③ 70 % ④ 80 %

해설 간선의 수용률
1. 주택, 기숙사, 여관, 호텔, 병원, 창고 : 50 %
2. 학교, 사무실, 은행 : 70 %

전기
기능사 │ # 2019년 제2회 실전문제

1. 다음 그림과 같이 절연물 위에 +로 대전된 대전체를 놓았을 때 도체의 음전기와 양전기가 분리되는 것은 어떤 현상 때문인가?

① 정전 유도
② 정전 차폐
③ 자기 유도
④ 대전

해설 정전 유도(electrostatic induction) 현상 : 대전체 A 근처에 대전되지 않은 도체 B 를 가져오면 대전체 가까운 쪽에는 다른 종류의 전하가, 먼 쪽에는 같은 종류의 전하가 나타나는 현상으로, 전기량은 대전체의 전기량과 같고 유도된 양전하와 음전하의 양은 같다.

2. $+Q_1$[C]와 $-Q_2$[C]의 전하가 진공 중에서 r[m]의 거리에 있을 때 이들 사이에 작용하는 정전기력 F[N]는?

① $F = 9 \times 10^{-7} \times \dfrac{Q_1 Q_2}{r^2}$

② $F = 9 \times 10^{-9} \times \dfrac{Q_1 Q_2}{r^2}$

③ $F = 9 \times 10^{9} \times \dfrac{Q_1 Q_2}{r^2}$

④ $F = 9 \times 10^{10} \times \dfrac{Q_1 Q_2}{r^2}$

해설 쿨롱의 법칙(Coulomb's law) : 두 전하 사이에 작용하는 정전력(전기력)은 두 전하의 곱에 비례하고, 두 전하 사이의 거리의 제곱에 반비례한다.

$F = 9 \times 10^9 \times \dfrac{Q_1 \cdot Q_2}{r^2}$ [N] (진공 중에서)

3. 공기 중에서 4×10^{-6} [C]과 8×10^{-6} [C]의 두 전하 사이에 작용하는 정전력이 7.2 N일 때 전하 사이의 거리(m)는?

① 1m
② 2m
③ 0.1m
④ 0.2m

해설 $F = 9 \times 10^9 \times \dfrac{Q_1 \cdot Q_2}{\mu_s\, r^2}$[N]에서,

$r^2 = 9 \times 10^9 \times \dfrac{Q_1 \cdot Q_2}{\mu_s\, F}$

$\quad = 9 \times 10^9 \times \dfrac{4 \times 10^{-6} \times 8 \times 10^{-6}}{1 \times 7.2} = 0.04$

$\therefore r = \sqrt{0.04} = 0.2\,\mathrm{m}$

4. 비유전율이 큰 산화티탄 등을 유전체로 사용한 것으로 극성이 없으며 가격에 비해 성능이 우수하여 널리 사용되고 있는 콘덴서의 종류는?

① 전해 콘덴서
② 세라믹 콘덴서
③ 마일러 콘덴서
④ 마이카 콘덴서

해설 세라믹 콘덴서(ceramic condenser)
㉠ 세라믹 콘덴서는 전극간의 유전체로, 티탄산바륨과 같은 유전율이 큰 재료를 사용하며 극성은 없다.
㉡ 이 콘덴서는 인덕턴스(코일의 성질)가 적어 고주파 특성이 양호하여 바이패스에 흔히 사용된다.

5. 다음 중 전위 단위가 아닌 것은?

① V/m   ② J/C
③ N · m/C   ④ V

해설 전위(electric potential) : 전기장 속에 놓인 전하는 전기적인 위치 에너지를 가지게 되는데, 한 점에서 단위 전하가 가지는 전기적인 위치 에너지를 전위라 하며, 단위는 볼트(volt, [V])를 사용한다.
- 전위차 : 단위로는 전하가 한 일의 의미로 [J/C] 또는 [V]를 사용한다.

$$V = \frac{F \cdot L}{Q} [\text{N} \cdot \text{m} /\text{C}]$$

- 전기장의 세기 단위 : V/m

6. 반자성체에 속하는 물질은?

① Ni   ② Co   ③ Ag   ④ Pt

해설 반자성체(자석에 반발하는 물체) : 금(Au), 은(Ag), 구리(Cu), 아연(Zn), 안티몬(Sb)
- 상자성체 : 알루미늄(Al), 백금(Pt), 산소(O), 공기
- 강자성체 : 철(Fe), 니켈(Ni), 코발트(Co), 망간(Mn)

7. 비오사바르의 법칙은 어느 관계를 나타내는가?

① 기자력과 자장
② 전위와 자장
③ 전류와 자장의 세기
④ 기자력과 자속밀도

해설 비오 – 사바르의 법칙(Biot – Savart's law) : 도체의 미소 부분 전류에 의해 발생되는 자기장의 크기를 알아내는 법칙이다.

8. 자기 인덕턴스가 L_1, L_2인 두 코일을 직렬로 접속하였을 때 합성 인덕턴스를 나타내는 식은? (단, 두 코일 간의 상호 인덕턴스는 0이라고 한다.)

① $L_1 + L_2$ ② $L_1 - L_2$
③ $2L_1 + 2L_2$ ④ $L_1 - L_2 \pm 2L_1 L_2$

해설 합성 인덕턴스 : $L = L_1 + L_2 \pm 2M [\text{H}]$에서, 인덕턴스 $M = 0$이므로 $L = L_1 + L_2$

9. 전기와 자기의 요소를 서로 대칭되게 나타내지 않은 것은?

① 전속–자속
② 기전력–기자력
③ 전류밀도–자속밀도
④ 전기저항–자기저항

해설 전속밀도–자속밀도

10. $L = 40$ mH의 코일에 흐르는 전류가 0.2초 동안에 10 A가 변화했다. 코일에 유기되는 기전력(V)은?

① 1   ② 2   ③ 3   ④ 4

해설 $v = L\dfrac{\Delta I}{\Delta t} = 40 \times 10^{-3} \times \dfrac{10}{0.2} = 2\,\text{V}$

11. 금속도체의 전기저항에 대한 설명으로 옳은 것은?

① 도체의 저항은 고유저항과 길이에 반비례한다.
② 도체의 저항은 길이와 단면적에 반비례한다.
③ 도체의 저항은 단면적에 비례하고 길이에 반비례한다.
④ 도체의 저항은 고유저항에 비례하고 단면적에 반비례한다.

해설 금속도체의 전기 저항
$$R = \rho\frac{l}{A} [\Omega]$$
여기서, ρ : 도체의 고유저항($\Omega \cdot$m)
A : 도체의 단면적(m^2)
l : 길이(m)
저항은 그 도체의 고유저항에 비례하고 단면적에 반비례한다(길이에도 비례).

정답   6. ③   7. ③   8. ①   9. ③   10. ②   11. ④

12. 15V의 전압에 3A의 전류가 흐르는 회로의 컨덕턴스 ℧는 얼마인가?

① 0.1　② 0.2　③ 5　④ 30

해설 $G = \dfrac{I}{V} = \dfrac{3}{15} = 0.2\,℧$

※ 컨덕턴스 (conductance) : $G = \dfrac{1}{R}\,[℧]$

13. $1\,[\Omega \cdot m]$와 같은 것은?

① $1\,[\mu\Omega \cdot cm]$　　② $10^6\,[\Omega \cdot mm^2/m]$
③ $10^2\,[\Omega \cdot mm]$　　④ $10^4\,[\Omega \cdot cm]$

해설 고유저항 : 저항률 (resistivity)

㉠ 단면적 $1\,m^2$, 길이 $1\,m$의 임의의 도체 양면 사이의 저항값을 그 물체의 고유저항이라 한다.
㉡ 기호는 ρ, 단위는 $[\Omega \cdot m]$를 사용한다.
• $1\,\Omega \cdot m = 10^2\,\Omega \cdot cm = 10^6\,\Omega \cdot mm^2/m$

14. 각주파수 $\omega = 120\pi\,[rad/s]$일 때 주파수 f [Hz]는 얼마인가?

① 50　　② 60　　③ 300　④ 360

해설 $\omega = 2\pi f = 120\pi\,[rad/s]$

$\therefore\ f = \dfrac{120\pi}{2\pi} = 60\,Hz$

15. 다음 중 틀린 것은?

① 실횻값 = 최댓값 ÷ $\sqrt{2}$
② 최댓값 = 실횻값 ÷ 2
③ 평균값 = 최댓값 × $\dfrac{2}{\pi}$
④ 최댓값 = 실횻값 × $\sqrt{2}$

해설 정현파 교류의 표시
　　최댓값 = 실횻값 × $\sqrt{2}$
　　(예) $V_m = \sqrt{2} \times V$

16. 저항 $9\,\Omega$, 용량 리액턴스 $12\,\Omega$의 직렬회로의 임피던스는 몇 Ω인가?

① 2　　② 15　　③ 21　　④ 32

해설 $Z = \sqrt{R^2 + X_C^2}$
　　$= \sqrt{9^2 + 12^2} = \sqrt{225} = 15\,\Omega$

17. RLC 직렬공진회로에서 최대가 되는 것은?

① 전류　　　　② 임피던스
③ 리액턴스　　④ 저항

해설 직렬공진 시 임피던스가 최소가 되므로, 전류는 최대가 된다.

18. RC 병렬 회로의 임피던스는?

① $\sqrt{R^2 + \left(\dfrac{1}{\omega C}\right)}$　② $\sqrt{\left(\dfrac{1}{R}\right) + (\omega C)^2}$

③ $\dfrac{1}{\sqrt{R^2 + \left(\dfrac{1}{\omega C}\right)}}$　④ $\dfrac{1}{\sqrt{\left(\dfrac{1}{R}\right)^2 + (\omega C)^2}}$

해설 RC 병렬 회로 $Z = \dfrac{1}{\sqrt{\left(\dfrac{1}{R}\right)^2 + \left(\dfrac{1}{X_C}\right)^2}}$

$= \dfrac{1}{\sqrt{\left(\dfrac{1}{R}\right)^2 + (\omega C)^2}}\,[\Omega]$

19. 다음 중 전력량 1Wh와 그 의미가 같은 것은?

① 1C　　② 1J　　③ 3600C　④ 3600J

해설 $1\,Wh = 3600\,W \cdot s = 3600\,J$

20. 2kW의 전열기를 정격 상태에서 20분간 사용할 때의 발열량은 몇 kcal인가?

① 9.6　　② 576　　③ 864　　④ 1730

해설 $H = 0.24 P \cdot t$
　　$= 0.24 \times 2 \times 10^3 \times 20 \times 60 = 576 \times 10^3\,cal$
　$\therefore\ 576\,kcal$

제2과목 : **전기 기기**

21. 영구자석 또는 전자석 끝부분에 설치한 자성 재료편으로서, 전기자에 대응하여 계자 자속을

공극 부분에 적당히 분포시키는 역할을 하는 것은 무엇인가?

① 자극편 ② 정류자 ③ 공극 ④ 브러시

해설 자극편 : 직류발전기의 구조에서 계자자속을 전기자 표면에 널리 분포시키는 역할을 한다.

22. 다음 그림은 직류발전기의 분류 중 어느 것에 해당되는가?

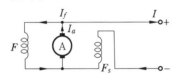

① 분권발전기 ② 직권발전기
③ 자석발전기 ④ 복권발전기

해설 ㉠ 분권 : 전기자 A와 계자권선 F를 병렬로 접속한다.
㉡ 직권 : 전기와 A와 계자권선 F_s를 직렬로 접속한다.

23. 직류 분권발전기가 있다. 전기자 총 도체 수 220, 극수 6, 회전수 1500rpm일 때 유기기전력이 165V이면 매 극의 자속 수는 몇 Wb인가? (단, 전기자 권선은 파권이다.)

① 0.01 ② 0.1 ③ 0.2 ④ 10

해설 $E = p\phi \dfrac{N}{60} \cdot \dfrac{Z}{a} [\text{V}]$에서,

$\phi = 60 \times \dfrac{aE}{pNZ} = 60 \times \dfrac{2 \times 165}{6 \times 1500 \times 220} = 0.01 \, \text{Wb}$

24. 다음 그림에서 직류 분권전동기의 속도특성곡선은?

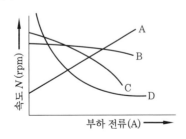

① A ② B ③ C ④ D

해설 속도 특성 곡선
A : 차동 복권 B : 분권
C : 가동 복권 D : 직권

25. 직류 분권전동기의 운전 중 계자저항기의 저항을 증가하면 속도는 어떻게 되는가?

① 변하지 않는다. ② 증가한다.
③ 감소한다. ④ 정지한다.

해설 분권전동기의 속도 특성 : $N = K \dfrac{E}{\phi}$

∴ 계자저항기의 저항을 증가하면 자속이 감소하므로 속도는 증가한다.

26. 직류전동기의 규약 효율은 어떤 식으로 표현되는가?

① $\dfrac{출력}{입력} \times 100\,\%$

② $\dfrac{출력}{출력 + 손실} \times 100\,\%$

③ $\dfrac{입력 + 손실}{입력} \times 100\,\%$

④ $\dfrac{입력 - 손실}{입력} \times 100\,\%$

해설 ㉠ 실측 효율 $\eta = \dfrac{출력}{입력} \times 100\,\%$
㉡ 규약 효율
• 전동기의 효율 $= \dfrac{입력 - 손실}{입력} \times 100\,\%$
• 발전기의 효율 $= \dfrac{출력}{출력 + 손실} \times 100\,\%$

27. 34극 60MVA, 역률 0.8, 60Hz, 22.9kV 수차발전기의 전부하 손실이 1600kW이면 전부하 효율(%)은?

① 90 ② 95 ③ 97 ④ 99

해설 $\eta = \dfrac{출력}{출력 + 손실} \times 100$

$= \dfrac{60 \times 10^3}{60 \times 10^3 + 1600} \times 100 ≒ 97.4\,\%$

정답 22. ④ 23. ① 24. ② 25. ② 26. ④ 27. ③

28. 동기전동기를 자기기동법으로 기동시킬 때 계자 회로는 어떻게 하여야 하는가?

① 단락시킨다.
② 개방시킨다.
③ 직류를 공급한다.
④ 단상교류를 공급한다.

해설 동기전동기의 자기기동법
① 계자의 자극면에 감은 기동(제동) 권선이 마치 3상 유도전동기의 농형 회전자와 비슷한 작용을 하므로, 이것에 의한 토크로 기동시키는 기동법이다.
② 기동 시에는 회전 자기장에 의하여 계자 권선에 높은 고전압을 유도하여 절연을 파괴할 염려가 있기 때문에 계자 권선을 저항을 통하여 단락해 놓고 기동시켜야 한다.

29. 변압기의 성층 철심 강판 재료로서 철의 함유량은 대략 몇 %인가?

① 99 ② 96 ③ 92 ④ 89

해설 변압기 철심 : 철손을 적게 하기 위하여 약 3~4 %의 규소를 포함한 연강판을 성층하여 사용한다.
∴ 철의 %는 약 96~97%

30. 변압기의 1차에 6600V를 가할 때 2차 전압이 220V라면 이 변압기의 권수비는 몇인가?

① 0.3 ② 30 ③ 300 ④ 6600

해설 $a = \dfrac{V_1}{V_2} = \dfrac{6300}{210} = 30$

31. 다음 중 1차 변전소의 승압용으로 주로 사용하는 결선법은?

① Y-Δ ② Y-Y
③ Δ-Y ④ Δ-Δ

해설 Δ-Y 결선은 낮은 전압을 높은 전압으로 올리는 승압용으로 사용하는 결선법이다.

32. V결선을 이용한 변압기의 결선은 Δ결선한

때보다 출력비가 몇 %인가?

① 57.7% ② 86.6% ③ 95.4% ④ 96.2%

해설 출력비 $= \dfrac{\text{V결선의 출력}}{\text{변압기 3대의 정격 출력}}$
$= \dfrac{\sqrt{3}\,P}{3P} = \dfrac{\sqrt{3}}{3} = 0.577$
∴ 57.7 %

33. 코일 주위에 전기적 특성이 큰 에폭시 수지를 고진공으로 침투시키고, 다시 그 주위를 기계적 강도가 큰 에폭시 수지로 몰딩한 변압기는?

① 건식 변압기 ② 유입 변압기
③ 몰드 변압기 ④ 타이 변압기

해설 몰드 변압기
㉠ 고압 및 저압권선을 모두 에폭시로 몰드(mold)한 고체 절연방식 채용
㉡ 난연성, 절연의 신뢰성, 보수 및 점검이 용이, 에너지 절약 등의 특징이 있다.

34. 다음은 3상 유도전동기 고정자 권선의 결선도를 나타낸 것이다. 맞는 것은 어느 것인가?

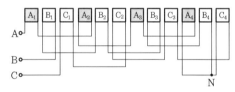

① 3상 2극, Y결선 ② 3상 4극, Y결선
③ 3상 2극, Δ결선 ④ 3상 4극, Δ결선

해설 ㉠ 3상 : A상, B상, C상
㉡ 4극 → 극 번호 1, 2, 3, 4
㉢ Y 결선 → 독립된 인출선 A, B, C와 성형점 N이 존재

35. 4극의 3상 유도전동기가 60Hz의 전원에 연결되어 4%의 슬립으로 회전할 때 회전수는 몇 rpm인가?

① 1656 ② 1700
③ 1728 ④ 1880

정답 28. ① 29. ② 30. ② 31. ③ 32. ① 33. ③ 34. ② 35. ③

해설 $N_s = \dfrac{120f}{p} = \dfrac{120 \times 60}{4} = 1800\,\text{rpm}$

$\therefore N = (1-s)N_s = (1-0.04) \times 1800$

$\qquad = 1728\,\text{rpm}$

36. 200V, 50Hz, 4극, 15kW의 3상 유도전동기가 있다. 전부하일 때의 회전수가 1320rpm이면 2차 효율(%)은?

① 78 ② 88 ③ 96 ④ 98

해설 $N_s = 120 \times \dfrac{f}{p} = 120 \times \dfrac{50}{4} = 1500\,\text{rpm}$

$\therefore \eta_2 = \dfrac{N}{N_s} \times 100 = \dfrac{1320}{1500} \times 100 = 88\%$

37. 다음 중 권선형 유도전동기의 기동법은?

① 분상 기동법 ② 2차 저항 기동법
③ 콘덴서 기동법 ④ 반발 기동법

해설 권선형 유도전동기의 기동법 – 2차 저항법
㉠ 2차 권선 자체는 저항이 작은 재료로 쓰고, 슬립 링을 통하여 외부에서 조절할 수 있는 기동 저항기를 접속한다.
㉡ 기동할 때에는 2차 회로의 저항을 적당히 조절, 비례 추이를 이용하여 기동 전류는 감소시키고, 기동 토크를 증가시킨다.
※ ①, ③, ④번은 단상 유도전동기의 기동법에 속한다.

38. 다음 괄호 안에 들어갈 알맞은 말은?

(㉮)는 고압 회로의 전압을 이에 비례하는 낮은 전압으로 변성해 주는 기기로서, 회로에 (㉯) 접속하여 사용된다.

① ㉮ CT, ㉯ 직렬 ② ㉮ PT, ㉯ 직렬
③ ㉮ CT, ㉯ 병렬 ④ ㉮ PT, ㉯ 병렬

해설 계기용 변압기 (potential transformer, PT)
㉠ 고압 회로의 전압을 이에 비례하는 낮은 전압으로 변성해 주는 특수 변압기로 회로에 병렬접속하여 사용된다.
㉡ 2차 정격 전압은 110V이며, 2차측에는 전압

계나 전력계의 전압 코일을 접속하게 된다.
※ 계기용 변류기 (current transformer, CT)

39. PN 접합 정류소자의 설명 중 틀린 것은? (단, 실리콘 정류소자인 경우이다.)

① 온도가 높아지면 순방향 및 역방향 전류가 모두 감소한다.
② 순방향 전압은 P형에 (+), N형에 (−) 전압을 가함을 말한다.
③ 정류비가 클수록 정류 특성은 좋다.
④ 역방향 전압에서는 극히 작은 전류만이 흐른다.

해설 PN 접합 정류소자 (실리콘 정류소자)
㉠ 사이리스터의 온도가 높아지면 전자−전공 쌍의 수도 증가하게 되고, 누설 전류도 증가하게 된다.
㉡ 온도가 높아지면 순방향 및 역방향 전류가 모두 증가한다.

40. E종 절연물의 최고 허용온도는 몇 ℃인가?

① 40 ② 60 ③ 120 ④ 125

해설 절연 종별과 최고 허용온도

종별	Y	A	E	B	F	H	C
℃	90	105	120	130	155	180	180 초과

제3과목 : 전기 설비

41. 해안 지방의 송전용 나전선에 가장 적당한 것은?

① 철선 ② 강심알루미늄선
③ 동선 ④ 알루미늄합금선

해설 해안 지방의 송전용 나전선에는 염해에 강한 동선이 적당하다.

42. 일반적인 연동선의 고유저항은 몇 $\Omega \cdot \text{mm}^2/\text{m}$

인가?

① $\dfrac{1}{55}$ ② $\dfrac{1}{58}$ ③ $\dfrac{1}{35}$ ④ $\dfrac{1}{28}$

해설 • 연동선의 고유저항 : $\rho = \dfrac{1}{58}\,[\Omega\,mm^2/m]$

• 경동선의 고유저항 : $\rho = \dfrac{1}{55}\,[\Omega\,mm^2/m]$

43. 일반적으로 가정용, 옥내용으로 자주 사용되는 절연전선은?

① 경동선 ② 연동선
③ 합성연선 ④ 합성단선

해설 옥내용 : 연동선, 옥외용 : 경동선

44. 옥내배선 공사에서 절연전선의 피복을 벗길 때 사용하면 편리한 공구는?

① 드라이버 ② 플라이어
③ 압착펜치 ④ 와이어 스트리퍼

해설 와이어 스트리퍼(wire striper)
ㄱ 절연전선의 피복 절연물을 벗기는 자동 공구이다.
ㄴ 도체의 손상 없이 정확한 길이의 피복 절연물을 쉽게 처리할 수 있다.

45. 기구 단자에 전선 접속 시 진동 등으로 헐거워지는 염려가 있는 곳에 사용되는 것은?

① 스프링 와셔 ② 2중 볼트
③ 삼각 볼트 ④ 접속기

해설 전선과 기구 단자와의 접속 : 전선을 나사로 고정할 경우에 진동 등으로 헐거워질 우려가 있는 장소는 2중 너트, 스프링 와셔 및 나사 풀림 방지 기구가 있는 것을 사용한다.

46. 다음 ( ) 안에 들어갈 내용으로 알맞은 것은 어느 것인가?

> 사람의 접촉 우려가 있는 합성수지제 몰드는 홈의 폭 및 깊이가 (㉮)cm 이하로, 두께는 (㉯)mm 이상의 것이어야 한다.

① ㉮ 3.5, ㉯ 1 ② ㉮ 5, ㉯ 1
③ ㉮ 3.5, ㉯ 2 ④ ㉮ 5, ㉯ 2

해설 합성수지 몰드 배선공사 : 두께는 2 mm 이상의 것으로, 홈의 폭과 깊이가 3.5 cm 이하이어야 한다. 단, 사람이 쉽게 접촉될 우려가 없도록 시설한 경우에는 폭 5 cm 이하, 두께 1 mm 이상인 것을 사용할 수 있다.

47. 다음 설명 중 합성수지 전선관의 특징으로 틀린 것은?

① 누전의 우려가 없다.
② 무게가 가볍고 시공이 쉽다.
③ 관 자체를 접지할 필요가 없다.
④ 비자성체이므로 교류의 왕복선을 반드시 같이 넣어야 한다.

해설 비자성체이므로 금속관처럼 전자 유도 작용이 발생하지 못한다. 따라서 왕복선을 같이 넣지 않아도 된다.

48. 다음 중 금속관 공사의 특징에 대한 설명이 아닌 것은?

① 전선이 기계적으로 완전히 보호된다.
② 접지 공사를 완전히 하면 감전의 우려가 없다.
③ 단락 사고, 접지 사고 등에 있어서 화재의 우려가 적다.
④ 중량이 가볍고 시공이 용이하다.

해설 금속 전선관 배선의 특징
① 전선이 기계적으로 보호된다.
② 단락 사고, 접지 사고 등에 있어서 화재의 우려가 적다.
③ 접지 공사를 완전하게 하면 감전의 우려가 없다.
④ 방습 장치를 할 수 있으므로, 전선을 방수할 수 있다.
⑤ 전선의 노후나 배선 방법의 변경이 필요한 경우 전선의 교환이 쉽다.

49. 금속 전선관의 종류에서 후강 전선관 규격 (mm)이 아닌 것은?

① 16
② 19
③ 28
④ 36

해설 후강 전선관 규격(관의 호칭) : 16, 22, 28, 36, 42, 54, 70, 82, 92, 104

50. 다음 중 과전류 차단기의 시설 장소로 적절하지 않은 곳은?

① 전선 및 기계기구를 보호하기 위한 인입구
② 간선의 전원측
③ 분기점 등 보호상 또는 보안상 필요한 곳
④ 다선식 전로의 중성선

해설 시설장소 : ①, ②, ③ 외에 발전기, 변압기, 전동기, 정류기 등의 기계 기구를 보호하는 곳

51. 전로에 시설하는 기계기구의 철대 및 금속제 외함에는 접지 시스템 규정에 의한 접지 공사를 하여야 한다. 단, 사용 전압이 직류 (a) V 또는 교류 대지전압이 (b) V 이하인 기계기구를 건조한곳에 시설하는 경우는 규정에 따르지 않을 수 있다. (   )에 올바른 값은?

① (a) 200, (b) 100
② (a) 300, (b) 150
③ (a) 350 , (b) 200
④ (a) 440, (b) 220

해설 기계기구의 철대 및 금속제 외함 접지 (KEC 142.7) : 사용 전압이 직류 300 V 또는 교류 대지전압이 150 V 이하인 기계기구를 건조한 곳에 시설하는 경우

52. 지선의 중간에 넣는 애자는?

① 저압 핀 애자
② 구형 애자
③ 인류 애자
④ 내장 애자

해설 구형 애자 : 인류용과 지선용이 있으며, 지선용은 지선의 중간에 넣어 양측 지선을 절연한다.

53. 가공전선로의 지지물에 지선을 사용해서는 안되는 곳은?

① 목주
② A종 철근콘크리트주
③ A종 철주
④ 철탑

해설 가공전선로의 지지물로 사용하는 철탑은 지선을 사용하여 그 강도를 분담시켜서는 안된다.

54. 가스 절연 개폐기나 가스차단기에 사용되는 가스인 SF6의 성질이 아닌 것은?

① 같은 압력에서 공기의 2.5~3.5배의 절연내력이 있다.
② 무색, 무취, 무해 가스이다.
③ 가스압력 3~4 kg/cm² 에서는 절연내력은 절연유 이상이다.
④ 소호능력은 공기보다 2.5배 정도 낮다.

해설 SF_6 가스의 성질

구 분	특 성
일반 특성	불활성, 무색, 무취, 무독성
열전도율	공기의 1.6배
비중	공기의 약 5배
소호력	공기의 100배
절연내력	공기의 2.5~3.5배
아크 시상수	공기나 질소에 비해 1/100
전기저항 특성	부저항 특성

55. 수·변전 설비의 고압회로에 걸리는 전압을 표시하기 위해 전압계를 시설할 때 고압회로와 전압계 사이에 시설하는 것은?

① 수전용 변압기 ② 계기용 변류기
③ 계기용 변압기 ④ 권선형 변류기

해설 계기용 변압기(PT)

ⓐ 고전압을 저전압으로 변성하며, 고압회로와 전압계 사이에 시설한다.
ⓑ 배전반의 전압계, 전력계, 주파수계, 역률계 표시등 및 부족 전압 트립 코일의 전원으로 사용한다.

56. 폭연성 분진이 존재하는 곳의 저압 옥내배선 공사 시 공사 방법으로 짝지어진 것은?

① 금속관 공사, MI 케이블 공사, 개장된 케이블 공사
② CD 케이블 공사, MI 케이블 공사, 금속관 공사
③ CD 케이블 공사, MI 케이블 공사, 제1종 캡타이어 케이블 공사
④ 개장된 케이블 공사, CD 케이블 공사, 제1종 캡타이어 케이블 공사

해설 폭연성 분진이 있는 경우

ⓐ 옥내배선은 금속 전선관 배선 또는 케이블 배선에 의할 것
ⓑ 케이블 배선에 의하는 경우
※ 케이블은 강관, 강대 및 활동대를 개장으로 한 케이블 또는 MI 케이블을 사용하는 경우를 제외하고 보호관에 넣어서 시설할 것

57. 다음 중 가연성 분진에 전기설비가 발화원이 되어 폭발할 우려가 있는 곳에 시공할 수 있는 저압 옥내배선 공사는?

① 버스 덕트 공사
② 라이팅 덕트 공사
③ 가요전선관 공사
④ 금속관 공사

해설 문제 56 해설 참조

※ 폭연성 분진 이외의 분진이 있는 경우 : 옥내배선은 금속 전선관, 합성수지 전선관, 케이블 또는 캡타이어 케이블 배선으로 시공하여야 한다.

58. 1개의 전등을 3곳에서 자유롭게 점등하기 위해서는 3로 스위치와 4로 스위치가 각각 몇 개씩 필요한가?

① 3로 스위치 1개, 4로 스위치 2개
② 3로 스위치 2개, 4로 스위치 1개
③ 3로 스위치 3개
④ 4로 스위치 3개

해설 N개소 점멸을 위한 스위치의 소요

N = (2개의 3로 스위치) + [($N-2$)개의 4로 스위치] = $2S_3 + (N-2)S_4$

• $N=2$일 때 : 2개의 3로 스위치
• $N=3$일 때 : 2개의 3로 스위치 + 1개의 4로 스위치
• $N=4$일 때 : 2개의 3로 스위치 + 2개의 4로 스위치

59. 건축물의 종류에서 표준 부하를 20VA/m²으로 하여야 하는 건축물은 다음 중 어느 것인가?

① 교회, 극장 ② 학교, 음식점
③ 은행, 상점 ④ 아파트, 미용원

해설 건물의 표준 부하

건물의 종류	표준 부하(VA/m²)
공장, 공회당, 사원, 교회, 극장, 연회장 등	10
기숙사, 여관, 호텔, 병원, 학교, 음식점, 다방, 대중목욕탕 등	20
사무실, 은행, 상점, 이발소, 미장원	30
주택, 아파트	40

60. 다음 그림 기호는?

① 리셉터클
② 비상용 콘센트
③ 점검구
④ 방수형 콘센트

2019년 제3회 실전문제

제1과목 : 전기 이론

1. 다음은 전기력선의 성질이다. 틀린 것은?

① 전기력선은 서로 교차하지 않는다.
② 전기력선은 도체의 표면에 수직이다.
③ 전기력선의 밀도는 전기장의 크기를 나타낸다.
④ 같은 전기력선은 서로 끌어당긴다.

[해설] 전기력선의 성질 중에서 같은 전기력선은 서로 반발한다.

2. $C = 5\mu F$인 평행판 콘덴서에 5V인 전압을 걸어줄 때 콘덴서에 축적되는 에너지는 몇 J인가?

① 6.25×10^{-5} ② 6.25×10^{-3}
③ 1.25×10^{-5} ④ 1.25×10^{-3}

[해설] $W = \frac{1}{2}CV^2$
$= \frac{1}{2} \times 5 \times 10^{-6} \times 5^2 = 6.25 \times 10^{-5}[J]$

3. 온도 변화에 의한 용량 변화가 작고 절연 저항이 높은 우수한 특성을 갖고 있어 표준 콘덴서로도 이용하는 콘덴서는?

① 전해 콘덴서
② 마이카 콘덴서
③ 세라믹 콘덴서
④ 마일러 콘덴서

[해설] 마이카 콘덴서(mica condenser)
1. 운모(mica)와 금속 박막으로 되어 있거나 운모 위에 은을 발라서 전극으로 만든다.
2. 온도 변화에 의한 용량 변화가 작고 절연 저항이 높은 우수한 특성을 가지므로, 표준 콘덴서로도 이용된다.

4. 자력선은 다음과 같은 성질을 가지고 있다. 잘못된 것은?

① N극에서 나와서 S극에서 끝난다.
② 자력선에 그은 접선은 그 접점에서의 자장 방향을 나타낸다.
③ 자력선은 상호간에 서로 교차한다.
④ 한 점의 자력선 밀도는 그 점의 자장 세기를 나타낸다.

[해설] 자력선의 성질 : 자력선은 서로 교차하지 않는다.

5. 다음 ( ) 안에 들어갈 알맞은 말은?

> 코일의 자체 인덕턴스는 권수에 (㉮)하고 전류에 (㉯)한다.

① ㉮ 비례   ㉯ 반비례
② ㉮ 반비례   ㉯ 비례
③ ㉮ 비례   ㉯ 비례
④ ㉮ 반비례   ㉯ 반비례

[해설] 자체 인덕턴스(self-inductance) : 코일의 자체 인덕턴스는 권수 N에 (비례)하고 전류에 (반비례)한다.
$$L = \frac{N\phi}{I}[H]$$

6. 두 개의 자체 인덕턴스를 직렬로 접속하여 합성 인덕턴스를 측정하였더니 95 mH이었다. 한 쪽 인덕턴스를 반대로 접속하여 측정하였더니 합성 인덕턴스가 15 mH로 되었다. 두 코일의 상호 인덕턴스는?

① 20 mH   ② 40 mH

③ 80 mH   ④ 160 mH

해설 합성 인덕턴스의 차이

$$4M = 95 - 15 = 80 \text{ mH}$$

$$\therefore M = \frac{80}{4} = 20 \text{ mH}$$

※ ㉠ 가동 접속 : $L_1 + L_2 + 2M$
　㉡ 차동 접속 : $L_1 + L_2 - 2M$
　$\therefore$ ㉠ $-$ ㉡ $\rightarrow 4M$

7. $L = 0.05$H의 코일에 흐르는 전류가 0.05 s 동안에 2 A가 변했다. 코일에 유도되는 기전력(V)은?

① 0.5   ② 2   ③ 10   ④ 25

해설 $v = L\dfrac{\Delta I}{\Delta t} = 0.05 \times \dfrac{2}{0.05} = 2 \text{ V}$

8. 어떤 도체에 5초간 4C의 전하가 이동했다면 이 도체에 흐르는 전류는?

① 0.12×10^3 mA   ② 0.8×10^3 mA

③ 1.25×10^3 mA   ④ 8×10^3 mA

해설 $I = \dfrac{Q}{t} = \dfrac{4}{5} = 0.8 \text{A} \rightarrow 0.8 \times 10^3 \text{ mA}$

9. 권선저항과 온도와의 관계는?

① 온도와는 무관하다.

② 온도가 상승함에 따라 권선저항은 감소한다.

③ 온도가 상승함에 따라 권선저항은 상승한다.

④ 온도가 상승함에 따라 권선의 저항은 증가와 감소를 반복한다.

해설 (+) 저항온도 계수 : 권선저항은 온도가 상승하므로 저항이 비례하여 상승하게 된다.

10. 1Ω, 2Ω, 3 Ω의 저항 3개를 이용하여 합성 저항을 2.2 Ω으로 만들고자 할 때 접속 방법을 옳게 설명한 것은?

① 저항 3개를 직렬로 접속한다.

② 저항 3개를 병렬로 접속한다.

③ 2Ω과 3Ω의 저항을 병렬로 연결한 다음 1Ω의 저항을 직렬로 접속한다.

④ 1Ω과 2Ω의 저항을 병렬로 연결한 다음 3Ω의 저항을 직렬로 접속한다.

해설 ㉠ $R_{ab} = R_1 + R_2 + R_3 = 1 + 2 + 3 = 6\,\Omega$

㉡ $R_{ab} = \dfrac{R_1 R_2 R_3}{R_1 R_2 + R_2 R_3 + R_3 R_1}$

$\quad = \dfrac{1 \times 2 \times 3}{1 \times 2 + 2 \times 3 + 3 \times 1} \fallingdotseq 0.545\,\Omega$

㉢ $R_{ab} = \dfrac{R_2 R_3}{R_2 + R_3} + R_1 = \dfrac{2 \times 3}{2 + 3} + 1 = 2.2\,\Omega$

㉣ $R_{ab} = \dfrac{R_1 R_2}{R_1 + R_2} + R_3 = \dfrac{1 \times 2}{1 + 2} + 3 \fallingdotseq 3.67\,\Omega$

11. 10 mA의 전류계가 있다. 이 전류계를 써서 최대 100 mA의 전류를 측정하려고 한다. 분류기 값은? (단, 전류계의 내부 저항은 2 Ω이다.)

① 0.22 Ω   ② 2.2 Ω

③ 0.44 Ω   ④ 4.4 Ω

해설 분류기 : $R_s = \dfrac{R_a}{m - 1}$

$\quad = \dfrac{2}{10 - 1} = \dfrac{2}{9} = 0.22\,\Omega$

12. 어떤 사인파 교류가 0.05 s 동안에 3 Hz였다. 이 교류의 주파수 [Hz]는 얼마인가?

① 3   ② 6   ③ 30   ④ 60

해설 $f = \dfrac{1}{T} = \dfrac{1}{\dfrac{0.05}{3}} = 60 \text{ Hz}$

13. 저항과 코일이 직렬 연결된 회로에서 직류 220V를 인가하면 20A의 전류가 흐르고, 교류 220V를 인가하면 10A의 전류가 흐른다. 이 코일의 리액턴스 Ω은?

① 약 19.05Ω   ② 약 16.06Ω

③ 약 13.06Ω   ④ 약 11.04Ω

해설 1. 직류 220V 인가 시
$$R = \frac{E}{I} = \frac{220}{20} = 11\,\Omega$$
2. 교류 220V 인가 시
$$Z = \frac{V}{I} = \frac{220}{10} = 22\,\Omega$$
$$\therefore X_L = \sqrt{Z^2 - R^2}$$
$$= \sqrt{22^2 - 11^2} = \sqrt{484 - 121}$$
$$= \sqrt{363} \fallingdotseq 19.05\,\Omega$$

14. RLC 직렬 회로에서 전압과 전류가 동상이 되기 위한 조건은?

① $L = C$ ② $\omega LC = 1$
③ $\omega^2 LC = 1$ ④ $(\omega LC)^2 = 1$

해설 동상의 조건(공진 조건) : $X_L = X_C$에서,
$$\omega L = \frac{1}{\omega C} \qquad \therefore \omega^2 LC = 1$$

15. $\dot{Z} = 2 + j11\,[\Omega]$, $\dot{Z} = 4 - j3\,[\Omega]$의 직렬 회로에서 교류전압 100 V를 가할 때 합성 임피던스는 얼마인가?

① 6 Ω   ② 8 Ω   ③ 10 Ω   ④ 14 Ω

해설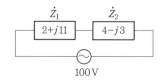
$$\dot{Z} = \dot{Z}_1 + \dot{Z}_2 = 2 + j11 + 4 - j3 = 6 + j8$$
$$\therefore |Z| = \sqrt{6^2 + 8^2} = 10\,\Omega$$

16. 단상 전압 220V에 소형 전동기를 접속하였더니 2.5A의 전류가 흘렀다. 이때의 역률이 75%이었다면 이 전동기의 소비전력(W)은?

① 187.5 W   ② 412.5 W
③ 545.5 W   ④ 714.5 W

해설 $P = VI\cos\theta = 220 \times 2.5 \times 0.75 = 412.5\,W$

17. $e = 10\sin\omega t + 20\sin(3\omega t + 60)$인 교류

전압의 실횻값 (V)은 얼마인가?

① 약 21.2   ② 약 15.8
③ 약 22.4   ④ 약 11.2

해설 ① 실횻값 $V_1 = \frac{10}{\sqrt{2}} = 7$
② 실횻값 $V_3 = \frac{20}{\sqrt{2}} = 14$
$$\therefore V = \sqrt{V_1^2 + V_3^2} = \sqrt{7^2 + 14^2}$$
$$= \sqrt{254} \fallingdotseq 15.8\,V$$

18. 전기 분해에서 패러데이의 법칙은 어느 것이 적합한가? (단, $Q\,[C]$: 통과한 전기량, K : 물질의 전기화학당량, $W[g]$: 석출된 물질의 양, t : 통과시간, I : 전류, $E\,[V]$: 전압을 각각 나타낸다.)

① $W = K\dfrac{Q}{E}$ ② $W = \dfrac{Q}{R}$
③ $W = KQ = KIt$ ④ $W = KEt$

해설 패러데이의 법칙(Faraday's law) : 화학 당량 e의 물질에 $Q[C]$의 전기량을 흐르게 했을 때 석출되는 물질의 양은 다음과 같다.
$$W = kQ = KIt\,[g]$$
여기서, K : 전기화학당량

19. 기전력 1.5V, 내부저항 0.2Ω 인 전지 10개를 직렬로 연결하여 이것에 외부저항 4.5Ω 을 직렬 연결하였을 때 흐르는 전류 $I[A]$는?

① 1.2   ② 1.8   ③ 2.3   ④ 4.2

해설 $I = \dfrac{nE}{nr + R}$
$$= \frac{10 \times 1.5}{(10 \times 0.2) + 4.5} = \frac{15}{6.5} \fallingdotseq 2.3\,A$$

20. 리액턴스가 10 Ω 인 코일에 직류 전압 100 V를 가하였더니 전력 500 W를 소비하였다. 이 코일의 저항은?

① 10 Ω   ② 5 Ω   ③ 20 Ω   ④ 2 Ω

해설 코일에 직류를 가할 때의 소비 전력

$$P = \frac{V^2}{R} \ [\text{W}]$$

$$\therefore R = \frac{V^2}{P} = \frac{100^2}{500} = 20 \ \Omega$$

제2과목 : 전기 기기

21. 다음 중 직류 발전기의 계자에 대하여 옳게 설명한 것은?

① 자기력선속을 발생한다.
② 자속을 끊어 기자력을 발생한다.
③ 기전력을 외부로 인출한다.
④ 유도된 교류 기전력을 직류로 바꾸어 준다.

해설 직류 발전기의 3요소
1. 자속을 만드는 계자(field), 즉 자기력선속을 발생
2. 기전력을 발생(유도)하는 전기자(armature)
3. 교류를 직류로 변환하는 정류자(commutator)

22. 속도를 광범위하게 조절할 수 있어 압연기나 엘리베이터 등에 사용되고 일그너 방식 또는 워드 레오나드 방식의 속도 제어 장치를 사용하는 경우에 주 전동기로 사용하는 전동기는?

① 타여자 전동기
② 분권 전동기
③ 직권 전동기
④ 가동 복권 전동기

해설 직류 전동기의 용도

종류	용 도
타여자	압연기, 권상기, 크레인, 엘리베이터
분권	직류전원 선박의 펌프, 환기용 송풍기, 공작 기계
직권	전차, 권상기, 크레인
가동 복권	크레인, 엘리베이터, 공작 기계, 공기 압축기

23. 출력 15kW, 1500rpm으로 회전하는 전동기의 토크는 약 몇 kg·m인가?

① 6.54 ② 9.75 ③ 47.78 ④ 95.55

해설 $T = 975\dfrac{P}{N} = 975 \times \dfrac{15}{1500} ≒ 9.75 \ \text{kg}\cdot\text{m}$

24. 직류기에서 전압 변동률이 (+) 값으로 표시되는 발전기는?

① 과복권 발전기
② 직권 발전기
③ 평복권 발전기
④ 분권 발전기

해설 전압 변동률
① (+) 값 : 타여자, 분권 및 차동 복권 발전기
② (−) 값 : 직권, 평복권, 과복권 발전기

25. 4극인 동기전동기가 1800rpm으로 회전할 때 전원 주파수는 몇 Hz인가?

① 50Hz
② 60Hz
③ 70Hz
④ 80Hz

해설 $f = \dfrac{N_s}{120} \cdot p = \dfrac{1800}{120} \times 4 = 60 \ \text{Hz}$

26. 동기기의 전기자 권선법이 아닌 것은?

① 2층권/단절권
② 단층권/분포권
③ 2층권/분포권
④ 단층권/전절권

해설 동기기의 전기자 권선법 중 2층 분포권, 단절권 및 중권이 주로 쓰이고 결선은 Y 결선으로 한다.
㉠ 집중권과 분포권 중에서 분포권을,
㉡ 전절권과 단절권 중에서 단절권을,
㉢ 단층권과 2층권 중에서 2층권을,
㉣ 중권, 파권, 쇄권 중에서 중권을 주로 사용한다.
※ 전절권은 단절권에 비하여 단점이 많아 사용하지 않는다.

27. 동기조상기가 전력용 콘덴서보다 우수한 점은 어느 것인가?

① 손실이 적다.
② 보수가 쉽다.

---

③ 지상 역률을 얻는다.
④ 가격이 싸다.

해설 ① 동기 조상기는 위상 특성 곡선을 이용하여 역률을 임의로 조정하고, 앞선 무효전력은 물론 뒤진 무효 전력도 변화시킬 수 있다.
② 전력용 콘덴서는 진상 역률만을 얻지만 동기 조상기는 지상 역률도 얻을 수 있다.

28. 변압기의 1차 및 2차의 전압, 권선수, 전류를 각각 V_1, N_1, I_1 및 V_2, N_2, I_2 라 할 때 다음 중 어느 식이 성립되는가?

① $\dfrac{V_1}{V_2} = \dfrac{N_1}{N_2} = \dfrac{I_2}{I_1}$ ② $\dfrac{V_1}{V_2} \fallingdotseq \dfrac{N_2}{N_1} \fallingdotseq \dfrac{I_2}{I_1}$

③ $\dfrac{V_1}{V_2} \fallingdotseq \dfrac{N_2}{N_1} \fallingdotseq \dfrac{I_1}{I_2}$ ④ $\dfrac{V_1}{V_2} \fallingdotseq \dfrac{N_1}{N_2} \fallingdotseq \dfrac{I_1}{I_2}$

해설 권수비(turn ratio) $a = \dfrac{V_1}{V_2} = \dfrac{N_1}{N_2} = \dfrac{I_2}{I_1}$

29. 변압기의 권선법 중 형권은 주로 어디에 사용되는가?

① 소형 변압기 ② 중형 변압기
③ 특수 변압기 ④ 가정용 변압기

해설 형권은 목제 권형이나 절연통에 코일을 감는 것을 조립하는 것으로 중형 변압기에 사용된다.

30. 변압기에 철심의 두께를 2배로 하면 와류손은 약 몇 배가 되는가?

① 2배로 증가한다.
② 1/2배로 증가한다.
③ 1/4배로 증가한다.
④ 4배로 증가한다.

해설 와류손(맴돌이 전류손) : $P_e = kt^2$ [W/kg]
∴ 4배로 증가한다.
※ $P_e = \sigma_e(tfk_fB_m)^2$ [W/kg]

31. 퍼센트 저항 강하 1.8 % 및 퍼센트 리액턴스

강하 2 %인 변압기가 있다. 부하의 역률이 1일 때의 전압 변동률은?

① 1.8 % ② 2.0 % ③ 2.7 % ④ 3.8 %

해설 $\varepsilon = p\cos\theta + q\sin\theta = 1.8 \times 1 + 2 \times 0 = 1.8\%$
여기서, $\cos\theta = 1$일 때 $\sin\theta = 0$

32. 계기용 변류기(CT)는 어떤 역할을 하는가?

① 대전류를 소전류로 변성하여 계전기나 측정계기에 전류를 공급한다.
② 고전압을 소전압으로 변성하여 계전기나 측정계기에 전압을 공급한다.
③ 지락사고가 발생하면 영상전류가 흘러 이를 검출하여, 지락 계전기에 영상전류를 공급한다.
④ 선로에 고장이 발생하였을 때, 고장 전류를 검출하여 지정된 시간 내에 고속 차단한다.

해설 계기용 변류기 (CT)
1. 대전류를 소전류로 변성
2. 배전반의 전류계·전력계, 계전기, 차단기의 트립 코일의 전원으로 사용

33. 6극 60Hz 3상 유도 전동기의 동기속도는 몇 rpm인가?

① 200 ② 750 ③ 1200 ④ 1800

해설 $N_s = \dfrac{120f}{p} = \dfrac{120 \times 60}{6} = 1200$rpm

34. 다음 설명에서 빈칸 ㉮~㉰에 알맞은 말은?

> 권선형 유도전동기에서 2차 저항을 증가시키면 기동 전류는 (㉮)하고 기동 토크는 (㉯)하며, 2차 회로의 역률이 (㉰)되고 최대 토크는 일정하다.

① ㉮ 감소, ㉯ 증가, ㉰ 좋아지게
② ㉮ 감소, ㉯ 감소, ㉰ 좋아지게
③ ㉮ 감소, ㉯ 증가, ㉰ 나빠지게

④ ㉮ 증가, ㉯ 감소, ㉰ 나빠지게

해설 권선형 유도전동기에서 2차 저항을 증가시키면 기동 전류는 (㉮ 감소)하고 기동 토크는 (㉯ 증가)하며, 2차 회로의 역률이 (㉰ 좋아지게)되고 최대 토크는 일정하다.

※ 권선형 유도전동기의 비례 추이 (proportional shift)

1. 토크 속도 곡선이 2차 합성 저항의 변화에 비례하여 이동하는 것을 토크 속도 곡선이 비례 추이한다고 한다

2. 2차 회로의 합성 저항 $(r_2' + R)$을 가변 저항기로 조정할 수 있는 권선형 유도 전동기는 비례 추이의 성질을 이용하여 기동 토크를 크게 한다든지 속도 제어를 할 수도 있다.

3. 최대 토크 T_m는 항상 일정하다.

35. 3상 유도전동기의 1차 입력 60 kW, 1차 손실 1 kW, 슬립 3 %일 때 기계적 출력 kW는?

① 62   ② 60   ③ 59   ④ 57

해설 ① 2차 입력 : P_2 = 1차 압력 − 1차 손실
$$= 60 - 1 = 59 \text{ kW}$$
② 기계적 출력 : $P_0 = (1-s)P_2$
$$= (1-0.03) \times 59 ≒ 57 \text{ kW}$$

36. 출력 3kW, 1500rpm 유도 전동기의 N·m는 약 얼마인가?

① 1.91 N·m   ② 19.1 N·m
③ 29.1 N·m   ④ 114.6 N·m

해설 $T = 975 \dfrac{P}{N} = 975 \times \dfrac{3}{1500} = 1.95 \text{ kg·m}$
$$\therefore \ T' = 9.8 \times T = 9.8 \times 1.95 ≒ 19.1 \text{ N·m}$$

37. 가정용 선풍기나 세탁기 등에 많이 사용되는 단상 유도 전동기는?

① 분상 기동형
② 콘덴서 기동형
③ 영구 콘덴서 전동기
④ 반발 기동형

해설 영구 콘덴서(condenser) 기동형 : 기동 전류와 전부하 전류가 적고 운전 특성이 좋으며,

기동 토크가 적은 용도에 적합하여, 가전제품에 주로 사용된다.

38. 다음 중 턴오프(소호)가 가능한 소자는?

① GTO   ② TRIAC
③ SCR   ④ LASCR

해설 GTO (gate turn−off thyristor) : 게이트 신호가 양(+)이면, 턴 온(on), 음(−)이면 턴 오프(off) 된다. 즉, 턴 오프 (소호)하는 사이리스터이다.

39. 상전압 300 V의 3상 반파 정류 회로의 직류 전압은 약 몇 V인가?

① 520 V   ② 350 V   ③ 260 V   ④ 50 V

해설 $E_{d0} = 1.17 \times$ 상전압 $= 1.17 \times 300 ≒ 350 \text{ V}$

40. ON, OFF를 고속도로 변환할 수 있는 스위치이고 직류 변압기 등에 사용되는 회로는 무엇인가?

① 초퍼 회로   ② 인버터 회로
③ 컨버터 회로   ④ 정류기 회로

해설 초퍼 회로(chopper circuit) : 반도체 스위칭 소자에 의해 주 전류의 ON − OFF 동작을 고속·고빈도로 반복 수행하는 회로로 직류 변압기 등에 사용된다.

※ 초퍼의 이용 : 전동차, 트롤리 카(trolley car), 선박용 호이스퍼, 지게차, 광산용 견인 전차의 전동 제어 등에 사용한다.

제3과목 : 전기 설비

41. 다음 중 450/700 일반용 단심 비닐절연전선의 알맞은 약호는?

① NR   ② CV   ③ MI   ④ OC

해설 ① NR : 450/750 V 일반용 단심 비닐 절연 전선
② CV : 0.6/1 kV 가교 폴리에틸렌 절연 비닐 시스 케이블

---

③ MI : 미네랄 인슐레이션 케이블
④ OC : 옥외용 가교 폴리에틸렌 절연 전선

42. 동전선의 접속방법에서 종단접속 방법이 아닌 것은?

① 비틀어 꽂는 형의 전선접속기에 의한 접속
② 종단 겹침용 슬리브(E형)에 의한 접속
③ 직선 맞대기용 슬리브(B)형에 의한 압착 접속
④ 직선 겹침용 슬리브(P형)에 의한 접속

해설 직선 맞대기용 슬리브(B형)에 의한 압착 접속 : 단선 및 연선의 직선 접속에 적용한다.

43. 전선관 가공 작업 시 작업 내용에 따른 사용 공구가 아닌 것은?

① PVC 전선관의 굽힘 작업은 토치 램프를 사용한다.
② 전선관을 절단 후에는 단구에 리머 작업을 실시한다.
③ 금속관 굽힘 작업은 파이프 벤더를 사용한다.
④ 금속관 나사 내는 공구는 녹아웃 펀치를 사용한다.

해설 녹아웃 펀치(knock out punch) : 배전반, 분전반 등의 배관을 변경하거나 이미 설치되어 있는 캐비닛에 구멍을 뚫을 때 필요한 공구이다.

44. 금속 전선관을 직각 구부리기를 할 때 굽힘 반지름 mm은? (단, 내경은 18mm, 외경은 22mm이다.)

① 113　　② 115　　③ 119　　④ 121

해설 굽힘 반지름

$$r = 6d + \frac{D}{2} = 6 \times 18 + \frac{22}{2} = 119\,\text{mm}$$

※ 금속관을 구부릴 때 금속관의 단면이 심하게 변형되지 않도록 구부려야 하며, 그 안측의 반지름은 관 안지름의 6 배 이상이 되어야 한다. (내선규정 2225-8 참조)

45. 금속 덕트는 폭이 5cm를 초과하고 두께는 몇 mm 이상의 철판 또는 동등 이상의 세기를 가지는 금속제로 제작된 것이어야 하는가?

① 0.8　　② 1.0　　③ 1.2　　④ 1.4

해설 금속 덕트는 폭이 5 cm를 초과하고, 두께가 1.2 mm 이상의 철판으로 견고하게 제작된 것이어야 한다.

46. 캡타이어 케이블을 조영재에 따라 시설하는 경우 케이블 상호, 케이블과 박스, 기구와의 접속 개소와 지지점 간의 거리는 접속 개소에서 0.15m 이하로 하는 것이 바람직하지만 조영재에 따라 시설하는 경우에는 그 지지점 간의 거리가 몇 m 이내이어야 하는가?

① 1　　② 1.5　　③ 2　　④ 3

해설 캡타이어 케이블을 조영재에 따라 시설하는 경우는 그 지지점 간의 거리는 1 m 이하로 하고, 조영재에 따라 캡타이어 케이블이 손상될 우려가 없는 새들, 스테이플 등으로 고정하여야 한다.

47. 경질 비닐 전선관의 설명으로 틀린 것은?

① 1본의 길이는 3.6m가 표준이다.
② 굵기는 관 안지름의 크기에 가까운 짝수의 mm로 나타낸다.
③ 금속관에 비해 절연성이 우수하다.
④ 금속관에 비해 내식성이 우수하다.

해설 합성수지관의 호칭과 규격 : 1본의 길이는 4 m가 표준이고, 굵기는 관 안지름의 크기에 가까운 짝수의 mm로 나타낸다.

48. 케이블 트레이(cable tray) 내에서 전선을 접속하는 경우이다. 잘못된 것은?

① 전선 접속 부분에 사람이 접근할 수 있다.
② 전선 접속 부분이 옆면 레일 위로 나오지 않도록 한다.
③ 전선 접속 부분을 절연처리 한다.
④ 전선 접속 부분에 경고표시를 한다.

정답 42. ③　43. ④　44. ③　45. ③　46. ①　47. ①　48. ④

해설 케이블 트레이 내에서 전선을 접속하는 경우는 전선 접속 부분에 사람이 접근할 수 있고 또한 그 부분이 옆면 레일 위로 나오지 않도록 하고 그 부분을 절연처리 하여야 한다. (KEC 232.41)

49. 사람이 접촉될 우려가 있는 곳에 시설하는 경우 접지극은 지하 몇 cm 이상의 깊이에 매설하여야 하는가?

① 30   ② 45
③ 50   ④ 75

해설 접지극은 지하 75 cm 이상으로 하되 동결 깊이를 감안하여 매설해야 한다.

50. 피뢰기의 제한 전압이란?

① 피뢰기의 평균 전압
② 피뢰기의 파형 전압
③ 피뢰기 동작 중 단자 전압의 파고치
④ 뇌 전압의 값

해설 제한 전압 : 충격파 전류가 흐르고 있을 때의 피뢰기의 단자 전압을 말한다.

51. 설치면적과 설치비용이 많이 들지만 가장 이상적이고 효과적인 진상용 콘덴서 설치 방법은?

① 수전단 모선에 설치
② 수전단 모선과 부하 측에 분산하여 설치
③ 부하 측에 분산하여 설치
④ 가장 큰 부하 측에만 설치

해설 진상용 콘덴서 (SC) 설치 방법 : 설치 방법 중에서 각 부하 측에 분산 설치하는 방법이 가장 효과적으로 역률이 개선되나 설치면적과 설치비용이 많이 든다.

52. 다음 개폐기 중에서 옥내 배선의 분기 회로 보호용에 사용되는 배선용 차단기의 약호는 어느 것인가?

① OCB   ② ACB

③ NFB   ④ DS

해설 배선용 차단기 (circuit breaker) : 전류가 비정상적으로 흐를 때 자동적으로 회로를 끊어서 전선 및 기계·기구를 보호하는 것으로, 노 퓨즈 브레이커 (NFB : No-Fuse Breaker)라 한다.

53. 성냥을 제조하는 공장의 공사 방법으로 적당하지 않은 것은?

① 금속관 공사   ② 케이블 공사
③ 합성수지관 공사   ④ 금속 몰드 공사

해설 셀룰로이드, 성냥, 석유류 및 기타 타기 쉬운 위험한 물질이 존재하여 화재가 발생할 경우 위험이 큰 장소에는 금속관 배선, 합성수지관 배선 또는 케이블 배선 등에 의할 것

54. 한 수용 장소의 인입선에서 분기하여 지지물을 거치지 아니하고 다른 수용 장소의 인입구에 이르는 부분의 전선을 무엇이라 하는가?

① 가공전선   ② 가공지선
③ 가공 인입선   ④ 연접 인입선

해설 연접 인입선 : 연접 인입선은 수용 장소의 인입선에서 분기하여 지지물을 거치지 않고 다른 수용 장소의 인입구에 이르는 부분의 전선로이다.

55. 다음 (   ) 안에 알맞은 내용은?

> 고압 및 특고압용 기계기구의 시설에 있어 고압은 지표상 (㉮) 이상 (시가지에 시설하는 경우), 특고압은 지표상 (㉯) 이상의 높이에 설치하고 사람이 접촉될 우려가 없도록 시설하여야 한다.

① ㉮ 3.5 m, ㉯ 4 m
② ㉮ 4.5 m, ㉯ 5 m
③ ㉮ 5.5 m, ㉯ 6 m
④ ㉮ 5.5 m, ㉯ 7 m

해설 고압 및 특고압용 기계기구 시설
1. 시가지에 시설하는 고압 : 4.5 m 이상 (시가지 이외는 4 m)
2. 특고압은 5 m 이상

56. 배선설계를 위한 전등 및 소형 전기기계기구의 부하용량 산정 시 건축물의 종류에 대응한 표준 부하에서 원칙적으로 표준 부하를 20 VA/m^2 으로 적용하여야 하는 건축물은?

① 교회, 극장
② 호텔, 병원
③ 은행, 상점
④ 아파트, 미용원

해설 건물의 표준 부하

건물의 종류	표준 부하(VA/m^2)
공장, 공회당, 사원, 교회, 극장, 연회장 등	10
기숙사, 여관, 호텔, 병원, 학교, 음식점, 다방, 대중 목욕탕 등	20
사무실, 은행, 상점, 이발소, 미장원	30
주택, 아파트	40

57. 조명기구의 배광에 의한 분류 중 40~60 % 정도의 빛이 위쪽과 아래쪽으로 고루 향하고 가장 일반적인 용도를 가지고 있으며, 상하 좌우로 빛이 모두 나오므로 부드러운 조명이 되는 방식은?

① 직접 조명방식
② 반직접 조명방식
③ 전반확산 조명방식
④ 반간접 조명방식

해설 전반확산 조명방식
1. 상향 광속 : 40~60 %
2. 하향 광속 : 60~40 %
3. 가장 일반적으로 부드러운 조명이 되는 방식으로 사무실, 상점, 주택 등에 사용된다.

58. 4개소에서 1개의 전등을 자유롭게 점등, 점멸할 수 있도록 하기 위해 배선하고자 할 때 필요한 스위치의 수는? (단, SW_3은 3로 스위치, SW_4는 4로 스위치이다.)

① SW_3 4개
② SW_3 1개, SW_4 3개
③ SW_3 2개, SW_4 2개
④ SW_4 4개

해설 $N = 2SW_3 + (N-2)SW_4$
$4 = 2SW_3 + (4-2)SW_4$
$4 = 2SW_3 + 2SW_4$
∴ 4개소일 때는 SW_3 2개와 SW_4 2개가 필요하게 된다.

59. 엘리베이터 장치를 시설할 때 승강기 내부에서 사용하는 전등 및 전기 기계기구에 사용할 수 있는 최대 전압은?

① 110 V 이하
② 220 V 이하
③ 400 V 이하
④ 440 V 이하

해설 엘리베이터 등의 승강로 안의 저압 옥내 배선 등의 시설 (KEC 242.11) : 최대 사용 전압은 400 V 이하일 것

60. 물탱크의 물의 양에 따라 동작하는 자동 스위치는?

① 부동 스위치
② 압력 스위치
③ 타임 스위치
④ 3로 스위치

해설 부동 스위치는 보통 플로트 스위치라고도 하며 물탱크 또는 집수정의 물의 양에 따라 수위가 올라가거나 내려가면 자동으로 동작하는 스위치이다.
※ 자동제어 스위치의 종류에는 부동 스위치, 압력 스위치, 수은 스위치, 타임 스위치 등이 있다.

전기
기능사

2019년 제4회 실전문제

제1과목 : 전기 이론

1. 두 전하 사이에 작용하는 힘의 크기를 결정하는 법칙은?

① 비오-사바르의 법칙
② 쿨롱의 법칙
③ 패러데이의 법칙
④ 암페어의 오른손 법칙

해설 쿨롱의 법칙(Coulomb's law) : 두 전하 사이에 작용하는 정전력(전기력)은 두 전하의 곱에 비례하고, 두 전하 사이의 거리의 제곱에 반비례한다.

2. 다음 그림과 같은 콘덴서를 접속한 회로의 합성 정전 용량은?

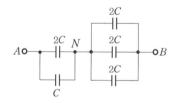

① $6C$
② $9C$
③ $1C$
④ $2C$

해설 ㉠ $C_{AN} = 2C + C = 3C$
㉡ $C_{NB} = 3 \times 2C = 6C$
∴ $C_{AB} = \dfrac{3C \times 6C}{3C + 6C} = \dfrac{18C^2}{9C} = 2C$

3. 극판의 면적이 4cm², 정전 용량이 10pF인 종이 콘덴서를 만들려고 한다. 비유전율 2.5, 두께 0.01mm의 종이를 사용하면 약 몇 장을 겹쳐야 되겠는가?

① 89장
② 100장
③ 885장
④ 8850장

해설 평행판 콘덴서에 있어서 전극의 면적을 $A\,[\mathrm{m}^2]$, 극판 사이의 거리를 $l\,[\mathrm{m}]$, 극판 사이에 채워진 절연체의 유전율을 ε 이라고 하면, 콘덴서의 용량 $C\,[\mathrm{F}]$는

$C = \varepsilon_0 \varepsilon_s \dfrac{A}{l}\,[\mathrm{F}]$에서,

$l = \varepsilon_0 \varepsilon_s \dfrac{A}{C}$

$= 8.85 \times 10^{-12} \times 2.5 \times \dfrac{4 \times 10^{-2}}{10 \times 10^{-12}} \times 10^{-2}$

$= 8.85 \times 10^{-4}\,[\mathrm{m}]$

∴ 장수 $N = \dfrac{8.85 \times 10^{-4}}{0.01 \times 10^{-3}} \fallingdotseq 89$장

4. 다음 그림과 같이 $I[\mathrm{A}]$의 전류가 흐르고 있는 도체의 미소부분 Δl의 전류에 의해 이 부분이 r [m] 떨어진 점 P의 자기장 ΔH는?

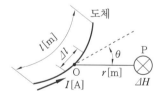

① $\Delta H = \dfrac{I^2 \Delta l \sin\theta}{4\pi r^2}$

② $\Delta H = \dfrac{I \Delta l^2 \sin\theta}{4\pi r}$

③ $\Delta H = \dfrac{I^2 \Delta l \sin\theta}{4\pi r}$

④ $\Delta H = \dfrac{I \Delta l \sin\theta}{4\pi r^2}$

정답 ▷　1. ②　2. ④　3. ①　4. ④

해설 비오 – 사바르의 법칙 (Biot – Savart's law)
: I [A]의 전류가 흐르고 있는 도체의 미소 부분 Δl 의 전류에 의해 이 부분에서 r [m] 떨어진 P점의 자기장 세기는 $\Delta H = \dfrac{I\Delta l}{4\pi r^2}\sin\theta [\text{AT/m}]$

5. 다음 중 Wb 단위가 의미하는 것으로 알맞은 것은?

① 전기량   ② 유전율
③ 투자율   ④ 자기력선

해설 자기력선 속=자속 (magnetic flux) : $+m$ [Wb]의 자극에서는 매질에 관계없이 항상 m 개의 자력선 묶음이 나온다고 가정하여 이것을 자속이라 하며, 단위는 [Wb], 기호는 ϕ 를 사용한다.

6. 코일의 자기 인덕턴스는 어느 것에 따라 변하는가?

① 투자율   ② 유전율
③ 도전율   ④ 저항률

해설 ① $L = \dfrac{N}{I} \cdot \phi = \dfrac{N}{I} \cdot BA = \dfrac{N}{I}\mu HA$
$= \dfrac{NHA}{I} \cdot \mu$ [H]
② 자기 인덕턴스 L 은 투자율 μ 에 비례한다.

7. 1000 AT/m의 자계 중에 어떤 자극을 놓았을 때 3×10^2 [N]의 힘을 받는다고 한다. 자극의 세기 (Wb)는?

① 0.1   ② 0.2   ③ 0.3   ④ 0.4

해설 $m = \dfrac{F}{H} = \dfrac{3 \times 10^2}{1000} \fallingdotseq 0.3\,\text{Wb}$

8. 어떤 도체에 1 A의 전류가 1분간 흐를 때 도체를 통과하는 전기량은?

① 1 C   ② 60 C   ③ 1000 C ④ 3600 C
해설 $Q = I \cdot t = 1 \times 60 = 60\,\text{C}$

9. 다음 회로에서 10 Ω에 걸리는 전압은 몇 V인가?

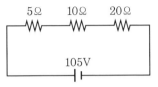

① 2   ② 10   ③ 20   ④ 30
해설 저항 직렬 회로의 전압 분배
$I = \dfrac{V}{R_1 + R_2 + R_3} = \dfrac{105}{5 + 10 + 20} = 3\,\text{A}$
$\therefore\ V_3 = I \times R_2 = 3 \times 10 = 30\,\text{V}$

10. 서로 같은 저항 n 개를 직렬로 연결한 회로의 한 저항에 나타나는 전압은?

① $n\,V$ ② $\dfrac{V}{n}$ ③ $\dfrac{1}{n\,V}$ ④ $n + V$

해설 전압 분배 : 서로 같은 저항이므로 동일한 전압, 즉 $\dfrac{V}{n}$ [V] 가 나타난다.

11. 다음 그림의 브리지 회로에서 평형이 되었을 때의 C_x 는?

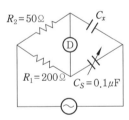

① $0.1\,\mu\text{F}$ ② $0.2\,\mu\text{F}$
③ $0.3\,\mu\text{F}$ ④ $0.4\,\mu\text{F}$

해설 $C_x - \dfrac{R_1}{R_2} \cdot C_s = \dfrac{200}{50} \times 0.1 = 0.4\,\mu\text{F}$

12. 최댓값이 V_m [V]인 사인파 교류에서 평균값 V_e [V] 값은?

① $0.557\,V_m$ ② $0.637\,V_m$

③ $0.707 V_m$ ④ $0.866 V_m$

해설 $V_a = \dfrac{2}{\pi} V_m ≒ 0.637 V_m$

13. $e = 141\sin\left(120\pi t - \dfrac{\pi}{3}\right)$인 파형의 주파수는 몇 Hz인가?

① 10   ② 15   ③ 30   ④ 60

해설 $f = \dfrac{\omega}{2\pi} = \dfrac{120\pi}{2\pi} = 60 \text{ Hz}$

14. 콘덴서 용량이 커질수록 용량 리액턴스는 어떻게 되는가?

① 무한대로 접근한다.
② 커진다.
③ 작아진다.
④ 변하지 않는다.

해설 $X_C = \dfrac{1}{2\pi f C} = k \dfrac{1}{C} [\Omega]$

∴ 콘덴서 용량이 커질수록 반비례하여 리액턴스는 작아진다.

15. 그림과 같은 회로에 교류전압 $E = 100 \angle 0°$ [V]를 인가할 때 전 전류는 몇 A인가?

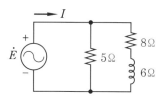

① $6 + j28$ ② $6 - j28$
③ $28 + j6$ ④ $28 - j6$

해설 $Z = \dfrac{5 \times (8 + j6)}{5 + (8 + j6)} = 3.41 + j\,0.73 [\Omega]$

$I = \dfrac{E}{Z} = \dfrac{100}{3.41 + j\,0.73} = 28 - j6 [\text{A}]$

16. 저항 3Ω, 유도 리액턴스 4Ω의 직렬회로에 교류 100V를 가할 때 흐르는 전류와 위상각은 얼마인가?

① 14.3A, 37°   ② 14.3A, 53°
③ 20A, 37°   ④ 20A, 53°

해설 ㉠ $Z = \sqrt{R^2 + X^2} = \sqrt{3^2 + 4^2} = 5\,\Omega$

∴ $I = \dfrac{V}{Z} = \dfrac{100}{5} = 20 \text{ A}$

㉡ $\theta = \tan^{-1} \dfrac{\omega L}{R} = \tan^{-1} \dfrac{4}{3} ≒ 53°$

17. 용량 P [kVA]인 동일 정격의 단상 변압기 4대로 낼 수 있는 3상 최대 출력 용량은?

① $3P$ ② $\sqrt{3}\,P$
③ $4P$ ④ $2\sqrt{3}\,P$

해설 4대로 V결선 : $P_v = 2 \times \sqrt{3}\,P [\text{kVA}]$

18. $1\,\text{W} \cdot \text{s}$와 같은 것은 어느 것인가?

① 1J   ② 1F
③ 1kcal   ④ 860kWh

해설 전기적 에너지 $W[\text{J}]$를 $t\,[\text{s}]$ 동안에 전기가 한 일 또는 $t\,[\text{s}]$ 동안의 전력량이라고도 하며, 단위는 [W·s], [Wh], [kWh]로 표시한다.
- $1\,\text{W} \cdot \text{s} = 1\,\text{J}$
- $1\,\text{Wh} = 3600\,\text{W} \cdot \text{s} = 3600\,\text{J}$
- $1\,\text{kWh} = 10^3\,\text{Wh} = 3.6 \times 10^6\,\text{J} = 860\,\text{kcal}$

19. 기전력 4V, 내부 저항 0.2Ω의 전지 10개를 직렬로 접속하고 두 극 사이에 부하저항을 접속하였더니 4A의 전류가 흘렀다. 이때 외부저항은 몇 Ω이 되겠는가?

① 6   ② 7   ③ 8   ④ 9

해설 $I = \dfrac{n E}{n r + R} = \dfrac{10 \times 4}{(10 \times 0.2) + R} = 4\,\text{A}$에서,

$4 = \dfrac{40}{2 + R}$ ∴ $R = 8\,\Omega$

※ $I = \dfrac{n E}{n r + R} [\text{A}]$에서,

$R = \dfrac{n E}{I} - n r = \dfrac{10 \times 4}{4} - 10 \times 0.2 = 8\,\Omega$

20. 다음 (㉮), (㉯)에 들어갈 내용으로 알맞은 것은 어느 것인가?

> 2차 전지의 대표적인 것으로 납축전지가 있다. 전해액으로 비중 약 (㉮) 정도의 (㉯)을 사용한다.

① ㉮ 1.15~1.21   ㉯ 묽은 황산
② ㉮ 1.25~1.36   ㉯ 질산
③ ㉮ 1.01~1.15   ㉯ 질산
④ ㉮ 1.23~1.26   ㉯ 묽은 황산

[해설] 납축전지의 전해액 :
묽은 황산 (비중 1.23~1.26)
※ 양극 : 이산화납(PbO_2), 음극 : 납 (Pb)

제2과목 : 전기 기기

21. 전압 변동률이 적고, 계자 저항기를 사용한 전압조정이 가능하여 전기화학용 전원, 전지의 충전용, 동기기의 여자용 등에 사용되는 발전기는?

① 타여자 발전기   ② 분권 발전기
③ 직권 발전기   ④ 가동 복권 발전기

[해설] 분권 발전기의 용도 : 계자 저항기를 사용하여 어느 범위의 전압 조정도 안정하게 할 수 있으므로 전기 화학 공업용 전원, 축전지의 충전용, 동기기의 여자용 및 일반 직류 전원용에 적당하다.

22. 직류기에서 보극을 두는 가장 주된 목적은?

① 기동 특성을 좋게 한다.
② 전기자 반작용을 크게 한다.
③ 정류 작용을 돕고 전기자 반작용을 약화시킨다.
④ 전기자 자속을 증가시킨다.

[해설] 보극 (inter pole) : 정류 작용을 돕고 전기자 반작용을 약화시킨다.

※ 보극과 보상 권선은 전기자 반작용을 약화시켜 주는 작용과 정류를 양호하게 하는 작용을 한다.

23. 직류 직권 전동기를 사용하려고 할 때 벨트 (belt)를 걸고 운전하면 안 되는 가장 타당한 이유는?

① 벨트가 기동할 때나 또는 갑자기 중 부하를 걸 때 미끄러지기 때문에
② 벨트가 벗겨지면 전동기가 갑자기 고속으로 회전하기 때문에
③ 벨트가 끊어졌을 때 전동기의 급정지 때문에
④ 부하에 대한 손실을 최대로 줄이기 위해서

[해설] 직류 직권 전동기 벨트 운전 금지
① 벨트(belt)가 벗겨지면 무부하 상태가 되어 $I = I_f = 0$ 이 된다.
② 속도 특성 $N = k \dfrac{1}{\phi}$
∴ 무부하 시 분모가 "0"이 되어 위험속도로 회전하게 된다.

24. 직류 전동기의 속도 제어 방법 중 속도 제어가 원활하고 정토크 제어가 되며 운전 효율이 좋은 것은?

① 계자 제어   ② 병렬 저항 제어
③ 직렬 저항 제어   ④ 전압 제어

[해설] 전압 제어 : 전기자에 가한 전압을 변화시켜서 회전 속도를 조정하는 방법으로, 가장 광범위하고 효율이 좋으며 원활하게 속도 제어가 되는 방식이다.

25. 정격이 10000V, 500A, 역률 90%의 3상 동기 발전기의 단락 전류 I_s[A]는? (단, 단락비는 1.3으로 하고, 전기자 저항은 무시한다.)

① 450   ② 550   ③ 650   ④ 750

[해설] $I_s = I_n \times k_s = 500 \times 1.3 = 650A$

26. 8극 900 rpm의 교류 발전기로 병렬 운전하는 극수 6의 동기발전기 회전수 (rpm)는?

① 675　② 900　③ 1200　④ 1800

해설 $N_s = \dfrac{120}{p} \cdot f\,[\mathrm{rpm}]$에서,

$f = \dfrac{p \cdot N_s}{120} = \dfrac{8 \times 900}{120} = 60\,\mathrm{Hz}$

$\therefore\ N' = \dfrac{120}{p'} \cdot f = \dfrac{120}{6} \times 60 = 1200\,\mathrm{rpm}$

27. 동기 전동기의 계자 전류를 가로축에, 전기자 전류를 세로축으로 하여 나타낸 V곡선에 관한 설명으로 옳지 않은 것은?

① 위상 특성 곡선이라 한다.
② 부하가 클수록 V곡선은 아래쪽으로 이동한다.
③ 곡선의 최저점은 역률 1에 해당한다.
④ 계자 전류를 조정하여 역률을 조정할 수 있다.

해설 위상 특성 곡선 (V곡선)
　㉠ 일정 출력에서 계자 전류 I_f(또는 유기 기전력 E)와 전기자 전류 I의 관계를 나타내는 곡선이다.
　㉡ 동기 전동기는 계자 전류를 가감하여 전기자 전류의 크기와 위상을 조정할 수 있다.
　㉢ 부하가 클수록 V곡선은 위로 이동한다.
　㉣ 곡선의 최저점은 역률 1에 해당하는 점이며, 이 점보다 오른쪽은 앞선 역률이고 왼쪽은 뒤진 역률의 범위가 된다.

28. 변압기의 2차 저항이 0.1 Ω일 때 1차로 환산하면 360 Ω이 된다. 이 변압기의 권수비는?

① 30　② 40　③ 50　④ 60

해설 $r_1' = a^2 r_2$에서,

권수비 $a = \sqrt{\dfrac{r_1'}{r_2}} = \sqrt{\dfrac{360}{0.1}} = 60$

29. 변압기의 전부하 동손과 철손의 비가 2 : 1인 경우 효율이 최대가 되는 부하는 전부하의 몇 %인 경우인가?

① 50　② 70　③ 90　④ 100

해설 최대 효율은 $P_i = P_c$일 때이므로, 부하가 m배가 되면 $m^2 P_c = P_i$일 때이다.

$m = \sqrt{\dfrac{P_i}{P_c}} = \sqrt{\dfrac{1}{2}} \fallingdotseq 0.70$　　$\therefore\ 70\%$

30. 권수비 30인 변압기의 저압측 전압이 8V인 경우 극성시험에서 가극성과 감극성의 전압 차이는 몇 V인가?

① 24　② 16　③ 8　④ 4

해설 전압 차이
$V - V' = V_1 + V_2 - (V_1 - V_2)$
$\qquad = 2V_2 = 2 \times 8 = 16\,\mathrm{V}$

※ ㉠ 권수비 $a = \dfrac{V_1}{V_2} = 30$에서,
　　$V_1 = a \cdot V_2 = 30 \times 8 = 240\,\mathrm{V}$
　㉡ 감극성 $V_1 - V_2 = 240 - 8 = 232\,\mathrm{V}$
　㉢ 가극성 $V_1 + V_2 = 240 + 8 = 248\,\mathrm{V}$
　$\therefore$ 전압 차이 $248 - 232 = 16\,\mathrm{V}$

31. 유입 변압기에 기름을 사용하는 목적이 아닌 것은?

① 열 방산을 좋게 하기 위하여
② 냉각을 좋게 하기 위하여
③ 절연을 좋게 하기 위하여
④ 효율을 좋게 하기 위하여

해설 변압기 기름은 변압기 내부의 철심이나 권선 또는 절연물의 온도 상승을 막아주며, 절연을 좋게 하기 위하여 사용된다.

32. 절연유를 충만시킨 외함 내에 변압기를 수용하고, 오일의 대류작용에 의하여 철심 및 권선에 발생한 열을 외함에 전달하며, 외함의 방산이나 대류에 의하여 열을 대기로 방산시키는 변압기의 냉각방식은?

① 유입 송유식 ② 유입 수랭식
③ 유입 풍랭식 ④ 유입 자랭식

해설 1. 유입 자랭식 (ONAN)
  ㉠ 절연 기름을 채운 외함에 변압기 본체를 넣고, 기름의 대류 작용으로 열을 외기 중에 발산시키는 방법이다.
  ㉡ 설비가 간단하고 다루기나 보수가 쉬우므로, 소형의 배전용 변압기로부터 대형의 전력용 변압기에 이르기까지 널리 쓰인다.
  ㉢ 일반적으로 주상 변압기도 유입 자랭식 냉각 방식이다.
2. 유입 풍랭식 (ONAF)
  ㉠ 방열기가 붙은 유입 변압기에 송풍기를 붙여서 강제로 통풍시켜 냉각 효과를 높인 것이다.
  ㉡ 유입 자랭식보다 용량을 20~30 % 정도 증가시킬 수 있으므로, 대형 변압기에 많이 사용되고 있다.

33. 3상 유도전동기의 최고 속도는 우리나라에서 몇 rpm인가?

① 3600 ② 3000 ③ 1800 ④ 1500

해설 우리나라의 상용 주파수는 60 Hz이며, 최소 극수는 '2'이다.

$$\therefore N_s = \frac{120f}{p} = \frac{120 \times 60}{2} = 3600 \text{ rpm}$$

34. 슬립이 0.05이고 전원 주파수가 60Hz인 유도 전동기의 회전자 회로의 주파수(Hz)는?

① 1 ② 2 ③ 3 ④ 4

해설 $f' = s \cdot f = 0.05 \times 60 = 3 \text{Hz}$

35. 회전자 입력 10kW, 슬립 4%인 3상 유도 전동기의 2차 동손은 몇 kW인가?

① 0.4kW ② 1.8kW
③ 4.0kW ④ 9.6kW

해설 2차 동손 : $P_{c_2} = sP_2 = 0.04 \times 10 = 0.4 \text{kW}$

36. 교류 전동기를 기동할 때 다음 그림과 같은 기동 특성을 가지는 전동기는? (단, 곡선 ①~⑤

는 기동 단계에 대한 토크 특성 곡선이다.)

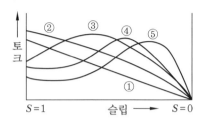

① 반발 유도 전동기
② 2중 농형 유도 전동기
③ 3상 분권 정류자 전동기
④ 3상 권선형 유도 전동기

해설 3상 권선형 유도 전동기의 비례 추이 : 최대 토크 T_m 는 항상 일정하다.

37. 다음 그림과 같은 분상 기동형 단상 유도 전동기를 역회전시키기 위한 방법이 아닌 것은?

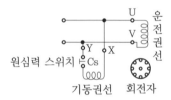

① 원심력 스위치를 개로 또는 폐로 한다.
② 기동권선이나 운전권선의 어느 한 권선의 단자 접속을 반대로 한다.
③ 기동권선의 단자 접속을 반대로 한다.
④ 운전권선의 단자 접속을 반대로 한다.

해설 역회전시키기 위한 방법 : 기동권선이나 운전권선의 어느 한 권선의 단자 접속을 반대로 한다.

38. 양방향성 3단자 사이리스터의 대표적인 것은 어느 것인가?

① SCR ② SSS
③ DIAC ④ TRIAC

해설 트라이액 (TRIAC : triode AC switch)
  ㉠ 2개의 SCR을 병렬로 접속하고 게이트를 1개로 한 구조로 3단자 소자이다.
  ㉡ 쌍방향성이므로 교류 전력 제어에 사용된다.

39. 단상 반파 정류 회로의 전원 전압 200V, 부하 저항이 10Ω이면 부하 전류는 약 몇 A인가?

① 4 　② 9 　③ 13 　④ 18

해설 $I_{d0} = 0.45 \cdot \dfrac{V}{R} = 0.45 \times \dfrac{200}{10} ≒ 9A$

40. UPS는 무엇을 의미하는가?

① 구간 자동 개폐기 ② 단로기
③ 무정전 전원장치 ④ 계기용 변성기

해설 무정전 전원장치(UPS : uninterruptible power supply) : 정전이 되었을 때 전원이 끊기지 않고 계속해서 전원이 공급되도록 하는 장치

제3과목 : 전기 설비

41. 다음 중 450/750V 전기기기용 비닐절연전선의 공칭 규격(mm^2)으로 맞는 것은?

① 1.5 　② 2.0 　③ 2.6 　④ 3.2

해설 공칭 단면적(mm^2) : 1.5, 2.5, 4, 6, 10, 16 등

42. 다음 (　) 안에 들어갈 알맞은 말은?

전선의 접속에서 트위스트 접속은 (㉮) mm^2 이하의 가는 전선, 브리타니어 접속은 (㉯)mm^2 이상의 굵은 단선을 접속할 때 적합하다.

① ㉮ 4, ㉯ 10 　② ㉮ 6, ㉯ 10
③ ㉮ 8, ㉯ 12 　④ ㉮ 10, ㉯ 14

해설 단선의 직선 접속 방법
㉠ 트위스트 접속 : 단면적 $6\,mm^2$ 이하
㉡ 브리타니아 접속 : 단면적 $10\,mm^2$ 이상

43. 배전반 및 분전반과 연결된 배관을 변경하거나 이미 설치되어 있는 캐비닛에 구멍을 뚫을 때 필요한 공구는?

① 오스터 　② 클리퍼
③ 토치 램프 　④ 녹아웃 펀치

해설 녹아웃 펀치(knock out punch)
㉠ 배전반, 분전반 등의 배관을 변경하거나 이미 설치되어 있는 캐비닛에 구멍을 뚫을 때 필요한 공구이다.
㉡ 수동식과 유압식이 있으며, 크기는 15, 19, 25 mm 등으로 각 금속관에 맞는 것을 사용한다.

44. 옥내 배선의 지름을 결정하는 가장 중요한 요소는?

① 허용 전류 　② 전압 강하
③ 기계적 강도 　④ 공사 방법

해설 전선의 지름을 결정하는 데 고려하여야 할 사항
1. 허용 전류 　　　 2. 전압 강하
3. 기계적 강도 　　 4. 사용 주파수
여기서, 가장 중요한 요소는 허용 전류이다.

45. 교류 전등 공사에서 금속관 내에 전선을 넣어 연결한 방법 중 옳은 것은?

해설 금속관 내에 전선을 넣을 때는 ③과 같이, 교류회로의 1회선을 모두 동일관 안에 넣어야 한다.

46. 다음 중 2종 가요전선관의 호칭에 해당하지 않는 것은?

① 12 　② 16 　③ 24 　④ 30

해설 2종 가요전선관의 호칭 : 10, 12, 15, 17, 24, 30, 38, 50, 63, 76, 83, 101

47. PVC 전선관의 표준 규격품의 길이는?

① 3m 　② 3.6m 　③ 4m 　④ 4.5m

정답 　39. ② 　40. ③ 　41. ① 　42. ② 　43. ④ 　44. ① 　45. ③ 　46. ② 　47. ③

해설 합성수지관의 호칭과 규격 : 1본의 길이는 4 m가 표준이고, 굵기는 관 안지름의 크기에 가까운 짝수의 mm로 나타낸다.

48. 연피 케이블이 구부러지는 곳은 케이블 바깥지름의 최소 몇 배 이상의 반지름으로 구부려야 하는가?

① 8   ② 12   ③ 15   ④ 20

해설 연피 케이블이 구부러지는 곳은 케이블 바깥지름의 12배 이상의 반지름으로 구부릴 것. 단, 금속관에 넣는 것은 15배 이상으로 하여야 한다.

49. 계통접지 구성에 있어서, 충전부 전체를 대지로부터 절연시키거나, 한 점을 임피던스를 통해 대지에 접속시키는 방식은?

① TN 계통   ② TT 계통
③ IT 계통   ④ TN-C-S

해설 IT 계통(KEC 203.4) : 충전부 전체를 대지로부터 절연시키거나, 한 점을 임피던스를 통해 대지에 접속시킨다.

50. 저압 수용장소에서 계통접지가 TN-C-S 방식인 경우, 중성선 겸용 보호도체(PEN)는 그 도체의 단면적이 구리는 (a) mm² 이상, 알루미늄은 (b) mm² 이상이어야 하는가?

① (a) 6, (b) 10   ② (a) 10, (b) 16
③ (a) 14, (b) 18   ④ (a) 18, (b) 24

해설 중성선 겸용 보호도체(PEN)[KEC 142.4.2] : 그 도체의 단면적이 구리는 10 mm² 이상, 알루미늄은 16 mm² 이상이다.

51. 수변전 설비 중에서 동력설비 회로의 역률을 개선할 목적으로 사용되는 것은?

① 전력 퓨즈   ② MOF
③ 지락 계전기   ④ 진상용 콘덴서

해설 전력용 콘덴서(SC) : 무효전력을 조정하여 역률 개선에 의한 전력손실 경감시키는 조상설비이다.

52. 저압전로에 사용하는 과전류 차단기용 퓨즈에서, 정격전류가 100 A인 퓨즈는 1.6배의 전류가 흐를 경우에 몇 분 이내에 동작되어야 하는가?

① 30   ② 60   ③ 120   ④ 180

해설 저압전로에 사용하는 퓨즈의 용단특성

정격전류의 구분	시간	정격전류의 배수	
		불 용단 전류	용단 전류
4 A 이하	60분	1.5배	2.1배
4 A 초과 16 A 미만	60분	1.5배	1.9배
16 A 이상 63 A 이하	60분	1.25배	1.6배
63 A 초과 160 A 이하	120분	1.25배	1.6배
160 A 초과 400 A 이하	180분	1.25배	1.6배
400 A 초과	240분	1.25배	1.6배

53. 폭연성 분진이 존재하는 곳의 금속관 공사 시 전동기에 접속하는 부분에서 가요성을 필요로 하는 부분의 배선에는 방폭형의 부속품 중 어떤 것을 사용하여야 하는가?

① 블렉시블 피팅
② 분진 플렉시블 피팅
③ 분진 방폭형 플렉시블 피팅
④ 안전 증가 플렉시블 피팅

해설 폭연성 분진이 있는 경우의 금속전선관 배선
  1. 금속관은 박강전선관 또는 이와 동등 이상의 강도를 가지는 것을 사용할 것
  2. 전동기에 접속하는 짧은 부분에서 가요성을 필요로 부분의 배선은 분진 방폭형 플렉시블 피팅(flexible fitting)을 사용할 것

54. 가공전선의 지지물에 승탑 또는 승강용으로 사용하는 발판 볼트 등은 지표상 몇 m 미만에 시설하여서는 안 되는가?

① 1.2 m   ② 1.5 m   ③ 1.6 m   ④ 1.8 m

해설 지지물에 발판 볼트 설치(KEC 331.4)

1. 기기(개폐기, 변압기 등) 설치 전주와 저압이 가선된 전주에서는 지표상 1.8 m로부터 완철 하부 약 0.9 m까지 설치하며, 그 밖의 전주는 지표상 3.6 m로부터 완철 하부 약 0.9 m까지 설치한다.
2. 180° 방향에 0.45 m씩 양쪽으로 설치하여야 한다.

55. 배전선로 공사에서 충전되어 있는 활선을 움직이거나 작업권 밖으로 밀어낼 때, 또는 활선을 다른 장소로 옮길 때 사용하는 활선 공구는?

① 피박기 ② 활선 커버
③ 데드 앤드 커버 ④ 와이어 통

해설 와이어 통(wire tong) : 핀 애자나 현수 애자의 장주에서 활선을 작업권 밖으로 밀어낼 때 사용하는 활선 공구(절연봉)이다.

56. 다음 중 거리 계전기에 대하여 올바르게 설명한 것은?

① 보호설비에 유입되는 총전류와 유출되는 총전류 간의 차이가 일정값 이상으로 되면 동작하는 계전기
② 전류의 크기가 일정값 이상으로 되었을 때 동작하는 계전기
③ 전압과 전류를 입력량으로 하여 전압과 전류의 비가 일정값 이하로 되면 동작하는 계전기
④ 지락사고(1선 지락, 2선 지락 등) 검출을 주목적으로 하여 제작된 계전기

해설 ① 차동 계전기 ② 과전류 계전기
③ 거리 계전기 ④ 지락 보호 계전기
※ 거리 계전기(distance relay) : 계전기가 설치된 위치로부터 고장점까지의 전기적 거리(임피던스)에 비례하여 한시로 동작하는 계전기이다.

57. 실내 전반 조명을 하고자 한다. 작업대로부터 광원의 높이가 2.4m인 위치에 조명기구를 배치할 때 벽에서 한 기구 이상 떨어진 기구에서 기구 간의 거리는 일반적으로 최대 몇 m로 배치하여 설치하는가? (단, $S \le 1.5H$를 사용하여 구하도록 한다.)

① 1.8 ② 2.4 ③ 3.2 ④ 3.6

해설 $L \le 1.5H$[m] ∴ $L = 1.5 \times 2.4 = 3.6$m

58. 다음 심벌의 명칭은 무엇인가?

① 지진감지기
② 실링라이트 Ⓗ
③ 전열기
④ 발전기

해설 ① 지진감지기 : ⒺⓆ
② 실링라이트 : ⒸⓁ
④ 발전기 : Ⓖ

59. 자동화재 탐지설비는 화재의 발생을 초기에 자동적으로 탐지하여 소방대상물의 관계자에게 화재의 발생을 통보해 주는 설비이다. 이러한 자동화재 탐지설비의 구성요소가 아닌 것은?

① 수신기 ② 비상경보기
③ 발신기 ④ 중계기

해설 자동화재 탐지설비의 구성요소
1. 감지기 2. 수신기
3. 발신기 4. 중계기
5. 표시등 6. 음향 장치 및 배선
※ 비상경보설비는 비상벨 또는 자동식 사이렌이므로 탐지설비의 구성요소에 속하지 않는다.

60. 교통 신호등의 제어 장치로부터 신호등의 전구까지의 전로에 사용하는 전압은 몇 V 이하인가?

① 60 ② 100 ③ 300 ④ 440

해설 교통 신호등(KEC 234.15)
1. 제어 장치의 2차측 배선의 최대 사용 전압은 300 V 이하일 것
2. 2차측 배선 : 제어 장치에서 교통 신호등의 전구에 이르는 배선이다.

전기
기능사 | # 2020년 제1회 실전문제

제1과목 : 전기 이론

1. 다음 그림과 같이 박 검전기의 원판 위에 금속 철망을 씌우고 양(+)의 대전체를 가까이했을 때 알루미늄박은 움직이지 않는데 그 작용은 금속 철망의 어떤 현상 때문인가?

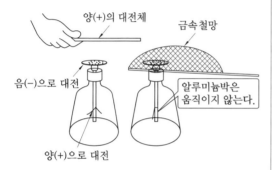

양(+)의 대전체
금속철망
음(−)으로 대전
알루미늄박은 움직이지 않는다.
양(+)으로 대전

① 정전 유도
② 정전 차폐
③ 자기 유도
④ 대전

해설 정전 차폐 (electrostatic shielding) : 정전 실드라고도 하며, 접지(接地)된 금속 철망에 의해 대전체를 완전히 둘러싸서 외부 정전계에 의한 정전 유도를 차단하는 것

2. 진공 중에 $10\mu C$와 $20\mu C$의 점전하를 1m의 거리로 놓았을 때 작용하는 힘(N)은?

① 18×10^{-1}
② 2×10^{-2}
③ 9.8×10^{-9}
④ 98×10^{-9}

해설 $F = 9 \times 10^9 \times \dfrac{Q_1 \cdot Q_2}{r^2}$

$= 9 \times 10^9 \times \dfrac{10 \times 10^{-6} \times 20 \times 10^{-6}}{1^2}$

$= 18 \times 10^{-1}[N]$

3. 콘덴서 2F, 3F를 직렬로 접속하고 양단에 100V 의 전압을 가할 때 2F에 걸리는 전압은?

① 100V
② 80V
③ 60V
④ 40V

해설 $V_1 = \dfrac{C_2}{C_1 + C_2} V = \dfrac{3}{2+3} \times 100 = 60\,V$

4. 다음 중 상자성체에 속하는 물질은?

① Ag
② O₂
③ Zn
④ Fe

해설 ㉠ 상자성체 : $\mu_s > 1$인 물체로서 알루미늄 (Al), 백금 (Pt), 산소 (O), 공기
㉡ 강자성체 : $\mu_s \gg 1$인 물체로서 철(Fe), 니켈(Ni), 코발트(Co), 망간 (Mn)
㉢ 반자성체 : $\mu_s < 1$인 물체로서 금 (Au), 은 (Ag), 구리(Cu), 아연(Zn), 안티몬(Sb)

5. 공기 중에서 2cm의 간격을 유지하고 있는 2개의 평행도선에 100A의 전류가 흐를 때 도선 1m 마다 작용하는 힘은 몇 N/m인가?

① 0.05
② 0.1
③ 1.5
④ 2.0

해설 $F = \dfrac{2 I_1 I_2}{r} \times 10^{-7} = \dfrac{2 \times 100 \times 100}{2 \times 10^{-2}} \times 10^{-7}$

$= \dfrac{2 \times 10^4}{2 \times 10^{-2}} \times 10^{-7} = 0.1\,N/m$

6. 무한장 직선 도체에 전류를 통했을 때 10cm 떨어진 점의 자계의 세기가 2AT/m라면 전류의 크기는 약 몇 A인가?

① 1.26
② 2.16
③ 2.84
④ 3.14

[해설] $H = \dfrac{I}{2\pi r}$ [AT/m]

$\therefore I = 2\pi r H = 2\pi \times 10 \times 10^{-2} \times 2 \fallingdotseq 1.26 \,A$

7. 공기 중 +1[Wb]의 자극에서 나오는 자력선의 수는 약 몇 개인가?

① 6.3×10^3 개   ② 7.6×10^4 개

③ 8.0×10^5 개   ④ 9.4×10^6 개

[해설] 총자력선 수 : $N = \dfrac{m}{\mu_0} = \dfrac{1}{\mu_0}$

$= \dfrac{1}{1.257 \times 10^{-6}} = \dfrac{1}{1.257} \times 10^6 \fallingdotseq 8 \times 10^5 \,\text{[개]}$

여기서, 진공의 투자율 $\mu_0 = 4\pi \times 10^{-7}$

$= 1.257 \times 10^{-6} \,\text{[H/m]}$

8. 다음 중 어느 전선이 자기회로의 길이 l [m], 반지름이 r[m], 투자율 μ [H/m]일 때 자기저항 R [AT/Wb]을 나타낸 식은?

① $R = \dfrac{l}{\mu \times \pi r^2}$ ② $R = \dfrac{l \times \pi r^2}{\mu}$

③ $R = \dfrac{1}{l\,\mu} \times \pi r^2$ ④ $R = \dfrac{1}{\mu \, l \times \pi r^2}$

[해설] 자기 저항 (reluctance) : 자속의 발생을 방해하는 성질의 정도로, 자로의 길이 l [m]에 비례하고 단면적 A [m^2]에 반비례한다.

$R = \dfrac{l}{\mu A} = \dfrac{l}{\mu \times \pi r^2}$ [AT/Wb]

9. 다음 설명의 (㉠), (㉡)에 들어갈 내용으로 옳은 것은?

> 히스테리시스 곡선은 가로축(횡축) : (㉠), 세로축(종축) : (㉡)와의 관계를 나타낸다.

① ㉠ 자속밀도   ㉡ 투자율

② ㉠ 자기장의 세기   ㉡ 자속밀도

③ ㉠ 자화의 세기   ㉡ 자기장의 세기

④ ㉠ 자기장의 세기   ㉡ 투자율

[해설] 히스테리시스 곡선(hysteresis loop) : 가로축에 자기장의 세기(H) 와 세로축에 자속밀도(B)와의 관계를 나타내는 것이다.

10. 환상솔레노이드에 감겨진 코일에 권 회수를 3배로 늘리면 자체 인덕턴스는 몇 배로 되는가?

① 3   ② 9   ③ $\dfrac{1}{3}$ ④ $\dfrac{1}{9}$

[해설] $L_s = \dfrac{\mu A}{l} \cdot N^2$ [H] $\to L_s \propto N^2$

$\therefore$ 권회수 N을 3배로 늘리면 자체 인덕턴스 L_s는 9배가 된다.

11. 자기 인덕턴스가 각각 L_1과 L_2인 2개의 코일이 직렬로 접속되어 있고 두 코일이 서로 직각으로 교차할 때 합성인덕턴스 L[H]는?

① $L = L_1 + L_2$ ② $L = L_1 + 2L_2$

③ $L = L_1 \times L_2$ ④ $L = L_1 \times 2L_2$

[해설] 직교, 즉 직각 교차이므로 서로 쇄교 자속이 없으므로 상호 인덕턴스는 '0'이다.

$\therefore$ 합성인덕턴스 $L = L_1 + L_2 \pm 2M$

$= L_1 + L_2 \pm 2 \times 0$

$= L_1 + L_2$ [H]

12. 2Ω, 4Ω, 6Ω 세 개의 저항을 병렬로 연결하였을 때 전 전류가 10A이면, 2Ω 에 흐르는 전류는 몇 A인가?

① 1.81   ② 2.72   ③ 5.45   ④ 7.64

[해설] ① 합성저항 $R_{ab} = \dfrac{R_1 R_2 R_3}{R_1 R_2 + R_2 R_3 + R_3 R_1}$

$= \dfrac{2 \times 4 \times 6}{2 \times 4 + 4 \times 6 + 6 \times 2} = 1.09 \,\Omega$

② 전원전압 $V = I \times R_{ab}$

$= 10 \times 1.09 = 10.9 \,V$

$\therefore$ 2Ω 에 흐르는 전류 $I_2 = \dfrac{V}{R_1}$

$= \dfrac{10.9}{2} \fallingdotseq 5.45 \,A$

13. 회로망의 임의의 접속점에 유입되는 전류는 $\Sigma I = 0$라는 법칙은?

① 쿨롱의 법칙

② 패러데이의 법칙

③ 키르히호프의 제1법칙

④ 키르히호프의 제2법칙

> **해설** 키르히호프의 법칙(Kirchhoff's law)
> 제1법칙 : $\Sigma I = 0$
> 제2법칙 : $\Sigma V = \Sigma IR$

14. 다음 중 100V, 300W의 전열선의 저항값은 몇 Ω인가?

① 약 0.33 Ω   ② 약 3.33 Ω

③ 약 33.3 Ω   ④ 약 333 Ω

> **해설** 전열선의 저항값
> $$R = \frac{V^2}{P} = \frac{100^2}{300} \fallingdotseq 33.3 \, \Omega$$

15. $R = 4\Omega$, $X_L = 8\Omega$, $X_C = 5\Omega$ 이 직렬로 연결된 회로에 100V의 교류를 가했을 때 흐르는 ㉠ 전류와 ㉡ 임피던스는?

① ㉠ 5.9A, ㉡ 용량성

② ㉠ 5.9A, ㉡ 유도성

③ ㉠ 20A, ㉡ 용량성

④ ㉠ 20A, ㉡ 유도성

> **해설**
>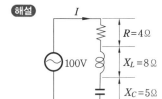
> ① $Z = \sqrt{R^2 + (X_L - X_C)^2}$
> $= \sqrt{4^2 + (8-5)^2} = \sqrt{4^2 + 3^2} = 5 \, \Omega$
> ② $I = \dfrac{V}{Z} = \dfrac{100}{5} = 20 \, A$
> ③ $X_L > X_C$ 이므로 임피던스는 유도성이다.

16. $R = 8\Omega$, $L = 19.1$mH의 직렬회로에 5A가 흐르고 있을 때 인덕턴스(L)에 걸리는 단자 전압의 크기는 약 몇 V인가? (단, 주파수는 60Hz 이다.)

① 12   ② 25   ③ 29   ④ 36

> **해설** $X_L = 2\pi f L$
> $= 2\pi \times 60 \times 19.1 \times 10^{-3} \fallingdotseq 7.2 \, \Omega$
> $\therefore V_L = I \cdot X_L = 5 \times 7.2 = 36 \, V$

17. 세 변의 저항 $R_a = R_b = R_c = 15\Omega$인 Y결선 회로가 있다. 이것과 등가인 Δ결선 회로의 각 변의 저항은 몇 Ω인가?

① 5   ② 10   ③ 25   ④ 45

> **해설** ① Y 회로를 Δ 회로로 변환 : 각 상의 임피던스를 3배로 해야 한다.
> ② Δ 회로를 Y 회로로 변환 : 각 상의 임피던스를 1/3배로 해야 한다.

18. 어느 회로의 전류가 다음과 같을 때 이 회로에 대한 전류의 실횻값은?

$$i = 3 + 10\sqrt{2}\sin\left(\omega t - \frac{\pi}{6}\right) + 5\sqrt{2}\sin\left(3\omega t - \frac{\pi}{3}\right)[A]$$

① 11.6 A   ② 23.2 A

③ 32.2 A   ④ 48.3 A

> **해설** $I = \sqrt{3^2 + 10^2 + 5^2} = \sqrt{134} \fallingdotseq 11.6 A$

19. 교류 회로에서 무효전력의 단위는?

① W   ② VA

③ Var   ④ V/m

> **해설** ㉠ 피상 전력 : $P_a = VI$ [VA]
> ※ 일반적으로 전기 기기의 용량은 피상 전력의 단위인 [VA], [kVA]로 표시한다.
> ㉡ 유효 전력 : $P = VI\cos\theta$ [W]
> ㉢ 무효 전력 : $P_r = VI\sin\theta$ [Var]

정답 13. ③   14. ③   15. ④   16. ④   17. ④   18. ①   19. ③

20. 다음 중 중첩의 원리를 이용하여 회로를 해석할 때 전류원과 전압원은 각각 어떻게 하여야 하는가?

① 전압원-단락, 전류원-단락
② 전압원-단락, 전류원-개방
③ 전압원-개방, 전류원-단락
④ 전압원-개방, 전류원-개방

해설 중첩의 원리 (회로를 해석할 때)
① 전압 전원은 단락하여 그 전압을 0으로 한다.
② 전류 전원은 개방하여 그 전류를 0으로 하여야 한다.

제2과목 : 전기 기기

21. 직류 분권발전기가 있다. 전기자 총 도체수 220, 매극의 자속수 0.01 Wb, 극수 6, 회전수 150 rmp일 때 유기 기전력은 몇 V인가? (단, 전기자 권선은 파권이다.)

① 60   ② 120   ③ 165   ④ 240

해설 $E = p\phi\dfrac{N}{60} \cdot \dfrac{Z}{a}$

$= 6 \times 0.01 \times \dfrac{1500}{60} \times \dfrac{220}{2} = 165\text{V}$

22. 다음 중 분권전동기의 토크와 회전수 관계를 올바르게 표시한 것은?

① $T \propto \dfrac{1}{N}$ ② $T \propto N$

③ $T \propto \dfrac{1}{N^2}$ ④ $T \propto N^2$

해설 전압 전류가 일정하면,

$N = \dfrac{V - I_a R_a}{\phi}$ 에서, $\phi \propto \dfrac{1}{N}$

$\therefore\ T = \kappa\phi I_a = \kappa' \dfrac{1}{N}$

※ 토크는 속도에 대략 반비례한다.

23. 동기기의 전기자 권선법이 아닌 것은?

① 분포권   ② 2층권
③ 전절권   ④ 중권

해설 동기기의 전기자 권선법 중 2층 분포권, 단절권 및 중권이 주로 쓰이고 결선은 Y 결선으로 한다.
㉠ 집중권과 분포권 중에서 분포권을,
㉡ 전절권과 단절권 중에서 단절권을,
㉢ 단층권과 2층권 중에서 2층권을,
㉣ 중권, 파권, 쇄권 중에서 중권을 주로 사용한다.
※ 전절권은 단절권에 비하여 단점이 많아 사용하지 않는다.

24. 동기발전기의 무부하 포화곡선에 대한 설명으로 옳은 것은?

① 정격전류와 단자전압의 관계이다.
② 정격전류와 정격전압의 관계이다.
③ 계자전류와 정격전압의 관계이다.
④ 계자전류와 단자전압의 관계이다.

해설 무부하 포화곡선 : 정격 속도 무부하에서 계자 전류 I_f를 증가시킬 때 무부하 단자 전압 V의 변화 곡선을 말한다.

25. 3상 66000kVA, 22900V 터빈 발전기의 정격전류는 약 몇 A인가?

① 8764   ② 3367   ③ 2882   ④ 1664

해설 정격전류

$I_n = \dfrac{P}{\sqrt{3}\ V} = \dfrac{66000}{\sqrt{3} \times 22.9} ≒ 1664\,\text{A}$

26. 3상 동기전동기 자기동법에 관한 사항 중 틀린 것은?

① 기동토크를 적당한 값으로 유지하기 위하여 변압기 탭에 의해 정격전압의 80% 정도로 저압을 가해 기동을 한다.
② 기동토크는 일반적으로 적고 전 부하 토크의 40~60% 정도이다.
③ 제동권선에 의한 기동토크를 이용하는 것

으로 제동 권선은 2차 권선으로서 기동토
크를 발생한다.

④ 기동할 때에는 회전자속에 의하여 계자권
선 안에는 고압이 유도되어 절연을 파괴
할 우려가 있다.

해설 변압기 탭에 의해 정격전압의 30~50 % 정
도로 저압을 가해 기동을 한다.

27. 변압기의 자속에 관한 설명으로 옳은 것은?

① 전압과 주파수에 반비례한다.
② 전압과 주파수에 비례한다.
③ 전압에 반비례하고 주파수에 비례한다.
④ 전압에 비례하고 주파수에 반비례한다.

해설 $\phi = \dfrac{E}{4.44fN} = k \cdot \dfrac{E}{f}$ [Wb]

∴ 자속 ϕ는 전압 E에 비례하고, 주파수 f에
반비례한다.

28. 변압기의 Y결선 시 N선의 호칭은 무엇이라
고 하는가?

① 접지선   ② 전력선
③ 중성선   ④ 지락선

해설 Y결선 시 N선을 중성선이라 한다.

29. 어떤 변압기에서 임피던스 강하가 5%인 변압
기가 운전 중 단락되었을 때 그 단락전류는 정
격전류의 몇 배인가?

① 5   ② 20   ③ 50   ④ 200

해설 $I_s = \dfrac{100}{\%Z} \cdot I_n = \dfrac{100}{5} \cdot I_n = 20 \cdot I_n$

∴ 20배

30. 변압기의 효율이 가장 좋을 때의 조건은?

① 철손=동손   ② 철손=$\dfrac{1}{2}$동손
③ 동손=$\dfrac{1}{2}$철손   ④ 동손=2철손

해설 최대 효율 조건 : 철손 P_i과 동손 P_c가 같
을 때 최대 효율이 된다. ($P_i = P_c$)

31. 변압기유가 구비해야 할 조건 중 맞는 것은?

① 절연 내력이 작고 산화하지 않을 것
② 비열이 작아서 냉각 효과가 클 것
③ 인화점이 높고 응고점이 낮을 것
④ 절연재료나 금속에 접촉할 때 화학작용을
일으킬 것

해설 변압기 절연유에 요구되는 성질 중에서,
㉠ 냉각 작용이 좋고 비열과 열전도도가 크며,
점성도가 적고 유동성이 풍부해야 한다.
㉡ 절연 내력이 높아야 한다.
㉢ 인화의 위험성이 없고 인화점이 높으며, 사
용 중의 온도로 발화하지 않아야 한다.
㉣ 화학적으로 안정하고 응고점이 낮아야 한다.

32. 수전단 발전소용 변압기 결선에 주로 사용하
고 있으며 한쪽은 중성점을 접지할 수 있고, 다
른 한쪽은 제3고조파에 의한 영향을 없애주는
장점을 가지고 있는 3상 결선 방식은?

① $Y-Y$ ② $\Delta-\Delta$
③ $Y-\Delta$ ④ $V-V$

해설 $Y-\Delta$ 결선
㉠ 높은 전압을 낮은 전압으로 낮추는 데 사용
되며, 한쪽은 중성점을 접지할 수 있다.
㉡ 어느 한쪽이 Δ결선이어서 여자 전류가 제3
고조파 통로가 있으므로, 제3 고조파에 의한
장애가 적다.

33. 다음 괄호 안에 들어갈 알맞은 말은?

(㉠)는 높은 전류회로의 전류를 이에 비
례하는 낮은 전류로 변성해 주는 기기로,
회로에 (㉡)접속하여 사용된다.

① ㉠ CT ㉡ 직렬
② ㉠ PT ㉡ 직렬

③ ㉠ CT ㉡ 병렬

④ ㉠ PT ㉡ 병렬

> **해설** (1) 계기용 변류기 (CT)
> ㉠ 높은 전류회로의 전류를 이에 비례하는 낮은 전류로 변성해 주는 기기로, 2차 정격 전류는 5 A이다.
> ㉡ 회로에 직렬로 접속하여 사용된다.
> (2) 계기용 변압기 (PT)
> ㉠ 고압회로의 전압을 이에 비례하는 낮은 전압으로 변성해 주는 기기로, 2차 정격 전압은 110 V이다.
> ㉡ 회로에 병렬로 접속하여 사용된다.

34. 다음 중 발전기의 전압 변동률을 표시하는 식은? (단, V_0 : 무부하 전압, V_n : 정격 전압)

① $\varepsilon = \dfrac{V_0 - V_n}{V_n} \times 100\%$

② $\varepsilon = \dfrac{V_n - V_0}{V_0} \times 100\%$

③ $\varepsilon = \dfrac{V_0}{V_n - V_0} \times 100\%$

④ $\varepsilon = \dfrac{V_n}{V_0 + V_n} \times 100\%$

> **해설** 전압 변동률 $\varepsilon = \dfrac{V_0 - V_n}{V_n} \times 100\%$

35. 유도전동기의 농형 회전자에 비뚤어진 홈을 쓰는 이유로 잘못된 것은?

① 기동 특성 개선 ② 파형 개선

③ 소음 경감 ④ 미관상 좋다.

> **해설** 비뚤어진 홈 (skewed slot)
> ① 회전자가 고정자의 자속을 끊을 때 발생하는 소음을 억제하는 효과가 있다.
> ② 기동 특성, 파형을 개선하는 효과가 있다.

36. 유도전동기에서 슬립이 0이라는 것은 어느 것과 같은가?

① 유도전동기가 동기속도로 회전한다.

② 유도전동기가 정지 상태이다.

③ 유도전동기가 전부하 운전 상태이다.

④ 유도제동기의 역할을 한다.

> **해설** 슬립(slip) : s
> ㉠ 무부하 시 : $s = 0 \rightarrow N = N_s$
>   ∴ 동기속도로 회전한다.
> ㉡ 기동 시 : $s = 1 \rightarrow N = 0$
>   ∴ 정지 상태이다.

37. 다음 중 유도전동기에서 슬립이 4%이고, 2차 저항이 $0.1\,\Omega$ 일 때 등가 저항은 몇 Ω 인가?

① 0.4 ② 0.5 ③ 1.9 ④ 2.4

> **해설** $R = \dfrac{r_2}{s} - r_2 = \dfrac{0.1}{0.04} - 0.1 = 2.4$

38. 다음 중 정역 운전을 할 수 없어 회전 방향을 바꿀 수 없는 전동기는 어느 것인가?

① 분상 기동형 ② 셰이딩 코일형

③ 반발 기동형 ④ 콘덴서 기동형

> **해설** 셰이딩 코일 (shading coil)형의 특징
> ① 구조는 간단하나 기동 토크가 매우 작고, 운전 중에도 셰이딩 코일에 전류가 흐르므로 효율, 역률 등이 모두 좋지 않다.
> ② 정역 운전을 할 수 없다.

39. 다음 중 실리콘 제어 정류기(SCR)에 대한 설명으로서 적합하지 않은 것은?

① 정류 작용을 할 수 있다.

② P-N-P-N 구조로 되어 있다.

③ 정방향 및 역방향의 제어 특성이 있다.

④ 인버터 회로에 이용될 수 있다.

> **해설** SCR (silicon controlled rectifier)
> ㉠ P-N-P-N의 구조로 되어 있으며, 정류 작용을 할 수 있다.
> ㉡ 정방향 제어 특성은 있으나, 역방향의 제어 특성은 없다.

ⓒ 인버터 회로에 이용될 수 있으며, 조명의 조광 제어, 전기로의 온도 제어, 형광등의 고주파 점등에 사용된다.

40. 다음 그림과 같은 전동기 제어회로에서 전동기 M의 전류 방향으로 올바른 것은? (단, 전동기의 역률은 100%이고, 사이리스터의 점호각은 0°라고 본다.)

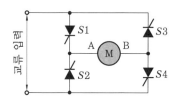

① 항상 "A"에서 "B"의 방향
② 항상 "B"에서 "A"의 방향
③ 입력의 반주기마다 "A"에서 "B"의 방향, "B"에서 "A"의 방향
④ S1과 S4, S2와 S3의 동작 상태에 따라 "A"에서 "B"의 방향, "B"에서 "A"의 방향

해설 전동기 M의 전류 방향
ⓐ 교류 입력이 정(+) 반파일 때 : S1, S4 턴 온
ⓑ 교류 입력이 부(−) 반파일 때 : S2, S3 턴 온
∴ 항상 "A"에서 "B"의 방향으로 흐르게 된다.

제3과목 : 전기 설비

41. 다음 전선 약호 중 경동선은?

① MI   ② NR   ③ OC   ④ H

해설 전선 약호
① MI : 미네랄 인슐레이션 케이블
② NR : 비닐절연 네온전선
③ OC : 옥외용 가교 폴리에틸렌 절연전선
④ H : 경동선

42. 다음 중 전선 약호가 CV인 케이블은?

① 비닐절연 비닐 시스 케이블

② 고무절연 클로로프렌 시스 케이블
③ 가교 폴리에틸렌 절연 비닐 시스 케이블
④ 미네랄 인슐레이션 케이블

해설 ① VV : 비닐절연 비닐 시스 케이블
② PN : 고무절연 클로로프렌 시스 케이블
③ CV : 가교 폴리에틸렌 절연 비닐 시스 케이블
④ MI : 미네랄 인슐레이션 케이블

43. 다음 중 동전선의 직선접속에서 단선 및 연선에 적용되는 접속 방법은?

① 직선 맞대기용 슬리브에 의한 압착접속
② 가는 단선(2.6 mm 이상)의 분기접속
③ S형 슬리브에 의한 분기접속
④ 터미널 러그에 의한 접속

해설 직선 맞대기용 슬리브 압착접속 방법은 단선 및 연선의 직선접속에 적용된다.

44. 다음 중 코드 상호, 캡타이어 케이블 상호 접속 시 사용하여야 하는 것은?

① T형 접속기   ② 코드 접속기
③ 와이어 커넥터   ④ 박스용 커넥터

해설 코드 상호, 캡타이어 케이블 상호 또는 이들 상호 간의 접속
ⓐ 코드 접속기(cord connection), 접속함 및 기타 기구를 사용할 것
ⓑ 접속점에는 조명기구 및 기타 전기 기계 기구의 중량이 걸리지 않도록 한다.

45. 다음 중 "ELB"은 어떤 차단기를 의미하는가?

① 유입 차단기   ② 진공 차단기
③ 배전용 차단기   ④ 누전 차단기

해설 ELB(earth leakage breaker) : 누전 차단기

46. 저압 옥내 간선으로부터 분기하는 곳에 설치하여야 하는 것은?

① 지락 차단기   ② 누전 차단기
③ 과전류 차단기   ④ 과전압 차단기

해설 간선(main line)의 보안 : 저압 옥내 간선을 보호하기 위하여 시설하는 과전류 차단기는 그 간선의 허용 전류 이하의 크기로 하여야 한다.

47. 고압 또는 특고압전로와 저압전로를 결합하는 변압기의 저압측을 접지하는 목적은?

① 고압 및 특고압의 저압과 혼촉 사고를 보호
② 전위상승으로 인한 감전보호
③ 뇌해에 의한 특고압·고압 기기의 보호
④ 기기 절연물의 열화방지

해설 고·저압이 혼촉한 경우, 저압전로에 고압이 침입하여 기기의 소손이나 감전에 의한 사고를 방지하기 위한 것

48. 다음 중 지름이 16 mm인 접지봉의 표준 길이는 몇 cm인가?

① 50   ② 100
③ 150   ④ 180

해설 접지봉의 규격

지름(mm)	12	12	14	16
길이(cm)	50	100	100	180

49. 다음 중 1종 금속몰드 배선공사를 할 때 동일 몰드 내에 넣는 전선 수는 최대 몇 본 이하로 하여야 하는가?

① 5   ② 8   ③ 10   ④ 12

해설 1종 몰드에 넣는 전선 수는 10본 이하이며, 2종 몰드에 넣는 전선 수는 피복 절연물을 포함한 단면적의 총합계가 몰드 내 단면적의 20 % 이하로 한다.

50. 다음 중 합성수지제 가요전선관(PF관 및 CD관)의 호칭에 포함되지 않는 것은?

① 16   ② 28

③ 38   ④ 42

해설 PF(plastic flexible), CD(combine duct) 호칭 : 14, 16, 22, 28, 36, 42

51. 다음 중 합성수지관에 사용할 수 있는 단선의 최대 규격은 몇 mm²인가?

① 2.5   ② 4
③ 6   ④ 10

해설 단선의 최대 규격 : 단면적 10 mm² (알루미늄 전선은 16 mm²)을 초과하는 것은 연선이어야 한다.

52. 다음 중 불연성 먼지가 많은 장소에 시설할 수 없는 저압 옥내 배선의 방법은?

① 금속관 배선
② 두께가 1.2 mm인 합성수지관 배선
③ 금속제 가요전선관 배선
④ 애자 사용 배선

해설 불연성 먼지가 많은 장소의 배선 시공
㉠ 애자사용 배선
㉡ 금속 전선관 배선
㉢ 금속제 가요전선관 배선
㉣ 금속 덕트 배선, 버스 덕트 배선
㉤ 합성수지 전선관 배선(두께 2 mm 미만의 합성수지 전선관 제외)
㉥ 케이블 배선 또는 캡타이어 케이블 배선으로 시공하여야 한다.

53. 완전 확산면은 어느 방향에서 보아도 무엇이 동일한가?

① 조도   ② 휘도
③ 광도   ④ 반사율

해설 완전 확산면(perfect diffusing surface)
㉠ 반사면이 거칠면 난반사하여 빛이 확산한다.
㉡ 이 확산 반사 중 면의 휘도가 어느 방향에서 보더라도 같은 표면을 완전 확산면이라 한다.
※ 휘도(luminance) : 어느 면을 어느 방향에서 보았을 때의 발산 광속으로 단위는 ([sb] ; stilb), ([nt] ; nit)을 사용한다.

54. 조명기구의 용량 표시에 관한 사항이다. 다음 중 F40의 설명으로 알맞은 것은?

① 수은등 40 W

② 나트륨등 40 W

③ 메탈 헬라이드등 40 W

④ 형광등 40 W

해설 ㉠ FL : 형광 램프

㉡ HID등 (H : 수은등, M : 메탈할라이드등, N : 나트륨등)

55. 다음 중 학교 건물이나 은행 건물 등의 간선의 수용률은 얼마를 적용하는가?

① 50 % ② 60 % ③ 70 % ④ 80 %

해설 간선의 수용률

건축물의 종류	수용률 (%)
주택, 기숙사, 여관, 호텔, 병원, 창고	50
학교, 사무실, 은행	70

56. 철근 콘크리트주로서 전체의 길이가 15 m이고, 설계하중이 7.8 kN이다. 이 지지물을 논이나 지반이 연약한 곳 이외에 기초 안전율의 고려 없이 시설하는 경우에 그 묻히는 깊이는 기준보다 몇 cm를 가산하여 시설하여야 하는가?

① 20 ② 30 ③ 50 ④ 70

해설 철근 콘크리트주로서 전체의 길이가 14 m 이상 20 m 이하이고, 설계하중이 6.8 kN 초과 9.8 kN 이하의 것을 논이나 지반이 연약한 곳 이외에 시설하는 경우 최저 깊이에 30 cm를 가산하여 할 것

57. 다음 중 배전용 전기 기계 기구인 COS (컷 아웃 스위치)의 용도로 알맞은 것은?

① 배전용 변압기의 1차 측에 시설하여 변압기의 단락 보호용으로 쓰인다.

② 배전용 변압기의 2차 측에 시설하여 변압기의 단락 보호용으로 쓰인다.

③ 배전용 변압기의 1차 측에 시설하여 배전구역 전환용으로 쓰인다.

④ 배전용 변압기의 2차 측에 시설하여 배전구역 전환용으로 쓰인다.

해설 컷 아웃 스위치 (COS : cut out switch) : 주로 배전용 변압기의 1차 측에 설치하여 변압기의 단락보호와 개폐를 위하여 단극으로 제작되며 내부에 퓨즈를 내장하고 있다.

58. 교통 신호등의 가공전선의 지표상 높이는 도로를 횡단하는 경우 몇 m 이상이어야 하는가?

① 4 m ② 5 m ③ 6 m ④ 6.5 m

해설 교통신호등의 가공 전선의 지표상 높이

㉠ 도로횡단 : 6 m 이상

㉡ 철도 및 궤도 : 6.5 m 이상

59. 전기울타리의 시설에 관한 내용 중 틀린 것은 어느 것인가?

① 수목과의 이격 거리는 30 cm 이상일 것

② 전선은 지름이 2 mm 이상의 경동선일 것

③ 전선과 이를 지지하는 기둥 사이의 이격 거리는 2 cm 이상일 것

④ 전기울타리용 전원장치에 전기를 공급하는 전로의 사용 전압은 250 V 이하일 것

해설 전기 울타리의 시설(KEC 241.1) : 전선과 이를 지지하는 기둥 사이의 이격거리는 2.5 cm 이상일 것

60. 다음 중 2개 이상의 입력 가운데 앞서 동작한 쪽이 우선하고, 다른 쪽은 동작을 금지시키는 회로는?

① 자기유지 회로 ② 인터로크 회로

③ 동작지연 회로 ④ 타이머 회로

해설 ㉠ 자기유지 회로 : 계전기 자신의 접점에 의하여 동작회로를 구성하고 스스로 동작을 유지하는 회로로 일정 시간 동안 기억 기능을 가진다.

㉡ 인터로크 (interlock) 회로 : 2개 이상의 입력 가운데 우선도 높은 측의 회로를 ON 조작하면 다른 회로가 열려서 작동하지 않도록 하는 회로

2020년 제2회 실전문제

제1과목 : 전기 이론

1. 공기 중에서 3×10^{-5} C과 8×10^{-5} C의 두 전하를 2 m의 거리에 놓을 때 그 사이에 작용하는 힘은?

① 2.7 N ② 5.4 N
③ 10.8 N ④ 2.4 N

해설 $F = 9 \times 10^9 \times \dfrac{Q_1 \cdot Q_2}{r^2}$

$\qquad = 9 \times 10^9 \times \dfrac{3 \times 10^{-5} \times 8 \times 10^{-5}}{2^2}$

$\qquad = \dfrac{21.6}{4} = 5.4 \, \text{N}$

2. $0.2 \, \mu$F의 콘덴서에 $20 \, \mu$C의 전하가 공급되었다면 전위차(V)는 얼마인가?

① 50 ② 60
③ 80 ④ 100

해설 $V = \dfrac{Q}{C} = \dfrac{20 \times 10^{-6}}{0.2 \times 10^{-6}} = 100 \, \text{V}$

3. 다음 중 대전현상의 종류를 잘 못 설명한 것은?

① 마찰대전 : 두 물체를 비벼서 발생
② 박리대전 : 비닐포장지를 뗄 때 발생
③ 유동대전 : 액체류가 유동할 때 발생
④ 접촉대전 : 서로 같은 물체가 접촉하였을 때 발생

해설 접촉대전 : 서로 다른 물체가 접촉하였을 때 물체 사이에 전하의 이동이 일어나면서 발생

4. 다음 물질 중 강자성체로만 이루어진 것은 어느 것인가?

① 철, 구리, 아연
② 알루미늄, 질소, 백금
③ 철, 니켈, 코발트
④ 니켈, 탄소, 안티몬 아연

해설 ㉠ 상자성체 : 알루미늄(Al), 백금(Pt), 산소(O), 공기
㉡ 강자성체 : 철(Fe), 니켈(Ni), 코발트(Co), 망간(Mn)
㉢ 반자성체 : 금(Au), 은(Ag), 구리(Cu), 아연(Zn), 안티몬(Sb)

5. 진공 중 두 자극 m_1, m_2를 r[m]의 거리에 놓았을 때 작용하는 힘 F의 식으로 옳은 것은?
(단, $k = \dfrac{1}{4 \pi \mu_0}$로 정의한다.)

① $F = k \dfrac{m_1 m_2}{r}$ ② $F = k \dfrac{m_1 m_2}{r^2}$

③ $F = \dfrac{1}{k} \dfrac{m_1 m_2}{r}$ ④ $F = \dfrac{1}{k} \dfrac{m_1 m_2}{r^2}$

해설 쿨롱의 법칙(Coulomb's law) : 두 자극 사이에 작용하는 자력의 크기는 양 자극의 세기의 곱에 비례하고, 자극간의 거리의 제곱에 반비례한다.

$F = \dfrac{1}{4 \pi \mu_0} \cdot \dfrac{m_1 \cdot m_2}{r^2} \, [\text{N}]$

여기서, μ_0 : 진공 투자율

6. 다음 중 평행한 왕복 도체에 흐르는 전류에 의한 작용력은?

정답 ▶ 1. ② 2. ④ 3. ④ 4. ③ 5. ② 6. ②

① 흡인력 ② 반발력
③ 회전력 ④ 작용력이 없다

해설 왕복 도체이므로 전류의 방향이 서로 반대가 되어 반발력이 작용한다.

7. 자체 인덕턴스 2 H의 코일에서 0.1 s 동안에 1 A의 전류가 변화하였다. 코일에 유도되는 기전력 (V)은?

① 10 ② 20 ③ 30 ④ 40

해설 $v = L \dfrac{\Delta I}{\Delta t} = 2 \times \dfrac{1}{0.1} = 20\,\mathrm{V}$

8. 1 Ah는 몇 C인가?

① 1200 ② 2400
③ 3600 ④ 4800

해설 $Q = I \cdot t = 1 \times 60 \times 60 = 3600\,\mathrm{C}$

9. 120 Ω의 저항 4개를 접속하여 얻을 수 있는 합성 저항 중 가장 작은 값은?

① 23 ② 30 ③ 46 ④ 59

해설 모두 병렬 접속 시 최소 합성 저항을 얻을 수 있다.

$\therefore R_o = \dfrac{R}{n} = \dfrac{120}{4} = 30$

10. 220 V 60 W 전구 2개를 전원에 직렬과 병렬로 연결했을 때 어느 것이 더 밝은가?

① 직렬로 연결했을 때 더 밝다.
② 병렬로 연결했을 때 더 밝다.
③ 둘이 밝기가 같다.
④ 두 전구 모두 켜지지 않는다.

해설 ㉠ 병렬연결 시 : 각 전구에 가해지는 전압은 220 V로 전원 전압과 같다.
㉡ 직렬연결 시 : 각 전구에 가해지는 전압은 전원 전압의 $\dfrac{1}{2}$로 110 V로 된다.
∴ 병렬로 연결 했을 때 더 밝다.

11. 어떤 교류 전압의 평균값이 382 V일 때 실효값은 약 얼마인가?

① 164 ② 240
③ 365 ④ 424

해설 $V = 1.111 \times V_a = 1.111 \times 382 = 424\,\mathrm{V}$

12. 저항 8 Ω과 코일이 직렬로 접속된 회로에 200 V의 교류 전압을 가하면 20 A의 전류가 흐른다. 코일의 리액턴스는 몇 Ω인가?

① 2 ② 4 ③ 6 ④ 8

해설 ㉠ $Z = \dfrac{V}{I} = \dfrac{200}{20} = 10\,\Omega$

㉡ $Z = \sqrt{R^2 + X_L^2}$

$\therefore X_L = \sqrt{Z^2 - R^2} = \sqrt{10^2 - 8^2} = \sqrt{36} = 6\,\Omega$

13. 어느 가정집에서, 220 V 60 W 전등 10개를 20 시간 사용 했을 때 사용 전력량(kWh)은?

① 10.5 ② 12 ③ 13.5 ④ 15

해설 $W = P \cdot t = 60 \times 10 \times 20 = 12 \times 10^3\,\mathrm{Wh}$
$\therefore 12\,\mathrm{kWh}$

14. 어떤 회로에 $e = 50\sin\omega t$[V]인가 시 $i = 4\sin(\omega t - 30°)$[A]가 흘렀다면 유효전력은 몇 W인가?

① 173.2 ② 122.5
③ 86.6 ④ 61.2

해설 ㉠ $e = 50\sin\omega t$[V]에서, 전압의 실효값
$= \dfrac{50}{\sqrt{2}} = 35.36\,\mathrm{V}$

㉡ $i = 4\sin(\omega - 30°)$[A]에서, 전류의 실효값
$= \dfrac{4}{\sqrt{2}} = 2.83\,\mathrm{A}$

㉢ 역률 : $\cos 30° = \dfrac{\sqrt{3}}{2} = 0.866$

$\therefore$ 유효전력 : $P = EI\cos\theta$
$= 35.36 \times 2.83 \times 0.866 = 86.6\,\mathrm{W}$

정답 7. ② 8. ③ 9. ② 10. ② 11. ④ 12. ③ 13. ② 14. ③

15. $R = 6\,\Omega$, $X_C = 8\,\Omega$이 직렬로 접속된 회로에 $I = 10$ A의 전류를 통할 때의 전압(V)은 얼마인가?

① $60 + j\,80$ ② $60 - j\,80$
③ $100 + j\,150$ ④ $100 - j\,150$

해설 $\dot{V} = \dot{Z}\dot{I} = (R - jX_C)\dot{I}$
$= (6 - j8)10 = 60 - j80$ V

16. 어드미턴스의 실수부는 다음 중 무엇을 나타내는가?

① 임피던스   ② 컨덕턴스
③ 리액턴스   ④ 서셉턴스

해설 $\dot{Y} = G + jB$
• 실수부 G : 컨덕턴스(conductance)
• 허수부 B : 서셉턴스(susceptance)

17. Y–Y 결선 회로에서 선간 전압이 200 V일 때 상전압은 얼마인가?

① 100   ② 115   ③ 120   ④ 135

해설 $V_p = \dfrac{V_l}{\sqrt{3}} = \dfrac{200}{1.732} \fallingdotseq 115.5$ V

18. 평형 3상 교류 회로에서 Δ부하의 한 상의 임피던스가 Z_Δ일 때, 등가 변환한 Y부하의 한 상의 임피던스 Z_Y는 얼마인가?

① $Z_Y = \sqrt{3}\,Z_\Delta$ ② $Z_Y = 3Z_\Delta$
③ $Z_Y = \dfrac{1}{\sqrt{3}}Z_\Delta$ ④ $Z_Y = \dfrac{1}{3}Z_\Delta$

해설 ㉠ Y 회로를 Δ 회로로 변환 : 각 상의 임피던스를 3배로 해야 한다.
㉡ Δ 회로를 Y 회로로 변환 : 각 상의 임피던스를 $\dfrac{1}{3}$ 배로 해야 한다.

19. 1상의 $R = 12\,\Omega$, $X_L = 16\,\Omega$을 직렬로 접속하여 선간전압 200 V의 대칭 3상교류 전압을 가

할 때의 역률은?

① 60 %   ② 70 %
③ 80 %   ④ 90 %

해설 $Z = \sqrt{R^2 + X_L{}^2} = \sqrt{12^2 \times 16^2} = 20\,\Omega$
$\therefore \cos\theta = \dfrac{R}{Z} \times 100 = \dfrac{12}{20} \times 100 = 60\%$

20. 저항이 10 Ω인 도체에 1 A의 전류를 10분간 흘렸다면 발생하는 열량은 몇 kcal인가?

① 0.62   ② 1.44
③ 4.46   ④ 6.24

해설 $H = 0.24 I^2 Rt = 0.24 \times 1^2 \times 10 \times 10 \times 60$
$= 1440$ cal
$\therefore 1.44[\,\text{kcal}]$

제2과목 : **전기 기기**

21. 직류기에서 전기자 반작용을 방지하기 위한 보상 권선의 전류방향은 어떻게 되는가?

① 전기권선의 전류방향과 같다.
② 전기권선의 전류방향과 반대이다.
③ 계자권선의 전류방향과 같다.
④ 계자권선의 전류방향과 반대이다.

해설 보상 권선의 전류방향은 전기권선의 전류방향과 반대로하여, 그 기자력으로 전기자 기자력을 상쇄시킨다.

22. 계자권선이 전기자에 병렬로만 접속된 직류기는?

① 타여자기   ② 직권기
③ 분권기   ④ 복권기

해설 ㉠ 분권 발전기 : 전기자 A와 계자권선 F를 병렬로 접속한다.
㉡ 직권 발전기 : 전기자 A와 계자권선 F_s를 직렬로 접속한다.

23. 분권 발전기의 정격 부하전류가 100 A일 때 전

기자 전류가 105 A라면 계자전류는 몇 A인가?

① 1   ② 5

③ 100   ④ 105

해설 $I_a = I_f + I$에서,

$I_f = I_a - I = 105 - 100 = 5\,\text{A}$

24. 급전선의 전압강하 보상용으로 사용되는 것은?

① 분권기   ② 직권기

③ 차동 복권기   ④ 과복권기

해설 ㉠ 과복권 발전기 : 급전선의 전압강하 보상용으로 사용된다.

㉡ 차동 복권 발전기 : 수하 특성을 가지므로, 용접기용 전원으로 사용된다.

25. 다음 중 고조파를 제거하기 위하여 동기기의 전기자 권선법으로 많이 사용되는 방법은?

① 단절권/집중권   ② 단절권/분포권

③ 전절권/분포권   ④ 단층권/분포권

해설 ㉠ 단절권(short pitch winding)의 특징 (전절권에 비하여)

• 파형(고조파 제거) 개선

• 코일 단부 단축

• 동량 감소 및 기계 길이가 단축되지만, 유도 기전력이 감소한다.

㉡ 분포권(distributed winding) 의 특징(집중권에 비하여)

• 유도 기전력이 감소한다.

• 고조파가 감소하여 파형이 좋아진다.

• 권선의 누설 리액턴스가 감소한다.

• 냉각 효과가 좋다.

26. 3상 동기 발전기에서 전기자 전류가 무부하 유도 기전력보다 $\frac{\pi}{2}$[rad](90°) 앞서 있는 경우에 나타나는 전기자 반작용은?

① 교차 자화작용   ② 감자 작용

③ 편자 작용   ④ 증자 작용

해설 동기발전기의 전기자 반작용

반작용	작용	위상
가로축(횡축)	교차 자화작용	동상
직축(자극축과 일치)	감자 작용	지상(90° 늦음 – 전류 뒤짐)
	증자 작용	진상(90° 빠름 – 전류 앞섬)

27. 전기기계의 효율 중 발전기의 규약 효율 η_G는 몇 %인가?(단, P는 입력, Q는 출력, L은 손실이다.)

① $\eta_G = \dfrac{P-L}{P} \times 100$

② $\eta_G = \dfrac{P-L}{P+L} \times 100$

③ $\eta_G = \dfrac{Q}{P} \times 100$

④ $\eta_G = \dfrac{Q}{Q+L} \times 100$

해설 ㉠ $\eta_G = \dfrac{출력}{출력+손실} \times 100$

$= \dfrac{Q}{Q+L} \times 100\,\%$

㉡ $\eta_M = \dfrac{입력-손실}{입력} \times 100 = \dfrac{P-L}{P} \times 100\,\%$

28. 1차 전압 3300 V, 2차 전압 220 V인 변압기의 권수비(turnratio)는 얼마인가?

① 15   ② 220

③ 3300   ④ 7260

해설 $a = \dfrac{V_1}{V_2} = \dfrac{3300}{220} = 15$

29. 단상 변압기에 있어서 부하역률이 80 %의 지상역률에서 전압변동률 4 %이고, 부하역률 100 %에서 전압변동률 3 %라고 한다. 이 변압기의 퍼센트 리액턴스는 약 %인가?

① 2.7   ② 3.0
③ 3.3   ④ 3.6

해설 전압변동률
① 부하역률 100 %에서, 전압변동률이 3 %이므로
$\varepsilon = p\cos\theta + q\sin\theta$에서,
$3 = p \times 1 + q \times 0$
$\therefore p = 3$
② 부하역률 80 %의 지상역률에서 전압변동률
4 % 이므로
$\varepsilon = p\cos\theta + q\sin\theta$
$4 = 3 \times 0.8 + q \times 0.6$
$\therefore q \fallingdotseq 2.7$
여기서, $\cos\theta = 1$일 때
$\sin\theta = 0$
$\left(\sin\theta = \sqrt{1-\cos^2\theta} = \sqrt{1-0.8^2} = 0.6\right)$

30. 3상 변압기의 병렬운전 시 병렬운전이 불가능
한 결선 조합은?
① $\Delta-\Delta$와 Y-Y
② Δ-Y와 Δ-Y
③ Y-Y와 Y-Y
④ $\Delta-\Delta$와 Δ-Y

해설 병렬운전 불가능 결선 조합
㉠ $\Delta-\Delta$와 Δ-Y
㉡ Y-Y와 Δ-Y

31. 일반적으로 주상 변압기의 냉각방식은?
① 유입 송유식   ② 유입 수랭식
③ 유입 풍랭식   ④ 유입 자랭식

해설 유입 자랭식(ONAN)
㉠ 절연 기름을 채운 외함에 변압기 본체를 넣
고, 기름의 대류 작용으로 열을 외기 중에 발
산시키는 방법이다.
㉡ 설비가 간단하고 다루기나 보수가 쉬우므로,
소형의 배전용 변압기로부터 대형의 전력용
변압기에 이르기까지 널리 쓰인다.
㉢ 일반적으로 주상 변압기도 유입 자랭식 냉각
방식이다.

32. 대전류를 소전류로 변성하여 계전기나 측정계

기에 전류를 공급하는 기기는?
① 계기용 변류기   ② 계기용 변압기
③ 단로기   ④ 컷 아웃 스위치

해설 ① 계기용 변류기(CT)
• 높은 전류를 낮은 전류로 변성
• 배전반의 전류계·전력계, 차단기의 트립
코일의 전원으로 사용
② 계기용 변압기(PT)
• 고전압을 저전압으로 변성
• 배전반의 전압계, 전력계, 주파수계, 역률
계 표시등 및 부족전압 트립 코일의 전원으
로 사용

33. 3상 380 V, 60 Hz, 4 P, 슬립 5 %, 55 kW 유
도 전동기가 있다. 회전자속도는 몇 rpm인가?
① 1200   ② 1526
③ 1710   ④ 2280

해설 $N_s = \dfrac{120}{p} \cdot f = \dfrac{120}{4} \times 60 = 1800\,\mathrm{rpm}$
$\therefore N = (1-s) \cdot N_s = (1-0.05) \times 1800$
$= 1710\,\mathrm{rpm}$
※ $N = \dfrac{120f(1-s)}{p}$
$= \dfrac{120 \times 60(1-0.05)}{4} = 1710\,\mathrm{rpm}$

34. 회전자 입력을 P_2, 슬립을 s라 할 때 3상 유
도 전동기의 기계적 출력의 관계식은?
① sP_2 ② $(1-s)P_2$
③ $s^2 P_2$ ④ $\dfrac{P_2}{s}$

해설 기계적인 출력
$P_0 = P_2 - P_{c_2} = P_2 - sP_2 = (1-s)P_2[\mathrm{W}]$
※ 2차 동손(저항손) : $P_{c_2} = sP_2[\mathrm{W}]$

35. 3상 유도 전동기의 1차 입력 60 kW, 1차 손실
1 kW, 슬립 3 %일 때 기계적 출력(kW)은?
① 57   ② 75   ③ 95   ④ 100

해설 ① 2차 입력 : $P_2 = 1$차 압력-1차 손실
$$= 60 - 1 = 59\,\text{kW}$$
② 기계적 출력 : $P_0 = (1-s)P_2$
$$= (1-0.03) \times 59 = 57\,\text{kW}$$

36. 유도 전동기 원선도 작성에 필요한 시험과 원선도에서 구할 수 있는 것이 옳게 배열된 것은?

① 무부하 시험, 1차 입력
② 부하 시험, 기동 전류
③ 슬립측정 시험, 기동 토크
④ 구속 시험, 고정자 권선의 저항

해설 원선도
㉠ 유도 전동기의 특성을 실부하 시험을 하지 않아도, 등가 회로를 기초로 한 헤일랜드 (Heyland)의 원선도에 의하여 1차 입력, 전부하 전류, 역률, 효율, 슬립, 토크 등을 구할 수 있다.
㉡ 원선도 작성에 필요한 시험
 • 저항 측정
 • 무부하 시험
 • 구속 시험

37. 출력 15 kW, 1500 rpm으로 회전하는 전동기의 토크는 약 몇 kg · m인가?

① 6.54   ② 9.75
③ 47.78   ④ 95.55

해설 $T = 975\dfrac{P}{N} = 975 \times \dfrac{15}{1500} = 9.75\,\text{kg} \cdot \text{m}$

38. 다음 그림과 같은 정류회로의 전원전압이 200 V, 부하저항 10 Ω이면 부하전류는 약 몇 A 인가?

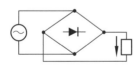

① 9   ② 18
③ 23   ④ 30

해설 단상 전파 정류
$$E_{d0} = \frac{2\sqrt{2}}{\pi}\,V = 0.9\,V = 0.9 \times 200 = 180\,\text{V}$$
$$\therefore\ I_{d0} = \frac{E_{d0}}{R} = \frac{180}{10} = 18\,\text{A}$$

39. 부흐홀츠 계전기의 설치 위치로 가장 적당한 것은?

① 변압기 주탱크 내부
② 컨서베이터 내부
③ 변압기의 고압측 부싱
④ 변압기 본체와 콘서베이터 사이

해설 부흐홀츠 계전기(BHR ; Buchholtz relay)
㉠ 변압기 내부 고장으로 2차적으로 발생하는 기름의 분해 가스 증기 또는 유류를 이용하여 부자(뜨는 물건)를 움직여 계전기의 접점을 닫는 것이다.
㉡ 변압기의 주탱크와 콘서베이터의 연결관 도중에 설비한다.

40. 다음 설명의 (㉠), (㉡)에 들어갈 내용으로 옳은 것은?

> 히스테리시스 곡선의 ㉠ 가로축(횡축) ㉡ 세로축(종축)은 무엇을 나타내는가?

① ㉠ 자속밀도, ㉡ 투자율
② ㉠ 자장의 세기, ㉡ 자속밀도
③ ㉠ 자화의 세기, ㉡ 자장의 세기
④ ㉠ 자장의 세기, ㉡ 투자율

해설 히스테리시스 곡선(hysteresis loop)
㉠ 가로축(횡축) : 자장의 세기
㉡ 세로축(종축) : 자속밀도

제3과목 : 전기 설비

41. 전압의 구분에서 저압 직류 전압은 몇 kV 이하인가?

① 0.5   ② 1.0   ③ 1.5   ④ 2.0

정답 36. ①   37. ②   38. ②   39. ④   40. ②   41. ③

해설 전압의 구분(KEC 111.1)

전압의 구분	교류	직류
저압	1 kV 이하	1.5 kV 이하
고압	1 kV 초과 7 kV 이하	1.5 kV 초과 7 kV 이하
특고압	7 kV 초과	

42. 전로의 사용 전압이 500 V 초과 일 때, 절연 저항 하한 값(MΩ)은?

① 0.5 ② 1.0
③ 1.5 ④ 2.0

해설 저압 전로의 절연 성능(KEC 132)

시험전압과 절연저항

전로의 사용 전압	DC 시험 전압(V)	절연저항 (MΩ)
SELV 및 PELV	250	0.5 이상
PELV, 500 V 이하	500	1.0 이상
500 V 초과	1000	1.0 이상

※ ELV(Extra-Low Voltage) : 특별 저압(교류 50 V 이하 직류는 120 V 이하)
1. SELV(Safety Extra-Low Voltage) : 비접지회로
2. PELV(Protective Extra-Low Voltage) : 접지회로

43. 전선 약호 중 OC가 나타내는 것은?

① 미네랄 인슐레이션 케이블
② 비닐 절연 네온 전선
③ 옥외용 가교 폴리에틸렌 절연 전선
④ 경동선

해설 ㉠ 미네랄 인슐레이션 케이블 : MI
㉡ 비닐 절연 네온전선 : NV
㉢ 옥외용 가교 폴리에틸렌 절연 전선 : OC
㉣ 경동선 : H
※ 연동선 : A

44. 전선을 접속하는 경우 전선의 강도는 몇 %이상 감소시키지 않아야 하는가?

① 10 ② 20 ③ 40 ④ 80

해설 전선의 강도 (인장하중)를 20 % 이상 감소시키지 않는다.

45. 옥내 배선의 접속함이나 박스 내에서 접속할 때 주로 사용하는 접속법은?

① 슬리브 접속 ② 쥐꼬리 접속
③ 트위스트 접속 ④ 브리타니아 접속

해설 쥐꼬리 접속(rat tail joint) : 박스 안에서 가는 전선을 접속할 때에는 쥐꼬리 접속으로 한다.

46. 애자사용 공사에 의한 저압 옥내 배선에서 일반적으로 전선 상호 간의 간격은 몇 m 이상이어야 하는가?

① 0.025 ② 0.06
③ 0.25 ④ 0.6

해설 애자사용 공사의 시설조건(KEC 232.56.1)
㉠ 전선은 절연 전선일 것
㉡ 전선 상호 간의 간격은 0.06 m 이상일 것

47. 캡타이어 케이블을 조영재에 따라 시설하는 경우로서 새들, 스테이플 등으로 지지하는 경우 그 지지점 간의 거리는 얼마로 하여야 하는가?

① 1 m 이하 ② 1.5 m 이하
③ 2.0 m 이하 ④ 2.5 m 이하

해설 캡타이어 케이블을 조영재에 따라 시설하는 경우는 그 지지점 간의 거리는 1 m 이하로 하고 조영재에 따라 캡타이어 케이블이 손상될 우려가 없는 새들, 스테이플 등으로 고정하여야 한다.

48. 합성수지제 가요 전선관(PF관 및 CD관)의 호칭에 포함되지 않는 것은?

① 16 ② 28 ③ 32 ④ 36

해설 합성수지제 전선관의 규격(mm) : 14, 16, 22, 28, 36, 42, 50…

49. 전주를 건주할 경우에 A종 철근 콘크리트주의 길이가 10 m이면 땅에 묻는 표준 깊이는 최저 약 몇 m인가? (단, 설계하중이 6.8 kN 이하이다.)

① 1.7 ② 2.0 ③ 2.3 ④ 2.7

해설 전체의 길이가 15 m 이하인 경우는 땅에 묻히는 깊이를 전장의 $\frac{1}{6}$ 이상으로 할 것

∴ 땅에 묻는 표준 깊이 $= 10 \times \frac{1}{6} = 1.7$ m

50. 전주에 가로등을 설치 시 부착 높이는 지표상 몇 m 이상으로 하여야 하는가? (교통에 지장이 없는 경우이다.)

① 2.5 ② 3 ③ 4 ④ 4.5

해설 전주 외등 : 기구의 부착 높이는 하단에서 지표상 4.5 m 이상으로 할 것(단, 교통에 지장이 없는 경우는 지표상 3.0 m 이상으로 할 수 있다.)

51. 주상 변압기에 시설하는 캐치 홀더는 어느부분에 직렬로 삽입하는가?

① 1차측 양전선
② 1차측 1선
③ 2차측 비접지측 선
④ 2차측 접지측 선

해설 캐치 홀더(catch-holder) : 저압 가공 전선을 보호하기 위하여 주상 변압기의 2차측 비접지측 선에 과전류 차단기를 넣는 캐치 홀더를 설치한다.
※ 1차측에는 컷 아웃 스위치(COS : cut out switch)를 설치하며 과부하에 대한 보호, 변압기 고장 시의 위험 방지 및 구분 개폐를 하기 위한 것이다.

52. 지중선로를 직접 매설식에 의하여 시설하는 경우에 차량 등 중량물의 압력을 받을 우려가 있는 장소에는 매설 깊이를 몇 m 이상으로 하여야 하는가?

① 0.6 ② 1.0 ③ 1.5 ④ 1.8

해설 지중 전선로의 매설 깊이 (KEC 334.1)
㉠ 차량, 기타 중량물의 압력을 받을 우려가 있는 장소 : 1.0 m 이상
㉡ 기타 장소 : 0.6 m 이상

53. 화약류 저장장소의 배선공사에서 전용 개폐기에서 화약류 저장소의 인입구까지는 어떤 공사를 하여야 하는가?

① 케이블을 사용한 옥측 전선로
② 금속관을 사용한 지중 전선로
③ 케이블을 사용한 지중 전선로
④ 금속관을 사용한 옥측 전선로

해설 화약류 저장장소의 배선공사
㉠ 개폐기 및 과전류 차단기에서 화약고의 인입구까지의 배선은 케이블을 사용하고 또한 이것을 지중에 시설하여야 한다.
㉡ 옥내 배선은 금속 전선관 배선 또는 케이블 배선에 의하여 시설할 것
㉢ 전로의 대지전압은 300 V 이하이어야 한다.

54. 화약고 등의 위험장소의 배선 공사에서 전로의 대지전압은 몇 V 이하이어야 하는가?

① 300 ② 400
③ 500 ④ 600

해설 문제 53. 해설 참조

55. 엘리베이터의 승강로 및 승강기에 시설하는 전선은 절연 전선을 사용하는 경우 동 전선의 최소 굵기는 몇 mm² 이상이여야 하는가?

① 0.75 ② 1 ③ 1.2 ④ 1.5

해설 엘리베이터의 승강로 및 승강기 시설
㉠ 절연 전선(동) : 1.5 mm² 이상
㉡ 이동케이블 : 0.75 mm² 이상

56. 다음 중 접지시스템 구성요소에 해당되지 않는 것은?

① 접지극 ② 접지도체

③ 충전부   ④ 보호도체

해설 접지시스템의 구성요소(KEC 142.1.1) : 접지극, 접지도체, 보호도체 및 기타 설비로 구성된다.

※ 충전부(Live Part) : 통상적인 운전 상태에서 전압이 걸리도록 되어 있는 도체 또는 도전부를 말한다.

57. 사람이 쉽게 접촉할 우려가 있는 장소에 저압의 금속제 외함을 가진 기계기구에 전기를 공급하는 전로에는 사용 전압이 몇 V를 초과하는 경우 누전 차단기를 시설하여야 하는가?

① 50   ② 100   ③ 120   ④ 150

해설 누전차단기를 시설(KEC 211.2.4) : 금속제 외함을 가진 사용 전압 50 V를 초과하는 저압 기계 · 기구로 쉽게 접촉할 우려가 있는 곳에 시설할 것

58. 저압 전로에 사용되는 주택용 배선용 차단기에 있어서 정격전류가 50 A인 경우에 1.45배 전류가 흘렀을 때 몇 분 이내에 자동적으로 동작하여야 하는가?

① 30   ② 60   ③ 120   ④ 180

해설 과전류트립 동작시간 및 특성(주택용 배선용 차단기)

정격전류의 구분	시간	정격전류의 배수	
		불 용단 전류	용단 전류
63 A 이하	60분	1.13배	1.45배
63 A 초과	120분	1.13배	1.45배

※ 정격전류가 50 A인 경우에, 1.45배 전류가 흘렀을 때 60분 이내에 자동적으로 동작하여야 한다.

59. 보호 계전기의 동작 사항에 대한 설명이 잘못된 것은?

① 과전압 계전기 : 계전기의 전압코일에 계기용 변압기의 2차 전압을 걸어주고 전압이 이상 상승하거나 저하했을 때 일정값에 따라 접점이 개로하여 동작한다.

② 과전류 계전기 : 변류기(CT) 1차측에 접속되어 주 회로에 과부하 및 단락사고가 발생하면 변류기 1차측 전류가 계전기 정정 값 이상으로 검출되어 동작한다.

③ 거리 계전기 : 거리 계전기는 전압과 전류을 일정량으로 하여 전압과 전류의 비가 일정한 값 이하로 될 경우 동작하는 계전기이다. 계전기의 설치 지점으로부터 단락 또는 지락점의 방향과 고장발생 점까지의 전기적 거리(임피던스)를 판별하여 동작한다.

④ 부족전류 계전기 : 전류의 크기가 일정한 값 이하로 되었을 때 동작하는 계전기이며 일반적으로 보호 목적보다는 제어 목적으로 사용되는 경우가 많다.

해설 과전류 계전기 : 변류기(CT) 2차측에 접속되어 주 회로에 과부하 및 단락사고가 발생하면 변류기 2차측 전류가 계전기 정정 값 이상으로 검출되어 동작한다.

60. 다음 중 분전반 및 분전반을 넣은 함에 대한 설명으로 잘못된 것은?

① 반(盤)의 뒤쪽은 배선 및 기구를 배치할 것

② 절연저항 측정 및 전선접속단자의 점검이 용이한 구조일 것

③ 난연성 합성수지로 된 것은 두께 1.5 mm 이상으로 내(耐) 아크성인 것이어야 한다.

④ 강판제의 것은 두께 1.2 mm 이상이어야 한다.

해설 분전반의 함(函)
㉠ 반(般)의 뒤쪽은 배선 및 기구를 배치하지 말 것
㉡ 난연성 합성수지로 된 것은 두께 1.5 mm 이상으로 내(耐) 아크성인 것이어야 한다.
㉢ 강판제의 것은 두께 1.2 mm 이상이어야 한다.
㉣ 절연저항 측정 및 전선접속단자의 점검이 용이한 구조일 것

전기
기능사 | # 2020년 제3회 실전문제

제1과목 : 전기 이론

1. 다음 중 아래 설명과 관련이 없는 대전현상은?

> • 비닐포장지를 뗄 때 발생
> • 서로 다른 물체가 접촉하였을 때 발생
> • 두 물체를 비벼서 발생

① 마찰대전　　　　② 박리대전
③ 유동대전　　　　④ 접촉대전

해설 ㉠ 마찰대전 : 두 물체를 비벼서 발생
㉡ 박리대전 : 비닐포장지를 뗄 때 발생
㉢ 유동대전 : 액체류가 유동할 때 발생
㉣ 접촉대전 : 서로 다른 물체가 접촉하였을 때 발생

2. 전자 1개의 질량은 몇 kg인가?

① 8.855×10^{-12}
② 9.109×10^{-31}
③ 9×10^{-9}
④ 1.679×10^{-31}

해설 양성자, 중성자, 전자의 성질

입자	전하량(C)	질량(kg)
양성자	$+1.60219 \times 10^{-19}$	1.67261×10^{-27}
중성자	0	1.67491×10^{-27}
전자	-1.60219×10^{-19}	9.10956×10^{-31}

3. 다음 중, 1 J은?

① $1 \text{W} \cdot \text{s}$　　　　② 1W/s
③ $1 \text{V} \cdot \text{s}$　　　　④ 1N/m

해설 ㉠ $1 \text{J} = 1 \text{W} \cdot \text{s}$
㉡ $1 \text{J} = 1 \text{N} \cdot \text{m}$

4. 전기력선에 대한 설명으로 틀린 것은?

① 전기력선의 밀도는 전기장의 크기를 나타낸다.
② 전기력선은 양전하에서 나와 음전하에서 끝난다.
③ 같은 전기력선은 흡인한다.
④ 전기력선은 양전하의 표면에서 나와서 음전하의 표면에서 끝난다.

해설 같은 전기력선은 서로 밀어 낸다.

5. 비유전율 2.5의 유전체 내부의 전속밀도가 $2 \times 10^{-6} \text{C/m}^2$ 되는 점의 전기장의 세기는?

① $18 \times 10^4 \text{ V/m}$
② $9 \times 10^4 \text{ V/m}$
③ $6 \times 10^4 \text{ V/m}$
④ $3.6 \times 10^4 \text{ V/m}$

해설 $D = \varepsilon E \, [\text{C/m}^2]$에서,

$$E = \frac{D}{\varepsilon_0 \cdot \varepsilon_s} = \frac{2 \times 10^{-6}}{8.855 \times 10^{-12} \times 2.5}$$
$$= 9 \times 10^4 \text{ V/m}$$

6. $1 \mu\text{F}$의 콘덴서에 100 V의 전압을 가할 때 충전 전하량(C)은?

① 10^{-4}　　　　② 10^{-5}
③ 10^{-8}　　　　④ 10^{-10}

해설 $Q = CV = 1 \times 10^{-6} \times 100 = 1 \times 10^{-4} \text{C}$

7. 두 콘덴서 C_1, C_2가 병렬로 접속되어 있을 때의 합성 정전용량은?

① $C = C_1 + C_2$　　　② $C = \dfrac{1}{C_1 + C_2}$

---

③ $C = \dfrac{C_1 C_2}{C_1 + C_2}$ ④ $C = \dfrac{C_1 + C_2}{C_1 C_2}$

해설 ㉠ 병렬접속 : $C = C_1 + C_2$

㉡ 직렬접속 : $C = \dfrac{C_1 C_2}{C_1 + C_2}$

8. 정전용량이 $10\,\mu F$인 콘덴서 2개를 병렬로 했을 때의 합성 정전용량은 직렬로 했을 때의 합성 정전용량보다 어떻게 되는가?

① $\dfrac{1}{4}$로 줄어든다.   ② $\dfrac{1}{2}$로 줄어든다.

③ 2배로 늘어난다.   ④ 4배로 늘어난다.

해설 콘덴서 직·병렬 접속의 합성 정전용량 비교

㉠ 직렬접속 시 : $C_s = \dfrac{C_1 \cdot C_2}{C_1 + C_2} = \dfrac{C^2}{2C} = \dfrac{C}{2}$

㉡ 병렬접속 시 : $C_p = C_1 + C_2 = 2C$

∴ $\dfrac{C_p}{C_s} = \dfrac{2C}{C/2} = 4C$

9. 자기회로에 기자력을 주면 자로에 자속이 흐른다. 그러나 기자력에 의해 발생되는 자속 전부가 자기회로 내를 통과하는 것이 아니라, 자로 이외의 부분을 통과하는 자속도 있다. 이와 같이 자기회로 이외 부분을 통과하는 자속을 무엇이라 하는가?

① 종속 자속   ② 누설 자속

③ 주자속   ④ 반사 자속

해설 누설 자속(leakage flux)은 자기회로 이외의 부분을 통과하는 자속을 말한다.

10. 자기회로의 길이 $l[m]$, 단면적 $A[m^2]$, 투자율 $\mu[H/m]$일 때 자기저항 $R[AT/Wb]$을 나타낸 것은?

① $R = \dfrac{\mu l}{A}$ ② $R = \dfrac{A}{\mu l}$

③ $R = \dfrac{\mu A}{l}$ ④ $R = \dfrac{l}{\mu A}$

해설 자기저항(reluctance) : 자속의 발생을 방해하는 성질의 정도로, 자로의 길이 $l[m]$에 비례하고 단면적 $A[m^2]$에 반비례한다.

$R = \dfrac{l}{\mu A}\,[AT/Wb]$

11. 자기회로의 누설계수를 나타낸 식은?

① $\dfrac{누설자속 + 유효자속}{전자속}$

② $\dfrac{누설자속}{전자속}$

③ $\dfrac{누설자속}{유효자속}$

④ $\dfrac{누설자속 + 유효자속}{유효자속}$

해설 자기누설 계수 $= \dfrac{누설자속 + 유효자속}{유효자속}$

㉠ 유효자속 : 자기회로 내를 통과하는 자속(권선과 쇄교하는 자속)

㉡ 누설자속 : 자로 이외의 부분을 통과하는 자속(권선과 쇄교하지 않는 자속)

12. $0.2\,\mho$의 저항체에 $3\,A$의 전류를 흘리려면 전압은 몇 V를 가해야 하는가?

① 5   ② 10

③ 15   ④ 20

해설 $V = I \cdot R = I \cdot \dfrac{1}{G}$

$= 3 \times \dfrac{1}{0.2} = 15\,V$

13. 다음과 같은 회로에서 R_2에 걸리는 전압은 몇 V인가?

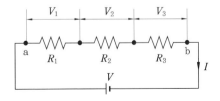

① $\dfrac{R_1 R_3}{R_1 + R_2 + R_3} \times V$

② $\dfrac{R_1 + R_2 + R_3}{R_1 + R_3} \times V$

③ $\dfrac{R_2}{R_1 + R_2 + R_3} \times V$

④ $\dfrac{R_1 R_2}{R_1 + R_2 + R_3} \times V$

해설 전압의 분배는 저항의 크기에 비례한다.

㉠ $V_1 = \dfrac{R_1}{R_1 + R_2 + R_3} V$

㉡ $V_2 = \dfrac{R_2}{R_1 + R_2 + R_3} V$

㉢ $V_2 = \dfrac{R_3}{R_1 + R_2 + R_3} V$

※ $V = V_1 + V_2 + V_3$

14. 동일한 크기의 저항 4개를 접속하여 얻어지는 경우 중에서 전체전류가 가장 많이 흐르는 것은?

① 모두 직렬로 접속
② 모두 병렬로 접속
③ 2개는 직렬, 2개는 병렬로 접속
④ 1개는 직렬, 3개는 병렬로 접속

해설 전체전류가 가장 많이 흐르기 위한 조건은 전체 합성저항이 가장 작아야 한다.
∴ 저항을 모두 병렬로 접속하면 된다.

15. 다음 그림에서 a–b 사이의 합성저항은 얼마인가?

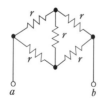

① $0.5r$
② r
③ $2r$
④ $3r$

해설 평형 브리지 회로이므로 중앙에 $r[\Omega]$은 무시된다.

∴ $R_{ab} = \dfrac{2r}{2} = r$

16. 각상의 임피던스가 $\dot{Z} = 6 + j8$인 평형 Y부하에 선간전압 220 V인 대칭 3상 전압이 가하여졌을 때 선전류(A)는?

① 10.7 ② 11.7 ③ 12.7 ④ 13.7

해설 $I_p = \dfrac{V_p}{\dot{Z}} = \dfrac{220/\sqrt{3}}{8 + j6} = \dfrac{127}{10} \fallingdotseq 12.7 \text{ A}$

17. 어드미턴스 Y_1과 Y_2를 병렬로 연결하면 합성 어드미턴스는?

① $Y_1 + Y_2$

② $\dfrac{1}{Y_1} + \dfrac{1}{Y_2}$

③ $\dfrac{1}{Y_1 + Y_2}$

④ $\dfrac{Y_1 Y_2}{Y_1 + Y_2}$

해설 어드미턴스(admittance)는 임피던스 Z의 역수로 기호는 Y, 단위는 ℧을 사용한다.
∴ $Y_0 = Y_1 + Y_2$

18. $\dot{Z} = 2 + j11[\Omega]$, $\dot{Z} = 4 - j3[\Omega]$의 직렬 회로에 교류전압 100 V를 가할 때 합성 임피던스는?

① 6 Ω ② 8 Ω ③ 10 Ω ④ 14 Ω

해설 $\dot{Z} = \dot{Z}_1 + \dot{Z}_2 = 2 + j11 + 4 - j3 = 6 + j8$
∴ $|Z| = \sqrt{6^2 + 8^2} = 10 \ \Omega$

19. 2 Ω의 저항에 3 A의 전류가 1분간 흐를 때 이 저항에서 발생하는 열량은?

① 약 4 cal
② 약 86 cal
③ 약 259 cal
④ 약 1080 cal

해설 $H = 0.24 I^2 R t$
$= 0.24 \times 3^2 \times 2 \times 1 \times 60 \fallingdotseq 259 \text{ cal}$

20. 서로 다른 종류의 안티몬과 비스무트의 두 금속을 접속하여 여기에 전류를 통하면, 그 접점에서 열의 발생 또는 흡수가 일어난다. 줄열과 달리 전류의 방향에 따라 열의 흡수와 발생이 다르게 나타나는 이 현상은?

① 펠티에 효과   ② 지벡 효과
③ 제3금속의 법칙   ④ 열전 효과

[해설] 펠티에 효과(Peltier effect)
㉠ 두 종류의 금속 접속점에 전류를 흘리면 전류의 방향에 따라 줄열(Joule heat) 이외의 열의 흡수 또는 발생 현상이 생기는 것이다.
㉡ 응용
 • 흡열 : 전자 냉동기
 • 발열 : 전자 온풍기

제2과목 : 전기 기기

21. 직류발전기에서 자기저항이 가장 큰 곳은?

① 브러시   ② 계자 철심
③ 전기자 철심   ④ 공극

[해설] 공극
㉠ 자극편과 전기자 철심 표면 사이를 공극이라 하며, 자기저항이 가장 크다
㉡ 소형기는 3 mm, 대형기는 6~8 mm 정도로 한다.

22. 다음 그림은 직류발전기의 분류 중 어느 것에 해당하는가?

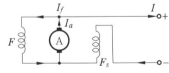

① 분권 발전기   ② 직권 발전기
③ 자석 발전기   ④ 복권 발전기

23. 직류 분권 발전기가 있다. 전기자 총 도체 수 220, 극 수 6, 회전수 1500 rpm일 때의 유기기전력이 165 V이면, 매 극의 자속 수는 몇 Wb인가? (단, 전기자 권선은 파권이다.)

① 0.01   ② 0.02   ③ 10   ④ 20

[해설] $E = p\phi \dfrac{N}{60} \cdot \dfrac{Z}{a}$ [V]

$$\therefore \phi = 60 \times \frac{aE}{pNZ} = 60 \times \frac{2 \times 165}{6 \times 1500 \times 220}$$
$$= 0.01 \text{ Wb}$$

24. 정격전압 250 V, 정격출력 50 kW의 외분권 복권 발전기가 있다. 분권계자 저항이 25 Ω일 때 전기자전류는?

① 100 A   ② 210 A
③ 2000 A   ④ 2010 A

[해설] 외분권 복권 발전기
㉠ 부하전류 $I = \dfrac{P_n}{V_n} = \dfrac{50 \times 10^3}{250} = 200 \text{ A}$

㉡ 계자전류 $I_f = \dfrac{V_n}{R_f} = \dfrac{250}{25} = 10 \text{ A}$

∴ 전기자전류
$I_a = I + I_f = 200 + 10 = 210 \text{ A}$

25. 200 V의 직류 직권 전동기가 있다. 전기자 저항이 0.1 Ω, 계자 저항은 0.05 Ω이다. 부하 전류 40 A일 때의 역기전력(V)은?

① 194   ② 196   ③ 198   ④ 200

[해설] $E = V - I(R_a + R_f)$
$= 200 - 40(0.1 + 0.05) = 200 - 6 = 194 \text{ V}$

26. 회전자가 1초에 30회전을 하면 각속도는?

① 30π [rad/s]   ② 60π [rad/s]
③ 90π [rad/s]   ④ 120π [rad/s]

[해설] $\omega = 2\pi n = 2\pi \times 30 = 60\pi$ [rad/s]

27. 동기 발전기의 병렬운전에서 같지 않아도 되는 것은?

---

① 위상　　　　　　② 주파수

③ 용량　　　　　　④ 전압

해설 병렬운전의 필요 조건

　㉠ 유도기전력의 크기가 같을 것

　㉡ 상회전이 일치하고, 기전력의 위상이 같을 것

　㉢ 기전력의 주파수가 같을 것

　㉣ 기전력의 파형이 같을 것

28. 동기 발전기의 병렬운전 중에 기전력의 위상 차가 생기면?

① 위상이 일치하는 경우보다 출력이 감소 한다.

② 부하 분담이 변한다.

③ 무효 순환전류가 흘러 전기자 권선이 과열 된다.

④ 동기화력이 생겨 두 기전력의 위상이 동 상이 되도록 작용한다.

해설 기전력의 위상차에 의한 발생 현상

　㉠ A기의 유도기전력 위상이 B기보다 δ_s 만큼

앞선 경우, 횡류 $\dot{I}_s = \dfrac{\dot{E}_s}{2Z_s}$[A]가 흐르게 된다.

　㉡ 횡류는 유효전류 또는 동기화전류라고 하며, 상차각 δ_s 의 변화를 원상태로 돌아가려고 하 는 I_s 에 의한 전력을 동기화전력이라고 한다.

29. 단락비가 1.25인 발전기의 동기임피던스(%)는 얼마인가?

① 70　　② 80　　③ 90　　④ 100

해설 $Z_s' = \dfrac{1}{K_s} \times 100 = \dfrac{1}{1.25} \times 100 = 80\%$

30. 동기 전동기의 용도가 아닌 것은?

① 압연기　　　　　② 분쇄기

③ 송풍기　　　　　④ 크레인

해설 용도

　㉠ 저속도 대용량 : 시멘트 공장의 분쇄기, 각종 압축기, 송풍기, 제지용 쇄목기, 동기 조상기

　㉡ 소용량 : 전기 시계, 오실로그래프, 전송 사진

31. 권수비 2, 2차 전압 100, 2차 전류 5A, 2차 임피던스 20 Ω인 변압기의 ㉠ 1차 환산 전압 및 ㉡ 1차 환산 임피던스는?

① ㉠ 200 V, ㉡ 80 Ω

② ㉠ 200 V, ㉡ 40 Ω

③ ㉠ 50 V, ㉡ 10 Ω

④ ㉠ 50 V, ㉡ 5 Ω

해설 ㉠ 1차 환산 전압

　　$E_1' = aE_2 = 2 \times 100 = 200$ V

　㉡ 1차 환산 임피던스

　　$Z_1' = a^2 Z_2 = 2^2 \times 20 = 80$ Ω

32. 60 Hz의 변압기에 50 Hz의 동일 전압을 가했 을 때의 자속밀도는 60 Hz 때와 비교하였을 경 우 어떻게 되는가?

① $\dfrac{5}{6}$ 로 감소　　② $\dfrac{6}{5}$ 으로 증가

③ $\left(\dfrac{5}{6}\right)^{1.6}$ 으로 감소　④ $\left(\dfrac{6}{5}\right)^2$ 으로 증가

해설 변압기의 주파수와 자속 밀도 관계

　㉠ $E = 4.44 f N \phi_m$ 에서, 전압이 같으면 자속 밀 도는 주파수에 반비례한다.

　㉡ 주파수가 $\dfrac{5}{6}$ 배로 감소하면, 자속 밀도는 $\dfrac{6}{5}$ 배로 증가한다.

33. 몰드변압기의 냉각방식으로서 변압기 본체가 공기에 의하여 자연적으로 냉각이 되도록 한 방 식이며 작은 용량에 사용하는 것은?

① AN−건식 자냉식

② AF−건식 풍냉식

③ ANAN−건식밀폐 자냉식

④ ANAF−건식밀폐 풍냉식

해설 ㉠ 건식 자랭식(air-cooled type, AN)

　• 변압기 본체가 공기에 의하여 자연적으로 냉각되도록 한 것이다.

　• 20 kV 정도 이하의 낮은 전압의 변압기에 적용한다.

ⓒ 건식 풍랭식(air-blast type, AF) 건식 변압기에 송풍기를 사용하여, 강제로 통풍시켜 냉각 효과를 크게 한 것이다.

34. 변압기 결선 방식 중 3상에서 6상으로 변환할 수 없는 것은?

① 환상 결선 ② 2중 3각 결선
③ 포크 결선 ④ 우드 브리지 결선

해설 3상-6상 상수 변환의 결선 방식
ⓐ 환상 결선
ⓑ 대각 결선 : 2중 Y 결선, 2중 Δ 결선, 포크 결선
※ 3상-2상 사이의 상수 변환
1. 스코트 (scott) 결선(T 결선)
2. 우드 브리지(wood bridge) 결선
3. 메이어(meyer) 결선

35. 코일 주위에 전기적 특성이 큰 에폭시 수지를 고진공으로 침투시키고, 다시 그 주위를 기계적 강도가 큰 에폭시 수지로 몰딩한 변압기는?

① 건식 변압기 ② 유입 변압기
③ 몰드 변압기 ④ 타이 변압기

해설 몰드 변압기
ⓐ 고압 및 저압권선을 모두 에폭시로 몰드(mold)한 고체 절연방식 채용
ⓑ 난연성, 절연의 신뢰성, 보수 및 점검이 용이, 에너지 절약 등의 특징이 있다.

36. 농형 회전자에 비뚤어진 홈을 쓰는 이유는?

① 출력을 높인다.
② 회전수를 증가시킨다.
③ 소음을 줄인다.
④ 미관상 좋다.

해설 비뚤어진 홈(skewed slot)
ⓐ 회전자가 고정자의 자속을 끊을 때 발생하는 소음을 억제하는 효과가 있다.
ⓑ 기동 특성, 파형을 개선하는 효과가 있다.

37. 주파수가 60 Hz인 3상 4극의 유도 전동기가 있다. 슬립이 10 %일 때 이 전동기의 회전수는 몇 rpm인가?

① 1200 ② 1620 ③ 1746 ④ 1800

해설 $N_s = \dfrac{120}{p} \cdot f = \dfrac{120}{4} \times 60 = 1800\,\text{rpm}$
$\therefore N = (1-s) \cdot N_s = (1-0.1) \times 1800$
$= 1620\,\text{rpm}$
※ $N = \dfrac{120f(1-s)}{p} = \dfrac{120 \times 60(1-0.1)}{4}$
$= 1620\,\text{rpm}$

38. 보호를 요하는 회로의 전류가 어떤 일정한 값(정정 값) 이상으로 흘렀을 때 동작하는 계전기는?

① 과전류 계전기 ② 과전압 계전기
③ 차동 계전기 ④ 비율차동 계전기

해설 과전류 계전기(over-current relay)
ⓐ 일정값 이상의 전류가 흘렀을 때 동작하는데, 일명 과부하 계전기라고도 한다.
ⓑ 각종 기기(발전기, 변압기)와 배전 선로, 배전반 등에 널리 사용되고 있다.

39. 반도체 내에서 정공은 어떻게 생성되는가?

① 결합전자의 이탈 ② 자유전자의 이동
③ 접합불량 ④ 확산용량

해설 정공(positive hole)
ⓐ 반도체에서의 가전자(價電子) 구조에서 공위(空位)를 나타내며 결합전자의 이탈에 의하여 생성된다.
ⓑ 가전자가 튀어나간 뒤에는 정공이 남아서 전기를 운반하는 캐리어(carrier)로서 전자 이외에 정공이 있는 것이 반도체 특징의 하나이다.

40. 다음 중 전력 제어용 반도체 소자가 아닌 것은?

① TRIAC ② GTO
③ IGBT ④ LED

해설 ① TRIAC(triode Ac switch)
② GTO(gate turn-off thyristor)

③ IGBT(insulated gate bipolar transistor)

④ LED : 발광 다이오드

제3과목 : 전기 설비

41. 대지로부터 절연하여야 하는 것은?

① 수용장소의 인입구의 접지

② 특고압과 저압의 혼촉에 의한 위험방지 시설

③ 저압전로에 접지공사를 하는 경우의 접지점

④ 전기기계, 기구의 충전부

해설 충전부(Live Part) : 통상적인 운전 상태에서 전압이 걸리도록 되어 있는 도체 또는 도전부로 대지로부터 절연하여야 한다.

42. 전선 2가닥의 쥐꼬리 접속 시 두 개의 선은 약 몇 도로 벌려야 하는가?

① 30° ② 60° ③ 90° ④ 180°

해설 쥐꼬리 접속

㉠ 박스 내에서 가는 전선을 접속할 때의 접속 방법으로 가장 적합하다

㉡ 두 개의 선은 90°의 각도로 벌려야 한다.

43. 다음 설명 중 배선공사에 대하여 잘 못 설명한 것은?

① 배선과 기구선과의 접속은 장력이 걸리지 않고 기구 기타에 의해 눌림을 받지 않도록 하여야 한다.

② 기구의 용량이 전선의 허용전류보다도 적어 부득이 소선을 감선할 경우에는 기구의 용량 이하로 감선해서는 안 된다.

③ 전선을 1본 밖에 접속할 수 없는 구조의 단자에 2본 이상의 전선을 접속해서는 안 된다.

④ 전선을 나사로 고정할 경우로서 접속이 풀릴 우려가 있는 경우, 2중 너트 또는 스프링 와셔를 사용하지 않아도 된다.

해설 전선을 나사로 고정할 경우에 진동 등으로 헐거워질 우려가 있는 장소는 2중 너트, 스프링 와셔 및 나사풀림 방지 기구가 있는 것을 사용한다.

44. 다음 중 금속관 공사의 공구사용에 대하여 잘 못 설명한 것은?

① 쇠톱을 이용하여 금속관을 절단하였다.

② 리머를 이용하여 금속관의 절단면 안쪽을 다듬었다.

③ 녹아웃 펀치를 이용하여 나사산을 내었다.

④ 파이프 밴더를 이용하여 관을 구부렸다.

해설 녹아웃 펀치(knock out punch)

㉠ 배전반, 분전반 등의 캐비닛에 구멍을 뚫을 때 필요한 공구이다.

㉡ 수동식과 유압식이 있으며, 크기는 15, 19, 25 mm 등으로 각 금속관에 맞는 것을 사용한다.

45. 다음 중 0.6/1 kV 비닐 절연 비닐시스 케이블의 약호는?

① PV ② PN ③ CV 1 ④ VV

해설 ① PV : 0.6/1 kV EP 고무 절연 비닐시스 케이블

② PN : 0.6/1 kV EP 고무 절연 클로로프렌시스 케이블

③ CV 1 : 0.6/1 kV 가교 폴리에틸렌 절연 비닐시스 케이블

④ VV : 비닐 절연 비닐시스 케이블

46. 애자사용 배선 공사 시 사용할 수 없는 전선은?

① 고무 절연 전선

② 폴리에틸렌 절연 전선

③ 플루오르 수지 절연 전선

④ 인입용 비닐 절연 전선

해설 애자사용 공사의 시설조건(KEC 232.56.1)

㉠ 전선은 절연 전선일 것(옥외용 비닐 절연 전선 및 인입용 비닐 절연 전선은 제외)

㉡ 전선 상호 간의 간격은 0.06 m 이상일 것

47. 금속관 공사를 노출로 시공할 때 직각으로 구부러지는 곳에는 어떤 배선기구를 사용 하는가?

① 유니언 커플링   ② 아웃렛 박스
③ 픽스처 히키   ④ 유니버설 엘보

해설 유니버설 엘보(universal elbow) : 금속관이 벽면에 따라 직각으로 구부러지는 곳은 뚜껑이 있는 엘보를 쓴다.

48. 합성수지관이 금속관과 비교하여 장점으로 볼 수 없는 것은?

① 누전의 우려가 없다.
② 온도변화에 따른 신축 작용이 크다.
③ 내식성이 있어 부식성 가스 등을 사용하는 사업장에 적당하다.
④ 관 자체를 접지할 필요가 없고, 무게가 가벼우며 시공하기 쉽다.

해설 온도변화에 따른 신축 작용이 큰 것은 합성수지관의 단점이다.

49. 직류회로에서 선도체 겸용 보호도체의 표시 기호는?

① PEM   ② PEL
③ PEN   ④ PET

해설 겸용 도체(KEC 142.3.4)
㉠ PEM : 중간선 겸용 보호도체
㉡ PEL : 선도체 겸용 보호도체
㉢ PEN : 교류회로에서, 중성선 겸용 보호도체

50. 간선에 접속하는 전동기가 10 A, 20 A, 50 A를 사용할 때 간선의 허용전류가 몇 A인 전선의 굵기를 선정하여야 하는가?

① 80   ② 88   ③ 100   ④ 1200

해설 50 A를 넘는 경우
$I_a = 1.1 \times I_M = 1.1 \times 80 = 88\,A$
※ 50 A 이하인 경우 : $I_a = 1.25 \times I_M [A]$

51. 전동기에 과전류가 흘렀을 때 이를 차단하여 전동기가 손상되는 것을 방지하는 기기는?

① MC   ② ELB   ③ EOCR   ④ MCCB

해설 ① MC(magnetic contactor) 전자 접촉기 : 전자 릴레이처럼 전자 코일에 의하여 접점의 개폐가 이루어지는 것
② ELB(Earth Leakage Breaker) : 누전차단기 전동 기계기구가 접속되어 있는 전로(電路)에서 누전에 의한 감전위험을 방지하기 위해 사용되는 기기이다.
③ EOCR(Electronic Over Current Relay) : 전자식 과전류 계전기 전동기 등이 연결된 회로에서 구동 중에 과전류에 의해서 소손이 발생할 수 있는데 이때 과전류를 차단하는 기기이다.
④ MCCB(molded case circuit breaker) : 배선용 차단기 배선용 차단기는 교류 600 V 이하, 또는 직류 750 V 이하의 저압 옥내 전압의 보호에 사용되는 몰드 케이스(Mold case)차단기를 말하며, 일반적으로 NFB의 명칭으로 호칭되기도 한다.

52. 고압과 저압의 서로 다른 가공 전선을 동일 지지물에 가설하는 방식을 무엇이라고 하는가?

① 공가   ② 연가   ③ 병가   ④ 조가선

해설 ㉠ 병가 : 동일 지지물에 가설하는 방식
• 저·고압 가공 전선의 병가
• 특고압 가공 전선과 저고압 가공 전선의 병가
㉡ 공가(common use) : 전력선과 통신선을 동일 지지물에 가설하는 방식
㉢ 연가(Transposition) : 3상 선로에서 정전용량을 평형전압으로 유지하기 위해 송전선의 위치를 바꾸어주는 배치 방식
㉣ 조가선 : 케이블 등을 가공으로 시설할 때 이를 지지하기 위한 선

53. 철근 콘크리트주에 완금을 붙이고 고정하는 데 필요하지 않은 것은?

① 암타이   ② 행어 밴드
③ U 볼트   ④ 밴드

정답   47. ④   48. ②   49. ②   50. ②   51. ③   52. ③   53. ②

해설 지지물에 설치하는 방법은 변압기를 행어 밴드(hanger band)를 사용하여 설치하는 것이 소형 변압기에 많이 적용되고 있다.

54. 전주의 버팀 강도를 보강하기 위해 3가닥 이상의 소선을 꼬아 만든 아연도금 된 철선을 무엇이라고 하는가?

① 완금   ② 지선   ③ 근가   ④ 애자

해설 지선에 연선을 사용할 경우
㉠ 소선 3가닥 이상의 연선일 것
㉡ 소선의 지름이 2.6 mm 이상의 금속선을 사용한 것일 것

55. 저압 가공인입선이 철도를 횡단할 때 레일면상의 최저 높이는 몇 m인가?

① 4   ② 4.5   ③ 5.5   ④ 6.5

해설 저압 가공인입선의 접속점의 높이

구분	이격 거리
도로	도로를 횡단하는 경우는 6 m 이상
철도 또는 궤도를 횡단	레일면상 6.5 m 이상
횡단보도교의 위쪽	횡단보도교의 노면상 3.5 m 이상
상기 이외의 경우	지표상 5 m 이상(기술상 부득이한 경우로 교통에 지장이 없을 때 2.5 m)

56. 터널·갱도 기타 이와 유사한 장소에서 사람이 상시 통행하는 터널 내의 배선방법으로 적절하지 않은 것은?(단, 사용전압은 저압이다.)

① 라이팅 덕트 배선
② 금속제 가요 전선관 배선
③ 합성수지관 배선
④ 애자사용 배선

해설 터널 및 갱도(KEC 242.7) : 사람이 상시 통행하는 터널 내의 배선은 저압에 한하며 애자사용, 금속 전선관, 합성수지관, 금속제 가요 전선관, 케이블 배선으로 시공하여야 한다.

57. 전기울타리용 전원장치에 공급하는 전로의 사용 전압은 최대 몇 V 미만이어야 하는가?

① 110   ② 220   ③ 250   ④ 380

해설 전기울타리의 시설(KEC 241.1)
㉠ 목장 등 옥외에서 가축의 탈출 또는 야수의 침입을 방지하기 위하여 시설하는 경우를 제외하고는 시설할 수 없다.
㉡ 전기울타리용 전원장치에 공급하는 전로의 사용 전압은 250 V 이하이어야 한다.

58. 전등 한 개를 2개소에서 점멸하고자 할 때 옳은 배선은?

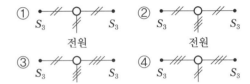

해설 전선 가닥 수
㉠ S_3 : 3로 스위치 3가닥
㉡ 전원 : 2가닥

59. 어느 수용가의 설비용량이 각각 1 kW, 2 kW, 3 kW, 4 kW인 부하설비가 있다. 그 수용률이 60 %인 경우 그 최대 수용전력은 몇 kW인가?

① 3   ② 6   ③ 30   ④ 60

해설 수용률 $= \dfrac{\text{최대 수용 전력}}{\text{수용 설비 용량}} \times 100\,\%$에서

최대 수용 전력 = 수용률×수용 설비 용량
$= 0.6 \times (1+2+3+4) = 6\,kW$

60. 60 cd의 점 광원으로부터 2 m의 거리에서 그 방향과 직각인면과 30° 기울어진 평면 위의 조도 lx는?

① 11   ② 13   ③ 15   ④ 19

해설 $E_h = E_n \cos\theta = \dfrac{I_\theta}{\gamma^2}\cos\theta$

$= \dfrac{60}{2^2} \times \cos 30° = 15 \times \dfrac{\sqrt{3}}{2} ≒ 13\,lx$

전기 기능사	**2020년 제4회 실전문제**

제1과목 : 전기 이론

1. "물질 중의 자유전자가 과잉된 상태"란?

① (−) 대전상태   ② 발열상태
③ 중성상태   ④ (+) 대전상태

해설 대전(electrification) : 어떤 물질이 정상 상태보다 전자의 수가 많거나 적어졌을 때 양전기나 음전기를 가지게 되는데, 이를 대전이라 한다.
㉠ 양전기(+) : 전자 부족상태
㉡ 음전기(−) : 전자 과잉상태

2. 다음 설명 중에서 콘덴서의 합성 정전용량에 대하여 옳게 설명한 것은?

① 직렬과 병렬의 합성 정전용량은 무관하다.
② 병렬로 연결할수록 합성 정전용량이 작아진다.
③ 직렬로 연결할수록 합성 정전용량이 작아진다.
④ 직렬로 연결할수록 합성 정전용량이 커진다.

해설 저항과는 반대로 직렬로 연결할수록 합성 정전용량이 작아진다.
㉠ 같은 콘덴서 2개를 직렬로 연결하였을 때의 합성 정전용량은 병렬로 접속하였을 때의 $\dfrac{1}{4}$ 배로 작아진다.

3. 10 cm 떨어진 2장의 금속 평행판 사이의 전위차가 500 V일 때 이 평행판 안에서 전위의 기울기는?

① 5 V/m   ② 50 V/m
③ 500 V/m   ④ 5000 V/m

해설 $G = \dfrac{\Delta V}{\Delta l}$ [V/m]

$\therefore\ G = \dfrac{V}{l} = \dfrac{500}{10 \times 10^{-2}} = 5000$ V/m

4. 다음 중 자기선속의 단위를 나타낸 것은?

① A/m   ② Wb
③ Wb/m^2 ④ AT/Wb

해설 자기선속 ; 자속(magnetic flux) : $+m$ [Wb]의 자극에서는 매질에 관계없이 항상 m 개의 자력선 묶음이 나온다고 가정하여 이것을 자속이라 하며, 단위는 Wb, 기호는 ϕ 를 사용한다.
※ 자기장의 세기 : H[A/m], 자속 밀도 : B[Wb/m^2], 자기 저항 : R[AT/Wb]

5. 반지름 r[m], 권수 N회의 환상 솔레노이드에 I[A]의 전류가 흐를 때, 그 내부의 자장의 세기 H[AT/m]는 얼마인가?

① $\dfrac{NI}{r^2}$ ② $\dfrac{NI}{2\pi}$
③ $\dfrac{NI}{4\pi r^2}$ ④ $\dfrac{NI}{2\pi r}$

해설 환상 솔레노이드(solenoid)
$H = \dfrac{NI}{2\pi r}$

6. 2 cm의 간격을 가진 두 평행도선에 1000 A의 전류가 흐를 때 도선 1 m마다 작용하는 힘은 몇 N/m인가?

① 5   ② 10
③ 15   ④ 20

정답 ▷ 1. ①   2. ③   3. ④   4. ②   5. ④   6. ②

해설 $F = \dfrac{2I_1I_2}{r} \times 10^{-7}$

$= \dfrac{2 \times 1000 \times 1000}{2 \times 10^{-2}} \times 10^{-7}$

$= \dfrac{2 \times 10^6}{2 \times 10^{-2}} \times 10^{-7} = 10 \, \text{N/m}$

7. 키르히호프의 법칙을 맞게 설명한 것은?

① 제1법칙은 전압에 관한 법칙이다.

② 제1법칙은 전류에 관한 법칙이다.

③ 제1법칙은 회로망의 임의의 한 폐회로 중의 전압 강하의 대수 합과 기전력의 대수 합은 같다.

④ 제2법칙은 회로망에 유입하는 전력의 합은 유출하는 전류의 합과 같다.

해설 키르히호프의 법칙 (Kirchhoff's law)

㉠ 제1법칙 : $\Sigma I = 0$ 전류에 관한 법칙

㉡ 제2법칙 : $\Sigma V = \Sigma IR$ 기전력의 합 = 전압 강하의 합

8. 1 AH는 몇 C인가?

① 7200   ② 3600

③ 120   ④ 60

해설 $Q = I \cdot t = 1 \times 60 \times 60 = 3600 \, \text{C}$

9. 그림에서 a-b 간의 합성저항은 c-d 간의 합성저항보다 몇 배인가?

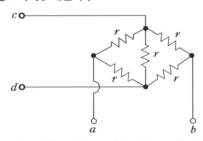

① 1배   ② 2배   ③ 3배   ④ 4배

해설 ㉠ R_{ab} : 브리지가 평형 상태이므로 중앙에 있는 저항은 무시된다.

$R_{ab} = \dfrac{2r \times 2r}{2r + 2r} = \dfrac{4r^2}{4r} = r$

㉡ R_{cd} : 3개의 저항 $2r$, r, $2r$ 이 병렬접속된 회로이다.

$R_{cd} = \dfrac{1}{\dfrac{1}{2r} + \dfrac{1}{r} + \dfrac{1}{2r}} = \dfrac{r}{2}$

∴ $\dfrac{R_{ab}}{R_{cd}} = \dfrac{r}{\dfrac{r}{2}} = 2$

10. 원형 도선의 반지름이 $r[\text{m}]$, 길이가 $l[\text{m}]$일 때 이 도선의 저항은 어떻게 계산할 수 있는가?

① $R = \rho \dfrac{l}{2\pi r}$ ② $R = \rho \dfrac{2\pi l}{r}$

③ $R = \rho \dfrac{2\pi l}{r^2}$ ④ $R = \rho \dfrac{l}{\pi r^2}$

해설 도선의 전기 저항 : $R = \rho \dfrac{l}{A} = \rho \dfrac{l}{\pi r^2} [\Omega]$

11. 컨덕턴스 $G[\mho]$, 저항 $R[\Omega]$, 전압 $V[\text{V}]$, 전류를 $I[\text{A}]$라 할 때 G와의 관계가 옳은 것은?

① $G = \dfrac{R}{V}$ ② $G = \dfrac{I}{V}$

③ $G = \dfrac{V}{R}$ ④ $G = \dfrac{V}{I}$

해설 컨덕턴스 (conductance)

$G = \dfrac{1}{R} = \dfrac{1}{\dfrac{V}{I}} = \dfrac{I}{V} [\mho]$

12. 저항이 4 Ω, 유도 리액턴스가 3 Ω인 RL 직렬 회로에 200 V의 전압을 가할 때 이 회로의 소비 전력은 약 몇 W인가?

① 800   ② 1000

③ 2400   ④ 6400

해설 ㉠ $Z = \sqrt{R^2 + X^2} = \sqrt{4^2 + 3^2} = 5 \, \Omega$

㉡ $I = \dfrac{V}{Z} = \dfrac{200}{5} = 40 \, \text{A}$

㉢ $\cos\theta = \dfrac{R}{Z} = \dfrac{4}{5} = 0.8$

∴ $P = VI\cos\theta = 200 \times 40 \times 0.8 = 6400 \, \text{W}$

13. 20 Ω의 저항에 최대값 120 V의 정현파 전압을 가했을 때 이 저항에 소비되는 유효 전력(W)은?

① 200   ② 360
③ 440   ④ 500

해설 ㉠ $V = \dfrac{최대값}{\sqrt{2}} = \dfrac{120}{1.414} ≒ 85\,V$

㉡ $I = \dfrac{V}{R} = \dfrac{85}{20} = 4.25\,A$

∴ $P = VI\cos\theta = 85 \times 4.25 \times 1$
　　$≒ 360\,W\,(\cos\theta = \cos 0° = 1)$

14. $i = 200\sqrt{2}\sin(\omega t + 30)[A]$의 전류가 흐른다. 이를 복소수로 표시하면?

① 6.12−j3.5   ② 17.32+j5
③ 173.2+j100   ④ 173.2−j100

해설 $i = 200\sqrt{2}\sin(\omega t + 30) = 200\angle 30°$
∴ $I = 200(\cos 30° + j\sin 30°)$
　　$= 173.2 + j100\,A$

15. 교류의 파형률이란?

① $\dfrac{실효값}{최대값}$ ② $\dfrac{실효값}{평균값}$

③ $\dfrac{평균값}{실효값}$ ④ $\dfrac{최대값}{실효값}$

해설 ㉠ 파형률 $= \dfrac{실효값}{평균값} = \dfrac{V}{V_a} = 1.11$

㉡ 파고율 $= \dfrac{최대값}{실효값} = \dfrac{V_m}{V} = 1.414$

16. 기전력 1.5 V, 내부저항 0.1 Ω인 전지 20개를 직렬로 접속하여 단락시켰을 때의 전류(A)는?

① 7.5 A   ② 15 A
③ 17.5 A   ④ 22.5 A

해설 $I_s = \dfrac{nE}{nr} = \dfrac{20 \times 1.5}{20 \times 0.1} = 15\,A$

17. 기전력 120 V, 내부저항(r)이 15 Ω인 전원이

있다. 여기에 부하저항(R)을 연결하여 얻을 수 있는 최대 전력(W)은? (단, 최대 전력 전달조건은 $r = R$이다.)

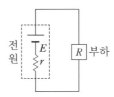

① 100   ② 140
③ 200   ④ 240

해설 최대 전력 전달조건 : 내부저항(r)=부하저항(R)

∴ $P_m = \dfrac{E^2}{4R} = \dfrac{120^2}{4 \times 15} = 240\,W$

※ $P_m = I^2 \cdot R = \left(\dfrac{E}{2R}\right)^2 \cdot R$

　　$= \dfrac{E^2}{4R^2} \cdot R = \dfrac{E^2}{4R}$

18. 다음이 설명하는 것은?

> 금속 A와 B로 만든 열전쌍과 접점 사이에 임의의 금속 C를 연결해도 C의 양 끝의 접점의 온도를 똑같이 유지하면 회로의 열기전력은 변화하지 않는다.

① 제벡 효과   ② 톰슨 효과
③ 제3 금속의 법칙   ④ 펠티에 법칙

해설 제3금속의 법칙 : 열전쌍 사이에 제3의 금속을 연결해도 열기전력은 변화하지 않는다.

19. 납축전지의 전해액으로 사용하는 묽은 황산의 비중은 어느 정도이어야 하는가?

① 0.7~0.8   ② 0.9~1.0
③ 1.2~1.3   ④ 2.2~2.3

해설 납축전지의 전해액 : 묽은 황산(비중 1.2~1.3)
※ 양극 : 이산화납(PbO_2), 음극 : 납(Pb)

20. 납축전지가 충전되었을 때 양극은?

① PbO_2 ② PbO

③ Cu ④ Zn

해설 ㉠ 충전되었을 때 양극 : PbO_2(음극 : Pb)
ㄴ 방전되면 음극과 양극 : $PbSO_4$

제2과목 : 전기 기기

21. 2극의 직류 발전기에서 코일변의 유효길이 l[m], 공극의 평균자속밀도 B[Wb/m²], 주변속도 v [m/s]일 때 전기자 도체 1개에 유도되는 기전력의 평균값 e[V]은?

① $e = Blv$[V]   ② $e = \sin\omega t$[V]

③ $e = B\sin\omega t$[V]   ④ $e = v^2 Bl$[V]

해설 $e = Blv = Bl \cdot \dfrac{2\pi r N}{60}$[V]

22. 8극 100 V, 200 A의 직류 발전기가 있다. 전기자 권선이 중권으로 되어 있는 것을 파권으로 바꾸면 전압은 몇 V로 되겠는가?

① 400   ② 200

③ 100   ④ 50

해설 중권을 파권으로 바꾸면 병렬 회로수가 8에서 2로 되므로 전압은 4배로 400 V가 된다(단, 전류는 $\dfrac{1}{4}$ 배).

23. 직류 전동기를 기동할 때 전기자 전류를 제한하는 가감 저항기를 무엇이라 하는가?

① 단속기   ② 제어기

③ 가속기   ④ 기동기

해설 기동기(기동저항기 SR) : 기동저항기를 전기자와 직병렬접속되어 전기자 전류를 제한한다.

24. 직류 전동기에 있어 무부하일 때의 회전수 N_0

은 1200 rpm, 정격부하일 때의 회전수 N_n은 1150 rpm이라 한다. 속도 변동률(%)은?

① 약 3.45 %   ② 약 4.16 %

③ 약 4.35 %   ④ 약 5.0 %

해설 속도 변동률

$$\varepsilon = \frac{N_o - N_n}{N_n} \times 100 = \frac{1200 - 1150}{1150} \times 100$$
$$\fallingdotseq 4.35 \%$$

25. 정격 200 V, 50 A인 전동기의 출력이 8000 W이다. 효율은 몇 %인가?

① 80   ② 82

③ 85   ④ 90

해설 효율 = $\dfrac{출력}{입력} \times 100$

$$= \frac{8000}{200 \times 50} \times 100 = 80\%$$

26. 6극 1200 rpm의 교류 발전기와 병렬운전하는 극수 8의 동기 발전기의 회전수(rpm)는?

① 1200   ② 1000

③ 900   ④ 750

해설 $N_s = \dfrac{120}{p} \cdot f$[rpm]에서

$$f = \frac{p \cdot N_s}{120} = \frac{6 \times 1200}{120} = 60\,\mathrm{Hz}$$
$$\therefore N' = \frac{120}{p'} \cdot f = \frac{120}{8} \times 60 = 900\,\mathrm{rpm}$$

27. 수차 발전기의 난조 원인은?

① 조속기 감도 예민

② 계통 역률 저하

③ 관성 효과 과대

④ 전기자 저항 감소

해설 ㉠ 난조(hunting) : 회전자가 어떤 부하각에서, 부하가 갑자기 변화하여 새로운 부하각으로 변화하는 도중 회전자의 관성으로 인하여 생기는 하나의 과도적인 진동 현상이다.

ⓒ 원인과 방지법

난조 발생의 원인	난조 방지법
원동기의 조속기 감도가 지나치게 예민한 경우	조속기를 적당히 조정
원동기의 토크에 고조파 토크가 포함된 경우	플라이휠 효과를 적당히 선정
전기자 회로의 저항이 상당히 큰 경우	회로의 저항을 작게하거나 리액턴스를 삽입
부하가 맥동할 경우	플라이휠 효과를 적당히 선정

28. 변압기의 권수비가 30일 때, 2차 측의 전압이 120 V이면 1차 전압(V)은?

① 4   ② 40
③ 360   ④ 3600

해설 $V_1 = a V_2 = 30 \times 120 = 3600$ V

29. 변압기의 무부하인 경우에 1차 권선에 흐르는 전류는?

① 정격 전류   ② 단락 전류
③ 부하 전류   ④ 여자 전류

해설 여자 전류 : 무부하 전류로서, 1차 권선에 흐르는 전류이며 변압기에 필요한 자속을 만드는데 소요되는 전류이다.

30. 변압기에서 퍼센트 저항강하 3 %, 리액턴스 강하 4 %일 때 역률 0.8(지상)에서의 전압변동률은?

① 2.4 %   ② 3.6 %
③ 4.8 %   ④ 6 %

해설 $\varepsilon = p\cos\theta + q\sin\theta$
$\qquad = 3 \times 0.8 + 4 \times 0.6 = 4.8$ %
※ $\sin\theta = \sqrt{1 - \cos\theta^2} = \sqrt{1 - 0.8^2} = 0.6$

31. 수전단 발전소용 변압기 결선에 주로 사용하고 있으며 한쪽은 중성점을 접지할 수 있고 다

른 한쪽은 제3 고조파에 의한 영향을 없애주는 장점을 가지고 있는 3상 결선 방식은?

① Y-Y   ② Δ-Δ
③ Y-Δ ④ V-V

해설 Δ-Y 결선과 Y-Δ 결선
  ㉠ Δ-Y 결선은 낮은 전압을 높은 전압으로 올릴 때 사용(1차 변전소의 승압용)
  ㉡ Y-Δ 결선은 높은 전압을 낮은 전압으로 낮추는 데 사용(수전단 강압용)
  ㉢ 어느 한쪽이 Δ 결선이어서 여자 전류가 제3 고조파 통로가 있으므로, 제3 고조파에 의한 장애가 적다.

32. 변압기 유가 구비해야 할 조건 중 맞는 것은?

① 절연내력이 작고 산화하지 않을 것
② 비열이 작아서 냉각 효과가 클 것
③ 인화점이 높고 응고점이 낮을 것
④ 절연재료나 금속에 접촉할 때 화학작용을 일으킬 것

해설 변압기 기름의 구비 조건
  ㉠ 절연내력이 높아야 한다.
  ㉡ 냉각 작용이 좋고 비열과 열 전도도가 클 것
  ㉢ 인화의 위험성이 없고 인화점이 높으며, 응고점이 낮을 것
  ㉣ 절연재료나 금속에 접촉할 때 화학작용을 일으키지 않을 것

33. 변압기의 절연내력 시험법이 아닌 것은?

① 가압 시험   ② 유도 시험
③ 충격 전압 시험   ④ 단락 시험

해설 변압기의 절연내력 시험법
  ㉠ 유도 시험
  ㉡ 가압 시험
  ㉢ 충격 전압 시험
  ※ 단락 시험 : 권선의 온도 상승을 구하는 시험 방법이다.

34. 유도 전동기의 동작원리로 옳은 것은?

① 전자유도와 플레밍의 왼손 법칙

② 전자유도와 플레밍의 오른손 법칙

③ 정전유도와 플레밍의 왼손 법칙

④ 정전유도와 플레밍의 오른손 법칙

[해설] 유도 전동기의 원리 : 전자유도 작용에 의한 전자력에 의해 회전력이 발생한 것으로, 회전 방향은 플레밍의 왼손 법칙에 의하여 정의된다.

35. 유도 전동기의 특성이 아닌 것은?

① 쉽게 전원을 얻을 수 있다.

② 부하의 변동에 따라 속도 변동이 심하다.

③ 구조가 간단하고 값이 싸다.

④ 다루기가 간편하다.

[해설] 유도 전동기의 특성
- ㉠ 쉽게 전원을 얻을 수 있다.
- ㉡ 구조가 간단하고 값이 싸며, 튼튼하고 고장이 적다.
- ㉢ 다루기가 간편하여 쉽게 운전할 수 있다.
- ㉣ 거의 정속도로 운전되는 전동기로서 부하가 변화하더라도 속도의 변동이 거의 없다.

36. 유도 전동기의 동기 속도를 N_s, 회전 속도를 N이라 하면 슬립 s는?

① $s = \dfrac{N_s - N}{N_s}$　　② $s = \dfrac{N - N_s}{N_s}$

③ $s = \dfrac{N_s - N}{N}$　　④ $s = \dfrac{N - N_s}{N}$

[해설] 슬립(slip)

$$s = \frac{\text{동기 속도} - \text{회전자 속도}}{\text{동기 속도}} = \frac{N_s - N}{N_s}$$

37. 일정한 주파수의 전원에서 운전하는 3상 유도 전동기의 전원전압이 80 %가 되었다면 토크는 약 몇 %가 되는가? (단, 회전수는 변하지 않는 상태로 한다.)

① 55　　　　　　② 64

③ 76　　　　　　④ 82

[해설] 3상 유도 전동기는 슬립 s가 일정하면, 토크는 공급 전압 V_1의 제곱에 비례하여 변화한다.

$$T = 0.8^2 V_1 = 0.64 V_1$$

38. 다음 중 비례 추이의 성질을 이용할 수 있는 전동기는 어느 것인가?

① 직권 전동기

② 단상 동기 전동기

③ 권선형 유도 전동기

④ 농형 유도 전동기

[해설] 비례 추이
- ㉠ 토크 속도 곡선이 2차 합성 저항의 변화에 비례하여 이동하는 것을 토크 속도 곡선이 비례 추이한다고 한다.
- ㉡ 비례 추이는 권선형 유도 전동기의 기동전류 제한, 기동토크 증가, 속도제어 등에 이용된다.

39. 역률과 효율이 좋아서 가정용 선풍기, 전기세탁기, 냉장고 등에 주로 사용되는 것은?

① 분상 기동형 전동기

② 콘덴서 기동형 전동기

③ 반발 기동형 전동기

④ 셰이딩 코일형 전동기

[해설] 콘덴서 기동형 : 단상 유도 전동기로서 역률(90 % 이상)과 효율이 좋아서 가전제품에 주로 사용된다.

40. 전압을 일정하게 유지하기 위해서 이용되는 다이오드는?

① 발광 다이오드

② 포토 다이오드

③ 제너 다이오드

④ 바리스터 다이오드

[해설] 제너 다이오드(Zener diode) : 제너 효과를 이용하여 전압을 일정하게 유지하는 작용을 하는 정전압 다이오드

[정답] 35. ②　36. ①　37. ②　38. ③　39. ②　40. ③

제3과목 : 전기 설비

41. 인입용 비닐 절연 전선을 나타내는 약호는?

① OW   ② EV

③ DV   ④ NV

해설 ① OW : 옥외용 비닐 절연 전선

② EV : 폴리에틸렌 절연 비닐시스 케이블

③ DV : 인입용 비닐 절연 전선

④ NV : 비닐 절연 네온 전선

42. 시계 기구를 내장한 스위치로써 지정 시간에 점멸하거나, 일정 시간 동작하는 조명 제어용 스위치는?

① 수은 스위치   ② 타임 스위치

③ 압력 스위치   ④ 플로트레스 스위치

해설 타임 스위치(time switch) : 시계 기구를 내장한 스위치로, 지정한 시간에 점멸을 할 수 있게 된 것과 일정 시간 동안 동작하게 된 것이 있다.

43. S형 슬리브에 의한 직선 접속 시 몇 번 이상 꼬아야 하는가?

① 2번   ② 3번

③ 4번   ④ 5번

해설 슬리브의 양단을 비트는 공구로 물리고 완전히 두 번 이상 비튼다. 오른쪽으로 비틀거나 왼쪽으로 비틀거나 관계없다.

44. 전선의 보호를 위하여 사용하는 것으로 수평의 전선관 끝에 부착하여 전선의 인출 시 보호를 위하여 사용하는 부속 재료는?

① 엔트런스 캡   ② 터미널 캡

③ 파이프커터   ④ 링 슬리브

해설 ㉠ 터미널 캡(terminal cap) : 수평 전선관의 끝에 부착하여 전선을 보호한다.

㉡ 엔트런스 캡(enterance cap) : 수직 전선관의 끝에 부착하여 전선을 보호한다.

45. 합성수지관을 새들 등으로 지지하는 경우에는 그 지지점 간의 거리를 몇 m 이하로 하여야 하는가?

① 1.5 m 이하   ② 2.0 m 이하

③ 2.5 m 이하   ④ 3.0 m 이하

해설 배관의 지지

㉠ 배관의 지지점 사이의 거리는 1.5 m 이하로 하고, 또한 그 지지점은 관의 끝, 관과 박스의 접속점 및 관 상호 간의 접속점 등에 가까운 곳(0.3 m 정도)에 시설할 것

㉡ 합성수지제 가요관인 경우는 그 지지점 간의 거리를 1 m 이하로 한다.

46. 다음 중 금속 덕트 공사방법과 거리가 가장 먼 것은?

① 덕트의 말단은 열어 놓을 것

② 금속 덕트는 3 m 이하의 간격으로 견고하게 지지할 것

③ 금속 덕트의 뚜껑은 쉽게 열리지 않도록 시설할 것

④ 금속 덕트 상호는 견고하고 또한 전기적으로 완전하게 접속할 것

해설 금속 덕트의 종단부는 폐소할 것

47. 접지시스템의 구분에 해당되지 않는 것은?

① 공통접지   ② 계통접지

③ 보호접지   ④ 피뢰 시스템 접지

해설 접지시스템의 구분(KEC 141) : 계통접지, 보호접지, 피뢰 시스템 접지

※ 공통접지는 접지시스템의 시설 종류에 해당된다.

48. 다음 중 접지시스템의 요구사항에 적합하지 않은 것은?

① 전기설비의 보호 요구사항을 충족하여야 한다.

② 지락전류와 보호도체 전류가 대지에 전달되지 않아야 한다.

③ 전기·기계적 응력 및 이러한 전류로 인한 감전 위험이 없어야 한다.

④ 전기설비의 기능적 요구사항을 충족하여야 한다.

해설 접지시스템 요구사항(KEC 142.1.2) : 지락 전류와 보호도체 전류를 대지에 전달할 것

49. 다음 중 접지의 목적으로 알맞지 않은 것은?

① 감전의 방지
② 전로의 대지전압 상승
③ 보호 계전기의 동작 확보
④ 이상 전압의 억제

해설 접지의 목적
㉠ 전로의 대지전압 저하
㉡ 감전 방지
㉢ 보호 계전기 등의 동작 확보
㉣ 보호 협조
㉤ 기기 전로의 영전위 확보(이상 전압의 억제)
㉥ 외부의 유도에 의한 장애를 방지한다.

50. 접지전극의 매설 깊이는 몇 m 이상인가?

① 0.6
② 0.65
③ 0.7
④ 0.75

해설 접지극의 매설(KEC 142.2) : 매설 깊이는 지표면으로부터 지하 0.75 m 이상으로 한다.

51. 전선로의 직선부분에 사용하는 애자는?

① 핀애자
② 지지애자
③ 가지애자
④ 구형애자

52. 가공 전선로의 지지물에 시설하는 지선의 인장하중은 몇 kN 이상이어야 하는가?

① 1.34
② 2.5
③ 3.14
④ 4.31

해설 지선의 시설(KEC 222.2/331.11) : 지선의 안전율은 2.5 이상일 것(허용 인장하중의 최저는 4.31 kN)

53. 고압전선과 저압전선이 동일 지지물에 병가로 설치되어 있을 때 저압전선의 위치는?

① 설치 위치는 무관하다.
② 먼저 설치한 전선이 위로 위치한다.
③ 고압전선 아래로 위치한다.
④ 고압전선이 위로 위치한다.

해설 병가(竝架)
㉠ 동일 지지물에 저·고압 가공전선을 동일 지지물에 가설하는 방식이다.
㉡ 저압전선은 고압전선 아래로 위치한다.

54. 저압용 배전반과 분전반을 옥내에 설치할 때 주의하여야 할 사항이 아닌 것은?

① 노출된 충전부가 있는 배전반 및 분전반은 취급자 이외의 사람이 쉽게 출입할 수 없도록 설치하여야 한다.
② 한 개의 분전반에는 한 가지 전원(1회 선의 간선)만 공급하여야 한다.
③ 주택용 분전반은 노출된 장소에 시설하지 않아야 한다.
④ 옥내에 설치하는 배전반 및 분전반은 불연성 또는 난연성으로 시설한다.

해설 분전반 및 배전반의 설치장소
㉠ 전기회로를 쉽게 조작할 수 있는 장소
㉡ 개폐기를 쉽게 조작할 수 있는 장소
㉢ 노출된 장소
㉣ 안정된 장소

55. 1 m 높이의 작업 면에서 천장까지의 높이가 3 m일 때 조명인 경우 광원의 높이는 몇 m인가?

① 1
② 2
③ 3
④ 4

해설 광원의 높이는 작업 면에서 $\frac{2}{3}H_0$[m]로 한다.

∴ 광원 높이 $= \frac{2}{3}H_0 = \frac{2}{3} \times 3 = 2\,\text{m}$

정답 49. ② 50. ④ 51. ① 52. ④ 53. ③ 54. ③ 55. ②

56. 조명기구를 일정한 높이 및 간격으로 배치하여 방 전체의 조도를 균일하게 조명하는 방식으로 공장, 사무실, 백화점 등에 널리 쓰이는 조명 방식은 무엇인가?

① 직접 조명　　② 간접 조명
③ 전반 조명　　④ 국부 조명

해설 ㉠ 전반 조명
- 작업면의 전체를 균일한 조도가 되도록 조명하는 방식이다.
- 공장, 사무실, 백화점, 교실 등에 사용하고 있다.
㉡ 국부 조명 : 높은 정밀도의 작업을 하는 특정한 장소만을 고조도하기 위한 곳에서 사용된다.

57. 다음 중 형광 램프를 나타내는 기호는?

① HID　② FL　③ H　④ M

해설 ㉠ FL : 형광 램프
㉡ HID 등(H : 수은 등, M : 메탈할라이드 등, N : 나트륨 등)

58. 전시회, 쇼 및 공연장의 저압 옥내 배선, 전구선 또는 이동전선의 사용 전압은 최대 몇 V 이하인가?

① 400　② 440　③ 450　④ 750

해설 전시회, 쇼 및 공연장의 전기설비(KEC 242.6) : 무대·무대마루 밑·오케스트라 박스·영사실 기타 사람이나 무대 도구가 접촉할 우려가 있는 곳에 시설하는 저압 옥내 배선, 전구선 또는 이동전선은 사용 전압이 400 V 이하이어야 한다.

59. 전기욕기용 전원 변압기 2차측 전로의 사용 전압은 몇 V 이하의 것에 한하는가?

① 50　　② 30
③ 20　　④ 10

해설 전기욕기용 전원 변압기 2차측 전로의 사용 전압(KEC 241.2) : 10 V 이하일 것

60. 다음 중 보호 계전기의 종류에 해당하지 않는 것은?

① 과전류 계전기
② 과전압 계전기
③ 과저항 계전기
④ 지락 계전기

해설 전기설비용 보호 계전기의 종류 : 과전류 계전기, 과전압 계전기, 부족전압 계전기, 지락 계전기, 결상 계전기 등

제1과목 : 전기 이론

1. 물질이 자유 전자의 이동으로 양전기나 음전기를 띠게 되는 것은?

① 대전　　　　② 전하
③ 전기량　　　④ 중성자

해설 대전(electrification) : 어떤 물질이 정상 상태보다 전자의 수가 많거나 작아졌을 때 양전기나 음전기를 가지게 되는데, 이를 대전이라 한다.
ㄱ 양전기(+) : 전자 부족
ㄴ 음전기(−) : 전자 남음

2. 콘덴서 용량 0.001 F와 같은 것은?

① 10 μF
② 1000 μF
③ 10000 μF
④ 100000 μF

해설 1 F $= 10^6 \mu$F
∴ 0.001 F $= 0.001 \times 10^6 = 1000 \mu$F

3. 정전용량이 같은 콘덴서 10개가 있다. 이것을 직렬 접속할 때의 값은 병렬 접속할 때의 값보다 어떻게 되는가?

① $\frac{1}{10}$ 로 감소한다.

② $\frac{1}{100}$ 로 감소한다.

③ 10배로 증가한다.
④ 100배로 증가한다.

해설 ㄱ 직렬 접속 시 : $C_s = \dfrac{C_1}{n} = \dfrac{C_1}{10} = 0.1 C_1$

ㄴ 병렬 접속 시 : $C_p = n C_1 = 10 C_1$

∴ $\dfrac{C_s}{C_p} = \dfrac{0.1 C_1}{10 C_1} = \dfrac{1}{100}$

4. 전기력선에 대한 설명으로 틀린 것은?

① 같은 전기력선은 흡인한다.
② 전기력선은 서로 교차하지 않는다.
③ 전기력선은 도체의 표면에 수직으로 출입한다.
④ 전기력선은 양전하의 표면에서 나와서 음전하의 표면에서 끝난다.

해설 전기력선의 성질 중에서, 같은 전기력선은 서로 반발한다.

5. 자기회로에 강자성체를 사용하는 이유는?

① 자기저항을 감소시키기 위하여
② 자기저항을 증가시키기 위하여
③ 공극을 크게 하기 위하여
④ 주자속을 감소시키기 위하여

해설 ㄱ 강자성체는 투자율이 매우 큰 것이 특징인 철, 코발트, 니켈 등이 있다.
ㄴ 자기저항은 투자율에 반비례한다.
∴ 자기회로는 자기저항을 감소시키기 위하여 강자성체를 사용한다.

6. 다음 중 공기 중에 있는 5×10^{-4} Wb의 자극으로부터 10 cm 떨어진 점에 3×10^{-4} Wb의 자극을 놓으면 몇 N의 힘이 작용하는가?

① 95
② 90
③ 95×10^{-2}
④ 90×10^{-2}

정답　1. ①　2. ②　3. ②　4. ①　5. ①　6. ③

해설 $F = 6.33 \times 10^4 \times \dfrac{m_1 \cdot m_2}{r^2}$

$\qquad = 6.33 \times 10^4 \times \dfrac{5 \times 10^{-4} \times 3 \times 10^{-4}}{(10 \times 10^{-2})^2}$

$\qquad = 6.33 \times 10^4 \times \dfrac{1.5 \times 10^{-7}}{1 \times 10^{-2}}$

$\qquad \fallingdotseq 95 \times 10^{-2} \text{ N}$

7. 평균길이가 40 cm, 권수 10회인 환상 솔레노이드에 4 A의 전류가 흐르면 그 내부의 자장의 세기 AT/m은?

① 10 　　　　② 100
③ 200 　　　　④ 300

해설 $H = \dfrac{NI}{2\pi r} = \dfrac{NI}{l} = \dfrac{10 \times 4}{40 \times 10^{-2}}$

$\qquad = 100 \text{ AT/m}$

8. 다음 중 자기 회로에서 사용되는 단위가 아닌 것은?

① AT/Wb 　　　② Wb
③ AT 　　　　 ④ kW

해설 ㉠ 자기저항 R : AT/Wb
　　 ㉡ 자속 ϕ : Wb
　　 ㉢ 기자력 F : AT
　　 ㉣ 전력 : kW

9. 도체가 자기장에서 받는 힘의 관계 중 틀린 것은?

① 자기력선속 밀도에 비례
② 도체의 길이에 반비례
③ 흐르는 전류에 비례
④ 도체가 자기장과 이루는 각도에 비례 (0~90°)

해설 직선 도체가 받는 전자력(힘)
　　 $F = BIl\sin\theta$ [N]
　　 ∴ 도체의 길이(l)에 비례한다.

10. 자기 인덕턴스 200 mH의 코일에서 0.1 s 동안에 30 A의 전류가 변화하였다. 코일에 유도되는 기전력(V)은?

① 6 　　　　　② 15
③ 60 　　　　　④ 150

해설 $v = L\dfrac{\Delta I}{\Delta t} = 200 \times 10^{-3} \times \dfrac{30}{0.1}$

$\qquad = 2 \times 10^{-1} \times 3 \times 10^2 = 60 \text{ V}$

11. 2 A의 전류가 흘러 72000 C의 전기량이 이동하였다. 전류가 흐른 시간은 몇 분인가?

① 3600분 　　　② 36분
③ 60분 　　　　④ 600분

해설 $t = \dfrac{Q}{I} = \dfrac{72000}{2} = 36000 \text{ s}$

$\qquad \therefore 600$분

12. 100 V의 전압계가 있다. 이 전압계를 써서 200 V의 전압을 측정하려면 최소 몇 Ω의 저항을 외부에 접속해야 하겠는가? (단, 전압계의 내부 저항은 5000 Ω이라 한다.)

① 10000 　　　② 5000
③ 2500 　　　　④ 1000

해설 배율기 : $R_m = (m-1) \cdot R_v$
$\qquad\qquad\qquad = (2-1) \times 5000 = 5000 \text{ Ω}$

$\qquad$ ※ 배율 $m = \dfrac{200}{100} = 2$

13. 저항 직렬 회로에서 $R_1 = 2\,Ω$, $R_2 = 3\,Ω$, $R_3 = 5\,Ω$, $R_4 = 10\,Ω$일 때 회로에 흐르는 전류와 R_3에 걸리는 전압은? (단, 전원 전압은 10V이다.)

① 3 A, 3 V 　　　② 1 A, 5 V
③ 0.5 A, 2.5 V 　④ 0.1 A, 0.5 V

해설 저항 직렬 회로의 전압 분배

$\qquad I = \dfrac{V}{R_1 + R_2 + R_3 + R_4} = \dfrac{10}{20} = 0.5 \text{ A}$

$\qquad \therefore V_3 = I \times R_3 = 0.5 \times 5 = 2.5 \text{ V}$

정답 ▷ 7. ② 　8. ④ 　9. ② 　10. ③ 　11. ④ 　12. ② 　13. ③

14. 같은 크기의 저항 4개를 접속하여 얻어지는 경우 중에서 소비전력이 가장 큰 것은?

① 직렬과 병렬은 관계없다.
② 둘 다 같다.
③ 모두 병렬로 접속
④ 모두 직렬로 접속

해설 ㉠ 직렬접속 시 : $R_s = 4R$

㉡ 병렬접속 시 : $R_p = \dfrac{1}{4}R = 0.25R$

∴ 모두 병렬로 접속 시 합성저항이 작아서, 전류가 많이 흐르게 되므로 소비전력이 크다.

15. 저항 300 Ω의 부하에서 90 kW의 전력이 소비되었다면 이때 흐른 전류는?

① 약 3.3 A   ② 약 17.3 A
③ 약 30 A   ④ 약 300 A

해설 $P = I^2 R$ [W]에서,

$$I = \sqrt{\dfrac{P}{R}} = \sqrt{\dfrac{90}{300} \times 10^3} = \sqrt{300} \fallingdotseq 17.3\,\text{A}$$

16. RL 직렬회로에 직류전압 100 V를 가했더니 전류가 20 A 흘렀다. 여기에 교류전압 100 V, $f = 60$ Hz를 인가하였더니 전류가 10 A 흘렀다. 유도성 리액턴스는 몇 Ω인가?

① 5   ② $5\sqrt{2}$
③ $5\sqrt{3}$ ④ 10

해설 ㉠ 직류 인가 시 : $R = \dfrac{E}{I} = \dfrac{100}{20} = 5\,\Omega$

㉡ 교류 인가 시 : $Z = \dfrac{V}{I} = \dfrac{100}{10} = 10\,\Omega$

∴ $X_L = \sqrt{Z^2 - R^2} = \sqrt{10^2 - 5^2} \fallingdotseq 5\sqrt{3}\,\Omega$

17. 다음 중 대칭 3상 교류의 조건에 해당되지 않는 것은?

① 기전력의 크기가 같을 것
② 주파수가 같을 것
③ 위상차가 각각 $\dfrac{4\pi}{3}$ [rad]일 것
④ 파형이 같을 것

해설 위상차가 각각 $\dfrac{2}{3}\pi$ [rad]일 것

18. 변압기 2대를 V결선 했을 때의 이용률은 몇 %인가?

① 57.7 %   ② 70.7 %
③ 86.6 %   ④ 100 %

해설 이용률 $= \dfrac{\text{출력}}{\text{용량}} = \dfrac{\sqrt{3}\,V_p I_p \cos\theta}{2\,V_p I_p \cos\theta} = \dfrac{\sqrt{3}}{2}$

$= 0.866 \Rightarrow 86.6\,\%$

19. 전기분해를 하면 석출되는 물질의 양은 통과한 전기량에 관계가 있다. 이것을 나타낸 법칙은?

① 옴의 법칙
② 쿨롱의 법칙
③ 앙페르의 법칙
④ 패러데이의 법칙

해설 패러데이의 법칙(Faraday's law)

㉠ 전기분해 시 전극에 석출되는 물질의 양은 전해액을 통한 전기량에 비례한다.
㉡ 전기량이 같을 때 석출되는 물질의 양은 그 물질의 화학당량에 비례한다.

20. 동일 전압의 전지 3개를 접속하여 각각 다른 전압을 얻고자 한다. 접속 방법에 따라 몇 가지의 전압을 얻을 수 있는가? (단, 극성은 같은 방향으로 설정한다.)

① 1가지 전압   ② 2가지 전압
③ 3가지 전압   ④ 4가지 전압

해설 3가지 전압

㉠ 모두 직렬접속 : $3E$
㉡ 모두 병렬접속 : E
㉢ 직·병렬접속 : $2E$

제2과목 : 전기 기기

21. 직류발전기에서 계자의 주된 역할은?

① 기전력을 유도한다.
② 자속을 만든다.
③ 정류작용을 한다.
④ 정류자면에 접촉한다.

> **해설** 직류기의 3대 요소
> ㉠ 자속(자기력선속)을 발생하는 계자(field)
> ㉡ 기전력을 발생하는 전기자(armature)
> ㉢ 교류를 직류로 변환하는 정류자(commutator)
> ※ 브러시(brush) : 회전자 외부 회로를 접속하는 역할을 한다.

22. 직류발전기의 철심을 규소강판으로 성층하여 사용하는 주된 이유는?

① 브러시에서의 불꽃방지 및 정류개선
② 맴돌이 전류손과 히스테리시스 손의 감소
③ 전기자 반작용의 감소
④ 기계적 강도 개선

> **해설** 전기기기의 철심재료와 철손
> ㉠ 철손을 줄이기 위하여, 규소를 함유한 규소강판을 성층으로 하여 사용한다.
> • 히스테리시스 손을 감소시키기 위하여 철심에 약 3~4 %의 규소를 함유시켜 투자율을 크게 한다.
> • 맴돌이 전류손을 감소시키기 위하여 철심을 얇게, 표면을 절연 처리하여 성층으로 사용한다.
> ㉡ 철손＝히스테리시스 손＋맴돌이 전류손

23. 전기자 지름 0.2 m의 직류발전기가 1.5 kW의 출력에서 1800 rpm으로 회전하고 있을 때 전기자 주변속도는 약 몇 m/s인가?

① 9.42　　　　　② 18.84
③ 21.43　　　　　④ 42.86

> **해설** $v = \pi D \dfrac{N}{60} = 3.14 \times 0.2 \times \dfrac{1800}{60}$
> $\fallingdotseq 18.84 \, \text{m/s}$

24. 직류전동기의 출력이 50 kW, 회전수가 1800 rpm일 때 토크는 약 몇 kg · m인가?

① 12　　　　　② 23
③ 27　　　　　④ 31

> **해설** $T = 975 \dfrac{P}{N} = 975 \times \dfrac{50}{1800} \fallingdotseq 27 \, \text{kg} \cdot \text{m}$

25. 동기속도 30 rps인 교류발전기 기전력의 주파수가 60 Hz가 되려면 극수는?

① 2　　　　　② 4
③ 6　　　　　④ 8

> **해설** $N_s = 30 \times 60 = 1800 \, \text{rpm}$
> $\therefore p = \dfrac{120}{N_s} \cdot f = \dfrac{120}{1800} \times 60 = 4$극

26. 터빈 발전기의 구조가 아닌 것은?

① 고속 운전을 한다.
② 회전 계자형의 철극형으로 되어 있다.
③ 축방향으로 긴 회전자로 되어 있다.
④ 일반적으로 극수는 2극 또는 4극으로 사용한다.

> **해설** 터빈 발전기의 구조 : 회전 계자형의 원통형
> ※ 수차 발전기의 구조 : 회전 계자형의 철극형

27. 동기발전기의 전기자 반작용에 대한 설명으로 틀린 사항은?

① 전기자 반작용은 부하 역률에 따라 크게 변화된다.
② 전기자 전류에 의한 자속의 영향으로 감자 및 자화현상과 편자현상이 발생된다.
③ 전기자 반작용의 결과 감자현상이 발생될 때 반작용 리액턴스의 값은 감소된다.
④ 계자 자극의 중심축과 전기자 전류에 의한 자속이 전기적으로 90°를 이룰 때 편자현상이 발생된다.

해설 전기자 반작용의 결과
  ㉠ 감자현상이 발생될 때 : 반작용 리액턴스의 값은 증가된다.
  ㉡ 증자현상이 발생될 때 : 반작용 리액턴스의 값은 감소된다.
  ※ 전기자 반작용 리액턴스 : 전기자 반작용에 의한 증자 · 감자 작용은 기전력을 증감시키고 전류와는 90° 위상차가 있으므로, 리액턴스에 의한 전압 강하로 나타낼 수 있다.

28. 8극 900 rpm의 교류발전기로 병렬 운전하는 극수 6의 동기발전기 회전수(rpm)는?

① 675
② 900
③ 1200
④ 1800

해설 $N_s = \dfrac{120}{p} \cdot f\,[\text{rpm}]$에서,

$$f = \dfrac{p \cdot N_s}{120} = \dfrac{8 \times 900}{120} = 60\,\text{Hz}$$

$$\therefore N' = \dfrac{120}{p'} \cdot f = \dfrac{120}{6} \times 60 = 1200\,\text{rpm}$$

29. 다음 중 동기전동기에 관한 설명에서 잘못된 것은?

① 기동 권선이 필요하다.
② 난조가 발생하기 쉽다.
③ 여자기가 필요하다.
④ 역률을 조정할 수 없다.

해설 동기전동기 → 동기조상기
  ㉠ 동기전동기는 V곡선(위상 특성곡선)을 이용하여 역률을 임의로 조정하고, 진상 및 지상 전류를 흘릴 수 있다.
  ㉡ 이 전동기를 동기조상기라 하며, 앞선 무효 전력은 물론 뒤진 무효 전력도 변화시킬 수 있다.

30. 13200/220 V 단상변압기가 전등 부하에 120 A를 공급할 때 1차 전류(A)는?

① 1
② 2
③ 120
④ 200

해설 $a = \dfrac{13200}{220} = 60$

$$\therefore I_1 = \dfrac{I_2}{a} = \dfrac{120}{60} = 2\,\text{A}$$

31. 1차측 권수가 1500인 변압기의 2차측에 접속한 16 Ω의 저항은 1차측으로 환산했을 때 8 kΩ으로 되었다고 한다. 2차측 권수를 구하면?

① 60
② 67
③ 65
④ 72

해설 $r_1{'} = a^2 \cdot r_2$에서,

$$a = \sqrt{\dfrac{r_1{'}}{r_2}} = \sqrt{\dfrac{8000}{16}} \fallingdotseq 22.36$$

$$N_2 = \dfrac{N_1}{a} = \dfrac{1500}{22.36} = 67\,\text{회}$$

32. 변압기의 손실에 해당되지 않는 것은?

① 동손
② 와전류손
③ 히스테리시스손
④ 기계손

해설 기계손은 회전기기의 고정손에 속하며, 마찰손과 풍손의 합으로 표시된다.

33. 출력 10 kW, 효율 80 %인 기기의 손실은 약 몇 kW인가?

① 0.6 kW
② 1.1 kW
③ 2.0 kW
④ 2.5 kW

해설 효율 $= \dfrac{\text{출력}}{\text{출력} + \text{손실}} \times 100 = 80\,\%$

$$\therefore \text{손실} = \text{출력}\left(\dfrac{100}{80} - 1\right)$$
$$= \text{출력}(1.25 - 1) = \text{출력} \times 0.25$$
$$= 10 \times 0.25 = 2.5\,\text{kW}$$

34. 3상 유도전동기의 회전 원리를 설명한 것 중 틀린 것은?

① 회전자의 회전 속도가 증가하면 도체를

관통하는 자속 수는 감소한다.

② 회전자의 회전 속도가 증가하면 슬립도 증가한다.

③ 부하를 회전시키기 위해서는 회전자의 속도는 동기 속도 이하로 운전되어야 한다.

④ 3상 교류전압을 고정자에 공급하면 고정자 내부에서 회전 자기장이 발생된다.

해설 슬립(slip) : 회전자의 회전 속도가 증가할수록 슬립은 감소하여 동기 속도에서는 그 값이 0이 된다.

$$※ \ 슬립 \ s = \frac{동기 \ 속도 - 회전자 \ 속도}{동기 \ 속도}$$
$$= \frac{N_s - N}{N_s}$$

35. 유도전동기에서 슬립이 가장 큰 경우는 어느 것인가?

① 무부하 운전 시 ② 경부하 운전 시
③ 정격부하 운전 시 ④ 기동 시

해설 슬립(slip) : s
㉠ 무부하 시 : $s = 0 \rightarrow N = N_s$
  ∴ 동기속도로 회전
㉡ 기동 시 : $s = 1 \rightarrow N = 0$
  ∴ 정지 상태

36. 펌프나 송풍기와 같이 부하 토크가 기동할 때는 작고, 가속하는 데 증가하는 부하에 15 kW 정도의 유도전동기를 사용할 때 어떠한 기동 방법이 가장 적합한가?

① 리액터 기동법 ② 기동 보상기법
③ 쿠사 기동법 ④ 3상 평형 저속 시동

해설 리액터 기동 방법
㉠ 전동기의 1차 쪽에 직렬로 철심이 든 리액터를 접속하는 방법이다.
㉡ 펌프나 송풍기용 전동기에 적합하다.
㉢ 구조가 간단하므로 15 kW 정도에서 자동 운전 또는 원격 제어를 할 때에 쓰인다.

37. 유도전동기의 제동법이 아닌 것은?

① 역상 제동 ② 발전 제동
③ 회생 제동 ④ 3상 제동

해설 유도전동기의 제동법
㉠ 역상 제동(plugging) : 회전 방향과 반대 방향으로 토크를 발생시켜 갑자기 정지시킨다.
㉡ 발전 제동 : 대형의 천장 기중기와 케이블 카 등에 많이 쓰이고 있다.
㉢ 회생 제동 : 전동기가 가지는 운동에너지를 전기에너지로 변화시키고, 이것을 전원에 환원시켜 전력을 회생시킨다.

38. 다이오드를 사용한 정류회로에서 다이오드를 여러 개 직렬로 연결하여 사용하는 경우의 설명으로 가장 옳은 것은?

① 다이오드를 과전류로부터 보호할 수 있다.
② 다이오드를 과전압으로부터 보호할 수 있다.
③ 부하출력의 맥동률을 감소시킬 수 있다.
④ 낮은 전압 전류에 적합하다.

해설 ㉠ 직렬로 연결 : 분압에 의하여, 입력전압을 증가시킬 수 있다(과전압으로부터 보호).
㉡ 병렬로 연결 : 분류에 의하여, 부하전류를 증가시킬 수 있다(과전류로부터 보호).

39. 다음 중 전력 제어용 반도체 소자가 아닌 것은?

① TRIAC ② GTO
③ IGBT ④ LED

해설 ① TRIAC(triode Ac switch)
② GTO(gate turn-off thyristor)
③ IGBT(insulated gate bipolar transistor)
④ LED : 발광 다이오드

40. 3상 전파 정류회로에서 출력전압의 평균 전압 값은? (단, V는 선간전압의 실횻값)

① 0.45 V ② 0.9 V

③ 1.17 V   ④ 1.35 V

해설 ㉠ 단상 반파 : 0.45 V
    ㉡ 단상 전파 : 0.9 V
    ㉢ 3상 반파 : 1.17 V
    ㉣ 3상 전파 : 1.35 V

제3과목 : 전기 설비

41. 전압의 구분에서 고압에 대한 설명으로 가장 옳은 것은?

① 직류는 1500 V를, 교류는 1000 V 이하인 것
② 직류는 1000 V를, 교류는 1500 V 이상인 것
③ 직류는 1500 V를, 교류는 1000 V를 초과하고 7 kV 이하인 것
④ 7 kV를 초과하는 것

해설 전압의 구분(KEC 111.1)

전압의 구분	교류	직류
저압	1 kV 이하	1.5 kV 이하
고압	1 kV 초과 7 kV 이하	1.5 kV 초과 7 kV 이하
특고압	7 kV 초과	

42. 접지 저항값에 가장 큰 영향을 주는 것은 어느 것인가?

① 접지선 굵기   ② 접지전극 크기
③ 온도   ④ 대지저항

해설 접지선과 접지저항 : 접지선이란, 주 접지 단자나 접지모선을 접지극에 접속한 전선을 말하며, 접지저항은 접지전극과 대지 사이의 저항을 말한다.
∴ 대지저항은 접지 저항값에 가장 큰 영향을 준다.

43. 절연내력을 시험할 때는 관련 규정에서 정한 시험전압을 연속하여 몇 분간 가하여야 하는가?

① 1분   ② 3분
③ 5분   ④ 10분

해설 회전기의 절연내력 시험전압의 경우 : 시험 방법은 권선과 대지 사이에 연속하여 10분간 가한다.

44. 전선 약호가 VV인 케이블의 종류로 옳은 것은?

① 0.6/1 kV 비닐절연 비닐시스 케이블
② 0.6/1 kV EP 고무절연 클로로프렌시스 케이블
③ 0.6/1 kV EP 고무절연 비닐시스 케이블
④ 0.6/1 kV 비닐절연 비닐캡타이어 케이블

해설 ① : VV   ② : PN
    ③ : PV   ④ : VCT

45. 큰 건물의 공사에서 콘크리트에 구멍을 뚫어 드라이브 핀을 경제적으로 고정하는 공구는?

① 스패너   ② 드라이베이트 툴
③ 오스터   ④ 로크 아웃 펀치

해설 드라이베이트 툴(driveit tool)
㉠ 큰 건물의 공사에서 드라이브 핀을 콘크리트에 경제적으로 박는 공구이다.
㉡ 화약의 폭발력을 이용하기 때문에 취급자는 보안상 훈련을 받아야 한다.

46. 나전선 상호를 접속하는 경우 일반적으로 전선의 세기를 몇 % 이상 감소시키지 아니하여야 하는가?

① 10 %   ② 15 %
③ 20 %   ④ 30 %

해설 나전선 상호 또는 나전선과 절연전선 캡타이어 케이블 또는 케이블과 접속하는 경우 : 전선의 강도(인장하중)를 20 % 이상 감소시키지 않는다.

47. 저압 옥내 배선 공사에서 부득이한 경우 전선 접속을 해도 되는 곳은?

① 가요 전선관 내   ② 금속관 내
③ 금속 덕트 내   ④ 경질 비닐관 내

해설 전선의 접속 장소의 제한
㉠ 전선 접속 금지 : 전선관(금속, 가요, 경질 비닐) 내에서는 전선의 접속은 절대 금지된다.
㉡ 금속 덕트 배선에서는 전선을 분기하는 경우로, 그 접속점을 용이하게 점검할 수 있는 경우에 한하여 접속점을 만들 수 있다.

48. 옥내 배선의 지름을 결정하는 가장 중요한 요소는?

① 허용 전류   ② 전압 강하
③ 기계적 강도   ④ 사용 주파수

해설 전선의 굵기를 결정하는데 고려하여야 할 사항
㉠ 허용 전류
㉡ 전압 강하
㉢ 기계적 강도
㉣ 사용 주파수
여기서, 가장 중요한 요소는 허용 전류이다.

49. 굵기가 다른 절연 전선을 동일 금속관 내에 넣어 시설하는 경우에 전선의 절연 피복물을 포함한 단면적이 관내 단면적의 몇 % 이하가 되어야 하는가?

① 25   ② 32
③ 45   ④ 70

해설 관의 굵기 선정
㉠ 같은 굵기의 전선을 넣을 때 : 48 % 이하
㉡ 굵기가 다른 전선을 넣을 때 : 32 % 이하

50. 합성수지관 상호 및 관과 박스는 접속 시에 삽입하는 깊이를 관 바깥지름의 몇 배 이상으로 하여야 하는가? (단, 접착제를 사용하지 않은 경우이다.)

① 0.2   ② 0.5
③ 1   ④ 1.2

해설 관과 관의 접속 방법
㉠ 커플링에 들어가는 관의 길이는 관 바깥지름의 1.2배 이상으로 되어 있다.
㉡ 접착제를 사용하는 경우에는 0.8배 이상으로 할 수 있다.

51. 경질 비닐 전선관의 설명으로 틀린 것은?

① 1본의 길이는 3.6 m가 표준이다.
② 굵기는 관 안지름의 크기에 가까운 짝수 (mm)로 나타낸다.
③ 금속관에 비해 절연성이 우수하다.
④ 금속관에 비해 내식성이 우수하다.

해설 1본의 길이는 4 m가 표준이다.

52. 애자 사용 배선공사 시 사용할 수 없는 전선은?

① 고무 절연전선
② 폴리에틸렌 절연전선
③ 플루오르 수지 절연전선
④ 인입용 비닐 절연전선

해설 전선은 절연전선을 사용해야 한다(단, 인입용 비닐전선(DV)은 제외한다).

53. 금속 트렁킹 공사방법은 다음 중 어떤 공사방법의 규정에 준용하는가?

① 금속 몰드 공사
② 금속관 공사
③ 금속 덕트 공사
④ 금속 가요전선관 공사

해설 금속 트렁킹(trunking) 공사방법(KEC 232.23)
※ 본체부와 덮개가 별도로 구성되어 덮개를 열고 전선을 교체하는 금속 트렁킹 공사방법은 금속 덕트공사 규정을 준용한다.

54. 다음 중 덕트 공사의 종류가 아닌 것은?

① 금속 덕트 공사   ② 버스 덕트 공사
③ 케이블 덕트 공사   ④ 플로러 덕트 공사

정답 48. ①   49. ②   50. ④   51. ①   52. ④   53. ③   54. ③

해설 덕트 공사의 종류
ㄱ 금속 덕트 공사
ㄴ 버스 덕트 공사
ㄷ 플로어 덕트 공사
ㄹ 라이팅 덕트 공사
ㅁ 셀룰러 덕트 공사

55. 고압 옥내 배선은 다음 중 하나에 의하여 시설하여야 한다. 해당되지 않는 것은?

① 애자 사용 배선
② 케이블 배선
③ 케이블 트레이 배선
④ 가요 전선관 공사

해설 고압 옥내 배선
ㄱ 애자 사용 배선
ㄴ 케이블 배선
ㄷ 케이블 트레이 배선

56. 접지저항의 저감 대책이 아닌 것은?

① 접지봉의 연결개수를 증가시킨다.
② 접지판의 면적을 감소시킨다.
③ 접지극을 깊게 매설한다.
④ 토양의 고유저항을 화학적으로 저감시킨다.

해설 접지판의 면적을 증대시킨다.

57. 큰 고장전류가 접지도체를 통하여 흐르지 않을 경우 접지도체의 최소 단면적은 구리인 경우 몇 mm^2 이상인가?

① 2.5   ② 6
③ 10   ④ 16

해설 접지도체의 선정(KEC 142.3.1) : 접지도체의 단면적은 구리 6 mm^2 또는 철 50 mm^2 이상으로 하여야 한다.

58. 150 kW의 수전설비에서 역률을 80 %에서 95 %로 개선하려고 한다. 이때 전력용 콘덴서의 용량은 약 몇 kVA인가?

① 63.2   ② 126.4
③ 133.5   ④ 157.6

해설 $Q_c = P\left(\sqrt{\dfrac{1}{\cos^2\theta_1} - 1} - \sqrt{\dfrac{1}{\cos^2\theta_2} - 1}\right)$

$= 150\left(\sqrt{\dfrac{1}{0.8^2} - 1} - \sqrt{\dfrac{1}{0.95^2} - 1}\right)$

$\fallingdotseq 63.2 \text{ kVA}$

59. 교통신호등 회로의 사용전압은 몇 V를 넘는 경우에 전로에 지락이 생겼을 때 자동적으로 전로를 차단하는 장치를 시설하여야 하는가?

① 100   ② 150
③ 200   ④ 300

해설 한국전기설비규정(KEC 234.15.6) : 교통신호등 회로의 사용전압이 150 V를 넘는 경우는 전로에 지락이 생겼을 경우 자동적으로 전로를 차단하는 누전차단기를 시설할 것

60. 조명 설계 시 고려해야 할 사항 중 틀린 것은?

① 적당한 조도일 것
② 휘도 대비가 높을 것
③ 균등한 광속 발산도 분포일 것
④ 적당한 그림자가 있을 것

해설 우수한 조명의 조건
ㄱ 조도가 적당할 것
ㄴ 그림자가 적당할 것
ㄷ 휘도의 대비가 적당할 것
ㄹ 광색이 적당할 것
ㅁ 균등한 광속발산도 분포(얼룩이 없는 조명)일 것

전기 기능사 | # 2021년 제2회 실전문제

제1과목 : 전기 이론

1. 도체에 대전체를 접근시키면 대전체에 가까운 쪽에서는 대전체와 다른 전하가 나타나며 그 반대쪽에는 대전체와 같은 종류의 전하가 나타나는 현상이 일어난다. 이와 같은 현상을 무엇이라고 하는가?

① 정전 차폐　　② 자기 유도
③ 대전　　　　④ 정전 유도

해설 정전 유도 현상 : 대전체를 도체의 근처에 가까이 했을 경우에 대전체 가까운 쪽에는 다른 종류의 전하가, 먼 쪽에는 같은 종류의 전하가 나타나는 현상

2. 도면과 같이 공기 중에 놓인 2×10^{-8} C의 전하에서 4 m 떨어진 점 P와 2 m 떨어진 점 Q와의 전위차는 몇 V인가?

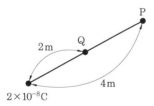

① 45 V
② 90 V
③ 125 V
④ 150 V

해설 전위는 거리에 반비례한다.

전위차 $V = 9 \times 10^9 \times Q \left(\dfrac{1}{\gamma_1} - \dfrac{1}{\gamma_2} \right)$

$\qquad = 9 \times 10^9 \times 2 \times 10^{-8} \left(\dfrac{1}{2} - \dfrac{1}{4} \right)$

$\qquad = 90 - 45 = 45$ V

3. 자계의 영향을 받지 않아 자화가 되지 않는 물질로, 강자성체 이외의 자성이 약한 물질이나 전혀 자성을 갖지 않는 물질을 무엇이라고 하는가?

① 상자성체　　　② 반자성체
③ 비자성체　　　④ 페리자성체

해설 비자성체(non-magnetic material ; 非磁性體)
　㉠ 자계에 영향을 받지 않아 자화가 되지 않는 물질로, 상자성 물질과 반자성 물질을 포함한다.
　㉡ 그 비투자율은 1에 가까운 값이며, 자계에 의해 거의 힘을 받지 않는다. Al, Cu, Sn(주석) 등.
　※ 페리(ferri)자성체 : 외부 자기장 속에서 자기장과 같은 방향으로 강하게 자화되는 물체를 말하며 텔레비전이나 반송전파, 컴퓨터, 마이크로파 기기, 자기 변형 발진기, 고주파 기기에 널리 쓰인다.

4. 길이가 31.4 cm, 단면적 0.25 m², 비투자율이 100인 철심을 이용하여 자기회로를 구성하면 자기저항은 몇 AT/Wb인가? (단, 진공의 투자율은 $\mu_0 = 4\pi \times 10^{-7}$ H/m로 계산한다.)

① 2648.24
② 6784.58
③ 8741.49
④ 9994.53

해설 $R = \dfrac{l}{\mu_0 \, \mu_s \, A} = \dfrac{31.4 \times 10^{-2}}{4\pi \times 10^{-7} \times 100 \times 0.25}$

$\qquad \fallingdotseq 9994.5$ AT/Wb

5. 공기 중에 1 m 떨어져 평행으로 놓인 두 개의 무한히 긴 도선에 왕복 전류가 흐를 때, 단위 길

이 당 18×10^{-7} N의 힘이 작용한다면 이때 흐르는 전류는 약 몇 A인가?

① 3   ② 9
③ 27   ④ 34

해설 $F = \dfrac{2 I_1 I_2}{r} \times 10^{-7}$ N에서,

$I^2 = \dfrac{F r}{2 \times 10^{-7}} = \dfrac{18 \times 10^{-7} \times 10^7}{2} = 9$

$\therefore I = 3$A

6. 자장 중에서 도선에 발생되는 유기 기전력의 방향은 어떤 법칙에 의하여 설명되는가?

① 패러데이(Faraday)의 법칙
② 앙페르(Ampere)의 오른나사 법칙
③ 렌츠(Lenz)의 법칙
④ 가우스(Gauss)의 법칙

해설 렌츠의 법칙(Lenz's law) : 전자 유도에 의하여 생긴 기전력의 방향은 그 유도 전류가 만드는 자속이 항상 원래 자속의 증가 또는 감소를 방해하는 방향이다.

7. 어느 코일에서 0.1초 동안에 전류가 0.3 A에서 0.2 A로 변화할 때 코일에 유도되는 기전력이 2×10^{-4} V이면, 이 코일의 자체 인덕턴스는 몇 mH인가?

① 0.1   ② 0.2
③ 0.3   ④ 0.4

해설 $v = L \dfrac{\Delta I}{\Delta t}$에서,

$L = \dfrac{v \cdot \Delta t}{\Delta I} = \dfrac{2 \times 10^{-4} \times 0.1}{0.3 - 0.2} = 2 \times 10^{-4}$ H

$\therefore 0.2$ mH

8. 두 코일이 서로 직각으로 교차할 때 상호 인덕턴스는?

① $L_1 + L_2$ ② $L_1 - L_2$
③ $L_1 \times L_2$ ④ 0

해설 직각 교차이므로 서로 쇄교 자속이 없으므로 상호 인덕턴스는 '0'이다.

9. 주파수 10 Hz의 주기는 몇 초인가?

① 0.05   ② 0.02
③ 0.01   ④ 0.1

해설 $T = \dfrac{1}{f} = \dfrac{1}{10} = 0.1$ s

10. L만의 회로에서 유도 리액턴스는 주파수가 1 kHz일 때 50 Ω이었다. 주파수를 500 Hz로 바꾸면 유도 리액턴스는 몇 Ω인가?

① 12.5   ② 25
③ 50   ④ 100

해설 유도 리액턴스 : $X_L = 2\pi f \cdot L$[Ω]에서, 주파수 f가 $\dfrac{1}{2}$배로 되면 X_L도 $\dfrac{1}{2}$배가 된다.

11. $R = 8$ Ω, $L = 19.1$ mH의 직렬 회로에 5 A가 흐르고 있을 때 인덕턴스(L)에 걸리는 단자 전압의 크기는 약 몇 V인가?(단, 주파수는 60 Hz이다.)

① 12   ② 25
③ 29   ④ 36

해설 $X_L = 2\pi f L = 2\pi \times 60 \times 19.1 \times 10^{-3}$
$\fallingdotseq 7.2$ Ω
$\therefore V_L = I \cdot X_L = 5 \times 7.2 = 36$V

12. 전압 200 V, 저항 8 Ω, 유도 리액턴스 6 Ω이 직렬로 연결된 회로에 흐르는 전류와 역률은 얼마인가?

① 20 A, 0.8   ② 20 A, 0.7
③ 10 A, 0.6   ④ 10 A, 0.5

해설 ㉠ $Z = \sqrt{R^2 + X^2} = \sqrt{8^2 + 6^2} = 10$ Ω
㉡ $I = \dfrac{V}{Z} = \dfrac{200}{10} = 20$A
㉢ $\cos\theta = \dfrac{R}{Z} = \dfrac{8}{10} = 0.8$

정답 6. ③   7. ②   8. ④   9. ④   10. ②   11. ④   12. ①

13. 저항 4 Ω, 유도 리액턴스 8 Ω, 용량 리액턴스 5 Ω이 직렬로 된 회로에서의 역률은 얼마인가?

① 0.8   ② 0.7
③ 0.6   ④ 0.5

해설 ① $Z = \sqrt{R^2 + (X_L - X_C)^2}$
$= \sqrt{4^2 + (8-5)^2} = 5\ \Omega$
② 역률 : $\cos\theta = \dfrac{R}{Z} = \dfrac{4}{5} = 0.8$

14. RLC 직렬 공진 회로에서 최대가 되는 것은?

① 전류   ② 임피던스
③ 리액턴스   ④ 저항

해설 직렬 공진 시 임피던스가 최소가 되므로, 전류는 최대가 된다.

15. RC 병렬 회로의 임피던스는?

① $\sqrt{R^2 + \left(\dfrac{1}{\omega C}\right)}$ ② $\sqrt{\left(\dfrac{1}{R}\right) + (\omega C)^2}$
③ $\dfrac{1}{\sqrt{R^2 + \left(\dfrac{1}{\omega C}\right)}}$ ④ $\dfrac{1}{\sqrt{\left(\dfrac{1}{R}\right)^2 + (\omega C)^2}}$

해설 RC 병렬 회로
$Z = \dfrac{1}{\sqrt{\left(\dfrac{1}{R}\right)^2 + \left(\dfrac{1}{X_C}\right)^2}} = \dfrac{1}{\sqrt{\left(\dfrac{1}{R}\right)^2 + (\omega C)^2}}\ [\Omega]$

16. 다음 중 유효전력의 단위는 어느 것인가?

① W   ② Var
③ kVA   ④ VA

해설 ㉠ 피상전력 : VA(volt-ampere), kVA, MVA
㉡ 무효전력 : var, kvar, Mvar
㉢ 유효전력 : W, kW, MW

17. 220 V용 50 W 전구와 30 W 전구를 직렬로 연결하여 220 V의 전원에 연결하면?

① 두 전구의 밝기가 같다.

② 30 W의 전구가 더 밝다.
③ 50 W의 전구가 더 밝다.
④ 두 전구 모두 안 켜진다.

해설 직렬 연결 시 두 전구에 흐르는 전류가 같으므로 내부저항이 큰 30 W의 전구가 더 밝다 ($P = I^2 R$ [W]).
㉠ 30 W 전구 : $R_1 = \dfrac{V^2}{P_1} = \dfrac{220^2}{30} = 1613\ \Omega$
㉡ 50 W 전구 : $R_2 = \dfrac{V^2}{P_2} = \dfrac{220^2}{50} = 968\ \Omega$

18. 평형 3상 회로에서 1상의 소비 전력이 P라면 3상 회로의 전체 소비 전력은?

① P ② $2P$ ③ $3P$ ④ $\sqrt{3}\ P$

해설 각 상에서 소비되는 전력은 평형 회로이므로
$P_a = P_b = P_c$
∴ 3상의 전 소비전력
$P_0 = P_a + P_b + P_c = 3P\ [\text{W}]$

19. 세 변의 저항 $R_a = R_b = R_c = 15\ \Omega$인 Y결선 회로가 있다. 이것과 등가인 △결선 회로의 각 변의 저항은 몇 Ω인가?

① 5   ② 10   ③ 25   ④ 45
해설 $R_\Delta = 3R_Y = 3 \times 15 = 45\ \Omega$

20. 비정현파가 발생하는 원인과 거리가 먼 것은?

① 자기포화   ② 옴의 법칙
③ 히스테리시스   ④ 전기자 반작용

해설 비정현파가 발생하는 원인
㉠ 비정현파 교류는 기전력이 정현파가 아닌 경우에 발생하는 것 외에 회로 내에 비선형(nonlinear) 소자가 있는 경우에 발생한다.
㉡ 비선형 소자에는 옴(Ohm)의 법칙을 따르지 않는 인덕턴스나 콘덴서 또는 능동 소자로서 진공관, 트랜지스터 등이 있다.
㉢ 코일이 철 등과 같은 강자성체에 감겨 있는 경우에는 자성재료 포화 특성 및 히스테리시스 특성에 의하여 전류의 파형이 일그러지게 된다.

정답 13. ①   14. ①   15. ④   16. ①   17. ②   18. ③   19. ④   20. ②

21. 영구자석 또는 전자석 끝부분에 설치한 자성 재료편으로서, 전기자에 대응하여 계자 자속을 공극 부분에 적당히 분포시키는 역할을 하는 것은 무엇인가?

① 자극편　　　　　② 정류자
③ 공극　　　　　　④ 브러시

> **해설** 자극편 : 전기자와 마주 보는 계자극의 부분으로, 자속을 분포시키는 역할을 하는 자성 재료편이다.

22. 발전기의 전압 변동률을 표시하는 식은? (단, V_0 : 무부하 전압, V_n : 정격 전압)

① $\varepsilon = \dfrac{V_0 - V_n}{V_n} \times 100$

② $\varepsilon = \dfrac{V_n - V_0}{V_0} \times 100$

③ $\varepsilon = \dfrac{V_0}{V_n - V_0} \times 100$

④ $\varepsilon = \dfrac{V_n}{V_0 + V_n} \times 100$

> **해설** 전압 변동률 : 정격 상태에서 정격 전압 V_n, 무부하 전압 V_0일 때, $\varepsilon = \dfrac{V_0 - V_n}{V_n} \times 100$

23. 동기 속도 3600 rpm, 주파수 60 Hz의 유도 전동기의 극수는?

① 2　　　　　　② 4
③ 6　　　　　　④ 8

> **해설** $p = \dfrac{120 \cdot f}{N_s} = \dfrac{120 \times 60}{3600} = 2$극

24. 동기기의 전기자 권선법이 아닌 것은?

① 2층 분포권　　　② 단절권

③ 중권　　　　　　④ 전절권

> **해설** 동기기의 전기자 권선법 중 2층 분포권, 단절권 및 중권이 주로 쓰이고 결선은 Y결선으로 한다.
> ※ 전절권은 단절권에 비하여 단점이 많아 사용하지 않는다.

25. 동기 발전기의 병렬 운전 중에 기전력의 위상 차가 생기면?

① 위상이 일치하는 경우보다 출력이 감소한다.
② 부하 분담이 변한다.
③ 무효 순환전류가 흘러 전기자 권선이 과열된다.
④ 동기화력이 생겨 두 기전력의 위상이 동상이 되도록 작용한다.

> **해설** 기전력의 위상차에 의한 발생 현상
> ㉠ A기의 유도 기전력 위상이 B기보다 δ_s만큼 앞선 경우, 횡류 $\dot{I}_s = \dfrac{\dot{E}_s}{2Z_s}$[A]가 흐르게 된다.
> ㉡ 횡류는 유효전류 또는 동기화 전류라고 하며, 상차각 δ_s의 변화를 원상태로 돌아가려고 하는 I_s에 의한 전력은 동기화 전력이라고 하며, 두 기전력의 위상이 동상이 되도록 작용한다.

26. 동기 발전기에서 전기자 전류가 기전력보다 90°만큼 위상이 앞설 때의 전기자 반작용은?

① 교차 자화 작용　　② 감자 작용
③ 편자 작용　　　　④ 증자 작용

> **해설** 동기 발전기의 전기자 반작용
>
> | 반작용 | 작용 | 위상 |
> |---|---|---|
> | 가로축 (횡축) | 교차 자화 작용 | 동상 |
> | 직축(종축) (자극축과 일치) | 감자 작용 | 지상 (90° 늦음 - 전류 뒤짐) |
> | | 증자 작용 | 진상 (90° 빠름 - 전류 앞섬) |

27. $\dfrac{13200}{220}$ 변압기에서 1차 전압 6000 V를 가했을 때, 2차 전압은 몇 V인가?

① 1000   ② 10
③ 100   ④ 1

해설 $a = \dfrac{V_1}{V_2} = \dfrac{13200}{220} = 60$

$\therefore V_2 = \dfrac{V_1}{a} = \dfrac{6000}{60} = 100 \text{ V}$

28. 변압기의 규약 효율은?

① $\dfrac{출력}{입력} \times 100\,\%$

② $\dfrac{출력}{출력 + 손실} \times 100\,\%$

③ $\dfrac{출력}{입력 - 손실} \times 100\,\%$

④ $\dfrac{입력 + 손실}{입력} \times 100\,\%$

해설 규약 효율 : 변압기의 효율은 정격 2차 전압 및 정격 주파수에 대한 출력과 전체 손실이 주어진다.

$\eta = \dfrac{출력}{출력 + 전체\ 손실} \times 100\,\%$

29. 일반적으로 사용하는 주상 변압기의 냉각방식은?

① 유입 자랭식   ② 유입 풍랭식
③ 유입 수랭식   ④ 유입 송유식

해설 ㉠ 유입 자랭식(ONAN)
- 절연 기름을 채운 외함에 변압기 본체를 넣고, 기름의 대류 작용으로 열을 외기 중에 발산시키는 방법이다.
- 일반적으로 주상 변압기도 유입 자랭식 냉각 방식이다.

㉡ 유입 풍랭식(ONAF)
- 방열기가 붙은 유입 변압기에 송풍기를 붙여서 강제로 통풍시켜 냉각 효과를 높인 것이다.

- 유입 자랭식보다 용량을 20~30 % 정도 증가시킬 수 있으므로, 대형 변압기에 많이 사용되고 있다.

30. 1차 900 Ω, 2차 100 Ω인 회로의 임피던스 정합용 변압기의 권수비는?

① 81   ② 9   ③ 3   ④ 1

해설 임피던스 정합 : 1차와 2차의 임피던스를 같게 하는 것이므로, $Z_1 = a^2 Z_2$ 에서,

$a = \sqrt{\dfrac{Z_1}{Z_2}} = \sqrt{\dfrac{900}{100}} = 3$

31. 변압기의 결선방식에서 낮은 전압을 높은 전압으로 올릴 때 사용하는 결선방식은?

① Y-Y 결선방식   ② Δ-Δ 결선방식
③ Δ-Y 결선방식   ④ Y-Δ 결선방식

해설 ㉠ Δ-Y 결선 : 낮은 전압을 높은 전압으로 올릴 때 사용(1차 변전소의 승압용)
㉡ Y-Δ 결선 : 높은 전압을 낮은 전압으로 낮추는 데 사용(수전단 강압용)

32. 다음은 3상 유도 전동기 고정자 권선의 결선도를 나타낸 것이다. 맞는 사항은 어느 것인가?

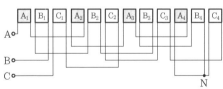

① 3상 2극, Y결선   ② 3상 4극, Y결선
③ 3상 2극, Δ결선   ④ 3상 4극, Δ결선

해설 ㉠ 3상 : A상, B상, C상
㉡ 4극 : 극 번호 1, 2, 3, 4
㉢ Y결선 : 독립된 인출선 A, B, C와 성형점 N이 존재

33. 정지 상태에 있는 3상 유도 전동기의 슬립 값은?

① 0   ② 1   ③ 2   ④ 3

해설 슬립(slip) : s

㉠ 동기 속도로 회전(무부하 시) : $N=N_s$

∴ $s=0$

㉡ 정지 상태(기동 시) : $N=0$

∴ $s=1$

※ 슬립(slip)

$$s = \frac{\text{동기 속도} - \text{회전자 속도}}{\text{동기 속도}} = \frac{N_s - N}{N_s}$$

34. 단상 유도 전동기 중 고정자 자극의 한쪽 끝에 홈을 파서 돌출극을 만들고 이 돌출극에 구리 단락 고리를 끼워 회전 자계를 만들어 기동하는 단상 유도 전동기를 무엇이라고 하는가?

① 콘덴서 기동형　　② 영구콘덴서형
③ 셰이딩 코일형　　④ 반발기동형

해설 셰이딩 코일(shading coil)형의 특징

㉠ 회전자는 농형이고 고정자의 성층 철심은 몇 개의 돌극으로 되어 있다.

㉡ 기동 토크가 작고 출력이 수 10 W 이하의 소형 전동기에 주로 사용된다.

㉢ 운전 중에도 셰이딩 코일에 전류가 흐르고 속도 변동률이 크며, 정역 운전을 할 수 없다.

※ 반발 기동형

㉠ 기동 토크가 크게 요구되고, 전원 전압 강하가 큰 부하에 적합하다.

㉡ 정류자가 있어 유지 보수가 어렵다

㉢ 기동장치 : 정류자 브러시, 정류자 단락 링

㉣ 용도 : 펌프, 컴프레서, 냉동기, 공업용 세척기, 농기기

35. 정격 전압이 380 V인 3상 유도 전동기의 1차 입력이 50 kW이고, 1차 전류가 135 A가 흐를 때 이 전동기의 역률은?

① 0.52　　　　　② 0.56
③ 0.59　　　　　④ 0.64

해설 $P = \sqrt{3}\,VI\cos\theta\,[\text{W}]$에서,

$$\cos\theta = \frac{P}{\sqrt{3}\,VI} = \frac{50 \times 10^3}{\sqrt{3} \times 380 \times 135} \fallingdotseq 0.56$$

36. 진성 반도체를 P형 반도체로 만들기 위하여 첨가하는 것은?

① 인　　　　　　② 인듐
③ 비소　　　　　④ 안티몬

해설 N형, P형 반도체의 비교

구분	첨가 불순물		
	명칭	종류	원자가
N형 반도체	도너 (donor)	인(P), 비소(As), 안티몬(Sb)	5
P형 반도체	억셉터 (accepter)	인듐(In), 붕소(B), 알루미늄(Al)	3

37. 단상 전파 정류회로에서 전원이 220 V이면 부하에 나타나는 전압의 평균값은 약 몇 V인가?

① 99　　② 198　　③ 257.4　　④ 297

해설 $E_{d0} \fallingdotseq 0.9\,V = 0.9 \times 220 = 198\,\text{V}$

38. 그림과 같은 전동기 제어회로에서 전동기 M의 전류 방향으로 올바른 것은? (단, 전동기의 역률은 100 %이고, 사이리스터의 점호각은 0°라고 본다.)

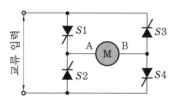

① 항상 "A"에서 "B"의 방향
② 항상 "B"에서 "A"의 방향
③ 입력의 반주기마다 "A"에서 "B"의 방향, "B"에서 "A"의 방향
④ $S1$과 $S4$, $S2$와 $S3$의 동작 상태에 따라 "A"에서 "B"의 방향, "B"에서 "A"의 방향

해설 전동기 M의 전류 방향

㉠ 교류 입력이 정(+) 반파일 때 : $S1$, $S4$ 턴 온
㉡ 교류 입력이 부(−) 반파일 때 : $S2$, $S3$ 턴 온

∴ 항상 "A"에서 "B"의 방향으로 흐르게 된다.

39. SCR 2개를 역병렬로 접속한 그림과 같은 기호의 명칭은?

① SCR
② TRIAC
③ GTO
④ UJT

해설 트라이액(TRIAC : triode AC switch)
   ㉠ 2개의 SCR을 병렬로 접속하고 게이트를 1개로 한 구조로 3단자 소자이다.
   ㉡ 양방향성이므로 교류 전력 제어에 사용된다.

40. 고장 시의 불평형 차 전류가 평형 전류의 어떤 비율 이상으로 되었을 때 동작하는 계전기는?

① 과전압 계전기
② 과전류 계전기
③ 전압 차동 계전기
④ 비율 차동 계전기

해설 비율 차동 계전기(RDFR)
   ㉠ 동작 코일과 억제 코일로 되어 있으며, 전류가 일정 비율 이상이 되면 동작한다.
   ㉡ 비율 동작 특성은 25~50 %, 동작 시한은 0.2 s 정도이다.
   ㉢ 변압기 단락 보호용으로 주로 사용된다.

제3과목 : 전기 설비

41. 접지선의 절연 전선 색상은 특별한 경우를 제외하고는 어느 색으로 표시를 하여야 하는가?

① 흑색
② 녹색
③ 녹색–노란색
④ 녹색–적색

해설 전선의 식별(KEC 121.2)

상(문자)	색상
L1	갈색
L2	흑색
L3	회색
N	청색
보호도체(접지선)	녹색–노란색

42. 전선 및 케이블의 구비 조건으로 맞지 않는 것은?

① 도전율이 크고 고유 저항이 작을 것
② 기계적 강도 및 가요성이 풍부할 것
③ 내구성이 크고 비중이 클 것
④ 시공 및 접속이 쉬울 것

해설 전선의 재료로서 구비해야 할 조건
   ㉠ 도전율이 클 것 → 고유 저항이 작을 것
   ㉡ 기계적 강도가 클 것
   ㉢ 비중이 작을 것 → 가벼울 것
   ㉣ 내구성이 있을 것
   ㉤ 공사가 쉬울 것
   ㉥ 값이 싸고 쉽게 구할 수 있을 것

43. 보조 접지극 2개를 이용하여 계기판의 눈금이 0을 가리키는 순간의 저항 다이얼의 값을 읽어 접지 저항을 측정하는 방법은?

① 캘빈 더블 브릿지
② 휘트스톤 브릿지
③ 콜라우시 브릿지
④ 접지 저항계

해설 접지 저항계 : 접지 저항 측정기(earth tester)
   ㉠ 켈빈 더블 브리지(Kelvin double bridge) : 휘트스톤 브리지에 보조 저항을 첨가한 것으로 1 Ω 이하의 저저항의 정밀 측정에 사용된다.
   ㉡ 휘트스톤 브리지(Wheatstone bridge) : 10^{-4} Ω 정도의 저항을 측정할 수 있다.
   ㉢ 콜라시 브리지(Kohlrausch bridge) : 저저항 측정용 계기로 접지 저항, 전해액의 저항 측정에 사용된다.

44. 다음 중 금속 전선관의 종류에서 박강 전선관의 규격이 아닌 것은?

① 19
② 25
③ 31
④ 35

해설 박강 전선관의 규격 : 19, 25, 31, 39, 51, 63, 75 mm
   ㉠ 박강 : 외경(바깥지름)에 가까운 홀수
   ㉡ 후강 : 내경(안지름)에 가까운 짝수

45. 다음 중 버스 덕트의 종류가 아닌 것은?

① 플로어 버스 덕트 ② 피더 버스 덕트
③ 탭붙이 버스 덕트 ④ 플러그인 버스 덕트

해설 버스 덕트(bus duct) 종류
ㄱ 피더 버스 덕트
ㄴ 플러그인 버스 덕트
ㄷ 익스팬션 버스 덕트
ㄹ 탭붙이 버스 덕트
ㅁ 트랜스포지션 버스 덕트

46. 다음 중 배선 차단기의 기호로 옳은 것은?

① MCCB　　② ELB
③ ACB　　④ DS

해설 ① MCCB(molded case circuit breaker) :
배선용 차단기
② ELB(earth leakage breaker) : 누전 차단기
③ ACB(air circuit breaker) : 기중 차단기
④ DS(disconnecting switch) : 단로기

47. 기동 시 발생하는 기동전류에 대해 동작하지 않는 퓨즈의 종류로 옳은 것은?

① 플러그 퓨즈　　② 전동기용 퓨즈
③ 온도 퓨즈　　④ 텅스텐 퓨즈

해설 ① 플러그 퓨즈(plug fuse) : 하얀 자기제의 퓨즈 커버 내에 퓨즈를 삽입하여 나사 형식으로 돌리면 내부에서 서로 접촉하게 한 것이다.
② 전동기용 퓨즈
ㄱ 전동기용 퓨즈는 전동기 보호용으로 적합한 특성을 가진 퓨즈이다.
ㄴ 정격전류의 5배의 전류를 10초간 통전하여 1만회를 반복해도 용단되지 않는 특성을 가지고 있다.
ㄷ 전동기의 기동 시에는 기동전류가 흐르기 때문에 이 기동전류에 의해 기능이 저하되거나 용단되지 않도록 하는 특성이 정해져 있다.
ㄹ 전동기는 온, 오프를 많이 반복하게 되므로 반복 개폐 횟수가 많게 설정되어 있다.
③ 온도 퓨즈(thermal fuse) : 어떤 특정한 온도에서 변형, 혹은 용융하여 전기회로를 여는 일종의 과열 보호용 스위치로서, 전기기

기의 과열 방지를 목적으로 사용되고 있다.
④ 텅스텐 퓨즈(tungsten fuse)
ㄱ 텅스텐의 가는 선을 필요한 치수로 정밀하게 만들어 소형의 유리관에 봉해 넣고, 그 양단에 도선을 붙인 것이다.
ㄴ 전자기기와 같은 소전류이고 정밀한 제한을 요하는 곳에 사용한다.

48. 사람의 감전을 방지하기 위하여 설치하는 주택용 누전 차단기는 정격감도전류와 동작시간이 얼마 이하여야 하는가?

① 30 mA, 0.03초　② 3 mA, 0.03초
③ 300 mA, 0.3초　④ 30 mA, 0.3초

해설 ㄱ 감전사고에서는 인체의 손상 정도를 결정하는 통전전류의 크기와 통전시간이 피해 정도에 큰 영향을 끼친다.
ㄴ 사람의 전기감전을 방지하기 위하여 주택용 누전 차단기는 정격감도전류 30 mA, 0.03초 이내에 동작하도록 규정하고 있다.

49. 정격전류가 60 A일 때, 주택용 배선 차단기의 동작시간은 얼마 이내인가?

① 15분　　② 30분
③ 60분　　④ 120분

해설 한국전기설비규정[KEC 표 212.6-4] 과전류 트립 동작시간(주택용 배선 차단기)

정격전류의 구분	시간	정격전류의 배수	
		불 용단 전류	용단 전류
63 A 이하	60분	1.13배	1.45배
63 A 초과	120분	1.13배	1.45배

50. 접지 공사에서 접지극으로 동판을 사용하는 경우 면적이 몇 cm² 편면 이상이어야 하는가?

① 300　　② 600
③ 900　　④ 1200

해설 접지극(내선 1445-7 참조)

ⓐ 동판을 사용하는 경우에는 두께 0.7 mm 이상, 면적 900 cm²(편면) 이상의 것

ⓑ 동봉, 동피복강봉을 사용하는 경우에는 지름 8 mm 이상, 길이는 0.9 이상의 것

51. 저압 가공전선에 대한 설명으로 옳지 않은 것은?

① 저압 가공전선은 나전선, 절연전선, 다심형 전선 또는 케이블을 사용하여야 한다.

② 사용전압이 400 V 이하인 경우 케이블을 사용할 수 있다.

③ 사용전압이 400 V를 초과하고 시가지에 시설하는 경우 지름 5 mm 이상의 경동선이어야 한다.

④ 사용전압이 400 V를 초과하는 경우 인입용 비닐 절연전선을 사용할 수 있다.

해설 [KEC 222.5] 저압 가공전선의 굵기 및 종류(①, ②, ③ 이외에) : 사용전압이 400 V 초과인 저압 가공전선에는 인입용 비닐 절연전선을 사용하여서는 안 된다.

52. 철근 콘크리트주로서 전장이 15 m이고, 설계하중이 7.8 kN이다. 이 지지물을 논, 기타 지반이 약한 곳 이외에 기초 안전율의 고려 없이 시설하는 경우에 그 묻히는 깊이는 기준보다 몇 cm를 가산하여 시설하여야 하는가?

① 10
② 30
③ 50
④ 70

해설 철근 콘크리트주로서 전체의 길이가 14 m 이상 20 m 이하이고, 설계하중이 6.8 kN 초과 9.8 kN 이하의 것을 논이나 지반이 연약한 곳 이외에 시설하는 경우 최저 깊이에 30 cm를 가산하여 할 것

53. 전선로의 직선 부분을 지지하는 애자는?

① 핀애자
② 지지애자
③ 가지애자
④ 구형애자

해설 ① 핀애자 : 전선의 직선 부분에 사용

② 지지애자 : 전선의 지지부에 사용

③ 가지애자 : 전선을 다른 방향으로 돌리는 부분에 사용

④ 구형애자 : 인류용과 지선용이 있으며, 지선용은 지선의 중간에 넣어 양측 지선을 절연

54. 인류하는 곳이나 분기하는 곳에 사용하는 애자는?

① 구형애자
② 가지애자
③ 새클애자
④ 현수애자

해설 현수애자 : 특고압 배전 선로에 사용하는 현수애자는 선로의 종단, 선로의 분기, 수평각 30° 이상인 인류 개소와 전선의 굵기가 변경되는 지점, 개폐기 설치 전주 등의 내장 장소에 사용한다.

55. 다음 중 래크를 사용하는 장소는?

① 저압 가공 전선로

② 저압 지중 전선로

③ 고압 가공 전선로

④ 고압 지중 전선로

해설 저압 가공 전선로에 있어서 완금이나 완목 대신에 래크(rack)를 사용하여 전선을 수직 배선한다.

56. 가공 전선로의 지지물에 시설하는 지선의 안전율은 얼마 이상이어야 하는가?

① 2
② 2.5
③ 3
④ 3.5

해설 지선의 시설[KEC 331.11]

ⓐ 안전율 : 2.5 이상

ⓑ 연선을 사용할 경우

• 소선 3가닥 이상의 연선일 것

• 소선의 지름이 2.6 mm 이상의 금속선을 사용한 것일 것

57. 수변전 설비 구성기기의 계기용 변압기(PT)설명으로 옳지 않은 것은?

① 높은 전압을 낮은 전압으로 변성하는 기기이다.

② 높은 전류를 낮은 전류로 변성하는 기기이다.

③ 회로에 병렬로 접속하여 사용하는 기기이다.

④ 부족 전압 트립 코일의 전원으로 사용된다.

해설 ㉠ 계기용 변압기(PT)
- 고전압을 저전압으로 변성-회로에 병렬로 접속
- 배전반의 전압계, 전력계, 주파수계, 역률계 표시등 및 부족 전압 트립 코일의 전원으로 사용

㉡ 계기용 변류기(CT)
- 높은 전류를 낮은 전류로 변성-회로에 직렬로 접속
- 배전반의 전류계·전력계, 차단기의 트립 코일의 전원으로 사용

58. 배선설계를 위한 전등 및 소형 전기기계 기구의 부하 용량 산정 시 건축물의 종류에 대응한 표준 부하에서 원칙적으로 표준 부하를 20 VA/m²으로 적용하여야 하는 건축물은?

① 교회, 극장 ② 호텔, 병원

③ 은행, 상점 ④ 아파트, 미용원

해설 건물의 종류별 표준 부하

건축물의 종류	표준부하 (VA/m²)
공장, 공회당, 사원, 교회, 극장, 영화관, 연회장 등	10
기숙사, 여관, 호텔, 병원, 학교, 음식점, 다방, 대중목욕탕 등	20
사무실, 은행, 상점, 이발소, 미용원	30
주택, 아파트	40

59. 교통 신호등 회로의 사용전압은 몇 V를 넘는 경우에 전로에 지락이 생겼을 때 자동적으로 전로를 차단하는 장치를 시설하여야 하는가?

① 100 ② 150

③ 200 ④ 300

해설 한국전기설비규정[KEC 234.15.6] : 교통 신호등 회로의 사용전압이 150 V를 넘는 경우는 전로에 지락이 생겼을 경우 자동적으로 전로를 차단하는 누전 차단기를 시설할 것

60. 옥측 또는 옥외에 시설하는 배전반 및 분전반을 시설하는 경우에 사용하는 케이블로 옳은 것은?

① 난연성 케이블

② 광섬유 케이블

③ 차폐 케이블

④ 수밀형 케이블

해설 배전반 및 분전반(캐비닛을 포함한다.)을 옥측 또는 옥외에 시설하는 경우는 방수형의 것으로 수밀형 케이블을 사용하여야 한다.

※ 수밀성(water tightness 水密性) 재료 : 압력수가 통과하지 않는 방수재료

| # 2021년 제3회 실전문제

제1과목 : 전기 이론

1. 다음 중 4×10^{-5} C과 6×10^{-5} C의 두 전하가 자유공간에 2 m의 거리에 있을 때 그 사이에 작용하는 힘은?

① 5.4 N, 흡인력이 작용한다.

② 5.4 N, 반발력이 작용한다.

③ $\frac{7}{9}$ N, 흡인력이 작용한다.

④ $\frac{7}{9}$ N, 반발력이 작용한다.

해설 $F = 9 \times 10^9 \times \dfrac{Q_1 \cdot Q_2}{r^2}$

$= 9 \times 10^9 \times \dfrac{4 \times 10^{-5} \times 6 \times 10^{-5}}{2^2}$

$= \dfrac{21.6}{4} = 5.4 \, \text{N}$

(같은 종류의 전하는 서로 반발한다.)

2. 용량이 큰 콘덴서를 만들기 위한 방법이 아닌 것은?

① 극판의 면적을 작게 한다.

② 극판간의 간격을 작게 한다.

③ 극판간에 넣는 유전체를 비유전율이 큰 것으로 사용한다.

④ 극판의 면적을 크게 한다.

해설 용량이 큰 콘덴서를 만들기 위한 방법

$C = \varepsilon \dfrac{A}{l}$ [F]에서,

① 극판의 면적을 크게 한다.

② 극판간의 간격을 작게 한다.

③ 극판간에 넣는 유전체를 비유전율이 큰 것으로 사용한다.

3. 다음 중 가우스 정리를 이용하여 구하는 것은?

① 두 전하 사이에 작용하는 힘

② 전계의 세기

③ 전기력의 방향

④ 전류의 크기

해설 가우스의 법칙(Gauss's law) : 전기력선의 밀도를 이용하여 정전계의 세기를 구 할 수 있다.

※ 전기력선에 수직한 단면적 1 m^2당 전기력선의 수, 즉 밀도가 그곳의 전장의 세기와 같다.

4. 비유전율이 2.5일 때, 유전체의 유전율(F/m)은?

① 2.21×10^{-11}

② 2.5×10^{-11}

③ 3.77×10^{-11}

④ 4.25×10^{-12}

해설 $\varepsilon = \varepsilon_0 \cdot \varepsilon_s = 8.855 \times 10^{-12} \times 2.5$

$\fallingdotseq 2.21 \times 10^{-11}$ F/m

5. 자기 저항 1000 AT/Wb의 자로에 40000 AT의 기자력을 가할 때 생기는 자속(Wb)은 다음 중 어느 것인가?

① 40　　　　　② 30

③ 20　　　　　④ 10

해설 $\phi = \dfrac{F}{R} = \dfrac{40000}{1000} = 40 \, \text{Wb}$

6. 다음에서 나타내는 법칙은?

"유도 기전력은 자신이 발생 원인이 되는 자속의 변화를 방해하려는 방향으로 발생한다."

① 줄의 법칙 　　② 렌츠의 법칙

③ 플레밍의 법칙 　④ 패러데이의 법칙

해설 렌츠의 법칙(Lenz's law) : 전자 유도에 의하여 생긴 기전력의 방향은 그 유도 전류가 만드는 자속이 항상 원래 자속의 증가 또는 감소를 방해하는 방향이다.

※ 패러데이 법칙(Faraday's law) : 유도 기전력의 크기는 코일을 지나는 자속의 매초 변화량과 코일의 권수에 비례한다.

7. 권수 300회의 코일에 6 A의 전류가 흘러서 0.05 Wb의 자속이 코일을 지난다고 하면, 이 코일의 자체 인덕턴스는 몇 H인가?

① 0.25 　　　　② 0.35

③ 2.5 　　　　　④ 3.5

해설 $L = N \cdot \dfrac{\phi}{I} = 300 \times \dfrac{0.05}{6} = 300 \times 0.0083$

$\qquad \fallingdotseq 2.5\,\mathrm{H}$

8. 환상철심의 평균 자로 길이 l [m], 단면적 A [m^2], 비투자율 μ_s, 권수 N_1, N_2인 두 코일의 상호 인덕턴스는?

① $\dfrac{2\pi\mu_s l N_1 N_2}{A} \times 10^{-7}$ [H]

② $\dfrac{A N_1 N_2}{2\pi\mu_s l} \times 10^{-7}$ [H]

③ $\dfrac{4\pi\mu_s A N_1 N_2}{l} \times 10^{-7}$ [H]

④ $\dfrac{4\pi^2 \mu_s N_1 N_2}{Al} \times 10^{-7}$ [H]

해설 ㉠ $\phi = \mu_0 \cdot \mu_s \dfrac{I_1 N_1}{l} A$ [Wb]

㉡ $\mu_0 = 4\pi \times 10^{-7}$ [H/m]

$\therefore M = \dfrac{N_2 \phi}{I_1} = \mu_0 \mu_s \dfrac{A}{l} N_1 N_2$

$\qquad = \dfrac{4\pi\mu_s A N_1 N_2}{l} \times 10^{-7}$ [H]

9. 2 Ω, 4 Ω, 6 Ω의 세 개의 저항을 병렬로 연결하였을 때 전 전류가 10 A이면, 2 Ω에 흐르는 전류는 몇 A인가?

① 1.81 　　　　② 2.72

③ 5.45 　　　　④ 7.64

해설 4 Ω과 6 Ω의 합성저항

$R_p = \dfrac{4 \times 6}{4 + 6} = 2.4$ Ω

∴ 2 Ω에 흐르는 전류

$I_1 = \dfrac{R_p}{R_1 + R_p} \times I = \dfrac{2.4}{2 + 2.4} \times 10 = 5.45\,\mathrm{A}$

10. 다음 중 같은 크기의 저항 3개를 연결한 것 중 소비 전력이 가장 작은 연결법은?

① 모두 직렬로 연결할 때

② 모두 병렬로 연결할 때

③ 직렬 1개와 병렬 2개로 연결할 때

④ 상관없다.

해설 ㉠ 직렬접속 시 : $R_s = 3R$

㉡ 병렬접속 시 : $R_p = \dfrac{1}{3} R \fallingdotseq 0.33R$

㉢ 소비 전력 $P = \dfrac{V^2}{R_s}$ [W]

∴ 모두 직렬로 접속 시 합성저항이 가장 커서, 소비 전력이 가장 작다.

11. 전선의 길이를 2배로 늘리면 저항은 몇 배가 되는가? (단, 체적은 일정하다.)

① 1 　　　　　② 2

③ 4 　　　　　④ 8

해설 ㉠ 체적은 일정하다는 조건하에서, 길이를 n배로 늘리면 단면적은 $\dfrac{1}{n}$배로 감소한다.

㉡ $R = \rho \dfrac{l}{A}$에서, $R_n = \rho \dfrac{nl}{\dfrac{A}{n}} = n^2 \cdot \rho \dfrac{l}{A} = n^2 R$

$\therefore R' = 2^2 \times R = 4R$

정답 7. ③ 　8. ③ 　9. ③ 　10. ① 　11. ③

12. 10 Ω의 저항회로에 $e = 100\sin\left(377t + \dfrac{\pi}{3}\right)$ [V]의 전압을 가했을 때 $t = 0$에서의 순시전류 (A)는?

① 5   ② $5\sqrt{3}$
③ 10   ④ $10\sqrt{3}$

해설 $e = 100\sin\left(377t + \dfrac{\pi}{3}\right)_{t=0} = 100\sin\dfrac{\pi}{3}$

$= 100 \times \dfrac{\sqrt{3}}{2} = 50\sqrt{3}$ [V]

$\therefore\ i = \dfrac{e}{R} = \dfrac{50\sqrt{3}}{10} = 5\sqrt{3}$ [A]

13. 저항 3 Ω과 유도 리액턴스 X_L[Ω]가 직렬로 접속된 회로에 100 V의 교류 전압을 가하면 20 A의 전류가 흐른다. 이 회로의 X_L[Ω]의 값은 얼마인가?

① 3   ② 4
③ 5   ④ 6

해설 $R-L$ 직렬 회로

㉠ $Z = \dfrac{V}{I} = \dfrac{100}{20} = 5$ Ω

㉡ $Z = \sqrt{R^2 + X_L^2}$ [Ω]에서

$\therefore\ X_L = \sqrt{Z^2 - R^2} = \sqrt{5^2 - 3^2} = \sqrt{16} = 4$ Ω

14. $R = 10$ kΩ, $C = 5\ \mu$F의 직렬회로에 110 V의 직류 전압을 인가했을 때 시상수(T)는?

① 5 ms   ② 50 ms
③ 1 s   ④ 2 s

해설 $T = RC = 10 \times 10^3 \times 5 \times 10^{-6}$
$= 50 \times 10^{-3} = 50$ ms

15. 선간 전압 210 V, 선전류 10 A의 Y–Y 회로가 있다. 상전압과 상전류는 각각 얼마인가?

① 약 121 V, 5.77 A ② 약 121 V, 10 A
③ 약 210 V, 5.77 A ④ 약 210 V, 10 A

해설 ㉠ 상전압 $= \dfrac{\text{선간 전압}}{\sqrt{3}} = \dfrac{210}{\sqrt{3}} ≒ 121$ V
㉡ 상전류 = 선전류 = 10 A

16. 종류가 다른 두 금속을 접합하여 폐회로를 만들고 두 접합점의 온도를 다르게 하면 이 폐회로에 기전력이 발생하여 전류가 흐르게 되는 현상을 지칭하는 것은?

① 줄의 법칙(Joule's law)
② 톰슨 효과(Thomson effect)
③ 펠티에 효과(Peltier effect)
④ 제베크 효과(Seebeck effect)

해설 제베크 효과(Seebeck effect)
㉠ 두 종류의 금속을 접속하여 폐회로를 만들고, 두 접속점에 온도의 차이를 주면 기전력이 발생하여 전류가 흐른다.
㉡ 열전쌍(열전대)은 두 종류의 금속을 조합한 장치이다.
㉢ 열기전력의 크기와 방향은 두 금속점의 온도차에 따라서 정해진다.
㉣ 열전 온도계, 열전 계기 등에 응용된다.

17. 기전력 1.5 V, 내부저항 0.5 Ω의 전지 10개를 직렬로 접속한 전원에 저항 25 Ω의 저항을 접속하면 저항에 흐르는 전류는 몇 A가 되겠는가?

① 0.25   ② 0.5
③ 2.5   ④ 7.5

해설 $I = \dfrac{nE}{nr + R} = \dfrac{10 \times 1.5}{10 \times 0.5 + 25}$
$= \dfrac{15}{30} = 0.5$ A

18. 기전력 50 V, 내부저항 5 Ω인 전원이 있다. 이 전원에 부하를 연결하여 얻을 수 있는 최대 전력은?

① 125 W   ② 250 W
③ 500 W   ④ 1000 W

해설 $P_m = \dfrac{E^2}{4R} = \dfrac{50^2}{4 \times 5} = 125 \text{ W}$

$$※ \; P_m = I^2 \cdot R = \left(\dfrac{E}{2R}\right)^2 \cdot R$$

$$= \dfrac{E^2}{4R^2} \cdot R = \dfrac{E^2}{4R}$$

19. 황산구리가 물에 녹아 양이온과 음이온으로 분리되는 현상을 무엇이라 하는가?

① 전리　　　　　② 분해
③ 전해　　　　　④ 석출

해설 전리 : 황산구리($CuSO_4$)처럼 물에 녹아 양이온($+ion$)과 음이온($-ion$)으로 분리되는 현상이다.
　※ 전리(ionization) : 중성 분자 또는 원자가 에너지를 받아서 음·양이온(ion)으로 분리하는 현상이다.

20. 다음 중 전류를 흘렸을 때 열이 발생하는 원리를 이용한 것이 아닌 것은?

① 헤어드라이기
② 백열전구
③ 적외선 히터
④ 전기도금

해설 전기도금(electroplating) : 물체의 표면을 다른 금속의 얇은 막으로 덮어 씌우는 방법으로, 전기분해의 원리를 이용한다.

제2과목 : 전기 기기

21. 단중 중권의 극수가 P인 직류기에서 전기자 병렬 회로수 a는 어떻게 되는가?

① 극수 P와 무관하게 항상 2가 된다.
② 극수 P와 같게 된다.
③ 극수 P의 2배가 된다.
④ 극수 P의 3배가 된다.

해설 중권과 파권의 비교

비교 항목	중권(병렬권)	파권(직렬권)
전기자 병렬 회로수(a)	극수(P)와 같다.	항상 2
용도	저전압 대전류용	고전압 소전류용

22. 직류 발전기에서 균압 환(고리)을 설치하는 목적은 무엇인가?

① 전압을 높인다.　② 전압 강하 방지
③ 저항 감소　　　④ 브러시 불꽃 방지

해설 균압 고리(equalizing ring)의 설치 목적
　㉠ 대형 직류기에서는 전기자 권선 중 같은 전위의 점을 구리 고리로 묶는다.
　㉡ 브러시 불꽃 방지 목적으로 사용된다.
　※ 기전력 차이에 의한 브러시를 통한 순환 전류를 균압 고리에서 흐르게 한다.

23. 부하의 저항을 어느 정도 감소시켜도 전류는 일정하게 되는 수하 특성을 이용하여 정전류를 만드는 곳이나 아크 용접 등에 사용되는 직류 발전기는?

① 직권 발전기　　② 분권 발전기
③ 가동 복권 발전기 ④ 차동 복권 발전기

해설 차동 복권 발전기 : 수하 특성을 가지므로, 용접기용 전원으로 사용된다.
　※ 수하 특성이란, 외부 특성 곡선에서와 같이 단자 전압이 부하 전류가 늘어남에 따라 심하게 떨어지는 현상을 말하며, 아크 용접기는 이러한 특성을 가진 전원을 필요로 한다.

24. 정격 부하를 걸고 16.3 kg · m 토크를 발생하며 1200 rpm으로 회전하는 어떤 직류 분권 전동기의 역기전력이 100 V라 한다. 전류는 약 몇 A인가?

① 100　　　　　② 150
③ 175　　　　　④ 200

해설 $T=975\dfrac{P}{N}[\mathrm{kg \cdot m}]$에서,

$$P=\dfrac{N \cdot T}{975}=\dfrac{1200 \times 16.3}{975}=20\,\mathrm{kW}$$

$$I=\dfrac{P}{E}=\dfrac{20 \times 10^3}{100}=200\,\mathrm{A}$$

25. 회전자의 바깥지름이 2 m인 50 Hz, 12극 동기 발전기가 있다. 주변 속도는 약 얼마인가?

① 10 m/s   ② 20 m/s

③ 40 m/s   ④ 50 m/s

해설 $N_s=\dfrac{120f}{p}=\dfrac{120 \times 50}{12}=500\,\mathrm{rpm}$

$$\therefore v=\pi D\dfrac{N_s}{60}=3.14 \times 2 \times \dfrac{500}{60} ≒ 52\,\mathrm{m/s}$$

26. 다음 중 공극이 큰 동기기를 잘못 설명한 것은?

① 동기 임피던스가 작다.

② 전기자 반작용이 크다.

③ 무겁고 비싸다.

④ 전압 변동률이 작다.

해설 공극이 큰 동기기(계자 기자력이 큰 철기계)
  ㉠ 동기 임피던스가 작으며, 전기자 반작용이 작다.
  ㉡ 전압 변동률이 작고, 안정도가 높다.
  ㉢ 기계의 중량과 부피가 크며(값이 비싸다), 고정손(철, 기계손)이 커서 효율이 나쁘다.

27. 동기 발전기 2대를 병렬 운전하고자 할 때 필요로 하는 조건이 아닌 것은?

① 발생 전압의 주파수가 서로 같아야 한다.

② 각 발전기에서 유도되는 기전력의 크기가 같아야 한다.

③ 발전기에서 유도된 기전력의 위상이 일치해야 한다.

④ 발전기의 용량이 같아야 한다.

해설 병렬 운전의 필요 조건
  ㉠ 유도 기전력의 크기가 같을 것
  ㉡ 상회전이 일치하고, 기전력의 위상이 같을 것
  ㉢ 기전력의 주파수가 같을 것
  ㉣ 기전력의 파형이 같을 것

28. 60 Hz의 동기 전동기의 최고 속도는 몇 rpm 인가?

① 3600   ② 2800

③ 2000   ④ 1800

해설 $N_s=\dfrac{120f}{p}=\dfrac{120 \times 60}{2}=3600\,\mathrm{rpm}$

29. 다음 중 변압기의 권수비 a에 대한 식이 바르게 설명된 것은?

① $a=\dfrac{N_2}{N_1}$ ② $a=\sqrt{\dfrac{Z_1}{Z_2}}$

③ $a=\dfrac{I_1}{I_2}$ ④ $a=\sqrt{\dfrac{Z_2}{Z_1}}$

해설 권수비
$$a=\dfrac{V_1}{V_2}=\dfrac{N_1}{N_2}=\dfrac{I_2}{I_1}=\sqrt{\dfrac{R_1}{R_2}}=\sqrt{\dfrac{Z_1}{Z_2}}$$

30. 3상 100 kVA, 13200/200 V 변압기의 저압측 선전류의 유효분은 약 몇 A인가? (단, 역률은 80 %이다.)

① 100   ② 173

③ 230   ④ 260

해설 저압측 선전류
$$I_2=\dfrac{P_2}{\sqrt{3}\,V_2}=\dfrac{100 \times 10^3}{\sqrt{3} \times 200} ≒ 288\,\mathrm{A}$$

$$\therefore 유효분\ I_a=I_2\cos\theta=288 \times 0.8=230\,\mathrm{A}$$

※ 무효분 $I_r=I_2\sin\theta=288 \times 0.6 ≒ 173\,\mathrm{A}$

31. 2대의 변압기로 V결선하여 3상 변압하는 경우 변압기 이용률(%)은?

① 57.8   ② 66.6

③ 86.6   ④ 100

해설 이용률과 출력비

⊙ 이용률 $= \dfrac{V \text{결선의 출력}}{\text{변압기 2대의 정격}}$

$= \dfrac{\sqrt{3}\,P}{2P} = \dfrac{\sqrt{3}}{2} = 0.866$

$\therefore 86.6\,\%$

ⓒ 출력비 $= \dfrac{V \text{결선의 출력}}{\text{변압기 3대의 정격 출력}}$

$= \dfrac{\sqrt{3}\,P}{3P} = \dfrac{\sqrt{3}}{3} = 0.577$

$\therefore 57.7\,\%$

32. 변류기 개방 시 2차측을 단락하는 이유는?

① 2차측 절연 보호

② 2차측 과전류 보호

③ 측정 오차 감소

④ 변류비 유지

해설 ⊙ CT는 사용 중 2차 회로를 개방해서는 안되며, 계기를 제거시킬 때에는 먼저 2차 단자를 단락시켜야 한다.

ⓒ 2차를 개방하면 1차의 전 전류가 전부 여자 전류가 되어, 2차 권선에 고압이 유도되며 절연이 파괴되기 때문이다.

33. 다음 중 변압기의 온도 상승 시험법으로 가장 널리 사용되는 것은?

① 무부하 시험법   ② 절연 내력 시험법

③ 단락 시험법   ④ 실 부하법

해설 변압기의 온도 상승 시험법

⊙ 실 부하법 : 정격에 해당하는 실제 부하를 접속하고 온도 상승을 시험하는 방법으로 전력이 많이 소비되므로, 소형의 변압기에만 적용할 수 있다.

ⓒ 반환 부하법 : 전력을 소비하지 않고, 온도가 올라가는 원인이 되는 철손과 구리손만을 공급하여 시험하는 방법

ⓒ 단락 시험법 : 고·저압측 권선 가운데 한쪽 권선을 일괄 단락하여 전 손실에 해당하는

전류를 공급해 변압기의 유온을 상승시킨 후 정격 전류를 통해 온도 상승을 구하는 방법

※ 절연 내력 시험 : 변압기 권선과 대지 사이 또는 권선 사이의 절연 강도를 보증하는 시험이다.

34. 다음 중 농형 유도 전동기가 많이 사용되는 이유가 아닌 것은?

① 구조가 간단하다.

② 운전과 사용이 편리하다.

③ 값이 싸고 튼튼하다.

④ 속도 조정이 쉽고 기동 특성이 좋다.

해설 농형 유도 전동기의 장점

⊙ 구조가 간단하고 값이 싸며, 튼튼하고 고장이 적다.

ⓒ 보수 및 점검이 용이하며, 다루기가 간편하여 쉽게 운전할 수 있다.

※ 기동 토크가 작고 속도 제어가 곤란하다는 단점도 있다.

35. 슬립이 4 %인 유도 전동기에서 동기 속도가 1200 rpm일 때 전동기의 회전 속도(rpm)는?

① 697   ② 1051

③ 1152   ④ 1321

해설 $N = (1-s)\cdot N_s = (1-0.04) \times 1200$

$= 1152\,\text{rpm}$

36. 4극 60 Hz, 7.5 kW의 3상 유도 전동기가 1728 rpm으로 회전하고 있을 때 2차 유기 기전력의 주파수(Hz)는?

① 60   ② 3.2

③ 2.4   ④ 1.8

해설 ⊙ $N_s = \dfrac{120f}{p} = \dfrac{120 \times 60}{4} = 1800\,\text{rpm}$

ⓒ $s = \dfrac{N_s - N}{N_s} \times 100 = \dfrac{1800 - 1728}{1800} \times 100$

$= 4\,\%$

$\therefore f_2 = sf = 0.04 \times 60 = 2.4\,\text{Hz}$

37. 발전 제동의 설명으로 잘못된 것은?

① 직류 전동기는 전기자 회로를 전원에서 끊고 저항을 접속한다.

② 유도 전동기는 1차 권선에 직류를 통하고 2차 쪽(회전자)은 단락한다.

③ 전동기를 발전기로 운전하여 회전 부분의 운동 에너지를 전기회로 중의 저항에서 열로 소비시키면서 제동하는 방법이다.

④ 전동기의 유도 기전력을 전원 전압보다 높게 한다.

해설 발전 제동(dynamic braking)
　㉠ 직류 전동기는 계자를 전원에 접속한 채 전기자를 전원에서 끊고 저항으로 단락하여 발전기로 작용, 에너지를 저항에 소비시켜 제동한다.
　㉡ 유도 전동기는 1차 권선을 전원에서 차단하여 직류를 통하고, 2차측을 단락하든가 저항을 넣어 제동한다(직류 여자기가 필요하다).
　㉢ 동기 전동기는 고정자 권선을 저항으로 단락하고 여자전류로 제동력을 가감한다.

38. 다음 중 정류 소자가 아닌 것은?

① LED　　　　　② SCR
③ GTO　　　　　④ IGBT

해설 발광다이오드(light emitting diode ; LED) : 다이오드의 특성을 가지고 있으며, 전류를 흐르게 하면 붉은색, 녹색, 노란색으로 빛을 발한다.
　※ 사이리스터(thyristor)
　㉠ SCR(silicon controlled rectifier)
　㉡ GTO(gate turn-off thyristor)
　㉢ IGBT(insulated gate bipolar transistor)

39. 3상 전파 정류 회로에서 교류 입력이 100 V이면 직류 출력은 약 몇 V인가?

① 45　　　　　② 67.5
③ 90　　　　　④ 135

해설 $E_{d0} = 1.35 \times 100 = 135$ V

40. 직류 전압을 직접 제어하는 것은?

① 단상 인버터　　　② 3상 인버터
③ 초퍼형 인버터　　④ 브리지형 인버터

해설 초퍼(chopper)형 인버터(inverter)
　㉠ 초퍼(chopper) : 반도체 스위칭 소자에 의해 주 전류의 ON-OFF 동작을 고속·고빈도로 반복 수행하는 것
　㉡ 일정 전압의 직류 전원을 단속하여 직류 평균 전압을 제어한다.

제3과목 : 전기 설비

41. 22.9 kV 3상 4선식 다중 접지방식의 지중 전선로의 절연 내력 시험을 직류로 할 경우 시험 전압은 몇 V인가?

① 16448　　　　② 21068
③ 32796　　　　④ 42136

해설 전로의 절연 내력 시험 전압
　㉠ 최대 사용 전압이 7 kV 초과 25 kV 이하인 중성점 다중 직접 접지식 전로의 시험 전압은 최대 사용 전압의 0.92배의 전압
　∴ 시험 전압 = 22900×0.92×2 = 42136 V
　㉡ 전로에 케이블을 사용하는 경우 직류로 시험할 수 있으며 시험 전압은 교류의 2배로 한다.

42. 전선의 재료로서 구비해야 할 조건이 아닌 것은?

① 기계적 강도가 클 것
② 가요성이 풍부할 것
③ 고유 저항이 작을 것
④ 비중이 클 것

해설 전선의 재료로서 구비해야 할 조건
　㉠ 도전율이 클 것 → 고유 저항이 작을 것
　㉡ 기계적 강도가 클 것
　㉢ 비중이 작을 것 → 가벼울 것
　㉣ 내구성이 있을 것

ⓓ 공사가 쉬울 것

ⓔ 값이 싸고 쉽게 구할 수 있을 것

43. 절연 전선 중 옥외용 비닐 절연 전선을 무슨 전선이라고 호칭하는가?

① VV   ② NR

③ OW   ④ DV

해설 ① VV : 비닐 절연 비닐 외장 케이블

② NR : 450/750 V 일반용 단심 비닐 절연 전선

③ OW : 옥외용 비닐 절연 전선

④ DV : 인입용 비닐 절연 전선

44. 두 개의 전선을 병렬로 사용하는 경우로 옳지 않은 것은?

① 동선을 사용하는 경우 단면적은 $50\,\mathrm{mm}^2$, 알루미늄선은 $70\,\mathrm{mm}^2$ 이상이어야 한다.

② 동일 도체, 동일한 굵기, 동일한 길이여야 한다.

③ 병렬로 사용하는 전선에는 각각 퓨즈를 설치하여야 한다.

④ 같은 극 간 동일한 터미널 러그에 완전히 접속한다.

해설 옥내에서 전선을 병렬로 사용하는 경우 [KEC 123]

㉠ 병렬로 사용하는 각 전선의 굵기는 동 $50\,\mathrm{mm}^2$ 이상 또는 알루미늄 $70\,\mathrm{mm}^2$ 이상이고, 동일한 도체, 동일한 굵기, 동일한 길이이어야 한다.

㉡ 공급점 및 수전점에서 전선의 접속은 다음 각 호에 의하여 시설하여야 한다.

• 같은 극(極)의 각 전선은 동일한 터미널 러그에 완전히 접속한다.

• 같은 극인 각 전선의 터미널 러그는 동일한 도체에 2개 이상의 리벳 또는 2개 이상의 나사로 헐거워지지 않도록 확실하게 접속한다.

• 기타 전류의 불평형을 초래하지 않도록 한다.

㉢ 병렬로 사용하는 전선은 각각에 퓨즈를 장치하지 말아야 한다(공용 퓨즈는 지장이 없다).

45. 다음 그림과 같이 단선의 쥐꼬리 접속에서 주로 사용하는 접속기구의 명칭은?

① 슬리브형 접속기   ② 와이어 커넥터

③ 압착형 접속기   ④ 분기 접속기

해설 와이어 커넥터(wire connector) : 정션 박스 내에서 절연 전선을 쥐꼬리 접속을 할 때 절연을 위해 사용된다.

46. 배관의 이음에서 유니온 등을 끼울 때나 그 외 배관 접속 시 사용하는 공구는?

① 파이프 렌치   ② 히키

③ 오스터   ④ 클리퍼

해설 파이프 렌치(pipe wrench) : 금속관을 커플링으로 접속할 때, 금속관과 커플링을 물고 죄는 공구이다.

47. 금속관 공사에 대한 설명으로 틀린 것은?

① 전선이 금속관 속에 보호되어 안정적이다.

② 단락 사고, 접지 사고 등에 있어서 화재의 우려가 적다.

③ 방습 장치를 할 수 있으므로 전선을 내수적으로 시설할 수 있다.

④ 접지공사를 하지 않아도 감전의 우려가 없다.

해설 금속 전선관 배선의 특징

㉠ 전선이 기계적으로 보호된다.

㉡ 단락 사고, 접지 사고 등에 있어서 화재의 우려가 적다.

㉢ 접지 공사를 완전하게 하면 감전의 우려가 없다.

㉣ 방습 장치를 할 수 있으므로, 전선을 방수할 수 있다.

㉺ 전선의 노후나 배선 방법의 변경이 필요한 경우 전선의 교환이 쉽다.

48. 합성수지관 공사에 대한 설명 중 옳지 않은 것은?

① 습기가 많은 장소 또는 물기가 있는 장소에 시설하는 경우에는 방습 장치를 한다.
② 관 상호간 및 박스와는 관을 삽입하는 깊이를 바깥지름의 1.2배 이상으로 한다.
③ 관의 지지점 간의 거리는 3 m 이상으로 한다.
④ 합성수지관 안에는 전선에 접속점이 없도록 한다.

해설 관의 지지점 간의 거리는 1.5 m 이하로 할 것

49. 캡타이어 케이블을 조영재에 따라 시설하는 경우 케이블 상호, 케이블과 박스, 기구와의 접속 개소와 지지점 간의 거리는 접속 개소에서 몇 m 이하로 하는 것이 바람직한가?

① 0.1   ② 0.15
③ 0.3   ④ 0.5

해설 캡타이어 케이블을 조영재에 따라 시설하는 경우 : 케이블 상호, 케이블과 박스, 기구와의 접속 개소와 지지점 간의 거리는 접속 개소에서 0.15 m 이하로 하는 것이 바람직하다.

50. 다음 중 가요 전선관 공사로 적당하지 않은 것은?

① 엘리베이터   ② 전차 내의 배선
③ 콘크리트 매입   ④ 금속관 말단

해설 가요 전선관 공사 : 건조한 노출 장소 및 점검 가능한 은폐 장소
㉠ 굴곡 개소가 많은 곳
㉡ 안전함과 전동기 사이
㉢ 짧은 부분, 작은 증설 공사, 금속관 말단
㉣ 엘리베이터, 기차, 전차 안의 배선, 금속관 말단

51. 금속 덕트 공사에 있어서 전광 표시장치, 출퇴 표시장치 등 제어회로용 배선만을 공사할 때 절연 전선의 단면적은 금속 덕트 내 몇 % 이하이어야 하는가?

① 80   ② 70   ③ 60   ④ 50

해설 금속 덕트의 크기
㉠ 전선의 피복 절연물을 포함한 단면적의 총합계가 금속 덕트 내 단면적의 20 % 이하가 되도록 선정하여야 한다(제어 회로 등의 배선에 사용하는 전선만을 넣는 경우에는 50 %).
㉡ 동일 금속 덕트 내에 넣는 전선은 30가닥 이하로 하는 것이 바람직하다.

52. 케이블 트레이 공사에 사용되는 케이블 트레이는 수용된 모든 전선을 지지할 수 있는 적합한 강도의 것으로서 이 경우 케이블 트레이 안전율은 얼마 이상으로 하여야 하는가?

① 1.1   ② 1.2
③ 1.3   ④ 1.5

해설 케이블 트레이 및 부속품 선정(KEC 232.41.2)
㉠ 수용된 모든 전선을 지지할 수 있는 적합한 강도의 것이어야 한다. 이 경우 케이블 트레이의 안전율은 1.5 이상으로 하여야 한다.
㉡ 비금속제 케이블 트레이는 난연성 재료의 것이어야 한다.

53. 금속제 외함을 가진 사용 전압 몇 V를 초과하는 저압 기계기구로 사람이 쉽게 접촉할 우려가 있는 곳에 시설하는 것에 전기를 공급하는 전로에는 누전 차단기를 시설하여야 하는가?

① 50   ② 100
③ 120   ④ 150

해설 누전 차단기를 시설(KEC 211.2.4) : 금속제 외함을 가진 사용 전압 50 V를 초과하는 경우이다.

54. 지중에 매설되어 있는 금속제 수도관로는 접

지공사의 접지극으로 사용할 수 있다. 이때 수도 관로는 대지와의 접지저항치가 얼마 이하여야 하는가?

① 1 Ω   ② 2 Ω
③ 3 Ω   ④ 4 Ω

해설 저압수용가 인입구 접지[KEC 142.4.2] : 대지와의 전기저항 값이 3 Ω 이하의 값을 유지하고 있으면 된다.

55. 가공 전선로의 지지물에 하중이 가하여지는 경우에 그 하중을 받는 지지물의 기초의 안전율은 일반적으로 얼마 이상이어야 하는가?

① 1.5   ② 2.0
③ 2.5   ④ 4.0

해설 지지물의 기초 안전율(KEC 331.7) : 지지물의 기초의 안전율은 2.0 이상이어야 한다.

56. 가공 전선로의 지지물에 시설하는 지선으로 연선을 사용할 경우에는 소선이 최소 몇 가닥 이상이어야 하는가?

① 3가닥   ② 4가닥
③ 5가닥   ④ 6가닥

해설 지선의 소선 구성 및 안전율
 ㉠ 지선에 연선을 사용할 경우에는 소선 3가닥 이상의 연선일 것
 ㉡ 소선의 지름이 2.6 mm 이상의 금속선을 사용한 것일 것
 ㉢ 지선의 안전율 : 2.5 이상

57. 교통 신호등의 전구에 접속하는 인하선의 높이가 2.5 m일 때, 전선의 규격(mm²)은?

① 2.5   ② 4
③ 10   ④ 16

해설 교통 신호등의 인하선[KEC 234.15.4]
 ※ 전선의 지표상 높이 : 2.5 m 이상

58. 목장의 전기울타리에 사용하는 경동선의 단면적은 최소 몇 mm² 이상이어야 하는가?

① 1.5   ② 4
③ 6   ④ 10

해설 전기울타리의 시설[KEC 241.1.3] : 전선은 인장강도 1.38 kN 이상의 것 또는 지름 2 mm 이상(단면적 4 mm² 이상)의 경동선이어야 한다.

59. 일반적으로 특고압 전로에 시설하는 피뢰기의 접지저항 값은 몇 Ω 이하로 하여야 하는가?

① 10   ② 25
③ 50   ④ 100

해설 피뢰기의 접지(KEC 341.14) : 고압 및 특고압의 전로에 시설하는 피뢰기 접지저항 값은 10 Ω 이하로 하여야 한다.

60. 다음 중 배선용 차단기를 나타내는 그림 기호는?

① B   ② E
③ BE   ④ S

해설 ① 배선용 차단기
 ② 누전 차단기
 ③ 과전류 붙이 누전 차단기
 ④ 개폐기

2021년 제4회 실전문제

제1과목 : **전기 이론**

1. 다음 중 비유전율이 가장 큰 것은?

① 종이   ② 염화비닐

③ 운모   ④ 산화티탄 자기

해설 비유전율의 비교
㉠ 절연종이 : 1.2~2.5
㉡ 염화비닐 : 5~9
㉢ 운모 : 5~9
㉣ 산화티탄 자기 : 60~100

2. 다음 회로의 합성 정전용량(μF)은?

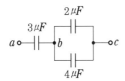

① 5   ② 4

③ 3   ④ 2

해설 ㉠ $C_{bc} = 2 + 4 = 6\,\mu F$

㉡ $C_{ac} = \dfrac{C_{ab} \times C_{bc}}{C_{ab} + C_{bc}} = \dfrac{3 \times 6}{3 + 6} = 2\,\mu F$

3. 두 콘덴서 C_1, C_2를 직렬 접속하고 양단에 V [V]의 전압을 가할 때 C_1에 걸리는 전압은 얼마인가?

① $\dfrac{C_1}{C_1 + C_2}\,V\,[\mathrm{V}]$

② $\dfrac{C_2}{C_1 + C_2}\,V\,[\mathrm{V}]$

③ $\dfrac{C_1 + C_2}{C_1}\,V\,[\mathrm{V}]$

④ $\dfrac{C_1 + C_2}{C_2}\,V\,[\mathrm{V}]$

해설 전압의 분배 : 각 콘덴서에 분배되는 전압은 정전 용량의 크기에 반비례한다.

$$V_1 = \dfrac{C_2}{C_1 + C_2} \cdot V\,[\mathrm{V}]$$

$$V_2 = \dfrac{C_1}{C_1 + C_2} \cdot V\,[\mathrm{V}]$$

4. 정전 용량 $C\,[\mathrm{F}]$의 콘덴서에 $W\,[\mathrm{J}]$의 에너지를 축적하려면 이 콘덴서에 가해줄 전압(V)은 얼마인가?

① $\dfrac{2\,W}{C}$ ② $\sqrt{\dfrac{2\,W}{C}}$

③ $\dfrac{2\,C}{W}$ ④ $\sqrt{\dfrac{2\,C}{W}}$

해설 $W = \dfrac{1}{2}\,CV^2\,[\mathrm{J}]$에서, $V^2 = \dfrac{2\,W}{C}$

$\therefore \; V = \sqrt{\dfrac{2\,W}{C}}\,[\mathrm{V}]$

5. 다음 중 반자성체 물질의 특색을 나타낸 것은? (단, μ_s는 비투자율이다.)

① $\mu_s > 1$ ② $\mu_s \gg 1$

③ $\mu_s = 1$ ④ $\mu_s < 1$

해설 ㉠ 상자성체 : $\mu_s > 1$인 물체로서 알루미늄 (Al), 백금 (Pt), 산소 (O_2), 공기
㉡ 강자성체 : $\mu_s \gg 1$인 물체로서 철(Fe), 니켈 (Ni), 코발트 (Co), 망간 (Mn)
㉢ 반자성체 : $\mu_s < 1$인 물체로서 금 (Au), 은 (Ag), 구리(Cu), 아연 (Zn), 안티몬 (Sb)

정답   1. ④   2. ④   3. ②   4. ②   5. ④

6. 공심 솔레노이드의 내부 자계의 세기가 800 AT/m일 때, 자속밀도(Wb/m²)는 약 얼마인가?

① 1×10^{-3} ② 1×10^{-4}

③ 1×10^{-5} ④ 1×10^{-6}

해설 $B = \mu_0 H = 4\pi \times 10^{-7} \times 800$
$= 1 \times 10^{-3} \, \text{Wb/m}^2$

7. 공기 중에서 자속밀도 $3 \, \text{Wb/m}^2$의 평등 자장 중에 길이 $50 \, \text{cm}$의 도선을 자장의 방향과 $60°$의 각도로 놓고 이 도체에 $10 \, \text{A}$의 전류가 흐르면 도선에 작용하는 힘(N)은?

① 약 3   ② 약 13

③ 약 30   ④ 약 300

해설 $F = BlI \sin 60°$
$= 3 \times 50 \times 10^{-2} \times 10 \times \dfrac{\sqrt{3}}{2} \fallingdotseq 13 \, \text{N}$

8. 두 코일의 자체 인덕턴스를 $L_1[\text{H}]$, $L_2[\text{H}]$라 하고 상호 인덕턴스를 M이라 할 때, 두 코일을 자속이 동일한 방향과 역방향이 되도록 하여 직렬로 각각 연결하였을 경우, 합성 인덕턴스의 큰 쪽과 작은 쪽의 차는?

① M ② $2M$

③ $4M$ ④ $8M$

해설 ㉠ 가동 접속 : $L_1 + L_2 + 2M$
    ㉡ 차동 접속 : $L_1 + L_2 - 2M$
$\therefore$ ㉠식 − ㉡식 $= 4M$

9. 그림과 같은 회로에서 합성저항은 몇 Ω인가?

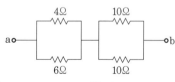

① 30   ② 15.5

③ 8.6   ④ 7.4

해설 $R_{ab} = \dfrac{R_1 R_2}{R_1 + R_2} + \dfrac{R_3 R_4}{R_3 + R_4}$
$= \dfrac{4 \times 6}{4 + 6} + \dfrac{10 \times 10}{10 + 10} = 2.4 + 5 = 7.4 \, \Omega$

10. $4 \, \Omega$, $6 \, \Omega$, $8 \, \Omega$의 3개 저항을 병렬 접속할 때 합성저항은 약 몇 Ω인가?

① 1.8   ② 2.5

③ 3.6   ④ 4.5

해설 $R_p = \dfrac{R_1 R_2 R_3}{R_1 R_2 + R_2 R_3 + R_3 R_1}$
$= \dfrac{4 \times 6 \times 8}{4 \times 6 + 6 \times 8 + 8 \times 4} \fallingdotseq 1.8 \, \Omega$

11. 저항 $10 \, \Omega$과 $20 \, \Omega$의 병렬 회로에서 $10 \, \Omega$의 저항에 $3 \, \text{A}$의 전류가 흐른다면 전 전류 $I[\text{A}]$는?

① 10   ② 4.5

③ 30   ④ 1.5

해설 $I_1 = \dfrac{R_2}{R_1 + R_2} \cdot I[\text{A}]$에서,
$I = \dfrac{R_1 + R_2}{R_2} \cdot I_1 = \dfrac{10 + 20}{20} \times 3 = 4.5 \, \text{A}$
※ 두 저항의 비가 $10 : 20 = 1 : 2$이므로, 전류의 비는 반대로 $2 : 1$이 된다.
$I_1 : I_2 = 2 : 1 = 3 : 1.5$
$\therefore I = I_1 + I_2 = 3 + 1.5 = 4.5 \, \text{A}$

12. $1 \, \text{m}$에 저항이 $20 \, \Omega$인 전선의 길이를 2배로 늘리면 저항은 몇 Ω이 되는가? (단, 동선의 체적은 일정하다.)

① 10   ② 20   ③ 40   ④ 80

해설 ① 체적이 일정하다는 조건하에서, 길이를 n배로 늘리면 단면적은 $\dfrac{1}{n}$배로 감소한다.
② $R = \rho \dfrac{l}{A}$에서, $R_n = \rho \dfrac{nl}{\dfrac{A}{n}} = n^2 \cdot \rho \dfrac{l}{A} = n^2 R$
$\therefore R_2 = 2^2 \times R = 4R = 4 \times 20 = 80 \, \Omega$

13. 200 V, 60 Hz $R-C$ 직렬회로에서 시정수 τ 는 0.01 s이고, 전류가 10 A일 때, 저항은 1 Ω이다. 용량 리액턴스(X_C)의 값으로 옳은 것은?

① 0.27 Ω   ② 0.05 Ω
③ 0.53 Ω   ④ 2.65 Ω

해설 $R-C$ 직렬회로의 시정수(time constant) :
$\tau = RC\,[\text{s}]$
㉠ $C = \dfrac{\tau}{R} = \dfrac{0.01}{1} = 0.01\,\text{F}$
㉡ $X_C = \dfrac{1}{2\pi f C} = \dfrac{1}{2\pi \times 60 \times 0.01} ≒ 0.27\,\Omega$

14. Y–Y 평형 회로에서 상전압 V_p가 100 V, 부하 $Z = 8 + j6\,[\Omega]$이면 선전류 I_l의 크기는 몇 A인가?

① 2   ② 5   ③ 7   ④ 10

해설 $|Z| = \sqrt{R^2 + X^2} = \sqrt{8^2 + 6^2} = 10\,\Omega$
$\therefore I_l = \dfrac{V_p}{Z} = \dfrac{100}{10} = 10\,\text{A}$

15. 어떤 3상 회로에서 선간 전압이 200 V, 선전류 25 A, 3상 전력이 7 kW였다. 이때 역률은?

① 약 60 %   ② 약 70 %
③ 약 80 %   ④ 약 90 %

해설 $P = \sqrt{3}\,V_l \cdot I_l \cos\theta\,[\text{W}]$
$\therefore \cos\theta = \dfrac{P}{\sqrt{3}\,V_l I_l} \times 100$
$= \dfrac{7 \times 10^3}{\sqrt{3} \times 200 \times 25} \times 100 ≒ 80\%$

16. 비사인파 교류회로의 전력 성분과 거리가 먼 것은?

① 맥류 성분과 사인파와의 곱
② 직류 성분과 사인파와의 곱
③ 직류 성분
④ 주파수가 같은 두 사인파의 곱

해설 비사인파 교류 회로의 전력 성분
㉠ 전압과 전류의 성분 중 주파수가 같은 성분 사이에서만 소비 전력이 발생한다.
㉡ 전압의 기본파와 전류의 기본파
㉢ 직류 성분
※ 비사인파의 일반적인 구성
= 직류분+기본파+고조파

17. 서로 다른 종류의 안티몬과 비스무트의 두 금속을 접속하여 여기에 전류를 통하면, 그 접점에서 열의 발생 또는 흡수가 일어난다. 줄열과 달리 전류의 방향에 따라 열의 흡수와 발생이 다르게 나타나는 이 현상을 무엇이라 하는가?

① 펠티에 효과   ② 제베크 효과
③ 제3금속의 법칙   ④ 열전 효과

해설 열전 효과
㉠ 펠티에 효과 (Peltier effect)
• 두 종류의 금속 접속점에 전류를 흘리면 전류의 방향에 따라 줄열 (Joule heat) 이외의 열의 흡수 또는 발생 현상이 생기는 것이다.
• 전자 냉동기, 전자 온풍기 등에 응용된다.
㉡ 제베크 효과(Seebeck effect)
• 두 종류의 금속을 접속하여 폐회로를 만들고, 두 접속점에 온도의 차이를 주면 기전력이 발생하여 전류가 흐른다.
• 열전 온도계, 열전 계기 등에 응용된다.

18. 3 kW의 전열기를 정격 상태에서 20분간 사용하였을 때의 열량은 몇 kcal인가?

① 430   ② 520
③ 610   ④ 860

해설 열량 $H = 0.24Pt = 0.24 \times 3 \times 20 \times 60$
$≒ 860\,\text{kcal}$

19. 기전력 4 V, 내부저항 0.2 Ω의 전지 10개를 직렬로 접속하고 두 극 사이에 부하저항을 접속하였더니 4 A의 전류가 흘렀다. 이때 외부저항은 몇 Ω이 되겠는가?

① 6 　　　　　　② 7
③ 8 　　　　　　④ 9

해설 $I = \dfrac{nE}{nr+R}$[A]에서,

$R = \dfrac{nE}{I} - nr = \dfrac{10 \times 4}{4} - 10 \times 0.2 = 8\,\Omega$

20. 내부저항이 r인 전지를 2개 직렬로 연결한 전원에 외부저항은 몇 Ω을 연결하여 전력을 최대로 전달할 수 있는가?

① $\dfrac{r}{2}$ 　　　　　② r

③ $2r$ 　　　　　④ r

해설 최대 전력 전달 조건 : 내부저항(r)=부하저항(R)

∴ 내부저항이 $2r$이므로 외부저항도 $2r$이 되어야 한다.

제2과목 : 전기 기기

21. 직류 발전기에서 브러시와 접촉하여 전기자 권선에 유도되는 교류 기전력을 정류해서 직류로 만드는 부분은?

① 계자 　　　　② 정류자
③ 슬립 링 　　　④ 전기자

해설 정류자(commutator)는 직류기에서 가장 중요한 부분이며, 브러시와 접촉하여 유도 기전력을 정류, 즉 교류를 직류로 바꾸어 브러시를 통하여 외부 회로와 연결시켜주는 역할을 한다.
※ 슬립 링(slip ring) : 전동기나 발전기의 회전자(回轉子)에 외부로부터 전류를 흐르게 하기 위하여 회전자 축에 부착하는 접촉자(接解子)를 말한다.

22. 전기자 권선법 중 중권의 특징으로 옳은 것은?

① 병렬 회로수가 극수와 같다.
② 병렬 회로수가 2이다.

③ 고압 저전류 발전에 사용된다.
④ 직렬권이라고도 한다.

해설 중권과 파권의 비교

비교 항목	중권(병렬권)	파권(직렬권)
전기자 병렬 회로수(a)	극수(P)와 같다.	항상 2
용도	저전압 대전류용	고전압 소전류용

23. 정격속도로 회전하는 분권 발전기가 있다. 단자전압 100 V, 계자권선의 저항은 50 Ω, 계자전류가 2 A, 부하전류 50 A, 전기자 저항 0.1 Ω라 하면 유도 기전력은 약 몇 V인가?

① 100.2 　　　　② 104.8
③ 105.2 　　　　④ 125.4

해설 전기자 전류
$I_a = I_f + I = 2 + 50 = 52$ A
∴ 유도 기전력 $E = V + I_a R_a$
$= 100 + 52 \times 0.1 = 105.2$ V

24. 다음 중 분권 전동기의 토크와 회전수 관계를 올바르게 표시한 것은?

① $T \propto \dfrac{1}{N}$ 　　　　② $T \propto N$

③ $T \propto \dfrac{1}{N^2}$ 　　　④ $T \propto N^2$

해설 전압 전류가 일정하면
$N = \dfrac{V - I_a R_a}{\kappa \phi}$에서, $\phi \propto \dfrac{1}{N}$,

∴ $T = \kappa \phi I_a = \kappa' \dfrac{1}{N}$

※ 토크는 속도에 대략 반비례한다.

25. 동기 발전기의 전기자 권선법 중 분포권의 특징이 아닌 것은?

① 슬롯 간격은 상수에 반비례한다.
② 집중권에 비해 합성 유기 기전력이 크다.

---

③ 집중권에 비해 기전력의 고조파가 감소한다.

④ 집중권에 비해 권선의 리액턴스가 감소한다.

해설 분포권의 특징(집중권에 비하여)
ⓐ 유도 기전력이 감소한다.
ⓑ 고조파가 감소하여 파형이 좋아진다.
ⓒ 권선의 누설 리액턴스가 감소한다.
ⓓ 냉각 효과가 좋다.

26. 60 Hz, 20000 kVA 인 발전기의 회전수가 900 rpm이라면 이 발전기의 극수는 얼마인가?

① 8극   ② 12극
③ 14극   ④ 16극

해설 $p = \dfrac{120 \cdot f}{N_s} = \dfrac{120 \times 60}{900} = 8$극

27. 다음 중 단락비가 큰 동기 발전기를 설명하는 것으로 옳은 것은?

① 동기 임피던스가 작다.
② 단락 전류가 작다.
③ 전기자 반작용이 크다.
④ 전압 변동률이 크다.

해설 단락비(short circuit ratio)가 큰 동기기
ⓐ 공극이 넓고 계자 기자력이 큰 철기계이다.
ⓑ 동기 임피던스가 작으며, 전기자 반작용이 작다.
ⓒ 전압 변동률이 작고, 안정도가 높다.
ⓓ 기계의 중량과 부피가 크며(값이 비싸다), 고정손(철, 기계손)이 커서 효율이 나쁘다.
ⓔ 단락 전류가 크다.

28. 동기 발전기의 병렬운전 중에 기전력의 위상차가 생기면?

① 위상이 일치하는 경우보다 출력이 감소한다.
② 부하 분담이 변한다.

③ 무효 순환전류가 흘러 전기자 권선이 과열된다.

④ 동기화력이 생겨 두 기전력의 위상이 동상이 되도록 작용한다.

해설 기전력의 위상차에 의한 발생 현상
ⓐ A기의 유도 기전력 위상이 B기보다 δ_s 만큼 앞선 경우, 횡류 $\dot{I_s} = \dfrac{\dot{E_s}}{2Z_s}$ [A]가 흐르게 된다.
ⓑ 횡류는 유효전류 또는 동기화 전류라고 하며, 상차각 δ_s의 변화를 원상태로 돌아가려고 하는 I_s에 의한 전력은 동기화 전력이라고 한다.

29. 1차 권수 3000, 2차 권수 100인 변압기에서 이 변압기의 전압비는 얼마인가?

① 20   ② 30   ③ 40   ④ 50

해설 $a = \dfrac{V_1}{V_2} = \dfrac{N_1}{N_2} = \dfrac{3000}{100} = 30$

30. 일정 전압 및 일정 파형에서 주파수가 상승하면 변압기 철손은 어떻게 변하는가?

① 증가한다.
② 감소한다.
③ 불변이다.
④ 어떤 기간 동안 증가한다.

해설 $E = 4.44 f N \phi_m$ [V]에서, 전압이 일정하고 주파수 f만 높아지면 자속 ϕ_m이 감소, 즉 여자전류가 감소하므로 철손이 감소하게 된다.

31. 어떤 변압기에서 임피던스 강하가 5 %인 변압기가 운전 중 단락되었을 때 그 단락 전류는 정격 전류의 몇 배인가?

① 5   ② 20
③ 50   ④ 200

해설 $I_s = \dfrac{100}{\%Z} \cdot I_n = \dfrac{100}{5} \cdot I_n = 20 \cdot I_n$
∴ 20배

32. 단상 변압기의 병렬운전 조건에 대한 설명 중 잘못된 것은?

① 각 변압기의 극성이 일치할 것
② 각 변압기의 권수비가 같고 1차 및 2차 정격 전압이 같을 것
③ 각 변압기의 백분율 임피던스 강하가 같을 것
④ 각 변압기의 저항과 임피던스의 비는 $\dfrac{x}{r}$ 일 것

해설 변압기의 병렬 운전
㉠ 각 변압기의 같은 극성의 단자를 접속할 것
㉡ 각 변압기의 1차 및 2차 전압, 즉 권수비가 같을 것
㉢ 각 변압기의 임피던스 전압이 같을 것
㉣ 각 변압기의 내부저항과 리액턴스 비가 같을 것

33. 높은 전압을 낮은 전압으로 강압할 때 일반적으로 사용되는 변압기의 3상 결선방식은?

① $\Delta-\Delta$
② $\Delta-Y$
③ $Y-Y$
④ $Y-\Delta$

해설 ㉠ $\Delta-Y$ 결선 : 낮은 전압을 높은 전압으로 올릴 때 사용(1차 변전소의 승압용)
㉡ $Y-\Delta$ 결선 : 높은 전압을 낮은 전압으로 낮추는 데 사용(수전단 강압용)

34. 농형 유도 전동기의 장점이 아닌 것은?

① 구조가 간단하다.
② 가격이 저렴하다.
③ 보수 및 점검이 용이하다.
④ 기동 토크가 크다.

해설 농형 유도 전동기의 장점
㉠ 구조가 간단하고 값이 싸며, 튼튼하고 고장이 적다.
㉡ 보수 및 점검이 용이하며, 다루기가 간편하여 쉽게 운전할 수 있다.
※ 기동 토크가 작고 속도 제어가 곤란하다는 단점도 있다.

35. 4극의 3상 유도 전동기가 60 Hz의 전원에 연결되어 4 %의 슬립으로 회전할 때 회전수는 몇 rpm인가?

① 1656
② 1700
③ 1728
④ 1880

해설 $N_s=\dfrac{120f}{p}=\dfrac{120\times60}{4}=1800\,\text{rpm}$
$\therefore N=(1-s)N_s=(1-0.04)\times1800$
$=1728\,\text{rpm}$

36. 출력 15 kW, 1500 rpm으로 회전하는 전동기의 토크는 약 몇 kg·m인가?

① 6.54
② 9.75
③ 47.78
④ 95.55

해설 $T=975\dfrac{P}{N}=975\times\dfrac{15}{1500}$
$=9.75\,\text{kg}\cdot\text{m}$

37. VVVF는 어떤 전동기의 속도 제어에 사용되는가?

① 동기 전동기
② 유도 전동기
③ 직류 복권 전동기
④ 직류 타여자 전동기

해설 VVVF(Variable Voltage Variable Frequency) : 인버터(inverter)에 의해 가변 전압, 가변 주파수의 교류 전력을 발생하는 교류 전원 장치로서 주파수 제어에 의한 유도 전동기 속도 제어에 많이 사용된다.

38. 다음 사이리스터 중 3단자 형식이 아닌 것은?

① SCR
② GTO
③ DIAC
④ TRIAC

해설 ① SCR : 3단자 단일 방향성
② GTO : 3단자 단일 방향성
③ DIAC : 2단자 양방향성
④ TRIAC : 3단자 양방향성

39. 교류 전압의 실효값이 200 V일 때 단상 반파 정류에 의하여 발생하는 직류 전압의 평균값은 약 몇 V인가?

① 45   ② 90

③ 105   ④ 110

해설 $E_d = 0.45\,V = 0.45 \times 200 = 90\,V$

40. 변압기, 동기기 등의 층간 단락 등의 내부 고장 보호에 사용되는 계전기는?

① 차동 계전기   ② 접지 계전기

③ 과전압 계전기   ④ 역상 계전기

해설 차동 계전기(differential relay)
  ㉠ 피보호 구간에 유입하는 전류와 유출하는 전류의 벡터차, 혹은 피보호 기기의 단자 사이의 전압 벡터차 등을 판별하여 동작하는 단일량형 계전기이다.
  ㉡ 변압기, 동기기 등의 층간 단락 등의 내부 고장 보호에 사용된다.

제3과목 : 전기 설비

41. 최대 사용 전압이 220 V인 3상 유도 전동기가 있다. 이것의 절연 내력 시험 전압은 몇 V로 하여야 하는가?

① 330   ② 500

③ 750   ④ 1050

해설 최대 사용 전압이 7 kV 이하인 경우 : 최대 사용 전압의 1.5배의 전압(500 V 미만으로 되는 경우에는 500 V)
∴ 시험전압 = $220 \times 1.5 = 330\,V \Rightarrow 500\,V$

42. 전선 굵기의 결정에서 다음과 같은 요소를 만족하는 굵기를 사용해야 한다. 가장 잘 표현된 것은?

① 기계적 강도, 전선의 허용 전류를 만족하는 굵기

② 기계적 강도, 수용률, 전압 강하를 만족하는 굵기

③ 인장 강도, 수용률, 최대 사용 전압을 만족하는 굵기

④ 기계적 강도, 전선의 허용 전류, 전압 강하를 만족하는 굵기

해설 옥내 배선의 전선 지름 결정 요소
  ㉠ 허용 전류
  ㉡ 전압 강하
  ㉢ 기계적 강도
  ㉣ 사용 주파수
여기서, 가장 중요한 요소는 허용 전류이다.

43. 다음 중 옥측 또는 옥외에 사용하는 케이블로 옳은 것은?

① 나전선

② 수밀형 케이블

③ 광케이블

④ 비닐시스 케이블

해설 수밀형 케이블(CNCV−W)
  ㉠ 옥측 또는 옥외에 시설하는 경우에 사용된다.
  ㉡ 수밀형 케이블(CNCV−W)은 중성선층의 수밀 처리 외에 도체 부분까지 수밀 처리한 케이블을 말한다.
  ※ 수밀성(water tightness) : 압력수가 통과하지 않는 재료

44. 터미널 러그를 이용한 접속 방법에서 전기기계 기구의 금속제 외함, 배관 등과 접지선과의 접속 시 몇 mm^2 단면적을 초과해야 터미널 러그를 사용하는가?

① 6   ② 8

③ 10   ④ 16

해설 전선과 기구 단자와의 접속 : 기구 단자가 누름나사형, 클램프형이거나 이와 유사한 구조가 아닌 경우는 단면적 $10\,mm^2$를 초과하는 단선 또는 단면적 $6\,mm^2$를 초과하는 연선에 터미널 러그(terminal lug)를 부착한다.

---

45. 굵은 전선을 절단할 때 사용하는 공구는?

① 녹아웃 펀치　　② 파이프 커터
③ 프레셔 툴　　　④ 클리퍼

해설 클리퍼(clipper, cable cutter) : 굵은 전선을 절단할 때 사용하는 가위이다.

46. 금속 전선관의 종류에서 후강 전선관 규격 (mm)이 아닌 것은?

① 16　　　　　　② 19
③ 28　　　　　　④ 36

해설 후강 전선관 규격 : 16, 22, 28, 36, 42, 54, 70, 82, 92, 104
㉠ 후강 : 안지름에 가까운 짝수
㉡ 박강 : 바깥지름에 가까운 홀수

47. 합성수지관 공사에 대한 설명 중 옳지 않은 것은?

① 습기가 많은 장소 또는 물기가 있는 장소에 시설하는 경우에는 방습 장치를 한다.
② 관 상호간 및 박스와는 관을 삽입하는 깊이를 관의 바깥지름의 1.2배 이상으로 한다.
③ 관의 지지점 간의 거리는 3 m 이상으로 한다.
④ 합성수지관 안에는 전선에 접속점이 없도록 한다.

해설 배관의 지지
㉠ 배관의 지지점 사이의 거리는 1.5 m 이하로 하고, 또한 그 지지점은 관의 끝, 관과 박스의 접속점 및 관 상호간의 접속점 등에 가까운 곳(0.3 m 정도)에 시설할 것
㉡ 합성수지제 가요관인 경우는 그 지지점 간의 거리를 1 m 이하로 한다.

48. 저·고압 가공전선에서 케이블을 시설하는 경우 단면적 몇 mm² 이상 조가용선에 행거로 시설하여야 하는가?

① 16　　　　　　② 18
③ 20　　　　　　④ 22

해설 가공 케이블의 시설[KEC 332.2]
㉠ 케이블은 조가용선에 행거로 시설할 것
㉡ 조가용선은 인장강도 5.93 kN 이상의 것 또는 단면적 22 mm² 이상의 아연도강연선이어야 한다.

49. 가요 전선관 공사에서 가요 전선관의 상호 접속에 사용하는 것은?

① 유니언 커플링
② 2호 커플링
③ 콤비네이션 커플링
④ 스플릿 커플링

해설 ㉠ 가요 전선관의 상호 접속 : 스플릿 커플링(split coupling)
㉡ 금속 전선관의 접속 : 콤비네이션 커플링(combination coupling)

50. 저압 접촉전선을 애자공사에 의해 옥측 또는 옥외에 은폐된 장소에 시설할 수 있는 경우로 옳은 것은?

① 점검할 수 없는 은폐된 장소
② 점검할 수 없고 습한 장소
③ 점검할 수 있고 습한 장소
④ 점검할 수 있고 물이 고이지 않는 장소

해설 옥측 또는 옥외에 시설하는 접촉전선의 시설[KEC 235.4] 참조 : 저압 접촉전선을 애자공사에 의해 옥측 또는 옥외에 시설할 때 은폐된 장소에 시설하는 때에는 점검할 수 있고 또한 물이 고이지 않도록 시설해야 한다.

51. 라이팅 덕트 공사에 의한 저압 옥내배선의 시설 기준으로 틀린 것은?

① 덕트의 끝부분은 막을 것
② 덕트는 조영재에 견고하게 붙일 것
③ 덕트의 개구부는 위로 향하여 시설할 것

④ 덕트는 조영재를 관통하여 시설하지 아니할 것

해설 덕트의 개구부는 아래로 향하여 시설할 것

52. 저압 크레인 또는 호이스트 등의 트롤리선을 애자사용 공사에 의하여 옥내의 노출장소에 시설하는 경우 트롤리선의 바닥에서의 최소 높이는 몇 m 이상으로 설치하는가?

① 2   ② 2.5   ③ 3.5   ④ 4

해설 트롤리 선(trolley wire)의 바닥에서의 최소 높이 : 3.5 m 이상

※ 트롤리 선(trolley wire) : 주행 크레인이나 전동차 등과 같이 전동기를 보유하는 이동기기에 전기를 공급하기 위한 접촉전선을 트롤리 선이라 한다.

53. 다음 중 과전류 차단기를 설치하는 곳은?

① 간선의 전원측 전선
② 접지 공사의 접지선
③ 접지 공사를 한 저압 가공 전선의 접지측 전선
④ 다선식 전로의 중성선

해설 과전류 차단기의 시설 금지 장소
ㄱ 접지 공사의 접지선
ㄴ 다선식 전로의 중성선
ㄷ 접지 공사를 한 저압 가공 전로의 접지측 전선

54. 계통접지의 구성에 있어서, 저압전로의 보호도체 및 중성선의 접속 방식에 따른 접지계통 방식에 해당되지 않는 것은?

① TN 계통   ② TT 계통
③ IT 계통   ④ IM

해설 계통접지의 구성[KEC 203.1]
ㄱ 계통접지(system earthing) : 전력계통에서 돌발적으로 발생하는 이상 현상에 대비하여 대지와 계통을 연결하는 것으로, 중성점을 대지에 접속하는 것

ㄴ 저압전로의 보호도체 및 중성선의 접속 방식에 따른 접지계통 방식
• TN 계통
• TT 계통
• IT 계통

55. A종 철근 콘크리트주의 길이가 7 m이고 설계 하중이 6.8 kN인 경우, 땅에 묻히는 깊이는 최소 몇 m 이상이어야 하는가?

① 1.17   ② 1.5
③ 1.8   ④ 2.0

해설 전체의 길이가 15 m 이하인 경우는 땅에 묻히는 깊이를 전장의 $\frac{1}{6}$ 이상으로 할 것

∴ 묻히는 깊이 $h \geqq 7 \times \frac{1}{6} \geqq 1.17\,\text{m}$

56. 주상 변압기에 시설하는 캐치 홀더는 어느 부분에 직렬로 삽입하는가?

① 1차측 양 선
② 1차측 1선
③ 2차측 비접지측 선
④ 2차측 접지측 선

해설 주상 변압기를 보호하기 위한 기구 설치
ㄱ 1차측 : 컷아웃 스위치(COS : cut out switch)를 설치하며 과부하에 대해 보호하기 위한 것이다.
ㄴ 2차측 : 저압 가공 전선을 보호하기 위하여 과전류 차단기를 넣는 캐치 홀더(catch-holder)를 2차측 비접지측 선로에 직렬로 삽입 설치한다.

57. 가연성 가스가 존재하는 장소의 저압시설 공사 방법으로 옳은 것은?

① 가요 전선관 공사   ② 합성 수지관 공사
③ 금속관 공사   ④ 금속 몰드 공사

해설 가연성 가스가 존재하는 장소의 배선은 금속 전선관 또는 케이블 배선에 의할 것(KEC 242.3)

58. 전기울타리의 시설에 관한 내용 중 틀린 것은?

① 수목과의 이격거리는 30 cm 이상일 것
② 전선은 지름이 2 mm 이상의 경동선일 것
③ 전선과 이를 지지하는 기둥 사이의 이격거리는 2 cm 이상일 것
④ 전기울타리용 전원장치에 전기를 공급하는 전로의 사용 전압은 250 V 이하일 것

해설 전기울타리 시설(KEC 241.1)
  ㉠ 전선과 다른 시설물 또는 수목과의 이격거리는 0.3 m 이상일 것
  ㉡ 전선은 지름 2 mm 이상의 경동선일 것
  ㉢ 전선과 이를 지지하는 기둥 사이의 이격거리는 25 mm(2.5 cm) 이상일 것
  ㉣ 전기울타리용 전원장치에 전원을 공급하는 전로의 사용 전압은 250 V 이하일 것

59. 단로기에 대한 설명으로 옳지 않은 것은?

① 소호장치가 있어서 아크를 소멸시킨다.
② 회로를 분리하거나, 계통의 접속을 바꿀 때 사용한다.
③ 고장 전류는 물론 부하 전류의 개폐에도 사용할 수 없다.
④ 배전용의 단로기는 보통 접속을 끊은 후 바로 개폐한다.

해설 단로기(DS) : 소호장치가 없어서 아크를 소멸시키지 못하므로 고장 전류는 물론 부하 전류의 개폐에도 사용할 수 없다.

60. 다음 중 광원에서 나오는 빛의 90~100 %를 비춰 높은 조도를 얻을 수 있는 조명 방식은?

① 부분 간접 조명
② 간접 조명
③ 반직접 조명
④ 직접 조명

해설 직접 조명 : 광원에서 나오는 빛의 90 % 이상을 비춰 높은 조도를 얻을 수 있는 조명 방식이다.
※ 조명 기구의 배광
  ㉠ 직접 조명 방식 – 상향 광속 : 0~10 %, 하향 광속 : 100~90 %
  ㉡ 반직접 조명 방식 – 상향 광속 : 10~40 %, 하향 광속 : 90~60 %
  ㉢ 반간접 조명 방식 – 상향 광속 : 60~90 %, 하향 광속 : 40~10 %
  ㉣ 간접 조명 방식 – 상향 광속 : 90~100 %, 하향 광속 : 10~0 %

2022년 제1회 실전문제

제1과목 : 전기 이론

1. 다음 그림과 같이 박 검전기의 원판 위에 양(+)의 대전체를 가까이 했을 경우에 박 검전기는 양으로 대전되어 벌어진다. 이와 같은 현상을 무엇이라고 하는가?

양(+)의 대전체

음(−)으로 대전
양(+)으로 대전

① 정전 유도　　② 정전 차폐
③ 자기 유도　　④ 대전

해설 정전 유도 현상 : 양(+)의 대전체를 박 검전기 근처에 가까이 했을 경우에 대전체 가까운 쪽에는 다른 종류의 전하가, 먼 쪽에는 같은 종류의 전하가 나타나는 현상으로, 끝부분이 벌어진다.

2. 2 C의 전기량이 두 점 사이를 이동하여 48 J의 일을 하였다면 이 두 점 사이의 전위차는 몇 V인가?

① 12 V　② 24 V　③ 48 V　④ 64 V

해설 Q[C]의 전하가 전위차가 일정한 두 점 사이를 이동할 때 얻거나 잃는 에너지를 W[J]라고 하면, 그 두 점 사이의 전위차 V는

$$V = \frac{W}{Q} = \frac{48}{2} = 24V$$

3. 다음 중 유전율의 단위는 어느 것인가?

① F/m　　　② V/m
③ C/m^2　　④ H/m

해설 유전율은 유전체가 외부 전기장에 반응하여 만드는 편극(분극)의 크기를 나타내는 물질상수이며, 국제단위계에서의 단위는 [F/m]이다.
※ 진공의 유전율 $\varepsilon_0 = 8.855 \times 10^{-12}$[F/m]

4. 정전 용량이 같은 콘덴서 2개를 병렬로 연결하였을 때의 합성 정전 용량은 직렬로 접속하였을 때의 몇 배인가?

① $\frac{1}{4}$　② $\frac{1}{2}$　③ 2　④ 4

해설 • 병렬접속 시 : $C_p = n \times C = 2C$
• 직렬접속 시 : $C_s = \frac{C}{n} = \frac{C}{2}$
∴ $\frac{C_p}{C_s} = \frac{2C}{\frac{C}{2}} = 4$배

5. 100 V의 전위차로 가속된 전자의 운동 에너지는 몇 J인가?

① 1.6×10^{-20} J　② 1.6×10^{-19} J
③ 1.6×10^{-18} J　④ 1.6×10^{-17} J

해설 $W = eV \fallingdotseq 1.6 \times 10^{-19} \times 100$
$\fallingdotseq 1.6 \times 10^{-17}$J
※ 전자의 전하 $e \fallingdotseq 1.6 \times 10^{-19}$C

6. 다음 중 쿨롱의 법칙을 나타내는 공식으로 옳은 것은?

① $F = k\frac{m_1 m_2}{r^2}$　　② $F = k\frac{m_1 m_2}{r}$

③ $F = k\frac{r}{m_1 m_2}$　　④ $F = k\frac{r^2}{m_1 m_2}$

해설 쿨롱의 법칙(Coulomb's law) : 두 자극 사이에 작용하는 자력의 크기는 양 자극의 세기의 곱에 비례하고, 자극간의 거리의 제곱에 반비례한다.

$$F = k \frac{m_1 m_2}{r^2} \ [\text{N}]$$

7. 자기 저항은 자기 회로의 길이에 (　　)하고 단면적과 투자율의 곱에 (　　)한다. (　　) 안에 알맞은 것은?

① 비례, 반비례
② 반비례, 비례
③ 비례, 비례
④ 반비례, 반비례

해설 자기 저항(reluctance) : 자속의 발생을 방해하는 성질의 정도로, 자로의 길이 l[m]에 비례하고 단면적 A[m²]에 반비례한다.

$$R = \frac{l}{\mu A} \ [\text{AT/Wb}]$$

8. 다음 중 자극의 세기 m, 자극간의 거리 l 일 때 자기 모멘트는 어느 것인가?

① $\dfrac{l}{m}$
② $\dfrac{m}{l}$
③ ml
④ $\dfrac{m}{l^2}$

해설 자기 모멘트(magnetic moment ; M) : 자극의 세기 m[Wb], 자극간의 거리 l[m]일 때 $M = ml$ [Wb · m]

9. 환상 솔레노이드에 10회를 감았을 때의 자기 인덕턴스는 100회 감았을 때의 몇 배가 되는가?

① 10
② 100
③ $\dfrac{1}{10}$
④ $\dfrac{1}{100}$

해설 자기 인덕턴스 L_s는 코일의 권수(감는 수) N의 제곱에 비례한다.

$$L_s = \frac{\mu A}{l} \cdot N^2 \ [\text{H}] \ \rightarrow \ L_s \propto N^2$$

∴ 코일의 감긴 수가 10회 : 100회=1 : 10이므로 자기 인덕턴스는 $\left(\dfrac{1}{10}\right)^2$, 즉 $\dfrac{1}{100}$ 배가 된다.

10. 1회 감은 코일에 지나가는 자속이 $\dfrac{1}{100}$ s 동안에 0.3 Wb에서 0.5 Wb로 증가하였다. 이 유도 기전력(V)은 얼마인가?

① 5
② 10
③ 20
④ 40

해설 $v = N \cdot \dfrac{\Delta \phi}{\Delta t} = 1 \times \dfrac{0.5 - 0.3}{1 \times 10^{-2}} = 20 \text{V}$

11. 다음 그림에서 폐회로에 흐르는 전류는 몇 A인가?

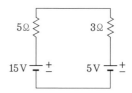

① 1
② 1.25
③ 2
④ 2.5

해설 $\sum V = \sum IR$

$$\therefore \ I = \frac{\sum V}{\sum R} = \frac{15 - 5}{5 + 3} = 1.25 \text{A}$$

12. 다음 회로에서 10Ω에 걸리는 전압은 몇 V인가?

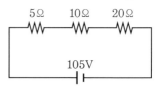

① 2
② 10
③ 20
④ 30

해설 ㉠ 저항 직렬 회로의 전압 분배

$$I = \frac{V}{R_1 + R_2 + R_3} = \frac{105}{5 + 10 + 20} = 3 \text{A}$$

$$\therefore \ V_2 = I \times R_2 = 3 \times 10 = 30 \text{ V}$$

㉡ 전압의 분배는 저항의 크기에 비례

$$V_2 = \frac{R_2}{R_1 + R_2 + R_3} \times V$$

$$= \frac{10}{5 + 10 + 20} \times 105 = \frac{1050}{35} = 30 \text{V}$$

13. 저항 $100\,\Omega$ 의 부하에서 $10\,kW$의 전력이 소비되었다면 이때 흐르는 전류(A) 값은?

① 1   ② 2

③ 5   ④ 10

해설 $P = I^2 R\,[\mathrm{W}]$에서

$$I = \sqrt{\frac{P}{R}} = \sqrt{\frac{10 \times 10^3}{100}} = 10\,\mathrm{A}$$

14. 정격전압에서 $1\,kW$의 전력을 소비하는 저항에 정격의 90%의 전압을 가했을 때, 전력은 몇 W가 되는가?

① 630   ② 780

③ 810   ④ 900

해설 소비전력은 전열기의 저항이 일정할 때 사용전압의 제곱에 비례한다.

$$\therefore\ P' = P \times \left(\frac{V'}{V}\right)^2 = 1 \times 10^3 \times \left(\frac{90}{100}\right)^2$$
$$= 810\,\mathrm{W}$$

15. 다음 중 저항의 온도계수가 부(−)의 특성을 가지는 것은?

① 경동선   ② 백금선

③ 텅스텐   ④ 서미스터

해설 부(−) 저항 온도계수

㉠ 온도가 상승하면 저항값이 감소하는 특성을 나타낸다.

㉡ 반도체, 탄소, 절연체, 전해액, 서미스터 등이 있다.

※ 서미스터(thermistor) : 온도에 민감한 저항체(thermally sensitive resistor)의 약자이다.

16. 단상 $100\,V$에서 $1\,kW$의 전력을 소비하는 전열기의 저항이 10 % 감소하면 소비전력은 몇 kW인가?

① 1.11   ② 2.5

③ 3   ④ 4

해설 $P = \dfrac{V^2}{R}\,[\mathrm{W}]$에서, 전압이 일정하므로 소비전력은 저항에 반비례한다.

$$\therefore\ P' = \frac{1}{0.9R} ≒ 1.11\,\mathrm{kW}$$

17. 저항과 코일이 직렬 연결된 회로에서 직류 220 V를 인가하면 20 A의 전류가 흐르고, 교류 220 V를 인가하면 10 A의 전류가 흐른다. 이 코일의 리액턴스(Ω)는?

① 약 $19.05\,\Omega$ ② 약 $16.06\,\Omega$

③ 약 $13.06\,\Omega$ ④ 약 $11.04\,\Omega$

해설 ㉠ 직류 인가하는 경우($X_L = 0$)

$$R = \frac{V}{I} = \frac{220}{20} = 11\,\Omega$$

㉡ 교류 인가하는 경우

$$Z = \frac{V'}{I} = \frac{220}{10} = 22\,\Omega$$
$$\therefore\ X_L = \sqrt{Z^2 - R^2} = \sqrt{22^2 - 11^2}$$
$$= \sqrt{363} ≒ 19.05\,\Omega$$

18. $\Delta - \Delta$ 평형 회로에서 $V_p = 200\,V$, 임피던스 $Z = 3 + j\,4\,[\Omega]$일 때 상전류 $I_P\,[\mathrm{A}]$는 얼마인가?

① 20 A   ② 200 A

③ 69.3 A   ④ 40 A

해설 $Z = \sqrt{R^2 + X^2} = \sqrt{3^2 + 4^2} = 5\,\Omega$

$$\therefore\ I_p = \frac{V_p}{Z} = \frac{200}{5} = 40\,\mathrm{A}$$

19. $4\,L$의 물을 15℃에서 90℃로 온도를 높이는 데 $1\,kW$의 커피포트를 사용하여 30분간 가열하였다. 이 커피포트의 효율은 약 몇 %인가?

① 56.2   ② 69.8

③ 81.3   ④ 82.7

해설 ㉠ 필요한 열량

$$H = m\,(T_2 - T_1) = 4 \times (90 - 15) = 300\,\mathrm{kcal}$$

ⓒ 커피포트의 발생 열량

$H^{'} = 860\,Pt = 860 \times 1 \times 0.5 = 430\,\mathrm{kcal}$

$\therefore \eta = \dfrac{H}{H^{'}} \times 100 = \dfrac{300}{430} \times 100 \fallingdotseq 69.8\,\%$

20. 묽은 황산(H_2SO_4) 용액에 구리(Cu)와 아연(Zn) 판을 넣었을 때 아연판은 어떻게 되는가?

① 수소 기체를 발생한다.

② 음극이 된다.

③ 양극이 된다.

④ 황산아연으로 변한다.

해설 전지의 원리(볼타 전지) : 아연(Zn)판은 음 (−)의 전위를 가지는 음극이 되고, 구리(Cu)판 은 양(+)의 전위를 가지는 양극이 된다.
  ※ 1. 아연 전극은 구리 전극보다 황산에 용해 되기 쉬우므로 이 전극의 일부가 묽은 황산 속에 Zn^{++} 이온의 상태로 용해되어 아연 전극은 음전하를 가지게 된다.
  2. 또한 용액 중의 H^+는 Zn^{++}에 반발되어 구 리 전극에 끌려가서 전극에 양전하를 준다.

제2과목 : 전기 기기

21. 정격속도로 운전하는 무부하 분권 발전기의 계 자 저항이 60 Ω, 계자 전류가 1 A, 전기자 저항이 0.5 Ω라 하면 유도 기전력은 약 몇 V인가?

① 30.5 ② 50.5

③ 60.5 ④ 80.5

해설 분권 발전기의 유도 기전력(무부하 시)
  ㉠ 단자 전압 : $V = I_f R_f = 1 \times 60 = 60$ V
  ㉡ 유도 기전력
  $E = V + I_f R_a = 60 + 1 \times 0.5 = 60.5$ V
  ※ $I_a = I_f + I$ 에서 무부하일 때 : $I_a = I_f$

22. 직류기의 전기자 권선을 중권으로 하였을 때 다 음 중 틀린 것은?

① 전기자 권선의 병렬 회로 수는 극수와 같다.

② 브러시 수는 항상 2개이다.

③ 전압이 낮고, 비교적 전류가 큰 기기에 적 합하다.

④ 균압선 접속을 할 필요가 있다.

해설 중권과 파권의 비교

비교 항목	중권 (병렬권)	파권 (직렬권)
전기자 병렬 회로 수	극수와 같다.	항상 2개
용도	저전압 대전류용	고전압 소전류용
균압선 접속	필요	불필요

※ 균압 고리(equalizing ring)
  ㉠ 대형 직류기에서는 전기자 권선 중 같은 전 위의 점을 구리 고리로 묶는다.
  ㉡ 브러시 불꽃 방지 목적으로 사용된다.
    • 기전력 차이에 의한 브러시를 통한 순환전류 를 균압 고리에서 흐르게 한다.

23. 전기 용접기용 발전기로 가장 적합한 것은?

① 분권형 발전기

② 차동 복권형 발전기

③ 가동 복권형 발전기

④ 타여자식 발전기

해설 차동 복권형 발전기 : 수하 특성을 가지므 로, 용접기용 전원으로 사용된다.
  ※ 수하특성 : 외부 특성 곡선에서와 같이 단자 전압이 부하 전류가 늘어남에 따라 심하게 떨 어지는 현상을 말하며, 아크 용접기는 이러 한 특성을 가진 전원을 필요로 한다.

24. 다음 중 직권 전동기의 토크와 회전수 관계를 올바르게 표시한 것은?

① $T \propto \dfrac{1}{N}$ ② $T \propto N$

③ $T \propto \dfrac{1}{N^2}$ ④ $T \propto N^2$

해설 직권 전동기의 속도 · 토크 특성

$$T \propto \frac{1}{N^2}$$

※ 분권전동기 : $T \propto \frac{1}{N}$

25. 직류 전동기의 속도 특성 곡선을 나타낸 것이다. 직권 전동기의 속도 특성을 나타낸 것은?

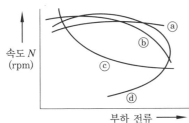

속도 N (rpm)

부하 전류 ⟶

① ⓐ   ② ⓑ   ③ ⓒ   ④ ⓓ

해설 ⓐ : 차동, ⓑ : 분권, ⓒ : 가동, ⓓ : 직권

26. 직류 전동기에서 전부하 속도가 1500 rpm, 속도 변동률이 3 %일 때 무부하 회전 속도는 몇 rpm인가?

① 1455   ② 1410
③ 1545   ④ 1590

해설 속도 변동률 $\varepsilon = \frac{N_0 - N_n}{N_n} \times 100$ 에서

$$N_0 = N_n \left(1 + \frac{\varepsilon}{100}\right) = 1500 \left(1 + \frac{3}{100}\right)$$
$$= 1545 \text{ rpm}$$

27. 직류 분권 전동기의 회전 방향을 바꾸기 위해 일반적으로 무엇의 방향을 바꾸어야 하는가?

① 전원   ② 주파수
③ 계자 저항   ④ 전기자 전류

해설 직류 분권 전동기의 회전 방향의 변경
  ㉠ 계자 또는 전기자 접속을 반대로 바꾸면 회전 방향은 반대가 된다.
  ㉡ 일반적으로 전기자 접속을 바꾸어 전기자 전류 방향이 반대가 되게 한다.
  ※ 전원의 극성을 반대로 하면 자속이나 전기자

전류가 모두 반대가 되므로, 회전 방향은 불변이다.

28. 극수 10, 동기속도 600 rpm인 동기 발전기에서 나오는 전압의 주파수는 몇 Hz인가?

① 50   ② 60   ③ 80   ④ 120

해설 $N_s = \frac{120f}{p}$ [rpm]에서

$$f = \frac{N_s}{120} \cdot p = \frac{600}{120} \times 10 = 50 \text{ Hz}$$

29. 동기조상기를 과여자로 사용하면 어떻게 되는가?

① 콘덴서로 작용
② 일부 부하 뒤진 역률 보상
③ 리액터로 작용
④ 저항손의 보상

해설 동기조상기의 운전 – 위상 특성 곡선
  • 과여자 : 용량성 부하로 동작 → 콘덴서로 작용
  • 부족 여자 : 유도성 부하로 동작 → 리액터로 작용

30. 다음 그림은 동기기의 위상 특성 곡선을 나타낸 것이다. 전기자 전류가 가장 작게 흐를 때의 역률은?

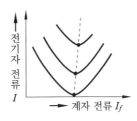

전기자 전류 I

⟶ 계자 전류 I_f

① 1   ② 0.9 (지상)
③ 0.9 (진상)   ④ 0

해설 위상 특성 곡선 (V 곡선)
  ㉠ 일정 출력에서 유기 기전력 E(또는 계자 전류 I_f) 와 전기자 전류 I의 관계를 나타내는 곡선이다.
  ㉡ 동기 전동기는 계자 전류를 가감하여 전기

자 전류의 크기와 위상을 조정할 수 있다.
ⓒ 부하가 클수록 V 곡선은 위로 이동한다.
ⓔ 이들 곡선의 최저점은 역률 1에 해당하는 점이며, 이 점보다 오른쪽은 앞선 역률이고 왼쪽은 뒤진 역률의 범위가 된다.

31. 6600/220 V인 변압기의 1차에 2850 V를 가하면 2차 전압(V)은?

① 90 ② 95 ③ 120 ④ 105

해설 $a = \dfrac{V_1}{V_2} = \dfrac{6600}{220} = 30$

$\therefore\ V_2 = \dfrac{V_1}{a} = \dfrac{2850}{30} = 95\,\mathrm{V}$

32. 변압기의 컨서베이터의 사용 목적은?

① 일정한 유압의 유지
② 과부하로부터의 변압기 보호
③ 냉각 장치의 효과를 높임
④ 변압기 기름의 열화 방지

해설 변압기유의 열화 방지
- 변압기 기름 : 절연과 냉각용으로 광유 또는 불연성 합성 절연유를 쓴다.
- 컨서베이터 (conservator) : 기름과 공기의 접촉을 끊어 열화를 방지하도록 변압기 위에 설치한 기름통이다.

33. 절연 기름을 채운 외함에 변압기 본체를 넣고, 기름의 대류 작용으로 열을 외기 중에 발산시키는 방법으로 설비가 간단하고 다루기나 보수가 쉬운 변압기의 냉각방식은?

① 유입 송유식 ② 유입 수랭식
③ 유입 풍랭식 ④ 유입 자랭식

해설 유입 자랭식 (ONAN)
ⓐ 절연 기름을 채운 외함에 변압기 본체를 넣고, 기름의 대류 작용으로 열을 외기 중에 발산시키는 방법이다.
ⓑ 설비가 간단하고 다루기나 보수가 쉬우므로, 소형의 배전용 변압기로부터 대형의 전

력용 변압기에 이르기까지 널리 쓰인다.
ⓒ 일반적으로 주상 변압기도 유입 자랭식 냉각 방식이다.

34. 수·변전 설비의 고압 회로에 걸리는 전압을 표시하기 위해 전압계를 시설할 때 고압 회로와 전압계 사이에 시설하는 것은?

① 수전용 변압기 ② 계기용 변류기
③ 계기용 변압기 ④ 권선형 변류기

해설 계기용 변압기(potential transformer, PT)
ⓐ 교류 전압계의 측정 범위를 확대하고, 또는 고압 회로와 계기와의 절연을 위해 사용하는 변압기로, 배율은 권선비와 같다.
ⓑ 상용 주파수로 사용하는 계기용 변압기의 정격 2차 전압은 110V이다. 사용함에 있어 2차측을 단락하지 않도록 주의해야 한다.

35. 다음 중 권선형 3상 유도 전동기의 장점이 아닌 것은?

① 속도 조정이 가능하다.
② 비례 추이를 할 수 있다.
③ 농형에 비하여 효율이 높다.
④ 기동 시 특성이 좋다.

해설 권선형은 농형에 비하여 구조가 복잡하고 운전이 까다로우며, 효율과 능률이 떨어지는 단점이 있다.

36. 유도 전동기의 슬립을 측정하기 위하여 스트로보스코프법으로 원판의 겉보기 회전수를 측정하니 1분 동안 90회였다. 4극 60 Hz용 전동기라면 슬립은 얼마인가?

① 3 % ② 4 %
③ 5 % ④ 6 %

해설
- $N_s = \dfrac{120f}{p} = \dfrac{120 \times 60}{4} = 1800\ \mathrm{rpm}$
- $s = \dfrac{n_2}{N_s} \times 100 = \dfrac{90}{1800} \times 100 = 5\ \%$

※ 스트로보스코프법(stroboscopic method)

슬립 : $s = \dfrac{n_2}{N_s} \times 100 = \dfrac{n_2 P}{120f} \times 100 \%$

n_2 : 원판의 흑백 부채꼴의 겉보기의 회전수

P : 극수

f : 주파수

37. 역률과 효율이 좋아서 가정용 선풍기, 전기세탁기, 냉장고 등에 주로 사용되는 것은?

① 분상 기동형 전동기
② 콘덴서 기동형 전동기
③ 반발 기동형 전동기
④ 셰이딩 코일형 전동기

해설 콘덴서 기동형 : 단상 유도 전동기로서 역률(90 % 이상)과 효율이 좋아서 가전제품에 주로 사용된다.

38. SCR에서 Gate 단자의 반도체는 어떤 형태인가?

① N형
② P형
③ NP형
④ PN형

해설 SCR은 PNPN의 구조로 되어 있으며, Gate 단자의 반도체는 P형 반도체의 형태이다.
• SCR 3단자 : Anode-P형, Gate-P형, Cathode-N형

39. 다음 반도체 소자 중 사이리스터가 아닌 것은?

① GTO
② SCR
③ LED
④ TRIAC

해설 ① GTO(gate turn-off thyristor)
② SCR(silicon controlled rectifier)
③ LED(light emitting diode) : 발광 다이오드
④ TRIAC(triode Ac switch)

40. 단상 반파 정류 회로의 전원 전압 200 V, 부하 저항이 10 Ω이면 부하 전류는 약 몇 A인가?

① 4 ② 9 ③ 13 ④ 18

해설 $I_{d0} = \dfrac{E_{d0}}{R} = 0.45\dfrac{V}{R}$
$= 0.45 \times \dfrac{200}{10} = 9 \text{ A}$

제3과목 : 전기 설비

41. 다음 중 단선의 브리타니아 직선 접속에 사용되는 것은?

① 조인트선
② 파라핀선
③ 바인드선
④ 에나멜선

해설 브리타니아(britania) 직선 접속은 10 mm² 이상의 굵은 단선인 경우에 적용되며, 1.0~1.2 mm의 조인트선과 첨선이 사용된다.

42. 단면적 6 mm² 이하의 가는 단선(동전선)의 트위스트 조인트에 해당되는 전선 접속법은?

① 직선 접속
② 분기 접속
③ 슬리브 접속
④ 종단 접속

해설 단선의 직선 접속 방법
• 트위스트(twist) 접속 : 6 mm² 이하의 가는 전선
• 브리타니아(britania) 접속 : 10 mm² 이상의 굵은 전선

43. 다음 중 0.6/1 kV 비닐 절연 비닐시스 케이블의 약호는?

① CV ② PV ③ VV ④ CE

해설 ① CV : 가교 폴리에틸렌 절연 비닐시스 케이블
② PV : EP 고무 절연 비닐시스 케이블
③ VV : 비닐 절연 비닐시스 케이블
④ CE : 가교 폴리에틸렌 절연 폴리에틸렌 시스 케이블

44. 연선 결정에 있어서 중심 소선을 뺀 층수가 3층이다. 전체 소선 수는?

① 91   ② 61   ③ 37   ④ 19

[해설] $N = 3n(n+1)+1$
$= 3 \times 3(3+1)+1 = 37$가닥

45. 다음 중 300/500 V 기기 배선용 유연성 단심 비닐 절연 전선을 나타내는 약호는?

① NFV   ② NFI
③ NR   ④ NRC

[해설] ① NFV : 폴리에틸렌 절연 비닐시스 네온전선
② NFI : 300/500V 기기 배선용 유연성 단심 비닐 절연 전선
③ NR : 450/750V 일반용 단심 비닐 절연 전선
④ NRC : 고무 절연 클로로프렌 시스 네온전선

46. 구리 전선과 전기 기계기구 단자를 접속하는 경우에 진동 등으로 인하여 헐거워질 염려가 있는 곳에는 어떤 것을 사용하여 접속하여야 하는가?

① 정 슬리브를 끼운다.
② 코드 패스너를 끼운다.
③ 평와셔 2개를 끼운다.
④ 스프링 와셔를 끼운다.

[해설] 전선과 기구 단자와의 접속 : 전선을 나사로 고정할 경우에 진동 등으로 헐거워질 우려가 있는 장소는 2중 너트, 스프링 와셔 및 나사 풀림 방지 기구가 있는 것을 사용한다.

47. 다음 ( ) 안에 들어갈 말로 알맞은 것은?

> '후강 전선관'의 호칭은 (㉠) 크기로 정하여 (㉡)로 표시한다.

① ㉠ 안지름, ㉡ 짝수
② ㉠ 안지름, ㉡ 홀수
③ ㉠ 바깥지름, ㉡ 짝수
④ ㉠ 바깥지름, ㉡ 홀수

[해설] • 후강 : 안지름에 가까운 짝수
• 박강 : 바깥지름에 가까운 홀수

48. 다음 중 합성수지제 가요전선관으로 옳게 짝지어진 것은?

① 후강 전선관과 박강 전선관
② PVC 전선관과 PF 전선관
③ PVC 전선관과 제2종 가요전선관
④ PF 전선관과 CD 전선관

[해설] 합성수지제 가요전선관
• PF(plastic flexible) 전선관
• CD(combine duct) 전선관

49. 가공 전선로의 지지물에 하중이 가하여지는 경우에 그 하중을 받는 지지물의 기초의 안전율은 일반적으로 얼마 이상이어야 하는가?

① 1.5   ② 2.0   ③ 2.5   ④ 4.0

[해설] 지지물의 기초 안전율 (KEC 331.7) : 지지물의 기초의 안전율은 2.0 이상이어야 한다.

50. 접지 시스템의 주 접지단자에 접속되는 도체에 해당되지 않는 것은?

① 등전위 본딩 도체
② 접지 도체
③ 보호 도체
④ 충전부 도체

[해설] 주 접지단자 (KEC 142.3.7)
가. 등전위 본딩 도체
나. 접지 도체
다. 보호 도체
라. 관련이 있는 경우 기능성 접지 도체

51. 저압수용가 인입구 접지에 있어서 지중에 매설되어 있고 대지와의 전기저항 값이 몇 Ω 이하의 값을 유지하고 있어야 금속제 수도관로를 접지극으로 사용할 수 있는가?

① 3   ② 5   ③ 10   ④ 12

[해설] 저압수용가 인입구 접지 (KEC 142.4.1) : 대지와의 전기저항 값이 3Ω 이하의 값을 유지하고 있으면 된다.

52. 고압 배전선로의 주상변압기의 2차측에 실시하는 변압기 중성점 접지공사의 접지 저항값을 계산하는 식으로 옳은 것은? (단, I_g는 지락전류이며, 고압 배전선로에는 고저압 전로의 혼촉 시 2초 이내 1초를 초과하여 자동적으로 전로를 차단하는 장치가 포함되어 있다.)

① $\dfrac{150}{I_g}$ ② $\dfrac{300}{I_g}$

③ $\dfrac{600}{I_g}$ ④ $\dfrac{900}{I_g}$

해설 변압기 중성점 접지 (KEC 142.5)
 1. 일반적으로 변압기의 고압 특고압 선로 1선 지락전류로 150을 나눈 값과 같은 저항 값 이하
 2. 1초 초과 2초 이내 전로를 자동적으로 차단하는 장치를 설치할 때는 300을 나눈 값과 이하
 3. 1초 이내에 전로를 자동적으로 차단하는 장치를 설치할 때는 600을 나눈 값과 이하

53. 고압 또는 특별고압 가공 전선로에서 공급을 받는 수용장소의 인입구 또는 이와 근접한 곳에는 무엇을 시설하여야 하는가?

① 계기용 변성기 ② 과전류 계전기
③ 접지 계전기 ④ 피뢰기

해설 피뢰기의 시설 장소 (KEC 341.13)
 1. 발전소·변전소 또는 이에 준하는 장소의 가공전선 인입구 및 인출구
 2. 특고압 가공전선로에 접속하는 배전용 변압기의 고압측 및 특고압측
 3. 고압 및 특고압 가공전선로로부터 공급을 받는 수용장소의 인입구
 4. 가공전선로와 지중전선로가 접속되는 곳

54. 폭연성 분진 또는 화학류의 분말이 전기설비가 발화원이 되어 폭발할 우려가 있는 곳에 시설하는 저압 옥내 전기설비의 저압 옥내배선 공사는?

① 금속관 공사

② 합성수지관 공사
③ 가요전선관 공사
④ 애자 사용 공사

해설 폭연성 분진, 화약류 분말이 존재하는 곳의 저압 옥내배선 공사 방법 (KEC 242.2.1) : 금속관 공사, 케이블 공사 (CD 케이블, 캡타이어 케이블은 제외)

55. 부식성 가스 등이 있는 장소에 전기설비를 시설하는 방법으로 적합하지 않은 것은?

① 애자사용 배선 시 부식성 가스의 종류에 따라 절연전선인 DV 전선을 사용한다.
② 애자사용 배선에 의한 경우에는 사람이 쉽게 접촉될 우려가 없는 노출 장소에 한한다.
③ 애자사용 배선 시 부득이 나전선을 사용하는 경우에는 전선과 조영재와의 거리를 4.5 cm 이상으로 한다.
④ 애자사용 배선 시 전선의 절연물이 상해를 받는 장소는 나전선을 사용할 수 있으며, 이 경우는 바닥 위 2.5 m 이상 높이에 시설한다.

해설 부식성 가스 등이 있는 장소
 1. 산류, 알칼리류, 염소산칼리, 표백분, 염료 또는 인조 비료의 제조 공장, 제련소, 전기 도금 공장, 개방형 축전지실 등 부식성 가스 등이 있는 장소를 말한다.
 2. 전선은 부식성 가스 또는 용액의 종류에 따라서 절연전선(DV 전선은 제외한다) 또는 이와 동등 이상의 절연효력이 있는 것을 사용할 것. 다만, 전선의 절연물이 상해를 받는 장소는 나전선을 사용할 수 있으며, 이 경우는 바닥 위 2.5 m 이상 높이에 시설한다.
 3. 애자사용 배선의 규정에 따르며, 부득이 나전선을 사용하는 경우에는 전선과 조영재와의 거리를 4.5 cm 이상으로 한다.

56. 지중 또는 수중에 시설하는 양극과 피방식체간의 전기부식방지 시설에 대한 설명으로 틀린 것은?

① 사용 전압은 직류 60 V 초과일 것
② 지중에 매설하는 양극은 75 cm 이상의 깊이일 것
③ 수중에 시설하는 양극과 그 주위 1 m 안의 임의의 점과의 전위차는 10 V를 넘지 않을 것
④ 지표에서 1 m 간격의 임의의 2점간의 전위차가 5 V를 넘지 않을 것

해설 전기부식방지 시설 (KEC 241.16) : 전기부식방지 회로의 사용전압은 직류 60V 이하일 것

57. 전기욕기용 전원 변압기 2차측 전로의 사용전압은 몇 V 이하의 것에 한하는가?

① 50
② 30
③ 20
④ 10

해설 전기욕기 전원장치의 2차측 배선 (KEC 241.2) : 전원 변압기 2차측 전로의 사용전압은 10 V 이하일 것

58. 다음 중 터널 안 전선로의 시설 방법으로 옳지 않은 것은?

① 저압 전선은 지름 2.6 mm의 경동선의 절연전선을 사용하였다.
② 고압 전선은 절연전선을 사용하여 애자사용 배선으로 시설하였다.
③ 저압 배선을 애자사용공사에 의하여 시설하고 이를 레일면상 또는 노면상 2.2 m 높이에 시설하였다.
④ 고압전선을 금속관 공사로 시설하고 이를 레일면상 또는 노면상 3 m 높이로 시설하였다.

해설 터널 안 전선로 시설 (KEC 335.1) (철도, 궤도 또는 자동차도 전용터널 안의 전선로) : 저압 배선을 애자사용 배선에 의해 시설하고 이를 레일면상 또는 노면상 2.5 m 이상의 높이로 시설하여야 한다.

59. 건조한 장소에 시설하는 진열장 또는 이와 유사한 것의 내부에 사용전압이 400 V 이하의 배선을 외부에서 잘 보이는 장소에 시설하는 경우 사용하는 전선의 단면적은?

① 0.1 mm^2
② 0.25 mm^2
③ 0.5 mm^2
④ 0.75 mm^2

해설 진열장 또는 이와 유사한 것의 내부 배선 (KEC 234.8)
1. 건조한 장소에 시설하여야 한다.
2. 배선은 단면적 0.75 mm^2 이상의 코드 또는 캡타이어 케이블일 것

60. 다음 중 형광 램프를 나타내는 기호는?

① HID
② FL
③ H
④ M

해설 • FL : 형광 램프
• HID등 (H : 수은등, M : 메탈할라이드등, N : 나트륨등)

제1과목 : **전기 이론**

1. 비유전율이 9인 물질의 유전율은 얼마인가?

① 8.965×10^{-11} ② 80.965×10^{-11}

③ 7.965×10^{-11} ④ 70.965×10^{-11}

해설 $\varepsilon = \varepsilon_0 \cdot \varepsilon_s = 8.855 \times 10^{-12} \times 9$
$= 7.965 \times 10^{-11} [\text{F/m}]$

2. 절연체 중에서 파라핀, 절연유, 플라스틱, 운모 등과 같이 전기적으로 분극 현상이 일어나는 물체를 특히 무엇이라 하는가?

① 도체   ② 유전체

③ 도전체   ④ 반도체

해설 유전체 (dielectric substance)
　㉠ 정전장 안에 놓으면 전기 분극을 발생시키지만, 직류 전류는 흐르지 않는 물질로 전기적 절연체와 같은 의미이다.
　㉡ 운모, 파라핀, 절연유 등은 유전율이 큰 물질로 콘덴서의 용량을 증가시키기 위해 사용된다.
　㉢ 티탄산바륨과 같이 전장을 가하지 않아도 자발적인 전기 분극을 갖는 물질을 강유전체라고 한다.

3. 동일한 용량의 콘덴서 5개를 직렬로 접속하였을 때의 합성 용량과 5개를 병렬로 접속하였을 때의 합성 용량은 다르다. 직렬로 접속한 것은 병렬로 접속한 것의 몇 배에 해당하는가?

① 5배   ② $\dfrac{1}{10}$ 배

③ 15배   ④ $\dfrac{1}{25}$ 배

해설 ㉠ 병렬접속 시 : $C_p = n \times C = 5C$

　㉡ 직렬접속 시 : $C_s = \dfrac{C}{n} = \dfrac{C}{5}$

$\therefore \dfrac{C_s}{C_p} = \dfrac{\frac{C}{5}}{5C} = \dfrac{1}{25}$ 배 $\rightarrow C_s = \dfrac{1}{25} C_p$

4. 정전 흡인력은 인가한 전압의 몇 제곱에 비례하는가?

① 2   ② $\dfrac{1}{2}$ ③ $\dfrac{1}{3}$ ④ 3

해설 정전 흡인력 : $F = \dfrac{1}{2} \varepsilon V^2 [\text{N/m}^2]$

5. 다음 그림과 같은 자극 사이에 있는 도체에 전류 I가 흐를 때 힘은 어느 방향으로 작용하는가?

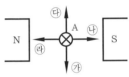

① ㉢   ② ㉡   ③ ㉠   ④ ㉣

해설 플레밍의 왼손 법칙에서 엄지손가락 방향 : 전자력(힘)의 방향
※ 전류의 방향 표시
⊗ : 전류가 정면에서 흘러들어감 (화살 날개)
⊙ : 전류가 정면으로 흘러나옴 (화살촉)

6. 비투자율이 1인 환상철심 중의 자장의 세기가 $H[\text{AT/m}]$이었다. 이때 비투자율이 10인 물질로 바꾸면 철심의 자속밀도(Wb/m²)는?

① 1/10로 줄어든다.

② 10배 커진다.

③ 50배 커진다.

④ 100배 커진다.

정답 1. ③ 2. ② 3. ④ 4. ① 5. ① 6. ②

해설 $B = \mu H = \mu_0 \mu_s H \,[\text{Wb/m}^2]$에서, μ_0와 H가 일정하면 자속밀도는 비투자율(μ_s)에 비례한다.

∴ 비투자율이 10배가 되면 자속밀도도 10배가 된다.

7. 자기 인덕턴스 40 mH와 90 mH인 2개의 코일이 있다. 양 코일 사이에 누설 자속이 없다고 하면 상호 인덕턴스는 몇 mH인가?

① 20　　　　　② 40
③ 50　　　　　④ 60

해설 $M = \sqrt{L_1 \times L_2} = \sqrt{40 \times 90} = \sqrt{3600}$
$\qquad = 60 \text{ mH}$

※ ㉠ 결합계수 $k = \dfrac{M}{\sqrt{L_1 \times L_2}}$

㉡ 누설 자속이 없는 이상적인 경우 : $k = 1$
∴ $M = \sqrt{L_1 \times L_2}$

8. 가장 일반적인 저항기로 세라믹 봉에 탄소계의 저항체를 구워 붙이고, 여기에 나선형으로 홈을 내어 소정의 저항값으로 조정한 다음, 단자를 붙이고 표면에 보호막을 칠해 만든 저항기는?

① 탄소 피막 저항기
② 금속 피막 저항기
③ 가변 저항기
④ 어레이(array) 저항기

해설 • 탄소 피막 저항기(carbon film registor) : 벤젠 등 탄화수소를 1,000℃ 정도의 고온으로 가열, 세라믹스의 지지체 위에 탄소 피막을 석출(析出)시켜 여기에 홈을 내어 소정의 저항값으로 조정한 다음, 단자를 붙이고 표면에 보호막을 칠해 만든다.
※ 세라믹(ceramics) : 높은 온도에서 구워 만든 유리, 도자기, 시멘트 등의 고체 재료
• 금속 피막 저항기(metallic film resistor)
㉠ 알루미나계의 자기 기판 상에 니켈·크롬 합금 등을 증착하여 만든 금속 피막을 저항체로서 사용하는 것

㉡ 성능은 권선 저항기와 가깝고, 그보다 고저항의 것을 만들 수도 있으나 탄소 피막 저항기보다 고가이다.

9. 3 Ω의 저항이 5개, 7 Ω의 저항이 3개, 114 Ω의 저항이 1개 있다. 이들을 모두 직렬로 접속할 때의 합성 저항(Ω)은?

① 120　　　　　② 130
③ 150　　　　　④ 160

해설 $R = R_1 \cdot n_1 + R_2 \cdot n_2 + R_3 \cdot n_3$
$\qquad = 3 \times 5 + 7 \times 3 + 114 \times 1 = 150\,\Omega$

10. 24 V의 전원 전압에 의하여 6 A의 전류가 흐르는 전기회로의 컨덕턴스(℧)는?

① 0.25　　　　　② 0.4
③ 2.5　　　　　④ 4

해설 $G = \dfrac{I}{V} = \dfrac{6}{24} = 0.25\,℧$

11. 최댓값이 200 V인 사인파 교류의 평균값은?

① 약 70.7 V　　　　② 약 100 V
③ 약 127.4 V　　　　④ 약 141.4 V

해설 $V_a = \dfrac{2}{\pi} V_m = 0.637 \times 200 = 127.4\,\text{V}$

12. 인덕턴스 0.5 H에 주파수가 60 Hz이고 전압이 220 V인 교류전압이 가해질 때 흐르는 전류는 약 몇 A인가?

① 0.59　　　　　② 0.87
③ 0.97　　　　　④ 1.17

해설 $I = \dfrac{V}{X_L} = \dfrac{V}{2\pi f L}$
$\qquad = \dfrac{220}{2\pi \times 60 \times 0.5} = \dfrac{220}{188.4} = 1.17\text{A}$

13. $R = 3\,\Omega$, $\omega L = 8\,\Omega$, $\dfrac{1}{\omega C} = 4\,\Omega$의 RLC 직렬 회로의 임피던스(Ω)는?

① 5　　　　　② 8.5

③ 12.4　　　　④ 15

> **해설** $Z = \sqrt{R^2 + (X_L - X_C)^2}$
> $= \sqrt{R^2 + \left(\omega L - \dfrac{1}{\omega C}\right)^2}$
> $= \sqrt{3^2 + (8-4)^2} = 5\,\Omega$

14. 무효 전력에 대한 설명으로 틀린 것은?

① $P = VI\cos\theta$ 로 계산된다.

② 부하에서 소모되지 않는다.

③ 단위로는 Var를 사용한다.

④ 전원과 부하 사이를 왕복하기만 하고 부하에 유효하게 사용되지 않는 에너지이다.

> **해설** 무효 전력 : $P_r = VI\sin\theta\,[\text{Var}]$
>
> ※ 무효 전력(reactive power) : 리액턴스분을 포함하는 부하에 교류 전압을 가했을 경우 어떤 일을 하지 않는 전기 에너지가 전원과 부하 사이를 끊임없이 왕복한다.

15. 황산구리 용액에 10 A의 전류를 60분간 흘린 경우 석출되는 구리의 양은? (단, 구리의 전기 화학 당량은 0.3293×10^{-3} g/c이다.)

① 약 1.97 g　　　② 약 5.93 g

③ 약 7.82 g　　　④ 약 11.85 g

> **해설** $W = kIt = 0.3293 \times 10^{-3} \times 10 \times 3{,}600$
> $= 11.86\,\text{g}$

16. 정격 1 kW, 효율 80 %의 전열기를 사용하여 20 ℃ 물 2000 g을 70℃까지 올리는 데 약 몇 분이 필요한가?

① 4.8　　　　　② 5.3

③ 8.7　　　　　④ 14.5

> **해설** • 필요한 열량
> $H = m(T_2 - T_1) = 2(70 - 20) = 100\,\text{kcal}$
> • 걸리는 시간
> $t = \dfrac{H}{0.24P} \cdot \dfrac{1}{\eta} = \dfrac{100}{0.24 \times 1} \times \dfrac{1}{0.8} = 520\,\text{s}$

$\therefore T = \dfrac{520}{60} = 8.7\text{분}$

17. 어느 가정집에서 220V 60W 전등 10개를 20시간 사용했을 때 사용 전력량(kWh)은?

① 10.5　　　　② 12

③ 13.5　　　　④ 15

> **해설** $P = 60 \times 10 \times 10^{-3} = 0.6\,\text{kW}$
> $\therefore W = P \cdot t = 0.6 \times 20 = 12\,\text{kWh}$

18. 내부 저항 0.1 Ω인 건전지 10개를 직렬로 접속하고 이것을 한 조로 하여 5조 병렬로 접속하면 합성 내부 저항(Ω)은?

① 0.2　　　　　② 0.3

③ 1　　　　　　④ 5

> **해설** $R_0 = \dfrac{rn}{m} = \dfrac{0.1 \times 10}{5} = 0.2\,\Omega$

19. 다음 중 1차 전지가 아닌 것은?

① 망간 건전지　　② 공기 전지

③ 알칼리 축전지　④ 수은 전지

> **해설** 알칼리 축전지(alkaline storage battery)
> ㉠ 전해액(電解液)으로 알칼리 수용액을 사용한 축전지이다.
> ㉡ 일반적으로 양극에 수산화니켈을 사용하고 음극에 철을 사용한 에디슨축전지와 음극에 카드뮴을 사용한 융너축전지를 말한다.

20. 전자 냉동기는 어떤 효과를 응용한 것인가?

① 제베크 효과　　② 톰슨 효과

③ 펠티에 효과　　④ 줄 효과

> **해설** 펠티에(Peltier) 효과
> ㉠ 두 종류의 금속 접속점에 전류를 흘리면 전류의 방향에 따라 줄열(Joule heat) 이외의 열의 흡수 또는 발생 현상이 생기는 것이다.
> ㉡ 응용
> • 흡열 : 전자 냉동기
> • 발열 : 전자 온풍기

 14. ①　**15.** ④　**16.** ③　**17.** ②　**18.** ①　**19.** ③　**20.** ③

제2과목 : 전기 기기

21. 정류자와 접촉하여 전기자 권선과 외부 회로를 연결하는 역할을 하는 것은?

① 계자
② 전기자
③ 브러시
④ 계자철심

[해설] 브러시(brush) : 정류자와 접촉하여 회전자(전기자 권선)와 외부 회로를 접속하는 역할을 한다.

※ 전기자 : 자기 회로를 구성하는 전기자 철심과 기전력을 유도하는 전기자 권선으로 되어 있다.

22. 전기 용접기용 발전기로 가장 적합한 것은?

① 분권형 발전기
② 차동 복권형 발전기
③ 가동 복권형 발전기
④ 타여자식 발전기

[해설] 차동 복권형 발전기 : 부하의 저항을 어느 정도 감소시켜도 전류는 일정하게 되는 수하특성을 이용하여 정전류를 만드는 곳이나 전기용접 등에 사용되는 직류 발전기이다.

23. 2대의 동기 발전기의 병렬 운전 조건으로 같지 않아도 되는 것은?

① 주파수
② 위상
③ 전압
④ 전류

[해설] 병렬 운전의 필요 조건
㉠ 유도기전력의 크기가 같을 것
㉡ 상회전이 일치하고, 기전력의 위상이 같을 것
㉢ 기전력의 주파수가 같을 것
㉣ 기전력의 파형이 같을 것

24. 단락비 1.2인 발전기의 퍼센트 동기 임피던스 (%)는 약 얼마인가?

① 100
② 83
③ 60
④ 45

[해설] $Z_s{}' = \dfrac{1}{K_s} \times 100 = \dfrac{1}{1.2} \times 100 ≒ 83\%$

25. 계자 전류를 가감함으로써 역률을 개선할 수 있는 전동기는 다음 중 어느 것인가?

① 동기 전동기
② 유도 전동기
③ 복권 전동기
④ 분권 전동기

[해설] 동기 전동기의 위상 특성 곡선(V 곡선)
㉠ 동기 전동기는 계자 전류를 가감하여 전기자 전류의 크기와 위상을 조정할 수 있다.
㉡ 이들 곡선의 최저점은 역률 1에 해당하는 점이며, 이 점보다 오른쪽은 앞선 역률이고 왼쪽은 뒤진 역률의 범위가 된다.

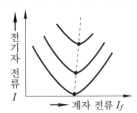

26. 다음 중 3상 동기기에 제동 권선을 설치하는 주된 목적은?

① 출력 증가
② 효율 증가
③ 역률 개선
④ 난조 방지

[해설] 제동 권선의 역할
㉠ 난조 방지
㉡ 동기 전동기 기동 토크 발생
㉢ 불평형 부하 시의 전류 전압 파형 개선
㉣ 송전선 불평형 단락 시 이상전압 방지

27. 변압기의 용도가 아닌 것은?

① 교류 전압의 변환
② 주파수의 변환
③ 임피던스의 변환
④ 교류 전류의 변환

[해설] 변압기는 교류 전압, 전류, 임피던스를 변환시킬 수 있으나 주파수는 변환시킬 수 없다.
※ 변압기의 원리 : 일정 크기의 교류 전압을

받아 전자 유도(electromagnetic induction) 작용에 의하여 다른 크기의 교류 전압으로 바꾸어 이 전압을 부하에 공급하는 역할을 하며 전류, 임피던스를 변환시킬 수 있다.

28. 1대의 출력이 20 kVA인 단상 변압기 2대로 V결선하여 3상 전력을 공급하려고 한다. 이때 최대 전력은 몇 kVA인가?

① 52.3 kVA ② 34.6 kVA
③ 20.4 kVA ④ 12.5 kVA

해설 $P_v = \sqrt{3}\,P = \sqrt{3} \times 20 \fallingdotseq 34.6\,\text{kVA}$

29. 계기용 변압기의 2차측 단자에 접속하여야 할 것은?

① O.C.R ② 전압계
③ 전류계 ④ 전열부하

해설 계기용 변압기(potential transformer, PT)
㉠ 2차 정격 전압은 110V이며, 2차측에는 전압계나 전력계의 전압 코일을 접속하게 된다.
㉡ 고압 회로와 전압계 사이에 시설한다.

30. 다음 중 유도 전동기의 공극을 작게 하는 이유는?

① 효율 증대
② 기동 전류 감소
③ 역률 증대
④ 토크 증대

해설 공극(air gap)
㉠ 유도 전동기의 고정자와 회전자 사이에는 여자 전류를 적게 하고, 역률을 높이기 위해 될 수 있는 한 공극을 좁게 한다.
㉡ 일반적으로 공극이 넓으면 기계적으로는 안전하지만 공극의 자기 저항은 철심에 비해 매우 크므로 여자 전류가 커져서 전동기의 역률이 현저하게 떨어진다. 또한, 누설 리액턴스가 증가하여 순간 최대출력이 감소하고 철손이 증가하게 된다.
㉢ 유도 전동기의 공극은 0.3~2.5 mm 정도로 한다.

31. 동기 속도가 1800 rpm으로 회전하는 유도 전동기의 극수는? (단, 유도 전동기의 주파수는 60 Hz이다.)

① 2극 ② 4극
③ 6극 ③ 8극

해설 $P = \dfrac{120f}{N_s} = \dfrac{120 \times 60}{1800} = 4\,\text{극}$

32. 다음 중 토크(회전력)의 단위는?

① rpm ② N·m
③ W ④ N

해설 ① rpm(revolutions per minute) : 매분 회전수
② N·m(newton·meter) : 토크(회전력)
③ W(watt) : 전력
④ N(newton) : 힘

33. 다음 제동 방법 중 급정지하는 데 가장 좋은 제동법은?

① 발전 제동 ② 회생 제동
③ 단상 제동 ④ 역전 제동

해설 ① 발전 제동 : 대형의 천장 기중기와 케이블 카 등에 많이 쓰이고 있다.
② 회생 제동 : 전동기가 가지는 운동에너지를 전기에너지로 변화시키고, 이것을 전원에 환원시켜 전력을 회생시킨다.
③ 단상 제동 : 권선형 유도 전동기의 고정자에 단상 전압을 걸어 주고, 회전자 회로에 큰 저항을 연결할 때 일어나는 전기적 제동. 대형 기중기에서 짐을 아래로 안전하게 내릴 때 쓴다.
④ 역전 제동(plugging) : 회전 방향과 반대 방향으로 토크를 발생시켜 갑자기 정지시킨다.

34. 셰이딩 코일형 유도 전동기의 특징을 나타낸 것으로 틀린 것은?

① 역률과 효율이 좋고 구조가 간단하여 세탁기 등 가정용 기기에 많이 쓰인다.

② 회전자는 농형이고, 고정자의 성층 철심
은 몇 개의 돌극으로 되어 있다.
③ 기동 토크가 작고, 출력이 수 10 W 이하
의 소형 전동기에 주로 사용된다.
④ 운전 중에도 셰이딩 코일에 전류가 흐르
고 속도 변동률이 크다.

해설 셰이딩 코일(shading coil)형은 기동 토크
가 작고, 출력이 수 10 W 이하의 소형 전동기
에 주로 사용된다.
※ 콘덴서 기동형은 역률(90% 이상)과 효율이
좋아서 가전제품에 주로 사용된다.

35. 다이오드를 사용한 정류 회로에서 다이오드를
여러 개 직렬로 연결하면 어떻게 되는가?
① 고조파 전류를 감소시킬 수 있다.
② 출력 전압의 맥동률을 감소시킬 수 있다.
③ 입력 전압을 증가시킬 수 있다.
④ 부하 전류를 증가시킬 수 있다.

해설 ㉠ 직렬로 연결 : 분압에 의하여 입력 전압
을 증가시킬 수 있다. – 과전압으로부터 보호
㉡ 병렬로 연결 : 분류에 의하여 부하 전류를
증가시킬 수 있다. – 과전류로부터 보호

36. P형 반도체의 전기 전도의 주된 역할을 하는 반
송자는?
① 전자   ② 정공
③ 가전자   ④ 5가 불순물

해설 N형, P형 반도체의 비교

구분	첨가 불순물			반송자
	명칭	종류	원자가	
N형	도너 (donor)	인(P), 비소(As), 안티몬 (Sb)	5	과잉 전자
P형	억셉터 (accepter)	인듐 (In), 붕소 (B), 알루미늄 (Al)	3	정공

37. 다음 중 인버터(inverter)의 설명으로 바르게 나
타낸 것은?

① 직류를 교류로 변환
② 교류를 교류로 변환
③ 직류를 직류로 변환
④ 교류를 직류로 변환

해설 • 인버터(inverter) : 직류를 교류로 바꾸
어 주는 장치 (역변환 장치)
• 컨버터(converter) : 교류를 직류로 바꾸어
주는 장치 (순변환 장치)

38. 다음 중 트라이액(TRIAC)의 기호는 어느 것인
가?

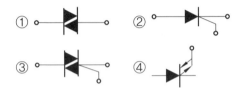

해설 ① DIAC   ② SCR   ③ TRIAC   ④ GTO

※ 트라이액(TRIAC : triode AC switch)
• 2개의 SCR을 병렬로 접속하고 게이트를 1개
로 한 구조로 3단자 소자이다.
• 양방향성이므로 교류전력 제어에 사용된다.

39. 60 Hz 3상 반파 정류 회로의 맥동 주파수(Hz)는
얼마인가?
① 360   ② 180
③ 120   ④ 60

해설 $f_r = 3f = 3 \times 60 = 180\ Hz$
※ 맥동 주파수
㉠ 단상 반파 : f
㉡ 단상 전파 : $2f$
㉢ 3상 반파 : $3f$
㉣ 3상 전파 : $6f$
※ 맥동률(ripple factor) : 정류된 직류 속에
포함되어 있는 교류 성분의 정도를 말한다.

40. 일종의 전류 계전기로 보호 대상 설비에 유입되
는 전류와 유출되는 전류의 차에 의해 동작하는
계전기는?

① 차동 계전기
② 전류 계전기
③ 주파수 계전기
④ 재폐로 계전기

해설 차동 계전기(differential relay)
• 피보호 구간에 유입하는 전류와 유출하는 전류의 벡터 차, 혹은 피보호 기기의 단자 사이의 전압 벡터 차 등을 판별하여 동작하는 단일량형 계전기이다.
• 변압기, 동기기 등의 층간 단락 등의 내부 고장 보호에 사용된다.

제3과목 : 전기설비

41. 전선에 일정량 이상의 전류가 흘러서 온도가 높아지면 절연물을 열화하여 절연성을 극도로 악화시킨다. 그러므로 도체에는 안전하게 흘릴 수 있는 최대 전류가 있다. 이 전류를 무엇이라 하는가?

① 줄 전류   ② 불평형 전류
③ 평형 전류   ④ 허용 전류

해설 허용 전류(allowable current) : 전선은 그 사용 목적에 따라 많은 종류가 있으며, 각각의 전선에는 안전하게 흐를 수 있는 최대 전류가 정해져 있다. 이 최대 전류를 허용 전류라고 한다.
※ 열화(劣化) : 절연체가 외부적인 영향이나 내부적인 영향에 따라 화학적 및 물리적 성질이 나빠지는 현상

42. 배전반 및 분전반과 연결된 배관을 변경하거나 이미 설치되어 있는 캐비닛에 구멍을 뚫을 때 필요한 공구는?

① 오스터   ② 클리퍼
③ 토치램프   ④ 녹아웃 펀치

해설 녹아웃 펀치(knock out punch)
• 배전반, 분전반 등의 배관을 변경하거나 이미 설치되어 있는 캐비닛에 구멍을 뚫을 때

필요한 공구이다.
• 수동식과 유압식이 있으며, 크기는 15, 19, 25 mm 등으로 각 금속관에 맞는 것을 사용한다.

43. S형 슬리브에 의한 직선 접속 시 몇 번 이상 꼬아야 하는가?

① 2번   ② 3번
③ 4번   ④ 5번

해설 슬리브의 양단을 비트는 공구로 물리고 완전히 두 번 이상 비튼다. 오른쪽으로 비틀거나 왼쪽으로 비틀거나 관계없다.

44. 옥내배선 공사할 때 연동선을 사용할 경우 전선의 최소 굵기(mm^2)는?

① 1.5   ② 2.5
③ 4   ④ 6

해설 저압 옥내배선의 사용전선 및 중선의 굵기 (KEC 231.3) : 저압 옥내배선의 전선은 단면적 $2.5 mm^2$ 이상의 연동선 또는 이와 동등 이상의 강도 및 굵기일 것

45. 다음 중 0.6/1 kV 비닐 절연 비닐시스 케이블의 약호는?

① CV   ② PV
③ VV   ④ CE

해설 ① CV : 가교 폴리에틸렌 절연 비닐시스 케이블
② PV : EP 고무 절연 비닐시스 케이블
③ VV : 비닐 절연 비닐시스 케이블
④ CE : 가교 폴리에틸렌 절연 폴리에틸렌 시스 케이블

46. 사람의 전기감전을 방지하기 위하여 설치하는 주택용 누전차단기는 정격감도전류와 동작시간이 얼마 이하여야 하는가?

① 3 mA, 0.03초
② 30 mA, 0.03초
③ 300 mA, 0.3초
④ 300 mA, 0.03초

해설 주택용 누전차단기

1. 감전사고에서는 인체의 손상 정도를 결정하는 통전전류의 크기와 통전시간이 피해 정도에 큰 영향을 끼친다.
2. 사람의 전기감전을 방지하기 위하여 주택용 누전차단기 정격감도전류 30 mA, 0.03초 이내에 동작하도록 규정하고 있다. (KEC 142.7 참조)

47. 전압 22.9 kV‑Y 이하의 배전선로에서 수전하는 설비의 피뢰기 정격전압은 몇 kV인가?

① 18　　　　　　② 72
③ 144　　　　　④ 288

해설 전압 22.9 kV‑Y 이하의 배전선로에서 수전하는 설비의 피뢰기 정격전압(kV)은 배전선로용 피뢰기 정격전압 18 kV을 적용한다.

48. 일반적으로 저압 가공 인입선이 도로를 횡단하는 경우 노면상 설치 높이는 몇 m 이상이어야 하는가?

① 3 m　　　　　② 4 m
③ 5 m　　　　　④ 6 m

해설 저압 인입선의 시설 (KEC 221.1.1)

구분	이격 거리
도로	도로를 횡단하는 경우는 5 m 이상
철도 또는 궤도를 횡단	레일면상 6.5 m 이상
횡단보도교의 위쪽	횡단보도교의 노면상 3 m 이상
상기 이외의 경우	지표상 4 m 이상

49. 라이팅 덕트 공사에 의한 저압 옥내배선 시 덕트의 지지점간의 거리는 몇 m 이하로 해야 하는가?

① 1.0　　　　　② 1.2
③ 2.0　　　　　④ 3.0

해설 라이팅 덕트 (lighting duct) 공사 (KEC 232.71)

1. 덕트는 조영재에 견고하게 붙일 것
2. 덕트의 지지점간의 거리는 2 m 이하로 할 것
3. 덕트의 끝부분은 막을 것

50. 금속 덕트를 조영재에 붙이는 경우에는 지지점간의 거리는 최대 몇 m 이하로 하여야 하는가?

① 1.5　　　　　② 2.0
③ 3.0　　　　　④ 3.5

해설 금속 덕트의 시설 (KEC 232.31.3)

1. 금속 덕트는 3 m 이하의 간격으로 견고하게 지지할 것
2. 취급자만이 출입 가능하고 수직으로 설치 시는 6 m 이하

51. 캡타이어 케이블을 조영재에 시설하는 경우 그 지지점의 거리는 얼마로 하여야 하는가?

① 1 m 이하　　　② 1.5 m 이하
③ 2.0 m 이하　　④ 2.5 m 이하

해설 케이블 공사의 시설조건 (KEC 232.51.1)

1. 전선은 케이블 및 캡타이어 케이블일 것
2. 전선을 조영재의 아랫면 또는 옆면에 따라 붙이는 경우에는 전선의 지지점간의 거리는 다음과 같다
　(가) 케이블은 2 m 이하
　(나) 캡타이어 케이블은 1 m 이하

52. 절연 전선을 넣어 마루 밑에 매입하는 배선용 홈통으로 마루 위의 전선 인출을 목적으로 하는 것은 어느 것인가?

① 플로어 덕트　　② 셀룰러 덕트
③ 금속 덕트　　　④ 라이팅 덕트

해설 플로어 덕트 (under floor way wiring) 공사 (KEC 232.32) : 플로어 덕트는 마루 밑에 매입하는 배선용의 홈통으로 마루 위로 전선 인출을 목적으로 하는 배선 공사이다.

53. 조명기구를 반간접 조명방식으로 설치하였을 때, 상향 광속의 양(%)은?

① 0~10　　　　　② 10~40
③ 40~60　　　　　④ 60~90

해설 조명 기구의 배광

조명방식	직접 조명	반직접 조명	전반 확산 조명	반간접 조명	간접 조명
상향 광속	0 ~ 10%	10 ~ 40%	40 ~ 60%	60 ~ 90%	90 ~ 100%

54. 조명공학에서 사용되는 칸델라(cd)는 무엇의 단위인가?

① 광도　　　　　② 조도
③ 광속　　　　　④ 휘도

해설 조명에 관한 용어의 정의와 단위

구분	정의	기호	단위
조도	장소의 밝기	E	럭스 (lx)
광도	광원에서 어떤 방향에 대한 밝기	I	칸델라 (cd)
광속	광원 전체의 밝기	F	루멘 (lm)
휘도	광원의 외관상 단위면적당의 밝기	B	스틸브 (sb)
광속 발산도	물건의 밝기 (조도, 반사율)	M	래드럭스 (rlx)

55. 조명용 백열전등을 여관 및 숙박업소에 설치할 때 현관 등은 최대 몇 분 이내에 소등되는 타임스위치를 시설하여야 하는가?

① 1　　　　　② 2
③ 3　　　　　④ 4

해설 조명용 백열전구를 설치할 때 다음 각 호에 의하여 타임스위치를 시설할 것
1. 숙박업에 이용되는 객실의 입구 등은 1분 이내에 소등
2. 일반 주택 및 아파트 각 호실의 형광등은 3분 이내에 소등

56. 고압 가공인입선이 케이블 이외의 것으로서 그 아래에 위험표시를 하였다면 전선의 지표상 높이는 몇 m까지로 감할 수 있는가?

① 2.5　　　　　② 3.5
③ 4.5　　　　　④ 5.5

해설 고압 구내 가공인입선의 높이
1. 도로 : 지표상 6.0 m 이상
2. 철도 : 레일면상 6.5 m 이상
3. 횡단보도교의 위쪽 : 노면상 3.5 m 이상
4. 상기 이외의 경우 : 지표상 5.0 m 이상 (다만, 문제 내용과 같은 경우에는 지표상 높이를 3.5 m까지 감할 수 있다.)

57. 지선의 중간에 넣는 애자는?

① 저압 핀 애자　　　② 구형 애자
③ 인류 애자　　　　④ 내장 애자

해설 ① 핀 애자 : 전선의 직선 부분에 사용
② 구형 애자 : 인류용과 지선용이 있으며, 지선용은 지선의 중간에 넣어 양측 지선을 절연한다.
③ 인류 애자 : 인입선 등 선로의 인류 개소에 사용한다.
④ 내장 애자 : 전선의 장력을 지탱하는 애자로, 지지물에서부터 전선 방향으로 시공된다.

58. 점유 면적이 좁고 운전 보수에 안전하며 공장, 빌딩 등의 전기실에 많이 사용되는 배전반은 어떤 것인가?

① 데드 프런트형
② 수직형
③ 큐비클형
④ 라이브 프런트형

해설 큐비클형(cubicle type) : 점유 면적이 좁고 운전·보수에 안전하므로 공장, 빌딩 등의 전기실에 많이 사용된다.

※ 1. 데드 프런트형 : 고압 수전반, 고압 전동기 운전반 등에 사용
2. 라이브 프런트형 : 보통 수직형으로, 주로 저압 간선용

59. 한국전기설비규정에 의한 고압 가공전선로 철탑의 경간은 몇 m 이하로 제한하고 있는가?

① 150
② 250
③ 500
④ 600

해설 고압 가공전선로의 경간의 제한(KEC 332.9)

지지물의 종류	경간
철탑	600 m 이하
B종 철주 또는 B종 철근 콘트리트주	250 m 이하
목주, A종 철주 또는 A종 철근 콘크리트주	150 m 이하

60. 전자 개폐기에 부착하여 전동기의 과부하 보호에 사용되는 자동 장치는?

① 온도 퓨즈
② 열동 계전기
③ 배선용 차단기
④ 수은 계전기

해설 전자 개폐기
㉠ 전자 접촉기와 과전류에 의해 동작하는 과부하 계전기가 조합되어 외부의 조작 스위치에 의해 동작하는 개폐기이다.
㉡ 과부하 계전기는 주 회로에 접속된 과부하 전류 히터의 발열로 바이메탈(bimetal)이 작용하여 전자석의 회로를 자동 차단하는 열동 계전기(thermal relay)로 되어 있다.
※ 바이메탈(bimetal)은 열온도 팽창계수가 판이하게 다른 2매의 금속면을 맞붙여서 온도가 높아지면 굽어지는 성질을 이용한 것으로 열동형이다.

전기
기능사 | # 2022년 제3회 실전문제

제1과목 : **전기 이론**

1. 다음 중 정전기가 발생하는 대전의 종류가 아닌 것은?

① 분출 대전
② 박리 대전
③ 반응 대전
④ 마찰 대전

해설 대전(electrification) : 어떤 물질이 정상 상태보다 전자의 수가 많거나 적어졌을 때 양전기나 음전기를 가지게 되는데, 이를 대전이라 한다.

ⓐ 마찰에 의한 대전(摩擦帶電) : 두 물체 사이의 마찰이나 접촉 위치의 이동으로 전하의 분리 및 재배열이 일어나서 정전기가 발생하는 현상
ⓑ 박리에 의한 대전(剝離帶電) : 서로 밀착되어 있는 물체가 떨어질 때 전하의 분리가 일어나 정전기가 발생하는 현상
ⓒ 유동에 의한 대전(流動帶電) : 액체류가 파이프 등 내부에서 유동할 때 액체와 관벽 사이에 정전기가 발생하는 현상
ⓓ 기타 대전 : 액체류·기체류·고체류 등이 작은 분출구를 통해 공기 중으로 분출될 때 발생하는 분출 대전, 이들의 충돌에 의한 충돌 대전, 액체류가 이송이나 교반될 때 발생하는 진동(교반) 대전, 유도 대전 등이 있다.

2. 다음 그림과 같이 $C = 2\,\mu\text{F}$의 콘덴서가 연결되어 있다. A점과 B점 사이의 합성 정전용량은 얼마인가?

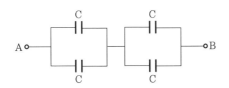

① $1\,\mu\text{F}$
② $2\,\mu\text{F}$
③ $4\,\mu\text{F}$
④ $8\,\mu\text{F}$

해설 $C_{AB} = \dfrac{4 \times 4}{4 + 4} = 2\,\mu\text{F}$

3. 다음 중 자석의 일반적인 성질에 대한 설명으로 틀린 것은?

① 자력이 강할수록 자기력선의 수가 많다.
② 자기력선은 잡아당긴 고무줄과 같이 자신이 줄어들려고 하는 장력이 있다.
③ 자석은 고온이 되면 자력이 증가한다.
④ 자석은 언제나 N, S의 두 극이 존재한다.

해설 자석은 고온이 되면 자력이 감소된다(저온이 되면 자력이 증가된다).
※ 자석은 임계 온도 이상으로 가열하면 자석의 성질이 없어진다.

4. 다음 중 환상 솔레노이드 외부 자기장의 세기 H는?

① $H = \dfrac{NI}{2\pi r}$ [AT/m]

② $H = \dfrac{NI}{2r}$ [AT/m]

③ $H = \dfrac{I}{2\pi r}$ [AT/m]

④ 0

해설 환상 솔레노이드 (solenoid)

1. 내부 자계의 세기 : $H = \dfrac{NI}{2\pi r}$ [AT/m]
2. 외부 자계의 세기는 "0"이다.

5. 자기회로의 자기저항이 5000 AT/Wb이고 기자력이 50000 AT 라면 자속(Wb)은 얼마인가?

정답   1. ③   2. ②   3. ③   4. ④   5. ②

① 5 ② 10
③ 15 ④ 20

해설 $\phi = \dfrac{F}{R} = \dfrac{50000}{5000} = 10 \text{ Wb}$

6. 다음 중 평행한 두 도체에 같은 방향의 전류가 흘렀을 때 두 도체 사이에 작용하는 힘은 어떻게 되는가?

① 반발력이 작용한다.
② 힘은 0이다.
③ 흡인력이 작용한다.
④ 회전력이 작용한다.

해설 전자력의 작용 (힘의 방향)
• 같은 방향일 때 : 흡인력
• 반대 방향일 때 : 반발력

7. 다음 중 플레밍의 왼손 법칙에서 엄지손가락이 나타내는 것은?

① 자장의 방향 ② 전류의 방향
③ 힘의 방향 ④ 기전력의 방향

해설 플레밍의 왼손 법칙
㉠ 자기장 내의 도선에 전류가 흐를 때 도선이 받는 힘의 방향을 나타낸다.
㉡ 전동기의 회전 방향을 결정한다.
• 엄지손가락 : 전자력(힘)의 방향
• 집게손가락 : 자장의 방향
• 가운뎃손가락 : 전류의 방향

8. 공기 중에서 자속 밀도 15 Wb/m²의 평등 자장 중에 길이 5 cm의 도선을 자장의 방향과 45°의 각도로 놓고 이 도체에 2 A의 전류가 흐르면 도선에 작용하는 힘(N)은 얼마인가?

① 1.06 ② 1.73
③ 3.16 ④ 5.19

해설 $F = BlI\sin\theta = 15 \times 5 \times 10^{-2} \times 2 \times 0.707$
$\qquad ≒ 106 \times 10^{-2} = 1.06 \text{ N}$
• $\sin\theta = \sin45° = \dfrac{1}{\sqrt{2}} ≒ 0.707$

9. 다음 회로에서 a, b 간의 합성 저항은?

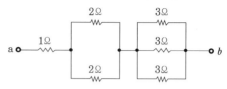

① 1 Ω ② 2 Ω ③ 3 Ω ④ 4 Ω

해설 $R_{ab} = R_s + \dfrac{R_p}{N} + \dfrac{R_p{'}}{N'}$
$\qquad = 1 + \dfrac{2}{2} + \dfrac{3}{3} = 3\,\Omega$

10. 키르히호프의 법칙을 이용하여 방정식을 세우는 방법이 잘못된 것은?

① 키르히호프의 제1법칙을 회로망의 임의의 한 점에 적용한다.
② 각 폐회로에서 키르히호프의 제2법칙을 적용한다.
③ 계산된 전류가 (+)로 표시된 것은 처음에 정한 방향과 반대 방향임을 나타낸다.
④ 각 회로의 전류를 문자로 나타내고 방향을 가정한다.

해설 키르히호프의 법칙 : 계산 결과 전류가 +로 표시된 것은 처음에 정한 방향과 같은 방향임을 나타낸다.

11. $i = 100\sin\left(120\pi t + \dfrac{\pi}{3}\right)$[A],
$v = 100\sqrt{2}\sin\left(120\pi t + \dfrac{\pi}{6}\right)$[V]인 경우 전류는 전압보다 위상이 어떻게 되는가?

① 30° 만큼 앞선다.
② 30° 만큼 뒤진다.
③ 60° 만큼 앞선다.
④ 60° 만큼 뒤진다.

해설 위상차 $\theta = \dfrac{\pi}{3} - \dfrac{\pi}{6} = 60° - 30° = 30°$
∴ 전류 i 는 전압 v 보다 30° 만큼 앞선다.

12. 자체 인덕턴스가 0.01 H인 코일에 100 V, 60 Hz의 사인파 전압을 가할 때 유도 리액턴스는 약 몇 Ω인가?

① 3.77　　　　　② 6.28
③ 12.28　　　　④ 37.68

해설 유도 리액턴스
$$X_L = 2\pi f \cdot L$$
$$= 2 \times 3.14 \times 60 \times 0.01 ≒ 3.77 \ \Omega$$

13. 저항이 6 Ω, 유도 리액턴스가 8 Ω인 RL 직렬회로에 200 V의 전압을 가할 때 이 회로의 소비전력은 약 몇 W인가?

① 800　　　　　② 1000
③ 2400　　　　④ 6400

해설 ㉠ $Z = \sqrt{R^2 + X_L^2} = \sqrt{6^2 + 8^2} = 10 \ \Omega$
㉡ $I = \dfrac{V}{Z} = \dfrac{200}{10} = 20 \ A$
∴ $P = I^2 \cdot R = 20^2 \times 6 = 2400 \ W$

14. 100 V의 전원으로 백열등 100 W 5개, 60 W 4개, 20 W 3개와 1 kW의 전열기 1대를 동시에 병렬로 접속하면 전체 전류는 몇 A인가?

① 10　　　　　② 15
③ 18　　　　　④ 20

해설 $P = VI\cos\theta\,[W]$에서 (백열등, 전열기의 경우 역률($\cos\theta$)은 약 1이다.)
∴ $I = \dfrac{P}{V}$
$= \dfrac{100 \times 5 + 60 \times 4 + 20 \times 3 + 1 \times 10^3}{100}$
$= \dfrac{1800}{100} = 18 A$

15. 다음 중 교류에서 무효전력 P_r [VAR]은?

① VI　　　　　② $VI\cos\theta$
③ $VI\sin\theta$　　　④ $VI\tan\theta$

해설 ① : 피상전력 (VA)

② : 유효전력 (W)
③ : 무효전력 (Var)

16. 전원과 부하가 다같이 Δ결선된 3상 평형 회로가 있다. 상전압이 200 V, 부하 임피던스가 $Z = 6 + j8\,[\Omega]$인 경우 선전류는 몇 A인가?

① 20　　　　　② $\dfrac{20}{\sqrt{3}}$
③ $20\sqrt{3}$　　　④ $10\sqrt{3}$

해설 $|Z| = \sqrt{R^2 + X^2} = \sqrt{8^2 + 6^2} = 10 \ \Omega$
$I_l = \sqrt{3} \cdot I_p = \sqrt{3} \times \dfrac{V}{Z}$
$= \sqrt{3} \times \dfrac{200}{10} = 20\sqrt{3} \ A$

17. 다음 중 비정현파가 아닌 것은?

① 펄스파　　　　② 주기 사인파
③ 삼각파　　　　④ 사각파

해설 주기 사인파는 일정한 형식으로 파형이 반복되는 정현파이다.
※ 비정현파의 파형은 대칭파, 비대칭파, 펄스 등 종류가 많다.

18. 다음 중 비선형 소자는?

① 저항　　　　　② 인덕턴스
③ 커패시터　　　④ 진공관

해설 진공관 (vacuum tube) : 내부가 진공인 유리관에 음극(cathode)과 양극(anode)의 두 전극이 있고, 두 극 사이의 전위차에 의해 두 극 사이에 전자가 이동하여 전류가 흐르도록 만든 전기 장치로서 비선형 소자이다.
㉠ 선형 소자 회로 : 전압과 전류가 비례하는 회로
㉡ 비선형 소자 회로 : 전압과 전류가 비례하지 않는 회로 (진공관, 다이오드 등)

19. 500 Ω의 저항에 1 A의 전류가 1분 동안 흐를 때 발생하는 열량은 몇 cal인가?

① 3600 ② 5000
③ 6200 ④ 7200

해설 줄의 법칙(Joule's law)

$$H = 0.24I^2Rt = 0.24 \times 1^2 \times 500 \times 1 \times 60$$
$$= 7200 \text{ cal}$$

20. 제베크 효과에 대한 설명으로 틀린 것은?

① 두 종류의 금속을 접속하여 폐회로를 만들고, 두 접속점에 온도의 차이를 주면 기전력이 발생하여 전류가 흐른다.
② 열기전력의 크기와 방향은 두 금속 점의 온도차에 따라서 정해진다.
③ 열전쌍(열전대)은 두 종류의 금속을 조합한 장치이다.
④ 전자 냉동기, 전자 온풍기에 응용된다.

해설 제베크 효과(Seebeck effect) : 열전 온도계, 열전 계기 등에 응용된다.
※ 펠티에 효과(Peltier effect) : 전자 냉동기, 전자 온풍기에 응용된다.

제2과목 : 전기 기기

21. 다음 중 직류기의 브러시 종류가 아닌 것은?

① 탄소 브러시 ② 전기 흑연 브러시
③ 실리콘 브러시 ④ 금속 흑연 브러시

해설 직류기 브러시(brush)의 종류
㉠ 탄소 브러시 : 소형 저속기용으로 사용
㉡ 전기 흑연 브러시 : 정류 능력이 좋아 널리 사용
㉢ 금속 흑연 브러시 : 저전압 대전류기용으로 사용

22. 직류 발전기의 특성 곡선 중 상호 관계가 옳지 않은 것은?

① 무부하 포화 곡선 : 계자전류와 단자전압
② 외부 특성 곡선 : 부하전류와 단자전압
③ 부하 특성 곡선 : 계자전류와 단자전압
④ 내부 특성 곡선 : 부하전류와 단자전압

해설 직류 발전기의 특성 곡선
㉠ 무부하 특성 곡선 : 무부하로 운전 시, 계자전류와 단자전압과의 관계를 나타내는 곡선
㉡ 외부 특성 곡선 : 부하전류와 단자전압과의 관계를 나타내는 곡선
㉢ 부하 특성 곡선 : 계자전류와 단자전압의 관계를 나타내는 곡선
㉣ 내부 특성 곡선 : 부하전류와 유기 기전력과의 관계를 나타내는 곡선

23. 다음 직류 전동기 중에서 속도 변동률이 가장 작은 것은?

① 직권 전동기 ② 가동 복권 전동기
③ 분권 전동기 ④ 차동 복권 전동기

해설 직류 전동기의 속도 특성 곡선

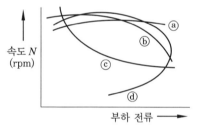

ⓐ : 차동 복권, ⓑ : 분권
ⓒ : 가동 복권, ⓓ : 직권

24. 100 V, 10 A, 전기자 저항 1 Ω, 회전수 1800 rpm인 전동기의 역기전력은 몇 V인가?

① 90 ② 100
③ 110 ④ 125

해설 역기전력

$$E = V - R_aI_a = 100 - 1 \times 10 = 90 \text{ V}$$

※ 회전수 1800 rpm은 전동기의 회전력을 구할 때 적용된다.

25. 다음 그림은 동기 발전기의 무부하 포화곡선을 나타낸 것이다. 포화계수에 해당하는 것은?

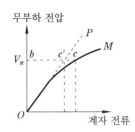

① $\dfrac{ob}{oc}$ ② $\dfrac{bc'}{bc}$

③ $\dfrac{cc'}{bc'}$ ④ $\dfrac{cc'}{bc}$

(해설) 무부하 포화곡선
   ㉠ 무부하 유기 기전력과 계자 전류와의 관계 곡선이다.
- $\overline{OM}$: 포화곡선
- $\overline{OP}$: 공극선

   ㉡ 점 b 가 정격전압(V_n)에 상당하는 점이 될 때, 포화의 정도를 표시하는 포화계수 $\delta = \dfrac{cc'}{bc'}$

26. 다음 중 단락비가 큰 동기기는?
  ① 안정도가 높다.
  ② 기계가 소형이다.
  ③ 전압 변동률이 크다.
  ④ 반작용이 크다.

(해설) 단락비(short circuit ratio)가 큰 동기기
   ㉠ 공극이 넓고 계자 기자력이 큰 철기계이다.
   ㉡ 동기 임피던스가 작으며, 전기자 반작용이 작다.
   ㉢ 전압 변동률이 작고, 안정도가 높다.
   ㉣ 기계의 중량과 부피가 크다(값이 비싸다).
   ㉤ 고정손(철, 기계손)이 커서 효율이 나쁘다.

27. 다음 중 동기 발전기의 3상 단락 곡선은 무엇과 무엇의 관계 곡선인가?
  ① 계자전류와 단락전류
  ② 정격전류와 계자전류
  ③ 여자전류와 계자전류
  ④ 정격전류와 단락전류

(해설) 3상 단락 곡선
   x축 : 계자전류, y축 : 단락전류

28. 다음 중 2대의 동기 발전기 A, B가 병렬운전하고 있을 때 A기의 여자 전류를 증가시키면 어떻게 되는가?
  ① A기의 역률은 낮아지고, B기의 역률은 높아진다.
  ② A기의 역률은 높아지고, B기의 역률은 낮아진다.
  ③ A, B 양 발전기의 역률이 높아진다.
  ④ A, B 양 발전기의 역률이 낮아진다.

(해설) A기의 여자 전류를 증가시키면 A기의 무효 전력이 증가하여 역률이 낮아지고, B기의 무효 분은 감소되어 역률이 높아진다.

29. 변압기의 성층 철심 강판 재료의 규소 함유량은 대략 몇 %인가?
  ① 8   ② 6
  ③ 4   ④ 2

(해설) 변압기의 철심은 철손을 적게 하기 위하여 약 3.5~4 %의 규소를 포함한 연강판을 쓰는데, 이것을 포개어 성층 철심으로 한다.

30. 3300/220 V 변압기의 1차에 20 A의 전류가 흐르면 2차 전류는 몇 A인가?
  ① 1/30   ② 1/3
  ③ 30   ④ 300

(해설) ㉠ $a = \dfrac{V_1}{V_2} = \dfrac{3300}{220} = 15$
   ㉡ $I_2 = a \times I_1 = 15 \times 20 = 300\,\text{A}$

31. 다음 중 변압기의 무부하손에서 대부분을 차지하는 것은 무엇인가?
  ① 유전체손   ② 철손
  ③ 동손   ④ 부하손

해설 무부하손(no-load loss)
㉠ 무부하손은 주로 철손이고, 여자 전류에 의한 구리손(저항손)과 절연물의 유전체손, 그리고 표유 무부하손이 있다.
㉡ 철손(iron loss)
• 히스테리시스 손
• 맴돌이 전류손

32. 낮은 전압을 높은 전압으로 승압할 때 일반적으로 사용되는 변압기의 3상 결선방식은?

① $\Delta-\Delta$ ② $\Delta-Y$
③ Y-Y   ④ Y-Δ

해설 • $\Delta-Y$결선 : 낮은 전압을 높은 전압으로 올릴 때 사용(1차 변전소의 승압용)
• Y-Δ결선 : 높은 전압을 낮은 전압으로 낮추는 데 사용(수전단의 강압용)

33. 다음 중 변압기유를 사용하는 가장 큰 목적은?

① 절연 내력을 낮게 하기 위해서
② 녹이 슬지 않게 하기 위해서
③ 절연과 냉각을 좋게 하기 위해서
④ 철심의 온도 상승을 좋게 하기 위해서

해설 변압기 기름은 변압기 내부의 철심이나 권선 또는 절연물의 온도 상승을 막아주며, 절연을 좋게 하기 위하여 사용된다.

34. 변류비가 $\dfrac{150}{5}$인 변류기가 있다. 이 변류기에 연결된 전류계의 지시가 3 A였다고 하면 측정하고자 하는 전류는 몇 A인가?

① 30   ② 60
③ 90   ④ 120

해설 $I_1 = a \times I_2 = \dfrac{150}{5} \times 3 = 90$ A

35. 다음 중 유도 전동기의 회전자가 동기 속도로 회전할 때 회전자에 나타나는 주파수에 관한 설명 중 올바른 것은?

① 전원 주파수와 같은 주파수
② 전원 주파수에 권수비를 나눈 주파수
③ 전원 주파수에 슬립을 나눈 주파수
④ 주파수가 나타나지 않는다.

해설 ㉠ 동기 속도로 회전 : $s = 0$
㉡ 회전자 주파수 : $f_2 = sf = 0$
∴ 주파수가 나타나지 않는다.
※ 회전자가 동기 속도로 회전하게 되면 상대 속도가 '0'이 되어 회전자 도체는 자속을 끊지 못하므로 2차 전압이 유도되지 않는다.
∴ $N_s > N$이어야 한다.

36. 200 V, 50 Hz, 4극, 15 kW의 3상 유도 전동기가 있다. 전부하일 때의 회전수가 1320 rpm이면 2차 효율(%)은?

① 78   ② 88   ③ 96   ④ 98

해설 $N_s = 120 \times \dfrac{f}{p} = 120 \times \dfrac{50}{4} = 1500$ rpm
∴ $\eta_2 = \dfrac{N}{N_s} \times 100 = \dfrac{1320}{1500} \times 100 = 88$ %

37. 유도 전동기의 슬립을 측정하려고 한다. 다음 중 슬립 측정법이 아닌 것은?

① 수화기법
② 직류 밀리볼트계법
③ 스트로보스코프법
④ 프로니 브레이크법

해설 슬립의 측정법
① 수화기법
② 직류 밀리볼트계법 : 권선형 유도 전동기에만 쓰이는 방법이다.
③ 스트로보스코프법(stroboscopic method) : 원판의 흑백 부채꼴의 겉보기의 회전수 n_2를 계산하면, 슬립 s는
$$s = \dfrac{n_2}{N_s} \times 100 = \dfrac{n_2 P}{120 f} \times 100\%$$
여기서, P : 극수, f : 주파수
※ 프로니 브레이크(Prony brake)법 : 전동기의 실측 효율 측정 방법 중 하나이다.

38. 다음 중 PN 접합 다이오드의 대표적인 작용으로 옳은 것은?

① 정류 작용   ② 변조 작용
③ 증폭 작용   ④ 발진 작용

> **해설** PN 접합 다이오드의 대표적 작용은 정류 작용이다.
> • PN 접합은 외부에서 가하는 전압의 방향에 따라 정류 특성을 가진다.

39. 다음 중 SCR 2개를 역병렬로 접속한 것과 같은 특성의 소자는?

① 다이오드   ② 사이리스터
③ GTO   ④ TRIAC

> **해설** 트라이액 (TRIAC : triode AC switch)
> • 2개의 SCR을 병렬로 접속하고 게이트를 1개로 한 구조로 3단자 소자이다.
> • 양방향성이므로 교류전력 제어에 사용된다.

40. 단상 반파 정류 회로의 전원 전압 200 V, 부하 저항이 10 Ω 이면, 부하 전류는 약 몇 A인가?

① 4   ② 9
③ 13   ④ 18

> **해설**
> $$I_{d0} = \frac{E_{d0}}{R} = 0.45\,\frac{V}{R}$$
> $$= 0.45 \times \frac{200}{10} \fallingdotseq 9\ \text{A}$$

제3과목 : 전기 설비

41. 전선의 식별에 있어서 보호도체의 색상은?

① 녹색 – 노란색   ② 갈색 – 노란색
③ 회색 – 노란색   ④ 청색 – 노란색

> **해설** 전선의 식별 (KEC 121.2)
>
> | 상 (문자) | 색상 |
> |---|---|
> | L1 | 갈색 |
> | L2 | 흑색 |
> | L3 | 회색 |
> | N | 청색 |
> | 보호도체 (접지선) | 녹색 – 노란색 |

42. 다음 괄호 안에 들어갈 알맞은 말은?

> 전선의 접속에서 트위스트 접속은 (㉠) mm² 이하의 가는 전선, 브리타니어 접속은 (㉡)mm² 이상의 굵은 단선을 접속할 때 적합하다.

① ㉠ 4, ㉡ 10   ② ㉠ 6, ㉡ 10
③ ㉠ 8, ㉡ 12   ④ ㉠ 10, ㉡ 14

> **해설** 전선의 접속에서 트위스트(twist joint) 접속은 6 mm² 이하의 가는 전선, 브리타니어 (britania) 접속은 10 mm² 이상의 굵은 단선을 접속할 때 적합하다.

43. 굵기가 같은 두 단선의 쥐꼬리 접속에서 와이어 커넥터를 사용하는 경우에는 심선을 몇 회 정도 꼰 다음 끝을 잘라내야 하는가?

① 2~3회   ② 4~5회
③ 6~7회   ④ 8~9회

> **해설** 굵기가 같은 두 전선의 쥐꼬리 접속(rat tail joint)에서 와이어 커넥터를 사용하는 경우
> • 심선을 2~3회 정도 꼰 다음 잘라내야 한다.
> • 테이프 감기를 할 때에는 4회 이상 꼰 다음, 5 mm 정도 길이로 구부려 놓는다.

44. 전선과 기구 단자 접속 시 누름나사를 덜 죌 때 발생할 수 있는 현상과 거리가 먼 것은?

① 과열   ② 화재
③ 저항 감소   ④ 전파 잡음

해설 전선과 기구 단자와의 접속 시 나사를 덜 죄었을 경우 접속 부분의 저항이 증가하게 된다.
• 전선을 나사로 고정할 경우에 진동 등으로 헐거워질 우려가 있는 장소는 2중 너트, 스프링 와셔 및 나사풀림 방지 기구가 있는 것을 사용한다.

45. 다음 중 금속관 공사의 설명으로 잘못된 것은?

① 교류 회로는 1회로의 전선 전부를 동일 관내에 넣는 것을 원칙으로 한다.
② 교류 회로에서 왕복 도선은 반드시 같은 관에 넣을 필요는 없다.
③ 금속관 내에서는 절대로 전선 접속점을 만들지 않아야 한다.
④ 관의 두께는 콘크리트에 매입하는 경우 1.2 mm 이상이어야 한다.

해설 전선·전자적 평형 : 교류 회로는 1회로의 전선 전부를 동일 관내에 넣는 것을 원칙으로 하며, 관내에 전자적 불평형이 생기지 않도록 시설하여야 한다.

46. 다음 중 덕트 공사의 종류가 아닌 것은?

① 금속 덕트 공사   ② 버스 덕트 공사
③ 케이블 덕트 공사 ④ 플로어 덕트 공사

해설 덕트 공사의 종류
㉠ 금속 덕트 공사
㉡ 버스 덕트 공사
㉢ 플로어 덕트 공사
㉣ 라이팅 덕트 공사
㉤ 셀룰러 덕트 공사

47. 굴곡이 많고 금속관 공사를 하기 어려운 경우나 전동기와 옥내배선을 결합하는 경우 또는 엘리베이터 배선 등에 채용되는 공사 방법은?

① 애자 사용 공사   ② 합성 수지관 공사
③ 금속 몰드 공사   ④ 가요 전선관 공사

해설 가요 전선관 공사(flexible conduit wiring) : 작은 증설 공사, 안전함과 전동기 사이의 공사, 엘리베이터의 공사, 기차, 전차 안의 배선 등의 시설에 적당하다.

48. 과전류 차단기로 저압 전로에 사용하는 퓨즈의 정격 전류가 100 A이면 몇 분 이내에 용단되어야 하는가?

① 30   ② 60
③ 120   ④ 180

해설 과전류 차단기로 저압 전로에 사용하는 퓨즈의 용단 특성(KEC 표 212.3-1)

정격 전류의 구분	시간
4 A 이하	60분
4 A 초과 16 A 미만	60분
16 A 이상 63 A 이하	60분
63 A 초과 160 A 이하	120분
160 A 초과 400 A 이하	180분
400 A 초과	240분

49. 전선로의 종류가 아닌 것은?

① 옥측 전선로   ② 지중 전선로
③ 가공 전선로   ④ 산간 전선로

해설 전선로 : 옥측 전선로, 옥상 전선로, 옥내 전선로, 지상 전선로, 가공 전선로, 지중 전선로, 특별 전선로

50. 다음 중 접지 공사를 반드시 하지 않아도 되는 것은?

① 사용 전압이 직류 400 V 또는 교류 대지 전압 150 V 이하의 회로에 사용되는 기기를 건조한 장소에 시설하는 경우
② 저압용 기계기구를 건조한 목재의 마루 기타 이와 유사한 절연성 물건 위에서 취급하도록 시설하지 않는 경우
③ 저압용 기계기구에 전기를 공급하는 전로 또는 개별 기계기구에 전기용품안전관리법의 적용을 받는 인체감전 보호용 누전차단기(정격감도전류 30 mA 이하, 동작시간

0.03초 이내의 전류 동작형에 한한다)를 시설하는 경우

④ 외함을 충전하여 사용하는 기계기구에 사람이 접촉할 우려가 있는 경우

해설 기계기구의 철대 및 외함의 접지 (KEC 147.7) : 전로에 시설하는 기계기구의 철대 및 금속제 외함에는 접지 시스템 규정에 의한 접지 공사를 하여야 한다. 단, ③의 경우에만 위의 규정에 따르지 않을 수도 있다.

51. 지중에 매설되어 있는 금속제 수도관로는 접지 공사의 접지극으로 사용할 수 있다. 이때 건축물·구조물의 철골 기타의 금속제를 금속제 외함의 접지공사 또는 기계기구의 철대의 접지극으로 사용하려면 대지와의 사이에 전기저항 값이 몇 Ω 이하이어야 하는가?

① 1 Ω
② 2 Ω
③ 3 Ω
④ 4 Ω

해설 접지극의 시설 및 접지저항 (KEC 142.4.2) : 대지와의 전기저항 값이 3 Ω 이하의 값을 유지하고 있으면 된다.

52. A종 철근 콘크리트주의 전장이 15 m인 경우에 땅에 묻히는 깊이는 최소 몇 m 이상으로 해야 하는가? (단, 설계하중은 6.8 kN 이하이다.)

① 2.5
② 3.0
③ 3.5
④ 4.0

해설 전체의 길이가 15 m 이하인 경우는 땅에 묻히는 깊이를 전장의 1/6 이상으로 할 것

$$\therefore \ 15 \times \frac{1}{6} \fallingdotseq 2.5 \ \text{m}$$

53. 지지물에 전선 그 밖의 기구를 고정시키기 위해 완목, 완금, 애자 등을 장치하는 것을 무엇이라 하는가?

① 장주
② 건주
③ 터파기
④ 가선 공사

해설 장주(pole fittings)
㉠ 지지물에 완목, 완금, 애자 등을 장치하는 것을 장주라 한다.
㉡ 배전 선로의 장주에는 저·고압선의 가설 이외에도 주상 변압기, 유입 개폐기, 진상 콘덴서, 승압기, 피뢰기 등의 기구를 설치하는 경우가 있다.

54. 다음 중 지중전선로의 매설 방법이 아닌 것은?

① 관로식
② 암거식
③ 직접 매설식
④ 트레이식

해설 지중전선로의 매설 방법
㉠ 관로식
㉡ 암거식(전력구식)
㉢ 직접 매설식

55. 소맥분, 전분 기타 가연성의 분진이 존재하는 곳의 저압 옥내배선 공사 방법에 해당되는 것으로 짝지어진 것은?

① 케이블 공사, 애자사용 공사
② 금속관 공사, 콤바인 덕트관, 애자사용 공사
③ 케이블 공사, 금속관 공사, 애자사용 공사
④ 케이블 공사, 금속관 공사, 합성수지관 공사

해설 가연성 분진(소맥분, 전분, 유황 기타) 위험 장소 (KEC 242.2.2) : 저압 옥내배선은 금속 전선관, 합성수지 전선관, 케이블 배선으로 시공하여야 한다.

56. 화약고 등의 위험 장소에서 전기설비 시설에 관한 내용으로 옳은 것은?

① 전로의 대지전압은 400V 이하일 것
② 전기 기계기구는 전폐형을 사용할 것
③ 화약고 내의 전기설비는 화약고 장소에 전용 개폐기 및 과전류 차단기를 시설할 것
④ 개폐기 및 과전류 차단기에서 화약고 인

입구까지의 배선은 케이블 배선으로 노출로 시설할 것

해설 화약류 저장소 등의 위험장소 (KEC 242.5)
① 화약고는 전기설비를 시설하여서는 안 된다. 다만, 백열전등, 형광등 또는 이들에 전기를 공급하기 위한 전기설비(개폐기, 과전류 차단기 제외)를 다음 각 호에 의하여 시설하는 경우는 적용하지 않는다.
1. 전로의 대지전압은 300 V 이하로 할 것
2. 전기 기계기구는 전폐형을 사용할 것
3. 옥내배선은 금속 전선관 배선 또는 케이블 배선에 의하여 시설할 것
4. 전로에 지기가 생겼을 경우에는 자동적으로 전로를 차단 또는 경보하는 장치를 하여야 한다.
② 개폐기 및 과전류 차단기에서 화약고의 인입구까지의 배선은 케이블을 사용하고 또한 이것을 지중에 시설하여야 한다.

57. 자연 공기 내에서 개방할 때 접촉자가 떨어지면서 자연 소호되는 방식을 가진 차단기로 저압의 교류 또는 직류 차단기로 많이 사용되는 것은?

① 유입 차단기   ② 자기 차단기
③ 가스 차단기   ④ 기중 차단기

해설 기중 차단기 (ACB) : 자연 공기 내에서 개방할 때 접촉자가 떨어지면서 자연 소호에 의한 소호 방식을 가지는 차단기로서 교류 또는 직류 차단기로 많이 사용된다.

58. 간선에서 각 기계기구로 배선하는 전선을 분기하는 곳에 주 개폐기, 분기 개폐기 및 자동 차단기를 설치하기 위하여 무엇을 설치하는가?

① 분전반   ② 운전반
③ 배전반   ④ 스위치반

해설 분전반(panel board) : 간선에서 각 기계·기구로 배선하는 전선을 분기하는 곳에 주 개폐기, 분기 개폐기 및 자동 차단기를 설치하기 위하여 시설한 것

59. 실링 직접 부침등을 시설하고자 한다. 배선도에 표기할 그림 기호로 옳은 것은?

해설 ① : 벽등 (N : 나트륨등)
② : 외등
③ : 실링 라이트 직접 부침등
④ : 리셉터클

60. 1개의 전등을 3곳에서 자유롭게 점등하기 위해서는 3로 스위치와 4로 스위치가 각각 몇 개씩 필요한가?

① 3로 스위치 1개, 4로 스위치 2개
② 3로 스위치 2개, 4로 스위치 1개
③ 3로 스위치 3개
④ 4로 스위치 3개

해설 N개소 점멸을 위한 스위치의 소요
$N =$ (2개의 3로 스위치) $+[(N-2)$개의 4로 스위치]
$= 2S_3 + (N-2)S_4$
- $N = 2$일 때 : 2개의 3로 스위치
- $N = 3$일 때 : 2개의 3로 스위치 + 1개의 4로 스위치
- $N = 4$일 때 : 2개의 3로 스위치 + 2개의 4로 스위치

전기
기능사

2022년 제4회 실전문제

제1과목 : 전기 이론

1. 전자의 전하량(C)은?

① 약 9.109×10^{-31}

② 약 1.672×10^{-27}

③ 약 1.602×10^{-19}

④ 약 6.24×10^{-18}

해설 전하량

입자	전하량 (C)
양성자	$+1.60219 \times 10^{-19}$
중성자	0
전자	-1.60219×10^{-19}

2. 물체가 가지고 있는 전기의 양을 뜻하며, 물질이 가진 고유한 전기적 성질을 무엇이라고 하는가?

① 대전 ② 전하

③ 방전 ④ 양자

해설 전하(electric charge) : 전기현상을 일으키는 물질의 물리적 성질이며, 모든 입자는 양성, 음성, 중성 중에 하나의 상태를 가진다.

3. 비유전율이 큰 산화티탄 등을 유전체로 사용한 것으로 극성이 없으며, 가격에 비해 성능이 우수하여 널리 사용되고 있는 콘덴서는?

① 전해 콘덴서 ② 세라믹 콘덴서

③ 마일러 콘덴서 ④ 마이카 콘덴서

해설 세라믹(ceramic) 콘덴서

㉠ 세라믹 콘덴서는 전극간의 유전체로, 티탄산바륨과 같은 유전율이 큰 재료를 사용하며 극성은 없다.

㉡ 이 콘덴서는 인덕턴스(코일의 성질)가 적어 고주파 특성이 양호하여 바이패스에 흔히 사용된다.

4. 재질과 두께가 같은 1, 2, 3 μF 콘덴서 3개를 직렬접속하고, 전압을 가하여 증가시킬 때 먼저 절연이 파괴되는 콘덴서는?

① 1 μF ② 2 μF

③ 3 μF ④ 동시

해설 콘덴서의 직렬접속 시 각 콘덴서 양단에 걸리는 전압은 정전 용량에 반비례하므로, 가장 용량이 작은 1μF 콘덴서가 가장 먼저 절연 파괴된다.

5. 전장의 세기에 대한 단위로 맞는 것은?

① m/V ② V/m²

③ V/m ④ m²/V

해설 전기장의 방향과 세기

㉠ 전기장의 방향은 전기장 속에 양전하가 있을 때 받는 방향이다.

㉡ 전기장의 세기(E)는 전기장 중에 단위 전하인 +1C의 전하를 놓을 때, 여기에 작용하는 전기력의 크기(F)를 나타낸다.

㉢ 1 V/m는 전기장 중에 놓인 +1C의 전하에 작용하는 힘이 1 N인 경우의 전기장 세기를 의미한다.

6. 전류에 의한 자기장과 직접적으로 관련이 없는 것은?

① 줄의 법칙

② 플레밍의 왼손 법칙

③ 비오-사바르의 법칙

④ 앙페르의 오른나사 법칙

해설 ① 줄의 법칙 : 전류의 발열 작용이다.

② 플레밍의 왼손 법칙 : 자기장 내의 도선에 전류가 흐를 때 도선이 받는 힘의 방향을 나타낸다.

③ 비오-사바르의 법칙 : 도체의 미소 부분 전류에 의해 발생되는 자기장의 크기를 알아내는 법칙이다.

④ 앙페르의 오른나사 법칙 : 전류의 방향에 따라 자기장의 방향을 정의하는 법칙이다.

7. 다음 중 비오-사바르의 법칙을 올바르게 설명한 것은?

① 미소 자기장의 크기는 전류의 크기에 비례하고, 도선까지의 거리의 제곱에 반비례한다.

② 미소 자기장의 크기는 전류의 크기에 반비례하고, 도선까지의 거리의 제곱에 반비례한다.

③ 미소 자기장의 크기는 전류의 크기에 비례하고, 도선까지의 거리의 제곱에 비례한다.

④ 미소 자기장의 크기는 전류의 크기에 반비례하고, 도선까지의 거리의 제곱에 반비례한다.

해설 비오-사바르의 법칙(Biot-Savart's law)

㉠ 도체의 미소 부분 전류에 의해 발생되는 자기장의 크기를 알아내는 법칙이다.

㉡ 미소 자기장의 크기는 전류의 크기에 비례하고, 도선까지의 거리의 제곱에 반비례한다.

$$\Delta H = \frac{I \Delta l}{4 \pi r^2} \sin\theta [\text{AT/m}]$$

8. 공기 중에 40 cm 떨어진 왕복 도선에 100 A의 전류가 흐를 때 도선 1 km에 작용하는 힘은 몇 N인가?

① 0.5   ② 1   ③ 5   ④ 10

해설 $F = \dfrac{2 I_1 I_2}{r} \times 10^{-7}$

$= \dfrac{2 \times 100 \times 100}{40 \times 10^{-2}} \times 10^{-7} = 5 \times 10^{-3} \text{N}$

∴ 도선 1 km에 작용하는 힘

$F' = F \times 10^3 = 5 \times 10^{-3} \times 10^3 = 5 \text{ N}$

9. 4 Ω의 저항과 6 Ω의 저항을 직렬로 접속할 때 합성 컨덕턴스는 몇 ℧인가?

① 0.1   ② 0.2   ③ 10   ④ 20

해설 $G = \dfrac{1}{R_s} = \dfrac{1}{R_1 + R_2} = \dfrac{1}{4 + 6} = \dfrac{1}{10} = 0.1 ℧$

10. 다음의 그림에서 2 Ω의 저항에 흐르는 전류는 몇 A인가?

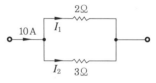

① 6 A   ② 4 A   ③ 5 A   ④ 3 A

해설 $I_1 = \dfrac{R_2}{R_1 + R_2} \cdot I = \dfrac{3}{2 + 3} \times 10 = 6 \text{ A}$

※ $I_2 = \dfrac{R_1}{R_1 + R_2} \cdot I = \dfrac{2}{2 + 3} \times 10 = 4 \text{ A}$

11. 금속 도체의 전기 저항에 대한 설명으로 옳은 것은?

① 도체의 저항은 고유 저항과 길이에 반비례한다.

② 도체의 저항은 길이와 단면적에 반비례한다.

③ 도체의 저항은 단면적에 비례하고 길이에 반비례한다.

④ 도체의 저항은 고유 저항에 비례하고 단면적에 반비례한다.

해설 금속 도체의 전기 저항

$$R = \rho \frac{l}{A} [\Omega]$$

ρ : 도체의 고유 저항 $(\Omega \cdot \text{m})$,

A : 도체의 단면적 (m^2), l : 길이 (m)

• 저항은 그 도체의 고유 저항에 비례하고 단면적에 반비례한다.

12. 어느 정도 이상으로 전압이 높아지면 급격히 저항이 낮아지는 성질을 이용하여 이상 전압에 대하여 회로를 보호하기 위한 소자는 무엇인가?

① 다이오드   ② SCR
③ 바리스터   ④ 커패시터

해설 바리스터(varistor) : 어떤 수치보다 높은 전압이 가해지면 흐르는 전류가 갑자기 증가하는 저항 소자이다. 다른 전자 부품을 높은 전압으로부터 보호하기 위한 바이패스로 이용된다. 배리스터라고도 부른다.

13. 어떤 정현파 전압의 평균값은 최댓값에 몇을 곱해야 하는가?

① 0.707   ② 0.637
③ 1.121   ④ 1.414

해설 $V_a = \dfrac{2}{\pi} V_m \fallingdotseq 0.637 V_m$

14. $i = 200\sqrt{2}\sin(\omega t + 30)$[A]의 전류가 흐른다. 이를 복소수로 표시하면 다음 중 어느 것인가?

① $6.12 - j3.5$ ② $17.32 + j5$
③ $173.2 + j100$ ④ $173.2 - j100$

해설 $i = 200\sqrt{2}\sin(\omega t + 30) = 200\angle 30°$[A]
$\therefore I = 200(\cos 30° + j\sin 30°)$
$= 200\left(\dfrac{\sqrt{3}}{2} + j\dfrac{1}{2}\right) = 173.2 + j100$[A]

15. 저항이 4 Ω, 유도 리액턴스가 3 Ω인 RL 직렬 회로에 200 V의 전압을 가할 때 이 회로의 소비전력은 약 몇 W인가?

① 800   ② 1000
③ 2400   ④ 6400

해설 ㉠ $Z = \sqrt{R^2 + X^2} = \sqrt{4^2 + 3^2} = 5\ \Omega$
㉡ $I = \dfrac{V}{Z} = \dfrac{200}{5} = 40$ A
㉢ $\cos\theta = \dfrac{R}{Z} = \dfrac{4}{5} = 0.8$

$\therefore P = VI\cos\theta = 200 \times 40 \times 0.8$
$= 6400\,\text{W}$

16. 평형 3상 교류 회로에서 △결선할 때 선전류 I_l과 상전류 I_p와의 관계 중 옳은 것은?

① $I_l = 3I_p$ ② $I_l = 2I_p$
③ $I_l = \sqrt{3}\,I_p$ ④ $I_l = I_p$

해설 △결선
• 선전류$(I_l) = \sqrt{3}\,I_p$
• 선간 전압$(V_l) =$ 상전압(V_p)
※ Y결선
• 선간 전압 $= \sqrt{3}$ 상전압
• 선전류 $=$ 상전류

17. 전류 $i = 30\sin\omega t + 40\sin\omega t(3\omega t + 45°)$ [A]의 실횻값은 몇 A인가?

① 25   ② $25\sqrt{2}$
③ 50   ④ $50\sqrt{2}$

해설 ㉠ $I_1 = \dfrac{30}{\sqrt{2}} \fallingdotseq 21.2$A
㉡ $I_3 = \dfrac{40}{\sqrt{2}} \fallingdotseq 28.3$ A
$I = \sqrt{I_1^2 + I_3^2} = \sqrt{21.2^2 + 28.3^2} \fallingdotseq 35.36$
$= 25\sqrt{2}$ A

18. 니켈의 원자가는 2.0이고 원자량은 58.70이다. 이때 화학당량의 값은 얼마인가?

① 117.4   ② 60.70
③ 56.70   ④ 29.35

해설 화학당량 $= \dfrac{원자량}{원자가} = \dfrac{58.7}{2} = 29.35$
※ 화학당량
1. 화학 변화를 일으킬 때 기본이 되는 양
2. 수소 1g 원자와 직접 또는 간접으로 화합할 수 있는 다른 원소의 그램 수
3. 원소의 원자량을 그 원자가로 나눈 값

19. 1 kWh는 몇 J인가?

① 3.6×10^6　　　② 860

③ 10^3　　　④ 10^6

> **해설** $1\,\mathrm{h} = 1 \times 60 \times 60 = 3600 = 3.6 \times 10^3\,\mathrm{s}$
>
> ∴ $1\,\mathrm{kWh} = 1 \times 10^3 \times 3.6 \times 10^3 = 3.6 \times 10^6\,\mathrm{J}$

20. 규격이 같은 축전지 2개를 병렬로 연결하였다. 다음 설명 중 옳은 것은?

① 용량과 전압이 모두 2배가 된다.

② 용량과 전압이 모두 1/2배가 된다.

③ 용량은 불변이고 전압은 2배가 된다.

④ 용량은 2배가 되고 전압은 불변이다.

> **해설** 규격이 같은 축전지의 접속
>
> ㉠ 병렬연결 시 : 전압은 변함이 없고, 용량은 n배가 된다.
>
> ∴ 용량은 2배가 되고 전압은 불변이다.
>
> ㉡ 직렬연결 시 : 전압은 n배가 되고, 용량은 변하지 않는다.
>
> ∴ 용량은 불변이고 전압은 2배가 된다.

제2과목 : 전기 기기

21. 다음 중 직류기에서 브러시의 역할은?

① 기전력 유도

② 자속 생성

③ 정류 작용

④ 전기자 권선과 외부 회로 접속

> **해설** 브러시(brush) : 회전자(전기자 권선)와 외부 회로를 접속하는 역할을 한다.

22. 직류 발전기에 있어서 전기자 반작용이 생기는 요인이 되는 전류는?

① 동선에 의한 전류

② 전기자 권선에 의한 전류

③ 계자 권선의 전류

④ 규소 강판에 의한 전류

> **해설** 전기자 반작용(armature reaction) : 전기자 전류에 의한 기자력의 영향으로 주자극의 자속 분포와 크기를 변화시키는 작용이다.

23. 직류 복권전동기를 분권전동기로 사용하려면 어떻게 하여야 하는가?

① 분권계자를 단락시킨다.

② 부하단자를 단락시킨다.

③ 직권계자를 단락시킨다.

④ 전기자를 단락시킨다.

> **해설** ㉠ 직류 복권전동기를 분권전동기로 사용 시 : 직권계자를 단락시킨다.
>
> ㉡ 직류 복권전동기를 직권전동기로 사용 시 : 분권계자를 단선시킨다.

24. 9.8 kW, 600 rpm인 전동기의 토크는 약 몇 kg·m인가?

① 7.4 kg·m　　　② 12.7 kg·m

③ 15.9 kg·m　　　④ 18.5 kg·m

> **해설** $T = 975\dfrac{P}{N} = 975 \times \dfrac{9.8}{600} ≒ 15.9\ \mathrm{kg \cdot m}$

25. 동기 발전기에서 여자기라 함은?

① 발전기의 속도를 일정하게 하기 위한 것

② 부하 변동을 방지하는 것

③ 직류 전류를 공급하는 것

④ 주파수를 조정하는 것

> **해설** 여자기(excitor) : 동기 발전기의 계자 권선에 직류 전류를 공급하여 계자 철심을 자화시키기 위한 것으로, 분권 또는 복권 직류 발전기를 사용한다.

26. 3상 동기 발전기에 무부하 전압보다 90° 뒤진 전기자 전류가 흐를 때 전기자 반작용은?

① 감자 작용을 한다.

② 증자 작용을 한다.

③ 교차 자화 작용을 한다.

④ 자기 여자 작용을 한다.

해설 ㉠ 90° 뒤진 전기자 전류가 흐를 때 : 감자 작용으로 기전력을 감소시킨다.

㉡ 90° 앞선 전기자 전류가 흐를 때 : 증자 작용을 하여 기전력을 증가시킨다.

27. 전기 기계의 효율 중 발전기의 규약 효율은?

① $\eta_G = \dfrac{입력}{입력 + 손실} \times 100\ \%$

② $\eta_G = \dfrac{입력 - 손실}{입력 + 손실} \times 100\ \%$

③ $\eta_G = \dfrac{출력}{입력} \times 100\ \%$

④ $\eta_G = \dfrac{출력}{출력 + 손실} \times 100\ \%$

해설 규약 효율

• 발전기의 효율 $= \dfrac{출력}{출력 + 손실} \times 100\ \%$

• 전동기의 효율 $= \dfrac{입력 - 손실}{입력} \times 100\ \%$

28. 60 Hz의 동기 전동기가 2극일 때 동기 속도는 몇 rpm인가?

① 7200 ② 4800

③ 3600 ④ 2400

해설 $N_s = \dfrac{120f}{p} = \dfrac{120 \times 60}{2} = 3600\ \text{rpm}$

29. 1차 전압 6300 V, 2차 전압 210 V, 주파수 60 Hz의 변압기가 있다. 이 변압기의 권수비는?

① 30 ② 40

③ 50 ④ 60

해설 $a = \dfrac{V_1}{V_2} = \dfrac{6300}{210} = 30$

30. 변압기의 정격 1차 전압이란?

① 정격 출력일 때의 1차 전압

② 무부하에 있어서의 1차 전압

③ 정격 2차 전압×권수비

④ 임피던스 전압×권수비

해설 정격 전압

1. 변압기의 정격 2차 전압은 명판에 기록되어 있는 2차 권선의 단자 전압이며, 이 전압에서 정격 출력을 내게 되는 전압이다.

2. 정격 1차 전압은 명판에 기록되어 있는 1차 전압을 말하며, 정격 2차 전압에 권수비를 곱한 것이 된다.

31. 변압기의 전압 변동률을 작게 하려면 어떻게 해야 하는가?

① 권수비를 크게 한다.

② 권선의 임피던스를 작게 한다.

③ 권수비를 작게 한다.

④ 권선의 임피던스를 크게 한다.

해설 전압 변동률을 작게 하려면, 권수비와는 관계없고 권선의 임피던스를 작게 하면 된다.

32. 주상 변압기의 고압측에 여러 개의 탭을 설치하는 이유는?

① 선로 고장 대비

② 선로 전압 조정

③ 선로 역률 개선

④ 선로 과부하 방지

해설 탭 절환 변압기 : 주상 변압기에 여러 개의 탭을 만드는 것은 부하 변동에 따른 선로 전압을 조정하기 위해서이다.

33. 3상 유도 전동기의 최고 속도는 우리나라에서 몇 rpm인가?

① 3600 ② 3000

③ 1800 ④ 1500

해설 우리나라의 상용 주파수는 60 Hz이며, 최소 극수는 '2'이다.

$\therefore\ N_s = \dfrac{120f}{p} = \dfrac{120 \times 60}{2} = 3600\ \text{rpm}$

34. 유도 전동기의 권선법 중 가장 많이 쓰이고 있는 것은?

① 단층 집중권   ② 단층 분포권
③ 2층 집중권   ④ 2층 분포권

해설 유도 전동기의 고정자 권선법 : 집중권과 분포권 중에서 분포권을, 단층원과 2층권 중에서 2층권을, 파권과 중권 중에서 중권을 주로 사용한다.

35. 4극 60 Hz, 슬립 5 %인 유도 전동기의 회전수는 몇 rpm인가?

① 1836   ② 1710
③ 1540   ④ 1200

해설 • $N_s = \dfrac{120f}{p} = \dfrac{120 \times 60}{4} = 1800 \text{ rpm}$
• $N = (1-s)N_s = (1-0.05) \times 1800 = 1710 \text{ rpm}$

36. 단상 유도 전동기의 기동 토크가 큰 순서로 되어 있는 것은?

① 반발 기동, 분상 기동, 콘덴서 기동
② 분상 기동, 반발 기동, 콘덴서 기동
③ 반발 기동, 콘덴서 기동, 분상 기동
④ 콘덴서 기동, 분상 기동, 반발 기동

해설 기동 토크가 큰 순서(정격 토크의 배수)
반발 기동형 (4~5배) → 콘덴서 기동형 (3배) → 분상 기동형 (1.25~1.5배) → 셰이딩 코일형 (0.4~0.9배)

37. 디지털 디스플레이 시계나 계산기와 같이 숫자나 문자를 표기하기 위해서 사용하는 전류를 흘려 빛을 발산하는 반도체 소자는 무엇인가?

① 제너 다이오드
② 쇼트키 다이오드
③ 발광 다이오드
④ 브리지 다이오드

해설 ① 제너 다이오드 (Zener diode) : 정전압 다이오드이다.
② 쇼트키 다이오드 (Schottky diode) : 금속과 반도체의 접촉면에 생기는 장벽(쇼트키 장벽)의 정류 작용을 이용한 다이오드로서 낮은 전압 강하와 매우 빠른 스위칭 전환이 특징인 반도체 다이오드이다.
③ 발광 다이오드 (light emitting diode ; LED) : 다이오드의 특성을 가지고 있으며, 전류를 흐르게 하면 붉은색, 녹색, 노란색으로 빛을 발한다.
④ 브리지 다이오드 (bridge diode) : 4개의 다이오드를 연결한 브리지 회로로 전파 정류가 가능하다.

38. 양방향으로 전류를 흘릴 수 있는 양방향 소자는 어느 것인가?

① SCR   ② GTO
③ TRIAC   ④ MOSFET

해설 트라이액 (TRIAC ; triode AC switch)
㉠ 2개의 SCR을 병렬로 접속하고, 게이트를 1개로 한 구조로 3단자 소자이다.
㉡ 양방향성이므로 교류 전력 제어에 사용된다.

39. 마이크로프로세서와 연결된 수정(crystal)이 하는 역할은 무엇인가?

① 증폭 작용   ② 정류 작용
③ 발진 작용   ④ 변조 작용

해설 수정 발진기(crystal oscillator)
㉠ 수정 진동자(水晶振動子)의 안정성과 압전 현상(壓電現象)을 이용하여 형성시킨 전자회로의 발진기이다
㉡ 수정은 압력이 가해지면 전압이 발생하고, 또 전압이 가해지면 변형이 생긴다는 압전변환작용을 가지고 있으며, 기계 진동자로서 극히 안정된 고유 진동을 한다.

40. VVVF는 어떤 전동기의 속도 제어에 사용되는가?

① 동기 전동기
② 유도 전동기
③ 직류 복권 전동기
④ 직류 타여자 전동기

해설 VVVF(variable voltage variable frequency) : 가변 전압 가변 주파수 전원 공급장치로 전압 제어, 주파수 제어에 의하여 속도를 제어하는 유도 전동기에 적합하다.

제3과목 : 전기 설비

41. 전압의 종류에서 정격 전압이란 무엇을 말하는가?

① 비교할 때 기준이 되는 전압
② 그 어떤 기기나 전기 재료 등에 실제로 사용하는 전압
③ 지락이 생겨 있는 전기 기구의 금속제 외함 등이 인축에 닿을 때 생체에 가해지는 전압
④ 기계 기구에 대하여 제조자가 보증하는 사용 한도의 전압으로 사용상 기준이 되는 전압

해설 정격 전압 (rated voltage)
• 기계 기구에 대하여 사용 회로 전압의 사용 한도를 말하며, 사용상 기준이 되는 전압
• 정격 출력일 때의 전압
• 정격에 의해 표시된 전압으로 개폐기, 차단기, 콘덴서 등을 안전하게 사용할 수 있는 전압의 한도

42. 다음 중 450/750 V 일반용 단심 비닐 절연 전선의 약호는?

① NRI
② NF
③ NFI
④ NR

해설 • NRI : 300/500 V 기기 배선용 단심 비닐 절연 전선

• NF : 450/750 V 일반용 유연성 단심 비닐 절연 전선
• NFI : 300/500 V 기기 배선용 유연성 단심 비닐 절연 전선
• NR : 450/750 V 일반용 단심 비닐 절연 전선

43. 최대사용전압이 70 kV인 중성점 직접 접지식 전로의 절연내력 시험 전압은 몇 V인가?

① 35000
② 42000
③ 44800
④ 50400

해설 시험 전압 = 70000×0.72 = 50400 V
※ 전로의 절연내력 시험 전압 (KEC 표 132-1 참조)

전로의 종류	시험 전압
1. 최대사용전압이 7 kV 이하인 전로	최대사용전압의 1.5배의 전압
2. 최대사용전압이 7 kV 초과 25 kV 이하인 중성점 직접 접지식 전로 (중성점 다중 접지식에 한함)	최대사용전압의 0.92배의 전압
3. 최대사용전압이 60 kV 초과하고 중성점 직접 접지식 전로	최대사용전압의 0.72배의 전압

44. 선도체의 단면적이 16 mm²이면, 구리 보호도체의 굵기는?

① 1.5 mm²
② 2.5 mm²
③ 16 mm²
④ 25 mm²

해설 보호도체의 선정 (KEC 142.3.2)
선도체의 단면적이 16 mm² 이하이면, 구리 보호도체의 최소 단면적은 선도체와 같은 굵기로 한다.

45. 고압 및 특고압의 전로에 시설하는 피뢰기의 접지 저항은 몇 Ω 이하이어야 하는가?

① 10
② 20
③ 50
④ 100

정답 **41.** ④ **42.** ④ **43.** ④ **44.** ③ **45.** ①

해설 피뢰기의 접지 (KEC 341.14) : 고압 및 특고압의 전로에 시설하는 피뢰기 접지 저항 값은 10 Ω 이하로 하여야 한다.

46. 피뢰기의 약호는?

① LA   ② PF
③ SA   ④ COS

해설 ① LA(lightning arrester) : 피뢰기
② PF(power fuse) : 파워 퓨즈
③ SA(surge absorber) : 서지 흡수기
④ COS(cut-out switch) : 컷아웃 스위치

47. 일반적으로 분기 회로의 개폐기 및 과전류 차단기는 저압 옥내 간선과의 분기점에서 전선의 길이가 몇 m 이하의 곳에 시설하여야 하는가?

① 3 m   ② 4 m
③ 5 m   ④ 8 m

해설 개폐기 및 과전류 차단기 시설 : 저압 옥내 간선에서 분기하여 전기 기계기구에 이르는 분기 회로 전선에는 분기점에서 전선의 길이가 3 m 이하인 곳에 개폐기 및 과전류 차단기를 시설하여야 한다.

48. 저압 가공전선과 고압 가공전선을 동일 지지물에 시설하는 경우 상호 이격거리는 몇 cm 이상이어야 하는가?

① 20 cm   ② 30 cm
③ 40 cm   ④ 50 cm

해설 저 · 고압 가공전선 등의 병가
㉠ 저압 가공전선을 고압 가공전선의 아래로 하고 별개의 완금류에 시설할 것
㉡ 저압 가공전선과 고압 가공전선 사이의 이격거리는 50 cm 이상일 것

49. 고압 보안 공사 시 고압 가공전선로의 경간은 철탑의 경우 얼마 이하이면 되는가?

① 100 m   ② 150 m
③ 400 m   ④ 600 m

해설 고압 보안 공사의 경간의 제한 (KEC 332.10)

지지물의 종류	경간
목주 · A종 철주 또는 A종 철근 콘크리트주	100 m 이하
B종 철주 또는 B종 철근 콘크리트주	150 m 이하
철탑	400 m 이하

50. 주상 변압기를 철근 콘크리트 전주에 설치할 때 사용되는 기구는?

① 암 밴드
② 암타이 밴드
③ 앵커
④ 행어 밴드

해설 ① 암 밴드 (arm band) : 완금을 고정시키는 것
② 암타이 밴드 (armtie band) : 암타이를 고정시키는 것
③ 앵커(anchor) : 어떤 설치물을 튼튼히 정착시키기 위한 보조 장치(지선 끝에 근가 정착)
④ 행어 밴드 (hanger band) : 소형 변압기에 많이 적용되고 있다.

51. 화약류의 분말이 전기설비가 발화원이 되어 폭발할 우려가 있는 곳에 시설하는 저압 옥내배선의 공사 방법으로 가장 알맞은 것은?

① 금속관 공사
② 애자사용 공사
③ 버스 덕트 공사
④ 합성수지몰드 공사

해설 폭연성 분진, 화약류 분말이 존재하는 곳의 저압 옥내배선 공사 방법 (KEC 242.2.1) : 금속관 공사, 케이블 공사 (CD 케이블, 캡타이어 케이블은 제외)

52. 무대 · 오케스트라 박스 · 영사실 기타 사람이나 무대 도구가 접촉될 우려가 있는 장소에 시설하는

저압 옥내배선의 사용 전압은?

① 400 V 이하
② 500 V 이상
③ 600 V 이하
④ 700 V 이상

해설 전시회, 쇼 및 공연장의 전기설비 (KEC 242.6)
: 무대·무대마루 밑·오케스트라 박스·영사실 기타 사람이나 무대 도구가 접촉할 우려가 있는 곳에 시설하는 저압 옥내배선, 전구선 또는 이동전선은 사용 전압이 400 V 이하이어야 한다.

53. 사람이 상시 통행하는 터널 내 배선의 사용 전압이 저압일 때 배선 방법으로 틀린 것은 다음 중 어느 것인가?

① 금속관 배선
② 금속덕트 배선
③ 합성수지관 배선
④ 금속제 가요전선관 배선

해설 사람이 상시 통행하는 터널 안의 저압 전선로 (KEC 335.1)
1. 합성수지관 배선
2. 금속관 배선
3. 금속제 가요전선관 배선
4. 케이블 배선으로 시공하여야 한다.

54. 금속을 아웃트렛 박스의 로크아웃에 취부할 때 로크아웃의 구멍이 관의 구멍보다 클 때 보조적으로 사용되는 것은?

① 링 리듀서
② 엔트런스 캡
③ 부싱
④ 엘보

해설 링 리듀서 (ring reducer) : 금속관을 아웃렛 박스 등의 녹아웃에 취부할 때 관보다 지름이 큰 관계로 로크너트만으로는 고정할 수 없을 때 보조적으로 사용한다.

55. 금속관을 구부릴 때 금속관의 단면이 심하게 변형되지 아니하도록 구부려야 하며, 그 안쪽의 반지름은 관 안지름의 몇 배 이상이 되어야 하는가?

① 6　② 8
③ 10　④ 12

해설 금속관을 구부릴 때 : 그 안쪽의 반지름은 관 안지름의 6배 이상이 되어야 한다.

56. 다음 중 애자사용 공사에 사용되는 애자의 구비 조건과 거리가 먼 것은?

① 난연성
② 절연성
③ 내수성
④ 내유성

해설 애자의 구비 조건 (성질)
㉠ 절연성 : 전기가 통하지 못하게 하는 성질
㉡ 난연성 : 불에 잘 타지 아니하는 성질
㉢ 내수성 : 수분을 막아 견뎌내는 성질

57. 금속 덕트의 크기는 전선의 피복 절연물을 포함한 단면적의 총합계가 금속 덕트 내 단면적의 얼마 이하가 되도록 선정하여야 하는가?

① 1/5　② 2/5
③ 1/2　④ 1/3

해설 금속 덕트의 크기
1. 전선의 피복 절연물을 포함한 단면적의 총합계가 금속 덕트 내 단면적의 20 % 이하 → 1/5
2. 제어 회로 등의 배선에 사용하는 전선만을 넣는 경우에는 50 % 이하 → 1/2

58. 교통신호등의 가공전선의 지표상 높이는 도로를 횡단하는 경우 몇 m 이상이어야 하는가?

① 4 m　② 5 m
③ 6 m　④ 6.5 m

해설 교통신호등(KEC 234.15)

ⓐ 가공전선의 지표상 높이

1. 도로횡단 : 6 m 이상
2. 철도 및 궤도 : 6.5 m 이상

ⓑ 인하선의 지표상 높이 : 2.5 m 이상

59. 가로 20 m, 세로 18 m, 천장의 높이 3.85 m, 작업면의 높이 0.85 m, 간접조명 방식인 호텔 연회장의 실지수는 약 얼마인가?

① 1.16　　　　② 2.16
③ 3.16　　　　④ 4.16

해설 $H = 3.85 - 0.85 = 3$ m

∴ 실지수 $K = \dfrac{XY}{H(X+Y)}$

$\qquad = \dfrac{20 \times 18}{3(20+18)} = \dfrac{360}{114} ≒ 3.16$

60. 특고압 수전설비의 기호와 명칭으로 잘못된 것은?

① CB-차단기
② DS-단로기
③ LA-피뢰기
④ LF-전력퓨즈

해설 수전설비의 결선기호와 명칭

기호	CB	DS	LA	PF
명칭	차단기	단로기	피뢰기	전력 퓨즈
기호	CT	PT	ZPT	
명칭	계기용 변류기	계기용 변압기	영상 변류기	

제1과목 : 전기 이론

1. 다음 중 진공의 유전율 (F/m)은?

① 6.33×10^4 ② 8.85×10^{-12}

③ $4\pi \times 10^{-7}$ ④ 9×10^9

해설 진공의 유전율(ε_0)은 쿨롱의 법칙에서, $C^2/Nm^2 = F/m$의 단위를 가지는 정수이다.

$$\varepsilon_0 = \frac{10^7}{4\pi C^2} = 8.855 \times 10^{-12} [F/m]$$

(빛의 속도 $C \fallingdotseq 3 \times 10^8 [m/s]$)

2. 정전용량이 같은 콘덴서 10개가 있다. 이것을 직렬접속할 때의 값은 병렬접속할 때의 값보다 어떻게 되는가?

① $\frac{1}{10}$ 로 감소한다.

② $\frac{1}{100}$ 로 감소한다.

③ 10배로 증가한다.

④ 100배로 증가한다.

해설 • 직렬접속 : $C_s = \dfrac{C}{n} = \dfrac{C}{10}$

• 병렬접속 : $C_p = nC = 10C$

$$\therefore \frac{C_s}{C_p} = \frac{\frac{1}{10}C}{10C} = \frac{1}{100} \text{ 로 감소한다.}$$

3. 다음 중 전기력선의 성질로 틀린 것은?

① 전기력선은 양전하에서 나와 음전하에서 끝난다.

② 전기력선의 접선 방향이 그 점의 전장의 방향이다.

③ 전기력선의 밀도는 전기장의 크기를 나타낸다.

④ 전기력선은 서로 교차한다.

해설 전기력선은 당기고 있는 고무줄과 같이 언제나 수축하려고 하며, 전기장이 0이 아닌 곳에서는 두 개의 전기력선이 교차하지 않는다.

4. 평균 반지름이 10 cm이고, 감은 횟수 10회의 원형 코일에 5 A의 전류를 흐르게 하면 코일 중심의 자장의 세기(AT/m)는?

① 250   ② 500

③ 750   ④ 1000

해설 $H = \dfrac{NI}{2r} = \dfrac{10 \times 5}{2 \times 10 \times 10^{-2}} = \dfrac{50}{20} \times 10^2$

$\qquad = 250 \, AT/m$

5. 환상 철심에 감은 코일에 5 A의 전류를 흘려 2000 AT의 기자력을 발생시키고자 한다면, 코일의 권수는 몇 회로 하면 되는가?

① 100회   ② 200회

③ 300회   ④ 400회

해설 기자력(magnetic motive force)

ⓐ N 회 감긴 코일에 전류 I [A]가 흐를 때 기자력 : $F = NI$ (AT, ampere turn)

ⓑ 기자력은 자속을 만드는 원동력으로 전류 (A)와 코일의 감긴 횟수(turns)의 곱으로 정의한다.

$$\therefore N = \frac{F}{I} = \frac{2000}{5} = 400 \text{회}$$

6. 자기 인덕턴스가 L_1, L_2이고, 상호 인덕턴스가 M인 두 코일의 결합계수가 1일 때 성립하는 식은 어느 것인가?

정답   1. ②   2. ②   3. ④   4. ①   5. ④   6. ④

① $L_1 L_2 = M$ ② $L_1 L_2 < M^2$

③ $L_1 L_2 > M^2$ ④ $L_1 L_2 = M^2$

해설 $k = \dfrac{M}{\sqrt{L_1 \times L_2}}$ 에서 결합계수 (k)가 1일 때

$$\sqrt{L_1 \times L_2} = M$$

$$\therefore\ L_1 L_2 = M^2$$

7. 전원이 6 V인 회로에 0.5 ℧인 컨덕턴스가 접속되어 있다. 이 회로에 흐르는 전류는 몇 A인가?

① 0.3 A   ② 3 A

③ 0.6 A   ④ 6 A

해설 $I = GV = 0.5 \times 6 = 3$ A

8. 다음 그림과 같이 3개의 저항을 직병렬로 접속하고 그 양단에 직류 10 V의 전압을 가하면 5 Ω의 저항에 흐르는 전류는 몇 A인가?

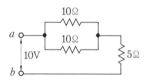

① 10 A   ② 5 A

③ 2 A   ④ 1 A

해설 ㉠ $R_{ab} = \dfrac{10}{2} + 5 = 10\ \Omega$

㉡ 5 Ω의 저항에 흐르는 전류

$$I_5 = I = \frac{V}{R_{ab}} = \frac{10}{10} = 1 \text{ A}$$

9. R_1과 R_2가 병렬연결되어 있는 회로가 있다. 이 회로에 전체 전류를 I 라고 했을 때 R_2에 흐르는 전류는 무엇인가?

① $(R_1 + R_2)I$ ② $\dfrac{R_1 R_2}{R_1 + R_2} \times I$

③ $\dfrac{R_1}{R_1 + R_2} \times I$ ④ $\dfrac{R_2}{R_1 + R_2} \times I$

해설 병렬회로의 전류 분배는 각 저항에 반비례하므로,

- $I_1 = \dfrac{R_2}{R_1 + R_2} \cdot I$

- $I_2 = \dfrac{R_1}{R_1 + R_2} \cdot I$

10. 각속도 $\omega = 300$ rad/s인 사인파 교류의 주파수(Hz)는 얼마인가?

① $\dfrac{70}{\pi}$ ② $\dfrac{150}{\pi}$

③ $\dfrac{180}{\pi}$ ④ $\dfrac{360}{\pi}$

해설 $\omega = 2\pi f \text{[rad/s]}$에서

$$f = \frac{\omega}{2\pi} = \frac{300}{2\pi} = \frac{150}{\pi} \text{ [Hz]}$$

11. $R = 3\ \Omega$, $L = 10.6$ mH인 RL 직렬 회로에 $V = 500$ V, $f = 60$ Hz의 교류 전압을 가할 때 전류의 크기는 약 몇 A인가?

① 25.4   ② 100

③ 50   ④ 10

해설 ㉠ $X_L = 2\pi f L$

$$= 2\pi \times 60 \times 10.6 \times 10^{-3} \fallingdotseq 4\ \Omega$$

㉡ $Z = \sqrt{R^2 + X_L{}^2} = \sqrt{3^2 + 4^2} = 5\ \Omega$

$$\therefore\ I = \frac{V}{Z} = \frac{500}{5} = 100\text{A}$$

12. 다음 그림과 같이 저항 8 Ω, 유도 리액턴스 6 Ω인 $R - L$ 직렬 회로에 $e = 100\sqrt{2}\sin\omega t$[V]의 전압을 가할 때 전류의 실횻값은?

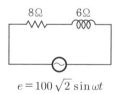

$e = 100\sqrt{2}\sin\omega t$

① 10 A   ② 1.73 A

③ 100 A   ④ 5 A

해설 $Z = \sqrt{R^2 + X^2} = \sqrt{8^2 + 6^2} = 10\ \Omega$

$\therefore I = \dfrac{V}{Z} = \dfrac{100}{10} = 10\ A$

13. 다음 중 $I = 8 + j6$ [A]로 표시되는 전류의 크기 I는 몇 A인가?

① 6   ② 8   ③ 10   ④ 12

해설 $I = \sqrt{8^2 + 6^2} = \sqrt{100} = 10\ A$

14. 정격 전압에서 1 kW의 전력을 소비하는 저항에 정격의 90 %의 전압을 가했을 때, 전력은 몇 W가 되는가?

① 630   ② 780   ③ 810   ④ 900

해설 소비 전력은 전열기의 저항이 일정할 때 사용 전압의 제곱에 비례한다.

$\therefore P' = P \times \left(\dfrac{V'}{V}\right)^2 = 1 \times 10^3 \times \left(\dfrac{90}{100}\right)^2$

$= 810\ W$

15. 어느 가정집에서 220 V, 60 W 전등 10개를 20시간 사용했을 때 전력량(kWh)은 얼마인가?

① 10.5   ② 12   ③ 13.5   ④ 15

해설 $P = 60 \times 10 \times 10^{-3} = 0.6\ kW$

$\therefore W = P \cdot t = 0.6 \times 20 = 12\ kWh$

16. 20℃의 물 100 L를 2시간 동안에 40℃로 올리기 위하여 사용할 전열기의 용량은 약 몇 kW면 되겠는가? (단, 전열기의 효율은 60 %이다.)

① 1.938   ② 3.876

③ 1938   ④ 3876

해설 $P = \dfrac{m(T_2 - T_1)}{860\,t\,\eta} = \dfrac{100(40-20)}{860 \times 2 \times 0.6}$

$= 1.938\ kW$

17. 다음 중 1 W·s와 같은 것은?

① 1 J   ② 1 F

③ 1 kcal   ④ 860 kWh

해설 ㉠ 1 W·s = 1 J

㉡ 1 Wh = 3600 W·s = 3600 J

㉢ 1 kWh = 10^3 Wh = 3.6×10^6 J = 860 kcal

18. 전기분해를 통하여 석출된 물질의 양은 통과한 전기량 및 화학당량과 어떤 관계인가?

① 전기량과 화학당량에 비례한다.

② 전기량과 화학당량에 반비례한다.

③ 전기량에 비례하고 화학당량에 반비례한다.

④ 전기량에 반비례하고 화학당량에 비례한다.

해설 패러데이의 법칙(Faraday's law) : 화학당량 e의 물질에 Q [C]의 전기량을 흐르게 했을 때 석출되는 물질의 양은 다음과 같다.

$W = keQ = KIt\ [g]$

여기서, K : 전기 화학당량, I : 전류

• 전기분해 시 전극에 석출되는 물질의 양은 전해액을 통한 전기량에 비례한다.

• 전기량이 같을 때 석출되는 물질의 양은 그 물질의 화학당량에 비례한다.

19. 묽은 황산(H_2SO_4) 용액에 구리(Cu)와 아연(Zn)판을 넣으면 전지가 된다. 이때 양극(+)에 대한 설명으로 옳은 것은?

① 구리판이며 수소 기체가 발생한다.

② 구리판이며 산소 기체가 발생한다.

③ 아연판이며 산소 기체가 발생한다.

④ 아연판이며 수소 기체가 발생한다.

해설 전지의 원리 (볼타 전지)

㉠ 묽은 황산(H_2SO_4) 용액에 구리(Cu)와 아연(Zn) 전극을 넣으면, 아연(Zn)판은 음(−)의 전위를 가지는 음극이 되고, 구리(Cu)판은 양(+)의 전위를 가지는 양극이 된다.

㉡ 분극 작용 : 전류를 얻게 되면 구리판(양극)의 표면이 수소 기체에 의해 둘러싸이게 되는 현상으로, 전지의 기전력을 저하시키는 요인이 된다.

20. 기전력이 1.2 V, 용량 20 Ah 전지를 직렬로 5개 연결했을 때 기전력이 6 V라면, 이때 전지의 용량은 몇 Ah인가?

① 30   ② 20   ③ 100   ④ 50

해설 • n개의 직렬연결 : 합성 용량은 1개의 용량과 같다.   ∴ 20 Ah
• n개의 병렬연결 : 합성 용량은 1개의 용량의 n배가 된다.   ∴ 100 Ah

제2과목 : 전기 기기

21. 직류 발전기에서 자기 저항이 가장 큰 곳은?

① 브러시   ② 계자 철심
③ 전기자 철심   ④ 공극

해설 공극
㉠ 자극편과 전기자 철심 표면 사이를 공극이라 하며, 자기 저항이 가장 크다.
㉡ 소형기는 3 mm, 대형기는 6~8 mm 정도로 한다.

22. 직류기에 있어서 불꽃 없는 정류를 얻는 데 가장 유효한 방법은?

① 보극과 탄소 브러시
② 탄소 브러시와 보상 권선
③ 보극과 보상 권선
④ 자기포화와 브러시 이동

해설 불꽃 없는 정류를 얻는 데 가장 유효한 방법
㉠ 전압 정류 : 보극(정류극)을 설치하여 정류 코일 내에 유기되는 리액턴스 전압과 반대 방향으로 정류 전압을 유기시켜 양호한 정류를 얻는다.
㉡ 저항 정류 : 브러시의 접촉 저항이 큰 것을 사용하여 정류 코일의 단락 전류를 억제하여 양호한 정류를 얻는다(탄소질 및 금속 흑연질의 브러시).

23. 복권 발전기의 병렬운전을 안전하게 하기 위해서 두 발전기의 전기자와 직권 권선의 접촉점에 연결해야 하는 것은?

① 균압선   ② 집전환
③ 안정 저항   ④ 브러시

해설 직권, 과복권 발전기의 병렬운전과 균압 모선
㉠ 균압 모선(equalizer) : 2대의 발전기의 직권 계자 권선의 한끝을 연결하는 굵은 도선이다.
㉡ 직권 및 복권 발전기에서는 직권 계자 코일에 흐르는 전류에 의하여 병렬운전이 불안정하게 되므로, 균압선을 설치하여 직권 계자 코일에 흐르는 전류를 분류(등분)하게 하여 병렬운전이 안전하도록 한다.
※ 분권, 차동 및 부족 복권은 수하특성을 가지므로 균압 모선이 없어도 병렬운전이 가능하다.

24. 전기자 저항이 0.2 Ω, 전류 100 A, 전압 120 V일 때 분권 전동기의 발생 동력(kW)은?

① 5   ② 10   ③ 14   ④ 20

해설 • $E = V - I_a \cdot R_a$
$= 120 - 100 \times 0.2 = 100\,\text{V}$
• $P = EI \times 10^{-3}$
$= 100 \times 100 \times 10^{-3} = 10\,\text{kW}$

25. 변압기의 1차측 전압이 3300 V이고, 권수비가 15일 때 2차측 전압은 얼마인가?

① 200 V   ② 220 V
③ 3300 V   ④ 330 V

해설 $V_2 = \dfrac{V_1}{a} = \dfrac{3300}{15} = 220\,\text{V}$

26. 다음 중 직류 전동기의 속도 제어 방법으로만 구성된 것은?

① 저항 제어, 전압 제어, 계자 제어
② 계자 제어, 주파수 제어, 저항 제어
③ 주파수 제어, 전압 제어, 저항 제어
④ 전압 제어, 위상 제어, 저항 제어

정답 20. ②   21. ④   22. ①   23. ①   24. ②   25. ②   26. ①

해설 직류 전동기의 속도 제어법의 특성 비교

전압 제어	효율이 좋다.	광범위 속도 제어
		일그너 방식 (부하가 급변하는 곳)
		워드-레너드 방식
		정토크 제어
계자 제어	효율이 좋다.	세밀하고 안정된 속도 제어
		속도 조정 범위가 좁다.
		정출력 제어
저항 제어	효율이 나쁘다.	속도 조정 범위가 좁다.

27. 변압기에서 퍼센트 저항 강하 3 %, 리액턴스 강하 4 %일 때 역률 0.8 (지상)에서의 전압 변동률은 얼마인가?

① 2.4 %   ② 3.6 %   ③ 4.8 %   ④ 6 %

해설 $\varepsilon = p\cos\theta + q\sin\theta$
$\qquad = 3 \times 0.8 + 4 \times 0.6 = 4.8\ \%$
※ $\sin\theta = \sqrt{1 - \cos\theta^2} = \sqrt{1 - 0.8^2} = 0.6$

28. 변압기유의 열화 방지와 관계가 가장 먼 것은?

① 브리더   ② 컨서베이터
③ 불활성 질소   ④ 부싱

해설 변압기유의 열화 방지
  ㉠ 변압기 기름 : 절연과 냉각용으로 광유 또는 불연성 합성 절연유를 쓴다.
  ㉡ 컨서베이터(conservator) : 기름과 공기의 접촉을 끊어 열화를 방지하도록 변압기 위에 설치한 기름통이다.
  ㉢ 브리더(breather) : 변압기 내함과 외부 기압의 차이로 인한 공기의 출입을 호흡 작용이라 하고, 탈수제(실리카 겔)를 넣어 습기를 흡수하는 장치이다.
  ㉣ 질소 봉입 : 컨서베이터 유면 위에 불활성 질소를 넣어 공기의 접촉을 막는다.
  ※ 부싱(bushing) : 변압기·차단기 등의 단자로서 사용하며, 애자의 내부에 도체를 관통시키고 절연한 것을 말한다.

29. 다음 중 4극 24홈 표준 농형 3상 유도 전동기의 매극 매상당의 홈 수는?

① 6   ② 3   ③ 2   ④ 1

해설 1극 1상의 홈 수
$$N_{sp} = \frac{\text{홈 수}}{\text{극수} \times \text{상수}} = \frac{24}{4 \times 3} = 2$$

30. 다음 중 슬립이 0.05이고 전원 주파수가 60 Hz인 유도 전동기의 회전자 회로의 주파수(Hz)는?

① 1   ② 2   ③ 3   ④ 4

해설 $f' = s \cdot f = 0.05 \times 60 = 3\ \text{Hz}$

31. 3상 유도 전동기에서 2차측 저항을 2배로 하면 그 최대 토크는 어떻게 되는가?

① 변하지 않는다.   ② 2배로 된다.
③ $\sqrt{2}$ 배로 된다.   ④ 1/2배로 된다.

해설 비례 추이 (proportional shift)
  ㉠ 비례 추이는 권선형 유도 전동기의 기동전류 제한, 기동토크 증가, 속도 제어 등에 이용된다.
  ㉡ 최대 토크(T_m)는 항상 일정하다.

32. 유도 전동기에서 원선도 작성 시 필요하지 않은 시험은?

① 무부하 시험   ② 구속 시험
③ 저항 측정   ④ 슬립 측정

해설 원선도 작성에 필요한 시험
  ㉠ 저항 측정
  ㉡ 무부하 시험
  ㉢ 구속 시험
  ※ 원선도 : 유도 전동기의 특성을 실부하 시험을 하지 않아도, 등가 회로를 기초로 한 헤일랜드(Heyland)의 원선도에 의하여 1차 입력, 전부하 전류, 역률, 효율, 슬립, 토크 등을 구할 수 있다.

33. 다음 중 2극 동기기가 1회전하였을 때의 전기각은 어느 것인가?

① π[rad]　　　　② 2π[rad]

③ 3π[rad]　　　　④ 4π[rad]

> **해설** 1회전 = 360°
>
> ∴ 전기각 = 각도 $\times \dfrac{\pi}{180}$
>
> $= 360° \times \dfrac{\pi}{180} = 2\pi$[rad]

34. 동기 발전기의 무부하 포화곡선에 대한 설명으로 옳은 것은?

① 정격전류와 단자전압의 관계이다.

② 정격전류와 정격전압의 관계이다.

③ 계자전류와 정격전압의 관계이다.

④ 계자전류와 단자전압의 관계이다.

> **해설** 무부하 포화곡선 : 정격속도 무부하에서 계자전류 I_f를 증가시킬 때 무부하 단자전압 V의 변화 곡선을 말한다.

35. 3상 동기기의 제동 권선의 역할은?

① 난조 방지　　　② 효율 증가

③ 출력 증가　　　④ 역률 개선

> **해설** 제동 권선의 역할
>
> ㉠ 난조 방지
>
> ㉡ 동기 전동기 기동토크 발생
>
> ㉢ 불평형 부하 시의 전류 전압 파형을 개선한다.
>
> ㉣ 송전선 불평형 단락 시 이상전압 방지

36. 3상 동기 전동기 자기동법에 관한 사항 중 틀린 것은?

① 기동토크를 적당한 값으로 유지하기 위하여 변압기 탭에 의해 정격전압의 80 % 정도로 저압을 가해 기동을 한다.

② 기동토크는 일반적으로 적고, 전부하 토크의 40~60 % 정도이다.

③ 제동권선에 의한 기동토크를 이용하는 것으로 제동권선은 2차 권선으로서 기동토크를 발생한다.

④ 기동할 때에는 회전자속에 의하여 계자권

선 안에는 고압이 유도되어 절연을 파괴할 우려가 있다.

> **해설** 변압기 탭에 의해 정격전압의 30~50% 정도로 저압을 가해 기동을 한다.

37. 기동 전동기로써 유도 전동기를 사용하려고 한다. 동기 전동기의 극수가 10극인 경우 유도 전동기의 극수는?

① 8극　　② 10극　　③ 12극　　④ 14극

> **해설** 유도 전동기를 사용하는 경우 : 동기기의 극수보다 2극만큼 적은 극수일 것

38. 단상 전파 사이리스터 정류회로에서 부하가 큰 인덕턴스가 있는 경우, 점호각이 60°일 때의 정류 전압은 약 몇 V인가? (단, 전원측 전압의 실횻값은 100 V이고 직류측 전류는 연속이다.)

① 141　　② 100　　③ 85　　④ 45

> **해설** 단상 전파 정류회로 - 유도성 부하
>
> $E_d = 0.9 V \cos \alpha = 0.9 \times 100 \times 0.5 = 45\,\text{V}$

39. 다음 중 인버터(inverter)의 설명으로 바르게 나타낸 것은?

① 직류를 교류로 변환

② 교류를 교류로 변환

③ 직류를 직류로 변환

④ 교류를 직류로 변환

> **해설** • 역변환 장치 (인버터 ; inverter) : 직류를 교류로 바꾸어 주는 장치
>
> • 순변환 장치(컨버터 ; converter) : 교류를 직류로 바꾸어 주는 장치

40. 부흐홀츠 계전기의 설치 위치로 가장 적당한 것은 어느 것인가?

① 변압기 주 탱크 내부

② 컨서베이터 내부

③ 변압기의 고압측 부싱

④ 변압기 본체 주 탱크와 컨서베이터 사이

정답 34. ④　35. ①　36. ①　37. ①　38. ④　39. ①　40. ④

해설 부흐홀츠 계전기(Buchholtz relay ; BHR)
ㄱ 변압기 내부 고장으로 2차적으로 발생하는 기름의 분해가스 증기 또는 유류를 이용하여 부자(뜨는 물건)를 움직여 계전기의 접점을 닫는 것이다.
ㄴ 변압기의 주 탱크와 컨서베이터의 연결관 도중에 설비한다.

제3과목 : **전기 설비**

41. 전기설비기술기준에 따라 직류에서의 저압 범위는 얼마인가?

① 1,000 V 이하 ② 1,500 V 이하
③ 500 V 이하 ④ 750 V 이하

해설 전압의 구분(KEC 111.1)

전압의 구분	교류	직류
저압	1 kV 이하	1.5 kV 이하
고압	1 kV 초과 7 kV 이하	1.5 kV 초과 7 kV 이하
특 고압	7 kV 초과	

42. 전선 약호 중 경동선을 나타내는 것은?

① MI ② NR ③ OC ④ H

해설 ① MI : 미네랄 인슐레이션 케이블
② NR : 450/750 V 일반용 단심 비닐 절연 전선
③ OC : 옥외용 가교 폴리에틸렌 절연 전선
④ H : 경동선

43. 배전반 및 분전반과 연결된 배관을 변경하거나 이미 설치되어 있는 캐비닛에 구멍을 뚫을 때 필요한 공구는?

① 오스터 ② 클리퍼
③ 토치 램프 ④ 녹아웃 펀치

해설 녹아웃 펀치(knock out punch)
① 배전반, 분전반 등의 배관을 변경하거나 이

미 설치되어 있는 캐비닛에 구멍을 뚫을 때 필요한 공구이다.
② 수동식과 유압식이 있으며, 크기는 15, 19, 25 mm 등으로 각 금속관에 맞는 것을 사용한다.

44. 다음 중 금속관에 여러 가닥의 전선을 넣을 때 매우 편리하게 넣을 수 있는 방법으로 쓰이는 것은?

① 철선 ② 철망 그립
③ 피시 테이프 ④ 터미널 부싱

해설 피시 테이프(fish tape)
• 전선관에 전선을 넣을 때 사용되는 평각 강철선이다.
• 폭 : 3.2~6.4 mm, 두께 : 0.8~1.5 mm

45. 다음 중 O형 압착 터미널의 전선 규격(mm²)을 잘못 표기한 것은?

① 1.5 mm² ② 2.5 mm²
③ 3.5 mm² ④ 4 mm²

해설 O형 압착 터미널 규격(mm²) : 1.5, 2.5, 4, 6, 10, 16, 25

46. 다음 중 금속 전선관의 종류에서 박강 전선관의 규격이 아닌 것은?

① 19 ② 25 ③ 31 ④ 35

해설 박강 전선관의 규격 : 19, 25, 31, 39, 51, 63, 75 (mm)
※ • 박강 : 외경(바깥지름)에 가까운 홀수
• 후강 : 내경(안지름)에 가까운 짝수

47. 접착제를 사용하지 않고 합성수지관을 삽입해 접속할 경우 관의 깊이는 합성수지관 외경의 최소 몇 배인가?

① 0.8배 ② 1.2배 ③ 1.5배 ④ 1.8배

해설 관과 관의 접속 방법
ㄱ 커플링에 들어가는 관의 길이는 관 바깥지름의 1.2배 이상으로 되어 있다.
ㄴ 접착제를 사용하는 경우에는 0.8배 이상으로 할 수 있다.

정답 41. ② 42. ④ 43. ④ 44. ③ 45. ③ 46. ④ 47. ②

48. 케이블을 구부리는 경우는 피복이 손상되지 않도록 하고, 그 굴곡부의 곡률반경은 원칙적으로 케이블이 단심인 경우 완성품 외경의 몇 배 이상이어야 하는가?

① 4 ② 6 ③ 8 ④ 10

해설 1. 연피가 없는 케이블 : 굴곡부의 곡률반경은 원칙적으로 케이블 완성품 외경의 6배 (단심인 것은 8배) 이상
2. 연피 케이블 : 케이블 바깥지름의 12배 이상의 반지름으로 구부릴 것. 단, 금속관에 넣는 것은 15배 이상

49. 애자사용 공사에 의한 저압 옥내배선에서 일반적으로 전선 상호 간의 간격은 몇 cm 이상이어야 하는가?

① 2.5 cm ② 6 cm ③ 25 cm ④ 60 cm

해설 애자사용 공사의 시설 조건 (KEC 232.56.1)
1. 전선은 절연 전선일 것
2. 전선 상호 간의 간격은 0.06 m (6cm) 이상일 것

50. 한국전기설비규정에 따라 분기회로(S_2)의 보호장치(P_2)는 P_2의 전원 측에서 분기점(O) 사이에 다른 분기회로 또는 콘센트의 접속이 없고, 단락의 위험과 화재 및 인체에 대한 위험성이 최소화되도록 시설된 경우, 분기회로의 보호장치(P_2)는 분기회로의 분기점(O)으로부터 몇 m까지 이동하여 설치할 수 있는가?

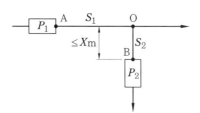

① 2 m ② 1 m ③ 3 m ④ 5 m

해설 과부하 보호장치의 설치 위치 (KEC 212.4.2) : 그림은 분기회로(S_2)의 분기점(O)에서 3 m 이내에 설치된 과부하 보호장치(P_2)를 나타낸 것이다.

51. 보호도체와 계통도체를 겸용하는 겸용도체의 단면적은 구리 (a) mm² 또는 알루미늄 (b) mm² 이상이어야 한다. ( )에 올바른 값은?

① (a) 6, (b) 10 ② (a) 10, (b) 16
③ (a) 14, (b) 18 ④ (a) 18, (b) 24

해설 겸용도체 (KEC 142.3.4) : 단면적은 구리 10 mm² 또는 알루미늄 16 mm² 이상이어야 한다.

52. 한국전기설비규정에 따라 큰 고장 전류가 흐르지 않는 경우 접지선의 굵기는 구리선인 경우 최소 몇 mm² 이상이어야 하는가?

① 16 ② 4 ③ 6 ④ 25

해설 접지도체의 선정 (KEC 142.3.1) : 접지도체의 단면적은 구리 6 mm² 또는 철 50 mm² 이상으로 하여야 한다.(단, 큰 고장 전류가 접지도체를 통하여 흐르지 않을 경우이다.)

53. 저압 가공인입선이 횡단보도교를 지나는 경우 지상으로부터 몇 m 이상이어야 하는가?

① 3 m ② 4 m ③ 5 m ④ 6 m

해설 저압 인입선의 시설 (KEC 221.1.1)

구분	이격 거리
도로	도로를 횡단하는 경우는 5 m 이상
철도 또는 궤도를 횡단	레일면상 6.5 m 이상
횡단보도교의 위쪽	횡단보도교의 노면상 3 m 이상
상기 이외의 경우	지표상 4 m 이상

54. 가공 케이블 시설 시 조가용선에 금속 테이프 등을 사용하여 케이블 외장을 견고하게 붙여 조가하는 경우 나선형으로 금속 테이프를 감는 간격은 몇 cm 이하를 확보하여 감아야 하는가?

① 50 ② 30 ③ 20 ④ 10

해설 가공 케이블의 시설 (KEC 332.2) : 나선형으로 금속 테이프를 감는 간격은 0.2 m 이하를 확보하여 감아야 한다.

55. 한국전기설비규정에 따라 고압 가공전선로 철탑의 경간은 몇 m 이하로 제한하고 있는가?

① 150　② 600　③ 500　④ 250

해설 고압 가공전선로의 경간의 제한(KEC 332.9)

지지물의 종류	경간
철탑	600 m 이하
B종 철주 또는 B종 철근 콘크리트주	250 m 이하
목주, A종 철주 또는 A종 철근 콘크리트주	150 m 이하

56. 단로기에 대한 설명으로 옳지 않은 것은?

① 소호장치가 있어서 아크를 소멸시킨다.
② 회로를 분리하거나, 계통의 접속을 바꿀 때 사용한다.
③ 고장 전류는 물론 부하전류의 개폐에도 사용할 수 없다.
④ 배전용의 단로기는 보통 디스커넥팅 바로 개폐한다.

해설 단로기(DS) : 소호장치가 없어서 아크를 소멸시키지 못하므로 고장 전류는 물론 부하 전류의 개폐에도 사용할 수 없다.
※ 디스커넥팅 바(bar) : 절단하는 기구

57. 다음 괄호 안에 들어갈 알맞은 말은?

(㉠)는 고압 회로의 전압을 이에 비례하는 낮은 전압으로 변성해 주는 기기로서, 회로에 (㉡)접속하여 사용된다.

① ㉠ CT, ㉡ 직렬
② ㉠ PT, ㉡ 직렬
③ ㉠ CT, ㉡ 병렬
④ ㉠ PT, ㉡ 병렬

해설 • 계기용 변류기 (CT)
 1. 높은 전류 회로의 전류를 이에 비례하는 낮은 전류로 변성해 주는 기기로, 2차 정격 전류는 5 A이다.
 2. 회로에 직렬로 접속하여 사용된다.
• 계기용 변압기 (PT)
 1. 고압 회로의 전압을 이에 비례하는 낮은 전압으로 변성해 주는 기기로, 2차 정격 전압은 110 V이다.
 2. 회로에 병렬로 접속하여 사용된다.

58. 폭연성 분진이 있는 위험장소에서 전동기에 접속하는 부분에서 가요성을 필요로 하는 부분의 배선에는 어떤 부속을 사용해야 하는가?

① 방폭형 유연성 부속
② 분진형 부속
③ 분진방폭형 유연성 부속
④ 방수형 유연성 부속

해설 가요성을 필요로 하는 부분의 배선은 분진방폭형 플렉시블 피팅(flexible fitting)을 사용할 것

59. 전기울타리용 전원장치에 공급하는 전로의 사용 전압은 최대 몇 V 이하이어야 하는가?

① 110　② 220　③ 250　④ 380

해설 전기울타리의 시설(KEC 241.1)
 ㉠ 목장 등 옥외에서 가축 또는 탈출 또는 야수의 침입을 방지하기 위하여 시설하는 경우를 제외하고는 시설할 수 없다.
 ㉡ 전기울타리용 전원장치에 공급하는 전로의 사용전압은 250 V 이하이어야 한다.

60. 가로 20 m, 세로 18 m, 천장의 높이 3.85 m, 작업면의 높이 0.85 m, 간접조명 방식인 호텔연회장의 실지수는 약 얼마인가?

① 1.16　② 2.16　③ 3.16　④ 4.16

해설 $H = 3.85 - 0.85 = 3$ m

∴ 실지수 $K = \dfrac{XY}{H(X+Y)}$

$= \dfrac{20 \times 18}{3(20+18)} = \dfrac{360}{114} = 3.16$

2023년 제2회 실전문제

제1과목 : 전기 이론

1. 다음 중 전자 1개의 질량은 몇 kg인가?

① 8.855×10^{-12}
② 9.109×10^{-31}
③ 9×10^{-9}
④ 1.679×10^{-31}

해설 양성자, 중성자, 전자의 성질

입자	전하량 (C)	질량 (kg)
양성자	$+1.60219 \times 10^{-19}$	1.67261×10^{-27}
중성자	0	1.67491×10^{-27}
전자	-1.60219×10^{-19}	9.10956×10^{-31}

2. $20\,\mu$F와 $30\,\mu$F의 두 콘덴서를 병렬로 접속하고 100 V의 전압을 인가했을 때 전 전하량은 몇 C 인가?

① 30×10^{-4}
② 50×10^{-4}
③ 3×10^{-4}
④ 5×10^{-4}

해설 $Q = (C_1 + C_2)V$
$$= (20 + 30) \times 10^{-6} \times 100$$
$$= 50 \times 10^{-4} \text{ C}$$

3. 다음 중 극성이 있는 콘덴서는?

① 바리콘
② 탄탈 콘덴서
③ 마일러 콘덴서
④ 세라믹 콘덴서

해설 탄탈 콘덴서(tantal condenser)
㉠ 전극에 탄탈륨이라는 재료를 사용하는 전해 콘덴서의 일종이다.
㉡ 극성이 있으며, 콘덴서 자체에 (+)의 기호로 전극을 표시한다.

4. 2 kV의 전압으로 충전하여 2 J의 에너지를 축적하는 콘덴서의 정전용량은?

① $0.5\,\mu$F
② $1\,\mu$F
③ $2\,\mu$F
④ $4\,\mu$F

해설 $W = \dfrac{1}{2}CV^2[\text{J}]$에서
$$C = 2 \cdot \dfrac{W}{V^2} = 2 \times \dfrac{2}{(2 \times 10^3)^2} = 1 \times 10^{-6}\text{F}$$
$$\therefore 1\,\mu\text{F}$$

5. 반지름 10 cm, 권수 20회인 원형 코일에 30 A 의 전류가 흐르면 코일 중심의 자장의 세기는 몇 AT/m인가?

① 2500
② 2700
③ 3000
④ 3400

해설 $H = \dfrac{NI}{2r} = \dfrac{20 \times 30}{2 \times 10 \times 10^{-2}} = 3000\text{ AT/m}$

6. 두 개의 자체 인덕턴스를 직렬로 접속하여 합성 인덕턴스를 측정하였더니 95 mH이었다. 한쪽 인덕턴스를 반대로 접속하여 측정하였더니 합성 인덕턴스가 15 mH로 되었다. 두 코일의 상호 인 덕턴스는 얼마인가?

① 20 mH
② 40 mH
③ 80 mH
④ 160 mH

해설 합성 인덕턴스의 차이
$4M = 95 - 15 = 80$ mH
$$\therefore M = \dfrac{80}{4} = 20\text{ mH}$$
※ ㉠ 가동 접속 : $L_1 + L_2 + 2M$
　　㉡ 차동 접속 : $L_1 + L_2 - 2M$
　　$\therefore$ ㉠ $-$ ㉡ $\rightarrow 4M$

7. 15 V의 전압에 3 A의 전류가 흐르는 회로의 컨 덕턴스(℧)는 얼마인가?

① 0.1　② 0.2　③ 5　④ 30

해설 $G = \dfrac{I}{V} = \dfrac{3}{15} = 0.2 \, \mho$

※ 컨덕턴스(conductance) : $G = \dfrac{1}{R} [\mho]$

8. 다음과 같은 회로에서 양 단자 A, B 사이의 합성 저항 R은 어느 것인가?

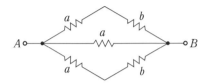

① $\dfrac{1}{\dfrac{1}{ab} + \dfrac{1}{a} + \dfrac{1}{ab}}$

② $\dfrac{1}{\dfrac{1}{a+b} + \dfrac{1}{a} + \dfrac{1}{a+b}}$

③ $(a+b) + a + (a+b)$

④ $ab + a + ab$

해설 병렬접속의 합성 저항

$\dfrac{1}{R} = \dfrac{1}{a+b} + \dfrac{1}{a} + \dfrac{1}{a+b}$

$\therefore R = \dfrac{1}{\dfrac{1}{(a+b)} + \dfrac{1}{a} + \dfrac{1}{(a+b)}}$

9. 임의의 폐회로에서 키르히호프의 제2법칙을 가장 잘 나타낸 것은?

① 기전력의 합＝합성 저항의 합
② 기전력의 합＝전압 강하의 합
③ 전압 강하의 합＝합성 저항의 합
④ 합성 저항의 합＝회로 전류의 합

해설 키르히호프의 법칙 (Kirchhoff's law)
㉠ 제1법칙 : $\Sigma I = 0$
　∴ 출입하는 전류의 합＝0
㉡ 제2법칙 : $\Sigma V = \Sigma IR$
　∴ 기전력의 합＝전압 강하의 합

10. 각주파수 $\omega = 120\pi$[rad/s]일 때 주파수 f [Hz]는 얼마인가?

① 50　② 60　③ 300　④ 360

해설 $\omega = 2\pi f = 120\pi [\text{rad/s}]$

$\therefore f = \dfrac{120\pi}{2\pi} = 60 \, \text{Hz}$

11. 최댓값 10 A인 교류 전류의 평균값은 얼마인가?

① 6.37 A　② 0.5 A
③ 0.2 A　④ 0.63 A

해설 $I_a = \dfrac{2}{\pi} I_m = 0.637 \, I_m$

$= 0.637 \times 10 = 6.37 \, \text{A}$

12. 일반적인 경우 교류를 사용하는 전기난로의 전압과 전류의 위상은?

① 전압과 전류는 동상이다.
② 전압이 전류보다 90° 앞선다.
③ 전류가 전압보다 90° 앞선다.
④ 전류가 전압보다 60° 앞선다.

해설 전기난로는 저항만의 교류 회로로 취급되므로 전압과 전류는 동상이다.

13. 저항과 코일이 직렬로 접속된 회로에 교류 전압 200 V를 가했을 때 20 A의 전류가 흐른다. 이때 코일의 리액턴스는 몇 Ω 인가? (단, 저항은 8 Ω 이다.)

① 4　② 6　③ 8　④ 10

해설 ㉠ $Z = \dfrac{V}{I} = \dfrac{200}{20} = 10 \, \Omega$

㉡ $Z = \sqrt{R^2 + X_L^2}$ 에서

$\therefore X_L = \sqrt{Z^2 - R^2}$
$= \sqrt{10^2 - 8^2} = \sqrt{36} = 6 \, \Omega$

14. 어떤 회로에 50 V의 전압을 가하니 $8 + j6$[A] 의 전류가 흘렀다면 이 회로의 임피던스(Ω)는?

① $3 - j4$ ② $3 + j4$
③ $4 - j3$ ④ $4 + j3$

해설 $\dot{Z} = \dfrac{\dot{V}}{\dot{I}} = \dfrac{50}{8 + j6} = \dfrac{50(8 - j6)}{(8 + j6)(8 - j6)}$

$= \dfrac{400 - j300}{8^2 + 6^2} = 4 - j3 \, [\Omega]$

15. $R - L - C$ 직렬 공진 회로에서 최소가 되는 것은?

① 저항 값   ② 임피던스 값
③ 전류 값   ④ 전압 값

해설 $R - L - C$ 직렬 공진 시 임피던스는 다음과 같이 최소가 된다.
$X_L - X_C = 0$ $\therefore Z_o = R$

16. $i = 100 + 50\sqrt{2}\sin\omega t + 20\sqrt{2}\sin\left(3\omega t + \dfrac{\pi}{6}\right)$

로 표시되는 비정현파 전류의 실횻값은 약 얼마인가?

① 20   ② 50   ③ 114   ④ 150

해설 $I = \sqrt{I_0{}^2 + I_1{}^2 + I_3{}^2}$
$= \sqrt{100^2 + 50^2 + 20^2}$
$= \sqrt{12900} \fallingdotseq 114 \, A$

17. 줄의 법칙에서 발생하는 열량의 계산식이 옳은 것은?

① $H = 0.24 I^2 R t$ [cal]
② $H = 0.024 I^2 R t$ [cal]
③ $H = 0.24 I^2 R$ [cal]
④ $H = 0.024 I^2 R$ [cal]

해설 줄의 법칙(Joule's law)
㉠ 저항 R [Ω]에 전류 I[A]가 t [s] 동안 흘렀을 때 발생한 열에너지는 다음과 같다.
$H = 0.24 I^2 R t$ [cal]
※ $1 \, J = 0.24 \, cal$
㉡ 열량은 전류 세기의 제곱에 비례한다.

18. 500 W 전열기를 5분간 사용하면 20℃의 물 1 kg을 약 몇 ℃로 올릴 수 있는가?

① 36   ② 46   ③ 56   ④ 66

해설 $H = 0.24 P t = m(T_2 - T_1)$ [cal]에서
㉠ $H = 0.24 P t$
$= 0.24 \times 500 \times 5 \times 60 = 36000 \, cal$
$\therefore 36 \, kcal$
㉡ $T_2 = \dfrac{H}{m} + T_1 = \dfrac{36}{1} + 20 = 56 \, ℃$

19. 납축전지가 충전될 때 양극은 무엇이 되는가?

① $2H_2SO_4$ ② Pb
③ H_2SO_4 ④ PbO_2

해설 • 충전될 때 양극 : PbO_2
• 방전되면 음극과 양극 : $PbSO_4$

20. 동일 규격의 축전지 2개를 병렬로 접속하면 어떻게 되는가?

① 전압과 용량이 같이 2배가 된다.
② 전압과 용량이 같이 $\dfrac{1}{2}$이 된다.
③ 전압은 2배가 되고 용량은 변하지 않는다.
④ 전압은 변하지 않고 용량은 2배가 된다.

해설 • 병렬연결 시 : 전압은 변함이 없고, 용량은 n 배가 된다.
• 직렬연결 시 : 전압은 n 배가 되고, 용량은 변하지 않는다.

제2과목 : **전기 기기**

21. 직류발전기를 구성하는 부분 중 정류자란?

① 전기자와 쇄교하는 자속을 만들어 주는 부분
② 자속을 끊어서 기전력을 유기하는 부분
③ 전기자 권선에서 생긴 교류를 직류로 바

꾸어 주는 부분

④ 계자 권선과 외부 회로를 연결시켜 주는 부분

해설 정류자(commutator)는 직류기에서 가장 중요한 부분이며, 브러시와 접촉하여 유도기 전력을 정류, 즉 교류를 직류로 바꾸어 브러시를 통하여 외부 회로와 연결시켜 주는 역할을 한다.

22. 자극 사이에 있는 도체에 전류가 흐를 때 힘이 작용하는 것은 무엇인가?

① 발전기   ② 전동기

③ 정류기   ④ 변압기

해설 전자력−전동기

㉠ 자계 중에 두어진 도체에 전류를 흘리면 전류 및 자계와 직각 방향으로 도체를 움직이는 힘이 발생한다. 이것을 전자력(electromagnetic force)이라 한다.

㉡ 전자력을 응용한 기기로서 각종 전동기, 가동 코일형 계기 등이 있다.

23. 직류 직권 전동기의 회전수(N)와 토크(τ)와의 관계는?

① $\tau \propto \dfrac{1}{N}$ ② $\tau \propto \dfrac{1}{N^2}$

③ $\tau \propto N$ ④ $\tau \propto N^{\frac{3}{2}}$

해설 직류 전동기의 속도 · 토크 특성

• 분권 : $\tau \propto \dfrac{1}{N}$

• 직권 : $\tau \propto \dfrac{1}{N^2}$

24. 정격속도로 운전하는 분권 전동기의 단자에 220 V를 가했을 때 전기자 전류가 30 A, 전기자 저항이 0.26 Ω이라 하면 역기전력은 약 몇 V인가?

① 217.8   ② 212.2

③ 202.4   ④ 227.8

해설 역기전력

$E = V - R_a I_a = 220 - 0.26 \times 30 = 212.2\text{V}$

25. 3300/110 V인 변압기의 2차가 100 V라면 1차 전압 V은?

① 850   ② 1500

③ 3000   ④ 4500

해설 $a = \dfrac{V_1}{V_2} = \dfrac{3300}{110} = 30$

∴ $V_1 = a V_2 = 30 \times 100 = 3000\text{V}$

26. 일정 전압 및 일정 파형에서 주파수가 상승하면 변압기 철손은 어떻게 변하는가?

① 증가한다.

② 감소한다.

③ 불변이다.

④ 어떤 기간 동안 증가한다.

해설 $E = 4.44 f N \phi_m [\text{V}]$에서

• 전압이 일정하고 주파수 f만 높아지면 자속 ϕ_m이 감소, 즉 여자 전류가 감소하므로 철손이 감소하게 된다.

27. 퍼센트 저항 강하 1.8 % 및 퍼센트 리액턴스 강하 2 %인 변압기가 있다. 부하의 역률이 1일 때의 전압 변동률은?

① 1.8 %   ② 2.0 %

③ 2.7 %   ④ 3.8 %

해설 $\varepsilon = p\cos\theta + q\sin\theta$
$= 1.8 \times 1 + 2 \times 0 = 1.8 \%$
여기서, $\cos\theta = 1$일 때 $\sin\theta = 0$

28. 3상 변압기의 병렬운전 시 병렬운전이 불가능한 결선 조합은?

① $\Delta-\Delta$와 Y−Y   ② $\Delta-\Delta$와 Δ−Y

③ Δ−Y와 Δ−Y   ④ $\Delta-\Delta$와 $\Delta-\Delta$

정답   22. ②   23. ②   24. ②   25. ③   26. ②   27. ①   28. ②

해설 불가능한 결선 조합
- Δ-Δ와 Δ-Y
- Y-Y와 Δ-Y

29. 6극, 72홈 표준 농형 3상 유도 전동기의 매극 매상당의 홈 수는 얼마인가?

① 4 ② 6 ③ 8 ④ 10

해설 1극 1상의 홈 수

$$N_{sp} = \frac{홈\ 수}{극수 \times 상수} = \frac{72}{6 \times 3} = 4$$

30. 슬립이 2%이고 전원주파수가 1 kHz인 유도 전동기의 회전자 회로의 주파수(Hz)는?

① 10 ② 15 ③ 20 ④ 25

해설 $f' = s \cdot f = 0.02 \times 1000 = 20\ \text{Hz}$

31. 3상 유도 전동기의 특성에서 비례 추이하지 않는 것은?

① 출력 ② 1차 전류
③ 역률 ④ 2차 전류

해설 비례 추이(proportional shift) : 비례 추이는 권선형 유도 전동기의 기동 전류 제한, 기동 토크 증가, 속도 제어 등에 이용되며 토크, 전류, 역률, 동기 와트, 1차 입력 등에 적용된다.

32. 단상 유도 전동기 중 고정자 자극의 한쪽 끝에 홈을 파서 돌출극을 만들고, 이 돌출극에 구리 단락 고리를 끼워 회전 자계를 만들어 기동하는 단상 유도 전동기를 무엇이라고 하는가?

① 콘덴서 기동형 ② 영구 콘덴서형
③ 셰이딩 코일형 ④ 반발 기동형

해설 셰이딩 코일(shading coil)형의 특징
ⓐ 회전자는 농형이고 고정자의 성층철심은 몇 개의 돌극으로 되어 있다.
ⓑ 기동 토크가 작고 출력이 수 10 W 이하의 소형 전동기에 주로 사용된다.
ⓒ 운전 중에도 셰이딩 코일에 전류가 흐르고 속도 변동률이 크며, 정역 운전을 할 수 없다.

33. 동기기의 전기자 권선법이 아닌 것은?

① 2층 분포권 ② 단절권
③ 중권 ④ 전절권

해설 동기기의 전기자 권선법 중 2층 분포권, 단절권 및 중권이 주로 쓰이고 결선은 Y 결선으로 한다.
※ 전절권은 단절권에 비하여 단점이 많아 사용하지 않는다.

34. 동기 발전기의 돌발 단락 전류를 주로 제한하는 것은 어느 것인가?

① 누설 리액턴스 ② 역상 리액턴스
③ 동기 리액턴스 ④ 권선 저항

해설 ⓐ 누설 리액턴스
- 누설 자속에 의한 권선의 유도성 리액턴스 $x_l = \omega L$을 누설 리액턴스라 한다.
- 돌발(순간) 단락 전류를 제한한다.
ⓑ 동기 리액턴스 : $x_s = x_a + x_l$
- 영구(지속) 단락 전류를 제한한다.

35. 다음 중 단락비가 큰 동기 발전기를 설명하는 것으로 옳은 것은?

① 동기 임피던스가 작다.
② 단락 전류가 작다.
③ 전기자 반작용이 크다.
④ 전압 변동률이 크다.

해설 단락비(short circuit ratio)가 큰 동기기
ⓐ 공극이 넓고 계자 기자력이 큰 철기계이다.
ⓑ 동기 임피던스가 작으며, 전기자 반작용이 작다.
ⓒ 전압 변동률이 작고, 안정도가 높다.
ⓓ 기계의 중량과 부피가 크다 (값이 비싸다).
ⓔ 고정손(철, 기계손)이 커서 효율이 나쁘다.

36. 다음 중 제동 권선에 의한 기동 토크를 이용하여 동기 전동기를 기동시키는 방법은?

① 저주파 기동법 ② 고주파 기동법
③ 기동 전동기법 ④ 자기 기동법

해설 자기 기동법 : 회전자 자극 N 및 S의 표면에 설치한 기동 권선(제동 권선)에 의하여 발생하는 토크를 이용한다.

37. 반도체 내에서 정공은 어떻게 생성되는가?

① 결합 전자의 이탈
② 자유 전자의 이동
③ 접합 불량
④ 확산 용량

해설 정공 (positive hole)
㉠ 반도체에서의 가전자(價電子) 구조에서 공위(空位)를 나타내며 결합 전자의 이탈에 의하여 생성된다.
㉡ 가전자가 튀어나간 뒤에는 정공이 남아서 전기를 운반하는 캐리어(carrier)로서 전자 이외에 정공이 있는 것이 반도체 특징의 하나이다.
※ P형 반도체 : 결합 전자의 이탈로 정공(hole)에 의해서 전기 전도가 이루어진다.

38. 다음 중 전파 정류 회로의 브리지 다이오드 회로를 나타낸 것은? (단, 왼쪽은 입력, 오른쪽은 출력이다.)

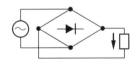

① 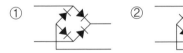   ②

③ 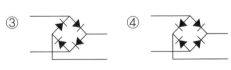   ④

해설 브리지(bridge) 전파 정류 회로

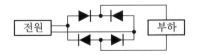

39. 반도체 사이리스터에 의한 전동기의 속도 제어 중 주파수 제어는?

① 초퍼 제어
② 인버터 제어
③ 컨버터 제어
④ 브리지 정류 제어

해설 3상 인버터(3-phase inverter) : 최근에 다이오드와 스위치의 작용을 동시에 하는 전력용 반도체 소자인 사이리스터가 개발되어, 3상 인버터라고 불리는 주파수 변환기가 전동기의 속도 제어에 사용된다.

40. 최소 동작 전류값 이상이면 일정한 시간에 동작하는 한시 특성을 갖는 계전기는?

① 정한시 계전기
② 반한시 계전기
③ 순한시 계전기
④ 반한시성 정한시 계전기

해설 동작 시한에 의한 분류
① 정한시 계전기 : 최소 동작값 이상의 구동 전기량이 주어지면, 일정 시한으로 동작하는 것이다.
② 반한시 계전기 : 동작 전류가 작을수록 시한이 길어지는 계전기이다.
③ 순한시 계전기 : 동작 시간이 0.3초 이내인 계전기를 말한다.
④ 반한시성 정한시 계전기 : 어느 한도까지의 구동 전기량에서는 반한시성이나, 그 이상의 전기량에서는 정한시성의 특성을 가진 계전기이다.

제3과목 : 전기 설비

41. 접지선의 절연 전선 색상은 특별한 경우를 제외하고는 어느 색으로 표시를 하여야 하는가?

① 흑색
② 녹색
③ 녹색-노란색
④ 녹색-적색

해설 전선의 식별 (KEC 121.2)

상 (문자)	색상
L1	갈색
L2	흑색
L3	회색
N	청색
보호 도체 (접지선)	녹색–노란색

42. 다음 중 옥외용 가교 폴리에틸렌 절연전선을 나타내는 약호는?

① OC   ② OE   ③ CV   ④ VV

해설 ① OC : 옥외용 가교 폴리에틸렌 절연전선
② OE : 옥외용 폴리에틸렌 절연전선
③ CV : 가교 폴리에틸렌 절연 비닐시스 케이블
④ VV : 비닐 절연 비닐시스 케이블
※ 가교 폴리에틸렌(cross linked polyethylene : XLPE)

43. 옥내배선 공사 할 때 연동선을 사용할 경우 전선의 최소 굵기(mm^2)는?

① 1.5   ② 2.5   ③ 4   ④ 6

해설 저압 옥내배선의 사용 전선 및 중선의 굵기 (KEC 231.3) : 저압 옥내배선의 전선은 단면적 $2.5\ mm^2$ 이상의 연동선 또는 이와 동등 이상의 강도 및 굵기일 것

44. 금속관을 가공할 때 절단된 내부를 매끈하게 하려고 사용하는 공구의 명칭은?

① 리머   ② 프레셔 툴
③ 오스터   ④ 노크아웃 펀치

해설 리머(reamer) : 금속관을 쇠톱이나 커터로 끊은 다음, 관 안의 날카로운 것을 다듬는 것이다.

45. 두 개의 전선을 병렬로 사용하는 경우로 옳지 않은 것은?

① 동선을 사용하는 경우 단면적 $50\ mm^2$, 알루미늄선은 $70\ mm^2$ 이상이어야 한다.

② 전선에는 퓨즈를 설치하여야 한다.
③ 동일한 도체, 동일한 굵기, 동일한 길이이어야 한다.
④ 같은 극간 동일한 터미널 러그에 완전히 접속한다.

해설 옥내에서 전선을 병렬로 사용하는 경우 (KEC 123)
① 병렬로 사용하는 각 전선의 굵기는 동 50 mm^2 이상 또는 알루미늄 $70\ mm^2$ 이상이고, 동일한 도체, 동일한 굵기, 동일한 길이이어야 한다.
② 공급점 및 수전점에서 전선의 접속은 다음 각 호에 의하여 시설하여야 한다.
1. 같은 극(極)의 각 전선은 동일한 터미널 러그에 완전히 접속한다.
2. 같은 극인 각 전선의 터미널 러그는 동일한 도체에 2개 이상의 리벳 또는 2개 이상의 나사로 헐거워지지 않도록 확실하게 접속한다.
3. 기타 전류의 불평형을 초래하지 않도록 한다.
③ 병렬로 사용하는 전선은 각각에 퓨즈를 장치하지 말아야 한다 (공용 퓨즈는 지장이 없다).

46. S형 슬리브를 사용하여 전선을 접속하는 경우의 유의 사항이 아닌 것은?

① 전선은 연선만 사용이 가능하다.
② 전선의 끝은 슬리브의 끝에서 조금 나오는 것이 좋다.
③ 슬리브는 전선의 굵기에 적합한 것을 사용한다.
④ 도체는 샌드페이퍼 등으로 닦아서 사용한다.

해설 S형 슬리브 사용 시 유의사항
㉠ S형 슬리브는 단선, 연선 어느 것에도 사용할 수 있다.
㉡ 도체는 샌드페이퍼 등을 사용하여 충분히 닦은 후 접속한다.
㉢ 전선의 끝은 슬리브의 끝에서 조금 나오는 것이 바람직하다.
㉣ 슬리브는 전선의 굵기에 적합한 것을 선정한다.
㉤ 열린 쪽 홈의 측면을 펜치 등으로 고르게 눌러서 밀착시킨다.

정답 **42.** ① **43.** ② **44.** ① **45.** ② **46.** ①

ⓗ 슬리브의 양단을 비트는 공구로 물리고 완전히 두 번 이상 비튼다.

47. 다음 중 금속전선관의 호칭을 맞게 기술한 것은 어느 것인가?

① 박강, 후강 모두 내경으로 나타낸다.
② 박강은 내경, 후강은 외경으로 나타낸다.
③ 박강은 외경, 후강은 내경으로 나타낸다.
④ 박강, 후강 모두 외경으로 나타낸다.

해설 • 박강 : 외경(바깥지름)에 가까운 홀수
• 후강 : 내경(안지름)에 가까운 짝수

48. 캡타이어 케이블을 조영재에 시설하는 경우로서 새들, 스테이플 등으로 지지하는 경우 그 지지점의 거리는 얼마로 하여야 하는가?

① 1 m 이하
② 1.5 m 이하
③ 2.0 m 이하
④ 2.5 m 이하

해설 지지점간의 거리는 1 m 이하로 하고, 조영재에 따라 케이블이 손상될 우려가 없는 새들, 스테이플 등으로 고정하여야 한다.

49. 금속 덕트의 크기는 전선의 피복절연물을 포함한 단면적의 총 합계가 금속 덕트 내 단면적의 몇 % 이하가 되도록 선정하여야 하는가?

① 20 %
② 30 %
③ 40 %
④ 50 %

해설 금속 덕트의 크기
1. 전선의 피복절연물을 포함한 단면적의 총합계가 금속 덕트 내 단면적의 20 % 이하
2. 제어 회로 등의 배선에 사용하는 전선만을 넣는 경우에는 50 % 이하

50. 합성수지 몰드 배선 시공 시 사람의 접촉이 없도록 시설하는 경우가 아닌 일반 규격은?

① 홈의 폭 3.5 cm 이하, 두께 2 mm 이상
② 홈의 폭 3.5 cm 이하, 두께 1 mm 이상
③ 홈의 폭 5 cm 이하, 두께 2 mm 이상
④ 홈의 폭 5 cm 이하, 두께 1 mm 이상

해설 합성수지 몰드 배선 공사
㉠ 두께는 2 mm 이상의 것으로, 홈의 폭과 깊이가 3.5 cm 이하이어야 한다.
㉡ 사람이 쉽게 접촉될 우려가 없도록 시설한 경우에는 폭 5 cm 이하, 두께 1 mm 이상인 것을 사용할 수 있다.

51. 기동 시 발생하는 기동 전류에 대해 동작하지 않는 퓨즈의 종류로 옳은 것은?

① 플러그 퓨즈
② 전동기용 퓨즈
③ 온도 퓨즈
④ 텅스텐 퓨즈

해설 ㉠ 전동기용 퓨즈
1. 전동기용 퓨즈는 전동기 보호용으로 적합한 특성을 가진 퓨즈이다.
2. 전동기의 기동 시에는 기동 전류가 흐르기 때문에 이 기동 전류에 의해 기능이 저하되거나 용단되지 않도록 하는 특성이 정해져 있다.
㉡ 온도 퓨즈 (thermal fuse) : 과열 보호용 스위치로서, 전기 기기의 과열 방지를 목적으로 사용되고 있다.

52. 직류 회로에서 선 도체 겸용 보호도체의 표시 기호는 어느 것인가?

① PEM
② PEL
③ PEN
④ PET

해설 겸용 도체 (KEC 142.3.4)
① PEM : 중간선 겸용 보호도체
② PEL : 선 도체 겸용 보호도체
③ PEN : 교류 회로에서, 중성선 겸용 보호도체

53. 한국전기설비규정에 따라 저압수용장소에서 계통 접지가 TN-C-S 방식인 경우 중성선 겸용 보호도체 (PEN)는 고정 전기설비에만 사용할 수 있다. 도체가 알루미늄인 경우 단면적(mm²)은 얼마 이상이어야 하는가?

① 2.5
② 4
③ 10
④ 16

해설 주택 등 저압수용장소 접지 (KEC 142.4.2) : TN-C-S 방식인 경우는 다음에 따라 시설하여야 한다.

1. 중성선 겸용 보호도체(PEN)는 고정 전기설비에만 사용할 수 있다.
2. 그 도체의 단면적이 구리는 $10\,mm^2$ 이상, 알루미늄은 $16\,mm^2$ 이상이어야 한다.

54. 가공 전선로의 지지물에 시설하는 지선의 안전율은 얼마 이상이어야 하는가?

① 3.5   ② 3.0   ③ 2.5   ④ 1.0

해설 지선의 시설 (KEC 331.11)
1. 지선에 연선을 사용할 경우에는 소선 3가닥 이상의 연선일 것
2. 소선의 지름이 2.6 mm 이상의 금속선을 사용한 것일 것
3. 지선의 안전율 : 2.5 이상

55. 가공전선의 지지물에 승탑 또는 승강용으로 사용하는 발판 볼트 등은 지표상 몇 m 미만에 시설하여서는 안 되는가?

① 1.2 m   ② 1.5 m   ③ 1.6 m   ④ 1.8 m

해설 가공전선로 지지물의 오름 방지 (KEC 331.4) : 지지물에 발판 볼트 등을 지표상 1.8 m 미만에 시설하여서는 안 된다.

56. 설치 면적과 설치 비용이 많이 들지만 가장 이상적이고 효과적인 진상용 콘덴서 설치 방법은?

① 수전단 모선에 설치
② 수전단 모선과 부하 측에 분산하여 설치
③ 부하 측에 분산하여 설치
④ 가장 큰 부하 측에만 설치

해설 진상용 콘덴서(SC)의 설치 방법 중에서 각 부하 측에 분산 설치하는 방법이 가장 효과적으로 역률이 개선되나 설치 면적과 설치 비용이 많이 든다.

57. 화약고 등의 위험장소의 배선 공사에서 전로의 대지전압은 몇 V 이하로 하도록 되어 있는가?

① 300   ② 400   ③ 500   ④ 600

해설 화약류 저장소 등의 위험장소 (KEC 242.5) : 화약고는 전기설비를 시설하여서는 안 된다. 다만, 백열전등, 형광등 또는 이들에 전기를 공급하기 위한 경우는 전로의 대지전압은 300 V 이하로 할 것

58. 전기설비기술기준에서 교통신호등 회로의 사용전압이 몇 V를 초과하는 경우에는 지락 발생 시 자동적으로 전로를 차단하는 장치를 시설하여야 하는가?

① 150   ② 200   ③ 50   ④ 100

해설 교통신호등 누전차단기 시설 (KEC 234.15.6) : 교통신호등 회로의 사용전압이 150 V를 넘는 경우는 전로에 지락이 생겼을 경우 자동적으로 전로를 차단하는 누전차단기를 시설할 것

59. 건조한 장소에 시설하는 진열장 또는 이와 유사한 것의 내부에 사용전압이 400 V 이하의 배선을 외부에서 잘 보이는 장소에 시설하는 경우 사용하는 전선의 단면적은?

① $0.1\,mm^2$ ② $0.25\,mm^2$
③ $0.5\,mm^2$ ④ $0.75\,mm^2$

해설 진열장 또는 이와 유사한 것의 내부 배선 (KEC 234.8)
1. 건조한 장소에 시설하여야 한다
2. 배선은 단면적 $0.75\,mm^2$ 이상의 코드 또는 캡타이어 케이블일 것

60. 건축물의 종류에서 은행, 상점, 사무실의 표준부하는 얼마인가?

① $10\,VA/m^2$ ② $20\,VA/m^2$
③ $30\,VA/m^2$ ④ $40\,VA/m^2$

해설 건물의 종류별 표준부하

건축물의 종류	표준부하 (VA/m²)
공장, 공회당, 사원, 교회, 극장, 영화관, 연회장 등	10
기숙사, 여관, 호텔, 병원, 학교, 음식점, 다방, 대중목욕탕 등	20
사무실, 은행, 상점, 이발소, 미용원	30
주택, 아파트	40

전기
기능사

2023년 제3회 실전문제

제1과목 : 전기 이론

1. 10 eV는 몇 J인가?

① 1×10^{-3} ② 1×10^{-10}

③ 1.602×10^{-18} ④ 1.82×10^{-18}

해설 전자의 전하 $e = 1.60219 \times 10^{-19}$C

∴ $10 \text{ eV} = 1.60219 \times 10^{-19} \times 10$

$≒ 1.602 \times 10^{-18}$J

※ e[C]의 전하가 V[V]의 전위차를 가진 두 점 사이를 이동할 때, 전자가 얻는 에너지 W는 $W = eV$[J]

여기서, 전위차의 값 V만으로 표시한 에너지를 V전자 볼트(electron volt, eV)의 에너지라 한다.

2. 다음 중 정전 차폐와 가장 관계가 깊은 것은?

① 상자성체

② 강자성체

③ 반자성체

④ 비투자율이 1인 자성체

해설 정전 차폐 : 정전 실드라고도 하며, 접지된 금속 철망에 의해 대전체를 완전히 둘러싸서 외부 정전계에 의한 정전 유도를 차단하는 것으로 강자성체가 사용된다.

3. 정전 용량이 같은 콘덴서 10개가 있다. 이것을 병렬접속할 때의 값은 직렬접속할 때의 값보다 어떻게 되는가?

① $\dfrac{1}{10}$ 로 감소한다.

② $\dfrac{1}{100}$ 로 감소한다.

③ 10배로 증가한다.

④ 100배로 증가한다.

해설 ㉠ 병렬접속 시 : $C_p = n \times C = 10C$

㉡ 직렬접속 시 : $C_s = \dfrac{C}{n} = \dfrac{C}{10}$

∴ $\dfrac{C_p}{C_s} = \dfrac{10C}{\dfrac{C}{10}} = 100$배

4. 10 μF의 콘덴서에 45 J의 에너지를 축적하기 위하여 필요한 충전 전압(V)은?

① 3×10^2 ② 3×10^3

③ 3×10^4 ④ 3×10^5

해설 $W = \dfrac{1}{2} CV^2$[J]에서

$V^2 = \dfrac{2W}{C} = \dfrac{2 \times 45}{10 \times 10^{-6}} = 9 \times 10^6$

∴ $V = \sqrt{9 \times 10^6} = 3 \times 10^3$ V

5. 다음 중 전위 단위가 아닌 것은?

① V/m   ② J/C

③ N · m/C   ④ V

해설 1. 전위의 단위 : V, J/C, N · m/C

2. 전위의 기울기(전기장의 세기) 단위 : V/m

6. 평균 반지름이 10 cm이고, 감은 횟수 10회의 원형 코일에 20 A의 전류를 흐르게 하면 코일 중심의 자기장의 세기는?

① 10 AT/m   ② 20 AT/m

③ 1000 AT/m   ④ 2000 AT/m

해설 $H = \dfrac{NI}{2r} = \dfrac{10 \times 20}{2 \times 10 \times 10^{-2}} = 1000$ AT/m

---

7. 단위 길이당 권수 100회인 무한장 솔레노이드에 10 A의 전류가 흐를 때 솔레노이드 내부의 자장(AT/m)은?

① 10 ② 100
③ 1000 ④ 10000

> **해설** $H_0 = N_0 I = 100 \times 10 = 1000$ AT/m
> 여기서, N_0 : 단위 길이당 권수

8. 자속밀도가 2 Wb/m²인 평등 자기장에 자기장과 30°의 방향으로 길이 0.5 m인 도체에 8 A의 전류가 흐르는 경우 전자력(N)은?

① 8 ② 4 ③ 2 ④ 1

> **해설** $F = Bl\,I\sin 30°$
> $$= 2 \times 0.5 \times 8 \times \frac{1}{2} = 4\,\text{N}$$

9. 다음 중 플레밍의 오른손 법칙에 의하여 동작하는 것은?

① 선풍기 ② 세탁기
③ 자전거 발전기 ④ 전동기

> **해설** 플레밍의 오른손 법칙 : 도체가 운동하여 자속을 끊었을 때 기전력의 방향을 알아내는 법칙으로 발전기의 원리에 적용된다.
> • 엄지손가락 : 운동의 방향
> • 집게손가락 : 자속의 방향
> • 가운뎃손가락 : 기전력의 방향

10. 100 V의 전압계가 있다. 이 전압계를 써서 200 V의 전압을 측정하려면 최소 몇 Ω의 저항을 외부에 접속해야 하는가? (단, 전압계의 내부 저항은 5000 Ω이다.)

① 10,000 ② 5000
③ 2500 ④ 1000

> **해설** 배율기 : $R_m = (m-1) \cdot R_v$
> $$= (2-1) \times 5000 = 5000\,\Omega$$
> • 배율 $m = \dfrac{200}{100} = 2$

11. 다음 회로의 전룻값은 얼마인가?

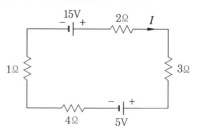

① 1 A ② 2 A ③ 10 A ④ 20 A

> **해설** $I = \dfrac{V}{R} = \dfrac{15-5}{2+3+4+1} = \dfrac{10}{10} = 1\text{A}$

12. $e = 141.4\sin(100\pi t)$[V]의 교류 전압이 있다. 이 교류의 실횻값은 몇 V인가?

① 100 ② 110 ③ 141 ④ 282

> **해설** $e = 141.4\sin(100\pi t)$
> $$= \sqrt{2} \times 100 \sin(100\pi t)\,[\text{V}]$$
> $\therefore\ E = 100\,\text{V}$

13. 다음 중 전기 저항 25 Ω에 50 V의 사인파 전압을 가할 때 전류의 순싯값은? (단, 각속도 $\omega = 377$ rad/s이다.)

① $2\sin 377t$[A] ② $2\sqrt{2}\,\sin 377t$[A]
③ $4\sin 377t$[A] ④ $4\sqrt{2}\,\sin 377t$[A]

> **해설** ㉠ $v = E_m \sin\omega t = \sqrt{2}\,V\sin 377t$
> $$= 50\sqrt{2}\,\sin 377t\ [\text{V}]$$
> ㉡ $R = 25\,\Omega$
> $\therefore\ i = \dfrac{v}{R} = \dfrac{50\sqrt{2}}{25} \cdot \sin 377t$
> $$= 2\sqrt{2}\,\sin 377t\ [\text{A}]$$

14. RLC 직렬 회로의 공진은 어떠한 경우 발생하는가?

① $\omega L = \dfrac{1}{\omega C}$ ② $\omega C = \omega L$
③ $\omega L - \dfrac{1}{\omega C} = 1$ ④ $\omega L + \dfrac{1}{\omega C} = 0$

해설 공진조건 : $X_L = X_C$에서, $\omega L = \dfrac{1}{\omega C}$

15. 정격 전압에서 1 kW의 전력을 소비하는 저항에 정격의 80 %의 전압을 가했을 때, 전력은 몇 W가 되는가?

① 640 ② 780 ③ 810 ④ 900

해설 소비전력은 전열기의 저항이 일정할 때 사용 전압의 제곱에 비례한다.

$$\therefore P' = P \times \left(\dfrac{V'}{V}\right)^2 = 1 \times 10^3 \times \left(\dfrac{80}{100}\right)^2$$
$$= 1000 \times 0.64 = 640\,W$$

16. 200 V의 전원으로 백열등 100 W 5개, 60 W 4개, 20 W 3개와 1 kW의 전열기 1대를 동시 사용했을 때의 전전류(A)는?

① 9 ② 13 ③ 18 ④ 20

해설 $P = VI\cos\theta\,[W]$에서, 백열등과 전열기는 역률이 약 1이므로 $\cos\theta = 1$

$$\therefore I = \dfrac{P}{V}$$
$$= \dfrac{100 \times 5 + 60 \times 4 + 20 \times 3 + 1 \times 10^3}{200}$$
$$= \dfrac{1800}{200} = 9\,A$$

17. 세 변의 저항 $R_a = R_b = R_c = 15\ \Omega$인 Y결선 회로가 있다. 이것과 등가인 Δ결선 회로의 각 변의 저항은 몇 Ω인가?

① 5 ② 10 ③ 25 ④ 45

해설 $R_\Delta = 3 R_Y = 3 \times 15 = 45\ \Omega$

18. $e = 10\sqrt{2}\sin\omega t + 5\sqrt{2}\sin\left(3\omega t + \dfrac{\pi}{6}\right)$
[V]인 전압의 실횻값은?

① $5\sqrt{10}$ V ② 15 V
③ $5\sqrt{5}$ V ④ 20 V

해설 • 기본파의 실횻값 $V_1 = 10\,V$

• 제3고조파의 실횻값 $V_3 = 5\,V$
  ∴ 비사인파의 실횻값
$$V = \sqrt{V_1^2 + V_3^2} = \sqrt{10^2 + 5^2} = 5\sqrt{5}\ V$$

19. 다음 중 전류를 흘렸을 때 열이 발생하는 원리를 이용한 것이 아닌 것은?

① 헤어드라이기 ② 백열전구
③ 적외선 히터 ④ 전기 도금

해설 전기 도금 : 전기분해를 이용해 어떤 금속의 표면에 다른 금속의 얇은 막을 입히는 방법이다.

20. 열량을 표시하는 1 cal는 몇 J인가?

① 0.4186 J ② 4.186 J
③ 0.24 J ④ 1.24 J

해설 • 1 cal = 4.186 J
• 1 J = 0.24 cal

제2과목 : 전기 기기

21. 직류 발전기에서 브러시와 접촉하여 전기자 권선에 유도되는 교류기전력을 정류해서 직류로 만드는 부분은?

① 계자 ② 정류자
③ 슬립링 ④ 전기자

해설 정류자(commutator)는 직류기에서 가장 중요한 부분이며, 브러시와 접촉하여 유도기전력을 정류, 즉 교류를 직류로 바꾸어 브러시를 통하여 외부 회로와 연결시켜주는 역할을 한다.
※ 슬립 링 (slip ring) : 전동기나 발전기의 회전자에 외부로부터 전류를 흐르게 하기 위하여 회전자 축에 부착하는 접촉자를 말한다.

22. 직류 분권발전기가 있다. 전기자 총 도체 수 440, 매 극의 자속 수 0.01 Wb, 극수 6, 회전수

1500 rpm일 때 유기기전력은 몇 V인가? (단, 전기자 권선은 중권이다.)

① 37　　② 55　　③ 110　　④ 220

해설 $E = p\phi \dfrac{N}{60} \cdot \dfrac{Z}{a}$

$= 6 \times 0.01 \times \dfrac{1500}{60} \times \dfrac{440}{6} = 110 \text{ V}$

23. 100 V, 10 A, 전기자 저항 1 Ω, 회전수 1800 rpm인 전동기의 역기전력은 몇 V인가?

① 90　　② 100　　③ 110　　④ 186

해설 역기전력

$E = V - R_a I_a = 100 - 10 \times 1 = 90 \text{ V}$

※ 회전수 1800 rpm은 전동기의 회전력을 구할 때 적용된다.

24. 직류 전동기의 규약 효율은 어떤 식으로 표현되는가?

① $\dfrac{출력}{입력} \times 100\%$

② $\dfrac{출력}{출력 + 손실} \times 100\%$

③ $\dfrac{입력 + 손실}{입력} \times 100\%$

④ $\dfrac{입력 - 손실}{입력} \times 100\%$

해설 직류기의 효율

㉠ 실측 효율 $\eta = \dfrac{출력}{입력} \times 100\%$

㉡ 규약 효율

• 발전기의 효율 $= \dfrac{출력}{출력 + 손실} \times 100\%$

• 전동기의 효율 $= \dfrac{입력 - 손실}{입력} \times 100\%$

25. 직류 직권전동기에서 벨트를 걸고 운전하면 안되는 이유는?

① 벨트가 벗겨지면 위험속도로 도달하므로
② 손실이 많아지므로

③ 직결하지 않으면 속도 제어가 곤란하므로
④ 벨트의 마멸 보수가 곤란하므로

해설 ㉠ 벨트(belt)가 벗겨지면 무부하 상태가 되어 부하 전류 $I = 0$이 된다.

㉡ 속도 특성 $n = \dfrac{V - R_a I}{k_E k I}$

∴ 무부하 시 분모가 0이 되어 위험속도로 회전하게 된다.

※ 직류 직권전동기 벨트 운전 금지

26. 변압기의 1차 권회수 80회, 2차 권회수 320회일 때, 2차측의 전압이 100 V이면 1차 전압은 몇 V인가?

① 15　　② 25　　③ 50　　④ 100

해설 $a = \dfrac{N_1}{N_2} = \dfrac{80}{320} = 0.25$

∴ $V_1 = a \cdot V_2 = 0.25 \times 100 = 25 \text{ V}$

27. 변압기 2차 정격 전압 100 V, 무부하 전압 104 V이면 전압 변동률(%)은 얼마인가?

① 1　　② 2　　③ 4　　④ 6

해설 $\varepsilon = \dfrac{V_{20} - V_{2n}}{V_{2n}} \times 100$

$= \dfrac{104 - 100}{100} \times 100 = \dfrac{4}{100} \times 100 = 4\%$

28. 다음 중 변압기를 병렬운전하기 위한 조건이 아닌 것은?

① 각 변압기의 극성이 같을 것
② 각 변압기의 권수비가 같을 것
③ 각 변압기의 출력이 반드시 같을 것
④ 각 변압기의 임피던스 전압이 같을 것

해설 변압기의 병렬운전

㉠ 각 변압기의 같은 극성의 단자를 접속할 것
㉡ 각 변압기의 1차 및 2차 전압, 즉 권수비가 같을 것
㉢ 각 변압기의 임피던스 전압이 같을 것
㉣ 각 변압기의 내부 저항과 리액턴스비가 같을 것

29. 유도 전동기에서 회전자 속도가 0이라면 슬립 값은 얼마인가?

① 0　　② 0.5　　③ 1　　④ 2

해설 슬립(slip) : s
- 기동 시(정지 상태) : $N = 0 \rightarrow s = 1$
- 동기 속도로 회전 시 : $N = N_s \rightarrow s = 0$

30. 유도 전동기의 입력이 P_2일 때 슬립이 s라면 회전자 동손(W)은?

① $\dfrac{P_2}{s}$　　　　② sP_2

③ $(1-s)\,P_2$　　④ $\dfrac{P_2}{(1-s)}$

해설 회전자 동손

$$P_{c_2} = I_2{}^2 r_2 = I_2{}^2 \frac{r_2}{s}\, s = s\,P_2 \,[\text{W}]$$

31. 60 Hz, 2극 유도 전동기의 슬립이 10 %일 때의 매분 회전수는?

① 1260 rpm　　　② 3240 rpm
③ 3600 rpm　　　④ 4200 rpm

해설 $N_s = \dfrac{120f}{p} = \dfrac{120 \times 60}{2} = 3600 \text{ rpm}$

$$\therefore N = (1-s)N_s = (1-0.1) \times 3600$$
$$= 3240 \text{ rpm}$$

32. 3상 유도 전동기의 회전 방향을 바꾸기 위한 방법으로 옳은 것은?

① 3상의 3선 접속을 모두 바꾼다.
② 3상의 3선 중 2선의 접속을 바꾼다.
③ 3상의 3선 중 1선에 리액턴스를 연결한다.
④ 3상의 3선 중 2선에 같은 값의 리액턴스를 연결한다.

해설 회전 방향을 바꾸는 방법
　㉠ 회전 방향 : 부하가 연결되어 있는 반대쪽에서 보아 시계 방향을 표준으로 하고 있다.
　㉡ 회전 방향을 바꾸는 방법

1. 회전 자장의 회전 방향을 바꾸면 된다.
2. 전원에 접속된 3개의 단자 중에서 어느 2개를 바꾸어 접속하면 된다.

33. 동기 발전기는 무엇에 의하여 회전수가 결정되는가?

① 역률과 극수　　　② 주파수와 역률
③ 주파수와 극수　　④ 정격 전압과 극수

해설 동기속도 : $N_s = \dfrac{120}{p} \cdot f \,[\text{rpm}]$

34. 단락비가 1.25인 발전기의 %동기 임피던스(%)는 얼마인가?

① 70　　② 80　　③ 90　　④ 100

해설 $Z_s{}' = \dfrac{1}{K_s} \times 100 = \dfrac{1}{1.25} \times 100 = 80\%$

35. 6극 1200 rpm의 교류 발전기와 병렬운전하는 극수 8의 동기 발전기의 회전수(rpm)는?

① 1200　　　　② 1000
③ 900　　　　④ 750

해설 $N_s = \dfrac{120}{p} \cdot f \,[\text{rpm}]$에서

$$f = \frac{p \cdot N_s}{120} = \frac{6 \times 1200}{120} = 60 \,\text{Hz}$$

$$\therefore N' = \frac{120}{p'} \cdot f = \frac{120}{8} \times 60 = 900 \,\text{rpm}$$

36. 동기 전동기의 기동법 중 자기동법에서 계자 권선을 단락하는 이유는?

① 고전압의 유도를 방지한다.
② 전기자 반작용을 방지한다.
③ 기동 권선으로 이용한다.
④ 기동이 쉽다.

해설 계자 권선을 기동 시 개방하면 회전 자속을 쇄교하여 고전압이 유도되어 절연 파괴의 위험이 있으므로, 저항을 통하여 단락시킨다.

37. 애벌란시 항복 전압은 온도 증가에 따라 어떻게 변화하는가?

① 감소한다.

② 증가한다.

③ 증가했다 감소한다.

④ 무관하다.

> **해설** 애벌란시 항복(avalanche breakdown) 전압은 온도 증가에 따라 증가한다.

38. SCR 2개를 역병렬로 접속한 다음 그림과 같은 기호의 명칭은?

① SCR

② TRIAC

③ GTO

④ UJT

> **해설** 트라이액(TRIAC : triode AC switch)
> ㉠ 2개의 SCR을 병렬로 접속하고 게이트를 1개로 한 구조로 3단자 소자이다.
> ㉡ 양방향성이므로 교류전력 제어에 사용된다.

39. 다음과 같은 회로를 이용하여 제어할 수 있는 전동기는?

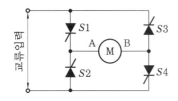

① 직류 전동기

② 단상 유도 전동기

③ 동기기

④ 3상 유도 전동기

> **해설** 전파 정류 작용으로 단상 교류 입력을 직류로 변환하여 직류 전동기 속도를 제어하는 사이리스터 위상 제어 회로이다.

40. 다음 중 비선형 소자는?

① 저항

② 인덕턴스

③ 다이오드

④ 커패시턴스

> **해설** • 선형 소자 회로 : 전압과 전류가 비례하는 회로
> • 비선형 소자 회로 : 전압과 전류가 비례하지 않는 회로 (진공관, 다이오드 등)

제3과목 : 전기 설비

41. 간선에서 분기하여 분기 과전류 차단기를 거쳐서 부하에 이르는 사이의 배선을 무엇이라 하는가?

① 간선

② 인입선

③ 중성선

④ 분기 회로

> **해설** 분기 회로 (shunt circuit)
> ㉠ 간선에서 분기하여 분기 과전류 차단기를 거쳐서 부하에 이르는 사이의 배선을 말한다.
> ㉡ 분기 회로는 병렬 회로와 그 의미가 거의 같다.

42. 옥외용 비닐 절연 전선의 약호(기호)는?

① VV

② DV

③ OW

④ NR

> **해설** ① VV : 비닐 절연 비닐시스 케이블
> ② DV : 인입용 비닐 절연 전선
> ③ OW : 옥외용 비닐 절연 전선
> ④ NR : 450/750 V 일반용 단심 비닐 절연 전선

43. 다음 중 옥내에 시설하는 저압 전로와 대지 사이의 절연 저항 측정에 사용되는 계기는?

① 콜라우슈 브리지

② 메거

③ 어스 테스터

④ 마그넷 벨

> **해설** 메거 (megger : 절연 저항계) : 절연 재료의 고유 저항이나 전선, 전기 기기, 옥내배선 등의 절연 저항을 측정하는 계기로서, 수동 발전기식과 트랜지스터를 이용한 전자식이 있다.

44. 다음 중 전선에 압착 단자를 접속시키는 공구는 어느 것인가?

① 와이어 스트리퍼   ② 프레셔 툴
③ 볼트 클리퍼   ④ 드라이브이트

해설 프레셔 툴(pressure tool) : 솔더리스(solderless) 커넥터 또는 솔더리스 터미널을 압착하는 것이다.

45. 절연 전선을 서로 접속할 때 사용하는 방법이 아닌 것은?
① 커플링에 의한 접속
② 와이어 커넥터에 의한 접속
③ 슬리브에 의한 접속
④ 압축 슬리브에 의한 접속

해설 커플링에 의한 접속은 전선관을 접속할 때 사용하는 방법이다.

46. 전선 6 mm^2 (2.6 mm) 이하의 가는 단선을 직선 접속할 때 어느 방법으로 하여야 하는가?
① 브리타니아 접속   ② 트위스트 접속
③ 슬리브 접속   ④ 우산형 접속

해설 단선의 직선 접속 방법
1. 트위스트(twist) 접속 : 6 mm^2 (2.6 mm) 이하의 가는 전선
2. 브리타니아(britania) 접속 : 10 mm^2 이상의 굵은 전선

47. 합성수지관 배선에서 경질 비닐 전선관의 굵기에 해당되지 않는 것은? (단, 관의 호칭을 말한다.)
① 14   ② 16   ③ 18   ④ 22

해설 관의 호칭 : 14, 16, 22, 28, 36, 42, 54, 70, 82

48. 가요 전선관 공사에서 가요 전선관의 상호 접속에 사용하는 것은?
① 유니언 커플링
② 2호 커플링
③ 콤비네이션 커플링
④ 스플릿 커플링

해설 ㉠ 가요 전선관의 상호 접속 : 스플릿 커플링 (split coupling)
㉡ 금속 전선관의 접속 : 콤비네이션 커플링 (combination coupling)

49. 다음 중 셀룰러 덕트의 판 두께(mm)로 올바른 것은? (단, 덕트의 최대 폭이 150 mm 이하인 경우이다.)
① 1.0 mm   ② 1.2 mm
③ 2.5 mm   ④ 3 mm

해설 셀룰러 덕트의 판 두께(mm)
1. 덕트의 최대 폭이 150 mm 이하 : 1.2
2. 덕트의 최대 폭이 150 mm 초과 200 mm 이하 : 1.4
3. 덕트의 최대 폭이 200 mm 초과 : 1.6

50. 배선차단기(산업용)의 정격전류가 30 A일 때, 39 A의 동작전류가 흘렀다면 몇 분 이내에 차단되어야 하는가?
① 30   ② 60   ③ 90   ④ 120

해설 산업용 배선 차단기
과전류 트립 동작시간 및 특성(산업용 배선 차단기) (KEC 표 212.3-2)

정격전류의 구분	시간	정격전류의 배수	
		불 용단 전류	용단 전류
63A 이하	60분	1.05배	1.3배
63A 초과	120분	1.05배	1.3배

∴ 정격전류가 30A일 때, 39A의 동작전류가 흘렀다면 1.3배이므로 시간은 60분 이내에 동작되어야 한다.

51. 접지극 공사 방법이 아닌 것은?
① 동판 면적은 900 cm^2 이상의 것이어야 한다.
② 동피복 강봉은 지름 6 mm 이상의 것이어야 한다.
③ 접지선과 접지극은 은 납땜 기타 확실한

정답 45. ①   46. ②   47. ③   48. ④   49. ②   50. ②   51. ②

방법에 의해 접속한다.

④ 사람이 접촉할 우려가 있는 곳에 설치할 경우, 손상을 방지하도록 방호장치를 시설할 것

해설 접지극 : 동봉, 동피복 강봉을 사용하는 경우는 지름 8 mm 이상, 길이 0.9 m 이상의 것

52. 저압 가공인입선이 도로를 횡단하는 경우 지상으로부터 몇 m 이상이어야 하는가?

① 3 m ② 4 m
③ 5 m ④ 6 m

해설 저압 인입선의 시설 (KEC 221.1.1)

구분	이격 거리
도로	도로를 횡단하는 경우는 5 m 이상
철도 또는 궤도를 횡단	레일면상 6.5 m 이상
횡단보도교의 위쪽	횡단보도교의 노면 상 3 m 이상
상기 이외의 경우	지표 상 4 m 이상

53. 비교적 장력이 작고 타 종류의 지선을 시설할 수 없는 경우에 적용되는 지선은?

① 공동 지선 ② 궁지선
③ 수평 지선 ④ Y 지선

해설 ① 공동 지선 : 두 개의 지지물에 공통으로 시설하는 지선으로서 지지물 상호간 거리가 비교적 근접한 경우에 시설한다.
② 궁지선 : 장력이 비교적 적고 다른 종류의 지선을 시설할 수 없을 경우에 적용하며, 시공 방법에 따라 A형, R형 지선으로 구분한다.
③ 수평 지선 : 지형의 상황 등으로 보통 지선을 시설할 수 없는 경우에 적용한다.
④ Y 지선 : 다단의 완철이 설치되고 또한 장력이 클 때 또는 H주일 때 보통 지선을 2단으로 시설하는 것이다.

54. 주상변압기를 철근콘크리트 전주에 설치할 때 사용되는 것은?

① 암 밴드
② 암타이 밴드
③ 앵커
④ 행어 밴드

해설 ① 암 밴드 (arm band) : 완금을 고정시키는 것
② 암타이 밴드 (armtie band) : 암타이를 고정시키는 것
③ 앵커 (anchor) : 어떤 설치물을 튼튼히 정착시키기 위한 보조 장치(지선 끝에 근가 정착)
④ 행어 밴드 (hanger band) : 소형 변압기에 많이 적용되고 있다.

55. A종 철근 콘크리트주의 전장이 15 m인 경우에 땅에 묻히는 깊이는 최소 몇 m 이상으로 해야 하는가? (단, 설계 하중은 6.8 kN 이하이다.)

① 2.5 ② 3.0
③ 3.5 ④ 4.0

해설 전체의 길이가 15 m 이하인 경우는 땅에 묻히는 깊이를 전장의 1/6 이상으로 할 것
$\therefore 15 \times \dfrac{1}{6} \fallingdotseq 2.5$ m

56. 선로의 도중에 설치하여 회로에 고장 전류가 흐르게 되면 자동적으로 고장 전류를 감지하여 스스로 차단하는 차단기의 일종으로 단상용과 3상용으로 구분되어 있는 것은?

① 리클로저
② 선로용 퓨즈
③ 섹셔널 라이저
④ 자동구간 개폐기

해설 리클로저 (recloser)
1. 낙뢰, 강풍 등에 의해 가공배전선로 사고 시 신속하게 고장구간을 차단하고, 사고점의 아크를 소멸시킨 후, 즉시 재투입이 가능한 개폐장치로 차단기의 일종이다.
2. 자체 탱크 내에 보호 계전기와 차단기의 기능을 종합적으로 수행할 수 있는 장치가 있어서 사고의 검출 및 자동 차단과 재폐로까지 할 수 있는 보호 장치이다.

57. 다음 중 분전반 및 분전반을 넣은 함에 대한 설명으로 잘못된 것은?

① 반(盤)의 뒤쪽은 배선 및 기구를 배치할 것
② 절연 저항 측정 및 전선 접속 단자의 점검이 용이한 구조일 것
③ 난연성 합성수지로 된 것은 두께 1.5 mm 이상으로 내(耐)아크성인 것이어야 한다.
④ 강판제의 것은 두께 1.2 mm 이상이어야 한다.

해설 분전반 및 분전반의 반(盤)의 뒤쪽은 배선 및 기구를 배치하지 말 것

58. 화약류 저장소의 전기설비 내용 중 옳은 것은?

① 전로의 대지 전압은 400 V 이하로 한다.
② 전기기계기구는 개방형으로 시설해야 한다.
③ 케이블을 전기기계기구에 인입할 때는 인입구에서 케이블이 손상될 우려가 없도록 시설해야 한다.
④ 백열전등 및 형광등을 포함한 전기시설은 일절 금지된다.

해설 1. 전로의 대지 전압 300 V 이하이고, 전기기계기구는 전폐형으로 시설해야 한다.
2. 케이블을 전기기계기구에 인입할 때는 인입구에서 케이블이 손상될 우려가 없도록 시설해야 한다.

59. 사람이 상시 통행하는 터널 내 배선의 사용 전압이 저압일 때 공사 방법으로 틀린 것은?

① 금속관 공사
② 금속몰드 공사
③ 합성수지관 공사 (두께 2 mm 미만 및 난연성이 없는 것 제외)
④ 금속제 가요전선관 공사

해설 사람이 상시 통행하는 터널 안의 저압 전선로 (KEC 335.1)
1. 합성수지관 배선
2. 금속관 배선
3. 금속제 가요전선관 배선
4. 케이블 배선으로 시공하여야 한다.

60. 다음 중 방수용 콘센트의 그림 기호는?

① ⬤EL   ② ⬤WP
③ ⬤E   ④ ⬤LK

해설 ① 누전차단기 붙이 콘센트
② 방수용 콘센트
③ 접지극 붙이 콘센트
④ 빠짐 방지형 콘센트

2023년 제4회 실전문제

전기
기능사

제1과목 : 전기 이론

1. 일반적으로 절연체를 서로 마찰시키면 이들 물체는 전기를 띠게 된다. 이와 같은 현상은?

① 분극 (polarization)
② 대전 (electrification)
③ 정전 (electrostatic)
④ 코로나 (corona)

해설 마찰에 의한 대전 : 일반적으로 절연체를 서로 마찰시키면 정상 상태보다 전자의 수가 많거나 적어졌을 때 양전기나 음전기를 가지게 되어 전기를 띠게 된다.

2. 두 콘덴서 C_1, C_2를 직렬접속하고 양단에 V [V]의 전압을 가할 때 C_2에 걸리는 전압은 얼마인가?

① $\dfrac{C_1}{C_1 + C_2} V$
② $\dfrac{C_2}{C_1 + C_2} V$
③ $\dfrac{C_1 + C_2}{C_1} V$
④ $\dfrac{C_1 + C_2}{C_2} V$

해설 직렬접속 시 전압의 분배 : 각 콘덴서에 분배되는 전압은 정전 용량의 크기에 반비례한다.

$$V_1 = \frac{C_2}{C_1 + C_2} V$$

$$V_2 = \frac{C_1}{C_1 + C_2} V$$

3. 정전 용량 $100\mu\mathrm{F}$의 콘덴서에 1000 V의 전압을 가하여 충전한 뒤 저항을 통하여 방전시키면 저항 중의 발생 열량 (cal)은 얼마인가?

① 43 ② 12 ③ 5 ④ 1.2

해설 $W = \dfrac{1}{2} CV^2$

$$= \frac{1}{2} \times 100 \times 10^{-6} \times 1000^2 = 50 \text{ J}$$

$$\therefore H = 0.24 \times W = 0.24 \times 50 = 12 \text{ cal}$$

4. 전기력선 밀도를 이용하여 주로 대칭 정전계의 세기를 구하기 위하여 이용되는 법칙은?

① 패러데이의 법칙 ② 가우스의 법칙
③ 쿨롱의 법칙   ④ 톰슨의 법칙

해설 가우스의 법칙(Gauss's law) : 전기력선의 밀도를 이용하여 정전계의 세기를 구할 수 있다.
※ 전기력선에 수직한 단면적 $1\ \mathrm{m}^2$당 전기력선의 수, 즉 밀도가 그곳의 전장의 세기와 같다.

5. 다음 중 자기력선(line of magnetic force)에 대한 설명으로 옳지 않은 것은?

① 자석의 N극에서 시작하여 S극에서 끝난다.
② 자기장의 방향은 그 점을 통과하는 자기력선의 방향으로 표시한다.
③ 자기력선은 상호간에 교차한다.
④ 자기장의 크기는 그 점에서의 자기력선의 밀도를 나타낸다.

해설 자력선은 서로 반발하는 성질이 있어서 서로 교차하지 않는다.

6. 공심 솔레노이드의 내부 자계의 세기가 800 AT/m일 때, 자속밀도(Wb/m²)는 약 얼마인가?

① 1×10^{-3}
② 1×10^{-4}
③ 1×10^{-5}
④ 1×10^{-6}

해설 $B = \mu_0 H = 4\pi \times 10^{-7} \times 800$
$$= 1 \times 10^{-3} \text{ Wb/m}^2$$

정답 1. ② 2. ① 3. ② 4. ② 5. ③ 6. ①

7. 공기 중에서 자속밀도 3 Wb/m²의 평등 자장 중에 길이 50 cm의 도선을 자장의 방향과 60°의 각도로 놓고 이 도체에 10 A의 전류가 흐르면 도선에 작용하는 힘(N)은?

① 약 3 ② 약 13
③ 약 30 ④ 약 300

해설 $F = BlI\sin\theta$
$= 3 \times 50 \times 10^{-2} \times 10 \times \frac{\sqrt{3}}{2} = 13\,\text{N}$

8. 전압계 및 전류계의 측정 범위를 넓히기 위하여 사용하는 배율기와 분류기의 접속 방법은?

① 배율기는 전압계와 병렬접속, 분류기는 전류계와 직렬접속
② 배율기는 전압계와 직렬접속, 분류기는 전류계와 병렬접속
③ 배율기 및 분류기 모두 전압계와 전류계에 직렬접속
④ 배율기 및 분류기 모두 전압계와 전류계에 병렬접속

해설 • 배율기(multiplier) : 전압계의 측정 범위를 넓히기 위한 목적으로, 전압계에 직렬로 접속한다.
• 분류기(shunt) : 전류계의 측정 범위를 넓히기 위한 목적으로, 전류계에 병렬로 접속한다.

9. 어떤 교류 전압원의 주파수가 60 Hz, 전압의 실횻값이 20 V일 때 순싯값은 얼마인가? (단, 위상은 0°로 한다.)

① $v = 20\cos\theta(120\pi t)$ [V]
② $v = 20\sqrt{2}\cos\theta(120\pi t)$ [V]
③ $v = 20\sin\theta(120\pi t)$ [V]
④ $v = 20\sqrt{2}\sin(120\pi t)$ [V]

해설 $v = V_m\sin\omega t = \sqrt{2}\,V\sin\omega t$
$= \sqrt{2}\,V\sin 2\pi ft = 20\sqrt{2}\sin(120\pi t)$

10. 어떤 사무실에 30 W, 220 V, 60 Hz의 형광등이 있다. 형광등 전원의 평균값은?

① 105.5 V ② 198.2 V
③ 244.2 V ④ 280.3 V

해설 평균값
$V_a = \frac{1}{1.11} \times V = \frac{1}{1.11} \times 220 = 198\,\text{V}$

※ $\frac{\text{평균값}\ V_a}{\text{실횻값}\ V} = \frac{0.637\,V_m}{0.707\,V_m} = \frac{1}{1.11}$

$V_a = \frac{1}{1.11} \times V$

11. $R = 8\,\Omega$, $L = 16\,\text{mH}$의 직렬 회로에서 5 A가 흐르고 있을 때 전원 전압(V)의 크기는? (단, 주파수는 60 Hz이다.)

① 35 ② 45 ③ 40 ④ 50

해설 ㉠ $X_L = 2\pi fL = 2 \times 3.14 \times 60 \times 16 \times 10^{-3}$
$= 6\,\Omega$

㉡ $Z = \sqrt{R^2 + X_L^2} = \sqrt{8^2 + 6^2} = 10\,\Omega$

∴ $V = I \cdot Z = 5 \times 10 = 50\,\text{V}$

12. RLC 직렬 공진 회로에서 최대가 되는 것은?

① 전류 ② 임피던스
③ 리액턴스 ④ 저항

해설 RLC 직렬 공진 시 임피던스는 다음과 같이 최소가 되므로, 전류는 최대가 된다.
$X_L - X_C = 0$ ∴ $Z_o = R$

13. 리액턴스가 10 Ω인 코일에 직류 전압 100 V를 가하였더니 전력 500 W를 소비하였다. 이 코일의 저항은?

① 10 Ω ② 5 Ω
③ 20 Ω ④ 2 Ω

해설 $P = \frac{V^2}{R}$ [W]
∴ $R = \frac{V^2}{P} = \frac{100^2}{500} = 20\,\Omega$

14. 평형 3상 △회로를 등가 Y결선으로 환산하면 각상의 임피던스는 몇 Ω이 되는가? (단, 각 상의 Z는 12 Ω이다.)

① 48 Ω   ② 36 Ω

③ 4 Ω   ④ 3 Ω

해설 $Z_Y = \dfrac{1}{3} Z_\Delta = \dfrac{12}{3} = 4\,\Omega$

※ △-Y 변환 : 12 Ω 3개의 △결선을 Y결선으로 변환하면 4 Ω 3개의 Y결선이 된다.

15. 2전력계법으로 평형 3상 전력을 측정할 때 W_1의 지싯값이 P_1, W_2의 지싯값이 P_2라고 한다면 3상 유효 전력은 어떻게 계산되는가?

① $P_1 + P_2$

② $3(P_1 - P_2)$

③ $P_1 - P_2$

④ $2\sqrt{P_1^2 + P_2^2 - P_1 P_2}$

해설 2전력계법에서
∴ 3상 유효 전력 = W_1의 지싯값 + W_2의 지싯값
              = $P_1 + P_2$

16. 주기적인 구형파 신호의 성분은 어떻게 되는가?

① 성분 분석이 불가능하다.

② 직류분만으로 합성된다.

③ 무수히 많은 주파수의 합성이다.

④ 교류 합성을 갖지 않는다.

해설 주기적인 구형파 신호의 성분은 무수히 많은 주파수의 합성이다.

17. 비사인파 교류 회로의 전력에 대한 설명으로 옳은 것은?

① 전압의 제3고조파와 전류의 제3고조파 성분 사이에서 소비전력이 발생한다.

② 전압의 제2고조파와 전류의 제3고조파 성분 사이에서 소비전력이 발생한다.

③ 전압의 제3고조파와 전류의 제5고조파 성분 사이에서 소비전력이 발생한다.

④ 전압의 제5고조파와 전류의 제7고조파 성분 사이에서 소비전력이 발생한다.

해설 비사인파 교류 회로의 소비전력 발생은 주파수가 동일한 전압, 전류 성분 사이에서 발생한다.
1. 회로의 소비전력은 순시 전력의 1주기에 대한 평균으로 구해진다.
2. 주파수가 다른 전압, 전류의 곱으로 표시되는 순시 전력, 그 평균값은 '0'이 된다.

18. 황산구리($CuSO_4$) 전해액에 2개의 구리판을 넣고 전원을 연결하였을 때 음극에서 나타나는 현상으로 옳은 것은?

① 변화가 없다.

② 구리판이 두터워진다.

③ 구리판이 얇아진다.

④ 수소 가스가 발생한다.

해설 전기분해
1. 전해액에 전류를 흘려 화학적으로 변화를 일으키는 현상이다.
2. 황산구리의 전해액에 2개의 구리판을 넣어 전극으로 하고 전기분해하면
  • 점차로 양극(anode) A의 구리판은 얇아지고
  • 반대로 음극(cathode) K의 구리판은 새롭게 구리가 되어 두터워진다.

19. 기전력 1.5 V, 내부 저항 0.2 Ω인 전지 10개를 직렬로 연결하여 이것에 외부 저항 4.5 Ω을 직렬 연결하였을 때 흐르는 전류(I)는?

① 1.2   ② 1.8

③ 2.3   ④ 4.2

해설 $I = \dfrac{nE}{nr + R} = \dfrac{10 \times 1.5}{(10 \times 0.2) + 4.5}$
      $= \dfrac{15}{6.5} \fallingdotseq 2.3\,\text{A}$

20. 기전력 50 V, 내부 저항 5 Ω인 전원이 있다. 이

전원에 부하를 연결하여 얻을 수 있는 최대 전력은?

① 125 W   ② 250 W
③ 500 W   ④ 1000 W

해설 $P_m = \dfrac{E^2}{4R} = \dfrac{50^2}{4 \times 5} = 125\,\text{W}$

※ 최대 전력 전달 조건
내부 저항(r)＝부하 저항(R)

$\therefore P_m = I^2 \cdot R = \left(\dfrac{E}{2R}\right)^2 \cdot R$
$= \dfrac{E^2}{4R^2} \cdot R = \dfrac{E^2}{4R}$

제2과목 : 전기 기기

21. 직류기에서 전기자의 역할은 어느 것인가?

① 기전력을 유도한다.
② 자속을 만든다.
③ 정류작용을 한다.
④ 정류자면에 접촉한다.

해설 전기자 : 자기 회로를 구성하는 전기자 철심과 기전력을 유도하는 전기자 권선으로 되어 있다.

22. 전기자 저항 0.1 Ω, 전기자 전류 104 A, 유도 기전력 110.4 V인 직류 분권 발전기의 단자 전압(V)은?

① 98   ② 100
③ 102   ④ 106

해설 단자 전압
$V = E - R_a I_a = 110.4 - 0.1 \times 104 = 100\,\text{V}$

23. 직류 직권 전동기의 회전수를 1/2로 하면 토크는 기존 토크에 비해 몇 배가 되는가?

① 기존 토크에 비해 0.5배가 된다.

② 기존 토크에 비해 2배가 된다.
③ 기존 토크에 비해 4배가 된다.
④ 기존 토크에 비해 16배가 된다.

해설 직권 전동기의 속도·토크 특성 :
$T \propto \dfrac{1}{N^2}$
$\therefore$ 토크 T는 4배로 커진다.

24. 속도를 광범위하게 조절할 수 있어 압연기나 엘리베이터 등에 사용되고 일그너 방식 또는 워드레오나드 방식의 속도 제어 장치를 사용하는 경우에 주 전동기로 사용하는 전동기는?

① 타여자 전동기   ② 분권 전동기
③ 직권 전동기   ④ 가동 복권 전동기

해설 전압 제어 (voltage control)
1. 전기자에 가한 전압을 변화시켜서 회전 속도를 조정하는 방법으로, 가장 광범위하고 효율이 좋으며 원활하게 속도 제어가 되는 방식이다.
2. 일그너(Illgner) 방식과 워드-레오나드(Word-Leonard) 방식 등이 있으며 주 전동기로 타여자 전동기를 사용한다.
3. 워드-레오나드 방식은 제철 공장의 압연기용 전동기 제어, 엘리베이터 제어, 공작 기계, 신문 윤전기 등에 쓰인다.

25. 6600/220 V인 변압기의 1차에 2850 V를 가하면 2차 전압(V)은?

① 90   ② 95
③ 120   ④ 105

해설 $a = \dfrac{V_1}{V_2} = \dfrac{6600}{220} = 30$
$\therefore V_2 = \dfrac{V_1}{a} = \dfrac{2850}{30} = 95\,\text{V}$

26. 변압기의 부하 전류 및 전압이 일정하고 주파수만 낮아지면?

① 철손이 증가한다.

정답 21. ①   22. ②   23. ③   24. ①   25. ②   26. ①

② 동손이 증가한다.

③ 철손이 감소한다.

④ 동손이 감소한다.

해설 $E = 4.44f N\phi_m$[V]에서

- 전압이 일정하고 주파수 f만 낮아지면 자속 ϕ_m이 증가, 즉 여자 전류가 증가하므로 철손이 증가하게 된다.

27. 변압기를 $\triangle$–Y 결선(delta-star connection)한 경우에 2차측의 출력이 1이라면 1차측의 전압은?

① 1　　　　　② 1.732

③ 0.577　　　④ 1.414

해설 선간 전압이 상전압의 $\sqrt{3}$배이므로 $\triangle$결선인 1차측의 전압은 $\dfrac{1}{\sqrt{3}} \fallingdotseq 0.577$배가 된다.

28. 다음 중 단권 변압기의 특징으로 틀린 것은?

① 권선이 하나인 변압기로써 동량을 줄일 수 있다.

② 동손이 감소하여 효율이 좋다.

③ 승압용 변압기로만 사용이 가능하다.

④ 누설 리액턴스가 적어 단락 사고 시 단락 전류가 크다.

해설 단권 변압기 (autotransformer)

㉠ 하나의 권선을 1차와 2차로 공용하는 변압기이다.

㉡ 권선을 절약할 수 있을 뿐만 아니라 권선의 공용 부분인 분로 권선에는 1차와 2차의 차의 전류가 흐르므로 동손이 적다.

㉢ 공용 권선이기 때문에 누설 자속이 적고, 전압 변동률이 작아서 효율도 좋으므로 전압 조정용으로서 연속적으로 전압을 조정할 수 있다.

㉣ 승압용 및 강압용 변압기로 사용 가능하다.

29. 유도 전동기에서 슬립이 0이란 것은 어느 것과 같은가?

① 유도 전동기가 동기 속도로 회전한다.

② 유도 전동기가 정지 상태이다.

③ 유도 전동기가 전부하 운전 상태이다.

④ 유도 제동기의 역할을 한다.

해설 슬립(slip) : s

- 무부하 시 : $s = 0 \rightarrow N = N_s$

 ∴ 동기 속도로 회전

- 기동 시 : $s = 1 \rightarrow N = 0$

 ∴ 정지 상태

30. 회전자 입력 10 kW, 슬립 3 %인 3상 유도 전동기의 2차 동손(W)은?

① 300　　　　② 400

③ 500　　　　④ 700

해설 2차 동손

$P_{c2} = s P_2 = 0.03 \times 10 \times 10^3 = 300 \text{ W}$

31. 12극의 3상 동기 발전기가 있다. 기계각 15°에 대응하는 전기각은?

① 30°　　　　② 45°

③ 60°　　　　④ 90°

해설 전기각 = 기계각 $\times \dfrac{p}{2} = 15° \times \dfrac{12}{2} = 90°$

32. 동기 발전기의 전기자 반작용 중에서 기전력에 대하여 전류가 90° 늦을 때 어떤 작용이 일어나는가?

① 증자 작용　　② 편자 작용

③ 교차 작용　　④ 감자 작용

해설 1. 90° 뒤진 전기자 전류가 흐를 때 : 감자 작용으로 기전력을 감소시킨다.

2. 90° 앞선 전기자 전류가 흐를 때 : 증자 작용을 하여 기전력을 증가시킨다.

33. 동기 조상기를 과여자로 운전하면 어떻게 되는가?

① 콘덴서로 작용　　② 뒤진 역률 보상

③ 리액터로 작용　　④ 저항손의 보상

해설 동기 조상기의 운전-위상 특성 곡선
ㄱ 부족 여자 : 유도성 부하로 동작 → 리액터로 작용
ㄴ 과여자 : 용량성 부하로 동작 → 콘덴서로 작용

34. 동기 전동기를 자기 기동법으로 기동시킬 때 계자 회로는 어떻게 하여야 하는가?

① 단락시킨다.
② 개방시킨다.
③ 직류를 공급한다.
④ 단상 교류를 공급한다.

해설 계자 권선을 기동 시 개방하면 회전 자속을 쇄교하여 고전압이 유도되어 절연 파괴의 위험이 있으므로, 저항을 통하여 단락시킨다.

35. 다음 중 단상 반파 정류 회로의 출력식으로 올바른 것은?

① $E_d = 0.45\,V$
② $E_d = 0.9\,V$
③ $E_d = 1.17\,V$
④ $E_d = 1.35\,V$

해설 ① 단상 반파
② 단상 전파
③ 3상 반파
④ 3상 전파

36. 다음 중 자기 소호 기능이 가장 좋은 소자는?

① SCR
② GTO
③ TRIAC
④ LASCR

해설 GTO (gate turn-off thyristor)
ㄱ 게이트 신호가 양(+)이면 → 턴 온(on), 음(-)이면 → 턴 오프(off) 된다.
ㄴ 과전류 내량이 크며, 자기 소호성이 좋다.

37. 온도 변화에 따라 저항값이 부(-)의 온도계수를 갖는 열민감성 소자로 온도의 자동 제어에 사용되는 반도체는?

① 다이오드
② Cds
③ 배리스터
④ 서미스터

해설 서미스터(thermistor)
ㄱ 일반적인 금속과는 달리 온도가 올라갈수록 저항이 감소하는 전기적 성질, 즉 부(-)의 온도계수를 갖는다.
ㄴ 열적 신호를 전기적 신호로 바꾸어 주는 온도 측정 장치·자동 온도 조절 장치 등에 이용된다.

38. 발전기 권선의 층간 단락 보호에 가장 적합한 계전기는?

① 차동 계전기
② 과부하 계전기
③ 온도 계전기
④ 접지 계전기

해설 차동 계전기(differential relay)
ㄱ 피보호 구간에 유입하는 전류와 유출하는 전류의 벡터 차 혹은 피보호 기기의 단자 사이의 전압 벡터 차 등을 판별하여 동작하는 단일량형 계전기이다.
ㄴ 변압기, 동기기 등의 층간 단락 등의 내부 고장 보호에 사용된다.

39. 다음 중 유도 전동기의 속도 제어에 사용되는 인버터 장치의 약호는?

① CVCF
② VVVF
③ CVVF
④ VVCF

해설 VVVF (Variable Voltage Variable Frequency) : 인버터(inverter)에 의해 가변 전압, 가변 주파수의 교류 전력을 발생하는 교류 전원 장치로서 주파수 제어에 의한 유도 전동기 속도 제어에 많이 사용된다.
※ CVCF (Constant Voltage Constant Frequency) : 일정 전압, 일정 주파수를 발생하는 교류 전원 장치

40. 스위칭 주기 $10\,\mu\text{s}$, 오프(off) 시간 $2\,\mu\text{s}$일 때 초퍼의 입력 전압이 100 V이면 출력 전압(V)은 얼마인가?

① 90
② 80
③ 50
④ 20

해설 $V_d = \dfrac{T_{on}}{T} \times V_s = \dfrac{10-2}{10} \times 100 = 80 \text{ V}$

※ 초퍼의 개념 : 스위칭 동작의 반복 주기 T를 일정하게 하고, 이 중 스위치를 닫는 구간의 시간을 T_{on}이라 한다면 한 주기 동안 부하 전압의 평균값은 $V_d = \dfrac{T_{on}}{T} V_s [\text{V}]$

제3과목 : 전기 설비

41. 전로 이외를 흐르는 전류로서 전로의 절연체 내부 및 표면과 공간을 통하여 선간 또는 대지 사이를 흐르는 전류를 무엇이라 하는가?

① 지락 전류　　② 누설 전류
③ 정격 전류　　④ 영상 전류

해설 누설 전류 (leakage current) : 전로 이외의 절연물의 내부 또는 표면을 통하여 흐르는 미소 전류
※ 지락 전류는 땅과 연결(대지와 혼촉 또는 접지선과 혼촉)되어 흐르는 전류

42. 다음 중 300/300 V 평형 비닐 코드의 약호는?

① CIC　　② FTC
③ LPC　　④ FSC

해설 유연성 비닐 케이블 (코드) (KS C IEC 60227-5)
① CIC : 300/300 V, 실내 장식 전등 기구용 코드
② FTC : 300/300 V, 평형 금사 코드
③ LPC : 300/300 V, 연질 비닐시스 코드
④ FSC : 300/300 V, 평형 비닐 코드

43. 다음 중 옥내에 시설하는 저압 전로와 대지 사이의 절연 저항 측정에 사용되는 계기는?

① 콜라우슈 브리지　② 메거
③ 어스 테스터　　④ 네온 검전기

해설 ① 콜라우슈 브리지(kohlrausch bridge) : 저 저항 측정용 계기로 접지 저항, 전해액의 저항 측정에 사용

② 메거(megger) : 절연 저항 측정
③ 어스 테스터(earth tester) : 접지 저항 측정기
④ 네온 검전기 : 네온 (neon) 충전 유무를 확인

44. 피시 테이프 (fish tape)의 용도는?

① 전선을 테이핑하기 위해서 사용
② 전선관의 끝마무리를 위해서 사용
③ 전선관에 전선을 넣을 때 사용
④ 합성수지관을 구부릴 때 사용

해설 피시 테이프 (fish tape)
㉠ 전선관에 전선을 넣을 때 사용되는 평각 강철선이다.
㉡ 폭 : 3.2~6.4 mm, 두께 : 0.8~1.5 mm

45. 금속 전선관의 종류에서 후강 전선관 규격(mm)이 아닌 것은?

① 16　　② 19
③ 28　　④ 36

해설 후강 전선관 규격 : 16, 22, 28, 36, 42, 54, 70, 82, 92, 104
• 후강 : 내경(안지름)에 가까운 짝수
• 박강 : 외경(바깥지름)에 가까운 홀수

46. 합성수지관에 비하여 금속관의 장점이 아닌 것은?

① 신축 작용이 적다.
② 기계적 강도가 높다.
③ 배선의 변경이 쉽다.
④ 내화성이 좋다.

해설 전선의 노후나 배선 방법의 변경이 필요한 경우 전선의 교환이 쉬우나, 시공 후 배선의 변경은 쉽지 않다.

47. 사람이 접촉될 우려가 있는 것으로서 가요전선관을 새들 등으로 지지하는 경우 지지점간의 거리는 얼마 이하이어야 하는가?

정답 41. ②　42. ④　43. ①　44. ③　45. ②　46. ③　47. ③

① 0.3 m 이하 　② 0.5 m 이하
③ 1 m 이하 　④ 1.5 m 이하

해설 • 사람이 접촉될 우려가 있는 경우 : 1 m 이하
• 가요 전선관 상호 및 금속제 가요 전선관과 박스 기구와의 접속 개소 : 0.3 m 이하

48. 400 V 이하의 저압 옥내배선을 할 때 점검할 수 없는 은폐 장소에 할 수 없는 배선 공사는?

① 금속관 공사 　② 합성수지관 공사
③ 금속 몰드 공사 　④ 플로어 덕트 공사

해설 금속 몰드 공사(KEC 232.22) : 400 V 이하의 건조하고 점검 가능한 장소에만 시설할 수 있다.

49. 한국전기설비규정에 따라 저압 전로 중의 전동기 과부하 보호 장치로 전자접촉기를 사용할 경우 반드시 함께 부착해야 하는 것은 무엇인가?

① 단로기 　② 과부하 계전기
③ 전력 퓨즈 　④ 릴레이

해설 저압 전로 중의 전동기 보호용 과전류 보호 장치의 시설 (KEC 212.6.3) : 과부하 보호 장치로 전자접촉기를 사용할 경우에는 반드시 과부하 계전기가 부착되어 있을 것

50. 선 도체의 단면적이 16 mm²이면, 구리 보호 도체의 굵기는?

① 1.5 mm² 　② 2.5 mm²
③ 16 mm² 　④ 25 mm²

해설 보호 도체의 선정 (KEC 142.3.2) : 선 도체의 단면적이 16 mm² 이하이면, 구리 보호 도체의 최소 단면적은 선 도체와 같은 굵기로 한다.

51. 저압 구내 가공인입선으로 DV 전선 사용 시 사용할 수 있는 최소 굵기는 몇 mm 이상인가? (단, 전선의 길이가 15 m 이하인 경우이다.)

① 2.6 　② 1.5
③ 2.0 　④ 4.0

해설 • 전선의 길이 15 m 이하 : 2.0 mm 이상
• 전선의 길이 15 m 초과 : 2.6 mm 이상

52. 가공 전선로의 지지물에 시설하는 지선으로 연선을 사용할 경우에는 소선이 최소 몇 가닥 이상이어야 하는가?

① 3가닥 　② 4가닥
③ 5가닥 　④ 6가닥

해설 지선의 시설(KEC 331.11)
1. 지선에 연선을 사용할 경우에는 소선 3가닥 이상의 연선일 것
2. 소선의 지름이 2.6 mm 이상의 금속선을 사용한 것일 것
3. 지선의 안전율 : 2.5 이상

53. 완목이나 완금을 목주에 붙이는 경우에는 볼트를 사용하고, 철근 콘크리트주에 붙이는 경우에는 어느 것을 사용하는가?

① 지선 밴드 　② 암타이
③ 암 밴드 　④ U 볼트

해설 ① 지선 밴드 : 지선을 붙일 때에 사용하는 것이다.
② 암타이(armtie) : 완목이나 완금이 상하로 움직이는 것을 방지하기 위해 사용하는 것이다.
③ 암 밴드 (arm band) : 완금을 고정시키는 것
④ U 볼트 : 완목이나 완금을 철근 콘크리트주에 붙이는 경우에 사용한다.

54. 전주의 뿌리받침은 전선로 방향과 어떤 상태인가?

① 평행이다.
② 직각 방향이다.
③ 평행에서 45° 정도이다.
④ 직각 방향에서 30° 정도이다.

해설 근가 (뿌리받침)
㉠ 뿌리받침은 지표면에서 30~40 cm 되는 곳에 전선로와 같은 방향(평행)으로 시설한다.

ⓒ 곡선 선로 및 인류 전주에서는 장력의 방향에 뿌리받침이 놓이도록 시설한다.

55. 배전 선로 보호를 위하여 설치하는 보호 장치는 어느 것인가?

① 기중 차단기
② 진공 차단기
③ 자동 재폐로 차단기
④ 누전 차단기

해설 자동 재폐로 차단 장치 : 배전 선로에 고장이 발생하였을 때, 고장 전류를 검출하여 지정된 시간 내에 고속 차단하고 자동 재폐로 동작을 수행하여 고장 구간을 분리하거나 재송전하는 장치이다.

56. 변류기 개방 시 2차측을 단락하는 이유는?

① 2차측 절연 보호
② 2차측 과전류 보호
③ 측정 오차 감소
④ 변류비 유지

해설 ⊙ CT는 사용 중 2차 회로를 개방해서는 안 되며, 계기를 제거시킬 때에는 먼저 2차 단자를 단락시켜야 한다.
ⓒ 2차를 개방하면 1차의 전 전류가 전부 여자 전류가 되어, 2차 권선에 고압이 유도되며 절연이 파괴되기 때문이다.

57. 셀룰로이드, 성냥, 석유류 등 기타 가연성 위험 물질을 제조 또는 저장하는 장소의 배선으로 잘못된 배선은?

① 금속관 배선
② 가요전선관 배선
③ 합성수지관 배선
④ 케이블 배선

해설 위험물 등이 존재하는 장소 (셀룰로이드, 성냥, 석유류 등)
⊙ 배선은 금속판 배선, 합성수지관 배선 또는 케이블 배선 등에 의할 것

ⓒ 금속 전선관 배선, 합성수지 전선관 배선(두께 2 mm 미만의 합성수지관 제외) 또는 케이블 배선으로 시공한다.

58. 전기울타리에 사용하는 경동선의 지름은 최소 몇 mm 이상이어야 하는가?

① 1.5   ② 2   ③ 2.6   ④ 6

해설 전기울타리의 시설 (KEC 241.1.3) : 전선은 인장강도 1.38 kN 이상의 것 또는 지름 2 mm 이상 (단면적 4 mm^2 이상)의 경동선이어야 한다.

59. 다음 중 벽붙이 콘센트를 표시한 올바른 그림 기호는?

① (기호)   ② (기호)
③ (기호)   ④ (기호)EX

해설 ① 벽붙이
② 천장붙이
③ 바닥붙이
④ 방폭형

60. 4개소에서 1개의 전등을 자유롭게 점등, 점멸할 수 있도록 하기 위해 배선하고자 할 때 필요한 스위치의 수는? (단, SW$_3$은 3로 스위치, SW$_4$는 4로 스위치이다.)

① SW$_3$ 4개
② SW$_3$ 1개, SW$_4$ 3개
③ SW$_3$ 2개, SW$_4$ 2개
④ SW$_4$ 4개

해설 N개소 점멸을 위한 스위치의 소요
N= (2개의 3로 스위치) +[(N-2)개의 4로 스위치]
$= 2S_3 + (N-2)S_4$
• N=2일 때 : 2개의 3로 스위치
• N=3일 때 : 2개의 3로 스위치+1개의 4로 스위치
• N=4일 때 : 2개의 3로 스위치+2개의 4로 스위치

2024년 제1회 실전문제

제1과목 : 전기 이론

1. 정상 상태에서의 원자를 설명한 것으로 틀린 것은?

① 양성자와 전자의 극성은 같다.

② 원자는 전체적으로 보면 전기적으로 중성이다.

③ 원자를 이루고 있는 양성자의 수는 전자의 수와 같다.

④ 양성자 1개가 지니는 전기량은 전자 1개가 지니는 전기량과 크기가 같다.

해설 양성자(+), 전자(−)

2. 유전체 내에서 크기가 같고 극성이 반대인 1쌍의 전하를 가지는 원자는?

① 분극자   ② 전자

③ 원자   ④ 쌍극자

해설 쌍극자(doublet) : 유전체 내에서 크기가 같고 극성이 반대인 $+q$ [C]와 $-1q$ [C]의 1쌍의 전하를 가지는 원자

※ 분극현상이 강할수록 (쌍극자 수가 많을수록) 유전율이 높아진다.

3. 그림에서 $a-b$ 간의 합성 정전 용량은?

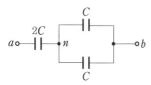

① C ② $2C$ ③ $3C$ ④ $4C$

해설 $C_{nb} = C + C = 2C$ ∴ $C_{ab} = \dfrac{2C}{2} = C$

4. 5×10^{-8}C의 전하에 1.5×10^{-3}N의 힘을 작용시키기 위해서 필요한 전기장의 세기(V/m)는?

① 5×10^3 ② 4×10^4

③ 3×10^4 ④ 2×10^3

해설 $E = \dfrac{F}{Q} = \dfrac{1.5 \times 10^{-3}}{5 \times 10^{-8}}$

$= 0.3 \times 10^{-3} \times 10^8 = 3 \times 10^4$ V/m

5. 다음 자석의 성질 중 틀린 것은?

① 자석의 양끝에서 가장 강하다.

② 자석에는 언제나 두 종류의 극성이 있다.

③ 자극이 가지는 자기량은 항상 N극이 강하다.

④ 같은 극성의 자석은 서로 반발하고, 다른 극성은 서로 흡인한다.

해설 자석에는 언제나 N, S 두 극성이 존재하며 자기량은 같다.

6. 진공 중에서 같은 크기의 두 자극을 1 m 거리에 놓았을 때, 그 작용하는 힘(N)은? (단, 자극의 세기는 1 Wb이다.)

① 6.33×10^4 ② 8.33×10^4

③ 9.33×10^5 ④ 9.09×10^9

해설 MKS 단위계에서는 진공 중에서 같은 크기의 두 자극을 1 m 거리에 놓았을 때, 그 작용하는 힘이 6.33×10^4 N이 되는 자극의 세기를 단위로 하여 1 Wb라고 한다.

7. 어느 인덕턴스에 축적되는 에너지가 일정하다고 가정할 때, 전류를 3배 높이면 인덕턴스는 몇

배를 해 주어야 하는가?

① 3배   ② 9배

③ 1/3배   ④ 1/9배

해설 $W = \dfrac{1}{2} L I^2$ [J]에서, W가 일정하다면, 인 덕턴스는 전류의 자승에 반비례한다.

8. 코일의 성질에 대한 설명으로 틀린 것은?

① 공진하는 성질이 있다.

② 상호유도작용이 있다.

③ 전원 노이즈 차단 기능이 있다.

④ 전류의 변화를 확대시키려는 성질이 있다.

해설 코일의 성질

㉠ 전류의 변화를 안정시키려고 하는 성질이 있다.

㉡ 상호유도작용이 있다.

㉢ 전자석의 성질이 있다.

㉣ 공진하는 성질이 있다.

㉤ 전원 노이즈 차단 기능이 있다.

9. 10 mA의 전류계가 있다. 이 전류계를 써서 최대 100 mA의 전류를 측정하려고 한다. 분류기 값은? (단, 전류계의 내부 저항은 2 Ω이다.)

① 0.22 Ω   ② 2.2 Ω

③ 0.44 Ω   ④ 4.4 Ω

해설 분류기

$$R_s = \frac{R_a}{m-1} = \frac{2}{10-1} = \frac{2}{9} = 0.22\,\Omega$$

10. 5 Ω, 10 Ω, 15 Ω의 저항을 직렬로 접속하고 전압을 가하였더니 10 Ω의 저항 양단에 30 V의 전압이 측정되었다. 이 회로에 공급되는 전전압은 몇 V인가?

① 30   ② 60

③ 90   ④ 120

해설 각 저항에 흐르는 전류는 같다.

$$I = \frac{V_2}{R_2} = \frac{30}{10} = 3\,A$$

$$\therefore E = E_1 + E_2 + E_3 = IR_1 + IR_2 + IR_3$$
$$= 3(5 + 10 + 15) = 90\,V$$

11. 다음 그림과 같은 회로에서 각 저항에 생기는 전압 강하와 단자 전압은?

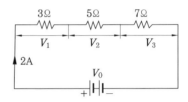

① $V_1 = 10$, $V_2 = 6$, $V_3 = 14$, $V_0 = 25$

② $V_1 = 6$, $V_2 = 10$, $V_3 = 14$, $V_0 = 30$

③ $V_1 = 10$, $V_2 = 5$, $V_3 = 10$, $V_0 = 25$

④ $V_1 = 10$, $V_2 = 5$, $V_3 = 7$, $V_0 = 22$

해설 $V_1 = IR_1 = 2 \times 3 = 6\,V$

$V_2 = IR_2 = 2 \times 5 = 10\,V$

$V_3 = IR_3 = 2 \times 7 = 14\,V$

$V_0 = V_1 + V_2 + V_3 = 6 + 10 + 14 = 30\,V$

12. 다음과 같은 그림에서 4Ω의 저항에 흐르는 전류는 몇 A인가?

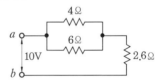

① 1.2   ② 2.4

③ 0.8   ④ 1.6

해설 • R_4와 R_6의 합성저항

$$R_p = \frac{4 \times 6}{4 + 6} = 2.4\,\Omega$$

• 전전류

$$I = \frac{V}{R_p + 2.6} = \frac{10}{2.4 + 2.6} = 2A$$

정답   8. ④   9. ①   10. ③   11. ②   12. ①

∴ R_4에 흐르는 전류

$$I_1 = \frac{R_6}{R_4 + R_6} \times I = \frac{6}{4+6} \times 2 = 1.2\text{A}$$

13. 주어진 구리선을 단면적이 균일하게 4배의 길이로 늘리면 저항은 몇 배가 되는가? (단, 체적 일정)

① 4배　　　　　　② $\frac{1}{4}$배

③ 16배　　　　　④ $\frac{1}{16}$배

해설 $R = \rho \dfrac{l}{A} = \rho \dfrac{4l}{\frac{1}{4}A} = 16\rho \dfrac{l}{A}\,[\Omega]$

∴ 길이는 4배, 단면적은 $\frac{1}{4}$배가 되므로 저항은 16배가 된다.

14. $e = 100\sin\left(314t - \dfrac{\pi}{6}\right)$ [V]인 주파수는 약 몇 Hz인가?

① 40　　　　　　② 50
③ 60　　　　　　④ 80

해설 $\omega = 2\pi f\,[\text{rad/s}]$

∴ $f = \dfrac{\omega}{2\pi} = \dfrac{314}{2\pi} = 50\,\text{Hz}$

15. 용량 리액턴스와 반비례하는 것은 어느 것인가?

① 전압　　　　　② 저항
③ 임피던스　　　④ 주파수

해설 $X_C = \dfrac{1}{2\pi f C}\,[\Omega]$: 용량 리액턴스(X_C)는 주파수(f)와 반비례한다.

16. $R = 6\,\Omega$, $X_C = 8\,\Omega$일 때 임피던스 $\dot{Z} = 6 - j8\,\Omega$으로 표시되는 것은 일반적으로 어떤 회로인가?

① RC 직렬회로　　② RL 직렬회로
③ RC 병렬회로　　④ RL 병렬회로

해설 임피던스의 복소수 표시

㉠ RC 직렬회로 $\dot{Z} = R - jX_c = 6 - j8\,\Omega$
㉡ RL 직렬회로 $\dot{Z} = R + jX_L = 6 + j8\,\Omega$

17. 교류 전력에서 일반적으로 전기 기기의 용량을 표시하는 데 쓰이는 전력은?

① 피상 전력　　　② 유효 전력
③ 무효 전력　　　④ 기전력

해설 피상 전력 : 일반적으로 전기 기기의 용량은 피상 전력의 단위인 VA, kVA로 표시한다.

18. 대칭 3상 Δ 결선에서 선 전류와 상 전류와의 위상 관계는?

① 상전류가 $\dfrac{\pi}{6}$ [rad] 앞선다.

② 상전류가 $\dfrac{\pi}{6}$ [rad] 뒤진다.

③ 상전류가 $\dfrac{\pi}{3}$ [rad] 앞선다.

④ 상전류가 $\dfrac{\pi}{3}$ [rad] 앞선다.

해설 대칭 3상 Δ 결선에서 상전류 I_p는 선전류 I_l 보다 위상이 $\dfrac{\pi}{6}$ [rad]만큼 앞선다.

※ 대칭 3상 Y결선의 경우 : 선간 전압은 상전압보다 위상이 $\dfrac{\pi}{6}$ [rad] 앞선다.

19. 도체에서 발생되는 열량은 전압의 몇 승에 비례하는가?

① 2　　　　　　② 3

③ $\dfrac{1}{4}$　　　　　④ 4

해설 $H = 0.24 I^2 Rt = 0.24 \left(\dfrac{V}{R}\right)^2 \cdot Rt$

$= 0.24 \dfrac{V^2}{R} t\,[\text{cal}]$

∴ $H = k V^2$

정답 13. ③　14. ②　15. ④　16. ①　17. ①　18. ①　19. ①

20. 전지를 직렬로 접속하면?

① 출력 전압의 증가

② 전류 용량의 증가

③ 내부 저항의 감소

④ 소요되는 충전 전압의 감소

해설 ㉠ 직렬접속 : 출력 전압 증가, 내부 저항 증가

㉡ 병렬접속 : 전류 용량 증가, 내부 저항 감소

제2과목 : 전기 기기

21. 전기 기계에 있어 와전류손(eddy current loss)을 감소하기 위한 적합한 방법은?

① 규소강판에 성층철심을 사용한다.

② 보상 권선을 설치한다.

③ 교류 전원을 사용한다.

④ 냉각 압연한다.

해설 철손을 줄이기 위하여, 규소를 함유한 연강판을 성층으로 하여 사용한다.

㉠ 철손 중에서 히스테리시스 손을 줄이기 위해 규소를 함유한다.

㉡ 철손 중에서 와전류손을 줄이기 위해 성층 철심을 사용한다.

※ 철손＝히스테리시스 손 + 와전류손

22. 다음 중 전압 변동률이 적고 자여자이므로 다른 전원이 필요 없으며, 계자저항기를 사용한 전압 조정이 가능하므로 전기 화학용, 전지의 충전용 발전기로 가장 적합한 것은?

① 타여자 발전기

② 직류 복권 발전기

③ 직류 분권 발전기

④ 직류 직권 발전기

해설 직류 분권 발전기

㉠ 계자 저항기를 사용하여 어느 범위의 전압 조정도 안정하게 할 수 있다.

㉡ 전기 화학 공업용 전원 · 축전지의 충전용 · 동기기의 여자용 및 일반 직류 전원용에 적당하다.

23. 정격 속도 1000 rpm의 직류 직권 전동기의 토크가 $\frac{2}{3}$로 감소하였을 때의 회전수(rpm)는? (단, 자기 포화는 무시한다.)

① 1225

② 1500

③ 1700

④ 1900

해설 $T \propto \dfrac{1}{N^2}$ 에서, $N \propto \sqrt{\dfrac{1}{T}}$ 이므로,

$N' = N \cdot \sqrt{\dfrac{1}{T}} = N \cdot \sqrt{\dfrac{3}{2}} = 1000 \times \sqrt{\dfrac{3}{2}}$

$≒ 1225 \text{ rpm}$

24. 직류 전동기의 제어에 널리 응용되는 직류 전압 제어 장치는?

① 초퍼

② 인버터

③ 전파 정류 회로

④ 사이크로 컨버터

해설 초퍼(chopper)

㉠ 어떤 직류 전압을 입력으로 하여 크기가 다른 직류를 얻기 위한 회로가 직류 초퍼(DC chopper) 회로이다.

㉡ 지하철, 전철의 견인용 직류 전동기의 속도 제어 등 널리 응용된다.

25. 동기 발전기를 회전 계자형으로 하는 이유가 아닌 것은?

① 고전압에 견딜 수 있게 전기자 권선을 절연하기가 쉽다.

② 전기자 단자에 발생한 고전압을 슬립링 없이 간단하게 외부 회로에 인가할 수 있다.

③ 기계적으로 튼튼하게 만드는 데 용이하다.

④ 전기자가 고정되어 있지 않아 제작 비용이 저렴하다.

해설 회전 계자형은 전기자가 고정되어 있어 제작 비용이 저렴하다.

26. 34극 60MVA, 역률 0.8, 60 Hz, 22.9 kV 수차 발전기의 전 부하 손실이 1600 kW이면 전 부하 효율 (%)은?

① 90　　　　② 95
③ 97　　　　④ 99

해설 출력 $= 60 \times 10^3 \times 0.8 = 48 \times 10^3$ kW

$$\therefore \eta = \frac{출력}{출력 + 손실} \times 100$$
$$= \frac{48 \times 10^3}{48 \times 10^3 + 1600} \times 100 \fallingdotseq 97\%$$

27. 다음 중 역률이 가장 좋은 전동기는?

① 반발 기동 전동기
② 동기 전동기
③ 농형 유도 전동기
④ 교류 정류자 전동기

해설 동기 전동기의 장점
㉠ 일정한 속도로 운전이 가능하다.
㉡ 항상 역률 1로 운전할 수 있고, 지상/진상 역률을 얻을 수도 있다.
㉢ 유도 전동기에 비하여 효율이 좋다.

28. 동기 전동기의 계자 전류를 가로축에, 전기자 전류를 세로축으로 하여 나타낸 V곡선에 관한 설명으로 옳지 않은 것은?

① 위상 특성 곡선이라 한다.
② 부하가 클수록 V곡선은 아래쪽으로 이동한다.
③ 곡선의 최저점은 역률 1에 해당한다.
④ 계자 전류를 조정하여 역률을 조정할 수 있다.

해설 부하가 클수록 V곡선은 위로 이동한다.

29. 변압기에 대한 설명 중 틀린 것은?

① 전압을 변성한다.
② 전력을 발생하지 않는다.

③ 정격 출력은 1차측 단자를 기준으로 한다.
④ 변압기 정격 용량은 피상 전력으로 표시한다.

해설 정격 출력은 2차측 단자를 기준으로 한다.
※ 정격 용량 (출력) = 정격 2차 전압×정격 2차 전류

30. 변압기 2차 저항 r_2, 권수비 a이면 1차 환산값 (Ω)은?

① $a r_2$　　　　② $a^2 r_2$
③ $\dfrac{r_2}{a}$　　　　④ $\dfrac{r_2}{a^2}$

해설 2차를 1차로 환산 : $r_1' = a^2 r_2$
※ 1차를 2차로 환산 : $r_2' = \dfrac{1}{a^2} r_2$

31. 측정이나 계산으로 구할 수 없는 손실로 부하 전류가 흐를 때 도체 또는 철심 내부에서 생기는 손실을 무엇이라 하는가?

① 구리손　　　② 히스테리시스 손
③ 맴돌이 전류손　④ 표유 부하손

해설 변압기의 부하손 (load loss)
㉠ 부하손은 주로 부하 전류에 의한 구리손이다.
㉡ 누설 자기력선속에 관계되는 권속 내의 손실, 외함, 볼트 등에 생기는 손실로 계산하여 구하기 어려운 표유 부하손 (stray load loss)이 있다.

32. 변압기 2차측을 단락하고 1차 전류가 정격 전류와 같도록 조정하였을 때의 1차 전압을 무엇이라 하는가?

① 임피던스 와트　② 퍼센트 저항 강화
③ 임피던스 전압　④ 정격 1차 전압

해설 임피던스 전압 (impedance voltage) : 단락 시험에서 1차 전류가 정격 전류로 되었을 때의 입력이 임피던스 와트이고, 이때의 1차 전압이 임피던스 전압이다.

33. 주파수 50 Hz용의 3상 유도 전동기를 60 Hz 전원에 접속하여 사용하면 그 회전속도는 어떻게 되는가?

① 20 % 늦어진다.
② 변치 않는다.
③ 10 % 빠르다.
④ 20 % 빠르다.

해설 $N_s = \dfrac{120}{P} \cdot f$[rpm]에서, 회전수 N_s는 주파수 f에 비례한다.

$\therefore \dfrac{60}{50} = 1.2$배로 주파수가 증가했으므로, 회전속도는 20 % 빠르다.

34. 유도 전동기에서 회전 자장의 속도가 1200 rpm이고, 전동기의 회전수가 1176 rpm일 때 슬립(%)은 얼마인가?

① 2   ② 4   ③ 4.5   ④ 5

해설 $s = \dfrac{N_s - N}{N_s} \times 100 = \dfrac{1200 - 1176}{1200} \times 100$

$\qquad = 2\,\%$

※ $s = 1 - \dfrac{N}{N_s} = 1 - \dfrac{1176}{1200} = 1 - 0.98 = 0.02$

35. 유도 전동기에 기계적 부하를 걸었을 때 출력에 따라 속도, 토크, 효율, 슬립 등이 변화를 나타낸 출력 특성 곡선에서 토크를 나타내는 곡선은?

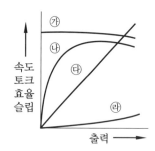

① ㉮   ② ㉯   ③ ㉰   ④ ㉱

해설 ㉮ : 속도, ㉯ : 효율, ㉰ : 토크, ㉱ : 슬립

36. 3상 유도 전동기의 2차 입력 100 kW, 슬립 5 %일 때 기계적 출력(kW)은?

① 50   ② 75   ③ 95   ④ 100

해설 $P_0 = (1 - s) \cdot P_2 = (1 - 0.05) \times 100$

$\qquad = 95\,kW$

37. 다음은 전동기 조립 운전 시 필요한 원심력 스위치의 접속 및 동작에 대한 것이다. 이 중 옳은 것은?

① 운전 권선과 직렬로 접속하여 정지 시 열려 있다.
② 기동 권선과 직렬로 접속하여 정지 시 닫혀 있다.
③ 기동 권선과 직렬로 접속하여 정지 시 열려 있다.
④ 기동 권선과 병렬로 접속하여 정지 시 닫혀 있다.

해설 원심력 스위치 Cs는 기동 권선과 직렬로 접속되어 있으며 정지 시에는 닫혀있고, 일단 기동이 되면 원심력이 작용하여 Cs는 자동적으로 열리게 된다.

$\therefore$ 기동 후에는 주권선만으로 동작하고 보조 권선은 개방된다.

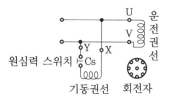

38. 믹서기, 전기 대패기, 전기 드릴, 재봉틀, 전기 청소기 등에 많이 사용되는 전동기는?

① 단상 분상형   ② 만능 전동기
③ 반발 전동기   ④ 동기 전동기

해설 만능 전동기(univer- sal motor)

㉠ 직류 직권 전동기 구조에서 교류를 가한 전동기를 말하며, 단상 직권 정류자 전동기이다.

ⓛ 소형은 믹서기, 전기 대패기, 전기 드릴, 재봉틀, 전기 청소기 등에 많이 사용된다.

39. 브리지 정류 회로로 알맞은 것은?

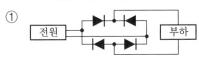
①

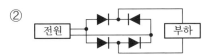
②

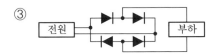
③

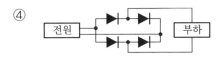
④

해설 브리지(bridge) 전파 정류 회로 : 전원측은 교류 입력이므로 소자는 서로 반대로, 부하측은 직류 출력이므로 소자는 서로 동일형이어야 한다.

40. 다음 중 초퍼나 인버터용 소자가 아닌 것은?
① TRIAC　　② GTO
③ SCR　　　④ BJT

해설 ㉠ 초퍼(chopper)나 인버터(inverter)용 소자
• GTO (gate turn−off thyristor)
• SCR (silicon controlled rectifier)
• BJT (bipolar junction transistor)
ⓛ TRIAC (triode Ac switch)은 교류 스위치 소자로 위상 제어용

제3과목 : 전기 설비

41. 전선의 공칭 단면적에 대한 설명으로 옳지 않은 것은?

① 소선 수와 소선의 지름으로 나타낸다.
② 단위는 mm^{2}로 표시한다.
③ 전선의 실제 단면적과 같다.
④ 연선의 굵기를 나타내는 것이다.

해설 전선의 공칭 단면적은 전선의 실제 단면적과는 다르다.
㉠ (소선 수/소선 지름)→(7/0.85)로 구성된 연선의 공칭 단면적은 4 mm^{2}이며, 계산 단면적은 3.97 mm^{2}이다.

42. 다음 그림의 접속 방법은?

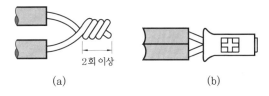
(a)　　　　(b)

① 직선 접속
② 종단 접속
③ 슬리브 직선 접속
④ 분기 접속

해설 그림 (a)는 가는 단선의 종단 접속, 그림 (b)는 직선 겹침용 슬리브에 의한 종단 접속

43. 다음 중 소형 분전반이나 배전반을 고정시키기 위하여 콘크리트에 구멍을 뚫어 드라이브 핀을 박는 공구는?
① 드라이브이트　　② 익스팬션
③ 스크루 앵커　　④ 코킹 앵커

해설 드라이브이트 툴 (driveit tool)
㉠ 큰 건물의 공사에서 드라이브 핀을 콘크리트에 경제적으로 박는 공구이다.
ⓛ 화약의 폭발력을 이용하기 때문에 취급자는 보안상 훈련을 받아야 한다.

44. 전기 회로에서 실제로 대지를 0 V의 기준점으로 택하는 경우가 많다. 전기적인 안전을 확보하거나 신호의 간섭을 피하기 위해서 회로의 일부분을 대

지에 도선으로 접속하여 '0' 전위가 되도록 하는 것을 무엇이라 하는가?

① 접지 (earth)
② 전압 강하 (voltage drop)
③ 전기 저항 (electric resistance)
④ 부하 (load)

해설 접지 (earth ; grounding)
㉠ 지기(地氣), 지락 (地絡), 어스 (earth)라고도 부른다.
㉡ 전기 계통 내에서 대지를 '0' 전위로 하여 전위의 기준을 삼는다.

45. 다음 중 접지극 형태에 해당되지 않는 것은?

① 접지봉이나 관
② 접지 테이프나 선
③ 합성수지제 수도관 설비
④ 매입된 철근 콘크리트에 용접된 금속 보강재

해설 접지극 형태 (KEC 142.2)는 ①, ②, ④ 이외에 접지판, 기초부에 매입한 접지극, 금속제 수도관 설비 등이 있다.

46. 직류 회로에서 선도체 겸용 보호도체의 표시 기호는?

① PEM   ② PEL
③ PEN   ④ PET

해설 ① PEM : 중간선 겸용 보호도체
② PEL : 선도체 겸용 보호도체
③ PEN : 교류 회로에서 중성선 겸용 보호도체

47. 저압 인입선의 접속점 선정으로 잘못된 것은?

① 인입선이 옥상을 가급적 통과하지 않도록 시설할 것
② 인입선은 약전류 전선로와 가까이 시설할 것
③ 인입선은 장력에 충분히 견딜 것

④ 가공 배전선로에서 최단 거리로 인입선이 시설될 수 있을 것

해설 저압 인입선의 접속점 선정 : ①, ②, ④ 이외에
1. 인입선은 타 전선로 또는 약전류 전선로와 충분히 이격할 것(60 cm 이상 이격시킬 것).
2. 외상을 받을 우려가 없을 것
3. 굴뚝, 안테나 및 이들의 지선 또는 수목과 접근하지 않도록 시설할 것

48. 전기울타리의 접지 전극과 다른 접지 계통의 접지 전극의 거리는 몇 m 이상이어야 하는가?

① 0.5   ② 1.0
③ 1.5   ④ 2.0

해설 전기울타리 시설 (KEC 241.1) : 전기울타리의 접지 전극과 다른 접지 계통의 접지 전극의 거리는 2 m 이상이어야 한다.

49. 위험물 등이 있는 곳에서의 저압 옥내배선 공사 방법이 아닌 것은?

① 케이블 공사
② 합성수지관 공사
③ 금속관 공사
④ 애자사용 공사

해설 위험물 등이 존재하는 장소 (셀룰로이드, 성냥, 석유류 등)
㉠ 배선은 금속관 배선, 합성수지관 배선 또는 케이블 배선 등에 의할 것
㉡ 금속 전선관 배선, 합성수지 전선관 배선(두께 2 mm 미만의 합성수지관 제외) 또는 케이블 배선으로 시공한다.

50. 수용가 설비의 전압 강하에서 수용가 설비의 인입구로부터 기기까지의 전압 강하는 저압으로 수전하는 경우 조명은 (a) %, 기타는 (b) % 이하이어야 한다. (a), (b)의 값은?

① (a) − 2, (b) − 3

정답 45. ③ 46. ② 47. ② 48. ④ 49. ④ 50. ②

② (a) − 3, (b) − 5
③ (a) − 6, (b) − 8
④ (a) − 10, (b) − 12

해설 수용가 설비의 전압 강하 (KEC 표 232.3−1)

설비의 유형	조명(%)	기타(%)
저압으로 수전하는 경우	3	5
고압 이상으로 수전하는 경우	6	8

51. 노출 장소 또는 점검 가능한 은폐 장소에서 제2종 가요 전선관을 시설하고 제거하는 것이 부자유하거나 점검 불가능한 경우의 곡률 반지름은 안지름의 몇 배 이상으로 해야 하는가?

① 2   ② 3   ③ 5   ④ 6

해설 2종 가요 전선관을 구부리는 경우
㉠ 자유로운 경우 : 3배 이상으로 할 것
㉡ 부자유하거나 또는 점검이 불가능할 경우 : 6배 이상으로 할 것

52. 다음 그림과 같은 심벌의 명칭은?

MD

① 금속 덕트
② 벅스 덕트
③ 피트 버스 덕트
④ 플러그인 버스 덕트

해설 금속 덕트 (metallic duct)의 심벌 : MD

53. 저압 옥외 조명시설에 전기를 공급하는 가공 전선 또는 지중 전선에서 분기하여 전등 또는 개폐기에 이르는 배선에 사용하는 절연 전선의 단면적은 몇 mm² 이상이어야 하는가?

① 2.0 mm²   ② 2.5 mm²
③ 6 mm²   ④ 16 mm²

해설 전주 외등 (KEC 234.10) : 배선에 사용하는 절연 전선의 단면적은 2.5 mm² 이상이어야 한다.

54. 우리나라 특고압 배전 방식으로 가장 많이 사용되고 있으며, 220/380 V의 전원을 얻을 수 있는 배전 방식은?

① 단상 2선식
② 3상 3선식
③ 3상 4선식
④ 2상 4선식

해설 중성선을 가진 3상 4선식 배전 방식은 상 전압 220V와 선간 전압 380V의 전원을 얻을 수 있다.
※ 중성선이란 다선식 전로에서 전원의 중성극에 접속된 전선을 말한다.

55. 절연 전선으로 가선된 배전 선로에서 활선 상태인 경우 전선의 피복을 벗기는 것은 매우 곤란한 작업이다. 이런 경우 활선 상태에서 전선의 피복을 벗기는 공구는?

① 전선 피박기
② 애자 커버
③ 와이어 통
④ 데드 엔드 커버

해설 전선 피박기 : 활선 상태에서 전선의 피복을 벗기는 공구이다.

56. 고압 이상에서 기기의 점검, 수리 시 무전압, 무전류 상태로 전로에서 단독으로 전로의 접속 또는 분리하는 것을 주목적으로 사용되는 수변전 기기는?

① 기중 부하 개폐기
② 단로기
③ 전력 퓨즈
④ 컷아웃 스위치

해설 단로기 (DS) : 개폐기의 일종으로 기기의 점검, 측정, 시험 및 수리를 할 때 기기를 활선으로부터 분리하여 확실하게 회로를 열어놓거나 회로 변경을 위하여 설치한다.

57. SF₆ 가스 차단기의 설명으로 옳지 않은 것은?

① SF₆ 가스는 절연 내력이 공기의 2~3배이고, 소호 능력이 공기의 100~200배이다.
② 밀폐된 구조이므로 소음이 없다.
③ 근거리 고장 등 가혹한 재기 전압에 대해서도 우수하다.
④ 아크에 의해 SF₆ 가스가 분해되어 유독가스를 발생시킨다.

해설 SF₆ 가스는 불활성, 무색, 무취, 무독성 가스이다.

58. 인입 개폐기가 아닌 것은?

① ASS   ② LBS
③ LS   ④ UPS

해설 ① ASS (Automatic Section Switch) : 자동 고장 구분 개폐기
② LBS (Load Breaking Switch) : 부하 개폐기 (결상을 방지할 목적으로 채용)
③ LS (Line Switch) : 선로 개폐기(보안상 책임 분계점에서 보수 점검 시)
④ UPS (Uninterruptible Power Supply) : 무정전 전원장치

59. 물탱크의 물의 양에 따라 동작하는 자동 스위치는?

① 부동 스위치   ② 압력 스위치
③ 타임 스위치   ④ 3로 스위치

해설 자동 스위치
㉠ 부동 스위치 (float switch) : 물탱크의 물의 양에 따라 동작하는 자동 스위치이다.
㉡ 압력 스위치 : 액체 또는 기체의 압력이 높고 낮음에 따라 자동 조절되는 스위치이다.
㉢ 타임 스위치 : 시계 장치와 조합하여 자동 개폐하는 스위치이다.
㉣ 수은 스위치 : 생산 공장 작업의 자동화, 바이메탈과 조합하여 실내 난방 장치의 자동 온도 조절에도 사용된다.

60. 저압 옥내 배선 검사의 순서가 맞게 배열된 것은?

① 절연 저항 측정 – 점검 – 통전 시험 – 접지 저항 측정
② 점검 – 절연 저항 측정 – 접지 저항 측정 – 통전 시험
③ 점검 – 통전 시험 – 절연 저항 측정 – 접지 저항 측정
④ 통전 시험 – 점검 – 접지 저항 측정 – 절연 저항 측정

해설 배선 시험 순서 : 점검 → 절연 저항 시험 → 접지 저항 시험 → 통전 시험

전기기능사 필기 총정리

2020년 6월 15일 1판1쇄
2024년 3월 15일 3판4쇄

저 자 : 김평식 · 원우연
펴낸이 : 이정일

펴낸곳 : 도서출판 **일진사**
      www.iljinsa.com
(우) 04317 서울시 용산구 효창원로 64길 6
전 화 : 704-1616 / 팩스 : 715-3536
이메일 : webmaster@iljinsa.com
등 록 : 제1979-000009호 (1979.4.2)

값 29,000 원

ISBN : 978-89-429-1699-3